W0255370

Fachberichte Messen, Steuern, Regeln

Band 1: Automatisierungstechnik im Wandel durch Mikroprozessoren
INTERKAMA-Kongreß 1977
Herausgegeben von M. Syrbe, B. Will
X, 675 Seiten. 1977

Band 2: Entwurf digitaler Steuerungen.
Ein Kolloquiumsbericht
Herausgegeben von K. H. Fasol
VI, 250 Seiten. 1979

Band 3: M. Cremer: Der Verkehrsfluß auf Schnellstraßen.
Modelle, Überwachung, Regelung
XVI, 203 Seiten. 1979

Band 4: Wege zu sehr fortgeschrittenen Handhabungssystemen
Herausgegeben von H. Steusloff
VI, 205 Seiten. 1980

Band 5: Meß- und Automatisierungstechnik - Technologien, Verfahren, Ziele
INTERKAMA-Kongreß 1980
Herausgegeben von D. Ernst und M. Thoma
XI, 863 Seiten. 1980

Band 6: H. G. Jacob: Rechnergestützte Optimierung statischer
und dynamischer Systeme - Beispiele mit FORTRAN-Programmen.
XII, 229 Seiten. 1982

Band 7: J. P. Foith †: Intelligente Bildsensoren
zum Sichten, Handhaben, Steuern und Regeln
IX, 196 Seiten. 1982

Band 8: A. Korn: Bildverarbeitung durch das visuelle System
VIII, 185 Seiten. 1982

Band 9: Sehr fortgeschrittene Handhabungssysteme
Ergebnisse und Anwendung
Herausgegeben von P. J. Becker

Band 10: Fortschritte durch digitale Meß- und Automatisierungstechnik
INTERKAMA-Kongreß 1983
Herausgegeben von M. Syrbe und M. Thoma
XV, 791 Seiten. 1983

Band 11: K.-F. Kraiss: Fahrzeug- und Prozeßführung
Kognitives Verhalten des Menschen und Entscheidun
VI, 138 Seiten. 1985

Band 12: Sensoren in der textilen Meßtechnik
Herausgegeben von E. Schollmeyer und E. A. Hemmer
X, 425 Seiten. 1985

Fachberichte
Messen · Steuern · Regeln

Herausgegeben von M. Syrbe und M. Thoma

14

Fortschritte in der Meß- und Automatisierungstechnik durch Informationstechnik

INTERKAMA-Kongreß 1986

Herausgegeben von M. Thoma und G. Schmidt

Springer-Verlag
Berlin Heidelberg New York
London Paris Tokyo 1986

Wissenschaftlicher Beirat:

G. Eifert, D. Ernst, E. D. Gilles, E. Kollmann, B. Will

Herausgeber:
Professor Dr.-Ing. Manfred Thoma
Institut für Regelungstechnik
Universität Hannover
Appelstraße 11
3000 Hannover 1

Professor Dr.-Ing. Günther Schmidt
Lehrstuhl für Steuerungs- und Regelungstechnik
Technische Universität München
Arcisstraße 21
8000 München 2

ISBN-13: 978-3-540-17033-4 e-ISBN-13: 978-3-642-95506-8
DOI: 10.1007/978-3-642-95506-8

Das Werk ist urheberrechtlich geschützt. Die dadurch begründeten Rechte, insbesondere die der Übersetzung, des Nachdrucks, der Entnahme von Abbildungen, der Funksendung, der Wiedergabe auf photomechanischem oder ähnlichem Wege und der Speicherung in Datenverarbeitungsanlagen bleiben, auch bei nur auszugsweiser Verwertung, vorbehalten. Die Vergütungsansprüche des § 54, Abs. 2 UrhG werden durch die »Verwertungsgesellschaft Wort«, München, wahrgenommen.

© Springer-Verlag Berlin, Heidelberg 1986

Die Wiedergabe von Gebrauchsnamen, Handelsnamen, Warenbezeichnungen usw. in diesem Werk berechtigt auch ohne besondere Kennzeichnung nicht zu der Annahme, daß solche Namen im Sinne der Warenzeichen- und Markenschutz-Gesetzgebung als frei zu betrachten wären und daher von jedermann benutzt werden dürften.

2160/3020-543210

VORWORT

Die Ergebnisse einer intelligenten Verschmelzung der drei großen C's - Computer, Control, Communication - werden nirgendwo deutlicher sichtbar als in den Produkten der modernen industriellen Meß- und Automatisierungstechnik. Nicht umsonst kann diese Sparte der Elektrotechnik weltweit ein deutlich über dem Durchschnitt liegendes Wachstum für sich verbuchen. Die INTERKAMA'86 - der seit 1957 inzwischen 10. Internationale Kongreß mit Ausstellung für Meß- und Automatisierungstechnik - gibt erneut Herstellern und Anwendern, Ingenieuren und Wissenschaftlern eine hervorragende Gelegenheit, Fortschritte und Leistungen ihrer Branche umfassend zu demonstrieren und sich darüber zu informieren.

Eine wichtige Rolle im INTERKAMA-Konzept spielt der zweitätige Internationale Kongreß, der in diesem Jahr unter dem Leitthema

"Fortschritte der Meß- und Automatisierungstechnik durch Informationstechnik"

steht und mit insgesamt ca. 70 Plenar-, Übersichts- und Fachvorträgen wichtige Entwicklungen und technische Trends seines Fachgebietes aufzeigt. Neben Erfahrungsberichten und Bewertungen zu jüngst eingeführten Automatisierungstechniken, der Diskussion und Darstellung technisch-wissenschaftlicher Hintergründe für neue Verfahren und Produkte stehen Vorausschauen auf Entwicklungen, die möglicherweise schon auf der INTERKAMA'89 ihren praktischen Niederschlag finden.

Die von vielen international bekannten Fachleuten vorbereiteten Kongreßbeiträge wurden in diesem Jahr schwerpunktmäßig auf 10 ausgewählte Themengruppen hin konzentriert, die gemeinsam mit den beiden Plenarbeiträgen in vorliegendem Berichtsband wie folgt gruppert wurden:

1. PLENARBEITRÄGE
   - Die moderne Fabrik als Herausforderung an die Meß- und Regelungstechnik (Börnecke)
   - Impact of Recent Computer Technology on Systems Control (Narita)

2. LEITSYSTEME

- Erfahrungen mit Prozeßleitsystemen
- Leitsysteme, neue Strukturen und Lösungswege
- Rechnergestützter Entwurf von Anwendersystemen

3. KOMMUNIKATION UND RECHNERANWENDUNG

- Neue Kommunikationstechniken für die Leittechnik
- Expertensysteme für technische Prozesse
- Anwendung von Personal Computern in der Meß- und Automatisierungstechnik

4. MESS-, STEUERUNGS- UND REGELUNGSTECHNIK

- Sensoren und Sensorsysteme
- Bildverarbeitung und Bilderkennung
- Steuerungs- und Regelungsverfahren für komplexe Aufgaben
- Wägetechnik

Die Plenarbeiträge von Börnecke (München) und Narita (Tokyo) geben aus unterschiedlicher Sicht außerordentlich interessante, grundsätzliche Perspektiven für die zukünftige Entwicklung der Automatisierungstechnik. Dabei spielen diskrete bzw. diskontinuierlich arbeitende Produktionsprozesse mit ihren neuartigen technischen Anforderungen (CIM) und ihrem hohen Innovationspotential eine wichtige Rolle.

Der Abschnitt zum Themenkomplex "Leitsysteme" vereinigt neben ausführlichen Erfahrungsberichten und Beschreibungen neuer Entwicklungslinien Beiträge zum in seiner Bedeutung rasant wachsenden Gebiet der CA-Techniken.

Im Abschnitt "Kommunikations und Rechneranwendung" werden in Übersichts- und Fachbeiträgen neueste Konzeptionen (MAP) und Geräteentwicklungen auf dem Gebiet der Kommunikation behandelt. Berichte zu hochaktuellen Themen wie dem Einsatz von PC's und von Expertensystemen in den verschiedensten Bereichen der Meß- und Automatisierungstechnik bilden hier einen weiteren Schwerpunkt.

Neueste Erfahrungen aus der "Meß-, Steuerungs- und Regelungstechnik" stehen im vierten Abschnitt zur Diskussion. Viele kompetente Beiträge berichten über die Integration der Wägetechnik in Automatisierungssysteme, geben ausgewählte Einblicke in Neuentwicklungen bei Sensoren und Sensorsystemen und demonstrieren in großer Breite Bedeutung von Bildverarbeitung und -erkennung für die moderne Automatisierung. Abgerundet wird dieser Abschnitt durch Beiträge zur Anwendung adaptiver und modellgestützter Steuerungs- und Regelungsverfahren bei der Lösung komplexer industrieller Aufgabenstellungen.

Die Herausgeber dieses INTERKAMA-Berichtsbandes danken allen Autoren für die termingerechte Ablieferung ihrer reproduzierfähigen Beiträge.
Den Mitgliedern des Kongreßbeirates sind sie zu besonderem Dank verpflichtet für ihre konstruktive Mitarbeit bei der Programmgestaltung, bei der Abstimmung der Beiträge sowie bei der Betreuung der einzelnen Themengruppen und Sitzungen.
Schließlich gilt der Dank dem Verlag, der in bewährter Weise den Berichtsband rechtzeitig zu Kongreßbeginn herausbrachte und damit die vielen interessanten Beiträge des INTERKAMA-Kongresses 1986 auch einem größeren Interessentenkreis zugängig macht.

Günther Schmidt
München

im Oktober 1986

Manfred Thoma
Hannover

INHALTSVERZEICHNIS / CONTENTS

BILDVERARBEITUNG UND BILDERKENNUNG
Image Processing and Pattern Recognition

Steusloff, H., Finkelstein, L.

LEITSYSTEME, NEUE STRUKTUREN UND LÖSUNGSWEGE
Control Systems, new Structures and Solutions

Korn, N., Pfeifer, T.

DIE MODERNE FABRIK ALS HERAUSFORDERUNG AN DIE MEß- UND REGELUNGSTECHNIK

THE MODERN FACTORY, A CHALLENGE TO MEASUREMENT AND CONTROL ENGINEERING

G. Börnecke
Siemens AG, München

Summary

Modern process simulation methods can be used to simulate an actual production process close to its real behaviour, thus obtaining a working basis for developing the control process. The investigation of the structure of this process reveals that the relationship between quantity and process type, hitherto regarded as a major obstacle to automation, can in principle be resolved in discontinuous processes. Operation based on discontinuous production, which generally requires human intervention (open loop), is thus transformed into an automatic process (closed loop). The need for such processes is growing more and more, particularly with the increasing diversity of the product spectrum.

1. Einleitung

Wenn man heute diskontinuierliche Produktionsprozesse betrachtet, drängt sich die Frage nach den Gründen auf, warum sie nach wie vor überwiegend gesteuert und nicht in stärkerem Maße geregelt werden. Angesprochen sind damit im wesentlichen jene Unternehmen, die zum einen willens sind, ihre Konkurrenzfähigkeit und ihren Fortbestand durch verstärkte Automatisierung zu sichern, und die zum anderen in ihren Produktionsprozessen unvorhersehbare oder nicht unmittelbar meßbare oder komplex zusammenwirkende Störgrößen kompensieren müssen. Beides spricht für verstärkten Einsatz von Regelungsmethoden.

Dabei bringt die Meß- und Regelungstechnik seit langem hervorragende Automatisierungsergebnisse mit hohem Produktivitätszuwachs bei einzelnen oder auch gekoppelten Prozeßschritten hervor, von den Ergebnissen bei kontinuierlichen Prozessen ganz zu schweigen. Auch sind seit Jahrzehnten immer wieder Ansätze aus betriebswirtschaftlicher Sicht gemacht worden, die ganze Fabrik regelungstechnisch zu beschreiben, wobei die einzelnen Funktionen der Fabrik, wie Einkauf, Materialverwaltung, Terminierung usw. als Übertragungsglieder oder Regler in Signalflußplänen dargestellt wurden.
Für die betriebliche Organisation waren diese Ansätze wirkungslos, und sie haben niemanden dazu bewogen, wirkliche Regelkreise, z.B. zwischen Materialwirtschaft und Einkauf, aufzubauen und den Primärbedarf als Führungsgröße zu betrachten. Es wird hier weiterhin gesteuert, d.h. Veränderungen der Eingangsgrößen beeinflussen Ausgangsgrößen in vorbestimmter, eventuell auch unbestimmter Weise, ohne daß Rückmeldung über das Ergebnis der Steuerung erfolgt; und wenn sie erfolgt, dient sie statistischen Zwecken, und nicht der Optimierung des Führungsverhaltens.
Es fehlt auch keineswegs an der Erfassung von Daten jedweder Art, seien es Bedarfsdaten in feinster Auflösung, Lagerein- und -ausgangsdaten, Fertigstellungsdaten, Störmeldungen wegen terminlicher oder technischer Probleme und viele andere mehr.

Auf der eigentlichen Materialflußebene sieht man die Vorteile hochautomatisierter Fertigungszellen in Gestalt von großen Arbeitsvorräten vor und hinter jeder Zelle und zählebigen Zwischenlägern dahinschwinden; weitere halbfertige Erzeugnisse dienen dem Sicherheitsbedürfnis zu vieler Dispositionsebenen; und am Materiallager kann man fremdbezogene Lose mit beträchtlichen Reichweiten bewundern, die von bequemen, unflexiblen Lieferanten (und manchmal auch Bestellern) zeugen.
Ohne dies durchweg als regellos bezeichnen zu wollen, muß man doch feststellen, daß es keineswegs die Ergebnisse eines - im Sinne der Meß- und Regelungstechnik - geregelten Gesamtprozesses sind.

Welches sind die Ursachen für den heutigen Zustand der Produktion, die dadurch gekennzeichnet ist, daß sie höchstwertige Produkte in bester Qualität erzeugt, daß sie schwierige Technologien beherrscht und weiterentwickelt, daß aber die Abläufe in Fabriken mit komplexem Produktspektrum fast durchweg unbefriedigend sind, was sich neben den hohen Beständen in langen, oft nicht kundengerechten Lieferzeiten ausdrückt?

Liegt es an der Disziplin Meß- und Regelungstechnik selbst, deren Möglichkeiten es heute noch nicht mit wirtschaftlichen Mitteln erlauben, die komplexen Abläufe einer ganzen Fabrik in reale, funktionierende Regelkreise umzusetzen und das Stadium der Signalflußpläne und Blockschaltbilder zu überwinden?
Gibt es grundsätzliche Probleme, wie etwa zu viele Totzeitglieder, die bekanntlich die Stabilität von Regelkreisen gefährden oder sie unwirksam machen?
Ist der Signalfluß auf weiten Strecken noch eine "Papierflut" und somit die übertragbare Datenrate den Anforderungen moderner Prinzipien der Meß- und Regelungstechnik nicht adäquat?

Kann die bei diskontinuierlichen Prozessen heute immer noch auf Vorratshaltung beruhende "Flexibilität der Auslieferung" durch automatische Regelkreise erreicht werden - Regelkreise, die jede Regelabweichung, seien es Stellgrößen oder Störgrößen, mit solcher Zuverlässigkeit ausregeln, daß das Lieferverhalten der Fabrik nicht schlechter, sondern besser wird?

Kann die Meß- und Regelungstechnik weitere Beiträge leisten, die die sogenannten "wirtschaftlichen Losgrößen" endlich aus der Welt schaffen helfen, so daß womöglich auch viel mehr Lieferanten den realen Tagesbedarf eines diskontinuierlichen Prozesses ohne wirtschaftliche Nachteile bereitstellen können?

Oder sind es gar Probleme der Einsicht und des Erkenntnisvermögens beim Anwender, beim Organisator und Fertigungsplaner, die im allgemeinen wenig oder nichts an Grundkenntnissen der Meß- und Regelungstechnik besitzen? Sind diese Mitarbeiter demzufolge nicht in der Lage, die Wirkungsstrukturen komplexer Systeme in ihrer Gesamtheit zu erkennen und die notwendigen Regelkreise zu projektieren, so daß sie mannigfaltige Störgrößen in den Produktionsprozessen mit Hilfe von Steuerungen unmittelbar und einzeln, und nicht erst aufgrund ihrer Auswirkung auf die Regelstrecke erfassen und kompensieren müssen?
Vielleicht wird auch vordergründig der Aufwand für Steuerungen geringer erachtet als für Regelungen?
Flexible Fertigungssysteme für mehrere Arbeitsschritte, die mit Meß-, Steuer- und Regelungstechnik aufs feinste durchdrungen sind,

kann man mit Bedienungsanleitung käuflich erwerben; die Zusammenhänge längs aller Wirkungswege einer ganzen Fabrik im allgemeinen nicht!

Es bedarf zweifellos der Einsicht in die Abhängigkeiten der Elemente der Produktionsregelung voneinander, wenn man Produktionsprobleme mit Produktionsregelungsmethoden verbessern will.
Bei dem folgenden Versuch, diese Einsicht in die Abhängigkeiten und in die Elemente selbst sowie in die besondere Bedeutung von Führungsgrößen zu gewinnen, soll nicht auf Baustellen- und Einzelfertigung wie z. B. Großschiffbau, Systemsoftware u.a. eingegangen werden.
Auch kontinuierlich ablaufende Produktionsprozesse werden nur insoweit erwähnt, wie sie als Vorbild in regelungstechnischer Sicht bei dem Versuch dienen, die dort angewandten Prinzipien der Meß- und Regelungstechnik auch auf diskontinuierliche Prozesse anzuwenden.
Die getaktete Fließfertigung, die nur für die Produktion gleichartiger Massenartikel angewandt wurde, wird daraufhin untersucht, welche Barrieren diese Art der starren Automatisierung für Generationen von Fertigungstechnikern gebildet und sie davon abgehalten hat, die nützlichen Prinzipien der Fließfertigung für die Herstellung von variantenreichen Produkten in mäßigen Stückzahlen ebenfalls durchgehend anzuwenden.

Schließlich werden anhand eines Beispiels einer automatisierten, flexiblen Prozeßlinie der Elektronikfertigung angewandte Steuerungs- und Regelungstechnik und ihre Probleme diskutiert.

2. Untersuchung der Wirkungsstrukturen eines Produktionsprozesses mit Hilfe der Simulation

Wer Produktionsabläufe analysieren und optimieren will, dem stehen heute eine Reihe von Möglichkeiten der Prozeßsimulation zur Verfügung. Wer diese Möglichkeiten insbesondere für diskontinuierliche Prozesse ausnutzen will, muß diese genauso wie kontinuierliche Prozesse den Prinzipien der Regelungstechnik unterwerfen.
Zunächst einmal müssen Eingangsgrößen, Zustandsgrößen, Ausgangsgrößen und Wirkungszusammenhänge der "Regelstrecke" bestimmt und analysiert werden.
Daraufhin muß über den hierarchischen Aufbau der Systemstruktur

Klarheit geschaffen werden (Bild 1). Voraussichtlich wird man auf Prozeßebene in Teilprozesse aufteilen, um überschaubares und reproduzierbares Verhalten zu erzielen. Dann wird eine Führungsebene zur Koordinierung der Teilsysteme erforderlich sein.

Und schließlich benötigt man zur Vorgabe von Führungsgrößen die Leitebene.

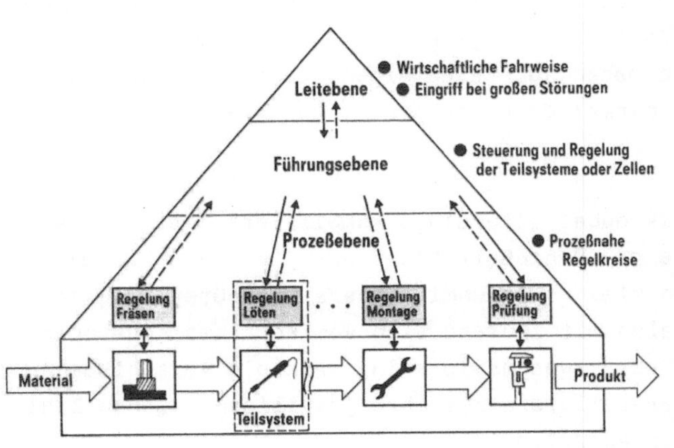

Bild 1: Aufbau einer hierarchischen Systemstruktur

Nun geht man daran, sich ein Simulationsmodell der Prozeßebene zu schaffen. Bei der darauffolgenden Simulation mit der Führungsebene werden Führungskonzepte am Modell entwickelt und getestet. Bei der Simulation mit der Leitebene geschieht das gleiche mit Leitkonzepten im Modell.

Infolge der wirklichkeitsnahen Nachbildung des tatsächlichen Prozesses ist der Simulationsablauf mit dem in der Praxis nahezu identisch.

Für Fertigungsprozesse kann man im ersten Schritt ein Modell entwickeln, das die Zeitabläufe in der Fertigung nachbildet. Es kann zur Analyse der Nutzung vorhandener Fertigungseinrichtungen und zur Beurteilung geplanter Investitionen eingesetzt werden.

Es kann aber auch zur optimalen Gestaltung aller Wirkungswege der Fabrik - z.B. Fertigungs-Layout - benutzt werden, um ein reproduzierbares zeitliches Verhalten des Auftragsdurchlaufes durch die Fertigung sicherzustellen, was kürzeste Durchlaufzeiten und termingenaue Lieferung zur Folge hat.

Natürlich haben besonders bei der P l a n u n g moderner Produktionsprozesse die Forderungen nach Flexibilität und kurzen Durchlaufzeiten einen extrem hohen Stellenwert bekommen. Es erhebt sich die Frage, in welcher Weise die Simulation dazu beitragen kann, auch bei diskontinuierlichen Prozessen diesem hohen Stellen-

wert gerecht zu werden.
Es wird später noch gezeigt werden, wie man zu derartigen Regelstrecken in Gestalt von losunabhängigen Linienkonzepten kommen kann. In diesen Prozessen existieren auf jeden Fall Rückführungsmechanismen, und diese Prozesse haben auch eine eigene zeitliche Dynamik. Man kann also zunächst einmal davon ausgehen, daß sie auch r e g e l b a r sind.

Was die Regelungstechnik dabei allerdings kompliziert, ist die Tatsache, daß an e i n e m Prozeßort nicht nur e i n Produkt gefertigt wird, sondern viele. Die unmittelbare Prozeßregelung in der Produktion hat es also mit laufend sich vom Wert her ändernden Regelgrößen zu tun. Es wird zweckmäßig sein, wenn die verschiedenen Produkte während des Herstellprozesses ihre jeweiligen eigenen Zielgrößen bzw. Sollvorgaben aufrufen.

Ein wichtiger Grundsatz der Regelungstechnik besagt, daß bei einer Strukturierung eines Gesamtsystems versucht werden muß, es in rückwirkungsfreie Teilsysteme zu zergliedern.
Innerhalb der Teilsysteme sorgen dann unmittelbar auf den Herstellprozeß bezogen Regelkreise für deren Rückwirkungsfreiheit.

Die Wirkungsstruktur des G e s a m t p r o z e s s e s Fertigung m u ß mit den Steuer- und Regelgrößen Ort, Zeit und Menge für die einzelnen Prozeßschritte auskommen, denn Prozeßsimulationen im Bereich flexibler Fertigungssysteme kennen drei Arten von Aktivitäten, die immer auf diesen 3 Größen basieren:

- die Produktbearbeitung bzw. -prüfung,
- die Produktbewegung und
- die Produktspeicherung oder auch -pufferung.

Wenn man bei dem Gesamtmodell eines Produktionssystems zugesteht, daß im prozeßnahen Bereich die technologischen Regelungen nicht immer, wie zunächst angenommen, zum Erfolg führen, so muß eine weitere Regelgröße eingeführt werden - die Qualität des Produktes.
Für das übergeordnete Gesamtsystem bedeutet das, daß Abweichungen des einzelnen Produktdurchlaufes vom Fahrplan, also Mengen-, Zeit-, Ortsabweichungen, in die Leitebene durchdringen. Das Bereithalten einer sinnvollen Regelstrategie für diese qualitätsbedingten Störungen im Gesamtsystem, wie Wiederholung gestörter Arbeitsschritte,

Reparaturpfade u.a., ist entscheidend dafür, ob die Wirkungsstrukturen auf dieser Ebene geschlossen werden können. Wenn das der Fall ist, kann der gesamte Produktionsprozeß als geregelter Prozeß dargestellt werden und die Simulation als das Funktionensystem, das die Wirkungsstrukturen des Produktionsprozesses beschreibt.

Im folgenden soll an einem Beispiel gezeigt werden, wie sich heute die Planung einer ganzen Fabrik mit Hilfe der Simulation durchführen läßt. Es handelt sich dabei um eine Motorenfabrik, deren Werkstätten über zwei Etagen bzw. Ebenen verteilt sind (Bild 2). Sie soll in der Lage sein, 30.000 Motoren aus einer Palette von zwölf unterschiedlichen Bauformen und in Stückzahlbereichen von 200 bis über 7.000 pro Typ täglich herzustellen. Für derartige Simulationen ist es üblich, zunächst im Rahmen einer Grobplanung statisch die Kapazitäten in den einzelnen Produktionsbereichen festzulegen. Sie dienen dann als Ausgangsbasis für die Simulation.

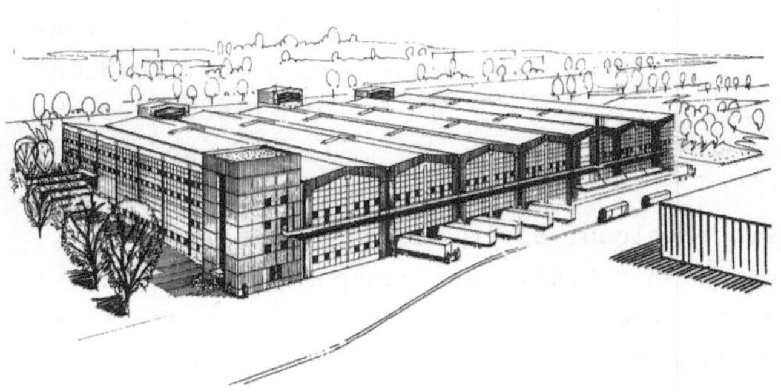

Bild 2: Motorenfabrik

Zu der Motorenfabrik gehören die folgenden Produktionsbereiche (Bild 3):

Dreherei und Schleiferei für die Wellen, Paketstanzerei und Kernfertigung sowie die Gußbearbeitung.

Diese Bereiche befinden sich gemäß Grobplanung neben dem Versand und dem Wareneingang in der ersten Ebene; Wareneingang und Versand sind auf der Längsseite des Gebäudes angeordnet. Im Obergeschoß, d.h. in der zweiten Ebene, befinden sich

die Läuferwickelei, die Motormontage und die Gerätemontage.

Zielvorgabe für die Planungen war die Realisierung einer weitgehend

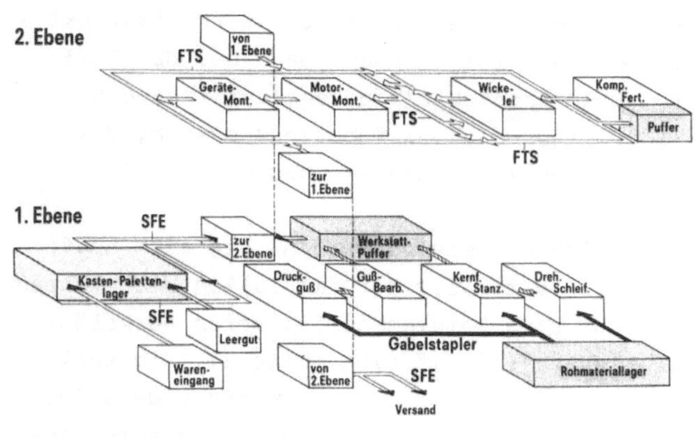

Bild 3: Motorenfabrik; Logistik-Konzept

geregelten, hochmechanisierten und durchgängig automatisierten, flexiblen Motorenproduktion. Aus dem regelungstechnischen Aspekt der Rückwirkungsfreiheit einzelner Produktionsbereiche resultierte hier die Forderung der Trennung einzelner Bereiche. Der Transport innerhalb dieser Bereiche sollte automatisch erfolgen, sowie auch die Verkettung zwischen den Bereichen durch ein fahrerloses Transportsystem (Makrotransportsystem). Es sollten sich in der Fertigung überhaupt keine Handarbeitsplätze mehr befinden. Es sollten sich auf der anderen Seite nur in Bearbeitung befindliche Aufträge in der Fertigung befinden. Der Auftragsdurchlauf sollte papierlos erfolgen, die Anlieferung der Kaufteile vom Wareneingang montagegerecht.

Um ein Gefühl für den Umfang der Simulation des Projektes (Bilder 4 und 5) zu bekommen, seien die Anzahlen der Maschinen- oder Automatenplätze in den einzelnen Produktionsbereichen aufgezählt:

Wellendreherei	14
Kernfertigung	5
Läuferwickelei	7
Motormontage	8
Gerätemontage	5.

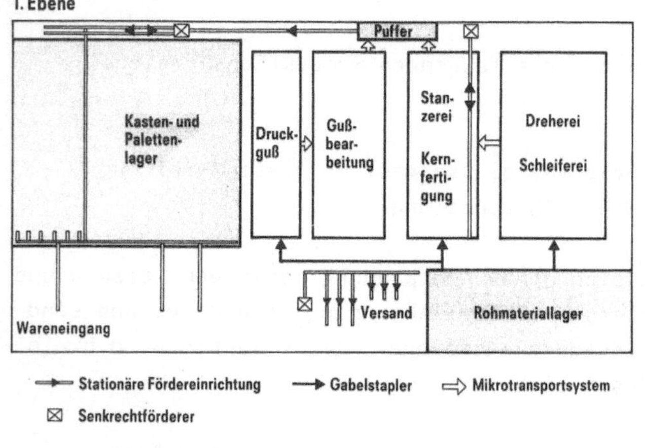

Bild 4: Simulation Motorenfabrik; Blocklayout Dreherei, Kernfertigung

In Abhängigkeit von dem variierenden P r o d u k t m i x, der konkurrierend

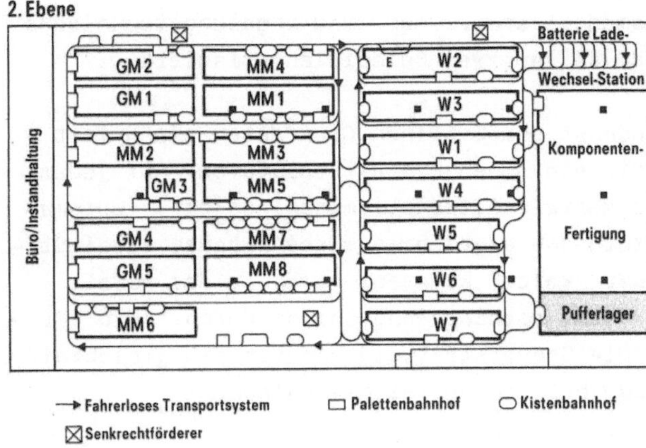

Bild 5: Simulation Motorenfabrik; Blocklayout Wickelei (W), Motormontage (MM), Gerätemontage (GM)

über die einzelnen Fertigungseinrichtungen läuft, war unter Benutzung verschiedener Vorgabestrategien eine maximale Auslastung, d.h. eine maximale Leistung der Fertigungskapazitäten insgesamt, zu zu erreichen. Realitätsnähe wurde in der hier beschriebenen Simulation dadurch erreicht, daß die Übergangszeiten von einem Produktionsbereich zum anderen nicht als Festwerte in die Simulation eingebracht wurden. Vielmehr wurde das damit beaufschlagte fahrerlose Transportsystem einer eigenen Simulation unterzogen. Beide Simulationen, die der Auftragsbearbeitung an den einzelnen Maschinengruppen sowie die des Transportierens der Aufträge zwischen den einzelnen Produktionsbereichen wurden miteinander gekoppelt.

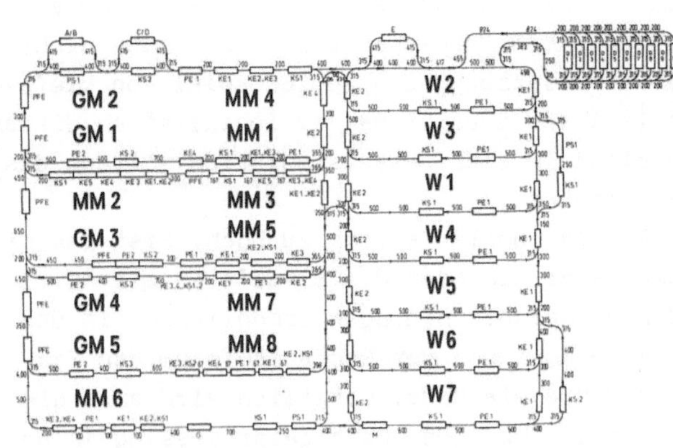

Bild 6: Simulation Motorenfabrik; Fahrerloses Transportsystem

Bei der Simulation des Transportverhaltens wurde u.a. das Mittel der bewegten grafischen Darstellung eingesetzt (Bild 6). Der Mensch kann damit häufig sehr schnell am Display erkennen, wo ein Transportsystem neuralgische Punkte enthält. Erwähnt sei, daß selbstverständlich auch Störhäufigkeiten, Störzeiten,

Rüst- und Umrüstdauern in das Simulationsmodell einbezogen wurden. Wie in diesem Simulationsmodell steuerungs- und regelungstechnische Maßnahmen realisiert sind, sei an zwei Beispielen erläutert.

1. Jeder Motortyp hat zunächst gemäß seinen Grunddaten einen fest vorgegebenen Lauf durch die einzelnen Produktionsstufen. Auf jeder Stufe sind aber eine oder mehrere Alternativmaschinen bzw. -automaten angegeben, die bei Störungen angefahren werden können. Zwei Störungsarten, die ausgesteuert werden konnten, waren in das Modell eingebaut, solche *an* den Maschinen und solche durch *Überlast* der Maschinen. Die Steuerstrategie benutzt den gleichzeitigen kapazitiven Spielraum bei den Ausweichmaschinen.

2. Das bei der Simulation fallweise auftretende Rückstauen eines bestimmten Motorentyps über mehrere Produktionsstufen bis zur Auftragseinlastung erfordert eine Rückkopplung im regelungstechnischen Sinne. Während der Dauer dieses Staus wird dieser Motorentyp nicht vorgegeben und anstelle dessen versucht, die übrigen betroffenen Maschinen mit Motoren anderer Typen auszulasten.

Die Motorenfabrik wurde auf der Basis der Simulationsergebnisse eingerichtet und geht zur Zeit in Betrieb.

Die Simulation als Werkzeug zur Untersuchung der Wirkungsstrukturen eines Produktionsbereiches oder einer ganzen Fabrik ist sicherlich noch in ihren Kinderschuhen. Das modulare Aufbauen ganzer Simulationssysteme aus einzelsimulierten Bereichen wird heute noch nicht realisiert. Dazu wäre ja Voraussetzung, daß zum Beispiel von Lieferanten simulierte und realisierte Subsysteme vor Installation dieser Maschinen oder Maschinenzellen in eine Gesamtsimulation seitens des Kunden eingebracht werden könnten.
Auch sind die Dauern der Simulationsläufe noch zu hoch. Erst das simultane Simulieren in Computernetzen oder das Simulieren mit Multiprozessor-Computern wird hier Beschleunigungen ermöglichen. In der Literatur ist von einer Beschleunigung der Rechenläufe um den Faktor 10^3 bis Mitte der 90er Jahre die Rede. Letztlich wird erst die Verpflanzung des Multiprocessing bzw. des Parallelprocessing in dezentrale Workstations zur endgültigen Verbreitung des Werkzeugs Simulation führen.

Expertensysteme werden zu diesem Zeitpunkt in die Simulationssysteme

Eingang gefunden haben, ebenso wie die Fähigkeiten zur dynamischen grafischen Realtime-Präsentation von Simulationen.

3. Einsatz losgrößenunabhängiger Fertigungsverfahren für weitere Automatisierungsschritte mit Hilfe der Meß- und Regelungstechnik

Ein erhebliches Problem für die Meß- und Regelungstechnik bei diskontinuierlicher Fertigung stellen die Fertigungs l o s e dar. Teile, Baugruppen, Moduln in Losen zu fertigen, heißt immer, Totzeiten in alle Fertigungsschritte a priori einzubauen und damit die Dynamik der Regelkreise zu verschlechtern.

Fertigungstechnik, Meß-, Regelungs- und Automatisierungstechnik müssen daher dafür sorgen, daß aus der losweisen Fertigung eine wirtschaftliche fließende Fertigung wird, was bekanntlich zu wesentlich kürzeren Durchlaufzeiten führt und was wiederum totzeitarmen Regelstrecken entspricht.

Man kann die Vorteile kurzer Durchlaufzeiten gar nicht oft genug erwähnen. Neben der geringeren Mittelbindung werden die schädlichen Auswirkungen von hektischen Dispositionsentscheidungen und Umplanungen, aber auch von technischen Änderungen minimiert, da die Chancen der Einwirkungen bzw. der Störungen proportional mit der Reduzierung der Durchlaufzeit zurückgehen. Im gleichen Maße werden auch die Bestandsrisiken vermindert; und, was ganz besonders wichtig ist, es werden die Lieferfähigkeit und die Lieferzuverlässigkeit gesteigert. Man sieht also, daß der Materialfluß als Feld für Effizienzverbesserungen nicht unterschätzt werden darf.
Niemand sollte sich mit Bewegungsdaten und Umschlagshäufigkeiten als Steuerungsinstrumenten zufriedengeben.

Der traditionelle Hauptgrund für das Fertigen großer Lose sind die Vorbereitungszeiten jeglicher Art, vom Aufwand der Arbeitsvorgabe bis zu den Maschinenrüstzeiten, die mit zunehmender Losgröße die Stückkosten anteilig im geringeren Umfang belasten sollen. Merkwürdigerweise hat sich an dieser Philosophie bis heute wenig geändert, obwohl die Arbeitsvorgabe weitgehend maschinell - wenn auch nicht ganz ohne Aufwand - erfolgt, während die Rüstzeiten schon seit Jahrzehnten - seit Einführung der numerisch gesteuerten Maschinen und Einrichtungen - in Vergessenheit geraten, weil sie auf vernachlässigbare Werte im Sekundenbereich für das Aufrufen der Steuerprogramme zusammengeschrumpft sind.

Damit ist auch der klassischen Losgrößenrechnung, die Rüstkosten und Bestandskosten vergleicht, die Basis entzogen. Wenn nämlich auf der einen Seite die Rüstkosten nach Null gehen, bleibt auf der anderen Seite keinerlei Rechtfertigung für Bestandskosten aus großen Losen. Sollte es noch Rüstkosten-Anteile geben, die besonders hartnäckig sind, müssen sie mit dem gesamten verfügbaren Instrumentarium angegriffen werden. Zum Beispiel die technischen Einrichtungen für den ruhenden und bewegten Materialfluß, d.h. die Lager- und Transportsysteme, dürfen nicht mehr nur nach technologischen Anforderungen, sondern müssen auch mehr als bisher nach Durchlaufzeitgesichtspunkten ausgelegt werden. Lange Wege, viele Umschlagvorgänge, viele Lagerorte und dgl. wirken bestandserhöhend und verschlechtern die Dynamik der Regelkreise.

Die härtesten Gegenargumente unter dem irreführenden Motto "Flexibilität contra Wirtschaftlichkeit" kommen aus solchen Anwenderkreisen, die von der Monoproduktion geprägt sind, wo die unter dem Prinzip der Arbeitsteilung entstandenen Hochleistungsautomaten für einzelne oder wenige kleine Arbeitsschritte mit hohem Umrüstaufwand und Wiederverwendungsrisiko für sich betrachtet durchaus wirtschaftlich sein können. Nun weiß man aber, daß die lokale Optimierung nach einzelnen Arbeitsplätzen die Gesamtdurchlaufzeiten auf unerträgliche Werte gedehnt hat. In Fertigungssystemen mit Hochleistungsautomaten, die vielleicht noch für verschiedene Endprodukte arbeiten, kommt es nicht nur wegen der hohen Umrüstzeiten zu Warteschlangen (Bild 7); auch Loswartezeiten

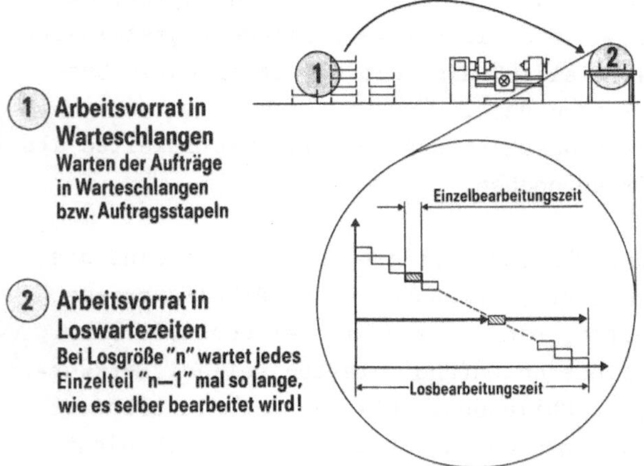

Bild 7: Auftragswartezeit und Loswartezeit

- abhängig von der Größe des Loses - treten als Totzeiten bei jedem Bearbeitungsschritt auf. Das Motto muß also vielmehr lauten: "Wirtschaftlichkeit durch Flexibilität mit durchlaufzeitoptimierten Regelkreisen!"

Eine ganz besondere Rolle bei dieser Betrachtung spielt das Rationalisierungsprinzip der Arbeitsverknüpfung, von dem u.a. das berühmte und inzwischen berüchtigte Fließband beschert wurde, das überall dort in den Montagesälen Einzug hielt, in denen große Mengen gleichartiger Produkte hergestellt wurden. Im Gegensatz zum arbeitsteiligen V e r r i c h t u n g s p r i n z i p ist die Fertigung beim Fließprinzip, wie es hier verstanden werden soll, nach den ganzheitlichen Erfordernissen des Erzeugnisses aufgebaut. Deshalb spricht man hier auch vom E r z e u g n i s p r i n z i p. Die Durchlaufzeiten sind hierbei extrem kurz, die Zwischenlager selbst bei loser oder elastischer Verkettung nicht nennenswert. Das Fließband, das nun natürlich auch Varianten zuläßt, ist somit zweifellos das große Vorbild für Fertigungssysteme mit kürzestmöglichen Durchlaufzeiten geworden. Die Fertigung variantenreicher und unterschiedlicher Produkte in Linienstrukturen bzw. Prozeßstrecken nach dem Fließprinzip ist also eine naheliegende Vorstellung, da sowohl die Linienflexibilität als auch die Arbeitsplatzflexibilität beliebig groß sein können. Klassisches Umrüsten auf der Basis der unterschiedlichen und begrenzten Umstellungsfähigkeit und Qualifikation von in die Fertigungslinie eingebundenen Menschen, die für jede Umrüstung neben den Zeitverlusten Anlernverluste bedingen, ist für den hierbei erforderlichen raschen Wechsel der Arbeitsinhalte ausgeschlossen.

Genau diese Probleme hat der Roboter nicht, so daß mit dem zunehmenden Wissen über seine Möglichkeiten sich der Gedanke durchzusetzen beginnt, auch für Kleinserien bis hinunter zur Einzelfertigung die verrichtungsorientierten Strukturen nach und nach aufzulösen und nur noch in erzeugnisorientierten Linienstrukturen zu fertigen. Unter dem Schlagwort "Losgröße 1" wurde er zum entscheidenden neuen Automatisierungsimpuls. Es gilt, ihn in voller Breite zu nutzen. Mit Hilfe der immer preiswerter gewordenen Rechnerintelligenz müssen Roboter oder andere flexible Automaten an die Fertigungslinien gebracht werden, so daß das arbeitsteilige Fließband alter Prägung kurzfristig verschwinden und durch flexible automatisierte und geregelte Fertigungssysteme ersetzt werden kann.
Inzwischen läßt sich auch die Frage der Auslastung flexibler Ar-

beitsplätze bei Verringerung der Losgröße klar beantworten (Bild 8). Sie wird nämlich mit abnehmender Losgröße besser. Trotzdem bereitet das Denken in losgrössenunabhängigen Dimensionen immer wieder Probleme; die sogenannte "wirtschaftliche Losgröße" war zu lange die Grundlage der Rationalisierungsphilosophie der gesamten Wirtschaft.

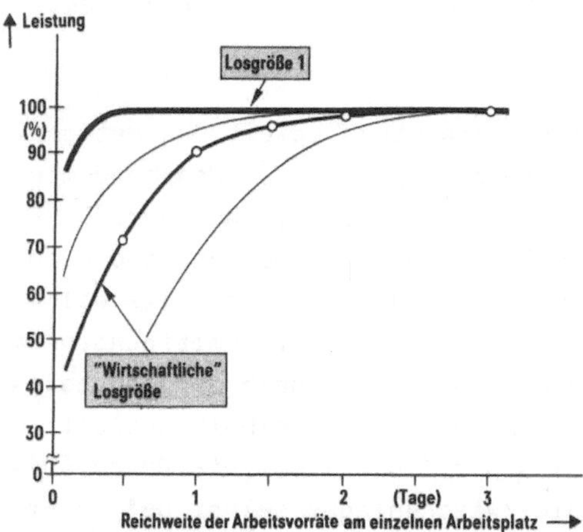

Bild 8: Auslastung der Arbeitsplätze bei Senkung der Arbeitsvorräte und Verringerung der Losgrößen

Es sei deshalb noch einmal betont, daß ein wesentlicher Lösungsschritt auf dem Wege zur losgrößenunabhängigen Fertigung die echte Verkettung ist, da sie die einzelnen Arbeitsschritte so zusammenbindet, daß Vorräte zwischen den einzelnen Stationen grundsätzlich nicht mehr angesammelt werden k ö n n e n. Vor allem muß von der lieben Gewohnheit einer losweisen Arbeits v o r g a b e Abstand genommen werden und nur der echte Kunden b e d a r f als Führungsgröße des neu einzurichtenden Regelkreises eingeführt werden.

Außerdem müssen a l l e noch inflexiblen Arbeitsschritte flexibilisiert werden - man denke hier z.B. an die Spritzgußtechnik, wo Farben- und Formenwechsel noch höchst unflexible Vorgänge sind - damit die notwendige kundengerechte Anpassung der Produkte und ihre termingerechte Auslieferung nicht mehr mit Hilfe mehr oder weniger gut sortierter Vorräte sichergestellt werden muß. Hierfür gibt es, nicht zuletzt durch konsequent eingesetzte moderne Automatisierungstechnik, inzwischen ein reichhaltiges Instrumentarium, das von verketteten, numerisch gesteuerten Teile-Fertigungszellen über flexible Bestückautomaten, Prüfautomaten und Montageautomaten reicht. Letztere sind vornehmlich Handhabungsgeräte und Roboter. Ihr Einsatz geht hierzulande allerdings recht zögernd voran. Oftmals hört man als Begründung hierfür das Marginal-Rendite-Argument.

Es ist aber doch wohl nur ein Alibi für die Bequemlichkeit. Roboter sind eben, wie so vieles, Kann- und keine Muß-Investitionen.

Wenn allerdings der Robotereinsatz nicht stärker forciert wird, bleibt die Montage das Stiefkind der Automatisierung, obwohl gerade sie einen ständig höheren Anteil der Wertschöpfung in den Fabriken ausmacht und somit ein wesentliches Ratiopotential darstellt.

Einem verketteten und vernetzten Fertigungssystem, diesem integrierten vielstufigen Prozeß, ist vor allem ein Datenfluß zu überlagern, der einmal für die zeitgerechte Bereitstellung der Prozeßdaten, der aber auch für synchrone Zustandsdatenerfassung und Rückmeldung sorgt, um so totzeitfreie Regelstrecken zu schaffen, aber auch, um größtmögliche Flexibilität bis hin zur Losgröße 1 zu erreichen.

Es sei nicht verschwiegen, daß der Aufbau und die Aufrechterhaltung eines dafür geeigneten Datennetzes erhebliche Selbstdisziplin bei allen Beteiligten verlangt. Es sind wiederum Kann-Maßnahmen und keine Muß-Maßnahmen. Die Produktion hat auch ohne diese bisher funktioniert.

Dann sind eine Reihe ärgerlicher technischer Probleme zu lösen:

- Die Schnittstellenkompatibilität ist unzureichend wegen mangelnder Normierung;
- Programm und Rechner sind gelegentlich inkompatibel;
- Wenn die Rechnerebenen durchgängig gemacht werden sollen, kann die vorhandene Software oft die Kluft zwischen den verschiedenen Betriebssystemen nicht überbrücken usw.

Natürlich sind die Betroffenen herausgefordert, wenn unterschiedlichste, vollkommen unabhängig voneinander entstandene Daten- und Programmsysteme miteinander zu verbinden sind. Versuche in der Vergangenheit, bestimmte Dv-Verfahren in diesem Zusammenhang zu standardisieren, waren nur teilweise erfolgreich. Wer heute von unten her die Verfahren aufbauen kann, d.h. von vorhandenen Produktionsprozessen her kommend über verkettete Prozesse und Zellen bis hin zu ganzen Fertigungsbereichen, der hat eine Chance, im gewissen Umfange standardisierte Software zu schaffen, die auch für andere Fertigungsbereiche einsetzbar ist. Diese bottom-up-Entwicklung birgt nur einen "low risk", bringt aber, wie so häufig, dann auch nur einen "low return". Es wird noch zu zeigen sein, wie man im Rahmen von CIM-Gesamtkonzepten auch zu einem "high return" kommen kann.

In den letzten Jahren zeigen realisierte Automatisierungsvorhaben mit handelsüblichen Einrichtungen einen wachsenden Verkettungsgrad. Der Einsatz dieser handelsüblichen verkettungsfähigen Einrichtungen wird in allen Bereichen neben den speziellen Automatisierungsmitteln weiter an Attraktivität gewinnen. Die Meß-, Steuerungs- und Regelungstechnik muß zunehmend für den Aufbau von verketteten Fertigungszellen wichtige Beiträge liefern. So entstehen Automatisierungseinrichtungen, die einmal selbst nach den Grundsätzen der Meß- und Regelungstechnik arbeiten und die andererseits Bestandteile größerer Regelstrecken sein können. Dies soll im Folgenden an 4 Beispielen belegt werden. Sie stammen aus unterschiedlichen Produktbereichen bzw. Fertigungstechnologien und sollen nicht so sehr zeigen, was heute bereits realisiert ist, sondern wo die Herausforderungen für die Zukunft liegen.

Das erste Beispiel (Bild 9) zeigt eine autonome Fertigungsinsel aus dem Bereich des Fahrzeugbaus. Bei den Werkstücken handelt es sich um Zylinderköpfe und Steuergehäuse. Die Verkettung der Bearbeitungszentren erfolgt über ein fahrerloses Transportsystem.
Die dreistufig hierarchisch aufgebaute Systemsteuerung sorgt für ei-

Bild 9: Flexibles Fertigungssystem zur autonomen Bearbeitung verschiedener Komponenten von KFZ-Motoren

nen vollautomatischen Ablauf. Die 6 Bearbeitungszentren können, wie im vorliegenden Fall, mit eigenen stationären Werkzeugmagazinen ausgestattet sein oder, wenn mehr Flexibilität gefordert wird, durch ein übergeordnetes Werkzeugversorgungssystem miteinander verknüpft werden. Durch Integration von Sondermaschinen, hier ist es eine Wasch- und eine Meßzelle, wird das System als Ganzes autonom. Ein Musterbeispiel integrierter Prozeßregelung ist das in der Meßzelle stattfindende stichprobenweise Erfassen von Maßabweichungen an den unterschiedlichen Produkten. Das durch Handhabungsautomaten geführte Meßtastersystem erkennt dabei Trends. Gründe für Trends können sein, sich erwärmende Kühlmittel, Werkzeugverschleiß oder ähnliches.

Die Meßergebnisse werden korrigierend auf den Herstellprozeß rückgekoppelt. Sie bewirken Maßkorrekturen, Korrekturen in der Werkzeugeinstellung oder sogar vorzeitigen Werkzeugwechsel.
Daß in den Herstellprozeß selbst, z. B. bei den Hauptspindelantrieben oder Vorschubantrieben, klassische Regelungstechnik integriert ist, versteht sich von selbst. Aber auch die sogenannte dispositive Ebene enthält eine Fülle von Steuerungs- und Regelmechanismen. Sie sind erforderlich, um Werkstück- und Werkzeugversorgung miteinander zu verknüpfen. Die permanente Prozeßüberwachung durch die einzelnen Zellenrechner führt fallweise zu Störmeldungen an den Leitrechner. Diese können direkte Befehle an das Transportsystem oder die Auftragssteuerung auslösen. Auch die insbesondere bei integrierten Werkzeugversorgungssystemen dabei notwendige, laufende Generierung von Fahrplänen für das fahrerlose Transportsystem nach Ablaufprioritäten und Fahrwegminimierung ist nichts weiter als auf logistischer Ebene angewandte Regelungstechnik.

Flexible Fertigungssysteme dieses Herstellers werden mit den Mitteln der Simulation geplant. Dabei ist die "innere Verkettung" bereits äußerst flexibel. Eine äußere Verkettung ist bei diesem System auf Materialflußebene nicht geplant, aber sozusagen auf logistischer Ebene realisiert; das System ist in der Lage, Werkstücke satzweise für verschiedene Montageorte zeitgerecht zusammengestellt zu liefern.

Das nächste Beispiel (Bild 10) stammt aus dem Bereich der Montage von Elektronikbaugruppen. Es ist ein Bestücksystem (bzw. eine Bestückzelle) für das Montieren unterschiedlichster exotischer Bauelemente, die mit Standardbestückautomaten nicht montierbar sind. Das

Bild 10: Bestückung von Sonderbauelementen mit Robotern

modular aufgebaute System, dessen Kernstück drei Roboter sind, bietet dem Anwender viele Kombinationsmöglichkeiten. Erstens in der freien Anordnung und Auswahl der Bauelementebereitstellstationen, sowie zweitens durch die den zwei Bestückrobotern frei zur Verfügung gestellten automatisch wechselbaren Greiffinger.
Beispiele integrierter Meß- und Regelungstechnik sind für derartige Fügevorgänge typischerweise das optische Erfassen von Lochbildabweichungen und das Beaufschlagen der Setzkoordinaten mit daraus errechneten Korrekturwerten. Diese einfache Rückkopplungsart wird dann verwendet, wenn die Bauelemente an den zu steckenden Anschlußbeinchen gefaßt werden und mithin ihre Koordinaten bekannt sind. Bei Bauelementen, die im Gegensatz dazu am Körper gefaßt werden, werden die Lagetoleranzen der Anschlußbeinchen, bezogen auf die Körperkontur, vor jedem Setzvorgang in einer Meßvorrichtung ermittelt. Korrigiert werden hierbei die Koordinaten in der Einsetzebene und die Drehung des Greifers in der Einsetzrichtung.
Unabhängig von der Art des Greifens wird nach jedem Einsetzvorgang durch den unter der Bestückebene angeordneten dritten Roboter mit einem Unterwerkzeug überprüft, ob alle Anschlußbeinchen durchge-

steckt wurden. Ist das nicht der Fall, wird der Setzvorgang mit einem zweiten Bauelement wiederholt.

Das nächste Beispiel kommt aus dem Bereich der Montage hochintegrierter Schaltkreise. Bei den im Bild 11 gezeigten Automaten (Bonder) wurde die Möglichkeit der Verkettung noch nicht genutzt. Sie arbeiten von Magazin zu Magazin. Die Bonder kontaktieren integrierte Schaltungen (IC's) mit 25 µm Golddraht. Da die Lage der einzelnen

Bild 11: Kontaktieren integrierter Schaltungen mit automatischer Lageerkennung

IC-Chips, in der sie in der Kontaktierstation angeboten werden, geringen Abweichungen unterliegt, muß sie für jeden Kontaktiervorgang neu ermittelt werden. Dies erfolgt dadurch, daß der Chip optisch erfaßt wird. Mittels eines Mustererkennungs-Systems wird die jeweils vorgefundene Lage des Chips erkannt und dem Bonderkopf die Korrektur der Lagekoordinaten übermittelt. Der jeweilige Erkennungsvorgang mit Berechnung der Koordinatenkorrektur für den Bonderkopf erfolgt innerhalb 500 ms (Erkennzeit 330 ms) und mit einer Zielgenauigkeit der Kontaktierung von $\pm$ 10 µm.

Das Mustererkennungs-System muß anhand charakteristischer Oberflä-

chenstrukturen des Chips "angelernt" werden. Trotz der hohen Arbeitsgeschwindigkeit von 5 Verbindungen pro Sekunde bietet jeder einzelne Automat auf einem eigenen Display während des Erkennungsvorganges die von ihm aufgesuchten Erkennungspunkte an. Das ist notwendig, da ab und zu einzelne Musterpunkte wegen zu geringen Kontrastes nicht erkannt werden. Dann bleibt der Automat stehen und der Operator ist in die Lage versetzt, mittels des Displays und eines Fadenkreuzes den nicht erkannten Erkennungspunkt von Hand anzufahren und den Automaten wieder zu starten.
Mustererkennung bzw. Pattern-Recognition wie im hier gezeigten Beispiel wird in steigendem Maße in Montage- und Handhabungsvorgängen Eingang finden. Erprobt werden bereits 3-D-Mustererkennungssysteme. Einsatzfähig sind diese Verfahren allerdings jeweils erst dann, wenn die dazu erforderlichen Programme in spezifischen LSI's untergebracht sind, um die Mustererkennung in vertretbarer Zeit - wie im vorliegenden Fall - zu bewerkstelligen.

Das nächste Beispiel ist in seiner Fülle von zu lösenden Einzelproblemen typisch für die Anwendung des Fließprinzips auf die Montage von Elektronikgeräten. Im Bild 12 ist ein Teil einer Linie zur Pro-

Bild 12: Montagelinie für Tintenstrahldrucker

duktion von Tintenstrahldruckern gezeigt. In die verkettete Linie wurde teilweise sogar die Herstellung von Einzelteilen einbezogen. Der Ablauf des Transportsystems, die Einzelteilherstellung, die Abläufe der Montagen je Arbeitsstation und die bei diesen Prozessen erforderlichen Rückmeldungen sind steuerungsseitig miteinander verknüpft. In der im Vordergrund gezeigten Gießanlage erfolgt der automatische Verguß einer Komponente des Tintendruckwerkes. Die dort erfolgende Aufbereitung der Komponenten, die Überwachung des Aufbereitungsvorganges unter Berücksichtigung der Reaktionszeiten der Härtegemische, der Ablauf der Gießvorbereitung, Entgasung des Gießlings, der NC-gesteuerte Gießprozeß, der Transport der Gießpaletten über Linearroboter zu den Angelieröfen und die Steuerung des Anhärtevorganges sowie das Entladen der Öfen mit Bereitstellung der Gießlinge zum Nachtempern bergen eine Fülle klassischer Meß- Steuer- und Regelungstechnik.
Neben den vielfältigen technischen Problemen bei den einzelnen, mit Robotern durchgeführten Montagen sei noch hervorgehoben, daß auch in diesem Beispiel automatische Mustererkennung in den Herstellprozeß integriert wurde. Und zwar wird nach der Montage und Erstfüllung des Druckwerkes mit Tinte die Inbetriebnahme mittels Stroboskopeffekt überwacht. Anhand einer Bildauswertung der fliegenden Tintentropfen werden die Ansteuerungen der einzelnen Tintenkanäle getrimmt, das heißt aufeinander abgestimmt. Wenn die Tropfengeschwindigkeiten der einzelnen Tropfen im Toleranzbereich liegen, werden die dabei gewonnenen elektrischen Parameter automatisch mit einem Laser auf Dickschichtwiderstände übertragen, die zur Elektronik dieses speziellen Tintenkopfes gehören.

Neben der in den gezeigten Beispielen eingesetzten Meß- und Regelungstechnik spielt der bereits erwähnte Verkettungsgrad eine entscheidende Rolle. Eine "äußere" Verkettung einzelner Systeme setzt die Kommunikationsfähigkeit dieser Systeme untereinander voraus. Dies ist aber im größeren Umfang nur möglich, wenn die Hersteller der Systeme bei der Realisierung der Hardware und Software sich an Schnittstellenkonventionen orientieren. Erst derartige Konventionen ermöglichen ein weiteres Verketten sowohl der Hardware als auch der Software. Darauf ist die gesamte Industrie, unabhängig von der Grösse der einzelnen Unternehmen, angewiesen.

Die Integration von Hardware und Software setzt spezielle Kommunikationssysteme voraus. Für eine Fabrik sind im allgemeinen mehrere

Netze notwendig. Sie sind nach einer Kommunikations-Architektur strukturiert, die standardisierte Transportfunktionen für lokale Netze (LAN)

wie Ethernet, Token Bus

beschreibt, sowie standardisierte Dienste für die Automatisierung

wie programmierte Steuerung, Robot Control, Numeric Control und für das Engineering, wie Filetransfer, Mailservice, Datenbankservice, Terminalzugriff, Print/Plotservice

festlegt und auch die Netzverwaltung

wie Netzwerkmanagement, Directory Service u.a.

bestimmt.

Es ist für den Fortschritt der Automatisierung unabdingbar, daß diese Kommunikations-Architektur einen herstellerunabhängigen Verbund von Automatisierungskomponenten ermöglicht.
Das ist nur mit einer o f f e n e n Kommunikation möglich, die mit allgemein anerkannten Standards arbeitet und die auch alle Informationen über Protokolle und Schnittstellen festlegt.

Beispiele für offene Kommunikation, die weltweit funktioniert, sind die öffentlichen Dienste der Postverwaltungen, mit deren Hilfe jeder mit jedem zu jeder Tages- und Nachtzeit kommunizieren kann.
Hingegen kann man getrost feststellen, daß in einzelnen Unternehmen **heute auftretende Automatisierungs**krisen nicht zuletzt wegen noch nicht hinreichender Standardisierung und antiquierter Herstellerabhängigkeit bei der Vernetzung meist Kommunikationskrisen sind.

4. Die diskontinuierliche Produktion als geregelter Prozeß

Nachdem dargestellt wurde, daß man Regelkreise für diskontinuierliche Prozesse simulieren kann, und nachdem aufgezeigt wurde, daß man mit Hilfe flexibler Produktionseinrichtungen viele Fertigungen in losgrößenunabhängige Linienstrukturen überführen und somit Regelstrecken bilden kann, deren Gestaltung für die Steuer- und Regelungseinrichtungen sowie für die Stellglieder voraussichtlich erhebliche Vereinfachungen erwarten läßt, sei nun schließlich die Frage diskutiert, wie eine diskontinuierliche Produktion von Gütern als geregelter Prozeß in der Realität aussehen muß.
Bestärkt wird dieses Vorhaben durch Kernaussagen der Regelungstech-

nik selbst, wie:

- Regelungstechnik ist die technische Grundlage der modernen Automatisierung;
- die Notwendigkeit einer Regelung ergibt sich aus der Störanfälligkeit eines Prozesses;
- der Einsatz eines Regelungssystems wird um so notwendiger, je vielfältiger die Produktionspalette wird usw;

Aussagen, die ganz besonders für viele diskontinuierliche Prozesse zutreffen.

Man kann heute davon ausgehen, daß in modernen Unternehmen mit Nachdruck an der Einrichtung des Office of the Future und der Factory of the Future gearbeitet wird. Die administrativen und dispositiven Prozesse werden ja bereits seit Jahrzehnten automatisiert und durch Dv-Verfahren unterstützt. Die Dv-maschinelle Durchdringung ist sowohl bei den Funktionen Produktionsplanung und -steuerung als auch bei den administrativen ven Funktionen wie z. B. Rechnungs- und Personalwesen nahezu 100 %. Neben den ursprünglichen Universal-Dv-Anlagen (Bild 13) haben sich seit über einem Jahrzehnt zahlreiche Spezialsysteme und Terminals verbreitet, mit deren Hilfe die einzelnen Arbeitsplätze dialogfähig und dezentralisierbar wurden.

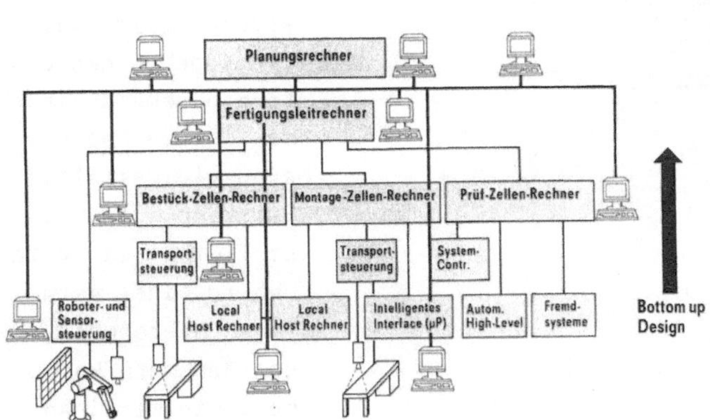

Bild 13: Datenmanagement der Future Factory; Dezentralisierung der Datenverarbeitung und Automatisierung vom Prozeß her

In der Entwicklung haben ebenfalls seit vielen Jahren Dv-Anlagen und -Programme dazu beigetragen, den Entwicklungs- und Konstruktionsprozeß zu beschleunigen, die Qualität der Produkte und die Reproduzierbarkeit zu verbessern. Es gelingt in zunehmendem Maße durch den verbreiteten Einsatz von Design-Arbeitsplätzen für Hardware und Software unter Anwendung entsprechender Design-Regeln und Expertensystemen die Produkte so zu gestalten, daß flexible, moderne Fertigungssysteme deren Variantenvielfalt ohne Mehrkosten umsetzen können.

Vor allem aber werden konsistente Daten erzeugt, gespeichert, weiterentwickelt und in allen Folgefunktionen dank der Kommunikationsnetze der Fabrik weiterverarbeitet, ohne daß sie auf dem Automatisierungshemmnis 1. Klasse, dem Papier, aufscheinen müssen.

Bei der Entwicklung komplexer Systeme ist diese Durchgängigkeit vom logischen Entwurf bis zur Fertigung und sogar über diese hinaus bis zur Betreuung im Einsatzfeld ein zentrales Problem. Bei hochintegrierten Produkten müssen enorme Datenmengen verwaltet und real-time zur Verfügung gehalten werden (Bild 14). Die Aspekte des Datenmanagements in der Future Factory sind vielgestaltig. Bei komplexen Herstellprozessen wird man zu einer 4stufigen Hierarchie von Rechnern kommen, die miteinander über die vorgenannten lokalen Netze (LAN's) in Verbindung stehen. Mit der Ökonomie des Datenverkehrs in diesen Netzen hängen zwingend Überlegungen zusammen, an welchen Stellen des gesamten Systems Datenbanken im Zugriff gehalten werden. Der Ort der Speicherung hängt von der Häufigkeit der Datenzugriffe ab, was zwangsweise zu dezentralen Datenhaltungen führt.

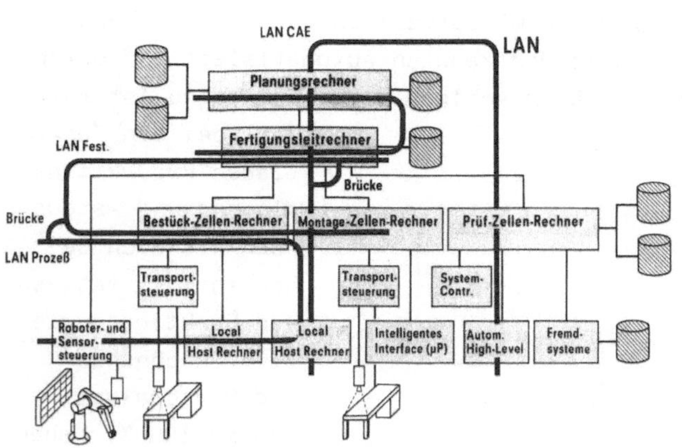

Bild 14: Datenmanagement der Future Factory; Lokale Netze und dezentrale Datenhaltung

Bewertet man den bis hier behandelten Aufwand für Datenfluß und Logistik, so kann man unschwer feststellen, daß er dem Aufwand bei kontinuierlichen Prozessen gleicht, nur daß bei letzteren Regelung einen wesentlichen Anteil hat.

Auch bei kontinuierlichen Prozessen (Bild 15) findet man eine 3stufige Rechnerhierarchie, der ohne weiteres eine weitere Ebene für das Verwalten und Planen "überzustülpen" ist. Damit werden die Automatisierungspyramiden (Bild 16) äusserlich sehr ähnlich und man fragt sich, ob es überhaupt Unterschiede gibt.

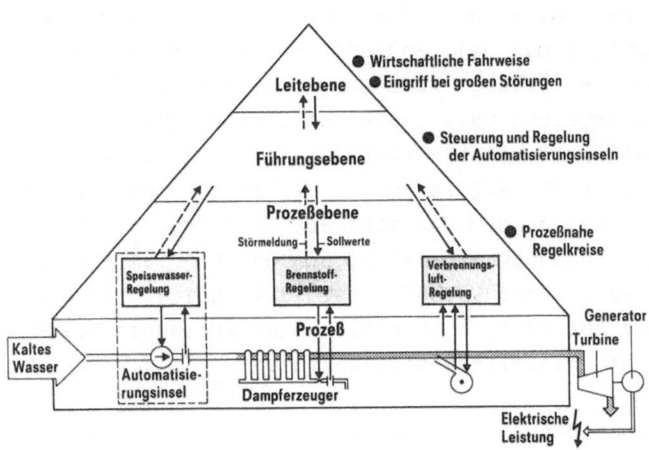

Bild 15: Kraftwerks-Prozeß; Automatisierungs-Pyramide

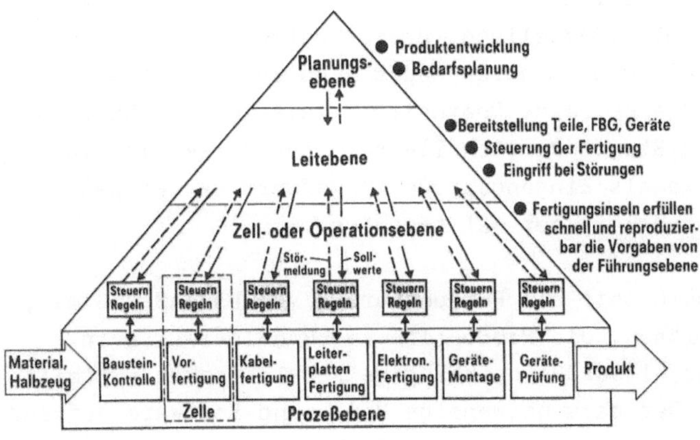

Bild 16: Regelungstechnik in der Betriebswirtschaft

Bei einem Kraftwerk schaltet sich der Kunde, wenn er Bedarf hat, mit einem Tastendruck an das Netz und bekommt im gleichen Augenblick die Ware - nämlich Strom - in gewünschter Menge und Qualität geliefert.

Bei anderen Produkten kann der Bestellvorgang heute bereits ähnlich aussehen, wie beim Ordern von Strom. Es ist leicht vorstellbar, daß der Kunde anhand eines Katalogs eine Bestellung zusammenstellt und sie von seinem Heimterminal direkt an den Lieferanten gibt, so wie es heute bereits von zahlreichen Geschäftsstellen des Lieferanten aus möglich ist. Hier tritt nun beim vorliegenden Vergleich ein gravierender Unterschied zutage, und zwar nicht wegen der umgehenden Lieferung der Ware Strom; dies

ist eine Folge einer warenspezifischen Eigenschaft, sondern vielmehr wegen der Umstände, die mit dem Bestellungseingang beim Lieferanten zusammenhängen.
Während im Kraftwerk die "Bestellung" den Herstellprozeß direkt als Eingangsgröße beeinflußt, indem bei genügend großer "Bestellmenge" mehr Dampf für die Turbine verlangt wird und damit Brennstoff-Regelung, Verbrennungsluft-Regelung usw. in Aktion treten, gibt es bei diskontinuierlicher Warenproduktion vermutlich keinen Fall, wo die Kundenbestellung direkt in die Regelstrecke der Prozeßebene gelangt. Für einen Wirtschaftszweig, in dem unmittelbare Belieferung zum Geschäft gehört, z.B. den Konsumgüterbereich, ist das Problem ohne Regelungstechnik mit Verkaufslägern, Kaufhäusern u.ä. gelöst, in allen anderen Fällen muß sich der Kunde bisher mit immer zu langen Lieferzeiten und entsprechendem Bestellerrisiko abfinden.

Dem Leser bleibe die Schilderung von Einzelheiten erspart, die in diesen Fällen mit der Behandlung der elektronisch beim Lieferanten eingehenden Bestellung in Zusammenhang stehen. Soviel ist jedoch gewiß, daß auf verschiedensten Dispositionsebenen das Losbildungs-Unwesen wahre Triumphe feiert. Vielmehr sei statt dessen die Meß- und Regelungstechnik einmal mehr herausgefordert und die Frage diskutiert, warum eine einzelne Bestellung, deren Posten auch einzeln ausgeliefert werden soll und in aller Regel auch vereinzelt produziert werden muß und dessen reine Bearbeitungszeit im Produktionsprozeß im Minuten- bis Stundenbereich liegt, nicht direkt in eine Produktionsregelstrecke als Eingangsgröße eingeführt werden kann, wie es bei einem Kraftwerk in der Tat geschieht.

Wie kann man den Primärbedarf als Führungsgröße verwenden? Daß man, um dieses Problem zu lösen, die Produktion zweckmäßigerweise in flexible linienförmige, losgrößenunabhängige Regelstrecken aufteilt, wurde schon erörtert. Der dazu notwendige Hard- und Software-Aufwand auf der Prozeßebene ist nicht klein, angesichts der enormen Vereinfachung administrativer und dispositiver Vorgänge der Auftragsabwicklung, der Fertigungssteuerung usw., jedoch auf jeden Fall wirtschaftlich. Man wird einen Algorithmus benötigen, mit dessen Hilfe jede eingehende Bestellung als Veränderung der Führungsgröße des Gesamtprozesses die Führungsgrößen der Einzelprozesse zeit- und mengengerecht verändert u.a.m.

Da sich die Herstellung eines Produktes im allgemeinen auf mehreren

Prozeßlinien teilweise zeitlich parallel abspielt, ist die Herstelldauer kleiner/gleich der Bearbeitungszeit. Demnach könnte ein kundenspezifisches Produkt nach Aufgabe der Bestellung und Ablauf einer Frist, die kleiner als die Gesamtbearbeitungszeit ist und die sich in den meisten Fällen im Stundenbereich bewegt, ausgeliefert werden. Das ist wahrhaftig für viele Produzenten und vor allem auch für zahllose Kunden eine faszinierende Vorstellung.
Daraus geht aber auch eindeutig hervor, daß das für die Produktion gekaufte Material oder die von anderen Herstellern bezogenen Teile in einer bestimmten, möglichst kleinen Menge - ebenso wie der Brennstoff am Dampferzeuger des Kraftwerkes - an der Prozeßlinie ständig zur Verfügung stehen müssen.
Eine vollautomatische, geregelte Prozeßlinie folgt Schwankungen des Kundenbedarfs im 24-Stunden-Betrieb sehr rasch und sehr präzise. Es ist also wichtig, den Material- und Teilevorrat ebenso rasch anzupassen. Diesen ständig zu ergänzenden und ständig wohlsortierten Vorrat automatisch sowohl auf dem betriebswirtschaftlich als auch auf dem versorgungsmäßig richtigen Niveau zu halten, ist eine Regelungsaufgabe par excellence, deren endgültige und vollständige Lösung immer wieder beschworen, deren Praktizierung aber in vielen Fällen - verglichen mit anderen Niveau-Reglern - höchst unbefriedigende Resultate liefert. Bei zahlreichen Beschaffungsvorgängen und ebenso zahlreichen Lieferanten wäre diese Regelung in der Tat sehr komplex, aber gewiß nicht unlösbar.

Es sei nun am Beispiel einer existierenden Prozeßlinie erläutert, wie weit diese umrissenen Idealvorstellungen heute verwirklicht werden können. Diese Prozeßlinie läuft in einem Werk für elektronische Produkte, das ein CIM-Konzept verfolgt und es ständig weiter vervollkommnet. Bild 17 zeigt den

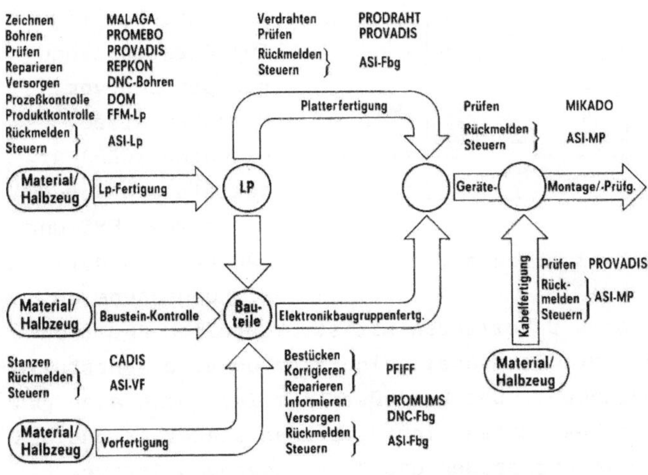

Bild 17: Werk für elektronische Produkte; Dv-Einsatz

Materialfluß dieses Werkes mit den dazugehörigen Prozeß-Steuerprogrammen. Es ist das Zusammenwirken verschiedener Prozeßlinien, wie Vorfertigung, Leiterplattenfertigung usw. erkennbar.
Auf die Linie "Elektronikbaugruppenfertigung" gehen wir jetzt näher ein (Bild 18). Die Prozeßebene besteht einschließlich des Streckenkopfes aus 7 Zellen, die aus unterschiedlichsten Bestück-, Montage- und Lötautomaten bestehen und auch noch einige Handarbeitsplätze für exotische Bauteile enthalten.
Jede Zelle hat 3 und mehr Einzelautomaten, die mit einem automatischen Transportsystem flexibel verkettet sind. Auch die Zellen untereinander sind mit demselben Transportsystem verbunden. Jede Zelle verfügt über einen Zellenrechner, der mit den anderen über einen Ethernet-Bus verbunden ist. Sie stellen die Operationsebene dar und sind ihrerseits alle mit einem Leitrechner mit Back-up-Rechner verbunden.

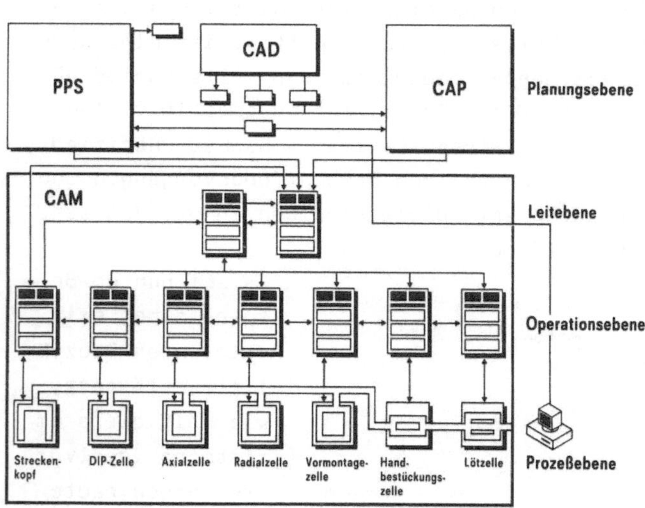

Bild 18: Prozeßlinie Elektronikbaugruppen

Der Leitrechner bzw. die Leitebene erhält von der Produktionsplanung und -steuerung (PPS) synchron mit den anderen Prozeßlinien des Werkes über das Rechnernetzwerk kundenspezifische Aufträge für Elektronikbaugruppen und vom Computer-Aided-Planning (CAP) Arbeitsfolgen und NC-Programme. PPS und CAP gehören der Planungsebene an.
Sie werden ihrerseits von CAD-Verfahren mit strukturellen und technischen Grunddaten versorgt. Es handelt sich hier um eine mehrstufig rechnergestützte Prozeßlenkung. Der Prozeßverlauf ist durch eine gewollte Beeinflussung von bestimmten Eingangsgrößen steuerbar und das Zeitverhalten zwischen Eingangsgrößen und Ausgangsgrößen ist bekannt. Die Rechner erfassen und verarbeiten Daten, überwachen,

steuern, regeln und führen den Prozeßverlauf programmgesteuert.

Der Rechner ersetzt hier konventionelle Steuer- und Regeleinrichtungen und wirkt direkt auf die Sollwerte, Stellgeräte u.a. ein. Die Informationen werden in beiden Richtungen ausgetauscht; es handelt sich um einen On-line-Closed-loop.

Das verwirklichte Layout (Bild 19) und die Einbindung in den Rechner-Netzverbund sind so gestaltet, daß jede kundenspezifische Elektronikbaugruppe vom Streckenkopf auf die Reise geschickt wird und automatisch diejenigen Bestückeinrichtungen anfährt, die die von ihr benötigten Bauteile enthalten. Alle 6000 Bauteiletypen für 300 Elektronikbaugruppentypen sind ständig in den Magazinen der Automaten und Montageplätze enthalten, so daß es tatsächlich ohne umzurüsten möglich ist, die Losgröße 1 zu fahren. Man kann also die für ein Produkt benötigten unterschiedlichen Elektronikbaugruppentypen unmittelbar hintereinander über die Prozeßlinie laufen lassen, um in der Montage jeweils komplette Sätze von Baugruppen mit der minimalen Durchschnittswartezeit zu erhalten.

Bild 19: Flexible Fertigungslinie für Elektronikbaugruppen

Innerhalb eines Tages werden diese kompletten Sätze von Elektronikbaugruppen erzeugt und in die Gerätemontage transportiert (Bild 20). Die übrigen Moduln treffen dort ebenfalls termingenau und kundenspezifisch ein. Die komplette Fertigung und Prüfung von Geräten ist im Stunden- oder Tagebereich möglich.

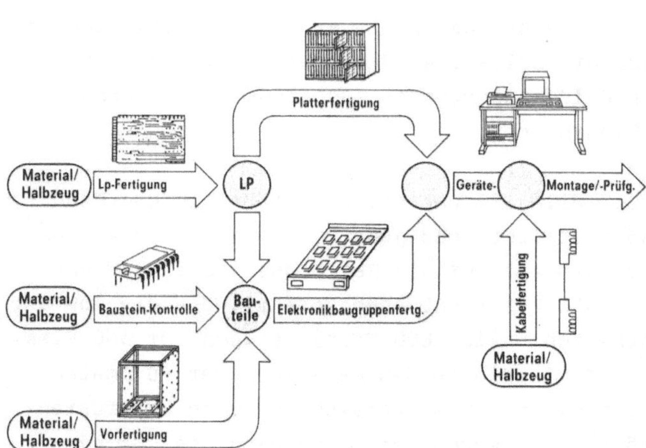

Bild 20: Werk für elektronische Produkte; Materialfluß

Wo liegen die meß-, steuer- und regeltechnischen Probleme? Bei der tatsächlich gefahrenen Losgröße 1 genügt es nicht, die gesamte Prozeßlinie als e i n e Regelstrecke zu betrachten und die Regelgröße X, wobei X d i e spezifische, brauchbare Elektronikbaugruppe zur richtigen Zeit ist, an deren Ende zu messen. Da jeder Regler nur die Größe regelt, die er mißt, müssen schon wegen der Vielzahl möglicher Störgrößen Unter-Regelkreise eingerichtet werden, die die Teilfertigstellung der einzelnen Baugruppe an jedem Automaten während des Arbeitsfortschritts überwachen - d.h. jeden einzelnen Arbeitsschritt oder Bestück-Hub - um z.B. Störungen sofort am einzelnen Exemplar ausregeln, d.h. beseitigen zu können.
Es sind dazu Störbeseitigungsstrategien entwickelt worden. Bei jedem Hub wird der elektrische Wert jedes Bauteils gemessen, die Lagerichtigkeit festgestellt und nach vollendetem Arbeitshub wird geprüft, ob das Bauteil die endgültige Lage erreicht hat. Ist einer dieser Werte nicht in Ordnung, wird der Arbeitsschritt wiederholt. Das Ganze spielt sich in wenig mehr als einer Sekunde ab. Muß in Ausnahmefällen wegen einer unvorhergesehenen Störung der ganze Vorgang für die spezifische Baugruppe von Anfang an wiederholt werden, wird am Streckenkopf z.B. vom Modul-Prüfautomaten automatisch ausgelöst eine neue Grundplatte vorgegeben.
Die Losgröße 1 ist vom Kundenbedarf her gesehen meist der Normal-

fall, steuer- und regeltechnisch sicher aber ein delikater Sonderfall, dessen befriedigende Bahandlung und Automatisierung einiges Kopfzerbrechen bereitet und die Steuerungs- und Regelungstechnik herausfordert.
Selbst wenn nämlich alle vorhersehbaren Störungen bei der Vielzahl von Einzel-Arbeitsschritten - im Mittel nicht viel weniger als 1000 - am Entstehungsort, also auf den schnellen, inneren Regelkreisen, beseitigt werden könnten, wäre bei einer unvorhergesehenen Störung, die erst am Ende der Elektronikbaugruppen-Strecke durch Funktionsprüfung festgestellt werden kann, die Totzeit der Regelstrecke zu groß. Dieser Fall führt deshalb wohl zu einem Steuervorgang in Form einer notwendigen Wiederholung des ganzen Arbeitsablaufes dieser Strecke. Vom Standpunkt des übergeordneten Regelkreises der Gerätemontage mag dies unerheblich sein, wirkt der untergeordnete Kreis doch nur wie ein Stellglied des übergeordneten Kreises.
Die Bereitstellung aller zur Fertigstellung eines Gerätes benötigten Baugruppen erfolgt auf jeden Fall automatisch, wenn auch mit geringen zeitlichen Verschiebungen. Der übergeordnete Kreis wirkt für den untergeordneten Kreis wie ein Sollwerteinsteller.
Die Losgröße 1 zeigt hier im übrigen noch einen weiteren Vorzug. Sie kompensiert in gewisser Weise den Nachteil der zu großen Totzeit, indem sie z. B. die unvorhergesehene Störung eines Prozeßschrittes in sich als Einzelexemplar konserviert und damit Ausfallkosten, die sich bei serienweiser Nutzung dieses Schrittes in erheblichem Umfang ergeben würden, vermeidet.
Selbst wenn große Serien möglich und sinnvoll weiterverarbeitbar wären, muß man sich kritisch fragen, ob die Ausfallkosten der Exemplare, die sich bei Feststellung einer unvorhergesehenen Störung in der Regelstrecke befinden, durch irgendeinen bewertbaren Vorteil auszugleichen sind.

Man kann es sich sicher ersparen, hier noch nach weiteren Analogien zu den klassischen Steuer- und Regelschaltungen zu suchen, denn man kann auf jeden Fall davon ausgehen, daß bei einer variantenreichen, diskontinuierlichen Einzelproduktfertigung etwa von der geschilderten Art sich zahlreiche Rückkopplungs n o t w e n d i g k e i t e n ergeben, will man die Fertigung im Fluß halten und den Wunsch vieler Kunden, daß die Lieferung die beste Auftragsbestätigung ist, erfüllen. Es sind andererseits dank der verteilten und preiswerten Rechnerintelligenz, die hier in großem Umfang die Reglerfunktionen übernimmt, auch zahlreiche Rückkopplungs m ö g l i c h k e i t e n geboten. Und sie werden auch dringend benötigt, da die Anzahl der Verbindungen für Informationsflüsse proportional mit der Zahl der Zellen u n d der Teile in der Materialebene steigt.

Es besteht keinerlei Zweifel, daß sich zahlreiche diskontinuierliche Fertigungen, vor allem im Montagebereich, in ähnlicher Weise steuern, regeln und führen lassen. Die dafür notwendigen Elemente vom Rechner und programmierbaren Steuerungen über lokale Netzwerke, Bedien- und Beobachtungssysteme bis hin zu numerischen Steuerungen, Robotersteuerungen und Sensoren stehen in großer Auswahl zur Verfügung (Bild 21). Das Prozeßleitsystem war bisher im engeren Sinne den kontinuierlichen Prozessen vorbehalten. Es wird künftig mehr und mehr auch diskontinuierlichen Prozessen die höchsten Weihen der flexiblen Automation verschaffen helfen. Die Disziplin der Meß- und Regelungstechnik kann und wird den von ihr erwarteten Beitrag dazu leisten.

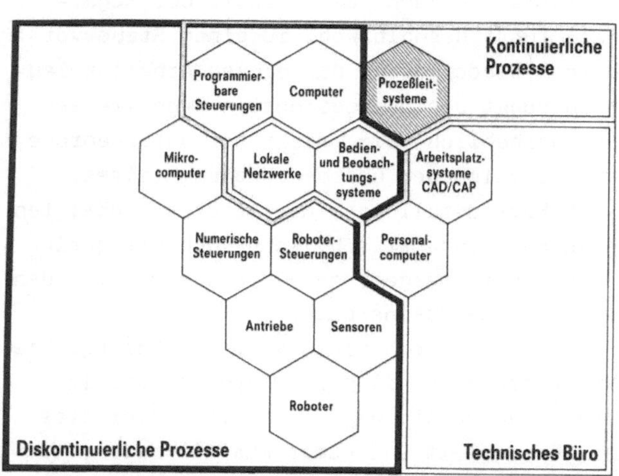

Bild 21: Systeme für die Automatisierung

IMPACT OF RECENT COMPUTER TECHNOLOGY ON SYSTEMS CONTROL

AUSWIRKUNGEN JÜNGSTER ENTWICKLUNGEN DER RECHNERTECHNOLOGIE AUF DIE LEITTECHNIK

S. Narita
Department of Electrical Engineering
Waseda University
Tokyo 160, Japan

ZUSAMMENFASSUNG

Dieser Bericht skizziert ein Bild laufender Entwicklungen der Rechnertechnik und verwandter Technologien und untersucht deren Auswirkungen auf die Leittechnik. Zunächst wird gezeigt, wie sich die Anwendung von Rechnern in der Automatisierung von kontinuierlichen hin zu diskreten Prozessen entwickelt hat.
Gerade bei der letztgenannten Anwendungsklasse gehört eine Vielzahl neuartiger CA-Techniken zum festen Bestandteil von Leitsystemen, sowohl in der Operationsphase als auch in der Entwurfs- und Testphase.
Eine kurze Übersicht über jüngste Entwicklungen auf dem Gebiet der Hard- und Software von Rechnern schließt sich an. An ausgewählten Beispielen aus der Leittechnik wird die Anwendung dieser modernen Rechnertechnologien diskutiert. Dabei wird besonders auf die Rolle der digitalen Signalverarbeitung bei Bildverarbeitung und Maschinendiagnose sowie auf die Bedeutung wissensbasierter Ingenieurmethodiken eingegangen.

1. INTRODUCTION

It is oftentimes said that systems control requires three C's, namely, Computer, Communication, and Control technology. The present report is aimed at providing the reader with an overview of the roles of computer technology in today's systems control. The activities of any enterprise may be broken down into three phases: planning, execution, and evaluation phases, or, in short, "plan", "do" and "see" phases. The planning phase involves activities such as system design, production planning, and line scheduling. The second phase, the execution or "do" stage, is actuation, i.e., actual execution of control actions. The third phase consists of such activities as testing of finished products, evaluation of overall performance of production lines, and detection of defects or anomalies. Until the middle of 1970's, most computer applications in systems control had been centered around the second phase. The last several years have witnessed marked changes in the modes and fields of computer application. Today, a wide variety of computers and microprocessor-imbedded devices are found not only in the second phase but also in the first and the third phase.

Several reasons may be pointed out for this change. The first and obvious reason is, needless to say, the marked breakthrough of microelectronics technology, which has given rise to inexpensive yet very powerful 16-bit and 32-bit microprocessors. Today's high-end off-the-shelf 16-bit microprocessors are cheaper than ten-turn potentiometers yet they are by far more powerful than minicomputers of the early 70's with a price tag of over ten thousand dollars. Secondly, computer applications have expanded to other industrial fields than process industries such as machining and assembly automation, where discrete materials are processed and handled. This change is, among other things, due to the development of Computer Aided Technologies such as CAD, CAM, CAT and CAE. Lastly but by no means least importantly, the development of communications among computers, process equipments and human operators has contributed to the establishment of an integrated information network by which the three phases mentioned before can be combined functionally for total optimization.

In the first place, the present report reviews the historical development of computer applications in systems control, with particular emphasis placed on the use of computer aided technologies in the planning and evaluation phases. An overview of the present status and future prospects of computers and related technologies is then given. This is followed by the description of some salient examples of recent computer technologies such as image processing, machine diagonosis and knowledge engineering.

2. FROM PROCESS AUTOMATION TO COMPUTER INTEGRATED MANUFACTURING

The last decade has witnessed a dramatic leap in VLSI technology, which has given rise to high-performance superminis, minis and micros. The development of communication technology has provided the system designer with a tool to tie together a wide variety of computers distributedly located. The popularization of modern control theory and artificial intelligence disciplines are changing drastically the philosophy of systems design.

Process Automation and Factory Automation

The use of computers in process control dates back to 1959 when a process control computer was put into practical use at Port Arther Refinery Plant of TEXACO for data logging. In the past, the term "automation" mainly meant the automation of process industries dealing with continuous materials such as gases, liquids and powders. The fields of control computer application have expanded gradually to include processes involving discrete materials. The rolling mill line dealing with slabs and ingots and the assembly line of automobiles are typical examples. The automation of discrete processes such as above is sometimes referred to as Factory Automation (abbreviated as FA) in contrast to Process Automation (PA). Presently, industrial automation may be broken down to PA and FA, the latter being comparable to the former in both size of investment and sophistication of computer application. Automation is penetrating into other fields than industries. Business Automation and Office Automation are changing completely the way of business works; Home Automation is entering every home in the form of home electronics.

Factory Automation is characterized by the extensive use of recent computer aided technologies for such functions as systems planning, design and testing. It seems worthwhile to examine at this point the difference between PA and FA. The use of computers in continuous process industries such as petrochemistry and power utilities places much emphasis on process operation and supervision. Those process industries are, with a few exceptions, energy and resource (material) consumptive and mass productive. The application of computers in factory automation, e.g., machining, automobiles, and ship building, is centered around design, machining processes, material handling, assembly and testing. In most cases, those industries do not consume a vast amount of energy and resources, and the lot size of production is usually medium or small. Moreover, they are quite often labor intensive and require much human intervention.

The history of computer application in factory automation dates back to numerically controlled (NC) machines. The early style of controlling NC machines individually has changed to a more integrated form such as machining centers and machining complexes. The combination of NC machines with industrial robots has given rise to Flexible Manufacturing Systems (FMS) and FMS complexes. The automation of material handling has appeared in the form of automated warehouses, computer-controlled cranes, unattended guided vehicles and sophisticated conveyer systems. In addition to such computerization at the field level, factory automation is better characterized by Engineering Automation (EA). The computerization in engineering works has been realized and widely accepted in the form of Computer Aided Technologies such as CAD, CAM, CAE, CAPM (Computer Aided Production Management) and CAT(Computer Aided Testing). CAD (Computer Aided Design) in its early stage of development was nothing other than a Computer Aided Drafter. It has evolved to ICAD (Interactive CAD) and, combined with Computer Aided Manufacturing, it has gradually been integrated to CAD-CAM. Presently, machining operations required for fairly complex-shaped parts can be realized with little intermediate human intervention. The development of ultrahigh speed superminis and supercomputers has contributed to rapid simulation, which has enabled a priori evaluation of several design alternatives in the fields of strength of materials and construction design. Digital signal processing and pattern recognition are the theoretical basis on which Computer Aided Testing is realized.

Computer Integrated Manufacturing

As has been described above, the intelligence of computers has penetrated into every field and phase of manufacturing activities. The individual computer aided technologies are now being integrated by combining respective engineering data bases via a local area network.

There did exist in the past such systems employing extensively a wide variety of computer aided technologies. The aircraft industry, for example, is known to have made full use of computer capabilities as early as 1960's. The information system called Interlock, which was constructed by Lockheed Georgia Aircraft Company, employed two huge mainframes and a total of some 260 workstations and data acquisition terminals. This integrated information system had the capability of processing 3,700 messages per hour and about 60,000 messages per day. With this system, the jet engine designer could communicate with the wing designer for technical coordination by referring to respective engineering data bases using the remote terminals located in their offices. The most advanced and sophisticated computer graphics available at that time was introduced for CAD and CAM. Computer simulation was also used extensively for a priori evaluation of several design alternatives of aircraft.

The Interlock Project is by no means said to be a success. The reason is manifold. Firstly, computer hardware including bulk memories and peripheral devices was too expensive to be economically justifiable even with a tremendous amount of monetary support by the Airforce. Despite a vast amount of investiment for computing resources, the computing power was far from sufficient to fulfil the ever-increasing computing demand. Secondly, the cost for software development and maintenance exceeded by a large margin the estimate made by the system planner. (This situation of underestimating software development costs is frequently encountered in a number of computer control applications.) Thirdly, because of the lack of non-numeric technologies such as process design, which require a strong support of professional expertise, computerization was realized for a very small fraction of the total system. Lastly, communication technology was too immature to allow for smooth data transfer among engineering and production sections. In addition to the expensive cabling costs due to point-to-point communication, no systematic philosophy existed for the construction of distributed computer systems and data bases.

Because of the immaturity of computer technology, both hardware and software, the Interlock Project could little achieve what the enthusiatic pioneering system planner had contemplated. It has left many invaluable lessons, however. In particular, the fundamental idea of Interlock is being realized in the form of Computer Integrated Manufacturing or CIM, which extensively employs recent computer aided technologies.

It is an extremely difficult undertaking to define CIM by a single-line sentence. So, let us characterize CIM by viewing it from different standpoints.

First of all, CIM is aimed at combining human and computerized functions. In other words, it does not try to realize a completely unattended automatic system. Rather, the ultimate goal of CIM is the realization of a highly sophisticated man-machine system making full use of computer aided technologies. One salient feature of CIM is that all processing functions are to be expressed in the form of data, both numeric and non-numeric. To this end, various metric techniques are used to construct numerical data bases; those pieces of information which are difficult to treat quantitatively are stored and utilized in the form of "knowledge bases".

It is essential for CIM that the data can be <u>generated</u>, <u>transferred</u>, <u>used</u>, and <u>stored</u> all by computer technology. The underlined functions are carried out by computers and related technologies. Namely, for data generation, a variety of intelligent or smart sensing devices and input terminals are necessary. Advanced communication technologies such as industrial and technical-office local area networks are employed for fast, reliable and inexpensive data transfer. Modern man-machine interface devices and powerful engineering work stations are called for to make full use of the data. For the accumulation of a vast amount of data, the data structure and data bases must be carefully designed. The kernel of CIM is, needless to say, computers ranging from supercomputers and large mainframes to tiny microprocessor chips.

Before we discuss the impact of modern computer technology on today's system control practice and further developments in the future, it seems advisable to sketch recent computer technologies and related engineering developments because they will determine, to a greater or lesser extent, the future direction of development of systems control.

3. RECENT DEVELOPMENT OF COMPUTERS AND RELATED TECHNOLOGIES

The last several years have witnessed a marked progress in computers and related technologies. The use of computers in process monitoring and control dates back to 1960's when computers were price-tagged probably hundreds or even thousands times as high as today. The reliability of computers was also so low that it was common practice to employ two computers in dual mode or to use analog back-up for computer failures. The computing speed was so low that control algorithms with heavy computing load could not be implemented even if their effectiveness had been proved in research laboratories.

Today, the story is completely different. Since the advent of microprocessors in the early 1970's, the computing cost has dropped drastically. The reliability of microprocessors is by far higher than that of hard-wired logic circuits because they involve fewer connecting points.

VLSI Technology

The explosive development of microelectronics technology which began in the early 70's has brought about fundamental changes in the way of computer application and the architecture of computer systems. Integrated circuit technology and computer technology have developed with mutual dependence. The number of logic elements imbedded in a tiny chip will soon become over a million thanks to MOS technology. The computer aided design, on the other hand, is indispensable for the design of VLSI circuits.

According to integration density, integrated circuits are classified into SSI (several ten gates per chip), MSI(several hundred gates), LSI(over several thousand gates), VLSI(over several hundred thousand gates) and ULSI(over a few million gates). This reduction in size of logic circuits is really a miracle; the first computer ENIAC completed in 1946 employed a total of 18,000 vacuum tubes and the total weight was thirty tons!

The recent VLSI technology also allows to produce large-capacity IC memories. The memory capacity of an off-the-shelf dynamic RAM exceeds one megabits. The volume of IC memory required to store one million bytes is about 2 litres in the case of an IBM 4341 system. It is approximately 1/5,000 of the volume of core memory if the old technology of an IBM 650, which appeared in the market in 1953, were used. The price of dynamic RAM's has also been decreasing rapidly. The memory cost has decreased at the rate of one-tenth in every six years. The cost reduction of microprocessors and memories is reflected in the decrease of data processing cost. In 1953, when vacuum tubes were the key elements of computers, the computing cost for one hundred thousand instructions was reported to be $1.26. With the advent of transistors and integrated circuits, it dropped to the range from 12 to 26 cents. The computing cost on a VLSI computer is far less than a penny.

Control Computers/Embedded Computers/Dedicated Computers

Computers are classified into the first through fourth generations according to the logic circuit employed. Present commercial mainframe computers using LSI technology are the 3.5-th generation; some microcomputers employing VLSI engines are the fourth generation.

Remarkable progresses are also observed of control computers and embedded computers. The performance of supervisory computers located on top of control hierarchy is increasing rapidly; the throughput has reached several mega Wheatstone instructions per second. Those computers usually employ 32-bit processors and fast cache memories with the capacity of up to 64 kilobytes. The virtual memory method is in common use for the improvement of software productivity at the sacrifice of some degradation of response speed.

At the lower level or sensor-base level of hierarchy, conventional minicomputers have mostly been replaced by embedded-type 8- and 16-bit microcomputers. Those microcomputers are provided with sufficient processing capabilities for performing system control functions such as sequence control, DDC, optimization, monitoring, data acquisition, and statistical processing. The processing capability of a standard off-the-shelf 16-bit microprocessor, e.g., i-8086 and z-8000, in terms of throughput based on the DDC mix is around 0.3 MIPS, approximately the same as that of a best-selling minicomputer in the early '70.

One of the new comers to industrial fields is the so-called FA computer, which is tailored to several specific needs for factory automation. It features user-friendly man-machine interfaces of office computers and data processing capability for job-shop management as well as process input-output devices to facilitate ready-to-use interfaces with robot and NC machine controllers. The system architecture of FA computer is similar to high-end personal computers. It usually consists of a 16-bit microprocessor, a main memory of 256-512 kilobytes, flexible and/or Winchester-type disc drives, and serial/parallel communication interfaces. One of the distinct differences from conventional personal computers lies in its dust-proof robust structure such as the use of a heat exchanger to dissipate heat from a hermetically sealed cabinet and a sheet-type keyboard. The FA computer is also provided with RAS features including self-diagnosis.

As to man-machine communications, a wide variety of interfaces between computers and operators have been developed. CRT has long played a main role as a convenient tool for man-machine communications. With high-resolution, large-screen (70-100 inches) CRT displays, the operator can communicate with the computer in a more sophisticated manner. One of the features of CRT in comparison with conventional mosaic display boards lies in the fact that the operator can choose interactively the very picture that contains the information items useful at each instant of system operation. In addition, new man-machine interface devices have come to practical use such as voice input-output devices, touch sensitive boards, touch sensitive screens, and "mice".

In contrast to general-purpose computers, dedicated computers are so designed that their performance attains maximum for a specialized application or function.

Digital signal processing such as Fast Fourier Transformation usually involves systematic and cyclic algorithms and is suited to parallel processing. To be more specific, one and the same fundamental operation involving a combination of additions and multiplications of real and complex values is repeated although the amount of data to be processed is large. To take advantage of this property, digital signal processors with the processing capability of over one million operations per second will soon appear on the market.

Graphic processors are dedicated to such fundamental geometric operations as coordinate transformations, clipping or scissoring and scaling of figures. The high-speed execution of these functions is of absolute necessity for Computer Aided Design and graphic applications. Here, again, parallelism is extracted to a full extent to realize real-time responsiveness.

There also exist other types of dedicated processors which are specifically designed to perform such functions as communication control (communication processors), input/output operations of files (I/O processors), data-base management (database machines), computation and execution of higher-level languages, and list and string processing (LISP machines).

Parallel Processing

It has become a common practice to use several homogeneous or heterogeneous processors in parallel for the improvement of throughput by means of functional or load distribution. Co-processors are used for high-precision floating-point operations and fast computation of functions. In the attached processor scheme, a primary processor in charge of program control and input-output operations is hooked up via a shared memory to a secondary processor dedicated mainly to number crunching.

The computing speed for mathematical operations involving arrays and vectors can also be boosted by the use of external dedicated processors such as array processors and pipelines. The pipeline scheme is the key technology to realize vector processors commonly used for supercomputers. The "peak" performance of some supercomputers exceeds one giga (10^9) floating operations per second. The actual or "effective" throughput, however, is oftentimes by far lower than the peak throughput because programs involving a number of conditional branches, small-matrix operations or assignment statements cannot utilize the vector features of pipeline computers.

In the last few years, multiprocessor systems have been widely accepted for their excellent cost effectiveness and expandability. A number of identical processors are connected via a highspeed bus, a switching network or a common memory so that the member processors can communicate with each other. In contrast to pipeline computers whose processing speed essentially is limited by the device technology employed for the switching elements, the multiprocessor system of the Multiple Instruction Stream, Multiple Data Stream (MIMD) type has the advantage that the processing capability increases, in principle, with the number of processor elements in parallel. The key issue here is how to partition a program into a set of tasks or processes and how to allocate them on processor elements. This problem, generally referred to as the multiprocessor scheduling problem, is known to be an extremely difficult combinatorial problem. Quite recently, an efficient scheduling algorithm named DF/IHS (Depth-First/Implicit Heuristic Search), has been devised by a colleague of the author, with which optimal or accurate approximate solutions can be obtained for problems involving several hundred tasks with complicated data dependency among them.

The multiprocessor scheme is suited for many control applications such as sophisticated robot arm control involving the computation of robot motion dynamics and fast or real-time simulation of dynamical systems, e.g., tandem steel rolling mills involving short time constants of the order of a few milliseconds. In the field of machine vision and artificial intelligence, dedicated processors incorporating pipeline and parallel processing features are available as off-the-shelf products. When used with a main processor, dedicated computers are called front-end or back-end processors depending upon the function they perform.

High-end Microprocessors

Both integration density in terms of the number of gates on an LSI chip and gate speed have doubled every two years. As an example of recent high-end microprocessor, the performance and architecture of intel's 32-bit microprocessor i-80386, which ranks atop of intel's 8086 family, will be outlined. This processor operates at the clock speed of 12 or 16 mega Hertz. The throughput of the 16-mega Hertz version is as high as 3 to 4 MIPS. It is provided with a six-stage pipeline. The physical addressable space is 4 giga bytes and the logical space reaches 64 tera (10^{12}) bytes. The idea of a virtual machine is adopted and multitasking is supported. The i-80386 has compatibility with other processors in the same family at the object-code level. This protects major investments in application and operating systems software developed for the iAPX-86 family of microprocessors. To facilitate system debugging, the chip incorporates hardware debugging features and self-diagnosis. Today, microcomputers are "micro" in size but their processing capability is "maxi".

Powerful microprocessors such as i-80386, z-80000 and many other new-comers will certainly open up a new era of computer application. Engineering Work Stations (EWS) using a 32-bit microprocessor are the first computers which provide expert engineers with the power of a mainframe computer with little help of programming specialists. It is not too much to say that the advent of powerful EWS is a historical event in the sense that the computer is brought back to the very spot where information is generated or utilized. It realizes an excellent environment where intellectual workers such as specialists and managers can perform their works with the support of integrated software development tools and ready-to-use application packages.

Software Development

Several years have passed since the so-called "software crisis" came to the front. In fact, the progress in computer software has not match the rapid development of hardware. A majority of application software developed for industrial use is made to order and tailored to the specific needs of the customer. For this reason, application software, which requires a vast amount of man-power, has not been considered re-usable. The recent development in software engineering, especially structurization of software, has partly facilitated to make application software by combining several "software parts" previously developed for other applications.

In addition, several support software tools for design and coding have been developed, which helps enhance the originality of software designer and improve program productivity.

As to the environment of software development, high-end engineering workstations employing 32-bit microprocessors have become widespread use. Those workstations, together with microprocessor development systems, local minicomputers and central mainframes, are hooked up to a technical office LAN to constitute an integrated software development environment.

4. IMPACT ON SYSTEMS CONTROL - SOME SALIENT EXAMPLES

The marked development of computers and related technologies reviewed in the previous chapter has given rise to a variety of fundamental changes in the three phases of systems control. Instead of trying to make an exhaustive listing of such changes, some salient examples will be discussed. The subjects chosen are: (1)digital signal processing, and (2)knowledge engineering.

(1)Digital Signal Processing

Digital signal processing is by no means an alternative to conventional analog processing; it is aimed at performing more sophisticated intelligent functions such as estimation and recognition. The essential features of digital signal processing lie in variable or programmable control structure for signal processing, excellent connectivity to other computers, and reduced size due to LSI technology. In some simple applications, however, digital signal processing suffers from drawbacks such as limited processing speed in comparison with dedicated analog signal processing .

The fundamental digital signal processing techniques include sampling, encoding, two-dimensional signal processing such as space filtering, Fast Fourier Transformation, estimation of spectra and bandwidth compression. These techniques are all related to random events and stochastic processes.

In the past, mainframe scientific computers were mainly employed for digital signal processing because of its heavy computing load, and the analysis of digital signals was usually done off line. With the advent of dedicated computers and microprocessors commonly referred to as Digital Signal Processors (DSP), digital signal processing has come to widespread use as a convenient vehicle for real-time processing to meet today's highspeed system control requirements. Image processing including pattern recognition, speech recognition and synthesis, and machine diagnosis are typical areas where digital signal processing is used to advantage.

Image Processing

Image processing has a long history of application in such fields as medicine and remote sensing. In the field of systems control and factory automation, in particular, its application is spreading out rapidly for positioning, measurement, identification and recognition of two- or three-dimensional objects.

Although digital image processing technologies including processing algorithms have progressed steadily, the only shortcoming continually pointed out is its limited processing speed. The conventional sequential-type computer is inherently not suited for handling image data stored in the form of two-dimensional arrays. This shortcoming is not a serious problem at the stage of small-scale laboratory experiments but soon becomes unacceptable when a large number of large-size images are to be processed on-line, real-time.

Efforts have been directed toward the development of high-speed processors dedicated to image processing. There exist essentially two distinct approaches for fast image processing, i.e., parallel processing and pipelining. Thanks to rapid progress in LSI technology, it is now economically feasible to make at a reasonable cost custom LSI chips tailored to specific needs of image processing. Multimicroprocessor systems are also useful for local parallel processing where 3x3 adjacent pixels are processed in parallel.

A number of commands, subroutines and software packages are available for pre-processing of original images, feature extraction, Affin transformation, and generation of special patterns so that the user can construct his application programs with minimum efforts.

The use of image processing technology involves a wide spectrum of applications such as machine vision for industrial robots and automatic defect inspection in place of human eyes. Typical applications are detection of defects involved in cast-iron parts by X-rayed images, level measurement in fine chemical processes, automatic calibration of thermometers, position control of automatic part inserters, and identification of three-dimensional objects.

The traffic monitoring system to be explained below is, among other things, an interesting application of moving image processing technology for systems control.

The purpose of the traffic monitoring system for a long motorway tunnel is to acquire traffic information items such as traffic speed, congestion and hazardous conditions. The moving images taken in by several industrial TV cameras distributedly located along the tunnel are processed by dedicated computers where the movement of the tail lamps of automobiles is identified and tracked. The deviation between successive images of the tail lamps is used to calculate the speed within an overall accuracy of 10 percent.

The use of machine vision with a robot arm for visual feedback is also an interesting area. There already exist such applications such as automatic parts insertion and assembly of electric utensils like vacuum cleaners and video cassette recorders. If one wants to realize a hand-eye system to perform human actions which can be done quite easily even by a young kid, however, one will soon find that the computing load is extremely heavy.

Consider a torque-controlled six d.o.f. manipulator with a CCD camera as a means of visual feedback. If one wants to use this hand-eye system to swat down a flying fly, the computing load for the calculations of the motion dynamics of the arm and for the image processing to track the motion of the fly is estimated to be over several MFLOPS.

Machine Diagnosis

The use of digital signal processing for the diagnosis of process equipment faults and malfunctions is also an interesting area. Needless to say, it is essential that each equipment or subsystem constituting a system should operate normally in order for the system to be able to perform a given function successfully. In recent large-scale, highly automated systems such as modern industrial plants, traffic control systems and power systems, an apparently insignificant tiny fault or malfunction of an equipment or a part can give rise to system-wide breakdown such as total blackout.

Machine diagnosis is by no means a new technology. Preventive or time-based maintenance such as the examination of locomotive wheels by a hammer has long been a common practice. The recent computer-based machine diagnosis is directed toward so-called predictive maintenance where the occurrence or existence of equipment faults or abnormal phenomena is monitored on-line and necessary inspection or replacement is carried out at the time of need. In other words, machine diagnosis is an integrated technology of hardware and software to estimate the causes of faults and to predict their future effects by monitoring the operating status of system components or subsystems.

A wide variety of methods have been proposed and put into practical use for the detection of faults such as the use of chemical reagents, supersonic waves or radioisotopes for liquid leakage, acoustic emission for cracks of cast iron, and microphones and vibration pick-ups for abnormal vibrations or noises.

The role of digital signal processing in machine diagnosis is to process the signal collected by a sensor and to transform it to a quantity that is usable as an indicator of the occurrence of a fault.

By way of example, an equipment diagnosis system for a hot strip mill line is considered. This system collects data with respect to the deterioration of equipments and determines the time for inspection, replacement or purchase of spare parts. A total of 450 sensors are installed over the plant to detect equipment deterioration. The signals collected by those sensors are sent to a central supervisory computer via local stations, optical LAN's, central stations, and minicomputers in charge of signal processing. The local stations take care of data compression and switching of sensors. About half of the 450 sensors are attached to the rolling mills.

The status of each rotating machine for the rolling mills is monitored continually by a vibration sensor attached to the shaft bearing. Fast Fourier Transformation is used to extract those frequency components each of which corresponds to a specific defect inside the rotating machine. For example, the bent of a shaft can be detected by monitoring the second-order harmonic component involved in the measured signal. Use is also made of auto regression models for accurate evaluation of harmonic components especially when the signal length is very short. For the diagnosis of pressured-oil servomechanisms, the indicial response for a step input is observed. A total of some thirty indices are employed for the diagnosis of a mill. In addition to those conventional approaches for equipment diagnosis, the use of Fuzzy theory is being studied extensively. In cases where a fairly accurate model is available for the dynamic behaviors of a system, the existence of faults can be detected, at least in principle, by the use of input and output signals or estimated state variables. An attempt has been made to apply this idea to the diagnosis of aircraft and nuclear power plants.

(2) Knowledge Engineering

The study on artificial intelligence dates back to the Dartmouth Congress held in 1956. In the early stage of development, research efforts were directed toward fields of academic interest such as proof of theorems and intelligent robots. At present, artificial intelligence is of practical significance in three fields: image recognition, understanding of natural languages, and knowledge engineering. But for modern computer technology, they would still remain at the stage of academic interest.

Knowledge Engineering (KE) is a recent technology on the theoretical basis of artificial intelligence. The knowledge of experts for problem solving in a specific field is stored in the form of a knowledge base and the problem is solved by making the computer to "infer". The "expert system" is provided with a knowledge base and an inference mechanism with which to find out a solution. The expert system is a man-machine system in the sense that the user without any special professional background can solve the problem by using the computer interactively.

The knowledge engineering approach is most effective for those problems which can be solved quickly by experts on the basis of their professional experiences and intuition but their formulation for analytical approaches is difficult or takes too long a time if conventional procedural approaches are employed.

The fields where knowledge engineering approaches are effective may be classified into: (1) system planning and design, (2) system operation and control, and (3) monitoring and machine diagnosis, which correspond to the three phases of systems control, respectively.

In the first field of application, a series of activities from overall decision making to detailed system design, which have so far been carried out on the basis of human intuition and past experiences, are to be substituted by computers. The planning and design activities involve highly creative intelligence and constitute combinatorial problems to choose the best solution from a large number of alternatives. The problem of arranging a wide variety of power apparata in a substation subject to several restricting conditions with respect to environments, wiring and apparatus ratings deals with two-dimensional knowledge. The routing of pipelines in a complicated plant is determined on the basis of three-dimensional knowledge.

Computer simulation has so far been employed to advantage as a convenient vehicle with which to design complex systems such as a nuclear plant where experimental approaches are sometimes infeasible. A knowledge base useful for the nuclear plant designer is being developed for the choice of appropriate nuclear codes and the processing of a vast amount of computer input and output data. The planning of large-scale discrete systems such as a coal shipment yard requires the optimum choice of equipment configuration. Here again, the knowledge engineering approach is useful for the system planner to acquire the know-how of system plans.

As for systems operation and control, knowledge engineering is being applied to establish operation guides or control procedures for those systems where nonlinear event-driven real-time activities are involved or quantitative methods are not suited. The objective here is the enhancement of system safety in the emergency state and the achievement of high control performance in the normal state. An expert system has been developed to determine the optimum operation schedule of a plurality of power plants so that the overall fuel cost be minimal while meeting the load demand. A wide variety of expert systems are also available for the operation guidance of fossil-burning power plants, nuclear plants and power systems. They are particularly useful for plant start-up, shut-down and restoration operation.

For the control of a heating furnace of an iron and steel factory, the process engineer prepares knowledge and mathematical equation bases regarding heating algorithms; the best algorithm for a specific product specification is chosen and down-loaded on-line to the furnace control computer. Knowledge engineering methods have also become popular for factory automation. A typical example is an FA controller for real-time facility management and schedule change where the knowledge regarding equipment operation is fed into the rule base of an event-driven inference system by the foreman.

The automatic control of unattended electric vehicles has so far been made on the basis of the PID control law. In the last few years, an attempt has been made to employ the so-called predictive fuzzy control scheme where the know-how of train operation of expert drivers is stored in a knowledge base on the basis of fuzzy control theory. The control scheme is aimed at simultaneous attainment of reduced travelling time, improved comfortability and minimum energy consumption.

The last group of applications of knowledge engineering is for system monitoring and machine diagnosis. The detection and location of equipment malfunctions is aimed at coping with the reduction of skilled field engineers by the extensive use of computers for the purpose of machine diagnosis. This group also includes the provision of operation guidance for those systems where conventional quantitative control laws do not work successfully.

A large number of contributions have been reported on the use of knowledge engineering methods for power system operation and control. Highly professional knowledge is required for the identification of fault sections in a power system because it is made up of several hierarchical strata with complicated interactions among them. A knowledge engineering approach has been proposed for the location of fault sections by inferring sequentially simple faults, equipment malfunctions and multiple faults on the basis of a knowledge base with regard to system configuration and power apparata involved. Another example of knowledge engineering application is the location of pipeline breakage in a water supply system where the rules for water pressure computation are represented in the form of production rules.

The examples described above show that knowledge engineering will play an important role in system control in order to realize highly sophisticated control functions that cannot be achieved by conventional control techniques.

There still remain several problems to be resolved in order for the knowledge engineering approach to be really useful and reliable for systems control. Since the knowledge base of an expert system is constructed through the interview of a skilled knowledge engineer with experts of a specific application, its quality and reliability varies with the qualification of both knowledge engineer and experts. The maintenance of knowledge bases by the addition of new professional knowledge and the modification of old knowledge bases is of great importance. For some industrial applications of knowledge engineering with absolute real-time requirements, the reduction of overall inference time is a crucial issue. To this end, extensive efforts are being directed toward the development of some efficient inference algorithms on a multiprocessor system.

5. CONCLUSIONS

An attempt has been made in this report to provide the reader with a perspective on the current status of computer technologies and their impact on systems control. The main points of the report, with particular emphasis on the speculation on their future development, will be listed below.

- The areas of computer aided technologies will continue to spread out from continuous processes to discrete systems which are less energy and resource consumptive but more labor intensive with more human intervention.

- The three phases of systems control, planning, execution and evaluation, will be integrated to constitute Computer Integrated Manufacturing or CIM in which a wide variety of computer aided technologies such as CAD, CAM, CAE and CAT will be combined via engineering databases and technical-office LAN's.

- The computing power of 32-bit high-end microprocessors will play a central role in computer aided technologies in the near future. Powerful engineering work stations incorporating those microprocessors will soon become cost-effective personal computers and provide intelligent workers with an excellent environment.

- Despite a number of trials to alleviate the man-power requirements for software development such as the utilization of modular software parts, the problem of "software crisis" will not be resolved completely in the foreseenable future.

- Thanks to inexpensive yet powerful dedicated computers and processors now available on the market, digital signal processing as applied to graphics, image processing and recognition, and machine diagnosis will enhance the performance of systems control, especially in the design and evaluation stages.

- Knowledge engineering will become of practical use for system planning, design, operation, and monitoring as a supplementary but useful tool. Further improvement will be required of inference speed and reliability of knowledge bases if it is to be applied to on-line, real-time system control with minimum human intervention.

References

1. Japan Electronics Industry Development Association: "Trend of Recent Industrial Computers, JEIDA Report No. 59-A-217, May, 1984.
2. S.B. Stanley, et al: "A Control Perspective on Recent Trends in Manufacturing Systems", IEEE Control Systems Magazine, Vol. 6, No. 2, 1986, pp.3-15.
3. Special Issue on Pattern Measurements in Process Control, KEISOU, Vol. 24, No. 12, 1981, pp. 6-50.
4. Special Issue on Image Process Technology for Factory Automation, The Hitachi Hyouron, Vol. 67, No. 9, 1985, pp. 1-85.
5. "Workstations", Computrol, No. 14, 1986.
6. "VLSI and Computers", Computrol, No. 1, 1983.
7. Special Issue on Factory Automation, Fuji Electric Journal, Vol. 58, No. 9, 85.
8. Special Issue on Applications of General-Purpose Microprocessors, Fuji Electric Journal, Vol. 56, No. 7, 1983.
9. Special Issue on Artificial Intelligence, Nikkei Computers, March 3, 1985.
10. Special Issue on FA Computers, Factory Automation, Vol.2, No.12, 1984, pp 19-85
11. Special Issue on Factory Automation, Yasukawa Denki, Vol. 48, No. 4, pp. 243-285.
12. Special Issue on Industrial Robots, Mitsubishi Denki Gihou, Vol. 59, No. 10, 1985, pp. 1-34.

13. Special Issue on Application of Microprocessors, J. of IEE of Japan, Vol. 103, No. 5, 19863, pp. 391-474.

14. K.A. El-Ayat, et al: "The Intel 80386 - Architecture and Implementation", IEEE Micro, Vol. 5, No. 6, 1985, pp. 4-22.

15. Special Issue on Factory Automation, Journal of the Society of Instrumentation and Control Engineers of Japan, Vol. 22, No. 11, 1983, pp. 77.

16. S. Narita: "Computer and Communication Technology for Factory Automation", J. of SICE of Japan, Vol. 22, No. 11, 1983, pp. 937-940.

17. S. Narita: "Minicomputers for Factory Automation, Present and Future", Factory Automation, Vol. 2, No. 12, 1984, pp. 1-5.

18. S. Narita, Editor, "Computer Integrated Manufacturing", Computrol, No. 11, 1985.

19. Special Issue on Ultrahigh Speed Computing, Journal of SICE of Japan, Vol. 24, No. 8, 1985, pp. 683-723.

20. Special Issue on Productivity of Software Development, The Journal of IEE of Japan, Vol. 106, No. 1, 1986, pp. 5-26.

21. Special Issue on Knowledge Engineering and Its Industrial Applications, Hitachi Hyouron, Vol. 67, No. 12, 1985, pp. 1-58.

22. T. Sumi, et al: "Industrial Automation and Microcomputers", Asakura Shoten,83.

23. H. Kasahara: "Multiprocessor Scheduling Algorithms and Their Practical Applications", Doctoral Dissertation, Waseda University, March 1985.

24. H. Kasahara and S. Narita: "Practical Multiprocessor Scheduling Algorithms for Efficient Parallel Processing", IEEE Trans. on Computers, Vol.C-33, Nr. 11, 1985.

25. H. Kasahara and S. Narita: "Parallel Processing of Robot Arm Control Computation on a Multimicroprocessor System", IEEE Journal of Robotics and Automation, Vol. 1, No. 2, 1985.

26. Special Issue on Systems Technology, Toshiba Rev. Vol.40, No.5, 85, pp 391-417.

27. Special Issue on Image Processing, Toshiba Rev. Vol.40, No.8, 85, pp 655-682.

28. Special Issue on Software Development, Toshiba Review, Vol.38, No.11, 1983, pp 951-983.

29. K. Akizuki: "Machine Diagnosis and Safety", J. of SICE of Japan, Vol. 24, No. 4, 1985, pp 301-306.

30. Special Issue on "Wabot-2", Bulletin of Science and Engineering Research Laboratory, Waseda University, Vol.112, 1985, pp 1-80.

31. Special Issue on Speech Recognition and Synthesis, Journal of Robotics Society of Japan, Vol.2, No.1, 1984, pp 3-47.

32. K.J. Astrom: "Process Control - Past, Present and Future", IEEE Control Systems Magazine, Vol.5, No.3, 1985, pp 3-10.

33. H. Kasahara and S. Narita: "An Approach to Supercomputing Using Multiprocessor Scheduling Algorithms", Proceedings of the First International Conference on Supercomputing Systems, December, 1985.

AUSWIRKUNGEN MODERNER PROZESSLEITTECHNIK AUF SENSORSYSTEME

REQUIREMENTS OF MODERN CONTROL TECHNOLOGY ON SENSOR SYSTEMS

E. Nicklaus

Bayer AG
Zentrales Ingenieurwesen - Prozeßleittechnik
D-5090 Leverkusen

Summary

Sensor technology used in chemical process industries is to provide information on product and process properties. The computerized handling of this information alters the requirements for sensor systems. More reliability is to be achieved not only for normal but also for extraordinary states of the process. Status reports which characterize the validity of the output signal may meet this requirement. New production methods and the automation of existing processes lead to new tasks of measurement.

1. Einleitung

Der Materialfluß in verfahrenstechnischen Produktionsprozessen kann mit dem Phasenmodell, das der Softwaretechnik entlehnt ist, in überschaubare Schritte zerlegt werden, wobei Produkte (Ausgangs-, Zwischen oder Endprodukte) und Prozeßschritte aufeinanderfolgen. Diese Methode der Strukturierung erleichtert auch die Darstellung der Informationsflüsse die zur Leitung erforderlich sind, und sie fördert, daß man Klarheit darüber gewinnt, welche Informationen bei jeder Stufe des Prozesses zur Prozeßkontrolle und Qualitätssicherung zur Verfügung stehen oder stehen sollten /1/.

Diese Informationen werden in einem wie immer gearteten Leitsystem verarbeitet. Dem Material- und Energiefluß ist ein Informationsfluß zugeordnet, der die eingehende Kenntnis der Produktionsprozesse mit ihren Produkt- und Prozeßeigenschaften und ihren Abbildern, den Prozeßmodellen, umfaßt. Die Verfahrenstechnik befaßt sich mit dem Material- und Energiefluß der Produktion, und Aufgabe der Prozeßleittechnik ist es, den Informationsfluß sicherzustellen. Innerhalb der Prozeßleittechnik dienen Sensor- und Aktortechnik als Bindeglied zwischen Material- und Informationsfluß. Die Sensortechnik beschafft die für die Prozeßleitung erforderlichen Informationen, und Aufgabe der Aktortechnik ist es, Ergebnisse der Informationsverarbeitung in Prozeßeingriffe umzusetzen (Abb.1) /2/.

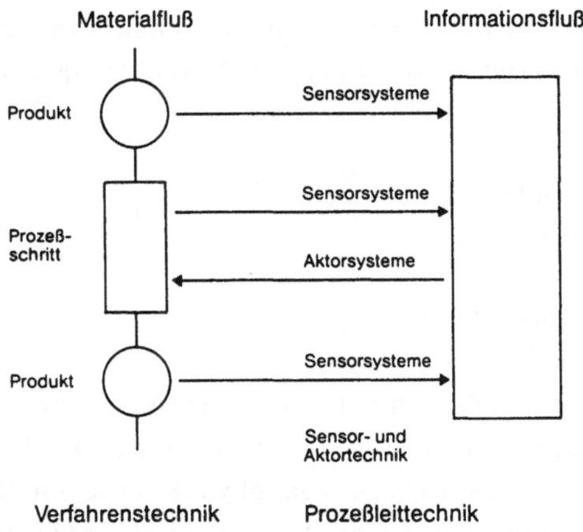

Abb.1: Struktur eines verfahrenstechnischen Prozesses

2. Aufgaben der Sensortechnik

Die Meßaufgaben der Sensortechnik können dem Phasenmodell entsprechend klassifiziert werden. Die Sensortechnik soll Hard- und Software zur Beschaffung von Informationen über

- Prozeßeigenschaften und/oder
- Produkteigenschaften

bereitstellen, die zur maschinellen Weiterverarbeitung - z.B in Prozeßleitsystemen - geeignet sind. Die letzte Forderung resultiert aus der Automatisierung der Verfahren.

Unter Prozeßeigenschaften sind zu verstehen:

- thermodynamische Zustandsvariable wie z.B. Druck, Temperatur, Konzentrationen, mit denen man unmittelbar oder über abgeleitete Zustandsfunktionen den Prozeß beschreiben kann.
- Prozeßindikatoren, die als leichter meßbare Hilfsgrößen mit einer oder mehreren Zustandsvariablen korreliert sind.

Weitere Prozeßeigenschaften sind Steuergrößen, die die Eingriffe in den Prozeß charakterisieren, Einstellparameter, die mit der eigentlich gewünschten Steuergröße korreliert sind, sowie Prozeßparameter wie z.B. Wärmedurchgangszahl oder Katalysatoraktivität, die die Randbedingungen kennzeichnen, unter denen ein Prozeß abläuft. Prozeßparameter sind stationäre, allenfalls quasi-stationäre Größen.

Produkteigenschaften sind:

- physikalische Größen,
- chemische Größen,
- technologische Eigenschaften oder
- Produktindikatoren.

Die letzten beiden sind wieder Ersatzinformationen. Technologische Eigenschaften werden in besonderen Prüfverfahren bestimmt, wenn relevante Produkteigenschaften von physikalischen Größen abhängen, die nur sehr aufwendig zu bestimmen sind, oder wenn der Zusammenhang mit physikalischen Größen nach Stand des Wissens unbekannt ist. Produktindikatoren sind mit physikalischen oder chemischen Größen empirisch korreliert. Auch Prozeßeigenschaften können als Produktindikatoren verwendet werden, ebenso wie Produkteigenschaften als Prozeßindikatoren verarbeitet werden können /3,4/.

Die von der Sensortechnik für die Prozeßleitung zu messenden Größen werden als Meßgrößen bezeichnet, unabhängig davon, ob sie Produkt- oder Prozeßeigenschaften charakterisieren. Die Sensortechnik klassifiziert die Meßgrößen nach meßtechnischen Aspekten:

- Meßgrößen, die von der Zusammensetzung des Meßgutes, also des Stoffgemisches, dessen Eigenschaften bestimmt werden sollen, unabhängig sind (Druck, Temperatur, Durchfluß, Stand).
- Meßgrößen, die von der Zusammensetzung des Meßgutes abhängig sind, werden weiter differenziert:

- o Meßgrößen, die eine kollektive Eigenschaft der Komponenten des Meßgutes beschreiben (z.B. Dichte, Viskosität, pH-Wert, Explosionsfähigkeit, Korosivität).
- o Meßgrößen, die ausschließlich von einzelnen Komponenten des Meßgutes bestimmt werden (z.B. Konzentrationen, Molekulargewichtsverteilung).

Der Aufwand für Errichtung und Instandhaltung eines Sensorsystems steigt, i.a. in derselben Reihenfolge der Meßgrößen, wie sie hier klassifiziert sind. Bei den Meßgut-abhängigen Meßgrößen ist der Übergang zwischen den beiden Gruppen fließend: beispielsweise kann unter der Voraussetzung, daß ein binäres Stoffgemisch vorliegt, aus der Dichte auf Konzentrationen geschlossen werden. In Analysengeräten zur Konzentrationsbestimmung werden Eigenschaften des Stoffgemischs gemessen, die jedoch so ausgesucht sind, daß sie möglichst ausschließlich von der zu messenden Komponente bestimmt werden, so daß Rückschlüsse auf deren Konzentration bei akzeptablen Fehlergrenzen möglich sind.

Die Methoden der Sensortechnik zur Informationsbeschaffung sind außerordentlich vielfältig, sowohl bei der Messung von Zusammensetzungs-unabhängigen Größen wie Druck, Temperatur, Durchfluß oder Stand, als auch in noch höherem Maße bei der Messung von Größen wie Viskosität, Dichte oder gar Konzentrationen.

3. Forderungen an die Sensortechnik

In der <u>fertigungs</u>technischen Produktion sind mit der Automatisierung ganz neue meßtechnische Aufgabenstellungen verbunden, weil Sensorfragen bisher nur eine untergeordnete Rolle gespielt haben. In der <u>verfahrens</u>technischen Produktion dagegen hat die Betriebsmeßtechnik eine lange Tradition. Sie ist seit jeher eine Stütze des Anlagenfahrers in der Kommunikation zwischen Mensch und Apparat (Maschine). Die Automatisierung mit Prozeßleitsystemen verändert die Situation der Informationsverarbeitung grundlegend. Sie macht es möglich, daß sich der Mensch nicht mehr mit den einzelnen Apparaten auseinandersetzen muß, sondern sich auf den Produktionsprozeß konzentrieren kann.

Die signalorientierte Mensch-Maschine-Kommunikation wird abgelöst durch eine informationsorientierte Mensch-Prozeß-Kommunikation /5/ (Abb.2).

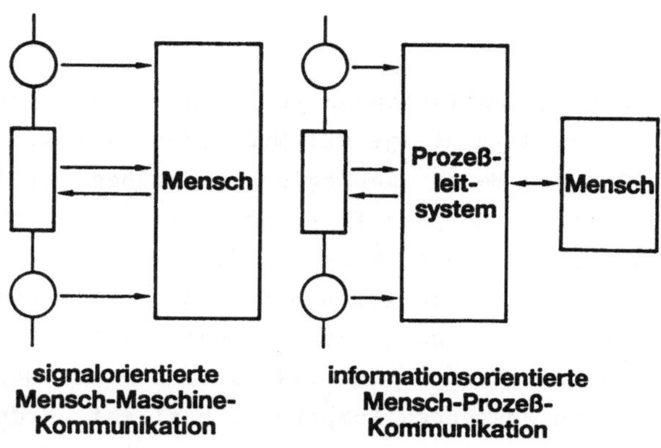

Abb.2: Entwicklung der Prozeßführung und Kommunikationswandel

Diese Entwicklung ist der Grund dafür, daß der Begriff "Betriebsmeßtechnik" mehr und mehr durch "Sensortechnik" abgelöst wird. Aus Meßeinrichtungen, die ihre Ergebnisse dem Menschen präsentieren, werden Sensorsysteme, also Subsysteme der Prozeßleittechnik, deren Ergebnisse maschinell weiterverarbeitet werden. Bei der Fahrweise von Hand werden die Meßwerte vom Experten "Anlagenfahrer" auch aufgrund von Plausibilitätsüberlegungen bewertet und verarbeitet. Diese Informationsverarbeitung ist je nach Erfahrung und Kenntnisstand fehlertolerant und fehlerhaft.

Bei der maschinellen Informationsverarbeitung ist die Reaktion des des Systems auf Meßwerte i.a. eindeutig festgelegt. Daraus ergeben sich für das Anforderungsprofil von Sensorsystemen gravierende Verschiebungen, deren Erfüllung in der Praxis kein einfaches Problem darstellt. Die maschinelle Signalverarbeitung verlangt von Sensorsystemen vor allem

- Zuverlässigkeit (bei vertretbarem Instandhaltungsaufwand) und
- Funktionsfähigkeit gerade auch in außergewöhnlichen Prozeßzuständen (z.B. An- oder Abfahren, Störungen).

Neben den in ihren Schwerpunkten veränderten Anforderungen aufgrund der maschinellen Informationsverarbeitung werden der Sensortechnik, wie immer in ihrer Entwicklung, neue Meßaufgaben gestellt. Bei der Automatisierung und Optimierung vorhandener Verfahrensprozesse, wie z.B. Polymerisationen, wird unter neuen Randbedingungen über den Bedarf an Informationen nachgedacht, was zu neuen Meßaufgaben führen kann oder die Lösung bisher nicht bewältigter Aufgabenstellungen mit neuem Stellenwert versieht. Auch die Einführung ganz neuartiger Verfahren, wie beispielsweise die Biochemie, ist mit neuen Problemstellungen für die Sensortechnik verbunden.

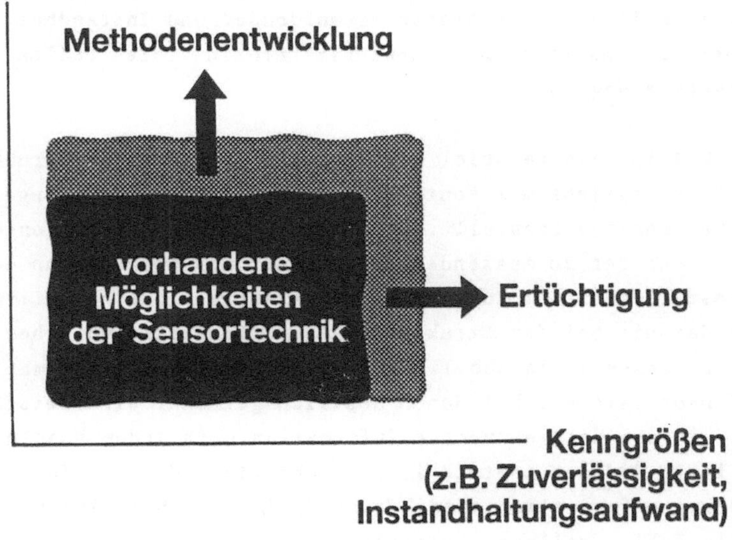

Abb.3: Entwicklungsrichtungen der Sensortechnik

Zusammenfassend ist festzustellen, daß die Forderungen an die Weiterentwicklung der Sensortechnik in der verfahrenstechnischen Produktion unabhängig voneinander in zwei Richtungen zielen (Abb.3):

- Die maschinelle Informationsverarbeitung mit ihren veränderten Anforderungsprofil fordert die Ertüchtigung der vorhandenen Sensoren.
- Neue Problemstellungen fordern die Entwicklung neuer Methoden.

4. Weiterentwicklung der Sensortechnik

Die Forderungen an die Sensortechnik resultieren aus den Fortschritten der Mikroelektronik, welche die maschinelle Informationsverarbeitung ermöglichen. Die Mikroelektronik ist aber auch auch ein ganz wesentliches Werkszeug bei der Realisierung dieser Forderungen. Bei der Erfüllung der Zuverlässigkeitsforderung ist nach Optimierung der Geräte- und Installationstechnik die Gestaltung intelligenter, fehlerselbstmeldender und Instandhaltungsprozeduren automatisierender Sensorsysteme in vielen Fällen der ökonomischste Weg /6/.

In Abb.4 ist als Beispiel für derartige Systeme die Struktur eines Sensorsystems mit kontinuierlichem on line-Analysengerät und Geräterechner dargestellt. Dabei ist auf die Informationsumwandlung - von der zu messenden Eigenschaft des Meßgutes an der Entnahmestelle bis zum Ausgangssignal - der gleiche Formalismus angewendet wie bei der Strukturierung verfahrenstechnischer Produktionsprozesse in in Abb.1. Man gelangt damit zum Informationsfluß in Sensorsystemen, bei denen deutlich getrennt wird zwischen der Form, in der die gewünschte Information nach jedem Wandlungsschritt vorliegt, und den meßtechnischen Schritten, die zur Informationswandlung erforderlich sind. Jeder Wandlungsschrit ist als potentielle Fehlerquelle zu betrachten.

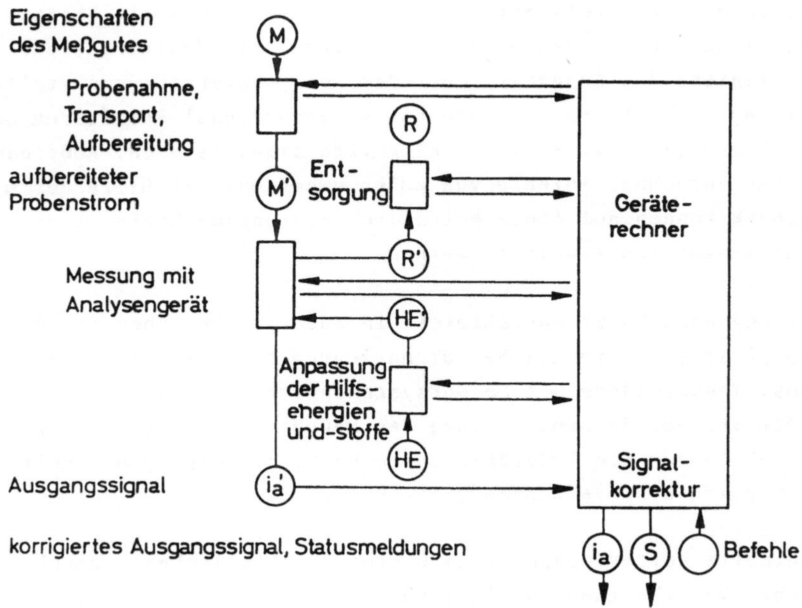

Abb. 4: Informationsfluß in einem Sensorsystem mit on line-Analysengerät, Hilfsfunktionen und Geräterechner
(HE, HE´: zur Verfügung stehende bzw. angepaßte Hilfsenergien und -stoffe,
R´, R: Eigenschaften des Stoffgemisches am Analysengeräteausgang bzw. am Rückführort)

Die meßtechnischen Schritte "Probenahme, Transport, Aufbereitung" und "Messung mit Analysengerät" stellen u.U. höchst komplexe Teilsysteme dar. Die Hilfsfunktionen "Entsorgung" und "Anpassung der Hilfsenergien" müssen in die Darstellung einbezogen werden, weil auch von ihnen die korrekte Messung abhängt und sie potentielle, indirekt in den Informationsfluß einwirkende Fehlerquellen darstellen.

Der Geräterechner kontrolliert den Zustand des Systems mit Statussensoren, steuert dem Meßvorgang überlagerte Instandhaltungsprozeduren, korrigiert das Ausgangssignal des Analysengerätes und stellt Statusmeldungen zur Verfügung, die das Ausgangssignal validieren oder Ausfälle, Störungen bzw. manuelle Eingriffe signalisieren. Außerdem kann der Geräterechner Befehle von außen umsetzen. Mit Hilfe der Mikroelektronik können auf diese Weise die Leistungsmerkmale eines Sensorsystems wesentlich erweitert werden.

Die Forderung nach Funktionsfähigkeit in außergewöhnlichen Prozeßzuständen setzt eine gründliche Durchdringung des Geschehens im Prozeß voraus. Insbesondere bei Sensorsystemen zur Bestimmung von Größen, die von der Zusammensetzung des Meßgutes abhängen, hat man mit einer Fülle von Einflußgrößen zu rechnen, die bisher nur selten für alle möglichen Prozeßzustände bekannt sind.

Die maschinelle Weiterverarbeitung bietet die Möglichkeit, durch intelligente Verarbeitung der Informationen deren Aussagekraft zu erhöhen (z.B. durch modellgestützte Meßverfahren /z.B.7/) und erlaubt es, die Informationsbeschaffung ökonomischer als bisher zu betreiben. Während in der signalorientierten Prozeßleittechnik die Meßtechnik nach der Devise gestaltet wurde

"Informationsbeschaffung einzeln, parallel und immer"

kann man in der informationsorientierten Prozeßleittechnik dem Prinzip folgen

"**Informationsbeschaffung so wenig wie möglich,**
aber so viel wie nötig und nur dann, wenn gebraucht" /8/.

Der Vorteil insbesondere in diskontinuierlichen Produktionsprozessen liegt dabei auf der Hand: es kann erheblich an Abnutzungsvorrat und damit an Instandhaltungsaufwand eingespart werden, wenn beispielsweise eine pH-Meßeinrichtung an einem Reaktions-Kessel nur dann mit Produkt beaufschlagt wird, wenn deren Meßwerte im Rezepturablauf benötigt werden, sie im übrigen aber in einen schonenden stand by-Zustand versetzt wird.

Das neue Anforderungsprofil und das geänderte Prinzip der Informationsbeschaffung haben nicht nur Auswirkungen auf die Gerätetechnik, sondern - wie in Abb.4 - auch auf die Schnittstelle zwischen Sensorsystem und Prozeßleittsystem (Abb.5). Sie ist nicht mehr in allen Fällen auf die Übergabe des Meßwertes beschränkt. Statusmeldungen des Sensorsystems kommen hinzu (z.B. Meldungen über Ausfall, Störungen oder laufende Instandhaltungsprozeduren), und es ist auch die Möglichkeit vorzusehen, daß das Sensorsystem Informationen vom Leitsystem übernimmt (z.B. die Anweisung sich verfügbar zu halten). Entsprechendes gilt für Aktorsysteme.

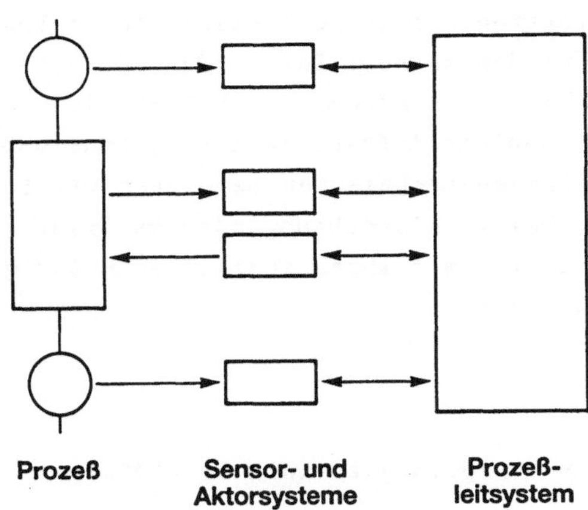

Abb.5: Schnittstelle zwischen Prozeßleitsystemen und Sensor-/Aktorsystemen

Die Definition der erweiterten Schnittstelle zwischen Sensosystemen und Informationsverarbeitung sollte sowohl die Signalpegel und -arten, als auch die Signalinhalte umfassen. Diese Aufgabe sollten sich die zuständigen Normungsgremien annehmen, bevor Problemlösungen ad hoc und in aufwendiger Vielfalt entstehen.

5. Schlußbemerkung

Prozeßleitsysteme in der verfahrenstechnischen Produktion verbesssern die Wirtschaftlichkeit des Verfahrens und die Qualität der Produkte. Die Sensortechnik schafft eine der notwendigen Vorraussetzungen, dafür, und ihre Möglichkeiten bestimmen nicht selten die Automatisierungskonzepte entscheidend mit. Aus dem veränderten Umfeld resultietieren neue Forderungen an die Sensortechnik, denen in Ihrer Weiterentwicklung Rechnung getragen wird.

Allenthalben wird die Entwicklung von Sensoren diskutiert und betrieben, wobei der Grund dafür häufig darin liegt, daß die immensen Möglichkeiten der Mikroelektronik ohne sensorische Ankopplung an die Umwelt nicht ausgenutzt werden können. Der verfahrenstechnischen Produktion steht ein reichhaltiges Arsenal an Meßmethoden zur Verfügung. Dennoch ist die komplexe Aufgabe zu lösen, neue meßtechnische Ansätze in unterschiedlichen technischen Bereichen wie fertigungstechnische Produktion, Weltraumforschnung oder Medizintechnik auch für die chemische Produktion mit ihren speziellen Meßaufgaben und Randbedingungen nutzbar zu machen.

6. Literatur

/1/ Perne, R.; Polke, M.: Regelungstechnik 30 (1982) H.5, S.147-156.

/2/ Polke, M.: Automatisierungstechnische Praxis 27 (1985) H.5, S.214-223.

/3/ Gilles, E.-D.; Nicklaus, E.; Polke, M.: Sensortechnik in der Chemie - Status und Trend. Vortrag auf dem Jahrestreffen der Verfahrensingenieure 25.-27.09.1985, Hamburg.

/4/ Ecker, R.; Kramer, H.; Müller, K.H.; Polke, M.: Kunststoffe (1972) S.5-10.

/5/ Färber, G.; Polke, M.; Steusloff, H.: Chem.-Ing.-Techn. 57 (1985) H.4, S.307-317.

/6/ Nicklaus, E. in Fachberichte Messen, Steuern, Regeln 5, S.283-290, Springer - Verlag 1980.

/7/ Gilles, E.-D.: Techn. Messen 46 (1979), S.225-232, S.271-274.

/8/ Polke, M.: Automatisierungstechnische Praxis 27 (1985) H.4, S.161-171

ULTRASCHALL-DURCHFLUSSMESSUNG

ULTRASONIC FLOW MEASUREMENT

Dipl.-Phys. H. Bernard

KROHNE Meßtechnik GmbH & Co. KG
4100 Duisburg 1, B.R. Deutschland

Summary

Ultrasonic flow measurement is gaining increasingly in importance for the flow measurement of liquids in closed pipe-lines. Similarly to magnetic-inductive flowmeters, the flow measurement is "contactless", i.e. without additional disturbing components in the flow. The ultrasonic flow measurement makes possible also the measurement of non-conductive liquids. Disturbances of the flow profile which may affect the measurement are reduced to a large extent by compensating method - several path measurement -.

Die Ultraschalldurchflußmeßtechnik gewinnt in zunehmendem Maße an Bedeutung bei der betrieblichen Durchflußmessung von Flüssigkeiten in geschlossenen Rohrleitungen. Die Durchflußmessung erfolgt ähnlich wie bei den magnetisch-induktiven Durchflußmessern "berührungslos", d.h. ohne zusätzliche störende Einbauten in der Strömung, die stets Verwirbelungen und einen erhöhten Druckverlust zur Folge haben. Die Ultraschalldurchflußmessung ermöglicht die Messung auch von nicht-leitenden Flüssigkeiten. Störungen des Strömungsprofils, die die Messung beeinträchtigen könnten, werden durch Kompensationverfahren -Mehrkanalmessung- weitgehend reduziert.

Folgende Meßverfahren werden in der Meßtechnik eingesetzt:

1. Laufzeitverfahren
2. Dopplerverfahren

1. LAUFZEITVERFAHREN

1.1 MESSPRINZIP

Eine Schallwelle, die sich in einer Rohrströmung entgegen der Durchflußrichtung bewegt, benötigt eine längere Laufzeit als eine Schallwelle, die mit der Strömung wandert. Die Differenz der Laufzeiten ist proportional der Strömungsgeschwindigkeit und damit bei bekannter Rohr- und Strömungsgeometrie proportional der Durchflußmenge (Bild 1).

Zwei Ultraschall-Sender- und Empfängereinheiten (1) und (2) werden so auf einer Rohrleitung angebracht, daß ihre Verbindungslinie mit der Länge L mit dem Geschwindigkeitsvektor der Rohrströmung den Winkel φ bildet.

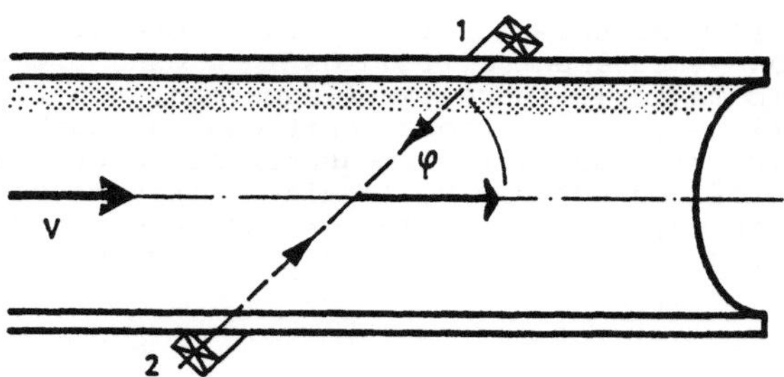

Bild 1: Laufzeit-Methode, Funktionsprinzip

Die mittlere Strömungsgeschwindigkeit der Rohrströmung sei v; dann gilt für die Laufzeit eines Ultraschallsignals in Strömungsrichtung von (2) nach (1):

$$t_{2,1} = \frac{L}{C_o + v \cos\varphi} \qquad \text{Gl. (1)}$$

Entgegen der Strömungsrichtung benötigt ein Schallimpuls eine längere Laufzeit:

$$t_{1,2} = \frac{L}{C_o - v \cos\varphi} \qquad \text{Gl. (2)}$$

wobei C_o = Schallgeschwindigkeit im Meßstoff
und L = Länge des Meßstrahls ist.

Man erhält durch Differenzbildung:

$$\Delta t = t_{1,2} - t_{2,1} = \frac{2L\ v\ \cos\varphi}{C_o^2 - v^2\cos^2\varphi}$$

Da für Flüssigkeiten $v^2 \ll c^2_o$ ist, gilt

$$v = \frac{c^2_o}{2\ L\ \cos\varphi} \cdot t$$

Die mittlere Geschwindigkeit gemessen über den Meßpfad zwischen Sender und Empfänger ist also proportional einer Zeitdifferenz Δt. Dieses Verfahren wird deshalb als Laufzeit-Differenzverfahren, oder kürzer Zeitdifferenzverfahren, bezeichnet.

Zur Erfassung der Laufzeitdifferenz werden zur Zeit folgende Verfahren angewendet:

1.1 Impuls-Folgefrequenzverfahren (Sing-around-Methode)
1.2 Direkte Laufzeitmessung
1.2.1 (Leading-Edge-Verfahren)
1.2.2 (Lambda-Locked-Loop-Verfahren)

1.1 IMPULS-FOLGEFREQUENZVERFAHREN ("Sing-around"-Methode)

Bei diesem Verfahren wird zunächst ein Schallimpuls vom Sender 2 zum Empfänger 1 gesendet. Sobald dieser Wellenzug den Meßkopf erreicht, wird über einen Trigger ein neuer Impuls vom Meßkopf 1 zum Meßkopf 2 gesendet. Wir erhalten somit eine Frequenz F_2 der Impulsaussendung, eine "Sing-around"-Frequenz mit einer Periodendauer von $\frac{1}{t_1}$.

Die Messung der einzelnen Laufzeiten wird also umgesetzt in eine Frequenzdifferenzmessung. Diese Frequenzdifferenz ΔF ist nur noch linear proportional der Durchflußgeschwindigkeit in der Rohrleitung und damit bei bekannter Rohrgeometrie direkt proportional der Durchflußmenge.

Diese Methode hat jedoch entscheidende Nachteile:

Die Differenzfrequenz ist sehr wesentlich kleiner als die Einzelfrequenz F_1 und F_2.

Es müssen also extrem hohe Anforderungen an die Frequenzmessung und Umwertung und insbesondere an die Laufzeitstabilität unter Betriebsbedingungen gestellt werden.

Vor Aussendung des neuen Schallimpulses müßte korrekterweise solange gewartet werden, bis alle Echos des vorausgegangenen Signals abgeklungen sind. Die Totzeit des Systems würde dadurch so erhöht, daß die Einsatzmöglichkeiten stark eingeschränkt wären. Man muß deshalb zulassen, daß trotz relativ hoher Totzeiten dem Meßsignal stets zusätzliche Echos der vorher ausgesendeten Schallimpulse überlagert sind. Durch Interferenzbildung zwischen dem Meßsignal und diesen Störechos wird es schwierig, das eigentliche Meßsignal zu erkennen und zu verarbeiten.

Ein entscheidender Nachteil ist ferner, daß man zur genauen Frequenzmessung mehrere Schwingungsperioden benötigt. Bei Störung auch nur eines Wellenzuges, der zur Frequenzmessung erforderlich ist, muß der Meßzyklus jedesmal wieder neu gestartet werden. Dieses Verfahren wird dadurch besonders störempfindlich bei Feststoffpartikeln oder Gasblasen, die von der Strömung mitgeführt werden und das Meßsignal unterbrechen.

1.2 DIREKTE LAUFZEITMESSUNG

1.2.1 "LEADING-EDGE"-METHODE

Bei diesem Verfahren wird ein genau definiertes Ultraschallsignal vom Meßkopf 2 zum Meßkopf 1 gesendet, aber es wird nunmehr die Laufzeit $t_{2,1}$ direkt gemessen. Als Meßsignal dient jetzt nicht mehr der gesamte Wellenzug, sondern es wird nur die erste steile, genau definierbare Flanke des Ultraschallimpulses zur Laufzeitmessung benutzt. ("Leading-Edge-Detection").

Prägnanter sollte man hier nicht von einem Ultraschallsignal, sondern besser von einem Ultraschall-"Knall" sprechen. Gleichzeitig wird vom Meßkopf 1 ein Signal zum Meßkopf 2 gesendet und die Laufzeit $t_{1,2}$ gemessen. (Bild 2).

Beide Meßköpfe sind gleichzeitig Sender und Empfänger. Es wird nicht mehr die Impuls-Folgefrequenz, sondern es wird die Laufzeit direkt gemessen.

Daraus folgt:

$$v = \frac{c_o^2}{2\ L\ \cos\varphi}\ \Delta t \qquad \text{Gl. (3)}$$

mit $\Delta t = t_{1,2} - t_{2,1}$

In dieser Darstellung ist die Laufzeitdifferenz Δt nicht nur proportional der mittleren Durchflußgeschwindigekti v, sondern zunächst auch noch umgekehrt proportional dem Quadrat der Schallgeschwindigkeit C_o im Meßstoff.

Andererseits ist

$$C_o = \frac{L}{2(t_{2,1} + t_{1,2})}$$

dann gilt

$$v = \frac{\Delta t}{(t_{2,1} + t_{1-2})^2} \qquad \text{Gl. (4)}$$

mit $K = \frac{2L}{\cos\varphi}$ einer Gerätekonstante.

Die Laufzeitdifferenz ist somit nur noch direkt linear proportional der mittleren Strömungsgeschwindigkeit.

Andere Parameter, wie z.B. Dichte, Viskosität u.ä., gehen in die Messung nicht ein.

Dieses Leading-Edge-Verfahren hat besonders gegenüber der Sing-around-Methode folgende Vorteile:

Die Schallimpulse werden nicht nacheinander, sondern zur gleichen Zeit über den gleichen Meßpfad gesendet und empfangen. Sender und Empfänger sind dazu in den beiden sich gegenüberliegenden Meßköpfen vereint. Die Totzeiten des Systems verringern sich entscheidend. Das Ausgangssignal ist störsicher; auch bei Ausfall eines oder mehrerer Meßzyklen, z.B. durch mitgeführte Partikel, wird die Messung nicht unterbrochen. Fremdechos können die Messung nicht mehr, wie bei der einfachen Sing-around Methode, stören.

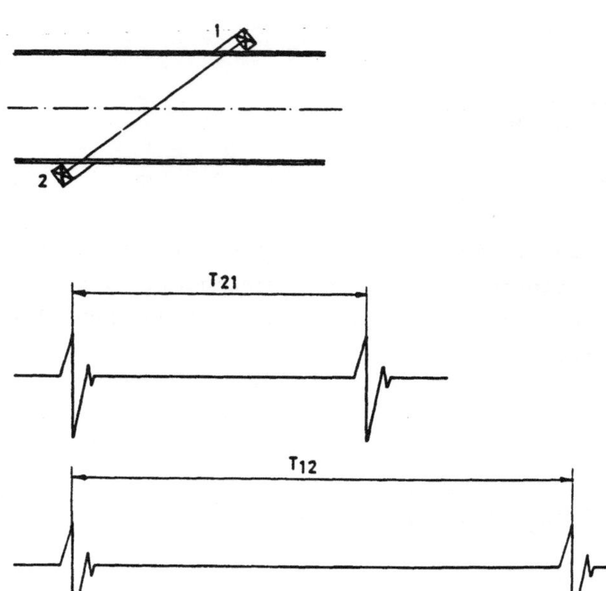

Bild 2: "Leading-Edge"-Methode, Funktionsprinzip

Es ist jedoch leicht erklärlich, daß beide Verfahren, Sing-around und Leading-Edge, erst bei Rohrleitungsdurchmessern von ca. DN 40 an aufwärts eingesetzt werden können, da bei kleineren Rohrdurchmessern die Meßstrecke zu kurz wird, um die Laufzeit mit der erforderlichen Genauigkeit messen zu können. Bei kleineren Rohrleitungsdurchmessern kann die Meßstrecke allerdings in Rohrbögen verlegt werden. Der Meßstoff wird dann in Richtung der Längsachse des Rohres durchschallt.

1.2.2 LAMBDA-LOCKED-LOOP-METHODE

Anstelle der direkten Messung der Laufzeit von Schallimpulsen können auch die Phasenwinkel $\gamma 1$ und $\gamma 2$ von zwei akustischen Dauersignalen mit der Kreisfrequenz $w = 2\pi f_o$ zur Bestimmung von $t_{1,2}$ und $t_{2,1}$ herangezogen werden. Es gilt dann für die Laufzeitdifferenz:

$$t = \frac{\gamma 1 - \gamma 2}{2\pi f_o}$$

Somit erhält man dann für die mittlere Strömungsgeschwindigkeit:

$$v = \frac{c_o^2}{2\,L\,\cos\gamma} \cdot \frac{\Delta\gamma}{2\pi f_o}$$

Für die Frequenzdifferenz gilt:

$$\Delta F = F_1 - F_2 = \frac{2\,\cos\gamma}{L}\;v$$

Hierbei geht also die Schallgeschwindigkeit, die u.a. auch temperaturabhängig ist, quadratisch in das Meßergebnis ein.

Bei dem Lambda-Locked-Verfahren wird nun nicht die Phasendifferenz $\Delta\gamma$ zur Bestimmung der Fließgeschwindigkeit benutzt, sondern es wird die Phase und damit die Schallwellenlänge durch Frequenznachführung auf einen konstanten Wert λo geregelt.

Bei fließendem Meßstoff ergeben sich für die gegen und für die mit der Strömung abgestrahlten Ultraschallsignale, ähnlich wie bei der direkten Laufzeitmessung, zwei unterschiedliche Betriebsfrequenzen f_1 und f_2, deren Differenz der mittleren Strömungsgeschwindigkeit proportional ist.

1.3 PRAKTISCHE PROBLEME BEI DER LAUFZEITMESSUNG

1.3.1 EINBAU DER SENSOREN

Die Sensoren - Ultraschallsender und Empfänger - sind vorzugsweise plattenartige Keramikteile, die entsprechend gesichert an oder in der Rohrleitung so angebracht werden müssen, daß der Übergang des Ultraschallimpulses in den Meßstoff möglichst ohne zusätzliche Beeinflussung erfolgen kann. Dazu bieten sich verschiedene konstruktive Lösungen an:

Sender und Empfänger werden außen auf die Rohrwand aufgesetzt: "Clamp on" Version (Bild 3.1)

Der entscheidende Nachteil dieser Einbauart ist, daß die Ausbreitungsgeschwindigkeit des Schalls in der Rohrwand sehr verschieden ist von der Schallgeschwindigkeit in dem Meßstoff, d.h. der Schallstrahl erfährt auf der Sender- und auf der Empfängerseite jeweils eine zusätzliche starke Brechung beim Durchgang durch die Rohrwand und beim Eintritt in den Meßstoff.

Damit wird aber die Geberkonstante meßstoffabhängig, da sie u.a. auch von dem Einstrahlwinkel abhängt.

Weiter ist zu beachten, daß bei dieser Montageart zum Schutz vor Rohrvibrationen u.ä. Effekten zwischen der Plattenkeramik und der Rohrwand meist noch ein keilförmiger Füllkörper eingesetzt werden muß, der eine weitere zusätzliche Brechung des Schallstrahls verursacht. Um diese Nachteile zu umgehen, kann die Rohrwand aufgebohrt und mit Stutzen versehen werden, in die dann die Keramiksensoren eingesetzt werden. Dadurch entfallen die störenden Brechungen an der Rohrwand. Man kann versuchen, die Stutzen mit einem geeigneten Füllstoff z.B. aus Kunststoff auszufüllen, um eventuelle Ablagerungen in dem entstehenden Totraum zu vermeiden (Bild 3.2). Eine Vorsichtsmaßnahme, die nicht erforderlich ist, wie die vielfältigen Applikationserfahrungen zeigen. Bei geeigneter strömungstechnischer Ausbildung der Ansatzstutzen durch entsprechende Anbringung der Sensoren, sowie durch entsprechende Dosierung der Strahlungsenergie werden heute mit großem Erfolg Geräte gemäß Bild 3.3 auch für normalerweise als kritisch anzusehende Applikationen eingesetzt; wie z.B. in Erdölpipelines zur Durchflußmessung von Crude Oil, in Zuckerraffinerien zur Melassemessung, aber auch ganz besonders für Heißwasser in Wärmekraftwerken, sowie in Fernwärmenetzen.

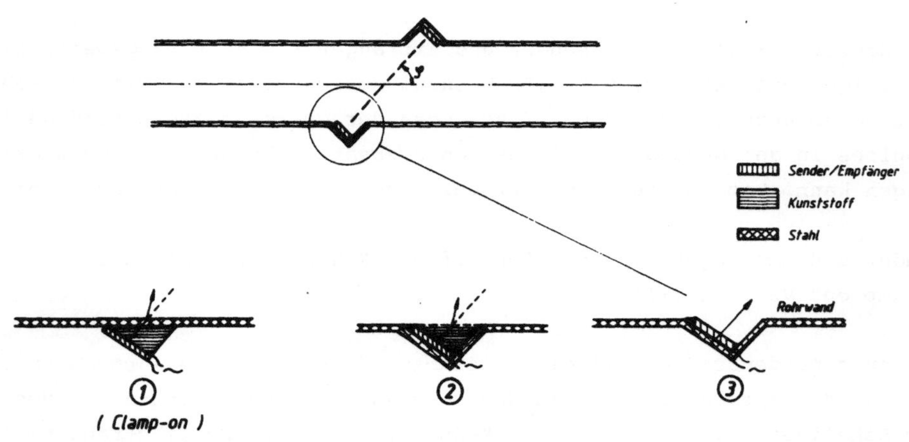

Bild 3.1-3: Anbau der Sensoren

1.3.2 STRÖMUNGSPROFILEINFLUSS

Die mit den oben beschriebenen Verfahren (Sing-around, Leading-Edge und Lambda-Locked-Loop) ermittelte Strömungsgeschwindigkeit ist dabei jeweils die mittlere Strömungsgeschwindigkeit, gemessen über die Länge des Meßstrahls in der Ebene, die durch den Meßpfad und die Strömungsrichtung gebildet wird. Um jedoch die tatsächliche mittlere Strömungsgeschwindigkeit v_A gemittelt über dem Rohrquerschnitt und damit den Volumenfluß q_v zu erhalten, muß eine "Geschwindigkeitskonstante" k bekannt sein:

$$k = \frac{v_A}{v}$$

Dabei bedeutet k = das Verhältnis der mittleren Geschwindigkeit v_A über dem Querschnitt zu der gemessenen mittleren Geschwindigkeit v über dem Meßpfad.

k ist von der Reynolds-Zahl abhängig. In der Praxis ist bei rotationssymmetrischen und ungestörten laminaren oder turbulenten Strömungsprofilen $k \neq 1$.

Dann gilt

$$q_v = k \cdot A \cdot v$$

oder

$$q_v = k' \cdot v$$

Aus den Grundgleichungen der Strömungsdynamik läßt sich ableiten, daß z.B. für rotationssymmetrische turbulente Strömungen gilt:

$$k = 0{,}889 + 0{,}009 \log Re + 0{,}0001 (\log Re)^2$$

Daraus folgt z.B., daß sich bei turbulenten Strömungsprofilen der Faktor k um ca. 3% ändert, wenn die Reynolds-Zahl zwischen $1 \cdot 10^3$ und $1 \cdot 10^6$ variiert. Das heißt, bei ungestörten turbulenten Strömungen kann bei der Methode der Laufzeitmessung der Fehler allein durch die Mittelung der Strömungsgeschwindigkeit über den Meßpfad bis zu ca. $\pm$ 1,5% betragen, wenn der Faktor k nicht als Funktion der Reynolds-Zahl korrigiert wird. Die Fehler werden noch größer, wenn sich der Strömungszustand vom turbulenten zum laminaren ändert. Dies kann sich z.B. bei hochviskosen Flüssigkeiten ergeben.

1.3.3 MEHRKANAL-MESSUNG

Die Betrachtung typischer laminarer und turbulenter Strömungsprofile zeigt, daß es rotationssymmetrisch angeordnete Zonen in der Strömung gibt, in denen der k-Faktor für beide Strömungszustände gleich wird (Bild 4). Die Profilabhängigkeit des k-Faktors von dem jeweiligen Strömungsprofil läßt sich also reduzieren, wenn man mehrere Meßstrahlen über den Rohrquerschnitt verteilt und damit eine genauere Mittelung der Strömungsgeschwindigkeit erreicht.

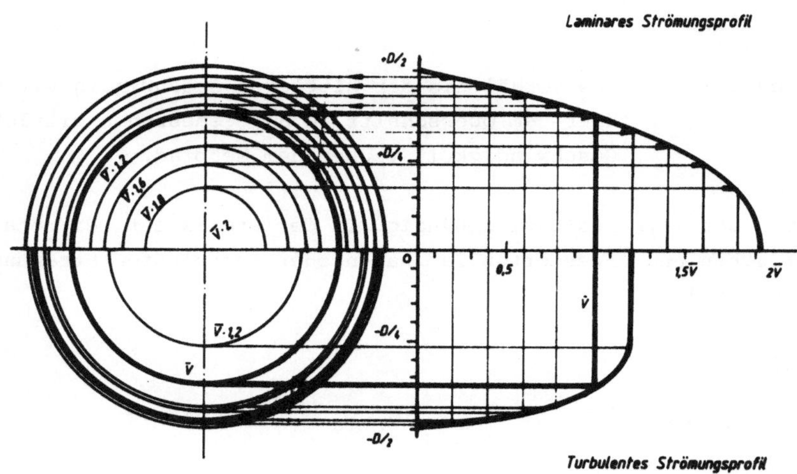

Bild 4: Geschwindigkeitsverteilung bei laminaren und turbulenten Strömungsprofilen

Für eine ungestörte Strömung in kreisförmigen Rohrleitungen (Bild 5) gilt:

$$v(r) = \frac{(1+2n)\ (1+n)}{2n^2} \cdot \bar{v}\ \left(1 - \frac{r}{R}\right)^{\frac{1}{n}}$$

mit v(r) = örtliche Strömungsgeschwindigkeit im Abstand r von der Rohrachse

$\bar{v}$ = mittlere Strömungsgeschwindigkeit

R = Radius der Rohrleitung

n = Profilindex n = f(Re) und für turbulente Strömungen

$$\frac{1}{n} = 0{,}25 - 0{,}023\ \log Re$$

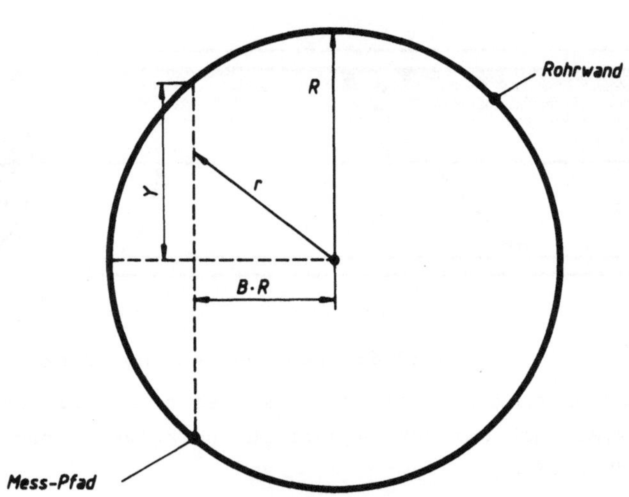

Bild 5: Örtliche Geschwindigkeitsverteilung

Eine eingehende mathematische Untersuchung zeigt, daß für die Strömungsgeschwindigkeit v_{Pfad} gemessen über einen Meßpfad im Abstand $h = B \cdot R$ von der Rohrachse gilt:

$$v_{Pfad} = \frac{(1+2n)\ (1+n)}{n^2}\ \overline{v} \int_{0}^{\sqrt{R^2+h^2}} (1- \frac{\sqrt{h^2+y^2}}{R})^{\frac{1}{n}} \cdot dy$$

Zunächst zeigt sich auch hier, daß die Strömungsgeschwindigkeit gemessen über einen Meßpfad abhängig ist von n, und damit von der Reynoldszahl. Es läßt sich aber weiter zeigen, daß bei B = 0,52 diese Gleichung bei jedem n, d.h. über einen weiten Reynoldszahlenbereich übergeht in die einfache Beziehung:

$$v_{Pfad} = \overline{v}$$

Das heißt, die über die so definierten Meßpfade gemessene Strömungsgeschwindigkeit entspricht der tatsächlichen mittleren Strömungsgeschwindigkeit in der Rohrleitung, gleich ob laminare oder turbulente Strömungsverhältnisse vorliegen. (Bild 6).

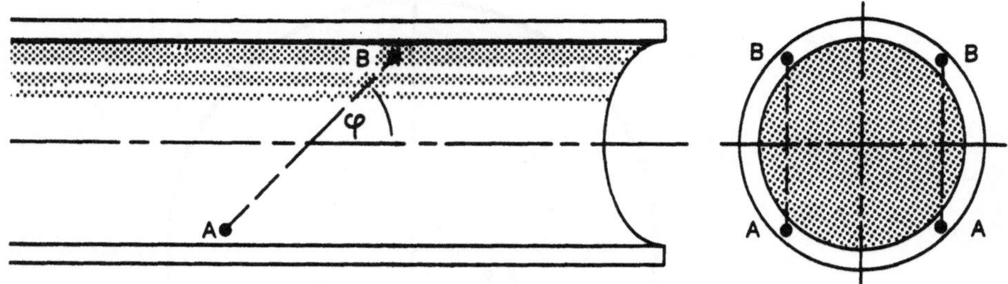

Bild 6: Zweikanalmessung, Funktionsprinzip

Dieses Verfahren ist vergleichbar mit einer numerischen Integration, wie sie z.B. auch bei der magnetisch-induktiven Durchflußmessung durchgeführt wird.

Die genaue Positionierung und vor allem die Anzahl der erforderlichen Meßstrahlen, verteilt über den Rohrquerschnitt, läßt sich optimieren. Umfangreiche experimentelle und theoretische Untersuchungen zeigen, daß mit der Einführung von zwei Meßstrahlen auch bei verzerrten, also nicht rotationssymmetrischen Strömungsprofilen Meßgenauigkeiten von ± 0,5% erreicht werden können, wenn zusätzliche Ein- und Auslaufstrecken verwendet werden, wie sie z.B. für Wirkdruckverfahren vorgeschrieben sind (VDI 1952 bzw. ISO 5167). Die Verwendung von ebenfalls denkbaren Vierkanalsystemen ermöglicht bei gleicher Meßgenauigkeit nur noch eine geringfügige Reduzierung der notwendigen Ein- und Auslaufstrecken, die meist in keinem Verhältnis zu den Mehrkosten des Gerätes stehen.

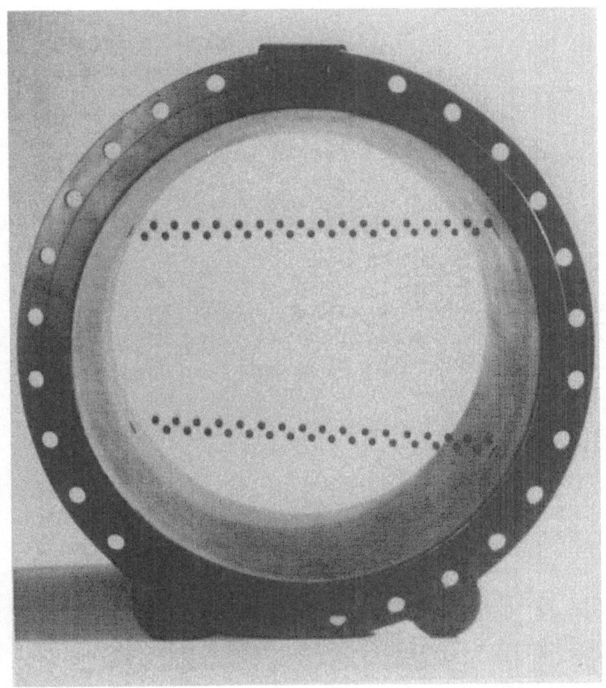

Bild 7: Ultraschall-Durchflußmesser, Zwei-Kanal-Ausführung, Funktionsprinzip

Die Messungen zeigen, daß bei Meßsystemen, die mit vorgeschriebenen Beruhigungsstrecken in die Rohrleitung montiert werden, Meßwertabweichungen von ca. ± 0,5% vom Meßwert erreicht werden bei Durchflußgeschwindigkeiten von ca. 0,1 bis 10 m/s.

Die Messungen zeigen, daß bei Einlaufstrecken mit einer Länge von 10xD auch bei extremen Störungen des Strömungsprofils die Meßwertabweichungen noch immer geringer als 0,8% vom Meßwert sind (Bild 8).

1.4 EINSATZBEDINGUNGEN

Ultraschalldurchflußmesser nach der Laufzeitmethode mit zwei Meßkanälen können in Rohrleitungen DN 100 bis 3000 mm und größer eingesetzt werden. Es ergeben sich maximale Abweichungen von ± (0,5% vom Endwert + 0,5% vom Meßwert).

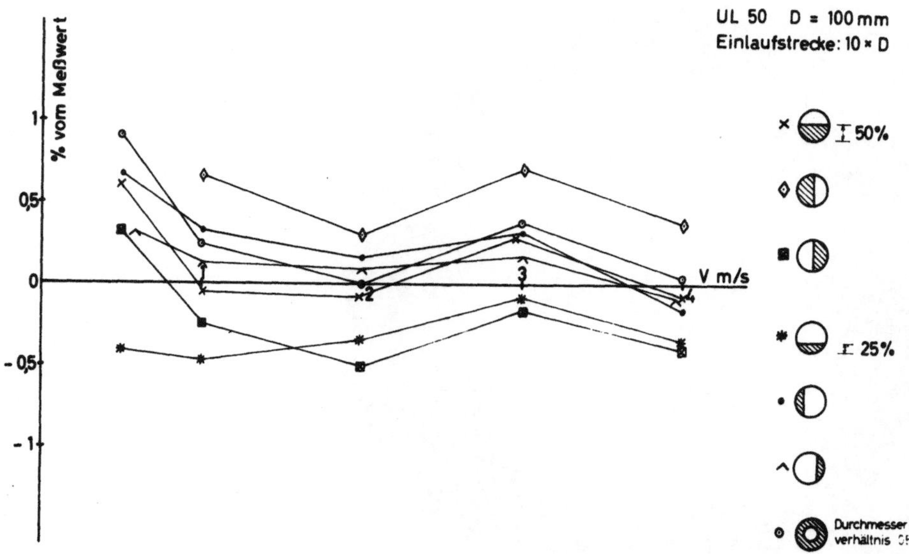

Bild 8: Einfluß von Einbaustörungen, Einlaufstrecke 10*D

Dazu sind jedoch Ein-Auslaufstrecken erforderlich, wie sie in DIN 1952 bzw. ISO 5167 vorgeschrieben sind.

Der Einfluß der Reynolds-Zahl ist kleiner als 0,2% in einem Bereich von $Re = 1 \times 10^3 \ldots 1 \times 10^6$.

Literatur

1. Physical Acoustics. Warren P. Mason, R.N. Thruton, Academic Press, New York 1979.
2. Ultrasonic Flowmeter - A review of the state of art. M.L. Smith, Advances in Flow-Measurement Techniques, University of Warwick, Sept. 1981.
3. Acoustic Flowmeters. C.I. Hoogendijk, Report der Firma Altometer.
4. Ultraschall-Durchfluß-Sensor für die Wärmemengenmessung. A. von Jena, VDI Bericht Nr. 509, 1984.
5. Akustische Verfahren zur Messung von Strömungsgeschwindigkeiten. F.L. Brand, "Voith Forschung und Konstruktion", Heft 21, Heidenheim.
6. Boundary Layer Theorie, H. Schlichting, Pergamon Press H. XX

FASEROPTISCHE SENSOREN

FIBEROPTICAL SENSORS

G. Martens

Philips GmbH Forschungslaboratorium Hamburg
Vogt-Kölln Str. 30, 2000 Hamburg 54, BRD.

Summary

The state of the art of fiber optic sensor technology briefly is reviewed. Examples of extrinsic, intrinsic and interferometric fiber optical sensors are discussed. Special emphasis is put on the problems of analog data transmission by the sensors fiber link. Finally a hybrid electro-optical system is proposed for converting analog sensor signals into digital optical ones as close as possible to the sensor head.

1. Einleitung

Faseroptische Sensoren (FOS) im Sinne der folgenden Ausführungen sind Meßfühler, die von einem Sender optisch über einen Lichtwellenleiter (LWL) versorgt oder angesprochen werden und die Information über die Stärke der Meßgröße wiederum optisch über einen LWL an einen Empfänger übermitteln. Die Meßgröße beeinflußt über das Sensorelement die Intensität des Lichts, die Polarisation, die Phase oder die spektrale Verteilung. Es ist dabei vom jeweiligen Anwendungsfall abhängig, ob der Sensor in Transmission (Bild 1a) oder in Reflexion (Bild 1b,c) betrieben wird.

Bevorzugte Einsatzgebiete der FOS sind elektro-magnetisch stark gestörte Umgebungen, wie sie heute in vielen Bereichen der Technik vorkommen. Die galvanische Trennung des Sensors von seiner Versorgungseinheit durch den LWL erlaubt nicht nur einen

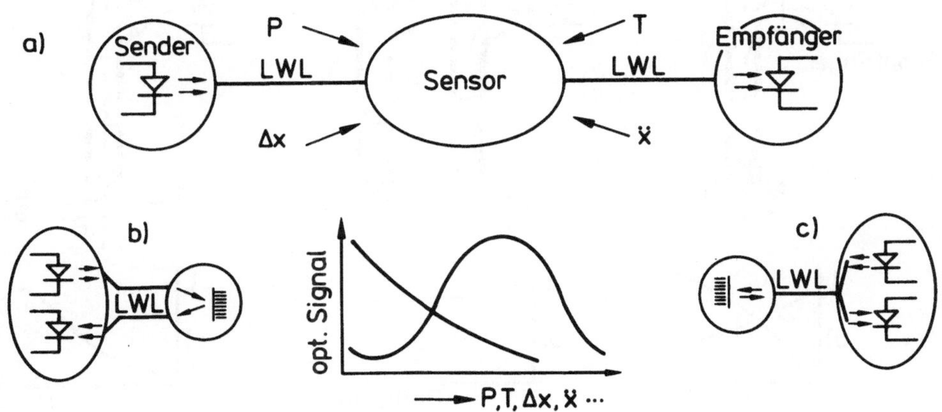

Bild 1: Schematische faseroptische Sensoranordnung in Transmission und Reflexion

potentialfreien Einsatz der FOS, sondern gewährleistet auch eine elektro-magnetisch ungestörte Signalübertragung, da Erdschleifen nicht vorhanden sind und es keine Wechselwirkung mit dem optischen Signal im LWL gibt. Das bekannte Schlagwort ist die "Eigensicherheit" der FOS, die gewährleistet wird durch Vermeidung von elektrischen Spannungen am und im Sensor.

Die FOS lassen sich allerdings nur zögernd in den Markt einführen. Der Grund liegt hauptsächlich im Preis, bedingt durch die zunächst kleine Stückzahl und teure optische und faseroptische Komponenten. Der Zugang zum Markt erfolgt daher bei den meisten Sensoranwendungen zuerst mit einer preiswerten Fasertechnolgie, der Multimode-Technologie, bei der eine Präzision von ca. 5-10 µm bei der Herstellung der Komponenten ausreicht. Er erfolgt zunächst erst in Marktnischen, wo die oben genannten herausragenden Eigenschaften zum Tragen kommen und den Preisnachteil wettmachen.

Die Gruppe der FOS teilt sich auf in intrinsische und extrinsische Sensoren. Bei den intrinsischen Sensoren wirkt die zu messende Größe mittelbar oder unmittelbar auf den LWL oder ein Stück davon ein. Ihre Eigenschaften sind daher eng an die des LWL gekoppelt. Extrinsische Sensoren dagegen benutzen den LWL lediglich zum Transport von Licht. Der eigentliche Meßeffekt geschieht außerhalb des LWL. Die Eigenschaften extrinsischer Sensoren selbst werden daher nur in geringem Maße von denen des LWL bestimmt. Beide Sensortypen, extrinsische wie intrinsische, sind meistens intensitätsmodulierende Typen, bei denen die Information über die Meßgröße in der Stärke der in der Empfängereinheit gemessenen Lichtintensität verborgen liegt. Die Intensität unterliegt jedoch den Dämpfungseigenschaften der Übertragungsstrecke, deren Schwankungen die FOS-Signale verfälschen. Die Hauptprobleme faseroptischer Sensortechnik liegen daher derzeit in der Erarbeitung und Entwicklung sogenannter streckenneutraler (streckenunabhängiger) Sensorprinzipien und Übertragungstechniken.

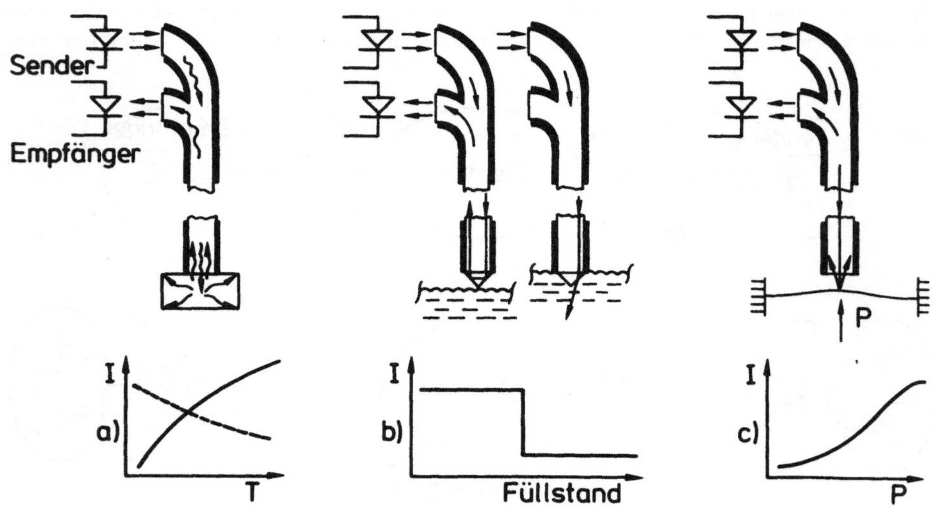

Bild 2:
Einfache extrinsische Sensorprinzipien für a) Temperatur, b) Füllstand und c) Druck

2. Extrinsische Sensoren

Die meisten bereits auf dem Markt befindlichen FOS sind extrinsische Sensoren. Sie zeichnen sich durch eine einfache Bauart aus. Bild 2a zeigt dazu schematisch einen Temperatursensor, dessen Sensorelement aus einem lumineszierenden Kristall besteht /1,2/ und die Temperaturabhängigkeit von Lumineszenzbanden zur Messung verwendet. Füllstandssensoren /3/ nach Bild 2b für die optische Detektion eines oder mehrerer Pegel sind ebenso kommerziell erhältlich wie einfache Drucksensoren, deren Meßeffekt darauf beruht, daß je nach Auslenkung einer Membran mehr oder weniger Licht in die Empfangsfaser(n) zurückgekoppelt wird /4,5,6/ (Bild 2c). Da in der herkömmlichen Sensorik bei vielen Sensoren für mechanische Meßgrößen die Meßgröße zunächst in eine Wegänderung umgesetzt wird und diese Techniken bekannt sind, ist man in der optischen Sensorik auch vielfach den Weg gegangen, Wegaufnehmer als Grundelemente für FOS zu nutzen /7/. Beispiele dazu sind in Bild 3a,b dargestellt. In einem mit Hilfe von Linsen erzeugten parallelen Strahlengang ändern zwei gegeneinander verschiebbare Gitter /8,9,10/ die Transmission des FOS. Statt der Gitter kann auch eine einzelne Linse beweglich angeordnet werden um das Licht des Sende-LWL gleichzeitig in zwei Empfangs-LWL positionsabhängig einzukoppeln /11/. Durch eine Quotientenbildung der beiden Empfängerintensitäten wird bei diesem Konzept die Streckenneutralität für den Sende-LWL erreicht. Beispiele extrinsischer FOS ohne bewegte Teile zeigt Bild 3c,d. Für Temperaturmessungen wird die Temperaturabhängigkeit der Transmission Tr bestimmter Materialien (z.B. GaAs /12,13/), die in den Strahlengang zwischen Sende- und Empfangs-LWL eingefügt werden, herangezogen. Die Änderung der Transmission einer zwischen die Linsen eingepaßten Gaszelle dient zur optischen Erfassung der Konzentration von Gasen /14/. Mit Hilfe eines mikrooptischen Polariskopaufbaues im extrinsischen optischen Meßkopf lassen sich elektrische und magnetische Felder unter Verwendung geeigneter Materialien optisch messen und ebenso mechanische Meßgrößen unter Verwendung spannungsoptischer Techniken /15/. Die meisten der in Bild 3 gezeigten Sensortypen sind derzeit noch nicht auf dem Markt. Die mangelnde Marktreife dieser Sensoren beruht neben dem bekannten Problem der mangelnden Streckenneutralität auf

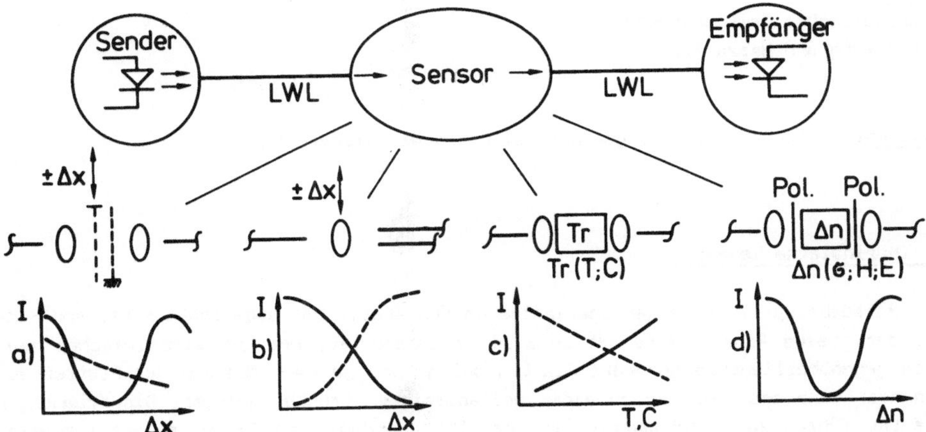

Bild 3: Extrinsische Sensorprinzipien für (a,b) Weg, (c) Transmissionsänderung und (d) induzierte Doppelbrechung

ihrem komplizierteren Aufbau und der damit u.a. verbundenen komplexen Temperaturabhängigkeit, der Langzeitstabilität und der Hysterese. Sie existieren jedoch schon in kleinen Stückzahlen und werden für Spezialanwendungen eingesetzt.

Ein Beispiel eines solchen Sensors zeigt das Bild 4a. Er wird für Kernspintomographieaufnahmen verwendet, bei denen es unter extremen elektro-magnetischen Randbedingungen darauf ankommt, die Bewegungen eines Patienten laufend zu detektieren, um die Tomographieaufnahme z.B. mit der Atmungsbewegung zu synchronisieren /16/. Der Bewegungssensor besteht aus einer Gurtschnalle, in die ein mikrooptisches Polariskop eingebaut ist. Der Sensor wird mit Hilfe eines Gurtes um den Körper gespannt, so daß Umfangsänderungen des Körpers Änderungen der mechanischen Spannungen im Sensorelement hervorrufen. Sie werden mit dem Polariskop erfaßt und mittels LWL ausgelesen. Der Sensor ist vollständig aus nichtmetallischem Material gefertigt, um jegliche Wechselwirkungen mit dem Tomographen auszuschließen. Typische optische Signalverläufe sind in Bild 4b dargestellt. Kurve a zeigt das niederfrequente Atmungssignal einer Versuchsperson. Diesem Signal überlagert ist ein pulsartiges hochfrequentes Signal. Es wird durch den Herzschlag hervorgerufen. Über ein elektronisches Filter abgetrennt ist es als Kurve b dargestellt. Es ist sogar bereits gelungen, mit Hilfe der optischen Herzschlagsignale getriggerte Kernspintomographiebilder des Herzens zu erstellen /16/.

Bild 4a:
Faseroptischer Bewegungssensor für Atmung und Herzschlag

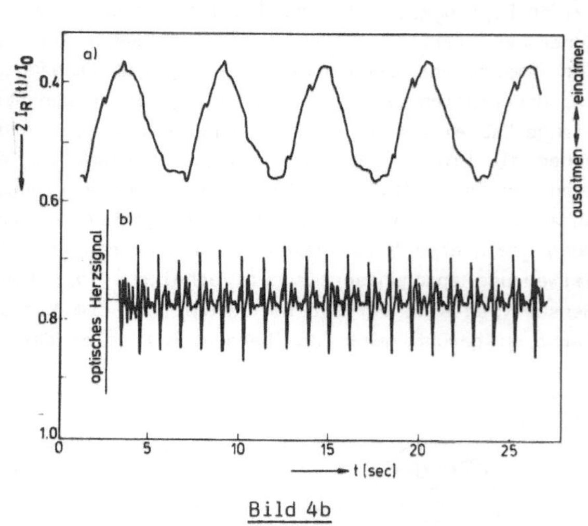

Bild 4b

Bild 4b: Optisches (a) Atmungs- und (b) Herzschlagsignal /16/

3. Intrinsische Sensoren

Das Paradebeispiel für einen intrinsischen FOS stellt der sogenannte Mikrobend-Sensor dar. Seine Arbeitsweise ist in Bild 5a angedeutet. Der LWL wird zwischen zwei sich gegenüberliegende gezahnte Platten gelegt und je nach Abstand der Platten zueinander mehr oder weniger zu einer wellenartigen Struktur geformt. Die Krümmungen des LWL führen zum Lichtaustritt aus dem LWL und damit zum Sinken seiner Transmission. Mit Hilfe dieses Sensorprinzips sind bereits faseroptische Drucksensoren und Hydrophone /17/ entwickelt worden. Sensorprinzipien, bei denen ein Stück des LWL speziell präpariert wird, sind in Bild 5b, c angedeutet. So wird zB. der Mantel des LWL auf einem Teilstück entfernt, so daß nur noch der LWL-Kern übrig bleibt. Der freiliegende Teil des Kerns wird dann einer Flüssigkeit ausgesetzt, deren Brechungsindex die Lichtführung im LWL an der Grenzfläche zwischen Kern und Flüssigkeit maßgeblich beeinflußt und die Transmission der Anordnung bestimmt. Auf diese Weise sind faseroptische Refraktometer gebaut worden /18/, die über die Konzentrationsabhängigkeiten des Brechungsindexes von Lösungen oder der Temperaturabhängigkeit des Brechungsindexes /19/ ein weites Anwendungsfeld finden. Spezielle Beschichtungen des LWLs werden dazu benutzt die Lichtintensität im LWL, die Phase des Lichts oder die Polarisation meßgrößenabhängig zu verändern. So sind faseroptische Stromsensoren /20/ und Magnetfeldsensoren bekannt /21/. Letztere ändern die Phase des Lichts und können nur interferometrisch ausgewertet werden. Elektrische Ströme und Magnetfelder sind mit intrinsischen Sensoren ohne zusätzliche LWL-Beschichtung ebenfalls erfolgreich gemessen worden. Die Drehung der Polarisationsebene des Lichts in Monomodefasern durch den Faradayeffekt wird dabei ausgenutzt /22/.

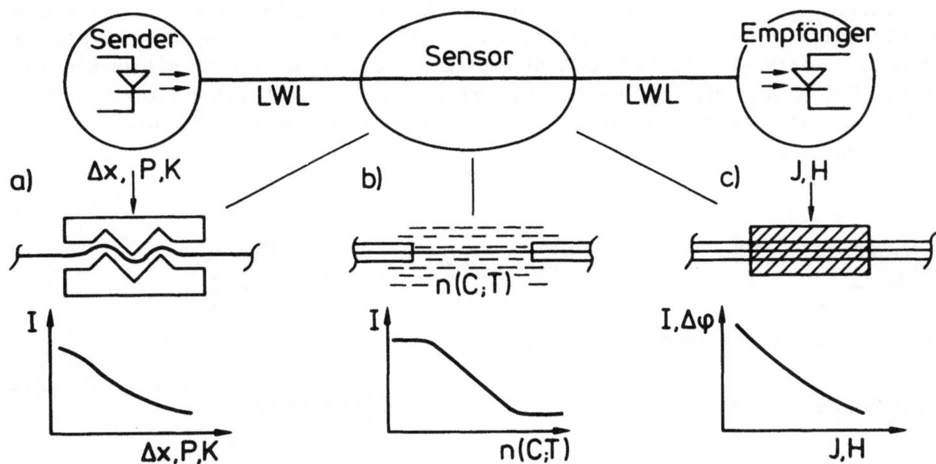

Bild 5: Intrinsische Sensorprinzipien für (a) Weg, (b) Konzentration, Temperatur und Füllstand und (c) Strom und Magnetfeld

4. Interferometrische Sensoren

Die Zahl der Veröffentlichungen über interferometrische FOS ist groß. Es handelt sich dabei in der Mehrzahl um Arbeiten über grundlegende Probleme der Erzeugung von Phasenverschiebungen durch die Ankopplung des Meßparameters, über die Stabilisierung des optischen Signals und dessen Auswertung. Hierbei spielen die Hilfsmittel der integrierten Optik eine entscheidende Rolle. Da jedoch die sensorischen Anwendungen der integrierten Optik bis auf die Ausnahme des optischen Kreisels noch sehr weit in der Zukunft liegen, sei hier lediglich nur das Stichwort erwähnt.

Die interferometrischen FOS teilen sich hauptsächlich in drei Gruppen auf; in die Fabry-Perot-, die Mach-Zehnder- und die Sagnac-Sensoren. Typische Anordnungen sind in Bild 6, 7 dargestellt. Faseroptische Fabry-Perot-Sensoren sind sehr weit entwickelt, zumal bei ihnen, je nach Anwendungsfall, noch Multimodefasern verwendet werden können. Herzstück dieser Sensoren sind optische Resonatoren, die im Prinzip aus zwei einander gegenüberliegenden (teil)verspiegelten Flächen bestehen, zwischen denen das Licht mehrfach hin und her reflektiert wird. Dieser Resonator kann z.B. aus einer Faserendfläche und einer separaten verspiegelten Fläche aufgebaut sein /23/ oder aus den beiden (teil)verspiegelten Faserendflächen eines kurzen Stückchens eines LWL /24/. Die für sensorische Anwendungen entscheidende Größe bei den Fabry-Perot-Resonatoren ist die optische Weglänge zwischen den Spiegelflächen, bestehend aus dem Produkt von Brechungsindex und geometrischer Weglänge. Die optische Weglänge bestimmt bei vorgegebener Lichtwellenlänge die Lage und den Abstand der Reflexionsminima (Bild 6a) und den der Transmissionsmaxima (Bild 6b). Da auch hier, wie bei allen anderen Sensoren, die Temperatur einen wesentlichen Einfluß auf das optische Signal hat, sind diese Sensoren vornehmlich als Temperatursensoren entwickelt worden. Erste erfolgreiche Ansätze, das Faser-Fabry-Perot-Konzept auf die Messung mechanischer Größen anzuwenden, sind in Bild 6c /24/ angedeutet. Das in Transmission betriebene Faser-Fabry-Perot ist U-förmig auf die Oberseite eines Biegebalkens geklebt, der unter Krafteinwirkung die Resonatorlänge ändert. Ausgelesen werden die Fabry-Perots u.a. über eine Nachführung der Senderlichtwellenlänge, mit der ständig eine Extremstelle der Charakteristik gehalten wird /24/. Die Wellenlängennachführung geschieht innerhalb eines Regelkreises, der den Strom eines Halbleiterlasers steuert. Die Ankopplung der Signalauswertung an eine Extremstelle der Charakteristik macht das Fabry-Perot-Konzept mit der angedeuteten Auswertetechnik zu einem streckenneutralen Sensorkonzept.

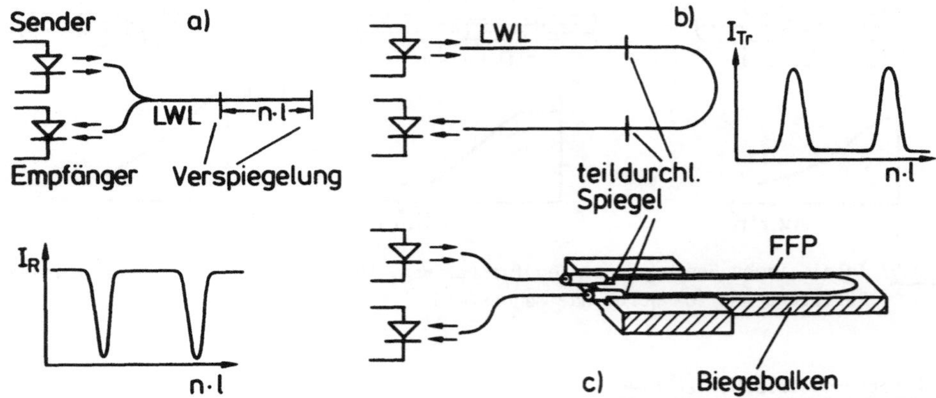

Bild 6: Faser-Fabry-Perot (FFP) Anordnung in (a) Reflexion und (b) Transmission mit (c) Biegebalkenanwendung /24/

Faseroptische Mach-Zehnder-Interferometer (Bild 7a) bestehen aus jeweils über zwei optische Koppler verbundene monomodische optische Strecken (Fasern oder integriert-optische Wellenleiter), dem Meßzweig, in dem durch die Meßgröße eine Phasenverschiebung des Lichts erzeugt wird, und dem Referenzzweig. Die optischen Auswertetechniken der Phase sind u.a. mit Hilfe intergriert optischer Elemente weit entwickelt und erlauben eine Detektion der Phasenänderung von kleiner als 1 µrad. Die Querempfindlichkeit bezüglich der Temperatur und die Probleme der Langzeitstabilität für DC-Signalanwendungen lassen die Marktreife dieser interferometrischen Sensoren jedoch erst in einigen Jahren erwarten, so daß sie hier nicht weiter diskutiert werden sollen. Der interessierte Leser sei auf die Literatur /25/ und die dortigen Zitate verwiesen.

Beim Sagnac-Interferometer (Bild 7b) wirkt auf den Referenzzweig auch die Meßgröße ein, jedoch mit umgekehrter Polarität als im Meßzweig. Die Meßgröße bei Sagnac-Interferometern ist die Winkelgeschwindigkeit, dem das Interferometer im Inertialsystem unterliegt. Das Interferometer besteht aus einer Monomode-LWL-Spule, deren freie Enden in angegebener Weise an einen Vier-Tor-Koppler angeschlossen sind. Meß- und Referenzzweig sind hier in einem einzigen LWL vereinigt. Sie unterscheiden sich lediglich durch die unterschiedlichen Umlaufrichtungen der vom Sender kommenden und durch den Koppler aufgeteilten Lichtanteile. Eine Drehung der LWL-Spule um seine Achse bedeutet für die gegenläufig umlaufenden Lichtanteile bezüglich des Inertialsystems unterschiedliche Umlaufgeschwindigkeiten (Doppler-Effekt), die sich am Empfänger in einer unterschiedlichen Phase für beide Lichtanteile äußern. Die Phasendifferenz ist proportional zur Winkelgeschwindigkeit. Die Empfindlichkeit dieser Rotationssensoren ist proportional zur Zahl der LWL-Windungen in der Spule und proportional zum Quadrat ihres Durchmessers. Mit Hilfe aufwendiger Auswertetechniken sind bei Faser-Sagnac-Interferometern Auflösungen von $0.1^{\circ}/h$ realisiert worden /26/. Optische Kreisel auf der Basis des Sagnac-Effektes sind in verschiedenen Ausführungsformen (Ringlaserkreisel, passiver Ringresonator, Ringinterferometer) sehr weit entwickelt, haben vielfach die Marktreife erlangt und werden bereits vereinzelt eingesetzt. Ihre Vorteile bezüglich der herkömmlichen mechanischen Kreisel liegen nicht in den anfänglich genannten Eigenschaften der FOS, sondern in der erreichbaren Meßgenauigkeit und der Verschleißfreiheit, da hier keine bewegten Teile vorhanden sind.

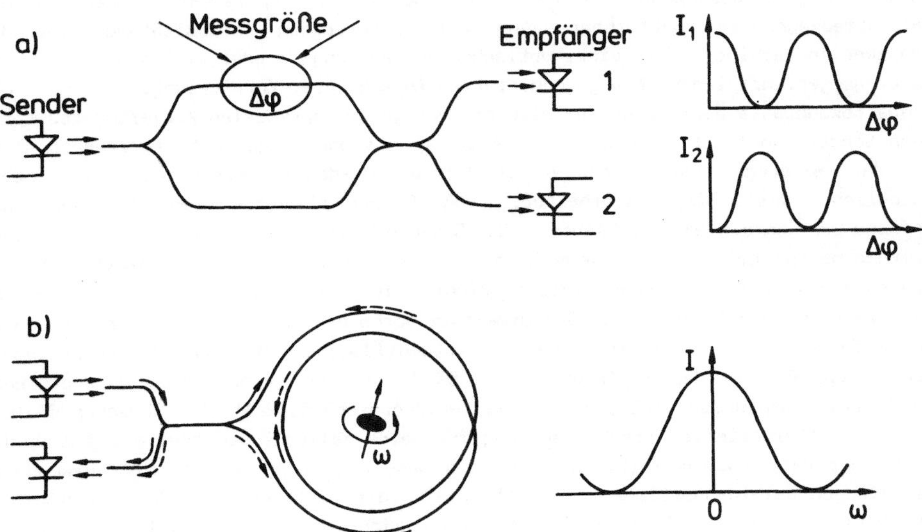

Bild 7: Prinzipaufbau faseroptischer (a) Mach-Zehnder- und (b) Sagnac-Interferometer

5. Streckenneutralität

Das oben kurz angeführte Problem der mangelnden Streckenneutralität intensitätsmodulierender FOS stellt für die weitere Entwicklung und eine erfolgreiche Markteinführung der FOS einen nicht zu unterschätzenden Nachteil dar. Wenn der Einsatz von FOS nicht nur auf Marktnischen beschränkt bleiben soll, die gekennzeichnet sind durch eine kleine Stückzahl und äußerst "exotische" Anwendungen, dann muß das Problem der Streckenneutralität gelöst werden. Für viele Sensoranwendungen in elektro-magnetisch gestörter Umgebung gibt es heute aufwendige aber bereits erprobte elektrische Sensoren mit hinreichender Genauigkeit und Zuverlässigkeit. Die FOS können sich diesen Marktbereich daher nur erschließen, wenn sie hinsichtlich ihrer Spezifikationen konkurrenzfähig mit den bestehenden Systemen sind.

Die Streckenneutralität bedeutet nicht nur, daß durch thermische oder mechanische Einflüsse auf den LWL die Meßgenauigkeit des FOS-Systems nicht beeinträchtigt werden darf, sondern beeinhaltet weiter, daß ohne eine Nachkalibration des Systems eine LWL-Verbindung geöffnet und geschlossen werden oder ein Teilstück des LWL ausgetauscht, verlängert oder verkürzt werden darf. Die Streckenneutralität von Sensoren ist unbedingte Voraussetzung, um Sensoren im Verbund, in einem, wie auch immer gearteten, Bussystem arbeiten zu lassen.

Ansätze zur Erlangung der Streckenneutralität bei FOS sind vielfach bekannt. Die einfachste Lösung des Streckenproblems besteht darin, auf intensitätsmodulierende Sensorprinzipien zu verzichten und auf optische digitale, quasidigitale oder frequenzanaloge Prinzipien überzugehen, die von sich aus bereits streckenneutral sind. Digitale oder quasidigitale optische Sensorprinzipien gibt es nur in einzelnen Sonderanwendungen, die jedoch nicht allgemein auf andere Meßgrößen übertragbar sind oder sie haben eine zu geringe Auflösung um ernsthaft in Betracht gezogen werden zu können. Frequenzanaloge Ansätze, wie z.B. den der schwingenden Saite /27/, sind zwar bekannt, können jedoch auch nicht ohne weiteres auf mehrere Meßgrößen übertragen werden um eine umfangreiche Sensorfamilie zu erstellen. Von intensitätsmodulierenden Sensorprinzipien ausgehend sind FOS über eine Art faseroptischer Brückenschaltung /28/ streckenneutral betreibbar oder über senderseitig intensitätsmodulierender Techniken in Verbindung mit einer optischen Verzögerung im oder am Sensor/29/. Diese Übertragungsprinzipien stehen jedoch erst am Anfang ihrer Entwicklung.

Das bekannteste Übertragungsprinzip besteht in der spektralen Kodierung des optischen Sensorsignals. Ein Beispiel dafür stellt das oben angeführte Fabry-Perot-Konzept dar. Meistens jedoch wird, wie in Bild 8a angedeutet, mit Licht zweier unterschiedlicher Wellenlängen gearbeitet, deren Intensitätskomponenten den Sende- und Empfangs-LWL gemeinsam durchlaufen. Im Sensorgehäuse werden entweder die beiden Teilkomponenten getrennt und jeweils als Meßzweig durch das Sensorelement und als Referenzzweig am Sensorelement vorbei geführt oder bei hinreichender spektraler Abhängigkeit des Meßeffekts (Bild 8b) gemeinsam durch das Sensorelement geführt und in den Empfangs-LWL eingekoppelt. Eine Quotientenbildung der Meß- und Referenzintensitäten (Bild 8c) in der Empfangseinheit führt zu einer erheblichen Unterdrückung von Streckendämpfungseinflüssen. Die Wellenlängenabhängigkeit der Streckendämpfung oder die differentielle Streckendämpfung für beide Wellenlängen bestimmt jedoch die Grenze der Unterdrückbarkeit. Sie ist umso besser je benachbarter die verwendeten Wellenlängen beieinanderliegen, je kleiner also die differentielle Streckendämpfung ist. Hier liegt das Problem in der Schaffung schmalbandiger und stabiler optischer Filter und/oder im Auffinden sehr stark wellenlängendispersiver Sensorprinzipien. In einer interessanten Variante werden Kammspektren für die Meß- und Referenzintensitäten (Bild 8d,e) vorgeschlagen /30/. Allerdings sind einfache spektrale Sensortransmissionsänderungen (s. Bild 8b) nicht ohne weiteres mit derartigen Kammspektren auswertbar, sondern es müssen hierfür spezielle Sensorprinzipien herangezogen werden.

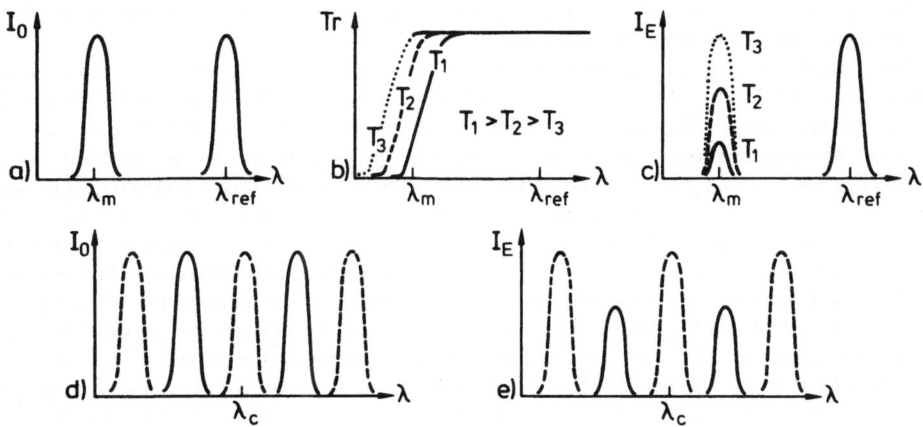

Bild 8: Spektrale Verteilungen von (a) Senderlicht Io, (b) Sensortransmission Tr und (c) Empfängerlicht I_E beim Zweiwellenlängenverfahren. (d,e) Sender- und empfangsseitige Spektralverteilung bei Kammspektren /30/

Obiges Beispiel (es ist nur stellvertretend für alle anderen) zeigt, wie sehr die Lösung der Streckenneutralität von FOS noch in den Anfängen ihrer Entwicklung liegt. Sie muß, und das ist jetzt schon deutlich, in jeglicher Hinsicht teuer erkauft werden. Zudem ist es, von wenigen anfänglichen Vorschlägen abgesehen, vorerst noch nicht absehbar, wie ein, wie auch immmer geartetes, streckenneutrales FOS-System zu einem Sensorverbund oder einem Bussystem realistisch zusammengeschlossen werden kann.

6. Hybride Sensoren

Die elektrische Sensortechnik hat, bedingt durch die rasante Entwicklung der Mikroelektronik, eine Reihe von ausgereiften, bewährten und zuverlässigen Sensoren auf den Markt gebracht, deren Einsatz zunehmend in vorerst elektrischen Bussystemen erfolgt. Sie zeichnen sich u.a. aus durch eine Art "Intelligenz" am Sensor, mit der z.B. eine Meßbereichsumschaltung, eine Signalvorverarbeitung und eine Adressierbarkeit für Sensor-Bussysteme bereits realisiert worden sind. Für optische Sensoren, deren potentielle Einsatzgebiete extrem elektro-magnetisch verseuchte Bereich sind, liegt eine derartige Leistungsfähigkeit erst sehr weit in der Zukunft. Es gibt jedoch auch Bestrebungen, zusammen mit mikroelektronischen Mitteln, optischen Techniken der Signalübertragung und teilweiser Anwendung oben dargelegter optischer Sensortechniken die meisten der Vorteile reiner passiver optischer Sensoren mit einer hybriden Technik zu erlangen. Unter hybriden Sensoren soll hier gemäß Bild 9a verstanden werden, daß das Sensorsignal, egal ob es von einem elektrischen oder optischen Sensor stammt, so nah wie möglich am Sensor mit Hilfe eines elektro-magnetisch geschirmten, elektrisch-optischen Signalkonverters in ein digitales, busfähiges optisches Signal verwandelt wird, das dann zu einer Empfangstation übertragen wird. Der Energieverbrauch der Konvertereinheit soll dabei so gering sein, daß er über eine optische Speisung per LWL oder eine Batterie im Sensorgehäuse aufgebracht werden kann. Hybride Sensoren mit Batterieversorgung, so profan wie sie auch ist, werden als durchaus realistisch angesehen /31/ und sogar von einer japanischen Firma für mehrere Meßgrößen bereits angeboten.

Der hybride Sensor im obigen Sinne ist mit der Umwelt lediglich über LWL-Verbindungen in Kontakt und ist, als "black box" betrachtet, nicht von einem FOS gemäß des ersten Satzes diese Artikels zu unterscheiden. Der hybride Sensor hat zwar nur beschränkt (begrenzter Temperaturbereich, EMI-Einstreuung durch das Meßfenster) einige Vorteile eines reinen passiven FOS, ist aber streckenneutral und busfähig. Die weitere Entwicklung der Mikroelektronik mit immer leistungsfähigeren Komponenten, die immer weniger Energie verbrauchen, gibt jedoch den hybriden Sensoren wesentlich breitere Marktchancen. Es ist heute noch nicht abzusehen in wieweit hybride Sensoren im obigen Sinne eine ernsthafte Konkurrenz zu passiven FOS darstellen. Das hybride Sensorenkonzept bietet jedoch den bisher entwickelten oder in der Entwicklung befindlichen passiven FOS mit ihren spezifischen Sensoreigenschaften und -Vorteilen eine reelle Chance als Sensorelement eingesetzt zu werden. So sind passive FOS als Sensorelement denkbar, die über ein möglich kurzes Stück fest verlegter, nicht willkürlich trennbarer LWL-Leitung mit dem Signalkonverter in Verbindung stehen (s. Bild 9b). Die Streckenneutralität innerhalb dieses hybriden Systems ist gewährleistet durch die kurze und ein für alle mal fest installierte analoge LWL-Verbindung. Bei dem eben erwähnten hybriden System ist weiterhin denkbar, daß mehrere FOS von einem Signalkonverter ausgelesen werden.

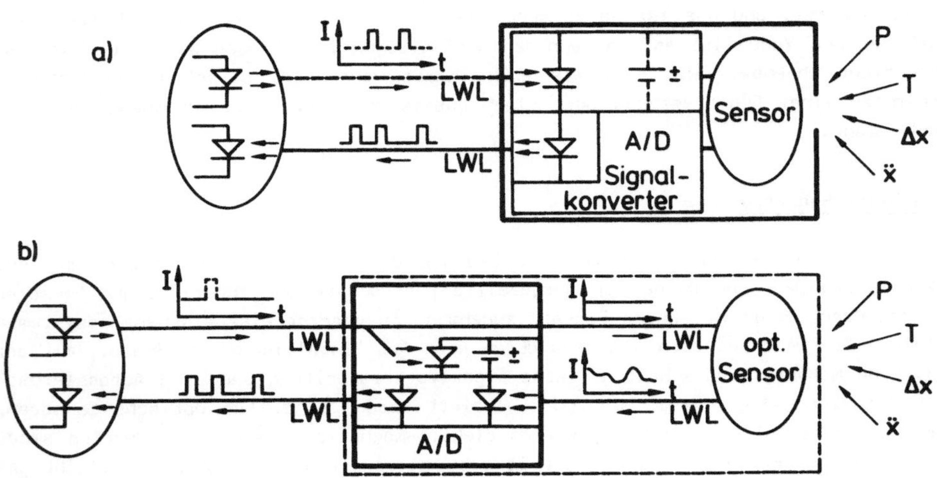

Bild 9: Schematischer Aufbau eines (a) hybriden Sensors und eines (b) hybriden optischen Sensorsystems

7. Literaturangaben

/1/ K.A. WICKERSHEIM und R.B. ALVES, Ind. Res/Development 82 (Dez. 1979)

/2/ C. OVREN, M. ADOLFSSON und B. HÖK, Proc. Intern. Conf. on Opt. Techniques in Process Control, Den Haag (1983) p. 67

/3/ K. SPENNER, Technisches Messen 9, 329(1984)

/4/ C.M. LAWSON und U.J. TEKIPPE, Optics Letters 8, 286(1983)

/5/ B.E. JONES und G.S. PHILP, s. /2/ p. 11

/6/ B. HÖK und L. JONSSON, Proc. 2nd intern. Conf. on Optical Fiber Sensors (OFS'84), Stuttgart (1984) p. 391; (Proc. SPIE 514)

/7/ R. ULRICH, Automatisierungstechnische Praxis atp 27, 117 und 178(1985)

/8/ W.B. SPILLMAN Jr. und D.H. McMAHON, Appl. Phys. Lett. 37, 145(1980)

/9/ R.T. MURRAY, Proc. 1st intern. Conf. on Optical Fibre Sensors, London (1983) p. 114; (IEE Publ. No. 221)

/10/ B.E. JONES und R.C. SPOONCER, s. /6/ p. 223

/11/ H. DÖTSCH, G. MARTENS und W. MEYER, s. /9/ p. 67

/12/ K. KUYUMA, S. TAI, T. SAWADA und N. NUNOSHITA, IEEE Transact. on Microwave Theory and Techn. MTT 30, 522(1982)

/13/ G. SCHOENER, J.H. BECHTEL und A. SALOUR, s. /6/ p. 203

/14/ S. STUEFLOTTEN, T. CHRISTENSEN, S. IVERSEN, J.O. HELLVIK, K. ALMAS, T. WIEN und A. GRAAV, s. /6/ p. 87

/15/ G. MARTENS, Technisches Messen (Sept. 1986)

/16/ G. MARTENS, T. HELZEL und J. KORDTS, Proc. 2nd intern. Symp. on Electro-Optical Applied Science and Engineering, Cannes (1985); Proc. SPIE 586 (Fiber Optic Sensors) und Hard and Soft (Mikroperipherik) 4/86, VI (1986)

/17/ J.N. FIELDS, C.K. ASAWA, O.G. RAMER und M.K. BARNOSKI, J. Acoust. Soc. Am. 76, 816(1980)

/18/ K.SPENNER, M.D. SINGH, H. SCHULTE und H.J. BOEHNEL, s./9/ p. 96. S. RAMAKRISHNAN und R. Th. KERSTEN, s. /6/ p.105

/19/ A.M. SCHEGGI, M. BRENCI, G. CONFORTI und R. FALCIAI, IEE Proceedings H 131, 270(1984)

/20/ G.L. TANGONAN, D.I. PERSECHINI, R.J. MORRISON und J. A. WYSOCKI, Electronics Lett. 16, 958(1980)

/21/ J.P. WILLSON und R.E. JONES, Optics Letters 8, 333(1983)

/22/ W.-D. BARGMANN und H. WINTERHOFF, Technisches Messen 50, 69(1983)

/23/ K.A. JAMES und W.H. QUICK, Technical Digest of the 3rd intern. Conf. on Optical Fiber Sensors (OFS'85), San Diego (1985) und /9/ p. 6

/24/ R. KIST, S. RAMAKRISHNAN und H. WÖLFELSCHNEIDER, s. /16/ und Hard and Soft (Mikroperipherik) 4/86, IV (1986)

/25/ D.A. JACKSON, J. Phys. E 18, 981(1985)

/26/ B. CULSHAW und I.P. GILES, J. Phys. E 16, 5(1983). H.F. SCHLAAK, Symp. 'Sensoren, Meßaufnehmer', Techn. Akademie Esslingen (1984) p. 20.1

/27/ B.E. JONES und G.S. PHILP, Proc. of Europ. Conf. on Sensors and their Applications, Manchester (1983) p. 86

/28/ I.P. GILES, S. McNEILL und B. CULSHAW, J. Phys. E 18, 502 (1985)

/29/ D.E.N. DAVIES, J. CHAIMOWICZ, G. ECONOMOU und J. FOLEY, s. /6/ p. 387

/30/ Ph. DABKIEWICZ und R. ULRICH, Proc. 3rd Europ. Fiber Optic Communication and Local Area Networks Exposition (EFOC/LAN85) Montreux (1985) p. 212

/31/ J. KORDTS, V. GRAEGER und G. MARTENS, Hard and Soft (Mikroperipherik) 4/86, VII (1986)

TRENDS BEI DER ENTWICKLUNG CHEMISCHER SENSOREN

TRENDS IN THE DEVELOPMENT OF CHEMICAL SENSORS

W. Göpel

Institut für Physikalische und Theoretische Chemie
Universität Tübingen
D-7400 Tübingen 1

Summary

Trends in the design of those chemical sensors are discussed briefly which in the next generation are expected to become cheap, reliable and microelectronic-compatible. Research and development of future sensors requires to improve surface and interface analysis techniques, to improve our atomistic understanding of chemical reactions at surfaces and interfaces, to investigate new materials, to miniaturize the designs, and to apply pattern recognition methods.

1. Einleitung

Für Umweltsschutz- und Immissionsmessungen, Arbeitsplatzüberwachung, Emissionsmessungen, Feuerwarnung und Sicherheitsüberwachung, Atemgas- und Raumklimaüberwachung, Steuerung von Haushaltsgeräten, von Automotoren, von chemischen Prozessen, von biotechnologischen Prozessen, sowie für die Chemielabor-Diagnostik und Medizinanwendungen besteht ein großer Bedarf an chemischen Sensoren.

Unter einem chemischen Sensor versteht man dabei eine Meßeinrichtung, mit der Konzentrationen bestimmter Teilchen über elektrische Signale bestimmt werden können. Diese Teilchen können Atome, Moleküle oder Ionen sein, die in Gasen oder Flüssigkeiten nachgewiesen werden sollen.

Dieser Nachweis ist kein prinzipielles Problem, da dies mit den experimentell aufwendigen und teuren Untersuchungstechniken der analytischen Chemie im allgemeinen befriedigend erfolgen kann. Im Gegensatz dazu soll unter einem chemischen Sensor im folgenden ein preisgünstiger, zuverlässiger Meßwertaufnehmer mit reduzierter Genauigkeit verstanden werden, der geeignet ist für Massenanwendungen möglichst im online Betrieb, und der im Idealfall klein, robust und Mikroelektronik-kompatibel aufgebaut, mit den üblichen Prozeßschritten der Halbleitertechnologie herstellbar ist.

Es wurden bereits orientierende Untersuchungen zur künstlichen Nase oder zu einem integrierten analytisch-chemischen Labor auf einem einzigen Halbleiterchip vorgestellt. Trotzdem sind schon die derzeit auf dem Markt ausschließlich angebotenen chemischen Einzelsensoren in ihren Spezifikationen häufig weit entfernt von den Anforderungen aus der Praxis. Auch eine nachgeschaltete aufwendige Auswertung von Signalen verschiedener chemischer Sensoren zum Teilchen-Nachweis ist nur dann möglich, wenn Einzelsensoren kalkulierbare Eigenschaften aufweisen. Daher hat die Entwicklung und Optimierung einfacher chemischer Sensoren derzeit die größte Bedeutung. Ziel ist es dabei, die zweidimensionale Chemie und Physik der nachzuweisenden Teilchen an der chemisch-aktiven Oberfläche oder der Grenzfläche von Sensoren reproduzierbar so in den Griff zu bekommen, wie man dies in der dreidimensionalen Chemie oder Festkörperphysik beherrscht /1/.

Die erforderliche interdisziplinäre Zusammenarbeit zwischen Halbleitertechnologen, Physikern und Chemikern bei der Entwicklung von chemischen Sensoren wird aus dem Beispiel eines homogenen Halbleitersensors in Abb.1 deutlich. Der Nachweis von Teilchen kann in diesem Fall über charakteristische Änderungen der Oberflächenleitfähigkeit $\Delta\sigma$, der elektronischen Austrittsarbeit $\Delta\Phi$, der Wärmetönung q^{ad} oder der optischen Eigenschaften geschehen /2/.

Es ist zweckmäßig, chemische Sensoren nach ihren Funktionsprinzipien in homogene Halbleitersensoren, strukturierte Halbleitersensoren, katalytische Gassensoren, elektrochemische voltammetrische Sensoren, potentiometrische Sensoren und Festkörper-Ionenleitersensoren einzuteilen /1/. Dazu kommen kolorimetrische Sensoren, faseroptische Sensoren, oberflächenakustische Wellendevices, piezoelektrische Schwingquarze, aus der Gaschromatographie bekannte Detektoren, Wärmeleitfähigkeitszellen etc. /3-13/. Es zeichnet sich ab, daß die Bedeutung derjenigen Sensortypen zunehmen wird, die sich Mikroelek-

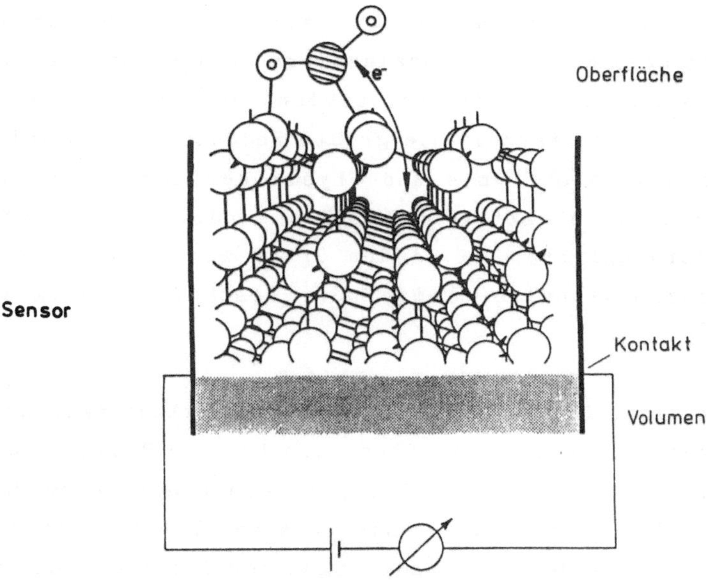

Abb. 1
Schematische Darstellung eines einfachen Halbleiter-Gassensors. Das im Gas lineare dreiatomige Molekül (z.B. CO_2) bildet mit den Oberflächenatomen des Sensors einen Adsorptionskomplex, der freie Elektronen des Sensors aufnehmen oder abgeben kann /1/.

tronik-kompatibel produzieren lassen. Die dazu erforderliche interdisziplinäre Forschungs- und Entwicklungsarbeit soll kurz charakterisiert werden.

2. Konzepte für die Entwicklung chemischer Sensoren der nächsten Generation

Die bisherige Entwicklung chemischer Sensoren erfolgte nach dem "Trial and Error"-Verfahren. Es zeichnet sich ab, daß systematische Grundlagenforschung an neuen Materialien zunehmend wichtiger wird, vor allem dann, wenn Mikroelektronik-kompatible Lösungen angestrebt werden /1/. Die folgenden Gesichtspunkte sind dabei entscheidend.

2.1 Einsatz neuer Untersuchungstechniken

Die chemische Reinigung des sensoraktiven Materials, die Präparation von Einkristallen, epitaktischen Schichten, polykristallinen Materialien und strukturierten Halbleiter-Devices, sowie Langzeitdrifts und Alterungsprozesse der Sensoren müssen mit Grenzflächen-analytischen Meßverfahren systematisch erfaßt werden.

Ausgangspunkt für die Entwicklung neuer Sensoren ist deren empirische Optimierung unter realistischen Einsatzbedingungen, wobei die definiert hergestellten Sensoren zunächst in Bezug auf Empfindlichkeit, Querempfindlichkeit, dynamisches Verhalten, Reproduzierbarkeit, Langzeitdrifts und Alterungsprozesse charakterisiert werden. Als Meßgrößen werden i.a. Gleichstromleitfähigkeiten, komplexe Impedanzen, Austrittsarbeiten, Kapazitäten, potentiometrische oder amperometrische Größen erfaßt. Diese phänomenologisch bestimmten und formal den Sensor charakterisierenden Parameter müssen dann mit dem atomistischen Aufbau der chemisch-aktiven Oberflächen korreliert werden. Auf diese Weise ist eine systematische Modifizierung und Optimierung von neuen Sensoren möglich.

Die Untersuchungsmethoden zum atomistischen Aufbau können zum Teil nur unter Ultrahochvakuum-Bedingungen eingesetzt werden. Vergleichende Untersuchungen der Sensoren in Sensor-Teststationen oder in Hochdruckzellen, sowie gezielte präparative Optimierung der Sensoren und Oberflächenanalytik des atomaren Aufbaus sind möglich in Kombinationsapparaturen, für die ein Beispiel in Abb.2 angegeben

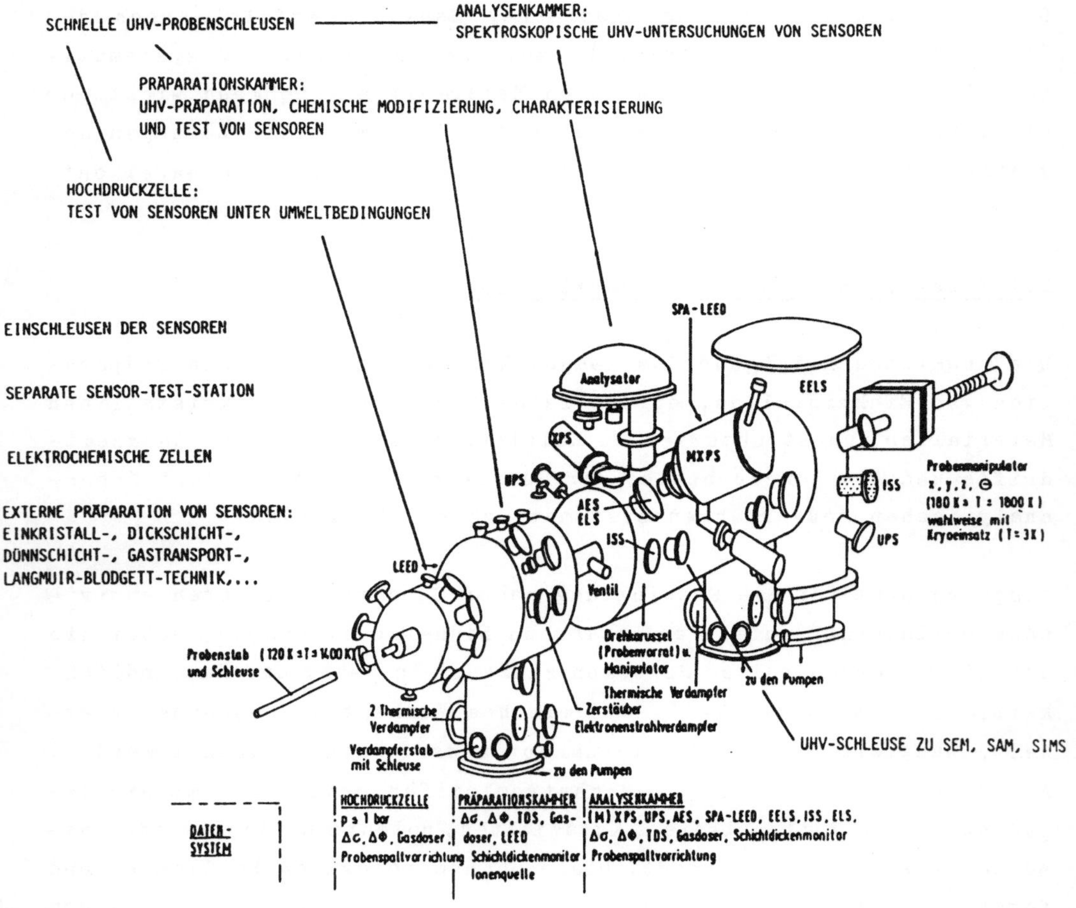

Abb. 2
Schematische Darstellung einer Apparatur zur Untersuchung chemischer Sensoren (Institut für Physikalische Chemie, Universität Tübingen). Zur Erläuterung der Abkürzungen, siehe /1/.

ist. Damit läßt sich u.a. die chemische Zusammensetzung, geometrische und elektronische Struktur der Sensoroberflächen im atomaren Bereich über Elektronen-, Photonen- und Ionenspektrometer erfassen /2/.

Die spektroskopische Charakterisierung des atomistischen Aufbaus ermöglicht es, Optimierungs- und Alterungsprozesse von Sensoren einschließlich ihrer Interdiffusionsbarrieren, Schutzschichten, Kontakte oder Membranen systematisch zu erfassen und zu optimieren /1/.

2.2 Grundlagenforschung zur Grenzflächenanalytik

Unser derzeitiges Verständnis für Triebkraft und Geschwindigkeit (d.h. Thermodynamik und Kinetik) von Reaktionen an Oberflächen und

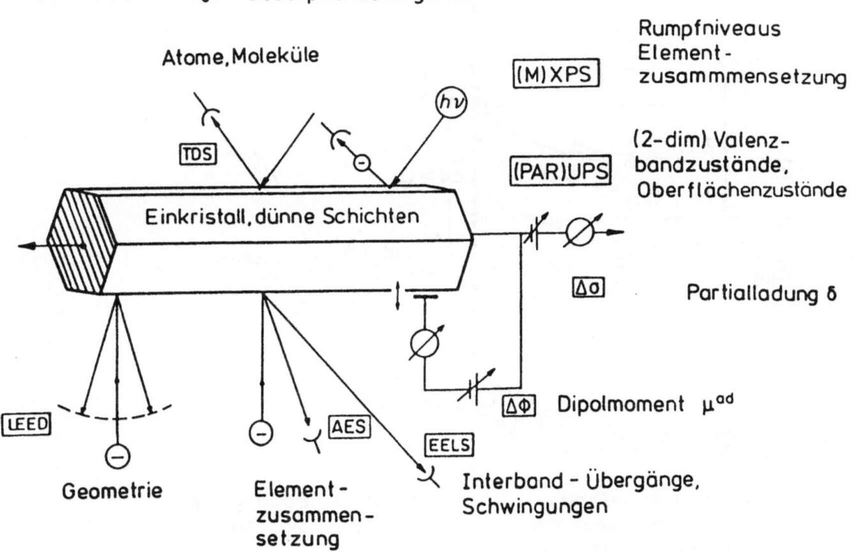

Abb. 3
Schematische Darstellung einiger in der Oberflächenanalytik bestimmter Parameter mit Bedeutung für die praktische Entwicklung chemischer Sensoren /2/.

Grenzflächen muß mit den o.g. Untersuchungsmethoden entscheidend vertieft werden. Ziel ist es, allgemeine Voraussetzungen über Geschwindigkeit und Richtung erwünschter und nicht erwünschter Reaktionen von Materialien der chemischen Sensorik herzuleiten. Abb.3 zeigt typische Parameter, die sowohl für die Grundlagenforschung als auch für die praktische Anwendung eines Sensors von Bedeutung sind: Die Bestimmung von Bedeckungsgraden, Haftkoeffizienten, Adsorptionswärmen, Desorptionsenergien, Partialladungen und Dipolmomenten ermöglicht es, Meßtemperatur und Meßbereiche des Sensors festzulegen sowie Meßgrößen wie Leitfähigkeitsänderungen, Austrittsarbeitsänderungen, Reaktionswärmen o.ä. zur quantitativen Eichung von Teilchenkonzentrationen heranzuziehen /2/.

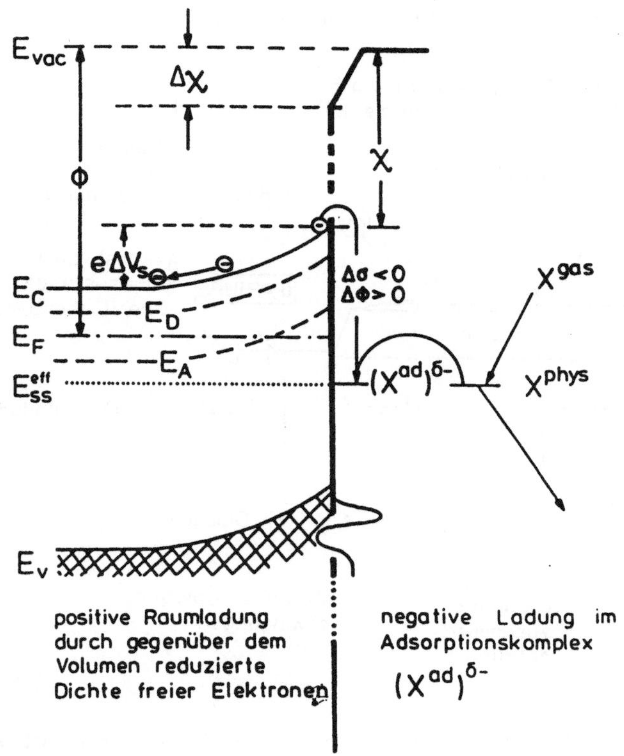

Abb. 4
Schematische Darstellung des Elektronentransfers bei der Adsorption am Beispiel der Akzeptor-Wechselwirkung an n-Typ Halbleitern.

Besondere Bedeutung kommt dem atomistischen Studium von potentialbildenden Prozessen an Oberflächen und Grenzflächen zu, die unter bestimmten experimentellen Bedingungen reversibel ablaufen und durch bestimmte Materialkombinationen definiert eingestellt werden können. Abb.4 zeigt als Beispiel potentialbildende Prozesse an der Oberfläche eines n-Typ Halbleiters bei der Wechselwirkung mit Gasen mit Akzeptor-Typ der Wechselwirkung. Diese Wechselwirkung führt zu Chemisorption im Zustand X^-_{ad} unter Leitfähigkeitserniedrigung $\Delta\sigma$ mit einer Bandverbiegung $e\Delta V_s$, einer Änderung der Elektronenaffinität $\Delta\chi$ als Folge des Dipolmoments des Moleküls und zu einer im allgemeinen auch möglichen Änderung der Position des Ferminiveaus durch nachfolgende Volumenreaktionen /2/.

2.3 Einsatz neuer Materialien

Zahlreiche Materialien mit Bedeutung in der heterogen Katalyse, Festkörperelektrochemie, organischen Chemie oder Biochemie sind im Prinzip geeignet für den Einsatz als chemisch-aktive Schicht eines Sensors. Eine Auflistung verschiedener im Rahmen von DFG-Sonderforschungsbereichen oder BMFT Förderprogrammen intensiv untersuchter Materialklassen ist in der folgenden Tabelle gegeben. Der Einsatz optimierter Katalysatorsysteme und Festkörper-Elektrolyte, sowie die Ankopplung der (Metall-)organischen Chemie an anorganische (mikrostrukturierte) Substrate wird dabei besondere Bedeutung erlangen /14/. Die Ankopplung organischer Moleküle an SiO_2-Gates von Feldeffekttransistoren ermöglicht es beispielsweise, die aus der Hochdruckflüssigkeitschromatographie (HPLC) gewonnenen empirischen Erfahrungen zum selektiven Nachweis oder zur Trennung von höhermolekularen Spezies auf deren Detektion über chemische Sensoren zu übertragen.

Für die Entwicklung von Biosensoren in der Biotechnologie ist von Bedeutung, daß sich auch Enzyme und Membranen auf Elektroden oder Feldeffekttransistor-Gates fixieren lassen. So ist beispielsweise ein ISFET-Glucose-Sensor realisiert worden (vgl. Abb.5) /6/.

Tabelle 1

EINSATZ NEUER MATERIALIEN

1. **BINÄRE UND TERNÄRE OXIDE MIT GEZIELTEN EDELMETALLDOTIERUNGEN**

SiO_2, Al_2O_3, SnO_2, TiO_2, $SrTiO_3$, RhO_x, ...

2. **OPTIMIERTE KATALYSATORSYSTEME**

SUBSTRATE:
Al_2O_3, SiO_2, TiO_2, ...

CHEMISCHE MODIFIZIERUNG:
OXIDE VON RH, CE, MO, CR, CO, ...

PROMOTOREN:
PT, RH, RU, NI, PD, ...

3. **FESTKÖRPERELEKTROLYTE**

ZrO_2, CeO_2, Cu_2O, NASICON, ...

KONTAKTE:
PT, ...

REFERENZELEKTRODEN:
Ni/NiO, Pd/PdO_x, Pd/PdH_x, WO_3H_x, ...

4. **(METALL-)ORGANISCHE VERBINDUNGEN**

PB, RU,..-PHTHALOCYANINE,PORPHYRINE, DONATOR/AKZEPTORKOMPLEXE, SILIZIUMORGANISCHE VERBINDUNGEN

5. **BIOCHEMISCH-AKTIVE SCHICHTEN**

6. **ENZYM-SYSTEME**

2.4 Entwicklung mikrostrukturierter Bauelemente

Besonderes Interesse haben die Materialien, die Mikroelektronik-kompatibel mit den üblichen Herstellungsschritten der Halbleiter-Mikrostrukturierung verarbeitet werden können. Damit lassen sich u.a. die in Abb.5 schematisch gezeigten Beispiele für mikrostrukturierte Sensoren weiterentwickeln und ausbauen. Dabei handelt es sich um Widerstandssensoren mit Kammkontakten (a), Silizum-Infrarot-Bolometer (b), Festkörper-Elektrolyte in Mikrostrukturierung

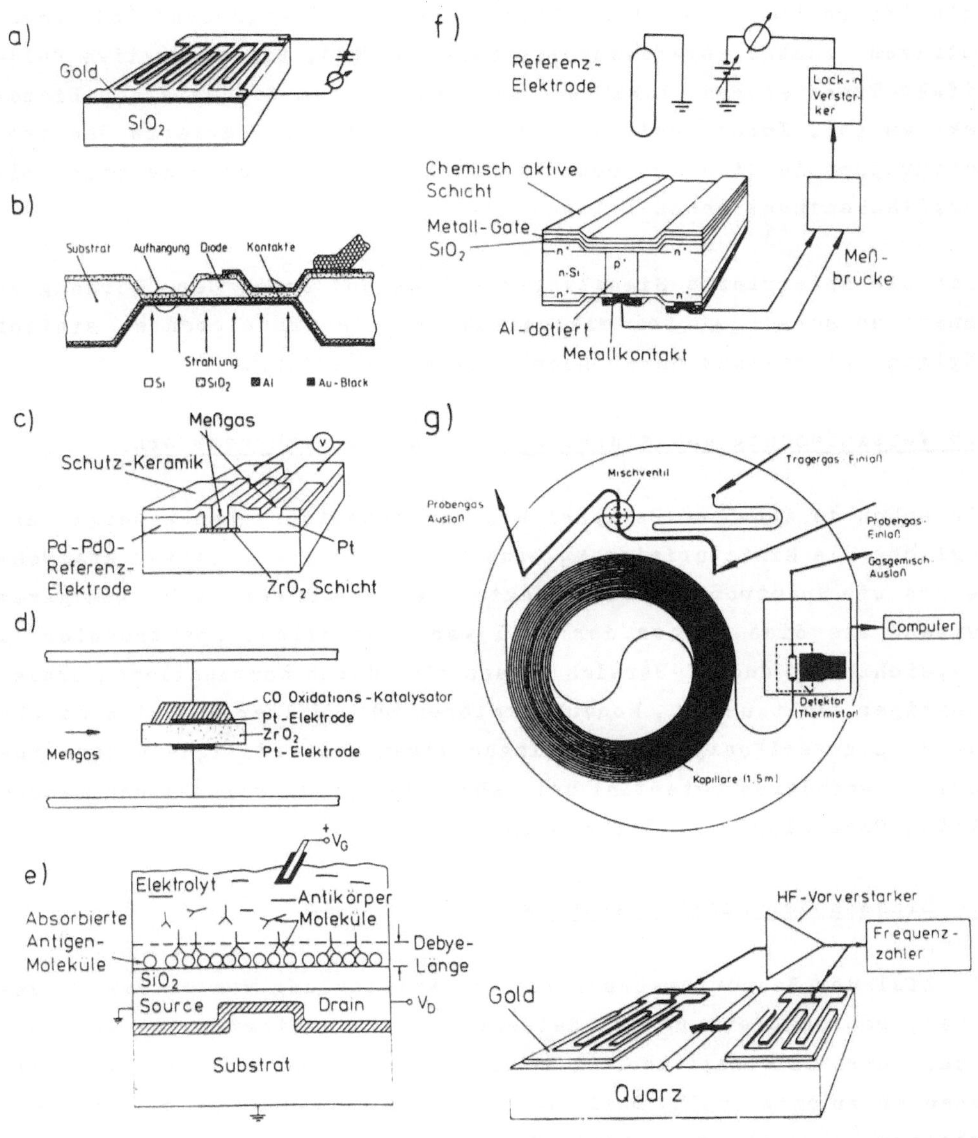

Abb. 5
Beispiele für mikrostrukturierte Sensor-Designs /1/.

(die "Mikro-Ionik " wird die "Mikroelektronik" ergänzen) (c), asymmetrische Festkörper-Elektrolyt-Sensoren (d), ionensensitive Feldeffekt-Transistoren (ISFET's), modifiziert zum Nachweis von Biomolekülen (e), Ionen-kontrollierte Dioden (f), integrierte Gaschromatographen in Si Mikromechanik-Technologie (g) oder Sensoren mit oberflächenakustischen Wellen (h).

Auch die integrierte Signalverarbeitung und damit der Übergang zu "smart sensors" ist bei mikrostrukturierten Bauelementen einfach möglich und gewinnt daher zunehmend an Bedeutung.

2.5 Vereinfachung und Miniaturisierung von Spektrometern

Wie schon in Abb.5 am Beispiel des Gaschromatographen gezeigt, ermöglicht die Miniaturisierung eine Herstellung kompletter Analysegeräte wie Spektrometer oder Spektrographen mit wesentlich wenigerem Aufwand als dies bisher der Fall war. Zahlreiche Spektrometer im IR-,sichtbaren und UV-Bereich lassen sich durch Kombinationen preisgünstiger Lichtquellen, Monochromatoren oder Filter und Lichtdetektoren zu zuverlässigen und preisgünstigen Sensordesigns umkonstruieren. Besonderes Potential hat dabei die Optoelektronik und Laserdioden-Technologie im Infraroten.

2.6 Einsatz der Mustererkennung

Ein Ziel der Sensorforschung ist die Entwicklung von extrem selektiven, reproduzierbaren Einzelsensoren. Es gelingt heute vornehmlich, reproduzierbare aber nicht unbedingt extrem Teilchen-selektive Sensoren zu entwickeln. Damit ist es im Prinzip über eine Signalverarbeitung in nachgeschalteten Mikroprozessoren möglich, die Information von unterschiedlichen Sensoren, die auf Partialdrucke oder Konzentrationen verschiedener Teilchen ansprechen, so über Mustererkennung zu verarbeiten, daß diese Teilchen selektiv nachgewiesen werden.

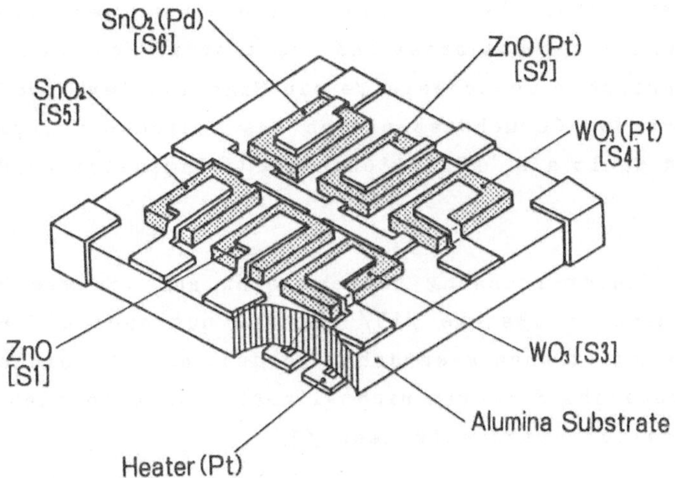

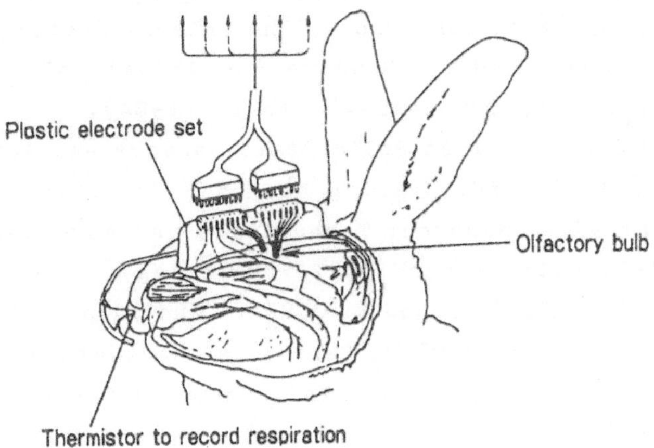

Abb. 6
Schematische Darstellung eines Sechs-Komponenten-Sensors in Dickschicht-Technologie (oben), mit dem nach Mustererkennung Signalpatterns erzeugt wurden, die mit den aus den Geruchsnerven abgeleiteten Signalen eines Kaninchens (unten) verglichen wurden /5/

Ein Sensor-Array mit nachgeschalteter Mustererkennung wurde von Hitachi vorgestellt /15/, bei dem die in Abb.6 oben gezeigte Sensorstruktur verschiedener dotierter und undotierter Metalloxide in Anwesenheit organischer Geruchsstoffe ein Signalpattern produzierte, das mit dem aus den Geruchsrezeptoren des Kaninchens abgeleiteten verglichen und damit als "künstliche Nase" eingesetzt werden konnte /5/.

Die bisherige Mustererkennung bezieht sich auf lineare Response-Funktionen einfacher Systeme /15/ und muß nun auch auf nicht-lineare Response-Funktionen ausgedehnt werden, da zahlreiche derzeit realisierte chemische Sensoren nicht-lineare Eigenschaften in Bezug auf Querempfindlichkeiten aufweisen /3/.

3. Literatur

1. W. GÖPEL, "Techn. Messen",2(1985)47, 3(1985)92 und 5(1985)175.
2. W. GÖPEL, "Progress in Surface Science", 20,1(1985)9.
3. R. KOWALKOSKI, W. GÖPEL, Conf.Proc.,"2nd Intern. Meeting on Chem. Sensors", Bordeaux (1986), "Sensors and Actuators", im Druck.
4. FIGARO, "Gas Sensors, TGS-Review", Tokio (1984).
5. "International Conference on Solid State Sensors and Actuators", Philadelphia (1985), IEE. Catalog No. 85CH 2127/9.
6. NTG-Fachbericht 93, "Sensoren: Technologie und Anwendung", Vorträge der Bad-Nauheim Tagung 1986, VDE-Verlag.
7. K. SCHIERBAUM, K. SCHINDLER und W. GÖPEL, "2nd Intern. Meeting on Chem. Sensors", Bordeaux (1986),"Sensors and Actuators" im Druck.
8. J. YANATA und R.J. HUBER, "Solid State Chemical Sensors", Academic Press (1985).
9. F. OEHME, GIZ-Fachzeitschrift "Labor", 6(1986)595.
10. K. SCHÜGERL, Naturwissenschaften 72(1985)400.
11. W. HEYWANG, "Sensorik", Springer Verlag (1984).
12. P. PROFOS, Industrielle Meßtechnik, Vulkan-Verlag, Essen (1974).
13. J. ALBERY, B. HAGGETT, D. SNOOK, "New Scientist 13" (1986)38.
14. L. DÜRSELEN, H. MOCKERT, D. SCHMEIßER und W. GÖPEL, "2nd International Meeting on Chemical Sensors", Bordeaux (1986), "Sensors and Actuators", im Druck.
15. Hitachi Ltd., Tokio US Patent 4.457.161 (1984).

NEW TRENDS IN BIOSENSOR TECHNOLOGY

NEUE WEGE IN DER BIOSENSORTECHNOLOGIE

C. F. Mandenius

Department of Pure & Applied Biochemistry
Chemical Center, University of Lund
Lund, Sweden

Zusammenfassung

Während der letzten Jahre wurden auf dem Gebiet der Entwicklung von Biosensoren größere Fortschritte erzielt. Ein Beispiel dafür ist die Steigerung der Empfindlichkeit von Enzym-Elektroden zum Messen organischer Verbindungen durch den Einsatz sogenannter "Mediator-Moleküle", durch die der Elektronenübergang vom Enzym zur Elektrode verbessert wird. Für die Analyse komplexer Substanzen wurden mehrschichtige Konfigurationen unterschiedlicher Enzyme (Multilayers) entwickelt.

Introduction

This paper gives a brief overview of recent developments in the field of biosensors. Applications and measurement technique are neglected in favour of new principles and instrumentation.

Although the biosensor concept has now been in use for more than twenty years, biosensors have mainly been analytical tools for the connoisseurs of analytical biochemistry. Due to the sophistication of biosensors they have not been available for the common analyst or for the industrial appliers. Biosensors have not taken the step from the research laboratories to the instrument manufacturers, except for a very few cases. This is probably only to a minor extent caused by the capacity of the biosensors but more to the inertness in developing and introducing new apparatus and methods.

A variety of biosensors have been presented so far. To classify them into categories of electrochemical, optical and thermal biosensors is only one of several possible classifications. Depending on what definition of the concept that is chosen other categories are possible to include. For example, sensors for measurement in biological fluids can also be included, such as mass spectrometers, electrodes, semiconductors, etc.. In this paper the definition of biosensors is restricted to concern those instruments where a biomolecule is utilized for the recognition of an analyte and generates a chemical signal to a transducer (thermistor, pH-electrode, photodiode, etc.) capable of sensing the chemical signal and amplifying it.

Table I shows a compilation of the latest developments in biosensor technology using this definition. Of course the total number of biosensors is much larger. It is as well likely to believe that the forthcoming development in the field will extend the list, especially due to the increasing intrest in biotechnology and microelectronics.

New Enzyme Electrodes

The development of enzyme electrodes - a chemical electrode with an enzyme attached to its sensitive part - has been impeded by limited response range and sensitivity to media interferences. Recently, several successful attempts have however been made to improve the sensitivity and to extend the measurement range of enzyme electrodes. One approach has been to facilitate the electron transfer from the enzyme/substrate to the electrode surface. By using so-called mediator molecules, A. Turner and coworkers at Cranfield Institute of Technology, UK, have succeeded in measuring glucose with glucose oxidase, immobilized to a porous carbon electrode, without oxygen as electron acceptor. Instead ferrocene, adsorbed to the electrode, replaces oxygen as a mediator of electrons in the enzymatically catalyzed reaction according to:

$$\text{glucose} + 2\ \text{ferricinium}^{+} + H_2O = \text{gluconic acid} + 2\ \text{ferrocene}$$

This arrangement of enzyme/mediator/electrode results in an increase of the measurement range from 0.7 mM up to 70 mM glucose with a response time of 30 seconds. Other mediator/enzyme couples have also been demonstrated (Turner and Pickup, 1985).

Another attempt to improve the sensitivity of glucose enzyme electrodes was made by Appelquist et al (1985) using a carbon electrode immobilized with glucose dehydrogenase and the mediator Meldola Blue. This dye forms a transfer complex with the coenzyme NADH which decomposes to NAD^+ and the reduced mediator. The reduced mediator is oxidized by the electrode. This mediator/enzyme combination results in a significant decrease in the detection limit to 0.5 μM glucose.

Table I. New biosensor devices

Biosensor	Biosensor assemblies			
	Bioreceptor	Transducer	Analyte	Reference
Electrochemical biosensors				
Mediator enzyme electrode	GOD, ferrocene	Carbon electrode	Glucose	Turner, 1985
Mediator enzyme electrode	GDH, Medola Blue	Carbon electrode	Glucose	Appelquist, 1985
Affinity biosensor	Avidin, HABA	Polarographic electrode	Biotin	Ikariyama, 1983
BIOFET	GOD	Field effect transistor	Glucose	Miyahara, 1983
Enzyme capacitor	Creatininase	Ir/Pd MOS capacitor	Creatinine	Winquist, 1986
Optical biosensors				
Ellipsometry	Concanavalin A	Laser, silicon surface	Yeast cells	Mandenius, 1984
Reflectometry	NADH (coenzyme)	Laser, silicon surface	Dehydrogenases	Mandenius, 1986
Integrated optical biosensor	Urease on porous glass	Laser, SiO_2/TiO_2 waveguide	Urea	Seifert, 1986
Thermal biosensors				
Enzyme thermistor recycling	LOD, LDH	Thermistor	L-lactate	Scheller, 1985
Mediator enzyme thermistor	GOD, benzoquinone	Thermistor	Glucose	Kiba, 1984

GOD = glucose oxidase; GDH = glucose dehydrogenase; LDH = lactate dehydrogenase; LOD = lactate oxidase

Scheller and Renneberg (1983) have by confining multilayers of various immobilized enzymes on the electrode tip contributed to solving some of the problems which arise in analysis of complex media. A polarographic oxygen electrode was covered with a layer of immobilized glucose oxidase and invertase to perform the reactions:

sucrose = glucose + fructose (invertase)

glucose + oxygen = gluconic acid + peroxide (glucose oxidase)

in order to determine the sucrose concentration in the sample. However, the presence of glucose in the sample will interfere with this determination. By using an anti-interference enzyme layer with glucose oxidase, which covers the first layer, glucose in the sample is removed before it reaches the inner layer.

An example of an intricate enzyme electrode is given by Ikariyama et al (1983) in Japan for determination of biotin (vitamin H). The sensor was composed of a Clark-oxygen electrode and a molecular complex of a benzoic derivative (HABA) and avidin bound to catalase (Fig. 1). Due to the equilibria

$$\text{Avidin} + 4\ \text{HABA} = \text{Avidin(HABA)}_4$$

$$\|$$

$$\text{Avidin} + 4\ \text{Biotin} = \text{Avidin(Biotin)}_4$$

avidin is released from the HABA-coated electrode at high biotin concentration. By the catalase attached to avidin the amount of affinity bound avidin is determined.

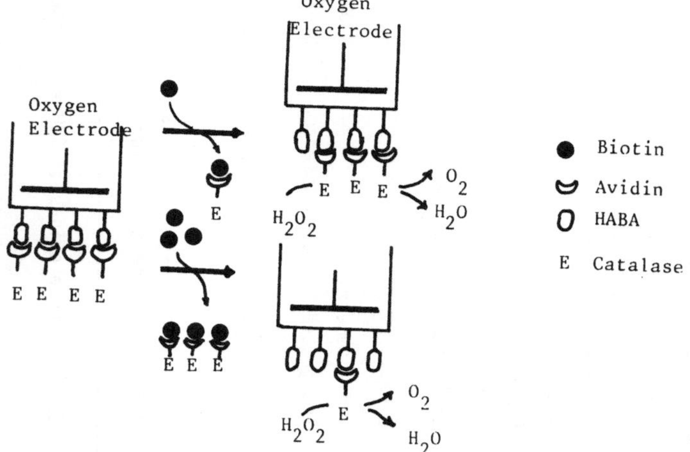

Fig. 1. An affinity biosensor for biotin

Semiconductor based biosensors

Today, polarographic and ion-selective electrodes can be replaced by semiconductor components sensitive to oxygen, hydrogen, protons and other compounds (CHEMFET, ISFET). Again, glucose has been used as a model system to study ion-selective and other field effect transistors for biosensor applications. Karube and coworkers at Tokyo Institute of Technology have designed a "biochip" in silicon structure of the size of 2x4 mm and covered it with a membrane containing immobilized glucose oxidase in proximity to the component. Glucose was determined in the range from 0.1 to 2.0 mg/ml (Miyahara et al, 1983).

Winquist et al (1986) have used an iridium/palladium metal oxide semiconductor structure, a similar FET component, to determine ammonia generated by bioreactions. Examples of applications are the measurements of urea by urease, creatinine by creatininase, adenosine by adenosine deaminase, alanine by alanine dehydrogenase and glutamine by glutaminase.

The advantage of these type of biosensors are their low prize, thus disposibility, and the possibility of using them in multisensor systems.

New optical biosensors

Ellipsometry uses polarized light. By measuring the change in polarization of a light beam when reflected on a surface the thickness or mass concentration can be estimated.
Ellipsometry has long been used as a surface measurement technique. Today, it is often used for manufacturing control of semiconductors. A standard instrument is generally able to measure silicon oxide layers smaller than 0.1 nm. Consequently also thin layers of biomolecules can be detected if they appear as a monolayer on the silicon surface. Recalculations of the thickness to mass ratios give a detection limit of 10 ng per cm^2.

If biospecific molecules are attached to the surface a complementary molecule can bind to the surface. For example, by binding antibodies to the surface their interaction (or affinity binding) to their antigens can easily be detected by an ellipsometer.

A variety of such complementary biomolecules can be used with this instrument. Examples of applications are the binding of yeast cells to the protein concanavalin A, the bacteria Staphylococcus aureus to immunoglobulin G, the enzymes lactate dehydrogenase and alcohol dehydrogenase to their coenzyme NAD, and cholera toxin to its cell receptor.

The ellipsometer is a comparatively expensive instrument, more than $ 15,000, which partly limits its widespread use today.

A simpler instrument makes it possible to achieve the same results at a much lower instrumental cost. Using a polarized beam reflected on a surface at the brewster angle, attenuation of the reflected beam is obtained for the perpendicular polarized angle when the thickness is close to zero. Every increase above the zero-level by an optically different layer results in an increase of the reflectance from the layer. Thus biointeractions can be deteceted in this way as well. (The instrument is referred to as a "reflectometer" and is produced at Linköping Institute of Technology, Sweden; Sensistor AB).

Several methods for preparing bioactive silicon surfaces for the purpose of optical biosensing are presently being developed at the University of Lund (mandenius *et al*, 1986).

Another new application of an optical biosensor is the "integrated optical biosensor, IOBS", based on evanesence at a planar SiO_2-TiO_2 waveguide with a surface relief grating. A laser beam is multireflected in the waveguide and the intensity of the scattered light is detected by a photomultiplier. Substrate deposited on the surface of the waveguide changes the intensity. The product from an enzymic reaction performed in a precolumn prior to the waveguide has been monitored in a flow cell arrangement. Detection of 1 to 10 mM urea is reported. Also interaction of proteins on the surface are mentioned as possible to detect with this biosensor (Seifert *et al*, 1986).

These three types of optical biosensors envisage new possibilities in sensing of biomolecules, entirely by their physical space or mass. The independence of secondary reactions, such as co-substrates or co-products to indicate the action or reaction of the biomolecules, make them attractive as biosensors and applicable to a large number of cases in biochemistry and molecular biology.

Thermal biosensors

The usefulness of reaction enthalpy of a bioreaction for monitoring the conversion of a substrate has been shown in a number of cases with enzyme microcalorimetry techniques. Using the enzyme thermistor, a flow microcalorimeter, more than 50 enzymic substrates have been determined (Fig. 2). A disadvantage has however been the necessity of obtaining a heat production large enough to be in the limit of detection. The temperature resolution od a standard instrument is not lower than 10^{-5} C.

However, by utilizing substrate recycling the same substrate molecule can be used for heat production repeatedly and thereby amplifying the signal orders of magnitude.

An example is given by Scheller et al (1985) for the recycling of lactate using lactae oxidase and lactate dehydrogenase.

L-lactate	+	O_2	=	puruvate + H_2O_2	(lactate oxidase)
॥				॥	
L-lactate	+	NAD^+	=	puruvate + NADH	(lactate dehydrogenase)

At the expense of one mole NADH at each cycle these coupled enzyme reactions cause a 1000-fold amplification of the heat produced during the passage of a sample through the enzyme thermistor flow cell compared to the heat produced by using only the lactate oxidase alone. Hereby the detection limit of L-lactate was decreased to 5 pmole.

An extension in range but in the other direction was achieved by Kiba (1984). With glucose oxidase the normal range for glucose determination is limited to 0.01 - 0.70 mM. The enzymic reaction utilizes oxygen as a hydrogen acceptor, but by exchanging it with benzoquinone no limitationdue to the amount of dissolved oxygen in the sample medium is obtained. This provides the possibility of measuring glucose up to 70 mM directly.

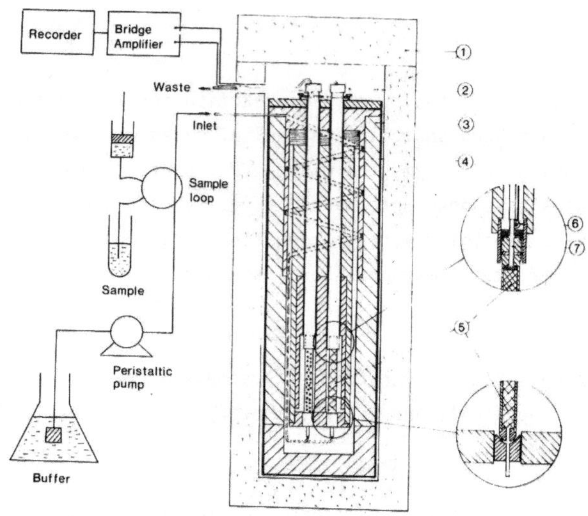

Fig. 2. Principle of an enzyme thermistor calorimeter

References

Appelqvist, R, Marko-Varga, G, Goton, L, Torstensson, A & Johansson, G (1985) Anal. Chim. Acta 169, 237.

Ikariyama, Y, Furuki, M & Aizawa, M (1983) Proceedings on Chemical Sensors, Fukuoka, Japan, p. 693.

Kiba, N & Furusawa, M (1984) Talenta 31, 131.

Miyahara, Y, Matsu, F, Moriizumi, T, Matsuoka, H, Karube, I, & Suzuki, S (1983) Proceedings on Chemical Sensors, Fukuoka, Japan, p. 501.

Mandenius, C F, Welin, S, Danielsson, B, Lundström, I & Mosbach, K (1984) Anal. Biochem. 137, 106.

Mandenius, C F, Mosbach, K, Welin, S & Lundström, I (1986) Anal. Biochem. In press.

Mandenius, C F, Welin, S, Lundström, I & Mosbach, K (1986) in Methods in Enzmology: Immobilized Enzymes and Cells (Ed. K Mosbach) In press.

Scheller, F & Renneberg, R (1983) Anal. Chim. Acta 152, 265.

Scheller, F, Siegbahn, N, Danielsson, B & Mosbach, K (1985) Anal. Chem. 57, 1740.

Seifert, M, Tiefenthaler, K, Heuberger, K, Lukosz, W & Mosbach, K (1986) Anal. Lett. 19, 205.

Sensistor AB, Reflectometer Broschyre, Linköping Institute of Technology, Linköping, Sweden.

Turner, A P F & Pickup, J C (1985) Biosensors 1, 85.

Welin, S, Elwing, H, Arwin, H, Lundström, I & Wikström, M (1984) Anal. Chim. Acta 163, 197.

Winquist, F, Danielsson, B, & Lundström, I (1986) Anal. Chem. 58, 145.

VIELKOMPONENTEN-ANALYSENGERÄT FÜR AUTO-ABGASE

A MULTICOMPONENT AUTOMOTIVE EXHAUST GAS ANALYZER

H. Klingenberg

Volkswagen AG
Forschung-Meßtechnik
3180 Wolfsburg 1

Summary

The present-day practice of measuring car emissions requires complex gas analyzing devices with a great variety of analyzers and complex sampling systems. To improve this situation the development of a new instrument was initiated. The development, the special features and the basic physical principles of a special Fourier-Transform-Spectrometer (FTIR) instrument are described. An integrated mass flow rate measurement is based on the tracer gas dilution method. The new system allows real time multicomponent concentration and mass emission determination directly in the exhaust stream of cars. The FTIR principle allows the construction of an instrument without drift and cross sensitivity and with a stability over a long period of time. Calibration is needed only once a year.

1. Einleitung

Das Messen von gesetzlich limitierten und nichtlimitierten Kraftfahrzeug-Abgaskomponenten erfordert bei dem heutigen Stand der Meßtechnik eine Vielzahl von Analysengeräten nach unterschiedlichen physikalischen und physikalisch-chemischen Meßprinzipien, wie es im ersten Bild (1) angedeutet ist.

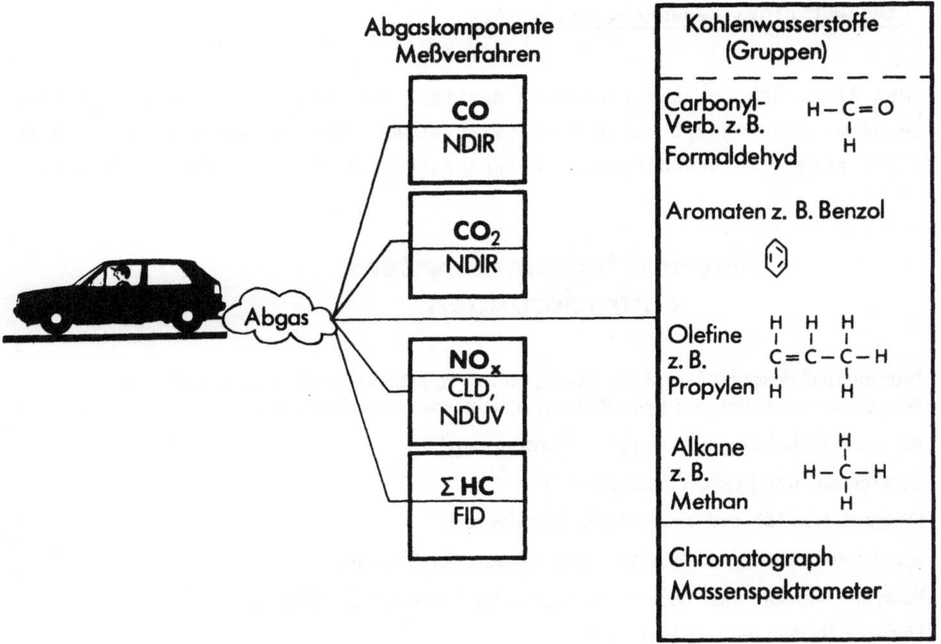

Bild 1: Abgaskomponenten und Meßverfahren

Für die limitierten Abgaskomponenten werden die folgenden (im allgemeinen) bekannten Analysatoren verwendet: Gerate mit Nichtdispersivem-Infrarot-Detektor (NDIRD), Chemilumineszenz-Detektor (CLD), Nichtdispersivem-Ultraviolet-Detektor (NDUVD) und Flammen-Ionisations-Detektor (FID).

Für einzelne Kohlenwasserstoffe, wie Formaldehyd, Benzol usw., sowie für weitere nichtlimitierte Abgaskomponenten können naßchemische Verfahren oder Chromatografen eingesetzt werden (Gaschromatografen oder Flüssigkeitschromatografen), bei geringen Konzentrationen in Verbindung mit einem nachgeschalteten, hochauflösenden Massenspektrometer.

Hinzu kommen aufwendige Probenentnahmesysteme, Verdünnungs- und Sammeleinrichtungen.

Die heutige Abgasmeßtechnik ist also komplex und aufwendig und erfordert daher hohe Kosten sowie großen Personal- und Zeitaufwand für Wartung und für die Kalibrierung mit Prüfgasen.

2. Konzept eines neuen Abgasmeßsystems

Mit dem Ziel, den hohen Aufwand der heutigen Abgasmeßtechnik zu reduzieren, wurde daher ein Konzept für ein neues Abgasmeßsystem entworfen. Das nächste Bild (2) zeigt die grundlegenden Anforderungen an das neue Abgasmeßsystem.

Neues Abgasmeßsystem.
Anforderungen.

- Nur ein und dasselbe Gerät zur gleichzeitigen, selektiven Messung der limitierten Abgaskomponenten und einer Reihe von nicht limitierten Komponenten.
- Messung im Rohabgasstrom (ohne Verdünnung).
- Echtzeitmessung (Zeitauflösung $\leq$ 1 s).
- Langzeitstabilität (reduzierter Kalibrieraufwand).
- Synchrone, zeitaufgelöste Messung des Abgasdurchflusses.
- Echtzeit-, Modal- und Integralmessungen über Software anwählbar.
- Einfache Bedienung und Wartung.

Bild 2: Grundlegende Anforderungen an das neue Abgasmeßsystem

3. Physikalische Grundlagen

Im Infraroten-Bereich von ca. 2 µm bis ca. 20 µm treten bekanntlich für die Moleküle der interessierenden Abgaskomponenten Schwingungsbanden mit Rotationsfeinstrukturen auf, deren spektrale Lagen und Formen für die Abgaskomponenten spezifisch sind.

Das nächste Bild (3) zeigt Schwingungsbanden der Moleküle verschiedener Abgaskomponenten. Zusätzlich sind als Beispiel die Rotationslinien einer CO-Bande gezeigt.

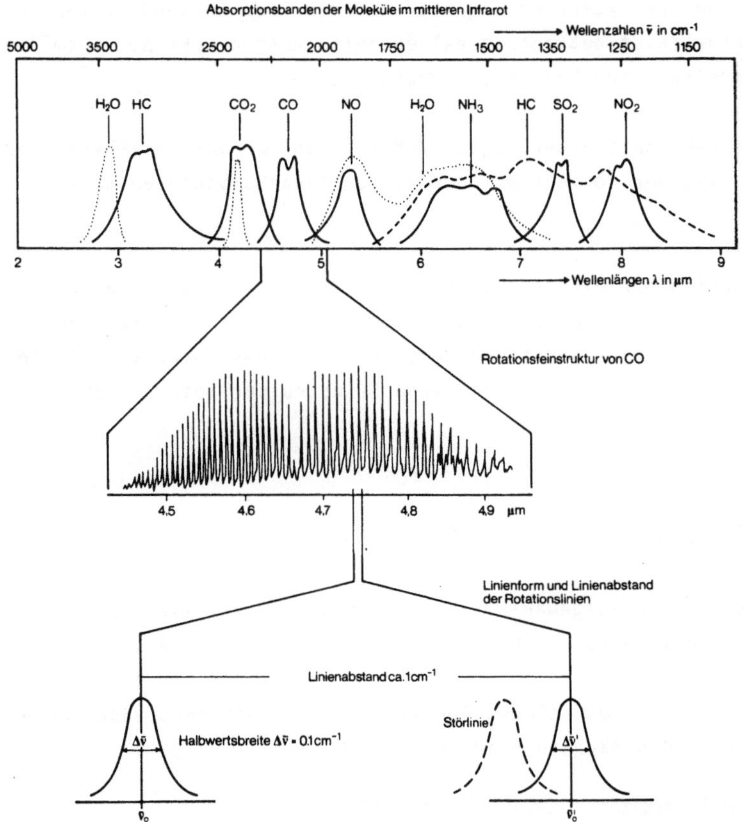

Bild 3: Absorptionsbanden der Moleküle verschiedener Abgaskomponenten

Im oberen Teil des Bildes erkennt man Schwingungsbanden interessierender Abgaskomponenten im Bereich von 2 µm bis 9 µm. Einzelne Schwingungsbanden können sich überlappen, hier z.B. die Banden von CO und CO_2, oder sogar übereinander liegen. Die H_2O-Bande überdeckt im Bereich von 5 µm bis 7 µm die Schwingungsbanden mehrerer Komponenten.

Im mittleren Teil des Bildes ist als Beispiel die Rotationsfeinstruktur einer CO-Bande gezeigt.

Im unteren Teil des Bildes sind zwei dieser Rotationsfeinstrukturlinien herausgezogen. Wie rechts angedeutet ist, kann die Überlappung bzw. Überlagerung der Banden dazu führen, daß Rotationslinien einer Abgaskomponente durch Linien einer anderen Komponente gestört werden. Der Abstand zweier CO-Rotationsfeinstrukturlinien beträgt in Wellenzahlen ausgedrückt $\Delta\bar{\nu} = 1\ cm^{-1}$ und die Halbwertsbreite einer Feinlinie ungefähr $\Delta\bar{\nu} = 0{,}1\ cm^{-1}$.

Diese Absorptionseigenschaften der Abgasmoleküle kann man zur selektiven und gleichzeitigen Messung der Konzentrationen vieler Abgaskomponenten ausnutzen.

Für eine Messung dürfen nur die ungestörten Feinstrukturlinien verwendet werden, um eine durch Linienüberlagerung bewirkte Querempfindlichkeit zu vermeiden. Ein entsprechendes Gerät muß daher ein so hohes spektrales Auflösungsvermögen haben, daß mindestens noch eine Feinstrukturlinie erfaßt wird.

4. Fourier-Transform-Infrarot-Spektrometer

Das nach Voruntersuchungen ausgewählte physikalische Prinzip ist die sogenannte Fourier-Transform-Infrarot-Absorptionsspektroskopie (FTIR).

Den prinzipiellen Aufbau eines solchen Fourier-Transform-Infrarot-Spektrometers zeigt schematisch das nächste Bild (4).

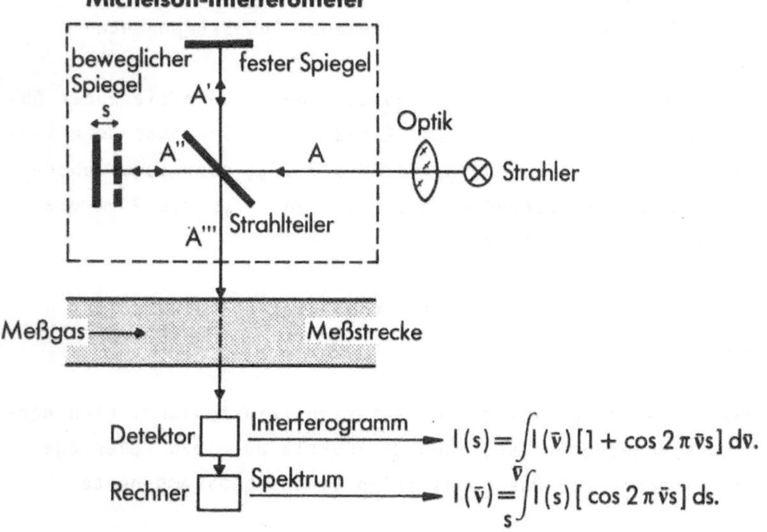

Bild 4: Aufbau des Fourier-Transform-Infrarot-Spektrometers (FTIR) auf Basis des Michelson-Interferometers

Das FTIR besteht im wesentlichen aus dem altbekannten Michelson-Interferometer mit zwei Spiegeln und einem Strahlteiler. Beim FTIR wird einer der Spiegel mit konstanter Frequenz, also mit konstanter Geschwindigkeit, um den Weg "s" in Richtung der einfallenden Strahlung und ihr entgegen bewegt. Der Vorteil dieser Anordnung liegt darin, daß die volle Lichtstarke des Strahlers ausgenutzt werden kann.

Der einfallende Strahl A wird durch den 50 %-Strahlteiler in die Strahlen A' und A" gleicher Intensität aufgeteilt. Durch die Bewegung eines Spiegels (links im Bild) wird die Weglänge für den Strahl A" verändert und damit auch der Phasenunterschied zwischen den Strahlen A' und A". A' und A" werden dann über den Strahlteiler zum Strahl A''' vereint. Wegen des Phasenunterschieds inferieren die Strahlen A' und A" als Funktion des Spiegelweges "s". Der Strahl A''' geht durch die Meßstrecke (Meßgas), in dem die Absorption durch die Abgaskomponenten erfolgt, und gelangt dann zum Detektor.

Als Detektorsignal erhalten wir, wie im Bild 4 gezeigt, die Intensität "I" als Funktion des Weges nach Absorption. Dies Signal enthalt gleichzeitig alle Informationen über die Art und Konzentration aller absorbierenden Abgaskomponenten in der Meßstrecke.

Durch eine Fourier-Transformation erhalt man das ebenfalls im Bild gezeigte Signal des gesuchten Spektrums, I ($\bar{\nu}$), also die Intensität als Funktion der Wellenzahl.

Die Fourier-Transform-Infrarotspektroskopie eignet sich vom Prinzip her zur Vielkomponentenmessung. Dabei können auch mehrere Spektrallinien einer Gaskomponente gleichzeitig zur Messung herangezogen werden, z.B. schwache Absorptionslinien bei höheren Konzentrationen und starke Linien bei niedrigen Konzentrationen, so daß große Konzentrationsbereiche überdeckt werden können (hohe Dynamik des Gerätes).

Die Auflösung des Spektrometers ist abhängig von der maximalen Spiegelweglänge. Ein Problem besteht also darin, den Spiegel in einer Sekunde um mehrere Zentimeter hin- und zurückzuführen, wobei die Spiegelführung sehr präzise sein muß, um die störenden Kippbewegungen mit kleiner gleich 0,1 Bogensekunde sehr gering zu halten.

Ein weiteres Problem besteht darin, daß bei den vielen zu messenden Abgaskomponenten, die pro Sekunde anfallende Datenmenge sehr hoch ist (ca. 32000 Datenpunkte pro Sekunde) und die Fourier-Transformation dieser Daten ebenfalls in einer Sekunde durchgeführt werden muß. Hierzu braucht man ein geeignetes Rechnersystem.

Das nächste Bild (5) verdeutlicht, wie nach der Absorption die Transmission I/I_0, d.h. das durchgehende Licht, bezogen auf das eingestrahlte Licht, erfaßt wird, wobei das Lambert-Beer'sche-Gesetz gilt, wie es im Bild beschrieben ist.

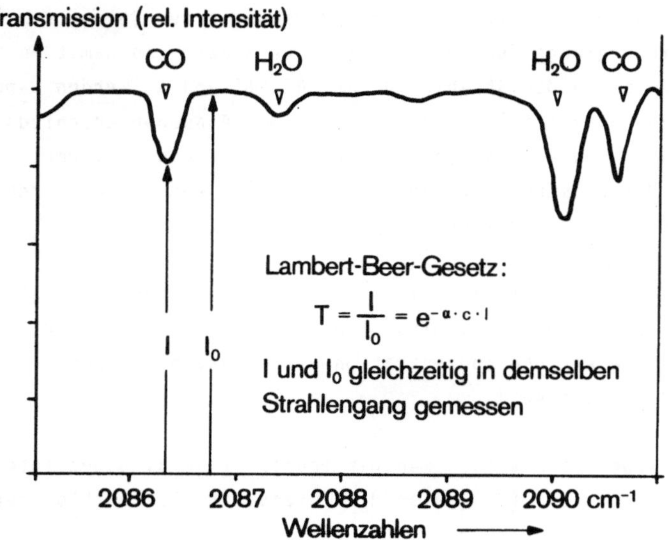

Bild 5: Ermittlung der Transmission nach dem Lambert-Beer'schen-Gesetz

Am Beispiel CO ermittelt man die Transmission aus dem Detektorsignal I bei Absorption und als Bezugsgröße das Signal des ungeschwächten Lichtes I_0 durch Messung neben der CO-Linie, d.h. an einer Stelle, wo keine Absorption auftritt. Der Quotient I/I_0 ergibt die Transmission. Voraussetzung sind konstante Temperatur und konstanter Druck.

Der spezifische Absorptionskoeffizient α der jeweiligen Abgaskomponente wird einmal zu Anfang durch eine Urkalibrierung des Gerätes mittels eines hochgenauen Prüfgases bestimmt und im Rechner gespeichert. Die Länge l der Meßküvette ist bekannt, so daß dann die gesuchte Konzentration c der jeweiligen Abgaskomponente aus der gemessenen Transmission berechnet werden kann.

Eine Nullpunkt-Drift wird hier vermieden, weil eine Verschiebung der Basislinie durch Quotientenbildung I/I_0 herausfällt.

Das nächste Bild (6) zeigt die Liste der Abgaskomponenten, für die zur Zeit im Geräterechner Absorptionskoeffizienten abgespeichert sind. Insgesamt sind es zur Zeit 15 Komponenten.

Neues Abgasmeßsystem.
Im Geräterechner abgespeicherte Spektren.

Limitierte Komponenten: CO, NO, NO_2, (CO_2);

ΣHC aus Meßwerten der individuellen Kohlenwasserstoffe und aus Werten des HC- Kontinuums.

Nicht limitierte Komponenten:

CH_4, C_2H_2, C_2H_6, C_3H_6, C_7H_8;
CH_3OH, HCHO;
NH_3.

Bild 6: Abgaskomponenten, für die jetzt im Geräterechner abgespeicherten Absorptionskoeffizienten α

5. Abgasdurchflußmessung mittels Tracergas-Verfahren

Zur Ermittlung der Massenemissionen wird der Abgasdurchfluß mittels eines Tracergas-Verfahrens bestimmt, wobei Tetrafluormethan (CF_4) als Gas verwendet wird. Die Konzentration wird mit demselben FTIR gleichzeitig mit der Konzentration der Abgaskomponenten am selben Ort gemessen. Für das Tracergas ist ebenfalls der Absorptionskoeffizient im Rechner gespeichert. In der Gasmeßtechnik wurde das Tracergas-Prinzip schon häufig angewendet, so daß es hier als bekannt vorausgesetzt werden kann.

6. Aufbau des neuen Abgasmeßsystems

Eine schematische Darstellung des Aufbaus des neuen Abgasmeßsystems zeigt das nächste Bild (7).

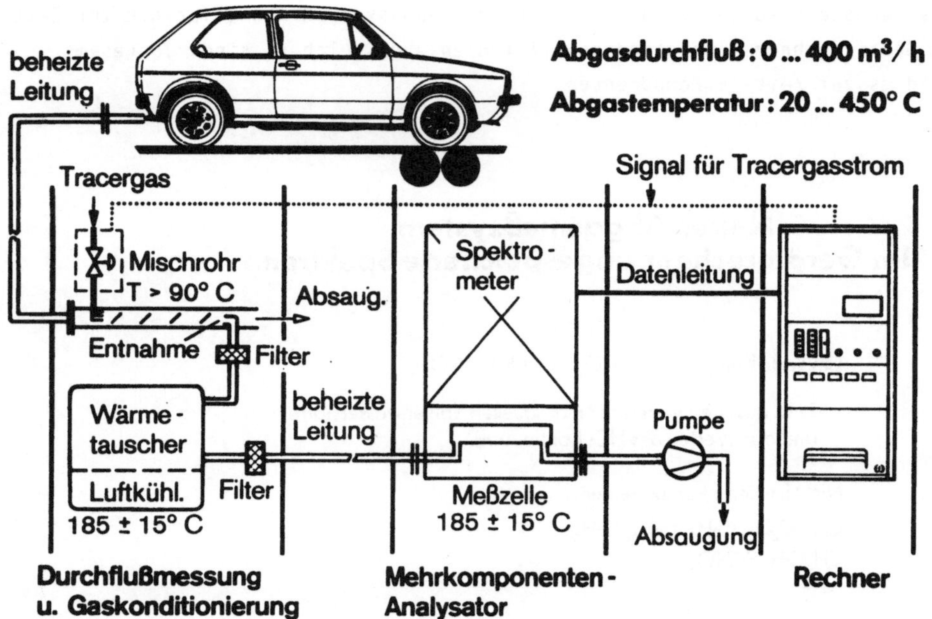

Bild 7: Aufbau des neuen Abgasmeßsystems

Das Rohabgas wird über eine beheizte Leitung in ein Mischrohr geführt. Dort wird eine bekannte Menge des Tracergases eingeleitet und mit dem Rohabgas vermischt. Ein Teil der gemischten Gasmenge wird dann entnommen und über einen Wärmetauscher und eine beheizte Leitung (das Mischgas wird auf diese Weise auf einer Temperatur von 185° ± 15°C gehalten) in die Meßzelle des Spektrometers geführt.

Mit dem Rechner werden die Meßsignale verarbeitet. Mit entsprechender Software erhält man für jede Komponente die Konzentration oder Massenemission als Funktion der Zeit. Nach der Messung wird das Mischgas mit einer Pumpe abgesaugt.

Während der Entwicklung des Prototyps des neuen Abgasmeßsystems wurde eine erste Erprobung in einem Abgasprüflabor durchgeführt.

Mit ca. 100 verschiedenen Otto- und Dieselfahrzeugen, auch im Methanolbetrieb, wurde eine größere Anzahl von Abgastests gefahren. Die große Anzahl der Tests diente hauptsächlich zur Ermittlung der für verschiedene Fahrzeuge auftretenden Absorptionslinien. Erste Erkenntnisse hinsichtlich einer längerfristigen Zuverlässigkeit von Komponenten des Meßsystems unter routinemäßigen Arbeitsbedingungen wurden auch gewonnen.

7. Zusammenfassung und Ausblick

Zusammenfassend kann gesagt werden, daß das FTIR prinzipiell die Möglichkeit bietet, ein Gerät ohne Drift, ohne Querempfindlichkeiten und mit langzeitstabiler Genauigkeit (Urkalibrierung) zu entwickeln. In praxi wird man allerdings gelegentlich mit Prüfgas verifizieren. Gegenüber dem heutigen immensen Aufwand der Kalibrierung (jedes Gerät muß in mehreren Konzentrationsstufen vor und nach jeder Messung kalibriert bzw. justiert werden) ist das ein evidenter Vorteil. Probleme bei der Dosierung des Tracergases und bei der Probenkonditionierung müssen noch gelöst werden.

Die Entwicklung des Prototyps wird bis Mitte 1986 abgeschlossen werden. Dann beginnt das Austesten unter den Bedingungen der Routinemessungen im Abgaslabor. Bis Ende 1986 soll die Testphase beendet sein. Verbesserungen werden während dieser Zeit laufend eingearbeitet.

Literatur

(1) J. Staab, H. Klingenberg, and D. Schürmann: "Strategy for the Development of a New Multicomponent Exhaust Emissions Measurement Technique," SAE paper No. 830437 (March 1983)

(2) J. Staab, H. Klingenberg, W. F. Herget, and W. J. Riedel: "Progress in the Prototype Development of a New Multicomponent Exhaust Gas Sampling and Analyzing System", SAE paper No. 840470 (March 1984)

KALIBRIER- UND BEDIENKONZEPT FÜR ANALYSENGERÄTE

CALIBRATION AND OPERATION OF ANALYZERS PRINCIPLES AND REALISATION

K. Daffner, R. Vogt
Hartmann & Braun Aktiengesellschaft
Analysentechnik/Elektronik-Entwicklung ECS
D-6000 Frankfurt/Main

Summary

Most of the sensors for gas analyzers for industrial use provide analog signals. The design of new microprocessor-based analyzers often leaves the analog preconditioning of signals unchanged. Better results are within reach when this preconditioning is substituted by an analog to digital conversion as near to the sensor as possible. This may lead to units without any analog trimming elements and gives essentially altered methods of calibration and operation. In case of production the analyzer can completely be calibrated under control of an external computer.

As an example a new signalprocessing for a well-known sensor based on the thermal conductivity of gases is discussed.

1. Einleitung

Der Einsatz der Mikroelektronik ermöglicht die Realisierung neuer Funktionen in Analysengeräten und Meßumformern und hat veränderte Kalibrier- und Bedienkonzepte zur Folge. Dies wird am Beispiel eines Wärmeleitsensors zur Bestimmung von Gaskonzentrationen erläutert.

Zu Beginn eine Vorbemerkung zum Begriff Sensor, der zur Zeit in unterschiedlichen Definitionen verwendet wird. In dieser Arbeit ist mit Sensor dasjenige Element bezeichnet, welches die zu erfassende Meßgröße aufnimmt und in primäre elektrische Abbildungssignale umwandelt.

2. Wärmeleitsensor

Das Meßprinzip des Wärmeleitsensors zur Konzentrationsbestimmung basiert auf der unterschiedlichen Wärmeleitfähigkeit von Gasen. Umspült ein zu messendes Gasgemisch einen aufgeheizten Draht, so kühlt sich dieser entsprechend der Wärmeleitfähigkeit des Gemisches ab. Damit verbunden ist eine Widerstandsänderung des Drahtes. Vier Drähte sind in einer Wheatstone-Brücke angeordnet, wobei zwei diagonal liegende Drähte dem Meßgas ausgesetzt sind. Die verbleibenden zwei Drähte sind von einem - z.B. eingeschlossenen - Vergleichsgas umgeben.

Bei linearer Abhängigkeit der Wärmeleitfähigkeit des Gemisches von der Konzentration der Meßkomponente ist in erster Näherung auch die Brückenverstimmung linear. Treten Nichtlinearitäten auf, so ist in der Signalverarbeitung eine Linearisierung auszuführen.

3. Signalverarbeitung

Die Auswertung der meßgaskonzentrationsabhängigen Brückenverstimmung ist auf verschiedene Arten möglich. Bei der heute meist eingesetzten Lösung wird die Diagonalspannung U_A (Bild 1.a.) direkt verarbeitet. Dies hat neben weiteren Nachteilen eine aus der rein elektrischen Betrachtung resultierende Abhängigkeit von U_A von der Brückenversorgung zur Folge.

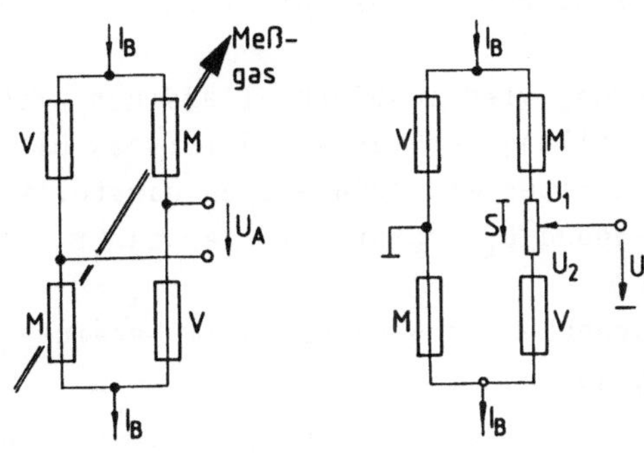

Bild 1: Meßkonzepte für Widerstandsbrücken

a: Messung der Diagonalspannung

b: Abgleich auf $U_A = 0$

M = Meßelemente

V = Vergleichselemente

Eine weitere - hier im Detail vorgestellte - Lösung ist die des Brückenabgleiches (Bild 1.b.), wobei der Verstellweg S des dargestellten Potentiometers die Meßinformation darstellt. Diese Lösung besitzt das obengenannte Problem nicht.

Eine prozessorkonforme Realisierung unter Einsatz der Pulsdauermodulation ist in Bild 2 dargestellt: zwei gegensinnig mit einstellbarem Tastverhältnis betätigte elektronische Schalter S1 und S2 ergeben am Ausgang eines Tiefpasses die Spannung U_A.

Ist S1 dauernd geschlossen (Tastverhältnis 0%), so ist nach Einlauf des Tiefpasses $U_A = U_1$. Im umgekehrten Falle, also bei einem Tastverhältnis von 100%, ist $U_A = U_2$. Zwischen diesen Grenzfällen ergibt sich bei wertediskret einstellbarem Tastverhältnis ein Verhalten, das einem Kettenleiter, bestehend aus gleichen Widerständen R, mit zum Brückenabgleich verstellbarem Abgriff entspricht.

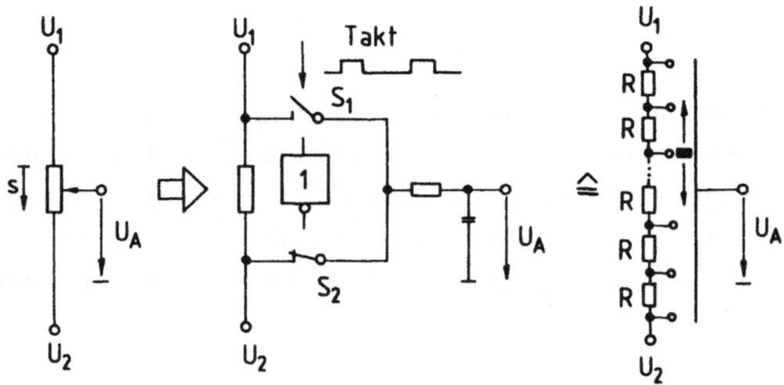

Bild 2: Mikroprozessorkonforme Realisierung eines Potentiometers

Das Ziel der Potentiometerrealisierung wird insofern allerdings nicht vollständig erreicht, als die Einstellung des Tastverhältnisses mit einer 12-Bit-Auflösung einen Kettenleiter mit 4096 Stufen darstellt und ein Abgleich i.a. eine Restspannung U_A ergibt, die verstärkt einem AD-Wandler zugeführt wird.
In Bild 3 ist die prinzipielle Anordnung der Baugruppen im Bereich der sensornahen Elektronik wiedergegeben.

Nach prozessorgesteuertem Abgleich und Messung des Restes setzt sich das Ergebnis aus den 12 Bit des "Potentiometers" gefolgt von den 8 niederwertigen Bits des AD-Wandlers zu einem 20-Bit-Wort zusammen. Der wegen der Bauelementsstreuungen im Bereich des Restsignalverstärkers nötige Abgleich der Schritthöhe des "Potentiometers" auf 256

Schritte des AD-Wandlers wird mittels Mikroprozessor rechnerisch ausgeführt.

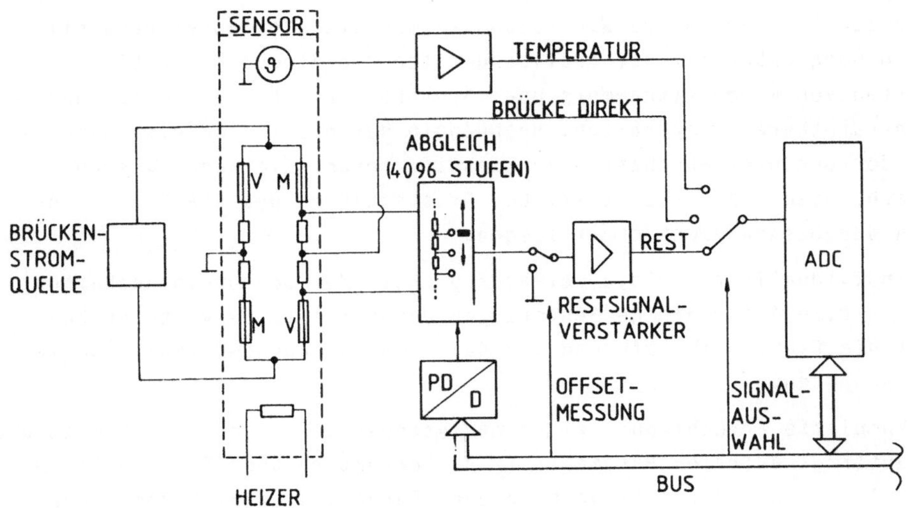

Bild 3: Sensornahe Elektronik

Die hier vorgestellte Art der Signalverarbeitung von Brückensignalen mit 20-Bit-Auflösung deckt alle Anwendungsfälle eines Wärmeleitsensors ab: die größten vorkommenden Meßbereiche können erfaßt werden und mit unveränderter Hardware liegt eine ausreichende Auflösung innerhalb der kleinsten Meßbereiche vor. Eine in der Analogtechnik nötige individuelle Anpassung der sensornahen Hardware entfällt ersatzlos. Bei konsequenter Nutzung der rechnerischen Korrekturmöglichkeiten des gesamten Analysengerätes ergibt sich eine Hardware, die keine analogen Einstellmittel wie Potentiometer oder Trimmwiderstände besitzt und vollständig unter Rechnerkontrolle kalibriert werden kann.

Das quantitative Ausmaß der Veränderung bei der Kalibrierung durch diese Art der Signalverarbeitung wird deutlich, wenn man berücksichtigt, daß analoge Geräte einige zehn Einstell- und Trimmpunkte besaßen.

4. Kalibrierung und weitere Funktionen

Bei der Produktion der Sensoren für die Prozeßmeßtechnik ergeben sich Streuungen, die je nach Sensorprinzip und -komplexität unterschiedlich groß sind. So ist zum Beispiel ein Pt 100 als Temperatursensor mit engen Toleranzen des Widerstands-Temperatur-Verlaufes herstellbar. Demgegenüber ist bei Analysengeräten die Streuung der Eigenschaften von Wärmeleitkammern oder Sensoren zur Absorptionsmessung im Infrarotbereich erheblich. Unabhängig davon ist die Zeitabhängigkeit der Sensoreigenschaften zu klassifizieren. Sie kann zwischen schwach, also hohe Stabilität, bei Drucksensoren und stark bei Sensoren der Gasanalysentechnik liegen.

Die Individualität und die Zeitabhängigkeit der Sensoreigenschaften sind in Bild 4 für einige Sensortypen dargestellt. Desweiteren besitzt die Elektronik aufgrund von Bauelementstreuungen individuelle Eigenschaften.

Die komplette Ertüchtigung eines Analysengerätes, d.h. die Ermittlung der auftragsneutralen Parameter (z.B. Korrekturgrößen für die Elektronik) wie auch der auftragsbezogenen Parameter (z.B. Meßbereiche, Linearisierung) und deren Ablage in nichtflüchtigen Speichern (bevorzugt EEPROMS) im Gerät, wird Grundkalibrierung genannt.

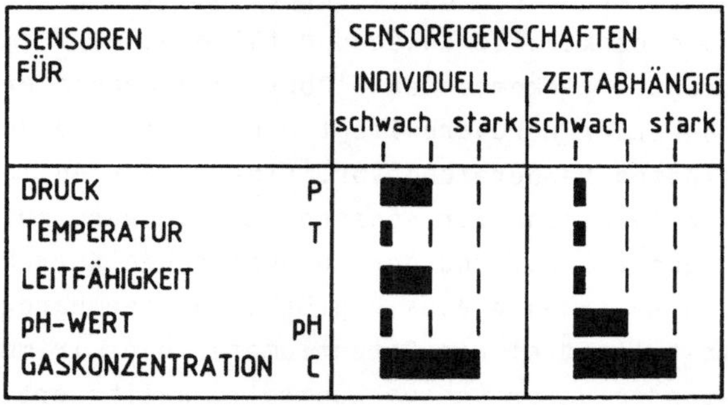

SENSOREN FÜR		SENSOREIGENSCHAFTEN INDIVIDUELL (schwach – stark)	SENSOREIGENSCHAFTEN ZEITABHÄNGIG (schwach – stark)
DRUCK	P		
TEMPERATUR	T		
LEITFÄHIGKEIT			
pH-WERT	pH		
GASKONZENTRATION	C		

Bild 4: Sensoren und Sensoreigenschaften

Die Zeitabhängigkeit der Sensoreigenschaften von Gasanalysengeräten kann bei kleinen Meßbereichen zu Driften mit Werten bis zu 1% des Meßbereichsumfanges pro Woche führen. Die deshalb während der Betriebszeit nötigen Anpassungen des Gerätes an interne oder externe Standards wird ausschließlich mittels Nullpunkt- und Empfindlichkeitseinstellungen vorgenommen. Dieser Vorgang wird Nachkalibrierung genannt und kann sowohl manuell wie auch automatisch ausgeführt werden.

In einem Gasanalysengerät für die Prozeßmeßtechnik sind in vielen Fällen zusätzlich zur reinen Meßfunktion weitere Funktionen wie z.B. Meßbereichswahl, Wahl der Dimension der lokalen Anzeige (mA, Vol%, % des Meßbereiches), Einstellung von Grenzwerten integriert.

5. Bedienung

Alle genannten Funktionen erfordern Bedienmittel. Bei der Produktion wird für die Grundkalibrierung ein externer Rechner über eine serielle Schnittstelle angekoppelt. Dieser Rechner erlaubt es, die nur für die Grundkalibrierung nötigen Funktionen aus dem Gerät auszulagern und zur Realisierung der umfangreichen Mensch-Maschine-Schnittstelle den Bildschirm und die Tastatur des Rechners einzusetzen. Mit einer zusätzlichen Schnittstelle zum Aufbau von Meßplätzen (z. B. IEEE 488) lassen sich Teile der Grundkalibrierung vollautomatisch ausführen (Bild 5).

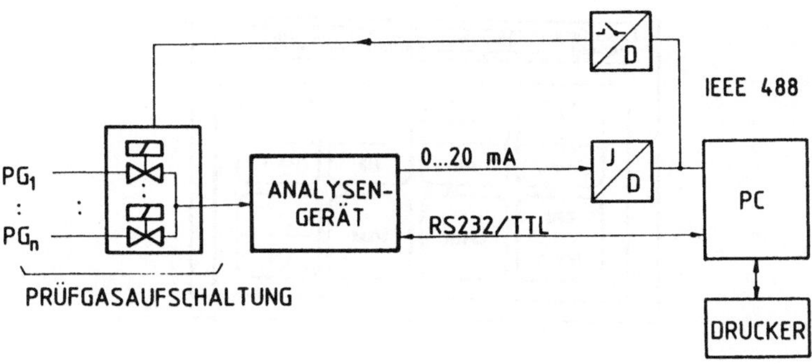

Bild 5: Grundkalibrierung mit externem Personal Computer

Für den Service-Einsatz wird ein transportabler Aktentaschenrechner eingesetzt, der ebenfalls über die RS 232-Schnittstelle mit dem Analysengerät kommuniziert. Die Prüfgase sind dabei von Hand aufzuschalten und die Meßergebnisse eines Multimeters am Stromausgang bei der Kalibrierung des Ausgangskreises manuell in den Rechner einzugeben. Ansonsten sind die Vorgänge der Grundkalibrierung unverändert.

Die während der normalen Betriebszeit notwendige Nachkalibrierung und die weiteren Funktionen sind unmittelbar - also ohne externe Hilfsmittel - am Gerät bedienbar. Bei der Auswahl der Anzeige- und Eingabeelemente ist zu berücksichtigen, daß die Bedienvorgänge umfangreich sein können, der Benutzer diese Vorgänge nur selten ausführt und eine geringe Fehlbedienungsrate erreicht werden muß. Deshalb ist der Bediener mittels leicht verständlicher Anweisungen zu führen und erkennbare Fehleingaben sind zurückzuweisen.

Erschwerend steht der vollen Berücksichtigung der Forderungen aus dem Bereich der Ergonomie der Kostendruck für das Gesamtgerät und damit auch für den Teilbereich Bedienung entgegen.

Eine Realisierung auf der Grundlage der zum Teil widersprüchlichen Forderungen zeigt das Bild 6.

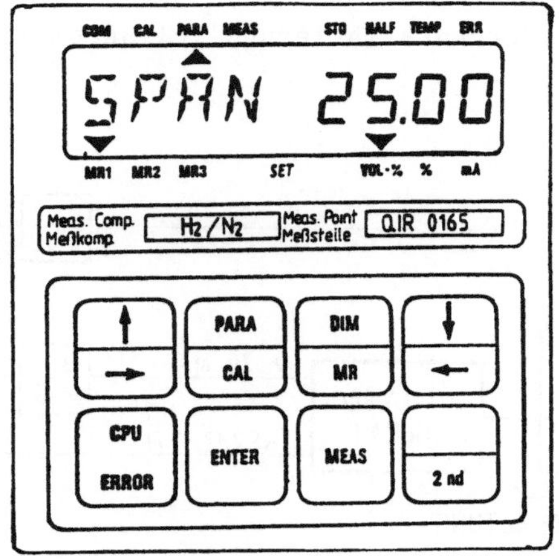

Bild 6: Bedienung am Gerät

6. Ziele

Am Beispiel eines Wärmeleitsensors wurde gezeigt, daß sich ein Analysengerät ohne jeglichen analogen Abgleich und damit ohne - auch interne - analoge Einstellmittel vollständig kalibrieren und bedienen läßt. Grundlage dafür war neben vielen anderen Punkten in besonderem Maße eine digitale sensornahe Signalverarbeitung. Zukünftige Arbeiten werden sich darauf konzentrieren, auch für andere Sensorprinzipien geeignete digitale Verarbeitungsmethoden für die primären Abbildungssignale zu finden.

MESSWERTERFASSUNG MIT DMS - NEUE MÖGLICHKEITEN

ACQUISITION OF MEASURED VALUES WITH STRAIN-GAUGES - NEW POSSIBILITIES

H. Franz - K. Keuthen
Eckardt AG
7000 Stuttgart 50, B.R. Deutschland

Summary

For measuring of pressure, absolute and differential pressure and level in the chemical process industries usually two-wire-transducers are applied. The sensing elements with strain gauges in thin-film-technology offer an alternative method of a measuring-chain with sensors. The two kinds of instrumentation are compared with special consideration of multiplex operation.

1. Einleitung

Zur Erfassung verfahrenstechnischer Größen wie Druck, Differenzdruck und Füllstand ist in der chemischen Verfahrenstechnik der Einsatz von Meßumformern in der sogenannten Zweileitertechnik üblich. Bei diesen ist dem Versorgungsstrom $\leq$ 4 mA der Signalstrom (4 - 20 mA) überlagert. Die Versorgung erfolgt aus einem Meßumformerspeisegerät. Die einheitliche Verdrahtung und die Verwendung eines Einheitssignals gestatten eine einfache Projektierung und Installation.

Demgegenüber wird bei der Messung von Temperaturen mit Widerstandsthermometern und Thermoelementen bevorzugt die Sensortechnik eingesetzt. Bei dieser Technik befindet sich der Aufnehmer im Feld. Das von ihm erzeugte elektrische Meßsignal wird über zwei oder mehr Adern zu einem Empfangsgerät in der Warte oder auch einer örtlichen Feldstation geleitet und in ein analoges Einheitssignal oder digitales elektrisches Signal umgeformt.

Das Nebeneinander dieser beiden Techniken führt zu mancherlei Problemen insbesondere bei der Planung und Projektierung. Um diese zu vermeiden, setzen einige Firmen trotz mancher Nachteile durchgehend die Zweileitertechnik für alle mechanischen Größen ein.

Auf der Basis der Sensoren mit Dünnfilmdehnmeßstreifen ist es gelungen, auch für die Sensortechnik ein vollständiges System zur Erfassung mechanischer Größen zu gestalten, das eine echte Alternative zum Zweileitersystem darstellt.

2. Aufbau einer Meßkette

Eine Meßkette hat grundsätzlich folgenden Aufbau (Bild 1):

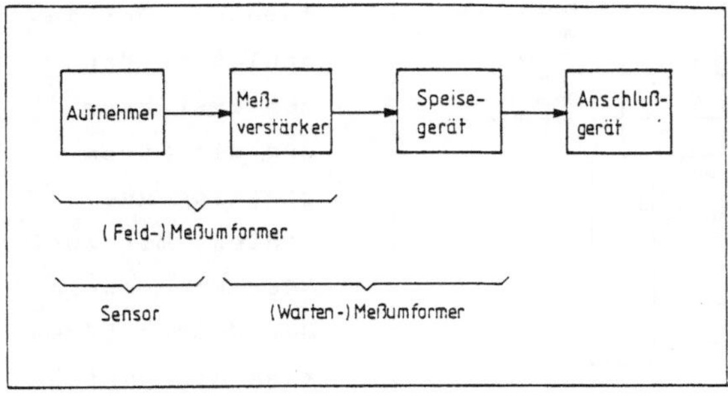

Bild 1: Meßkette, prinzipieller Aufbau

- Aufnehmer
- Meßverstärker
- Speisegerät
- Anschlußgerät

Werden Aufnehmer und Meßverstärker in einem Gerät integriert, so spricht man vom (Feld-) Meßumformer, das Speisegerät wird dann zum Meßumformerspeisegerät. Diese Meßkette wird im folgenden Meßumformer-Meßkette genannt. Sitzt der Aufnehmer ohne Meßelektronik im Feld und der Meßverstärker räumlich getrennt, so sprechen wir von einem Sensor. Die entsprechende Meßkette heißt Sensor-Meßkette.

2.1 Meßumformer-Meßkette

Ein Meßumformer formt eine physikalische Größe in ein elektronisches Einheitssignal um. In der Verfahrenstechnik ist das Gleichstromsignal 4 - 20 mA in Zweileitertechnik gebräuchlich. Die Speisung kann direkt aus einer Gleichspannungsquelle erfolgen. Ist der Meßumformer im explosionsgefährdeten Bereich angeordnet, so dient ein Meßumformerspeisegerät, das die galvanische Trennung gegen Netz und Anschlußgerät sowie zwischen eigensicheren und nichteigensicheren Stromkreisen enthält, zur Versorgung. Das Stromsignal ist unabhängig von der Art der gemessenen physikalischen Größen. Eine Zuordnung geschieht erst im Anschlußgerät wie z.B. Regler oder Prozeßleitsystem (Bild 2).

2.2 Sensor-Meßkette

Der Sensor besteht aus Aufnehmer, passiven Abgleichelementen und Anschlußklemmen in einem passenden Gehäuse. Er setzt eine physikalische Größe in ein sensorspezifisches Signal, z.B. Strom oder Spannung, um. In vielen Fällen wird er mit einem eingeprägten Gleichstrom versorgt, z.B. Widerstandsthermometer. Der Anschluß an den Meßverstärker und die Stromspeisung geschieht mit zwei oder mehr Adern. Der Meßverstärker kann ein Wartengerät, z.B. 19"-Karte oder Teil einer Datenerfassungsanlage, sein. Aufnehmertypische sytematische Linearitätsabweichungen werden im Meßverstärker korrigiert (digital oder analog, z.B. bei Thermoelementen) und Teilbereiche aus dem Gesamtmeßbereich ausgeschnitten. In dem Meßverstärker sind die Funktionen der Meßumformerelektronik- und des Meßumformerspeisegerätes in einer Einheit zusammengefaßt.

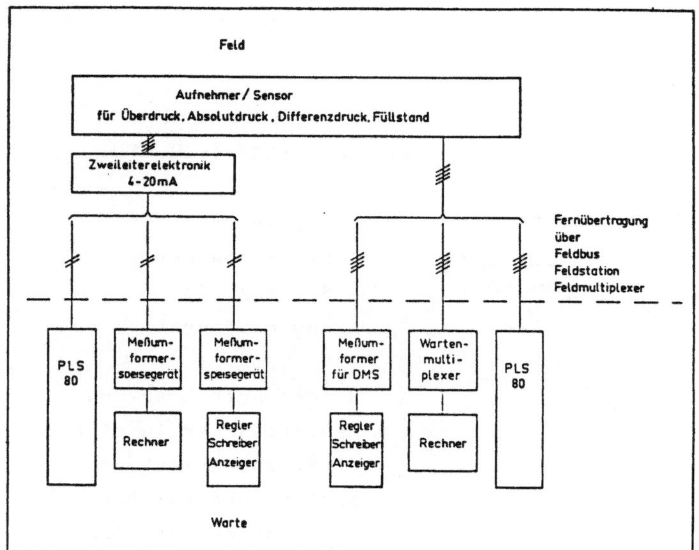

Bild 2: Anschlußmöglichkeiten

3. Anforderungsprofil des Aufnehmers

Ein Aufnehmer, der die Aufgabenstellung beider Meßketten erfüllen soll, muß folgendes Anforderungsprofil aufweisen:

Unbedingt notwendige Eigenschaften
- keine Elektronik am Meßort nötig
- Meßsignal fernübertragbar
- eindeutige Zuordnung des Meßsignales zur Meßgröße ohne aktive Kompensation

Nützliche Eigenschaften

- Möglichkeit des anonymen Austauschs von Sensoren gleichen Typs, das heißt Austausch ohne Einstellarbeiten
- Kein Abgleich von Fertigungstoleranzen und Temperaturdrift beim Anwender
- weiter Einsatzbereich
- niedriger Leistungspegel

Zusatzanforderungen aus der Verfahrenstechnik

- Einsatz in explosionsgefährdeten Anlagen
- Versorgung aus eigensicheren Stromkreisen
- Unempfindlichkeit gegen korrosive Atmosphären

Hier ist eine Abgrenzung gegenüber den sogenannten "intelligenten" Sensoren angebracht. Laut Literatur dient die eingebaute Intelligenz im wesentlichen dazu, vom Aufnehmer selbst erzeugte Meßunsicherheiten mit Hilfe von Mikroprozessoren zu erkennen und zu beheben. Der bessere Weg jedoch scheint es zu sein, diese Meßunsicherheiten - soweit technisch möglich - durch die Auswahl eines geeigneten Sensorprinzips erst gar nicht entstehen zu lassen und die "Intelligenz" der Weiterverarbeitung vorzubehalten.

3.1 Widerstandsthermometer als Erläuterungsbeispiel

Am bekannten Beispiel des Widerstandsthermometers aus Platin soll das Anforderungsprofil erläutert werden (Bild 3).

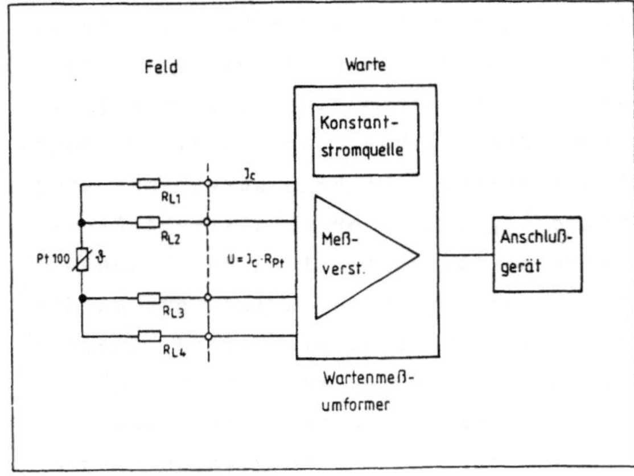

Bild 3: Sensormeßkette mit Widerstandsthermometer

Das Widerstandsthermometer ändert unter Einfluß der Temperatur seinen elektrischen Widerstand. Bei Speisung mit einem eingeprägten Strom fällt an ihm eine der Temperatur und dem Strom proportionale Spannung ab. Eine Elektronik am Meßort ist nicht nötig, die Spannung läßt sich problemlos auf mittlere Entfernungen übertragen. Irgendwelche äußeren Einflußgrößen müssen nicht kompensiert werden. Das Meßsignal ist zwar nicht völlig linear, die Kennlinienkrümmung ist jedoch genau definiert (DIN-Norm) und somit im Meßverstärker ohne Einzelabgleich linearisierbar. Jeder Meßtemperatur ist ein definierter Widerstandswert und damit Meßspannungswert zugeordnet. Das Widerstandsthermometer Pt 100 läßt sich in einem Temperaturbereich von -200 bis +850 °C einsetzen. Mit einem Speisestrom - 1 mA kann die volle Meßgenauigkeit erzielt werden. Bedingt durch diesen niedrigen Leistungspegel läßt es sich leicht an eigensichere Stromkreise anschließen, was einen Einsatz in explosionsgefährdeten Bereichen sehr erleichtert. Sein Basismaterial ist unempfindlich gegen korrosive Atmosphären.

Damit erfüllt ein Pt 100 alle notwendigen Eigenschaften, weitgehend die nützlichen Eigenschaften und die Zusatzanforderungen des Explosionsschutzes.

3.2 Aufnehmer in Dünnfilmdehnmeßstreifentechnik

Die Verwendung von Sensoren für die Messung von Druck, Differenzdruck und Füllstand ist im Gegensatz zur Anwendung von Temperatursensoren in der Verfahrenstechnik bisher unüblich. Eine der Ursachen ist wohl im Fehlen eines geeigneten Sensors mit dem oben erwähnten Anforderungsprofil zu suchen. Aufnehmer auf kapazitiver oder induktiver Basis benötigen eine Meßelektronik vor Ort, piezoresistive Aufnehmer gewöhnlich eine Einzelanpassung.

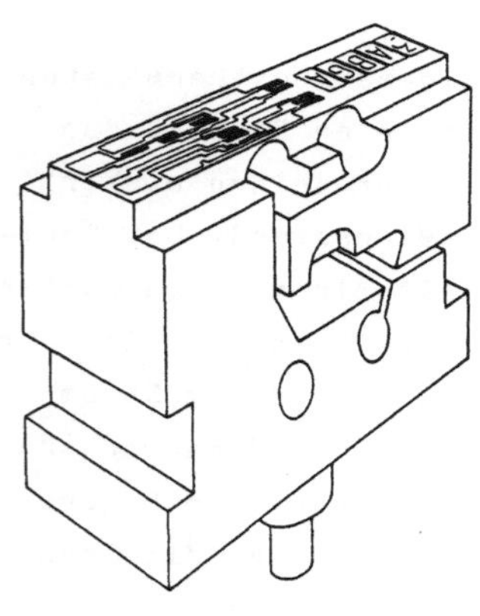

Bild 4: Biegebalken mit Dünnschichtdehnmeßstreifen

Der Aufnehmer auf der Basis von Metall-Dünnfilmdehnmeßstreifen hat ein ähnliches Anforderungsprofil wie ein Widerstandsthermometer. Auf einem metallischen Biegebalken, der von einer druckbeaufschlagten Membran ausgelenkt wird (Bild 4), sind vier metallische Dünnfilmdehnmeßstreifen in einem Vakuumbeschichtungsverfahren isoliert aufgebracht. Es besteht ein streng linearer Zusammenhang zwischen physikalischer Meßgröße und der Diagonalspannung der Meßbrücke, die aus den vier Dehnungsmeßstreifen gebildet wird. Die vom Prinzip her sehr kleinen Temperaturfehler von Nullpunkt und Spanne benötigen keine aktive Kompensation. Als Sensor sind die Aufnehmer auf 10 mV/1 mA Empfindlichkeit abgeglichen, so daß die Meßelektronik ohne Justierung angeschlossen werden kann. Je nach der Güte der Meßelektronik kann eine Spreizung der Meßbereiche um den Faktor 1:6 bis 1:10 vorgenommen werden. Der Innenwiderstand von 6 kOhm bei einer Stromspeisung von z.B. 2 mA bedingen eine Leistungsaufnahme von $\leq$ 25 mW, ein Leistungspegel, der für den Anschluß an eigensichere Stromkreise gut geeignet ist. Eine hermetisch dichte Kapselung schützt ihn vor Umwelteinflüssen. Damit steht ein Sensor zur Verfügung, dessen Anforderungsprofil dem der Temperatursensoren entspricht.

4. Gegenüberstellung Meßumformer-Sensormeßkette

Nachdem für alle gängigen physikalischen Größen der Verfahrenstechnik geeignete Meßfühler für Meßumformer und Sensoren vorhanden sind, lassen sich die beiden Meßketten nach technischen und anwendungstechnischen Gesichtspunkten gegenüberstellen.

4.1 Meßgenauigkeit

Einflüsse, die vom Meßfühler herrühren, sind bei beiden Meßketten gleich groß. Den größten Beitrag zur Meßunsicherheit liefert der Einfluß der Umgebungstemperatur. Am Meßort ergibt sich die Umgebungstemperatur aus der Temperatur des Meßmediums und der klimatischen Temperatur zuzüglich Sonneneinstrahlung. Jahresschwankungen von 60 K sind nicht ungewöhnlich. Die Wartenelektronik dagegen ist einer Temperaturschwankung von nur 10 K ausgesetzt.

Die Gesamtmeßunsicherheit einer Meßkette ist in worst-case Betrachtung die Summe der Einzelfehler.

Es werden folgende Annahmen gemacht, die den Datenblattangaben verschiedener Hersteller für Druckumformer entsprechen (im Vergleich der Eckardt-Drucksensor).

E1 Temperaturunabhängige Fehlersumme des Sensors: 1 o/oo
E2 Temperatureinfluß auf Sensor: 0,25 o/oo/10 K
E3 Temperaturunabhängige Fehlersumme der Meßelektronik: 0,5 o/oo

E4 Temperaturabhängiger Fehler der Meßelektronik: 1 o/oo/10 K
E5 Temperaturunabhängier Fehler des MUS: 0,5 o/oo
E6 Temperaturabhängiger Fehler des MUS: 1 o/oo/10 K

	MU-Kette		Sensor-Kette		Temperaturbereich	Einwirkung der Spreizung 1:6
	ohne Spreizung	mit Spreizung 1:6	ohne Spreizung	mit Spreizung 1:6		
E1	1,0 o/oo	1,0 o/oo	1,0 o/oo	1,0 o/oo	-	1 x
E2	1,5 o/oo	9,0 o/oo	1,5 o/oo	9,0 o/oo	60 K	6 x
E3	0,5 o/oo	0,5 o/oo	0,5 o/oo	0,5 o/oo	-	1 x
E4	6,0 o/oo	24,0 o/oo	1,0 o/oo	4,0 o/oo	MU 60 K Sensor 10 K	4 x
E5	0,5 o/oo	0,5 o/oo	-	-	-	-
E6	1,0 o/oo	1,0 o/oo	-	-	10 K	-
Σ	10,5 o/oo	36,0 o/oo	4,0 o/oo	14,5 o/oo		

Ohne jede Zusatzmaßnahme erzielt man mit der Sensormeßkette mindestens die doppelte Gesamtgenauigkeit. Selbtverständlich lassen sich durch aktive Abgleiche oder sogar Punkt für Punkt-Korrektur durch die Meßelektronik bei der Meßumformer-Meßkette Verbesserungen erzielen. Doch dabei ist die Kosten-Nutzenrelation zu beachten.

4.2 Zuverlässigkeit

Allgemein gilt: Was nicht vorhanden ist, kann nicht defekt werden. Bekanntlich hängt die Lebensdauer, ausgedrückt in MTBF-Werten, wesentlich von der Umgebungstemperatur ab.

MTBF-Berechnungen zeigen, daß sich die Zuverlässigkeit einer Elektronik bei Steigerung der Umgebungstemperatur von 40 °C auf 70 °C durchschnittlich um den Faktor 2,5 bis 3 verschlechtert. Dieser Wert ist auch beim Vergleich zwischen Warten- und Feldelektronik anzusetzen. Nicht berücksichtigt sind dabei die zusätzlichen Einflüsse von Feuchte, korrosiver Atmosphäre und mechanischen Schwingungen.

4.3 Handhabung

Der Sensor ist als Blindgerät anzusehen. Änderungen des Meßanfangs, der Meßspanne und der Dämpfung werden in der Meßelektronik (Warte) vorgenommen. Der Meßfühler ist von außen leicht überprüfbar. Ein Sensor ist kleiner und leichter als ein Meßumformer und läßt sich problemlos z.B. in Rohre einschrauben. Ein örtlicher Anzeiger ist nur beim Meßumformer vorhanden.

4.4 Verdrahtungstechnik

Bezüglich der Anzahl der Leitungsadern ist der Meßumformer im Vorteil. Hier genügen stets zwei Adern pro Meßstelle. Das erleichtert die Projektierung und verringert den Verdrahtungsaufwand.

Bei der vorgeschlagenen Sensortechnik, bevorzugt in Vierleiterschaltung, sind 4 Adern pro Meßstelle vorzusehen. Wegen der geringen Leistung und der Versorgung mit eingeprägtem Strom genügt ein sehr geringer Drahtquerschnitt.

4.5 Störeinkopplung

Der Störunterdrückung muß bei mV-Signalen von Sensoren zwar mehr Aufmerksamkeit gewidmet werden als bei eingeprägten Stromsignalen, ihre Beherrschung gehört jedoch, wie die Thermoelementumformer beweisen, zum Stand der Technik. Die Leitungslänge sollte nicht mehr als 300 m betragen, paarig verdrillte, geschirmte Kabel werden empfohlen. Schutzbeschaltungen gegen EMV-Einflüsse sind bei Sensor und Meßumformer nötig.

5. Ankopplung an Multiplexer

Immer mehr im Feld nur gemessene oder direkt angezeigte Größen werden heute in die Warte hineingeführt. Um den Instrumentierungsaufwand dennoch in Grenzen zu halten, werden Multiplexer eingesetzt.

Besonders in diesem Fall stellt die Sensormeßkette eine kostengünstige Lösung mit großer Genauigkeit und trotz der erforderlichen hohen

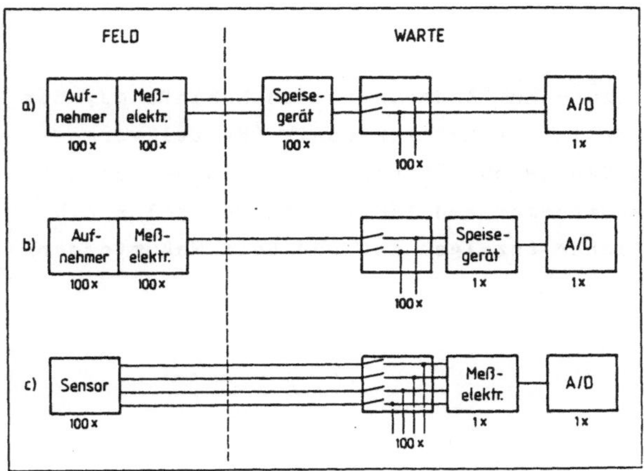

Bild 5: Konfiguration verschiedener Multiplexer-Meßketten

Störunterdrückung guter Abtastrate dar. Zur näheren Erläuterung sollen bei einer in der Schutzart Eigensicherheit errichteten Anlage mit 100 Meßstellen drei denkbare Meßketten miteinander verglichen werden. Der Aufbau der Meßketten ist in Bild 5 dargestellt.

Art der Meßkette	Anzahl der benötigten Baugruppen						Abtastrate	Kosten
	Aufn. bzw. Sensor	Meßelektronik Feld	Speisegerät	Umschalter	Meßelektronik Warte	AD-Wandler		
a	100	100	100	100x2	-	1	hoch	sehr hoch
b	100	100	1	100x2	-	1	niedrig	hoch
c	100	-	-	100x4	1	1	mittel	niedrig

Bild 6 zeigt einen Systemvorschlag für den Anschluß von Widerstandsthermometern, Thermoelementen und Sensoren für Druck, Differenzdruck und Füllstand. Bei dem Thermoelementkreis kommt als zusätzliche Neuerung eine stromgespeiste Temperaturausgleichsschaltung (passiv) im Feld zur Anwendung.

Alle Sensoren werden einheitlich mit Konstantstrom versorgt. Die Meßwertverarbeitung wie Linearisierung, Ausschneiden einer Meßspanne und Umsetzung in physikalische Einheiten wird in dem nachfolgenden Auswerterechner vorgenommen.

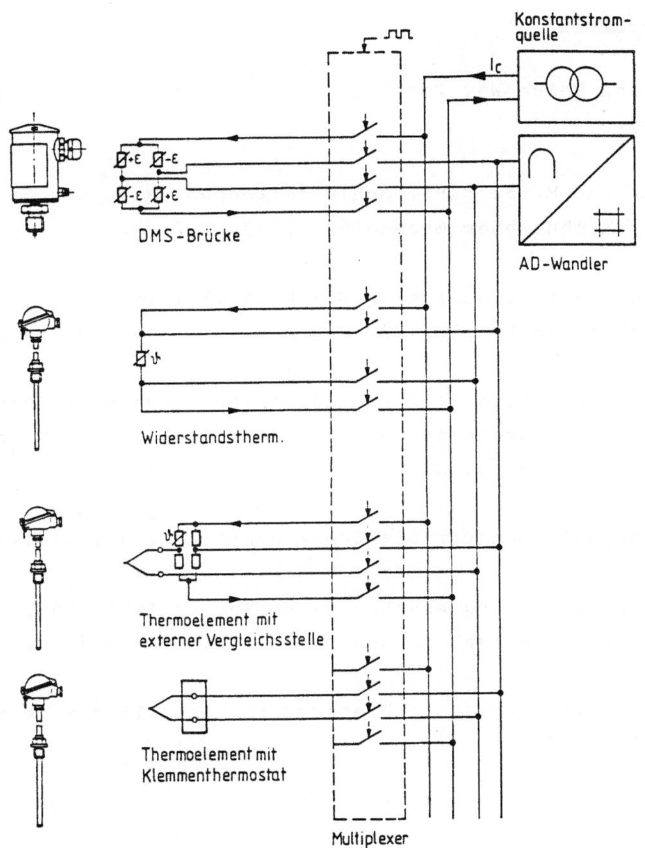

Bild 6: Einsatz verschiedener Sensoren mit einem Multiplexer

6. Zusammenfassung

Die Frage, welche der beiden vorgestellten Meßketten bevorzugt werden soll, ist nicht allgemein zu beantworten. In räumlich ausgedehnten Anlagen mit hohem Störpegel hat sicher die Meßumformerkette ihre Vorzüge, bei räumlich kleineren Anlagen, wo auch Multiplexer angewendet werden, bietet die Sensormeßkette eine kostengünstige Alternative. Beide Techniken werden in Zukunft nebeneinander stehen und sich ergänzen.

Verwendete Literatur:

1. J.S. Johnston, Which Way for Process Control-Transducers, C&I, Nov. 82.

2. G. Tschulena und M. Selders, Schlüsseltechnologien zur Sensorherstellung, Technischer Messen 50, 1983, Heft 4.

3. W. Peinke, Gesucht: Druckfühler für Feldmultiplexer, Regelungstechnische Praxis, 25. Jahrg., 1983, Heft 4.

4. Martin Komischke, Thilo Pfeifer und Ulrich Schwerhoff, Sensoren gekoppelt mit Mikroprozessoren - Möglichkeiten der Vorverarbeitung und Sensorschnittstelle, ETZ Pd. 105 (1984), Heft 15.

5. Innovationshemmnis Sensor? Elektronikpraxis Nr. 9., Sept./Okt. 84

6. Mikroperipherik, Förderungsschwerpunkt Nr. 23 1985-1989, Bundesminister für Forschung und Technologie, Bonn 1985.

7. Jean Marie Schiltz, Dr. Wolf-Dieter Weiß, Intelligenz im Meßwandler, Elektronik 18/1985.

DIGITALE PROZESSMESSTECHNIK - DIGITALER MESSUMFORMER, FELDBUS -

DIGITAL PROCESS INSTRUMENTATION - DIGITAL TRANSMITTER AND FIELDBUS -

A. Schwaier

Siemens AG
Systemtechnische Entwicklung

7500 Karlsruhe 21, B.R.Deutschland

Summary

Digital processing in transmitters and digital interfaces for multi-point connections in field instruments - i.e. the fieldbus - are more and more introduced into process instrumentation.
The amplitude-discrete and time-discrete measured values must be obtained in consideration of the user-specific demands for resolution and scanning. For that purpose, a configurable recording and transmission of measured values are necessary.

1. Einleitung

Die Anforderungen an die Aufnahme, die Übertragung und den Abgriff von Meßdaten in industriellen Prozessen, u.a. der Energie-, Verfahrens- und Produktionstechnik, sind sehr unterschiedlich. Sie werden geprägt von den unterschiedlichen Zeitbedingungen der Prozesse, der Topologie der Anlage, der Einbau-Umwelt und den Verwendungszwecken der Signale.

2. Analoge Messung und Übertragung

Die Meßglieder der heutigen analogen Prozeßmeßtechnik sind Aufnehmer und Meßumformer. Diese haben die Prozeßmeßgrößen - vorzugsweise Temperatur, Druck, Durchfluß, Höhenstand und Analysewerte - wert- und zeitgetreu zu erfassen und in ein vom Automatisierungssystem auswertbares Signal umzusetzen. Konditionierung, Übertragung und Auswertung erfolgt vorzugsweise in elektrischer Signaldarstellung.

Erfaßt werden Zustands- und Ereignisinformationen. Sie dienen Zwecken des Beobachtens, des Regelns und Steuerns, der Bilanzierung, der Dokumentation und des Schutzes. Ein Signal wird in der Regel verarbeitungsseitig mehrfach genutzt. Die Ereignissignale werden vorzugsweise in Binärsignale umgesetzt und als Spannungssignal abgegriffen und übertragen. Zustandssignale werden für die Übertragung in Prozeßfeldern in 20 mA-Signale umgeformt. Die Charakteristika der analogen Signalgewinnung und -übertragung (Bild 1) sind u.a.:

- Galvanisch getrennte Messung und Übertragung;
- Signal-Mehrfachnutzung durch Rangierung;
- Übertragung von Signal und Hilfsenergie auf nur zwei Adern einer Zweidrahtleitung;
- Kostengünstige Realisierung der Übertragungswege durch gemeinsame Verlegung (Sammelkabel);
- Kein Ausfall der Gruppe bei Ausfall eines Gerätes;
- Übertragungs-Meßunsicherheiten für Betriebsmeßtechnik ausreichend klein;
- Aufnehmer in Ausschlagstechnik mit geringer Zeitkonstanten. Übertragungszeit ohne nennenswerten Einfluß auf die Zeitkonstante. Keine Totzeit bei Übertragung;
- Signalzugriff verarbeitungsseitig nach den anlagespezifisch notwendigen Zeitkriterien. Einstellzeit manuell im Meßumformer einstellbar (Dämpfung von Prozeßstörungen);
- Wahlfreier Anschluß der Geräte verschiedener Hersteller durch genormtes Signal ("offenes System").

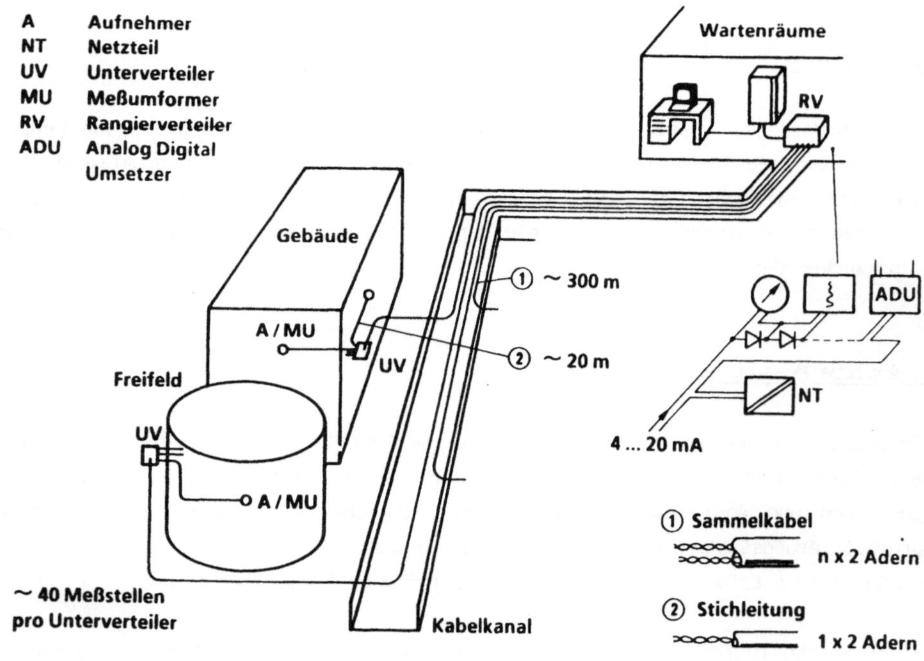

Bild 1 : Übertragungswege mit 4 ... 20 mA Signal

Besonders die letzten beiden Punkte gewinnen in der folgenden Betrachtung digitaler Meß- und Übertragungstechnik an Bedeutung. Neben diesen augenscheinlichen Vorzügen der heutigen Technik sollen jedoch auch Grenzen der analogen Technik nicht verschwiegen werden. Hier sind u.a. zu nennen:

- Analoge Meßglieder in der Meßkette müssen jeweils die geforderte Meßgenauigkeit aufweisen. Dies ist bei Forderungen besser 0,5% zunehmend aufwendig.
- Die funktionale Möglichkeit analoger Verarbeitung ist begrenzt (Linearisierung, Radizierung, Filter, Störgrößenkompensation, etc.) und aufwendig.
- Präzise Meß- und Zählwerte lassen sich nicht analog übertragen.

3. Digitale Messung

Diese Grenzen lassen sich durch Bausteine mit digitaler Funktionsweise überschreiten. Das digitale Meßsignal, gestützt auf die Arbeitsweise digitaler Mikroelektronikbausteine - insbesondere von Mikroprozessoren - ermöglicht u.a.:
- höhere Verarbeitungsgenauigkeit
- Signal-Speicherung
- Mehrsignal-Vergleiche
- kostengünstige Realisierung auch von komplexen Funktionen
- höhere Übertragungsgenauigkeit.

Es wurde deshalb frühzeitig versucht, unmittelbar digital messende Aufnehmer zu entwickeln. Dies ist nur in seltenen Fällen und auch nicht derart möglich, daß ein übertragungsgesichertes Signal entsteht. Frequenzanaloge Meßprinzipien könnten eine größere Bedeutung erlangen. In der Regel wird auch in Zukunft die kontinuierlich vorliegende Meßgröße zunächst in ein analoges Signal und dann in ein digital verarbeitbares und übertragbares Signal umgesetzt werden. Für die Umsetzung analoger Signale in digitale Signale ist jedoch zu beachten:
- Das digitale Signal ist amplitudendiskret (quantisierter Meßwert).
- Das digitale Signal wird zeitdiskret aufgenommen und übertragen (zeitliche Übereinstimmung von Meßgröße und Meßsignal nur im Meßzeitpunkt).

Für die Verarbeitung von Digitalsignalen ist deshalb zu beachten:
- Die Quantisierung führt zu einer zusätzlichen Meßunsicherheit.
- Die Auflösung kann in ungünstigen Fällen so grob sein, daß in Regelschleifen Korrekturschritte veranlaßt werden, die zu erhöhter Abnutzung mechanisch bewegter Teile oder in Extremfällen zu Regelkreisschwingungen führen.
- Rechen- und Regelalgorithmen müssen der Signalart angepaßt werden. Dabei sind für digitale Signale Glättungsalgorithmen zusätzlich notwendig, die eine hohe Abtastrate des Meßsignals erforderlich machen können.

- Das kontinuierliche Signal der Meßgröße wird nur in bestimmten Zeitfenstern und nur zu bestimmten Wiederholzeiten abgetastet. Die Abtastverfahren müssen dem Verwendungszweck des Signals angepaßt sein. Analoge Filterung und analoge Speicherung (Haltekreise) können erforderlich werden.
- Wartezeiten bis zu einem neuen Meßwert sind regelungstechnisch Totzeiten.

4. Digitaler Meßumformer

Unter Beachtung der Besonderheiten des amplituden- und zeitdiskreten Signals lassen sich Meßumformer (MU) mit digitaler Vorverarbeitung mit Eigenschaften aufbauen, die das mit analogen Mitteln Erreichbare weit übertreffen. Bild 2 zeigt schematisch ein Realisierungsbeispiel.

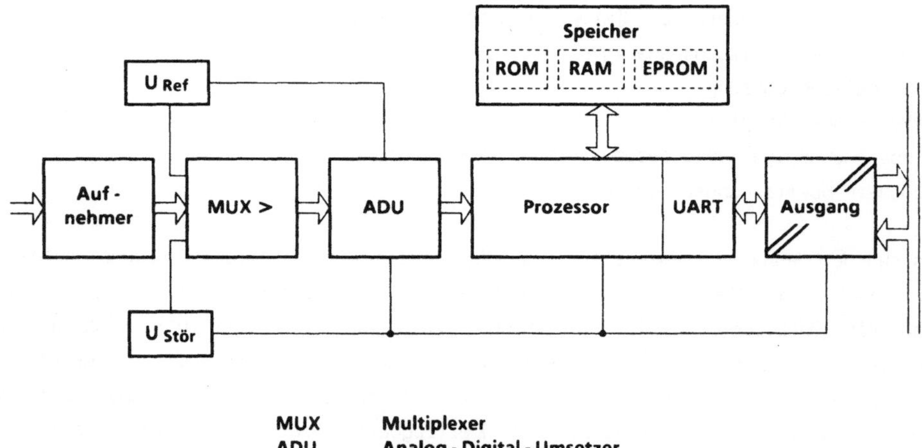

MUX	**Multiplexer**
ADU	**Analog - Digital - Umsetzer**
ROM	**Read Only Memory**
RAM	**Random Access Memory**
EPROM	**Erasable Programmable Read Only Memory**

Bild 2 : Digitaler Meß - Umformer (DMU) - Struktur -

Die durch digitale Vorverarbeitung im Prozessor realisierbaren Funktionen sind:
- Anfangswert-Kompensationen
- Meßspannen-Einstellung
- Nullpunkts-Einstellung, Kontrolle und Korrektur
- Störgrößen-Kompensation
- Dynamik-Einstellung
- Linearisierung

- Umrechnung physikalischer Einheiten
- Steuerung einer Selbstkalibrierung
- Statusmeldungen
- Selbstdiagnose, usf.

Analogteil

Der Analogteil mit dem ADU bestimmt die Meßgenauigkeit und den zeitlichen Zugriff zur Meßgröße. Im Beispielfall wurde das mittelwertbildende Dual-Slope-Prinzip gewählt. Durch Nutzen der Referenzspannung auch zur Speisung passiver Geber läßt sich eine Verhältnismessung aufbauen, bei der Änderungen dieser Spannung nicht zu Meßunsicherheiten führen.

Digitalteil

Für den Digitalteil wird vorteilhaft ein Mikroprozessor verwendet. Für dessen Eignung ist maßgebend:
- verfügbare Speicherbausteinart
- Speicherplatz
- Zeitbedarf für Rechen- und Steuerfunktionen
- Art und Anzahl der Ein- Ausgabe-Leitungen
- Zusatzfunktionen wie Timer etc.
- evtl. serieller Ausgang
- Taktfrequenz, Hilfsenergiebedarf

Die Art der Speicherbausteine legt den möglichen Verwendungszweck für die Hinterlegung von Programmen und Werten fest. Funktionell ist die Einschreib- und Auslesbarkeit maßgebend und der Informationsverlust bei Spannungsausfall. Da individuelle Kennwerte des Meßumformers erst bei Zuordnung seiner Bestimmung beim Kunden für einen bestimmten Einsatzzweck festliegen, muß ein Speicher vorhanden sein, der diese Eingaben gestattet. Bei Verwendung eines RAM müßten bei längeren Spannungsausfällen Wiederanlauf-Parametrierungen erfolgen.Vorteilhafter sind sog. elektrisch lösch- und einschreibbare Speicher (EEPROMs). Das Einschreiben kann dabei am Gerät selbst oder bei entsprechend vorgesehenen Mitteln auch von einem Zentralgerät aus erfolgen. Dies ermöglicht, die Meßumformer von der Warte aus zu parametrieren und zu kontrollieren.
Der Speicherplatz ist heute kein grundsätzliches Problem mehr. Er muß in Zusammenhang mit dem Hilfsenergiebedarf und der notwendigen Zugriffszeit zu den Daten gesehen werden. Rechenzeiten sind Totzeiten für eine Regelung. Die Bearbeitung von Meßaufgaben hat deshalb im gesetzten Zeitrahmen mit kurzer Zeitdauer unter Echtzeitbedingungen zu erfolgen.
Die Festlegung der Software - die Programmierung - erfolgt heute in kurzen, abgeschlossenen Programmteilen, die in andere Programmteile eingebunden werden. Dies führt zu Übersichtlichkeit und Wiederverwendbarkeit der Programme.

Schnittstelle

Die serielle Schnittstelle des Mikroprozessors ist ein UART oder ein USART. Ein-Chip-Mikroprozessoren (μC) haben diesen Ausgangsteil auf das Chip integriert. Ein Meßwert wird von dieser Schnittstelle beispielsweise als Folge sog. UART-Zeichen gesendet. Dies ist eine Folge von Bits, die zwecks Synchronisation des empfangenen μC mit einem Start- und Stop-Bit angeführt bzw. abgeschlossen wird. Zur Übertragungssicherung oder zu Steuerzwecken kann ein zusätziches Bit eingefügt sein.

Heutige Meßumformer mit digitaler Verarbeitung verwenden noch vorwiegend das 20 mA-Signal. Der Zukunft sollte jedoch die Übertragung des Digitalsignals gehören. Die Vorteile sind u.a.:

- Übertragungsfähigkeit für Meßwerte hoher Genauigkeit;
- keine zusätzlichen Meßunsicherheiten bei der Übertragung;
- Übertragungen mehrerer Werte aus einem MU (Meßwert, Grenzwert usw.) über gleiche Signaladern möglich;
- Übertragung auch von Verarbeitungsseite zum MU möglich (Zweirichtungsverkehr);
- Bedarfsgesteuerte Übertragung möglich (Trend, Parametrierung, Diagnose, etc.)

Die letztgenannten Punkte setzen eine überlagerte Steuerung zum MU voraus. Dabei stellt sich die Frage, welche Aufgabenverteilung zwischen MU und überlagertem Gerät vorgenommen werden soll. Diese Frage ist derzeit noch offen.

Für eine umfangreiche Vorverarbeitung im MU sprechen:

- aufbereitete Daten (physikalische Wertdarstellung u.a. auf Leitung verfügbar);
- Übertragung auf Trendmeldungen begrenzbar (Umfang des Datenverkehrs gering);
- komplexe Vorverarbeitung möglich (funktionale Eigenschaftsverbesserung);
- Vorverarbeitung reduziert Datenmengen (z.B. Mustererkennung, Prozeßdiagnose);
- Vorverarbeitung ermöglicht zeitoptimal Messen und Stellen (Feldregler, etc.).

Für eine Beschränkung der Vorverarbeitung im MU sprechen u.a.:

- Hilfsenergie-, Spannungsausfallsicherungs- und Rechenzeitbedarf von Vorverarbeitungsbausteinen;
- Datenlänge von aufbereiteten Daten (z.B. physikalische Datendarstellung);
- Begrenzte Übertragungsrate der Leitungen.

Eine Entscheidung wird nur anwendungsspezifisch möglich sein. Da die mögliche Vorverarbeitung vorwiegend durch Speicherplatz und Rechenkapazität bestimmt ist, wäre es denkbar, daß einheitliche Meßumformer den vollen Eigenschaftsumfang besitzen. Die spezifischen Eigenschaften wären dann anwendungs- und umgebungsbedingt bei der Inbetriebnahme konfigurierbar. Kriterium könnte ein gewünschter niedriger Hilfsenergiebedarf beispielsweise bei Meßumformern in explosionsgefährdeten Umgebungen oder bei zentraler Versorgung über die Signalleitung sein.

Inwieweit für die unterschiedlichen physikalischen Anforderungen der Felder in Verfahrens-, Produktions-, Gebäudeleittechnik etc. einheitliche physikalische Ausbildungen der Schnittstelle entstehen können, hängt von der Preisstellung für Schnittstellen mit hohen Anforderungen, jedoch Fertigung in hoher Stückzahl ab. Sollten unterschiedliche physikalische Ausbildungen notwendig sein, so sind zumindest einheitliche logische Vereinbarungen und eine einheitliche Schnittstelle zu diesen logischen Schichten (ISO-OSI Referenzmodell) anzustreben.

An die Schnittstelle sind folgende Anforderungen zu stellen:
- Mehrpunktanschluß für Senden und Empfangen möglich;
- rückwirkungsfrei bei Trennen und Ausfall des Feldgerätes;
- galvanisch frei;
- geeigneter Aufbau zur Unterdrückung von Einstreuungen (z.B. symmetrische Datenübertragung);
- Schutzelemente für die dahinter liegende Elektronik des Teilnehmers;
- Hilfsenergiezuführung für die Feldgeräte (soweit technisch machbar auf gleicher Leitung wie das Signal);
- Umwelteignung für das Freifeld (T, H, ex, EMI etc.);
- geringe Kosten (anteilig am Feldgerät);
- in internationalem Standard festgelegt.

Die Ausrüstung von Meßumformern mit einem Busanschluß ist bei der anwenderseitigen Forderung eines offenen Systems erst zweckmäßig, wenn eine international genormte digitale Schnittstelle vorliegt. Die Standardisierungsarbeiten haben international in der Working Group 6 des SC 65 der IEC und national in den Gremien 933.3 der DKE begonnen.

5. Feldbus

Bisher wurden Anforderungen diskutiert und aufgestellt. Bild 3 zeigt die erwartete Topologie des Übertragungssystems von den Prozeßendgeräten zu den überlagerten Verarbeitungsgeräten. Über den Feldbus sollen nicht nur die bisherigen Signale der Feldgeräte übertragen werden, sondern auch weitere Nachrichten, die durch die Zunahme an Eigenschaften bestehender und neuartiger Feldgeräte entstehen. Für den Meßumformer sollen beispielsweise die bisher von Hand eingestellten Parameter über Bus einschreibbar sein. Dies setzt auch Vereinbarungen zur Daten-, Befehls- und Steuerzeichen-Darstellung und geeignete Sprachelemente voraus.

Die von den Normungsgremien für die Schnittstelle festzulegenden Eigenschaften sind demnach umfangreicher als für bisherige Busnormungen in den OSI-Schichten 1 und 2. Erst nach einer gründlichen Diskussion der auszutauschenden Daten -

ihrer Art und Menge und den für ihren Austausch notwendigen Zeitbedingungen - wird die Festlegung der Mittel erfolgen können. Bild 4 zeigt eine mögliche Buskonfiguration. In die Teilnehmer sind die zu definierenden OSI-Schichten des Protokolls eingetragen.

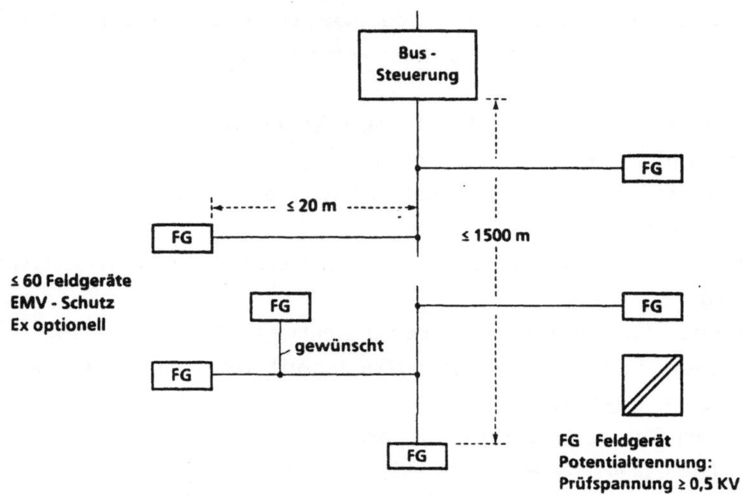

Bild 3 : Feldbus - Topologie - Anforderungen -

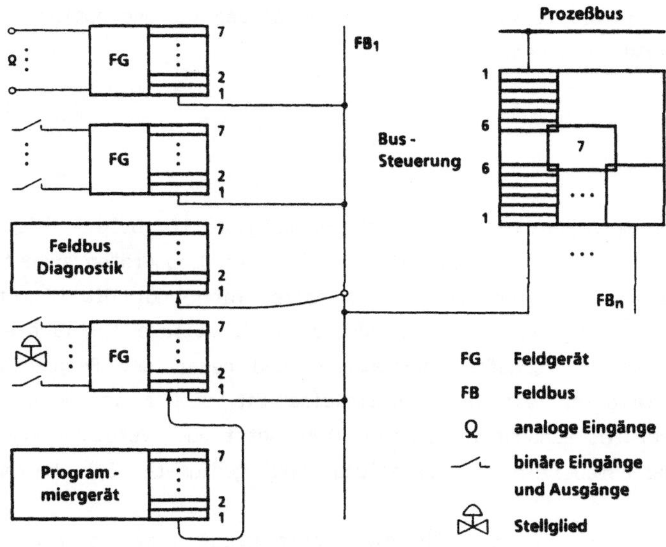

Bild 4 : Mögliche Buskonfiguration

INDUSTRIAL APPLICATIONS OF IMAGE PROCESSING AND RECOGNITION

INDUSTRIELLE ANWENDUNG VON BILDZEICHENERKENNUNG UND AUSWERTUNG

R A Brook, Sira Ltd, Chislehurst, Kent, England
G A W West, The City University, London, England

Zusammenfassung

Diese Veröffentlichung fasst die Entwicklung der industriellen Bildzeichenerkennungssysteme zusammen, beginnend mit der Off-line Analyse von Röntgenbildern mit Hilfe von Grosskomputern bis zur modernen direkten Produktionsüberwachung mit dem Stande der Technik entsprechenden Multiprozessor-Bilderkennungssystemen.

Typische Anwenderprobleme wie die Beschrenkung die sich bei der On-line (direkt) überwachung für die Bildqualität und -erkennung in realen Industrieproduktionsgeräten ergibt werden besprochen. Die Grundlagen der Bildzeichenverarbeitung werden aufgezeigt wie z.B. die Techniken und Software zur Teileerkennung, Segmention und Beschreibung. Zeilenbezogene und bildbezogene Datenerkennung wird besprochen, sowie die Kompabilitätsprobleme von underschiedlichen Sensoren. Die derzeitige Entwicklung von Expert-Sytemen und neuen Prozessorstrukturen wird erfasst.

Die Entwicklung bis zum heutigen Stand der Technik wird mit Hilfe von signifikanten Anwenderbeispielen erleutert. Die Beispiele sind aus den Arbeitsbereichen Metalverarbeitung, Laboranalyse, automatische Qualitätskontrolle von Automobilen und anderen Masseprodukten, Bildfernverarbeitung und Aufbereitung in Gefahrenzohnen, Teileerkennung in der automatischen Produktion sowie Fahrzeug- und Roboterlenkung.

Introduction

Image processing and recognition of features and objects from optical measurements has been the subject of an immense amount of research and development for more than a quarter of a century. Success has been relatively slow in coming but today the level of activity is greater than ever and the rate of uptake and practical application is at last rising fairly quickly. Nevertheless, many problems remain unsolved and many of the tasks in industrial production requiring human visual perception are still too complex to be solved.

For workers in the field it is crucially important to understand the limitations of currently available technology and to appreciate which problems are capable of solution, which tasks can be automated and which lines of research are likely to be successful.

This paper provides a brief practical overview of industrial developments, current applications, fundamentals of image analysis methodology and lines of future research.

Historical perspective

Applications in manufacturing industry range from measurement and part identification to automatic inspection and process control.

Work in the late 1950's and early 60's concentrated on relatively well constrained imagery, typically from radiological examination of components and microscopic analysis of materials samples. Tasks involved enhancement, measurement and sizing of features. Television systems and photographic plates were the principal sources of image data. High speed on-line applications involving fast moving objects generally required opto-mechanical systems to freeze motion, provide stroboscopic illumination or scan the area of interest mechanically. Because of the relative complexity of such systems and the integrating characteristics of TV sensors, most successful applications were off-line using static images. Early success in this area came with TV-based analytical systems for automated measurements on metallurgical and other material samples.

Major developments in component technology in the late 60's and 70's led to the availability of solid state cameras, initially for one-dimensional and then for two-dimensional image scanning. Lasers suitable for use in flying spot scanning systems also became available and mini-computers and then microprocessors quickly improved the cost-effectiveness of signal and image processing.

These new devices also resulted in improvements in the geometric stability, resolution and accuracy of sensors. Other benefits included reduced power consumption and heat generation in lighting systems, improved system reliability and increased flexibilty and computer processing power. At the same time many of the fundamental techniques for signal conditioning and low-level processing were developed and successfully applied. Automatic gain control, background following filters, thresholding and pixel counting for co-ordinate location in binary images were all developed to work in real time.

Most processing and recognition tasks were tackled using binary images, produced by thresholding video signals using hardwired circuits. Silhouette images were the easiest to work with; accurate thresholding of images obtained using reflected light was much more difficult because of changing lighting conditions and surface reflectivity. The relatively high cost of high speed analogue to digital conversion and digital computing precluded extensive use of grey-scale processing.

By the mid-70s line scanning systems for surface inspection of web materials were being applied successfully, although differentiation between different types of defect remained problematic [1]. Line scanning systems for dimensional measurement and simple object recognition systems were also being installed.

Television sensors and frame-by-frame processing began to be used increasingly for off-line evaluation and analytical tasks but also for some on-line operations. With structured lighting it became practicable to make relatively simple three dimensional measurements. Systems were developed for checking completeness of assemblies, for guiding assembly operations and for recognition of parts using three-dimensional feature information from 2-D images. Most of these systems were however experimental prototypes and few found really widespread general application.

Since the capabilities of three dimensional sensors remained very limited, most effort was concentrated on two dimensional problems. Typical applications included inspection of printed circuit patterns, microcircuit photomasks, plain and patterned webs, printed material and packaging and tasks requiring limited depth of focus such as inspection of relay contacts, part recognition, and examination of packages and food products.

A certain amount of work was done with optical preprocessing to transform images into the Fourier domain. Although offering some theoretical advantages in ease of extracting dimensional data and recognising predetermined shapes, few of these developments were successful. Practical problems of implementation and difficulties in relating image characteristics to object features were commonly encountered.

By the late 1970's it had become apparent just how complex were many of the problems of image interpretation. Despite more extensive use of grey-level processing low-level algorithms which extracted features such as edges, circles, corners etc in the field of view could not deliver feature descriptions sufficiently free of noise and discontinuities to be useful. Prototype systems typically needed very fine tuning to achieve limited success on highly restricted sets of test objects. The processing necessary to achieve such limited success also took an excessively long time on most readily available image processors.

Nevertheless progress was made. Laser systems for web scanning of film, glass, paper, tape, plastics and other products were becoming widespread [2,3]; image processing though was limited to picking out and sizing features against a uniform background. Such systems performed very similar image processing functions to those incorporated in the early microscope based systems for metallurgical analysis, but at much higher speeds and using very much larger fields of view.

Many dimensional measurement systems were also installed but with very restricted viewing arrangements so that the nature of the object and its path through the field of view could be totally predetermined. Simple sorting systems were also applied, using a few critical measurements to determine part orientation or alignment. Efforts to improve the sophistication and flexibility of systems were still hampered by the relatively high cost and slow speed of available computing power. Research was started to develop multiprocessor systems suitable for image processing. First generation array processors such as CLIP, DAP and GAPP appeared and began to be evaluated. Alternative architectures based on pipelining techniques, specialised hardwired processors and, more recently, LSI implementations of basic operators also appeared [4].

The present day

By 1986 the range of image processing equipment has become quite large. VME bus systems using 68000 series processors and enhanced IBM PCs are becoming basic industry standard tools and many of the purpose-built array processors and other developmental image analysis systems have reached the stage of full commercialisation; but the price and processing power available have still not reached levels which will enable cost effective solution of many of the remaining industrial automation problems.

As far as algorithms are concerned there is an increasing awareness that simple deterministic low-level processing does not provide an adequate basis for the recognition functions required in many industrial vision systems. Hierarchical configurations using high-level processing for adaptive control of preprocessing operations and systems using knowledge engineering techniques to permit context-dependent interpretation are now seen as promising lines of future development.

Sensors are now capable of delivering very accurate, high-resolution imagery. Solid-state line scan sensors provide up to 4096 pixels per line. Laser scanners offer 20-30,000 pixels per line. Such quantities of data place considerable demands on processor architectures and so far there are only a few specialised products on the market capable of manipulating such high-resolution images with reasonable efficiency. The significance of this shortfall in processor performance is felt mainly in applications requiring accurate quantitative measurement where custom processor systems are still the only practicable solution in many cases.

Surprisingly, it is only very recently that commercial image processors designed specifically to manipulate line-scan data in real time have become available; line-scanners have been in use, particularly for on-line inspection, for many years, but these systems have almost always relied on custom processor design.

Colour has been a largely neglected parameter until now although work on multispectral image analysis for industrial purposes is now receiving considerable attention in a number of research groups [5].

Application development

Applications of image processing and recognition in industry cover a multiplicity of tasks. In addition to the mainstream of manufacturing applications based on automated analysis of conventional imaging there are numerous specialised requirements for enhancement and analysis of other types of imagery. Typical examples include:

* enhancement of images from remote sensors in hazardous environments, eg underwater and inside nuclear reactors

* processing of stereoscopic images for remote manipulation purposes and autonomous vehicle guidance

* automated interpretation of fringe patterns produced by holography and interferometry for non-destructive testing and surface profile measurement [6].

The most rapidly growing applications of vision however are currently associated with major initiatives for full process automation, involving flexible, computer-integrated and just-in-time manufacturing, typically in the aerospace component engineering, automotive and electronic equipment assembly industries. Applications include automatic inspection and gauging of parts, and monitoring and guidance of robotic and assembly operations.

In these cases the overall financial savings made possible by full automation adequately justify the high cost of development. In other manufacturing situations the development of cost-effective applications for vision is more difficult.

The principal task in any application is to match the requirement to the available technology. Failure to do this adequately leads to a partial solution and either unfulfilled expectations or the necessity to compensate by retaining a degree of human involvement.

Technological capability frequently does not match the requirement and inability to cope with this has led to many failures of projects and companies. Thus, despite the bright future and widespread applications foreseen for vision in manufacturing industry, the technology has so far acquired a very mixed reputation.

Key elements in successful applications have included careful analysis of requirements and constraints and then optimisation of all elements of system configuration under the designer's control. Thus part presentation, illumination layout, optical system design and sensor selection have had to receive as much detailed attention as image processing hardware and algorithms just to produce images which can be processed in a tractable fashion.

Algorithm selection, however, remains a considerable problem. There are no satisfactory characterisations or metrics for the many alternative algorithms which already exist, and new algorithms are being developed all the time in the quest for more adequate performance. Thus there is no systematic methodology for algorithm selection and research is being undertaken to develop expert systems which can call up and utilise knowledge of the effectiveness of particular types of algorithm in order to replicate the best human judgement in this area [7].

Work is also being undertaken to develop processor configurations and operating systems which will enable a wide range of algorithms to be executed in a single machine in the most efficient manner [8].

For on-line applications development is complicated by the difficulty of in situ testing and the impracticality of reproducing realistic production line conditions in the laboratory. Nevertheless it is always desirable to carry out as much of the development and system checking as possible in the laboratory before factory installation. A sizeable market has been created for general purpose laboratory development systems for image acquisition and algorithm evaluation. Although frequently too slow for real time use such systems are in widespread use in development laboratories, providing very cost-effective tools and a good source of revenue for many vision system manufacturers. However, it is by no means easy to ensure that algorithms developed on these systems can be made to run efficiently in target systems at on-line speeds.

It is also crucially important that target systems are evaluated systematically and thoroughly on a large sample set under realistic operating conditions before being released for production use. Failure to carry out this stage properly at a sufficiently early point in a project has resulted in numerous expensive applications failures throughout the vision industry.

Success is dependent on amalgamation of a wide range of disciplines including optics, sensors, mechanics, software, robotics in some instances and plant installation engineering. For most successful applications this needs close co-operation between a number of collaborating specialist groups, frequently in different companies, and the user. Vision companies must therefore be able to operate in this way, collaborating with other specialists or acquiring this very wide range of skills for themselves.

The future success of vision in industry, at least in the on-line applications sector, will depend very much on the forging of these operating and business relationships.

Fundamental principles

The overall objective of computer vision research is the development of systems that can understand and interpret real scenes containing many different objects at many orientations and positions. Examples include outdoor scenes of natural areas such as forest and fields and indoor scenes. These are regarded as being unconstrained. The objective is considered as attempting to emulate the human visual system, this being regarded as the most powerful vision system occurring in nature. This is a difficult task as research by Marr [9] etc has shown that the human visual system is complex with many stages of processing both in the retina and in the visual cortex of the brain. Many of the stages are parallel in nature enabling high speed processing. Much progress has been made in this area although general-purpose vision systems based on knowledge of the human visual system are a long way off. Emulation would, it is envisaged, enable general-purpose vision systems to be produced that could be used for many applications.

Industrial applications are generally not concerned with unconstrained images, in fact in most cases the image is highly constrained or is forced to be constrained. For example in automatic inspection it is usually required to inspect one particular object or class of objects. Therefore the inspection system 'knows' the object and the image it is examining.

The development of vision systems for industry has, like other areas of applied technology, initially been a haphazard affair with each system developed for a particular problem and not being applicable to many other problems. However as the technology has matured, it has been possible to identify certain common principles in the systems. Fundamental principles can be identified which can be used to indicate how systems should be configured.

In the area of non-destructive testing (NDT), Hill [10] has identified a number of stages of processing:

i) INTERROGATION - the test specimen is interrogated by an energy input.

ii) MODULATION - the specimen interacts with the interrogating energy, varying its characteristics, and thus modulating that energy with useful information.

iii) SENSING - the modulation is sensed and recorded in a form suitable for subsequent analysis.

iv) PERCEPTION - the modulation record is analysed so as to deduce the relevant characteristics of the specimen.

v) DECISION-MAKING - the perceived characteristics are related to the relevant fundamental properties of the specimen, and a decision is made to accept, reject or repair the specimen.

In a typical example of NDT, these five stages are apparent. In radiography the specimen is exposed to x-ray radiation (i) which is attenuated by variations in density and thickness of the specimen (ii). The attenuated radiation is sensed by a photographic plate (iii) and analysed and decisions made manually (iv) and (v).

The five stages can also be seen in automatic inspection systems that use image processing techniques. For example, in printed circuit board (PCB) inspection [11] the PCB is interrogated by visible light from some illumination source (i). This interacts with the PCB (ii), (the highly reflective copper tracks attenuate the reflected light less than the matt dull underlying substrate) and is sensed by a solid state camera (iii). Image processing techniques are then used to detect and identify defects in the track pattern (iv) and (v). The major difference between NDT and automatic inspection is that stages (iv) and (v) are automated so removing the need for human interaction. In all applications of automatic inspection these five stages can be readily identified.

In the large area of machine or computer vision, of which automatic inspection is a part, the processing can be categorised into a number of stages:

i) ACQUISITION - acquisition of information as an image

ii) SEGMENTATION - isolation of interesting parts of the image.

iii) FEATURE EXTRACTION - description of interesting parts in terms of a number of unique features.

iv) INTERPRETATION - using the features to identify objects, detect defects, make decisions.

Generally we have some 2-D representation, termed an image, that has been generated by interrogating the scene of interest and capturing the modulated data. This can be intensity data (for visual systems), range data, attenuation data etc and is converted into some digitised form for processing by computer etc (i). Areas of interest are then isolated in the image, eg an object on a conveyor belt is interesting whereas the conveyor belt is not (ii). This isolated object is then processed and various features extracted and measurements made (iii) which can then be used to identify defects etc (iv).

This sequence of stages is termed bottom-up or data driven control as control passes from the raw data through segmented data up to interpretation. This essentially hierarchical control strategy has a number of properties that in general complement each other and enable performance to be realised that is compatible with industrial applications. As control passes from the lower level of acquisition up to interpretation, the amount of data is progressively reduced (note the information content is generally preserved). Simultaneously the amount of time available for processing increases because of the data reduction. This is convenient because processing at higher levels generally requires more processing time because of increased algorithmic complexity. It is also the case that the lower levels of processing are fairly simple and can be implemented in hardware and used for a wide variety of applications. By contrast most of the customising of the inspection system for a particular application is performed at the higher levels and hence it is advantageous for implementation to be in software for flexibility. The reader is referred to Chin [12] and [13] for reviews of the area.

Image acquisition

There are two main methods of image acquisition used in industry, namely line scanning and frame based methods. Line scanning is performed using a one-dimensional imaging device to acquire one line of image data electronically. Physical movement of the item of interest past the imaging device gives the second dimension. Frame-based methods use electronic scanning to acquire the two dimensional image generally requiring the item of interest to be stationary in front of the camera. The choice of either for a particular application is constrained by the type of data acquisition system available which is in turn influenced by a number of factors, namely (i) environment, (ii) data rate, (iii) image size and (iv) available technology. Line scanning systems are advantageous in situations where the item of interest is physically moving past the vision system, eg on a conveyor belt. The movement allows 2-D images to be acquired using a 1-D imaging device such as a linear solid state array or laser scanner. If the item is stationary for long enough, an area scanning device such as a television camera can be used. Line scanning devices can be used to scan much larger images at a higher data rate than area scanning devices, with data rates up to 20 to 80 Mpels/sec (million pixels per second) possible. Area scanning devices usually scan at 5 to 10 Mpels/sec. Linear solid state devices can acquire images up to 4096 pixels wide and essentially infinitely long. They are therefore suitable for scanning products produced as a continuous strip or those that require a high resolution such as printed circuit boards. Area scanning devices are limited to 512 x 768 pixel images so are ideal for robotic applications such as "eye in the hand" or low resolution applications.

Segmentation and feature extraction

Over the last 25 years or so there have been many algorithms proposed and developed for image processing, many of which have been for industrial applications. In general, the hardware available at the time has constrained the type of system and algorithms that could be used.

Many early vision systems were based on line scanning techniques because only one line of data could be processed at a time. The storage of an image was not economical or practical using the memory available at the time. As better memory became available more lines could be stored so processing could be performed on adjacent lines. It is now feasible to store images of typically 512 x 512 pixels so frame-based methods can be used. Line-based methods are constrained to processing the image in a raster fashion whereas frame-based methods can process in a random access mode accessing pixels in any order.

The majority of vision systems presently used in industry process scenes that are essentially two-dimensional in nature. Examples are printed text, flat components on a conveyor belt and the tracks on a printed circuit board. These are planar objects that have a limited number of possible views presentable to the imaging system which reduces the amount of processing required from that of 3-D objects. A planar object is constrained to appear in the field of view in the plane of the imaging system. Variations in appearance are constrained to orientation, translation and inversion (the object is upside down).

Considering the analysis of a true 3-D object, there are a large number of possible views it could present to the camera, each of which can be regarded as a different object requiring different parameters for analysis.

Industrial applications are mainly concerned with the analysis of binary images. Images of the real world are grey scale using up to 8 bits of data to describe each pixel value (256 grey levels ranging from black to white). A binary image is obtained by thresholding the image by comparing each pixel value with a threshold value. This reduces the image to one that contains pixels of one value '1' that are object pixels and another value '0' that are background pixels. This segments the image in regions of interest and reduces the amount of data. Thresholding is possible because the application allows it, eg dark components on a white conveyor belt or because the environment and sensor are configured or customised, eg by special lighting techniques (Consight [14]) in which the height of the object above the conveyor belt is used, not the greyness of the object.

Binarisation allows a large number of techniques [15] to be used to analyse the images from simple measurements such as area, perimeter, number of holes to descriptions of the objects such as skeletons, fourier descriptors etc. Many algorithms have been developed for these measures based on one of two major techniques; one technique is based on investigating all pixels and the other on investigating only the boundary pixels. Frame-based systems can access pixels in raster mode or in random access mode and direct measurement can be made of area etc. Line scanning systems cannot perform random access on pixels, a better method in this case is the encoding of the boundary of objects using chain coding [16] which results in a more compact description of the object whilst preserving the information (the boundary of a silhouette completely describes the object). High speed methods have been proposed that can boundary encode [17] from line scanning systems and methods are available for encoding in frame-based systems. Boundary descriptions are used because of the large reduction in data that leads to a reduction in processing time and storage requirements.

Boundary analysis can be used on grey scale images. Grey scale image processing is more complex than binary image processing and is required for situations where segmentation by thresholding is unacceptable because of variations in object and background intensities. This takes the form of edge detection in which filtering operations are used to highlight steps in grey level that occur where object and background meet. The result is an image that has enhanced edges which can be extracted using techniques such as the Hough transform and used for analysis.

Interpretation

The most common method of interpretation used is feature space pattern recognition [18] that uses features such as those mentioned above. This method makes certain assumptions about the features. These are (i) objects belonging to the same class have similar feature values, eg washers of a certain size have similar diameters, and (ii) objects belonging to different classes have different feature values, eg two different sized washers have different diameters. Thus simple thresholding can classify washers into two different classes. Generally, the use of many features is required to obtain acceptable interpretation in real applications. The system is programmed for a particular application using models and prior knowledge that indicate the features that can be used. A major problem with this method is that it is configured to deal with one particular situation and cannot without retraining be adapted to cope with other situations. It is also difficult to design feature space classification methods that can cope with incomplete data caused by occlusion, poor segmentation etc and these are diffficult to predict in advance during the teaching phase.

Model-based methods

Model-based methods work in a different way to feature space pattern recognition in that the degree of match between a model of an object and the image data is measured, ie a form of cross-correlation. The simplest example is template matching in which a model of an object described by actual pixel values is correlated with the image (the image and template are usually binary representations). Matching can also be used on feature values and other higher levels of representation including symbolic descriptions (types of edge etc). Matching at the higher levels is more desirable because problems of intensity variations and orientation do not occur. These will be accommodated by the lower levels of processing. One of the first examples of model- based analysis was proposed by Perkins [19]. This is a system that could be applied to the identification of a wide variety of objects essentially two-dimensional in shape, such as forgings. This uses stored models (descriptions) of the objects to be identified. The models are based on compacted boundary descriptions (arcs, straight lines). Predictions are made as to what the objects are and where they are in terms of orientation etc by scaling and rotating the models. These predictions are used to investigate the image and a decision made based on the degree of match. Matching takes place through the detection of edge points in the image in regions defined by the model. Hence illumination is not a problem. The system can deal with a wide variety of objects by changing the models. Model-based systems can cope with problems, such as one object occluding another, that the classic systems find difficult. This becomes a difficult problem in 3-D problem areas such as bin-picking in which a robot has to pick stacked objects out of a container, ie objects on top of other objects.

In essence the model-based systems work with a different control strategy to the classic systems, namely top-down control. This works in a "hypothesis and verify" or "generate and test" mode in which a hypothesis of what is in the image is generated and the degree to which this hypothesis is true is determined. This can be performed for a number of hypotheses and the best match taken as the correct interpretation of the image. This can be efficient for a small number of possible interpretations, eg where only a few objects are to be analysed, but computationally inhibiting for less constrained situations where many different objects can be present, eg in the real world. It is also possible to use the result of one hypothesis to guide the generation of the next hypothesis.

Sophistication in vision systems has now reached the stage where techniques developed by the artificial intelligence community are being incorporated [20,21]. Areas such as knowledge representation, planning, problem solving etc. These methods are being used to extend machine vision to cope with true 3-D scenes and not just those that can be regarded as planar scenes. This requires a greater understanding of how images are produced. Note that in general each intensity value in the image is a function of incident illumination, surface reflectivity and surface orientation with regard to the illumination source and viewer. It also requires understanding of perspective effects and the influence of shadows. Techniques being investigated include structure from stereo, motion, shading and texture etc which are being used for images obtained using visible light. Many of these techniques have justification in that the human visual system uses them, eg motion, stereo, edge detection [9]. Other methods being investigated including range finding (optical and ultrasonic) and structured lighting. All of these methods will give depth information from the scenes, ie how far away each part of the scene is from the camera which can be used to determine the shape of objects in the scenes. These systems will use sophisticated models obtained from sources such as CAD (computer aided design) data bases. These are 3-D representations of objects that can be manipulated to generate images of the object from any viewpoint with any defined illumination. Hence they can be used to predict what the scene should look like, eg where edges of objects occur, and hence be used to guide the hypothesis and verify process. Sophisticated models have been used in systems such as Acronym [22]. A good review of the area of model-based vision has been produced by Binford [23].

Practical requirements and constraints

It is worth reflecting for a moment that industrial applications of image processing and recognition will only be successful as parts of workable and affordable solutions to real problems. The vision component has therefore to be designed as part of an overall system to compliment other disciplines; each system component must add unique strength to the solution and thereby compensate for weaknesses elsewhere.

The scope of the problem to be solved is determined by a set of constraints which include the basic functional requirement, the working environment and, not least, the cost.

Image processing and recognition technology has therefore developed to its present state at least in part as the result of many hard and painful lessons in coping with imperfections in part presentation, illumination, sensors and other constituent parts of the total system surrounding the image processing facility. Despite the progress which has been made many problems remain unsolved. The list of possible hazards in industrial manufacturing for example includes factors such as:

- misorientation or distortion of parts making signal acquisition and recognition difficult

- contamination and obscuration of key features and surfaces with oil, swarf and foreign matter
- non-uniform illumination and surface reflectivity, sensor non-uniformity and drift with temperature and age, all of which make consistent threshold setting and subsequent processing difficult
- optical image distortion which makes measurement difficult
- contamination of optical surfaces resulting in systematically corrupted image data
- lack of precise definitions and standards for distinguishing between different image and object features leading to difficulty in performance evaluation of the total system
- generally hostile environmental conditions, ranging from electrical interference, variable temperature and humidity, oil mist in the atmosphere and physical damage by unplanned contact with moving components and plant to inadequate maintainance and straightforward abuse by plant operators

All these problems have to be satisfactorily dealt with to reach a successful conclusion. Many of the processing techniques which have been evolved in efforts to deal with these difficulties are described elsewhere. Nevertheless it remains true that human beings can cope with a huge variety of diversity of visual tasks which are beyond the present state-of-the-art in automated image interpretation and irrelevant image variability is the greatest single factor complicating the use of computer vision systems. It has been suggested that in order to reduce some of the problems new products should be designed specifically for automated visual inspection [24].

The range of difficulty varies according to the type of application. Off-line laboratory tasks can be tackled largely in a controlled environment and such applications generally present few difficulties other than those associated with the fundamental information content of the original image.

On-line installations offer much less opportunity for controlled imaging. Space and access constraints often prevent optimum siting, ambient lighting varies with the direction and strength of sunlight (screening is not always possible) and surfaces and features being viewed may vary in position and orientation with respect to the imaging system. Adaptive techniques are needed to cope with such varying conditions.

Even less well constrained conditions apply to more mobile applications which include robot vision and vehicle guidance for example. Ad hoc tricks, such as the incorporation of sighting marks and calibration points in the environment can be used to simplify the situation, but this amounts to controlling the environment to some degree. Much more advanced knowledge-based and model driven systems are needed to provide solutions with the desired versatility and flexibility. Meanwhile pragmatic solutions will continue to be developed to solve specific problems.

In all but some off-line situations speed of processing is still a severe constraint. For a given application the sophistication of processing required, the equipment needed to analyse images at the rate required and the affordable price for the system are the three principal interrelated design parameters. The range of applications which can be tackled successfully is determined by these parameters. Further advances will continue to depend on the introduction of improved price and performance for image processing hardware and development of greater understanding of processing algorithms and how they should be applied and executed.

The man-machine interface in the system must not be ignored. As industry gains more and more first-hand experience with vision systems it is becoming evident that output formatting and diagnostics are key factors contributing to success or failure in practice. User configuration and programming has for some time been available in laboratory systems. It is becoming apparent that similar facilities are needed for on-applications.

As with any complex multi-disciplinary project, good preliminary analysis, project and contract management and customer-client relationships play an important part in determining success or failure. A number of good papers have been produced addressing these facets of problem solving with particular reference to applications of vision in industry [25,26].

The future

The major thrust of new research is concerned with improving the use made of a priori knowledge in image interpretation systems. Expert, knowledge-based and model-driven systems are being examined as means of overcoming previously unsatisfactory performance in classification tasks and in dealing with unwanted image variability. Hierarchical systems using hypothesis-and-test procedures to control low-level processing is one of a number of possible avenues of approach currently receiving attention [27].

The use of colour as an additional measured parameter is being looked at as a means of reducing the complexity of geometric processing of grey-scale black and white images. Similarly, more advanced stereo and range sensors are being actively investigated, again in order to try to reduce the need for complex algorithms to extract 3-D information from 2-D images.

Despite some views that there is an over-emphasis on vision in industrial automation research, there is as yet no real sign of a slackening in demand for image processing and recognition systems, and the number of successful applications continues to increase.

Future installations will increasingly be coupled into integrated manufacturing systems with CAD/CAM equipment with other non-visual sensors via MAP and similar industry standard communications protocols. Work on this type of integrated CAD-directed inspection facility is just beginning on a substantial basis.

REFERENCES

[1] Hill W J, Norton-Wayne L, Finkelstein L, "Signal processing for automatic optical surface inspection of steel strip", Transactions of the Institute of Measurement and Control, Vol. 5, No 3, 1983.

[2] West R N, "Laser scanners for automatic inspection of strip products", Proceedings of 6th International Conference on Automatic Inspection and Product Control, 1982, pp 287-297.

[3] West R N, "Automatic inspection of photographic materials", Optica Acta, Vol. 25, No 12, 1978, pp 1207-1214.

[4] Andrews B, "Multiprocessor architectures for automated inspection systems", Proceedings of SPIE, Vol. 557, Automatic Inspection and Measurement, 1985, PP 64-69.

[5] Thomas W V, Connolly C, "Applications of colour processing in optical inspection", Proceedings of SPIE, Vol. 654, Automatic Optical Inspection, 1986 (to be published).

[6] Various papers, Proceedings of SPIE, Vol. 654, Automatic Optical Inspection, 1986 (to be published).

REFERENCES (continued)

[7] Dixon R M, Keeling N, Cooper D, Woods P, Taylor C J, "An application generator for industrial inspection", Proceedings of 2nd International Conference on Machine Intelligence, 1985, pp 175-185.

[8] McCollum A J, Kelly D E, Batchelor B G, "High speed automated visual inspection system", Proceedings of SPIE, Vol. 654, Automatic Optical Inspection, 1986 (to be published).

[9] Marr D, "Vision", published by Freeman, 1981.

[10] Hill W J, "Automatic inspection", Measurement and Instrumentation for Control, ed. Mylroi M G and Calvert G, IEE Control Eng. Series No 26, pp 191-205, 1984.

[11] West G A W, "Automatic visual inspection of printed circuit boards", PhD thesis, The City University, London, England, 1982.

[12] Chin R T, Harlow A H, "Automated Visual Inspection: "A Survey", IEEE Trans. Patt. Anal. and Mach. Intell., Vol PAMI-4, No 6, pp 557-573, 1982.

[13] IEEE Computer special issue on "Machine Perception for Industrial Applications", Vol 13, No 5, 1980.

[14] Holland S W, Rossol L, Ward M R, "Consight-I: A vision-controlled robot system for transferring parts from belt conveyor", Computer Vision and Sensor-Based Robots", ed. Dodd G D, Rossol L, Plenum Press, 1979, pp 81-100.

[15] "Image analysis - principles and practice" published by Joyce-Loebl, England, 1985.

[16] Freeman H, "On the encoding of arbitrary geometric configurations", IRE Trans. Electronic Computers, June 1961.

[17] West G A W, Ellis T J, Hill W J, "Hardware for high speed boundary encoding from large line scanned images", Proceedings of SPIE, Vol 557, International Conference on Automatic Inspection and Measurement" pp 24-33, 1985.

[18] Duda R O, Hart P E, "Pattern classification and scene analysis", published by John Wiley, New York 1973.

[19] Perkins W A, "A model-based vision system for industrial parts, IEEE Trans. Computers, Vol. C-27, pp 126-143, 1978.

[20] "Computer Vision", ed. Brady J M, published by North-Holland, 1981.

[21] Ballard D H, Brown C M, "Computer Vision", published by Prentice Hall, USA, 1982.

[22] Brooks R A, "Symbolic reasoning among 3-D models and 2-D images", Artificial Intelligence, Vol 17, pp 285-348, 1981.

[23] Binford T O, "Survey of model-based image analysis systems", Robotics Research, Vol 1, No 1, pp 18-64, 1982.

[24] Jarvis J F, "Visual inspection automation", Computers, Vol. 13, No 5, 1980, pp 32-38.

[25] Salesse R, "Automatic inspection in the car industry: user point of view", Proceedings of SPIE, Vol. 654, Automatic Optical Inspection, 1986 (to be published).

[26] Figler B D, "Turnkey optical inspection systems: getting what you want", Proceedings of SPIE, Vol. 557, Automatic Inspection and Measurement, 1985, pp 103-108.

[27] Sullivan G D, Baker K D, Anderson J A D W, "Use of multiple difference-of-Gaussian filters to verify geometric models", Image and Vision Computing, Vol. 3, Number 4, 1985, pp 192-197.

Das Bildverarbeitungssystem VISTA - eine Antwort auf die vielfältigen Anforderungen beim industriellen Einsatz

The Vision-System VISTA - an answer to the multiplicity of requirements in industrial applications

H. Geißelmann / W. Hättich / S. Tatari

Fraunhofer-Institut für
Informations- und Datenverarbeitung (IITB)
7500 Karlsruhe 1, B.R. Deutschland

Summary

Some important features are outlined which give image systems the power to cope with complex tasks in industry. The Vision-System VISTA has been designed for such tasks. A VISTA-System specially configured for the detection and classification of different defects in fast moving wood panels is presented.

1. Einleitung

Die Bildverarbeitungssysteme beginnen nach langem Laboraufenthalt und Betrieb in Pilotanlagen mit großen Schritten Einzug in die Fabriken zu halten. Bei 30 % Zuwachsraten erwartet man nach amerikanischen Schätzungen in 1986 ein Marktvolumen von 200 Millionen Dollar /1/. Obwohl für diesen Markt ca. 300 Systeme angeboten werden, wird am Fraunhofer-Institut für Informations- und Datenverarbeitung ein neues Bildverarbeitungssystem entwickelt. Warum wurde die Entscheidung für diese Entwicklung getroffen?

Die derzeitig gelösten Aufgaben und Einsatzfälle liegen schwerpunktmäßig im Bereich der Qualitätssicherung sowie der Prozeß- und Produktionssteuerung und sind im wesentlichen gekennzeichnet durch großes

Vorwissen über Grauwert, Form oder Position der relevanten Bildbereiche. Mit verhältnismäßig kleinem Aufwand können dann diese relevanten Bildbereiche für eine weitere Analyse von der Umgebung abgetrennt werden. Aufgaben, bei denen die Eigenschaften der relevanten Bildbereiche und/oder die des Hintergrundes streuen oder deren Ort nicht bekannt ist und bei denen deshalb im gesamten Bild eine große Informationsmenge ausgewertet werden muß, sind allerdings bis jetzt bei den im industriellen Bereich geforderten Taktzeiten weitgehend ungelöst. Derartige Aufgabenstellungen treten auf bei der

- Prüfung von Oberflächen (Holz, Dichtflächen, metallische Flächen, texturierte Oberflächen)

- Prüfung von Produkten mit Ausdehnung in der Bildtiefe (Drageestreifen, bestückte Leiterplatten)

- Erkennung von Werkstücken bei mittlerem Ordnungsgrad (Werkstücke auf Paletten, in Stapelmustern geordnete Werkstücke in Gitterboxpaletten)

- Arbeitsraumüberwachung (Vermeidung von Kollisionen im Roboterbereich)

- Fahrzeugsteuerung (fahrerlose Transportsysteme zum innerbetrieblichen Stückguttransport)

Mit der Entwicklung des VISTA (Visuelles Interpretationssystem für technische Anwendungen) soll ein System geschaffen werden, das mit verhältnismäßig geringem Aufwand für diese Aufgaben vorbereitet werden kann.

2. Wesentliche Systemeigenschaften und ihre Bedeutung für den Einsatz

Zur Signalerfassung (max. 15 MHz) sind neben Bildsensoren (TV Kamera mit max. 780 x 576 Bildpunkten, Diodenzeile und Laser-Abtaster mit maximal 16 k Bildpunkten pro Zeile) auch nicht bildgebende Sensoren anschließbar. Diese Kompatibilität zu unterschiedlichen Sensoren ermöglicht einen breiten Einsatz des Systems und hat für den Anwender vor allem den Vorteil, daß der für die Aufgabe optimale Sensor angeschlossen werden kann.

Die simultane mehrkanalige Arbeitsweise bei der Signalaufnahme und -verarbeitung ist vor allem wichtig für die Auswertung von Farb- und Stereobildern. Bei der Auswertung von Farbbildern ist schwerpunktmäßig an den Einsatz bei Prüfaufgaben im Nichtmetallbereich (z.B. Lebensmittel, Elektronikbauteile, Produkte der Pharmazie, Textilindustrie und Landwirtschaft) gedacht. Mehrkanalige Bilder sind z.T. auch bei der Prüfung von Oberflächen auszuwerten, wenn für die Detektion von Fehlern eine Beobachtung aus unterschiedlichen Richtungen erforderlich ist. Stereobilder sind bei Einsatzfällen im Bereich der Robotik und bei der Steuerung von unbemannten Fahrzeugen zu verarbeiten.

Das VISTA-System zeichnet sich durch die Formatfreiheit bei der Signalaufnahme und der Verarbeitung aus. Herkömmliche Bildverarbeitungssysteme haben fast ausnahmslos ein festes, durch die Speicherorganisation und das Busprotokoll vorgegebenes Format. Bei Bildern, die stark von diesem Format abweichen, wird die Verarbeitung wesentlich erschwert, wenn die Grenzen des Formats überschritten werden. Auch bei Nichtüberschreitung der Formatgrenzen ist, abhängig von dem Unterschied zwischen Bild- und Systemformat, mit schlechter Nutzung des Speicherplatzes und Zeitverlust bei der Verarbeitung zu rechnen. Bilder mit extremem Format sind vor allem im Bereich der Qualitätsprüfung zu verarbeiten (z.B. Abwicklungen von Ringen, Holzprüfung). Von großer Bedeutung ist die formatfreie Verarbeitung auch bei der zeitoptimalen Bearbeitung von Bildausschnitten im Systemtakt.

Alle VISTA-Module sind so konzipiert, daß die Bilder (auch Endlosbilder und Bildfolgen) schritthaltend, d.h. der Abtastung folgend, verarbeitet werden können.

Zur Verfahrensentwicklung, die durch eine reichhaltige Programmbibliothek unterstützt wird, ist kein besonderer Rechner erforderlich, da das Zielsystem auch Entwicklungssystem sein kann. Nach Abschluß einer Verfahrensentwicklung hat damit der Anwender die Möglichkeit, die Gesamtlösung im eigenen Betrieb zu testen - allerdings zumeist noch ohne Einhaltung der Echtzeitbedingungen, da Teile der Lösung zunächst nur als Programme vorliegen. Mit dieser Vorgehensweise kann vor einem Einstieg in die Entwicklung taktfolgender, häufig sehr teurer Spezialmodule das Risiko wesentlich gemindert werden. Zusätzlich können bei einem Test durch den Anwender neue Erkenntnisse gewonnen und bei der weitergehenden Entwicklung berücksichtigt werden.

Bei der Gestaltung der Benutzerschnittstelle werden die Anforderungen der Verfahrensentwickler, der Anwendungsprogrammierer, der Wartungstechniker und der Anwender berücksichtigt. So wird der Verfahrensentwickler ohne Kenntnis einer speziellen Programmiersprache aus einzelnen Bildverarbeitungsgrundmodulen ein ablauffähiges Programm erstellen können. Der Anwender findet ein auf seine Belange zugeschnittenes Programm vor, bei dem er menügesteuert die für seine Aufgabe erforderlichen Parameter ändern kann.

3. Systembeschreibung (vergl. Bild 1)

Eine Hauptforderung bei der Entwicklung des Systemkonzeptes war, daß Engpässe in der Systemleistung durch Einsatz zusätzlicher Verarbeitungsmodule behebbar sind. Deshalb wurde VISTA als modulares, flexibles System konzipiert mit mehreren parallelen Datenwegen hoher Transferrate und Spezialprozessoren für zeitkritische Aufgaben.

VISTA ist ein busorientiertes Multiprozessorsystem. Es besteht aus vier Hauptkomponenten: der Video-I/0-Einheit für den Bildeinzug und die Bildwiedergabe, der ikonischen Verarbeitungsstufe zur Vorverarbeitung und Merkmalextraktion, der symbolorientierten Verarbeitungsstufe zur Umwandlung der Merkmale in Aussagen sowie der Steuerung zur Koordination aller ablaufenden Vorgänge. Die wichtigsten Verbindungen zwischen den Baugruppen des Systems werden durch den Videobus und den VMEbus geschaffen. Über den synchronen Video-Bus können parallel mehrere Datenströme mit 10 MHz übertragen werden. Über den VME-Bus erfolgt die Parametrisierung der Module und die Steuerung. Für rechenintensive Verarbeitungsvorgänge mit niedrigen Datenmengen kann über den VME-Bus zu allen Daten zugegriffen werden.

Die Video-I/0-Einheit besteht aus Videoschnittstellen zur TV-Kamera oder zur Diodenzeile und zum Monitor. Die Verbindung zum Verarbei-

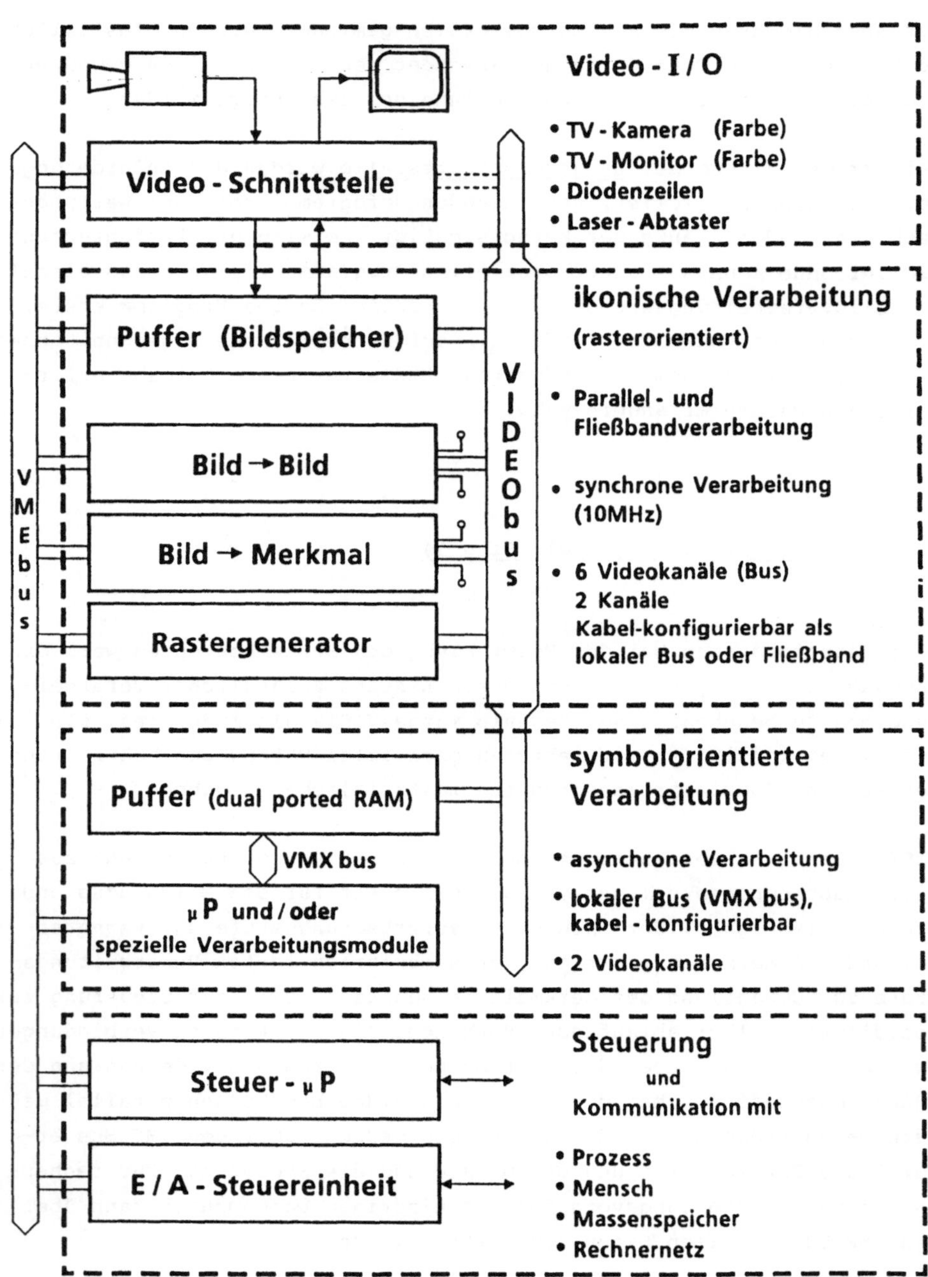

Bild 1: VISTA Architektur

tungsteil des Systems wird durch einen Bildspeicher hergestellt, der als Pufferspeicher wirkt und über zwei lokale Datenkanäle mit der Video-I/O-Einheit verbunden ist.

In der ikonischen Verarbeitungsstufe laufen alle Verarbeitungs- und Übertragungsvorgänge synchron zu einem Pixeltakt von 10 MHz ab. Dadurch ist es möglich, verschiedene Prozessoren auf demselben Datenstrom parallel arbeiten zu lassen und/oder mehrere Prozessoren für Fließbandarbeit hintereinander zu schalten.

Die symbolorientierte Verarbeitungsstufe läßt sich den Anforderungen der gestellten Aufgabe anpassen. Bei geringen Geschwindigkeiten führt der Steuerrechner die Verarbeitung aus. Bei höheren Leistungsanforderungen können weitere Rechner eingesetzt werden. Bei wesentlich höheren Anforderungen lassen sich spezielle Verarbeitungsmodule für die symbolorientierte Verarbeitung einsetzen, die ihre Eingangsdaten von den Merkmalspeichern oder den Bildspeichern über den Videobus erhalten. Damit wird vermieden, daß die Verarbeitungsleistung des Systems vorzeitig durch die Kapazität des VMEbus begrenzt wird.

Der Steuerrechner ist wegen der weitgehenden Autonomie der Module mit Steuerungsaufgaben wenig belastet und kann deswegen intensiv für die Verarbeitung von Bilddaten eingesetzt werden. Die Autonomie der Module wird durch eine leistungsfähige Schnittstelle der Module zum VMEbus erreicht. Bei dieser Schnittstelle ist ein automatischer Ablauf programmierbar, der dafür sorgt, daß die Module sich selbständig in einen im Modul programmierten Arbeitsmodus fortschalten.

4. Systemkonfiguration zur Prüfung von Holzoberflächen

Die Prüfung von Holzoberflächen stellt an ein Bildverarbeitungssystem extrem hohe Anforderungen. Bei der projektierten Anlage sind Bretter des Formates 260 cm x 20 cm zu prüfen. Die Bretter werden mit einer Geschwindigkeit von 2 m/s transportiert. Die Längsachse des Brettes verläuft senkrecht zur Transportrichtung. Die Lücke zwischen zwei aufeinanderfolgenden Brettern entspricht der Brettbreite. Um alle Fehler erkennen zu können, darf die Bildpunktgröße das Format 1 mm x 1 mm nicht überschreiten, was zu einer Abtastfrequenz von 5 MHz führt. Zu detektieren sind offene Fehler (Astlöcher, Risse, Ausbrüche), Grauwertänderungen (Verwachsungen, Äste, Verfärbungen) und Unebenheiten (Riefen, Welligkeit, Rauhigkeit). Eine Teilmenge dieser Fehler ist in Bild 2 dargestellt.

Die Bilder werden mit einer hochauflösenden Diodenzeile an zwei Meßstationen aufgenommen. Bei einer ersten Meßstation wird zur Detektion von offenen Fehlern und Grauwertänderungen mit einer Kombination aus Durchlicht und diffusem Auflicht beleuchtet. Bei einer zweiten Meßstation werden Unebenheiten bei Schräglichtbeleuchtung erkannt.

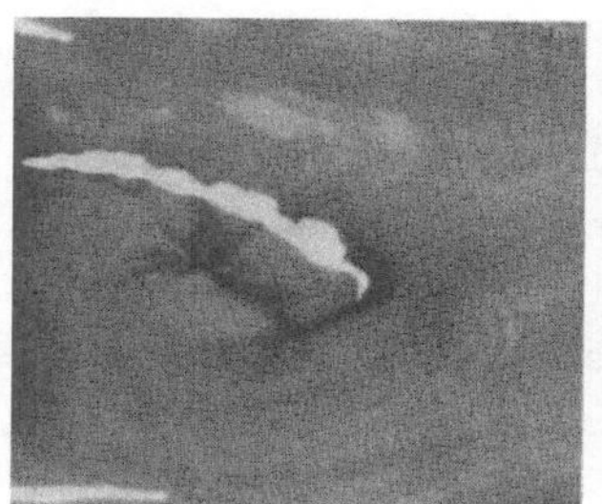

a b c

Bild 2: Bildausschnitte von Holzproben bei kombiniertem Auf- und Durchlicht (a,b) und bei Schräglicht (c); a) offene Rinde und Risse, b) Riefen, c) Rauhigkeiten.

Die Verarbeitung der eingelesenen Bilder läuft in drei Schritten ab:

- Fehlerdetektion
- Zusammenfassung fehlerhafter Gebiete und Merkmalsextraktion
- Fehlerklassifikation.

Bei der Fehlerdetektion und Merkmalsextraktion wird auf jeden Bildpunkt zugegriffen. Für die Verarbeitung dieser hohen Datenströme werden Spezialprozessoren eingesetzt. Die Zusammenfassung der Fehlergebiete und die Klassifikation erfolgen dagegen auf Merkmalsebene; diese geringeren Datenmengen werden durch Programme verarbeitet.

Zur Fehlerdetektion werden drei Module eingesetzt:
ein Modul mit adaptiven Grauwertschwellen,
ein Spaltendifferenzfilter
ein Filter zur Bestimmung von Häufungen lokaler Grauwertextrema.

Die **adaptiven Grauwertschwellen** dienen zur Detektion offener Fehler und dunkler Oberflächenfehler. Durch rekursive Berechnung des mittleren Grauwertes entlang einer Zeile bzw. einer Spalte entsteht ein Mittelwertverlauf, der sich den globalen Helligkeitsschwankungen des Bildes anpaßt. Ein Bildpunkt wird dann als fehlerverdächtig angezeigt, wenn sein Grauwert stark von dem aktuellen Mittelwert abweicht.

Das **Spaltendifferenzfilter** dient zur Detektion von Riefen. Beim Spaltendifferenzfilter werden die Grauwerte entlang jeder Spalte aufsummiert. Die Grauwertsumme der betrachteten Spalte wird mit den Summen von Spalten rechts und links von ihr verglichen. Liegt die Abweichung der Grauwertsummen über einer Toleranzgrenze, wird ein Fehler angezeigt.

Das **Filter zur Bestimmung von Häufungen lokaler Grauwertextrema** dient zur Detektion von Rauhigkeiten, Rattermarken und Welligkeiten. Bei den genannten unebenen Fehlern ergeben sich bei Schräglichtbeleuchtung periodisch abwechselnde helle und dunkle Bereiche im Bild. Zur Detektion dieser Fehler werden entlang einer Spalte lokale Grauwertextrema bestimmt, deren Grauwertdifferenzen zu benachbarten Extrema eine vorgeschriebene Schwelle überschreiten. Bei unzulässig großen Auftrittshäufigkeiten solcher Extrema werden Fehler angezeigt.

In Bild 3 sind die Detektionsergebnisse für die Bildausschnitte aus Bild 2 dargestellt.

a

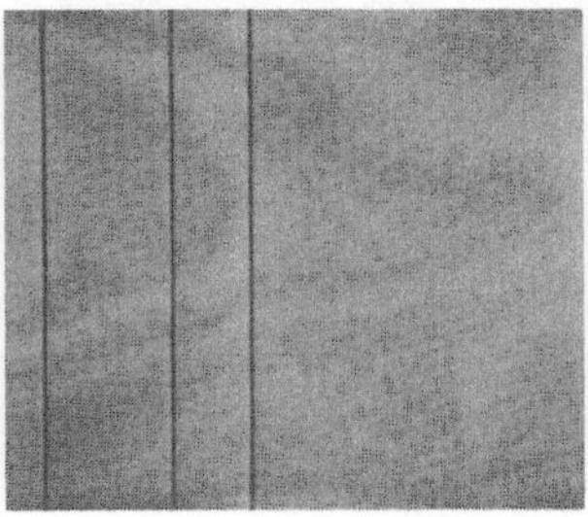

b

c

Bild 3: Detektionsergebnisse für die Bildausschnitte aus Bild 2; a) adaptive Schwellen überschritten (dunkelgrau, hellgrau, weiß), b) zu große Spaltendifferenz (schwarz), c) zu viele kontrastreiche Grauwertextrema (gestreift).

Bei der Zusammenhanganalyse und Merkmalextraktion werden die fehlerverdächtigen Bildpunkte zu Regionen zusammengefaßt. Danach werden die Regionen durch Grauwertmerkmale (z.B. mittlerer Grauwert), einfache geometrische Merkmale (z.B. Fläche) und Formmerkmale (z.B. Streckung) beschrieben. Die genannten Merkmale sorgen für eine gute Fehlertrennbarkeit und lassen sich schnell berechnen.

Zur Klassifikation der Holzoberflächen wird ein hierarchischer Entscheidungsbaum aus Quaderklassifikatoren verwendet, der den großen Geschwindigkeitsanforderungen der vorliegenden Aufgabe genügt.

Bei einem Quaderklassifikator wird in einem Merkmalraum, der von den Merkmalvektoren zur Beschreibung der Regionen aufgespannt wird, ein Fehler als Punkt dargestellt. Die verschiedenen Fehlerklassen werden durch quaderförmige Teilbereiche des Raumes repräsentiert. Eine Klassifikationsentscheidung entspricht einer Bereichsabfrage, durch die festgestellt wird, in welchem Teilbereich die Meßwerte des Merkmalvektors für eine bestimmte Komponente liegen.

In einem hierarchischen Entscheidungsbaum werden die verschiedenen Klassenbereiche nicht direkt ermittelt, sondern durch hierarchisch organisierte Abfragen sukzessive eingeschränkt.

Bild 4 zeigt die Klassifikationsergebnisse für die Bildausschnitte aus Bild 2.

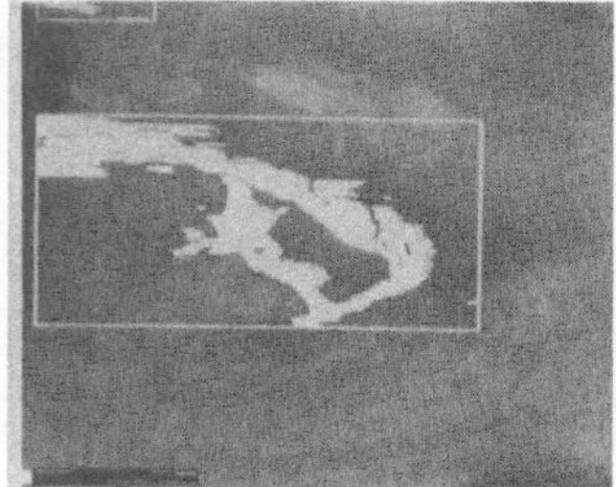

a

b

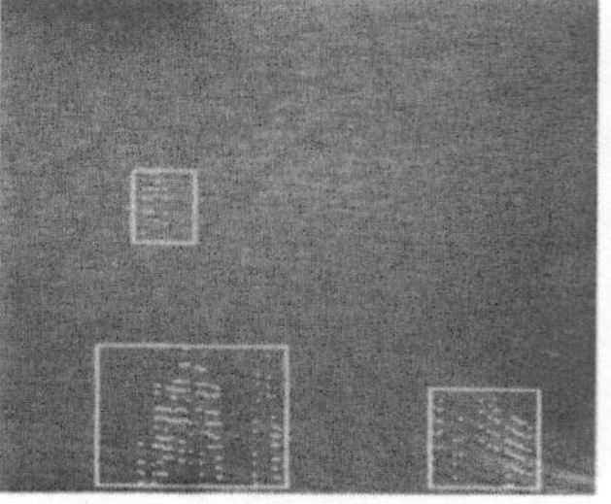

c

Bild 4: Klassifikationsergebnisse für die Bildausschnitte aus Bild 2. Die erkannten Fehlerregionen sind mit Rechtecken eingerahmt; a) Astloch (weiß), Riß mit Verfärbung (hellgrau) und einfacher Riß (dunkelgrau), b) Riefen (schwarze Spalten), c) Flächen mit großer Rauhigkeit (weiß gestreift).

Zusammenfassung

Das VISTA wurde als Bildverarbeitungssystem für industrielle Aufgaben hoher Komplexität vorgestellt. Am Beispiel "Holzprüfung" wurde die Eignung des Systems für zeitkritische Aufgaben aufgezeigt.

Das System ist in seiner Grundversion entwickelt, die inzwischen zur Aufnahme und Darstellung von Bildern extremen Formates sowie für die Übertragung mehrkanaliger Bilder an einen Rechner eingesetzt wird. Spezialmodule werden bis Mitte nächsten Jahres zur Verfügung stehen.

Anmerkung: Die dem Beitrag zugrunde liegenden Arbeiten wurden vom Bundesministerium für Forschung und Technologie gefördert (FKZ: 08 M 8301 7 und 08 IT 15268).

Literatur:

/1/ Nello Zueck "Exploring the State of the Field of Machine Vision", Robotics Today, Vol. 8, No. 2, April 1986, pp. 35-36.

/2/ W. Hättich, S. Tatari: "Automatische Erkennung von Fehlern in Holzoberflächen", FhG-Berichte 2-86, 1986, München (in Druck).

AUTOMATISCHE ERKENNUNG VON FEHLSTELLEN AN HOLZOBERFLÄCHEN MIT CCD-ZEILENKAMERAS

AUTOMATIC DEFECT DETECTION ON WOOD SURFACES WITH CCD LINE SCAN CAMERAS

B. Plinke

Fraunhofer-Institut für Holzforschung (WKI),
3300 Braunschweig

Summary: When handling sawn timber and veneer in partly manufacturing processes, at present it is possible to achieve by a manual visual control that the work pieces produced in computer-controlled topping plants show the required quality. The automatic detection of defects as shakes, open spaces, inclusion of bark, branches, too strong discoloration and intergrowths has already been proposed. On a visual scanning with CCD line scan cameras the a.m. defects can only be detected and distinguished with rapid and adapted image pre-processing device. Regarding the use in the industrial production of such fully automatic systems for the recognition of defects there scarcely exist experiences. For the time being the development and the testing of adequate processes is a priority of the research work.

Inspektionsaufgaben bei der Holzbearbeitung

In der holzbearbeitenden Industrie und der Holzwerkstoffindustrie besteht wie in anderen Industriezweigen bei schon jetzt hohem Materialkostenanteil ein Bedürfnis, Inspektionsaufgaben in schon teilweise automatischen Fertigungssstraßen zu automatisieren [1,2]. Hauptsächlich sollen dadurch die Materialausnutzung verbessert und der Grad der Wiederholbarkeit gesteigert werden. Manuelle Sichtkontrollen sind in der laufenden Fertigung bei Vorschubgeschwindigkeiten von bis zu 200 m/min bzw. entsprechend kurzen Taktzeiten nicht gründlich genug, nicht objektiv genug oder für das Personal nicht zumutbar. Ein Vergleich [3] optischer Inspektionsmethoden mit Verfahren, die mit Ultraschall, Mikrowellen, Röntgen- oder Neutronenstrahlung arbeiten, ergab, daß mit optischen Kontrollen die meisten Fehler erkannt werden können. Eine Unterscheidung zwischen den Fehlerarten ist jedoch nicht immer möglich, und eine Nachkontrolle durch Bedienkräfte muß vorgesehen werden.

Bei der Verarbeitung gehobelter Bretter aus gewachsenem Holz wird durch eine Sichtkontrolle festgestellt, ob darauf Partien mit Fehlern vorhanden sind, die vor einer Weiterverarbeitung ausgesondert werden müssen. Dabei sollen Fehler erkannt werden, die das Holz aus mechanischen Gründen unbrauchbar machen, z.B. Risse, Astlöcher, Rindeneinschlüsse, Rauhigkeit, Welligkeit, aber auch solche, die lediglich aus optischen Gründen zum Beispiel bei der Möbelherstellung ins Gewicht fallen, wie Wurmlöcher, leichte Verfärbungen oder Verwachsungen und Stockigkeit. Ähnliche Aufgaben stellen sich in der Furnierindustrie. Zwar sind genaue Bezeichnungen für die verschiedenen Fehlerarten und ihre Lage auf dem Brett vereinbart worden [4]. Für die Gütesortierung von Profilbrettern gibt es detaillierte Vorschriften [5] über Art, Größe und Häufigkeit der in den Güteklassen zulässigen Fehler. In der Praxis werden aber Sichtkontrollen nach firmenspezifischen Gesichtspunkten vorgenommen.

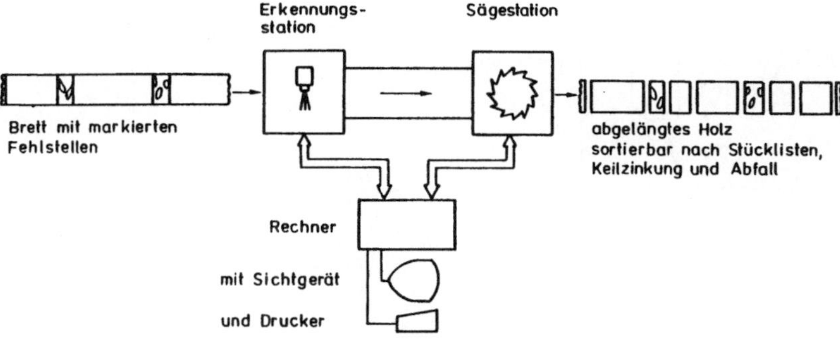

Bild 1: Schema einer Kappsägeanlage

Bei automatischen Kappanlagen zur Schnittholzverarbeitung [6] werden die Fehlstellen auf jedem zu sägenden Brett vor dem Einlauf in die Anlage durch einen Bediener mit fluoreszierender Kreide markiert und diese Markierungen dann optisch abgetastet. Ein Steuerrechner nimmt die Fehlstellenmarkierungen auf, errechnet nach einer eingegebenen Stückliste ein "Schnittmuster" mit minimalem Verschnitt und steuert so eine Kappsäge und ggf. eine Sortiereinrichtung (Bild 1). Die effektive Schnittleistung einer solchen Anlage beträgt typischerweise 15 m/min, und wesentlich schneller braucht das Holz bei der Abtastung der

Fehlstellenmarkierungen auch nicht transportiert zu werden. Dem vorgeschalteten Arbeitsgang, bei dem das Holz gesichtet und die Fehlstellen mit Kreide markiert werden, kommt entscheidende Bedeutung zu. Wird beispielsweise nicht an der Defektstelle, sondern etwas zu "großzügig" markiert, so drückt sich das unmittelbar in größerem Materialverlust aus. Die Breite eines Kreidestriches, die oft größer ist als die Genauigkeit der Kappeinrichtung, schafft zusätzliche Unsicherheit. Dieser Vorgang ist einerseits besonders über mehrere Arbeitsstunden hinweg und bei höherem Vorschub nicht objektivierbar, andererseits aber können dabei Erfahrung und "Augenmaß" des Bedieners noch voll genutzt werden, wenn Fehler nur schwer erkennbar sind. Dies gilt besonders für Abweichungen von der normalen Holztextur, die auf Wuchsfehler hindeuten, oder Pilzbefall, der sich in nur leichten Verfärbungen ausdrückt. In der Herstellung von Frontteilen für Möbel spielen erst recht subjektive und ästhetische Gesichtspunkte eine große Rolle. Daher wird zur Zeit auf die Sichtkontrolle durch eine Bedienkraft nicht verzichtet.

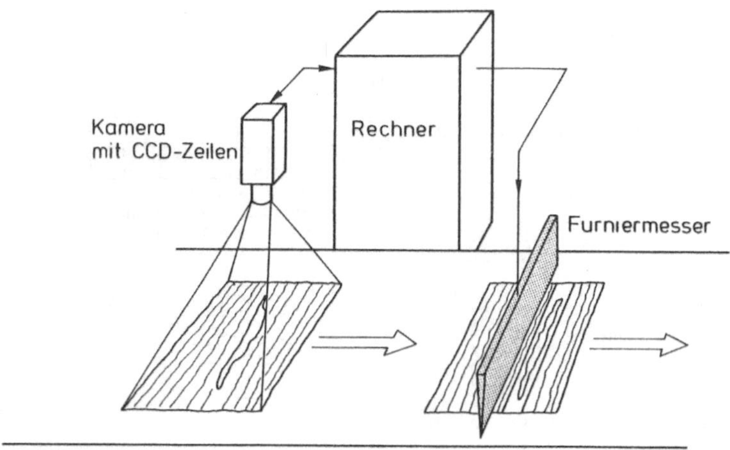

Bild 2: Prinzip einer Furnier-Kappanlage

In ähnlicher Weise werden Furniere verarbeitet. Bei einer bereits 1983 vorgestellten automatischen Defektstellen-Kappanlage [7] erfaßt eine CCD-Zeilenkamera die Furnierbahn (Bild 2). Die Fehlstellendetektion geschieht durch Binarisierung des Grauwertbildbildes der Kamera nach wählbaren Schwellwerten. Auch die tolerierbare Ausdehnung der Fehler kann vorgegeben werden. Der angeschlossene Rechner steuert ein Kappmesser, das die Fehlstellen herausschneidet. Eine solche Anlage erkennt sowohl Formfehler (Risse, Löcher, Kantenbeschädigungen) als auch deutliche Oberflächenfehler (z.B. Rindeneinschlüsse und dunkle Äste) und soll als Teil einer automatischen Produktionslinie eine Materialersparnis von 10 bis 20 % ermöglichen.

Aufkommen und Merkmale von Fehlstellen

Bei der Fertigung von Möbelteilen aus hochwertigem Schnittholz kann davon ausgegangen werden, daß gut 70 % des zu verarbeitenden Holzes fehlerfrei sind und daß dies durch einfache Methoden erkannt werden kann [8]. Das übrige Material muß einer genaueren Inspektion unterzogen werden, muß aber nicht unbedingt Fehler enthalten. Am Beispiel von freiluftgetrocknetem Rotbuchenschnittholz wurde der Anteil verschiedener Fehlerarten an der Gesamtzahl der Fehlstellen visuell ermittelt:

Äste (durchgehende, einzelne, Gruppenäste)	55,9 %
Risse (Kern-, Trocken-, Spannungsrisse)	26,1 %
Unregelmäßigkeiten und Verfärbungen	16,1 %
Pilzeinwirkungen	1,9 %

In der Flächenausdehnung sind 5,3 % der Fehlstellen bis zu 20 cm^2 groß, 15,7 % größer als 1200 cm^2, und die übrigen Fehler weisen eine Ausdehnung zwischen 20 cm^2 und 1200 cm^2 mit einer Häufung zwischen 101 und 225 cm^2 auf [9].

In der Regel zeichnen sich die Fehlerarten "Ast" und "Riß" an ihren Grenzen durch einen großen Grauwertgradienten aus und treten dunkel hervor (Bilder 3 und 4). Fehlstellen, die kleiner als 1 mm^2 sind, sind ziemlich selten, sofern keine Schäden durch Insektenfraß, z.B. Wurmlöcher, erkannt werden müssen. Äste und Risse dürften also leicht erkennbar sein, da sie sich optisch gut von der normalen Holztextur abheben. Das kann durch gezielte Wahl der Beleuchtung unterstützt werden, wenn z.B. Streiflicht Fehler mit Tiefenausdehnung durch Schattenwurf hervorhebt und Auflicht für die Detektion von Oberflächenfehlern mit Durchlicht für die Formfehlererkennung kombiniert wird. Verfärbungen und insbesondere Pilzeinwirkungen bereiten bei der Erkennung jedoch größere Schwierigkeiten, die bei verschiedenen Holzarten unterschiedlich sind.

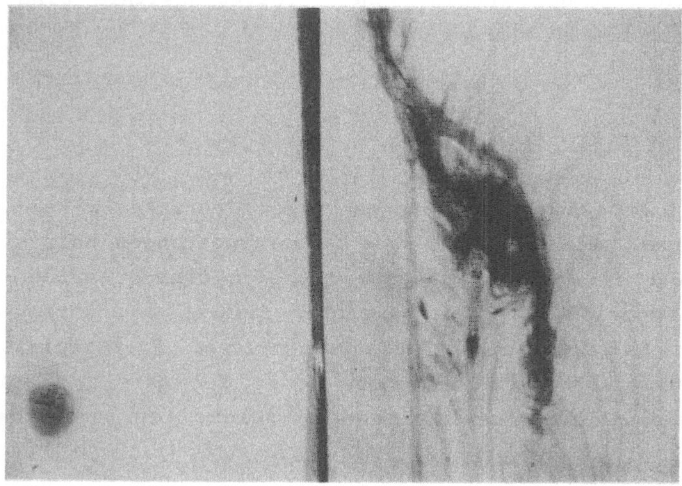

Bild 3: Profilbrett mit Fehlstelle

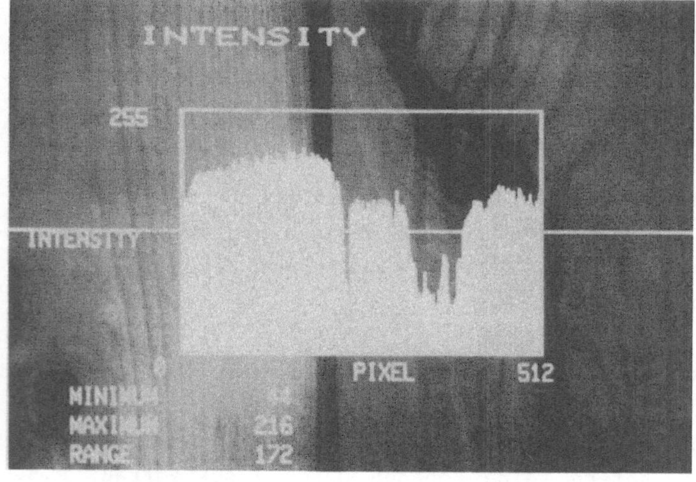

Bild 4: Zeilenintensitätsdiagramm einer Bildzeile

Voraussetzungen für automatische Erkennungssysteme

Auf dem Gebiet der optischen Sensoren für industrielle Zwecke geht die Entwicklung eindeutig in Richtung der Halbleiterkameras. Gegenüber einer Fernsehkamera mit einer Vidikon-Aufnahmeröhre bietet ein CCD-Element verschiedene Vorteile: Es ist erheblich kleiner, kann höheren mechanischen Belastungen ausgesetzt werden, benötigt nur eine niedrige Versorgungsspannung, kann sehr kompakt aufgebaut werden und hat die hohe Lebensdauer von Halbleitern. Der spektrale Empfindlichkeitsbereich und der dynamische Bereich der Helligkeit sind größer, und es ist unempfindlich gegen Überbelichtung. Die Empfindlichkeit eines CCD-Elementes hängt von der geforderten Datenrate ab. Eine Industrie-Zeilenkamera mit 1024 Pixeln kann bei entsprechender Beleuchtung mit einer Zeilenfrequenz von bis zu 19 kHz betrieben werden. Wenn das zu betrachtende Objekt bereits einem Vorschub unterliegt, was in zu automatisierenden Fertigungsprozessen fast immer der Fall ist, kann mit einer CCD-Zeile eine zweidimensionale Szene erfaßt werden.

Die Wirksamkeit schritthaltender automatischer Erkennungssysteme wird zunächst von der richtigen Vorverarbeitung der Bilddaten abhängen. Systeme für die quantitative Auswertung von Binärbildern, die schnell genug Daten über Lage, Ausdehnung und Form von Fehlstellenkonturen an einen Leitrechner übergeben können, werden bereits angeboten oder entwickelt [10]. Entscheidend ist, ob die Fehlstellendetektion durch Bildvorverarbeitung für den jeweiligen Anwendungszweck ausreicht. Wenn nicht, muß der Einsatz aufwendiger Spezialrechner mit Parallelverarbeitungs-Architektur [11] in Betracht gezogen werden. Dies ist jedoch für einen Anwender aus der Holzbranche ein zu hoher finanzieller Aufwand.

Mögliche Fehlstellendetektionsverfahren

Mehrfach wurden bereits Erkennungsalgorithmen für Fehlstellen an Holzoberflächen entwickelt und untersucht. Erfahrungsberichte über den praktischen Industrieeinsatz liegen jedoch nicht vor. In vielen Fällen kann eine Fehlerdetektion durch Digitalisierung mit zwei oder mehreren festen Grauwertschwellen schon ausreichen. Wechselnde Beleuchtungsverhältnisse und die Variationsbreite der Grauwerte beim gewachsenen Material würden jedoch eine laufende Kontrolle der Grauwertschwellen erforderlich machen. Andererseits wären sie einfach und preiswert als festverdrahtete Schaltung realisierbar. Sortiereinrichtungen für Spanplatten mit einer Laser-Abtasteinrichtung [12] oder für Profilbretter mit einer CCD-Zeile [13] wurden bereits vorgeschlagen.

Ein verbessertes Verfahren verwendet adaptive Grauwertschwellen [14]. Der Grauwertverlauf einer Bildzeile wird auf steile Grauwertübergänge untersucht, wobei ein Mittelwert der vorher betrachteten Pixel-Grauwerte zur Berechnung gleitender Schwellenwerte verwendet wird. Dieses Verfahren kann ebenfalls noch einfach elektronisch realisiert werden und benötigt keinen aufwendigen Bildspeicher, da der Algorithmus das Bild zeilenweise abarbeitet.

Kann man sich auf einfache bekannte Merkmale der Holztextur stützen, so können darauf angepaßte datenreduzierende Verfahren aufgebaut werden. Bekanntlich führt die aus Jahresringen zusammengesetzte Struktur des Holzes dazu, daß Profilbretter eine charakteristische Maserung aufweisen. Bei zeilenweiser Abtastung quer zur Maserung kann aus dem Verlauf des Grauwertgradienten auf die Lage der Jahresringe geschlossen werden, die bei fehlerfreiem Holz nur in bestimmtem Maß von der Lage der Jahresringe in den vorigen Bildzeilen abweichen darf. Abrupte Änderungen in diesem Merkmalsverlauf deuten auf Fehlstellen hin [15].

Eine vielbeachtete Durchführbarkeitsstudie [8] befaßt sich mit den Möglichkeiten, mit mathematischen Methoden der Bildverarbeitung Fehler zu erkennen und nach den verschiedenen Fehlerarten zu klassifizieren. Dazu wurde das im Rechner gespeicherte Bild in rechteckige Fenster eingeteilt und auf jedes wurden statistische Methoden angewandt, mit denen die Helligkeits- und Textureigenschaften bewertet wurden. Die Grauwerteigenschaften erster Ordnung wurden bei 256 und die Textureigenschaften zweiter Ordnung bei 8 Graustufen mit Hilfe von Cooccurrence-Matrizen untersucht. Die sich daraus ergebende Klassifizierung von Fehlern wurde mit dem Ergebnis einer Sichtkontrolle verglichen. Bei einer Kombination der Bewertung nach Helligkeit und Textur ergab sich eine Übereinstimmung der Auswertung durch den Rechner mit der Sichtkontrolle von nur 88 %. Um den Rechenaufwand zu reduzieren, wird eine sequentielle Vorgehensweise vorgeschlagen: Bei einem Anteil fehlerfreien Holzes von 80 % können in einer ersten Verarbeitungsstufe die 72 % leicht als fehlerfrei erkennbaren Partien aussortiert werden. Weitergehende statistische Bewertungen, d.h. Texturanalysen, müßten nur noch mit den verbleibenden 28 % der Werkstücke durchgeführt werden. Als Sensor wird eine Halbleiter-Zeile vorgeschlagen, die eine Breite von etwa 300 mm mit 4096 Pixeln abtasten soll. Schnelle Mikroprozessoren für die erforderlichen statistischen Berechnungen dürften jedoch erst in näherer Zukunft zur Verfügung stehen.

Wirtschaftliche Bedeutung und Verfahrensabsicherung

Automatische optische Verfahren zur Qualitätssicherung und Materialprüfung werden in der Holzbranche bisher kaum eingesetzt [2]. In der Einsparung von Material und der Optimierung von Fertigungsprozessen liegen noch wesentliche Rationalisierungsreserven, deren Voraussetzung jedoch schnell verfügbare objektive Prüfergebnisse sind. Auch in den in der Branche vorwiegend vertretenen mittelgroßen Unternehmen würde sich wegen des hohen Material- und Energiekostenanteils, der in der Spanplattenindustrie z.B. zwei Drittel der Selbstkosten ausmacht, der Einsatz solcher Systeme zur Qualitätsverbesserung schon kurz nach der Einführung rentieren. Die Kosten für die Anschaffung und Einführung eines Bildverarbeitungssystems zur Qualitätssicherung liegen etwa in der Größenordnung von einem Prozent der jährlichen Materialkosten. Wenn die Materialausnutzung in diesem Maß verbessert werden kann, was vorher durch Simulationen nachgewiesen werden müßte, bewegt sich der Einsatz der Bildverarbeitung also durchaus im überschaubaren Rahmen. Gerade in der vorwiegend mittelständisch strukturierten Holz- und Holzwerkstoffindustrie sind solche Investitionsentscheidungen jedoch mit einem Risiko verbunden, da sie einen gewissen Sprung im Niveau der Technologie darstellen. Schwierigkeiten bereitet insbesondere der Schritt von der verbalen Beschreibung von Fehlstellenmerkmalen zu einem geschlossenen Algorithmus für die Detektion von Fehlstellen und ihre Bewertung. Die geforderte Sicherheit liegt dabei über 95 %, und bei Sortieraufgaben können Fehlklassifizierungen in zu gute Qualitäten meist nicht toleriert werden. Auf eine gründliche Verfahrensabsicherung muß daher in der Phase der Versuche und der Methodenentwicklung großer Wert gelegt werden.

Literatur

[1] Kossatz, G.: Forschungsprobleme der 80er Jahre bei Holz und Holzwerkstoffen. Holz-Zentralblatt 107(1981)142, S. 2215-2218.

[2] Mehlhorn, L.; Plinke, B.: Qualitätskontrollen in der Holzwerkstoffindustrie mit Hilfe digitaler Bildverarbeitung. Holz als Roh- und Werkstoff 43(1985)10, S. 403-407.

[3] Szymani, R.; McDonald, K.: Defect Detection in Lumber: State of the Art. Forest Products Journal, 31(1981)11, S. 34-44.

[4] DIN 68 256: Gütemerkmale von Schnittholz. April 1976.

[5] DIN 68 126 Teil 3: Profilbretter mit Schattennut. Entwurf Oktober 1984.

[6] Mehlhorn, L.; Plinke, B.: Mikrocomputer in der Holzwerkstoffindustrie. FhG-Berichte (1985)1, S. 19-24.

[7] Paakii, M.: Automatic Veneer Fault Clipping. Raute News 3(1983)2, S. 12-13. Hrg. von der Firma Raute Oy, Laahti, Finnland.

[8] Conners, R.; McMillin, C.; Lin, K.; Vasquez-Espinosa, R.: Identifying and Locating Surface Defects in Wood: Part of an Automated Lumber Processing System. IEEE Transactions on Pattern Analysis and Machine Intelligence, Vol. PAMI-5, 1983, S. 573-583.

[9] Harbich, W.: Voraussetzungen und Methoden der mikrorechnergestützten Defektoskopie an Rotbuchenschnittholz. Holztechnologie - Leipzig 25(1984)4, S. 189-191.

[10] Winkler, G.: Konzept für ein Visuelles Interpretationssystem für Technische Anwendungen (VISTA). Mitteilungen aus dem Fraunhofer-Institut für Informations- und Datenverarbeitung (IITB), in: FhG-Berichte (1984)2, S. 4-7.

[11] Gemmar, P.: Prozessoren und Systeme für die Bildverarbeitung. in: Mustererkennung 1983 - 5. DAGM-Symposium. VDE-Fachberichte 35, S. 179-196.

[12] Droscha, H.: Kontinuierliche Oberflächenprüfung durch Laserstrahlabtastung mit automatischer Fehleranalyse und Sortiereinrichtung. Holz als Roh- und Werkstoff 38(1980), S. 139-140.

[13] Roth, H.: Elektronisch-optische Oberflächeninspektion von Hölzern. Holz-Zentralblatt 109(1983)108, S. 1465-1466.

[14] Tatari, S.: Texturanalyse. 2. Zwischenbericht zum FE-Vorhaben 08 IT 15268, IITB-Bericht 9840. Karlsruhe 1985.

[15] Pölzleitner, W.; Kropatsch, W.: Überprüfung von Holzstrukturen in Echtzeit durch modellgestützte Datenreduktion. in: Mustererkennung 1984, DAGM/ÖAGM-Symposium, Graz 1984, S. 198-204.

PRAKTISCHE ANWENDUNGEN VON SICHTSYSTEMEN IN DER INDUSTRIE

EXAMPLES OF REALIZED VISION APPLICATIONS IN THE INDUSTRY

D.Schmidt
Brown, Boveri & Cie AG
D - 6800 Mannheim, Bundesrepublik Deutschland

Summary:
The following report gives a short description of 4 realized applications of the BBC vision system OMS. The binary system is used for the positioning of coks-oven servicing machines, for the mould level control in casting motorblocks, for controlling the correct mounting of brake-shoe assemblies in the car industry and, in the last example for the quality control of peeled almonds. In all these cases, the vision systems are running, even in a rough industrial surrounding, for up to four years.

1. Industrieller Einsatz der Bildverarbeitung: Grundlagen und Möglichkeiten

Im allgemeinen Trend zur Automatisierung nimmt die Bildverarbeitung einen steigenden Stellenwert ein. Dies ist vor allem durch folgende Punkte begründet:

- ein ständig wachsender Markt an billiger Hardware mit Tendenz zu immer grösseren Geschwindigkeiten steht zur Verfügung; spezielle Prozessorën, Speicher- und Schnittstellen-Bausteine usw.

- die neue Generation der Halbleiter-Fernsehkamera's hat viele Vorteile: kompakt, billiger, low-power, unempfindlich gegenüber Magnetfeldern, keine Geometriefehler, kein Einbrennen,keine Anwärmezeit, kein Zieheffekt, erschütterungsunempfindlich.

- die Erfassung einer Szene geschieht berührungslos und je nach Wahl des Objektivs kann auch eine gewisse Entfernung in Betracht kommen.

- die Zuverlässigkeit ist hoch, die Entscheidungsqualität gibt nicht nach (kein Verschleiss des Sensors wie z.B. bei Mechanik).

- die Systeme sind im allgemeinen durch SW-Anpassung sehr flexibel (änderungsfreundlich gegenüber Kleinserien).

Bei der Erfassung eines Fernsehbildes wird eine ähnliche Menge an Informationen geliefert wie beim Vorgang des menschlichen Sehens : Lage und Größe von Objekten, Helligkeit, Schattenwurf, evtl. Farben usw.; nur die dritte Dimension kann durch ein Fernsehbild allein nicht erfasst werden.

Diese Fülle an Informationen kann, im Gegensatz zum menschlichen Gehirn, in industriellen Anwendungen im allgemeinen nicht verarbeitet werden. Das ist aber normalerweise auch nicht nötig, da spezifische Eigenschaften einer Szene oder eines Objekts oft ausreichen, um eine Klassifizierung vornehmen zu können, z.B. Objekt gut oder schlecht, in oder ausser Toleranz usw.

So ist es für die in der Industrie geforderten Taktzeiten nicht nur notwendig, die gelieferte Datenmenge zu reduzieren, sondern meist auch ausreichend, nur einen bestimmten Teil der Daten zu untersuchen und den Rest zu unterdrücken. Komfortable Bildverarbeitungssysteme ermöglichen in vielen Fällen sogar, unter verschiedenen Datenreduktionsmethoden zu wählen und die zu analysierenden Daten somit dem aktuellen Problem optimal anzupassen.

Einige der einfachsten heute verwendeten Datenreduktionsmethoden sind z.B.:

- Ausblenden von unerheblichen/unwichtigen Randinformationen z.B. durch Verwendung programmierbarer Bildfenster (Auswertung nur innerhalb der Fenster)

- Binarisierung (Grauwertauflösung 1 Bit): das Bild wird zu einem reinen Schwarz/Weiss-Bild reduziert; dabei ist durch Anpassung der Schwelle der Grauwert für den Übergang schwarz auf weiss (0 auf 1 oder umgekehrt) wählbar

- Konturbestimmung/Kantendetektion: hierbei werden nur die Grauwertgradienten im Bild bestimmt und als Daten verwendet

- Merkmalsextraktion: Nur bestimmte, meist wählbare Merkmale (wie Fläche, Löcher, Kanten, Ecken usw.) von einer Szene werden für die Analyse verwendet.

- Grauwertverteilung global oder lokal: die Häufigkeitsverteilung der Grauwerte über das gesamte Bild oder aber nur über einen Teilbereich wird als Grundlage für die Bildauswertung verwendet (Histogrammanalyse)

- Abtasten von Korrelationsmasken: das Bild wird Bildpunkt für Bildpunkt mit einer Maske verglichen und alle Stellen maximaler Ähnlichkeit werden abgespeichert

Die Methoden der Datenreduktion können sowohl allein als auch kombiniert zum Einsatz kommen. Bei den weiter unten geschilderten Einsätzen des Optoelektronischen Meß- und Sensorsystems (OMS) verwendet BBC die Binarisierung (hardwaremäßige Datenreduktion) und hauptsächlich die oben erwähnte Fenstertechnik.

2. Das BBC Bildverarbeitungssystem OMS: Ein kurzer Abriß

Vor dem Eingehen auf die Anwendungsfälle soll des besseren Verständnisses wegen in ein paar Sätzen das OMS-Bildverarbeitungssystem vorgestellt werden:

- Robustes Binärbildverarbeitungssystem

- Seit über 6 Jahren auf dem Markt, über 50 Anwendungen

- Höhere Programmiersprache, auch vom Anwender problemlos zu programmieren, dadurch sehr flexibel

- Interaktive, menuegesteuerte Bedienung und Programmierung

- Bewährtes 2-Prozessor-System ; Leitrechner LSI 11/23 Bildverarbeitungsrechner AMD 2910 Bit-Slice-Prozessor

- Schnittstellen zum Prozess : 2 x V.24 seriell, bis zu 3 x parallel 16 bit Eingabe/Ausgabe

- Modularer SW-Aufbau mit Funktionsblöcken wie
  Bildvermessung und Bildspeicherung, Lernen und Erkennen von Objekten und Gruppen von Objekten, Separierung von Objekten, Abtasten programmierbarer Fenster, Vektoren und Kreisen/Ellipsen im Bildspeicher, Bedienung von bis zu 8 Kameras, Bildverknüpfungen AND, XOR, frei programmierbare serielle Schnittstelle, Parallele E/A mit und ohne Handshake, Prozesssynchronisierung.

Diese SW-Funktionsblöcke können zu einem problemspezifischen Programm verkettet werden. Änderungen sind jederzeit ohne Schwierigkeiten auch vom Anwender durchführbar.

3. Beispiele von industriellen Anwendungen

Die erste Anwendung beschreibt die Positionsmessung und Ofenerkennung für die Automatisierung von Kokereien.
Die Abb.1 zeigt schematisch einen Schnitt einer solchen bei der Koksherstellung benutzten Anlage. Die Öfen für die Verkokung sind in einer Batterie aus ca. 50 Einzelöfen angeordnet.

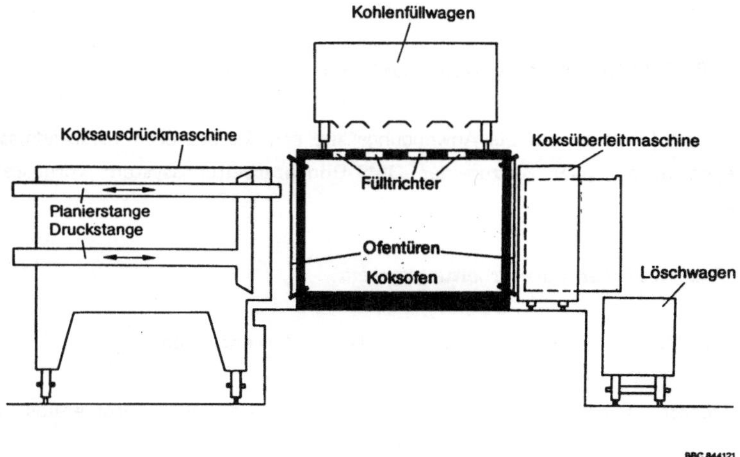

Abb 1: Querschnitt durch eine Koksofenbatterie mit Koksofenbedienmaschinen

Zur Bedienung der Öfen sind an beiden Seiten sowie auf der Oberseite der Öfen selbst Maschinen vorgesehen, die über die gesamte Länge der Batterie verfahren werden können.
Der Wagen auf der Ofenplattform, der sogenannte Füllwagen, dient zum Beschicken der Öfen mit frischer Kohle. Ist der Verkokungsvorgang beendet (nach einer Zeit von ca. 12 bis 24 h), so muss der Ofen geleert und anschliessend neu gefüllt werden. Zum Entleeren des Ofens werden beide Türen, vorn und hinten, abgenommen und der Koks durch die Druckstange der Koksausdrückmaschine aus dem Ofen geschoben. Er fällt dabei durch den Führungswagen in den Löschwagen, wo er nach dem Löschen abtransportiert und weiterverarbeitet werden kann.
Zur Automatisierung dieses sich ständig wiederholenden Vorgangs müssen die 3 Maschinen mit einer sehr großen Genauigkeit (typisch $\pm$ 5 mm) vor

jedem Ofen positioniert werden können. Eine Wegerfassung mit einem Impulsgeber allein ist aufgrund des langen Verfahrweges von um die 100 m nicht geeignet (Schlupf). Die geforderte Genauigkeit lässt sich nur mit einer Messeinrichtung erreichen, die die Position in der Nähe der auszurichtenden Maschine erfasst. BBC hat daher unter Zugrundelegung des OMS-Sichtsystems ein Positionsmesssystem entwickelt, das in der Lage ist, in einem Feinmeßbereich von etwa 60 cm der nachgeschalteten Positionsregelung kontinuierlich einen Istwert für die Maschinenposition anzubieten. Als Vermessungspunkte dienen ein Reflektor auf der Maschine und je ein Reflektor an jeder Ofentür. Beide Reflektoren sind im Bildfeld der auf der Bedienmaschine installierten Halbleiter-Fernsehkamera sichtbar und werden von 2 Scheinwerfern neben der Kamera beleuchtet. Das OMS-System wertet nun dieses binarisierte Bild aus. In zwei verschiedenen Meßfenstern werden die Fläche sowie die Schwerpunktskoordinaten der beiden, als weisse Flecken sichtbaren Reflektoren bestimmt und der Abstand in X-Richtung berechnet (siehe Abb.2). Nach Kalibrierung ist dieser Wert

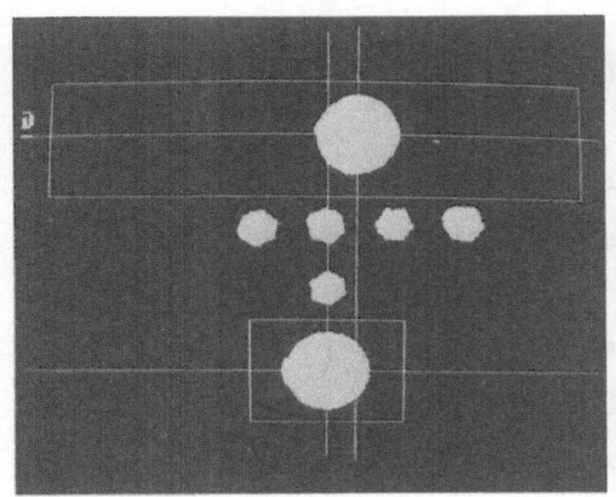

Abb 2a:

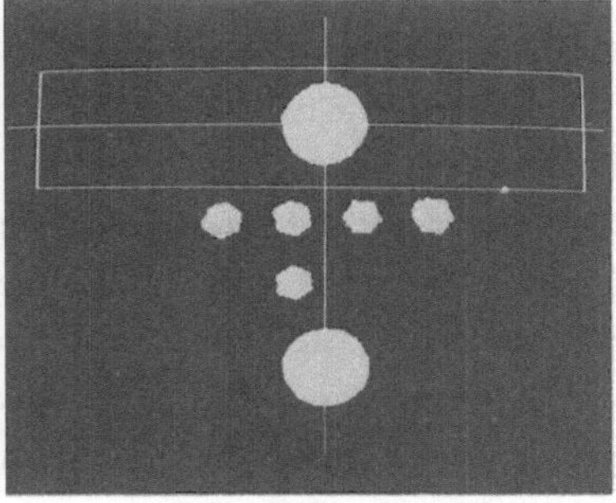

Abb 2b:

proportional zum Abstand der Maschine von der Sollposition (Arbeitsstellung) und kann an die nachfolgende Positionsregelung ausgegeben werden. Diese Vermessung des Abstands erfolgt mit einer Zykluszeit von ca. 100 ms kontinuierlich. Bei der Geschwindigkeit der Bedienmaschine in der Nähe der Sollposition ist diese Zeit völlig ausreichend.

Die zweite, von der Bildverarbeitung erledigte Aufgabe ist die Bestimmung der Ofennummer. Dazu sind an den Öfen sogenannte Codierplatten angebracht, auf denen sich nicht nur der Positionierreflektor, sondern außerdem 5 Codierreflektoren befinden. Mit diesen ist in einem einfachen Code die Ofennummer (inkl. Parität) codiert.

Durch Vermessen der Fläche in 9 Fenstern, die den möglichen Plätzen der Codierreflektoren entsprechen, kann so auf einfache Art und Weise die Ofennummer decodiert werden. Die Lokalisierung des Codes innerhalb des Kamerabildfeldes sowie das Setzen der entsprechenden Fenster geschieht automatisch per Anwenderprogramm. Die geschilderte Positionsmessung und Ofenerkennung wird automatisch gestartet, sobald beim Verfahren der Bedienmaschine eine Codierplatte mit Positionier- und Codierreflektoren im Bildfeld auftaucht.

Durch die Differenzmessung ist das System unempfindlich gegenüber Kameradejustage, die Vermessung der Flächenschwerpunkte wirkt sich zudem vorteilhaft auf die geforderte Genauigkeit aus (Verschmutzung, unscharfe Abbildung, Vibrationen usw.). Weiterhin können durch Überprüfung der Flächengrösse der Reflektoren im Bild leichte und stärkere Verschmutzung erkannt und entsprechende Warn- oder Fehlermeldungen ausgegeben werden.

Eine solche Anlage ist seit etwa einem Jahr in Betrieb, zwei weitere (Positionsmessung auf allen drei Bedienmaschinen) laufen seit ca. einem halben Jahr.

Das zweite Anwendungsbeispiel schildert den Einsatz des OMS beim Gießen von Formteilen in der Giesserei.

Bei der Herstellung von Gußteilen aus Roheisen werden normalerweise Sandformen benutzt. Das Befüllen dieser Sandformen geschieht über einen Eingusstrichter und innerhalb der Form durch weiterführende Eingusskanäle. Die Stärke des Gießstrahls wird durch einen Stopfen in einem Siphon über der Gießform geregelt. Um beim endgültigen Gußstück eine einwandfreie und konstante Qualität zu erreichen, muss beim Gießen der Füllstand des Flüssigeisens im Eingußtrichter einen bestimmten Mindeststand aufweisen (Vermeidung von Lufteinschlüssen usw.), der Eingußtrichter erfüllt eine Pufferfunktion.

Bedingt durch unterschiedliche Abflußverhältnisse in den Ablaufkanälen (wie Schwankungen,Toleranzen der Sandformen, unterschiedliche Feuchtigkeit des Formsandes, variierender Gasgegendruck in der Form während des Gießens usw.) kann sich die Abflußgeschwindigkeit sowohl im zeitlichen Ablauf des Gießens einer Form als auch von Form zu Form ändern. Zur weitestgehenden Automatisierung des Gießvorgangs fordern diese Gegebenheiten den Einsatz einer Regelung des Gießstrahls mit geschlossenem Regelkreis. Ein einfaches Vergrößern des Eingußtrichters ist nicht wirtschaftlich, da dies nur eine Erhöhung des wiedereinzuschmelzenden Abfalls und damit einen erhöhten Energiebedarf bedeuten würde.

Die Verwirklichung einer solchen Regelung durch Erfassen des Flüssigeisenniveaus im Gießtrichter hat BBC durch Einsatz des optischen Sensors (Fernsehkamera) mit nachfolgender Bildauswertung durch das OMS-Sichtsystem ermöglicht (Schema siehe dazu Abb.3).

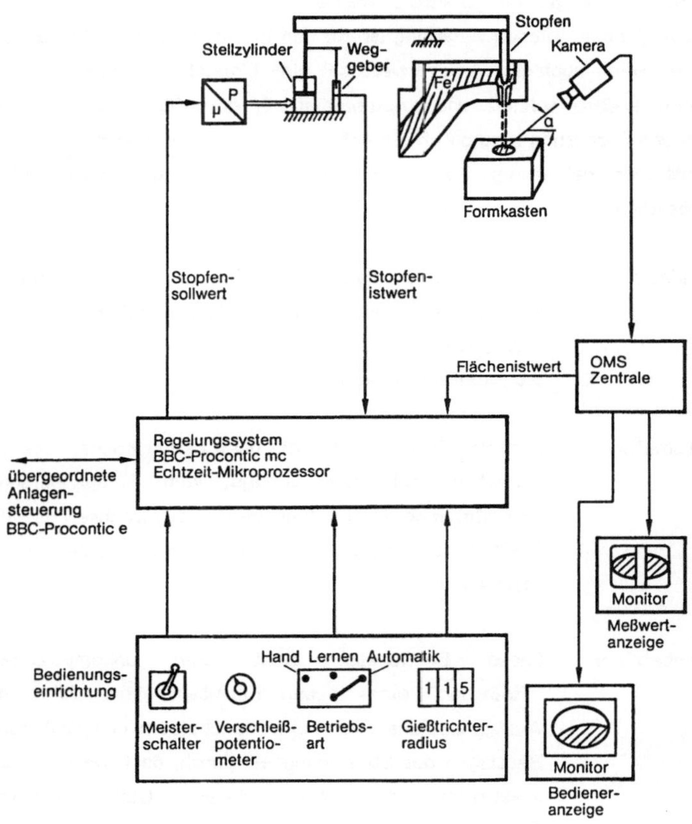

Abb 3: Schema der Gießspiegelregelung

Die Fernsehkamera ist in einem Abstand von ca. 2 m von der Form in einem wassergekühlten Gehäuse untergebracht. Zur Unterdrückung der beim Gießen auftretenden Flammen und glühenden Schwaden ist ein Grünfilter vor der Kamera angebracht. Der Blickwinkel der Kamera von schräg oben liefert je nach Füllstand im Gießtrichter eine unterschiedlich große Fläche des sichtbaren Flüssigmetalls. Die Auswertung des Kamerabildes erfolgt auch hier mit Hilfe der Fenstertechnik.

Das Bild wird in zwei getrennt vermessene Fenster aufgeteilt. Der in der Mitte liegende, nicht interessierende Gießstrahl wird auf diese Weise ausgeblendet. Die Summe der in diesen beiden Fenstern gemessenen Fläche

wird in reale Flächeneinheiten umgerechnet und sodann über serielle Schnittstelle an die nachgeschaltete Steuerung ausgegeben. Diese berechnet aus der Fläche einen Signalwert für die pneumatische Stelleinrichtung des Stopfens. Wird die gemessene Fläche kleiner, so wird der Stopfen weiter geöffnet, wird sie grösser, so wird er weiter geschlossen.
Das Prinzip einer solchen Regelung ist für den industriellen Einsatz aber nur geeignet, wenn auch das Anlagenpersonal eine Umstellung von einer Form auf eine andere schnell und unproblematisch durchführen kann. Diese zusätzliche Forderung wird durch die Art der Steuerung berücksichtigt.
So existieren bei dieser Form der Gießspiegelregelung 3 verschiedene Betriebsarten:

- Handbetrieb: Für Fälle, in denen der normale Automatikbetrieb versagt, muss das Gießen von Hand möglich sein. Dabei wird das Kamerabild auf einem Monitor vom Gießer als Sichtkontakt verwendet.

- Automatik: In dieser Stellung fährt die oben beschriebene Regelung vollautomatisch. Die einzige, vom Anlagenpersonal einzustellende Größe (nur beim Formwechsel) ist der Gießtrichterradius, der über einen BCD-Schalter vorzuwählen ist.

- Lernbetrieb: Diese Betriebsart dient dem unkomplizierten "Einlernen" eines neuen Formtyps. Hier führt der Anlagenbediener wie beim Handbetrieb den Guß durch Betätigen des Steuerknüppels durch, doch werden dabei zusätzlich die für diesen Guß wichtigen Steuerparameter erkannt und von der Steuerung abgespeichert. Der Bediener muß auch hier wieder den erforderlichen Gießtrichterradius einstellen. Ist der Lernvorgang durch "Vorführen" eines Giessvorgangs abgeschlossen und der Gießtrichterradius gewählt, so kann das System wieder auf Automatikbetrieb umgestellt werden.

Damit ist eine schnelle und einfache Umrüstung bei Formwechsel, aber auch bei Einführung einer neuen Form gewährleistet.
Ein System nach diesem Prinzip arbeitet seit etwa 4 Jahren praktisch störungsfrei, ein zweites ist seit eineinhalb Jahren im Einsatz. Allein die Energieeinsparungen durch den geringeren Eingußtrichterabfall sind erheblich.

In der nun beschriebenen dritten Anwendung in der Automobilindustrie überprüft das Sichtsystem die korrekte Montage automatisch gefertigter Bremsanlagen. Dabei werden Vorderradaufhängungen mit Bremsscheiben und fertig montierten Bremssätteln bestückt. Die Aufgabe des Sichtsystems besteht darin, zu überprüfen, ob bei den fertig zusammengesetzten Bremsanlagen die Bremsscheibe der richtigen Dicke zusammen mit den richtigen Bremsbelägen montiert wurde.
Zum Identifizieren sind die Bremsbeläge mit einem weissen Fleckencode versehen. Es werden immer zwei solcher Bremsanlagen kontrolliert, die sich jeweils auf einem Transportträger befinden. Die Transportträger laufen auf einem Rollenförderer in einen, das Fremdlicht abschirmenden Kasten. In diesem Kasten werden die Transportträger zur Vermessung der Scheibendicke und zur Erkennung der Bremsbelagsorte gestoppt. Zu diesem Zweck sind hier zwei Kameras sowie die erforderliche Beleuchtung untergebracht.
Je eine Kamera erfasst im vorderen Teil des Bildfeldes die Bremsscheibe, im hinteren Teil oben und unten den auf den Bremsbelägen befindlichen weissen Fleckencode. Um einen genügend großen Kontrast zu erhalten, erfolgt die Messung der Scheibendicke vor einem beleuchteten hellen Hintergrund (Silhouettenwirkung). Die codierten Bremsbeläge werden durch eine Mattscheibe hindurch ebenfalls beleuchtet.

Nach der Binarisierung des Fernsehbildes wird zunächst die erste Kamera ausgewertet. Im ersten Fenster zur Dickenbestimmung der Bremsscheibe wird die Fläche vermessen und durch die Fensterbreite dividiert. Diese Art der Dickenmessung hat den Vorteil, daß die Dicke über einen bestimmten Bereich (die gewählte Fensterbreite) gemittelt wird. Nach Skalieren der gemessenen Dicke und Vergleich mit dem Sollwert (dem voreingestellten Bremstyp) folgt der zweite Teil der Analyse. Dazu werden in den beiden Fenstern (zunächst oben, dann unten) nacheinander die weissen Codeflecken separiert, die Schwerpunktskoordinaten bestimmt und aufgrund des Abstandes die Decodierung vorgenommen.
Die beiden Fenster sind so gewählt, daß auch der Fehlerfall erfasst wird, wenn versehentlich ein Bremsbelag mit dem Träger zur Scheibe hin montiert wurde.
Bei der zweiten Bremsstation erfolgen sodann die gleichen Messungen. Zum Schluß wird eine Meldung, Teil in Ordnung - Teil nicht in Ordnung, an die nachfolgende Steuerung ausgegeben. Dabei wird im Fehlerfall auch spezifiziert, welche der Scheiben oder Bremsbeläge bei welcher Station falsch bestückt waren. Der entsprechende Transportträger kann dann ausgeschleust werden.
Um unterschiedliche Druckqualität bei den weissen Codeflecken auszugleichen, wird von einer Startvideoschwelle ausgegangen, die bei

negativ verlaufender Erkennung schrittweise erniedrigt wird, bis entweder die Erkennung positiv verlaufen oder die maximale Anzahl Schritte erreicht ist.
Die Verwendung der Schwerpunktskoordinaten für die Berechnung des Abstandes ist auch hier vorteilhaft, da dann auch bei schlechter Druckqualität (schlechtem Kontrast) in den meisten Fällen noch eine sichere Dekodierung gewährleistet ist.
Das System unterscheidet zwischen 3 verschiedenen Bremsscheibendicken und einer Reihe von unterschiedlichen Belagstypen.
Eine solche Anlage läuft seit Mitte 1983, eine zweite ist derzeit geplant.

Viertes Beispiel der OMS Anwendungen ist eine Qualitätskontrolle bei der Marzipanherstellung in der Süßwarenindustrie.
Für eine gleichmäßige Qualität des Marzipans in Geschmack und Farbe ist es erforderlich, geschälte Mandeln zu verwenden (keine Bitterstoffe durch Verwendung der Schalen).
Eine solche Produktionslinie transportiert geschälte Mandeln einzeln und auf einem Förderband in 16 parallelen Reihen zur Weiterverarbeitung. An dieser Stelle erfolgt die Überprüfung der Mandeln durch das Bildverarbeitungssystem. Es sollen alle Mandeln, die nur unvollkommen geschält sind oder dunkle Flecken aufweisen, aussortiert werden.

Eine Kamera erfasst die gesamte Breite des Förderers. Da bei der vorliegenden Transportgeschwindigkeit eine Auswertung von 16 Fenstern im Kamerabild ausscheidet (Bildanalysezeit pro Fenster > 20 ms), hat BBC hier einen anderen Weg gewählt. Mit einem bestimmten externen Takt wird das gesamte Bild in den Bildspeicher geladen, was die Zeit für Abtastung eines normalen Fernsehhalbbildes erfordert (> = 20 ms). Im Bildspeicher wird nun eine Folge von 16 Fenstern abgetastet, was wesentlich schneller geschehen kann, da hier nicht, wie bei der Kamerabildauswertung, bei jedem Fenster 20 ms abgewartet werden muß. Für jeden dieser Rahmen können unterschiedliche Toleranzgrenzen (Minimum, Maximum) für die erlaubte Fäche gewählt werden. Die Analyse der 16 Rahmen liefert dann als Ergebnis direkt ein sogenanntes 16-Bit-Ausgabewort, in welchem für jedes Fenster mit einer Fläche ausserhalb der Toleranz ein entsprechendes Bit gesetzt ist. Dieses Bitmuster wird parallel ausgegeben und kann von einer Steuerung unmittelbar zum Aussortieren der fehlerhaften Mandeln benutzt werden. Für das Entfernen der so erkannten, schlechten Mandeln sind über dem Förderband 16 Saugrohre angebracht, die im Fehlerfall angesteuert werden und die detektierten Mandeln einfach absaugen.
Zwei Anlagen sind seit Mitte 1983 in Betrieb.

4. Zusammenfassung

Das vorgestellte Bildverarbeitungssystem OMS von BBC ist technisch ausgereift und hat sich in den verschiedensten Industriebranchen unter unterschiedlichen, zum Teil sehr rauhen Betriebsbedingungen bewährt. Über 50 Systeme sind inzwischen im Einsatz und arbeiten zur Zufriedenheit der Betreiber.

EINSATZ VON VIDEOSYSTEMEN MIT BILDVERARBEITUNG FÜR REALZEITAUFGABEN

EMPLOYMENT OF VIDEOSENSORS WITH IMAGEPROCESSING FOR REALTIMEAPPLICATIONS

G. Schöne

Fachgebiet Optronik
im Geschäftsbereich Marine- und Sondertechnik
AEG Aktiengesellschaft

D-2000 Wedel/Holstein, B.R. Deutschland

Summary

There is no common solution to real time application problems of image processing. This report describes four image processing systems of completely different nature, each with its unique tasks, technical capabilities, limitations and image processing characteristics. A comparison of these characteristics concludes this survey of our experience with real time measurement, control and identification of various objects in different environments.

1. Einleitung

Der Schwerpunkt dieses Berichtes liegt beim anspruchsvollen Entwicklungsziel "Realzeit" und den Videosystemen, die diesen Anspruch erheben. Unter Realzeit muß innerhalb der Meß- und insbesondere der Regelungstechnik gemeint sein, daß die vollständige Bildverarbeitungs- und Bilderkennungsaufgabe abgeschlossen ist, bevor der Bildsensor neue Bilddaten liefert bzw., bevor ein neu zu erkennender Gegenstand im Sehfeld erscheint. In dem einen Anwendungsfall kann das alle 20 ms geschehen, im anderen bis zu 300 ms dauern. Gelingt dies nicht, so ist die Sensordatenverarbeitung als Totzeitglied der begrenzende Faktor eines Regelkreises, wie er bei einer Objektnachführung einer Kamera oder bei der Ausschleusung von Teilen innerhalb eines Handling-Ablaufs vorliegt. Vergegenwärtigt man sich den hohen algorithmischen Aufwand heutiger Bildverarbeitungs- und Bilderkennungstechniken, so stellt diese Forderung die höchsten Ansprüche an das Erkennungssystem.

Das Ziel dieses Berichtes ist es, anhand verschiedener Erkennungssysteme unseres Hauses das bisher Erreichte aufzuzeigen, gegenüberzustellen, seine sehr unterschiedlichen Anwendungsschwerpunkte zu verdeutlichen und weitere Trends zu beschreiben.

2. Beschreibung typischer Erkennungsaufgaben

Im folgenden wird der Versuch unternommen, die typischen Erkennungsaufgaben in der Industrie aus der Sicht des Bildverarbeiters zu klassifizieren, ohne jedoch den Anspruch auf Vollständigkeit zu erheben.

2.1 Erkennung kleiner beliebiger Objekte in großen Szenen

Häufig besteht das Problem, innerhalb eines größeren Sehfeldes von 512x512 Bildpunkten kleinere, aber detaillierte Objekte von ca. 20x20 Bildelementen sicher zu erkennen. Das kann nach Zuweisung eines Bedieners oder einer vorgeschalteten Erkennungsstufe geschehen und vornehmlich zu meßtechnischen Zwecken verwendet werden. In jedem von einer Fernsehkamera gelieferten Bild ist dieses Objekt nun zumindest innerhalb eines engeren Suchbereichs wiederzufinden und die Erkennungsqualität anzugeben.

2.2 Erkennung einzelner Bilder aus einem großen Los

Völlig anders geartet ist die Aufgabe, einzelne Szenen aus einer großen Anzahl herauszufinden. Dabei muß immer das gesamte "Sehfeld" verarbeitet und mit einer großen Zahl von Referenzbildern verglichen werden. Dies gelingt derzeit nur bei entsprechender Reduktion der Bilddetails. Beispiele sind die Montagezustandserkennung oder die Szenenfinder in der Studiotechnik.

2.3 Erkennung kleiner genormter Kennungen in großen Szenen

Insbesondere im Bereich der Identifikationssysteme im Materialfluß besteht die Aufgabe, in einem großen Sehfeld kleine, jedoch mit dem Anwender kooperativ gestaltete Kennungen zu entdecken und zu interpretieren. Beispiele sind der Balkencode, der Fleckencode oder die Klarschriftlesung.

2.4 Erkennung konstruktiv festgelegter, jedoch in Unordnung befindlicher Gegenstände

Im INTERKAMA-Fachbericht MSR 10 von 1983 wurde auf Seite 121 bereits ein System vorgestellt, mit dem man konstruktiv festgelegte maschinenbauliche Teile, z. B. Motorblöcke, erkennen kann. Anspruchsvoller wird die Aufgabe, wenn diese Teile einander überlappen und sich in räumlicher Schräglage dem Videosensor präsentieren. Diese Aufgaben sind dem Zukunftsziel "Griff in die Kiste" zuzuordnen.

Im folgenden soll für jeden dieser Anwendungsbereiche ein bereits eingesetztes bzw. als Pilotanlage existierendes Erkennungssystem vorgestellt werden.

3. Ein Meßsystem, basierend auf der Grauwertkorrelation

Aufgabe:

Der Kapitän eines Versorgungsschiffes hat die Aufgabe, bei allen Wetterbedingungen rund um die Uhr sein Schiff sehr nah an einer Bohrinsel bzw. einer Förderplattform zu positionieren, ohne Anker zu werfen oder irgendeine Hilfseinrichtung der off-shore-Anlage in Anspruch nehmen zu müssen.

Zu entwickeln war ein "passiv" arbeitendes Videomeßsystem, das seine Meßergebnisse über eine geeignete Umrechnungseinheit sowie die notwendige Regler- und Leistungselektronik an die Schiffsantriebe liefert und die Schiffsführung somit von der anstrengenden Dauerbelastung befreit, die das Löschen oder Beladen mit sich bringt.

Technische Randbedingungen:

Bohrinsellänge	ca. 100 m
Bohrinselabstand	ca. 10 m
Positioniergenauigkeit	± 0,5 m
max. Rollbewegung des Schiffes	ca. 5°/s

Lösung:

Auf dem Radardeck des Schiffes wurde eine handelsübliche Fernsehkamera in einem speziell dafür entwickelten wetterfesten Schwenk/Neige-Kopf installiert. Der Kapitän richtet mit Hilfe eines Richtgriffes die Kamera auf die off-shore-Struktur und setzt zwei Fenster auf frei wählbare Bilddetails, siehe Abb. 1.

Ein "Korrelationstracker" speichert die zugewiesenen Referenzobjekte ab und errechnet innerhalb von 40 ms die Position beider Objekte im aktuellen Fernsehbild.

Damit die Referenzobjekte im Sehfeld der Kamera verbleiben, wird das arithmetische Mittel der Fensterpositionen zur Nachführung des Schwenk/Neige-Kopfes herangezogen. Der Abstand der beiden Fenster voneinander ist unter Berücksichtigung des Schiffskurses und anderer Korrekturgrößen das meßtechnisch relevante Maß für den Abstand des Schiffes von der Bohrinsel.

Abb. 1 TVRS, ein Meßsystem zur Dynamischen Schiffspositionierung

Bildverarbeitungsspezifische Charakterisierung:

Das gesamte Kamerasehfeld von 512x512 Bildpunkten steht als Referenzinformation frei wählbar zur Verfügung. Eingespeichert werden in der derzeitigen Ausgestaltung zwei Teilbilder von 16x32 Grauwerten. Die Korrelatorhardware ist jedoch frei programmierbar für Referenzgrößen von 4x4 bis 64x64 Bildpunkten. Es wird eine zweidimensionale, normierte Grauwertkorrelation durchgeführt.

Aktueller Stand und Ausblick:

Das vorgestellte Meßsystem wurde erstmals 1981 auf See getestet, mehrere Prototypen in den Jahren 1984 und 1985 operationell eingesetzt, und derzeit läuft eine Serie von 20 Anlagen an. Weitere Anlagen dieser Art werden beauftragt werden. Das Meßverfahren wird mit Sicherheit neue Einsatzgebiete finden.

4. Ein Bilderkennungssystem für größte Bildmengen

Aufgabe:

Bei weiterer Einführung der computerintegrierten Fabrikation (CIM) wird zunehmend die Kontrolle des Materialflusses mit Hilfe intelligenter Sensorik gefordert.

Wenn es sich zunächst "nur" um das Erkennen von Objekten
mit festgelegter Form, Größe, Farbe
und annähernd gleichmäßiger Qualität
handelt und diese Objekte einheitlich beleuchtet sind sowie an einer Anlagekante entlanglaufen, müßte ein Erkennungssystem in der Lage sein, große Mengen derartiger Objekte zu erkennen.

Technische Randbedingungen:

Materialflußgeschwindigkeit	1 m/s
Objektgrößen	min. 10 cm x 10 cm max. 50 cm x 50 cm
Anzahl der verschiedenen Objekte	20 - 30000
Erlernen neuer Objekte	im Sekundenbereich
Datenqualität	>95 %
Datensicherheit	100 %

Lösung:

In enger Zusammenarbeit mit der EDV-Abteilung des Benutzers, die die zu erkennenden Objekte zu definieren und die ermittelten Daten abzunehmen hat, als auch mit den Materialbeschaffern, die die Objekte anzuliefern, aufzulegen und abzuführen haben, wurde eine Anlage, bestehend aus

Auflegevorrichtung
Lesestrecke
Sortierstrecke und
Auswertezentrale

entwickelt, die bis zu 20.000 Objekte "kennt" und bei Durchlaufen der Lesestrecke innerhalb von 0,5 s entscheidet, in welchen Behälter das Objekt ausgeschleust werden muß.

Die Lesestrecke enthält eine speziell für diesen Zweck entwickelte Halbleiterkamera, die bereits eine Datenreduktion vornimmt.

Die Auswertezentrale realisiert die Verbindung zur Werks-EDV, vergleicht jedes Objekt mit 20.000 anderen, steuert die Sortierung nach Werksvorschriften und garantiert die Datensicherung.

Bildverarbeitungsspezifische Charakterisierung:

Es handelt sich bei dieser Aufgabe um die globale Szenendeutung für ausgerichtete, dem Erkennungssystem exakt bekannte Objekte. Die Szenen enthalten das zu suchende Objekt nur einmal. Die Objekte füllen, je nach Größe, nur einen Teil des Bildes oder das Gesamtbild aus.

Das Erkennungsverfahren kann von bereits datenreduzierten Bildern ausgehen. Jedes Objekt wird, je nach Formatgruppe, spezifisch gerastert und seine Grauwertverteilung abgespeichert. Beim Erkennungsvorgang wird das grob gerasterte Bild des Gegenstandes mit Hilfe eines schnellen Vergleichers innerhalb von einer Mikrosekunde mit einem Referenzbild verglichen. In einer Fernsehhalbbildperiode von 20 ms können 20.000 Muster verglichen werden.

Aktueller Stand:

Eine Pilotanlage befindet sich in der Erprobung. Operationelle Anlagen gehen im nächsten Jahr in Betrieb.

Ausblick:

Führt man sich noch einmal die erstaunliche Potenz dieses Systems vor Augen, so wird klar, daß das Verfahren nicht bei der Erkennung exakt ausgerichteter und bekannter Gegenstände im Materialfluß haltmacht. Wenn das Verfahren innerhalb von einer Mikrosekunde einen Bildmustervergleich macht, können innerhalb einer Fernsehbildperiode 20.000 abgespeicherte Muster mit dem aktuellen Bild einer Kamera verglichen werden. Dies kann zunächst zur vielseitigen Teileerkennung herangezogen werden, wobei die Teilezahl nicht 20.000 zu betragen braucht, sondern wenige Teile in unterschiedlicher Drehlage oder bei unterschiedlichen Beleuchtungen eingespeichert werden.

Im Hinblick auf das Thema Meßtechnik ist das Verfahren ebenfalls optimierbar, indem man ein Objekt in unterschiedlichster Position einspeichert und im Falle der Erkennung direkt seine Positionskoordinaten angeben kann.

Schließlich sind mit diesem Verfahren prinzipiell alle Ablauf- und Montagezustandskontrollen möglich, da man den Speicherumfang von 20.000 Bildern auch als vorgegebenen Videofilm von 400 Sekunden Länge auffassen und Zeitmessungen durchführen kann.

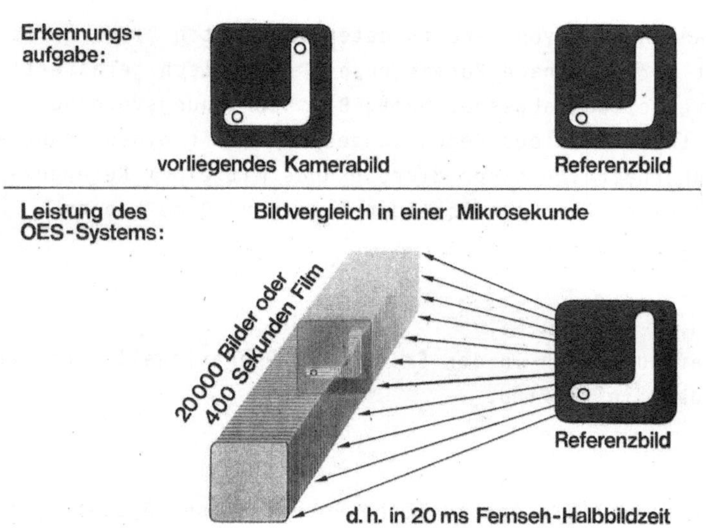

Abb. 2 OES, Erkennung einzelner Bilder aus einem großen Los

5. Ein Klarschriftlesesystem

Aufgabe:

Aufbauend auf dem für die Fa. Quelle entwickelten Omnidirektionalen Klarschriftleser OKL-PLZ 4, der relativ große Ziffern auf einem weißen Aufkleber liest, war ein System zu entwickeln, welches bei gleicher Fördertechnik sechzehnstellige Zahlen mit der Ziffernhöhe von nur 8 mm zu lesen gestattet.

Erschwerend wird verlangt, daß der Aufkleber nicht mehr das hellste Objekt im Bild darstellt, was zur Detektion desselben höchst vorteilhaft war. In diesem Anwendungsfall sollen beliebige Artikel, die zum Teil in glänzender Umhüllung vorkommen, sicher sortiert werden.

Technische Randbedingungen:

Objektausrichtung	omnidirektional
Transportgeschwindigkeit	1,4 - 1,8 m/s
Objekthöhe	1 mm - 550 mm
Größe der Lesezone	700 x 700 mm
Größe der Ziffern	8 x 4 mm, 1 mm Strichbreite
Anzahl der Ziffern	16
Prüfziffern	3
geforderte Nicht-gelesen-Rate	kleiner 2,5 %
geforderte Falsch-gelesen-Rate	kleiner 0,1 %

Batteriegepufferter Speicher für 120.000 gelesene Zahlen

Lösung:

Auf der bewährten technischen Konzeption wurde wie folgt aufgebaut: Da die lokale Auflösung der Kurzzeitbelichtungskamera nicht weiter heraufgesetzt werden kann, bei dieser Anwendung jedoch eine erheblich kleinere Schriftgröße zu lesen ist, mußte das Sehfeld der Kamera automatisch auf die erkannte Position des Aufklebers geschwenkt werden. Ein Satz von Diodenzeilenkameras mit entsprechender Auswertung stellt zu diesem Zwecke folgende Informationen bereit:

1) Position des Aufklebers auf der Schale
2) Geschwindigkeit des Aufklebers
3) Höhenlage des Aufklebers

Letztere Information wird benötigt, da das Kameraobjektiv je nach Höhe des Artikels bzw. des Aufklebers nachfokussiert werden muß.

Damit das bei der Postleitzahllesung verwendete Detektionsprinzip "Der Aufkleber ist das hellste Objekt im Bild" weiterverwendet werden kann, wurden fluoreszierende Aufkleber und eine UV-Beleuchtung eingeführt.

Bildverarbeitungsspezifische Charakterisierung:

Bei derart kooperativer Gestaltung der Ziffern und der Beleuchtung ist eine zweidimensionale Binärkorrelation als Erkennungsverfahren ausreichend. Der apparative Aufwand und damit der Entwicklungsaufwand liegen hier in der intersensoriellen Bildverarbeitung, d. h. dem Zusammenspiel von vier optronischen Sensoren.

Aktueller Stand und Ausblick:

Zwei derartige Anlagen sind bei Fa. Quelle seit ca. einem Jahr im täglichen Einsatz und zeigen die geforderte Lesesicherheit und Zuverlässigkeit. In ähnlich gelagerten Fällen komplexer Identifikationsaufgaben im Materialfluß ist die Ausweitung des Gerätekonzeptes auf andere Codes, wie z. B. den Balkencode, prinzipiell möglich.

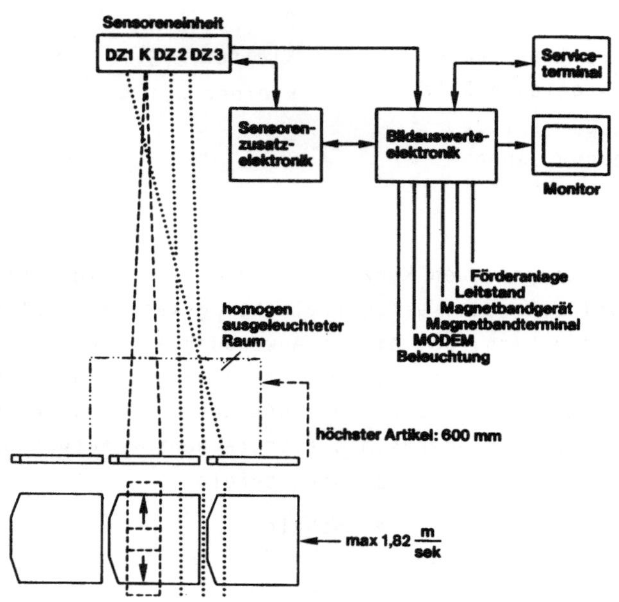

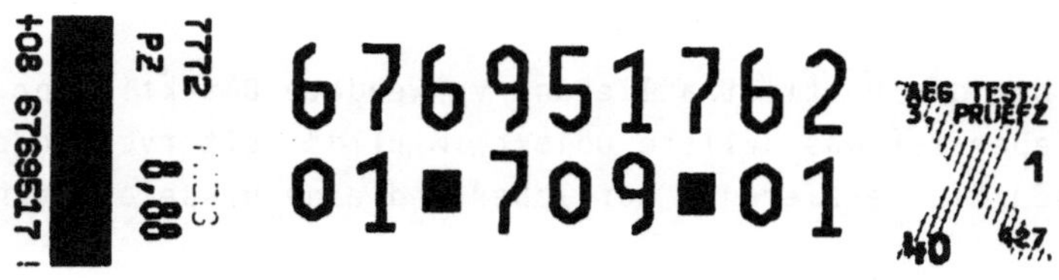

Abb. 3 OKL, Omnidirektionaler Klarschriftleser für "Kombilabel"

6. Ein System mit symbolischer Bildverarbeitung

Aufgabe:

Bei allen beschriebenen Erkennungssystemen sind pragmatische, aber relativ eng einsetzbare Bilderkennungsverfahren eingesetzt worden. Entweder war das Sehfeld stark eingeengt bzw. die Auflösung bewußt reduziert oder das Bildverarbeitungsverfahren auf Binärbilder beschränkt worden.

Das nun zu beschreibende Verfahren soll grundsätzlich flexibler ausgelegt werden, damit es den steigenden Anforderungen der Erkennung beliebiger Teile in einer "Fabrik der Zukunft" gerecht wird. Ferner soll es trotz großer Komplexität der Szenen in einfachster Weise auf neue Objekte umprogrammiert werden können.

Technische Randbedingungen:

Bauteile
- in beliebiger Form, Größe, Farbe
- unterschiedlichster Lieferqualität
- omnidirektional verdreht (auch räumlich)
- unterschiedlichster Beleuchtung
- teilweise einander überlappend

Programmierbar von einem Nicht-Bildverarbeiter

Anschluß handelsüblicher EDV-Peripherie

Erweiterbar auf neue Bildverarbeitungsverfahren

Die Abbildung 4 zeigt eine typische industrielle Szene, die annähernd anschaulich das Problem demonstriert.

Abb. 4 Industrielle Szene

Lösung:

Das bei uns in der Entwicklung befindliche System für die Verarbeitung industrieller Szenen wird aus einem handelsüblichen Mikrocomputerkern bestehen, der durch sehr leistungsfähige Bildvorverarbeitungsprozessoren unterstützt wird und völlig frei programmierbar gestaltet ist.

Bildverarbeitungsspezifische Charakterisierung:

Erstmals wird hier die Kombination schneller Vorverarbeitungshardware zur ikonischen Bildverarbeitung mit einer modellgestützten, auf eine Wissensbasis zurückgreifenden symbolischen Bildverarbeitung realisiert.

Aktueller Stand:

Das Gerät befindet sich in der Entwicklung. Innerhalb des BMFT-Verbundprojektes "Mehrstufige intersensorielle Bildverarbeitung" arbeiten wir zusammen mit unserem Forschungsinstitut in Ulm.

7. Gegenüberstellung der Erkennungssysteme

System	Aufgabe	BV-Sehfeld	Objektgröße	BV-Verfahren	Reifegrad	Anwendungsgebiete
1 TVRS	Abstand-Vermessg. und Kamera-nachführg.	512x512 Gesamt-bild	4x4 bis 64x64	zweidimens. Grauwert-korrelation	zur Vermessung v. Schiffsabständen im Einsatz	Soll-Lagevermessung eines oder mehrerer Objekte im Bild
2 OES	Szenendeutung ausgerichteter Objekte	Gesamtbild	beliebig	Grauwertmerkmalsvergleich	Pilotanlage in Erprobung	Montagezustandskontrolle, Objektsuche, Lagevermessung, Ablaufsteuerung, Zeitmessung usw.
3 OKL	Code-Erkennung	mehrere Bilder	Schriftgröße: z. B. 8x4 mm Schriftstärke: 1 mm	zweidimens. Korrelation	im Einsatz Erkennungssicherheit >97,5 %	Identifikationssysteme für diverse Codes
4 IBS	Szenendeutung beliebig verdrehter Objekte	dreidimensionale Bildinformationen	beliebig	ikonische und symbolische Bildverarbeitung	in Entwicklung	anspruchsvolle Erkennungsaufgaben

Abkürzungen:

TVRS: TV Reference System

OES: Optronische Erkennung und Sortierung

OKL: Omnidirektionaler Klarschriftleser

IBS: Integriertes (industrielles) Bildverarbeitungssystem

8. Ausblick

Die vorstehenden Erläuterungen haben gezeigt, daß es "das" universelle Bildverarbeitungssystem noch nicht gibt, ähnlich wie es "den" Computer nicht gibt, der für alle Einsatzbedingungen der industriellen Technik optimal geeignet wäre.

Offenkundig ist jedoch überall das Bestreben, bald ein Bildverarbeitungssystem zu besitzen, das vom Standpunkt der Erkennungsalgorithmen und der Flexibilität ein möglichst großes Feld von Applikationen abdeckt. Da jedoch ein Erkennungssystem nur ein Teil einer komplexen Systemlösung ist und bereits bei der Bildaufnahme nicht mit querschnittlichen Lösungen gerechnet werden kann, wird auch in Zukunft niemand mit einer alle Probleme lösenden Gerätekonfiguration an den Markt gehen können.

ARCHITEKTUR UND OPERATIONSPRINZIP MODERNER LEITSYSTEME

ARCHITECTURE AND OPERATION PRINCIPLE OF MODERN COMPUTER CONTROL SYSTEMS

Th. Lalive d'Epinay und S. Züger
BBC Brown, Boveri & Cie.
Baden, Schweiz

Summary

The architecture of modern computer control systems is characterized by a distributed system structure. The communication architecture determines the basic operational principle.

The computer system has to provide appropriate solutions for the hierarchically layered control system.

The superior control levels are determinded by complex computations with limited real-time constraints. The communication interface for all cooperating functions is a distributed real-time database. An optimized system architecture in hardware and software facilitates the design of redundant systems.

The lower control levels are dominated by the real-time functions control, process-input/output and data acquisition. The realization of complex functions is achieved through division in a large number of partial functions which are executed by distributed, microprocessor-based units. An optimal cooperation of this parallel units requires an efficient and flexible communication system. Broadcasting of source-addressed messages is introduced as a basic communication principle.

Engineering and programming of a computer control system are supported by computer aided tools, where graphical programming languages play an important role.

1. Verteilte Systemstruktur

Ein Kennzeichen moderner Leittechniksysteme ist die verteilte Systemstruktur. Das Adjektiv "verteilt" steht bei den einzelnen Systemrealisierungen für unterschiedliche Arten der Verteilung. Allen Systemen gemeinsam ist eine Form der funktionellen Verteilung. Die Gesamtfunktion wird auf parallel arbeitende Funktionseinheiten verteilt. Die übergeordnete Koordination und der Datenaustausch erfolgen über ein globales Kommunikationssystem. Diese Definition für verteilte Systeme umfasst den Bereich vom enggekoppelten Mehrprozessorsystem für schnellste Regel- und Steueraufgaben bis zum landweit verteilten Netzleitsystem.

Von einem geographisch verteilten System wird in der Regel erst gesprochen, wenn die Funktionseinheiten über einige Meter verteilt angeordnet werden können.

Die verteilte Systemstruktur als grundlegender Architekturansatz bietet eine Reihe von Vorteilen bei der Realisierung einer leittechnischen Anlage.

Der modulare Aufbau eines verteilten Systems erlaubt die Anpassung der installierten Systemleistung entsprechend der Aufgabenstellung. Die Leistung kann während der Projektierungsphase und bei nachträglichen Erweiterungen ohne Probleme verändert (erhöht) werden.

Erhöhte Verfügbarkeits- bzw. Sicherheitsanforderungen können nur durch den Einsatz von redundanten Funktionseinheiten erfüllt werden /13/. Jedes redundante System ist auch ein verteiltes System, in dem identische Teilaufgaben mehrfach ausgeführt werden. Bei einem verteilten System besteht die Möglichkeit, nur die kritischen Teile redundant auszuführen (projektierbare Fehlertoleranz). In nicht redundanten Systemteilen ist bei Ausfall einer einzelnen Funktionseinheit vielfach ein sinnvoller Teilbetrieb weiterhin möglich (graceful degradation). Erhöhte Verfügbarkeitsanforderungen verlangen zusätzlich eine räumlich getrennte Aufstellung der redundanten Funktionseinheiten.

Die Sensoren und Aktuatoren sind über den Automatisierungsprozess verteilt angeordnet. Die geographisch verteilte Aufstellung der Leitanlage erlaubt unter anderem eine wesentliche Verringerung des Aufwandes für Planung und Installation der Prozessverkabelung.

Rechenleistung wird heute am preisgünstigsten in Form von Mikrocomputersystemen realisiert /5/. Mittels eines verteilten Systems können damit auch grosse Rechenleistungen kostengünstig bereitgestellt werden. Die Leistung fällt dabei in paralleler Form an. Voraussetzung für die effektive Nutzung der Leistung ist eine Zerlegung des Gesamtproblems in weitgehend autonome Teilaufgaben, die parallel ausgeführt werden können. Die Kommunikationsarchitektur muss effiziente Mechanismen für den Datenaustausch zwischen den Teilaufgaben bereitstellen.

Für leittechnische Aufgaben ist die Gliederung in parallel bearbeitbare Teilaufgaben in der Regel bereits durch die Prozessstruktur und Planungsmethodik begünstigt.

Bei der Planung und Projektierung einer leittechnischen Anlage erfolgt (unabhängig vom Lösungsmittel) eine hierarchische Strukturierung der Aufgabenstellung. Zum einen wird eine vertikale Gliederung in die hierarchischen Automatisierungsebenen vorgenommen (Bild 1). Parallel dazu erfolgt eine horizontale funktionsorientierte Aufteilung in weitgehend unabhängige Teilfunktionen (z.B. Regel- und Steuerfunktionen). Für die Teilaufgaben wird eine (quasi-)parallele Ausführung angenommen.

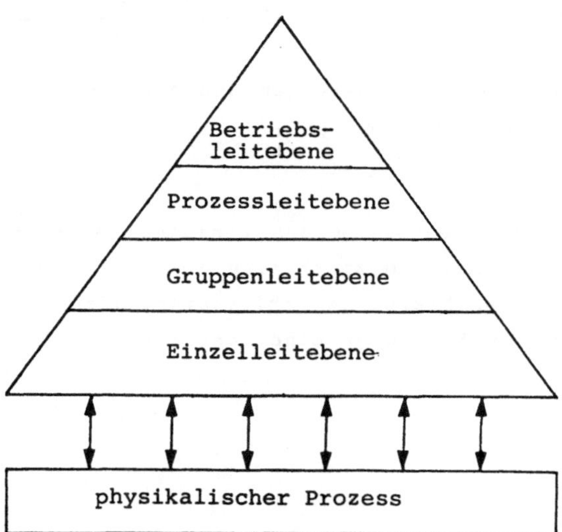

Bild 1: Lösungsstruktur der Automatisierungsaufgabe

Ueber die Automatisierungshierarchie ergeben sich deutliche Unterschiede in der Aufgabenstellung, die sich auch in den Anforderungen an das Lösungsmittel niederschlagen. Bild 2 zeigt die generelle Tendenz der zunehmenden Komplexität der Teilaufgaben bei abnehmenden Echtzeitanforderungen in den höheren Leitebenen.

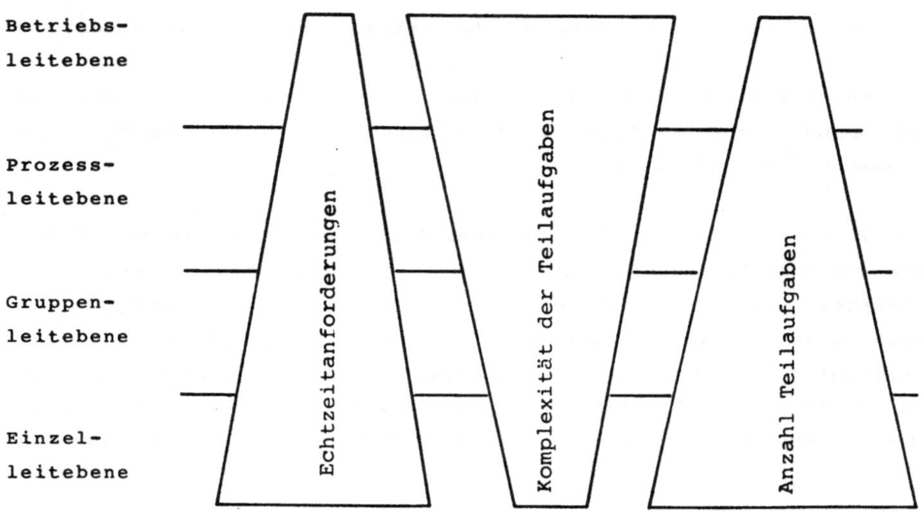

Bild 2: Veränderung der Anforderungen und Aufgabenstruktur über Automatisierungshierarchie

Für die Lösung der Aufgaben in den einzelnen Automatisierungsebenen stellt ein Leittechniksystem angepasste Hard- und Softwarekomponenten bereit. Die grosse Bandbreite der Anforderungen führt zu mehrstufigen Lösungsstrukturen. Bild 3 zeigt eine Lösung mit zwei gekoppelten verteilten Systemen.

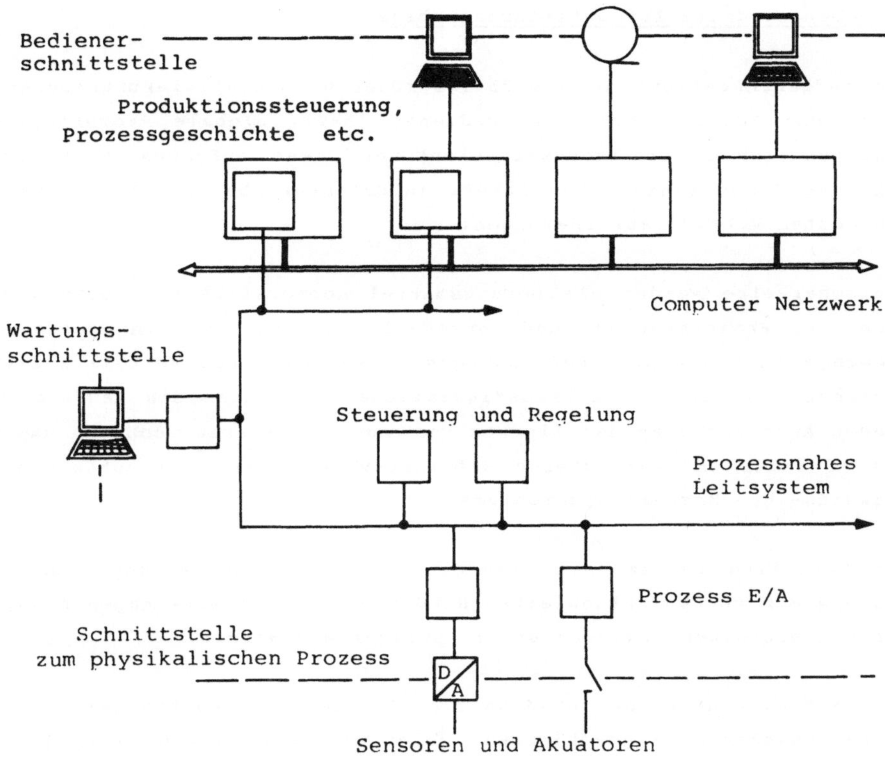

Bild 3: Struktur eines verteilten Leitsystems

2. Uebergeordnete Automatisierungsebene

Die Aufgabenstellung in den übergeordneten Automatisierungsebenen umfasst die Schnittstelle zum Bediener (MMK), globale Prozessoptimierungsfunktionen und Produktionslenkung. Diese Aufgaben sind gekennzeichnet durch einen hohen Anteil an Datenverarbeitungsfunktionen mit begrenzten Echtzeitanforderungen.

Typischerweise werden als Lösungsmittel kommerziell erhältliche Minicomputer, Prozessrechner und Workstations eingesetzt. In modernen Systemen werden Einzelrechnerlösungen zunehmend durch verteilte Systeme abgelöst. In Einzelrechnerkonfigurationen verlangen die laufend wachsenden Anforderungen den Einsatz von immer grösseren Rechnern und führen zu immer umfangreicheren Softwaresystemen mit den entsprechenden Entwurfs- und Erstellungsproblemen.

Der verteilte Systemansatz ermöglicht die Bereitstellung eines Baukastens mit vorkonfektionierten Hardware- und Softwarekomponenten, die für den einzelnen Anwendungsfall konfiguriert werden.

Alle Softwarefunktionen sind an ein globales Datenbanksystem mit Echtzeiteigenschaften angeschlossen. Ueber die Datenbank erfolgt die Kommunikation zwischen den Teilfunktionen und mit den untergeordneten Leitebenen. An das Datenbanksystem werden hohe Anforderungen bezüglich Zugriffszeit gestellt, die nur durch optimierte Lösungen erfüllt werden. Für zeitkritische Zugriffsfunktionen erfolgt die Datenhaltung im Hauptspeicher und eine Beschränkung der Konsistenzsicherung auf das Notwendige.

Der Uebergang zu verteilten Systemstrukturen erfordert die Fähigkeit für Datenbankzugriffe über das Kommunikationssystem. Ein verteiltes Echtzeitdatenbanksystem stellt einen umfassenden Lösungsansatz für die Kommunikationsaufgaben dar. Ein repliziertes Datenhaltungskonzept erlaubt für zeitkritische Zugriffsfunktionen das Anlegen lokaler Kopien von Datenbankausschnitten. Die replizierte Datenablage bildet die Grundlage für den Aufbau von fehlertoleranten Systemen.

Die Implementation der replizierten Datenhaltung erfordert eine Multicast- oder Broadcast-Kommunikation zwischen den Knoten. Der Eintrag eines neuen Datums in die Datenbank muss in allen betroffenen Kopien konsistent nachgeführt werden. Ein unterliegendes Kommunikationssystem, das die Broadcastfunktion unterstützt, erlaubt eine effiziente

Implementierung /8, 11/. Für die Nachführung aller lokalen Kopien eines Datums genügt die Uebertragung einer Broadcastnachricht, die die Aufdatierung aller lokalen Kopien anstösst.

Die Kommunikationssysteme in den übergeordneten Leitebenen setzen auf lokalen Computernetzwerken auf. In der Leittechnik werden bevorzugt Systeme mit dem "Tokenpassing" Buszuteilungsverfahren eingesetzt. Dieses Verfahren gewährleistet auch bei hoher Systemauslastung für alle Teilnehmer deterministische Zutrittszeiten.

Wenn das maximale Kommunikationsaufkommen beschränkt ist, weisen auch Systeme mit dem nichtdeterministischen CSMA/CD-Zutrittsverfahren (z.B. Ethernet IEEE 802.3) ein ausreichendes Echtzeitbetriebsverhalten auf.

Bis zu mittleren Uebertragungsraten von 20 Mbit/s wird wegen der einfacheren Ankopplung und Kabelführung die Bustopologie bevorzugt /11, 14/. Für Höchstleistungssysteme /12/ werden zur Verringerung des Einflusses der Signallaufzeiten Ringtopologien benutzt.

Für die meisten Anwendungen reicht die Uebertragungsleistung von Bussystemen aus. Messungen haben ergeben, dass heute in praktischen Anwendungen die Protokollverarbeitung in den Knoten der begrenzende Faktor für die effektive Uebertragungsleistung ist und nicht die Uebertragungsrate /7/.

In Zukunft wird MAP (Manufacturing Automation Protocol), als herstellerunabhängiges Kommunikationssystem wachsende Bedeutung erlangen. Das Konzept basiert auf dem Token-Bus-Protocol nach IEEE 802.4 und dem ISO/OSI Standard für die höheren Kommunikationsprotokolle. Das primäre Einsatzgebiet von MAP liegt bei der Kopplung von Automatisierungssystemen verschiedener Hersteller. Das komplexe Protokoll führt zu relativ hohen Reaktionszeiten und einer losen Kopplung der Knoten, so dass der Einsatz sich auf übergeordnete Automatisierungsebenen konzentrieren wird. Typische Knoten, die mit MAP verbunden werden, sind übergeordnete Leitrechnersysteme und Automatisierungsinseln /14/.

3. Prozessnahe Automatisierungsebenen

In den prozessnahen Leitebenen bilden das Schwergewicht der Aufgaben die Echtzeitfunktionen Regelung, Steuerung, Messwertaufbereitung und Prozess-Ein-/Ausgaben (E/A). Eine Leittechniksystemfamilie umfasst eine Palette spezialisierter E/A-Moduln mit Anpassschaltungen für die unterschiedlichen Arten von Prozess-Signalen (z.B. digital, analog, EMV-Störpegel usw.). Die Systemfamilie wird abgerundet durch freiprogrammierbare Verarbeitungseinheiten für Regel- und Steueraufgaben, Kopplern zu den übergeordneten Automatisierungsebenen und Infrastrukturmoduln für die Ankopplung an das Kommunikationssystem, die Stromversorgung etc.

Die gesamte Automatisierungsfunktion ist gegliedert in Teilfunktionen, die unter Berücksichtigung der logischen und geographischen Struktur des physikalischen Prozesses auf die Funktionseinheiten abgebildet werden.

Die erste Stufe der Signalverarbeitung erfolgt in den E/A-Baugruppen. Intelligente E/A-Baugruppen führen Funktionen wie Grenzwertüberwachung, programmierbare Filteralgorithmen u.ä. durch. Diese lokale Signalvorverarbeitung führt zu einer Datenkompression und entlastet das Kommunikationssystem und die freiprogrammierbaren Verarbeitungseinheiten.

Die Programmausführung in den Funktionseinheiten erfolgt in der Regel zyklisch oder zeitgesteuert mit festen Abtastintervallen. Komplexere Funktionseinheiten erlauben die quasi parallele Ausführung mehrerer Tasks mit projektierbaren Abtastzeiten. Die zeitgesteuerte Programmausführung kommt mit einem minimalen internen Verwaltungsaufwand aus, ist robust und garantiert die Einhaltung der Echtzeitanforderungen ohne aufwendige Programmanalysen.

Die Funktionseinheiten sind über das Kommunikationssystem miteinander verbunden. Das Kommunikationssystem wird abhängig von geographischer Ausdehnung und Datenvolumen vorteilhaft bitseriell oder wortparallel ausgeführt. Ein Parallelbus bietet im lokalen Bereich eine hohe Uebertragungskapazität. Dieses Potential wird vorallem bei Mehrrechnersystemen für schnellste Regelungs- und Steuerungsaufgaben benötigt. Ein serieller Bus ermöglicht direkt den Aufbau von geographisch verteilten Systemen. Die Realisierung des Kommunikationsinterfaces mittels hochintegrierter Bauelemente erlaubt den direkten Anschluss von einzelnen

Baugruppen an das serielle Uebertragungssystem. Dies ermöglicht den Aufbau von verteilten Systemen mit einer homogenen, durchgängigen Struktur. Sämtliche Funktionseinheiten sind direkt - ohne zwischengeschaltete Koppelgeräte und Protokollumsetzungen - verbunden. Diese einstufige Systemstruktur mit einem durchgängigen Uebertragungsprotokoll erlaubt die einfache Handhabung des verteilten Systems.

Die Analyse der Kommunikationsaufgaben im prozessnahen Bereich ergibt, dass der Hauptanteil des Datenvolumens aus der Uebertragung von Prozesswerten in Echtzeit resultiert. Das Kommunikationssystem soll diese Uebertragung optimal unterstützen /6, 10/.

Die Datenstrukturen von Prozesswerten sind im typischen Falle sehr einfach; sie umfassen einzelne Bits für binäre Signale und 8 - 32 Bits für die Darstellung analoger Grössen. Veränderungen von Prozesswerten können daher ohne bedeutenden Mehraufwand durch die direkte Uebertragung des neuen Zustands angezeigt werden.

Die Uebertragung einer Zustandsnachricht bewirkt beim Empfänger die Aktualisierung der lokalen Kopie der Prozessvariablen /3, 4/. Auf eine Fifopufferung der Nachrichten kann verzichtet werden, da der Empfänger an dem aktuellen Prozesszustand interessiert ist. Die Summe der lokalen Kopien der Prozessvariablen kann als ein verteilter globaler Speicher betrachtet werden.

Bei Verwendung des Speichermodells als Puffermechanismus beim Empfänger kann ein einfaches Uebertragungsprotokoll ohne Flusskontrolle verwendet werden. Der Wegfall komplexer Protokollhierarchien erlaubt eine Realisierung des Protokolls vollständig in Hardware. Der Wegfall von SW-Treibern ergibt extrem kurze Reaktionszeiten (in der Grössenordnung von Mikrosekunden).

Die Uebertragung einer Zustandsnachricht erfolgt zeitgesteuert oder ereignisgesteuert bei signifikanter Aenderung des Prozesswertes. Die zeitgesteuerte Uebertragung - mit individuell einstellbaren Abtastzeiten - kommt mit einem minimen Verwaltungsaufwand aus und garantiert gleichzeitig die Einhaltung der Echtzeitbedingungen. Bei der ereignisgesteuerten Uebertragung muss ein Zusatzaufwand für die Arbitrierung gleichzeitig auftretender Ereignisse in Kauf genommen werden. Eine ereignisgesteuerte Uebertragung bietet Vorteile, wenn kurze Reaktionszeiten bei selten eintretenden Ereignissen gefordert werden.

Die Analyse des Datenflusses zwischen den Funktionseinheiten zeigt, dass die Prozesswerte einer Funktionseinheit in der Regel von mehreren Empfängern gebraucht werden, z.B. wird ein Messwert für die Regelung benötigt und gleichzeitig in der Warte angezeigt. Die Anzahl und Identität der Empfänger einer Nachricht sind dem Sender nicht a priori bekannt.

Einen eleganten Lösungsansatz bietet die Broadcast-Kommunikation /2, 3/. Analog zu einem Rundfunksender werden die Informationen allen potentiellen Empfängern zur Verfügung gestellt, die Selektion der relevanten Informationen erfolgt durch den Empfänger. Für die Kennzeichnung der Nachrichten kann die systemweit eindeutige Quellen(Absender)-Adresse der Prozessvariablen benutzt werden. Die Sender bezeichnen die Nachrichten mit der eigenen Quellenadresse.

Empfangsseitig wird den Signalsenken eine Quellenadresse beigeordnet. Die Senke übernimmt die Dateninhalte der Nachrichten mit der entsprechenden Quellenadresse.

Einen besonderen Problemkreis bei der Broadcast-Kommunikation stellt die Absicherung der Uebertragung mittels Empfangsbestätigungen dar. Da die Anzahl und die Identität der Empfänger dem Sender nicht bekannt sind, ist eine Bestätigung durch alle Empfänger im System erforderlich. In Konfigurationen mit einer kleineren Anzahl (30...100) von Teilnehmern kann die Empfangsbestätigung durch eine Sequenz von Einzelbestätigungen realisiert werden /11/. Für eine grössere Zahl von Teilnehmern wird das Verfahren ineffizient. Eine Lösung, deren Zeitbedarf unabhängig von der Anzahl Teilnehmer ist, ergibt sich bei einer parallelen Verknüpfung aller Empfangsbestätigungen auf dem Uebertragungkanal mittels eines "wired and". Eine konkrete Systemrealisierung benutzt zu diesem Zweck einen dedizierten Uebertragungskanal. Im Ruhezustand sendet jeder Teilnehmer ein Rauschsignal aus. Der Empfang einer gültigen Nachricht wird durch das Wegnehmen des Rauschsignals gemeldet. Die Detektion von Ruhe auf dem Uebertragungskanal zeigt dem Sender an, dass sämtliche (aktiven) Teilnehmer die Nachricht empfangen haben. Für die Erkennung des Ausfalls von Teilnehmern sind zusätzliche Ueberwachungsmechanismen notwendig /1/.

4. Rechnerhilfsmittel für Erstellung und Betrieb einer Leitanlage

Die Planung, Projektierung, Inbetriebnahme und Pflege einer Leitanlage muss durch rechnergestützte Hilfsmittel (CAD, CAE etc.) unterstützt werden.

Seit geraumer Zeit wird die Programmierung der Steuer- und Regelalgorithmen durch graphische Programmiersprachen unterstützt. Als Programmdarstellung hat sich in der Leittechnik der Funktionsplan für kontinuierliche Regel- und Steuerfunktionen etabliert. Die Programmierung von Ablaufsteuerungen erfolgt mittels Ablaufplänen. Die graphischen Programmiersprachen basieren auf den theoretischen Grundlagen funktionaler Programmiersprachen und Petri-Netzen. /9/

Funktionsplan

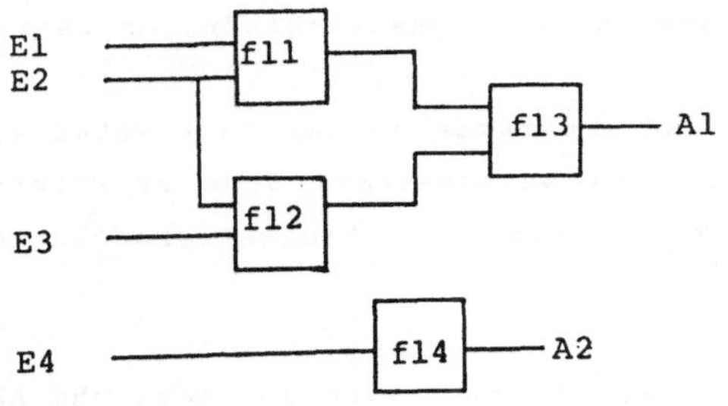

Ablaufsteuerung

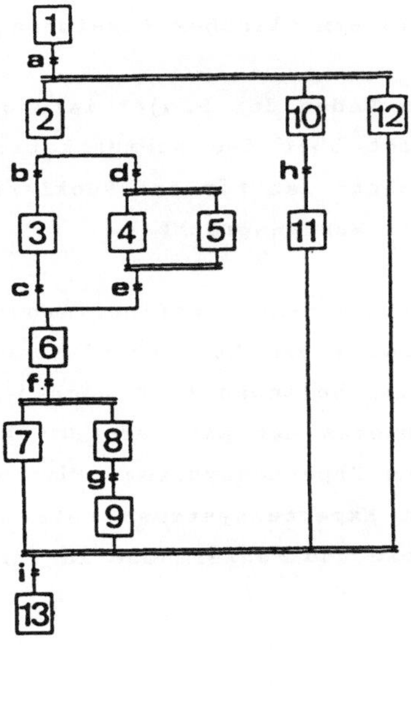

Bild 4: Graphische Programmdarstellung

Die Programmierumgebung für die graphische Programmierung umfasst einen Satz von Werkzeugen. Ein syntaxgesteuerter, graphischer Editor unterstützt die Programmerstellung. Uebersetzer und Kommunikationsprogramme bilden die Schnittstelle zum Zielsystem. Für Test und die Fehlersuche können on line aktuelle Signalzustände in die Graphik eingeblendet werden. Die Programmiersysteme sind heute in der Regel auf Standard Personal-Computer ablauffähig.

Die bisherigen Programmiersysteme sind ausgelegt für die Programmierung eines Verarbeitungsgerätes durch einen Programmierer. Bei der Projektierung einer grösseren verteilten Anlage bearbeiten parallel mehrere Leute einzelne Teilaufgaben. Zur Unterstützung der Projektabwicklung müssen die einzelnen Arbeitsplätze in Verbindung mit einer Projektdatenbank betrieben werden. Dies ermöglicht die Sicherstellung der Konsistenz der Schnittstellen zwischen den Teilaufgaben und die Verwaltung projektglobaler Informationen. Die Informationen der Projektdatenbank erlauben eine automatische Konfigurierung der Kommunikationsschnittstellen im verteilten System. Die Projektierung legt mittels symbolischer Bezeichner die notwendigen Signalverbindungen fest.

Das Laden der Projektierungsdaten und Programme in das Leitsystem erfolgt über das Kommunikationssystem des Leitsystems. Jede Funktionseinheit ist für das Rücklesen und Einschreiben von Projektierungsdaten über Bus ansprechbar.

Weitergehende Konfigurierungswerkzeuge, die z.B. eine automatische Abbildung der Leittechnikfunktionen auf ein verteiltes System ermöglichen, befinden sich noch im Experimentierstadium. Derartige Werkzeuge basieren auf Methoden der künstlichen Intelligenz und sind ausgewachsene Expertensysteme. Ein weiteres Aufgabengebiet, in dem der Einsatz von Expertensystemen untersucht wird, ist die Unterstützung der Diagnose und Fehlersuche in verteilten Leitsystemen.

5. Literatur

/ 1/ Gratzki, V., Stöckler, H.P. und Zimmermann H., "Digitales, dezentrales Kraftwerks-Leitsystem mit Busübertragung", VGB-Kraftwerkstechnik, Vol. 58, No. 6, Juni 1978, 407-413.

/ 2/ Güth, R., Lalive d'Epinay, Th., "The Distributed Data Flow Aspect of Industrial Computer Systems", Proceedings of the 5th IFAC Conference on Distributed Computer Control Systems, Sabi Sabi, South Africa, April 1983, 1-8.

/ 3/ Güth, R., Kriz, J., Züger, S., "Broadcasting Source-addressed Messages", Proceedings of the 5th IEEE Conference on Distributed Computing Systems, Mai 1985, 108-115.

/ 4/ Houser, K.D., "Data Highway Provides Database Management", Computer Design, Vol. 22, No. 13, November 1983, 118-125.

/ 5/ Kleinrock, L., "Distributed Systems", IEEE Computer, Vol. 18, No. 11, Nov. 1985, 90-102.

/ 6/ Kramer, J., Magee, J. Sloman, M., and Lister A., "CONIC: an Integrated Approach to Distributed Computer Control Systems", IEE Proceeding, Vol. 130, Pt. E, No. 1, January 1983, 1-10.

/ 7/ Le Blanc, T.J., Cook, R.P., "An Analysis of Language Models for High-Perfomence Communication in Local-Area Networks", ACM Sigplan Notices, Vol. 8, No. 6, June 1983, 65-72.

/ 8/ Muheim, J.A., "Procontrol 160, das verteilte Prozessrechner-Leitsystem von BBC", Brown Boveri Technik, Vol. 72, No. 6, Juni 1985, 285-291.

/ 9/ Schillinger, D. und Kaufmann, F., "A High Level Control Language Based on Functional Programming", IEEE IECON 85, Vol. 2, Nov. 1985, 788-793.

/10/ Schöffler, J.D., "Distributed Computer Systems for Industrial Process Control", Computer, Vol. 17, No. 2, Feb. 1984, 11-18.

/11/ Steiner, P., Müri, K. und Funk, G., "Prozessangepasste Kommunikation in Multiprozessorsystemen", Bulletin SEV/VSE, Vol. 71, No. 17, Sept. 1980, 941-945.

/12/ Tanaka, S., Sakai, T., Hirayma, H. "Distributed Control System for Combined Cycle Power Plant", 6th IFAC Workshop on Distributed Computer Systems, May 1985, Moterey CA.

/13/ Wensley, J.H., Lamport, L., Goldberg, J., Green, M.W., Levit, K.N. Melliar-Smith. P.M., Shostak, R.E. Weinstock, C.B,. "SIFT the Desing and Analysis of a Fault Tolerant Computer for Aircraft Control", Proceedings of the IEEE, Vol. 66., No. 10, October 1978, 1240-1255.

/14/ "Manufacturing Automation Protocol (MAP)", Elektronik, Vol.34, No. 21, Okt. 1985, 232-237.

BATCH PROCESS CONTROL AND RECIPE MANAGEMENT USING A DISTRIBUTED CONTROL SYSTEM

DISKONTINUIERLICHE PROZEßREGELUNG UND REZEPTVORGABE MIT HILFE VON VERTEILTEN PROZEßLEITSYSTEMEN

Y. Sakaki, K. Matsunaga
Yokogawa Hokushin Electric Corp.
Tokyo, Japan

I. W. Hoekstra
Yokogawa Electrofact B. V.
Amersfoort, The Netherlands

ZUSAMMENFASSUNG

In modernen Anlagen werden heutzutage vielseitige und unterschiedlichste Produkte hergestellt. Automationssysteme für Chargenprozesse müssen den Anwender in die Lage versetzen, schnellstens neue Rezepturen anzuwählen und zu fahren oder Mengenzuteilungen und Chargendaten zu ändern. In diesem Artikel wird ein modernes, dezentrales Prozeßleitsystem für Chargen- und Mischungsprozesse mit leistungsfähigen, auf Entscheidungstabellentechnik beruhenden Steuerungsabläufen vorgestellt. In diesem System werden Rezepturdaten und Steuerungsprozeduren im "Download-Verfahren" von der zentralen Bedien- und Beobachtungsstation auf die dezentralen Prozeßstationen geführt - somit können Rezepturen und Steuerungen auch "On-Line" durch den Bediener verändert werden.

INTRODUCTION

Compared with continuous processes, batch processes are difficult to control for the following reasons:

+Batch processes are typically "critical" or "unstable" processes - exothermic reactions, or nonlinear processes with dead time, for example.
+Most batch processes require operator intervention, so are difficult to automate fully.
+Batch processes in general require complex sequences and interlocks. E. g. sequences which monitor operator inputs and process status, and handle the necessary mode and status transitions (such as to "pause" and "restart" a batch process), are very complex.
+Small-quantity, multi-product, multi-stream batch applications may require a variety of recipes and a variety of different batch sequences. (The control system should ideally handle complex recipe-switching sequences automatically).
+Batch scheduling can also be complex. (Batch scheduling features are desirable).

Present-day batch processes require powerful, complex control systems;

some multi-product applications, for example, require control systems with the ability to change both the batch recipe and control sequence automatically, according to the product.

HIERARCHICAL BATCH PROCESS CONTROL SYSTEM

Hierarchical distributed control systems can provide the necessary features and flexibility (1), (2). Figure 1 shows the distribution of functions in our hierarchical (multi-layer) distributed batch process control system. The lowest (first) layer defines elements such as regulatory control elements, logic (sequence) elements and calculation blocks. These elements are supplied as standard modules and customized (generated) by filling in a "fill-in-the-blanks" menu. The second layer describes batch-unit sequence details. The third layer supervises unit sequencing. The main functions of this layer are mode/status control and phase progress control. The highest layer corresponds to advanced batch process control functions such as recipe handling. Such management-level functions are usually performed by operator stations. Definition of the elements in each layer of this hierarchy is the first step in the batch process design procedure.

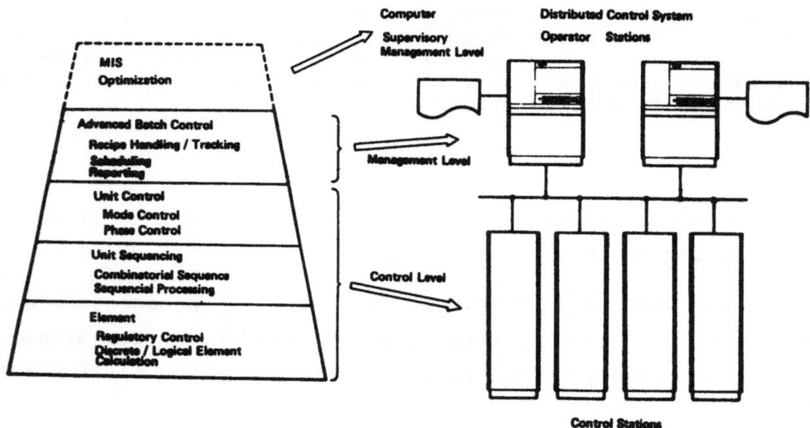

Figure 1. Hierarchy of Batch Process Control

CONTROL-LEVEL DESIGN PROCEDURE

Description of Sequence Control Functions

For complex batch processes, the method used to describe the sequence control functions should be able to:

+ Clearly show the hierarchical structure;

+Represent both combinatorial logic and sequential step progress;
+Describe not only logical (sequence) elements but also regulatory control and calculation functions;
+Allow sequence specifications to be represented briefly, intuitively and accurately;
+Allow sequence specifications to be written in a form that can be used "as is" to generate a sequence control "database";
+Be easy for process engineers who are not computer programmers to use;
+Be easy to maintain, and self-documenting.

Timing diagrams, ladder diagrams and problem-oriented languages are the usual methods used to describe sequences, but in this system, a decision table method is adopted because it provides the desirable features described above [4].

Decision Table

Figure 2 shows a basic decision table. In the condition stub part, inputs or condition signals are described, and in the action stub part, corresponding details of actions are described. The sequence logic is described in the condition and action entry parts of the table.

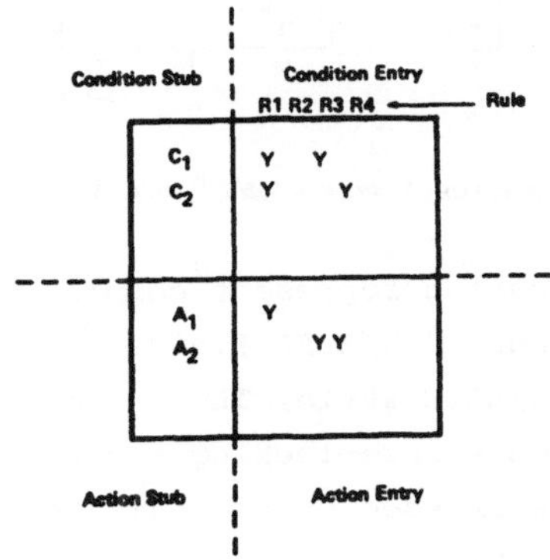

Figure 2. Decision Table (Basic Type)

Enhancements to Decision Tables

Some functional enhancements have made the decision table a powerful tool to describe batch process control system Figures 3 (a)-(f) illustrate these enhancements.

(a) Our decision table can be linked to various functions, such as regulatory control elements, relational or calculation blocks. This allows complex sequences to be combined with regulatory control.

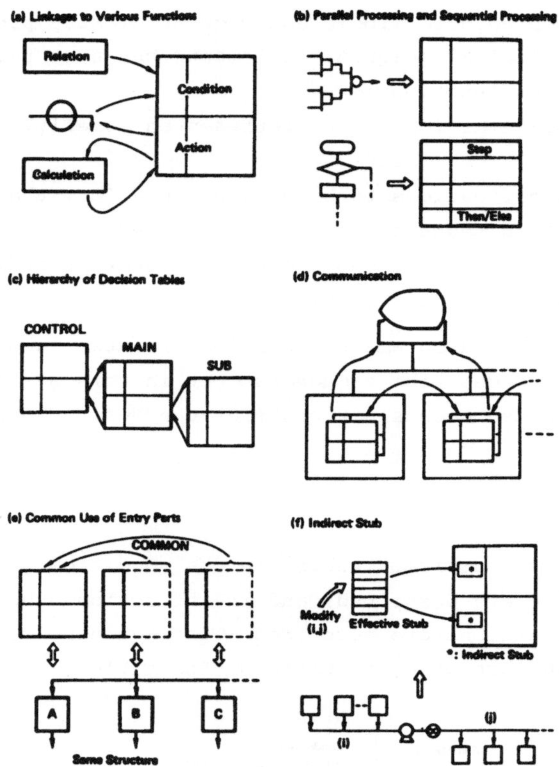

Figure 3. Enhancements of Decision Table Functions

(b) Even simple decision tables can represent complex combinatorial logics. Also, simply adding STEP and THEN/ELSE fields allows sequence progress to be described in IF/THEN/ELSE style. Thus, two types of sequences peculiar to batch processes - interlocking sequences, and step or phase sequences - can be expressed by the same method.

(c) Our decision tables can be hierarchically linked, so it es easy to create a hierarchical batch process control system.

(d) Decision tables in different control stations can communicate with each other. This function makes it easy to design a complex batch process control system involving many batch units and control stations.

(e) In batch processes, units with the same function are often arranged in parallel, and the logic is the same, but the condition and action signals are different. With our decision tables, the logic entry part can be shared (treated as a subroutine). This technique not only uses the memory capacity of the control stations more effectively but also eases the work involved in design, sequence "database" entry and debugging.

(f) Some batch plants consist of large numbers of storage tanks and batch reactors which can be connected by any of several lines. In such cases, the number of possible combinations ($i_x j$) is very large, but only one transfer sequence is executed at a time. For such cases (where the reactor and source are variable), an "Indirect Stub" function can be used to modify the sequence stubs according to the units i, j selected.

Basic Design

Figure 4 is an example of decision table "frame design" for a single batch unit, a reactor in this example. The reactor sequence progresses as a series of phases such as feeding, heating, colling etc. These detailed sequences are described in sequential processing tables, and interlocking or monitoring items are described in parallel processing tables. On a macro scale, the status or mode of this reactor is defined by operator intervention or external events. For example, automatic sequences are started by a "START" command, and the sequence may be "paused" or "restarted" by the operator. The modes and events which change sequence status are defined by a mode/phase control table. The phase-end signal, and emergency statuses detected by the monitoring table, are also entered in this table. The Mode/Phase Control Table controls execution of the Scheduler Table which defines the order of the phases. This concept of functional allocation and hierarchy can be applied to almost all batch units.

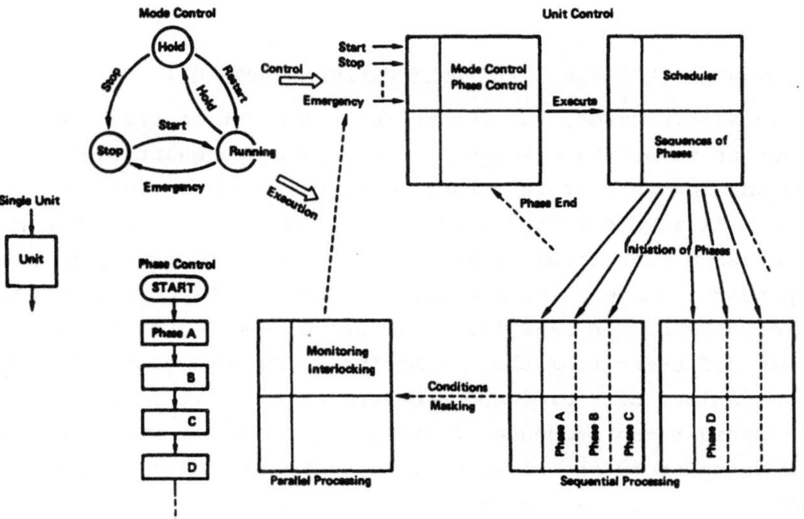

Figure 4. Basic Design for a Single Unit

Design of Complex Process

A batch process usually involves two or more batch units. These units are arranged in series or parallel, or in a series/parallel combination. Figure 5 shows the general structure of a complex process. Complex processes may seem extremely difficult to design, but they can be easily designed by treating them as combinations of simple processes. For complex processes, mutual interlocking must be considered. Interlocking is necessary, for example, to control the use of common (shared) resources.

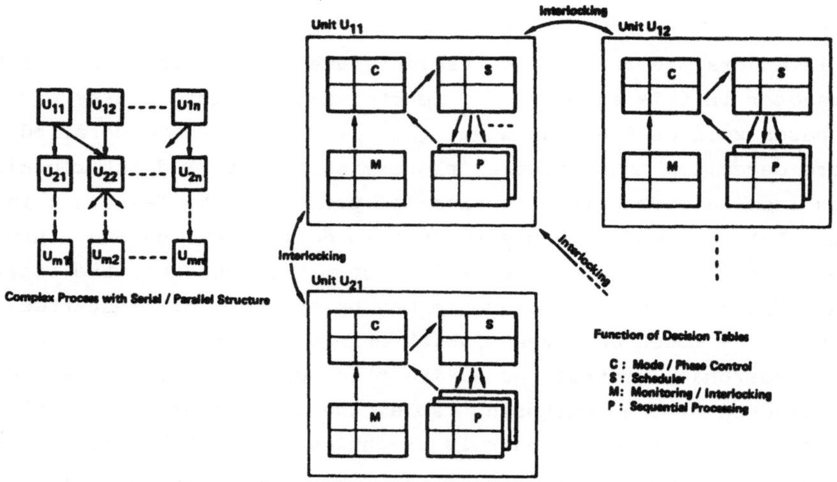

Figure 5. Design for a Complex Process

Recipe-and-Sequence Changes ("Recipe-Modified Sequence")

In relatively simple cases, the recipe for a product consists only of parameters such as temperature setpoints, raw material quantities, flow rate and so on. However, if the order or combination of steps in the sequences - as well as the recipe parameters - change, the sequence control function becomes more complex. Nowadays it is often necessary to produce different products whose batch sequences as well as batch recipe parameters are different. For example, in Figure 6, the sequence for Recipe 1 is completely different from that of Recipe 2. Our decision table method can handle a variety of recipe-and sequence sets. In this case, a scheduler table decides the sequence of phases, and the effective sequence stubs are downloades by the management-level recipe handling function. Frame design is the same as for the basic design described above.

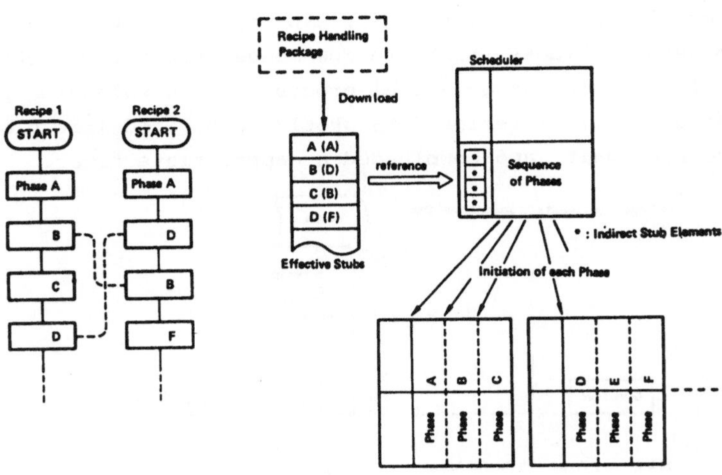

Figure 6. Design of Recipe - Modified Sequence

MANAGEMENT-LEVEL FUNCTIONS

The recipe handling functions illustrated in Fig. 6 are supplied as standard packages. The features of these packages are summarized in brief below:

+There are standard recipe files which store up to 500 recipes x 1300 data/recipe.

+The selected recipe data is downloaded to control stations at the start of processing for each unit.

+The scheduling and tracking functions allow the processing of several batches to be queued. The next batch starts automatically at the end of the current batch.

+In addition to conventional display and operation functions, there are standard displays for recipe file maintenance, scheduling, rescheduling, batch start/stop and monitoring.

+A batch report is initiated at the end of each batch.

The main functions of these packages - such as downloading recipe data at the appropriate times, tracking batch step progress, and starting the batch report program at batch end - are implemented by applying decision table principles. Figure 7 illustrates patterns of recipe data downloading. The downloading pattern is decided according to the type of process. For a single-stage process with relatively simple sequencing, all recipe data may be downloaded at the start of each batch (Fig. 7

(a)). For a complex process with many recipe data, recipe data can be divided into several blocks which are downloaded one after another (Figure 7 (b)). For a multi-stage serial process, the downloading pattern is complex (Fig. 7 (c)) - recipe data should be divided into blocks corresponding to each unit, and downloaded at appropriate times.

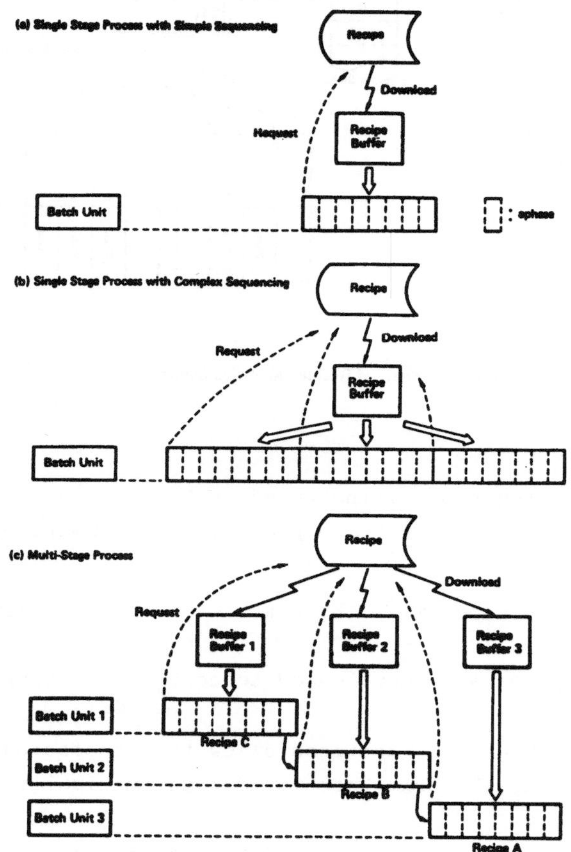

Figure 7. Patterns of Recipe Data Downloading

APPLICATIONS

Figure 8 shows a typical batch plant requiring complex "recipe modified sequences" (both recipe and sequence changes). This process produces high quality resin which needs elaborate processing in the reaction, refining and adjustment (finishing) stages. The most unusual feature is the number of phases - about 140. To realize such a complex control system, the above design procedure was applied. To handle many recipe data and many sequence phases, we applied the concept of master phases and sub phases. Several phases were grouped into each master phase block. Sequencing of recipes was defined by combinations of master phases and sub-phases (Figure 9). Recipe data are grouped corresponding to master phases and downloaded at the start of each master phase.

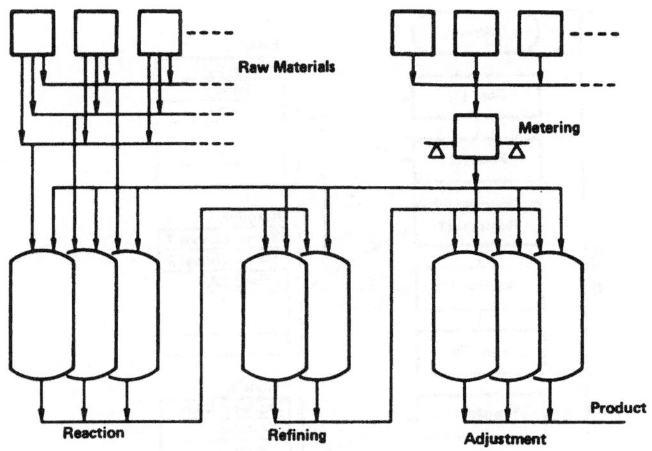

Profiles of Process

Products	: High Quality, Special Resin
Grades of Products	: Approx. 200
Raw Materials	: Approx. 70
Recipe Data	: Approx. 700/Recipe
Number of Phases	: Max. 140

Figure 8. Example of Batch Process

CONCLUSIONS

Batch processes come in many types, scales and configurations - and modern batch processes in particular require very complex "recipe modified sequences". To design a control system for such processes in a reasonably short period, a well-structured design procedure should be established. Definition of batch process hierarchy is the first step. In our hierarchy, control-level functions are allocated to control stations, while management functions are allocated to operator stations. The decision table is the key technique used in control stations. Functionally enhancing the decision table has made it a powerful tool for sequence functions in batch processes. Complex "recipe-modified sequences" are realized by combining enhanced decision tables and recipe handling functions in operator stations.

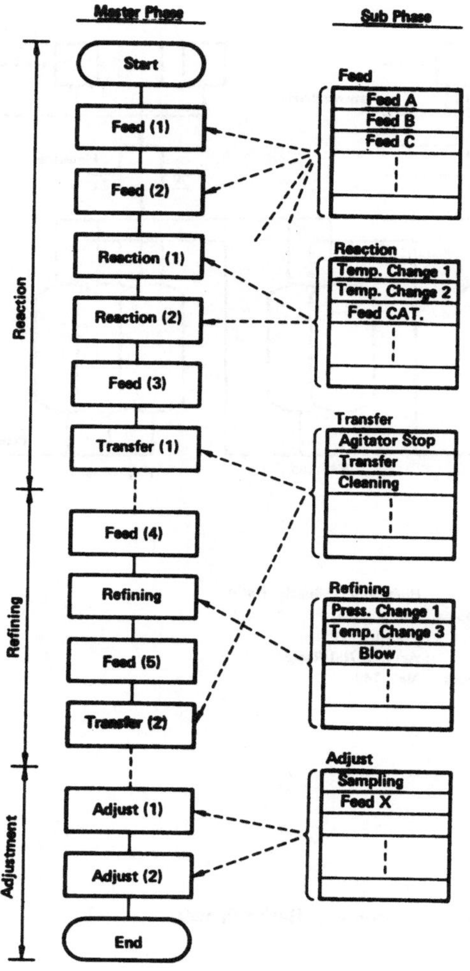

Figure 9. Example of Master Phases and Sub Phases

REFERENCES:

(1) Guido Carlo-Stella, "Distributed Control for Batch Systems", Intech, Mar., 1982, P. 35

(2) Sandra Fihn, "Distributed Batch Control: A Multilevel Pyramid Approach, "Proceedings of ISA '84, p. 1073

(3) T. Hirano, Y. Sakaki, "Expediting the Design of Batch Process Control Systems", Yokogawa Technical Report, Vol. 29, No. 3 July, 1985, p. 25

(4) Kiyoshi Matsunaga, "Documenting Process Control Sequences by Decision Tables", Yokogawa Technical Report, Vol. 26, No. 3 Sept., 1982, p. 44

FREIE FUNKTIONSBAUSTEINE FÜR DIE LÖSUNG VON STEUERUNGSAUFGABEN MIT PROZESSLEITSYSTEMEN

FREE PROGRAMMABLE MODULS FOR THE SOLUTION OF OPEN-LOOP CONTROL TASKS INTEGRATED IN PROCESS CONTROL SYSTEMS

H. Kiel

Hartmann & Braun AG, 5628 Heiligenhaus,
B. R. Deutschland

Summary

On the basis of standardizised funktion programs in process control systems the limits in fast open-loop control are shown. A new technique is developed using free programmable moduls as equivalent funktion programs in automation units. Their ability and efficiency is demonstrated in flexible planning and structuring, and the solution of fast open-loop control tasks.

1. Steuerungsfunktionen in dezentralen Prozeßleitsystemen

Die Hardwarestrukturen moderner Prozeßleitsysteme für die Verfahrenstechnik sind gekennzeichnet durch den busorientierten Verbund zentraler Leitstationen einerseits, und räumlich und funktionell dezentraler Prozeßstationen andererseits (vgl. Bild 1).

Während übergeordnete Prozeßführungsaufgaben, nämlich Konfigurieren, Darstellen, Leiten, Melden, Protolollieren und Archivieren den Leitstationen zugeordnet werden, leisten die unterlagerten Prozeßstationen die anlagennahen Automatisierungsfunktionen des Messens, Steuerns, Regelns und Überwachens.

Im Gegensatz zur Gerätetechnik besteht das Wesen dieser Prozeßleitsysteme darin, daß alle Systemfunktionen, insbesondere die der Prozeßführung und der Bus-Kommunikation, systemweit realisiert und in den Betriebssystemen der Stationen verankert sind. Auf der Basis dieser Systemfunktionen können Automatisierungslösungen konsequent modular

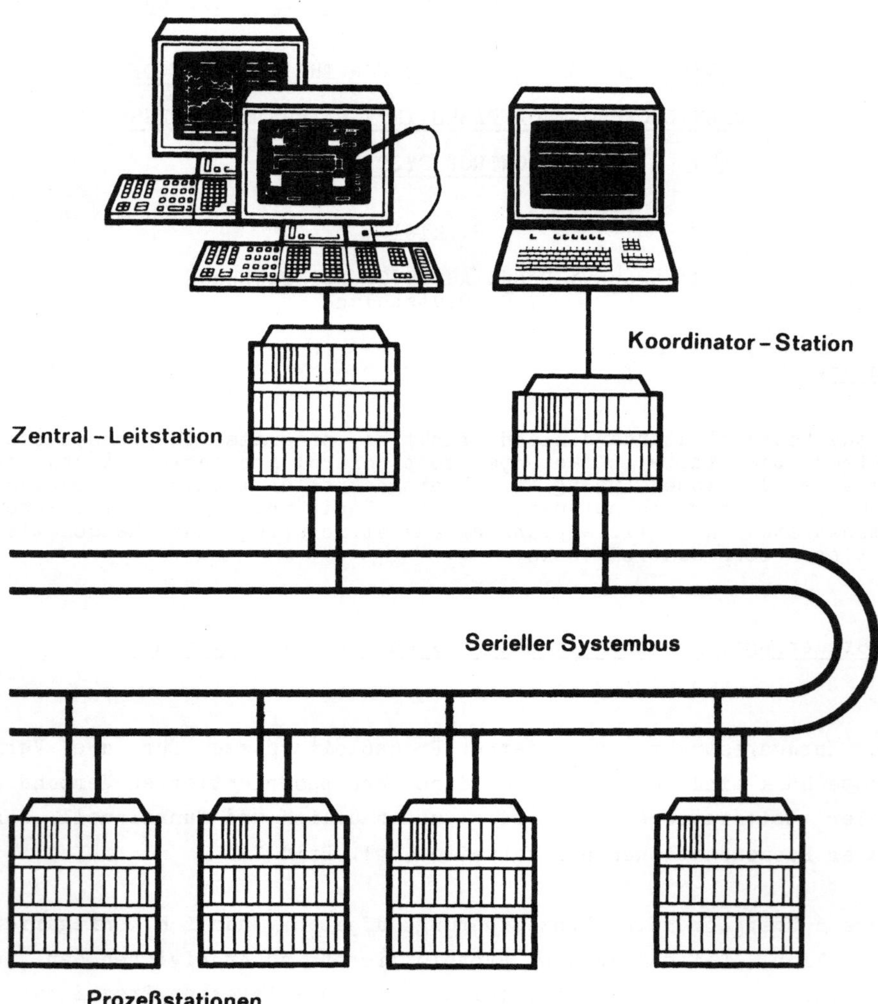

Bild 1: Struktur des Prozeßleitsystems

strukturiert und mithin optimal der Anlagenstruktur des Prozesses angepaßt werden. Ihre Projektierung beschränkt sich auf

- das anwenderorientierte Konfigurieren von Bedien- und Automatisierungsfunktionen und

- das Parametrieren und Versorgen der Funktionen durch Rangierung von Signalen untereinander und zum Prozeß,

ohne daß Systemfunktionen, etwa des Melde- und Alarmwesens, der Archivierung, des Dialogsystems, der Betriebsartenverwaltung oder des systeminternen Datentransfers generiert oder modifiziert werden müssen.

Hinzu kommt, daß in allen auf dem Markt angebotenen dezentralen Prozeßleitsystemen sowohl die konfigurierbaren Leitfunktionen (Darstellen, Melden, Protokollieren etc.), als auch die den Prozeßstationen zugeordneten Automatisierungsfunktionen als konfektionierte Softwaremoduln realisiert sind, die sich lediglich durch Vielfalt, Leistungsfähigkeit und den Komfort ihrer Darstellung und Konfigurierung unterscheiden.

Mit diesen konfektionierten Softwaremoduln werden die MSR-Funktionen in den Prozeßstationen durch die folgenden Festlegungen generiert und aktiviert /1/:

- Funktionsname als Kommunikationsadresse und Klartextidentifikation

- Systemdaten zur Kennzeichnung von Prozeßstation, Anlagenteil, Zyklusebene und Programmzustand

- Konfigurierdaten zur Definition der Verarbeitungsfunktion

- Funktionsparameter

- Rangierung von MSR-Aktualdaten

Das Verarbeitungsprogramm selbst hingegen ist als konfektionierte Firmware je Prozeßstation einmal fest gespeichert und wird mit jedem zyklischen Aufruf vollständig (ungeachtet nicht versorgter Ein- und Ausgänge, bzw. nicht benötigter Teilfunktionen) bearbeitet. Typische konfektionierte Funktionen der Steuerung sind:

- ESF (Einzelsteuerfunktion)
- VKN (Verknüpfungssteuerung)
- ABL (Ablaufkette)
- DOS (Dosierkreis)

2. Dualität von Konfektion und Flexibilität

Die Technik der konfektionierten Leit- und Automatisierungsfunktionen hat sich von Beginn der dezentralen Prozeßleitsysteme an vollständig durchgesetzt /2/. Ihre maßgeblich Akzeptanz bei den verfahrenstechnischen Anwendern liegt einerseits im Komfort bei der Projektierung und Konfigurierung, aber auch bei der Anpassung an Anlagen- und Verfahrensänderungen begründet, andererseits in der zunehmenden Leistungsfähigkeit und Qualität der einzelnen Automatisierungsfunktionen, für die ein Höchstmaß an Fehlerfreiheit und Zuverlässigkeit gewährt werden kann.

Die Grenzen dieser konfektionierten Programmiertechnik werden jedoch dort erreicht, wo die Reaktionszeiten der (stets für die maximale Nutzung ausgelegten) einzelnen Softwaremoduln den Anforderungen schnellerer Steuerungsaufgaben, etwa der Verriegelung, Positionierung und Antriebstechnik, nicht mehr gerecht werden.

Zudem lassen die wenigen, in sich starren Standard-Funktionen nur begrenzte Freiheitsgrade bei der Lösung komplexer Steuerungsaufgaben zu, da bereits bei einfachen Teilschaltungen, etwa einer 2 aus 3- Auswahl, mehrere konfektionierte Bausteine verknüpft werden müssen. Die Projektierung verliert dabei an Transparenz, die Software-Pakete werden unhandlich und umfangreich, die Reaktionszeiten ihrer Bearbeitung folglich unzulässig groß.

Mit steigendem Automatisierungsgrad in der Verfahrenstechnik wächst jedoch die Notwendigkeit,

1. der Lösung schnellerer, prozeßnaher Steuerungsaufgaben, dies oft in engem Verbund mit den angestammten MSR-Funktionen

2. der vollkommenen Integration dieser Lösungen in die leittechnische Struktur dezentraler Automatisierungssysteme

Hier steht insbesondere die Forderung des Verfahrenstechnikers nach Transparenz der schnelleren Steuerung, nach vollständiger Einbeziehung in das Bedienkonzept des Leitsystems mit kurzen Antwortzeiten im Vordergrund.

Der bislang praktizierte Weg, speicherprogrammierbare Steuerungsgeräte (SPS) dem Prozeßleitsystem zu unterlagern, versagt hier! /3/ Die stets individulell zu schaffende Ankopplung solcher Komponenten leistet allenfalls ein Minimum an Informationsaustausch, ein verzugsfreies Leiten, Bedienen und Darstellen (mit akzeptablen Bildaufbauzeiten) hingegen ist jedoch ebensowenig möglich wie die Ausnutzung der komfortablen Melde-, Protokollier- und Archivierfunktionen moderner Leitsysteme.

Im folgenden wird ein Lösungsansatz aufgezeigt und diskutiert, der beides ermöglicht:

- die flexible Realisierung schnellerer Steuerungsfunktionen mit freiprogrammierbaren Software-Bausteinen

- die Einbindung dieser Steuerungstechnik in das dargestellte konfektionierte Konzept verteilter Automatisierungssysteme

3. Strukturierte Programmierung mit Funktionsbausteinen

Das hier beschriebene Verfahren beruht auf der Substitution der konfektionierten Verarbeitungsprozedur einer Steuerungsfunktion durch eine flexible, d.h. anwenderorientiert freiprogrammierbare Steuerungssoftware. Diese wird als kompiliertes Maschinenprogramm unter vollständiger Beibehaltung der Datenschnittstellen zu Leitsystem (Anlagen-Abbild) und Prozeß (Prozeß-Abbild) in die bestehende Systemumgebung der Prozeßstation integriert und dort aktiviert (vgl. Bild 2).

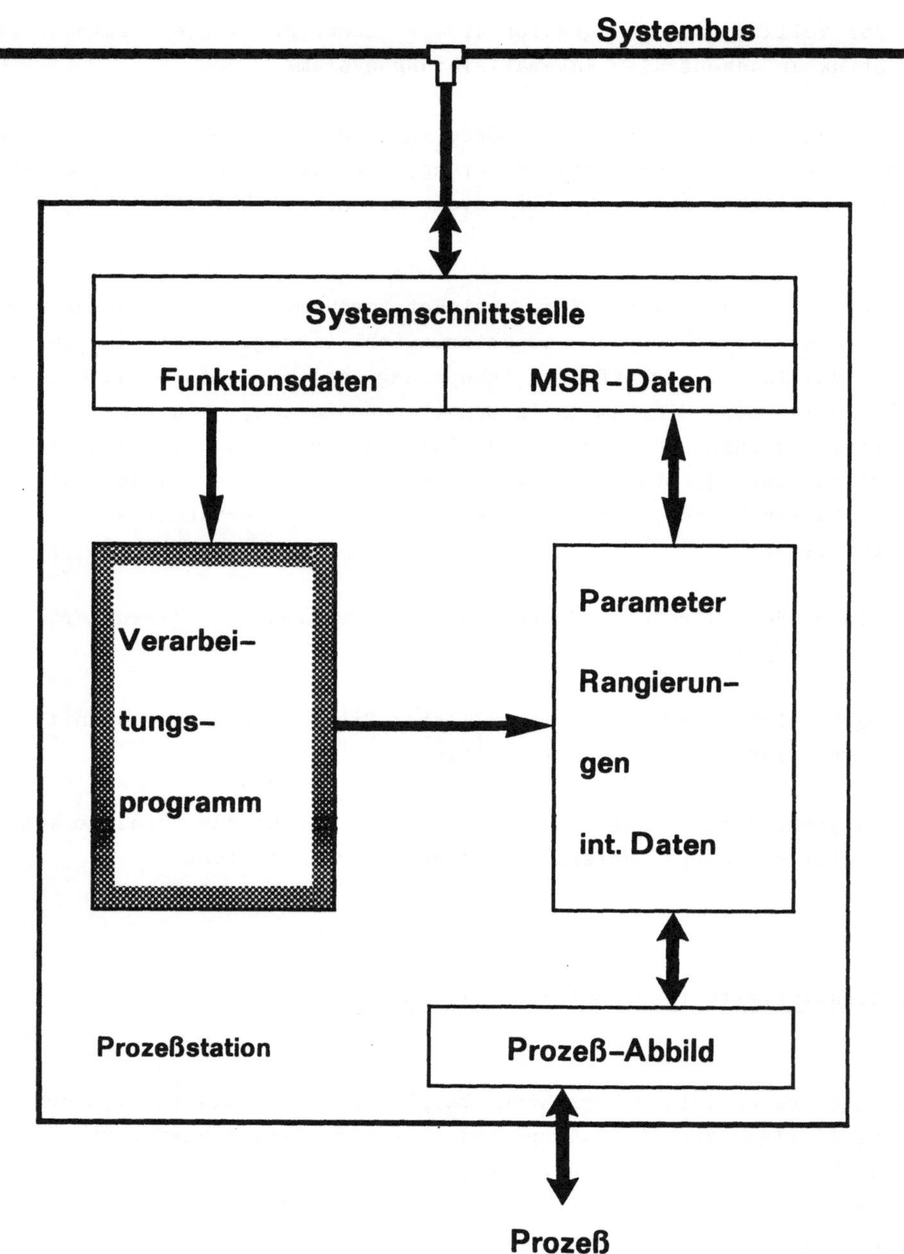

Bild 2: Automatisierungsfunktion in der Prozeßstation

Bezogen auf die Betriebssoftware des Prozeßleitsystems beinhaltet dieses Verfahren:

- die identische Interpretation konfektionierter und freiprogrammierbarer Automatisierungsfunktionen im System

- die äquivalente Versorgung beider genannter Datenschnittstellen

- die Integration der freien Funktionsbausteine in die Multi-tasking-Organisation der Prozeßstation neben den angestammten MSR-Funktionen

- die Einbindung von Editor- und Kompiliersoftware der speicherprogrammierbaren Bausteine in Konfigurierdialog und Speicherverwaltung der Zentral-Leitstationen

- die vollständige Einbeziehung der freiprogrammierbaren Steuerung in das bestehende Redundanzkonzept des Prozeßleitsystems

Die Datenwege der MSR-Daten in den Prozeßstationen bleiben völlig unberührt. Substituiert wird ausschließlich die Verarbeitungsprozedur der Automatisierungsfunktion.

Dieses Vorgehen hat bezüglich der Steuerung zwei Konsequenzen:

1. Die neuen Funktionen werden als Programmbausteine so geschrieben, daß sie vergleichbar den standardisierten in deren Zyklusebenen bearbeitet werden können. Freie Programmbausteine sind damit den konfektionierten gleichwertig und können in Ergänzung zu diesen eingesetzt werden

2. Auf diese Programmbausteine lassen sich die aus der SPS-Technik bekannten Strukturierverfahren anwenden, mit deren Hilfe Teilprozeduren standardisiert und als Funktionsbausteine geschrieben werden können

Einer solchen Unterprogrammtechnik (vgl. Bild 3) bedient sich die Anweisungsliste (AWL), eine der am meisten verbreiteten Programmier- und Dokumentationsarten in der Steuerungstechnik (vgl. Bild 3).

Mit diesen Funktionsbausteinen, geschrieben in einer AWL mit symbolischen Operanden, wird dem Anwender die Möglichkeit gegeben, seiner

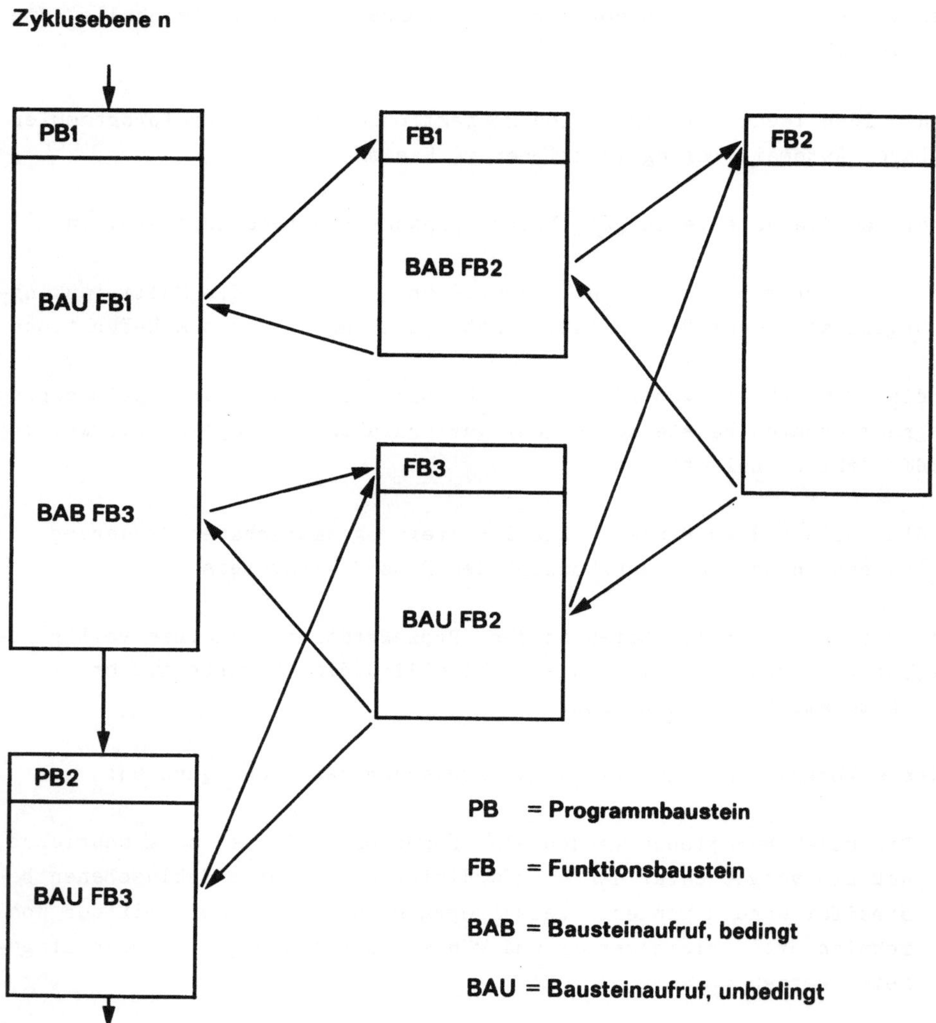

Bild 3: Strukturierte Programmierung mit Anweisungsliste

Prozeßtechnik entsprechend immer wiederkehrende Verarbeitungssequenzen in aufrufbaren Unterprogrammen zusammenzufassen und damit sein Steuerungsproblem auf der Basis prozeßbezogener Softwaremoduln zu strukturieren.

4. Leistungsfähigkeit freiprogrammierbarer Steuerungsfunktionen in Prozeßleitsystemen

Die anwenderorientierte Programmierung von Steuerungsaufgaben (z.B. mit AWL) ist aus der Technik der speicherprogrammierbaren Steuerungsgeräte bekannt und kann uneingeschränkt übertragen werden.

Die Leistungsfähigkeit der mit diesem Verfahren beschriebenen Funktionsbausteine ergibt sich jedoch weniger aus der Sprache ihrer Programmierung, als vielmehr aus ihrer Verankerung im System als adäquate, flexible Ergänzung der konfektionierten Automatisierungsfunktionen. Mit ihrer identischen Einbettung in die Systemumgebung der Prozeßstationen werden die schnelleren, freiprogrammierbaren Bausteine durch den Komfort aller übrigen Leitfunktionen unterstützt und ohne gesonderte Koppelprogramme vollständig in das Darstellungs-, Melde- und Alarmwesen einbezogen.

Die Öffnung der systeminternen Datenwege bietet die Möglichkeit, aus dem Programm dieser Bausteine heraus direkt leitend auf andere MSR-Funktionen zu wirken und zusätzlich gezielt deren Betriebsart zu steuern. Hierdurch wird erstmals ein bedien- oder prozeßabhängiges, gruppenweises Umschalten der Betriebsarten von MSR-Funktionen für unterschiedlich Betriebszustände der Anlage möglich.

Die Rechenfuntionen in der Anweisungsliste und der leistungsfähige Transfer von Datensätzen über den Systembus schaffen die Basis für eine flexible, anwenderorientierte Rezepturverwaltung mit prozeßabhängiger Verarbeitungsfunktion, die sich nicht alleine auf Sollwertvorgaben beschränkt, sondern zudem die programmgesteuerte Verschaltung von Aggregaten und Anlagenteilen leistet.

Literatur

/1/ W. Hansen: Einheitliches Leiten und Konfigurieren für Überwachen, Regeln und Steuern bei der Aggregateautomatisierung. (Kongreßband Interkama 1983) Springer-Verlag, Berlin, Heidelberg, New York, (1983), S. 449-458.

/2/ N. Korn, W. Sowada, H.-W. Weitzel: Konzeption von Mikroprozessorintegrierten Automatisierungssystemen und ihre anwenderfreundliche Strukturierung und Parametrierung. (Kongreßband Interkama 1980) Springer-Verlag, Berlin, Heidelberg, New York, (1980), S. 435-459.

/3/ H. Kiel: Erweiterte Funktionen der SPS - die Entwicklung im Rahmen der Fabrikautomatisierung. (VDI-Berichte 586) VDI-Verlag, Düsseldorf, (1986), S. 1-12.

ECHTZEITDATENBANKEN IN DER LEITTECHNIK
REALTIME DATABASE SYSTEMS IN CONTROL SYSTEMS

H. Hahn

Siemens AG
Bereich Systemtechnische Entwicklung
8520 Erlangen, B.R. Deutschland

Summary

After a presentation of realtime database tasks and reasoning for their application in control systems, followed by a comparison about different characteristics between standard database systems and realtime databases (non standard database systems), a short description of the non standard database development stage is given. The last part describes the realtime database of a standardized control center software system showing functional, structural and quantitative characteristics.

1. Aufgabe und Entstehung von Datenbanken in Leitsystemen

Echtzeitdatenbanken zeichnen sich gegenüber Standarddatenbanken dadurch aus, daß sie in Echtzeitsysteme eingebettet sind. Während ein Nicht-Echtzeitsystem Aufträge in eigener zeitlicher Regie durchführt, steht das Leitsystem als Echtzeitsystem unter dem permanenten Auftrag, in periodisch wiederkehrenden Zeitintervallen oder spontan Informationen aus dem Prozeß aufzunehmen bzw. an ihn abzugeben. Es befindet sich im geschlossenen Wirkungskreis mit äußeren Systemen. Dabei bestimmen Anzahl und Zeitbedarf für die Datenzugriffe in diesem geschlossenen Wirkungskreis wesentlich das Zeitverhalten des Leitsystems /1/.
Erfahrungen mit in unterschiedlichsten Technologien ausgeführten Leitsystemen auf Prozeßrechnerbasis haben diese Aussage bestätigt. Man weiß heute, daß Datenbanksysteme, die in Echtzeitsystemen zum Einsatz kommen, spezielle Architekturmerkmale aufweisen müssen, um den besonderen Anforderungen gerecht zu werden: Datenbanksysteme entwickelten sich in den letzten 25 Jahren im administrativ betriebs-

wirtschaftlichen Bereich und kamen dort zum Einsatz, wo große Datenmengen zu verwalten waren und der Datenbestand einem ständigen Wandel unterworfen war. Daraus resultierten folgende Grundanforderungen an Datenbanksysteme:

1. Entkopplung der Abspeicherform und des Abspeicherortes eines Datums vom zugreifenden Programm (logische und physikalische Datenunabhängigkeit).
2. Gewährleistung der Richtigkeit und Vollständigkeit in der Datenbank geführter Daten (Integrität und Konsistenz der Datenbank).

Es entstand so eine Vielzahl von Datenbanken (Standard-Datenbanksysteme DBS) unterschiedlicher Struktur (hierarchisch, netzwerkorientiert, relational) für verschiedenste Anwendungen. Kennzeichnend für sie alle ist, daß auf die eben aufgeführten Merkmale besonderer Wert gelegt wurde, während das Antwortzeitverhalten eher von sekundärer Bedeutung war.

In Prozeßrechnersystemen der Leittechnik, speziell der Netzleittechnik, waren innerhalb der letzten 10 Jahre ähnliche Tendenzen zu beobachten: Anstieg des Datenvolumens und häufige Datenänderung. Betrachtet man ausgeführte Projekte zwischen 1978 und 1985, so stellt man eine Verzehnfachung des Datenvolumens fest. Gründe hierfür sind der steigende Funktionsumfang in der Leittechnik und die erhöhte Bedienerfreundlichkeit, speziell in Richtung Datenpflege. Gemeint ist damit die Möglichkeit für den Leitstellenbetreiber, das Prozeßdatenmodell des Leitsystems jeweils schnell und möglichst fehlerfrei dem strukturellen Datenbestand des zu überwachenden Prozesses online anzugleichen. Am Beispiel der Netzleittechnik bedeutet dies, daß ohne Abschaltung des Leitsystems Stationen, Abzweige, Meßwerte etc. allein mit technologischen Kenntnissen in das Computersystem eingebracht und zum Zeitpunkt der Inbetriebnahme der entsprechenden Anlagenteile im Leitsystem aktiviert werden können. Wurde diese Aufgabe früher mit Listensystemen und umfangreichen, speziell für eine Anlage ausgeführten Software-Systemen realisiert, so kommen heute dafür spezielle Echtzeitdatenbanksysteme zum Einsatz.

2. Unterscheidung Standard-Datenbanksysteme/Echtzeitdatenbanksysteme

Standard-Datenbanksysteme und Echtzeitdatenbanksysteme unterscheiden sich vor allen Dingen in ihren Antwortzeiten für zugreifende Programme. Standard-Datenbanken arbeiten hier mit Antwortzeiten von mehreren Sekunden bis etwa 50 ms; Echtzeitdatenbanksysteme müssen dagegen

Antwortzeiten aufweisen, die deutlich unterhalb von 50 ms liegen. In besonders zeitkritischen Fällen sind Antwortzeiten der Größenordnung von 100 us nötig. Solche Antwortzeiten sind natürlich nur mit einer Hauptspeicherdatenhaltung zu gewährleisten, einem wichtigen Merkmal von Echtzeitdatenbanksystemen.

Im folgenden werden einige unterscheidende Merkmale von Standard-Datenbanksystemen und Echtzeitdatenbanksystemen, auch Non-Standard-Datenbank-Systeme (NDBS) erläutert /2/.

Standard-Datenbanksysteme haben elementar gegliederte, logische Datenstrukturen, die nach speziellen Normalformtheorien aufgebaut werden /3/. Erreicht wird dadurch eine hohe Allgemeingültigkeit bezüglich unterschiedlicher Abfragemechanismen und Änderungsoperationen. Sie werden nach allgemeinen Architekturmerkmalen aufgebaut, beispielsweise nach dem Dreistufenmodell von ANSI/SPARC und dem Relationen-Modell. Dem Benutzer gegenüber erweisen sich solche Datenbanken als breit einsetzbar, robust, hochflexibel und leicht erweiterbar. Mächtige und allgemeingültige Abfragesprachen lassen Datenbankabfragen zu, die beim Entwurf des Datenbanksystems nicht vorhersehbar waren. Aufwendige Transaktions-Konzepte sichern den Datenbankinhalt zu jedem Zeitpunkt.

Non-Standard-Datenbanksysteme unterscheiden sich von diesen allgemein einsetzbaren durch eine nicht elementare Form der Datenstruktur. Wir sprechen von zusammengesetzten bzw. komplexen Objekten oder von Non-First-Normal-Formen /4/, wobei das Wort Non-First-Normal-Form impliziert, daß Datenstrukturen von Non-Standarddatenbank-Systemen nicht die Struktur von Standarddatenbank-Systemen haben. Ähnliches gilt für die Architektur von Non-Standarddatenbank-Systemen. Gegenüber der allgemeinen Architektur eines Standarddatenbank-Systems weist ein Non-Standarddatenbank-System eine spezielle Architektur in 6 bis 7 Ebenen auf /5/. In diese Architektur ist die Hauptspeicher-Datenhaltung integriert, und als wesentliches Merkmal wird die physikalische Clusterbildung ermöglicht. Darunter versteht man die Möglichkeit, den physikalischen Ablageort der Daten so zu wählen, daß er der logischen Struktur der Daten aus Sicht des Leitsystems entspricht. Leistungsfähige Transaktionskonzepte in der Größenordnung von mehreren Hundert Transaktionen pro Sekunde werden dadurch erreichbar, daß auf die <u>nötige</u> Datensicherheit des Systems reflektiert wird. Das bedeutet, daß eine Wiederherstellung einer konsistenten Datenbank eben nicht zu jedem Zeitpunkt online möglich ist, sondern gegebenenfalls nur im Stunden- oder Tagesraster. Effiziente Zugriffsorganisationen, wie Hash, Direktzugriff, Index, B^*-Baum, sorgen für

eine jeweils zeitoptimale Ablage der Daten aus Sicht der zugreifenden Programme, wobei speziell an eine Mehrfachablage von Daten gedacht werden muß, wenn die Geschwindigkeit des Leitsystems dies erforderlich macht.
Ein ganz wichtiges Merkmal für Echtzeitdatenbanksysteme zum Schluß. Praktiker in der Ausführung von Echtzeitsystemen wissen, daß die Dynamik der Leitsysteme oft nicht hinreichend bekannt ist. Erfahrungen bezüglich Zeitverhalten und Antwortzeiten des Leitsystems stellen sich dann erst beim Betrieb am Prozeß vor Ort ein. Nicht selten muß durch Eingriffe in das System dann eine nachträgliche Optimierung vorgenommen werden. Dies gilt insbesondere für die Schnittstellen des Leitsystems zur Datenbank.
Echtzeitdatenbanken sollen hier entsprechende Eingriffsmöglichkeiten für ein nachträgliches Tuning bieten, selbstverständlich unter Beibehaltung des aktuellen Datenbestandes in der Datenbank und Gewährleistung seiner Richtigkeit und Vollständigkeit. Welche Eingriffsmöglichkeiten hier nötig und sinnvoll erscheinen, wird am Beispiel der Echtzeitdatenbank SOSYNAUT-R für ein Netzleitsystem ausgeführt.

3. Entwicklungsstand Non-Standard-Datenbank-Systeme

Seit Anfang der 80er Jahre sind Datenbanksysteme für Echtzeitanwendungen Gegenstand intensiver Forschung an Hochschulen und Instituten; ausgelöst durch breiten Einsatz von CAD/CAM-Systemen, Entwicklung von Bürosystemen und Forderungen nach Leistungsmerkmalen von Datenbanksystemen in Echtzeit-Automatisierungs-Systemen, wie beispielsweise der Netzleittechnik.
Begleitet werden diese Aktivitäten durch Prototyp-Entwicklungen, über die realistische Funktions- und Leistungsaussagen frühestens in 4 - 5 Jahren vorliegen werden.
Für Anwender der Echtzeit-Datenhaltung werden somit in den nächsten Jahren keine fertigen Lösungen geboten werden. Durch die Forschung zu erwartende Ergebnisse können jedoch in Einzelfällen hilfreich sein und sollten deshalb kritisch verfolgt werden. Besondere Beachtung findet dabei der von Schek gemachte Ansatz bezüglich der Non-First-Normal-Form /4/. Ein im Rahmen dieser Arbeiten mit dem Wissenschaftlichen Zentrum Heidelberg der IBM durchgeführtes Forschungsvorhaben liefert neue Architekturvorschläge (HITID-Konzept, Mini-Directory) /6/.

4. Die Echtzeitdatenbank SOSYNAUT-R

Diese Echtzeitdatenbank wurde bei Siemens speziell für das Netzleitsystem SOSYNAUT-R entwickelt (/7/, /9/, /10/) und weist Strukturmerkmale auf, die, wie oben angeführt, heute für die Architektur eines NDBS diskutiert werden.
Bevor darauf näher eingegangen wird, soll in Bild 1 eine Übersicht über die Softwarestruktur des Netzleitsystems SOSYNAUT-R sowie die Einbettung der Echtzeitdatenbank in dieses System gegeben werden.

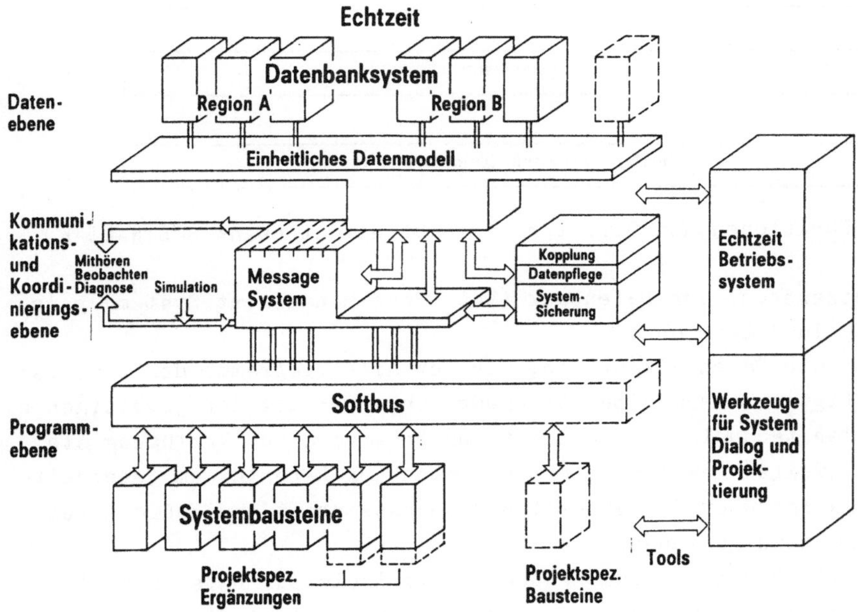

Bild 1: Netzleitsystem SOSYNAUT-R

Wichtigste Merkmale dieses Systems sind die zentralen Komponenten Softbus und Echtzeit-Datenbanksystem. Der Softbus dient der Verschaltung und Kommunikation der Prozeßprogramme untereinander, wobei durch ihn gewährleistet ist, daß Programme nur als Auftraggeber und als Auftragnehmer miteinander verkehren und somit ihr programmtechnisches Umfeld nicht kennen. In diese Kommunikations- und Koordinierungsebene ist die Echtzeitdatenbank integriert. Damit stehen auch für sie alle Meß- und Diagnosemöglichkeiten des Softbusses zur Verfügung, Grundvoraussetzungen für eine optimale Anpassung des Datenbanksystems an dynamische Prozeßabläufe. Funktionen und Strukturen der Echtzeitdatenbank sind in Bild 2 dargestellt:

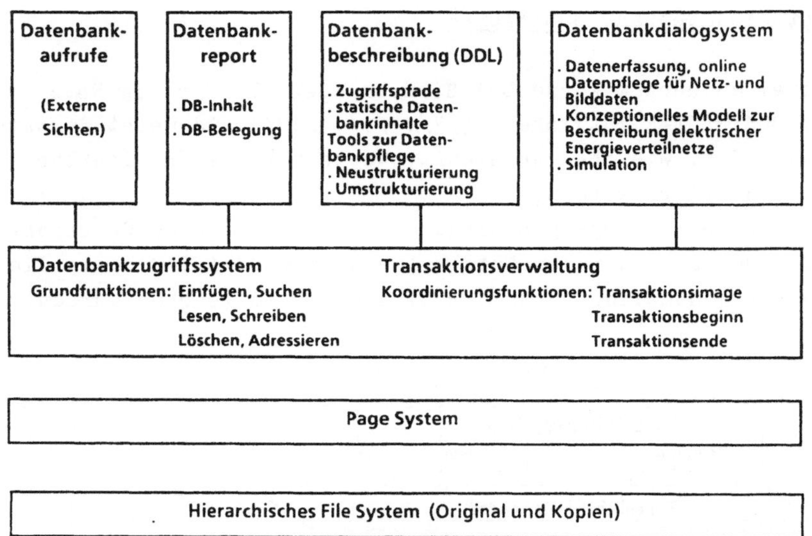

Bild 2: Funktionen und Struktur der Echtzeitdatenbank SOSYNAUT-R

Die Benutzerebene der Datenbank (Data Base Management System) gliedert sich in 4 Bereiche:
Zum einen die Datenbankaufrufe, die für alle Programme des Systems die benötigten Datenmanipulationsmöglichkeiten mit der jeweiligen externen oder technologischen Sicht des Programms zur Verfügung stellen. Zum zweiten Möglichkeiten des Datenbank-Reports, um jederzeit eine Übersicht über den aktuellen Datenbankinhalt sowie die Datenbankbelegung zu gewinnen.
Drittens die Datenbankbeschreibung sowie Tools zur Datenbankpflege. Unter Datenbankbeschreibung, mit Hilfe einer Data Definition Language (DDL) erstellt, verstehen wir die Beschreibung der in der Datenbank verwendeten Zugriffspfade, der Datenstrukturen sowie die Beschreibung statischer Datenbankinhalte, die sich während des Betriebes eines Leitsystems nie oder selten ändern.
Die Tools zur Datenbankpflege werden verwendet für das Neuanlegen und die Vorstrukturierung sowie für eine Umstrukturierung der Datenbank. Darunter verstehen wir den off-line Austausch von Zugriffspfaden sowie eine Änderung der physikalischen Speicherzuordnung für eine optimale Performance der Datenbank unter Beibehaltung der Datenbankinhalte. Die vierte und wesentliche andere Komponente des Datenbank-Management-Systems der Echtzeitdatenbank SOSYNAUT-R ist das Datenbank-Dialogsystem, auch Datenpflegesystem genannt. Es dient der Datenersterfassung sowie der späteren Online-Datenpflege der Netz- und

Bilddaten im Leitsystem. Das Datenbank-Dialogsystem ist so gestaltet, daß es am Leitplatz bedient werden kann und für seinen Gebrauch keine programmtechnischen Kenntnisse des Systems notwendig sind. Ein umfangreiches, in den Dialog integriertes Prüf- und Simulationssystem gewährleistet, daß Daten nur dann in die Datenbank übernommen werden, wenn sie weitgehend semantisch, syntaktisch und technisch geprüft wurden /7/.

Grundlage dieses Datenbank-Dialogsystems ist ein speziell für elektrische Energieversorgungsnetze entwickeltes konzeptionelles Modell /8/. Es gestattet die Beschreibung beliebiger elektrischer Energieversorgungsnetze mit deren globaler und elementarer Topologie. Ein besonderes Merkmal in diesem Zusammenhang: Teile dieses konzeptionellen Modells mit seiner Beschreibung der Merkmale aller in der Datenbank geführten Bestandteile des elektrischen Netzes sind im On-line-Teil der Datenbank abgelegt. Diese Informationen werden von den On-line-Programmen zur Steuerung des Informationsflusses im Leitsystem benutzt. Damit wurde es möglich, Programme des Netzleitsystems allgemein zu strukturieren. Die Steuerung ihrer jeweiligen Verarbeitung in einem konkreten Projekt erfolgt dann über die Daten des konzeptionellen Modells.

Grundlage aller Datenbankzugriffe ist das Datenbank-Zugriffsystem sowie die zugehörende Transaktionsverwaltung zur Sicherung des Datenbestandes. Das Datenbankzugriffsystem bietet die Grundfunktionen Einfügen, Suchen, Lesen, Schreiben und Löschen sowie die spezielle Funktion Adressieren. Diese liefert den Ablageort eines Datums im unterlagerten Filesystem der Datenbank, der vom zugreifenden Programm verwaltet wird, ohne ihn näher zu kennen. Erfolgen mehrfach Zugriffe zu diesem Datum, so erübrigt sich dadurch die jeweilige Neuermittlung des Ablageortes des Datums über das Zugriffsystem. Selbstverständlich wird durch das Datenbanksystem sichergestellt, daß Veränderungen im Ablageort dem benutzenden Programm mitgeteilt werden und dieses dann gegebenenfalls den Ablageort neu ermitteln muß.

In der Transaktionsverwaltung sind die Koordinierungsfunktionen des Systems realisiert. Durch sie werden Konfliktfälle bei gleichzeitigem Zugriff auf die Daten aufgelöst und ein konsistenter Datenbankinhalt gewährleistet (mittlere Transaktionsdauer kleiner 1 ms). Über das Page-System werden wählbare Teile der Datenbank hauptspeicherresident gehalten. Das Zurückschreiben dieser Datenbankinhalte auf den Externspeicher erfolgt mit projektierbaren Alterungsverfahren, so daß häufig und ständig benutzte Datenbankteile länger im Hauptspeicher verweilen als selten benutzte. Zur Führung der Daten im Datenbanksystem wird ein hierarchisches Filesystem verwandt (Bild 3).

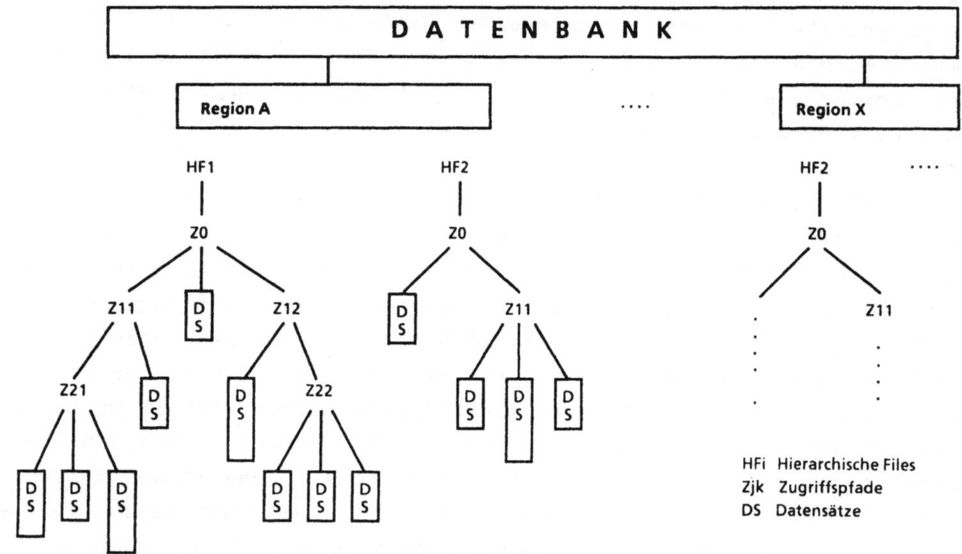

Bild 3: Regionen und Hierarchische Files der Datenbank

Regionen der Datenbank bestehen aus hierarchischen Files, in die Sätze gleicher oder variabler Länge je nach Anzahl verwendeter Schlüsselparameter in unterschiedlicher hierarchischer Tiefe abgelegt werden. Für die Zugriffspfade werden effiziente Adressiertechniken, wie Direktadressierung, Index, Hash-Coding, FIFO, index-sequentieller Zugriff und Binäres Suchen, eingesetzt. Damit sind Zugriffszeiten für einstufige Hauptspeicherzugriffe kleiner 1 ms erreichbar. Das Filesystem stellt sicher, daß alle Daten, die unter einem Zugriffspfad oder Knoten vorhanden sind, physikalisch benachbart abgelegt werden. Es gewährleistet die für Echtzeitanwendungen so maßgebende Clusterbildung. Zu erkennen ist weiterhin, daß Datensätze einer Hierarchieebene entweder elementar oder weiter gegliedert sein können also die Möglichkeit zur Darstellung komplexer Objekte.
Das hier kurz geschilderte Datenbanksystem ist mittlerweile in drei Projekten der Netzleittechnik im Einsatz (/7/). Reaktionszeiten sowie Maßnahmen zur Integrität und Sicherheit der Daten genügen den hohen Ansprüchen an Antwortzeitverhalten und Datensicherheit in Computersystemen der Netzleittechnik. Es erfüllt auch die von der Deutschen Verbundgesellschaft (/11/) und der Vereinigung Deutscher Elektrizitätswerke (/12/) herausgegebenen Qualitätsanforderungen.

Literatur:

1 R. Baumann: Datenverarbeitung unter Zeitbedingungen Informatik-Spektrum (1984) 7: 62 - 64

2 A. Blaser, P. Pistor: Datenbank-Systeme für Büro, Technik und Wissenschaft. GJ-Fachtagung, Karlsruhe März 1985

3 G. Schlageter / W. Stucky: Datenbanksysteme: Konzepte und Modelle Teubner Studienbücher

4 H.J. Schek, M.H. Scholl: An Algebra for the Relational Model with Relation-Valued Attributes, Technischer Bericht DVSI-1984-T1, TH Darmstadt, 1984

5 T. Härder, A. Reuter: Architektur von Datenbanksystemen für Non-Standard-Anwendungen in /2/

6 U. Deppisch, J. Günauer, G. Walch: Speicherungsstrukturen und Adressierungstechniken für komplexe Objekte des NF2-Relationenmodells in /2/

7 D. Struhalla, W. Weinmann: Systemstruktur und ausgewählte Komponenten des Leitstellensystems SOSYNAUT-R für den Betrieb der neuen Bezirksnetzleitstellen der Neckarwerke Elektrizitätswirtschaft, Jahrgang 84, Heft 22

8 E. Falkenberg, H. Hahn: Information Analysis of Power Distribution Networks, Siemens Forschungs- und Entwicklungsbericht Band 10, 1981, No. 4

9 E. Vosswinkel: Innovation in der Netzleittechnik, Siemens Energie und Automation, Heft 5, 1986

10 Hähle, Müller: Modulares Software-System bietet rationelle und benutzerorientierte Datenerfassung in der Netzleittechnik, Siemens Energie und Automation, Heft 4, 1986

11 Konzeption künftiger Informationssysteme für Lastverteilungen/Schaltleitungen - Datenmodell -, Deutsche Verbundgesellschaft e.V. Heidelberg, März 1984

12 Netzleitsysteme in Elektrizitätsversorgungsunternehmen, Empfehlungen, 3.4 Verfahren für den Entwurf einer Netz-Datenbank für Prozeßrechner, VDEW-Verlag

AUTOMATISIERUNGSSYSTEME FUER DIE FLEXIBLE FERTIGUNG UND MONTAGE

AUTOMATION SYSTEMS FOR FLEXIBLE MANUFACTURING AND ASSEMBLY

H. J. Thon

SIEMENS AG, 8520 Erlangen, BRD

Summery

In the introduction a description is given of the requirements to be met by production automation. Both the need to remain competitive and the demands of the market call for flexible automation systems. Automation concepts are changing from central hierarchical computer systems to dedicated computer systems interconnected by a local area network.
Production automation is implemented by flexible manufacturing and assembly cells and flexible manufacturing and assembly systems. The structure and application of these are explained. The integration of production automation systems with computer aided systems - computer integrated manufacturing - is described. Finally reference is made to the need to standardize the exchange of product-data. The present state of the art of standardization is shown by an example of an NC/RC integrated system.

1. Produktionstechnik im Umbruch

Die Wettbewerbssituation zwingt die Fertigungsindustrie seit jeher zur Steigerung der Produktivität. In Zeiten einer Hochkonjunktur, z. B. den 70-er Jahren, konzentrierten sich die Bemühungen auf eine Erhöhung der Maschinenleistung und eine Verbesserung der Maschinennutzung. Die Maschinenleistung hat der Maschinenhersteller durch bessere Schneidwerkzeuge und durch Automatisierung der Bearbeitungsvorgänge ständig erhöht. Der Maschinenbetreiber hat mit Hilfe der Maschinen- und Betriebsdatenerfassung die Gründe für Störungen und Stillstände der Maschinen erfaßt und organisatorische und technische Maßnahmen ergriffen, um die Auslastung der Maschinen zu verbessern.

Mit dem Rückgang der Konjunktur zu Anfang der 80-er Jahre ging auch die Auslastung der Maschinen und Fertigungsanlagen zurück. Man konzentrierte sich jetzt darauf, die Bestände an Rohmaterial, an Halbfabrikaten und an Fertigprodukten zu reduzieren, die einen hohen Kostenfaktor darstellen. Die Realisierung dieses Ziels ist nach wie vor ein aktuelles Anliegen. So ist eine deutliche Verringerung der Zwischen- und Fertiglagerbestände nur möglich, wenn die Durchlaufzeiten für die Fertigung der Produkte drastisch verkürzt werden. Hierzu müssen die Lager-, Transport-, Bearbeitungs-, Montage- und Prüfvorgänge automatisiert und mit Hilfe von Rechnern gesteuert und überwacht werden.

Die Marktsituation fordert von den Unternehmen in zunehmendem Maße eine größere Flexibilität hinsichtlich Produktgestaltung und Absatz. Dies ist bedingt durch:

- kurze Produktlebensdauer
- große Variantenvielfalt
- hohe Lieferbereitschaft
- kleine Losgrößen

Moderne Fertigungseinrichtungen müssen deshalb flexibel automatisiert sein. Dies sind heute z. B. flexible Fertigungszellen und -systeme. Durch die flexible Automatisierung der Transport-, Handhabungs- und Bearbeitungsvorgänge können derartige Anlagen unterschiedliche Teile automatisch und ohne Umrüsten der Maschinen fertigen.

Produktionstechnik im Umbruch

Absatzmärkte + Wettbewerb erfordern Steigerung von:

Produktivität	Flexibilität	Verfügbarkeit
• Kurze Durchlaufzeiten • Hohe Maschinenauslastung • Geringe Bestände	• Kurze Produktlebensdauer • Schnelles Reagieren auf Marktveränderungen • Kleine Losgrößen	• Automatische Fehlererkennung • Online Reparatur • Bedienerarme Schicht

Flexible Produktions-Automatisierung
mit
Verteilten Systemen

Bild 1: Anforderungen an die Produktions-Automatisierung

Flexible Anlagen bedingen hohe Investitionskosten und müssen bestmöglich genutzt werden. Von flexibel automatisierten Produktionssystemen wird deshalb eine hohe Verfügbarkeit verlangt. Dazu sind Diagnoseeinrichtungen zur automatischen Fehlererkennung und Fehleranzeige sowie Vorkehrungen zur automatischen Abschaltung gestörter Anlagenteile notwendig. Fertigungssysteme, die mit derartigen Diagnoseeinrichtungen ausgestattet sind, arbeiten auch in bedienerarmen Schichten und damit mit höherem Nutzungsgrad (Bild 1).

Neue Automatisierungskonzepte

Der Wandel der Produktionstechnik ist begleitet von einem Wandel der Automatisierungskonzepte. Hierarchisch strukturierte und zentral gesteuerte Automatisierungssysteme werden durch verteilte, dezentrale Systeme abgelöst, die autark arbeiten und über ein Kommunikationssystem miteinander verbunden sind. Die hierarchische Struktur bleibt - soweit es die organisatorische Steuerung der Produktion erfordert - erhalten, die physikalische Struktur dagegen nicht.

Die wirtschaftliche Realisierung verteilter Systemstrukturen wurde durch den Fortschritt der Mikroelektronik und durch den preiswerten Einsatz von Kommunikationssystemen möglich. Mikrocomputer, Minicomputer, Personal Computer und Arbeitplatzrechner sind die Hardwarebasis für das dezentrale Automatisierungssystem. Zum Einsatz kommt der Rechner, der die Anforderungen an Rechenleistung, Speicherkapazität, Grafikleistung und Prozeßkommunikation am besten erfüllt. Auf diese Weise wird die jeweilige Aufgabe technisch und wirtschaftlich optimal gelöst.

Beispiele für den Übergang von zentralen zu dezentralen Strukturen zeigt das Bild 2: Aufgaben der Konstruktion (CAD), der Fertigungs- und Prüfplanung (CAP) und der Produktionsplanung und -steuerung (PPS) die früher zentral auf einem Großrechner bearbeitet wurden, werden heute auf mehrere autarke Arbeitsplatzrechner verteilt. Der Datenaustausch zwischen den einzelnen Arbeitsstationen erfolgt über ein Kommunikationssystem, wobei zur Speicherung gemeinsam benötigter Daten ein Datenbank-Server (DB) eingesetzt wird, der allen Arbeitsstationen zugänglich ist.

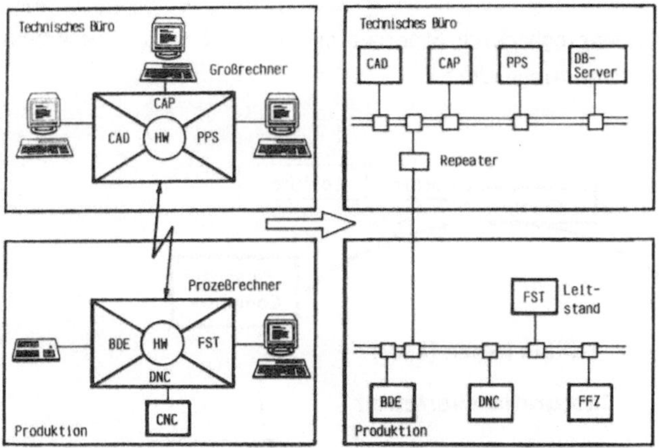

Bild 2: Wandel der Automatisierungskonzepte

Im Produktionsbereich vollzieht sich der Übergang von zentralen zu verteilten Systemen analog zum technischen Bereich. Die Steuerung und Überwachung der Fertigung wird nicht mehr ausschließlich zentral durchgeführt. Autarke Werkstattbereiche erhalten eigene Steuer- und Überwachungssysteme. Betriebsdatenerfassungssysteme (BDE) sind in Bereichen mit manueller Tätigkeit eingesetzt, DNC-Systeme (Direct Numerical Control) steuern und überwachen CNC-gesteuerte (Computer Numerical Control) Werkzeugmaschinen und flexibel automatisierte Fertigungszellen (FFZ) haben wiederum eigene Steuersysteme. Die genannten Fertigungsbereiche werden von einem übergeordneten Fertigungssteuerungssystem (FST) koordiniert und überwacht. Das Kommunikationssystem in der Produktion ist mit dem Kommunikationssystem im technischen Bereich über Repeater oder Gateway verbunden, so daß die technischen und organisatorischen Steuerdaten papierlos an die Leit- und Steuersysteme der Produktion übertragen werden können.

Als Kommunikationssysteme werden lokale Netzwerke (LAN = Local Area Network) verwendet. Um den Anschluß von Rechnern und intelligenten Geräten unterschiedlicher Hersteller an ein Netzwerk zu ermöglichen (Bild 3) hat ISO (International Standards Organization) ein Modell für die Architektur einer offenen Kommunikation, das ISO-Referenzmodell, geschaffen. Dieses beschreibt Funktionen und Dienste eines Kommunikationssystems in sieben Schichten. Von diesen Schichten hat ISO die Ebenen 1-5 genormt. Für die Kommunikation im Engineeringbereich hat ISO Normentwürfe für die Ebenen 6 und 7 vorgelegt.

Die Normung der Ebenen 6 und 7 im Produktionsbereich hat sich General Motors mit den MAP-Protokollen (Manufacturing Automation Protocol) zum Ziel gesetzt. Als Netzwerke werden heute im Engineeringbereich Ethernet und Token Ring und im Produktionsbereich Ethernet und Token Bus eingesetzt.

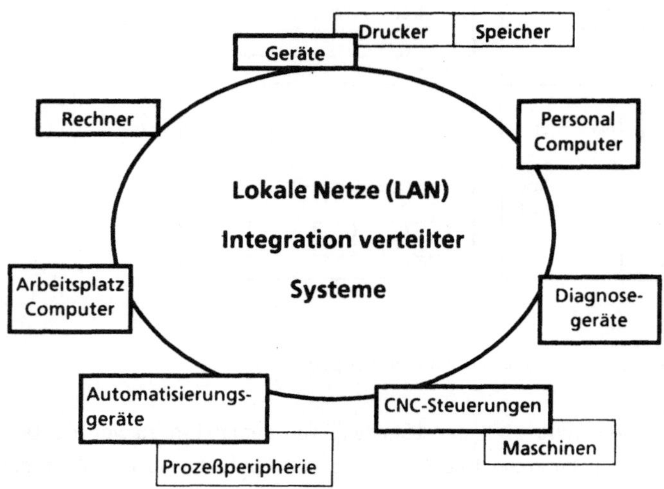

Bild 3: Integration verteilter Systeme über lokale Netze

Die Vorteile einer verteilten Systemarchitektur sind:

- die Realisierung eines die gesamte Fabrik umfassenden Automatisierungskonzeptes kann in Stufen erfolgen
- die Inbetriebnahme neuer Systeme berührt nicht den Betrieb laufender Systeme
- Störungen wirken sich nur lokal aus und können ohne Beeinträchtigung der übrigen Systeme behoben werden
- die offene Kommunikation erlaubt den Anschluß unterschiedlicher Systeme und Geräte
- zentrale Dienste (Server) können von allen Teilnehmern im Netz genutzt werden
- die verteilte Systemarchitektur bietet Möglichkeiten zur partiellen Innovation einzelner Systeme und ist offen für neue Entwicklungen und Techniken

Flexible Fertigungs-Automatisierung

Die Steuerung und Regelung der in der mechanischen Fertigung eingesetzten Maschinen erfolgt heute mit speziellen Steuerungen (z. B. CNC-Werkzeugmaschinensteuerungen und Robotersteuerungen) oder mit universellen speicherprogrammierbaren Steuerungen (z. B. für Transport-, Be- und Entladeeinrichtungen). Diese sind mit Mikroprozessoren ausstattet und so ausgelegt, daß sie die Steuerungsaufgaben für die jeweilige Maschine autark erledigen.

Zur flexiblen Automatisierung eines kompletten Fertigungsprozesses sind Leitsysteme erforderlich, die dafür sorgen, daß der Ablauf der einzelnen Transport-, Handhabungs- und Bearbeitungsvorgänge koordiniert und aufgabengerecht erfolgt. Beispiele für die flexible Automatisierung der Fertigung sind flexible Fertigungszellen und flexible Fertigungssysteme. Eine typische Ausprägung einer flexiblen Fertigungszelle zeigt das Bild 4.

Die Fertigungszelle besteht aus zwei Werkzeugmaschinen für prismatische Werkstücke (z. B. Bearbeitungszentren, Bohr- oder Fräsmaschinen), einem Spannplatz für das Auf- und Abspannen der Werkstücke und einem automatisierten Transportsystem für den Transport der Werkstücke und Werkzeuge.

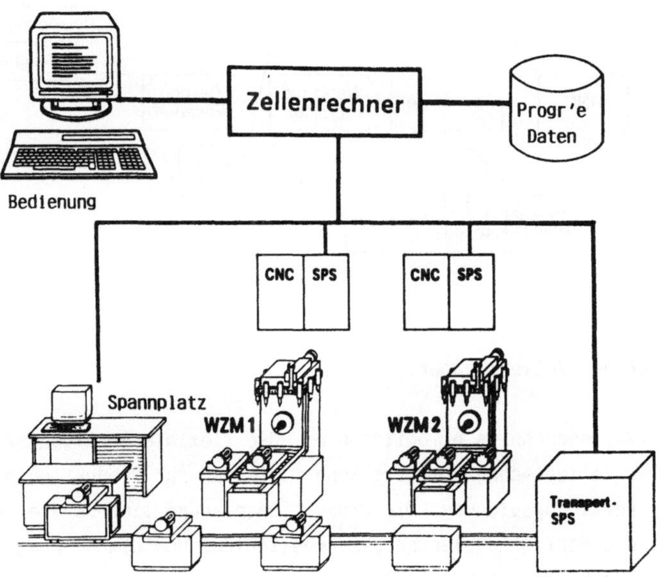

Bild 4: Komponenten einer flexiblen Fertigungszelle

Die Fertigungszelle ist in der Lage, unterschiedliche Werkstücke zu bearbeiten, ohne die Maschinen umrüsten zu müssen. Den Fertigungsablauf steuert ein Zellenrechner, der mit den unterlagerten Steuerungen für die Maschinen und für das Transportsystem online verbunden ist.

Der Rechner verfügt über Planungsfunktionen für die Einplanung der Fertigungsaufträge und für die Ermittlung des Werkzeugbedarfs. Er versorgt die CNC-Maschinensteuerungen mit NC-Programmen und gibt die Steuerbefehle für den Transport der

Werkstücke und Werkzeuge an die Transportsteuerung. Eventuelle manuelle Tätigkeiten, wie das Spannen der Werkstücke und das Be- und Entladen der Werkzeuge, werden vom Rechner über Bediener-Dialoge gesteuert. Die Bearbeitung der Werkstücke überwachen Meßeinrichtungen und Sensoren in der Maschine. Fehler, die bei der Bearbeitung oder dem Transport der Werkstücke auftreten, werden von den unterlagerten Steuerungen an den Zellenrechner gemeldet und von diesem auf einem projektierbaren Anlagenabbild angezeigt.

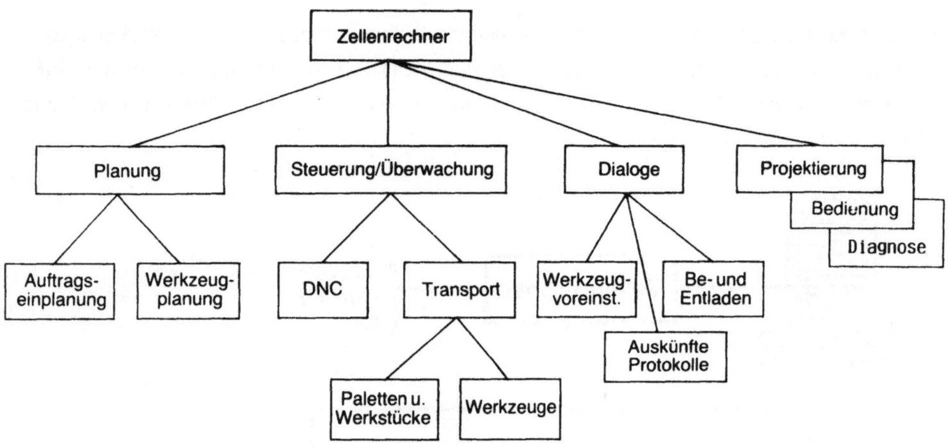

Bild 5: Aufgabenstruktur des Zellenrechners

Die Leitfunktionen des Zellenrechners ermöglichen es, die flexible Fertigungszelle autark zu betreiben. Der Zellenrechner besitzt Schnittstellen zur Produktionsplanung und -steuerung und zur Fertigungsplanung. Die Produktionsplanung liefert die Fertigungsaufträge, während die Fertigungsplanung die Arbeitspläne und die NC-Programme für die Bearbeitung der Werkstücke bereitstellt.

Die flexiblen Fertigungszellen sind die Bausteine für den Aufbau größerer Fertigungssysteme. In diesem Fall werden mehrere Fertigungszellen über ein Materialflußsystem verkettet und von einem Leitrechner gesteuert. Zellen und Leitrechner sind für den Austausch von NC-Programmen und Daten durch ein lokales Netz verbunden.

Der Leitrechner erledigt alle zentralen Aufgaben wie:

- Verwaltung der Stammdaten
- Verteilung der Fertigungsaufgaben an die Zellenrechner
- Ausgabe der Spannanweisungen an die Spannstationen
- Steuerung des globalen Materialtransports

Überwachung und Anzeige des aktuellen Zustands der Gesamtanlage

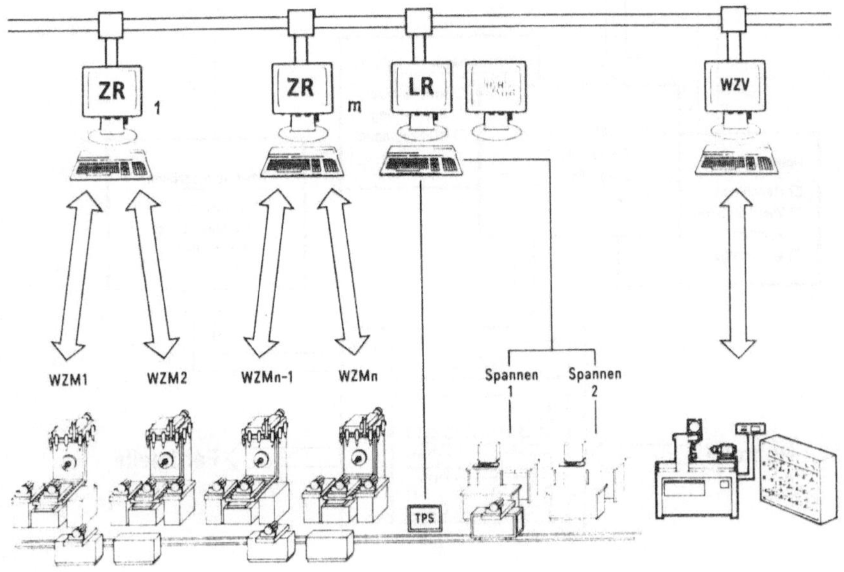

Bild 6: Aufbau eines flexiblen Fertigungssystems aus Fertigungszellen

Der Werkzeugeinstellplatz ist mit einem eigenen Rechner ausgestattet. Dieser erhält vom Leitrechner über das lokale Netz die Anweisungen, welche Werkzeuge für welche Maschinen einzustellen sind. Die Istdaten der eingestellten Werkzeuge sendet der Rechner des Werkzeugeinstellplatzes an die entsprechenden Zellenrechner. Diese übergeben die Werkzeugdaten an die Werkzeugmaschinensteuerungen, wenn die Werkzeuge in das Werkzeugmagazin der Maschine eingesetzt werden.

Der Aufbau derart verteilter Systeme wird durch den Einsatz preiswerter Personal-, Mikro- und Minicomputer und lokaler Netze wirtschaftlich möglich.

Für die Planung, die Projektierung und den Betrieb von flexibel automatisierten Fertigungszellen und -systemen gewinnen die Simulation, die Projektierung und die Diagnose zunehmend an Bedeutung. Zur Simulation des Fertigungsablaufs in flexiblen Fertigungssystemen gibt es bereits Systeme, die mit Hilfe grafischer Bedienoberflächen die Modellierung des Fertigungssystems ermöglichen. Damit kann einerseits der Hersteller die Auslegung des Fertigungssystems überprüfen, mögliche Engpässe erkennen und Alternativen bewerten. Anderseits ist die Simulation aber auch ein Hilfsmittel zur Betriebsführung von Fertigungssystemen und damit für den Betreiber der Anlagen von Nutzen.

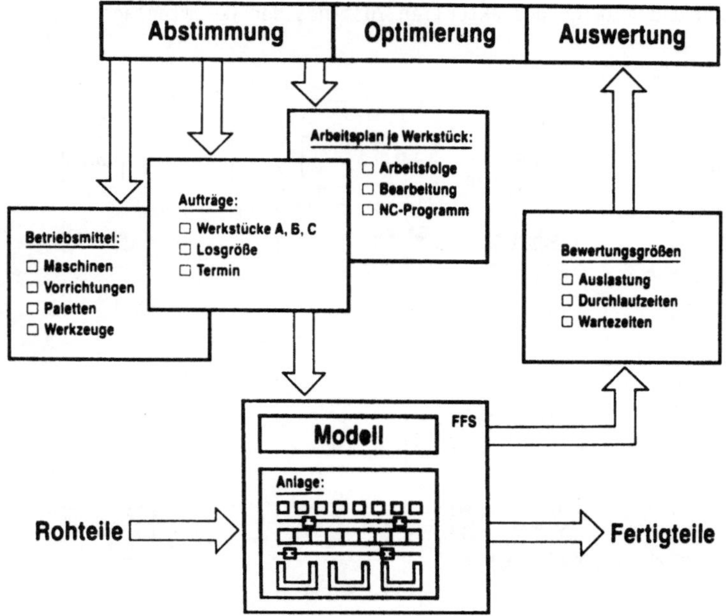

Bild 7: Simulation zur Planung flexibler Fertigungssysteme

Für das Bedienen und Beobachten von Fertigungssystemen werden grafische Bildschirme eingesetzt. Auf Anlagenabbildern werden

- der Materialfluß der Werkstücke
- der Zustand von Maschinen und Transporteinrichtungen
- die Belegung der Pufferplätze
- Fehlermeldungen
- u. a.

angezeigt.

Die Anlagenabbilder sind mit Hilfe grafischer Elemente projektierbar und können vom Maschinenhersteller - der Fertigungsanlage entsprechend - gestaltet werden.

Flexible Montage-Automatisierung

Zur Automatisierung von Montagevorgängen wurden in der Vergangenheit Montageautomaten und starr verkettete Montagelinien eingesetzt.

Flexible Montagezellen und flexible Montagelinien sind erst in jüngster Zeit durch den Einsatz speicherprogrammierbarer Montage- und Handhabungseinrichtungen möglich geworden. Die flexible Automatisierung der Montage ist im allgemeinen nur bei den Produkten technisch und wirtschaftlich lösbar, die aus wenig Teilen bestehen, deren Montagevorgang einfach zu automatisieren ist und deren Stückzahl groß genug ist, um den Investitionsaufwand zu rechtfertigen.

Beispiele für die flexible Montage sind im Bereich der Elektronikfertigung und bei elektro-feinmechanischen Produkten zu finden. Dies sind:

- das Bestücken von Flachbaugruppen
- das Montieren von Tastaturen
- die Montage von Elektrokleinmotoren und Kleinschützen
- u. a.

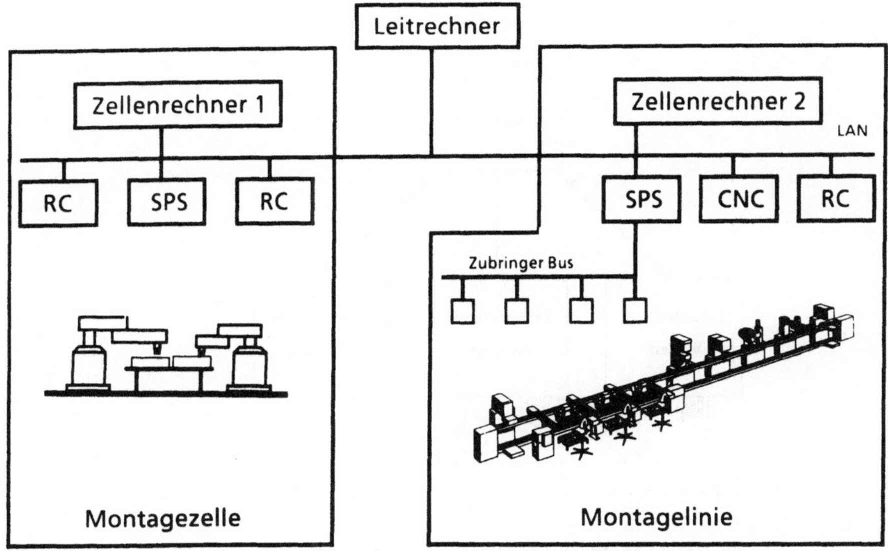

Bild 8: Flexible Montagezellen und Montagelinien

Bild 8 zeigt die Maschinen- und Steuerungskomponenten einer Montagezelle und einer Montagelinie. Die Montagezelle besteht aus zwei Industrierobotern, die durch ein Transportband verkettet sind. Die zugehörigen Automatisierungsgeräte sind zwei Robotersteuerungen und eine speicherprogrammierbare Steuerung. Für die Montagelinie ist kennzeichnend, daß sie oft eine Mischung von Automatikstationen und Handarbeitsplätzen darstellt. Zur Montagelinie gehören Zuführ-, Transport-, Handhabungs- und Montageeinrichtungen. Dementsprechend sind die Automatisierungsgeräte speicherprogrammierbare Steuerungen, NC-Steuerungen und RC-Steuerungen. Hinzu kommen Sensoren, die für die Teileerkennung, die Teilehandhabung und die Teilemontage benötigt werden. Montagezelle und Montagelinie werden jeweils über einen Zellenrechner gesteuert. Analog zur mechanischen Fertigung werden flexible Montagesysteme aus mehreren Montagezellen oder Montagelinien aufgebaut. Ein Leitrechner übernimmt auch hier die übergeordneten Planungs-, Steuerungs- und Überwachungsfunktionen.

Als Beispiel für ein flexibles Montagesystem ist die Flachbaugruppenfertigung in einem Elektronikwerk genannt. Um unterschiedliche Flachbaugruppen automatisch bestücken zu können, wurden NC-gesteuerte Bestückungsautomaten eingesetzt. Dabei wurden mehrere gleichartige Automaten zu jeweils einer Montagezelle zusammengefaßt. Auf diese Weise entstanden eine DIP-Zelle für das Bestücken der Bauelemente in Dual-Inline-Package, eine Axial-Zelle für axiale Bauelemente und eine Radial-Zelle für radiale Bauelemente. Jede Zelle wird von einem Zellenrechner gesteuert. Den Transport der Flachbaugruppen zu den Zellen steuert übergeordnet ein Leitrechner.

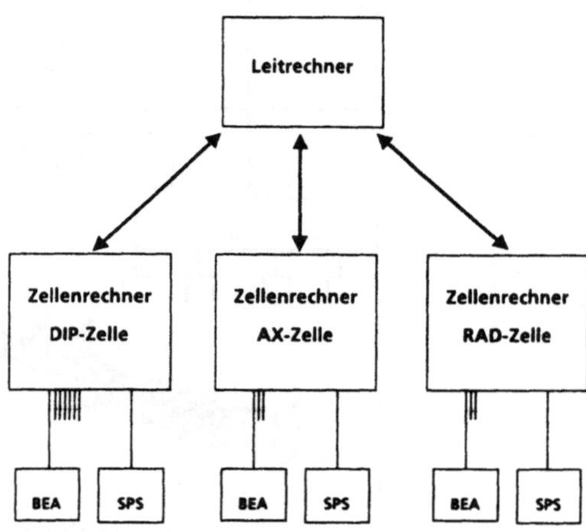

Bild 9: Montagesystem zur Flachbaugruppenbestückung

Automatisierungssysteme im CIM-Verbund

Bei der Automatisierung der Produktion mit verteilten Systemen steuern lokale Leitsysteme einzelne autonome Produktionsbereiche vom Lager bis zum Versand. Die lokalen Leitsysteme sind über das lokale Netz mit den übergeordneten Fertigungs- und Montageleitsystemen verbunden. Letztere verfügen über gesonderte Einrichtungen zur Visualisierung, Simulation und Diagnose.

Die rechnergestützten Systeme der Konstruktion, der Fertigungs- und Prüfplanung, und der Produktionsplanung und -steuerung sind an das lokale Netz entweder direkt oder über einen Kommunikations-Server angeschlossen. Zusätzlich sind in das Netz zentrale Dienste wie Datenbank-Server und Print-/Plot-Server integriert. Über sie wird zentral das Verwalten von Stammdaten, das Archivieren von Fertigungsdaten und das Ausgeben von Protokollen und Zeichnungen abgewickelt.

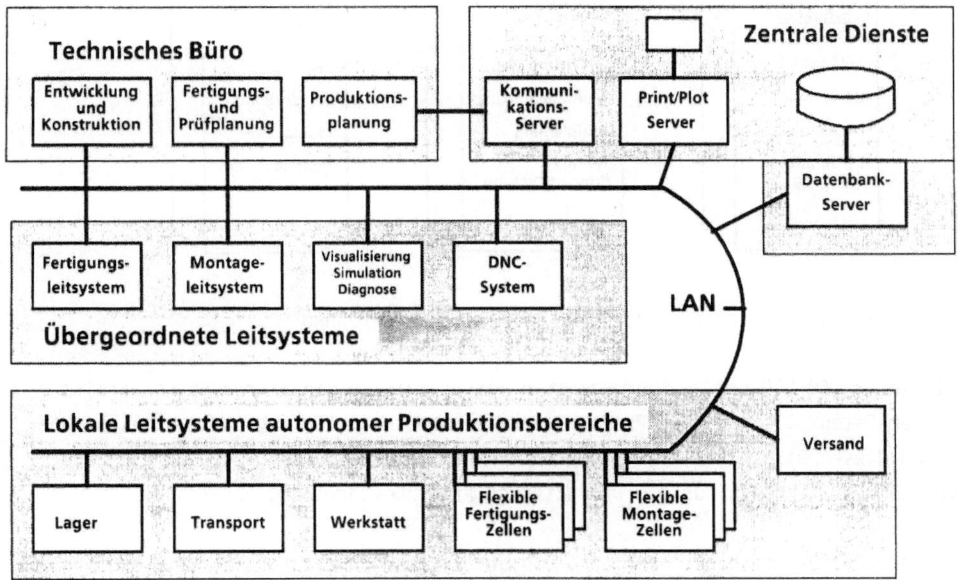

Bild 10: Automatisierungssysteme im CIM-Verbund

Durch den Verbund der Arbeitsstationen im technischen Büro mit den Automatisierungssystemen in der Produktion wird die Basis für eine integrierte rechnergestützte Fertigung, das Computer-Integrated-Manufacturing (CIM), geschaffen. In einem Rechnerverbund erhalten die Produktionsleitsysteme von der Produktions- und Fertigungsplanung alle erforderlichen organisatorischen und technischen Steuerdaten durch direkten Datenaustausch.

Die Integration aller Produktionsbereiche erfordert den Aufbau von durchgängigen Verfahrensketten, die von der Konstruktion über die Fertigungs- und Prüfplanung bis zur Maschinensteuerung reichen.

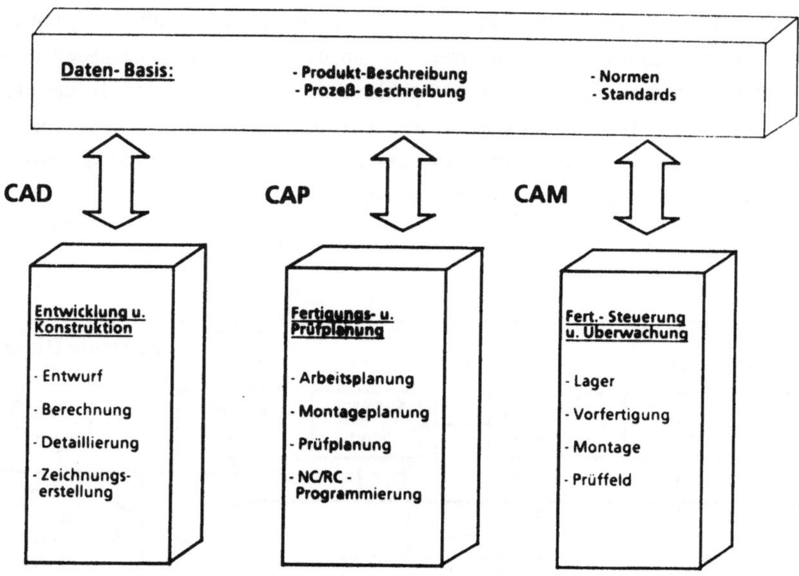

Bild 11: Integration der CAD-, CAP-, CAM-Funktionen

Ziel dieser CAD-CAP-CAM-Verfahrensketten ist es, die in einem Produktionsbereich gewonnenen Daten allen anderen Produktionsbereichen so zur Verfügung zu stellen, daß sie von diesen direkt verarbeitet werden können. Dies wird durch den Aufbau einer gemeinsamen Datenbasis für die Produkt- und Prozeßbeschreibung erreicht.

Da in den Produktionsbereichen jedoch in der Regel rechnerunterstützte Systeme unterschiedlicher Hersteller eingesetzt sind, gewinnt die Normung des Datenaustausches besondere Bedeutung. So bemühen sich nationale und internationale Normungsgremien intensiv, den Austausch von technischen Daten zu standardisieren. Wie weit die Normung vorangeschritten ist, soll am Beispiel der NC/RC-Verfahrenskette verdeutlicht werden.

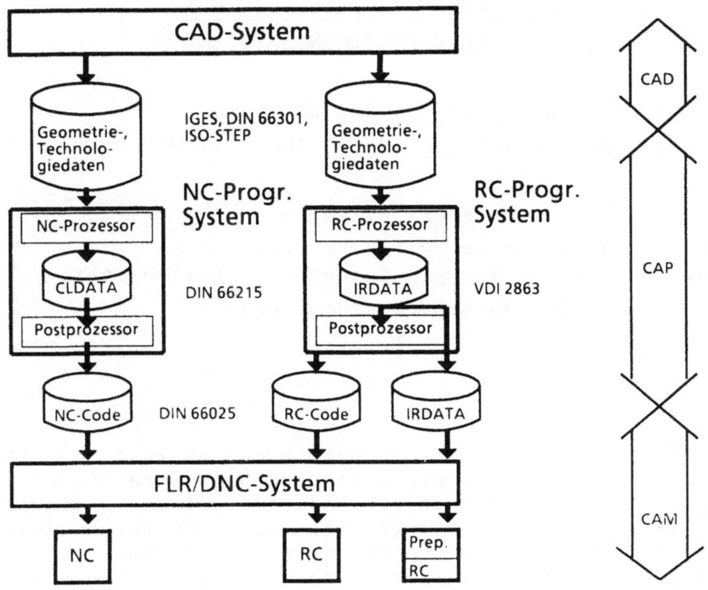

Bild 12: NC-/RC-Verfahrenskette, Stand der Normung

Hier gilt es insbesondere, den Austausch von Geometrie- und Technologiedaten weiter zu normen. ISO hat sich dies mit STEP (STandard for Exchange of Productdata) zum Ziel gesetzt. Für die RC-Verfahrenskette muß IRDATA (Industrial Robot DATA) als Norm verabschiedet werden. Darüberhinaus wäre die Normung eines RC-Steuercodes analog zum NC-Steuercode wünschenswert.

Der Aufbau integrierter Systeme von der Konstruktion bis zur Maschinensteuerung verlangt

- genormte Kommunikationssysteme auf der Basis lokaler Netze und
- Normen für den Austausch von organisatorischen und technischen Steuerdaten.

Dieses Ziel kann nur schrittweise erreicht werden und verlangt die Mitarbeit von allen, die an der Produktionsautomatisierung beteiligt sind.

UNIVERSELLES STEUERUNGSKONZEPT FÜR FLEXIBLE FERTIGUNGSSYSTEME

UNIVERSAL CONTROL SOFTWARE FOR FLEXIBLE MANUFACTURING SYSTEMS

M. Weck, E. Kohen
Laboratorium für Werkzeugmaschinen
Lehrstuhl für Werkzeugmaschinen und Betriebslehre
5100 Aachen, B.R.Deutschland

Summary

Flexible Manufacturing Systems do not spread as fast as they are supposed to. Main reasons therefore are the high development risk and the large planning expanditure for such systems. Manufacturing machines, transportation and storage units based on the building-block principles help already to reduce the development costs and the risk, when developing new systems. As far as the control software for FMS is concerned, a universal software, able to control a large variety of FMS, is still not available. Conciderung these requirements a control software has been developed at the Machine Tool Laboratory of Aachen, which can be configured by several layout parameters for different FMS configurations. This paper gives an overview of the system features and presents the facilities of the configurable control software system KOSMOS.

1 Einleitung

Der ständig zunehmende Wettbewerbsdruck auf dem Weltmarkt stellt erhöhte Anforderungen an die Unternehmen hinsichtlich einer wirtschaftlichen Fertigung, der Qualität der Produkte sowie kurzer Lieferzeiten. Gleichzeitig werden die Unternehmen durch die beschleunigte Innovation zunehmend mit kleineren Serien und häufigeren Produktwechseln konfrontiert. Als Reaktion auf diese Anforderungen ist ein weltweiter Trend zu verzeichnen, die flexible, rechnerunterstützte Automation in die Fertigung einzuführen. Die Bereitschaft besonders mittelständischer Betriebe, in diesem Sektor zu investieren, hängt davon ab, ob komplette Standardkonzepte, die mit wenig Planungs- und Betriebsrisiko behaftet sind, verfügbar sind.

Im Bereich des Werkzeugmaschinenbaus werden zunehmend Komponenten nach dem Baukastenprinzip angeboten, die unterschiedlichen Ansprüchen genügen. Die internationalen Bestrebungen, die Kommunikation von Steuerungen verschiedener Hersteller durch ein steuerungsübergreifendes Kommunikationskonzept (MAP) zu vereinheitlichen, zielt auch in diese Richtung. Den Engpaß im Gesamtkonzept bildet - wie auch sonst im Bereich der industiellen EDV - die Steuerungssoftware. Aufgrund mangelnder standardisierter und modularer Lösungen steigen die Softwarekosten stetig an und bilden einen immer größeren Anteil der Investitionen (Bild 1).

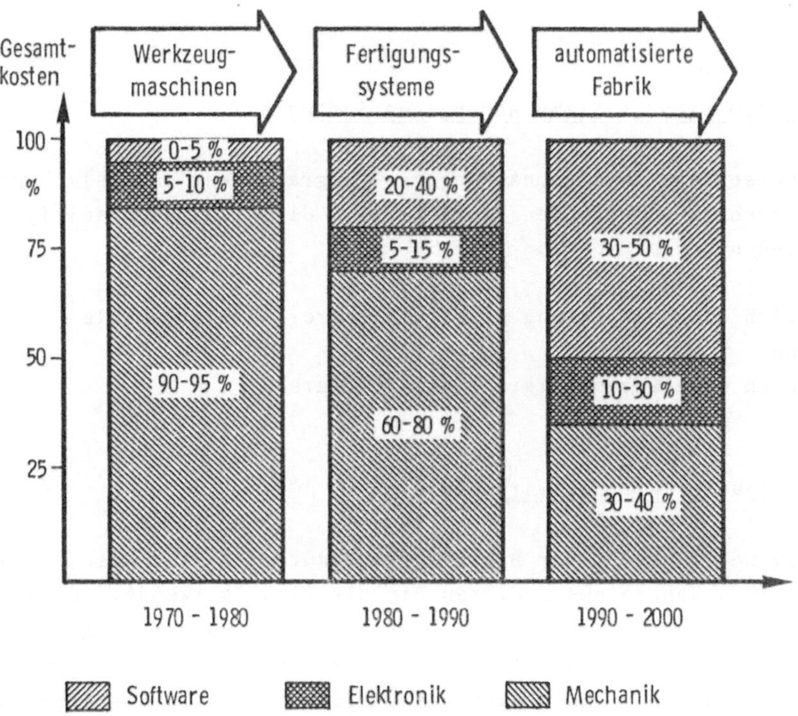

Bild 1: Entwicklung der Software- und Hardwarekosten im Vergleich

Basierend auf allgemeine Erfahrungen mit größeren Softwareprojekten sind zwar umfangreiche "Werkzeuge" entwickelt worden, die den Softwareingenieur in den unterschiedlichen Entwicklungsstadien unterstützen und damit dazu beitragen, Entwicklungszeit und -kosten zu reduzieren. Im Bereich der Fertigungsautomatisierung lassen sich die Softwarekosten jedoch am effektivsten durch die Entwicklung von Standardsoftwarepaketen senken, die es erlauben, einzelne, ausgetestete Module in mehreren unterschiedlichen Systemen einzusetzen.

Aus der Überlegung, ein universelles Steuerungssystem für flexible

Fertigungsanlagen zu entwickeln, entstand im Werkzeugmaschinenlabor der RWTH Aachen unter dem Arbeitstitel "KOSMOS" ein modulares Softwarepaket, das sich mit geringem Programmieraufwand an unterschiedliche Anlagenkonfigurationen anpassen läßt.

Vor einer Beschreibung der Eigenschaften dieses Softwarekonzeptes soll zunächst das Prinzip einer anlagenunabhängigen Software erläutert werden.

2 Prinzip einer systemunabhängigen Software

Ein universelles, systemunabhängiges Programmpaket läßt sich prinzipiell durch zwei Methoden realisieren, die sich gegenseitig nicht ausschließen:

1. durch die Entwicklung konfigurierbarer Softwaremodule
   und
2. durch eine Parametrierung der Software.

2.1 Konfigurierbare Softwaremodule

In diesem Beitrag wird der Begriff "konfigurieren" für das "Zusammenstellen eines Ganzen aus mehreren Einzelteilen" verwendet. Eine konfigurierbare Software besteht daher definitionsgemäß aus mehreren, vorgefertigten Softwaremodulen. Jedes Modul erfüllt eine bestimmte, wohl definierte Funktion und besitzt eine eindeutige Schnittstelle zu den anderen Modulen (Bild 2). Somit kann es durch ein anderes Modul ersetzt werden, das zwar die gleiche Funktion erfüllt, jedoch unterschiedlich arbeitet.

Mit Hilfe einer solchen Softwarestruktur läßt sich nun eine Steuerungssoftware entwickeln, die unterschiedliche Systeme berücksichtigt.

Für jede Steuerungsfunktion werden eine Reihe von Softwaremodule entwickelt, die alle die gleiche Schnittstelle haben und somit untereinander austauschbar sind. Diese Module werden in einer Modulbibliothek aufbewahrt. Zum Generieren der Gesamtsoftware wird für jede Funktion bzw. Unterfunktion aus der Modulbibliothek das geeignete Modul ausgesucht und an die dafür vorgesehene Stelle in die Software eingebunden (Bild 3).

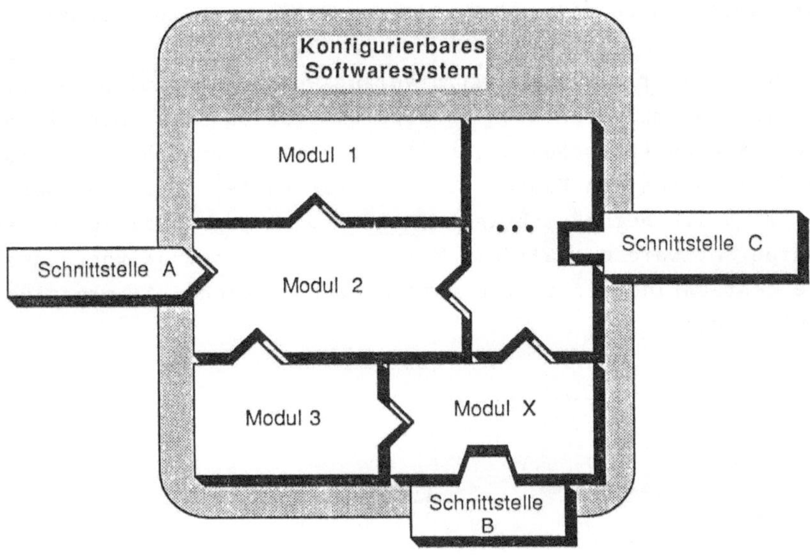

Bild 2: Prinzipieller Aufbau eines konfigurierbaren Softwaresystems

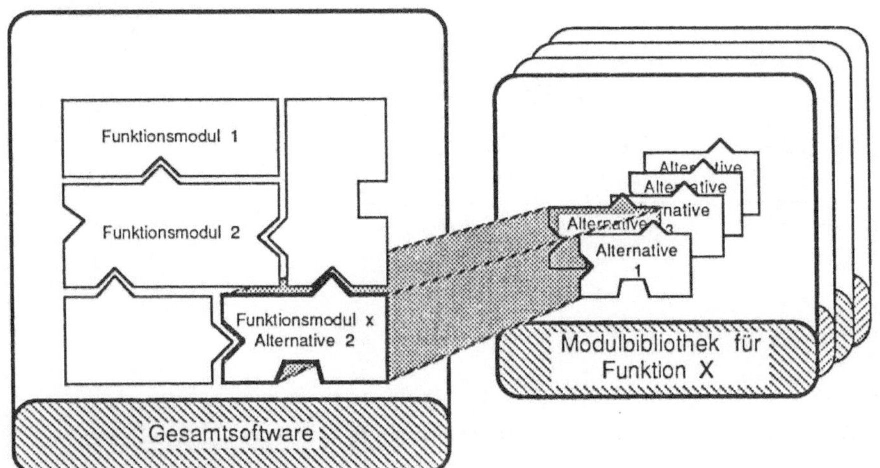

Bild 3: Auswahl eines Moduls für eine bestimmte Systemfunktion

2.2 Parametrierung der Software

Eine weitere Methode, eine systemunabhängige Software zu entwickeln, ist, die Software zu parametrieren, d. h. an geeigneter Stelle in der

Software Variablen zu verwenden, die den Programmablauf steuern.

Dieses Programmierverfahren wird vorzugsweise in Modulen verwendet, die mehrere Systemalternativen berücksichtigen müssen. Die Parameter bilden die Knoten (Entscheidungskriterien) eines Entscheidungsgraphes. Die Pfade zwischen den Knoten sind Programmteile, die eine bestimmte Systemalternative berücksichtigen (Bild 4). Im Gegensatz zu der konfigurierbaren Software enthält ein Modul mehrere Alternativen, und die Software entscheidet zur Programmlaufzeit, welche Alternative sie durchlaufen soll.

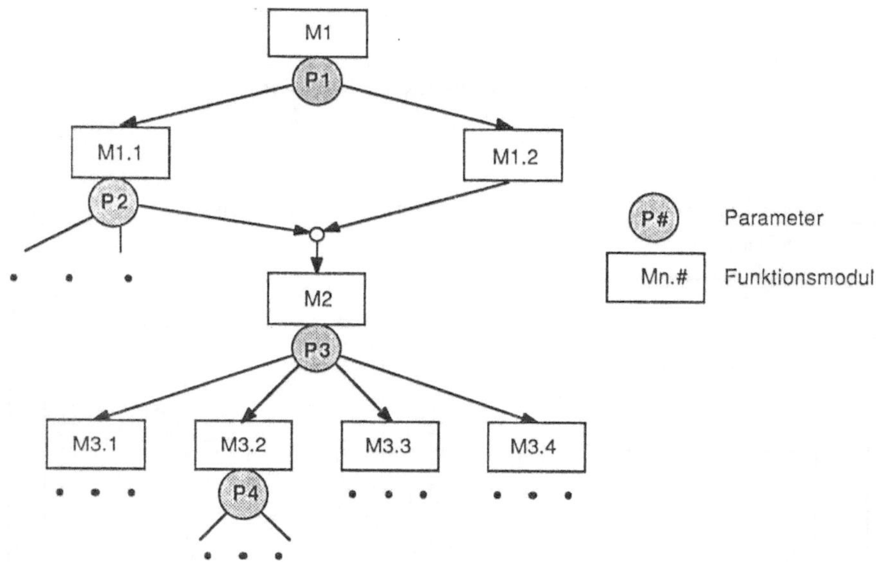

Bild 4: Programmierung in Entscheidungsgraphen

3 Struktur der Steuer- und Überwachungssoftware KOSMOS

Das Programmsystem KOSMOS wurde nach den oben geschilderten Prinzipien entwickelt. Es besteht aus zwei in sich geschlossenen und voneinander getrennten Programmpaketen.

Das erste Paket umfaßt alle Funktionsmodule zur Koordinierung und Steuerung der Abläufe in einem flexiblen Fertigungssystem. Es ist die eigentliche Steuer- und Überwachungssoftware, die die organisatorischen, operativen, verwaltungstechnischen und kommunikativen Aufgaben eines FFS-Leitrechners ausführt (Bild 5).

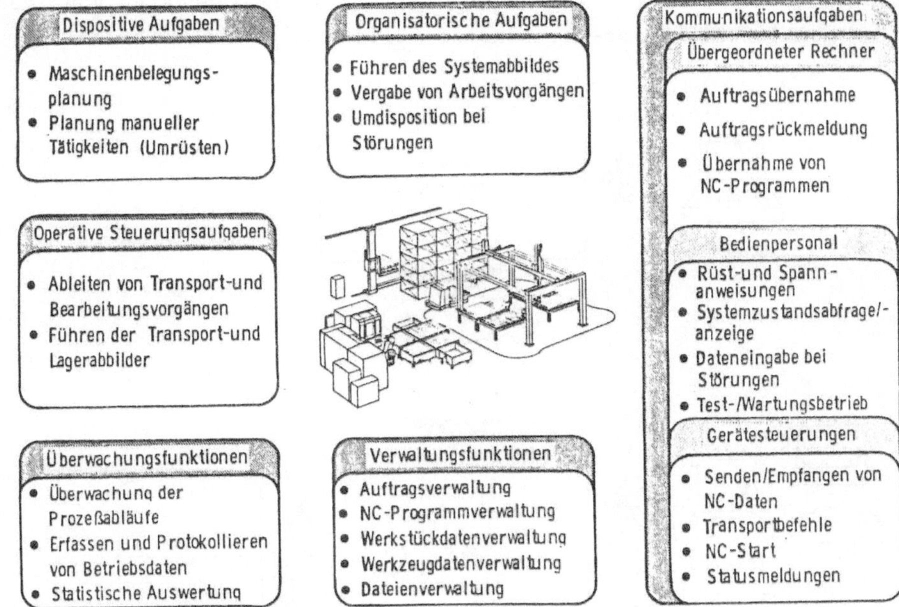

Bild 5: Aufgaben eines FFS-Leitrechners

Die Steuerungssoftware wurde nicht auf eine bestimmte Anlagenkonfiguration zugeschnitten. Es wurden zunächst die Funktionen aufgestellt, die die Software zu erfüllen hat. Jede Funktion wurde ihrerseits in eine Menge von Unterfunktionen gegliedert, die eine klare Schnittstelle und eine definierte, begrenzte Aufgabe haben. Falls unterschiedliche Systeme eine unterschiedliche Handhabung der Funktion erfordern, wurde diese Systemeigenschaft als Parameter festgehalten und für jedes unterschiedliche System wurde ein eigenes Softwaremodul entwickelt, das diese Systemeigenschaft berücksichtigt. Die Software orientiert sich bei der Funktionsausführung an diesen Parameter und entscheidet, welches Softwaremodul auszuführen ist.

Bevor man mit der Software eine konkrete Anlage steuern kann, müssen ihr die Anlageneigenschaften mitgeteilt werden. Dies erfolgt in einem Konfigurierungsvorgang mit Hilfe des zweiten Softwarepaketes, dem sog. "Systemkonfigurationsmodul". Mit ihm werden die Parameter der zu steuernden Anlage festgehalten und ihre Eigenschaften beschrieben. Diese Informationen, die man auch die System-Kenndaten nennt, dienen zum einen dazu, eine Auswahl aus vorgefertigten Funktionsmodulen zu treffen und damit die eigentliche Steuer- und Überwachungssoftware zu generieren. Zum anderen wird ein Teil der System-Kenndaten von den Funktionsmodulen als Parameter benutzt (Bild 6).

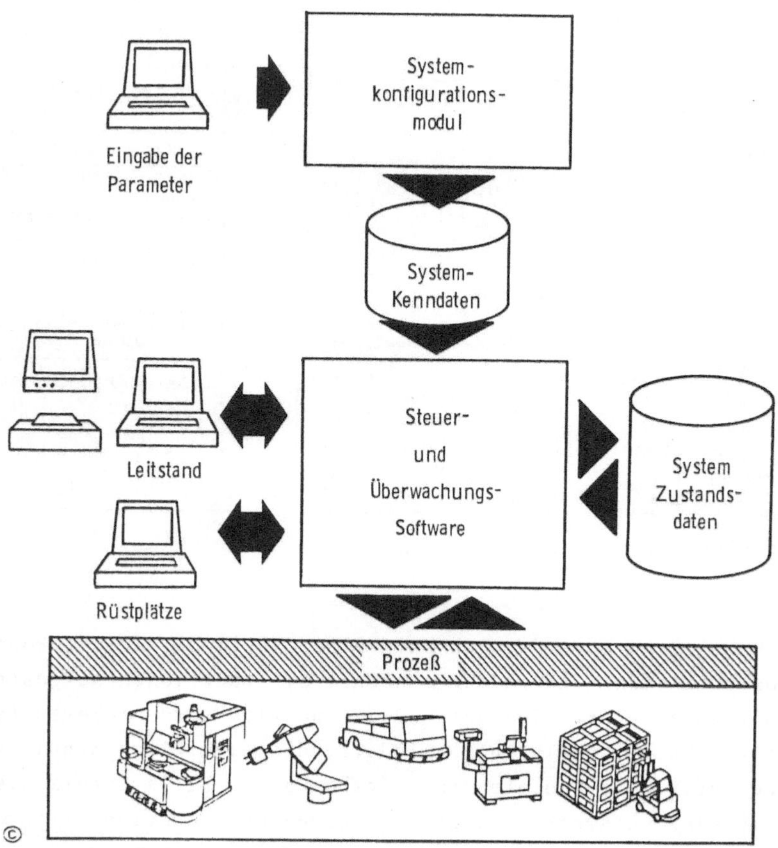

Bild 6: Prinzipieller Aufbau des KOSMOS-Systems

Nachdem die Steuerungssoftware durch das Konfigurierungsmodul generiert und an die Eigenschaften der Anlage angepaßt worden ist, ist sie alleine lauffähig.

Die verschiedenen, in sich geschlossenen Funktionen, die der FFS-Leitrechner auszuführen hat, spiegeln sich in der Struktur der realisierten Steuerungssoftware wieder (Bild 7). Das System besteht aus mehreren eigenständigen Programmen (Tasks), die unabhängig voneinander ablaufen und über einen globalen Speicherbereich Daten miteinander austauschen. Ein gemeinsames Dateienverwaltungssystem erlaubt allen Tasks den Zugriff auf die Kenndaten, die das invariable System be-

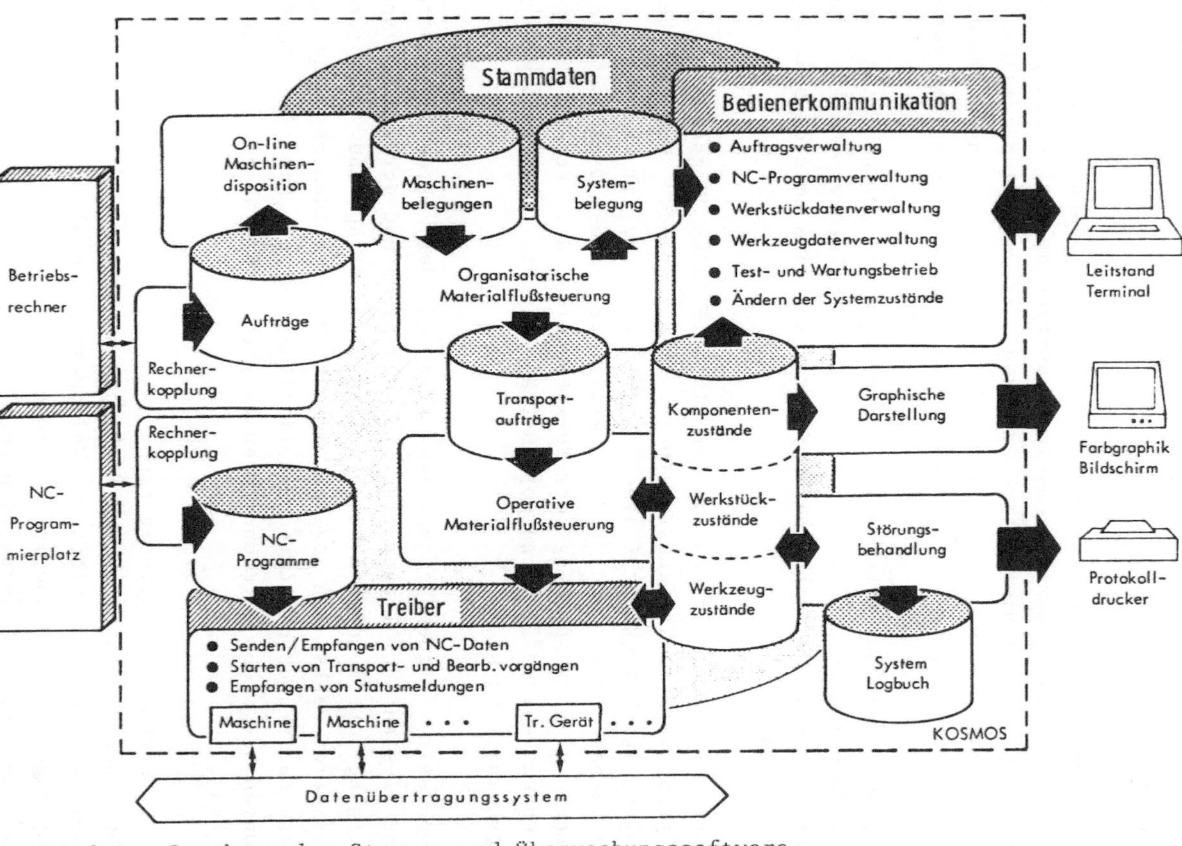

Bild 7: Struktur der Steuer- und Überwachungssoftware

schreiben, und auf variable Daten, die Auskunft über den aktuellen Systemzustand geben.

Auftragsdaten, Arbeitspläne und NC-Programme können entweder über "Rechnerkopplungsprogramme" von einem übergeordneten Planungssystem bzw. einem NC-Programmierplatz übernommen oder im Bedienerdialog aufgebaut werden. Über ein Bildschirmgerät am Leitstand können die Daten geändert, gelöscht oder auf Bildschirm bzw. Drucker ausgegeben werden.

Aus den Aufträgen und Arbeitsplänen ermittelt die "Disposition" eine optimale Maschinenbelegung, fordert neue Werkstücke vom Leitstandpersonal an, erteilt Umrüstbefehle und sorgt für eine Belegungsplanänderung im Störungsfall.

Kernstück der Materialflußsteuerung sind die Tasks "Organisatorische" und "Operative Materialflußsteuerung". Aufgrund der Maschinenbelegungsdaten, werkstückspezifischer Stammdaten und der Belegung der systeminternen Lager und Puffer ermittelt die "Organisatorische Steuerung" die Transportwege der Werkstücke und der Werkstückträger. Diese Daten werden als Transportaufträge in die Transportwegwarteschlange eingetragen.

Die "Operative Steuerung" bestimmt aufgrund des aktuellen Systemabbildes (Zustand der Transportgeräte, Maschinen und Werkstücke, Speicherbelegung etc.) die zulässigen Transportaufträge und übermittelt diese weiteren Tasks, den sog. "Treibern". Diese bilden das Bindeglied zwischen der standardisierten Materialflußsteuerung und den Gerätesteuerungen bzw. dem Datenübertragungssystem. Ihre Aufgabe ist im wesentlichen:

- Starten von Transportvorgängen,
- Übertragen und Starten von NC-Programmen,
- Empfangen von Endemeldungen (Vollzugsmeldungen),
- Empfangen von Zustandsinformationen sowie
- Empfangen von Störungsmeldungen.

Die von den Treibern empfangenen Störungsmeldungen und Zustandsinformationen (z. B. Betriebsartwechsel) werden der Task "Störungsbehandlung" übermittelt und durch diese auf einen Protokolldrucker ausgegeben und in eine "Logbuch"-Datei eingetragen. Diese Datei enthält über einen längeren Zeitraum die aktuellen Informationen über das System und kann zur statistischen Auswertung herangezogen werden.

Die Kommunikation mit dem Bediener erfolgt am Leitstand und an Rüstplätzen über Datensichtgeräte. Zur anschaulicheren Überwachung des Systems werden alle Prozeßzustände am Leitstand auf einem farbgraphischen Monitor visualisiert.

Die graphische Systemdarstellung wird auch zur Simulation des Fertigungsablaufs herangezogen. Im Simulationsbetrieb werden die Treiber softwaremäßig vom Datenübertragungssystem abgetrennt. Die Startbefehle für Transport- und Bearbeitungsvorgänge aktivieren Softwaretimer, die nach Ablaufen einer vordefinierten Zeit die Endemeldung der Gerätesteuerungen simulieren.

4 Konfigurierung eines anwenderspezifischen Systems

Die Konfigurierung der anwenderspezifischen FFS-Software vollzieht sich in drei Phasen (Bild 8).

In der ersten Phase erstellt der Systemanbieter das Konzept der FFS-Software. Aufgrund des vorgesehenen Systemlayouts, der gewünschten Steuerungsfunktionen, der Bearbeitungsaufgabe, der kundenspezifischen Wünsche und der Möglichkeiten unterlagerter Steuerungen werden die Kenndaten des Systems ermittelt.

Die zweite Phase ist die Parametrierungsphase. Die in der Konzipierungsphase festgelegten Kenndaten werden per Bildschirmdialog dem Rechner mitgeteilt. Der Rechner fragt dabei systematisch alle benötigten Daten ab und generiert die System-Stammdateien.

Außer diesen Kenndaten sind einige Feldgrößendimensionierungen und Schleifenzählerbegrenzungen parametriert, um sie den Systemanforderungen anzupassen. Diese stellen für alle Systemprogramme globale Konstanten dar. Sie werden per Editor in einer Text-Datei aktualisiert, die zur Kompilationszeit von jedem Softwaremodul hinzugeladen wird.

In einem zweiten Schritt werden für die Maschinen- und Transportgerätesteuerungen, für die bereits Treibermodule entwickelt worden sind, die Treiber ausgesucht.

In der Software-Generierungsphase werden zunächst für Maschinen und Transportgeräte mit bisher nicht berücksichtigten Funktionen neue

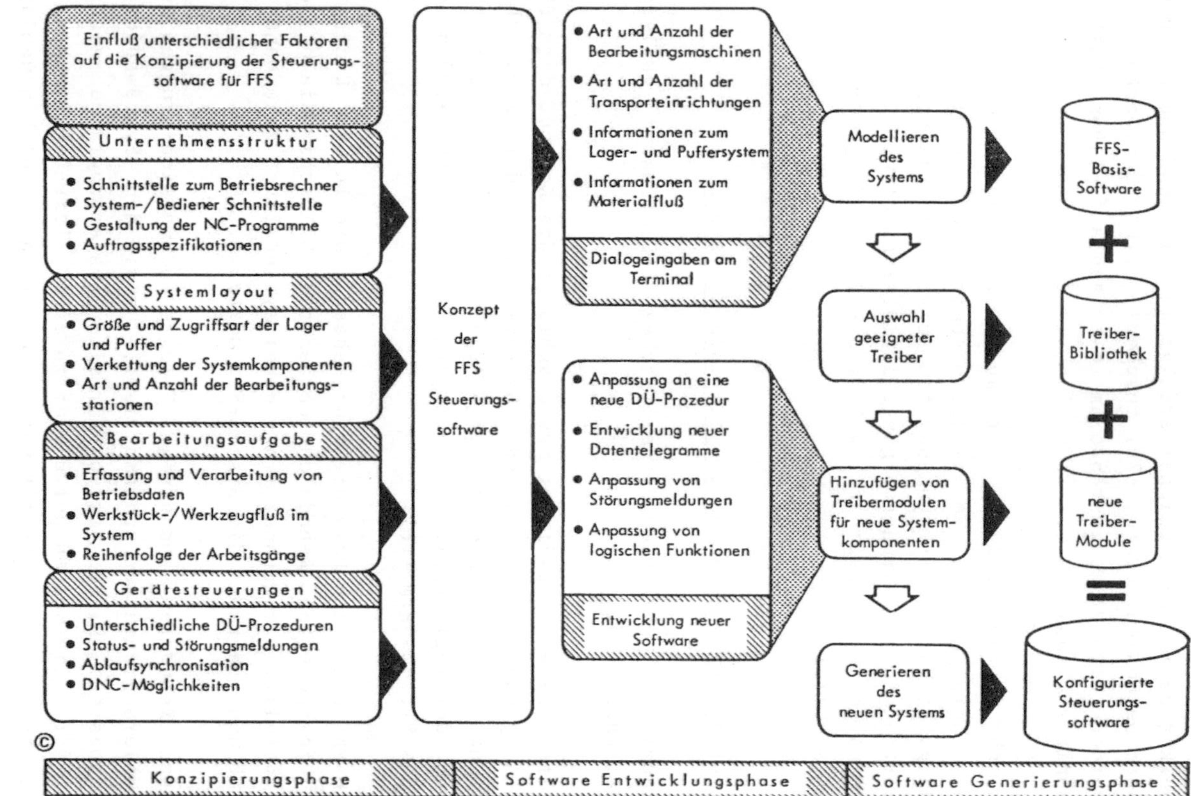

Bild 8: Konfigurierung einer anwenderspezifischen FFS-Software

Softwaremodule entwickelt. Anschließend werden evtl. bisher nicht berücksichtigte Kundenwünsche durch Programmanpassungen oder durch Hinzufügen neuer Funktionsbausteine ergänzt. Nach der vollständigen Beschreibung des Systems und der globalen Dateien wird die FFS-Grundsoftware neu übersetzt und die einzelnen Tasks werden unter Hinzunahme aller Bibliotheksunterprogramme neu erstellt.

Die somit erstellte Software kann nach der Eingabe von

- NC-Programmen,
- Werkstück-Arbeitsplänen und -Materialflußstammdaten sowie
- Fertigungsaufträgen

mit Hilfe der graphischen Systemdarstellung in der Betriebsart "Simulation" getestet werden.

5 Zusammenfassung

Mit der konfigurierbaren Steuerungssoftware für flexible Fertigungssysteme ist ein Softwaresystem entwickelt worden, das den Anforderungen bezüglich

- weitestgehender Anpaßbarkeit an unterschiedliche Anlagenkonfigurationen,
- hoher Wirtschaftlichkeit durch Reduzierung der Softwarekosten sowie
- der Reduzierung der Planungs- und Aufbauzeiten und des Entwicklungsrisikos durch vorgefertigte Softwaremodule

in hohem Maße gerecht wird. Es bietet dem Anbieter flexibler Fertigungssysteme die Möglichkeit, sich in kürzester Zeit den Wünschen seiner Kunden mit wirtschaftlich vertretbarem Aufwand anzupassen.

Modulares Mehrprozessorsystem bei hohen Echtzeitanforderungen am Beispiel einer Steuerung für Industrieroboter

A modular multi-microprocessor system for real-time applications shown on an industrial robot control unit

K.-H. Meisel

Fraunhofer-Institut für Informations- und Datenverarbeitung (IITB)
7500 Karlsruhe 1, B.R. Deutschland

Summary

Automation and high flexibility effect an increase in productivity. On the higher level (management, production engineering etc.) computers and computer aided systems (CAD, CAM) are used. On the lower level (process and machine control) efficient and flexible systems are necessary. In this paper the realization of a modular non-hierarchical multi-microprocessor system for robot control is discribed. In this concept the hardware and software can be adapted to the individual demands of various robots and robot applications to achieve optimal task oriented process control systems.

1. Flexible Steuerungstechnik auf Geräteebene

Automatisierung und hohe Flexibilität sind Wege zur Produktivitätssteigerung in der Fertigungsindustrie. Dieses Ziel wird durch verstärkten Einsatz von Mikroelektronik, Sensorik, Rechnern und rechnerunterstützten Systemen angestrebt. Solche rechnerunterstützte Systeme haben die folgenden Aufgaben: CAD (Computer Aided Design) bei der Entwicklung und Konstruktion, CAM (Computer Aided Manufacturing) bei der Fertigungssteuerung und Fertigungsüberwachung, CAP (Computer Aided Planning) bei der Fertigungsplanung, PPS (Produktionsplanung und Produktionssteuerung) und CAQ (Computer Aided Quality Control) bei der Qualitätssicherung [1]. Mit CIM (Computer Integrated Manufacturing), einem die ganze Fabrik umfassenden Informationssystem, sollen während der Produktion und Fertigung anfallende Daten allgemein zugänglich sein. Dazu werden On-line-Kommunikationswege zwischen Betriebsebene (Betriebscomputer), Bereichsebene (Fertigungsleitrechner), Zellenebene (Zellenrechner) und der Maschinen- und Geräteebene (Steuerungen in der Produktion) [2] installiert.

Diese Konzeption erfordert auch auf der Geräteebene intelligente Steuerungen, die neben der Erledigung ihrer konventionellen Aufgaben

- Steuerung und Regelung der in der Produktion eingesetzten Maschinen
- Überwachung und Fehlererkennung vor Ort
- Bedienung der Maschinen
- Programmierung der Maschinen

Schnittstellen für die On-line-Kommunikation haben müssen. Speicherprogrammierbare Steuerungen (SPS), CNC (Computer Numerical Control)-Steuerungen für Werkzeugmaschinen und Robotersteuerungen für Handhabungsgeräte sind typische Steuerungen zur Automatisierung auf der Geräteebene. Gerade bei Robotersteuerungen wird deutlich, daß die Programmiermöglichkeit allein nicht mehr ausreicht, wenn eine sehr hohe Flexibilität auf Geräteebene erreicht werden muß. Soll z.B. ein Handhabungssystem nachträglich mit schnellen Sensoren zusammenarbeiten, so können die Anforderungen an das Echtzeitverhalten der Steuerung u.U. mit der vorhandenen Steuerung nicht mehr realisiert werden.

Auf der anderen Seite kann eine Robotersteuerung aus wirtschaftlichen Gründen nicht so aufgebaut sein, daß sie für alle Eventualitäten ausgelegt ist. Da es aber auch für einen Steuerungshersteller nicht wirtschaftlich ist, für neue Einsatzfälle mit höheren Anforderungen jeweils neue Steuerungen zu konzipieren, wurde als Grundlage für die flexible Steuerungstechnik ein modulares Mehrprozessorsystem entwickelt.

2. Anforderungen an Robotersteuerungen

Die ersten Realisierungen von Steuerungen für Industrieroboter waren erweiterte und modifizierte Werkzeugmaschinensteuerungen (Punkt-zu-Punkt-Steuerungen). Sie wurden um neue Elemente, etwa die Koordinatentransformation, ergänzt und zu Bahnsteuerungen ausgebaut. Nach einiger Zeit erkannte man, daß Robotersteuerungen doch weitergehende Funktionen zu erfüllen haben, die durch die klassischen Werkzeugmaschinensteuerungen nur noch schlecht oder gar nicht mehr zu erfüllen sind. So wurden für die zweite Generation von Industrierobotern neue Steuerungen entwickelt, bei denen vor allem auf eine höhere Rechenleistung Wert gelegt wurde. Dabei wurden auch erste Möglichkeiten angeboten, einfache Sensoren an die Steuerungen anzuschliessen. Mit der Erschließung neuer Augabengebiete rückt der Sensoranschluß und die Sensordatenverarbeitung immer mehr in den Vordergrund.

Zu den zeitkritischen Standardaufgaben einer Robotersteuerung gehört die Regelung der Roboterachsen. Bei kartesischen Roboterbewegungen kommen hohe Rechenzeitanforderungen durch Bahnberechnung, Bahninterpolation und Koordinatentransformation hinzu. Diese Aufgaben zur Führungsgrößenberechnung sind ebenso wie die Regelung in einem festen Zeitraster zu bewältigen. Ein integrierter Sensoreinsatz bei Industrieroboteranwendungen erfordert nicht nur eine hohe Leistungsfähigkeit der Steuerung, sondern auch eine hohe Flexibilität. Es muß eine Systemstruktur gewählt werden, die es erlaubt, mit vertretbarem Aufwand in kurzer Zeit zusätzliche Rechenkapazität innerhalb der Steuerung zur Verfügung zu stellen.

Unterschiedliche Qualitätsanforderungen von Einfachsteuerungen bis hin zu Steuerungen mit hoher Leistungsfähigkeit stellen sich bei Robotersteuerungen nicht nur beim integrierten Sensoreinsatz, sondern auch bei anderen Funktionen.

3. Hardwarestruktur

Bei hohen Echtzeitanforderungen ist eine Einprozessorsteuerung i.a. nicht in der Lage, neben den anderen Aufgaben komplexe Sensorinformationen auszuwerten und in Roboteraktionen umzusetzen.

Zur Steigerung der Rechenleistung werden Robotersteuerungen in Form von Mehrprozessorsystemen ausgeführt. Dabei wird meist eine hierarchische Struktur gewählt. Einem übergeordneten Prozessor (Master) werden ein oder mehrere Hilfsprozessoren (Slaves) untergeordnet. Dabei sind die Aufgaben auf die einzelnen Prozessoren fest verteilt. Die Slave-Prozessoren haben untereinander keine direkte Kommunikationsmöglichkeit. Die Aufträge erhalten sie vom Master-Prozessor; an ihn geben sie auch Rückmeldungen und Ergebnisse.

Eine hierarchische Mehrprozessorsteuerung mit fester Prozessorzahl kann auf einen eventuellen komplexen Sensoreinsatzfall vorbereitet sein, indem ein spezieller Sensor-Slave-Prozessor eingeplant ist.

Sind allerdings mehrere Sensoren im Einsatz oder ist die Verarbeitung der Sensorinformationen derartig komplex, daß man sie bei den notwendigen Echtzeitanforderungen auf mehrere Prozessoren verteilen sollte, zeigen sich erhebliche Nachteile bei Mehrprozessorsteuerungen mit fester Prozessoranzahl und Aufgabenverteilung. Die hierarchische Organisation behindert Einsatzmöglichkeiten, bei denen reger Datenaustausch direkt zwischen den Slave-Prozessoren notwendig wäre.

Als Ergebnis dieser Erkenntnisse wurde eine modulare nichthierarchische Mehrprozessor-Robotersteuerung mit variabler Prozessorzahl konzipiert. Die Steuerung kann je nach Roboter, Einsatzgebiet und gegebenenfalls Sensoranwendung individuell den Anforderungen angepaßt und konfiguriert werden. Basis der Steuerung ist ein Kartensystem bestehend aus folgenden Komponenten:

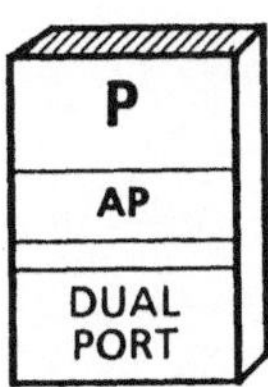

- Prozessorkarte (Bild 1)
  - 16-Bit-Mikroprozessor
  - Arithmetik-Koprozessor (AP)(optional)
  - Interrupt-Controller
  - bis 24 k-Worte CMOS-RAM-Speicher
  - bis 256 k-Worte EPROM-Speicher
  - serielle Schnittstelle
  - Busanschluß an Mehrprozessor-Bus
  - Busanschluß an Privatbus

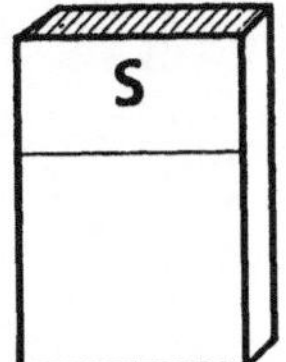

- Speicherkarte
  - bis 128 k-Worte CMOS-RAM
  - bis 1024 k-Worte EPROM
  - Busanschluß an Mehrprozessor-Bus
  - Busanschluß an Privatbus

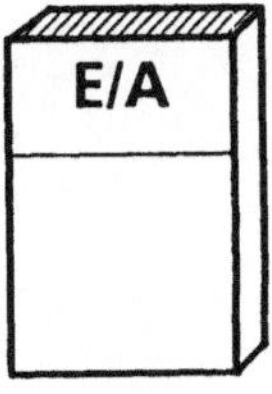

- Eingabe/Ausgabe (E/A)-Karten für Roboter und Prozeß-E/A am Privatbus
  - Achszählerkarten
  - Binäre Eingänge
  - Binäre Ausgänge
  - Analoge Eingänge
  - Analoge Ausgänge

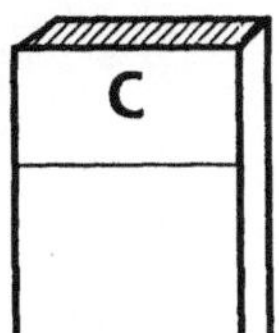

- Controller-Karten für Peripherie

1 Prozessor INTEL 80286

2 Arithmetik-Koprozessor INTEL 80287

3 serielle Schnittstelle

4 Timer

5 Steckplätze für RAM- oder EPROM-Speicher

6 Anschluß Multimasterbus

7 Anschluß Privatbus

8 Interrupt-Controller

<u>Bild 1:</u> Prozessorkarte (Werksfoto)

Bild 2 zeigt die Realisierung der Steuerung in der Form einer 3-Prozessorsteuerung für Sensoreinsatzfälle. Dabei handelte es sich zum einen um einen Roboter zum Abtasten von Werkstückoberflächen mit einem Kraft-Momenten-Sensor, zum anderen um einen Schweißroboter mit Lichtschnittsensor zur Schweißnahtfindung. Die problemangepaßte Funktionsverteilung ist hierbei:

Prozessor 1:
- Ablaufsteuerung
- Bedienerschnittstelle
- Koordinatentransformation

Prozessor 2:
- Anschluß der Roboterumwelt (speziell: Sensorankopplung und Sensorinformationsverarbeitung für den Kraft-Momenten-Sensor oder den Lichtschnittsensor und SPS-Funktionen)
- Bahnberechnung, Interpolation
- Koordinatentransformation

Prozessor 3:
- Robotersansteuerung, Roboterregelung
- Funktionen zur Sicherheit, Zuverlässigkeit.

Die Steuerung ist für einfache Aufgaben und Roboter auch als 1-Prozessorsteuerung konfigurierbar. Bei sechsachsigen Gelenkrobotern, die auf kartesischen Bahnen fahren, muß jedoch von einer Minimalkonfiguration als 2-Prozessorversion (Bild 3) ausgegangen werden. Dabei führt ein Prozessor die Roboteransteuerung, die Roboterregelung aller sechs Achsen sowie einige Sicherheitsfunktionen durch, während der andere Prozessor die restlichen Aufgaben übernimmt.

Die Reglertaktperiode für die Lageregelung kann durch den Einsatz von mehreren Prozessoren verkürzt werden. Bei einem 4-Prozessorsystem kann z.B. jeweils ein Prozessor die Regelung von zwei Achsen eines 6-Achsenroboters übernehmen, der vierte Prozessor führt die übrigen Aufgaben durch. Bei extremen Anforderungen kann für die Lageregelung einer Roboterachse jeweils ein Achsprozessor eingesetzt werden. Die Steuerung ist für einen maximalen Ausbau von bis zu zwölf Prozessoren vorbereitet.

Bei der Konzeption der Steuerung wurde zur Erfüllung der Anforderungen an die Bedienerschnittstele folgende Realisierung gewählt: Als Bedienerschnittstelle steht ein Handprogrammiergerät (HPG) zur Verfügung (Bild 4). Um eine große Anzahl von Bedientasten oder Vielfach-

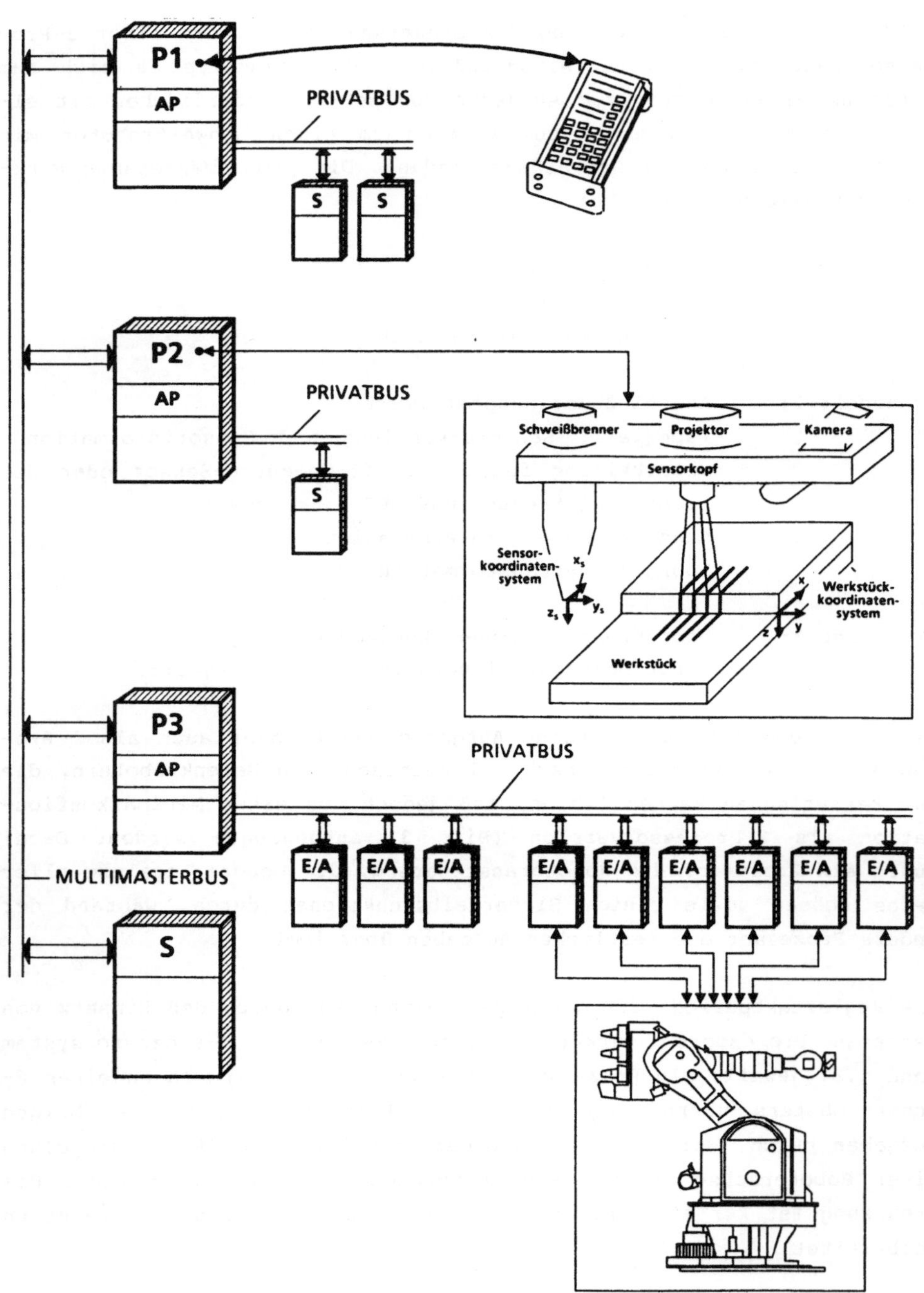

Bild 2: 3-Prozessorversion der Robotersteuerung mit integriertem Sensoreinsatz (schematische Darstellung)

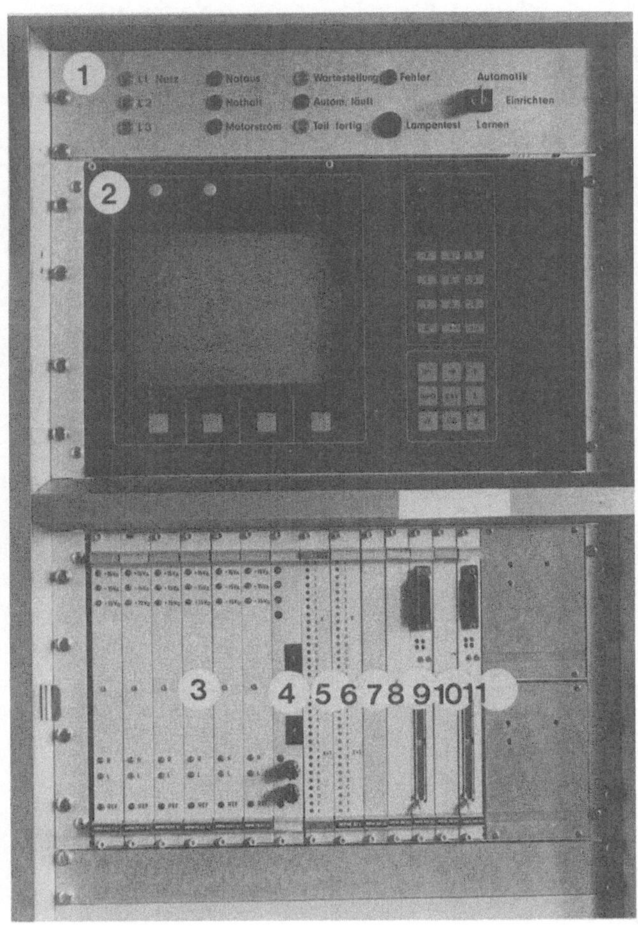

1	Anzeigen	**6**	32 Binäre Ausgänge
2	Bildschirm und Tastatur	**7**	Busumsetzerkarte (Anpassung Privatbus-E/A-Bus)
3	Achszählerkarten		
4	Testkarte für Inbetriebnahme	**8**	Speicherkarte (Privatbus P1)
	(Analogausgabe und Binäreingänge über Binärschalter)	**9**	Prozessorkarte 1
5	32 Binäre Eingänge	**10**	Speicher am Mehrprozessorbus
		11	Prozessorkarte 2

<u>Bild 3:</u> 2-Prozessorversion der Robotersteuerung für einfache Roboteranwendungen (realer Aufbau)

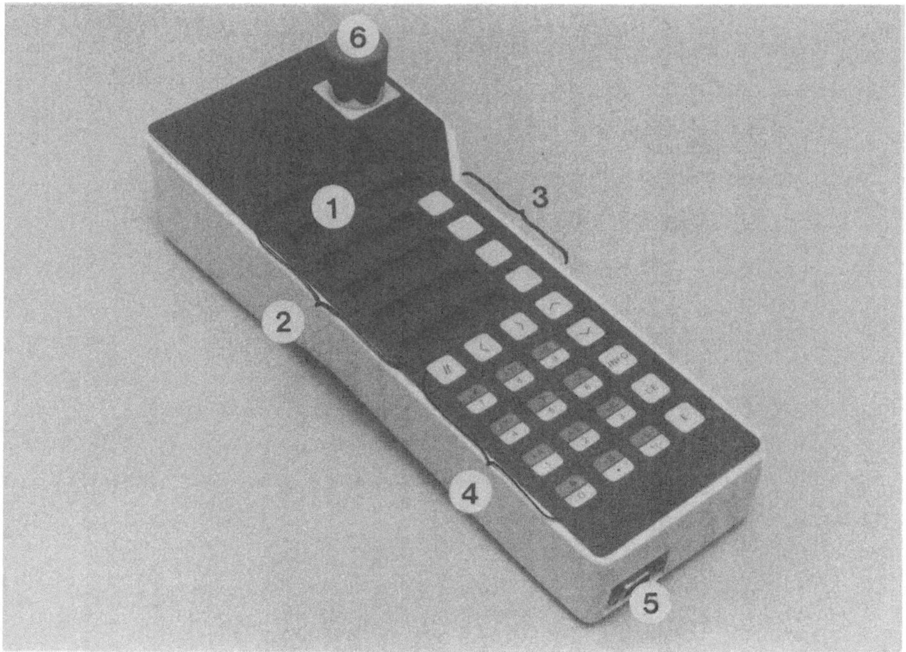

1 Anzeige HPG-Betriebsmodus

2 Anzeige für Softkeys

3 Soft-Keys

4 Bedientasten

5 Anschluß für Programmarchivierung

6 NOTAUS-Taste

Bild 4: Handprogrammiergerät mit Anzeigen und Soft-Keys

belegung von Tasten zu umgehen, ist das HPG mit 24 Tasten ausgestattet, von denen vier als Soft-Keys realisiert sind. Mit fünf alphanumerischen Anzeigefeldern wird der Bediener in einem Anwenderdialog geführt. Vier der Anzeigefelder zeigen die momentane Bedeutung der vier Soft-Keys an, während das fünfte Feld zur Anzeige des HPG-Betriebsmodus, von Fehlermeldungen u.ä. dient. Das HPG besitzt einen eigenen Prozessor und ist über eine serielle Schnittstelle mit einem der Steuerungsrechner verbunden. Mit diesem HPG allein kann der Roboter betrieben werden. Das Soft-Key-Konzept erlaubt eine einfache dialoggesteuerte Programmierung des Roboters und ist leicht auf spezielle (Sensor-)Anforderungen erweiterbar. Optional kann zusätzlich ein komfortableres Bildschirmsystem mit der Möglichkeit zur Dokumentation (Druckeranschluß) und Archivierung (Massenspeicher) von Fahrprogrammen angeschlossen werden.

4. Unterstützung durch modulare Software

Das modulare Mehrprozessorsystem ist zur flexiblen Steuerungstechnik nur dann optimal einsetzbar, wenn ein die Flexibilität unterstützendes Konzept bei der Steuerungs-Systemsoftware vorliegt. Bei der Implementierung der Steuerungssoftware sind besonders zwei Forderungen zu erfüllen:

- Hohe Rechengeschwindigkeit
- Modularer übersichtlicher Aufbau zur schnellen Adaption an unterschiedliche Gegebenheiten und zur guten Wartbarkeit.

Diese beiden Forderungen sind auch bei der Auswahl der Programmiersprache zur Implementierung der Steuerungssoftware zu beachten. Dabei ist ein Kompromiß zu schließen, denn die beiden Forderungen führen zu sich widersprechenden Lösungen. Richtet man sich voll nach dem Ziel "Hohe Rechengeschwindigkeit", muß die Steuerungssoftware in einer ASSEMBLER-Sprache implementiert werden. Grundlage für die Modularität in der Steuerungssoftware ist dagegen die Programmierung in einer Hochsprache.

Die Universalität und Portabilität höherer Programmiersprachen verlangt Kompromisse bei der Umwandlung der Programme in Maschinencode. Diese Kompromisse können allerdings durch moderne optimierende Sprachübersetzer weitgehend vermieden werden, so daß die übersetzten Programme an Effizienz Assemblerprogrammen nur wenig nachstehen. Die bekannten Nachteile einer Hochsprache gegenüber Assemblerprogrammen

- erhöhter Speicherbedarf,
- geringere Ablaufeffizienz gegenüber guten Assemblerprogrammen

werden durch die Vorteile

- gute Selbstdokumentation,
- schnelle Programmentwicklung,
- leichte Änderbarkeit und Erweiterungsmöglichkeit auch durch nicht bei der Entwicklung beteiligte Programmierer

aufgewogen.

Da die flexible Anpassung an neue Sensoren und Robotereinsatzfälle im Vordergrund stand, wurde zur Implementierung der Steuerungssoftware eine höhere Programmiersprache gewählt.

Die Steuerung ist mit minimalen Ausnahmen in PEARL (Process and Experiment Automation Realtime Language) geschrieben. Einige Treiber sind in PLM realisiert. PEARL ist eine durch DIN 66253 genormte höhere universelle Prozeßprogrammiersprache [3] und wurde gewählt, weil sie sich durch echte eingebettete Sprachelemente für die Programmierung echtzeit- und ereignisgesteuerter paralleler Programme, ein umfassendes Ein- und Ausgabekonzept sowie die Beschreibung von Datenwegen zwischen Meß- und Stellgeräten und dem Speicher von Rechnern auszeichnet. Der algorithmische Teil von PEARL entspricht den Anforderungen an eine moderne, z.B. durch Typenbindung der Programmobjekte und Unterstützung der strukturierten Programmierung sicher anwendbare Programmiersprache.

Durch den Einsatz von PEARL und PLM wurde die Rechenzeit gegenüber guten Assemblerprogrammen um den Faktor 1,2 bis 2 erhöht. Durch Verzicht auf einige PEARl-Sprachkonstrukte (etwa Bit-Selektoren) konnten Ergebnisse erzielt werden, die unter dem Faktor 1,5 lagen. für die Lageregelung benötigt die Steuerung je Roboterachse ca. 2 ms. Werden alle Achsen eines Roboters mit sechs Achsen von einem Prozessor geregelt, ergeben sich inklusive Feininterpolation Lagereglerabtastzeiten von ca. 12 ms. Diese Zeiten sind bei einfacheren Regelalgorithmen kürzer. Die Vorgabe von neuen Führungsgrößen für den Lageregler bei der kartesischen Bahnfahrt wird im wesentlichen durch die Zeit für die Koordinatentransformation von kartesischen Koordinaten in die Achskoordinaten bestimmt. Diese Zeit hängt von der Kompliziertheit der Koordinatentransformation ab, kann jedoch auch durch die Steuerungskonfiguration beeinflußt werden. Mit einem 2-Prozessorsystem schwanken bei den bisherigen Realisierungen die Führungsgrößentaktperioden zwischen 20 und 180 ms. Damit wurde anhand der Steuerung gezeigt, daß es möglich ist, auch zeitkritische Teile, etwa die Regelung, in Hochsprache zu realisieren.

Innerhalb der Robotersteuerung sind viele Aufgaben parallel zueinander zu erledigen. Es liegen asynchrone, d.h. zeitlich parallele, voneinander unabhängige Abläufe von Programmteilen, die durch externe Ereignisse am Roboter oder in der Roboterperipherie angestoßen werden, vor. Diese Abläufe müssen an bestimmten Programmstellen synchronisiert werden, um z.B. Daten untereinander auszutauschen. Solche parallele Aktivitäten in einem Prozessor sind z.B.:

- Bahnberechnung, Bahninterpolation (Berechnung der Führungsgrößen für die Roboterachslageregelung)

- Datentransfer von und zu der Benutzerschnittstelle sowie Auswertung der Bedienereingaben

- Funktionen zur Sicherheit und Zuverlässigkeit (Erkennen und Reagieren auf Fehlerzustände)

- Datentransfer von und zu Sensoren.

Zur optimalen Realisierung dieser parallelen, zyklisch- oder ereignisgesteuerten Aufgaben müssen im wesentlichen zwei Hilfsmittel vorhanden sein:

- Formulierungs- (Programmiermöglichkeit) der parallelen Aktivitäten

  Zur Programmierung solcher Aktivitäten werden i.a. Tasks, Interrupts und Synchronisationsvariablen benutzt (siehe z.B. PEARL).

- Realzeit-Multitasking-Betriebssystem mit schneller Taskverwaltung

  Die umfassende Formulierbarkeit von parallelen Tasks und deren Zusammenspiel ist innerhalb der Robotersteuerung nur einsetzbar, wenn ein Betriebssystem vorhanden ist, das die Verwaltung und Organisation der einzelnen Tasks so schnell durchführt, daß die hohen Echtzeitanforderungen nicht verletzt werden. Erste Untersuchungen mit einem Standardbetriebssystem zeigten, daß bei hohen Echtzeitanforderungen die Taskwechselzeiten (3 bis 5 ms) zu lange sind. Ebenso war die Freispeicherverwaltung, d.h. der Freispeicherbedarf offensichtlich zu extensiv. Deshalb wurde ein spezielles Betriebssystem entwickelt, das auf die Notwendigkeiten dieser Robotersteuerung und das PEARL-Taskingkonzept zugeschnitten ist [4].

  Mit diesem Betriebssystem, das Taskwechselzeiten von deutlich unter einer Millisekunde hat, steht eine universelle Methode zur Organisation und zum Ablauf von parallelen Aktivitäten zur Verfügung.

Mit diesen beiden Hilfsmitteln ist es möglich, neue Sensorsysteme ohne tiefere Eingriffe in die Programmstruktur durch individuelle

Softwaremodule in die Gesamtablauforganisation der Steuerung zu integrieren.

Die Robotersteuerung ist als modulares nichthierarchisches Mehrprozessorsystem mit variabler Prozessorzahl aufgebaut. Die Prozessoren müssen Daten austauschen und müssen miteinander synchronisiert werden. Es gibt Daten, die sofort nach Austausch von dem oder von den Zielprozessoren ausgewertet werden müssen, es gibt aber auch Daten, die den Zielprozessor erst bei bestimmten Zeitpunkten interessieren. Die Interprozessorkommunikation wird über gemeinsame globale Speicher und Interprozessorinterrupts realisiert.

5. Erfahrungen bei der Erprobung

Das in diesem Beitrag vorgestellte Konzept eines modularen Mehrprozessorsystems wird für Robotersteuerungen inzwischen industriell eingesetzt. Zur Erprobung des Steuerungskonzeptes wurden bisher 2-, 3- und 4-Prozessorversionen erstellt. Die unterschiedliche Prozessorzahl wurde gewählt, weil bei den Einsatzfällen zum einen sehr unterschiedliche Geschwindigkeiten und Genauigkeiten gefordert waren, zum anderen bezüglich der mitverwendeten Sensoren große Unterschiede bestanden. Bei der Integration von Sensoren hat sich gezeigt, daß für die bisherigen Einsatzfälle (optischer Lichtschnittsensor zur Schweißnahtdetektion, handgebundener Kraft-Momenten-Sensor zum Abtasten von Oberflächen und Kanten) die Steuerung alle Software-Bausteine bietet und von der Hardware her so ausgelegt ist, daß die Anpassungen innerhalb der Steuerung in sehr kurzer Zeit durchgeführt werden können. Haupthilfsmittel sind dabei das Multitaskingkonzept sowie die modulare Programmierung der Steuerung in Hochsprache. Derzeit wird das Auftragen von Kleber und Kleberaupen auf Autokarossen und Autoscheiben vorbereitet. Dabei werden mit Sensoren Fertigungstoleranzen erkannt und die aufgetragenen Kleberaupen beobachtet. Mit den Sensorinformationen werden die Bahnpunkte in den Bewegungssätzen des Roboterprogrammes verändert und fehlerhafter Kleberauftrag erkannt.
Grenzen der Steuerung liegen vor allem beim dynamischen Eingriff von Sensorinformationen in den Bewegungsablauf von Roboterbewegungen, wenn mit höheren Frequenzen als ca. 40 Hertz versucht wird, interpolierte Bahnpunkte in kartesischen Weltkoordinaten zu verändern oder vorzugeben. Obwohl die Steuerung als Mehrprozessorsteuerung ausgelegt ist und modernste Prozessoren eingesetzt werden (INTEL 80286/80287), reicht für solche Anforderungen die Prozessorleistung noch nicht aus.

Neben dem Einsatzgebiet Industrieroboter wird derzeit daran gearbeitet, dieses Mehrprozessorsystem für andere Automatisierungsaufgaben einzusetzen. Insbesondere kommen dabei Fertigungsaufgaben in Frage, die eine hohe Rechenleistung (z.B. für komplexe Regelverfahren) erfordern und bei denen eine hohe Flexibilität (z.B. durch unterschiedliche komplexe Aufgabenstellungen) vorgeschrieben ist.

6. Literatur

[1] Hamm R., Thon H.-J.: Automatisierungssysteme für die Fertigung, atp 1/85, 17-21.

[2] Classe D.: Automatisierung der Produktion, atp 2/86, 65-74.

[3] Werum W., Windauer, H.: PEARL, Vieweg Verlag, Braunschweig, 1978.

[4] Schmidt, H.: PEARL-Betriebssystem POS86, Technische Notizen des Fraunhofer-Instituts für Informations- und Datenverarbeitung, Karlsruhe, 1985.

STEUERUNGSTECHNIK FÜR INDUSTRIEROBOTER: BEDIEN- UND STEUERUNGSKONZEPTE, SICHERHEITSKRITERIEN

CONTROL SYSTEMS FOR INDUSTRIAL ROBOTS OPERATOR INTERFACE AND CONTROL SYSTEM STRUCTURE, SAFETY

R. Strauch

ASEA Industrie-Roboter GmbH

D - 6360 Friedberg 1

Summary

After some general remarks on the development of industrial robots the structure of a control system for robots from the first generation and the corresponding operator s interface are described. It is shown, how the requirements from today and the rapidly developing microelectronics lead to more powerful and more flexible control systems, that increase the possibility of the robot to react on not predictable situations in its environment. General safety requirements on robot control systems are being standardized. By an example it is demonstrated that such complex systems still can have an efficient operator´s interface, to enable the production expert in the work shop to do the robot programming without necessarily having an education as engineer. Trends of the ongoing development are shown.

0. Einleitung

Industrieroboter sind heute ein wichtiges Element in der flexibel automatisierten Fertigung. Die aufgrund der aktuellen Marktverhältnisse immer größer werdenden Anforderungen an die Flexibilität der Produktionseinrichtungen führen zu immer leistungsfähigeren Steuerungssystemen, die dann wiederum neben den schon traditionellen Anwendungsbereichen für Industrieroboter wie Schweißen, Beschichten und Materialhandhabung auch neue Einsatzmöglichkeiten zum Beispiel im Bereich der Montage eröffnen.

Mit wachsendem Leistungsvermögen solcher Systeme entstehen unter Anwendung jüngster Mikroprozessortechnik neue Steuerungssysteme, die nur in Verbindung mit einem angepaßten und ausgereiften Bedienkonzept den Anforderungen der Praxis in den Fertigungsbetrieben gerecht werden können. Dabei nehmen sicherheitstechnische Funktionen und die Kommunikationsfähigkeit mit übergeordneten Rechnersystemen ebenfalls einen hohen Stellenwert ein.

In diesem Beitrag wird anhand von Beispielen die Entwicklung der Steuerungstechnik für Industrieroboter aufgezeigt. Dabei wird auch auf die Möglichkeiten heute verfügbarer Systeme näher eingegangen.

1. Aufbau eines Industrieroboters

Der Industrieroboter ist aus den drei Hauptkomponenten

- Mechanik (Kinematik)
- Leistungsteil und Meßsysteme
- Steuerungsrechner

aufgebaut. Sensoren, die dem Roboter Informationen über seine Umgebung geben, werden zunehmend in das System integriert und somit zu einem weiteren wesentlichen Bestandteil. Eine wichtige Voraussetzung für die Qualität des Gesamtsystems ist, daß diese Komponenten optimal aufeinander abgestimmt sind.Das aktuelle Marktangebot beinhaltet nun sowohl komplett von einem Hersteller konzipierte Robotersysteme für den Anwender, oft sogar als schlüsselfertige Komplettlösung inklusive Peripherie, als auch Systeme von auf den Maschinenbau oder die Elektronik spezialisierten Unternehmen. Letztere vervollständigen ihre Anlagen mit entsprechenden Zukaufteilen, deren Anpassung an die eigenen Komponenten über einheitliche Schnittstellen realisiert wird. Nachfolgend soll speziell auf die Robotersteuerungen näher eingegangen werden.

2. Die erste Steuerungsgeneration (S1)

Mitte der sechziger Jahre kamen die ersten Industrieroboter auf den Markt. Es waren zunächst hydraulisch oder pneumatisch angetriebene Geräte, deren Bewegungsfolge der einzelnen Achsen über Nockentrommeln, Steckerfelder o. ä. mechanisch bzw. elektrisch programmierbar war. Zusammen mit dem verstärkten Einsatz von Elektroantrieben hielt 1973 der Mikroprozessor Einzug in die Robotersteuerung und erhöhte gleichsam Qualität und Flexibilität dieser Systeme. Bild 1 zeigt die erste Mikroprozessor-Steuerung für Roboter, die neben einem 8-bit-Prozessor über 8 k-byte-Systemspeicher (EPROM) sowie weitere 8 k-byte-Anwenderspeicher (RWM) verfügte. Als Archivierungsmöglichkeit benutzte man hier bereits ein Magnetbandkassettengerät, obwohl bei Werkzeugmaschinensteuerungen für lange Zeit immer noch der Lochstreifen Verwendung fand. Bis zu 6 Achsen konnte diese Steuerung simultan verfahren. Durch einen im Rechner fest programmierten Funktionszusammenhang konnten die zusammen mit dieser Steuerung gelieferten Vertikal-Knickarmroboter bereits im Handbetrieb mit Ihren Grundachsen direkt in Zylinderkoordinaten bewegt werden.

Die Auslösung der Bewegungen im Handbetrieb durch den Bediener erfolgte über Verfahrtasten auf der portablen Programmiereinheit. Im Bild 1 sieht man die Programmiereinheit eingehängt in ihrem Fach links neben dem Bedienfeld in der Fronttür der Steuerung.

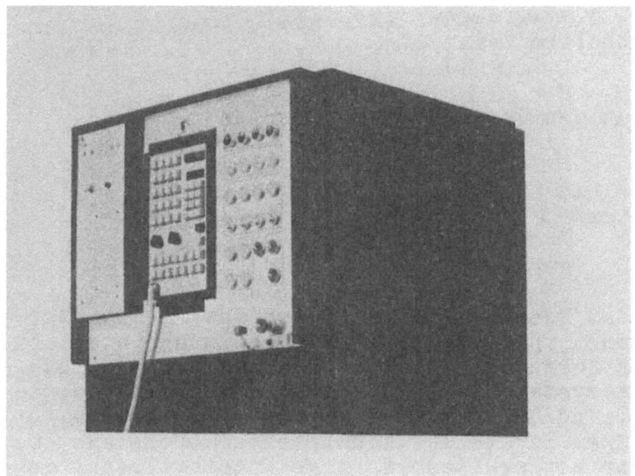

Bild 1: Erste Industrierobotersteuerung mit Mikroprozessor (1973)

Die Schnittstelle des Systems zum Bediener war einfach und übersichtlich. Der im Vergleich zu heutigen Steuerungen relativ geringe Funktionsumfang erlaubte es, für jede standardmäßig vorhandene Programminstruktion eine separate Funktionstaste vorzusehen. Eine weitere wichtige Orientierungshilfe war die klare Trennung, daß alle Bedienerkommandos für das Einrichten und Programmieren des Roboters über die Programmiereinheit einzugeben waren, während die Einschaltroutine sowie das Laden und Starten von Programmen zum automatischen Programmablauf ausschließlich über das Bedienfeld initialisiert werden konnten.

An Sicherheitsfunktionen waren bereits hardwaremäßige Überwachung des Rechners und seiner Versorgungsspannungen sowie eine Begrenzung der Verfahrgeschwindigkeit bei Ansteuerung über Verfahrtasten (Handbetrieb) vorhanden. Not-Aus-Einrichtungen mit der Möglichkeit, zusätzliche externe Not-Aus-Wirkeinrichtungen in den Not-Aus-Kreis des Roboters zu integrieren, waren selbstverständlich. Diagnosefunktionen für System- und Anwenderspeicher, digitale Ein-/Ausgangskanäle sowie die Magnetbandkasseteneinheit waren ebenfalls verfügbar.

Insgesamt befinden sich heute noch über 2000 dieser Systeme im Einsatz, schwerpunktmäßig in den Bereichen Lichtbogenschweißen, Punktschweißen, Materialhandhabung und Maschinenbedienung.

3. Die zweite Steuerungsgeneration (S2)

Zusammen mit der Entwicklung der Mehrprozessorsysteme machte auch die Entwicklung der Robotersteuerungen in den frühen achtziger Jahren einen großen Schritt nach vorn. Nicht nur der Leistungsumfang vergrößerte sich hierbei, sondern auch der Bedienkomfort wurde erheblich gesteigert. Geprägt wurde diese Neuentwicklung sowohl durch die jüngsten Errungenschaften der Mikroelektronik als auch ganz besonders durch die Erfahrungen aus dem Einsatz der 1.Generation. Bild 2 zeigt eine solche Steuerung, deren Markteinführung 1982/83 erfolgte.

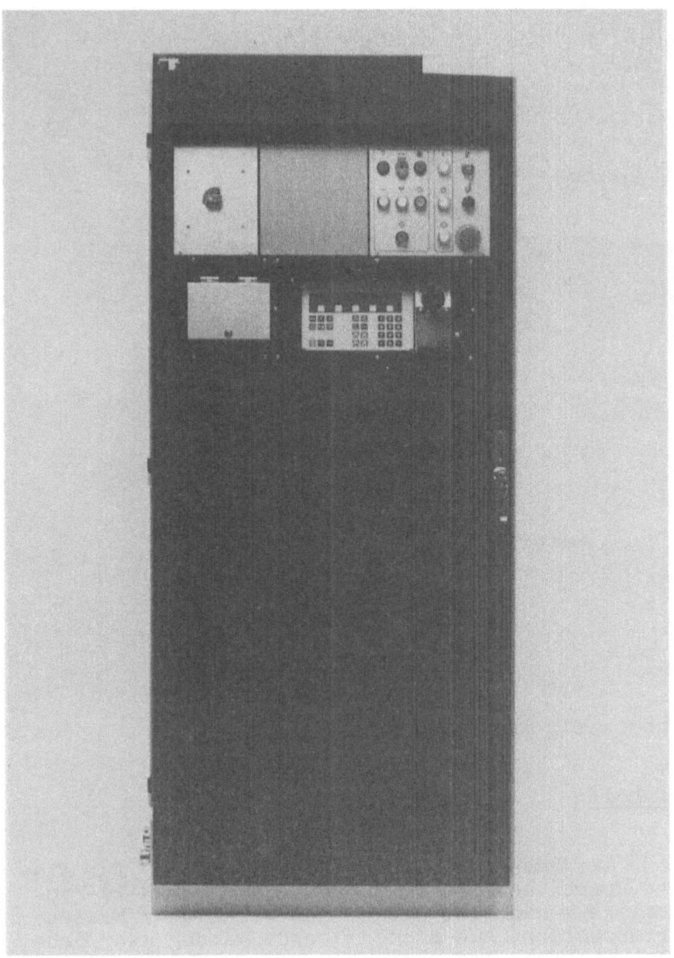

Bild 2: Steuerung S2 für eine breite Palette von Robotermechaniken

Die Zielsetzung, ein leicht bedien- und programmierbares sowie wartungsfreundliches Steuerungssystem mit hoher Betriebssicherheit zu entwickeln, dessen Leistungsfähigkeit dabei modular so ausbaufähig ist, daß auch komplexe Aufgaben gelöst werden können, führte hier zu einem neuen zukunftsweisenden Konzept. Die besonderen Kennzeichen dieses neuen Konzeptes sind:

- ein Steuerknüppel auf der Programmiereinheit anstelle von Verfahrtasten zum manuell gesteuerten Bewegen des Gerätes im Teach-In Einrichtungsbetrieb (Bild 3)

- eine übersichtliche Programmiereinheit mit allen Funktionen zur Programmerstellung und zum Einrichten der Anlage

- ein dialogorientiertes Bedien- und Programmierverfahren mit einem hohen Maß an Bedienerführung (Menütechnik in wählbarer Landessprache)

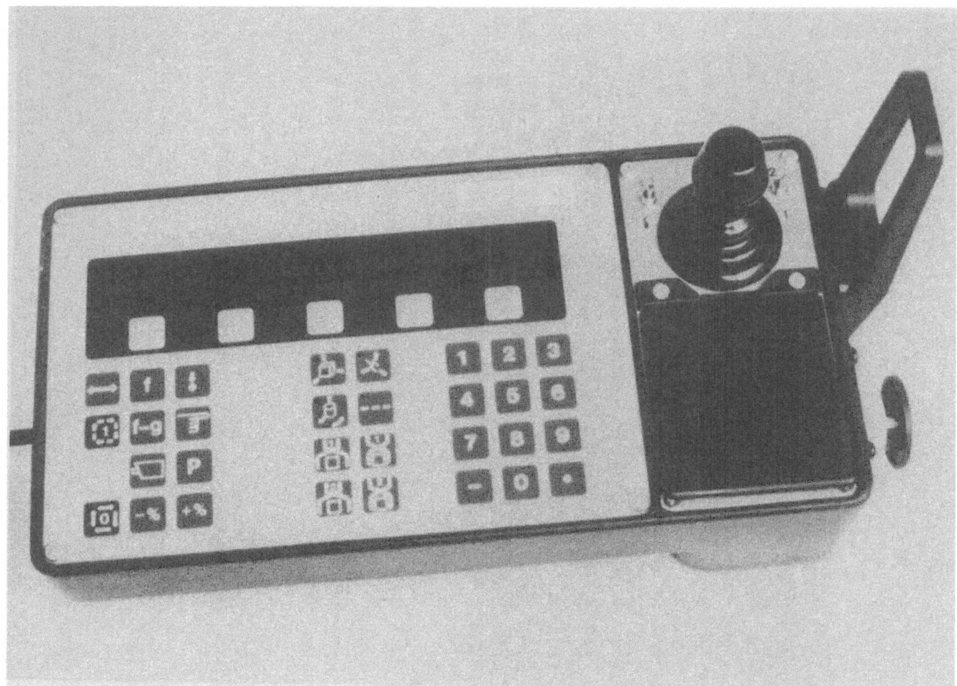

Bild 3: Programmiereinheit der Steuerung S2

3.1. Die Programmiereinheit

Die Programmiereinheit, die Mensch-Maschine-Schnittstelle für die bedienungsintensivsten Phasen des Einrichtens und der Teach-In-Programmierung eines Robotersystems, ist sicher das wichtigste Bedienelement eines Industrieroboters. Aus diesem Grunde werden sehr hohe und zum Teil auch gegensätzliche Anforderungen an ein solches Gerät gestellt, wie:

- geringes Gewicht und kleine Abmessungen
- stabil und bruchsicher
- übersichtliche Tastatur für hohe Bediensicherheit
- alle Funktionen für Programmierung und Einrichten vorhanden und einfach aktivierbar
- umfangreiche Anzeigemöglichkeiten für Bedienerführung
- drahtlose Verbindung zur Robotersteuerung
- Not-Aus-Taster und weitere Sicherheitsfunktionen gemäß VDE (d.h. u.a. drahtgebunden)

Bild 3 zeigt einen guten Kompromiß, der allen wichtigen Anforderungen weitestgehend Rechnung trägt. Dabei wurden insbesondere auch ergonomische Gesichtspunkte berücksichtigt.

3.2. Hardwarestruktur der S2-Steuerung

Die Robotersteuerung S2 ist ein modular aufgebautes Mehrprozessorsystem. Bild 4 zeigt den Hardwareaufbau. Hauptcomputer und Servocomputer sind auf dem Motorola 68000 Prozessorsystem aufgebaut, weitere Prozessoren in der Programmiereinheit, dem PD-Bus Interface, auf den E/A-Einheiten und dem Floppy-Disk-Interface entstammen der 8-bit Familie von Motorola.

Der Hauptcomputer kommuniziert mit den Slave-Prozessoren über den Datenbus. Das Systemprogramm ist in EPROM-Speichern hinterlegt. Anwenderprogramm und sonstige Programmdaten werden in über Akkus gepufferten RAM-Bausteinen gespeichert.

Die Anzahl der verfügbaren Ein-/Ausgänge ist variabel und kann den jeweiligen Anforderungen entsprechend ausgebaut werden. Hierfür stehen verschiedene Steckkartentypen zur Verfügung von analogen Ein-/Ausgängen bis hin zu digitalen Ein-/Ausgängen, letztere sogar für Gleich- und Wechselspannungsbelastungen bis zu 220V.

Die Kommunikation zwischen der Steuerung und der portablen Programmiereinheit erfolgt über eine serielle Schnittstelle. Der Prozessor der Programmiereinheit hat neben der Bedienung dieser Schnittstelle noch zusätzlich die Aufgabe, die Tasten und den Steuerknüppel abzufragen sowie das 2-Zeilen-Display zu bedienen.

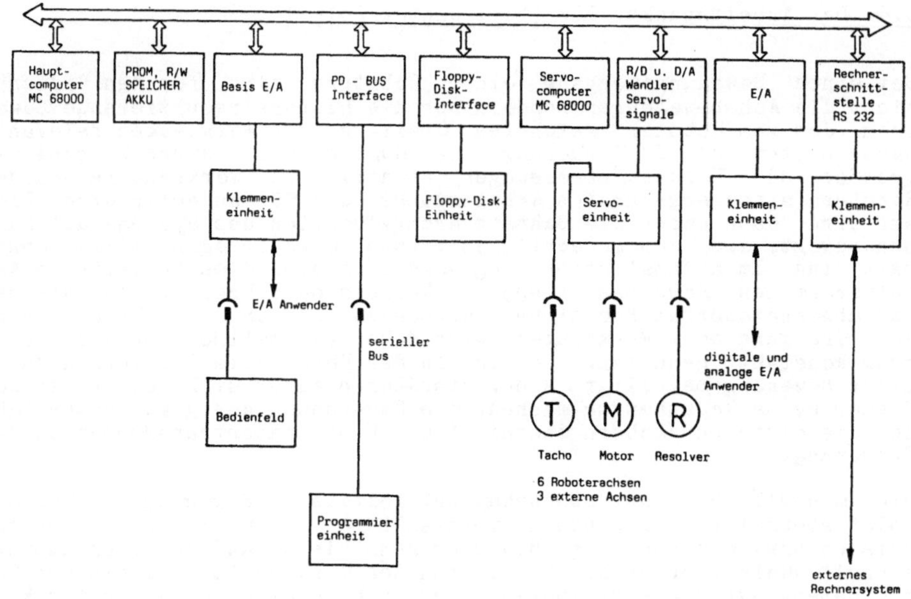

Bild 4: Hardwareaufbau der Steuerung S2

Als Archivspeicher und auch als Massenspeicher dient eine Floppy-Disk-Einheit, die auf 5 1/4-Zoll Disketten mehrere Anwenderprogrammblocks und Systemparameter speichern kann. Das Floppy-Disk-Interface transferiert die Daten direkt zwischen dem Schreib-/Lese-Speicher und der Floppy-Disk-Einheit, so daß sehr hohe Übertragungsgeschwindigkeiten erreicht werden. Der Servocomputer dient der direkten Achsensteuerung. Bis zu neun Achsen können gesteuert werden. Die Wegmessung erfolgt über bürstenlose Resolver, die Geschwindigkeitsmessung über Tachometer.

3.3. Die Bahnsteuerung

Eine Bahnsteuerung, d.h. ein Baustein, der für die Bewegungen eines Roboters zwischen zwei programmierten Positionen nach einer vorgegebenen Interpolationsart Zwischenpunkte errechnet und somit eine Bahn generiert, ist für moderne Robotersteuerungen Stand der Technik.

Unterschiede gibt es jedoch in den erreichbaren Genauigkeiten und in den verfügbaren Interpolationsarten. Ihre hohe Genauigkeit haben die hier beschriebenen Systeme insbesondere in zahlreichen Installationen für Meßaufgaben unter Beweis gestellt. An Interpolationsarten verfügt diese Steuerung über lineare, zirkulare und achsorientierte Interpolation.

3.4. Der Arbeitspunkt, TCP (Tool Center Point)

Bei einem Bewegungsvorgang eines Roboters sind für den Bediener nicht die Achsbewegungen sondern nur die hieraus resultierende Bewegung des vom Roboter geführten Greifers oder Werkzeuges relevant. Daher bietet die S2-Steuerung die Möglichkeit, durch Eingabe der Greifer- oder Werkzeugabmessungen relativ zum Werkzeugflansch des Roboters einen sogenannten Arbeitspunkt oder TCP zu definieren. Dieser wird dann durch die Bahnsteuerungsfunktion des Systems auf Bahnen bewegt, die dem menschlichen Vorstellungsvermögen optimal angepaßt sind. Im automatischen Programmablauf sind dies beliebig im Arbeitsraum des Roboters liegende Geraden oder Kreise, die zwischen den abgespeicherten Positionen errechnet werden. Die Orientierung des Greifers oder Werkzeuges wird dabei automatisch von der Steuerung konstant gehalten, so daß in der Regel alle Roboterachsen an einer Bewegung beteiligt sind. Hierüber braucht sich jedoch der Bediener keine Gedanken zu machen, die Umrechnung der gewünschten Bahn auf die einzelnen Achsen übernimmt die Koordinatentransformation der Steuerung.

Die manuell über den Steuerknüppel initiierte Bewegung des TCP erfolgt ebenfalls auf einfach vorstellbaren Geometrien, nämlich auf Geraden bzw. Kreisen. Der Bediener kann hierzu auf der Programmiereinheit wählen, ob er zum Einrichten des Gerätes in kartesischen Koordinaten, Zylinderkoordinaten oder in handgelenksorientierten kartesischen Koordinaten fahren will. In jedem Fall steuert der Bediener direkt die Bewegung des TCP oder die Orientierung um den im Raum konstant gehaltenen TCP , die Umrechnung auf die Achsen erfolgt auch hier automatisch durch die Steuerung.

Um für unterschiedliche Werkzeuge oder Greifer das gleiche Anwenderprogramm verwenden zu können oder auch automatisch einen Werkzeugverschleiß berücksichtigen zu können, ist die Definition von 9 verschiedenen TCP´s möglich, wobei die Eingabe dieser Werte numerisch über die Programmiereinheit, über Teach-In oder Off-line erfolgen kann. Im automatischen Programmablauf kann nun programmgesteuert jeweils der TCP aktiviert werden, der dem gerade verwendeten Greifer oder Werkzeug zugeordnet ist.

Dieses auf dem Steuerknüppel in Verbindung mit TCP und Bahnsteuerung basierende Konzept ermöglicht es dem Bediener, anstelle des bei Steuerungen mit Verfahrtasten erforderlichen ständigen Blickwechsels zwischen Robotermechanik und Programmiereinheit (Suche nach der richtigen Verfahrtaste) sein Augenmerk voll auf den Ort des Geschehens, die Roboterhand zu konzentrieren. Neben der Erhöhung der Sicherheit werden gemäß umfangreichen Untersuchungen so bis zu 25% der Programmierzeit eingespart.

3.5. Vielseitige Programminstruktionen

Die S2-Steuerung verfügt bereits in ihrer Standardversion über eine große Anzahl von durch den Anwender programmierbaren Instruktionen. Dieser Instruktionsumfang ist dann noch in mehreren Stufen durch Betriebssystemerweiterungen ausbaubar.

So sind Positionen absolut und relativ programmierbar. Sie können aber auch in Positionsregistern gespeichert und dann an beliebigen Stellen im Programm exakt oder mit einem programmierbaren Offset angefahren werden. Es können digitale (1-8 Bit breite) und analoge Eingänge und Ausgänge programmiert werden. Die Anzahl der Ein-/Ausgänge ist dem jeweiligen Einsatzfall angepaßt ausbaubar. Wartezeiten, bedingte und unbedingte Sprünge im Programm, Unterprogrammtechnik und viele andere Standardfunktionen gehören ebenfalls zum Leistungsumfang dieser Steuerung.

100 Datenregister sind frei programmierbar. Programme können mittels 3-D-Verschiebung beliebig im Arbeitsraum des Roboters verschoben werden. Linear-, zirkular- und Achskoordinateninterpolation sind möglich.

Eine weitere sehr wichtige Funktion ist die Möglichkeit, über Interrupt das Anwenderprogramm jederzeit unterbrechen zu können, um nach Ausführen einer anderen Aufgabe das Programm an der unterbrochenen Stelle wieder fortzusetzen. Neben der Möglichkeit, den Anwenderprogrammspeicher hardwaremäßig zu erweitern, verfügt die Steuerung auch über eine sehr schnelle Massenspeicherfunktion in Verbindung mit der Floppy-Disk-Einheit, die gleichzeitig als Archivspeicher dient.

Darüberhinaus gibt es noch eine ganze Reihe von applikationsspezifischen Funktionen, wie z.B. die Pendelfunktion oder analoge Ansteuerung der Stromquelle für das Lichtbogenschweißen, die für den Anwender sehr wichtig sind, deren Aufzählung hier jedoch zu weit führen würde.

3.6. Fehlerdiagnose und servicefreundliches Design

Eine umfangreiche und zuverlässige Fehlerdiagnose dient sowohl der Sicherheit als auch der Minimierung eventueller Stillstandszeiten. Generell ist zu unterscheiden zwischen ständig aktiven Überwachungseinrichtungen (On-line-Diagnose) und denjenigen, die durch Wartungs- oder Bedienpersonal zu aktivieren sind (Off-line-Diagnose).

Im Bereich der On-line-Diagnose werden Bedienfehler und Programmierfehler am Bedienfeld über die Fehlerlampe und auf der Programmiereinheit über Klartextanzeige gemeldet und sind dann vom Bediener zu quittieren. Auch auf Systemfehler hin wird ständig überwacht. Angefangen bei den erforderlichen Versorgungsspannungen über den Speicher und die Servokreise bis hin zu den Wegmeßsystemen sind Diagnoseeinrichtungen vorhanden, die im Fehlerfall umgehend einen Not-Aus auslösen und den Fehler zur Anzeige bringen.

Die im System vorhandenen Mikroprozessoren werden ebenso überwacht wie die Kommunikation zwischen Steuerung und Programmiereinheit und die Floppy-Disk-Einheit. Im Handbetrieb wird die Verfahrgeschwindigkeit begrenzt. Eine Zustimmungsschaltung (aktiver Schalter) für Testläufe mit Personal innerhalb des Schutzzaunes ist ebenfalls verfügbar. Um für alle Robotersysteme eine einheitliche Sicherheitsrichtlinie zu erarbeitet, wurde in dem VDI-Ausschuß "Sicherheitstechnische Anforderungen an Bau, Ausrüstung und Betrieb von Industrierobotern" ein Richtlinienentwurf erarbeitet, der zur Zeit als Gründruck VDI 2853 verfügbar ist. Auch bei ISO wird sehr engagiert unter deutscher Beteiligung an einer Sicherheitsnorm gearbeitet.

Als Off-line-Diagnose sind ein Lampentest und umfangreiche Testprogramme für die Programmiereinheit (für Tastatur, 2-Zeilen-Display und Steuerknüppel) sowie ein Testadapter verfügbar. Über den Testadapter können Fehlerquellen genauer lokalisiert werden, z.B. ein defekter Speicherchip, digitale oder analoge E/A-Einheit usw.

Um dem Anspruch einer modernen und leistungsfähigen Steuerung gerecht zu werden, ist ein servicefreundliches Design erforderlich. Mit einer gut sichtbaren Fehlerlampe und den Klartextfehlermeldungen in wählbarer Landessprache bis hin zu dem komplett steckbaren Aufbau von Rechner und Leistungsteil mit LED-Anzeigen auf den Platinen und zahlreichen gut zugänglichen Meßbuchsen wird diese Forderung erfüllt. Nach einer schnellen Lokalisierung einer Fehlerquelle ist damit auch ein schneller Austausch der defekten Einheit möglich.

3.7. Vielseitiges Zubehör

Neben der Möglichkeit, die Steuerung bis auf 9 Achsen auszubauen, sind auch angepaßte und fertig montierte Motorpakete bestehend aus Motor, Tachometer und Resolver lieferbar. Die Robotersysteme selbst können mit pneumatischen oder servogesteuerten linearen Verfahrachsen ausgerüstet werden. Bei räumlichen Problemen am Aufstellungsort können die Bedienelemente auch außerhalb des Steuerungsschrankes angeordnet werden.

Von dem vielfältigen Zubehör seien nur noch zwei Betriebssystemerweiterungen erwähnt.

Das adaptive System ermöglicht den Anschluß von Sensoren zur direkten Beeinflussung von Bahnverlauf und Bahngeschwindigkeit des Roboters [1].

Die Rechnerschnittstelle ermöglicht es, einen externen Rechner als Datenbank oder Kommandozentrale zu verwenden, so daß sogar hierüber direkte Roboterbewegungen vorgegeben werden können. Daneben ist natürlich auch der Austausch von Programmen, Statusmeldungen, Systemparametern, Sensordaten, Registerwerten usw. möglich.

4. Zusammenfassung und Ausblick

Die modulare Struktur dieses Systems ermöglicht ein ständiges Erweitern des Funktionsumfanges, ohne den großen Vorteil der einfachen und schnellen Bedienbarkeit zu beeinträchtigen. So kann aus Standard-Hardwaremoduln und spezieller Applikationssoftware ein für die unterschiedlichsten Aufgaben optimal zugeschnittenes System angeboten werden.

Ein wesentlicher Schwerpunkt in der zukünftigen Entwicklung ist die Integration von Sensoren in das Steuerungskonzept. Für einen Sensor zum Lichtbogenschweißen (Nahtsuchen und Nahtfolgen) sowie für ein Grauwert-Bildverarbeitungssystem sind diese Arbeiten bereits erfolgreich abgeschlossen [2] und im Produktionseinsatz getestet.

Die Integration von Robotersystemen in CIM-Konzepte ist ein weiterer Entwicklungsschwerpunkt. Auch hier liegen bereits handfeste Ergebnisse vor, die sich in Installationen bewährt haben [3]. Man sieht, daß die Robotertechnik viele interessante Lösungen für den Anwender aber auch noch zahlreiche interessante Aufgabenstellungen für Entwicklungsingenieure zu bieten hat.

Schrifttum

1. Strauch, R.: Sensorgeführte Industrierobotersysteme WT Zeitschrift für industrielle Fertigung, Springer Verlag 1984, S. 721-724

2. Strauch, R.: Robot Vision System für Handhabungs-, Bearbeitungs- und Montageaufgaben mit Industrierobotern. Vortrag auf der Industrial Handling vom 7.-10.2.84 in Zürich

3. Strauch, R.: Industrieroboter in CIM-Konzepten Industrie-Elektrik + Elektronik, 31. Jahrgang 1986, Nr. 2, S. 50-52

STRUKTUREN UND SCHNITTSTELLEN ZUR RATIONALISIERUNG DES ENTWURFS VON ANWENDERSYSTEMEN DER PROZESSAUTOMATISIERUNG

STRUCTURES AND INTERFACES FOR INCREASED EFFICIENCY OF THE DESIGN OF APPLICATION SYSTEMS IN PROCESS CONTROL

H. Steusloff
Fraunhofer-Institut für Informations- und Datenverarbeitung (IITB),
7500 Karlsruhe

Summary:
The design of application systems in process control requires a combination of engineering disciplines covering system analysis and definition, hardware and software along with systems integration and maintenance during operation. These disciplines are applying different methods being partly supported by computerised tools of varying principles and considerations. Their application in the design of real-time systems for process control needs some integration towards toolsets rather than applying separate tools from a "toolbox". Integration of methods and tools means matching the various system descriptions, being the output information of tools, to the required input format of the following tools. Integration means also the connection of tools to an uniform data handling system for all design results and to an uniform user interface. These interfacing problems and some solutions are presented with special regard to object-oriented data handling systems.

1. Systementwurf, -implementation, -betrieb

Rechnergestützte Anwendersysteme der Prozeßautomatisierung sind heute bestimmt durch die Verteilung ihrer Funktionen, parallele Funktionsabläufe und Anforderungen an ihr Realzeitverhalten ebenso wie durch Forderungen nach hoher Verfügbarkeit und Sicherheit sowie durch die Nutzung von komplexen Verfahren und - zunehmend - von Erfahrungswissen. Die Einbindung solcher Anwendersysteme in die Gesamtsicht eines Produktionsunternehmens durch Kommunikation über alle Leitebenen eines Produktionsunternehmens hinweg erhöht die Flexibilität und Wirtschaftlichkeit ihrer Nutzung, steigert aber auch die Komplexität der Auslegung solcher Anwendersysteme /1/. Erfahrungen der zurückliegenden Jahre mit Entwicklung und Betrieb komplexer Automatisierungssysteme haben daher die Erkenntnis gefördert, daß bei der abzusehenden weiteren Steigerung ihrer Komplexität eine effiziente und wirtschaftliche Durchführung aller Phasen und Dimensionen des Systemlebenszyklus zunehmend nur noch rechnergestützt durchführbar ist /2/. Untersuchungen aus amerikanischen Softwareprojekten belegen eindrucksvoll, daß die Wirtschaftlichkeit von Systementwurf, -implementation und -betrieb entscheidend von einer vollständigen, exakt dokumentierten Durchführung aller Phasen des Lebenszyklus abhängt /3/.

Der Übergang von der "Kunst" des Programmierens zu einer werkzeuggestützten Ingenieursdisziplin ist noch nicht vollzogen. Hierfür sind u. a. folgende Gründe verantwortlich:

- Die zu lösenden Probleme sind komplex. Dies ist u. a. der Grund für den Einsatz von Rechnern.
- Es existiert keine einheitliche "Sprache" für die exakte und gleichzeitig leicht verständliche Beschreibung von Algorithmen der Komplexität, wie sie bei heutigen technischen Rechneranwendungen üblich ist.
- Die Komponenten für eine rechnergestützte Lösung solcher komplexen Probleme, d. h. der Rechner mit seinem Betriebssystem und seiner Programmablaufumgebung, sind selbst hoch komplex. Sie sind als Komponenten einer Automatisierungslösung nicht so weit standardisiert, daß ein Systemkonstrukteur auf sie zurückgreifen kann wie auf Standard-Bauelemente.
- Viele Entwurfsprobleme haben ihren Grund in der Notwendigkeit, Schnittstellen aneinander anzupassen, d. h. in Aufgaben, welche die eigentliche Erstellung von Automatisierungssystemen nicht betreffen.

Zur Lösung der genannten Probleme sind in den zurückliegenden Jahren Modelle für die Aufgaben des Systementwurfes, der Systemimplementation und des Systembetriebes entstanden, deren Phasen und Teilfunktionen zunehmend durch rechnerautomatisierte Werkzeuge unterstützt werden /4, 5/. Ein solches Phasenmodell für den Lebenszyklus von rechnergestützten Anwendersystemen zeigt Bild 1. Die verschiedenen, hier aufgeführten Phasen müssen vollständig durchlaufen werden, um die wirtschaftliche Erstellung und den anforderungsgemäßen Betrieb eines Anwendersystems gewährleisten zu können. Zu beachten sind auch die Evaluierungsphasen mit ihren Rückbezügen zu den vorangegangenen Entwurfs- oder Implementationsphasen. Wegen der erwähnten Unmöglichkeit, Systemanforderungen und -entwurfsprozesse durchgehend algorithmisch zu beschreiben, sind solche simulationsbasierten Evaluierungsvorgänge die einzige Möglichkeit, Systemfehler frühzeitig zu erkennen und zu korrigieren.

Bei den Implementationsphasen zeigt Bild 1 einen wichtigen Iterationsvorgang. Der Übergang vom funktionalen, idealerweise implementationsunabhängigen Systementwurf auf einen implementationsabhängigen Komponentenentwurf ist heute nicht automatisierbar. Die Einschaltung des Menschen in diesen Übergang bedeutet, daß nachfolgend über Evaluierungsschritte eine Optimierung dieses Komponentenentwurfs zu erfolgen hat, welche bei Einhaltung der Entwurfsergebnisse eine wirtschaftliche Implementation garantiert. Die hier möglichen Freiheitsgrade der Funktionsaufteilung auf Hardware- und Softwarekomponenten, ihre Verteilung und das Einbeziehen von Verfügbarkeits- und Sicherheitsanforderungen sind beim heutigen Stand des Systemengineering durch automatisierbare Methoden nicht einschränkbar. Umso wichtiger sind eine aussagekräftige Evaluierung des Komponentenentwurfs und geeignete Werkzeuge zu ihrer Unterstützung.

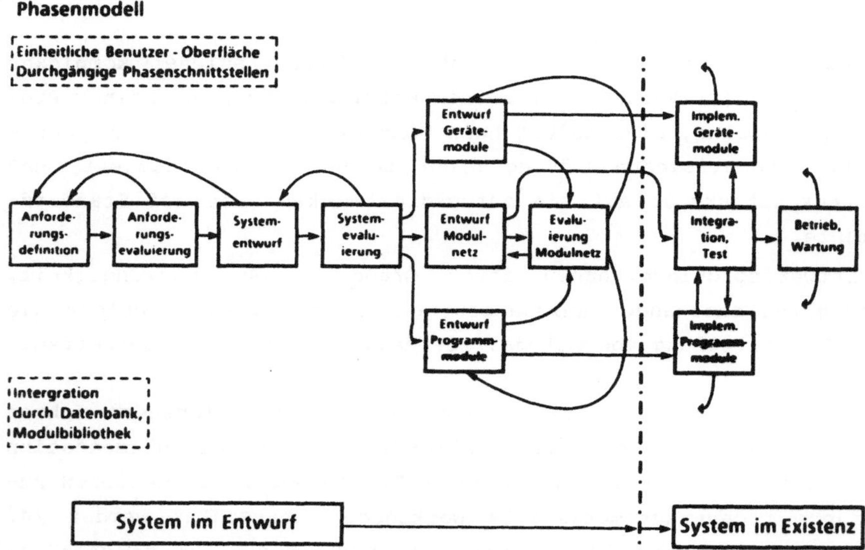

Bild 1: Lebenszyklus eines technischen Systems

Ein Phasenmodell nach Bild 1 weist unmittelbar auf eine Vielzahl von Schnittstellen zwischen Methoden und Werkzeugen für die Phasen des System-Lebenszyklus hin. Das Ergebnis einer jeden Phase sollte ein validiertes Modell des zu entwickelnden Anwendersystems darstellen, ausgedrückt in einer eindeutigen, dem Menschen zugänglichen und verständlichen Sprache, die gleichzeitig als Eingangsinformation für die folgenden Phasen brauchbar ist. Der derzeitige Technologiestand erlaubt es nicht, die Evaluierung auf alle Aspekte verteilter Systeme auszudehnen, da insbesondere die Effekte der Nebenläufigkeit und der Kommunikationsverzögerungen nicht eindeutig beschreibbar und spezifizierbar sind. Der Übergang zwischen Phasen des System-Lebenszyklus und damit zwischen den sie unterstützenden Werkzeugen ist daher heute wesentlich eine Aufgabe des Menschen. Um hier das Entstehen von Fehlern zu vermeiden, sind zumindest Mensch-System-Schnittstellen zu schaffen, die eine geordnete Abwicklung des System-Lebenszyklus auch bei (oder trotz!) Einschaltung des Menschen sicherstellt.

2. Methoden und Werkzeuge

Im Zusammenhang mit dem Systementwurf ist eine Methode eine wohldefinierte Vorgehensweise für die Systementwicklung und die Durchführung der Phasen des System-Lebenszyklus, während ein Werkzeug ein Rechnerprogramm bedeutet, das eine Methode in bestimmten Stadien der Systementwicklung unterstützt. Für den Systementwurf sind also zunächst die geeigneten Methoden wesentlich. Ihre Unterstützung durch rechnergestützte Werkzeuge ist prinzipiell zweitrangig, für die effiziente Durchführung von Systementwurf, -implementation und -betrieb allerdings durchaus von Bedeutung. Während /1/ sich vor allem mit den Eigenschaften von Methoden befaßt, soll der vorliegende Beitrag den Einsatz von Werkzeugen und die dazu notwendigen Bedienungen beleuchten.

Während geschlossene Werkzeugsätze für die Unterstützung aller Phasen des Lebenszyklus - insbesondere für verteilte Systeme - bisher nicht existieren, sind Werkzeuge für die Lösung und Unterstützung von Teilproblemen verfügbar /4, 5/. Die meisten dieser Werkzeuge wurden für die Unterstützung der Softwareproduktion geschaffen; hierzu gehören z. B. Editoren, Übersetzer, Lader oder Dateiverwaltungssysteme. In den vergangenen Jahren sind Werkzeuge für die Unterstützung anderer Phasen des Lebenszyklus verfügbar geworden, deren effizienter Einsatz für den Gesamt-Entwicklungsprozeß eine Integration über eine gemeinsame Datenbasis erfordert, die alle Produkte und Ergebnisse des System-Lebenszyklus enthält.

Bisher waren Werkzeuge überwiegend nur auf den Maschinen nutzbar, für die sie entwickelt wurden. Für eine effiziente Nutzung von vollständigen Werkzeugsätzen ist das Problem der Portabilität zu lösen. Nur dadurch werden Werkzeuge verfügbar, die maschinenunabhängig und für die Lösung aktueller Entwurfsprobleme optimal auswählbar sind. Diese Portabilität hat noch einen weiteren Aspekt: Eine rechnerspezifische Werkzeugimplementation verhindert den Vergleich verschiedener Methoden und Werkzeuge beim Einsatz für dasselbe Anwendersystem. Dieser fehlende "Wettbewerb" von Werkzeugen hat einerseits die Standardisierung der zugrundeliegenden Methoden bisher verhindert, er regt darüber hinaus die Entwicklung weiterer gleichartiger Werkzeuge an und macht die Übersicht über die Werkzeuglandschaft noch schwieriger.

Dieser wünschenswerte Wettbewerb portabler Werkzeuge bedeutet den Einsatz von Betriebssystemen und Ablaufumgebungen, die ebenfalls standardisiert sind. Er erfordert weiterhin die Schaffung festgelegter Schnittstellen zu der schon erwähnten einheitlichen Datenbasis und einer - soweit möglich - einheitlichen Benutzeroberfläche. Obwohl es bisher nicht gelungen ist, eine einheitliche bildhafte und dem Ingenieur angemessene Art der Darstellung von Systementwicklungsschritten und ihren Ergebnissen zu definieren, die eine strikte Ergebnis-Evaluierung und -Validierung oder ggf. sogar Korrektheitsbeweise erlaubt, sind "Sprachen" in Entwicklung, die eine formale Darstellung der Ergebnisse einzelner Phasen leisten sollen. Ihre einfache Nutzbarkeit durch den Entwicklungsingenieur ist allerdings bisher nicht gegeben. Dies bezieht sich vor allem auf die Darstellung paralleler Abläufe sowie von Verfügbarkeits- und Sicherheitsaspekten im Anwendersystem. Dies unterstreicht die Notwendigkeit einer guten, grafikgestützten Anwenderoberfläche für Werkzeugsysteme.

3. Integrierte Werkzeugsysteme

Die Einsicht in die Notwendigkeit der Nutzung integrierter Werkzeugsätze zur Abdeckung aller Phasen des System-Lebenszyklus führte in jüngster Zeit zu einer Reihe von Ansätzen, die durch ein Rahmensystem nach Bild 2 beschrieben werden können. Folgende Schnittstellen sind hier zu unterscheiden:

- Schnittstelle zur gemeinsamen Projektdatenbasis. Über diese Schnittstelle sind die Werkzeuge mit allen Informationen und Ergebnissen des Anwendersystem-Erstellungsprozesses verbunden. Auf der anderen Seite dieser Schnittstelle müssen weitgehend beliebige Datenhaltungs- oder Datenbanksysteme anschließbar sein.
- Schnittstelle zur Dialogschicht. Diese Schnittstelle muß auf der Werkzeugseite einen Satz von Funktionen zum Werkzeugaufruf und zur Werkzeugnutzung durch den Menschen aufweisen. Auf der Benutzerseite sind moderne Methoden der Dialogtechnik und der Informationsdarstel-

lung bereitzustellen, die den heute bekannten Grundanforderungen der Mensch-System-Kommunikation genügen.

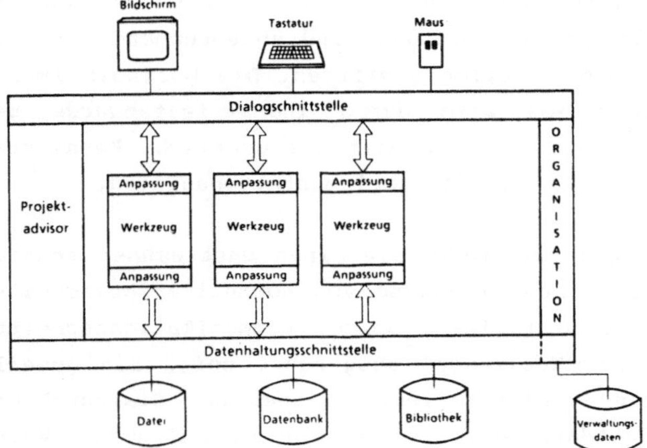

Bild 2: Rahmen für die Werkzeugintegration

- Die Schnittstellen der Werkzeuge untereinander haben in der Regel sowohl semantische als auch syntaktische Transformationen zu leisten. Sie erscheinen in Bild 2 nicht explizit sondern sind als weitere Transformations-Werkzeuge zu verstehen, die wiederum mit den Datenhaltungs- und Dialogschnittstellen verbunden sind; letzteres ist zur Unterstützung der semantischen Transformationen durch den Menschen unbedingt erforderlich.
- Die Schnittstelle zwischen Werkzeugen und ihren Benutzern ist stark durch das vom Werkzeug behandelte Problemgebiet bestimmt. Offene integrierte Werkzeugsysteme können daher diese Schnittstelle nicht a priori definieren. Es sind allerdings Vorgaben denkbar, semantisch gemeinsame Funktionen (z. B. Aufruffunktionen) über einheitliche Aufrufe bereitstellen.

Weitere Schnittstellen des Rahmensystems sind das Hard- und Betriebssoftwaresystem, unter dem die Werkzeuge ablaufen (Organisation). Hierzu wird in Zukunft auch eine Projekt-Wissensbasis gehören, die spezielle Schnittstellen zu den Werkzeugen haben wird (Projekt-Advisor).

Ein solches Rahmensystem, dessen Schnittstellenfunktionen portabel implementiert sein müssen, gestattet über ggf. vorzunehmende Anpassungsschichten in den Werkzeugen eine Integration unterschiedlicher Werkzeuge für alle Phasen des System-Lebenszyklus. Darüber hinaus können beliebige weitere Werkzeuge für z. B. die Projekt-Dokumentation, Projekt-

Administration oder Qualitätskontrolle eingehängt werden. Insbesondere für die wichtigen Schnittstellen der Datenhaltungssystem- und Dialogschicht sind in jüngster Zeit verschiedene Ansätze erarbeitet worden, die eine möglichst anwendersystemunabhängige und entsprechend vielfältige Art der Informationskommunikation gestatten. Die portable Implementation solcher Rahmensysteme wird durch Industriestandards gestützt. So sind das Betriebssystem UNIX oder das grafische Kernsystem GKS zusammen mit der Sprache C geeignete Implementationshilfen.

Ein Rahmensystem nach Bild 2 muß nicht auf einen Gastrechner festgelegt sein. Das Konzept ist durch Ergänzung von Kommunikationsschnittstellen in beliebiger Weise verteilbar. Solche Kommunikationsschnittstellen können wiederum als "Werkzeuge" ausgeführt sein, die jeweils lokal mit den betreffenden Schnittstellenfunktionen der Dialogschicht und der gemeinsamen Projektdatenbasis kommunizieren. Auf diese Weise ist eine beliebige Verteilung der Rahmensystemfunktionen denkbar; so können kleinere lokale Arbeitsplatzsysteme mit Werkzeugen verbunden sein, die wegen ihrer Anforderungen an Rechenkapazität auf zentralen Großrechnern ablaufen.

4. Schnittstellen

Während die in Abschnitt 3 erwähnten Schnittstellen zwischen den Werkzeugen und zwischen Werkzeug und Benutzer kaum universell definiert werden können, sind in jüngster Zeit für die Schnittstellen zur Dialogschicht und zum Datenhaltungssystem an verschiedenen Stellen Vorschläge erarbeitet worden, deren Zweck letztlich die Standardisierung ist. Wenn auch beim heutigen Stand des Wissens ein solcher Standard noch nicht ausgesprochen werden kann, so lohnt sich doch eine Betrachtung der Konstruktionsprinzipien.

Für die Modellierung eines Datenhaltungssystems oder eines Dialogsystems ist der Objektbegriff zusammen mit dem Begriff der Beziehungen zwischen Objekten grundlegend. Unter Objekten sollen hier alle Ausprägungen und Teile von Anwendersystembeschreibungen gelten, wie z. B. Spezifikationen, Quellprogramme oder Hardwarekomponenten. Die Erfahrung zeigt die Nützlichkeit einer hierarchischen Beziehung zwischen Objekten und Unterobjekten. Allgemeinere Beziehungen zwischen diesen Objekten aufgrund ihrer Bedeutung oder ihrer funktionalen Zusammengehörigkeit sind meist nicht-hierarchisch; die Beschreibung solcher Beziehungen liegt daher quer zur hierarchischen Objekt-Unterobjekt-Struktur. Probleme entstehen bei der meist notwendigen Vermischung beider Strukturierungsprinzipien. Dies kann geschehen, wenn z. B. zwei Hierarchiezweige ein bestimmtes Objekt gemeinsam benutzen (Bild 3), wenn also etwa eine Programmbibliothek in mehreren Projekten eingesetzt wird. Diese Programmbibliothek PB hat dann zwei "Väter", wenn man die Folge in einer Objekthierarchie als "Vater-Sohn"-Beziehung bezeichnet. Bei der Beschreibung des Objektes "Programm-Bibliothek PB" muß daher diese doppelte Beziehung angebbar sein, eine Eigenschaft, die in manchen Schnittstellendefinitionen durch eine Beziehung "Ist-Komponente-von" ausgedrückt werden kann.

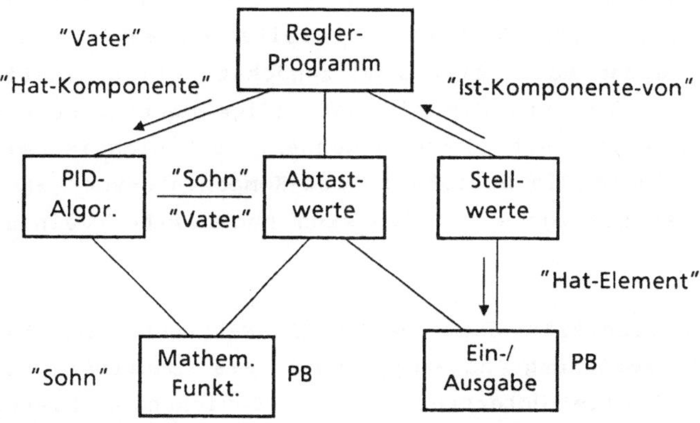

Bild 3: Beziehungen zwischen Objekten

Anstelle der Beziehung "Ist-Sohn-von", d. h. der Angabe des jeweiligen "Vaters" kann umgekehrt eine Beziehung "hat-Komponente" nützlich sein. Damit ist die Mehrfach-Benutzung von Komponenten durch eine mehrfache Nennung bei den Vater-Objekten ausdrückbar. Hiermit lassen sich vorteilhaft Beziehungen zwischen inhaltlich gleichbedeutenden Objekten ausdrücken, z. B. unterschiedlichen Realisierungsständen oder verschiedenen Implementationskonzepten desselben Algorithmus. Konzepte der "Versionen", "Varianten", "Ausprägungen" oder "Alternativen", die in der Systemkonstruktion von großer Bedeutung sind, lassen sich mit dieser Beziehung "hat-Komponente" gut ausdrücken.

Neben solchen vordefinierbaren Beziehungen allgemeiner Art zwischen Objekten wird es in jedem Anwendersystementwurf Beziehungen spezieller, projektabhängiger Art geben, die nur der Systementwerfer kennt. Auch solche Beziehungen müssen formulierbar sein, wobei jedoch keine spezielle Unterstützung durch das Schnittstellen-Programmsystem erwartet werden kann; diese Beziehungen müssen vom Anwender selbst verwaltet werden.

4.1 Datenbasisschnittstellen

In den Jahren seit 1983 sind im europäischen Rahmen und in Deutschland Schnittstellen für Datenbasissysteme definiert worden, die Objekte und deren Beziehungen untereinander zu definieren gestatten. Beim OMS-System des PCTE-ESPRIT-Projektes /6/ sowie beim PVS-Datenhaltungssystem des deutschen POINTE-Verbundprojektes /7/ wird eine streng hierarchische-Objektstruktur auf syntaktischem Wege dadurch erzwungen, daß bei der Erzeugung eines Objektes der Name eines bereits vorhandenen Eltern-Objektes angegeben werden muß. Damit sind zunächst rein baumartige Strukturen beschreibbar. Um auch die oft notwendige Mehrfachbenutzung von Objekten gemäß Bild 3 beschreiben zu können, läßt sich in beiden Schnittstellendefinitionen die Beziehung "Ist-Komponente-von" auch außerhalb des eigentlichen Erzeugens von Objekten nachträglich einfügen.

Das DAMOKLES-System des ebenfalls deutschen UNIBASE-Verbundprojektes /8/ benutzt umgekehrt die Beziehung "hat-Komponente" als Konstruktionsprinzip. Eine besonders breite Unterstützung von Beziehungen bietet die Schnittstellendefinition POM des Verbundprojektes PROSYT /9/. Die vier Beziehungen "Komponente", "Ausprägung", "Repräsentation" und "Element", sind in beiden Richtungen in Form von "Ist-...-von" und "hat-..." benutzbar. Komponenten sind notwendige Bestandteile eines hierarchisch höher angeordneten Objektes; sie sind als UND-Verküpfung zu sehen. Ausprägungen haben gemeinsame semantische Eigenschaften. Bei der Konfiguration eines Systems wird in der Regel nur eine Ausprägung eines Objektes eingesetzt (ODER-Verknüpfung). Unterschiedliche Repräsentationen stellen dasselbe Objekt oder Konzept aus verschiedener Sicht dar. So sind unterschiedliche Systembeschreibungen im Verlauf des System-Lebenszyklus Repräsentationen des zu erstellenden Anwendersystems. Elemente sind Objekte, die bei schwachem semantischen Zusammenhang organisatorisch zusammengefaßt sind. Elemente wurden in POM eingeführt, um Bibliotheken besser beschreiben zu können.

Mit Hilfe dieser Beziehungen zwischen Objekten lassen sich Anwendersysteme strukturell beschreiben. Ein Beispiel zeigt Bild 4, in Form von Temperatur-Regelungsaufgaben. Bild 4 zeigt auch, daß mit diesem Objekt-Beziehungs-Modell das wichtige Problem der Versionskontrolle darstellbar ist. Versionen bilden in dem gezeigten Graphen eine weitere Dimension, da sie zu jedem Objekt auftreten können.

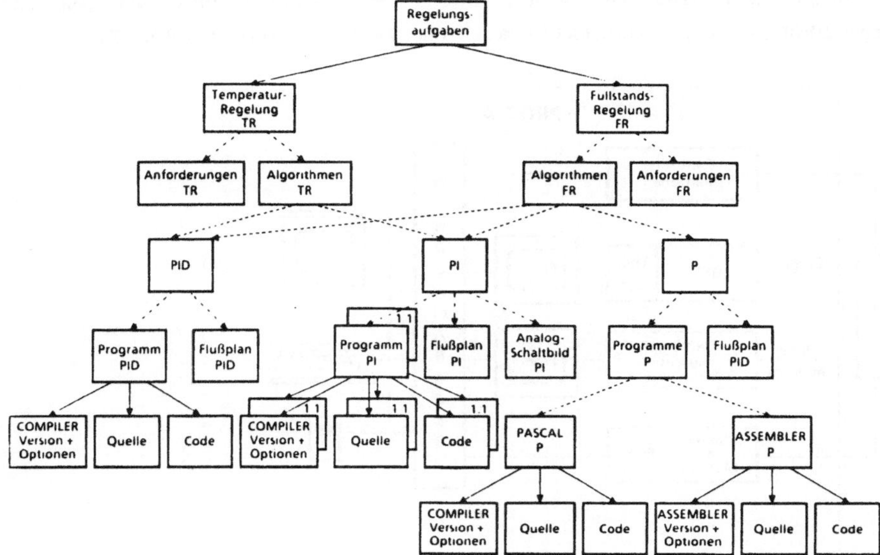

<u>Bild 4:</u> Objekte und Beziehungen in der gemeinsamen Datenbasis

4.2 Dialogschnittstelle

Eine Dialogschnittstelle muß Funktionen bereitstellen, die einen Dialog zwischen dem Systementwerfer und den von ihm benutzten Werkzeugen zulassen. Diese Tätigkeit kann als verallgemeinertes Editieren bezeichnet werden, ihre Wichtigkeit nimmt zu /10/. Eine solche Schnittstelle kann, wie schon erwähnt, nur allgemein nutzbare Funktionen zur Verfügung stellen, da die eigentlichen Dialogfunktionen von der Semantik der jeweiligen Werkzeugfunktionen abhängen.

Das Instrumentarium einer solchen Schnittstelle muß eine Fensterverwaltung, grafische Dialogmöglichkeiten, grundlegende Ein-/Ausgabe-Funktionen für die wichtigsten Geräte (Bildschirme, Tastaturen, Maus, grafisches Tablett u.a.m.) sowie Möglichkeiten zur Dialogdefiniton (Masken- und Menügenerator) umfassen. Die Struktur einer solchen Schnittstelle zeigt Bild 5. Von Bedeutung ist das Konzept des virtuellen FRAME, der eine interne Abbildung eines Werkzeug-bezogenen Bildschirmes darstellt. Mehrere solcher virtueller Bildschirme werden durch ein Fensterverwaltungssystem auf einem realen Bildschirm dargestellt. Die

Schnittstellenfunktionen sind durch die Grafik-Funktionen (GKS in Bild 5) und weitere Funktionen zur Darstellung des genannten Instrumentariums gegeben. Beispiel für eine solche Schnittstellendefinition ist das System PRODIA /11/, ebenfalls aus dem Verbundprojekt PROSYT.

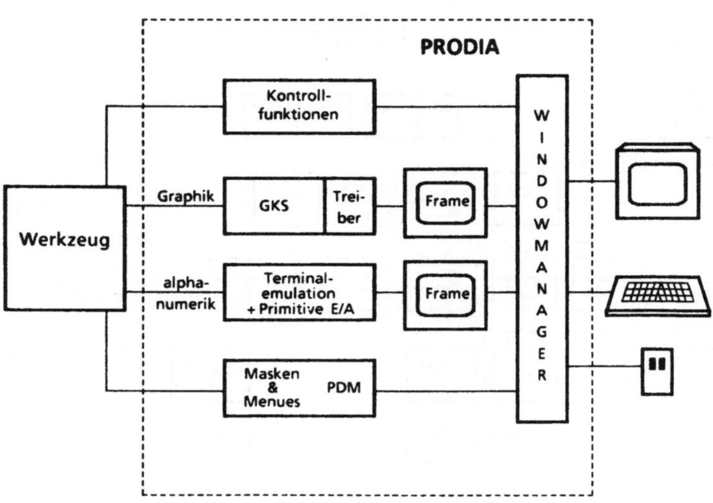

Bild 5: Dialogschnittstelle PRODIA

5. Ausblick

Integrierende Rahmensysteme für Werkzeuge zur Unterstützung von Systementwurf, -Implementation und -Betrieb werden z. Zt. in verschiedenen Verbundprojekten und Industrieprojekten realisiert. Das Ziel eines möglichst vollständigen Durchlaufens aller Phasen des System-Lebenszyklus wird hierdurch unterstützt. Die Portabilität und Ergänzbarkeit solcher Rahmensysteme wird zudem die Einführung weiterer Werkzeuge vereinfachen. Die zur Zeit laufenden Arbeiten sollten bis zum Jahre 1988 zu erhältlichen und einsetzbaren Werkzeugsystemen führen.

6. Literatur

/1/ Kommunikation in technischen Systemen. Proc. Kommunikation in Verteilten Systemen II. GI/NTG-Fachtagung Karlsruhe, 13.-15.3.1985.

/2/ Steusloff, H.: Rechnergestützter Entwurf von Automatisierungssystemen, Übersicht, Beispiele, Nutzbarkeit. Fachberichte Messen, Steuern, Regeln, Bd. 10: Fortschritte durch digitale Meß- und Automatisierungstechnik, INTERKAMA-Kongreß 1983, Springer-Verlag Berlin, Heidelberg, S. 531-550, 1983.

/3/ Boehm, B.W.: Guidelines for Verifying and Validating Software Requirements and Design Specifications. EURO IFIP 79, North-Holland Publishing Company, IFIP, S. 711-719, 1979.

/4/ Keutgen, H.: DARTS - ein Werkzeug zum Entwurf von Systemen. GEI, Aachen, Albert-Einsteinstr. 61, 1981.

/5/ Hommel, G.: Vergleich verschiedener Spezifikationsverfahren am Beispiel einer Paketverteilanlage. Kernforschungszentrum Karlsruhe, KfK-PDV 1986, August 1980.

/6/ Bull Company et al.: PCTE - A Basis for a Portable Common Tool Environment. Functional Specifications. ESPRIT-Programme of the European Community, 1985.

/7/ VDMA: POINTE - Die Software-Produktionsumgebung des VDMA, Maschinen-Bau-Verlag, 1985.

/8/ Gotthard, W. et. al.: DAMOKLES - Ein Entwurfsobjekt-Datenmodell für Software-Produktionsumgebungen. Forschungszentrum Informatik, Karlsruhe, 1986.

/9/ Batz, T. et. al.: PRODAT - Einheitliche Datenhaltung auf der Basis des PROSYT-Objektmodells (POM). FhG-IITB-Bericht in Vorbereitung, 1986.

/10/ Oberquelle, H.: Objektorientierte Informationsverarbeitung und benutzergerechtes Editieren. Universität Hamburg, Fachbereich Informatik, Bericht Nr. 62 und 63, 1979.

/11/ Hinderer, W.; Kreiter, M.; Krömker, D.; Meisel, K.-H.: PRODIA - Das PROSYT-Dialogsystem, Projektbericht PROSYT (in Vorbereitung), 1986.

RECHNERGESTÜTZTE METHODE FÜR DEN FUNKTIONSORIENTIERTEN ENTWURF UND DIE REALISIERUNG VERTEILTER PROZESSAUTOMATISIERUNGSEINRICHTUNGEN

COMPUTER AIDED FUNCTIONAL DESIGN AND IMPLEMENTATION OF DISTRIBUTED INDUSTRIAL CONTROL SYSTEMS

H.D. Ferling , E.W. Jüngst

AEG Aktiengesellschaft
Systemtechnische Entwicklung
6000 Frankfurt am Main 71

AEG Aktiengesellschaft
Forschungsinstitut Berlin
1000 Berlin 51

Summary

The presented design method for distributed process control systems uses a three step procedure - functional design, structural design and implementation design. It employs a fractal hierarchy of functional 'actors' as the conceptual model for designing the system function "in the large", and uses a model of 'transactions' via 'channels' for the communication between actors. For the design "in detail" the well-known graphical programming languages of programmable controllers can be applied for actors as well, using soon-to-be-standardized function-block types SEND and RECEIVE as the terminals of each transaction channel. The actors can be mapped onto any suitably chosen distributed system structure, each actor then can be implemented for the specific hardware of the station it resides in by software generated from its detailed functional description automatically.

1. Ausgangssituation

Die Verfahren und Methoden zum Entwurf und zur Projektierung von Prozeßautomatisierungseinrichtungen unterliegen zur Zeit einem Wandel, der einer völligen Neuorientierung gleichkommt. Dies hat verschiedene Gründe.

In der Vergangenheit wurde das Vorgehen beim Entwurf von den Gegebenheiten und Leistungsmerkmalen der - relativ teueren - Hardware diktiert. Anhand eigener Erfahrungswerte oder ausgehend von den Rahmendaten anderer Projekte wählte der Projektierer zunächst die für die Lösung der Aufgabenstellung seiner Einschätzung nach geeignete Hardware-Konfiguration aus.

Die Software zur Lösung der Automatisierungsaufgabe wurde für die ausgewählten Hardwarekomponenten maßgeschneidert; entweder durch Konfigurieren vorhandener Standard-Anwender-Software oder durch explizites Neuprogrammieren der Software in der für die jeweilige Hardwarekomponente zur Verfügung stehenden Fachsprache oder höheren Programmiersprache. Stellte sich später die Hardware als nicht genügend leistungsfähig heraus, weil sie zu knapp ausgelegt war oder weil sie zusätzliche Automatisierungsfunktionen wahrnehmen sollte, so war eine Änderung der Softwareaufteilung oder eine Portierung der Software auf andere Hardware mit hohem Zusatzaufwand verbunden oder überhaupt nicht praktikabel.

Problem war auch, daß zur Kopplung der Komponenten eines verteilten Systems kein Standardmechanismus zur Verfügung stand. Die Realisierung der Kommunikation erfolgte fast regelmäßig durch medien- und komponentenspezifische Software. Diese erfordert aber immer einen unverhältnismäßig hohen Aufwand und macht den nachträglichen Austausch einer Kommunikationskomponente praktisch unmöglich.

Schon länger fällt das Mißverhältnis zwischen niedrigen, noch immer fallenden Hardwarekosten und hohen, weiter steigenden Erstellungs- und Wartungskosten für die Software auf, ohne daß sich eine dazu passende kostenbewußte Vorgehensweise und eine neue Philosophie bei den Entwurfs- und Projektierungswerkzeugen durchgesetzt hätte. Wenn aber die Hardware einer (heute noch kleinen) systemfähigen speicherprogrammierbaren Steuerung nur noch etwa soviel wie ein Arbeitstag des Projektierers kostet, ist wohl klar, wo Einsparungen greifen müssen.

2. Anforderungen und Lösungsansatz

Für zukünftige Automatisierungssysteme und ihre Komponenten gilt somit als neue Randbedingung, daß statt der heute noch überbetonten Hardwarekosten die Kosten für Entwurf, Projektierung, Inbetriebnahme und Wartung der Software minimiert werden und dieses Ziel die Konzeption der Projektierungssysteme und mittelbar die Struktur der zugehörigen Automatisierungs-Hardware bestimmen muß.

An die Stelle der früher isoliert zu projektierenden speicherprogrammierten Steuerung bzw. des zentralen Prozeßrechners treten in Zukunft grundsätzlich räumlich und funktionell verteilte Systeme. In solchen Systemen bildet das Kommunikationssystem zwischen den verteilten Komponenten die neue zentrale Komponente. Dies gilt auch für die unterste Ebene der Prozeßsteuerung, wo "intelligente" E/A - Komponenten über einen Feldbus angekoppelt werden.

Umfang und Komplexität solcher Einrichtungen werden dynamisch wachsen. Das setzt ein Software-Konzept voraus, bei dem die Freizügigkeit der Zuordnung von Software-Komponenten zu Hardware-Komponenten von vornherein gewährleistet wird und auch spät im Projektierungsgang noch mit geringem Aufwand möglich ist.

Durch die rapide Innovation in der Mikroelektronik veralten Hardwarekomponenten schnell. Auf der anderen Seite steigen die Anforderungen an Leistung und Qualität der Entwurfs-, Projektier- und Programmiersysteme. Solange die Software dieser Systeme auf Eigentümlichkeiten der jeweiligen Hardwarekomponenten zugeschnitten wird, veraltet sie ebenso schnell und muß mit sehr hohem Aufwand angepaßt werden, der sonst für weitere Leistungsverbesserungen eingesetzt werden könnte.

Einzige Lösung ist der Einsatz einer Entwurfs- und Projektierungsmethode, die weitestgehend unabhängig von der jeweils eingesetzten Hardware ist, insbesondere die Berücksichtigung der konkreten Hardware auf die letzte Projektierungsphase verschiebt. Dadurch kann der entsprechende Teil des Projektierungssystems (ähnlich wie die Codegenerierung bei einem Programmiersystem) mit relativ geringem Aufwand an eine neue Hardware-Generation angepaßt werden. Nach einer solchen Anpassung erfordert eine Portierung schon vorhandener Entwürfe auf die neue Zielhardware lediglich das erneute Durchlaufen des letzten Projektierungsschritts. Damit ist der Austausch von Hardwarekomponenten gegen jeweils modernere praktikabel, so daß bei zukünftigen Systemen Modernisierungen und Leistungssteigerungen auch z.B. durch Nachbestückung möglich sein werden.

Für die Programmierung von verteilten Prozeßautomatisierungssystemen existieren mehrere Vorschläge, die auf den herkömmlichen textlichen Programmiersprachen basieren /1,2/. Solche Ansätze sind nicht direkt nutzbar: zum einen wird beim Prozeßfachmann eine solide Informatikausbildung vorausgesetzt, zum anderen hat deren Benutzeroberfläche nicht annähernd die Qualität, die heute graphische Fachsprachen bei Dokumentation und Zustandsvisualisierung bieten (zudem mit einer dem Fachmann wohlvertrauten Darstellungweise, z.B. dem Funktionsplan /3,4/). Ein zukünftiges Projektierungssystem muß daher genormte graphische Darstellungsmittel mit den neuen, leicht erlernbaren Interaktionsformen wie Menue-Technik, Fenster-Technik und Maus verbinden .

Aus dem dargestellten Anforderungsprofil ergibt sich, daß der Entwurfsgang einer Automatisierungseinrichtung von der graphisch formulierten Beschreibung ihrer Funktion ausgehen und über die funktionsgerechte Strukturierung der Automatisierungseinrichtung mit entsprechender Aufteilung der Funktionen auf die Stationen zur Auswahl der geeigneten Komponenten für die Realisierungsmittel führen muß.

3. Entwurfsschritte

Betrachtet man den angedeuteten Lösungsansatz genauer, so ergibt sich eine Aufteilung des Entwurfsganges in die drei Schritte

- Funktionsentwurf,
- Realisierungsentwurf und
- Implementierungsentwurf.

Ziel des ersten Schritts, des Funktionsentwurfs, ist die Erstellung der vollen funktionalen Spezifikation einer Automatisierungsaufgabe. Sie entsteht durch sukzessive Verfeinerung der Aufgabenbeschreibung bis hinunter auf die Ebene der vordefinierten Elementarfunktionen (Bild 1).

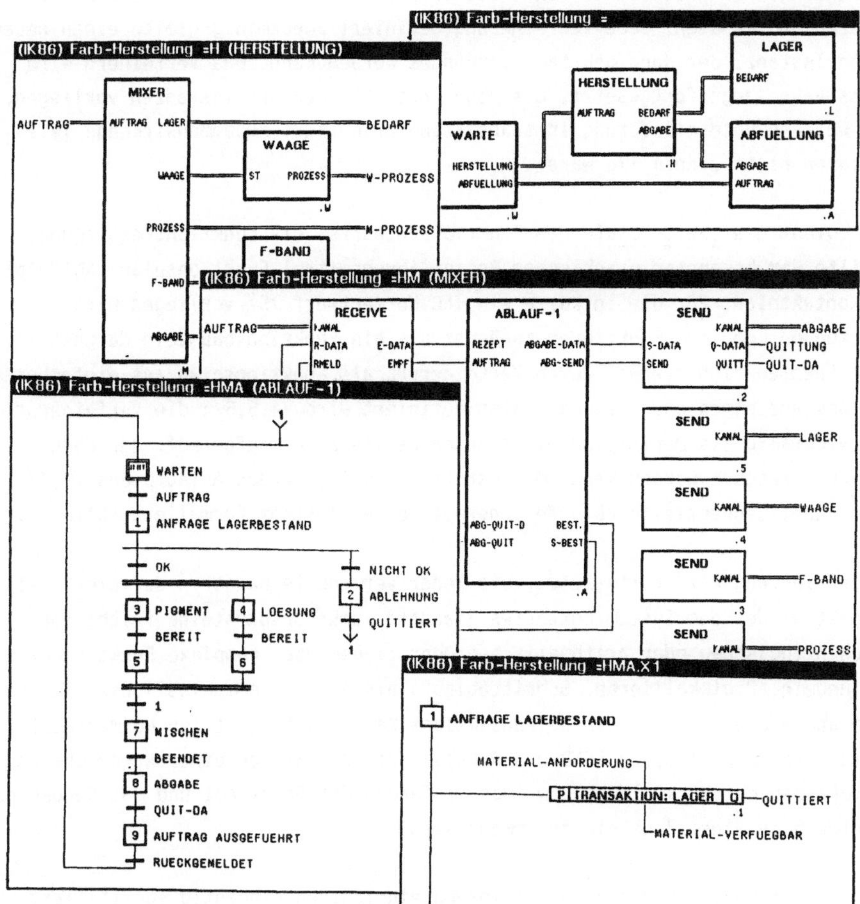

Bild 1: Hierarchische Verfeinerung beim Funktionsentwurf

In der ersten Stufe des Funktionsentwurfs wird die Funktionsstruktur der Automatisierungseinrichtung festgelegt. Dazu wird die Gesamtfunktion in Teilfunktionen untergliedert, denen jeweils ein bestimmter Verantwortungsbereich übertragen wird und die daher im folgenden als "Instanzen" bezeichnet werden. Je zwei Instanzen werden über einen "Kanal" verbunden, wenn sie Informationen austauschen (Bild 1). Darin unterscheidet sich die hier geschilderten Methode vom klassischen Vorgehen bei speicherprogrammierten Steuerungen, das nur isolierte Programme betrachtet. Für die Abgrenzung einer Instanz ist maßgebend, daß sie ihre Teilaufgabe eigenständig wahrnimmt und mit anderen Instanzen nur asynchron mittels Transaktionen - nach dem Muster Auftrag-Meldung bzw. Anfrage-Antwort - über Kanäle kommuniziert. Im Weiteren wird darauf noch detaillierter eingegangen.

Die Funktion einer Instanz wird durch weitere Verfeinerung genauer festgelegt. Solange Teilfunktionen definiert werden können, deren Kommunikation dem Muster von Transaktionen entspricht, führt die Verfeinerung wieder auf Netzwerke von Instanzen und Kanälen. Jede Verfeinerung definiert zweckmäßig gleich einen neuen Typ von Instanz, der dann mehrfach verwendet werden kann. Das Verfeinern wird sukzessive solange fortgesetzt, bis sogenannte "Elementar"-Instanzen vorliegen, deren weitere Untergliederung in transaktionsorientiert zusammenwirkende Teilfunktionen nicht sinnfällig wäre.

Hier beginnt die zweite Stufe des Funktionsentwurfs, die Funktionsfestlegung, mit Hilfe der bekannten graphischen Beschreibungsmittel Funktionsplan, Ablaufplan oder Kontaktplan, für die in Kürze ein IEC-Normentwurf /5/ vorliegen wird. Dabei können komplexe Funktionen zunächst als ein Funktionsbaustein dargestellt werden, dessen "Innenleben" durch Verfeinerung als Funktionsplan aus einfacheren Funktionsbausteinen und Wirkungslinien definiert wird /4,5,6/; die Verfeinerung wird zweckmäßig als Definition eines neuen Bausteintyps aufgefaßt, der dann mehrfach verwendet werden kann. Mit Darstellungsmitteln des Ablaufplans /3,4/ werden dabei sequentielle Abläufe innerhalb einer Instanz formuliert (Bild 1).

Die Verfeinerung wird fortgesetzt, bis jeder verwendete Baustein definiert ist. Das Spektrum der dem System bekannten Standard-Funktionsbausteine reicht von einfachen logischen oder arithmetischen Operationen über komplexe Funktionen (z.B. Regeln, Protokollieren, Schrittablauf) bis hin zu Kommunikationsfunktionen. Für Anfangs- und Endpunkt eines Transaktions-Kanals definiert der Normentwurf /5/ die Standard-Bausteintypen SEND und RECEIVE, die das Senden einer Nachricht und das Empfangen der Rückmeldung bzw. das Empfangen der Nachricht und das Senden der Rückmeldung in einem Baustein zusammenfassen.

Damit ist die Funktion der Automatisierungseinrichtung eindeutig spezifiziert.

Im zweiten Schritt des Entwurfsganges, dem Realisierungsentwurf, wird die Funktionsstruktur auf die Realisierungsstruktur der Anlage abgebildet. Zunächst wird unter Berücksichtigung funktionaler, technologischer und räumlicher Randbedingungen die Automatisierungseinrichtung als verteiltes System aus Stationen und Kommunikationswegen strukturiert. In der graphischen Darstellung werden die Anschlußstellen (Koppeleinrichtungen) von Blöcken (Stationen) durch Linien (je nach Form: Bus oder Punkt-zu-Punkt-Verbindung, seriell oder parallel) verbunden.

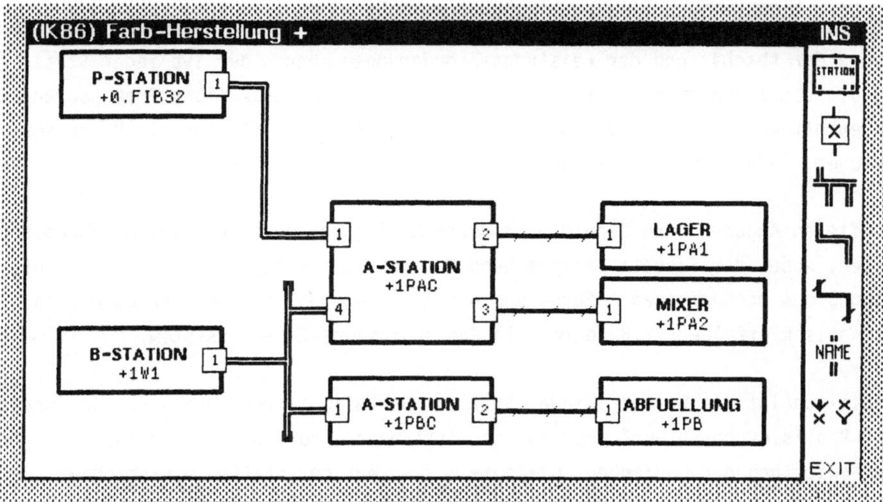

Bild 2: Beispiel für die Stationen und Kommunikationswege einer Einrichtung

Bild 2 zeigt ein Beispiel mit zwei Automatisierungs-Stationen, die untereinander und mit einer Bedien-Station über einen seriellen Bus gekoppelt sind, und einer Programmierstation, die mit einer Automatisierungs-Station durch eine serielle Punkt-zu-Punkt-Verbindung gekoppelt ist; von den Automatisierungs-Stationen führen parallele Kommunikationswege zur prozeßnahen Hardware. Der Gerätetyp der Stationen ist noch nicht genau spezifiziert, sondern zunächst durch generische Bezeichnungen (A-STATION, B-STATION, P-STATION) nur angedeutet. Zu jeder der Stationen ist aber bereits durch die Ortsbezeichnung festgelegt, wo innerhalb der Einrichtung die Station angeordnet werden wird.

Nachdem die Kommunikationsstruktur festliegt, werden die Instanzen des Funktionsentwurfs auf die einzelnen Stationen aufgeteilt. Bei dieser Funktionszuteilung bleiben Elementarinstanzen stets ungeteilt, sie werden immer nur als Ganzes auf einer Station untergebracht. Falls Wahlmöglichkeiten bei der Führung von Kanälen über Kommunikationswege bestehen, wird noch der genaue Verlauf festgelegt.

Die Zuordnung von Funktionen zu Stationen als Trägern der Verarbeitungs- und Speicherleistung und von Datenflüssen zu Kommunikationswegen als Trägern der Transportleistung erlaubt durch Abschätzung der Anforderungen eine Spiegelung des Entwurfs an der Leistungsfähigkeit verfügbarer realer Hardwarekomponenten. So können frühzeitig Entwurfsentscheidungen geändert und passendere Aufteilungen oder Stationsstrukturierungen gefunden werden, ohne daß dazu Änderungen der Funktionsbeschreibung auch nur einer der Instanzen erforderlich wäre.

Im dritten Schritt des Entwurfsganges, dem Implementierungsentwurf, erfolgt die Abbildung der Funktions- und Realisierungstruktur auf reale Hardwarekomponenten. Anhand der Abschätzung der Leistungsanforderungen können der Typ jeder Station und die Übertragungsmedien mit den entsprechenden Kommunikations-Prozessoren ausgewählt werden, sowie die sonstige Ausstattung jeder Station mit Prozessor, Speicher, E-/A-Karten, Bedienperipherie u.s.w. festgelegt werden.

Aus diesen Angaben kann dann die Hardware-Konfiguration jeder Station entworfen werden, wobei der Einsatz entsprechend komfortabler Werkzeuge möglich ist. Die Planung des mechanischen Aufbaus und die Anordnung der Komponenten kann auch automatisch erfolgen, z.B. durch ein Konfigurations-Expertensystem.

Zusätzlich ist die Software jeder Station zu konfigurieren. Neben den der Station beim Realisierungsentwurf zugeordneten Instanzen sind z.B. Standardinstanzen für die Abwicklung der Bedienung, Diagnose u.s.w. auf der Station einzurichten. Jedes eine Instanz repräsentierende Programm wird als ein Software-Prozess aufgefaßt. Die Rolle des Stations-Supervisors, der die Bearbeitung der Instanzen steuert, kann auch von einer speziellen Instanz übernommen werden, in der der Projektierer die Bearbeitungsmodalitäten (zyklisch, abhängig von Kanalaktivitäten o.ä.) für jede Instanz in der Station festlegen kann.

Mit diesen drei Schritten ist die Projektierung einer verteilten Automatisierungseinrichtung abgeschlossen. Der funktionsorientierte Entwurf zusammen mit der Rechnerunterstützung liefert nicht nur jederzeit aktuelle Projektunterlagen und die komplette Programmdokumentation, sondern auch alle Informationen und Benutzeroberflächen für Inbetriebnahme, Bedienung und Diagnose. Anhand der Beschreibung der Einrichtung kann die Software für die jeweilige Zielhardware direkt erzeugt und automatisch in die jeweilige Station transferiert werden. Dies schließt nicht aus, daß für besonders hohe Anforderungen Teile der Software von Hand entworfen werden können, wobei die funktionale Beschreibung als abgesicherte, ausführbare formale Spezifikation des Zielsystems zur Verfügung steht: schon dies ist ein ganz wesentlicher Fortschritt gegenüber der heutigen Programmier-Praxis.

4. Instanzen

Das beschriebene Entwurfsverfahren für verteilte Automatisierungseinrichtungen betrachtet die Funktion der Einrichtung unter dem Gesichtspunkt der Verantwortung für den technischen Prozeß. Verantwortungsteilung ist als Organisationsform für komplexe Systeme auch aus dem täglichen Leben vertraut. Besonders vorteilhaft ist dabei, daß ein System als Verantwortungsträger sich in eine Gruppe kooperierender Teilsysteme verfeinern läßt, die selbst wieder Verantwortungsträger sind, d.h. eine fraktale (sukzessiv in Elemente derselben Art verfeinerbare) Hierarchie /7/ bilden. Die bekannten Strategien der Delegation und Aufteilung von Verantwortung können direkt auf entsprechende Strukturierungen der Automatisierungseinrichtung übertragen werden.

Die Bezeichnung "Instanz" für ein so definiertes Teilsystem liegt nahe. Mit ihr wird auch deutlich gemacht, daß es sich dabei um dauerhaft existierende "Objekte" handelt, die im Prinzip ununterbrochen wirken. Jede Instanz unterscheidet sich durch ihre spezielle Funktion von anderen Instanzen, doch enthalten technische Anlagen häufig mehrere Instanzen völlig gleicher Wirkungsweise. Wie bei Funktionsbausteinen spricht man dann von Instanzen gleichen Typs.

Mit der Übernahme von Verantwortung sind immer Informations- und Weisungsrechte verbunden, die durch Kommunikation zwischen den Verantwortungsträgern wahrgenommen werden.

Die Analogie zwischen einer Instanz und einem Software-Objekt, speziell einem kommunizierenden Software-Prozeß /8/, ist augenfällig und legt eine entsprechende Implementation der Instanz auf einer Automatisierungsstation nahe. Als Sprache für die Implementation wird vorteilhaft eine objektorientierte Programmiersprache gewählt, weil deren Objekte nur mittels Nachrichten interagieren.

5. Transaktionen und Kanäle

Für den Datenaustausch zwischen Instanzen dient das Modell der Transaktion. Als Abwicklung einer Transaktion bezeichnen wir das einmalige Wechselspiel des Nachrichtenaustauschs zwischen zwei Instanzen. Das Transaktionsmodell ist einfach und sinnfällig, dabei ausreichend als Basis aller Kommunikation. Beispiele sind Frage und Antwort, Auftrag und (Miß-)Erfolgsmeldung, Aktion und Quittierung. Vorteilhaft ist auch das strenge Protokoll, das bei der Implementation der Datenübertragung keine besondere Pufferung benötigt.

Es ist daher nicht zufällig, daß mehrere Normenvorhaben im Bereich der Automatisierungstechnik /5,9/ Kommunikation transaktionsorientiert modellieren. In /5/ sollen die Standard-Funktionsbaustein-Typen SEND und RECEIVE genormt werden, deren Anwendung das Beispiel in Bild 3 erläutert.

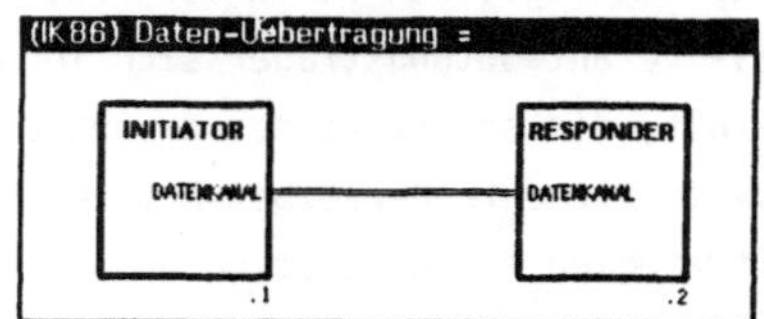

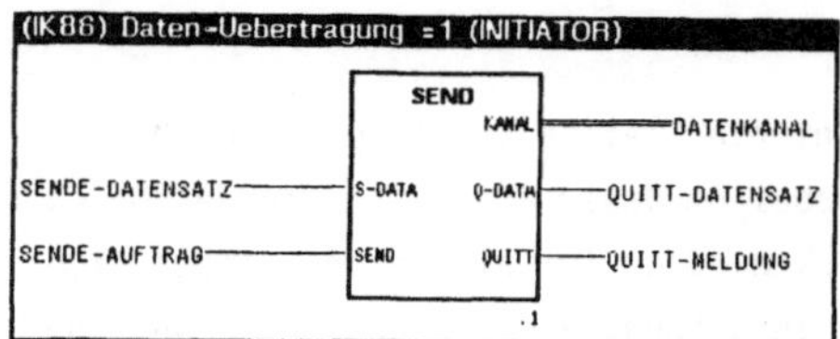

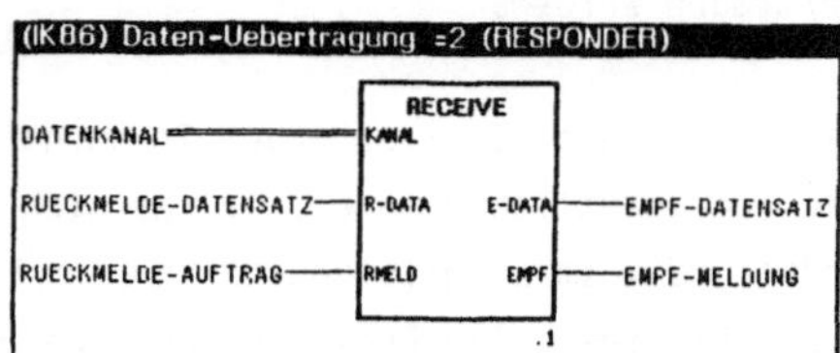

Bild 3: Transaktionsorientierte Kommunikation zwischen zwei Instanzen

Die beiden Instanzen sind über einen Kanal gekoppelt. In der INITIATOR-Instanz ist ein SEND-Baustein mit dem Kanal verbunden, in der RESPONDER-Instanz ein RECEIVE-Baustein. Die Instanz mit dem SEND-Baustein beginnt zu einem von ihr bestimmten Zeitpunkt die Transaktion. Mit dem Signal am Eingang SEND wird an die andere Instanz eine erste Nachricht, deren Inhalt die Date am Eingang S-DATA ist, gesendet, bei deren Eintreffen in der RESPONDER-Instanz der RECEIVE-Baustein den Inhalt der Nachricht als Größe am Ausgang E-DATA abgibt und das Eintreffen durch das Signal am Ausgang EMPF meldet. Nun kann im Gegenzug die RESPONDER-Instanz durch einen Auftrag über den Eingang RMELD des RECEIVE-Bausteins eine Nachricht zurücksenden, deren Inhalt durch die Date am Eingang R-DATA bestimmt wird. Inhalt und Eintreffen dieser Rück-Nachricht werden an den Ausgängen Q-DATA und QUITT des SEND-Bausteins für die INITIATOR-Instanz bereitgestellt. Erst nach Eintreffen der Rückantwort gestattet der SEND-Baustein erneut die Abwicklung der Transaktion.

Die Verwendung von Transaktionen ist nicht auf die Ebene der Prozeßkommunikation begrenzt; die Normungsarbeiten /9/ an Protokollen für die transaktionsorientierte Kommunikation in industriellen Fertigungssystemen (MAP) betreffen auch die Meta-Ebene der Fern-Programmierung und des Programm-Ladens /10/, insbesondere auch die Fernprogrammierung mit grafischen Funktionsplan-Programmierkonstrukten nach dem IEC-Normentwurf /5/. Damit bietet sich erstmals ein realistischer Ansatz auch für eine hersteller-übergreifend vereinheitlichte Programmiertechnik.

Zusammenfassung

Es wird eine Methode für den funktionsorientierten Entwurf und die Realisierung verteilter Prozeßautomatisierungseinrichtungen vorgestellt, die drei Schritte umfaßt - Funktionsentwurf, Realisierungsentwurf, Implementierungsentwurf. Die Methode verwendet 'Instanzen' in einer fraktalen Verfeinerungs-Hierarchie als Denkmodell für den Entwurf der Funktionen "im Großen", wobei der Austausch von Informationen zwischen Instanzen als 'Transaktionen' über 'Kanäle' modelliert wird. Beim Entwurf "im Detail" können die vertrauten graphischen Programmiersprachen der speicherprogrammierten Steuerungen mit gleichen Vorteilen für die Instanzen verwendet werden, wobei die in Norm-Entwürfen vorgesehenen Funktionsbausteintypen SEND und RECEIVE als End-Anschlußpunkte der Transaktions-Kanäle dienen. Die Instanzen können ohne weiteres auf die Stationen jeder geeignet strukturierten verteilten Automatisierungseinrichtung aufgeteilt werden; dabei wird zu jeder Instanz aus dem Detail-Entwurf ihrer Funktion automatisch das Programm für die Station erzeugt, der die Instanz zugeteilt wurde.

Literatur

/1/ Kramer, J., et al. — CONIC: An Integrated Approach To Distributed Computer Control Systems. Proc. IEE, Pt. E, 130(1983)1, S. 1-9.

/2/ Merker, W. — Ein wartbares, verteiltes Realzeitsystem. Regelungstechnische Praxis 26(1984)6, S. 273-277.

/3/ DIN/IEC 3B(SEC)40 — "Ausführung von Funktionsplänen für Steuerungen", Entwurf Oktober 1985.

/4/ DIN 40719 T.60 — "Regeln und graphische Symbole für Funktionspläne", Entwurf in Vorbereitung.

/5/ IEC SC65A/WG6 (Christensen)22 — Working Draft - Standard For Programmable Controllers - Part 3 : "Programming Languages", 14.1.1986.

/6/ Jüngst, E.W. — Rationelle und anwenderorientierte Software-Erstellung für speicherprogrammierte Steuerungen. Interkama-Kongress 1980, Springer 1980, S. 593-604.

/7/ Fleischmann, A. — Ein Konzept zur Darstellung und Realisierung von verteilten Prozeßautomatisierungssystemen (Dissertation). Mitt. des region. Rechenzentrums Erlangen, Nr.40, 1984.

/8/ VanDykeParunak, H., et al. — Fractal Actors for Distributed Manufacturing Control. Proc. 2nd Conf. Artificial Intelligence Applications, December 11-13, 1985, S. 653-660. IEEE 85CH2215-2.

/9/ EIA-Draft 1393A — Manufacturing Message Service for Bidirectional Transfer of Digitally Encoded Information. Oktober 1985.

/10/ IEC SC65C/WG1 (Ferling)1 — EIA 1393/A - ADDITIONAL FEATURES: Remote Configuration. 28.5.1986.

RECHNERGESTÜTZTE PROJEKTIERUNG VON PROZESSLEITSYSTEMEN

COMPUTER AIDED ENGINEERING FOR PROCESS CONTROL SYSTEMS

K.Mörch
K.Ziemlich

Hartmann & Braun AG.
Meßtechnik und Prozeßautomatisierung
6000 Frankfurt/M-90, B.R. Deutschland

Summary

After a few comments about the necessity to employ electronic data processing (EDP) systems as tools for the planning and realisation of process control systems, we will elaborate in the following the step by step progress in project engineering in it's single phases. Further more we will highligt the problems attached to traditional project engineering methods, especially in regard to increased demands on process control techniques. We will also show the increased possibilities and demands on existing distributed process control and automation systems. After having indicated the possibilities and limits of modern EDP systems for the support of project engineering for process control systems, we will present an implemented solution using EDP.

1. Einleitung

Infolge steigenden Automatisierungsgrades technischer Prozesse und wachsender Komplexität der Anforderungen an die Prozeßleittechnik nimmt die Menge an Daten, die im Verlauf der Projektabwicklung iterativ gesammelt, gespeichert, aktualisiert, verarbeitet und verteilt werden müssen, erheblich zu. Der Kreis der an Projekten beteiligten Gruppen nimmt ebenfalls zu.

Gleichzeitig werden die für die Abwicklung von Projekten zur Verfügung stehenden Zeitspannen kürzer. Darüber hinaus bringt der Einsatz moderner Prozeßleitsysteme eine größere Anzahl und Komplexität der Abwicklungsschritte sowie einen entsprechenden Aufwand für dokumentierende Arbeiten mit sich.

Die gegenüber herkömmlichen Techniken größere Flexibilität moderner Prozeßleitsysteme (PLS) führt u.a. dazu, daß in verstärktem Maß Änderungen bis in die Inbetriebnahme- und Betriebsphase hinein vorgenommen werden.

Dies alles bewirkt, - zusätzlich zu den obengenannten Entwicklungstrends -, erhöhte Anforderungen an die Projektierenden im Sinne kürzerer Reaktionszeiten, an die interdisziplinäre Kommunikation und Koordination, an die Aktualisierung der Projektdaten entsprechend der iterativen Vorgehensweise in den einzelnen Projekt-

phasen, sowie an die Verfügbarkeit dieser aktuellen Projektdaten für alle Beteiligten bzw. Betroffenen bis hin zum Betriebs- und Wartungspersonal.
Diese Entwicklungen lassen in Verbindung mit den stetig steigenden Möglichkeiten der EDV deren Einsatz in diesem Sektor zweckmäßig, ja geradezu notwendig erscheinen.
Nachdem im folgenden der Ablauf des Projektierungsgeschehens in seinen einzelnen Phasen sowie die Probleme der manuellen Bearbeitung in Erinnerung gerufen und die Möglichkeiten und Grenzen heutiger EDV-Systeme für die Unterstützung der Projektierung aufgezeigt worden sind, wird eine realisierte Lösung vorgestellt.
Die Ausführungen beschränken sich hierbei auf die Funktionen der Prozeßleitebene (einschließlich der Feldinstrumentierung) und sind nach unten zum Schutzsystem und nach oben zum Produktionsleitsystem abgegrenzt.

2. Phasenmodell der Projektabwicklung

Die Abwicklung von Projekten ist in zwei systemneutrale (herstellerneutrale) sowie in zwei systemspezifische (herstellerspezifische) Phasen zu unterteilen:

2.1 Systemneutrale Phasen

- Aufbereitung der Aufgabenstellung: Die Aufgaben werden in einem Lastenheft beschrieben.
- Automatisierungsanalyse: Das Ergebnis der Analyse ist die vollständige feinstrukturierte Darstellung der prozeßleittechnischen Aufgabenstellung und beinhaltet u.a.
  * die Auflistung der benötigten Meß- und Stellkreise einschließlich der dort vorliegenden physikalischen und chemischen Bedingungen sowie Aussagen über die Signalverarbeitung in sogenannten Meßstellenlisten auf der Basis der Prozeß- u. Instrumentierungsdiagramme,
  * Beschreibung der geforderten MSR-Funktionen in Form von sogenannten Funktionslisten bei einfachen Aufgabenstellungen bzw. in Form sogenannter Funktionspläne (bei Steuerungsfunktionen auch "Programmablaufpläne", "Entscheidungstabellen") bei komplexen Aufgabenstellungen.

2.2 Systemspezifische Phasen

- Realisierung der Aufgabenstellung im Zielsystem: Zur Realisierung der Aufgabenstellung im Zielsystem sind u.a. erforderlich
  * Design, Strukturierung und Auslegung des Prozeßleitsystems in allen Funktionen und Komponenten.
  * Zielsystemgebundene Umsetzung der obengenannten Funktionslisten bzw. Funktionspläne (Verarbeitungsebene).
  * Festlegung verschiedener interner Systemdaten und Systemfunktionen.

* Zielsystemgebundene Umsetzung weiterer Aufgaben, wie z.B. Kurvenerfassung Kurvenbilder, Kurvenarchivierung, Grafik (Gruppenbilder; Übersichtsbilder) mit Variablen usw. (Leitebene).
* Dokumentation der Systemhardware mit Nahtstellenangaben zum Prozeßinterface (Feldbereich).
* Konfiguration des Prozeßleitsystems.
* Erzeugen der MSR-Kreispläne.

- Nutzungsphase: In dieser Phase erfolgen u.a. die Parametrierung der Regelfunktionen sowie Änderungen der Konfiguration des PLS, zum Beispiel aufgrund von Änderungen der prozeßleittechnischen Aufgabenstellung als Folge der Optimierung des verfahrenstechnischen Prozesses.

3. Probleme der manuellen Bearbeitung

3.1 Die manuelle Bewältigung der im Zuge von iterativen Schrittfolgen anfallenden großen Datenmengen ist äußerst aufwendig. Qualifizierte Kapazität wird durch eine große Menge von Routinearbeiten gebunden.

3.2 Eine manuelle Revisionsverwaltung ist aufgrund der Verwendung gleicher Daten an verschiedenen Stellen ebenfalls sehr aufwendig und unter dem Aspekt der notwendigen ständigen Verfügbarkeit aktueller Daten für alle am Projekt beteiligten Stellen hinsichtlich Quantität und Qualität heute kaum noch möglich.
Notwendige Änderungen von Daten können infolgedessen die Quelle kostenintensiver Planungspannen sein.

3.3 Änderungen bestimmter Daten bedingen einen revolvierenden Prozeß zur Überprüfung der Auslegungsdaten des PLS mit einem entsprechend hohen manuellen Aufwand.

3.4 Die manuelle Erstellung und Revisionsverwaltung der Projektdokumentation einschließlich Erstellung und Pflege des Inhaltsverzeichnisses in verschiedenen verwendungsorientierten Sortierungen ist mit tragbarem Aufwand nicht mehr realisierbar.

3.5 Manuelle Projektbearbeitung ist nicht nur äußerst aufwendig, sondern unterliegt personenbezogen mehr oder weniger großen Abweichungen vom Idealablauf. Die Qualität der Ergebnisse der Projektbearbeitung sind abhängig vom einzelnen Mitarbeiter.

4. Möglichkeiten der rechnergestützten Projektierung

Der Projekteur bearbeitet Informationen alphanumerischer als auch grafischer Natur. Besonders zur Darstellung komplexer Zusammenhänge ist die Erstellung von Plänen verschiedener Art und Detaillierungsstufen unerläßlich. Ein EDV-System zur Unterstützung der Projektierung muß daher in der Lage sein, alphanumerische und grafische Informationen verarbeiten zu können.

4.1 Datenspeicherung und - verwaltung mit Datenbanksystemen: Mit Datenbanksystemen können große Datenmengen geordnet in Dateien abgelegt werden. Umfangreiche Datenmanipulationen ermöglichen ein schnelles Wiederauffinden und Verarbeiten der gespeicherten Daten. Der Aufbau hierarchischer oder auch vernetzter Datenstrukturen kann zur weitgehend redundanzfreien Datenspeicherung genutzt werden. Bei einem hohen Änderungsgrad der Projektierungsdaten und enger Terminsetzung in der Projektierungsarbeit muß täglich mindestens eine Datensicherung durchgeführt werden. Datenbanksysteme bieten mit dem sogenannten "Journaling" eine permanente Datensicherung. Alle Änderungen im Projektierungsdatenbestand werden in Journaldateien festgehalten. Es können z.B. durch einen Plattenfehler verlorengegangene Projektierungsdaten ohne großen Zeitverlust aus den Journaldateien wieder hergestellt werden.

4.2 CAD-Systeme zur Erstellung und Auswertung von Plänen: Für die Projektierung von PLS einsetzbare CAD-Systeme sind weit mehr als nur eine Zeichenhilfe. Die Informationen der mit CAD erstellten Pläne werden per Programm ausgewertet und stehen für beliebige Weiterverarbeitungen z.B. als "Datei in Listenform" zur Verfügung. (Bild 1)

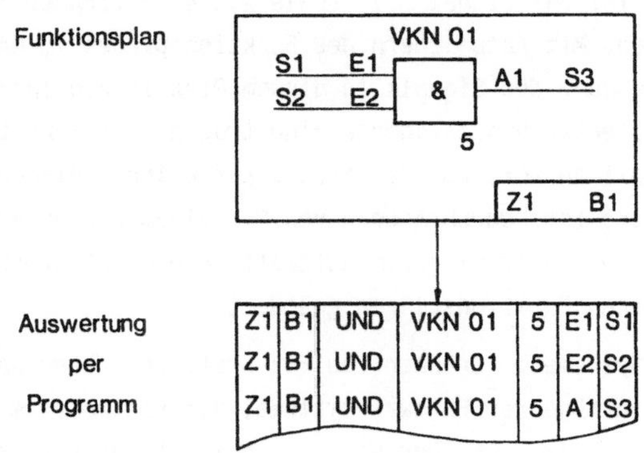

Bild 1: Funktionsplanauswertung

4.3 Elektronische Verteilung und Weiterverarbeitung von Daten (Integration): In einem Rechnersystem verfügbare Daten können von Arbeitsschritt zu Arbeitsschritt des Projektierungsablaufes rechnerintern weitergeleitet werden.

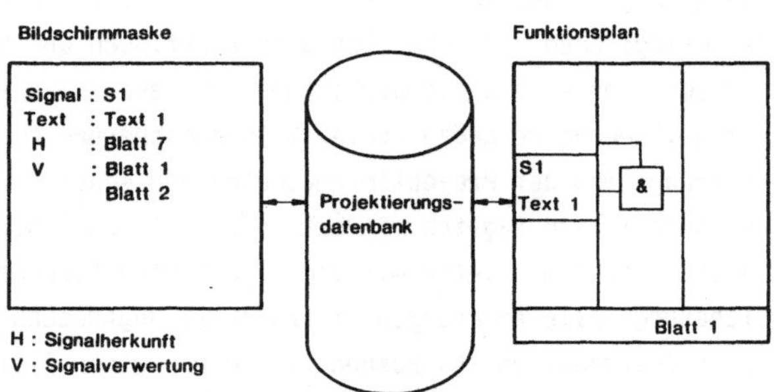

Bild 2: Integration

Hierzu ein Beispiel: Eine Untermenge von Projektierungsdaten ist sowohl alphanumerisch in Listen und Kennblätter als auch grafisch in Plänen (Funktionspläne, Stromlaufpläne) dargestellt. Da im Projektierungssystem sowohl alphanumerische als auch grafische Daten verarbeitet werden, liegt es nahe, den Informationsfluß zwischen Plänen und Listen mit dem Rechner zu unterstützen. (Bild 2)
Im Funktionsplan ist das Signal "S1" sowie ein erläuternder Text "Text 1" zum Signal eingetragen. Mit Abspeichern des Funktionsplanes im CAD-System wird automatisch die Verwendung des Signals in diesem Plan in ein Inhaltsverzeichnis innerhalb der Projektierungsdatenbank eingetragen. Das Inhaltsverzeichnis gibt somit immer aktuell Antwort auf die Frage, auf welchen Plänen ein bestimmtes Signal dokumentiert ist. Durch Ändern von Signalnamen oder erläuternden Texten im Inhaltsverzeichnis wird wiederum automatisch die entsprechende Information in allen betroffenen Funktionsplänen geändert.

4.4 Grenzen von EDV-Systemen: Grenzen von EDV-Systemen treten weniger in der Leistungsfähigkeit verfügbarer Hardwaresysteme, als vielmehr im Mangel an geeigneter Anwendungssoftware auf. Der Weg zu einem mit vertretbarem Entwicklungsaufwand erstellten Projektierungssystem für PLS wird im gezeigten Beispiel durch die Kombination am Markt angebotener Standardsoftwaremoduln (Datenbanksystem, CAD-System, Maskenprozessor), kombiniert mit eigenen Programmentwicklungen, beschritten.

5. Vorstellung einer Lösung

Das vorgestellte Projektierungssystem für ein PLS nutzt die in Pkt. 4 aufgezeigten Möglichkeiten in Rechnersystemen. Bild 3 gibt einen Überblick über das Gesamtsystem.

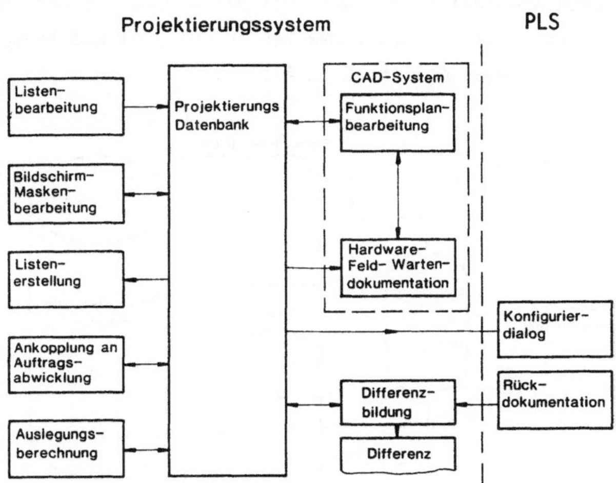

Bild 3: Projektierungssystem, Überblick

Aufbauend auf den in den systemneutralen Projektierungsphasen erstellen Meßstellenlisten, Funktionslisten oder Funktionsplänen unterstützt das Projektierungssystem in erster Linie die Projektierungsphase "Realisierung der Aufgabenstellung im Zielsystem" bis hin zur Erzeugung der Konfigurierdaten.

5.1 Erfassen von MSR-Stellendaten

Angebotsprojektierung: In der Angebotsprojektierung ist oft nur ein Mengengerüst für die E/A-Ebene und die im Prozeßleitsystem zu realisierenden Funktionen vorhanden. Ausgehend von diesem Mengengerüst erfolgt eine erste Auslegung des Prozeßleitsystems mit der Festlegung der benötigten Hardwarekomponenten (Prozeßinterfacekomponenten, Prozeßstationen, Zusatzmagazinen, Schränken).

Realisierung der Aufgabenstellung im Zielsystem: Den MSR-Stellen der Meßstellenliste werden Eingangs- bzw. Ausgangskanäle von Prozeßinterfacekomponenten zugeordnet (Ein-Ausgangsdefinitionen). Die Zuordnung erfolgt per Texteditor in einer Textdatei. Die Textdatei wird im folgenden "systemspezifische Meßstellenliste" genannt. Weitere Zuordnungen beziehen sich auf:

Einbauplatz der Prozeßinterfacekomponenten, Einbauplatz von Anschlußblöcken, Funktionstyp und Namen der zur Verarbeitung der MSR-Stelle benötigten Funktionsblöcke, Signalart (0/4-20 mA, 0-10 V...).

Der Erfassungsaufwand wird verringert, wenn der Planer oder künftige Betreiber des Prozeßleitsystems die Meßstellenliste auf einem Datenträger (z.B.Magnetband) zur Verfügung stellen kann. In der nächsten Detaillierungsstufe werden die zur Konfiguration der Funktionsblöcke benötigten Daten gesammelt. Ist die Erfassung der systemspezifischen Meßstellenliste noch mit Hilfe eines Texteditors möglich, so muß jetzt die Erfassung mit Bildschirmmasken in der Projektdatenbank erfolgen. Es sind folgende Arbeitsgänge möglich (Bild 4):

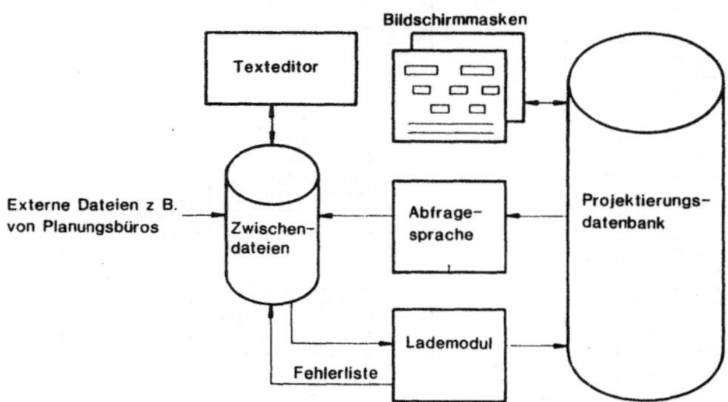

Bild 4: Erfassung von Meßstellendaten

- Die systemspezifische Meßstellenliste wird in die Projektdatenbank geladen.
- Im Projektierungssystem sind die Konfigurierdialoge für die Funktionsblöcke des PLS als Bildschirmmasken nachgebildet.
- Für die in der systemspezifischen Meßstellenliste definierten Funktionsblöcke werden automatisch die benötigten Bildschirmmasken angelegt.
- Die Bedienung der Funktionsblock-Bildschirmmasken entspricht dem Konfigurierdialog des PLS. Weitere Merkmale: Menuebedienung, umfangreiche Hilfsinformationen pro Eingabefeld, Teilplausibilisierung, Änderungsdatum, Eröffnungsdatum.
- Mit einer Abfragesprache können Listen über noch fehlende Informationen erstellt werden, z.B.

  ```
  WHERE ANLAGENBEREICH = "A" AND LANGTEXT = " "
  DISPLAY FUNKTIONSNAME STATION
  SORTED FUNKTIONSNAME
  ```

  Es wird eine Liste erstellt mit Funktionen, deren Anlagenbereich gleich A und deren Langtext noch nicht vorhanden ist. In der Liste sind enthalten in der Spalte 1 der Funktionsname und in der Spalte 2 die Stationsnummer. Die Liste ist aufsteigend sortiert, nach dem Funktionsnamen.

- Die Liste kann mit dem Texteditor in der Spalte 3 und dem Langtext ergänzt und wieder in die Datenbank geladen werden. In den Bildschirmmasken der angesprochenen Funktionen steht jetzt der Langtext automatisch in dem entsprechenden Maskenfeld.

Mit diesen Methoden kann sich der Projekteur immer über den Stand des Projektes informieren und iterativ alle noch fehlenden Informationen zusammentragen.

5.2 Maschinelle Erstellung und Auswertung von Funktionsplänen:

Funktionspläne werden eingesetzt, um komplexe funktionelle Zusammenhänge eindeutig darzustellen. Da sich die komplexen Zusammenhänge in unterschiedlichen Automatisierungsprojekten selten wiederholen, müssen die Funktionspläne projektspezifisch interaktiv am grafischen Bildschirm erstellt werden.
Ist eine verfahrenstechnischen Anlage aus mehreren gleichartigen Abschnitten aufgebaut, können Funktionspläne gegebenenfalls im Rechner kopiert und per Editorfunktion angepaßt werden. Beispiel für eine Editorfunktion:
Ersetze in allen Zeichnungen mit der Nummer 4711 in allen Signalnamen die Zeichenkette TC 20 durch die Zeichenkette TC 40; d.h.; aus TC 2011 wird TC 4011 usw. Die maschinelle Auswertung von Plänen wurde bereits in Abschnitt 4.2 dargestellt. Sehr viel Zeit wird bei der manuellen Funktionsplanerstellung zur Verwaltung der blattübergreifenden Signalverweise aufgewandt. Die Verwaltung der Signalverweise wird bei einer CAD-Bearbeitung der Funktionspläne nach der im Bild 5 dargestellten Methode vollautomatisch durchgeführt.

Funktionspläne, schematisch dargestellt

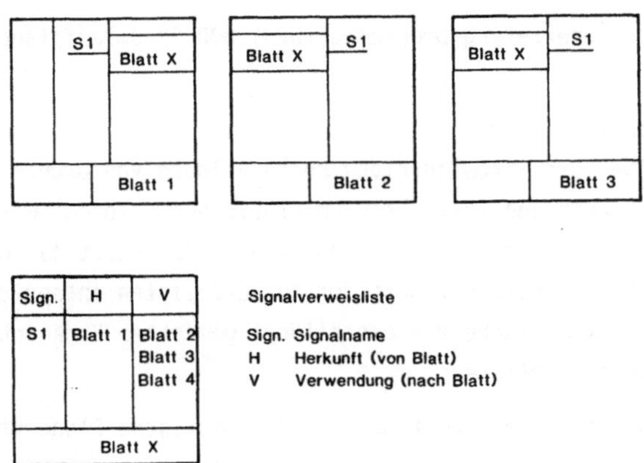

Bild 5: Blattübergreifende Signalverweise

5.3 Maschinelle Erstellung von MSR-Kreisplänen (Stromlaufpläne):

Zur maschinellen Erstellung von Stromlaufplänen wird das bereits zur Funktionsplanerstellung vorgestellte CAD-System eingesetzt.

- Automatische Planerstellung
  Voraussetzung: Die zu erstellenden Stromlaufpläne lassen sich weitestgehend aus einer begrenzten Anzahl von Grundoriginalen ableiten. Als sinnvolle Menge von Grundoriginalen kann die Zahl 30 empfohlen werden.
  Die systemspezifische Meßstellenliste aus Abschnitt 5.1 wird um weitere, für den Stromlaufplan relevante Zusatzinformationen (Symbolname des Grundoriginals, weitere Einbauorte, Klemmenbezeichnungen ...) ergänzt. Ein Generierungsprogramm erzeugt nun aus der systemspezifischen Meßstellenliste und weiteren systemspezifischen Stammdateien die Stromlaufpläne (Bild 6).

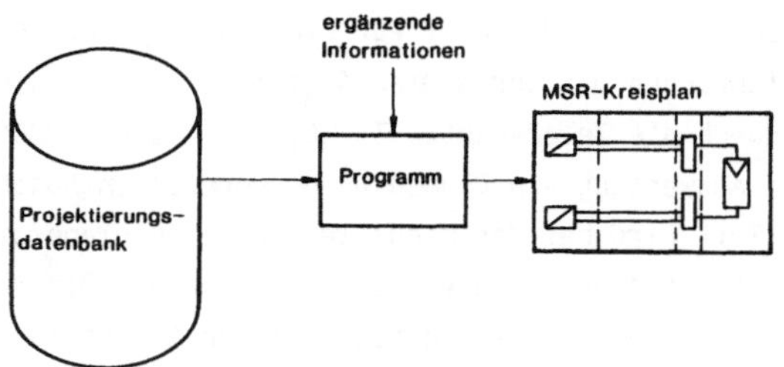

Bild 6: Maschinelle Erstellung von MSR-Kreisplänen

  Die Laufzeit des Generierungsprogramms für 1.000 Stromlaufpläne liegt bei ca. 6 Stunden.

- Interaktive Planerstellung
  Erlaubt der Aufbau der Stromlaufpläne keine Bildung von Grundoriginalen, so müssen die Stromlaufpläne interaktiv am grafischen Bildschirm konstruiert werden. Auswerteprogramme erzeugen dann, wie in Abschnitt 4.2 gezeigt, Auswertelisten. Der Informationsgehalt der Auswertelisten entspricht den in der Arbeitsmethode "Automatische Planerstellung" gemachten Ergänzungen der systemspezifischen Meßstellenliste.

Projektspezifisch kommt die Arbeitsmethode "Automatische Planerstellung", die Arbeitsmethode "Interaktive Planerstellung" oder eine Kombination aus beiden zum Einsatz.

5.4 Zusammenarbeit Projektierungssystem - PLS:

Projektierungssystem und PLS sind mit einer V 24-Schnittstelle verbunden. Über diese Schnittstelle werden Daten vom PLS zum Projektierungssystem sowie vom Projektierungssystem zum PLS übertragen.

- Vom PLS zum Projektierungssystem (Rückdokumentation):
  Die Rückdokumentation erlaubt es den konfigurierten "IST-Zustand" des PLS zu dokumentieren. Die Daten der Rückdokumentation können gegen den projektierten "SOLL-Zustand" im Projektierungssystem verglichen und um Projektierungsdaten, die nicht im PLS verfügbar sind, ergänzt werden.
- Vom Projektierungssystem zum PLS (Konfiguration):
  Den MSR-Stellen der systemspezifischen Meßstellenliste werden Konfigurationsmakros zugeordnet. Die mit MSR-Stellendaten parametrierten Konfigurationsmakros können dann in das PLS übertragen werden. Eine erforderliche Feinkonfiguration erfolgt im Konfigurierdialog des PLS.

6. Ausblick

Zukünftig werden Prozeßleitsysteme zusammen mit darauf abgestimmten Projektierungssystemen entwickelt werden.

Bei weiterem Fortschreiten der EDV-technischen Möglichkeiten ist eine obligatorische Ausrüstung von Prozeßleitsystemen mit einem Projektierungssystem denkbar.

Schrifttum:

1.) VDE-Verlag GmbH, Berlin - Offenbach, 1985
"Planung von modernen Prozeßleitsystemen in der Verfahrens- und Kraftwerkstechnik"

2.) VDE-Verlag GmbH, Berlin - Offenbach, 1985
"Neues Wissen und moderne Methoden am Arbeitsplatz"

3.) Automatisierungstechnische Praxis (atp),
27. Jahrgang, 1985, Heft Nr. 4, Seiten 161-171

3.1 M. Polke, Leverkusen
"Informationshaushalt technischer Prozesse"

3.2 dto. Seiten 172-177
K.F. Früh, Karlsruhe
"Fortschrittliche Automatisierungstechnik in der Chemischen Industrie"

4.) Automatisierungstechnische Praxis (atp),
27. Jahrgang, 1985, Heft Nr. 5, Seiten 214-223

4.1 M. Polke, Leverkusen
"Prozeßleittechnik für die Chemie - Status und Trend"

4.2 dto. Seiten 244-248
S. Weidlich, Wiesbaden
"Überlegungen zu einem System für bildschirmgestützte Programmentwicklung und Dokumentation von Verknüpfungs- und Ablaufsteuerungen"

GRAPHISCHES PROGRAMMIEREN, PROJEKTIEREN UND GRAPHISCHE FEHLERDIAGNOSE VON SPEICHERPROGRAMMIERTEN AUTOMATISIERUNGSSYSTEMEN

INTERACTIVE GRAPHICAL PROGRAMMING, ENGINEERING AND FAULT DIAGNOSTICS FOR PROGRAMMABLE CONTROLLERS

B. Müller / W. Tremba

Systemtechnische Entwicklung
SIEMENS AG
8520 Erlangen, B. R. Deutschland

Summary

The paper begins by describing the present state of the art of graphic programming by means of ladder diagrams and control system flowcharts. The programming of sequential controls using the GRAPH programming language, which is under consideration by IEC for standardization, already constitutes the transition to graphics system configuring.
Its future possibilities concerning hardware as well as software are pointed out by way of example of a modular closed-loop system.
System configuring stored in data servers can be used for graphic fault diagnostics and fault location.

Die graphische Programmierung ist bei Speicherprogrammierbaren Automatisierungssystemen Stand der Technik.

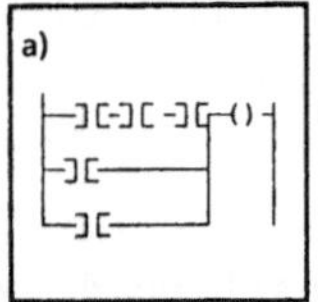

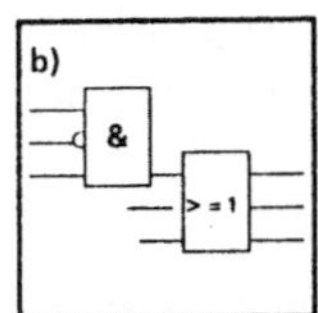

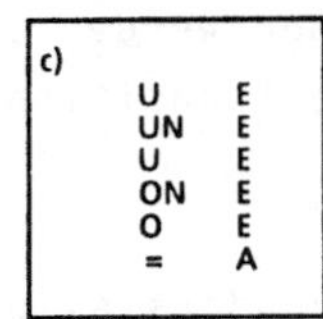

Bild 1: Programmiersprachen für Verknüpfungssteuerungen
a) Kontaktplan (KOP)
b) Funktionsplan (FUP)
c) Anweisungsliste (AWL)

Verknüpfungssteuerungen werden üblicherweise in Kontaktplan oder Funktionsplan am Bildschirmprogrammiergerät graphisch eingegeben und auch dokumentiert (Bild 1). Neben der graphischen Programmierung ist weiterhin die Programmierung in Anweisungsliste üblich.
Die graphische Programmierung von Ablaufsteuerungen, die auf der Theorie der Petri-Netze basiert, ist relativ neu. Sie ist ein erster Schritt zur graphischen Projektierung. Bild 2 zeigt die dabei verwendete zweistufige Vorgehensweise.

Übersichtsdarstellungsebene

Detaildarstellungsebene (FUP)

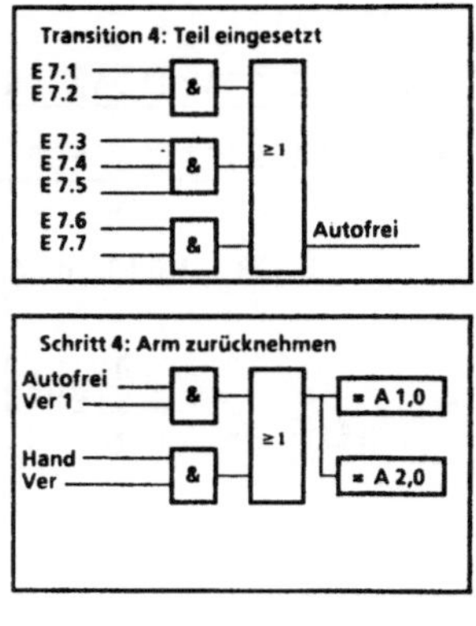

Bild 2: Programmiersprache GRAPH 5 für Ablaufsteuerungen

In der Übersichtsdarstellung projektiert der Anwender seine Funktionsabläufe als Folge von linearen, alternativen oder parallelen Schritten S_1 bis S_n, ohne im einzelnen zu berücksichtigen, welche Detailvorgänge in jedem einzelnen Schritt ablaufen müssen, bzw. welche einzelnen Bedingungen von einem Schritt zum anderen führen.

Diese Informationen werden in der sogenannten Detaildarstellungsebene programmiert. Die Transition T4 ist z.B. der Übergang vom Schritt 3 zu Schritt 4.

In Form einer Lupendarstellung können für die Transition 4, wie für alle anderen Transitionen auch, alle Bedingungen graphisch programmiert werden, die für den Übergang von Schritt 3 nach Schritt 4 wesentlich sind. Ähnliches gilt für die Programmierung der einzelnen Schritte. Am Beispiel des Schrittes 4 wird deutlich, daß auch hier Verknüpfungen graphisch programmiert werden können, die zur Erfüllung der Funktion "Arm zurücknehmen" notwendig sind.

Die Übersichtsdarstellungsebene orientiert sich hierbei - wie schon erwähnt - an der Theorie der Petri-Netze. Diese Form der Darstellung befindet sich inszwischen bei IEC in der Normung. Für die Detaildarstellungsebene können die bei Speicherprogrammierbaren Steuerungen üblichen Darstellungsarten wie z.B. Funktionsplan, Kontaktplan oder auch Anweisungsliste verwendet werden.

Bei der Programmierung - oder besser Projektierung - der Übersichtsebene können jeder Schritt und jede Transition mit einem Kommentar versehen werden. Des weiteren können für die Diagnose wichtige Informationen wie z.B. Überwachungszeiten oder Mindestverweilzeiten angegeben werden. Nach dem Projektieren der Übersichtsebene wird jeder einzelne Schritt oder jede einzelne Transition mit dem Cursor angewählt und damit die zweite Projektierungsebene, nämlich die Lupendarstellung, für die Programmierung der einzelnen Schritte und Transitionen eröffnet. Die gleiche Darstellung wie bei der Programmierung wird auch für die Diagnose verwendet. Im laufenden Betrieb werden die aktiven Schritte mit einem Sternchen am Bildschirm gekennzeichnet. Bei Störungen wird der betroffene Schritt bzw. die betroffene Transition durch Blinken kenntlich gemacht. Auf diese Art und Weise ist ein schnelles Auffinden der Störung gewährleistet.

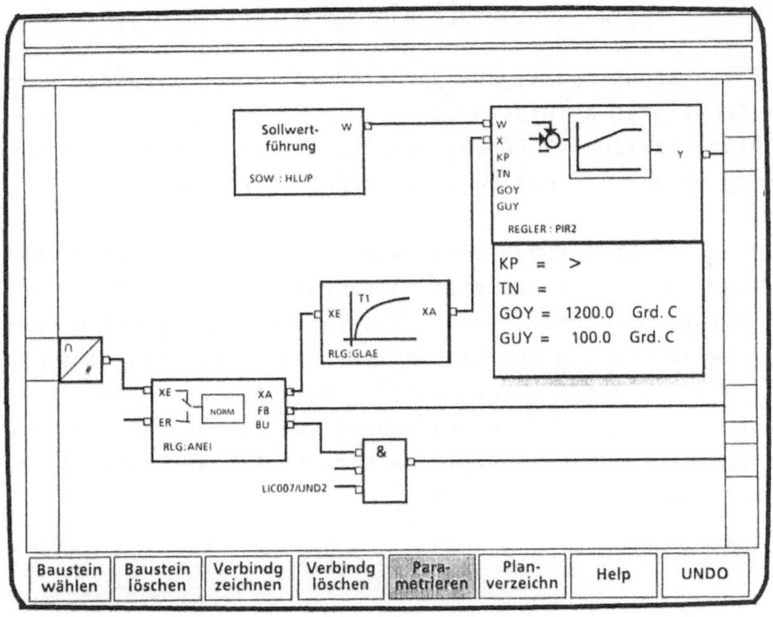

Bild 3: Beispiel der graphischen Softwareprojektierung eines modularen Reglers mit Funktionsbausteinen

Am Beispiel der Projektierung eines modular aufgebauten Reglers (Bild 3) werden die zukünftigen Möglichkeiten einer graphischen Softwareprojektierung sichtbar:

Das Projektierungsgerät stellt dem Anwender in der Menüleiste die Projektierungsfunktionen zur Verfügung. Mit der "Bedien-Maus" werden die entsprechend dem Blockschaltbild der Regelung ausgewählten Funktionsbausteine angeordnet, logische Funktionen werden in Funktionsplantechnik eingefügt. Vom Anwender in einer höheren Automatisierungssprache entwickelte Spezialbausteine (siehe Sollwertführung) lassen sich nahtlos in das System einfügen.

Durch einfaches Antippen der Ein- und Ausgänge werden die Verbindungslinien zwischen den Bausteinen automatisch gezogen und die Adressverbindungen im Programm eingetragen. Die Verbindungen zu anderen Teilen der Projektierung werden rechnerunterstützt ausgeführt (Zeichnungskonnektoren). Einstellparameter werden auf Anforderung Baustein-bezogen mittels Windowtechnik angezeigt und auch eingetragen.

Bei der Projektierung benötigte Systeminformationen kann der Anwender über die "HELP-Taste" anfordern.
Über das "Planverzeichnis" können bereits fertiggestellte Teile der Projektierung wieder auf den Bildschirm geholt werden.

Vom Eingang des Analoglesebausteins wird nun eine Verbindung zu einer Analogeingabebaugruppe hergestellt. Der Projekteur selektiert in der linken Menüleiste das Schaltsymbol, plaziert es im Projektierungsfeld und stellt die Verbindung zum Eingang des Analoglesebausteins her. Das System eröffnet ein kleines Textfenster (Bild 4) und fordert den Projekteur zur Eingabe des Anschlußkennzeichens auf. Danach wird automatisch überprüft, ob das Anschlußkennzeichen bereits in der Liste aller bisher projektierten Eingänge bekannt ist.

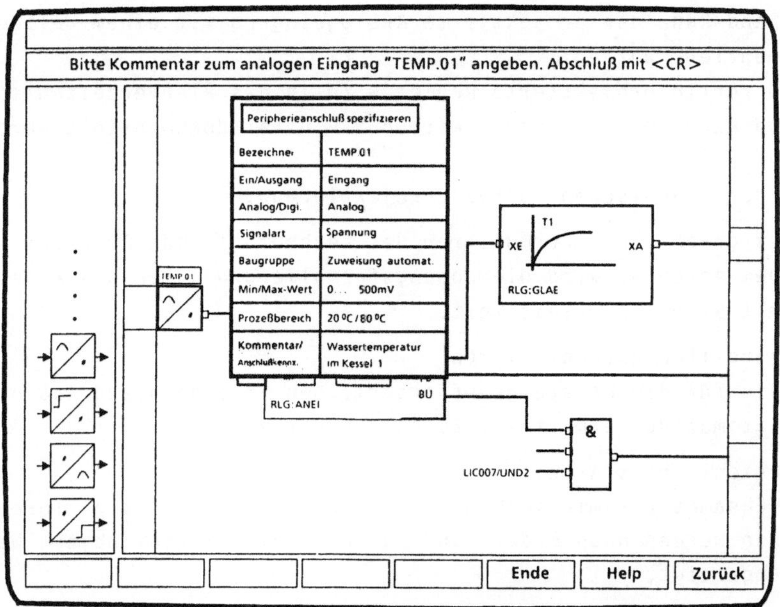

Bild 4: Endstand bei der Projektierung des Analogeinganges eines Reglers

Im betrachteten Beispiel wird angenommen, daß es sich um einen neuen Anschluß handelt, der vom Projekteur noch weiter spezifiziert werden muß. Das System gibt dazu ein Formular auf dem Bildschirm aus und trägt die aufgrund des selektierten Signalformers schon bekannten Parameter automatisch ein (Anschlußkennzeichen, Signalflußrichtung, Analogsignal). Danach ist die Signalart zu selektieren (z.B. Spannung, Strom). Da im Projektierungsrechner die Hardware-Eigenschaften des Autoamtisierungssystems hinterlegt sind, werden die möglichen Anschlußarten vom System ermittelt und zur Selektion angeboten.

In der nächsten Formularzeile kann der Projekteur die Zuweisung des Analogeingangs zu einer passenden, noch nicht voll belegten Baugruppe, durch den Projektierungsrechner automatisch vornehmen lassen. In den beiden nachfolgenden Zeilen werden noch der obere und untere Signalgrenzwert (Min/Max-Wert), und der technologische Prozeßbereich - einschließlich physikalischer Dimension - eingegeben.

Abschließend kann der projektierte Analogeingang mit einem beliebigen Text kommentiert werden.
Der jetzt fertig projektierte Regler wird in das Planverzeichnis aufgenommen und kann ohne Zeichenarbeit über Plotter dokumentiert werden.

Merkmale der graphischen Softwareprojektierung:

- direktes graphisches Formulieren des technologischen Problems
  Dem Anwender wird die Lösungsformulierung durch das Arbeiten mit Symbolen erleichtert.
- Routinearbeiten automatisieren
  Die für die Bausteine erforderlichen Verbindungsadressen werden automatisch ermittelt; Zeichenarbeit entfällt.
- objektorientiertes Arbeiten
  Mühsames Zusammensuchen von Daten wird überflüssig. Informationen werden nach Bedarf und auf ein selektiertes Objekt bezogen angezeigt.

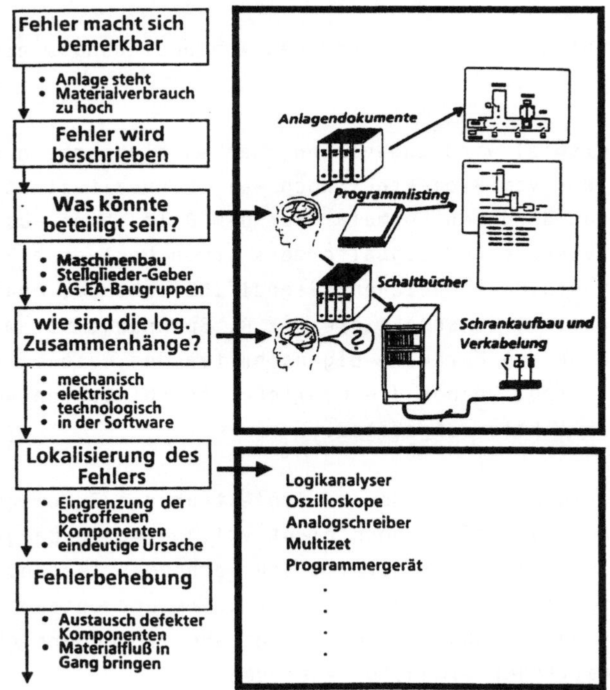

Bild 5: Prozeßfehlerdiagnose heute

Die schnelle Entwicklung der Automatisierungstechnik macht es möglich immer komplexere Prozesse zu automatisieren. Dieser Trend erfordert auch eine leistungsfähige Fehlerdiagnose. Mit wachsender Komplexität der Anlage steigen auch die Schwierigkeiten bei der Fehlerlokalisation und -behebung. Bei Fertigungseinrichtungen werden Stillstandszeiten immer teurer und übersteigen oftmals die Anschaffungskosten der installierten Automatisierungsgeräte. Wie heute im Störungsfall eine Fehlerdiagnose durchgeführt wird, zeigt das nachfolgende Beispiel (Bild 5):

Nachdem sich der Fehler in der Anlage bemerkbar gemacht hat, wird in der Regel durch das Bedienpersonal dem Wartungspersonal beschrieben. Das Wartungspersonal muß dann herausfinden, welche Komponenten der Anlage beteiligt sein könnten und wie die einzelnen logischen Zusammenhänge entweder mechanisch, elektrisch, technologisch oder auch in der Software sind. Erst nach Klärung dieser beiden Fragen kann der Fehler genau lokalisiert werden. Die betroffenen Komponenten werden eingegrenzt und der Fehler z.B. durch Austausch der defekten Komponenten behoben.
Während diese Schritte so oder in ähnlicher Form ablaufen, läuft auch die Uhr. Besonders zeitaufwendig haben sich hierbei die Klärung der Fragen "Was könnte beteiligt sein?" und "Wie sind die logischen Zusammenhänge?" erwiesen. Warum?
Um diese Fragen beantworten zu können ist neben entsprechender Erfahrung auch die Kenntnis einer ganzen Bibliothek von z.B. Anlagendokumenten, Schaltbüchern und Programmlistings erforderlich.

Es ist weiterhin nicht immer üblich, daß all dieses Wissen bei einem einzigen Mitarbeiter verfügbar ist, sondern zur Klärung dieser Fragen ist die Zusammenarbeit einer ganzen Reihe von Spezialisten notwendig.
Zur Lokalisierung des Fehlers ist dann oftmals ein ganzer Gerätepark notwendig. Je nach Komplexität müssen so verschiedene Geräte wie Logikanalysator, Oszilloskop, Analogschreiber oder konventionelle Meßgeräte zum Störort gebracht werden.

In Zukunft kann die Behebung von Prozeß- und Systemfehlern durch graphische Methoden wesentlich verbessert werden. Dazu ist erforderlich, die heute üblichen Bildschirmprogrammiergeräte um entsprechende Mittel und Methoden zu ergänzen.

Als Beispiele seien hier genannt:

Winchester Laufwerke als Hintergrundspeicher, Vollgraphik am Bildschirm oder neue Bedienoberflächen wie z.B. die Window-Technik.

Durch die wesentlich erweiterten Hintergrundspeicher können so die Inhalte der gesamten Anlagendokumentation vom Programmlisting über die Schaltbücher bis hin zu Angaben über Schrankaufbau und Verkabelung hinterlegt werden.

Des weiteren ist es möglich, in Verbindung mit der Vollgraphik, Funktionen, die z.B. ein Logikanalysator oder ein Oszilloskop hat, natürlich in begrenzten Umfang anzubieten.

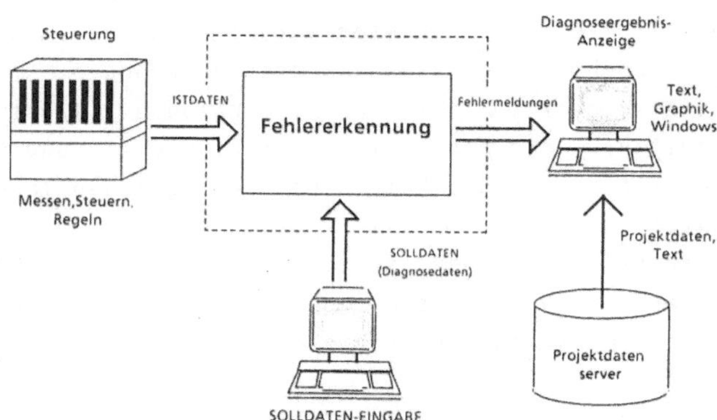

Bild 6: Funktionsprinzip der Prozeßfehlerdiagnose

Bild 6 zeigt das generelle Funktionsprinzip einer solchen Prozeßfehlerdiagnose. Die Steuerung selber liefert die eigentlichen Istdaten aus dem Prozeß heraus an eine Fehlererkennungsbaugruppe. Durch einen Vergleich der Istdaten mit den Solldaten des Prozesses entstehen Fehlermeldungen.
Es ist heute vielfach üblich, die Solldateneingabe als eine eigenständige Tätigkeit neben der eigentlichen Programmierung zu realisieren. Die Gefahr, daß inkonsistente Datenbestände entstehen, weil ja Programmierung und Solldateneingabe zu verschiedenen Zeitpunkten durchgeführt werden, ist groß.

Deshalb sind vielerorts Bestrebungen erkennbar, eine zwangsgeführte Solldateneingabe sofort bei der Programmierung mit anzubieten. Die Fehlermeldungen werden dann an das z.B. Programmiergerät zur Aufbereitung und Anzeige des Diagnoseergebnisses übergeben.

Hierfür werden die bei der Projektierung entstandenen Projektdaten wieder verwendet, die zu diesen Zweck im schon erwähnten Projektdatenserver hinterlegt sind. Dieser Projektdatenserver kann entweder im Programmiergerät selber mit Hilfe eines Winchester-Laufwerkes realisiert werden, er kann andererseits aber bei größeren Anlagen, die in der Regel über ein lokales Netz vernetzt sind, zentral im Netz für alle angeschlossenen Komponenten verfügbar gehalten werden.

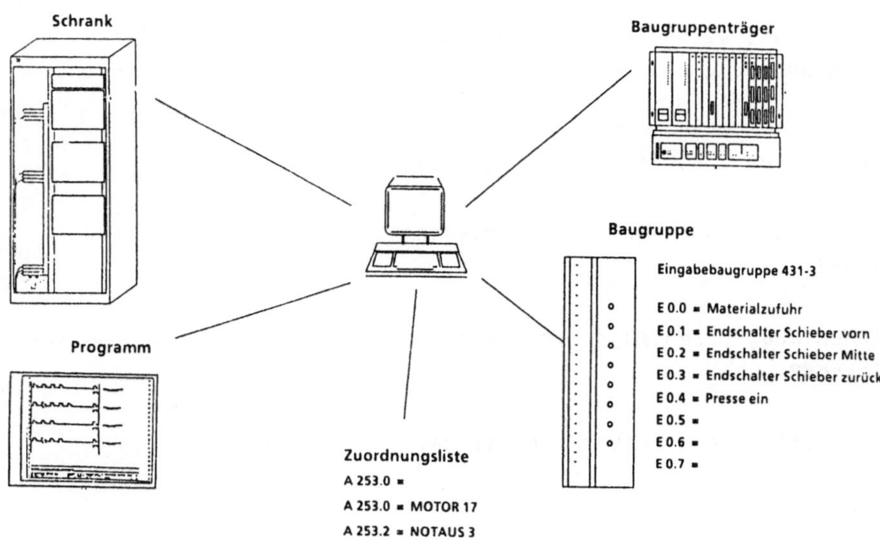

Bild 7: Ergebnisanzeige der graphischen Prozeßfehlerdiagnose

An einem konkreten Beispiel sei die Anwendung dieses Vorgehens verdeutlicht:

In einer Roboter-Montagezelle sei der Sensor S9 gestört, der das Vorhandensein einer Palette erkennen soll.
Nach dem Erfassen der Störung erscheint zunächst am Bildschirm das Anlagenfließbild, wobei der gestörte Sensor z.B. durch Blinken hervorgehoben ist. Das Anlagenfließbild wurde im Zuge der Projektierungsphase der Anlage vom Anwender projektiert und ebenfalls im schon erwähnten Projektdatenserver hinterlegt.

Aufgrund des Hinweises "Sensor S9 gestört" kann das Bedienpersonal vorab schon eine Sichtkontrolle durchführen, ob in der Umgebung des Sensors 9 erkennbare Schäden vorliegen. Das hinzugerufene Fachpersonal ist dann in der Lage, wieder unter Verwendung der Projektierungsdaten, sich die gesamte Umgebung des gestörten Sensors S9 im Detail am Bildschirm anzusehen.

Somit werden dann z.B. folgende Fragen beantwortet:

- In welchem Schaltschrank der Gesamtanlage ist der Sensor S9 angeschlossen?

- In welchem Baugruppenträger in diesem Schrank ist der Sensor S9 angeschlossen?

- Welcher Stift welcher Baugruppe ist davon betroffen?

  und nicht zuletzt

- Unter welcher symbolischen Bezeichnung und an welcher Programmstelle ist der gestörte Sensor angesprochen?

Moderne Bedienoberflöchen - wie z.B. die Window-Technik - machen es möglich, diese Angaben parallel in mehreren Windows für den Anwender bereit zu halten. Selbstverständlich ist durch die Größe und durch die Auflösung des Bildschirms hier eine natürliche Grenze gegeben. Nach erfolgter Fehlerbehebung ist es darüber hinaus sinnvoll, auch das sogenannte Störtagebuch als Bestandteil der Projektdaten zu führen. Die Einträge des Störtagebuchs können z.B. für statistische Zwecke wieder verwendet werden.

Der vorliegende Beitrag sollte an wenigen Beispielen zeigen, wie sich die Automatisierungstechnik zukünftig der Hilfsmittel aus der CAE-Welt bedienen wird und wie moderne Bedienoberflächen - wie z.B. die Windowtechnik oder die objektorientierte Bedienung - den Projekteur, das Bedienpersonal und das Wartungspersonal von zeitraubenden Tätigkeiten entlasten können.

Die Vorteile dieser Vorgehensweisen sind:

- geringere Fehlerrate bei der Projektierung durch redundanzfreie Eingabe der Projektierungsdaten

- kürzere Stillstandszeiten der Anlagen im Fehlerfall durch zielgerichtete Unterstützung bei der Fehlersuche

- Einsparung von Investment infolge höherer Funktionalität der vorhandenen Programmiergeräte.

Formal requirements specification of real-time embedded systems

Formale Anforderungs-Spezifikation für Eingebettete Realzeit Systeme

Anthony Finkelstein and Colin Potts
Imperial College
Department of Computing
180 Queens Gate
London SW7

Abstract

This paper introduces the formal specification of real-time embedded software. The paper describes the difficulties and pitfalls encountered in using these techniques for realistically large industrial systems, and a strategy for overcoming them.

Kurzfassung

Diese Arbeit führt formale Anforderungs-Spezifikationen für eingebettete Realzeit Systeme ein. Die Arbeit beschreibt die Schwierigkeiten, die eine Anwendung dieser Techniken auf realistisch grosse industrielle Systeme findet, sowie eine Strategie diese zu überwinden.

Why formal requirements specification?

Software is now a major part of many complex engineering systems and increasingly is being relied on in critical systems that have significant real-time constraints and which operate in the context of, or are embedded within, other similar systems. Industrial automation systems are typical examples of these. It is generally recognised that the development of software is an important bottleneck in the overall development of such systems. The difficulties in producing software of the appropriate quality for use in critical systems — at a reasonable cost and within a reasonable time — are often referred to as the "software crisis".

If we look at the life history of a piece of software, we can divide it into a number of major phases; specification, design, implementation and evolution. In this paper we devote our attention to the specification and, to a lesser extent, design phases. Specification is the phase in which requirements are defined; what should the system do? Design is the phase in which decisions are made how the system is to meet those requirements. Broadly speaking the earlier a mistake is made, the more expensive it will be to correct later. Consequently, mistakes in specification and design, unless identified immediately, are likely to be costly and mistakes in requirements specification will potentially be the most costly of all.

Software requirements specifications produced by existing practices often have the following undesirable properties:

Ambiguity — stated requirements have more than one interpretation;

Incompleteness — all significant requirements have not been included.

Inconsistency — individual requirements conflict.

There are many reasons why mistakes arise during requirements specification. Customers may be uncertain of their requirements, unable to express them clearly or liable to change them without notice. Eliciting requirements for complex engineering systems of any kind is an inherently difficult task. In the case of software development, however, these general difficulties are exacerbated by a comparative lack of established professional practices. The procedures employed in software requirements specifiction are ad hoc and vary widely procedures employed in software requirements specifiction are ad hoc and vary widely from practitioner to practitioner. Additionally, the specification of software requirements lacks a formal and well-understood mathematical basis. This may be contrasted with other fields of engineering, such as control engineering, on which professional practices and a mathematical basis are firmly established.

Formal methods are techniques based on the use of discrete mathematics and logic for building descriptions or specifications of systems. The use of such methods may enable us to overcome many of the major difficulties currently encountered in the specification of requirements for large systems with embedded real-time software.

With a specification constructed using such mathematically rigorous methods it should be possible to do the following:

> resolve ambiguity in requirements by reference to a formal semantics;
>
> test a specification for inconsistency;
>
> verify formally that a subsequent design or implementation meets the specification;
>
> generate formally derivable consequences to ensure that the clients' intuitions agree with the behaviour of the system as specified.

Because of the enormous impact of errors at the specification stage, one might expect that formal methods would be an accepted part of software engineering practice. But this has not happened. Why is this? Are software developers irrationally conservative? Do they feel threatened by a new technology many of them do not understand? Or are there genuine problems with adopting formal techniques as part of an engineer's toolkit? We believe that there are several technical and managerial problems in promoting the use of formal specification techniques in the development of industrial software, reasons that are outlined in the following sections.

Understanding formal specifications

The basis of a formal specification system is a mathematically rigorous model rich enough to support specifications of a wide variety of applications, preferably in terms of concepts that the application expert — for example a process control engineer — can understand. An unnatural formal system — one whose primitive categories are wrong for the application area or are insufficently rich to express problems with clarity — may lead to statements contorted beyond recognition. Another problem with industrial systems is that they are big; the reader of a specification can get lost in a morass of detail unless the langage provides tools for abstraction. But even if the specification language employs concepts and structures that are compatible with the engineer's knowledge, a language may still fail to be useful if its syntax makes it difficult to read. This is particularly acute if the language makes great use of terseness and mathematical symbols.

Specification languages are also less likely to be adopted in practice if they are also vehicles for research in theoretical computer science. Computer scientists like nothing more than designing and continually refining their own languages! This practice makes it very difficult to arrive at an accepted standard and so education and tool development becomes impractical. Even variations in style make specifications difficult to read. In large industrial projects the need for efficient communication between software engineers and their clients means that great differences in individual style are to be discouraged.

How formal is 'formal'?

Some specification languages are said to be 'formal' merely because of their use of mathematical symbols, not because they have a formal semantics. A formal system ought to be soundly based otherwise there are few benefits in their use and all of the disadvantages.

Real-time systems, involve absolute timing and the specification of concurrent processes. A formal treatment of these two features is not part of all formal systems for software specification. Even these can be used for specifying the components of a real-time system.

Guidance

Most people have no more intuition about writing formal specifications than error-free programs. They need guidance. The basis of such guidance should be a specification method, that is a set of rules for guiding and organising the activity by which a formal requirements specification can be realised from an application concept. A method helps a practitioner to get from one point to another. It must not, however, stultify; it should stimulate creativity by promoting a conscious approach to requirements specification.

Very few existing formal systems are equipped with a method that is sufficiently prescriptive to permit any but the most highly skilled to apply it to significantly sized problems. The industrial practitioner has the right to expect non-vacuous guidance from a method; not a collection of ill-assorted informal techniques.

Inevitably a formal specification method may be significantly different from existing informal methods. If however it is totally inconoclastic it will not readily be adopted in practice. Methods often do not fit into reasonable current procurement practices and quality assurance standards.

Few current methods support requirements elicitation from many sources and the consolidation of these perspectives into a consistent specification. Yet in large systems there is always a diversity of perspectives of a system; for example operators, controllers and management — and different classes of system properties, for example liveness and fault tolerance. This is an important requirement in the building of realistically large specifications.

Validation

A specification has been validated when the concerned parties have been convinced that it expresses their real needs and describes a satisfactory end product. Clearly the intelligibility of a specification is a crucial factor in supporting validation, but for formal specifications this is not enough: validation must also be supported by appropriate tools.

Computer systems behave; specifications do not. It is important that the specifier is able to envisage or reason about the time-varying properties of the system in a natural way. Furthermore the validation model must be secure, that is derived by a correctness-preserving transformation from the formal specification. For example ad hoc rapid prototyping and simulation can only be used with extreme caution because of the insecurity of their results.

To validate a specification it is necessary to be able to submit it to software tools which take a user's question, analyse the specification and produce an answer. All too frequently, a simple question receives an answer phrased in such alien terms as to be inscrutable to the user. Execution traces, or the results of symbolic execution or theorem proving can be bewilderingly profuse. Often the user is not much wiser after validation than before.

The method should suggest plausible validation questions. Without this the specifier can be confronted by an environment that provides no guidance about what properties of the specification might sensibly be investigated.

Design

Specification is not a self-contained activity, but an integral part of system development. It should therefore, be possible to establish ways in which formal requirements specifications can be used to initiate design and be integrated into a wider software development environment. If, as is often the case, the specification's units of description or mode of presentation seem inappropriate for design, designers will ignore the specification. On the other hand it is equally dangerous to allow the specification to predispose an implementor to a particular implementation strategy or embody premature design decisions.

Verification

An implementation has been verified when it has been shown that it complies with the specification.

The formal system must admit simple proof rules and make it possible to use formal specifications for the generation of test cases and expected test results. Where this is not the case verification and systematic design become impractical for large systems.

Environment

Formal specification methods become most useful with the provision of tool support, but the nature and interrelation of these tools must be carefully considered. Few programming support environments, real or imagined, can truly be called environments. Many are ragbags of tools. This is more serious in the case of specification support environmenst which rely on tightly bound tools for viewing, modifying and validating specifications and hence require a common representation of the formal system. The tools should be integrated into a framework that supports the method of eliciting, formalising and validating requirements. Where the environment is developed independently of the method, that is only to support the formal system, specifications are developed by 'hacking'.

Technology Transfer

The act of introducing the formal system and method into industry and the training of new practitioners is often the point at which engineers are discouraged from the use of the new techniques. To prevent this a well-planned scheme for technology transfer is essential. Formal methods are often not used because in the past it has proved extremely difficult to counteract the widespread suspicion that they are of little value or the gut reaction, common among engineers, against techniques with which they may not be able to cope intellectually.

Where technology transfer has taken place practitioners have been presented with a random juxtaposition of technical skills rather than educated in a formal method. Although applying a formal method requires considerable technical competence, it should be achievable by all intelligent and analytically minded people. The prerequsite of learning a formal method should not be that the practitioner be a creative mathematician. Equally the objective of technology transfer should be to communicate practical techniques to industry, not to make difficult techniques palatable. It does no one a service to pretend that complex tasks are easy.

A Strategy for the Future

Feasible objectives for short-term applied research and development are:

(a) development of formal systems which are sufficiently expressive to represent real-time behaviour, amenable to formal analysis, and have units of description that are natural to domain experts and system designers;

(b) establishment of methods by which a formal specification can be realised from an informal application concept;

(c) identification and development of techniques for validating formal requirements specifications;

(d) integration of formal specification and design methods;

(e) integration of specification support tools into development environments;

(f) effect technology transfer by applying formal methods in an industrial setting.

Perhaps the most important of these are the development of novel formal systems and elicitation methods.

Formal Systems for Real-Time System Specifications

Classical formal systems, for example first-order logic or abstract data types based on recursion equations, are not convenient for the specification of temporal characteristics of systems. Recently, much attention has been paid to capturing the intuitions behind techniques such as Petri Nets in non-classical modal and temporal logics. One example of this is the modal action logic of Maibaum, Khosla and Jeremaes (1986). It has three components:

a. Many sorted first order logic for representing state;

b. Actions and agents for representing and effecting change;

c. Deontic operators to represent causation;

A formal specification comprises a series of declarations and axioms. Axioms involving agents and actions take the form:

Pre => [Ag, Ac] Post

Which has an informal reading: if agent Ag performs action Ac and Ac terminates, then given Pre is true prior to Ac, Post is true afterwards. Any state of affairs not mentioned in Post is unaffected by Ac.

The above axiom does *not* specify that Ag does Ac whenever Pre is true. The formal system makes a firm distinction between the definition of actions and their causes or conditions of occurrence. Causal information is specified using deontic operators: per (permission) and obl (obligation). For example an industrial robot is permitted to pick up an object which is within its reach:

WithinReach(o) => per(Robot, PickUp(o))

Whereas the Robot is obliged to place an object if it has been picked up:

PickedUp(o) => obl(Robot, Place(o))

The deontic operators may be used in post-conditions. For example if an object to be machined has been picked up by the industrial robot the machining centre cannot machine that object:

ToBeMachined(o) => [Robot, PickUp(o)]
~per(MachiningCentre, Machine(o))
& PickedUp(o).

This description of modal action logic is very brief and disregards more complex features such as the combination of actions in series and parallel, non-deterministic choice between actions and reasoning about temporal intervals.

The Elicitation and Formalization of Requirements

Just as the professional programmer does not write programs by sitting down with a blank coding sheet or computer terminal and starting to compose, so the professional specifier and designer does not start specifying a large, complex and critical software system by writing axioms on a blank sheet of paper as they occur to him. There is a need for a systematic requirements analysis method to be used. Ideally, a requirements elicitation and formalization method should be customized for the formal system which is its target. For example Finkelstein and Potts' 'Structured Common Sense' (1986) is targeted on the modal action logic described in the previous section. The structure of this method is based on conventional information systems analysis methods, but has been optimized for the use of the modal action logic.

The method comprises the following steps:

(a) Agent identification in which the functionally separate information processing components of the system are identified.

(b) Physical data flow analysis is an intermediate step which is used to progress from the identification of the agents to the actions that those agents perform.

(c) Action tabulation and description, which involves the preparation of a table of actions performed by each agent employing the data flows identified in the preceding step as a prompt.

(d) Entity-Relationship-Attribute analysis is intended to capture the static structure of a system and to provide the predicates, functions and object classes for formal specification

(e) Causal tabulation and special case analysis, in which actions and their conditions of occurence are defined and axioms are elaborated into full descriptions including special cases and exception handling.

A full description of the method can be found in Finkelstein and Potts (1986).

Experience

Modal action logic and Structured Common Sense have been used on several case studies. Some of these are real-time embedded systems, such as elevator control and scheduling and patient monitoring in an intensive care unit. Others are business data processing applications, such as conference organisation, and holiday booking. These case studies are not industrial projects but they are non-trivial. On the basis of these case studies it appears that modal action logic and Structured Common Sense form a coherent and natural basis for the formal specification of real-time embedded systems.

References

Finkelstein A, Potts C (1986); 'Structured Common Sense: The Elicitation and Formalisation of System Requirements' in P.J. Brown and D.J. Barnes (Eds) Software Engineering '86 Peter Peregrinus.

Maibaum T, Khosla S, Jeremaes P (1986); 'A Modal [Action] Logic for Requirements Specification' in P.J. Brown and D.J. Barnes (Eds) Software Engineering '86 Peter Peregrinus.

STAND UND ENTWICKLUNGSTENDENZEN BEI ADAPTIVEN REGELUNGEN

STATE-OF-THE-ART AND DEVELOPMENT OF ADAPTIVE CONTROL SYSTEMS

R. Isermann

Institut für Regelungstechnik
Fachgebiet Regelsystemtechnik u. Prozeßlenkung
Technische Hochschule Darmstadt
6100 DARMSTADT, B.R. Deutschland

Summary

After a short description of the main principles of adaptive control the design of one class, the so called parameteradaptive control is considered in more detail. The basic elements like type of process model, parameter estimation methods, control algorithm design and their combination, convergence and stability, supervision and coordination are summarized. This is followed by examples of applications and possibilities for operation modes of self-tuning and adaptive controllers. Then an overview of adaptive controllers offered by various companies is given. Finally trends of the further development are discussed.

1. Einführung

Im Vergleich zur analogen Technik zeigen die am Markt angebotenen digitalen Automatisierungssysteme bereits eine beträchtliche Funktionserweiterung, siehe z.B. [1]. Es wird jedoch noch relativ wenig Gebrauch von der vorhandenen Rechenkapazität und möglichen höherwertigen Funktionen gemacht. So beschränken sich die Regelalgorithmen in Anlehnung an analoge Regler meist auf ein PID-Verhalten und die frei wählbaren Parameter werden aufgrund grober Einstellregeln und durch Probieren eingestellt. Wenn eine gute Regelgüte gefordert wird, dann ist es jedoch oft schwierig oder zumindest zeitaufwendig, die richtigen Einstellwerte für die Reglerparameter und eventuell auch eine gut angepaßte Regelsystemstruktur zu finden. Dies gilt besonders für Prozesse mit folgenden Eigenschaften:

- o Schwieriges dynamisches Verhalten
  (schwache Dämpfung, Allpaß, Totzeit, usw.)

- o Nichtlineares Verhalten
- o Starke Kopplungen in Mehrgrößen-Regelungen
- o Starke Störsignaleinwirkung
- o Große Einschwingzeiten des Prozesses
- o Stark zeitvariantes Verhalten (veränderliche Parameter)

Eine nächste Stufe der Leistungssteigerung digitaler Regelungen besteht deshalb darin, die Regel- und Steueralgorithmen besser der Struktur der Prozesse anzupassen und die freien Parameter automatisch einzustellen. Einige seit etwa 1981 am Markt erschienene digitale Regelsysteme lassen erste Schritte in dieser Richtung deutlich erkennen. Die Grundlagen hierzu liefern theoretische und praktische Untersuchungen von digitalen adaptiven Regelungen während der letzten 15 Jahre.

2. Prinzipien adaptiver Regelungen

Unter *adaptiven Regelungen* werden Regelungen verstanden, deren Verhalten den sich verändernden Eigenschaften der zu regelnden Prozesse und deren Signale anpassen. Für den Fall, daß die Reglerparameter adaptiert werden, lassen sich die Grundprinzipien adaptiver Regler wie folgt beschreiben:

Gesteuerte adaptive Regler: Wenn die sich verändernden Eigenschaften durch meßbare Prozeßsignale direkt erfaßt werden können, und wenn bekannt ist, wie die Regelungen in Abhängigkeit dieser Signale angepaßt werden müssen, kann die Adaption durch eine Steuerung erfolgen, Bild 1.a). Es existieren dann keine Rückführungen von inneren Signalen des Regelkreises auf die Reglereinstellung.

Adaptive Regler mit Rückführung: Sind die sich verändernden Eigenschaften des Prozesses und seiner Signale nicht direkt erfaßbar, dann müssen diese Eigenschaften aus den meßbaren Signalen des Regelkreises indirekt erfaßt werden, Bild 1.b).
Die sich verändernden Prozeßeigenschaften können z.B. durch eine Prozeßidentifikation oder durch die Ermittlung des Regelkreis-Verhaltens erfaßt werden. Durch die überlagerte (zweite) Rückführung entsteht grundsätzlich ein nichtlineares Gesamtverhalten.
Gesteuerte adaptive Regelungen sind im allgemeinen vorzuziehen. Oft kann das sich ändernde Verhalten jedoch nicht direkt über meßbare Signale erfaßt werden. Die dann erforderlichen adaptiven Regelungen mit Rückführung lassen sich im wesentlichen nach zwei Prinzipien unter-

scheiden.

Adaptive Regler mit Referenzmodell (MRAS: model reference adaptive systems). Hierbei wird versucht, den Regelkreis durch Verändern des Reglers dem Verhalten eines vorgegebenen Referenzmodelles anzupassen. Es wird ein äußeres Signal, meist die Führungsgröße, gemessen und aus Signalen des Regelkreises und des Referenzmodells wird ein Differenzsignal gebildet, das über ein Adaptionsgesetz die Reglerparameter verstellt, siehe Bild 2.a).

Adaptive Regler mit Identifikationsmodell (MIAS: model identification adaptive systems) ermitteln über gemessene Prozeß- Ein- und Ausgangssignale und Identifikationsverfahren ein Prozeßmodell, siehe Bild 2.b). Für dieses Modell werden dann on-line die Reglerparameter nach einem programmierten Reglerentwurfsverfahren berechnet.

Beide Prinzipien adaptiver Regler mit Rückführung kann man sowohl mit *parametrischen* als auch *nichtparametrischen Modellen* entwerfen. Ferner können die Modelle in *kontinuierlicher Zeit* als auch *diskreter Zeit* formuliert werden. Der Schwerpunkt der Entwicklung lag in den letzten 15 Jahren bei den parametrischen Modellen. Für MIAS wurden hauptsächlich zeitdiskrete Signale und für MRAS sowohl zeitkontinuierliche als auch zeitdiskrete Signale betrachtet. Übersichtsdarstellungen findet man z.B. bei [2],[3],[4],[5],[6].

Die MRAS erlauben eine relativ schnelle Adaption, wenn ein meßbares externes Signal sich genügend anregend ändert und die Störsignale klein sind. Sie kommen deshalb besonders für Servo-Regelungen in Betracht. Die MIAS benötigen kein meßbares, externes Signal und können auch bei größeren Störsignalen adaptieren, sofern diese den Prozeß genügend anregen. Die Adaptionsgeschwindigkeit ist dafür meist etwas langsamer. Die Eigenschaften beider Grundprinzipien lassen sich durch entsprechende Modifikationen einander nähern. In den letzten Jahren wurden die MRAS eher in Richtung MIAS, als umgekehrt, weiter entwickelt. Da auch der Schwerpunkt der in der letzten Zeit veröffentlichten Arbeiten bei den MIAS lag, soll im folgenden als Beispiel diese Klasse näher betrachtet werden.

Das Hauptinteresse der MIAS lag in den vergangenen 15 Jahren bei parametrischen Modellen mit diskreter Zeit. Die resultierenden adaptiven Regler mit Prozeßparameter-Ermittlungsmethoden werden *parameteradaptive Regler*, aus historischen Gründen auch "self-tuning-regulators" genannt, siehe Bild 3. Beispiele für nichtparametrische adaptive Regler sind z.B. bei [7] angegeben.

3. Entwurf parameteradaptiver Regler

Beim Aufbau von parameteradaptiven Reglern kann man Grundelemente und Zusatzelemente unterscheiden, die verschiedenartig kombiniert werden können. Im folgenden werden die Elemente relativ universell einsetzbarer parameteradaptiver Regler beschrieben. Auf einfacher aufgebaute Versionen wird in Abschnitt 6 eingegangen.

3.1 Grundelemente

Prozeßmodell. Parametrische Modelle in Form von Differenzengleichungen haben viele Vorteile. Sie erlauben den Einsatz von Parameterschätzmethoden, die auch bei stark gestörten Prozessen eine relativ schnelle Konvergenz ermöglichen, die einfache Berücksichtigung von Totzeiten und von stochastischen Störsignalmodellen und die Verwendung moderner Reglerentwurfsverfahren. Für linearisierbare Prozesse ist die stochastische Differenzengleichung

$$y(k) = \underline{\psi}^T(k)\underline{\theta}(k-1) + v(k) \qquad (1)$$

mit dem Datenvektor $\underline{\psi}$ und dem Prozeßparametervektor $\underline{\theta}$ geeignet, siehe Anhang A 1. Hierzu müssen die Abtastzeit T_o, die Ordnung m und die Totzeit $d = T_t/T_o$ festgelegt werden.

Parameterschätzmethoden. Für die On-line Ermittlung der unbekannten Prozeßparameter $\underline{\theta}$ in Echtzeit eignen sich rekursive Parameterschätzmethoden der Form

$$\hat{\underline{\theta}}(k+1) = \hat{\underline{\theta}}(k) + \underline{\gamma}(k)\, e(k+1) \qquad (2)$$

wobei

$$e(k+1) = y(k) - \underline{\psi}^T(k+1)\hat{\underline{\theta}}(k) \qquad (3)$$

der Gleichungsfehler ist und $\underline{\gamma}(k)$ ein Korrekturvektor, der von der Kovarianzmatrix $\underline{P}(k)$ und den gemessenen Daten abhängt, siehe Anhang A 2. Gut bewährt haben sich die rekursive Methoden der kleinsten Quadrate (RLS) oder der erweiterten kleinsten Quadrate (RELS) in der numerisch verbesserten Wurzelfilterform. Schätzalgorithmen mit nachlassendem Gedächtnis erlauben den Einsatz bei langsam zeitvarianten Prozessen.

Methoden für den Reglerentwurf. Hervorzuheben sind Entwurfsmethoden mit quadratischen Gütekriterien der Form

$$S_{eu}^2 = \sum_{k=0}^{M} e_w^2(k) + r\Delta u^2(k) \qquad (4)$$

wobei

$$e_w(k) = w(k) - y(k) \quad (5)$$

die Regeldifferenz ist. Der Gewichtsfaktor r der Stellgröße kann z.B. während der adaptiven Regelung geändert werden. Weitere Möglichkeiten sind die Polfestlegung (z.B. für Servosysteme, Fahrzeuge) oder die endliche Einstellzeit und das Kompensationsprinzip für besondere Fälle.

Regelalgorithmen. Bedingungen sind, daß die Identifizierbarkeit im geschlossenen Regelkreis erfüllt wird und daß der Parameter-Berechnungsaufwand relativ klein ist. Als Regelalgorithmen kommen besonders in Frage: PID-Regler, Zustands-Regler (ZR) mit Zustandsbeobachter oder -rekonstruktion, in Ausnahmefällen Deadbeat-Regler (DB) oder der stochastische Minimum-Varianz-Regler (MV), siehe Anhang A 3. Die Ein/Ausgangsregler haben die Form

$$u(k) = \underline{\rho}^T(k)\underline{\Gamma}(k-1) \quad (6)$$

mit dem Datenvektor $\underline{\rho}$ und Reglerparametervektor $\underline{\Gamma}$, siehe Anhang A 3.

3.2. Zusatzelemente

Außer den Grundelementen sind noch erforderlich:

- Schätzung der Signalgleichwerte U_{oo}, Y_{oo}.
- Kompensation von bleibenden Regelabweichungen bei Reglern ohne Integralterm.
- Überwachungsfunktionen (siehe 3.5).
- Unterstützung zur Wahl der freien Entwurfsparameter (siehe 3.5).

3.3 Kombinationen

Die beschriebenen Elemente werden schließlich geeignet zu einem adaptiven Reglerprogramm kombiniert. Dabei unterscheidet man, siehe Bild 3:
Explizite parameteradaptive Regler schätzen die Prozeßmodellparameter explizit und berechnen dann die Reglerparameter. Die Prozeßmodellparameter stehen somit als Zwischenergebnis zur Verfügung.
Implizite parameteradaptive Regler schätzen direkt die Reglerparameter, weil das Prozeßmodell implizit in den adaptiven Regelalgorithmen eingearbeitet ist.
Tabelle 1 zeigt einige empfehlenswerte Kombinationen.
Die zuerst bekannt gewordene explizite Kombination RLS/DB stammt von KALMAN [8] und war noch recht umständlich aufgebaut. Dann wurden der implizite RLS/MV4 von PETERKA [9] und ÅSTRÖM, WITTENMARK [10] und der ebenfalls implizite RLS/MV3 von CLARKE, GAWTHROP [11] vorgestellt. Es

Tabelle 1. Bevorzugte Kombinationen für parameteradaptive Regler

Regelalgorithmus / Parameterschätzung	Deterministisch			Stochastisch	
	PID	ZR	DB	MV4 r=0	MV3 r=0
RLS	X	X	X	X[1)]	X[1)]
RELS				X	X

[1)] $D(z^{-1}) = 1$ für Reglerentwurf

Es folgten mehrere explizite Kombinationen von KURZ, ISERMANN, SCHUMANN [12], darunter RLS/DB, RLS/PID, RLS/ZR und WELLSTEAD u.a. [13]. Die expliziten Kombinationen erlauben mehr Freiheit beim Entwurf, modulares Programmieren, Zugang zu Zwischenergebnissen und leichte Erweiterbarkeit auf Mehrgrößen- und nichtlineare Prozesse. Schließlich sei noch erwähnt, daß außer der bisher *synchronen Kombination* auch *asynchrone Kombinationen* möglich sind. Dann sind z.B. die Abtastzeiten für Parameterschätzung und Reglerentwurf verschieden, oder der Reglerentwurf wird nur bei Erfüllung bestimmter Bedingungen durchgeführt.

3.4 Konvergenz und Stabilität

Aufgrund der Konvergenzanalyse von rekursiven Parameterschätzmethoden (sog. ODE-Methode und Martingale-Theorie, siehe z.B. [3]) konnte gezeigt werden, daß die parameteradaptiven Regler unter einfach zu überwachenden Bedingungen ein asymptotisch stabiles Verhalten besitzen. Hierzu ist insbesondere erforderlich, daß die Konvergenzbedingungen des Parameterschätzverfahrens erfüllt sind, [14]. Im Falle von RLS/DB wurde globale Stabilität nachgewiesen [15].

3.5 Überwachung und Koordinierung

Viele Simulationen und praktische Erprobungen haben gezeigt, daß die parameteradaptiven Regelungen erwartungsgemäß funktionieren, wenn alle Voraussetzungen für die Stabilität und Konvergenz erfüllt und wenn die freien Entwurfsparameter geeignet gewählt werden. Da beim praktischen

Einsatz diese Voraussetzungen verletzt werden können, wird eine dritte Rückführebene vorgesehen, die die adaptive Regelung überwacht und koordiniert, siehe Bild 4.

3.5.1 Überwachung

Die Aufgaben der Überwachung sind die Erkennung eines Fehlverhaltens, die Diagnose der Ursachen und Abhilfe-Maßnahmen. Dies wird durchgeführt für die Parameterschätzung (z.B. keine genügende Anregung), den Reglerentwurf (z.B. falsche Abtastzeit) und den geschlossenen Regelkreis (z. B. monoton oder oszillatorisch instabil).

3.5.2 Koordinierung

Das Verhalten von adaptiven Regelungen läßt sich wesentlich verbessern, wenn man, ausgehend von der Grundstruktur, weitere Elemente in einer dritten Rückführebene hinzufügt, die den strukturellen Aufbau und einige freie Entwurfsparameter in Abhängigkeit der Betriebsbedingung wie z.B. Start, normaler Betrieb, schnelle Betriebspunktänderung, usw., automatisch bestimmt. Hierzu gehören auch die On-line-Bestimmung der Modellstruktur (Ordnungszahlen m und Totzeit d) und der Abtastzeit oder die Verwendung eines neuen Reglers nur dann, wenn die Simulation ein besseres Verhalten ergibt, usw. Einzelheiten zur Gestaltung der Überwachungs- und Koordinierungsaufgaben sind in [16] beschrieben.
Eine ausführliche Behandlung der bisher bekannten Theorie und Anwendung parameteradaptiver Regelungen ist in [17] zu finden.

4. Anwendungsbeispiele

Mittlerweile existieren über einzelne Anwendungen adaptiver Regelungen mehrere zusammenfassende Berichte, z.B. [3], [5], [6]. Eigene Anwendungen parameteradaptiver Regler wurden in [18] beschrieben. Es existieren somit viele erfolgreiche Einsatzfälle bei mechanischen, elektrischen, energie- und verfahrenstechnischen Prozessen.
Stellvertretend sei die adaptive Regelung eines Lufterhitzers mit einem parameteradaptiven PID-Regler gezeigt, Bild 5. Zum Start wird der Prozeß während der ersten 15 Abtastschritte mit einem Pseudo-Binär-Rausch-Testsignal (PRBS) angeregt, um ein grobes Startmodell zu erhalten. Dann wird die Führungsgröße in Teilsprüngen so verstellt, daß ein großer Bereich des Stellbereiches durchschritten wird, bei dem sich der Verstärkungsfaktor des Prozesses etwa 1 : 8 verändert. Man erkennt die schnelle

Adaption. Ein fester PID-Regler hätte instabiles Verhalten ergeben. Auch bei Laständerungen (Luftstromänderungen) paßt sich der adaptive Regler gut an, siehe [19].

Bild 6 zeigt, daß sich geeignet aufgebaute parameteradaptive Regler auch bei verschiedenen Störungen der Regelgröße, wie z.B. Spitzen, Rampen, Sinus, erwartungsgemäß verhalten.

Die *Erfahrungen* beim praktischen Einsatz der parameteradaptiven Regelungen können wie folgt zusammengefaßt werden:

- Beim erstmaligen Einsatz an einem Prozeß ist eine gewisse Vorauskenntnis über das Prozeßverhalten erforderlich, um die freien Entwurfsparameter m, d, T_0 richtig zu wählen.
- Das Verhalten ist während der Anfahrphase sorgfältig zu beobachten. Hierbei können die freien Entwurfsparameter systematisch verändert werden, sofern dies nicht automatisch geschieht.
- Die parameteradaptiven Regler können bei schwach nichtlinearen und langsam zeitvarianten Prozessen eingesetzt werden, wenn Störsignale oder Führungsgrößenänderungen die adaptive Regelung genügend anregen.
- Wesentlich ist, daß die Voraussetzungen zur Konvergenz und Stabilität überwacht werden.
- Die Implementierung auf 8 bit bzw. 16 bit Mikrorechnern ist ohne Zeitprobleme möglich, wenn die Abtastzeit $T_0 > 100$ msec. bzw. 10 msec [19],[20] ist. Verteilt man die Rechenarbeit über mehrere Abtastzeiten und adaptiert nicht nach jedem Abtastschritt, ist $T_0 \approx 3$ msec erreichbar.

5. Einsatzmöglichkeiten

Bevor auf die verschiedenen Einsatzmöglichkeiten adaptiver Regelalgorithmen eingegangen wird, sei ein *Beispiel* betrachtet. Dazu werde ein Prozeß 3. Ordnung mit veränderlichem Verstärkungsfaktor K_p angenommen, der mit einem PID-Regelalgorithmus geregelt wird. Die Reglerparameter werden durch eine numerische Parameteroptimierung nach dem quadratischen Gütekriterium S_{eu}^2, Gl. (4), optimiert. In Bild 7. ist die Regelgüte S_e für verschiedene Regler aufgetragen, wenn sich die Prozeßverstärkung K_p ändert und die Regler für den Nominalpunkt K_{pn} entworfen werden. Dann zeigt sich folgendes:

Nominaler Regler: Entworfen mit $r = 0$.

Läßt man 10 % Regelgüteverschlechterung zu, ist Betrieb im Bereich

$$0{,}57 \leq K_p/K_{pn} \leq 2{,}35.$$

möglich.

Robuster Regler: Die Regelgüte am Nominalpunkt wird durch größere Gewichtung r = 0,7 um 5 % schlechter. Für 10 % Regelgüteverschlechterung im Vergleich zum nominalen Regler verschiebt sich der Betriebsbereich nach rechts und wird etwas größer.

$$0{,}71 \leq K_p/K_{pn} \leq 2{,}7.$$

Adaptiver Regler: Im Idealfall wird die Regelgüte S_{en} des nominalen Reglers für einen großen Bereich von K_p/K_{pn} erreicht. Die untere Grenze ist im wesentlichen durch den Stellbereich und die obere Grenze durch den kleinstmöglichen Stellschritt der Stelleinrichtung gegeben. Da der Vorgang der Adaption bei adaptiven Reglern mit Rückführung etwas Regelgüte kostet und auch bei gesteuerten adaptiven Reglern nicht ideal möglich ist, ist die sich wirklich einstellende Regelgüte etwas schlechter als S_{en} (durch schraffiertes Toleranzgebiet angedeutet).
Entsprechende Darstellungen erhält man für veränderliche Zeitkonstanten, Totzeiten usw..
Hieraus folgt, daß sich adaptive Regler nur für große Prozeßparameterbereiche lohnen, die größer sind als die zulässigen Parameterbereiche von nominal oder robust ausgelegten Reglern.
Die adaptiven Regelalgorithmen können aber auch zur einmaligen Adaption bei der Inbetriebnahme verwendet werden. Somit ergeben sich folgende Einsatzmöglichkeiten:
(1) *Selbsteinstellende Regler:*
Die Reglerparameteradaption wird *einmalig durchgeführt*, um den später *festen Regler* automatisch an den Prozeß anzupassen. Man erhält so eine genaue Reglerparametereinstellung in kurzer Zeit mit nur kleinen Testsignalen, auch für stärker gestörte Prozesse. Bild 8 a) zeigt den dadurch möglichen Gewinn an Regelgüte im Vergleich zu einem schlecht eingestellten Regler.
Das Selbsteinstellen kann auch für verschiedene Betriebspunkte durchgeführt werden. Nach Abspeicherung der jeweiligen Reglerparameter kann so ein *gesteuert adaptiver Regler* verwirklicht werden.
Ein selbsteinstellender Regler läßt sich auch zur Anpassung *dezentraler Regler* bei komplexen Prozessen einsetzen. Hierzu wird die Funktion des Selbsteinstellens sequentiell (sukzessive) von Regler zu Regler geschaltet: von den niederen Ebenen zu den höheren Ebenen, von schneller zu langsamer Prozeßdynamik, von schwachen zu starken Kopplungen. Beispiele haben gezeigt, daß durch wechselseitiges Selbsteinstellen auch bei Mehrgrößen-Regelungen eine schnelle Konvergenz erreicht wird, [21], wobei die Kopplungen automatisch berücksichtigt werden, ohne sie in Prozeßmodellen formulieren zu müssen.

(2) *Adaptive Regler:*
Die Reglerparameteradaption wird laufend durchgeführt um einen (langsam) zeitvarianten Prozeß automatisch mit bestmöglicher Regelgüte zu regeln. Dabei ist aber darauf zu achten, daß die Voraussetzungen zur Stabilität und Konvergenz eingehalten werden. Deshalb sind Maßnahmen zur Überwachung vorzusehen.
Bild 8 b) zeigt den durch einen adaptiven Regler erreichbaren Gewinn an Regelgüte, der sich bei großen Parameteränderungen einstellt. Deshalb sollte ein (dauernd) adaptiver Regler nur dann eingesetzt werden, wenn ein fester oder gesteuerter adaptiver Regler nicht ausreicht. Dies ist z.B. der Fall bei zeitvarianten und nichtlinearen Prozessen. Falls die zeitliche Veränderung der Prozeßparameter oder die eindeutige Nichtlinearität nicht zu groß bzw. zu ausgeprägt sind, können mit den für nichtlineare Prozesse entworfenen parameteradaptiven linearen Reglern gute Ergebnisse erwartet werden.
Grundsätzlich wird empfohlen, zunächst Erfahrungen mit selbsteinstellenden Reglern zu sammeln, bevor man (dauernd) adaptive Regler zum Einsatz bringt.

6. Marktangebot

Seit etwa 1981 sind einige industrielle selbsteinstellende und adaptive Regler am Markt erschienen. Einige Angaben über ihre Funktionsweise und Einsatzmöglichkeiten sind in Tabelle 2 zusammengestellt, siehe auch [22]. Sie lassen sich in folgende Gruppen einteilen:

a) *Einfache selbsteinstellende Regler.*
   Zum einmaligen Selbsteinstellen werden Kennwerte eines einfachen Prozeßmodells bestimmt. Die Reglerparameter werden über Einstellregeln ermittelt. Wesentliche Störsignale sind nicht zugelassen. Meist ist der Regler für bestimmte Prozesse vorgesehen (z.B. Temperatur-Regelstrecken).Die Identifikation ist z.T. nur im offenen Regelkreis möglich.
b) *Universelle selbsteinstellende Regler.*
   Zum einmaligen Selbsteinstellen wird ein Prozeßmodell höherer Ordnung auch bei Einwirken von stochastischen Störsignalen ermittelt (meist Parameterschätzung). Es werden aufwendigere Reglerparameter-Berechnungsmethoden verwendet.
c) *Einfache adaptive Regler.*
   Dauernd adaptive Regler für bestimmte Prozesse mit beschränkter Zahl der adaptierten Reglerparameter.
d) *Universelle adaptive Regler.*
   Dauernd adaptive Regler mit Prozeßmodellen höherer Ordnung.

Als Regelalgorithmus ist der PID-Typ vorherrschend. Die einzelnen Regler stehen als Einzelgeräte oder als Software-Moduln zur Verfügung.

Tabelle 2. Übersicht industrieller selbsteinstellender/adaptiver Regler (ohne Anspruch auf Vollständigkeit).
X bedeutet: "vorhanden" oder "ja". MV: Minimum-Varianz-R., ZP: Zweipunkt-R., IVA: Hilfsvariablen Meth., RLS: Meth.d. kleinst. Quadr., KE: Kennwertermittlung.

HERSTELLER	LEEDS/ NORTHRUP	ASEA	BAILY CONTROL	EURO-THERM	RAFI/ WSE	TURNBULL CONTR.S.	VDO	FOXBORO	GOSSEN	SIEMENS	BBC
BEZEICHNUNG	Elektro-max V	Nova-tune	Network 90	810	AR 730 AR 720	6355	MICON MDC-60	EXACT	DO 1 DS 4	TELEPERM AS 230 PC 16-11	PROCON-TROL I77
ERSCHEIN.JAHR	1961	1982	1983	1983	1983	1983	1983	1984	1985	1936	1986
PROZESSMODELL:	X	X	X	X	X	X	X		X	X	X
-zeitdiskret	X	X			X	X	X				X
-zeitkontinuierl.			X	X		X			X	X	
-Ordnung m	2	X	1		2	2	1...5			X	1...5
-Totzeit	X	X	X			X	X				X
PROZESSMODELL-IDENTIFIKATION:	IVA	RLS	RLS	KE	RLS	RLS	RLS		KE	KE	RLS
REGELALGORITHMUS	PID	MV	PID	PID	PI,ZP	PID	PID	PID	PID,ZP	PID	PID
REGLERPARAMETER-BERECHNUNG											
-Einstellregeln				X	X	X		X	X	X	X
-Quadr.Gütekrit.		X	X				X				
-Referenzmodell	X										
ADAPTIONS-PRINZIP											
-MRAS								X			
-MIAS	X	X	X		X	X	X		X		X
SPEZIFIKATIONS-PARAMETER											
-Einschwingzeit	X	X						X			
-Dämpfung								X			X
-Modellordnung							X				X
-Modelltotzeit		X				X	X				X
-Gewichtsfaktor für Güte							X				
ANREGUNG ZUR ADAPTION											
-Sollwertsprung	X							X	X		
-Lastsprung								X			
-Testsignal	X			X		X				X	
-beliebig		X					X				X
STOCH.STÖRSIGNALE											
-zulässig		X			X	X	X	X		X	X
-nicht zulässig	X			X					X		
EINSETZBARKEIT											
-Einm. Selbsteinstellen	X			X		X		X	X	X	X
-Dauernde Adaption		X			X						
-Besond. Prozesse	X			X	X				X		
EINGRUPPIERUNG											
-Einf.Selbsteinst. Regler	X			X		X			X	X	
-Univ.Selbsteinst. Regler							X	X			X
-Einf.adaptive R.					X						
-Univ.adaptive R.		X									

7. Entwicklungstendenzen

Anwendungen:

- Aufgrund des Wissensstandes über adaptive Regelalgorithmen und des Interesses von Anwendern und Herstellern ist damit zu rechnen, daß adaptive Regelalgorithmen immer häufiger zum einmaligen oder wiederholten Selbsteinstellen implementiert und angewandt werden.
- Mit zunehmender Erfahrung können dann auch dauernd adaptive Regelungen eingesetzt werden. Die Adaption kann zunächst auf einzelne Prozeßparameter, wie z.B. Verstärkungsfaktor oder Totzeit, beschränkt bleiben.
- Zwischen einmaligem Selbsteinstellen und dauernder Adaption sind noch Zwischenstufen denkbar:
  - Wiederholtes Selbsteinstellen, wenn die Regelgüte sich verschlechtert hat; oder nach bestimmten Zeitabständen.
  - Kombination mit gesteuertem adaptiven Regler (siehe Abschnitt 5).

Methoden:

Die Methoden der adaptiven Regelungen können z.B. in folgenden Richtungen weiterentwickelt werden:

- Nichtparametrische Modelle
- Modelle mit zeitkontinuierlichen Signalen
- Schnell zeitvariante Prozesse
- Instabile Prozesse
- Nichtlineare Regler für nichtlineare Prozesse (Statische und dynamische Nichtlinearitäten, unstetige Nichtlinearitäten)
- Stark gekoppelte Mehrgrößen-Regelungen
- Selbständige Anpassung der Struktur der Regler und Regelsysteme an den Prozeß
- Selbständige Ermittlung von Strukturparametern
- Adaptive Regelungen ohne Formulierung von Prozeßmodellen
- Erhöhung der Robustheit durch verfeinerte Funktionen in der dritten und in höheren Ebenen
- Sammlung von Kenntnissen über das Prozeßverhalten zur schnelleren Adaption (Schritte in Richtung "lernender" Regelsysteme)

Theorie:

Es ist zu erwarten, daß Fortschritte für folgende Probleme gemacht werden:

- Stabilität und Konvergenz für das globale Verhalten
- Stabilität und Konvergenz bei Diskrepanzen zwischen angenommener Modellstruktur und wirklichem Prozeß
- Neue Identifikations- und Reglerentwurfsverfahren (z.B. Lattice-Filterstrukturen)
- Analyse des Verhaltens der unter "Methoden" aufgeführten Weiterentwicklungen
- Adaptive Regelungen mit erweiterter Robustheit.

Es gibt also noch viele offene Probleme und Möglichkeiten. Die bisher erreichten Ergebnisse lassen eine stetige Weiterentwicklung der selbsteinstellenden bzw. adaptiven Regelsysteme erwarten.

Literatur:

[1] Eckelmann, W. und Hofmann, W: Vergleich von Regelalgorithmen in Automatisierungssystemen, Regelungstechnische Praxis 25(1983), 423 - 426.

[2] Harris, C.J., Billings, S.A. (Eds.): Self-tuning and adaptive control - Theory and applications. London: P. Peregrinus (1981)

[3] Åström, K.J.: Theory and applications of adaptive control - a survey. Automatica 19 (1983), 471-486.

[4] Isermann, R.. Parameter adaptive control algorithms - a tutorial. Automatica 18 (1982), 513 - 528.

[5] Unbehauen, H. (1985): Theory and application of adaptive control. IFAC/IFIP-Conference on Digital Comp. Applic., Wien.

[6] Seborg, D.E., Edgar, T.F., Shah, S.L. (1986): Adaptive control strategies for process control: a survey. AIChE Journal.

[7] Fromme, G., Haverland, M.: Selbsteinstellende Digitalregler im Zeitbereich. Regelungstechnik 31 (1983), 338 - 345.

[8] Kalman, R.E.: Design of a self-optimizing control system. Trans. ASME 80 (1958), 468 - 478.

[9] Peterka, V.: Adaptive digital regulation of noisy systems. 2nd IFAC-Symp. on Identification, Preprints Academia, Prag (1970).

[10] Åström, K.J., Wittenmark, B.: On self-tuning regulators. Automatica 9 (1973), 185 - 199.

[11] Clarke, D.W., Gawthrop, P.J.: A self-tuning controller. IEE Proc. 122 (1975), 929 - 934.

[12] Kurz, H., Isermann, R. Schumann, R. : Experimental comparison and application of various parameter adaptive control algorithms. 7th IFAC-Congress, Helsinki, 1978 und Automatica 16 (1980), 117 - 133.

[13] Wellstead, P.E., Edmunds, J.M., Prager, D., Zanker, P. (1979). Self-tuning pole/zero assignment regulators. Int. J. Control (30), 1 - 26.

[14] Schumann, R. (1986): Konvergenz und Stabilität von digitalen parameteradaptiven Reglern. Automatisierungstechnik 34, S. 32 - 38 und 66 - 71.

[15] Matko, D., Schumann, R.: Selftuning deadbeat controllers, Int. J. of Control 40 (1984), 393 - 402.

[16] Isermann, R., Lachmann, K.H. (1985): Parameter-adaptive control with configuration aids and supervision functions. Automatica 21, 625 - 638.

[17] Isermann,R.: Digitale Regelsysteme, Band I und II, 2. Auflage,1986.

[18] Isermann, R. und Kofahl, R. (1985): On the application of parameter adaptive control systems for industrial processes. IFAC Workshop on Ad. Contr. of Chem. Proc., Okt. 85, Frankfurt.

[19] Radke, F. (1984): Ein Mikrorechnersystem zur Erprobung parameter-adaptiver Regelverfahren. Diss. TH Darmstadt, Fortschr. Ber. VDI-Z. Reihe 8, Nr. 77, Düsseldorf: VDI-Verlag (1984).
[20] Bergmann, S. (1983): Digitale parameteradaptive Regelung mit Mikrorechner. Diss. TH Darmstadt, VDI-Fortschr.-Ber. Reihe 8, Nr. 55. Düsseldorf: VDI-Verlag.
[21] Isermann, R., Hensel, H. (1983): Sequential design of decentralized controllers with identification and selftuning control. 3rd IFAC-Symp. con Computer Aided Design in Control, Copenhagen. Proc. Pergamon Press, Oxford.
[22] Radke, F. (1986): Selbsteinstellende PID-Regler auf Mikroprozessorbasis. Automatis. techn. Praxis 28,5-12.
[23] Kofahl, R. (1986): Verfahren zur Vermeidung numerischer Fehler bei Parameterschätzung und Optimalfilterung, eingereicht zur Veröffentlichung in Automatisierungstechnik.

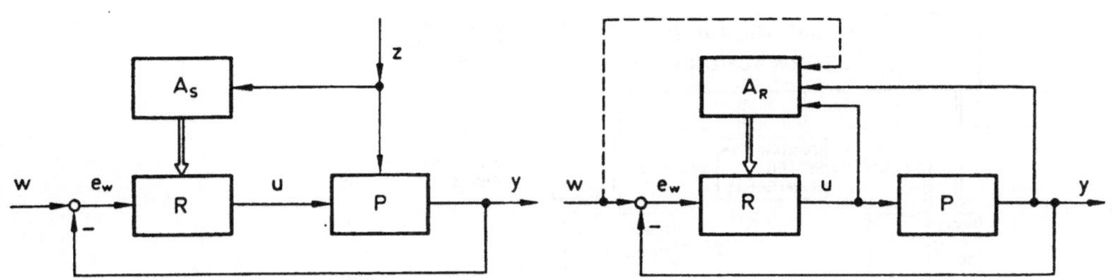

Bild 1.
Grundsätzliche Anordnungen adaptiver Regelungen

a) Gesteuerter adaptiver Regler (open loop adaptation, gain scheduling)
A_S: Adaptionsgesetz (Steuerung)
z: meßbares äußeres Signal

b) Adaptiver Regler mit Rückführung (closed loop adaptation)
A_R: Adaptionsgesetz (Rückführung)

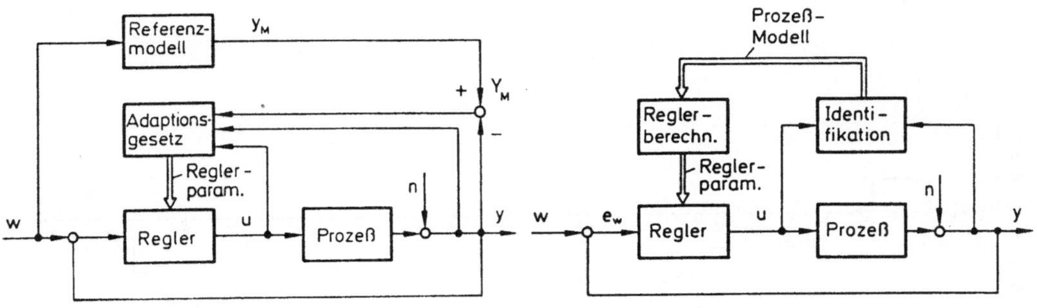

Bild 2.
Schematische Anordnung adaptiver Regelsysteme mit Rückführung

a) Adaptiver Regler mit Referenzmodell (MRAS)

b) Adaptiver Regler mit Identifikationsmodell (MIAS)

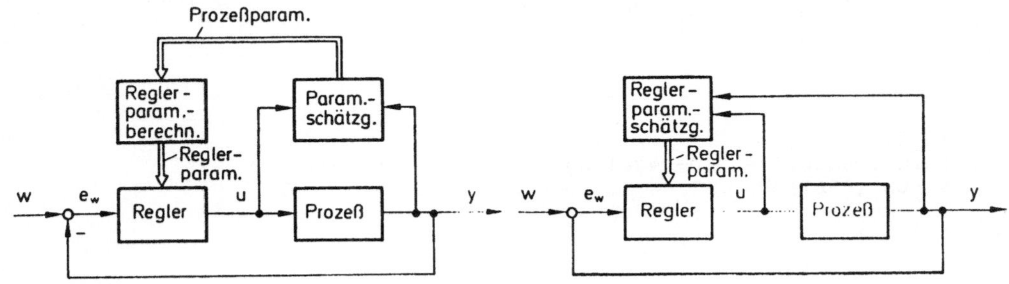

Bild 3.
Parameteradaptive Regler

a) Explizite Kombination

b) Implizite Kombination

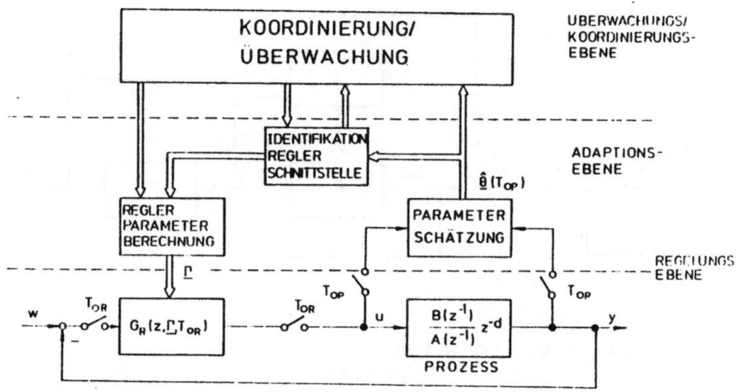

Bild 4.
Parameteradaptive Regelung mit Überwachungs- und Koordinierungsebene

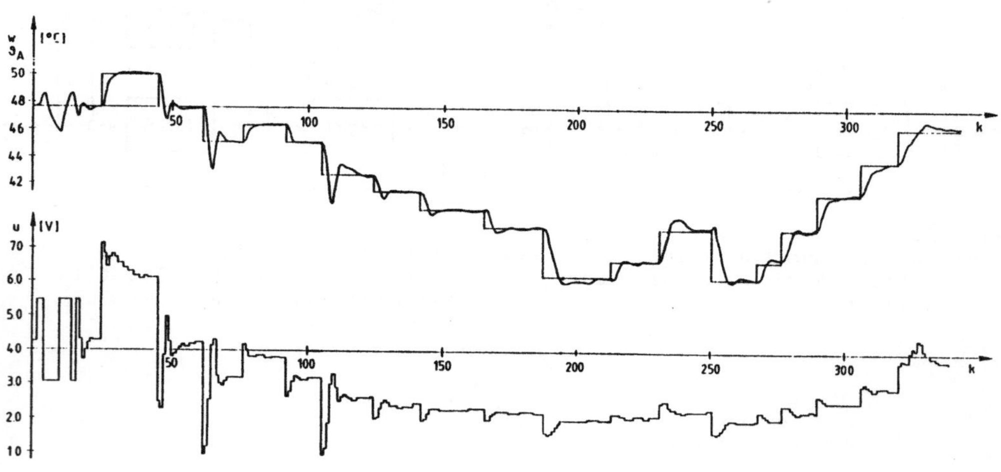

Bild 5.
Parameteradaptive PID-Regelung eines Lufterhitzers mit RLS (DSFI)/PID. T_0 = 18 sec. λ = 0.8.

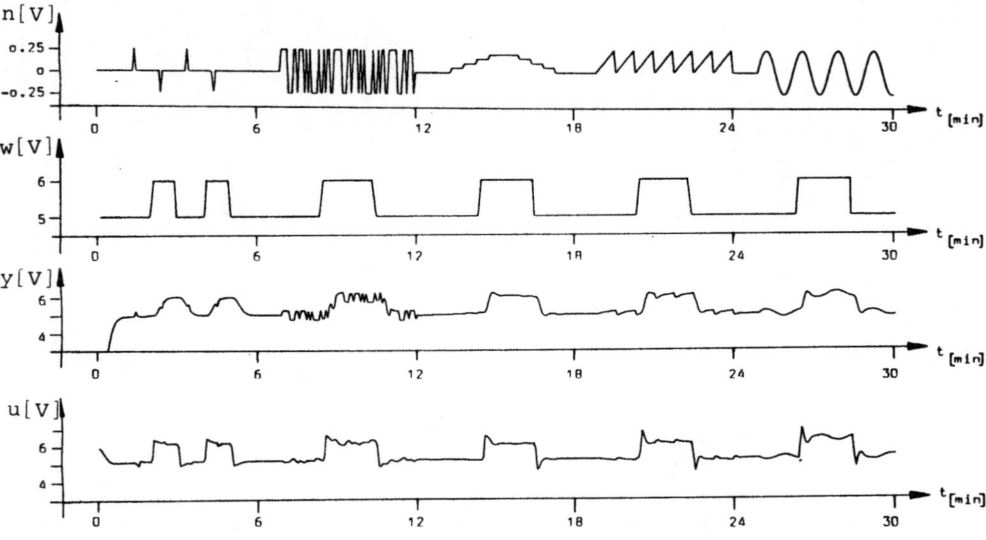

Bild 6.
Parameteradaptive RLS/MV3-Regelung für einen analog simulierten Prozeß dritter Ordnung mit verschiedenen deterministischen Störsignalen n am Prozeßausgang.

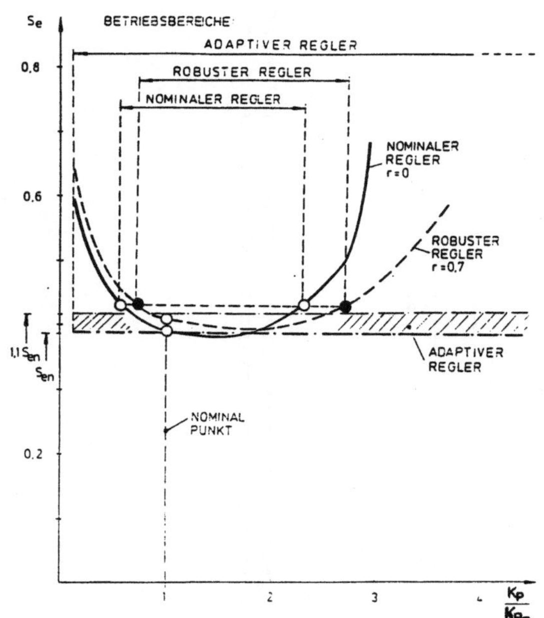

Bild 7.

Regelgüte $S_e = \sqrt{\overline{e_w^2}(k)}$ für Änderung der Prozeßverstärkung K_P.
Prozeß:

$$G_P(s) = \frac{K_P}{(1+10s)(1+7{,}5s)(1+5s)}$$

Abtastzeit: $T_o = 4$ sec
Regler: PID-Algorithmus
Reglerentwurfskriterium.

$$S_{eu}^2 = \sum_{k=0}^{M} e^2(k) + r\Delta u^2(k)$$

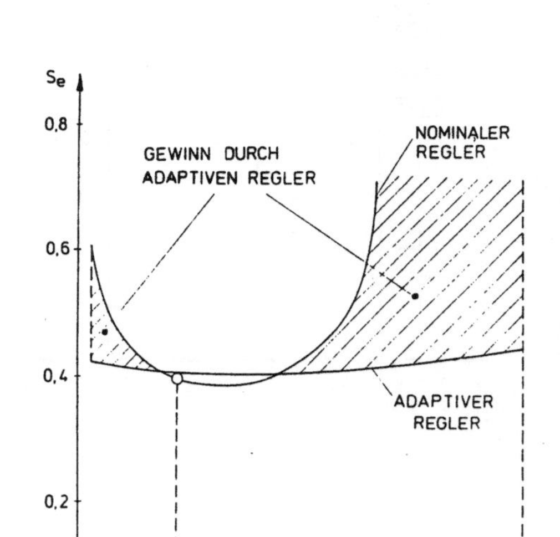

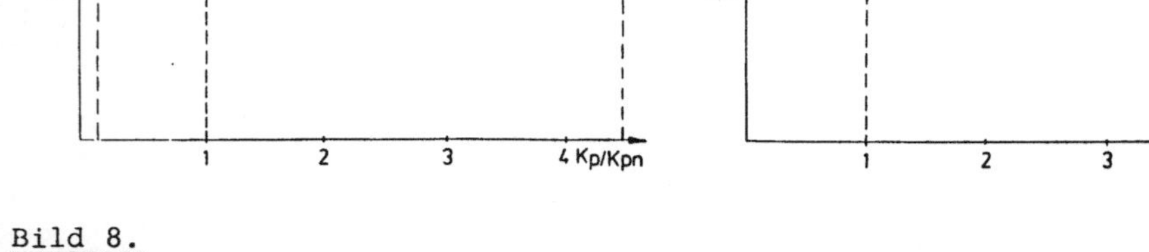

Bild 8.
Qualitativer Vergleich verschiedener Regler bei veränderlicher Prozeßverstärkung.

a) Gute und schlechte Parametereinstellung fester Regler am Nominalpunkt.

b) Gut eingestellter fester Regler am Nominalpunkt und adaptiver Regler

Anhang

A 1 Stochastische Differenzengleichung als Prozeßmodell

Für einen linearisierbaren Prozeß sei

$$y(k) = \underline{\psi}^T(k)\underline{\Theta} + v(k) \qquad (A1 - 1)$$

mit den Vektoren

$$\underline{\psi}^T(k) = [-y(k-1) \dots - y(k-m) \,\vdots\, u(k-d-1) \dots u(k-d-m) \,\vdots\, v(k-1) \dots v(k-m)] \qquad (A1 - 2)$$

$$\Theta = [a_1 \dots a_m \,\vdots\, b_1 \dots b_m \,\vdots\, d_1 \dots d_m]^T \qquad (A1 - 3)$$

wobei $k = t/T_o = 0,1,2$ die diskrete Zeit, T_o die Abtastzeit, d die diskrete Totzeit und

$$y(k) = Y(k) - Y_{oo}; \; u(k) = U(k) - U_{oo} \qquad (A1 - 4)$$

die Abweichungen der gemessenen Prozeßausgangs- und -eingangssignale von den Gleichwerten Y_{oo} und U_{oo} sind. v(k) ist ein nichtmeßbares statistisch unabhängiges Rauschsignal mit Mittelwert Null. Die zugehörige z-Übertragungsfunktion von (A1 - 1) ist

$$y(z) = \underbrace{\frac{B(z^{-1})}{A(z^{-1})} z^{-d}}_{G_p(z)} u(z) + \underbrace{\frac{D(z^{-1})}{A(z^{-1})}}_{G_v(z)} v(z) \qquad (A1 - 5)$$

mit den Polynomen

$$A(z^{-1}) = 1 + a_1 z^{-1} + \dots + a_m z^{-m}$$
$$B(z^{-1}) = b_1 z^{-1} + \dots + b_m z^{-m} \qquad (A1 - 6)$$
$$D(z^{-1}) = 1 + d_1 z^{-1} + \dots + d_m z^{-m}$$

Hierbei ist $z = e^{T_o s}$ mit der Laplacevariablen $s = \delta + i\omega$. Durch $D(z^{-1}) = 0$ folgt ein deterministisches Prozeßmodell. Dieses Modell kann direkt auf Mehrgrößenprozesse und nichtlineare Prozesse erweitert werden.

A 2 Rekursive Parameterschätzung

Die rekursiven Parameterschätzverfahren können in einer einheitlichen Form angegeben werden:

$$\underline{\hat{\theta}}(k+1) = \underline{\hat{\theta}}(k) + \underline{\gamma}(k)e(k+1)$$
$$\underline{\gamma}(k) = \mu(k+1)\underline{P}(k)\underline{\varphi}(k+1) \qquad (A2 - 1)$$
$$e(k+1) = y(k+1) - \psi^T(k+1)\hat{\theta}(k)$$

Die Festlegung von $\hat{\underline{\theta}}, \underline{\psi}^T, \underline{\varphi}$ und $\underline{P}$ hängt von der Parameterschätzmethode ab. Für die Methode der kleinsten Quadrate (RLS) gilt ($d_i = 0$, $v(k-1) = 0$, $i = 1,2,\ldots,m$)

$$
\begin{aligned}
\underline{\varphi}(k+1) &= \underline{\psi}(k+1) \\
\mu(k+1) &= [\lambda(k+1) + \underline{\psi}^T(k+1)\,\underline{P}(k)\,\underline{\psi}(k+1)]^{-1} \qquad\qquad (A2 - 2)\\
\underline{P}(k+1) &= [\underline{I} - \underline{\gamma}(k)\underline{\psi}^T(k+1)]\underline{P}(k)/\lambda(k+1)
\end{aligned}
$$

wobei $\lambda(k)$ ein Vergessensfaktor, $0 < \lambda(k) < 1$, ist. $\underline{P}(k)$ ist proportional zur Kovarianzmatrix der Parameterschätzwerte. Verschiedene Modifikationen erlauben Verbesserungen der numerischen Eigenschaften, den Zugang zu Zwischenergebnissen und eine Verringerung des Einflusses von Startwerten. Gut bewährt hat sich dabei die Wurzelfilterung [17],[23].

A 3 Entwurf von Regelalgorithmen

Ein linearer Regelalgorithmus in der Ein/Ausgangsdarstellung lautet:

$$u(k) = \underline{\rho}^T(k)\underline{\Gamma}(k-1) \qquad\qquad (A3 - 1)$$

mit

$$\underline{\rho}^T(k) = [u(k-1)\ldots u(k-\nu) \,\vdots\, e_w(k)\ldots e_w(k-\mu)] \qquad\qquad (A3 - 2)$$

$$\underline{\Gamma} = [p_1\ldots p_\mu \,\vdots\, q_o\ldots q_\nu] \qquad\qquad (A3 - 3),$$

wobei $e_w(k)$ die Regeldifferenz ist. Ein PID-Regler hat z.B. die Form

$$u(k) = u(k-1) + q_o e_w(k) + q_1 e_w(k-1) + q_2 e_w(k-2) \qquad\qquad (A3 - 4).$$

Zum Entwurf von *PID-Reglern* können z.B. numerische Parameteroptimierungsverfahren, die Polfestlegung oder einfache Einstellregeln verwendet werden.

Der Entwurf von *Zustandsreglern* setzt die Darstellung des Prozeßmodells in Zustandsform voraus. Hierzu können direkt die Parameterschätzwerte $\hat{\underline{\theta}}$ verwendet werden. Der Entwurf des Zustandsreglers erfolgt z.B. durch die rekursive Lösung einer Matrix-Riccati-Gleichung. Die Zustandsgrößen werden über Zustandsbeobachter oder Zustandsrekonstruktion ermittelt. Die erforderlichen Rechenzeiten sind in vielen Fällen vertretbar. ($T_o > 100$ msec).

Ein Vorteil von *Deadbeat-* und *Minimum-Varianz-Reglern* ist die direkte Berechnung der Reglerparameter aus den Prozeßparametern. Sie sollten jedoch nur in Sonderfällen eingesetzt werden. Eine ausführliche Darstellung ist in [17] zu finden.

ADAPTIVE REGELUNG IN DER INDUSTRIELLEN PROZESSLEITTECHNIK
EINSATZKONZEPTE UND ERFAHRUNGEN

H.-D. Grote
Brown,Boveri & Cie AG
Geschäftsbereich Industrieanlagen, Abt. IA/TE
D - 6800 Mannheim 1, Postfach 351

U. Kuhn
Brown,Boveri & Cie AG
Geschäftsbereich Automatisierungstechnik, Abt. AT/SME
D - 6800 Mannheim 1, Postfach 351

Summary

The paper describes an adaptive control algorithm which, at the push of a button, adapts the parameters of P, PI and PID regulators to the associated process. This algorithm is implemented in the PROCONTROL industrial control system developed by Brown,Boveri & Cie. Integration into this control system enables the algorithm to access the data of every control loop and thus to adjust every regulator of the plant. The adaptive algorithm identifies the process by the recursive-least squares method. On the basis of the identified model, the control parameters are determined using complex adjusting rules. PROCONTROL I provides the user with comprehensive information: Simulation of the identified process and of the closed loop with the adapted regulator is possible. The quality of the adaptive algorithm is demonstrated on a non-linear temperature control loop in a coking plant.

1. Einführung

Für die Regelung und Überwachung komplexer Industrieanlagen werden heute leistungsfähige busorientierte Prozeßleitsysteme eingesetzt. Das Industrieleitsystem PROCONTROL I von Brown,Boveri & Cie [1,2] ist ein solches System. Bei den in diesen Leitsystemen implementierten Regelalgorithmen handelt es sich in den allermeisten Fällen um klassische PID-Algorithmen. Dieses ist begründet in den jahrzehntelangen guten Erfahrungen mit diesem Reglertyp.

Hier wird ein in PROCONTROL I integrierter Algorithmus zur Adaption der PID-Regler vorgestellt. Er bestimmt auf Knopfdruck des Bedieners die optimal an die Strecke angepaßten Reglerparameter. Diese Regleradaption ist zum einen ein wirksames Hilfsmittel für den Inbetriebnahmeingenieur, da sie ihm die Reglereinstellung abnimmt. Zum anderen ermöglicht sie dem Betreiber der Anlage, den Regler bei während des Betriebes eintretenden Streckenveränderungen einfach und rasch nachzustellen. Der Bediendialog für die Adaption ist in die Bedienung der normalen Regelungen integriert.

Nach einem Überblick über das Industrieleitsystem PROCONTROL I wird gezeigt, wo und wie die Regleradaption informationsfluß- und gerätemäßig im Gesamtsystem eingebaut ist. Anschließend wird der Adaptionsalgorithmus vorgestellt, der aus zwei Teilen besteht:

- Identifikation eines linearen, zeitdiskreten Streckenmodells
- Reglerentwurf unter Berücksichtigung des vorgegebenen Dämpfungsgrades.

Abschließend wird über Versuchsergebnisse aus einer Kokereianlage beispielhaft berichtet.

Die gleichen Identifikations- und Entwurfsalgorithmen finden ebenfalls im BBC-Gebäudeleittechniksystem GA 2000 Verwendung. Dort dienen sie der Optimierung von Klimaanlagen.

2. Industrieleitsystem PROCONTROL I mit Regleradaption

Das Industrieleitsystem PROCONTROL dient der Automatisierung und Führung komplexer industrieller Anlagen [1,2]. Es besitzt eine funktional und räumlich dezentrale Struktur gem. Bild 1. Dieser Aufbau ermöglicht die uneingeschränkte Anpassung an die Struktur der Anlage. Die verfügbaren Stationstypen ermöglichen sowohl die Realisierung von Funktionen der Unternehmens- und Betriebsführung als auch der Prozeßführung.

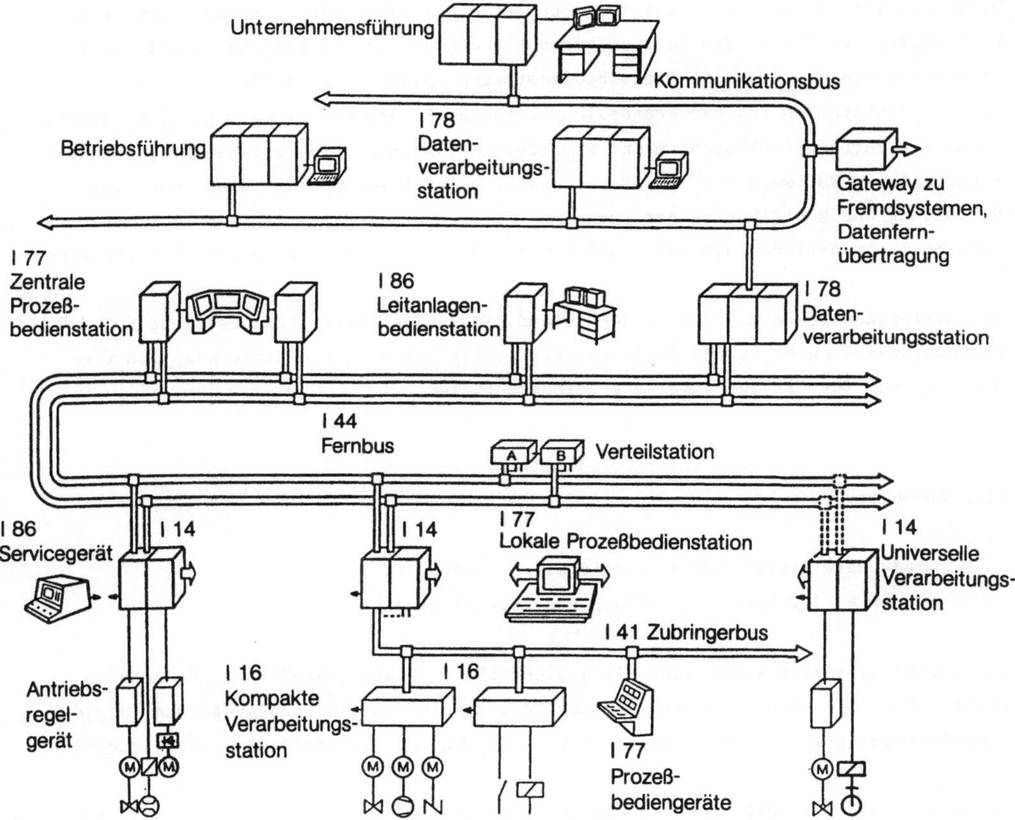

Bild 1 Struktur des Industrieleitsystems PROCONTROL I

Für das Verständnis der Einbindung der Regleradaption in PROCONTROL I werden im folgenden die für die Prozeßführung eingesetzten Komponenten näher erläutert.

Wesentliche Systemkomponente ist die universelle Verarbeitungsstationen I14, welche die Steuer- und Regelgeräte enthält. Sie kann direkt oder über Zubringerbus und Kompakte Verarbeitungsstationen I16 mit dem Prozeß verbunden sein. Die Stationen I16 enthalten Glieder zur Meßwerterfassung, Logikelemente und Leistungsverstärker.

Über die zentrale Prozeßbedienstation I77 wird der Prozeß geführt. Sie ist durch den Fernbus mit den universellen Verarbeitungsstationen I14 verbunden. Dadurch kann sie auf jede Information in diesen Stationen zugreifen und jede Meldung und jede Meßgröße auf ihren Grafikbildschirmen darstellen. Sie kann aktiv in jeden Regelkreis mit seinen Regelgeräten und Stellgliedern eingreifen, indem sie die Sollwerte, Reglerparameter und Stellgrößen verändert.

Die Führung von kleinen Anlagen oder von Anlagenteilen kann mit der lokalen Prozeßbedienstation I77 erfolgen. Sie ist über den Stationsbus einer universellen Verarbeitungsstation I14 an den Fernbus gekoppelt und hat so die gleichen Zugriffsmöglichkeiten wie die zentrale Prozeßbedienstation. Basishardware für die lokale Prozeßbedienstation ist der Professionalcomputer PC 380 der Firma Digital Equipment (DEC) mit Farbgrafikbildschirm und Prozeßbedientastatur. Die Basishardware kann mit einer anderen Software auch als Servicegerät benutzt werden. Sie dient dann zur Erstellung und Modifikation der Programme für die Steuer- und Regelgeräte in den Verarbeitungsstationen und zur Beobachtung und Diagnose des PROCONTROL-Leistsystems.

Der Regleradaptionsalgorithmus, Gegenstand dieses Aufsatzes, ist ebenfalls auf dem Professionalcomputer PC 380 implementiert. Damit hat auch die Regleradaption über die Kopplung Zugriff auf jede Verarbeitungsstation.

Dies bedeutet:

- jede Regelstrecke kann identifiziert werden,
- jeder Regler kann automatisch eingestellt werden.

Die Softwarestruktur ermöglicht die gleichzeitige Parameterschätzung für mehrere Regelkreise. Die Benutzeroberfläche der Adaption ist in die Standarddarstellung der Prozeßanzeige gem. VDI/VDE 3695 durch Erweiterung auf Kreisbildebene voll integriert.

In Entwicklung befindet sich die Implementierung des Adaptionsalgorithmus auf einen Expertenbaustein in der universellen Verarbeitungsstation I14. Seine Bedienung erfolgt dann parallel zur normalen Prozeßführung über eine Prozeßbedienstation.

3. Beschreibung der Regleradaption

3.1 Struktur der Adaption

Der Regleradaptionsalgorithmus bestimmt "auf Knopfdruck" optimal an die Strecke angepaßte Parameter für P-, PI- und PID-Regler. "Auf Knopfdruck" bedeutet, daß der Inbetriebnahme- oder Betriebsingenieur aus der Standarddarstellung der Prozeßanzeige heraus den Regelkreis anwählt und die Adaption gezielt anstößt.

Bild 2 zeigt die Struktur des Algorithmus mit seinen beiden Teilen Identifikation und Reglerentwurf und seine Anbindung an den Regelkreis.

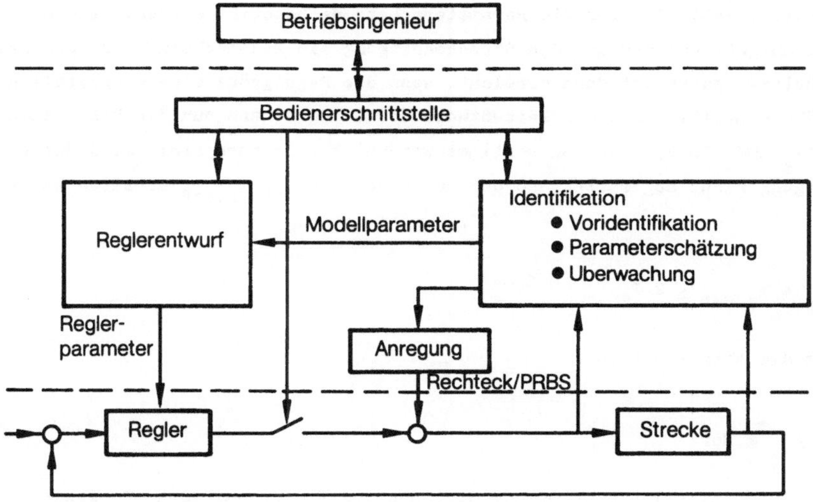

Bild 2 Struktur des Adaptionsalgorithmus

Der Identifikationsteil ermittelt auf Knopfdruck ein lineares, zeitdiskretes Modell der Strecke. Die Voridentifikation liefert die Vorabkenntnisse über die Strecke, die für die anschließende recursive-least-squares-Parameterschätzung benötigt werden. Sowohl in der Voridentifikations- als auch in der Schätzphase wird die Strecke künstlich angeregt. Die Überwachung erkennt, wann ein genaues Modell vorliegt und die Schätzung beendet werden kann.

Anschließend startet der Betriebsingenieur den Reglerentwurf. Dabei kann er den Dämpfungsgrad des Regelkreises und damit dessen Einschwingverhalten vorgeben. Die Qualität des entworfenen Reglers kann durch Simulation des Regelkreises überprüft werden. Falls erforderlich, kann der Bediener mehrere Regler mit unterschiedlichen

Dämpfungsgraden entwerfen. Die Simulationen aller Regelkreise werden gleichzeitig in einem Bild dargestellt. Die Parameter des ausgewählten Reglers sendet der Bediener per Befehl an das Regelgerät in der Verarbeitungsstation.

Die Regleradaption kann am offenen oder geschlossenen Regelkreis erfolgen, lediglich bei der Voridentifikation ist der Kreis immer geöffnet.

3.2 Identifikation

3.2.1 Voridentifikation

Die Voridentifikation ermittelt die Abtastzeit und die Amplitude des Pseudo-Rausch-Binär-Signals (PRBS), die für die Parameterschätzung benötigt werden. Dazu wird der Regelkreis aufgetrennt und auf den Streckeneingang ein Rechtecksignal aufgeschaltet. Der Ausschaltzeitpunkt ist dann erreicht, wenn die Regelgröße eine eingestellte Schranke überschreitet. Aus der Zeitantwort der Strecke kann nun die Ersatzzeitkonstante T_g und die Verstärkung bestimmt werden. Zur Zeitersparnis wird der Einschwingvorgang nicht abgewartet, so daß nur eine Näherung $T_{g,Meß}$ erhalten werden kann:

$$0{,}5\ T_g \leq T_{g,Meß} \leq 2\ T_g . \qquad (1)$$

Damit wird die Abtastzeit zu

$$T_A = \frac{1}{7}\ T_{g,Meß} \qquad (2)$$

festgelegt. Die aus (1) resultierende Streuung von T_A ist zulässig, T_A liegt noch in dem von [3,4] empfohlenen Bereich. Aus der geschätzten Streckenverstärkung kann in ähnlicher Weise die Amplitude des PRBS-Signals berechnet werden.

3.2.2 Parameterschätzung

Bei den hier vorausgesetzten Regelstrecken aus der Verfahrenstechnik wird angenommen, daß sie keine ausgeprägten Schwingungen enthalten und daß ihre Totzeit höchstens die Hälfte der dominanten Zeitkonstante beträgt. Ansonsten wären sie mit einem PID-Regler schlecht regelbar. Für solche Strecken zeigt die Erfahrung, daß aufgrund von Meßstörungen und der Quantisierung der 12-Bit-AD-Wandler die Identifikation nur Informationen über ein System der Ordnung $m \leq 3$ liefert. Ein theoretischer Nachweis dieser Aussage wird in [5] gegeben. Deshalb ist in dem Adaptionsalgorithmus die Modellordnung $m = 3$ voreingestellt. Für den späteren Reglerentwurf sind diese Modelle immer ausreichend genau. Prinzipiell kann der Bediener die Ordnung frei bis maximal 5 vorgeben.

Die Prozeßtotzeit kann bei obigen Strecken, sofern sie nicht explizit bekannt ist, zu Null vorgegeben werden. Bei der Identifikation wird sie dann durch die geschätzten Zeitkonstanten angenähert.

Bei der Identifikation mit der Methode der kleinsten Quadrate wird ein lineares, zeitdiskretes Modell der Strecke mit der z-Übertragungsfunktion

$$F_z(z) = \frac{b_1 z^{-1} + b_2 z^{-2} + \ldots + b_m z^{-m}}{1 + a_1 z^{-1} + a_2 z^{-2} + \ldots + a_m z^{-m}} \qquad (3)$$

ermittelt. Dazu werden zu jedem Abtastzeitpunkt die Ein- und Ausgangsgrößen der Strecke gemessen und on-line mit dem bekannten "recursive least-squares"-Algorithmus [3,6,7] die Parameter a_i, b_i mit i = 1, 2, ..., m berechnet. Dazu wird die UD-Faktorisierung nach Bierman [8] benutzt. Damit ist ein Verfahren implementiert, das seine Zuverlässigkeit und numerische Effizienz schon vielfach bewiesen hat.

Begonnen wird mit der Parameterschätzung, um die Identifikationszeit möglichst kurz zu halten, bereits während der Voridentifikation, indem zunächst die Streckenein- und -ausgangsgrößen quasi-kontinuierlich gespeichert werden. Nachdem die Abtastzeit T_A bestimmt ist, werden die zu den diskreten Zeitpunkten benötigten Meßwerte ausgewählt. Die Zeit für die Voridentifikation reicht jedoch für die Parameterschätzung nicht aus. Deshalb muß eine zweite Identifikationsphase angeschlossen werden, die solange dauert, bis die im nächsten Abschnitt beschriebenen Abbruchkriterien erfüllt sind. Dann steht ein genügend genaues Prozeßmodell zur Verfügung. In dieser zweiten Identifikationsphase wird die Strecke mit einem PRBS-Signal angeregt, da die Ein- und Ausgangsgrößen nur dann Informationen über die Strecke liefern, wenn sie nicht über längere Zeit konstant sind.

3.2.3 Überwachung

Der Parameterschätzung ist ein Überwachungsalgorithmus übergeordnet, der während der Identifikation ihren ordnungsgemäßen Ablauf prüft und feststellt, wann ein genaues Prozeßmodell vorliegt und die Schätzung beendet werden kann. Für diesen Zweck werden die im folgenden beschriebenen Kriterien benutzt.

Um die 2 m Parameter in (3) aus den Meßwerten berechnen zu können, sind mindestens 2 m Abtastpunkte erforderlich; ein zuverlässiges Ergebnis kann nach zwei weiteren Punkten erwartet werden. Außerdem verlängert eine eventuell vorgegebene Prozeßtotzeit $T_t = d \cdot T_A$ die Identifikationszeit. Daher erkennt der Überwachungsalgorithmus das geschätzte Modell frühestens nach

$$n_{min} = 2\,m + d + 2 \qquad (4)$$

Schritten als brauchbar an.

Mit dem Streckenmodell (3) und den gemessenen Ein- und Ausgangsgrößen kann die Regelgröße für den nächsten Abtastschritt vorhergesagt werden. Dieser Vorhersagewert wird mit dem nach der Zeit T_A vorliegenden Meßwert verglichen. Weichen die beiden Werte stark voneinander ab, so ist das Modell noch nicht ausreichend genau und die Identifikation muß fortgesetzt werden.

Die eigentliche Entscheidung, ob ein gutes Modell vorliegt, wird anhand des Verstärkungsfaktors

$$K_s = \frac{b_1 + b_2 + \ldots + b_m}{1 + a_1 + a_2 + \ldots + a_m} \tag{5}$$

getroffen. Unterscheiden sich die K_s der in den letzten vier Abtastschritten ermittelten Modelle nur geringfügig, dann liegt ein genaues Modell vor und die Identifikation ist abgeschlossen.

3.3 Reglerentwurf

Im 1. Schritt des Reglerentwurfs wird aus dem identifizierten zeitdiskreten Streckenmodell ein zeitkontinuierliches Modell berechnet. Es liefert für den Fall, daß sich die Eingangsgröße nur zu den Abtastpunkten ändert, zu diesen Zeitpunkten das gleiche Ausgangssignal wie das diskrete Modell (3). Man erhält so aus der z-Übergangsfunktion eine Übertragungsfunktion im Laplace-Bereich:

$$F_2(s) = \frac{c_o + c_1 s + \ldots c_{m-1} s^{m-1}}{d_o + d_1 s + \ldots d_{m-1} s^{m-1}} \, e^{-sdT_A} \tag{6}$$

Für die numerische Durchführung dieses Übergangs ist das in [10] beschriebene Verfahren implementiert.

Die Einstellregeln nach Reinisch [11,12] wurden verbessert, um damit für beliebige Strecken nach Gleichung (6) P-, PI- und PID-Regler entwerfen zu können. Dabei werden alle Pole und Nullstellen des identifizierten Modells berücksichtigt, so daß man bessere Regler erhält als mit Regeln, die nur von Ersatzzeitkonstante und Totzeit der Strecke ausgehen. Bei dem Entwurf kann der Dämpfungsgrad durch den Bediener vorgegeben werden.

4 .Erfahrungen an einer realen Anlage

Im folgenden werden Untersuchungsergebnisse aus einer Kokereianlage vorgestellt. Die Kokerei wird mit dem Industrieleitsystem PROCONTROL I geführt und überwacht. Die Inbetriebnahme erfolgte in konventioneller Weise, indem die Regler von Inbetriebnahmeingenieuren aufgrund deren Erfahrung eingestellt wurden. Anschließend wurde der hier beschriebene Regleradaptionsalgorithmus an ausgewählten Regelkreisen erprobt.

Hier soll über einen Temperaturregelkreis zur Kühlung von Ammoniakwasser berichtet werden, welches in einem nachfolgenden Prozeß für die Auswaschung von H_2S aus Koksgas benötigt wird. Wie das Prozeßschema, Bild 3, zeigt, erfolgt die Kühlung in einem Wärmetauscher mit flüssigem Ammoniak als Kühlmedium. Dieses heizt sich auf und verdampft (Siedetemperatur - 33,4 °C). Der Ammoniakdampfaustritt am Wärmetauscher wird mit einem Stellventil beeinflußt. Hierdurch wird die Verdunstung und somit die Kühlung des flüssigen Ammoniaks, sowie schließlich durch den Wärmeaustausch die Kühlung des Ammoniakwassers gesteuert. Voruntersuchungen zur Identifikation und Regelung dieser Strecke wurden in [13] veröffentlicht.

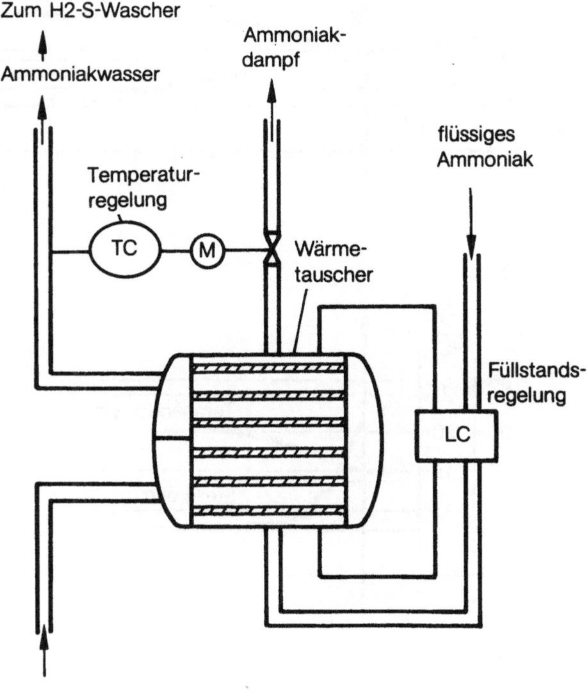

Bild 3 Prozeßschema:
Kühlung von Ammoniakwasser

Diese Strecke ist aufgrund ihres nichtlinearen Charakters nicht einfach zu regeln. Der Inbetriebnahmeingenieur mußte daher einen Kompromiß bei der Reglereinstellung finden, damit der PI-Regler in allen Arbeitspunkten brauchbare Ergebnisse liefert. Bild 4a zeigt den sich damit ergebenden Temperaturverlauf des Ammoniakwassers bei einem Führungssprung von 19 °C auf 20 °C.

Die Adaption auf Knopfdruck ermöglicht nun in jedem Arbeitspunkt die optimale Anpassung des Reglers an die Strecke. Es ist kein Kompromiß zwischen verschiedenen Arbeitspunkten notwendig. Mit dem adaptierten Regler wurde der gleiche Versuch wie in Bild 4a durchgeführt, Bild 4b zeigt das Ergebnis. Man erkennt, daß mit der neuen Regleradaption eine deutliche Verbesserung der Regelqualität erzielt wird. Damit liegt ein erster Beweis für die Praxistauglichkeit des Adaptionsbausteins von PROCONTROL I vor.

a)

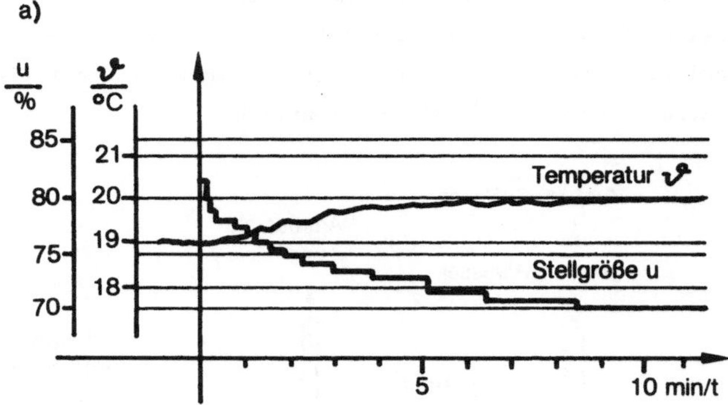

b)

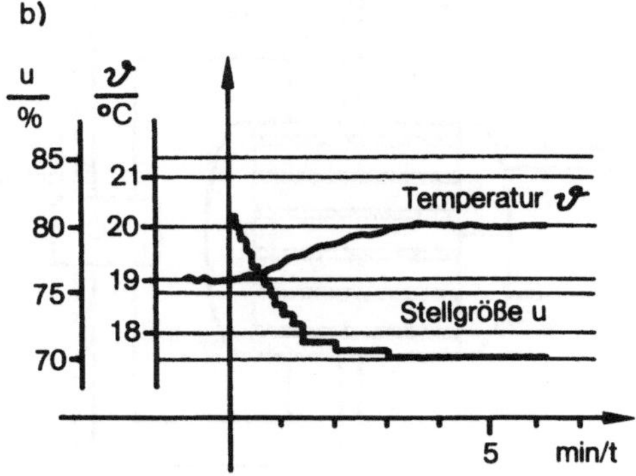

Bild 4 Sprungantwort des Temperaturregelkreises mit PI-Regler
a) Reglereinstellung durch Inbetriebnahmeingenieur
b) Reglereinstellung durch Adaptionsalgorithmus

5. Zusammenfassung

In dieser Arbeit wurde ein Regleradaptionsalgorithmus vorgestellt, der auf Knopfdruck die Parameter von P-, PI- und PID-Reglern angepaßt an die zugehörende Regelstrecke automatisch einstellt. Er ist in dem Industrieleitsystem PROCONTROL I von Brown,Boveri & Cie installiert. Die Einbindung des Algorithmus in das Leitsystem gestattet es, daß er auf die Daten jedes Regelkreises zugreifen und daher jeden Regler des Leitsystems einstellen kann. Der Adaptionsalgorithmus identifiziert die Strecke mit dem "recursive least squares"-Verfahren. Anhand des geschätzten Modells werden die Reglerparameter mit anspruchsvollen Einstellregeln bestimmt. PROCONTROL I bietet dem Benutzer umfangreiche Informationsmöglichkeiten: Die Simulation der geschätzten Strecke und des Regelkreises mit dem adaptierten Regler sind möglich. An einem nichtlinearen Temperaturregelkreis in einer Kokereianlage wurde die Qualität des Adaptionsalgorithmus demonstriert.

In der nächsten Entwicklungsstufe wird die Identifikation ständig aktiv sein. Anhand des aktuellen geschätzten Modells wird geprüft werden, ob der Regler noch richtig eingestellt ist und ggf. dem Bediener gemeldet werden, daß ein neuer Reglerentwurf durchgeführt werden sollte.

Literatur

[1] Müller, W: Leittechnik in Industrieanlagen
Elektronik 32 (1983), Heft 22, S. 123-127

[2] Müller, W: PROCONTROL I, ein dezentrales Industrieleitsystem
Regelungstechnische Praxis 26 (1984), S. 513-517

[3] Unbehauen, H: Regelungstechnik III
Vieweg Verlag Braunschweig,Wiesbaden, 1985

[4] Radke, F: Ein Mikrorechnersystem zur Erprobung parameteradaptiver Regelverfahren, Fortschr.-Berichte, Reihe 8, Nr. 77,
VDI-Verlag GmbH, Düsseldorf, 1984

[5] Niederlinski, A:Measurement errors in system identification and the practical universality of low-order LS and AR models - Preprints 9th IFAC World Congress, Budapest, July 2-6, 1984, Vol. X, S. 156-160

[6] Isermann, R: Digitale Regelsysteme
Springer-Verlag, Berlin,Heidelberg,New York, 1986, 2. Auflage

[7] Isermann, R: Parameter adaptive control algorithms - a tutorial -
Automatica Vol 18 (1982), S. 513-528

[8] Bierman, G.J: Factorization Methods for Discrete Sequential Estimation
Academic Press, New York,San Francisco,London, 1977

[9] Ackermann, J: Abtastregelung, Band I
Springer-Verlag, Berlin,Heidelberg,New York, 1983

[10] Noisser, R: Bestimmung der zu einer diskreten Übertragungsfunktion gehörenden kontinuierlichen Übertragungsfunktion
Regelungstechnik 29 (1981), S. 397-402

[11] Reinisch, K: Bemessung von Regelkreisen und Ermittlung der Parameterempfindlichkeit anhand des Polynommodells der offenen Kette
Messen-Steuern-Regeln 11 (1968), S. 446-450

[12] Reinisch, K: Analyse und Synthese kontinuierlicher Steuerungssysteme
VEB Verlag Technik, Berlin,1982

[13] Hildenbrand,P., Wilhelm,H: Adaptive tuning of regulators in a busoriented process control system
Preprints IFAC Workshop on Adaptive Control of Chemical Processes, Frankfurt/M., October 21-22, 1985, S. 79-83

Energieoptimale Regelung von Destillationskolonnen mit adaptiven Mehrgrößenreglern

Optimizing energy consumption of distillation columns using multivariable-adaptive control

F. Krahl

Zentralbereich Ingenieurwesen Prozeßleittechnik
Bayer AG, D-5090 Leverkusen

F. F. Rhiel

Zentralbereich Forschung und Entwicklung
Bayer AG, D-5090 Leverkusen

SUMMARY

Most distillation columns are now controlled with conventional fixed PID-controllers. Where this form of control is used, the reflux and heating steam data are adjusted so that the product specifications are met regardless of any feed disturbances. In consequence the product specifications are temporarily oversatisfied at the cost of increased energy consumption. Even the use of modern process controlling systems has not yet resulted in a substantial improvement, since the analog controllers merely have been replaced by discrete controllers. These control techniques are no longer considered optimal for distillation columns. On the one hand they make no allowance for the coupling of the control loops that is given by distillation as a coupled multivariable system. On the other hand the control parameters are not continuously adapted to the column dynamics, which may change in consequence of load fluctuation. An adaptive multivariable controller that has been applied to several industrial columns in a manner compliant with process-technological know-how is satisfactory in these respects. It improves the product by making it purer and more uniform, and it cuts production costs by raising yields and by reducing energy consumption and the burden on the environment.

1 EINLEITUNG

Auf thermische Trennprozesse entfallen in der chemischen Verfahrenstechnik große Teile der Energiekosten. Die Regelung von Destillationskolonnen erfolgt heute aber noch überwiegend mit konventionellen festeingestellten PID-Eingrößenreglern entweder im Abtriebs- oder Verstärkerteil der Kolonne. Die Fahrwerte von Rücklauf bzw. Heizdampf werden dabei so eingestellt, daß bei allen auftretenden Störungen im Zulauf die Produktqualität des Kopf- bzw. Sumpfproduktes eingehalten wird. Die Folge ist eine zeitweilige Übererfüllung der Produktspezifikation auf Kosten eines erhöhten Energieverbrauchs. Eine energieoptimale Fahrweise durch ein intelligentes Regelkonzept, das die wechselseitige Beeinflussung der Regelgrößen und die Veränderungen der Prozeßdynamik berücksichtigt und sich diesen Veränderungen selbsttätig anpaßt, ist deshalb ein erstrebenswertes Ziel. Diesen Anforderungen wird ein adaptives Mehrgrößenregelkonzept gerecht, das unter Berücksichtigung verfahrenstechnischer Kenntnisse an mehreren Betriebskolonnen eingesetzt wird.

2 REGELUNG VON DESTILLATIONSKOLONNEN

2.1 VERFAHRENSSCHEMA EINER DESTILLATIONSKOLONNE

Ein Gemisch aus verschiedenen chemischen Substanzen wird über den Zulauf der Destillationskolonne zugeführt. In der Kolonne erfolgt die Trennung des Gemischs in seine Bestandteile, wobei das leichtersiedende Produkt im Kopf, das schwerersiedende Produkt im Sumpf der Kolonne anfällt. Die am Kopf der Kolonne anfallende Dampfmenge wird kondensiert und in zwei Ströme aufgeteilt. Ein Strom wird als Kopfprodukt abgezogen und ein Strom als Rücklauf in die Kolonne zurückgeführt. Im Sumpf wird durch den Verdampfer ein Teil des ankommenden Produkts wieder verdampft, der andere Teil wird als Sumpfprodukt abgezogen. Dampf und Rücklauf sind die Stellglieder für die Regelung der Kolonne. Die Trennwirkung der Kolonne wird maßgeblich bestimmt durch den Rücklauf. Je größer der Rücklauf ist, desto höher ist die Trennleistung der Kolonne. Mit größer werdendem Rücklauf steigt allerdings auch der Energiebedarf der Kolonne an.

2.2 EINGRÖSSENREGELKONZEPTE

Abbildung 1 enthält ein konventionelles Regelkonzept, das in der Praxis häufig anzutreffen ist. In diesem Konzept wird eine Temperatur im Abtriebsteil der Kolonne über die Dampfmenge geregelt. Das Rücklaufverhältnis - das Verhältnis zwischen Rücklauf- und Destillatmenge - wird konstant gehalten, so daß bei allen auftretenden Störungen die Spezifikation des Kopfproduktes eingehalten wird, allerdings auf Kosten eines erhöhten Energieverbrauchs. In dieser Regelung wird das Rücklaufverhältnis so hoch eingestellt, daß auch im ungünstigsten Fall die Spezifikation des Destillats eingehalten wird. Ähnlich arbeitet eine Regelung (Abb. 2), in der nur eine Temperatur im Verstärkungsteil über das Rücklaufverhältnis geregelt wird, während die Dampfmenge konstant bleibt. Auch hier wird man, dem vorhergehenden Fall entsprechend, die Dampfmenge so hoch einstellen, daß die Spezifikation des Sumpfproduktes immer gewährleistet ist.

In einigen Fällen wird versucht, sowohl die Temperatur im Verstärkungsteil als auch die im Abtriebsteil der Kolonne zu regeln. Die Regelung erfolgt dann über zwei voneinander unabhängig arbeitende Eingrößenregler. In dieser Regelung wird die Verkopplung der Regelkreise nicht berücksichtigt. Das heißt, daß der Einfluß der Dampfmenge auf die Temperaturen im Verstärkungsteil und der Einfluß des

Rücklaufverhälnisses auf die Temperaturen im Abtriebsteil außer acht gelassen werden. Der Kolonnenbetrieb wird instabil. Aber auch bei stabilem Kolonnenbetrieb ist diese Regelung nicht optimal, da die Regler bei Regelabweichungen nicht koordiniert eingreifen.

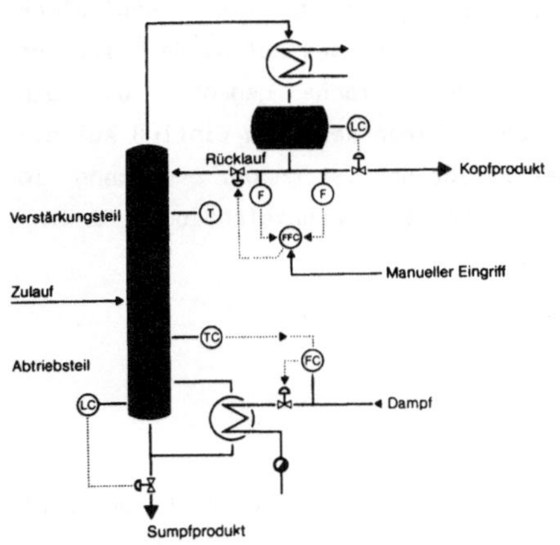

Abb. 1 Regelung einer Temperatur im Abtriebsteil über die Dampfmenge

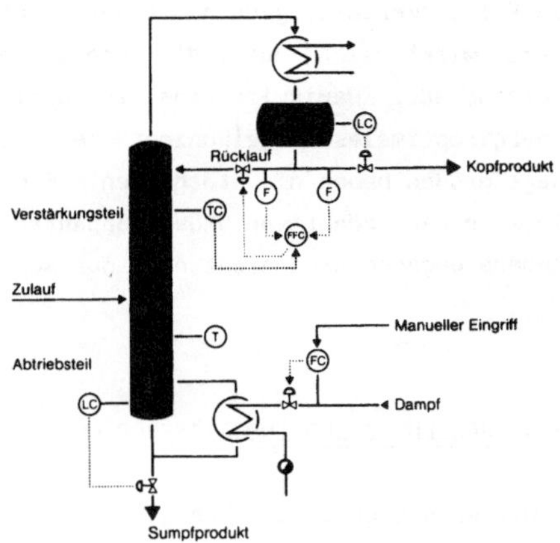

Abb. 2 Regelung einer Temperatur im Verstärkerteil über das Rücklaufverhältnis

2.3 VERKOPPELTES MEHRGRÖSSENSYSTEM

Die durch die Produktion vorgegebenen Spezifikationen des Kopf- und des Sumpfproduktes müssen bei allen auftretenden Störungen eingehalten werden. D.h. die Spezifikationsgrenzen des Destillates und des Sumpfproduktes dürfen nicht überschritten werden, sie sollten besser noch konstant gehalten werden. Damit sind die eigentlichen Regelgrößen die Konzentrationen. Diese sind aber meistens nicht oder aber nur verzögert meßbar und dann auch nicht immer betriebssicher. Hinzu kommt, daß diese Messungen recht aufwendig und kostenintensiv sind. Mit Hilfe der Simulation lassen sich geeignete Ersatzregelgrößen finden, und zwar Temperaturen im Abtriebsteil der Kolonne für die Konzentration des Sumpfproduktes und im Verstärkerteil der Kolonne für das Destillat. Zwischen Produktkonzentration und Temperatur muß dann ein eindeutiger Zusammenhang bestehen. Damit sind Ersatzregelgrößen für die Konzentrationen bestimmt. Diese Temperaturen müssen für eine optimale Kolonnenfahrweise durch die Regelung bei allen auftretenden Schwankungen oder Störungen konstant gehalten werden. Störgrößen sind Schwankungen der Zulaufmenge, -konzentration, -temperatur, Schwankungen des Dampfdruckes sowie Wärmeverluste der Kolonne.

Die verfahrenstechnisch bedingte Kopplung in einer Destillationskolonne und deren

Einflußgrößen sind in Form eines Blockschaltbildes in Abbildung 3 dargestellt.

Die unabhängigen Stellgrößen Heizdampf und Rücklaufverhältnis wirken über je zwei Übertragungsglieder auf die beiden Regelgrößen im Abtriebsteil und Verstärkerteil der Kolonne ein. Eine Änderung des Heizdampfes bewirkt nicht nur eine Änderung der Temperaturen im Abtriebsteil der Kolonne, sondern auch eine Änderung der Temperaturen im Verstärkerteil, jedoch mit unterschiedlicher Verstärkung und Dynamik. Äquivalent dazu wirkt sich auch die Veränderung des Rücklaufverhältnisses auf beide Teile der Kolonne aus. Damit ist eine Verkopplung innerhalb der Kolonne gegeben, die ein energieoptimales Regelkonzept berücksichtigen muß. Einen weiteren Einfluß auf die Regelgrößen haben die Störgrößen. Ein Teil dieser Störgrößen ist meßbar und kann in Form einer adaptiven Störgrößenaufschaltung im Regelkonzept Berücksichtigung finden. Andere dagegen sind nicht oder nur schwer meßbar.

2.4 REGELGÜTE UND ENERGIEVERBRAUCH

Die Abhängigkeit des Energieverbrauchs von der geforderten Produktreinheit am Kopf und Sumpf einer Kolonne ist in Abbildung 4 dargestellt. Das Verhältnis Rücklaufmenge zu Zulaufmenge, d.h. der Anteil des internen Kreisstroms kann als direktes Maß für die aufzubringende Energie interpretiert werden. Im Diagramm dargestellt ist der Energieeinsatz in Abhängigkeit von der Verunreinigung des Sumpfproduktes bei konstanter Kopfreinheit.

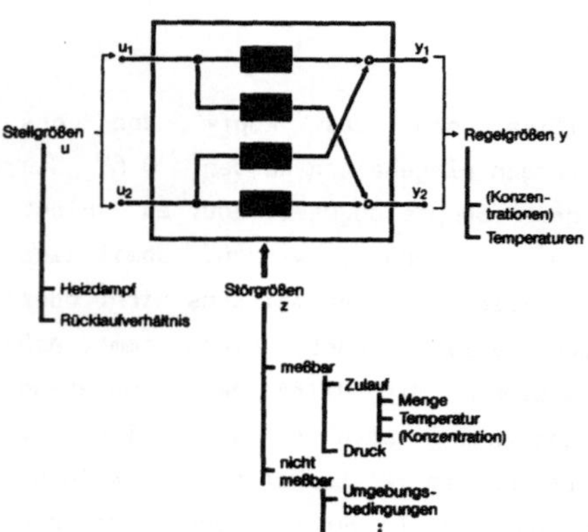

Abb. 3 Regelungstechnisches Kolonnenmodell

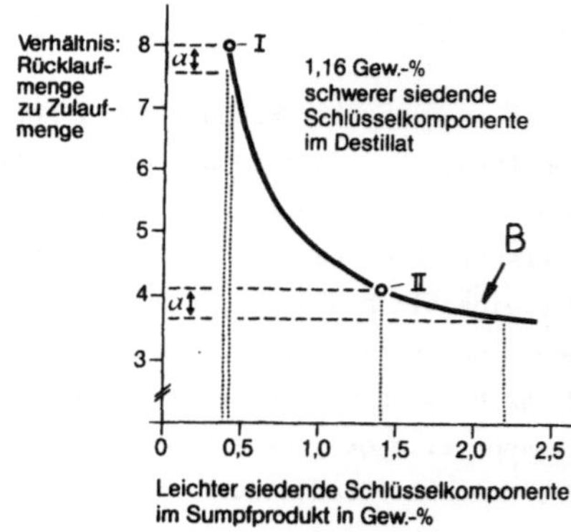

Abb. 4 Beziehung zwischen Produktreinheit und Energieaufwand

Der energieoptimale Arbeitspunkt für die geforderte Produktspezifikation sei in diesem Beispiel in Punkt B. Ein Betrieb der Kolonne in diesem Arbeitspunkt ist jedoch aufgrund der Zulaufstörungen praktisch nicht möglich. Das Verhältnis Rücklaufmenge zu

Zulaufmenge kann als Störgröße interpretiert werden. Bei konstantem Rücklauf ist das Verhältnis dann nur noch von der Zulaufmenge abhängig.

Zwei Störfälle sollen untersucht werden: Die Auswirkung einer Mengenstörung bei hohem bzw. bei niedrigem Rücklaufverhältnis. Es ist klar zu erkennen, daß die Kolonne - je mehr man sich dem energieoptimalen Betriebspunkt nähert - umso empfindlicher auf Störungen reagiert. Der Sicherheitsabstand vom energieoptimalen Betriebspunkt der Kolonne ist also ein Maß für die Energiemenge, die zusätzlich aufgebracht werden muß, um die Kolonne noch ausreichend regeln zu können. Damit ist ein Weg zur Energieeinsparung aufgezeigt. Es muß ein Regelverfahren gefunden werden, das es erlaubt, die Kolonne in Nähe der Spezifikationsgrenzen zu betreiben und verhindert, daß Störungen die Produktreinheit beeinflussen.

2.5 ADAPTIVES MEHRGRÖSSENREGELKONZEPT

Die Verkopplung der Regelkreise berücksichtigt ein Mehrgrößenregelkonzept, das über die Stellglieder Heizdampf und Rücklauf koordiniert die beiden Temperaturen beeinflußt. Durch die Verwendung beider Einflußgrößen wird eine energieoptimale Betriebsweise für die Regelung von Destillationskolonnen möglich. Eine Mehrgrößenregelung läßt sich nur durch den Einsatz eines Prozeßrechners sinnvoll verwirklichen. Abbildung 5 zeigt die Verbindungen zwischen Destillationskolonne und Rechner. Der Rechner erhält als Informationen die Temperaturen im Verstärkungsteil und im Abtriebsteil der Kolonne. Rücklaufverhältnis und Dampfmenge werden berechnet und an die Stellglieder geleitet.

Aus Erfahrung weiß man, daß Prozesse in verschiedenen Lastpunkten sehr unterschiedliche dynamische Charakteristiken besitzen. Ein konventioneller - also ein festeingestellter Regler (auch ein Mehrgrößenregler)- würde diese Veränderungen nicht erfassen und damit keine optimale Regelung gewährleisten oder gar instabil werden.

Adaptive Regelungen sind Regelungen, die ihr Verhalten den sich verändernden Eigenschaften der zu regelnden Prozesse und deren Signale anpassen. Die Selbstanpassung oder Adaption eines Regelsystems erfolgt mit dem Ziel, bei einer gewissen Anfangsungenauigkeit und sich ändernden Arbeitsbedinungen einen bestimmten - gewöhnlich optimalen - Systemzustand zu erreichen. Dies wird erreicht durch Veränderung von Parametern oder Systemstrukturen aufgrund von Identifikationen, die während dieses Adaptionsvorgangs erworben werden und daher eine Betriebsweise in der Nähe der Spezifikationsgrenzen ermöglichen.

Das Prinzip der adaptiven Regelung verdeutlicht Abbildung 6. Die äußere Schleife stellt den eigentlichen Regelkreis dar. Abhängig von einer Soll-/Istwertdifferenz berechnet der Regelalgorithmus die optimalen Steuergrößen, die den Prozeß beeinflussen. In einer inneren Schleife erfolgt die Adaption der Reglerparameter an den Prozeß. Vorhandene Meßgrößen werden einem Identifikationsalgorithmus zugeführt, der ein internes Regressionsmodell des Prozesses abbildet. Dieses Teilmodell akkumuliert sämtliche für den zu entwerfenden Regelkreis relevanten Informationen über den Prozeß im konkreten Arbeitspunkt. Die daraus resultierenden Modellparameter gehen ein in den nachfolgenden Reglerentwurf, in dem ein vorgegebenes Gütekriterium minimiert wird. Das Ergebnis sind die für den momentanen Prozeßzustand optimalen Reglerparameter. Im Regelalgorithmus werden dann daraus wiederum die zugehörigen Steuergrößen errechnet. Diese Schleife wird in jedem Abtastzyklus einmal durchlaufen, so daß jede Änderung des Prozesses erfaßt und die optimalen Steuergrößen berechnet werden.

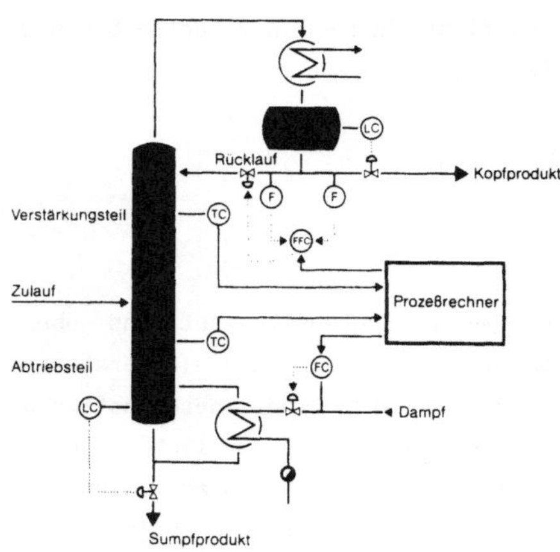

Abb. 5 Mehrgrößenregelkonzept

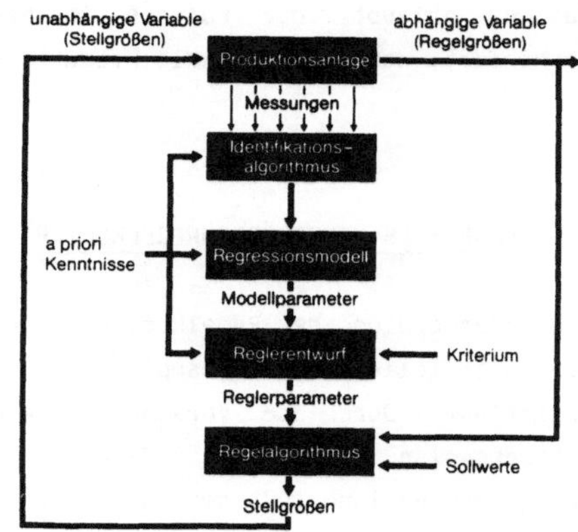

Abb. 6 Prinzip der adaptiven Regelung

Die Vorteile der adaptiven Regelung [illegible] folgendermaßen zusammengefaßt werden: Man erreicht eine selbsttätige Anpassung des Reglers über die Adaptionseinrichtung, und zwar bei Laständerungen (z.B. bei einer Durchsatzänderung), bei Änderungen des Arbeitspunktes (z.B. bei Anfahrvorgängen) und schließlich auch bei einer Änderung der Anlagendynamik (z.B. die Änderung des Wärmeübertragungskoeffizienten aufgrund von Kalkablagerungen im Wärmetauscher).

3 ENERGIEOPTIMALE REGELUNG VON DESTILLATIONSKOLONNEN

Das dargestellte Konzept wurde bisher mit Erfolg an zwei Laborkolonnen und fünf realen Produktionskolonnen eingesetzt. Der größte Teil der Arbeit besteht in der Findung geeigneter Regelgrößen, da die Temperaturen nicht immer eindeutig mit den Konzentrationen korreliert sind. Es müssen andere Ersatzregelgrößen gefunden werden, die z.B. auch den Druckeinfluß berücksichtigen. Oder es werden die Konzentrationen durch geeignete mathematische Modelle aus den Messungen von Temperatur und Druck, an den Böden, über Beobachter oder Filter berechnet. Das Konzept der energieoptimalen, adaptiven Mehrgrößenregelung bleibt davon unberührt.

3.1 SIMULATION UND REGELUNG EINER ZWEISTOFFDESTILLATIONSKOLONNE

Anhand der Simulation einer realen Zweistoffdestillationskolonne mit 15 Böden soll die Leistungsfähigkeit des vorgestellten Regelkonzeptes im Vergleich mit einer konventionellen Eingrößenregelung demonstriert werden. In Abbildung 7 ist links oben, neben dem Schema der Destillationskolonne, das entsprechende Temperaturprofil über den Böden aufgetragen, das die Trennleistung der Böden anzeigt. Der Kolonne wird ein Gemisch aus 45 mol% Toluol und 55 mol% Chlorbenzol zugeführt. Der Temperaturgradient über der Destillationskolonne ist in diesem Fall nahezu konstant. Im rechten Bild ist der Konzentrationsverlauf von Toluol über den einzelnen Böden aufgetragen. Bei diesem Zweistoffsystem ist die Temperatur eindeutig mit der Konzentration verknüpft, und das Temperaturprofil spiegelt das Konzentrationsprofil wider. Mit einer Konzentration von etwa 90 mol% Toluol im Kopf und 10 mol% Toluol im Sumpf entsprechen Kopf- und Sumpfprodukt in diesem Betriebspunkt den geforderten Reinheiten (stationäres Profil).

Die beiden unteren Simulationsergebnisse zeigen das abweichende Temperatur- bzw. Konzentrationsprofil bei Erhöhung (Störung) der Konzentration des Leichtersieders im Zulauf um 10 mol% vom stationären Profil der Kolonne. Das Konzentrationsprofil des Toluols ist nach rechts verschoben, die Konzentration ist erwartungsgemäß auf allen Böden gestiegen. Mit etwa 20 mol% Toluol ist die geforderte Produktreinheit im Sumpf nicht mehr erfüllt. Im Kopf dagegen ist die geforderte Produktqualität übererfüllt. Dies bedeutet jedoch, daß zuviel Energie verbraucht und damit nicht kostengünstig gefahren wird.

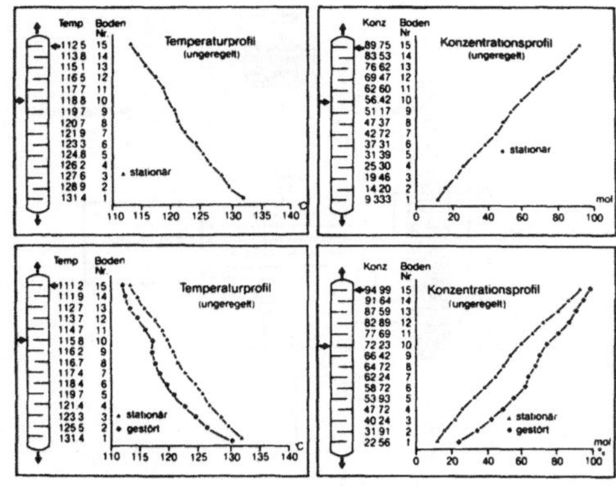

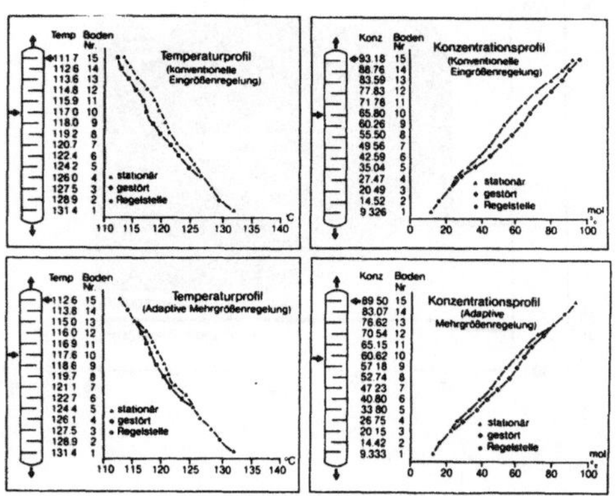

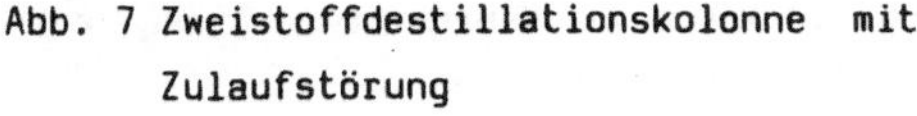
Abb. 7 Zweistoffdestillationskolonne mit Zulaufstörung

Abb. 8 Vergleich der konventionellen Eingrößen- mit der adaptiven Mehrgrößenregelung

Die konventionelle Eingrößenregelung der simulierten Destillationskolonne liefert bei gleicher Konzentrationsstörung von 10 mol% im Zulauf die in Abbildung 8 oben dargestellten Ergebnisse. Die Regelung erfolgt über eine Temperatur auf dem zweiten Boden bei konstantem Rücklaufverhältnis. Die geforderte Spezifikation des

Sumpfproduktes wird durch die Regelung der Temperatur auf dem zweiten Boden erfüllt. Das Ergebnis des Kopfproduktes zeigt dagegen eine Übererfüllung der Produktspezifikation. Die adaptive Mehrgrößenregelung der beiden Temperaturen im Temperaturprofil auf dem 2. und 14. Boden hingegen hält die Produktqualität des Kopf- wie auch des Sumpfproduktes bei anhaltender Störung im Zulauf konstant.

Ein Vergleich zwischen der konventionellen Eingrößen- und der adaptiven Mehrgrößenregelung zeigt die erbrachte Energieeinsparung (Abb. 9). Die gleiche Konzentrationsstörung, einmal mit konventioneller Regelung und einmal mit adaptiver Mehrgrößenregelung realisiert, ergibt in diesem Beispiel eine Energieeinsparung von ca. 20% zugunsten der adaptiven Mehrgrößenregelung.

3.2 REGELUNG EINER DREISTOFFDESTILLATIONSKOLONNE

Nach umfangreichen Regelversuchen an Laborkolonnen wurde der adaptive Mehrgrößenregler im August 1982 erstmalig an einer Betriebskolonne eingesetzt. Dabei handelt es sich um eine Kolonne, in der Isopropanol, Wasser und ein weiteres Produkt mit geringem Dampfdruck getrennt werden. Die Kolonne besitzt 33 Böden. Sie hat einen Durchmesser von 1,3 m und wird unter Normaldruck betrieben. Die Trennaufgabe der Kolonne besteht darin, ein Kopfprodukt mit 85 Gew.% Isopropanol und 15 Gew.% Wasser zu erzeugen. Das Sumpfprodukt soll nur 20 ppm Isopropanol enthalten.

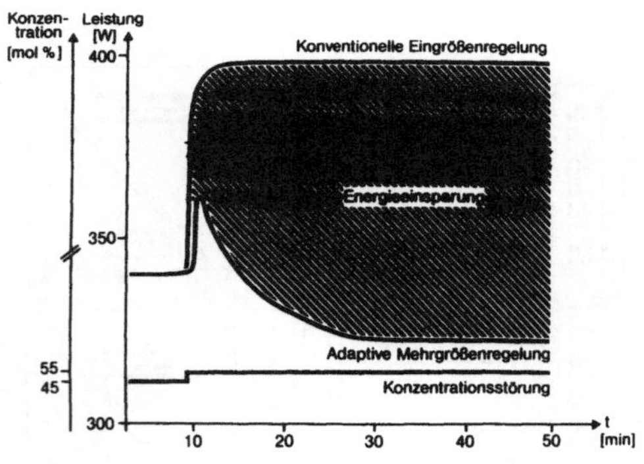

Abb. 9 Energievergleich

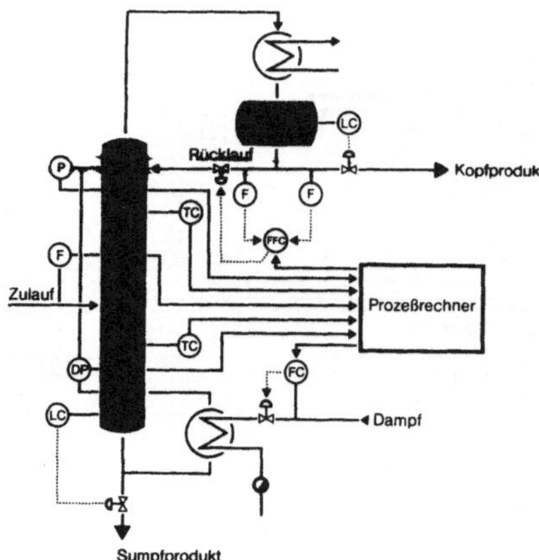

Abb. 10 Adaptive Mehrgrößenregelung der Betriebskolonne

Die bisherige Regelung entspricht dem in Abbildung 1 dargestellten Konzept. Zur Einhaltung der Spezifikationen des Sumpfproduktes wird die Temperatur eines Bodens im Abtriebsteil über die Dampfmenge mit einem konventionellen PID-Regler geregelt. Um die Konzentration des Destillats konstant zu halten, muß das Rücklaufverhältnis vom Bedienungspersonal manuell verändert werden. Hierzu wird der Wassergehalt laufend über eine Dichtemeßzelle gemessen und in der Meßwarte angezeigt.

Bedingt durch die Reinigung eines der Kolonne vorgeschalteten Filters ändert sich die Konzentration des Zulaufgemischs. Die Reinigung dauert mehrere Stunden und wird in Zeitabständen von wenigen Tagen wiederholt. Während der Reinigung ist ein Anlagenfahrer fast ausschließlich mit dem Betreiben dieser Kolonne befaßt.

Während des normalen Betriebsablaufs versucht man, die Zulaufmenge solange wie möglich konstant zu halten, um mit konstantem Rücklaufverhältnis fahren zu können. Dies hängt allerdings von der Aufnahmekapazität der weiterverarbeitenden Betriebe ab. Aber selbst im günstigsten Fall kann kaum länger als einige Stunden mit konstanter Zulaufmenge gefahren werden.

Da die Betriebskolonne zur Atmosphäre hin belüftet ist, unterliegt der Kopfdruck atmosphärischen Schwankungen. Diese können bis zu 60 mbar betragen. Der gesamte Kolonnendruckverlust bewegt sich in Abhängigkeit der Kolonnenbelastung zwischen 100 und 250 mbar. Bei nicht konstantem Druck sind Konzentration und Temperatur aber nicht mehr miteinander korreliert. Zur Regelung der Konzentration muß daher der Druck an den Temperaturmeßstellen mit berücksichtigt werden. Das hatte die Einführung von Ersatzregelgrössen, den sogenannten 'druckkompensierten Hilfsregelgrößen', zur Folge, die den Einfluß des Druckes auf die Temperatur berücksichtigen. Die Zulaufmenge kann in Abhängigkeit der gegebenen Betriebsbedingungen zwischen 4 t/h und 15 t/h schwanken. In diesem großen Belastungsbereich ändert sich der Bodenwirkungsgrad ganz erheblich. Diese Änderung wirkt sich dementsprechend auch auf die Trennleistung der Kolonne aus. Dies bedeutet, daß sich die Konzentrationen des Kopf- und Sumpfproduktes selbst bei konstant gehaltenen druckkompensierten Temperaturen an den Regelstellen ändern können. Dies konnte mit Hilfe einer gesteuerten Adaption über ein Regressionsmodell kompensiert werden.

Das Regelschema mit dem adaptiven Mehrgrößenregler ist in Abbildung 10 dargestellt. Neben den Temperaturen an den Regelstellen müssen vom Regler auch die dort herrschenden Drücke ermittelt werden. Dies geschieht über den Kopfdruck und den gesamten Kolonnendruckverlust, der linear interpoliert wird. Diese Art der Druckbestimmung ist im vorliegenden Fall ausreichend genau. In gewissen Fällen wie z.B. bei Vakuumkolonnen kann eine direkte Druckmessung an der Regelstelle notwendig werden.

Inzwischen steht ein mathematisches Modell zur Beschreibung des dynamischen Kolonnenverhaltens zur Verfügung, das Hinweise zur Bestimmung der Regelstellen durch rechnerische Simulation mit Hilfe von Kennzahlen gibt.

Im vorliegenden Fall kann der Isopropanolgehalt im Sumpfprodukt, der sich nur in einem kleinen ppm-Bereich bewegen darf, über eine Temperatur im Abtriebsteil geregelt werden. Dies ist hier nur durch eine genaue Temperaturmessung in Verbindung mit einer entsprechenden Regelgüte möglich geworden. Die erforderliche Meßgenauigkeit wird durch Einschränken des Meßbereichs handelsüblicher Temperaturmeßgeräte erreicht.

Die Zulaufmenge dient dem Regler als Maß für die Kolonnenbelastung und ist damit eine wichtige Größe, mit der die Sollwerte der druckkompensierten Regeltemperaturen zur Gewährleistung der optimalen Fahrweise für jeden Lastzustand on-line geführt werden. Voraussetzung ist allerdings die genaue, vor allen Dingen aber reproduzierbare Messung der Zulaufmenge. Tabelle 1 zeigt, daß die Produktqualität durch Einsatz des adaptiven Mehrgrößenreglers erheblich gleichmäßiger geworden ist.

Dem Diagramm in Abbildung 11 liegen Betriebsdaten zugrunde. Das Bild läßt erkennen, daß im normalen Lastbereich zwischen 80 und 110 % der spezifische Energieverbrauch mit dem adaptiven Mehrgrößenregler um 7 bis 8 % gesenkt wurde. Im Unterlastbereich beträgt die Energieersparnis zum Teil über 30 %, was offenbar darauf zurückzuführen ist, daß das Bedienungspersonal das Kolonnenverhalten im Unterlastbereich nicht so gut beherrscht wie der adaptive Regler. Zusammenfassend läßt sich sagen, daß der Energieverbrauch an dieser Kolonne durch den Einsatz der adaptiven Mehrgrößenregelung um durchschnittlich 10 % gesenkt werden konnte.

	Konventionelle Regelung	Adaptive Mehrgrößen-regelung
Sumpfprodukt		
Isopropanol-Konzentration in ppm	10 - 200	15 - 25
Kopfprodukt		
H_2O-Konzentration in Gew.-%	13 - 16	14,7 - 15,3

Tabelle 1 Verbesserung der Produktqualität durch Einsatz der adaptiven Mehrgrößenregelung

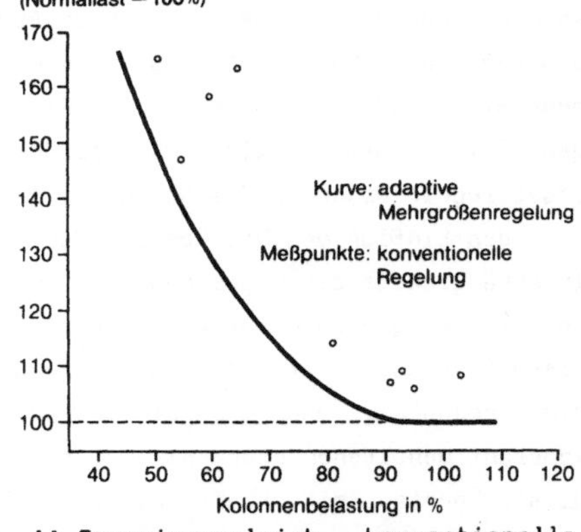

Abb. 11 Energievergleich konventionelle Regelung - adaptive Mehrgrößenregelung

Mit der Einführung der adaptiven Mehrgrößenregelung wurde zusätzlich ein höherer Automatisierungsgrad erreicht. Die Kolonne arbeitet vollautomatisch sowohl bei Änderungen der Zulaufkonzentration als auch bei Lastwechsel. Dies hat zu einer deutlichen Entlastung des Bedienungspersonals geführt.

3.3 REGELUNG EINER VAKUUMDESTILLATIONSKOLONNE

In diesem Anwendungsfall handelt es sich um eine Kolonne, in der ein Lösungsmittel von Wasser getrennt wird. Die Kolonne besitzt 40 Böden und hat einen Durchmesser von 4 m. Der in die Kolonne einfließende Produktstrom besteht aus 15 Gew% Wasser und 85 Gew% Lösungsmittel. Die Auftrennung soll so erfolgen, daß das am Kopf der Kolonne anfallende Wasser nicht mehr als 500 ppm Lösungsmittel und das am Sumpf abgezogene Lösungsmittel nicht mehr als 300 ppm Wasser enthält. Die Kolonne wird bei einem Kopfdruck von 85 mbar betrieben. Die Zulaufmenge liegt im Normalfall bei 40

m^3/h und kann zwischen 30 und 50 m^3/h schwanken.

Neben der Änderung der Zulaufmenge tritt als weitere Störung die Änderung der Zulaufkonzentration auf. Der Zulauf wird der Kolonne aus einem Mischbehälter zugeführt, in den zwei Produktströme unterschiedlicher Konzentration einfließen, die nicht durch einen Rührer vermischt werden. Druckschwankungen im Dampfnetz wirken ebenfalls als Störung auf die Kolonne ein.

Im konventionellen Regelkonzept wurde eine Temperatur im Abtriebsteil über die Zulaufmenge geregelt. Die Dampfmenge wurde manuell auf einen festen Wert eingestellt und lediglich zur Steuerung des Kolonnendurchsatzes benutzt. Die in Abständen von 2 Stunden durchgeführten Konzentrationsmessungen des Kopf- und Sumpfproduktes dienten dem Bedienungspersonal zur manuellen Korrektur der Regeltemperatur und der Rücklaufmenge.

In dem Regelkonzept mit adaptivem Mehrgrößenregler (Abb. 12) wird die Sumpfkonzentration über eine druckkompensierte Temperatur im Abtriebsteil geregelt. Für die Regelung der Kopfkonzentration wird ein vereinfachtes statisches Beobachtermodell verwendet. Mit diesem Modell wird die Konzentration des Lösungsmittels im Kopfprodukt aus Temperatur und Druck an einer Stelle im Verstärkerteil sowie aus weiteren direkt zu messenden Betriebsdaten wie z. B. dem Rücklaufverhaältnis geschätzt. Dieser Schätzwert geht als Istwert der Regelgröße in den Regelalgorithmus ein. Die Zulaufmenge wird nicht mehr zur Regelung verwendet und kann vom Bedienungspersonal entsprechend den Bedürfnissen der Produktion frei eingestellt werden.

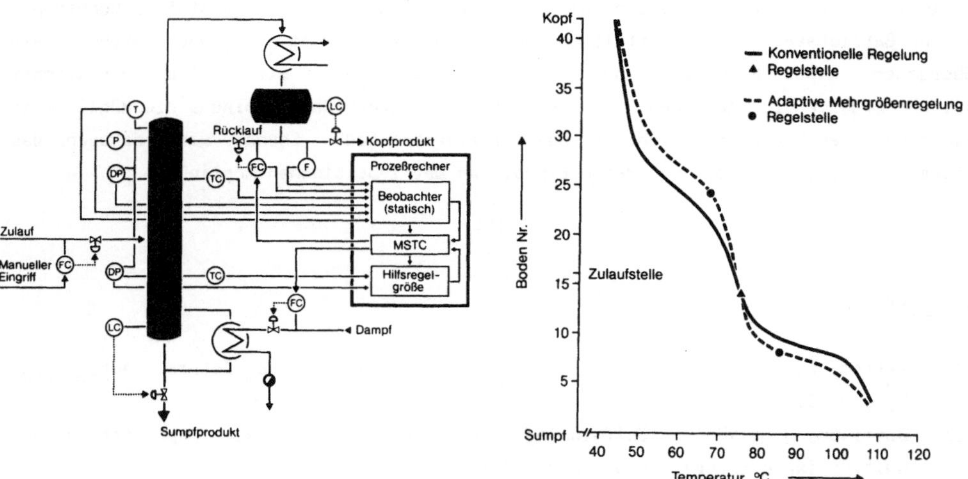

Abb. 12 Adaptive Mehrgrößenregelung der Vakuumkolonne

Abb. 13 Vergleich konventionelle Regelung - adaptive Mehrgrößenregelung

Abbildung 13 zeigt einen Vergleich der Temperaturverläufe zwischen der konventionellen Regelung und der adaptiven Mehrgrößenregelung . Das Diagramm läßt erkennen, daß die adaptive Mehrgrößenregelung zu einem gleichmäßigeren Temperaturverlauf geführt hat. Die Temperatur im Verstärkerteil liegt hierbei höher und im Abtriebsteil niedriger.

Dies zeigt, daß die Kolonne günstiger ausgelastet und näher an Produktspezifikationsgrenze gefahren wird. Zu dieser energieoptimalen Fahrweise hat auch der hier zum ersten Mal eingesetzte statische Beobachter beigetragen.

Die bisherigen Betriebsversuche haben zwei wesentliche Vorteile erkennen lassen: Die vom Rechner geschätzte Verunreinigung des Kopfproduktes ist für das Bedienungspersonal aussagefähiger als die Kolonnentemperaturen und direkt vergleichbar mit den Ergebnissen der Analyse, die nun in größeren Zeitintervallen durchgeführt werden kann. In den Schätzwert der Kopfkonzentration geht neben der Temperatur und dem Druck an einer Stelle im Verstärkerteil auch die sich ändernde Trennleistung in dem Kolonnenabschnitt zwischen dieser Meßstelle und dem Kopf ein. Dieses und die Lage der Meßstelle nur wenige Böden oberhalb der Zulaufstelle, wodurch Störungen frühzeitig erfaßt werden, haben zu einer hohen Regelgüte und sehr stabilen Kolonnenfahrweise geführt.

4 AUSBLICK

Mit den heute zur Verfügung stehenden leistungsfähigen und betriebssicheren Prozeßrechnern ist der Einsatz moderner Methoden der Regelungstechnik an vielen Anlagen wirschaftlich geworden. Auch die Fortschritte in der Systemtheorie, die zu effektiven Reglern geführt haben, beschleunigen den Einsatz dieser Verfahren.

Ein Teil der im Regelkonzept enthaltenen verfahrenstechnischen Kenntnisse konnte nur durch Betriebsversuche ermittelt werden. In Zukunft wird man jedoch vermehrt dazu übergehen, diese Kenntnisse durch Rechnersimulationen mit Hilfe dynamischer Kolonnenmodelle zu gewinnen. Diese Modelle liefern darüberhinaus die Möglichkeit einer besseren Struktureinsicht in das Prozeßverhalten. Ebenso wird dadurch das Testen von Regelkonzepten vor deren Einsatz an Betriebskolonnen möglich.

5 LITERATUR

/1/ Aström, K.J., and Wittenmark, B. (1983). On self-tuning regulators. Automatica, 9, pp. 185-199.

/2/ Borrison, U. (1975). Self-tuning regulators: industrial applications and multivariable theory. Lund report, 7513.

/3/ Clarke, D. W., Cope, S.N., and Gawthrop, P.J. (1975). Feasibility study of the application of microprocessors to self-tuning regulators. Quel report 1137/75.

/4/ Krahl, F. (1981). Multivariable adaptive control of a stochastic disturbanced process (in German). Thesis, University of Wuppertal.

/5/ Koivo, H.N. (1979). A multivariable self-tuning controller. Automatica, Vol. 16,

/6/ Peterka, V. (1975). A square-root filter for real-time multivariable regression. Kybernetica, 11, pp. 53-67.

KOMPENSATION VON WALZENEXZENTRIZITÄTEN IN WALZGERÜSTEN MITTELS SIGNALPROZESSOR-REGELUNG

COMPENSATION OF ROLL ECCENTRICITIES IN ROLLING MILLS BY SIGNAL PROCESSOR CONTROL

D. Wohld, G. Weihrich
Siemens AG
Systemtechnische Entwicklung, E STE 12
8520 Erlangen

Summary

With increasing quality demands for closer strip thickness tolerances, roll eccentricities in rolling mills require effective compensation.
An advanced method is presented for reconstructing backup-roll eccentricities and compensating for their effect both within strip thickness control (gaugemeter-control) and when rolling with roll positioning control. The design, based on the observer-principle of control theory, uses only measured variables which are commonly available and it does not therefore require any sensors mounted on the backup-rolls. Eccentricity compensation is implemented using a digital signal processor board of an industrial multi-microcomputer system. Operational limitations, especially at higher rolling speeds are then basically imposed by the dynamic capability of the hydraulic roll positioning system and by measurement delays. Practical results of operation on the first stand of a tandem cold mill demonstrate the effectiveness of eccentricity compensation.

1. Problem und Konzept

Die zunehmend engeren Toleranzforderungen bei Kaltband machen es erforderlich, den qualitätsmindernden Einfluß von Walzenexzentrizitäten in Walzgerüsten wirksam zu kompensieren. Leistungsfähige Mittel der Mikroelektronik und schnelle hydraulische Walzenanstellungen bieten die Möglichkeiten dazu.
Welche Bedeutung dieser Thematik in der industriellen Praxis zukommt, zeigt die Vielzahl von internationalen Patenten, von denen im Verzeichnis nur ein Querschnitt aufgeführt ist, /1/ bis /7/.

1.1 Problemstellung

Störende Walzenexzentrizitäten treten vor allem bei den Stützwalzen in Walzgerüsten auf. Ursachen dafür sind Schleifungenauigkeiten an den Walzen, betriebsbedingte Abweichungen zwischen Geometrie- und Laufachsen der Walzen, ungleichförmiger Verschleiß, thermischer Verzug u.a.m. Messungen zeigen, daß Exzentrizitätswerte bis zu mehreren 10 μm auftreten können.

Bei den üblichen Toleranzforderungen von wenigen Mikrometern für dünnes Walzband besteht somit zwischen den störenden Exzentrizitäten und der geforderten Bandqualität ein Verhältnis von etwa zehn zu eins. Eine direkte Ausregelung dieses Mißverhältnisses ist nicht möglich, da die Banddicke als Regelgröße nicht verzögerungsfrei - d.h. unmittelbar am Walzspaltausgang und mit erforderlicher betrieblicher Standzeit - meßbar ist.

In verschiedensten Angehensweisen wurde versucht, das Problem Walzenexzentrizitäten zu lösen.

In /8/, /10/ werden Bandsperrfilter verwendet, um die Exzentrizitätsanteile zu eliminieren, und in /9/ wird der Einsatz der Fourier-Analyse zur Exzentrizitätsermittlung vorgeschlagen.

Nach /11/ wird ein Walzkraftregelkreis zur Exzentrizitätsausregelung mit einer überlagerten Dickenregelung nach dem Gaugemeter-Prinzip kombiniert. Die Banddicke wird dabei rechnerisch aus der Walzkraft, der Walzenanstellposition und dem Gerüstmodul ermittelt. Der prinzipbedingt in diesem Rechenwert enthaltene Exzentrizitätsanteil wird über ein im Eingang zum Dickenregler angeordnetes Element mit Totzone ausgeblendet.

Zugänderungen, bewirkt durch Drehzahlverstellungen am Vorgerüst, werden in /12/ zur Minderung der Exzentrizitätswirkung verwendet. Nach /13/ sollen die Exzentrizitäten zunächst bei zusammengefahrenen Walzen ausgemessen und die abgespeicherten Verläufe im Betrieb dann synchronisiert aufgeschaltet werden. In /14/ schließlich werden die Exzentrizitätsanteile in der Walzkraft digital ermittelt und anschließend in der Regelung für Kompensationszwecke verwendet.

Trotz erzielter Erfolge müssen bei den wachsenden Anforderungen weitere Verbesserungen erreicht werden, bestehen bei den bisherigen Verfahren doch eine Reihe von Schwierigkeiten und Unzulänglichkeiten.

So bereitet die Einstellung der beschriebenen Totzone auf den unbekannten maximalen Exzentrizitätswert Schwierigkeiten. Insbesondere aber ist es betriebstechnisch unerwünscht, Winkelpositionsgeber an den immer wieder zu wechselnden Stützwalzen anbringen zu müssen, wie es bei einer Reihe von Verfahren der Fall ist.

1.2 Lösungskonzept

Die Walzenexzentrizitäten sollen laufend im Betrieb nachgebildet werden. Durch entsprechende Nutzung dieser Information innerhalb der Regelung läßt sich dann ihr Einfluß auf die Banddicke kompensieren.

Die Exzentrizitäts-Nachbildung erfolgt nach dem aus der regelungstechnischen Systemtheorie bekannten Beobachter-Prinzip. Es werden dabei nur derzeit gebräuchliche Meßgrößen verwendet, und es wird insbesondere die Anbringung von Meßgebern an den Stützwalzen ausgeschlossen.

Die digitale Realisierung mit Mitteln der Mikroelektronik soll eine einfache Anpassung an betrieblich sich ändernde Verhältnisse, wie z.B. variierende Walzgeschwindigkeit und neue Walzendurchmesser, sicherstellen.

1.3 Regelungsstruktur

Bild 1 zeigt das Blockschaltbild zum Einsatz des Walzenexzentrizitäts-Kompensators - im folgenden kurz mit RECO (Roll Eccentricity Compensator) bezeichnet - innerhalb der Regelung.

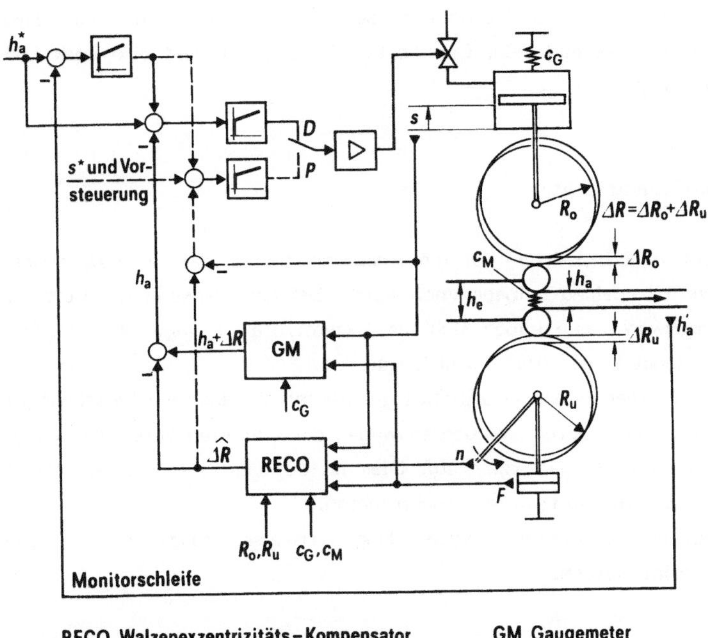

RECO Walzenexzentrizitäts-Kompensator (Roll Eccentricity Compensator) **GM Gaugemeter**

Bild 1: Walzenexzentrizitäts-Kompensation bei Gaugemeter-Dickenregelung (D) bzw. Anstellpositionsregelung (P)

Zwei Regelungsarten sind anwählbar: eine Dickenregelung (D) nach dem Gaugemeter-Prinzip und eine Regelung der Walzenanstellposition (P).
Bei Dickenregelung wird der vom Gaugemeter (GM) prinzipbedingt fehlerbehaftet ermittelte Dickenistwert ($h_a + \Delta R$) mit der von RECO nachgebildeten Gesamt-Exzentrizität $\widehat{\Delta R}$ korrigiert.
Wird nur mit einer Anstellungsregelung gewalzt, so kann der Exzentrizitätseinfluß durch Aufschaltung von $\widehat{\Delta R}$ als Zusatzsollwert kompensiert werden. Die von einem Dickenmeßgeber für das einlaufende Band abgeleitete Vorsteuerung hilft Einlaufdickenänderungen auszugleichen.
Der vom Dickenmeßgeber hinter dem Walzgerüst zeitversetzt gelieferte Meßwert h_a' wird, wie üblich, nur für eine dynamisch langsame, die Langzeitgenauigkeit des resultierenden Walzbandes sichernde Regelung - die sogenannte Monitorschleife -, verwendet.

2. Exzentrizitäten und Exzentrizitäts-Nachbildung

Für den strukturellen Ansatz zur Nachbildung der Walzenexzentrizitäten muß deren prinzipieller innerer Aufbau bekannt sein. Den besten Aufschluß liefert eine spektrale Analyse betrieblicher Messungen.

2.1 Stützwalzen-Exzentrizitäten

Bild 2 zeigt das Frequenzspektrum für die Anstellposition s, das im Walzbetrieb mit unterlagerter Walzkraftregelung aufgenommen wurde. Bei dem verwendeten Vorband mit nur geringen Dickenschwankungen bilden sich die Exzentrizitäten wegen Konstanthaltung der Walzkraft proportional in der Anstellposition ab.
Deutlich wird, daß neben einem Grundschwingungsanteil dominante Oberschwingungsanteile enthalten sind. Wie bei höheren Frequenzen wegen der stärkeren Spreizung besser ersichtlich ist, treten die Anteile paarweise auf. Dies ist auf den Durchmesserunterschied zwischen oberer und unterer Stützwalze zurückzuführen.
Somit müssen für eine erfolgreiche Nachbildung paarweise Grund- und Oberschwingungsanteile berücksichtigt werden.

2.2 Exzentrizitäts-Nachbildung

Folgend dem Beobachter-Prinzip wird ein Gerüst-Modell zur Beschreibung der Verformungsbeziehungen zwischen Gerüst und Walzgut angesetzt, und es wird die Gesamt-Exzentrizität $\widehat{\Delta R}$ mittels einer entsprechenden Anzahl von Oszillatoren für die paarweisen Grund- und Oberschwingungsanteile modelliert. Bild 3 zeigt das Prinzipbild dazu.

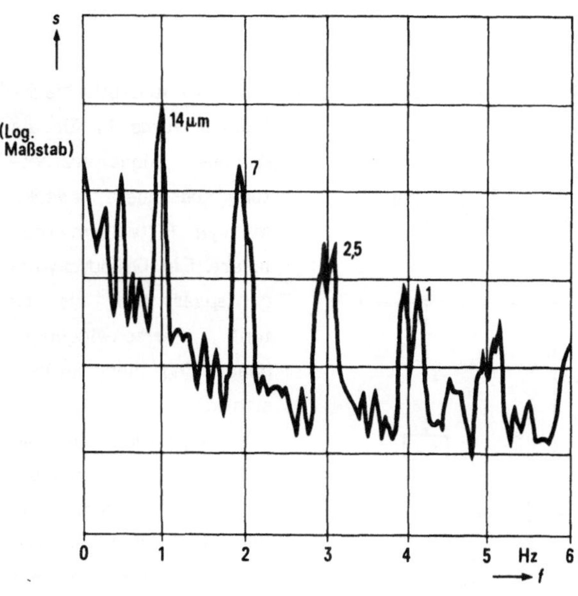

Bild 2: Betriebliches Frequenzspektrum der Walzenanstellposition beim Walzen mit unterlagerter Walzkraftregelung

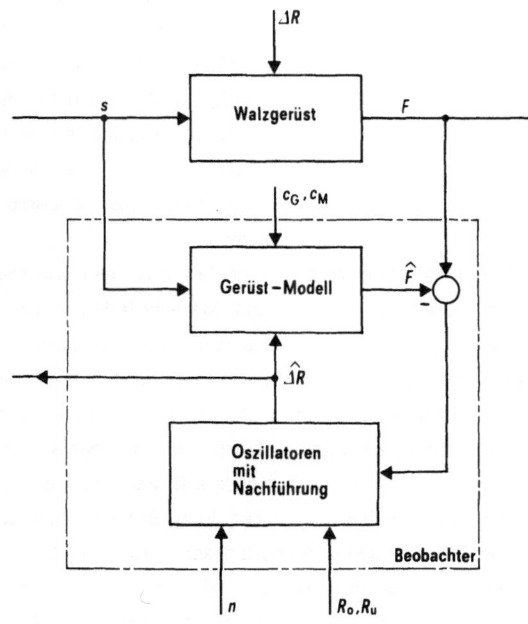

Bild 3: Beobachter-Prinzip zur Ermittlung der Exzentrizitäts-Nachbildung $\widehat{\Delta R}$

Angesteuert vom Signal für die Anstellposition s liefert das Gerüstmodell einen Wert für die Walzkraft $\hat{F}$, der mit der meßtechnisch erfaßten Walzkraft F verglichen wird. Die Abweichung dient im weiteren dazu, die Oszillatoren dauernd in Amplitude und Phasenlage derart nachzustellen, daß an der Vergleichsstelle ein Abgleich erreicht wird und somit laufend die Exzentrizitäts-Nachbildung $\widehat{\Delta R}$ zur Verfügung steht. Berücksichtigt werden dabei Veränderungen der Antriebsdrehzahl n, die Radien R_o, R_u der oberen und unteren Stützwalze, sowie die dem Gerüstmodell und dem zu walzenden Material entsprechenden Federkonstanten c_G und c_M.

3. Hardware-Realisierung

Bei der Komplexität der Aufgabe sowie der geforderten betrieblichen Anpassungsflexibilität ist eine digitale Realisierung mit Mitteln der Mikroelektronik am zweckmäßigsten. Dabei muß eine möglichst geeignete Realisierungsform gewählt werden.

3.1 Realisierungsstruktur

Bild 4 zeigt die Struktur des ausgeführten Aufbaus. Die eigentliche Exzentrizitäts-Nachbildung wurde in für die digitale Signalverarbeitung besonders zweckmäßiger Filterform realisiert. Ein Grundschwingungspaar und bis zu fünf Oberschwingungspaare sind hier berücksichtigt.

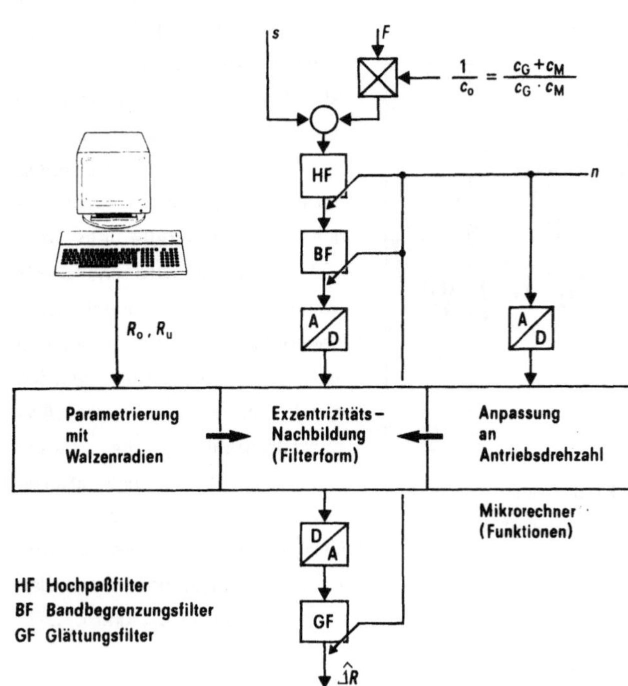

Bild 4: Realisierung der Walzenexzentrizitäts-Nachbildung

Zur Anpassung an die während des Walzbetriebes sich ändernde Antriebsdrehzahl n wird die Abtastfrequenz für die Prozeßsignale entsprechend gesteuert. Bei Stützwalzenwechsel - im Falle angetriebener Arbeitswalzen auch bei Arbeitswalzenwechsel - erfolgt nach Übergabe der neuen Walzenradien selbsttätig eine Neuparametrierung des Algorithmus.

Herrührend vom Gerüstmodell wird das Signal der Walzkraft F zunächst mit dem inversen Wert von c_o - dem Ergebnis der Reihenschaltung von Gerüst- und Materialfederkonstante c_G bzw. c_M - multipliziert, um dann zum Signal der Anstellposition s hinzuaddiert zu werden. Während c_G durch einmalig vorhergehenden Meßversuch hinreichend genau bekannt ist, ändert sich der Wert von c_M in Abhängigkeit vom Walzgut und von den Walzbedingungen. Meist steht c_M bereits für Vorsteuerzwecke seitens eines überlagerten Rechners zur Verfügung, anderenfalls muß ein Erfahrungswert eingestellt werden. Das System toleriert Ungenauigkeiten in Grenzen. Sie werden im closed-loop Betrieb automatisch ausgeglichen, wie sich auch in den noch folgenden Meßergebnissen zeigen wird.

Das Hochpaßfilter HF ist aus zwei Gründen erforderlich: um die Messung der Bandeinlaufdicke h_e zu vermeiden und aus Genauigkeitsgründen. Die exzentrizitätsbedingten Walzkraftschwankungen sowie die wirkenden Anstellpositionsänderungen sind nämlich im Vergleich zu Betriebswert bzw. Meßbereich äußerst gering. Sie müssen daher vor der Weiter-

verarbeitung isoliert und verstärkt werden.
Das Bandbegrenzungsfilter BF und das Glättungsfilter GF tragen den bekannten Erfordernissen digitaler Signalverarbeitung Rechnung. Insbesondere dient das Bandbegrenzungsfilter dazu, Störfrequenz-Faltung (aliasing) in den Nutzsignalbereich zu vermeiden.
Wie im Bild gezeigt, werden diese analog ausgeführten Filter in ihren Eckfrequenzen von der variablen Antriebsdrehzahl n her nachgeführt.

3.2 Signalprozessor-Baugruppe und Verarbeitungsleistung

Der Algorithmus wurde mit der Signalprozessorbaugruppe eines industriellen Multi-Microcomputersystems realisiert. Auf der Baugruppe kommt der Signalprozessor TMS 32010 zum Einsatz, der mit seinem Hardwaremultiplizierer auf dem Chip 16 x 16 bit Multiplikationen mit 32 bit Ergebnis in 200 ns ermöglicht. Die Baugruppe besitzt Speicher für Programm und Daten, eigene Digital-/Analog-Wandler und Busschnittstellen zum Einlesen von Prozeßdaten, wofür eine gesonderte Analog-/Digital-Umsetzer Baugruppe verwendet wird. Eine zugeordnete Standardprozessor-Baugruppe übernimmt alle sonstigen Funktionen neben der Abarbeitung des Algorithmus, z.B. Anlauf, Parametrierung, Steuerung des Prozeßdateneinlesens und Softwaretest.
Es wird eine Abtastfrequenz von 1,2 kHz erreicht. Rein signalverarbeitungstechnisch werden somit ohne weiteres Exzentrizitäten bis 10 Hz Stützwalzen-Drehfrequenz beherrscht, was bei üblichen Walzenabmessungen über eine Walzgeschwindigkeit von 2000 m/min hinausgeht. Die erzielbare Kompensationswirkung wird daher bei hohen Walzgeschwindigkeiten heute im wesentlichen durch die erreichbare Schnelligkeit der hydraulischen Walzenanstellung sowie durch die gegebenen Meßgeberverzögerungen und erforderlichen Meßsignalglättungen bestimmt.

4. Einsatzumgebung

Um den Exzentrizitäts-Kompensator sowohl in analoger als auch in digitaler Automatisierungsumgebung einsetzen zu können, wird der Wert der Exzentrizitäts-Nachbildung $\widehat{\Delta R}$ wahlweise als Analogwert oder in digitaler Form zur Verfügung gestellt.
Bei der hohen erreichbaren Signalverarbeitungsleistung muß nun im Sinne einer optimalen Gesamtwirkung für eine entsprechende Leistungsfähigkeit der übrigen Glieder der Wirkungskette, der Meßgeber und des Stellgliedes, gesorgt werden.

4.1 Meßgeber für Walzkraft und Anstellposition

Bei den Gebern ist gute Linearität und Auflösung gerade im Kleinsignalbereich sowie

- vor allem für schnellaufende Walzstraßen - eine hohe Grenzfrequenz gefordert. Wichtig ist zudem die geeignete Placierung im Walzgerüst, um verfälschende Reibungs- und Hystereseeffekte zu vermeiden.
Es ist darauf zu achten, daß die Verzögerungen der beiden Meßwerte s, F für die Ansteuerung des Kompensators gleich groß sind bzw. einander angeglichen werden.

4.2 Hydraulikstellglied für Walzenanstellung

Unabdingbare Voraussetzung für eine wirksame Exzentrizitätskompensation ist ein Servoventil mit ausreichend hoher Grenzfrequenz bei entsprechender Durchflußleistung.
Als Anhalt für die Amplitudenreduktion der einzelnen Exzentrizitätsfrequenzen - vor allem des Grundschwingungsanteils - kann beim Walzen mit Positionsregelung, wie sie im anschließend geschilderten Einsatzfall angewandt wurde, die folgende Näherungsformel gelten:

$$r = f_E \cdot 2\pi(2T_P + T_G)$$

Darin ist r der Amplitudenreduktions-Faktor, f_E die betrachtete Exzentrizitätsfrequenz und T_P die Summenzeitkonstante des Positionsregelkreises, bestehend aus der Ersatzzeitkonstante des Servoventils plus der Zeitkonstante der Positionsmeßwert-Verzögerung. T_G ist die größere der beiden ursprünglichen Verzögerungszeitkonstanten für den Positions- bzw. Walzkraftmeßwert, an die, wie bereits erwähnt, die Ansteuerungen für den Walzenexzentrizitäts-Kompensator anzugleichen sind.
Die Näherung gilt für übliche Einstellungen, Komponenten und Betriebsbereiche bei Reduktionsfaktoren besser als 0,4.
Die Eignung der Faustformel bestätigt eine Nachrechnung der Kompensationswirkung anhand der Frequenzspektren von Bild 6. In diesem Einsatzfall war T_P = 6 ms und - herrührend vom Walzkraftmeßgeber - betrug T_G = 20 ms.

5. Praktische Ergebnisse

Im folgenden werden die Ergebnisse vom Einsatz am ersten Gerüst einer Kaltband-Tandemstraße dargestellt. Der Walzenexzentrizitäts-Kompensator RECO war dabei in eine Walzstraßen-Automatisierung mit industriellem Multi-Microcomputersystem integriert.
Gewalzt wurde mit Regelung der Walzenanstellposition. Der laufend neu berechnete Wert c_0 stand von einem überlagerten Rechner her zur Verfügung.
Die gezeigten Meßschriebe wurden bei einer Walzgeschwindigkeit von 115 m/min aufgenommen. Oberer und unterer Stützwalzendurchmesser betrugen 1317 bzw. 1322 mm.
Bild 5 veranschaulicht die Wirkung von RECO im Zeitschrieb. Die Exzentrizitäten bilden sich zunächst bei konstant gehaltener Anstellposition s in der Walzkraft F ab, und sie werden abhängig von der Größe des Gerüstmoduls c_G und der Materialhärte c_M in das

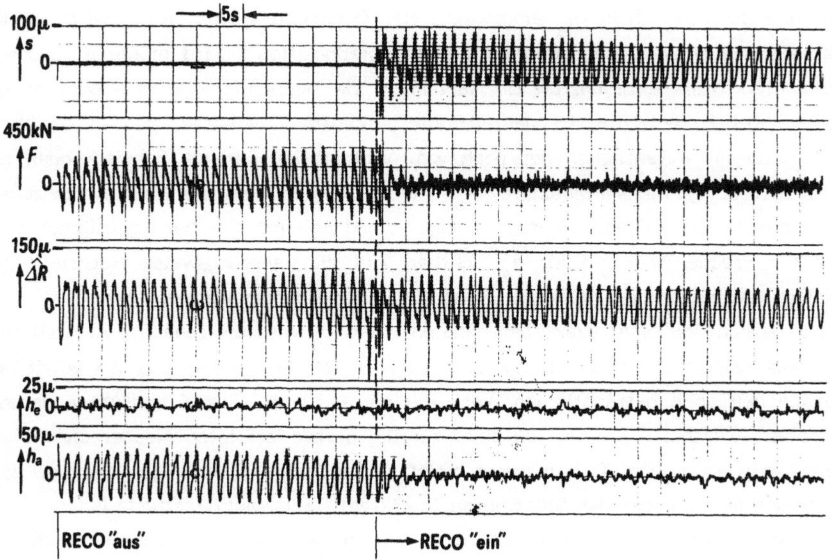

Bild 5: Einsatz des Walzenexzentrizitäts-Kompensators RECO am ersten Gerüst einer Kaltband-Tandemstraße

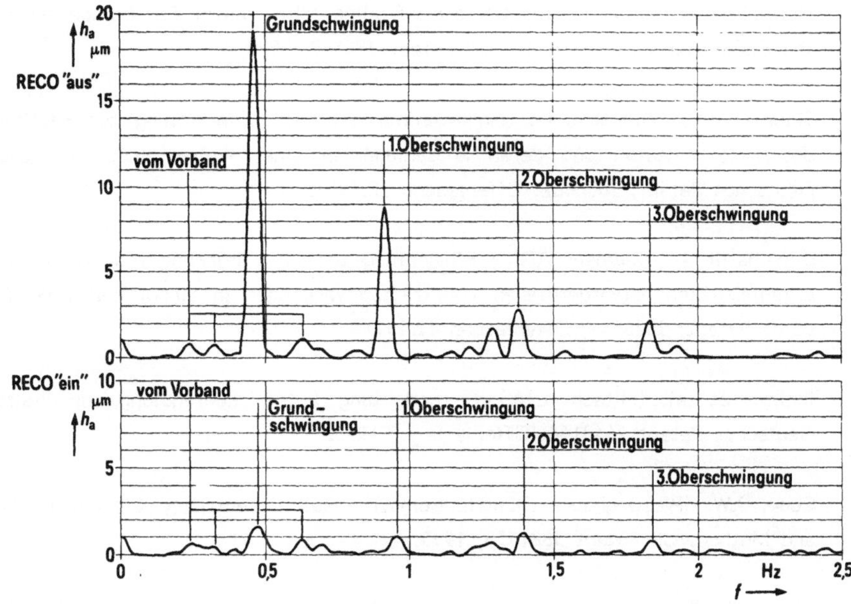

Bild 6: Frequenzspektren der Bandauslaufdicke

auslaufende Band der Dicke h_a eingewalzt. Bei Aufschaltung von RECO wird der Exzentrizitäts-Einfluß entscheidend gemindert: Die Anstellposition s wird möglichst proportional zur erkannten Walzenexzentrizität $\widehat{\Delta R}$ verfahren, die Walzkraft F wird - genauer gesagt, bezüglich ihrer Exzentrizitätsfrequenz-Anteile - konstant gehalten, und in der Auslaufdicke h_a sind im wesentlichen nur noch vom Vorband herrührende Schwankungen enthalten. Letzteres zeigt ein Vergleich von h_a und h_e - wenn man die Laufzeit zwischen den beiden zugehörigen Meßgebern berücksichtigt -, und es wird dies noch deutlicher in Bild 6 anhand der Frequenzspektren für h_a sichtbar. Auf die näherungsweise Nachrechenbarkeit der Kompensationswirkung wurde im Abschnitt 4 bereits hingewiesen.
Wegen offensichtlich nicht exakt berechnetem Wert c_0 wird $\widehat{\Delta R}$ zunächst zu groß nachgebildet, was sich nach Aufschaltung aber automatisch ausgleicht. Die Exzentrizität hat ersichtlich den doch beträchtlichen Wert von ca. $\pm$ 50 µm. Die Amplitudenänderung von $\widehat{\Delta R}$ kurz vor Aufschaltung rührt von einer zufällig gerade erfolgten Neuberechnung von c_0 her. Eine Schwebung von $\widehat{\Delta R}$, wie sonst meist zu beobachten, ist wegen des nur geringen Durchmesserunterschiedes der Stützwalzen in diesem Falle kaum festzustellen.
Die praktischen Ergebnisse bestätigen somit das in der Entwicklungsphase durch Simulation prognostizierte Verhalten /15/.

Literatur

/1/ Howard, D.R. (Davy United Comp.) : Rolling Mill Control for Compensating for the Eccentricity of the Rolls. US Patent 354349, 1970.

/2/ Shiozaki, H., Takahashi, N. (Ishikawajima-Harima) : Einrichtung zur Bestimmung der Exzentrizitäten und deren Phasenlage an einer Walze eines Walzgerüstes. Deutsches Patent, 2050402, Offenlegung 10.1971.

/3/ Engelhardt, W. (Siemens AG) : Einrichtung zur Unterdrückung von durch Walzenexzentrizitäten hervorgerufenen Walzkraftschwankungen in einem Walzwerk. Deutsches Patent, 2026537, Offenlegung 12.1971.

/4/ Ichiryn et. al. (Hitachi Ltd.) : Vorrichtung zur Dickenregelung von Walzband. Deutsches Patent 2440166, Offenlegung 3.1975.

/5/ Cook, J.W. (Westinghouse Electric Comp.) : Roll Eccentricity Correction System and Method. US Patent 3881335, 1975.

/6/ Clegg, R. (Davy-Loewy Ltd.) : Eccentricitiy Correction Means. Britisches Patent 1425826, 1976.

/7/ Hayama et al. (Mitsubishi) : Method of Controlling Roll Eccentricity of Rolling Mill and Apparatus for Performing the Same Method. Europäisches Patent, 0015866, Offenlegung 9.1980.

/8/ Waltz, M.D., Reed, L.E. : Eccentricity Filter for Rolling Mills. ISA Transactions, Bd. 11, Nr. 1, S. 77-83, 1972.

/9/ Imai, I., Suzuki, T. : FARE (Fourier Analyzer of Roll Eccentricity) Detector of Control System for Elimination of Roll Eccentricity. Ischikawajima-Harima Engineering Review, Bd. 13, S. 189-198, 1973 (in Japanisch).

/10/ Hertlein, K. : Walzen von Band mit besonders geringen Dickenabweichungen. Stahl und Eisen Bd. 95, Nr. 23, S. 1125-1130, 1975.

/11/ Schmitt, B. : Aufbau der Regelkreise einer modernen Kaltbandtandemstraße nach dem Prinzip der starren Drehzahlregelung. Stahl und Eisen, Bd. 97, Nr. 9, S. 450-455, 1977.

/12/ Tajima et al. : Development of a New Type AGC System for a Tandem Cold Mill. Iron and Steel Engineer, S. 43-48, Juni 1981.

/13/ Hashimoto, K. et al. : A New Roll Eccentricity Control System (MARECS) for Rolling Mill. Mitsubishi Heavy Industries Technical Review, S. 248-253, Okt. 1981.

/14/ Huzyak, P., Gerber, T.L. : Design and Application of Hydraulic Gap Control Systems. Iron and Steel Engineer, S. 13-20, Aug. 1984

/15/ Weihrich, G., Wohld, D. : Advanced Control for the Compensation of Roll and Coiler Eccentricities in Cold Rolling Mills. IEEE Annual Meeting of IAS, Chicago, USA, S. 49-54, Okt. 1984.

INTEGRATED AUTOMATION SYSTEMS IN THE PULP AND PAPER INDUSTRY

AUTOMATISIERUNGSSYSTEME IN DER ZELLSTOFF- UND PAPIERINDUSTRIE

K. Leiviskä and P. Uronen
University of Oulu, Department of Process Engineering
90570 OULU, FINLAND

ZUSAMMENFASSUNG

In der Entwicklung der Automation bei der Zellstoff - und Papierindustrie kann man drei Generationen der Informations - und Steuerungssysteme sehen; die Systeme mit zentralisierten Computern in den 60'n, die sogenannten gepackten Systeme danach und jetzt regieren die microrechnerbasierten distributierten Systeme mit dem Thema: zentralisierte Überwachung, distributierte Regelung. Diese neueste Entwicklungsphase hat auch die hierarchischstrukturierte Mill-widesysteme verwirklicht. Diese Entwicklungstendenzen mit noch existierenden Problemen und mögliche Lösungen werden in diesem Vortrag detailliert diskutiert.

1. INTRODUCTION

The modern process control implies the distributed system architecture. It means dividing of control tasks into smaller subtasks based on the functions of the application in question. Another trend has been the integration of process monitoring by transferring the information from local control units to centralized control rooms. This has meant the development of hierarchical, distributed control systems, and solutions utilizing distributed microprocessorbased hardware, data highways and colour videos are common nowadays. Local area networks (LAN) and data transfer based on fiber optics are also in the near future.

The technological development has also meant changes in the control engineering applications and in the whole systems environment. The analog controllers and devices used in the 1970's have been replaced by the digital distributed systems taking care of measurement, control and monitoring functions. This has also totally changed the operator communication concept. The process optimization systems have been realized using process computers. In the future the hardware dependence of these systems will diminish and more or less general - purpose systems and software packages will result. A very remarkable trend in the latest development has also been in the area of upper level control: real-time, on-line information and optimization systems have been built for production, energy and quality management. Also systems for condition and efficiency monitoring of machinery and equipment are under the rapid development, now. This millwide system concept has been discussed during a couple of decades, but it was not until the recent technological advances that made it available, by large.

2. HIERARCHICAL SYSTEM ARCHITECTURE

References to several hardware or functional hierarchies exist in the literature, but one commonly accepted possibility is to divide the control functions into six control levels according to the concept originating from the Purdue Laboratory for Applied Industrial Control /1/.

Level 1: Specialized digital controllers
Level 2: Direct digital control for separate control loops and simple control tasks
Level 3: Supervisory control level that is responsible for the process control and optimization (3A) and
Intra-area coordination that takes care of production, energy and quality control functions inside a specific area (3B)
Level 4: Production scheduling and operational management level that is responsible for longer-term production planning of the whole mill (4A)
and
Management information level (4B).

Applications of this specific concept to the steel industry /1/ and the pulp and paper industry /2/ have been reported and it gives a framework for description of functional relationships in the total mill control. It must be reminded that the hardware realization varies case by case and no recommendation for it is given here.

The hierarchical model is based on dividing the whole mill into areas that can be controlled more or less independently. The division into processes and even to separate control loops is necessary for lower level control specification. In an integrated pulp and paper mill the main areas of interest are /3/:

- paper mill with stock preparation, paper machines and roll handling,
- pulp mill with fibre line and chemical recovery and
- power plant.

This division is based on organization and the normal areas of operational and cost responsibility. From the control point of view, the following aspects must be taken into account /3/:

- the paper mill is a clearly separate entity and its production defines also the pulp production, both as for chemical and mechanical pulp. There exist, of course, also close connections to the energy system.
- the pulp mill is also a clearly restricted control area. It is decomposed into separate processes for process optimization purposes.
- the power plant is the third area in the pulp and paper mill control. The management of the whole energy sector requires also the connections with energy

users in order to find out possible disturbances in the system and the compensation capacity available in the case of disturbances.

The control and coordination of these areas mean really a millwide control. This concept includes also two other millwide functions: laboratory information and quality control system and environmental monitoring and control system. Following facts characterize these systems:

- laboratory information system gets its data mainly from the results of laboratory analyses. These are intermittently put in to the system by the operational staff and by the laboratory people. Some part of this data also originates in the on-line quality analyzers or sensors. Nowadays, a lot of work is done especially for developing sensors and systems for the paper mill quality control. Also fully automated on-line laboratories with robotics will mean a possibility to move into the direction of the so called offensive on-line quality control.
- environmental monitoring is in many cases necessary because of legislative reasons. The actual control of effluents and emissions is done at the process control level and the millwide system is mainly for the registration and recording of this data.

3. DEVELOPMENT OF PROCESS AUTOMATION IN THE PULP AND PAPER INDUSTRY

3.1 Distributed systems

Process automation can be divided into two categories: single loop applications and supervisory control applications. Up to the end of 1970's the single loop applications were realized with analog systems for measurement and control activities.

The first digital microprocessor based control system was published year 1975. Since then the number of their applications has grown steadily and nowadays new mill installations use nearly always digital instrumentation systems. In these systems measurements, controls, computing, monitoring and historical trends are distributed in self-contained devices in a modular way. These devices are connected together with a data highway or a communication network.

Distributed instrumentation systems replace the analog instrumentation, but also in many cases they include logic function capability. However, when relay logic is to be replaced, a programmable logic controller is in many cases the best choice.

In the modern distributed systems the following advances can be seen /4/:

- increased computing power and software flexibility for control applications so that the installation of complex control strategies is possible. This is supported by the existence of large algorithm libraries and possibilities to use high level languages in programming new control modules.
- versatile linking possibilities both inside the system and with other programmable systems like computers, analyzers, programmable logic controllers and other devices. In the networks, both point-to-point, token-passing communications and broadcast communications are used. Fibre optics seems to become more popular in the future as a communication media.
- more powerful command consoles for operator communication are available and virtually all the system functions can be executed from one console. The consoles support colour graphics, system documentation and display for system diagnostics.
- in the systems design the modular principles are taken into account so that they can deal with all kinds of plants starting from the small and medium size batch plants and up to large integrated mills.
- data acquisition in distributed systems support also Management Information System functions. Thus they are a backbone of building millwide control systems.

3.2 Supervisory control systems

In the pulp and paper industry, the development of the supervisory and optimal control systems is closely connected with the advances of the computerized automation. The first computer control system for the paper machine started already in the year 1961 at Potlatch Forest Incorporation mills in Lewiston, Idaho. Correspondingly, the first application in the pulp mill was the continuous digester control at Gulf States Paper, Demopolis, Alabama in the year 1962. During this 25 years of development, three system generations are found /5/:

The first generation systems (1961 -1968) were developed by the users and they utilized big, administrative computers. It is estimated that there were about 50 of this kind of systems in the U.S. The results were not encouraging and also the system development failed. The most important reasons for this were as follows /2/:

- the underestimation of problems and difficulties to be expected,
- the unsufficient reliability, speed and capacity of the computers at that time,
- the lack of reliable sensors and process models and
- the lack of competent staff for system development.

The second generation systems (1968 - 1974) are the so called packaged systems. These systems are meant to control the separate processes and packaged systems for paper machines, digesters, recovery boilers, etc. have been developed. These systems have been successful because of the following facts /2,5/:

- especially the paper machine systems were based on the special sensors dedicated for this task
- the systems were developed in cooperation between the computer specialists and process engineers so that they responded to the actual needs of the user.
- the smaller minicomputers used in these systems had enough capacity and they were reliable enough for controlling processes.
- the economic results of these systems were easy to verify and usually short payback times have been achieved.
- operator communication became more user-oriented compared with the first generation systems.

The third generation systems (1975 -) mean mostly the technological advances:

- the speed and computational capacity of the modern minicomputers are superior compared with the computers some 10 years ago.
- microprocessor-based systems are now available and capable enough to deal with problems earlier solved with packaged minicomputer system.
- operator communication utilizes colour graphic video systems.

- linking the systems using data highways and networks is nowadays a necessity.
- the computerized automation is heading towards millwide systems: production, energy and quality management.

3.3 Development trends

At this moment, the number of packaged system installations in the pulp and paper industry exceeds 4000. The greatest interest towards these systems has traditionally been in Scandinavia and North America /6/. The installation trend of these systems shows a steady growth also in the future.

The control strategies behind these systems were developed mostly during 1970's. These strategies have been tested during installations and the experiences show that they can well respond also to the future needs. It seems clear that considerable technological changes in the processes only make the development of existing control strategies necessary.

The packaged systems were originally installed in the minicomputer environment. The system vendors on this area have recently been facing the fact that these systems can be, and actually are, installed in distributed control systems. This has meant the increasing demand of flexibility to the vendor side, but it has not effected on the position of the main system vendors on this area. Anyhow, the packaged systems are more or less software and knowledge packages that must be convertable to different computing environments. The key-word in this kind of supervisory, optimal control is the thorough process knowledge and the computer equipment is just a tool that must, however, meet the necessary technical requirements.

Eventhough the packaged systems are now in the mature stage of development, there are some aspects that need further attention:

- development of new sensors and analyzers especially for pulp mill control (liquor and gas analyzers, image processing, etc.)
- including programs for on-line identification, process simulation and controller tuninq in the control systems.
- use of balance calculations and other checking possibilities for diagnostic purposes.
- use of expert system approach especially when operating under variable conditions, with the lack of measurements and fully utilizing the operator's experience.

4. MILLWIDE SYSTEMS

4.1 Concept

Millwide control and millwide systems have been a very popular topic during recent years. Especially in the pulp and paper industry nearly all the remarkable conferences since 1982 have included a session or a round table discussion concerning with this topic. In spite of that attention the whole concept of millwide control is not well defined and very much depends on the speaker in question.

Some definitions reported in the recent literature are repeated as follows:

- millwide control exists where the authority, responsibility and tools are present, agreed upon and used to plan, coordinate and control daily production toward a measurable optimum /7/.
- the objective of millwide control is to achieve the optimal operation of the mill relative to its orders, costs, inventories and available production capacity /8/.
- millwide automation is the overall planning, coordination and control of production, quality and energy to maximize the profitability of the mill /9/.

According to the authors's opinion, in the pulp and paper industry millwide systems mean the extension of real-time control to cover also the control of the whole mill's efficiency and economy. It also means the actual integration of process and business.

4.2 Applications

The development of millwide monitoring and control systems started at the end of 1970's. These systems aimed at more efficient production by an improved coordination of separate processes. Depending on the application area, the applications were called production control or energy management systems.

The history of production control goes however back to the end of 1960's. At this time the basic research for production scheduling was carried out. Pettersson in Sweden studied simulation and optimization methods /10, 11/ and applied them for production control. In Finland, Golemanov studied storage tank dimensioning and production scheduling methodology from a systems theoretical point of view /12-15/.

STFI in Sweden selected another approach based on network flow algorithm to serve as a scheduling tool /16/. Also in the University of Oulu several scheduling methods were studied during 1980 - 1982 /17/.

Scheduling alone is not sufficient for production control, but an efficient information system is also required. Skutsär mills in Sweden /16/ and Kemi mills in Finland /18/ were the first to adapt this concept. Nowadays there are several installations from various system vendors all over the world /19-24/. The first energy management system reported was at Union Camp, Franklin, VA mills /25/. Modern energy management systems include versatile possibilities for data acquisition, reporting, simulation and optimization functions (see e.g. /26/).

4.3 Development trends

The development and research needs of millwide systems are closely connected to the standardization activities going on in different areas, namely:

- the standardization of communication networks is important, because at this moment, and also in the future, millwide systems operate in the multi-vendor environment.
- the standardization of the programming languages and the development of new efficient and user-friendly languages. In millwide systems the amount of data is very big and therefore efficient tools for data base management, data transfer definitions, etc. are needed.
- development of man/machine communication is important, because uses and users of millwide systems vary a lot.

Other development areas are:

- use of simulation and balance models in checking the accuracy of measurements (mainly flow and consistency)
- updating methods for mill models
- integration with maintenance organization
- tools for operator training
- estimation of benefits from millwide control.

5. CONCLUSION

During the latest years, distributed systems have confirmed their position as a basic instrumentation technology in the pulp and paper industry. This trend will continue also in the future. The packaged systems for supervisory and optimal control for pulp and paper mill processes have been profitable and the number of their installations show a stable growth in the future. It seems clear, however, that the fastest increase will be in the number of millwide system installations during the next 5 years.

6. REFERENCES

1. Tasks and functional specifications of the steel plant hierarchy control system (Expanded version). Volume 1. Project Staff. Report number 98. Purdue Laboratory for Applied Industrial Control. Purdue University. West Lafayette, Indiana, 1982.

2. Uronen, P., Williams, T.J., Hierarchical control in the pulp and paper industry. Report number 111. Purdue Laboratory for Applied Industrial Control. Purdue University, West Lafayette, Indiana. Revised and expanded version, 1984.

3. Leiviskä, K., Production control in the pulp and paper industry. SATO-project. Report 85. University of Oulu, Oulu 1982. (In Finnish).

4. Tinham, B., Next generation distributed systems. Control & Instrumentation, June 1985, pp. 43-45.

5. Wallace, B.W., Spanbauer, J.P., Hunt, V.R., Computer control in the pulp and paper industry. 1981 National PIMA Conference, Nashville, Tennessee, June 17-21, 1981, 13 s. PIMA 64(1982)7, 18-24.

6. Uronen, P., Leiviskä, K., Kesti, E., Benefits and results of computer control in pulp and paper industry. Ministry of Trade and Industry. Energy Department. Series D:76. Helsinki 1985. 63 s.

7. Miller, J.P., The context for mill-wide control. Tappi 1983 Annual Meeting. s. 101-113.

8. Trapp, P.R., An overview of MIS technology trend. Tappi Journal, March 1984. s. 40-42.

9. Fadum, O., Mill-wide automation - do you really need it. ISA/CPPA Control Conference, Vancouver B.C., May 1983. 9 s.

10. Pettersson, B., Mathematical methods of a pulp and paper mill scheduling problem. Report 7001, Division of Automatic Control, Lund Institute of Technology, 1970.

11. Pettersson, B., Production control of a pulp and paper mill. Report 7007. Lund Institute of Technology, Division of Automatic Control. Lund, 1970.

12. Golemanov, L.A., Systems Theoretical Approach in the Projecting and Control of Industrial Production Systems. Doctoral Thesis, EKONO-publication No 113, 1972.

13. Golemanov, L.A., Blomberg, H., Dimensioning of storage facilities and optimization of control strategy. Tappi 56(1973)1, 109-112.

14. Golemanov, L.A., Blomberg, H., Mars, O., Mikkola, I., Tinnis, V., Dimensioning of Buffer Storages and Optimization of a Control Strategy. EKONO-publication No 131, 1971. (In Finnish).

15. Golemanov, L.A., Koivula, E., Optimal production control and mathematical programming. Paperi ja Puu 55(1973)2, 53-67.

16. Edlund, S.G., Rigerl, K.H., A computer-based production control system for the coordination of operations in pulp and paper mills. Preprints of 7th Triennal IFAC World Congress, Helsinki, 1978, 221-227.

17. Leiviskä, K., Short term production scheduling of the pulp mill. Acta Polytechnica Scandinavica, no. 36. 1982.

18. Ranki, J., Experience with computerized production control and supervision in a pulp and board mill. Tappi, Vol. 64, 6, 1981.

19. Proceedings of EUCEPA Symposium, May 11-14, 1982. Session 1: Mill-wide control and information systems. Several authors, pp. 14-84.

20. Yeager, R.L., Integrated mill in Finland proves practicality of millwide control. Pulp & Paper, Sept. 1984. s. 205-209.

21. Halonen, V., Modernization at Finnish pulp mill includes millwide control system. Pulp & Paper, Sept. 1984, pp. 210-214.

22. Millwide system improves Norwegian mill's efficiency, profitability. Pulp & Paper, August 1984, pp. 93-98.

23. Waye et al., Mill-wide hierarchical distributed control at Donohue-Normick Inc., Pulp & Paper Canada, 6. 1985, pp. 80-85.

24. Paskov Mill to receive the most extensive pulp mill production control ever. Afora News 2, 1985.

25. Fadum, O.K., A review of process control in the pulp and paper industry. Pulp & Paper Canada 82(1981)8, 20-24.

26. Sutinen, R., Muukari, P., Siro, M., Global energy management system on-line at Schauman mill in Finland. Pulp & Paper, July 1984, 93-97.

AUTOMATISCHE PROZESSFÜHRUNG DISKONTINUIERLICHER PROZESSE IN DER VERFAHRENSTECHNIK MIT VERTEILTEN LEITSYSTEMEN

AUTOMATION OF BATCH PROCESS BY MEANS OF DISTRIBUTED PROCESS CONTROL SYSTEMS

H. Wilhelm

Brown,Boveri & Cie AG
Abt. IA/TL
6800 Mannheim 1, B.R. Deutschland

Summary

After some remarks on principles of batch process the requirements and basic concepts of a modern approach of automation is given. These concepts are characterized by modular and hierarchical structures with standardized interfaces between intern function modules, man-machine-communication and extern overall planning and coordinating computers. Architecture and functions of the realization elements are considered in more detail. The main advantages of this approach are an easy recipe handling even by not trained personal, high flexibility and optimal qualification for multi-processor-applications. This concept is realized by means of an industrial distributed process control system.

1. Anforderungen und Grundkonzeption

Im Gegensatz zu kontinuierlichen Prozessen, bei denen in einer speziellen Anlage häufig nur ein Produkttyp hergestellt wird, ist für Chargenprozesse die Produktvielfalt bezeichnend. Das heißt, daß Chargenprozesse in einer Universalanlage ablaufen, die durch Eingabe verschiedener Rezepturen unterschiedlichen Produkten und somit neuen Markterfordernissen anpaßbar ist. Die gegebenenfalls notwendigen Änderungen von Regel- und Steuerstrategien oder Parametern stellen hohe Anforderungen an die Flexibilität einer Leitanlage. Um eine überschaubare Lösung zu erhalten, ist eine klare Strukturierung der Verfahrensabläufe notwendig [1,2].Hieraus ergibt sich die Anforderung:

- Flexibilität der Leitanlage hinsichtlich wechselnder Rezepturen.

Je komplexer eine Anlage ist, um so vielfältiger sind die möglichen Wege eines Produktes durch die Anlage. Dieser Produktweg läßt sich beschreiben durch die Anordnung der Prozeßabschnitte[1)], die von den Chargen[2)] durchlaufen werden.

Definitionen

[1)] Prozeßabschnitt: Ein Prozeßabschnitt entspricht einem Anlagenteil, in dem sich immer nur eine Charge befinden kann. In verschiedenen Prozeßabschnitten können gleichzeitig verschiedene Chargen bearbeitet werden.

[2)] Charge : Nach einer Rezeptur produzierte Produktmenge, die durch die Kapazität der Produktionsanlage (z.B. Behältergröße) begrenzt wird.

Unabdingbar für die Erhaltung der Flexibilität und Erweiterbarkeit einer Rezeptursteuerung ist deren klare Strukturierung (Bild 1). Zur Erzielung einer größtmöglichen Transparenz ist die Aufgabenstellung modular nach Grundoperationen[3)] und Prozeßabschnitten zu gliedern.

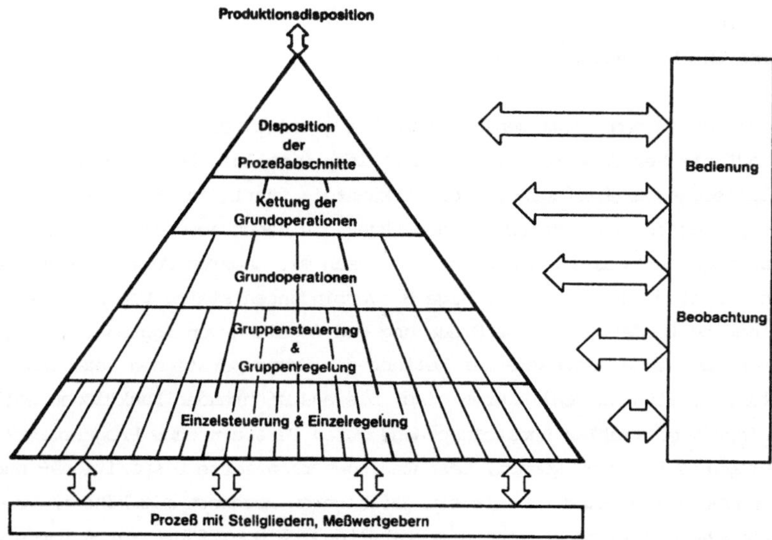

Bild 1: Hierarchische Struktur der leittechnischen Funktionen für Chargenprozesse

Durch Kriterien (Störung in einem Prozeßabschnitt, Optimalität etc.) kann eine Produktwegänderung nötig werden. Eine Rezeptursteuerung muß derartige Eingriffe ermöglichen und unterstützen, in weniger komplexen Fällen sogar selbsttätig ausführen. Hieraus ergibt die Anforderung:

- Flexibilität hinsichtlich wechselnder Produktionsströme.

Definition

[3)]Grundoperation: Eine von unterschiedlichen Betriebsarten und Rezepturen der Anlage unabhängige Einzelfunktion eines Prozeßabschnittes (z.B. Füllen, Heizen, Rühren). Sie wird realisiert durch Zusammenschaltung von Bausteinen der Steuerung, Regelung, Arithmetik etc.

Bei der Festlegung der Hierarchie der Steuerebenen ist ganz besonders auf klare, standardisierte Schnittstellen zu achten[3,4]. Dies reduziert den Planungsaufwand und hilft, Fehler zu vermeiden. Gleichzeitig können durch das modular-strukturierte Konzept Anlagenerweiterungen problemlos durchgeführt werden bzw. eine überlagerte, dispositive Betriebsleitebene leicht angekoppelt werden. Dies ergibt die Anforderung:
- Modularer und hierarchischer Aufbau.

Die Entwicklung in den vergangenen Jahren hat gezeigt, daß es insbesondere auch in bezug auf die Verfügbarkeit vorteilhaft ist, eine Aufgabenverteilung durch Dezentralisierung durchzuführen. Diese Erkenntnis führte zur Entwicklung von mikroprozessorgestützten Verarbeitungsgeräten, in denen jeweils überschaubare Teilaufgaben gelöst werden. Der Signalaustausch mit anderen Geräten oder Bedienstationen findet durch leistungsfähige Busverbindungen statt. Von der Aufgabenstruktur her zu fordern ist, daß Steuerung und Regelung von Aggregaten, Grundoperationen und Steuerprogramme zur Kettung der Grundoperationen dezentral in Verarbeitungsgeräten zu realisieren sind. Die auszuführenden Funktionen sollen hier in einer komfortablen Bausteinsprache durch Personen ohne Programmierkenntnisse konfiguriert werden können. Gesamtanlagenorientierte Dispositions- und Optimierungsprogramme sind noch leistungsfähigeren Rechnern mit höherer Programmiersprache und Massenspeichern vorbehalten[5]. Dies führt zur Anforderung:
- Dezentralisierung der Rezeptursteuerkomponenten.

Hohe Anforderungen bezüglich Produktqualität, Produktvielfalt und Produktivität erfordern eine hochqualifizierte Führung des Chargenprozesses. Die automatische Rezeptursteuerung entlastet den Operateur von Routineaufgaben, so daß er sich auf die Überwachung und dispositive Führung des Prozesses konzentrieren kann. Eine leistungsfähige Informationsaufbereitung und -verdichtung sowie die Informationsdarstellungsmöglichkeiten auf graphischen Farbbildschirmen sind die Basis, um für den Operateur geeignete Hilfsmittel zur Beobachtung und Überwachung des Chargenprozesses zu realisieren. Die bei kontinuierlichen verfahrenstechnischen Prozessen bewährten Grundprinzipien der Informationsdarstellung
- hierarchischer Darstellung von Übersichts- und Detailinformation sowie Kombinierbarkeit von vorgestalteter Standarddarstellung und Fließbildern (siehe Entwurf VDI/VDE Richtlinie 3695) - sollte auch für Chargenprozesse berücksichtigt werden. Eine entsprechend optimierte Gesamtkonzeption ist erforderlich. Darüber hinaus sind auftragsbezogene Protokollfunktionen zu integrieren. Dies führt zur Anforderung:
- Einheitliche Benutzeroberfläche für Prozeßführung, -Überwachung und Produktionsdisposition.

2. Strukturelemente und Realisierungskonzept

Ein zukunftsorientiertes leittechnisches Konzept für Chargenprozesse, das sich mit modernen, dezentralen busorientierten Leitsystemen optimal realisieren läßt, ist gleichermaßen ausgelegt für (Bild 2):

- einfachere Chargenprozesse (Prozeßtyp A), deren Anlagenaufbau nur einen Produktweg aufweist und deren Rezepte nur bezüglich des Parametersatzes variieren;
- für komplexere Chargenprozesse (Prozeßtyp B), deren Rezepte zusätzlich durch eine unterschiedliche Auswahl von verfahrenstechnischen Abläufen variieren und somit durch den jeweiligen Parametersatz der Grundoperationen sowie deren variable Kettung gekennzeichnet sind;
- für umfangreiche Anlagen, bei denen gemäß Prozeßtyp C variable Produktionswege möglich sind und somit ein zusätzlicher Freiheitsgrad durch die Disposition der Prozeßabschnitte gegeben ist.

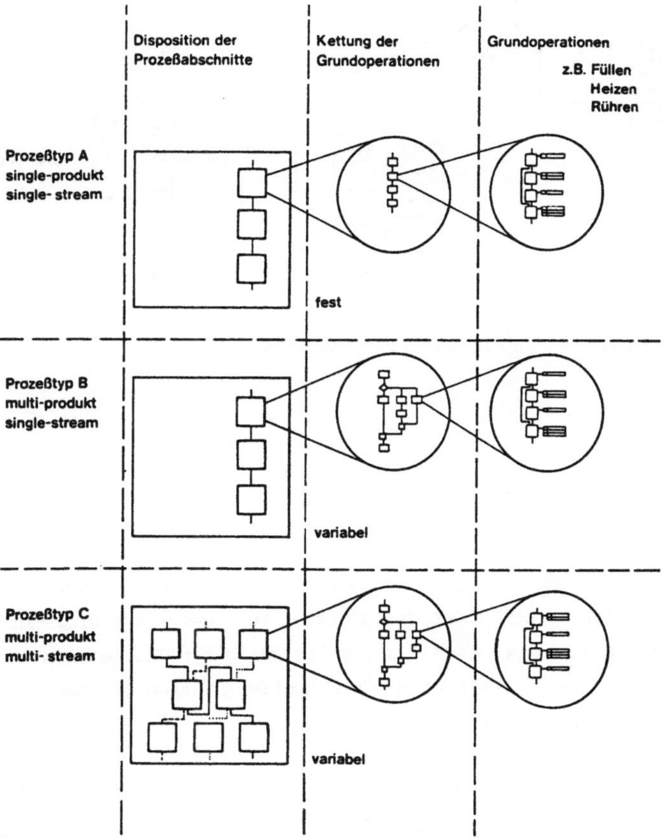

Bild 2: Klassifizierung von Chargenprozeßtypen.

Durch konsequente und klar strukturierte Aufgabenverteilung, durch modularen Aufbau und der Einführung hierarchischer Ebenen mit Definition von standardisierten Schnittstellen ist eine überschaubare Lösung unter voller Ausnutzung der Vorteile dezentraler Leitsysteme möglich.

Im einzelnen ergeben sich für diese Ebenen folgende Strukturelemente (Bild 3)

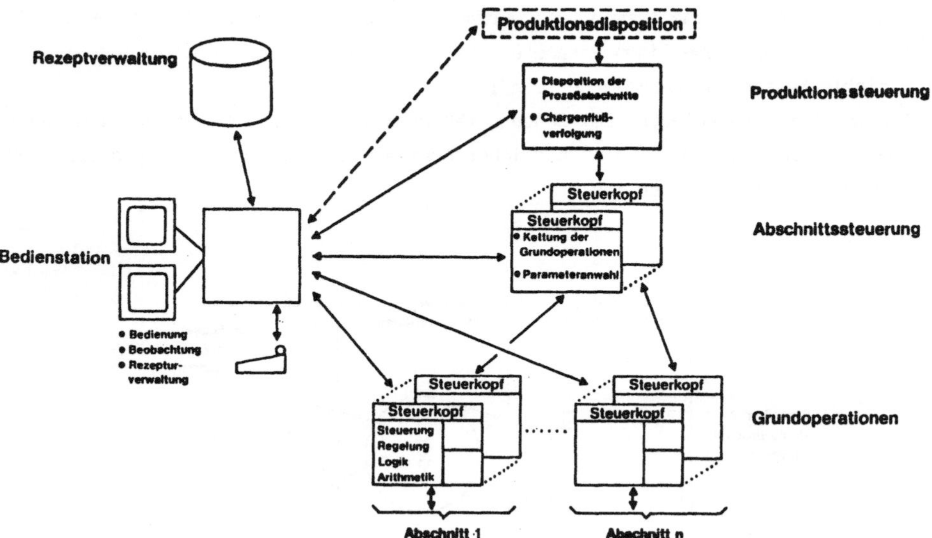

Bild 3: Strukturelemente und Realisierungskonzept

2.1 Produktionssteuerung

Die Produktionssteuerung hat einen besonderen Anwendungsschwerpunkt bei Chargenprozessen vom Typ C und bildet die oberste Ebene der Rezeptursteuerung. Bei normalem Betrieb der Anlage steuert sie selbsttätig den Chargenfluß und Rezepturwechsel. Das entlastet den Bediener von Routineaufgaben und senkt die Wahrscheinlichkeit von Fehlbedienungen.

Die Produktionssteuerung ist der Produktionsdisposition überlagert. Diese Gliederung ist sinnvoll, wenn die gesamte Produktion von einem übergeordneten Anlagenrechner vollautomatisiert werden soll. Der übergeordnete Bereich der Disposition ist dann dorthin zu verlagern.

Von der Produktionsdisposition werden Aufträge entgegengenommen unter Angabe des Produktionsweges. Es erfolgt eine Überprüfung auf eine erlaubte und realisierbare Anordnung der Prozeßabschnitte. Mit voranschreitender Produktion werden die Chargen mit den zugehörigen Rezepturen fortlaufend den Prozeßabschnitten zugeteilt. Somit wird eine automatische Produktion der Chargen realisiert.

2.2 Prozeßabschnittsteuerung zur Kettung der Grundoperationen und Parameteranwahl

Die Einführung der Ebene der Abschnittsteuerung bietet die Möglichkeit, auf einfachste Art und Weise komplexe Verfahrensabläufe direkt als Ketten von Grundoperationen zu konfigurieren und darzustellen. Daraus ergibt sich ein höchstes Maß an Flexibilität bei der Erstellung von Rezepturen bei maximalem Bedienungskomfort.

Die Steuerketten entsprechen in ihrem Aufbau verzweigten Ablaufsteuerungen. Daraus ergeben sich für den Anwender wichtige Vorteile:

- Einfache Kettung der Grundoperationen im Konfigurierdialog
- Automatische Umsetzung eingetragener Wirkungslinien zwischen Ablaufelementen (Grundoperationen, Weichen, Knoten etc). in Signalverbindungen
- Automatische Testbarkeit der Steuerketten auf logische Fehler
- Standardisierte Betriebsarten
- Standardisierte Darstellung und Bedienung
- Dezentrale Anordnung der Steuerprogramme auf verschiedenen Verarbeitungsgeräten einer mehrprozessorfähigen Automatisierungsstation, mit der Möglichkeit zur gezielt projektierbaren Verfügbarkeit.

Dem Ablaufelement "Grundoperation" entspricht ein standardisierter Funktionsbaustein, der über eine ebenfalls standardisierte Schnittstelle die Bedienung der eigentlichen Grundoperation über den Fernbus bzw. Stationsbus realisiert. Der Funktionsbaustein startet die Grundoperation, wählt die gewünschten Parameter an und wertet Rückmeldungen über den Zustand der Grundoperation aus etc. Durch dieses Konzept ergeben sich wichtige Zusatzmöglichkeiten:

- Es ist ein koordinierter Zugriff auf eine Grundoperation von mehreren Stellen der Abschnittsteuerkette unter Verwendung unterschiedlicher Parameter möglich.
- Durch Simulation der Schnittstelle ist ein Betrieb auf Grundoperationenebene ohne Abschnittsteuerung realisierbar.

Auf Ebene der Abschnittsteuerprogramme lassen sich komfortable An- und Abfahrstrategien realisieren. Entweder können eigens dafür vorgesehene Grundoperationen bei Bedarf aktiviert werden, oder es erfolgt die Einplanung normaler Grundoperationen mit speziellen An- und Abfahrparametern.

2.3 Grundoperationen

In einer Grundoperation läuft eine zeit- und ereignisgesteuerte Reihe von Schritten ab, die in ihrer festen Anordnung eine Einzelfunktion in einem Prozeßabschnitt realisieren. Die der Grundoperation unterlagerten Steuerungen und Regelungen werden in ihrem Ablauf durch die Schrittfolge bestimmt.

Grundoperationen sind den Prozeßabschnitten und Aggregaten fest zugeordnet und dezentral in den Steuer- und Regelgeräten realisiert. Sie müssen in ihrer Konfiguration in der Regel nicht mehr geändert werden. Das Skelett einer Grundoperation besteht immer aus einer Ablaufsteuerung. Leistungsfähige Steuerbausteine ermöglichen damit eine standardisierte Realisierung wichtiger Betriebsarten wie:

Automatikbetrieb
Handbetrieb
Tippbetrieb.

Zur besseren Handhabung und Darstellung kann eine Grundoperation in Phasen unterteilt werden, die bei der Einzeldarstellung der Grundoperation für den Operateur auf dem Bildschirm erscheinen.

Kennzeichnend für eine Grundoperation ist deren Parametrierbarkeit. Damit kann jede Grundoperation für sich wechselnden Rezepturen angepaßt werden. Alle rezeptabhängigen Parameter werden vor Start des Steuerprogrammes aus der Rezeptbibliothek in die Steuer- und Regelgeräte geladen, auf denen die Grundoperationen realisiert sind. Sie liegen dort in spannungsausfallsicheren RAM-Speichern ab und können dort zu Testzwecken ausgelesen und einzeln geändert werden. Während des Ablaufs der Grundoperation werden Datensammlungen angelegt. Sie beinhalten die relevanten Daten, die während der Produktion anfallen und die, wenn die Charge den Prozeßabschnitt verläßt, als Protokolldaten ausgewertet werden.

Grundsätzlich besteht die Möglichkeit, eine Grundoperation durch ein Steuerprogramm mehrfach mit unterschiedlichen Parametern aufzurufen. Die Anwahl der Parameter und der zugehörigen Datenspeicher geschieht an definierter Stelle durch das Steuerprogramm oder im Testbetrieb durch Simulation der entsprechenden Eingangsgröße.

2.4 Steuerung und Regelung der Antriebsgruppen- und Einzelleitebene

In den Grundoperationen, in ihrer Funktion diesen jedoch untergeordnet, findet man die bekannten Bausteine der Steuerungs- und Regelungstechnik wieder [6]. Diese sind die eigentliche Schnittstelle zum Prozeß und bieten auf unterster Ebene die Möglichkeit zu Handeingriffen. Zu diesem Zweck existieren vollständige Bedieninterfaces zu Einzelsteuerungen, Gruppensteuerungen, Regelkreisen und Antrieben. Nicht alle Elemente der Steuerung und Regelung lassen sich eindeutig einer Grundoperation oder einem Prozeßabschnitt zuordnen. Durch Einsatz entsprechender Bausteine kann jedoch ein koordinierter Zugriff auf solch gemeinsame Aggregate und Stellglieder gesichert werden.

2.5 Rezepturverwaltung

Das Programm zur Rezepturverwaltung unterstützt den Verfahrenstechniker bei der Erstellung neuer Rezepte oder Vornahme von Änderungen durch standardisierte Darstellung der Parametertafeln und Steuerprogramme sowie durch eine umfangreiche Bedienerführung bei Speicherung und Laden der Tafeln und Programme.

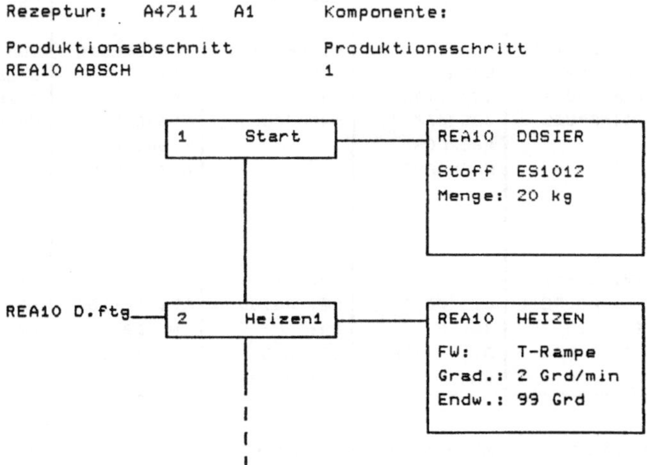

Bild 4: Beispiel Rezeptureingabe über funktionale Sprache

Die Neueingabe oder Änderung von Rezepturen erfolgt im menügeführten Grafikdialog am Bildschirm einer Bedienstation des Prozeßleitsystems. Bild 4 zeigt in der linken Bildhälfte die Kettung der Grundoperationen und in der rechten Bildhälfte die zugehörigen Parametertafeln.

2.6 Prozeßbedienung und -Beobachtung

Die Funktionen der Prozeßbedienung und -Beobachtung sind mit einer gemeinsamen, einheitlichen Benutzeroberfläche gestaltet und kommunizieren über ein Echtzeitdatenbanksystem.

Die Bedienung der Produktionssteuerung erstreckt sich auf die Möglichkeiten, Chargenaufträge mit Produktwegvorgabe zu erteilen und der Einzelzuordnung von Rezepturen und Chargen zu Prozeßabschnitten. Bei der Wahlmöglichkeit zwischen unterschiedlichen Produktwegen können Faktoren wie Produktverträglichkeit, Behältergröße, Verfügbarkeit etc. zur Entscheidungsfindung berücksichtigt werden.

Auf der Ebene der Abschnittsteuerung bestehen umfangreiche Möglichkeiten, Prozeßinformationen mit gestuftem Detaillierungsgrad anzuwählen und Eingriffe in den Verfahrensablauf vorzunehmen.

Destilla-tionskol.	Transport-abschn. 1	Destilla-tionskol.	Transport-abschn. 2	Destilla-tionskol.	Transport-abschn. 3
REA10 ■	TRANS1	REA11	TRANS2	REA12 ■	TRANS3
ABSCHN S ■	ABSCHN	ABSCHN	ABSCHN	ABSCHN S	ABSCHN
VORBEREITG	VORBEREITG	VORBEREITG	VORBEREITG	VORBEREITG	VORBEREITG
DOSHEIZ 1	STELLEN	DOSHEIZ 1	STELLEN	DOSHEIZ 1	STELLEN
REAKTION	TRANSPORT	REAKTION	TRANSPORT	REAKTION	TRANSPORT
DOSHEIZ 2	NACHSPUEL	DOSHEIZ 2	NACHSPUEL	DOSHEIZ 2	NACHSPUEL
ABBRUCH		ABBRUCH		ABBRUCH	
NACHSPUEL		NACHSPUEL		NACHSPUEL	
	FW: 10-11		FW: 11-12		FW: 12-13
LZ: 02:14	LZ: 00:02	LZ: 00:03	LZ: 00:00	LZ: 12:10	LZ: 00:00
SN: 15	SN: 1.3	SN: 2	SN: 1	SN: 25	SN: 1
ST: ↑ EIN	ST: ↑ EIN	ST: ↑ EIN	ST: AUS	ST: ↑ EIN	ST: AUS
BA: A C	BA: A C	BA: A C	BA: H O	BA: A C	BA: H O

Bild 5: Gruppenbild mit 3 Produktions- und Transportabschnitte

Bild 5 zeigt die Darstellung von Prozeßabschnitten nach den Prinzipien der Standarddarstellungen gemäß VDI/VDE 3695.
Bild 6 zeigt detaillierter im Sinne eines Kreisbildes eine Abschnittsteuerung. Links im Bild wird die Darstellung aus dem Gruppenbild wiederholt, in der Bildmitte wird der Ablauf der geketteten Grundoperation grafisch als "lebender" Funktionsplan wiedergegeben. Dieser Funktionsplan wird automatisch bei der Rezeptureingabe bzw. Modifikation erzeugt.

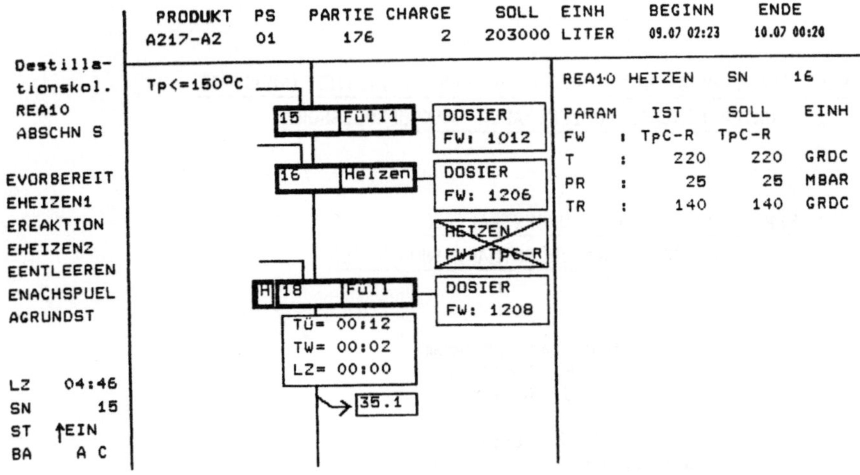

Bild 6: Kreisbild Abschnittsteuerung

3. Ausführung

Die Komponenten des hier vorgestellten Konzeptes sind in einem busorientierten, dezentralen Prozeßleitsystem realisiert [7]. Die Funktionen der Rezepturverwaltung und der Bedienung und Beobachtung von Grundoperationen, Abschnittsteuerung und Produktionssteuerung wurden auf der Standardprozeßbedienstation für kontinuierliche Prozesse als modulare Zusatzfunktionen installiert. Die Automatisierungsfunktionen der Abschnittsteuerung und Grundoperationen wurden im Rahmen von dezentralen, busgekoppelten und mehrprozessorfähigen Verarbeitungsstationen in Form von zusätzlicher Firmware, vom Anwender konfigurierbar, realisiert.

Literatur:

[1] Brombacher,M.: Neue Strukturen der Prozeßleittechnik. Aus "Leitwartengestaltung bei neuen Automatisierungssystemen, VDI/VDE-Bezirksvereine Frankfurt a.M./Darmstadt, Seminar vom 26.1.-16.2.1984.

[2] Wilhelm,H., Müller,W.: Auslegung und Implementierung digitaler, verteilter Prozeßleitsysteme am Beispiel Industrieanlagen, Fachtagung Prozeßrechner 1984, Karlsruhe.

[3] Obermayer,K.: Einsatz von verteilten, digitalen Prozeßleitsystemen für Steuerungen nach dem Grundoperationenkonzept, Dechema Jahrestagung 24./25.5.1984.

[4] Obermayer,K.: Anforderungen an vorkonfektionierte Softwarestrukturen für Chargenprozesse, 5.wissenschaftl. Konferenz 20.-22.5. in Leipzig.

[5] Hofmann,W.: Aufgaben der Produktionsleitebene in der chemischen Industrie. Chem.-Ing.-Techn. 57 (1985) Nr. 2, S. 107-113.

[6] Kaufmann,F., Schillinger,D.: Funktionale Sprache als anwenderfreundliches Projektierungshilfsmittel, Brown Boveri Mitteilung 1984, Heft 1, S. 488-493.

[7] Müller,W.: PROCONTROL I, ein dezentrales Prozeßleitsystem, rtp 26 (1984) Heft 11, S. 513-517.

NEUE STRUKTUREN BEI PROZESSEN DER GRUNDSTOFFINDUSTRIE UNTER EINSATZ DEZENTRALER MIKROPROZESSOREN

NEW STRUCTURES WITH DECENTRALIZED MICROPROESSORS FOR PROCESSES IN PRIMARY INDUSTRIES

H.W. van den Boom
E. Raatz
S. Brandt

AEG Aktiengesellschaft
1000 Berlin 33, B.R. Deutschland

SUMMARY

In processes of the primary industry not only drive control systems are necessary but also technological control systems. Todays μP-technology offers possibilities to fill the high requirements on μP-aided control systems. Modularity standardized communication, standardized software is necessary to fulfill all requirements of different processes. Decentralized structures of multi-microprocessor systems for technological and drive systems are to be applied.

1. EINLEITUNG

Zur Überwachung, Leitung und Optimierung industrieller Prozesse in der Grundstoffindustrie werden die dafür notwendigen Funktionen

- in modularen Softwareprogrammen realisiert,
- und zu einem dezentral angeordneten Automatisierungssystem gefügt,
- bei dem der Datenverkehr zwischen den dezentral angeordneten Funktionen minimiert ist.

Ein wesentlicher Bestandteil eines derartigen Automatisierungssystems sind Regelungs- und Steuerungsfunktionen. Bild 1 gibt hierzu einen prinzipiellen Überblick.
Kennzeichen der Regelungen sind die Regelstrukturen des Prozesses selbst und die Reglerstrukturen zur Optimierung des Prozeßverhaltens.

Die einzelnen Regelungen werden durch zugeordnete Steuerungen ergänzt, um z.B. Aufgaben der Betriebssicherheit zu übernehmen. Dies bedingt einen engen Zusammenhang zwischen Steuerung und Regelung.

Prinzipielle Aufgaben der Regelungen und Steuerungen sind außer den genannten Sicherheitsverriegelungen :

- Parameteroptimierung bei Strukturvariationen
- Regelfehlerminimierung in der eigentlichen Regelungen
- Bedienung, Visualisierung.

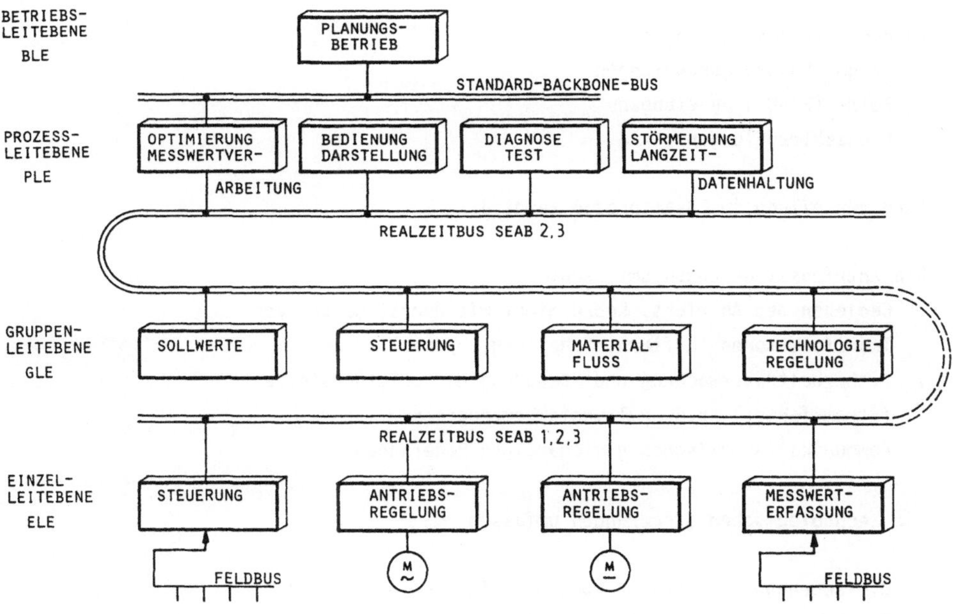

BILD 1 PRINZIPIELLE STRUKTUR FÜR EIN LEITSYSTEM

2. KLASSIFIZIERUNG der STEUERUNGEN und REGELUNGEN

In der Grundstoffindustrie liegen die Anregelzeiten schwerpunktmäßig bei technologischen Regelungen in der Größenordnung von ≥ 300 ms und bei Antriebsregelungen etwa bei ≤ 50 ms.

Zu den technologischen Regelungen zählen beispielsweise
- Anstellungsregelungen (Positionsregelung)
- Walzkraftregelungen
- Bandzugregelungen
- vorsteuernde Banddickenregelungen
- Monitorregelungen
- Gagemeterregelungen.

Zu den Antriebsregelungen zählen
- Strom-/Spannungsregelungen
- Feld- (Fluß-) Regelungen
- Drehzahlregelungen.

Ihre Verteilung im Gesamtprozeß zeigt Bild 2.

Die Antriebssteuerungen umfassen:
- Bedienen des Antriebs, koordiniert mit der Steuerung von Transformatoren, Lüftern, Schaltern, Hydraulik usw.
- Sicherheitsüberwachung und Steuerung der Leistungsteile (Stromrichter), z.B. Pulsmuster erzeugen usw.
- Kommunikation zwischen gleichartigen Regelungen.

Die technologischen Steuerungen umfassen

- die sogenannten Fahrsteuerungen (reine Logikaufgaben)
- Fahrkurvensteuerungen (mathem./logische Aufgaben)
- Sicherheitsverriegelungen
- dazu Bedienung, Parametrierung, Kommunikation.

Da insbesondere technologische Regelungen ein hohes Maß an Signalauflösung, Konstanz und Genauigkeit der Regelgröße erfordern, sind diese Regelungen digital auszuführen, während bei Antriebsregelungen das hochdynamische Verhalten und der große Regelbereich, zuweilen den Einsatz der Analogtechnik erfordert (z.B. bei schwingungstechnisch sensiblen Fördermaschinen).

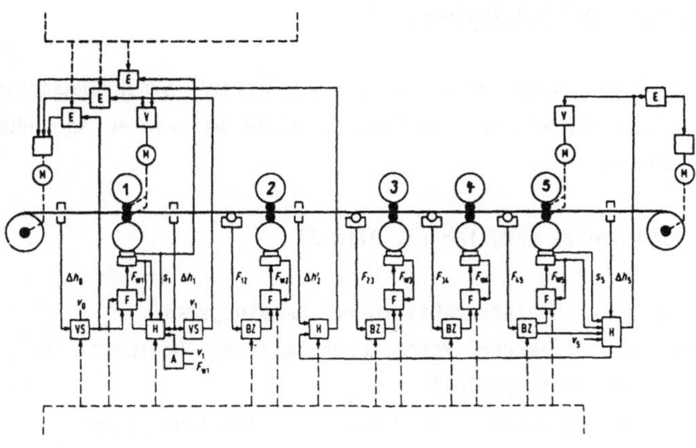

E ENTKOPPLUNG
VS VORSTEUERUNG
V BANDGESCHWINDIGKEITSREGELUNG (DREHZAHLREGELUNG)
F WALZKRAFTREGELUNG
H BANDDICKENREGELUNG
BZ BANDZUGREGELUNG
A ADAPTION
S_N ANSTELLPOSITION VON GERÜST N
T_{MM} BANDZUG ZWISCHEN DEN GERÜSTEN M UND N

BILD 2 STRUKTURBILD EINES BANDDICKEN-REGELSYSTEMS

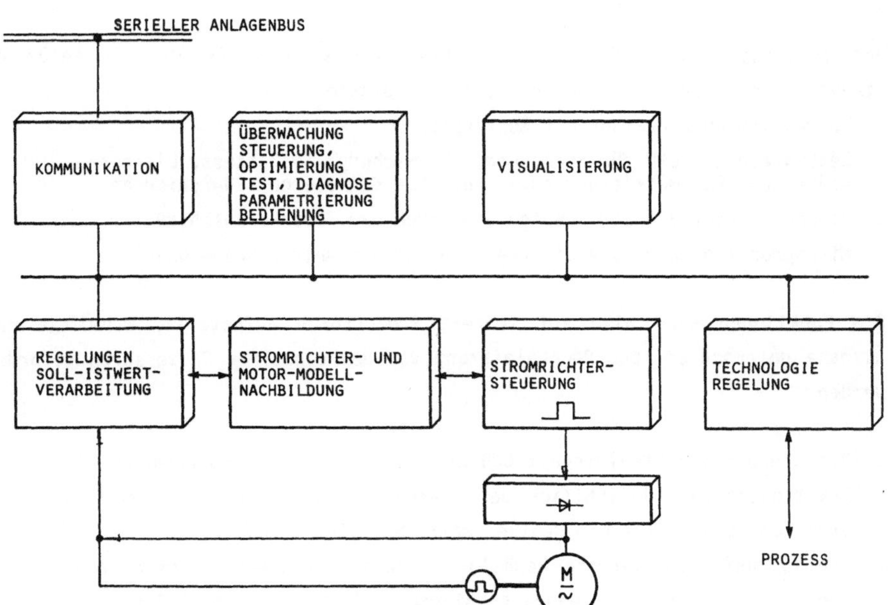

BILD 3 PRINZIPIELLER AUFBAU EINER MIKROPROZESSOR STRUKTUR FÜR ANTRIEBSTECHNISCHE UND TECHNOLOGISCHE REGELUNGEN

3. AUFGABE und AUFBAU einer ANTRIEBSREGELUNG

Als Beispiel sollen speziell eine direktumrichtergespeiste Synchronmaschine sowie eine Gleichstrommaschine, wie sie im Bereich eines Walzwerkes Anwendung finden können, gewählt werden.

Hierbei sind folgende Aufgaben zu erfüllen (s. Bild 3):

- projektierbare Steuerung und hinzuprojektierbarer Regelungsteil
- Selbsttest, Diagnose, Parametrierung, Parameteroptimierung, Bedienung
- Steuerung/Uberwachung der Leistungselektronik
- Visualisierung statischer und dynamischer Vorgänge am Antriebssystem
- Sollwert-/Istwertverarbeitung, Regelung
- Kommunikation zu anderen Teilsystemen im Automatisierungsverbund
- elektronisches Maschinenmodell
- elektronische Simulation von starkstromelektrischen Teilen sowie Mechanik.

Diese Aufgaben können jeweils als abgeschlossene Software-Pakete (Tasks) unter einem einzigen Realzeitbetriebssystem, d.h. in einer leistungsfähigen CPU laufen oder auf mehrere Prozessoren verteilt werden. Die Erfahrung zeigt, daß aus Gründen der Inbetriebnahme- bzw. Reaktionszeit eine Aufteilung auf mehrere Prozessoren sinnvoll ist.

Das praktische Beispiel für einen Gleichstromantrieb (s. Bild 4) zeigt die Struktur eines Mehrmikroprozessorsystems, aufgeteilt in

- Kommunikationsprozessor mit Buskoppler
- Zentraleinheit CPU für Steuerung, Uberwachung, Selbsttest, Diagnose, Bedienung, Parametrierung sowie Aufnahme der oberen ISO-Schichten
- Videoprozessor VIP zur Anzeige der Daten bzw. Druckeranschluß
- Mikroprozessoren bzw. Analogregelung für die Antriebsregelungen.

Die Funktionen sind also auf mehrere Prozessoren aufgeteilt, wobei je nach Aufgabe unterschiedliche Rechenleistung von den einzelnen Prozessoren gefordert werden:

- Die steuernde Zentraleinheit CPU hat z.T. harte Anforderungen an die Reaktionszeiten hinsichtlich der Uberwachung (ca. 1 ms Reaktion) zu erfüllen. Dies setzt ein Realzeitbetriebssystem voraus.
- Die Kommunikationstechnik benötigt je nach Datenübertragungsleistung und Protokoll- und Prozedurart unterschiedliche Prozessorleistungen, z.B. bei 19,2 kBd bzw. 10 MBd.

Die Videoprozessortechnik benötigt bei halbgrafischer Darstellung einen Daten-/Programm-Speicher ebenfalls nur einen "Einfach"-Prozessor. Höhere Auflösungen (z.B. 1024 x 1024 Bildelemente) erfordern schon 32-Bit-Prozessoren.
Bei Antrieben mit digitaler Drehzahl- und Stromregelung werden spezielle Prozessoren mit hohem Durchsatz und schneller Verarbeitung von mathematischen Funktionen, z.B. Signalprozessoren, eingesetzt.

Die immer vorhandene Ablauf- und Verriegelungssteuerung des Antriebs wird durch Softwarebausteine in Fachsprache realisiert, deren logischer Zustand entweder über eine in die CPU integrierte Konsole bzw. über einen PC angezeigt wird. Online-Änderungen der Logik sind dabei aus Gründen der Betriebssicherheit nicht erlaubt, wohl aber Parameteränderungen.
Die Prozessoren im Antriebssystem arbeiten im Master-Slave-Betrieb zusammen, ein direkter Speicherzugriff in die anderer Prozessoren ist auf Grund der abgegrenzten Aufgaben und des relativ geringen Datenverkehrs untereinander nicht notwendig. Auf den Prozessoren, deren Software vom Anwender parametriert/projektiert wird, läuft ein Realzeitbetriebssystem, um aus Gründen der Vereinfachung eine für den Benutzer möglichst einheitliche Bedienoberfläche zu schaffen.

Da Antriebsaufgaben z.T. sehr unterschiedlich in ihrem Umfang sein können, muß die integrierte Stromrichterantriebstechnik im E/A-Bereich flexibel zu gestalten sein, d.h. ein modularer Aufbau ist notwendig (s. Bild 5).
Bei Wechsel des Antriebssystems, z.B. von Gs-Antrieb auf direktumrichtergespeiste Synchronmaschine, ist der Regelungsteil aus Bild 4 entsprechend zu modifizieren. Hierfür ist neben der geänderten Regelungsstruktur noch aus dynamischen Überlegungen die elektronische Nachbildung der Antriebsmaschine mit in das System zu integrieren. Die hohe Rechengeschwindigkeit verlangt hier den Einsatz besonderer Prozessoren (z.B. Signalprozessoren) für Regelungen und Maschinenmodell (s. Bild 6). Die grundsätzliche Mehrprozessorstruktur wird hierbei beibehalten, auch der Master-Slave-Steuerungsmechanismus.

Das auf der Master-CPU installierte Realzeitbetriebssystem muß, wie z.B. beim Direktumrichterbetrieb, einerseits die Logikaufgaben für die kreisstromfreien Stromrichterschaltungen jede ms einmal durchführen, andererseits zeitlich nicht kritische Parametereinstellungen gestatten sowie die freiprojektierbaren, technologisch bedingten Steuerungsfunktionen als selbständige Task laufen lassen. Es hat sich gezeigt, daß bei Steuerungen, die dem Antrieb zugeordnet sind, eine Freizügigkeit der Projektierung notwendig ist. Diese Freizügigkeit, verbunden mit den Sicherheitsbedingungen, die ein Stromrichterantrieb verlangt und den schnellen Reaktionszeiten, bedingt eine strenge Trennung der Softwarepakete.

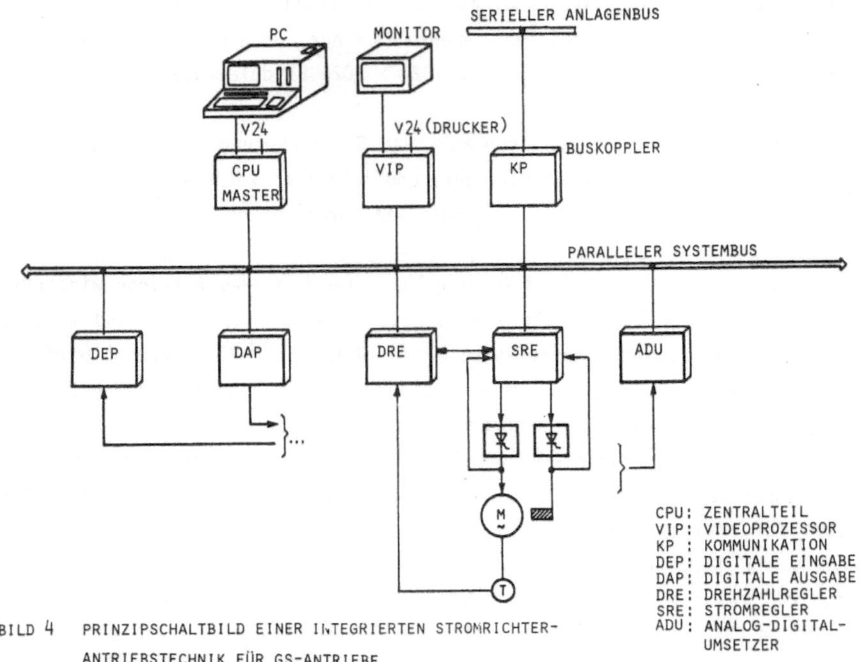

BILD 4 PRINZIPSCHALTBILD EINER INTEGRIERTEN STROMRICHTER-ANTRIEBSTECHNIK FÜR GS-ANTRIEBE

BILD 5

STANDARD MAGAZIN
FÜR EIN MODULARES ANTRIEBS- μP- SYSTEM

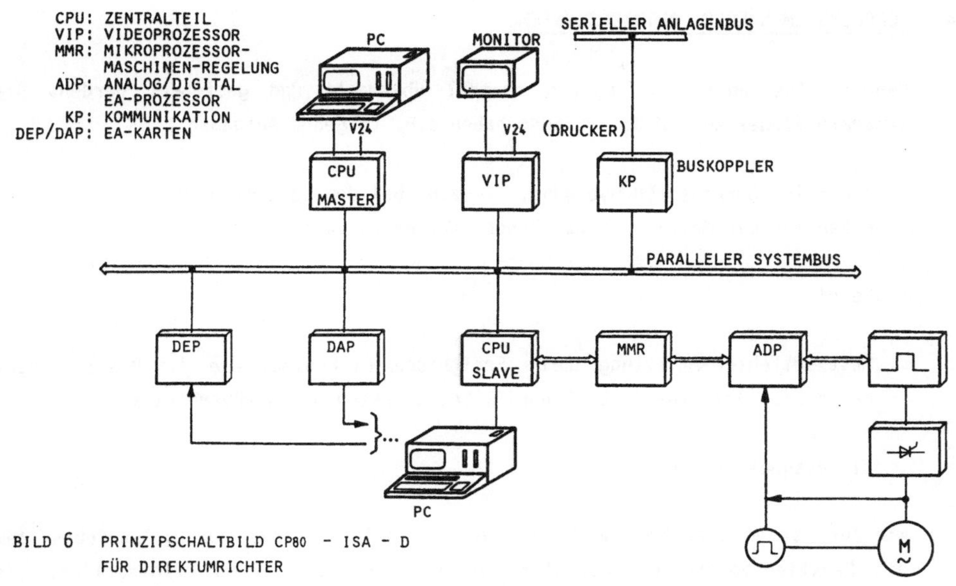

BILD 6 PRINZIPSCHALTBILD CP80 - ISA - D FÜR DIREKTUMRICHTER

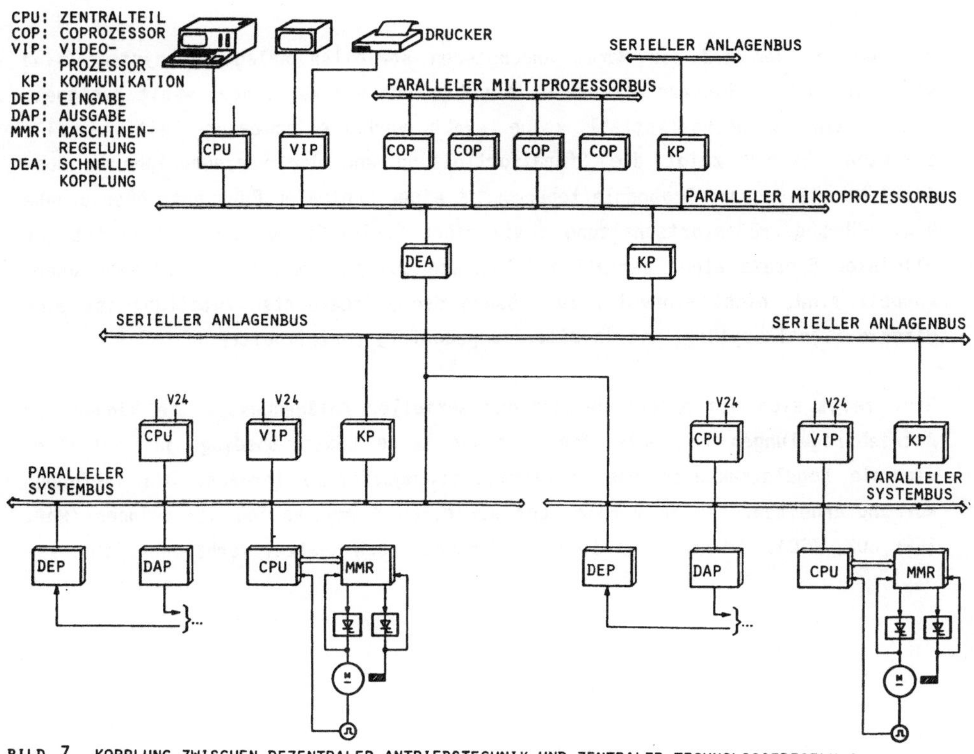

BILD 7 KOPPLUNG ZWISCHEN DEZENTRALER ANTRIEBSTECHNIK UND ZENTRALER TECHNOLOGIEREGELUNG

4. KOPPLUNG MEHRERER ANTRIEBSSYSTEME

Mehrere Antriebssysteme müssen zentral überwacht und gesteuert werden. Die zentrale Steuerung und Uberwachung haben z.B. folgende Aufgaben :

. zentrale Führungsgrößenvorgabe, wie z.B. bei dem Leitsollwertgeber für die Antriebe einer Tandem-Kaltwalzstraße

sowie die

. Erstwertfehlerermittlung durch Ereignisse im Prozeß, die das Reaktionsverhalten der Antriebe (z.B. Bandriß) beeinflussen und darüberhinaus

. die Diagnose der Antriebe.

Hierfür ist eine zeitgenaue (1 ms) dezentrale Fehlererfassung im Antriebssystem mit Reaktionszeiten im zentralen /uP-Gerät von ca. 10 ms erforderlich. Die beiden oben erwähnten Aufgaben sind übergeordnete Funktionen, die in einem zusammenhängenden Zeitraster mit den Regelungen stehen müssen. Bild 7 zeigt die Kopplungsstrukturen zweier Antriebsregelungen mit einer zentralen Uberwachung.

Die meisten der z.Z. am Markt angebotenen seriellen Anlagen-Bussysteme sind wegen ihres Reaktionsverhaltens für die Kopplung von Regelungen wenig geeignet. Sie lassen im Höchstlastfall keine exakt vorherbestimmbaren Zeitintervalle erwarten. Bild 9 zeigt die Signalfortleitung von der Prozeßperipherie über Antriebsregelung zur Gruppenleitebene. Mit einer zentralen Führungsgrößenvorgabe bzw. Führungsgrößenfortschaltung sowie einer Fehler-Erstwertermittlung ist der alleinige Einsatz eines seriellen Anlagenbusses, an dem z.B. 20 Antriebe angekoppelt sind, nicht sinnvoll. Zur Lösung der zeitgerechten Zuteilung ist eine direkte Signalkopplung, wie in Bild 7 angedeutet, vorteilhafter.

Hier zeigt sich ein Mangel derzeitiger serieller Anlagenbusse. Sie können für Antriebsregelungen in verteilten Systemen keine Realzeitbedingungen erfüllen, wie sie Regelstrukturen oder Fehlermitteilungssysteme fordern. Die laufenden Normungsarbeiten, die im Bereich der seriellen Kommunikation stattfinden (MAP, IEEE 802, ISO), unterstützen diese Forderungen nach Realzeitverhalten nicht.

5. AUFBAU TECHNOLOGISCHER REGELUNGEN und STEUERUNGEN

Technologische Regelungen haben u.a. höhere Anregelzeiten als Antriebsregelungen. Bei ihnen können die Abtastzeiten größer gewählt werden. Somit werden geringere Anforderungen an die Rechenleistung der Mikroprozessoren gestellt.

Die Regelungsstrukturen derartiger Systeme sind gekennzeichnet durch Standardbausteine, die als Software realisierbar sind:

. Regler (z.B. PID, Deadbeat, Dreipunkt)
. Filter (z.B. PT1, Mittelwertbildner, Grenzwert)
. Steilheitsbegrenzer
. Wandelbausteine zur Meßwerterfassung
. Interpolatoren
. Logikbausteine.

Untersuchungen haben gezeigt, daß z.B. Signalprozessoren, wie sie für mathematische Modelle und Regelungen am Ds-Antrieb notwendig sind, im Bereich technologischer Regelungen nicht unbedingt erforderlich sind. Dennoch ist der Einsatz von 32-Bit-Prozessoren mit zusätzlichen Arithmetikprozessoren angebracht, um eine ausreichende Rechenleistung zur Verfügung zu haben (s. Bild 8). Um die Programmierung für den Anwender zu erleichtern, wird die Reglerstruktur in einer Fachsprache mit Bausteinkatalog programmiert. Hier sind für Antriebsregelungen und für technologische Regelungen gleiche Anforderungen gestellt.

Je nach vorliegender Problemstellung und technologischen Erfordernissen können kaskadierten Regelkreise wie

. Anstellungsregelung mit Walzkraftregelung
. Bandzugregelung
. Gagemeterregelung oder
. vorsteuernde Dickenregelung

auf einem einzigen Prozessor laufen, wenn die Summenreaktionszeit ausreicht. Falls nicht, werden einzelne Regelungen auf mehrere Prozessoren aufgeteilt. Bild 9 zeigt eine solche Verteilung auf ein System mit mehreren parallel arbeitenden Prozessoren. Ein solches Mehrprozessorsystem sieht folgende Aufteilung vor :

. Kommunikationsprozessor KP mit den ISO-Schichten 1 - 4
. CPU mit Verwaltungsprogramm, Steuerung der Zugriffe, Uberwachung ISO-Schichten 5 - 7
. mehrere Regelungsprozessoren
. Videoprozessor zur Anzeige, Parametrierung, Bedienung.

BILD 8 TECHNOLOGISCHER REGELUNGSPROZESSOR

6. STRUKTURUBERLEGUNGEN zu den TECHNOLOGISCHEN REGELUNGEN

Der Aufbau des Technologie-Regelungssystems ist vergleichbar mit der Antriebsregelung und ebenfalls ein Mehrprozessorsystem. Im Gegensatz jedoch zum Antriebssystem, das festgelegte Reglerstrukturen mit wenig Datenverbund untereinander, aber höhere Reaktionsschnelligkeit (Anregelzeit) aufweist, ist das Technologie-Reglersystem einerseits dynamisch langsamer (ca. Faktor 5 - 10), andererseits jedoch komplexer im Zusammenspiel zwischen den Reglern. Für den Fall einer auf mehrere Prozessoren verteilten Regelung steht dafür eine spezielle Datenschiene (paralleler Multiprozessorbus) hoher Ubertragungsleistung zur Verfügung, über die der notwendige Datentransfer geschieht. Der Austausch besteht aus Parameter- und Zustandsgrößenübergabe bei einer Geschwindigkeit von 10 Mbyte/sec. Die in dem Beispiel auf vier Prozessoren aufgeteilten Regelungen erfordern zusammengestellt ein eigenes Mehrmikroprozessorsystem. Für die Datenübertragung mit allen notwendigen Reaktionen zum Antrieb mit 10 byte/Antrieb muß dann durch direkte Signalkopplung erfolgen. Die Zwischenschaltung von seriell übertragenden Anlagenbussen ist aus Zeitgründen nicht möglich.

Die dabei erzielbare "Totzeit" = Abtastzeit von ca. 10 ms ist bei technologischen Regelungen gerade noch zulässig um Stabilität und Anforderungen an Dynamik zu erfüllen.

Dynamisch befriedigendere Lösungen ergeben sich auch wenn die technologischen Regelungen dem Stellsystem d.h. dem Antrieb direkt zugeordnet werden können. Dies bedingt, daß auf einem kompakten Mehrmikroprozessorsystem sowohl Antriebsals auch Technologieregelungen hard- und softwaremäßig realisierbar sein müssen. Dies ist relativ einfach möglich, wenn die Technologieregelung einen Antrieb oder einen Antrieb oder einer Antriebsgruppe direkt und eindeutig zuzuordnen ist und wenn erreicht wird, daß

- gleiche Hardwareschnittstellen
- gleiche Softwareschnittstellen
- gleiche Benutzeroberfläche (z.B. Bausteinsprache, Betriebssystem)
- gleiche Kommunikationstechnik

zur Verfügung stehen (Bild 10). Die serielle Kopplung über das lokale Netzwerk ist dann von definierten maximal erlaubten Reaktionszeiten für die Sollwertsteuerung entlastet. Die im ms-Bereich liegende Erfassungszeit für Fehler muß aber auch in diesem Fall durch eine spezielle Datenleitungen (Bild 7) realisiert werden.
Die Standardisierung der Kommunikationstechnik, d.h. der seriellen Anlagenbusse, berücksichtigt derzeit die extremen Realzeitforderung von Regelungen in Systemen mit verteilten Systemen nur ungenügend.

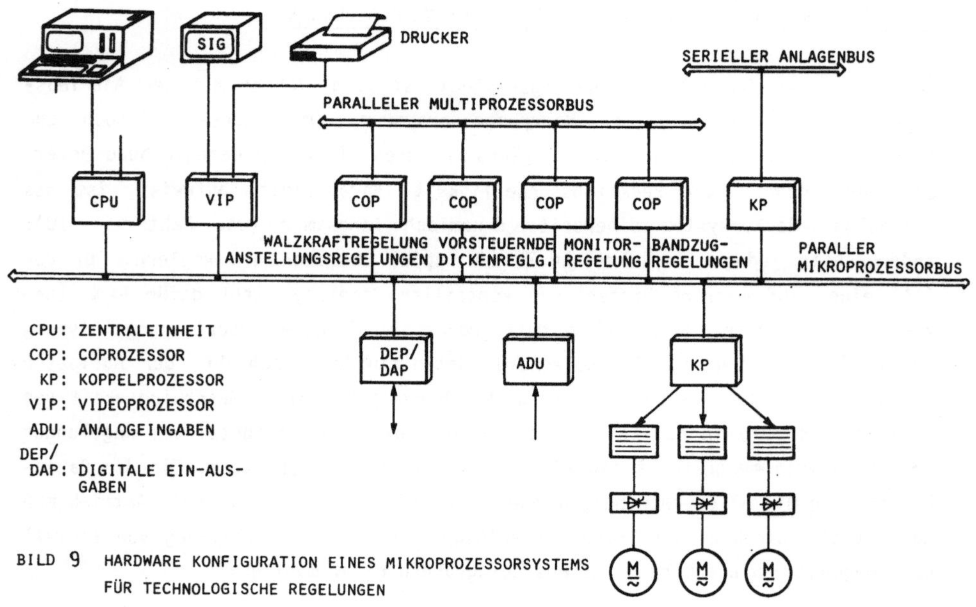

BILD 9 HARDWARE KONFIGURATION EINES MIKROPROZESSORSYSTEMS FÜR TECHNOLOGISCHE REGELUNGEN

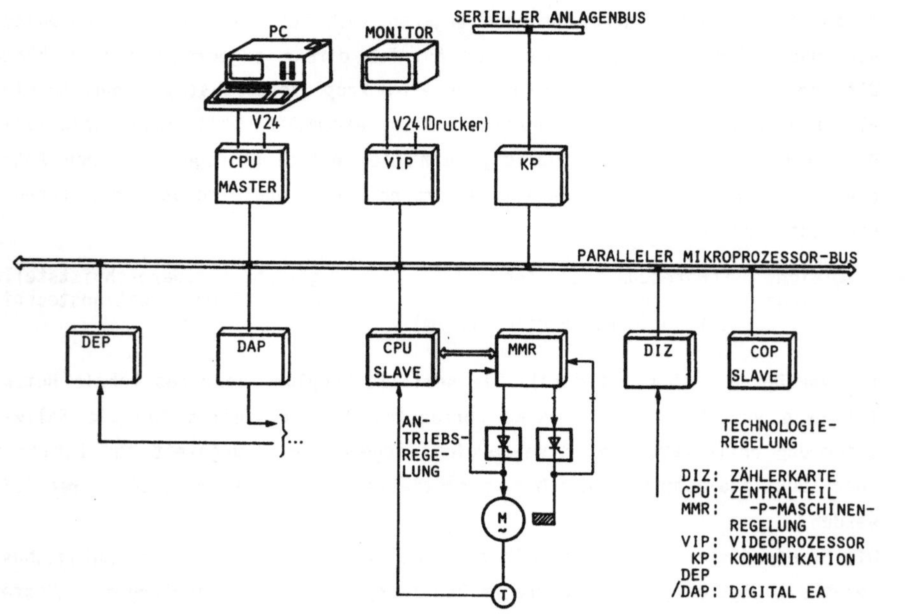

BILD 10 PRINZIPSCHALTBILD FÜR DIE KOMBINATION EINER ANTRIEBSREGELUNG MIT TECHNOLOGIEREGELUNG (COP)

STEUERUNG DES HOCHOFENS DURCH INTEGRIERTE PROZESSMODELLE

CONTROL OF BLAST FURNACES BY INTEGRATED MATHEMATICAL MODELS

K.-H. Peters und H.J. Bachhofen
Thyssen Stahl AG
4100 Duisburg-Hamborn

Summary

The operation of blast furnaces is a technical process with a long historical background. Therefore, most of the perfections achieved so far have been the result of empirical research. Recently, successful attempts have been made to determine the processes inside the furnace by means of mathematical models with a view to better control the processes. A description is given of some of these efforts to visualize and make controllable processes inside the furnace by way of combining measuring techniques and model representations. The integration of these mathematical models into one controlling system is illustrated under the practical example of a large-capacity blast furnace.

1. Der Hochofen

Zunächst scheint es im Zusammenhang dieses Kongresses geboten, den Hochofen als technisches Aggregat zur Erzeugung von Roheisen - einer Vorstufe in der Stahlerzeugung - kurz vorzustellen.

Verfahrenstechnisch gesehen ist der Hochofen ein Gegenstromreaktor, bei dem von unten nach oben ein Reduktionsgas strömt, während umgekehrt die festen Möllerstoffe - damit sind die Eisenerze und der Koks gemeint - absinken (Bild 1). Das Reduktionsgas entsteht im unteren Teil vor den sogenannten Blasformen aus der auf rund 1200 ° extern vorgewärmten Luft und bis dort auf rund 1600 ° erhitzten Koks und be-

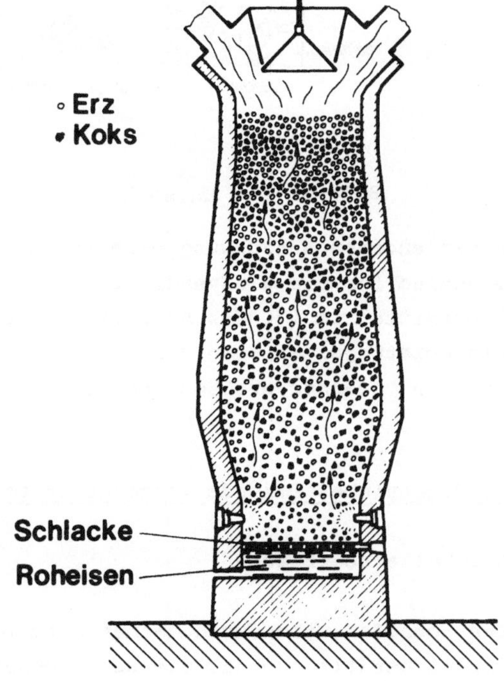

Bild 1: Der Hochofen als Gegenstromreaktor

steht aus einem Gemisch aus Kohlenmonoxid und Stickstoff mit einer Temperatur von ca. 2400 °. Während das Gas im Ofen aufsteigt, werden die Möllerstoffe erhitzt, das Eisenoxid zu Eisen reduziert und geschmolzen. Das geschmolzene Eisen und die in Erz und Koks mitgebrachten Begleitstoffe als Schlacke sammeln sich im unteren Teil des Ofens und werden diskontinuierlich abgestochen.

Die ersten Verfahren der Eisengewinnung aus Erz wurden bereits vor 4000 Jahren entwickelt und seitdem ständig verbessert. Hochöfen - mit Holzkohle betrieben - sind seit dem ausgehenden Mittelalter bekannt (Bild 2).

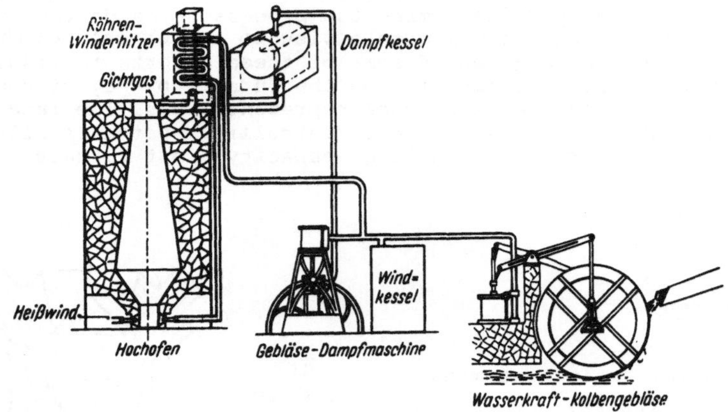

Bild 2: Die Luisenhütte in Wocklum

Einen enormen Aufschwung erlebte das Verfahren mit Einführung der Dampfmaschine für die Windverdichtung und des Steinkohlenkokses als Reduktionsmittel im 17. Jahrhundert. Danach wurden die Anlagen immer größer. Die Leistungen stiegen von einigen Tonnen pro Tag auf heute über 10.000 bei den modernen Großhochöfen (Bild 3).

2. Ergebnisbestimmende Vorgänge im Ofeninnern

Die Mölleroberfläche

Der Hochofen wird durch mechanische Befülleinrichtungen ständig mit Material befüllt, so daß die Reaktionssäule eine Höhe von rund 25 m behält. Mit diesen Befülleinrichtungen - dem Gichtverschluß - ist eine genaue Verteilung von Koks und Möller in getrennten Schichten auf der Oberfläche möglich. Es können unterschiedlich dicke Schichten der einzelnen Materialien gelegt werden. Bei diesem Vorgang treten durch das Abrollen der Stoffe vom Punkt des Auftreffens Kornentmischungen auf. Unter Berücksichtigung dieser Entmischung und durch gezielte Schichtdickenänderung kann der Gasstrom im Ofen gelenkt werden (Bild 4).

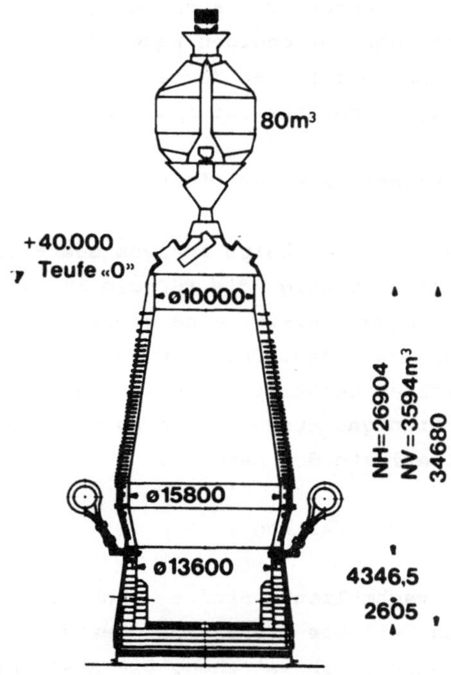

Bild 3: Hochofen Schwelgern

Die Schmelzzone

Beim Niedergehen des Möllers im Ofen wird dieser zunächst durch die aufsteigenden Reduktionsgase erwärmt und vorreduziert. In einem Temperaturbereich um 1400 ° beginnen die Eisenerze zu schmelzen. Die Erzschicht wird dadurch undurchlässig für das Gas. Dieses muß sich dann einen Weg durch die zwischen dem Erz noch offenen Kokskanäle suchen. Die Form der sich dabei ergebenden Schmelzzone - auch kohäsive Zone genannt - ist maßgeblich verantwortlich für das Verhalten des gesamten Hochofens und für dessen Lebensdauer.

Der Wirbelraum

Im unteren Teil des Hochofens wird durch bis zu 40 Blasformen die auf bis zu 1250 ° vorgewärmte und evtl. mit Sauerstoff angereicherte Luft - der Heißwind - eingeblasen. Hier werden auch mögliche Zusatzstoffe wie Kohlenstaub, Erdgas oder Öl zugesetzt. Der Wind setzt sich vor den Formen in ca. 2400 ° heißes Reduktionsgas um. Dieses Gas muß durch den Koks nach oben und zur Ofenmitte möglichst ungestört ab-

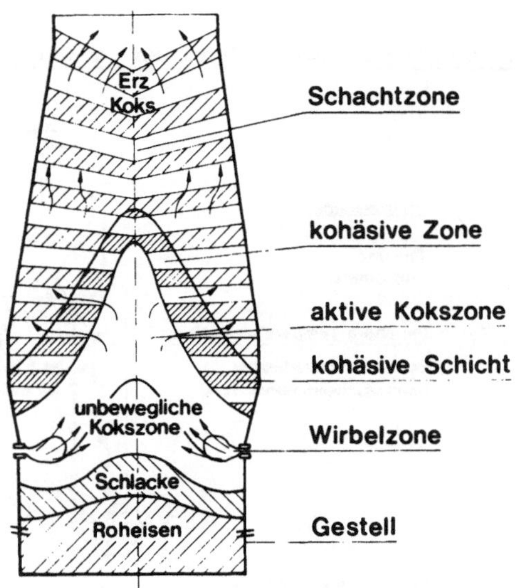

Bild 4: Die ergebnisbestimmenden Vorgänge im Ofeninnern

fließen können. Die Ausbildung des Wirbelraums vor den Formen und die Breite der notwendigen Zone für den Transport von Gas zur Schmelzzone und von Koks zu den Formen ist von den Einblasebedingungen wie Menge, Druck, Temperatur und Analyse abhängig.

Der Wärmeinhalt des Ofens

Um eine gleichmäßige Analyse des erschmolzenen Roheisens sicherzustellen, ist es notwendig, die für die Reduktion der Begleitelemente wie Silizium, Mangan u.s.w. eine gleichmäßige Wärmemenge im Unterofen zur Verfügung zu haben. Dabei muß die für das Erhitzen, Vorreduzieren und Aufschmelzen benötigte Energie genauso berücksichtigt werden wie die mit dem Gichtgas ausgetragene physikalische und chemische Wärme und die Kühlverluste des Gefäßes.

Die Gestellfüllung

Die erschmolzenen Stoffe - Roheisen und Schlacke - fließen in den unteren Teil des Ofens - das Gestell - und werden durch ein oder mehrere Stichlöcher abgestochen. Die Abstichfrequenz muß so gewählt werden, daß die Gestellfüllung nie bis in den Bereich der Blasformen hineinragt, weil sonst der Fluß des Gases beeinträchtigt wird.

3. Direkte Meßmöglichkeiten im Ofeninnern

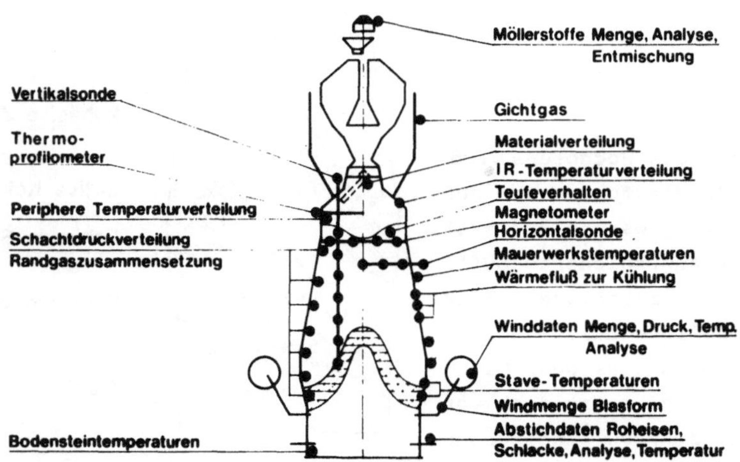

Bild 5: Messungen am Hochofen Schwelgern

Wie leicht einsehbar, ist eine direkte Beobachtung der Vorgänge im Ofen außerordentlich schwierig. Außerdem ist die Bereitschaft zur Einführung neuartiger Meß- und Steuerungshilfsmittel bei Prozessen, die aufgrund ihrer Geschichte bisher nur durch "Erfahrung" geführt wurden, gering. Die Vorstellung eines Zusammenhangs zwischen dem Hochofenverfahren und alchimistischen Bräuchen soll heute noch gelegentlich anzutreffen sein. Trotzdem wurden in den letzten Jahrzehnten einige sehr wirkungsvolle Meßmethoden und mehrere mathematische Modelle entwickelt, mit denen gezielte Aussagen über den Zustand und Ablauf des Hochofenprozesses möglich sind (Bild 5).

Die Mölleroberfläche

Um den Verlauf der Beschickungsoberfläche sichtbar zu machen, wurde ein Meßgerät zur parallelen Erfassung der Teufe an mehreren Punkten der Oberfläche entwickelt. Dazu ist das bereits seit langem eingesetzte Meßkreuz für die Temperaturmessung des Gases oberhalb der Beschickung umgebaut worden in ein Thermoprofilometer.

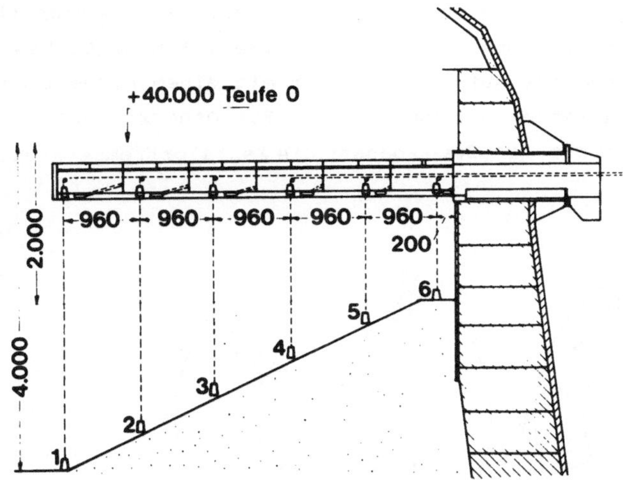

Bild 6: Thermoprofilometer

Wie Bild 6 zeigt, sind neben jede Temperaturmeßstelle kleine Sondengewichte in jeden Schenkel des Meßkreuzes eingebaut, die unmittelbar nach dem Begichten auf die Mölleroberfläche herabgelassen werden und so an 21 verschiedenen Punkten die Teufe messen (Bild 7).

Die Verteilung von Temperatur, Analyse und Menge des Gichtgases an der Mölleroberfläche wäre eine weitere Meßaufgabe am Oberofen. Es wurde früh versucht, die Temperaturverteilung des Gases an der Oberfläche durch in das Ofeninnere ragende fest eingebaute Meßfühler zu ermitteln.

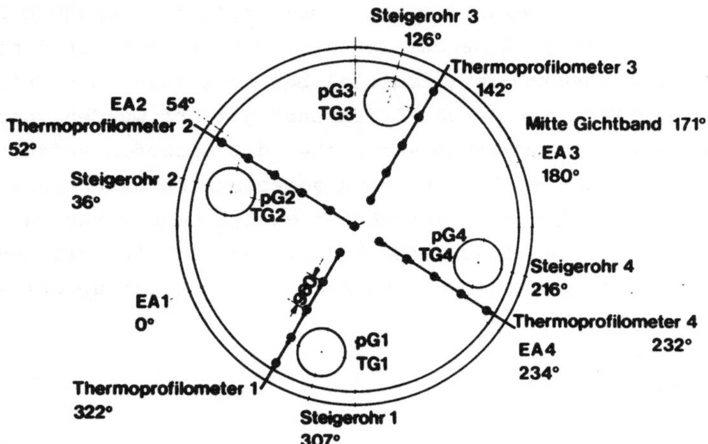

Bild 7: Anordnung der Meßpunkte am Ofenkopf Hochofen Schwelgern

Durch Vermischung des Gases unmittelbar nach dem Austritt aus dem Möller sind die Aussagen dieser Temperaturmeßschwerter nicht eindeutig.

Meßgeräte auf der Basis von Infrarotstrahlung waren der nächste Schritt, um Informationen direkt von der Oberfläche zu bekommen. Ein heute betriebsreif entwickeltes Meßgerät auf dieser Basis mit einem Meßbereich von 50 bis 900 ^{o} mit mechanischem Scanner ist das Spirotherm. Geräte dieser Art messen jedoch nicht die Gas- sondern die Feststofftemperatur.

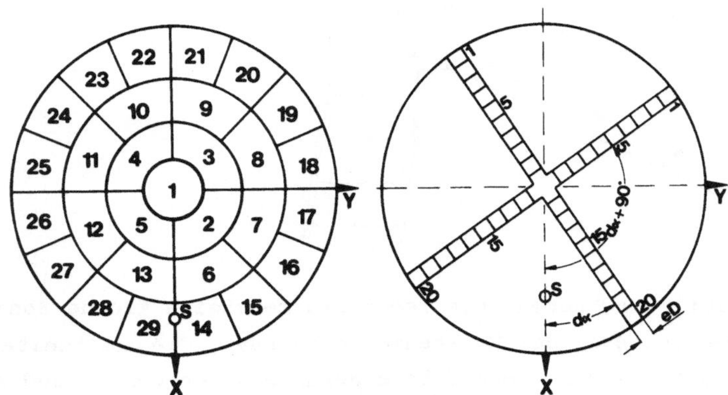

Bild 8: Temperaturverteilung am Ofenkopf gemessen mit Spirotherm

Das heißt, daß direkt nach dem Gichten die Temperatur des kalten Möllers angezeigt wird. Erst das durchströmende heiße Gas erwärmt den Möller. Durch Einhalten einer bestimmten Meßzeit nach dem Gichten erhält man einen Eindruck der Gastemperaturverteilung. Dies wird bei der herkömmlichen Ausstattung des Spirotherms auf einem Farbgrafikschirm durch unterschiedliche Farbfelder dargestellt (Bild 8).

Die Technik, durch ein fahrbares Meßschwert unterhalb der Beschickung (Bild 9) die Temperatur und die Zusammensetzung des strömenden Gases zu bestimmen, ist inzwischen bei allen großen Hochöfen eingeführt und ein unerläßliches Werkzeug für die tägliche Ofenführung geworden.

Bild 9: Quermeßsonde Typ DDS

Die Schmelzzone

Die seit längerem installierten Schachtdruckmessungen zur Feststellung des Druckverlaufs an der Ofenwand über die Ofenhöhe erlauben eine direkte Aussage über die Lage der oberen Seite der Schmelzzone. Erweitert man diese Installation auf mehrere senkrechte Linien, so sind damit Anzeigen des rotationssymmetrischen Verhaltens der Schmelzzone möglich (Bild 10).

Mit einer Senkrechtsonde, deren Technik im Laufe der letzten Jahre wesentlich verbessert wurde, wird der Verlauf von Temperatur und Gaszusammensetzung beim Absinken des Möllers bis zur Schmelzzone gemessen. Heute werden bei Änderungen in der Ofenfahrweise oder schwerwiegenden Störungen im Ofengang zur Analyse der Vorgänge stets Versuche mit einer solchen Sonde gefahren.

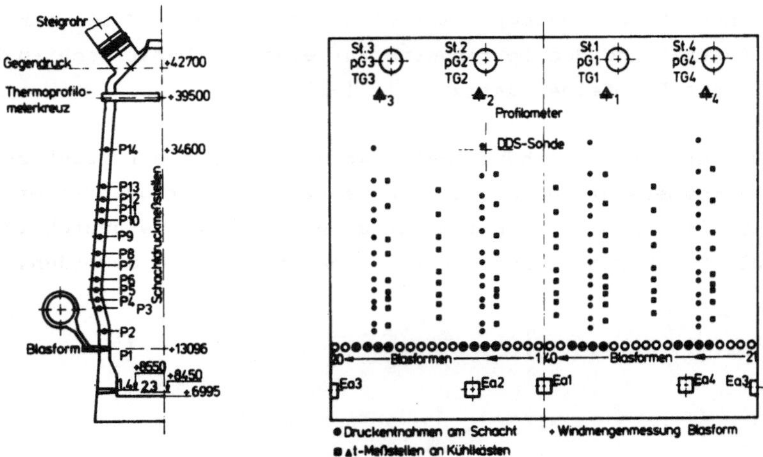

Bild 10: Meßstellen an der Ofenwand

Der Wirbelraum

Die Tiefe der Windeindringzone vor den Blasformen ist maßgeblich für die Breite der Koksversorgungszone. Um ihre Ausdehnung im Betrieb zu messen und gleichzeitig Verlauf von Temperatur und Gaszusammensetzung festzustellen, sind neuerdings Sonden gebaut worden, die bei Ofenbetrieb durch die Blasform eingefahren werden und entsprechende Proben nehmen.

Der Wärmeinhalt des Ofens

Die für jede Wärmemengenberechnung zugrundeliegende Stoffbilanz des Hochofens stützt sich u. a. auf die Analyse des Gichtgases. Um die nicht ausreichenden Genauigkeiten der handelsüblichen Analysatoren zu verbessern, wurden lange Gespräche mit den Herstellern geführt. Sie brachten keine entscheidenden Verbesserungen. So wurde in einem vom Bundesminister für Forschung und Technologie geförderten Projekt in unseren Laboratorien ein Forschungsprogramm zur Verbesserung der Meßgenauigkeit der Gichtgasanalysatoren aufgelegt. Zunächst wurden die auf dem Markt befindlichen Geräte einer genauen Betriebs- und Laboruntersuchung auf die das Ergebnis beeinflussenden Größen unterzogen. Die entscheidenden Schwachstellen lagen im wesentlichen in der Gasvorbereitung und in Aufstellungsbedingungen. Die Eliminierung dieser Fehlerquellen führte zu einer wesentlichen Verbesserung der Analysengenauigkeit. Wir rechnen heute mit einem maximalen Analysenfehler von absolut +/- 0,05 Vol. % je Meßgaskomponente.

4. Entwicklung von Prozeßmodellen

Die Meßergebnisse der hier erwähnten Geräte zeigen bestimmte Phänomene des Hochofens, lassen aber keine sichere Vorhersage für die Änderung von Betriebsparametern zu, die die Ofenfahrweise optimieren würden. Dazu ist es notwendig, mit mathematischen Modellen die Einzelinformation weiter auszuwerten und ggf. miteinander zu verknüpfen. Die Schwierigkeiten der Formulierung der mathematischen Zusammenhänge des Hochofens liegt in der Verquickung vieler Einzelprozesse. Das zeitliche Übergangsverhalten einzelner Abläufe schwankt vom Bereich unterhalb einer Sekunde bis zu Ansprechverzögerungen von mehreren Tagen. Um diese Probleme zu meistern, wurde ein Verbund verschiedener Rechner installiert, die durch Sammlung aller Daten die Auswertung nach statistischen Gesichtspunkten ermöglichten. So wurden die verschiedenen Modelle für die einzelnen Bereiche des Hochofens durch Vergleich von theoretischen Überlegungen mit Betriebsergebnissen abgesichert. Außerdem dient das Rechnersystem, die Modellvorhersagen dem Steuermann des Hochofens zur Verfügung zu stellen.

Das Mölleroptimierungsprogramm

Die erste Gruppe von Modellen und Steuerungsprogrammen befaßt sich mit den Möllerstoffen und dem oberen Teil des Hochofens. Ein lineares Optimierungsprogramm liefert die zu fahrenden Gichtsätze, d. h. die Zusammensetzung des Möllers, als Kompromiß zwischen den Sollvorgaben der langfristigen Einsatzstoffplanung und der momentanen Verfügbarkeit der Möllerstoffe, so wie sie sich aus der Bilanzierung der Bunkerinhalte und eventueller Störmeldungen der Möllerung ergibt. Die Analyse und das Mengenverhältnis von Roheisen und Schlacke, die Anpassung des Kokssatzes an das Reduktionsverhalten der Möllerkomponenten, Einzelheiten der Fahrweise wie die Dicke der Koksschichten und Materialfolge werden dabei berücksichtigt.

Die Möllersteuerung sendet alle Istgewichte zurück. Aus diesen Daten und den Rohstoffanalysen aus der Bunkerdatei wird der Istmöller auf Einhaltung der vorgeschriebenen Restriktionen überwacht. Die Rohstoffbestände werden aktualisiert.

Das Schüttprofilrechnungsprogramm

Das Möllerverteilungs-Programm berechnet aus den für die Begichtung vorgesehenen Volumina und den Winkelstellungen der Verteilerschurre oder den Schlaghemdstellungen die Fallparabeln und die Auftreffpunkte des Materials und dann die zu erwartende Erz-Koks-Verteilung, die Lage der einzelnen Schichten im Ofen und die Entmischung der Möllerstoffe beim Abrollen (Bild 11). Die gleiche Rechnung wird mit den tatsächlich eingestellten Schurrenwinkeln und den gegichteten Mengen wiederholt. Die daraus errechnete Schüttung wird mit den Ergebnissen der Vorausrechnungen verglichen. Die Messungen mit dem Profilometer dienen zur Angleichung von Materialkennzahlen.

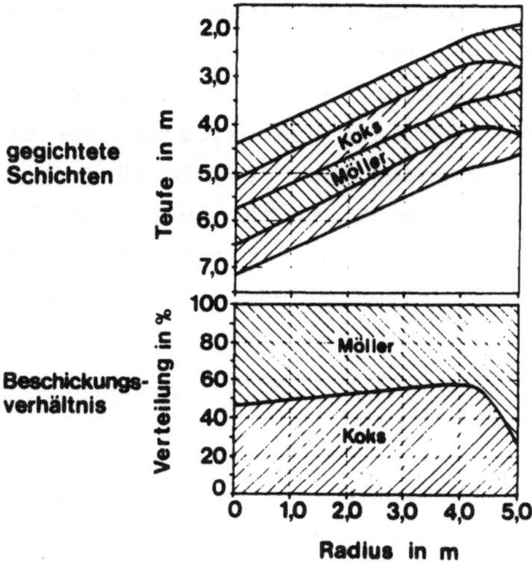

Bild 11: Schüttprofilrechnung

Das Mindestkoksverbrauchsmodell

Der metallurgisch mögliche Koksverbrauch wird bestimmt durch die Gasausnutzung an der sogenannten Wüstit-Ecke - einer bestimmten Oxidationsstufe des Eisens - sowie durch den für den Unterofen erforderlichen Wärmebedarf. Durch verschiedene Gleichungssysteme für jeden Betriebszustand des Hochofens werden die möglichen Gleichgewichte der chemischen Prozesse und des Wärmehaushalts berechnet und miteinander verknüpft (Bild 12). Das Ergebnis gibt Hinweise für Änderungen der Reduktionsverteilung im Hochofen.

Das Oberofenmodell

Eine Auswertung der Meßergebnisse der Quermeßsonde erfolgte bislang nur als grafische Darstellung der gemessenen Größen über den Hochofenradius. Eine Aussage über die Mengenverteilung des Gases ist so nicht möglich. Um zu weiteren Informationen zu gelangen, wurde ein Modell entwickelt, in dem die Verteilung der Gasmengen und -geschwindigkeiten über den Radius ermittelt wird. Das für die Untersuchung des gesamten Ofenverhaltens entwickelte Mindestkoksverbrauchsmodell wird dabei auf die einzelnen Ofenzonen angewendet. Pro Zone ergibt sich dabei der Abstand vom wärmetechnischen und chemischen Gleichgewicht. Die Information wird benutzt, um gezielte Änderungen des Erz-Koks-Verhältnisses bei der Begichtung einzuleiten (Bild 13).

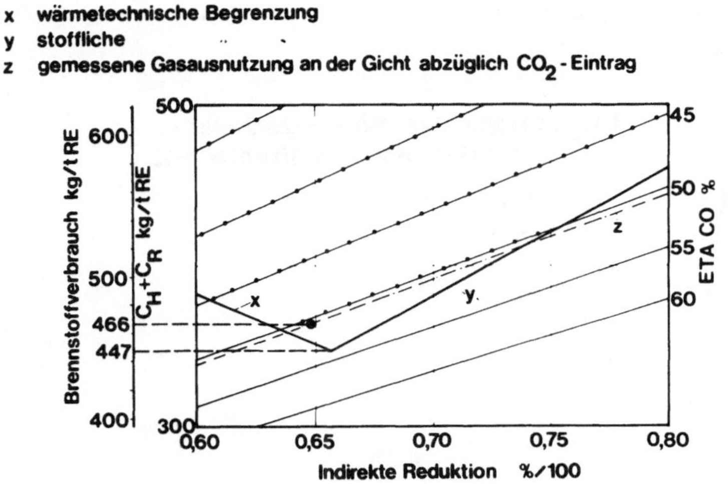

x wärmetechnische Begrenzung
y stoffliche "
z gemessene Gasausnutzung an der Gicht abzüglich CO_2 - Eintrag

Brennstoffverbrauch kg/t RE

$C_H + C_R$ kg/t RE

ETA CO %

Indirekte Reduktion %/100

Bild 12: Mindestkoksverbrauchsmodell

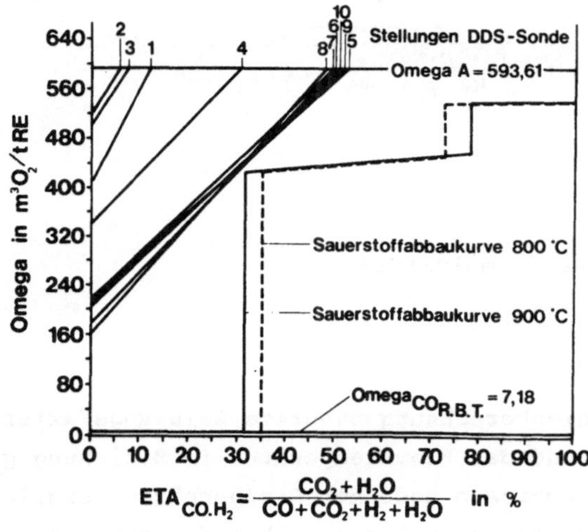

Bild 13: Oberofenmodell

Das Schmelzlinienmodell

Aus den Meßwerten des Unterofens und des Mischwindes berechnet das

Schmelzlinienmodell die nasse Seite der Schmelzzone (Bild 14). Insbesondere wird dabei aus der für das Schmelzen der Möllerstoffe verfügbaren Wärmemenge die für den Wärmeübergang notwendige Fläche und deren Lage berechnet. Das Modell wurde entwickelt auf Basis von 200 überwiegend monatlichen Betriebsphasen. Um unterschiedliche Hochofenfahrweisen sowie Geometrien vergleichen zu können, wurde ein Leistungsfaktor eingeführt. Die Auswirkungen verschiedener Parameter wie Schmelztemperatur, Flammtemperatur, spezifisches Formgasvolumen und spezifisches wie absolutes Wärmeeinbringen durch die Blasformen auf die Schmelzlinie wurden untersucht.

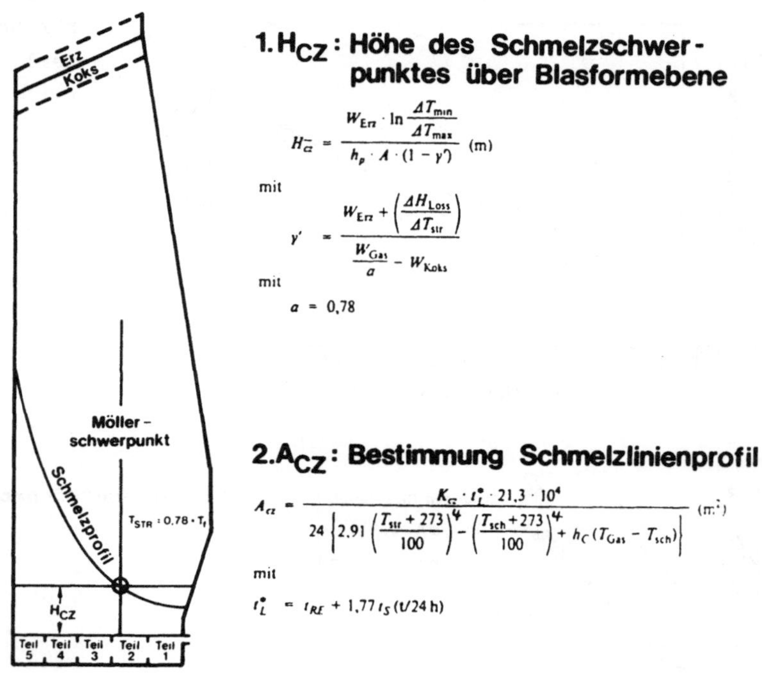

Bild 14: Berechnung der Schmelzlinie

Das statistische Hochofenmodell

Der bereits bei der Schmelzlinienberechnung benutzte Leistungsfaktor wurde mit dem Wärmeeinbringen und der Flammtemperatur in Beziehung gebracht und mit den Betriebsergebnissen moderner Großhochöfen verglichen (Bild 15). Mit diesem Vergleich ist eine Aussage über die mögliche Betriebsleistung bei den gegebenen Betriebsbedingungen möglich.

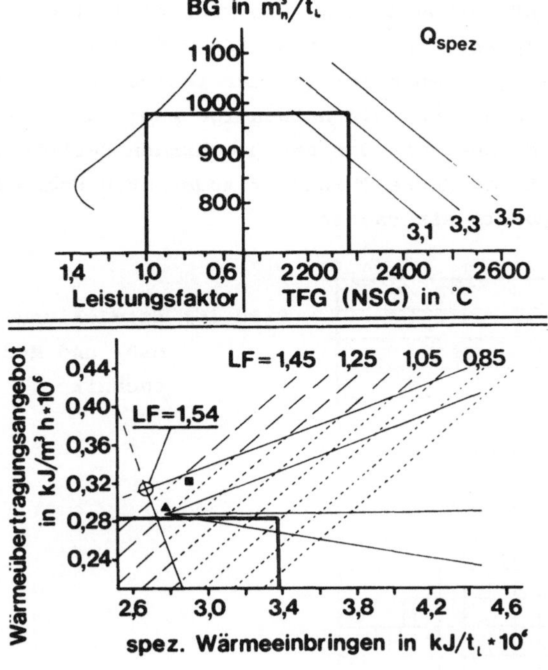

Bild 15: Statisches Hofenofenmodell

Das Unterofenmodell

Die Füllung des Unterofens wird durch den ständigen Vergleich des erschmolzenen Roheisens und der Schlacke mit den abgestochenen Mengen überwacht. Entsprechend wird die Abstichfrequenz gesteuert, damit kein Überfüllen des Gestells eintritt.

5. Zusammenfassung der einzelnen Modelle zu THYBAS

Die einzelnen Meßverfahren und die darauf aufbauenden Modelle sind innerhalb einiger Jahre zum größten Teil für den Hochofen Schwelgern unabhängig voneinander entwickelt worden. Im Bild 16 ist diese Chronologie dargestellt. Die einzelnen Modellprogramme beziehen sich beim Einsatz an einem Hochofen auf eine bestimmte Menge von gemeinsamen Grundinformationen. Außerdem sind Rechenergebnisse des einen Modells häufig Eingabedaten für das nächste. Diese gemeinsame Datenversorgung, der gegenseitige Informationsaustausch sowie eine einheitliche Darstellung der Ergebnisse ist heute in einem Rahmenprogramm verwirklicht. Diese Zusammenfassung aller Modelle unter einem Dach haben wir THYBAS genannt für THYssen Blast Furnace Automation System. Die Programme sind alle in der gleichen Programmiersprache geschrieben (FORTRAN ANSI 77). So kann das System ohne Schwierigkeiten komplett oder teilweise auf andere Hochöfen übertragen werden, wenn die notwendige meßtechnische Einrichtung vorhanden ist und Rechner mit der entsprechenden Peripherie verfügbar sind. So wird z. B. in Kürze THYBAS am modernsten Hochofen der Sowjetunion in Tscherepowets eingesetzt.

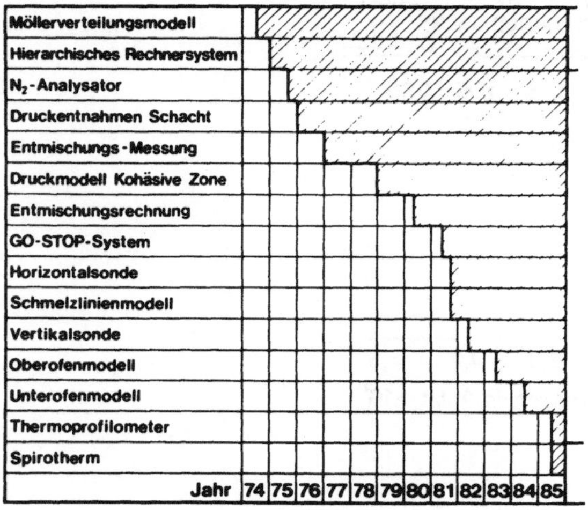

Möllerverteilungsmodell
Hierarchisches Rechnersystem
N_2-Analysator
Druckentnahmen Schacht
Entmischungs-Messung
Druckmodell Kohäsive Zone
Entmischungsrechnung
GO-STOP-System
Horizontalsonde
Schmelzlinienmodell
Vertikalsonde
Oberofenmodell
Unterofenmodell
Thermoprofilometer
Spirotherm
Jahr 74 75 76 77 78 79 80 81 82 83 84 85

Bild 16: Entwicklung von Meß- und Modelltechnik

6. Weitere Entwicklungen

Es sollte klar gestellt werden, daß auch die besten theoretischen Modelle noch keinen automatischen Hochofenbetrieb möglich machen. Sie dienen aber dazu, die notwendigen Entscheidungen sicherer treffen zu können, da die Auswirkungen besser vorhersehbar sind. Es wird jedoch weiter gearbeitet, gerade um eine noch bessere Verbindung der mathematischen Beschreibung der Einzelbereiche des Hochofens zu erreichen. Außerdem werden die Programmziele dahin erweitert, nicht nur die Betriebsergebnisse kurzfristig zu verbessern, sondern auch die Lebensdauer der Anlage durch entsprechend schonende Fahrweise trotz Vollproduktion zu erreichen.

Zwei Problemkreise stehen dabei zur Zeit im Vordergrund. Zum einen die Abweichung des Verfahrensablaufs vom rotationssymmetrischen Verhalten und zum anderen die Strömungen der flüssigen Stoffe im Gestell, die man versucht aufgrund von Modelluntersuchungen mathematisch zu beschreiben.

Damit sollen unter anderem die Mechanismen, die zu einem Verschleiß der Ausmauerung des Ofens führen, festgestellt werden, um evtl. Gegenmaßnahmen zu finden.

MODELL ZUR OPTIMIERUNG VON DURCHLAUFZEITEN UND BESTÄNDEN IN DER FERTIGUNG

MODEL FOR OPTIMIZATION OF LEAD TIMES UND BUFFER STOCK IN MANUFACTURING

G. Kallina
Siemens AG, Systemtechnische Entwicklung
7500 Karlsruhe, BRD

Summary:

As in other technical areas the mathematical model has become an important tool for the design and guidance of manufacturing processes. It is described how such a model is constructed and how a simulation is carried out. The main applications of the model are the analysis of existing manufacturing plants, the design of future manufacturing processes and the comparative investigation and evaluation of existing and new guidance methods.

1. Einleitung

Bei der Automatisierung von verfahrenstechnischen Prozessen wird die Regelungstechnik seit vielen Jahren erfolgreich eingesetzt. Dieser Erfolg der Regelungstechnik basiert im wesentlichen auf der exakten mathematischen Beschreibung der betrachteten Prozesse, d. h. das mathematische Modell ist die Basis und der Kern für systemdynamische Analysen und Synthesen.

Heute werden moderne verfahrenstechnische Prozesse mit regelungstechnischen Mitteln so strukturiert und optimiert, daß auf der einen Seite eine hohe gleichbleibende Produktqualität mit hoher Ausbeute erzielt wird, andererseits der Prozeß so flexibel gestaltet wird, daß neue Prozeßzustände schnell, exakt und überschwingfrei angefahren werden können. Dies kann nur durch eine sorgfältig geplante, pufferarme und dynamisch optimierte Prozeßstruktur erreicht werden, verbunden mit einem hohen Maß an Regelqualität.

2. Modellerstellung

Die Analyse zahlreicher moderner Fertigungsprozesse hat gezeigt, daß sich das Anforderungsprofil an die Prozeßführung eines Fertigungsprozesses dem eines verfahrenstechnischen Prozesses immer mehr angleicht. Die Ursache hierfür liegt im ständig wachsenden Automatisierungsgrad und der raschen Entwicklung der Online-Datenverarbeitung im Fertigungsbereich.
Es ist folglich erwägenswert, in Zukunft vielleicht sogar zwingend, einen Fertigungsprozeß wie einen verfahrenstechnischen Prozeß zu organisieren und zu führen.

Die Voraussetzung für diesen Schritt ist ein leistungsfähiges modular aufgebautes Modell eines Fertigungsprozesses zur:

- Analyse von Fertigungsprozessen
- Gestaltung von Fertigungsprozessen
- Lenkung von Fertigungsprozessen.

Die Anforderungen, die man an ein solches Modell stellt, sind dabei denen aus anderen technischen Bereichen sehr ähnlich:

- modularer hierarchischer Aufbau
- an der Technologie orientierte Bausteine zur Nachbildung des Fertigungsflusses und der Informationsverarbeitung
- Modellerstellung durch Strukturieren und Parametrieren (kein Compilieren)
- technologieorientierte Bedienoberfläche
- leistungsfähige Animation zur Verbesserung der Transparenz
- dialoggeführte Durchführung der Simulation
- hohe Simulationsgeschwindigkeit
- Modell auf Workstation und PC ablauffähig
- Kopplung mit Fertigungsleitrechner

Diese Forderungen sind z. B. im Bereich von Kraftwerksmodellen Stand der Technik. Dort ist es möglich, anhand der Konstruktionsunterlagen und Auslegungsdaten den KW-Prozeß nachzubilden. Entsprechend wird auch die projektierte Automatisierungslandschaft nachgebildet. Der Aufbau des Modells einschließlich der zugehörigen Automatisierung erfolgt interaktiv durch das Zusammenfügen und Parametrieren von fertigen Bausteinen (z. B. Rohrabschnitt, Wärmetauscher, Speisewasserpumpe, PI-Regler, Steuerkette usw.).
Auch während der Simulation kann jeder Baustein mit seinen aktuellen Eingangs-, Ausgangs-, Zustandsgrößen und Parametern angesehen und verändert werden. Während der Simulation kann die Regelstruktur modifiziert werden.

Ein Modell mit diesen Leistungsmerkmalen, das es in vielen technischen Bereichen bereits gibt, wird auch im Fertigungsbereich benötigt.

Benötigt wird also ein Baukasten mit Simulationsbausteinen, mit denen der Fertigungsprozeß einschließlich der zugehörigen Prozeßführung (Disposition, Regelung und Steuerung) nachgebildet werden kann.

Man unterscheidet Bausteine zur Nachbildung

- der Betriebsmittel, wie Arbeitsplätze, Maschinen
- von Personen (Personengruppen)
- von Transportelementen, wie Blockstrecke, Weiche, Fahrzeug
- der Erstellung von Arbeitsplänen und Auftragslisten

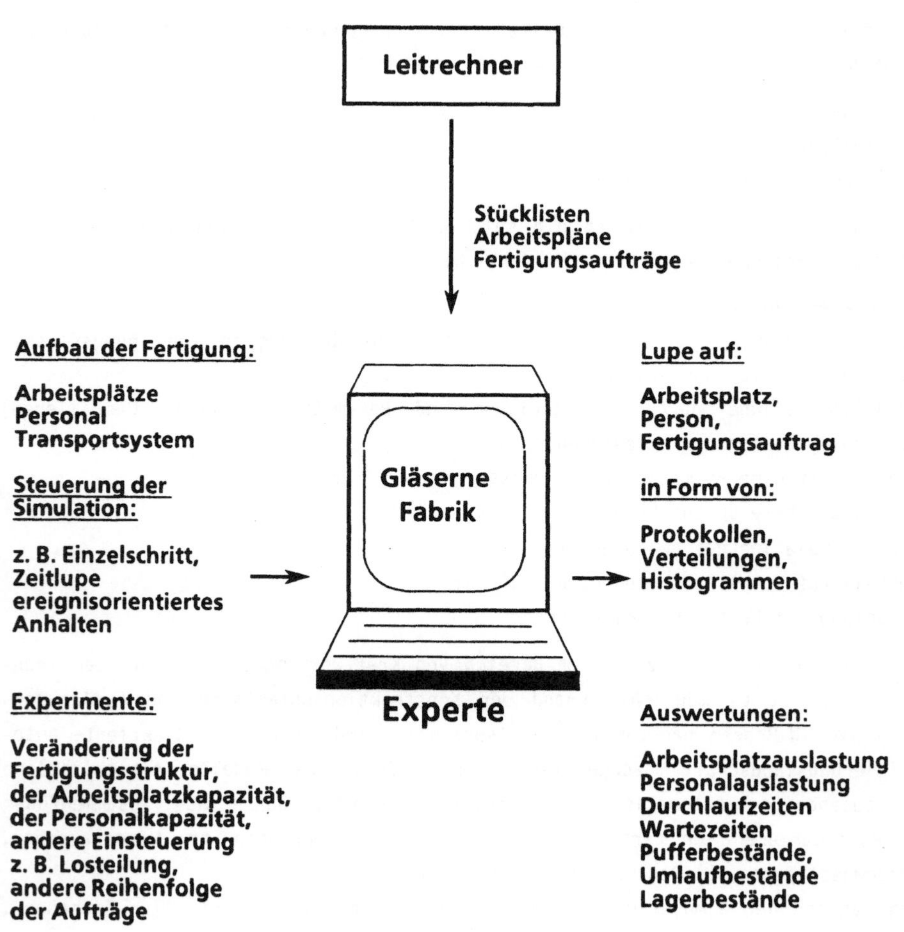

Bild 1: Vorgehensweise bei der Simulation

- der Informationsverarbeitung, wie Regelungs- und Steuerungsbausteine
- der Erstellung von Bedien-, Beobachtungs- und Animationsbildern
- der organisatorischen Vorgänge, wie z. B. den Abspeicherbaustein.

Zum Erstellen des problemspezifischen Modells, der Durchführung der Simulation und der Auswertung der Simulationsergebnisse wird ein relativ komplexes Bedienprogramm benötigt, mit dem folgende Aufgaben durchgeführt werden (siehe Bild 1):

- Generieren und Manipulieren der Basisdaten (Arbeitspläne, Aufträge): Das Ergebnis wird in Dateien hinterlegt.
- Aufbau der Fertigung: Die Fertigung einschließlich der Lenkungsmechanismen wird aus dem vorhandenen Bausteinvorrat zusammengestellt (durch Definieren, Parametrieren und Verschalten von Bausteinen).
  Diese Technik ist einfach, schnell, anschaulich und weitestgehend bediensicher.
  Bedien- und Beobachtungsbilder werden in derselben Technik erstellt.
- Steuerung der Simulation: Durchführung der Simulation, d. h. experimentieren am Modell. Die Ergebnisse der Experimente werden auf einer Datei abgespeichert. Die Abspeicherung erfolgt ereignisorientiert.
- Auswertung der Simulation: In dieser Stufe werden die durchgeführten Experimente angesehen, analysiert und dokumentiert.

3. Simulation

Die Durchführung einer Simulation erfolgt in 3 Stufen:

1. Stufe: Vorbereitung der Simulation

- Interaktive Erstellung der Fertigungsstruktur durch Definieren, Parametrieren und Verschalten von Bausteinen (d. h. Arbeitsgänge, Personengruppen, Transportelemente usw.)
  In gleicher Weise erfolgt die Erstellung der Animationsbilder.
- Erstellung der Arbeitspläne
- Erstellung der Fertigungsaufträge

Wird eine bereits existierende Fertigung nachgebildet, so können die Arbeitspläne und Fertigungsaufträge direkt vom Fertigungsleitrechner übernommen werden.

Aufgrund der bereits bei kleineren Produktionsanlagen anfallenden großen Datenmengen ist es sinnvoll, vor der Simulation die für die Simulation benötigten Daten auf Plausibilität und Konsistenz zu prüfen. Dies wird weitgehend automatisch durchgeführt. Z. B. wird per Programm überprüft, ob alle in den Arbeitsplänen aufgeführten Arbeitsgänge vorhanden sind und ob die notwendige Kapazität vorhanden ist. Als sehr hilfreich hat sich eine automatische Kapazitätsbilanz aller Arbeitspläne und Personen erwiesen. Mit diesem Programmbaustein läßt sich auch eine automatische Kapazitätsauslegung durchführen, d. h. für einen gegebenen Arbeitsvorrat, der innerhalb eines bestimmten Zeitraums abgearbeitet werden soll, werden die benötigten Kapazitäten an Arbeitsplätzen und Personal bestimmt.

2. Stufe: Simulation

Ebenso wie die Vorbereitung erfolgt die Durchführung der Simulation interaktiv. Mit dem Programmbaustein "Steuerung der Simulation" können folgende Funktionen ausgeführt werden:

- Angabe des Protokoll-Zeitraums und Art der Ereignisse, die während der Simulation aufgezeichnet werden sollen.
- Start der Simulation
- Einzelschrittbetrieb
- Simulation in Echtzeit, Zeitlupe, so schnell wie möglich
- Eingriff in die Steuerung
- Änderung von Parametern
- Wechseln von Bildern
- Rücksetzen und Wiederholung
- Setzen der Lupe auf Arbeitsgang, Arbeitsplatz, Personengruppe, Transportfahrzeug, Auftrag, Puffer, Transportabschnitt
- Mit Hilfe von Balken kann der Abarbeitungsgrad von Aufträgen, der Arbeitsinhalt, die Anzahl der Lose, die Anzahl von Behältnissen in Puffern in übersichtlicher Form angesehen werden.

Dieser "gläserne" Fertigungsprozeß im Simulationsrechner verbessert deutlich den Einblick in die komplexen Ereignisse des Material- und Informationsflusses. Die Wirkungszusammenhänge und die Ursache von Fehlfunktionen können schnell erkannt werden.

3. Stufe: Auswertung

Nach der Simulation werden die abgespeicherten Ergebnisse der Simulation in Form von Protokollen, Tabellen und Kurven ausgegeben, analysiert und dokumentiert.

Es stehen folgende Möglichkeiten zur Verfügung:

- Zeitverläufe, z. B. Pufferinhalt, Arbeitsplatzbelegung, Arbeitsvorrat, Anzahl der Lose, Anzahl der Transportbehälter, Verteilungen (z. B. Durchlaufzeitverteilungen).
- Auslastungen von Arbeitsgängen, Personengruppen (diese können pro Zeiteinheit bzw. pro Schicht dargestellt werden).
- Ausgeben von Ausreißern (z. B. alle Aufträge, deren Durchlaufzeit einen vorgegebenen Grenzwert überschreitet)

- Ausgeben von Fertigungsprotokollen einzelner Aufträge, Mittelwerte, statistische Kennwerte von Durchlaufzeiten und Auslastungen.

Nach der kritischen Auswertung und der Dokumentation erfolgt in der Regel eine weitere Serie von Experimenten, wobei hierzu je nach Aufgabenstellung

die Struktur der Fertigung,
die Struktur der Steuerung,

oder lediglich Parameter der Fertigung und Steuerung verändert werden können.

Es ist zu erkennen, daß das Modell kein Hilfsmittel ist, um den Fertigungsprozeß direkt zu verbessern oder in einer vorgegebenen Richtung zu optimieren - das Modell ist ein ausgezeichnetes Werkzeug, mit dessen Hilfe der Fertigungsspezialist einen Einblick in das statische und dynamische Verhalten des betrachteten Fertigungsprozesses gewinnen kann. Durch Experimentieren kann er risikolos und zu vertretbaren Kosten die Auswirkung von Maßnahmen auf den Gesamtprozeß erkennen. Dann kann er durch gezielte Maßnahmen die Struktur und die Lenkung des Prozesses verbessern.
Um diese Vorgehensweise zu unterstützen, sind folgende Voraussetzungen notwendig:

Die Bedienoberfläche muß so gestaltet sein, daß der Fertigungsspezialist ohne Programmiererfahrung damit arbeiten kann.
Das Modell muß ein reproduzierbares Verhalten haben, d. h. Simulationsabläufe mit gleichen Randbedingungen müssen jeweils das gleiche Ergebnis liefern. Statistische Elemente in der Simulation müssen ebenso wie alle Zustandsgrößen rücksetzbar sein.
Die Geschwindigkeit der Simulation und der Auswertung muß in einem akzeptablen Rahmen bleiben. Simulationsabläufe, deren Rechenzeit im Stundenbereich liegt, sind für ein interaktives Arbeiten nicht verwendbar.

4. Einsatzschwerpunkte des Modells

Die Einsatzschwerpunkte des hier vorgestellten Modells sind in drei Bereichen zu suchen:

1) Analyse bestehender Fertigungsprozesse:

Nachbildung bestehender Fertigungsprozesse auf dem Simulationsrechner. Dies ist besonders einfach, wenn die Arbeitspläne und Aufträge über einen definierten Zeitraum (z. B. 3 Monate) vom Leitrechner direkt auf den Simulationsrechner überspielt werden können. Durch gezieltes Experimentieren kann die Fertigungsstruktur analysiert und z. B. hinsichtlich

Durchlaufzeit,
Beständen,

Störverhalten
optimiert werden. Engpässe können genauer betrachtet und Möglichkeiten zu deren Beseitigung durchgespielt werden. Auch ist mit Hilfe des Modells ein Wirtschaftlichkeitsnachweis geplanter Maßnahmen leichter zu erbringen.

2) Gestaltung geplanter Fertigungsprozesse

Werden Fertigungsprozesse im frühen Planungsstadium auf einem Rechner statisch und dynamisch überprüft, so lassen sich Planungsfehler bereits im Vorfeld korrigieren. Man kann die benötigten Arbeitsplatz- und Maschinenkapazitäten, die Größe von Lagern und Zwischenpuffern sowie das notwendige Personal besser abschätzen. Auch läßt sich in diesem frühen Stadium untersuchen, ob die geplanten Einsteuerungsstrategien richtig sind, ob die gewünschten Durchlaufzeiten erreichbar sind und wie flexibel und reagibel sich die Fertigung einmal verhalten wird. Ebenso läßt sich die Reaktion auf Störungen überprüfen.

Alternative Planungen können miteinander verglichen werden, z. B. Arbeitsplätze mit und ohne Umrüsten, unterschiedliche Verkettung der Arbeitsplätze, Strukturen mit und ohne Zwischenlager.

3) Lenkung von Fertigungsprozessen

Mit dem Modell können vorhandene Lenkungsmethoden von Fertigungsprozessen verglichen werden, z. B. Zieh-/Schiebeprinzip, Kanban, grüne Welle, überlappte Fertigung, alternative Verfahren zur Abarbeitung von Puffern.
Verbesserung bzw. Abgleich vorhandener PPS-Methoden, Entwicklung und Erprobung neuer PPS-Methoden, Durchspielen ganz neuer Ideen.

Das Modell kann aber auch als Instrumentarium genutzt werden, um Lenkungsmechanismen direkt zu unterstützen. Dies kann z. B. dadurch geschehen, daß die vorhandenen Fertigungsaufträge zunächst im Modell abgearbeitet werden und somit Einsteuerungsfehler und zukünftige Engpässe in der Fertigung erkannt und Gegenmaßnahmen ergriffen werden können.

Das Modell kann zum Training von Mitarbeitern eingesetzt werden. Insbesondere ist es zur Demonstration der Auswirkung von einzelnen Maßnahmen auf den Gesamtprozeß geeignet.

5. Anwendungsbeispiel

Simulation einer Flachbaugruppenfertigung:
Das Modell wurde in der Praxis mehrfach zur Analyse bestehender komplexer Flachbaugruppenfertigungen eingesetzt. Dabei konnte eine gute Übereinstimmung der Simulationsergebnisse mit dem realen Verhalten der Fertigung festgestellt werden. Dies war dann die Basis für weitere Aktivitäten im Planungsbereich.

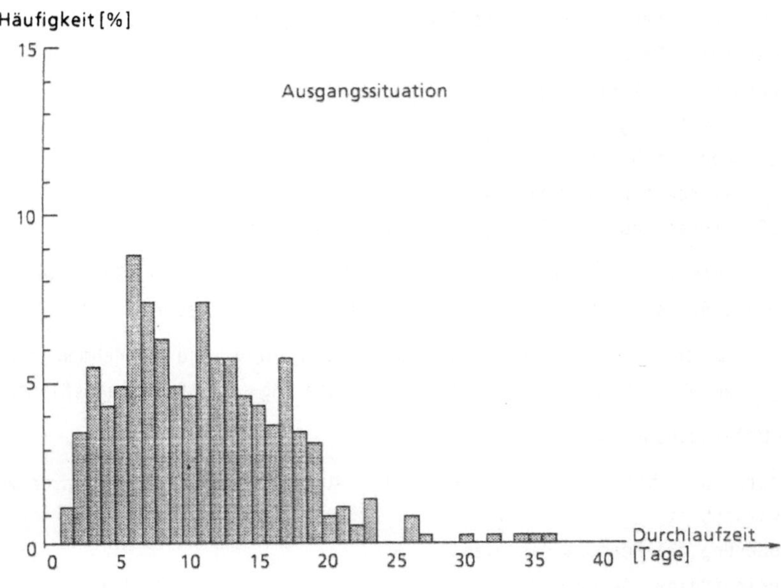

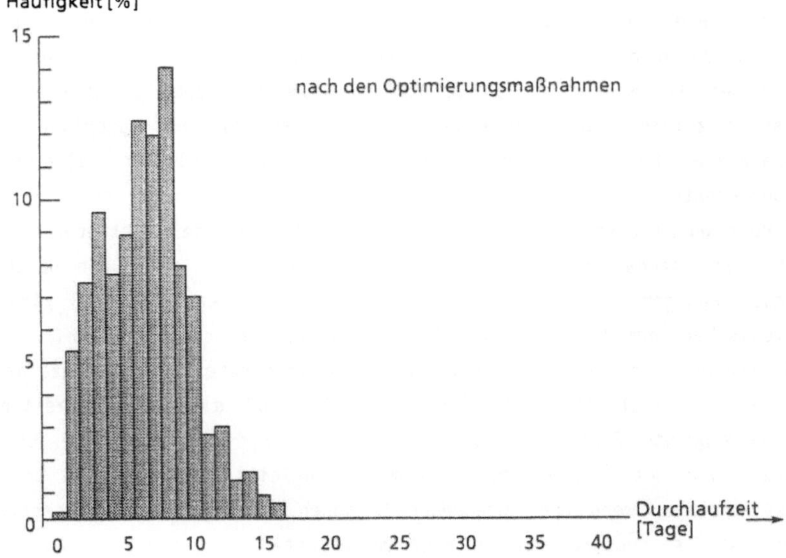

Bild 2: Verteilungsdichte der Durchlaufzeiten

Der Umfang einer Simulation soll an einem Beispiel erläutert werden:
Betrachteter Prozeß:
Flachbaugruppenfertigung mit

 32 Arbeitsgängen
110 Arbeitsplätzen
150 Mitarbeiter im Zweischichtbetrieb
110 unterschiedliche FBG-Typen werden gefertigt

Der Simulationszeitraum beträgt zwei Monate. In dieser Zeit werden je nach Losgröße 500 bis 600 Aufträge in die Fertigung eingesteuert.

Die oben beschriebene Fertigung wurde analysiert und Maßnahmen zur Verringerung der Durchlaufzeit und der Harmonisierung des Fertigungsflusses gesucht.

Die Untersuchung hat gezeigt, daß durch

- Losteilung bei der Einsteuerung der Aufträge (Begrenzung auf maximalen Arbeitsinhalt)
- Änderung des Personaleinsatzes
- geringfügiges Anheben der Arbeitsplatz- und Personalkapazität

die mittlere Durchlaufzeit von 12 auf 7,5 Tage reduziert werden kann (Bild 2). Die durch die Reduktion der Durchlaufzeit erzielten Einsparungen übertrafen dabei die Mehrkosten an zusätzlichen Investitionen und Personal. Die Simulation zeigte auch, daß eine weitere Verkürzung der Durchlaufzeit bei der betrachteten Fertigungsstruktur nur mit unwirtschaftlichen Maßnahmen erreicht werden könnte.

Außerdem wurde bestätigt, daß mit einer Verkürzung der mittleren Durchlaufzeit auch ihre Standardabweichung deutlich geringer wird, d.h.: die Durchlaufzeiten streuen weniger, Ausreißer werden seltener, der Fertigungsfluß wird insgesamt harmonischer, das Verhalten bei Störungen verbessert sich deutlich.

Die Strategie bei der Abarbeitung der Arbeitsvorräte vor den einzelnen Arbeitsplätzen hat auch einen deutlichen Einfluß auf die Durchlaufzeiten gezeigt. Das konsequente Einhalten der Regel "first in first out" hat sich dabei als einfach und nützlich erwiesen. Beim Personaleinsatz wurden die besten Ergebnisse erzielt, wenn frei gewordene Personen vorrangig dort eingesetzt wurden, wo der Abarbeitungsgrad der Aufträge am weitesten fortgeschritten war.

Stand und Entwicklung technischer Expertensysteme in der Chemie

State-of-the-art and development of technical expert systems in chemistry

Dr. W.Ahrens
Bayer AG
509 Leverkusen

Summary

The report starts with an introduction to the architecture of expert systems. An expert system is defined as a software-system based on knowledge of some specific domain and a kernel system which operates on the knowledge. After the attempt to classify the areäs of application, a short description is given for some expert systems known in the wide field of chemistry. A german research and development project funded by the Bundesminister für Forschung und Technologie (BMFT) is reportet. Especially the knowledge akquisition process in a wastewater treatment plant is pointed out. Some remarks on qualitative modelling and real-time connection are made.

1.Einleitung

Von den Ergebnissen der Arbeiten auf dem Gebiet der Künstlichen Intelligenz (KI) haben bisher nur die Expertensysteme den Weg zur praktischen Anwendung gefunden. Feigenbaum, einer der Pioniere der KI-Forschung, charakterisierte Expertensysteme als "intelligente Computerprogramme, die Wissen und Schlußfolgerungsprozeduren benutzen, um Probleme zu lösen, die schwierig genug sind, um beträchtliches Fachwissen zu ihrer Lösung zu erfordern" (**Miller (1984)**). Die ersten Expertensysteme wurden vornehmlich an den amerikanischen Universitäten wie MIT, Stanford, Palo Alto, um nur einige zu nennen, bereits in den 70 er Jahren entwickelt. Seit wenigen Jahren erst beschäftigt sich auch die europäische und deutsche Industrie mit dem Thema. Auslöser für eine geradezu euphorische Entwicklung waren die Japaner mit ihrem Projekt zur Entwicklung der 5. Computergeneration. Innerhalb der EG wurde das ESPRIT-Projekt aufgelegt, in der Bundesrepublik wurde mit BMFT-geförderten Verbundprojekten auf die japanische Herausforderung geantwortet.

2. Architektur von Expertensystemen

Wissensbasierte Systeme zeichnen sich durch ein Architekturprinzip aus, das im wesentlichen in der Trennung des *anwendungsorientierten* Wissens von dem *anwendungsneutralen*Kernsystem besteht. Das Kernsystem läßt sich weiter unterteilen in die:

1. Problemlösungskomponente
2. die Erklärungskomponente
3. die Wissensakquisitionskomponente
4. die Dialogkomponente

(vergl. **Raulefs (1982)**)

2.1 Die Wissensbasis

Die Wissensbasis ist der anwendungsorientierte Teil eines Expertensystems und soll den gesamten Umfang des Anwendungswissens umfassen. Geeignete Wissensrepräsentationsformen sind dafür notwendig. Die Wahl einer geeigneten Wissensrepräsentation hängt vom Gebrauch des Wissens ab. Dabei lassen sich zwei Pole unterscheiden: aktiv-prozeduraler Gebrauch zur Problemlösung und passiv-deklarativer Gebrauch zur Zustandsbeschreibung. Obwohl jede Wissenrepräsentation beide Pole vereinigt, setzen verschiedene Repräsentationen verschiedene Akzente.

Die am häufigsten benutzte Repräsentationsform ist die sog. *Produktionsregel*.
Von ihrem syntaktischen Aufbau sind Produktionsregeln sog. WENN-DANN- Bedingungen:

WENN bestimmte Bedingungen erfüllt sind
DANN führe bestimmte Aktionen durch

Beispiel einer Produktionsregel aus dem Expertensystem zur Fehlerdiagnose und Prozeßführung der Kläranlage Leverkusen-Bürrig:

(Regel-1 (**$AND**(Treibwassermenge Störung = low-Alarm)
(NOT(Luftverbrauch Trend = steigend))
(**$CONCLUDE**
(Luftversorgung Störung = Mengenmesserdefekt))

dabei bedeuten:

Regel-1:	Name der Regel
$AND:	Schlüsselwort, leitet den Prämissenteil ein,wobei die einzelnen Teile mit UND zu verküpfen sind
$CONCLUDE:	Schlüsselwort,leitet den Konklusionsteil der Regel ein
(xxx xxx xxx):	die in Klammern eingeschlossenen Terme im Prämissen- oder Konklusionsteil sind sog. Objekt-Attribut-Wert-Tripel mit folgender Lesart: WENN das Signal "Treibwassermenge" die Störung "Low-Alarm" zeigt und der Trend des Luftverbrauchs "nicht steigend" ist, DANN schließe daraus, daß die Störung "Mengenmesser defekt" in der Luftversorgung vorliegt.

Produktionsregeln zeichnen sich dadurch aus, daß sie einer einfachen Syntax, hier der Syntax des Systems BABYLON (vergl. **DiPrimio, Brewka (1985)**) folgend, leicht zu lesen und damit zu pflegen sind. Grundsätzlich eignen sich Produktionsregeln zur Repräsentation der unterschiedlichsten Wissensformen. Ihre Stärke beweisen sie in der Abbildung von prozeduralem Wissen. In der Verknüpfung mit sog. Sicherheitsfaktoren lassen sich Produktionsregeln auch zur Abbildung von vagem oder unsicheren Wissen (Erfahrungswissen) heranziehen.

Eine zweite in modernen Expertensystemen zunehmend interessanter werdende Wissensrepräsentationsform ist die *objektorientierte* Repräsentationsform.
Objektorientierte Programmierung nennt man eine Softwaretechnologie, in der eine objektzentrierte Sichtweise der zu modellierenden Anwendung, Klassenkonzept und Vererbungshierarchien und der Nachrichtenaustausch zur Herbeiführung einer Problemlösung im Mittelpunkt der Betrachtung stehen (vergl.**Stoyan, Wedekind (1983)**).
In einer objektorientierten Wissensbasis werden die technischen Objekte - dies können reale Apparate aber auch abtrakte Gegenstände sein - in statischer wie dynamischer Hinsicht beschrieben. Hierzu bedient man sich des Klassenkonzeptes, d.h. die Beschreibungen gelten jeweils für eine ganze Klasse von Objekten, sind also typisierte Beschreibungsschemata. Die Abbilder der realen Objekte werden Instanzen (der Klasse) genannt und erben alle statischen wie dynamischen Eigenschaften der Klasse. Sind

Klassen hierarchisch miteinander verknüpft, so erben die Instanzen auch die Eigenschaften der hierarchisch höher stehenden Klasse.

Beispiel einer objektorientierten Wissensbasis aus dem Expertensystem zur Fehlerdiagnose und Prozeßführung der Kläranlage Leverkusen-Bürrig:

1.Statische Beschreibung:

```
(DEFFRAME anlagenteil
     (SUPERS anlage)
     (SLOTS ( zustand -
                  :POSSIBLE-VALUES (:ONE-OF normal
                                            gestört
                                            gefährdet)
                  :ASK ("%Welcher Anlagenzustand liegt vor ?"))
            ( störung -
                  :POSSIBLE-VALUES (:ONE-OF keine
                                            low-alarm
                                            high-alarm)
                  :ASK ("%Welche Störung liegt an ?"))


            ( eingänge -
                  :POSSIBLE-VALUES :LIST)
            ( ausgänge -
                  :POSSIBLE-VALUES :LIST)
            ( flußwege -
                  :POSSIBLE-VALUES :LIST))))
```

dabei bedeuten:

DEFFRAME:	Schlüsselwort,leitet die Klassendefinition ein
anlagenteil:	Name der Klasse
SUPERS:	Schlüsselwort, verweist auf eine höhere Klasse
anlage:	Name der hierarchisch höheren Klasse
SLOTS:	Schlüsselwort, leitet die Liste der Attribute ein
zustand:	Name des ersten Attributes, mit unbestimmter Vorbesetzung (-)
:POSSIBLE-VALUES:	Schlüsselwort, leitet die möglichen Werteausprägungen für das Attribut ein
:ONE-OF:	Schlüsselwort, das Attribut ist vom Aufzählungstyp
normal gestört ...	Liste der möglichen Werteausprägungen
:ASK:	Schlüsselwort, leitet den Fragetext ein, sofern der Attributwert vom Benutzer zu erfragen ist

Die statische Beschreibung hat große Ähnlichkeit mit dem Record-Datentyp, wie er z.B. in PASCAL oder PL/1 vorhanden ist. Die Syntax der Klassendefinition entspricht wiederum der BABYLON-Syntax.

2.dynamische Beschreibung

```
(DEFBEHAVIOR (anlagenteil :störtest)
             ()
             (SEND bürrig-1 :FIND-IMPLICATIONS
             (SEND SELF störregeln) :DO-ONE)))
```

es bedeuten:

DEFBEHAVIOR:	Schlüsselwort,leitet die Definition einer dynamischen Beschreibung oder Methode ein
anlagenteil:	Name der Klasse, der diese dynamische Beschreibung gehört
störtest	Name der Methode
SEND	Befehl zum Versenden einer Nachricht
bürrig-1	Objekt, das die Nachricht erhält, hier die Wissensbasis Bürrig-1
:FIND-IMPLICATIONS:	Schlüsselwort, sagt wie die Regeln auszuwerten sind hier: in einer Vorwärtsverkettung
:DO-ONE:	Schlüsselwort, Verarbeitung der Regel, hier: Anwendung einer einzigen Regel

Dynamische Beschreibungen sind also LISP-Programme, in denen u.a. das Versenden von Nachrichten organisiert wird. In dem Beispiel wird eine in der Wissenbasis Bürrig-1 enthaltene und der Klasse Anlagenteil zugeordnete Regelmenge, die Störregeln, aktiviert und in einer Vorwärtsverkettung solange angewendet, bis die erste Regel in all ihren Prämissen erfüllt wird.

Eine dritte Repräsentationsform sind die *sematischen Netze* Mit ihrer Hilfe lassen sich nicht nur den Objekten Eigenschaften und deren Werte zuordnen, sondern wiederum die Eigenschaften näher beschreiben. Weiterhin lassen sich in solchen Netzen Beziehungen zwischen Objekten, Begriffen, Handlungen etc. ausdrücken. Objekte, Begriffe, Konzepte existieren im menschlichen Bewußtsein nicht als eine lose, unabhängige Sammlung von Einheiten, sondern sind oftmals kategorisiert oder in übergeordneten Einheiten zusammengefaßt. "Teil-von"- Beziehungen drücken etwa das Verhältnis zwischen einem zusammengesetzten Gegenstand und seinen Einzelteilen aus, die "Ist-ein"- Beziehung stellt die Zugehörigkeit zu einer Art oder Gattung dar.

2.2 Das Kernsystem

Das Kernsystem ist wie bereits ausgeführt das anwendungsneutrale Programmsystem, das mit der Wissensbasis die Problemlösung herbeiführt.

Die *Problemlösungskomponente* fußt auf den Wissensrepräsentationsformen der Wissensbasis. So werden z.B. Produktionsregeln durch Verkettung in Vorwärts- oder Rückwärtsrichtung "angewendet". Andere Problemlösungsstrategien sind "Establish-Refine", "Hypothesize-and-Test","Constraint-Propagation","Differential-Diagnostic" etc. (vergl. **Puppe (1986)**). Speziell für Diagnostik-Probleme eignen sich "Establish-Refine", das von allgemeinen Diagnosestrategien entlang einer Diagnose-Hierarchie zu immer spezielleren Diagnosen voranschreitet, und "Hypothesize-and-Test", die immer die allgemeine oder spezielle Diagnose zuerst untersucht, die am verdächtigsten ist.

Die *Erklärungskomponente* ist für ein Expertensystem von großer Bedeutung, handelt es sich bei den Expertensystemen doch um eine Problem*lösungs* software, d.h. ein Experte will mit einem solchen Sytem ein gestelltes Problem, das gegebenenfalls mit unsicheren, unscharfen oder gar falschen Informationen an ihn herangetragen wird, lösen. Zudem ist vielleicht die Wissensbasis noch nicht zufriedenstellend aufgefüllt. In all diesen Fällen ist es für den Ersteller wie für den Benutzer wichtig zu erfahren, warum eine bestimmte Lösung des Problems gefunden wurde, warum andere nicht, was als Faktum gesichert ist und was aus Regeln abgeleitet wurde. Außer den skizzierten Zwecken einer Erklärung müßte eine gute Erklärungskomponente auch das Vorwissen des Partners berücksichtigen, um langweilige oder unverständliche Erklärungen zu vermeiden. Die dazu notwendigen Voraussetzungen

1. Modellierung des Wissens auf verschiedenen Abstraktionsebenen (vergl. **Rasmussen (1985)**) und
2. eine Partnermodellierung

fehlen in den meisten Expertensystemen.

Die *Wissensakquisitionskomponente* erfüllt zwei Aufgaben. Die erste Aufgabe besteht darin, die Erstellung der Wissensbasis zu unterstützen und gegebenenfalls zu automatisieren. Ihre Bedeutung gewinnt diese Komponente aus der Beobachtung, daß der Wissensakquisitionsprozeß der Engpaß in der gesamten Erstellung eines Expertensystems ist. Die zweite Aufgabe besteht darin, die Wissenbasis auf Fehler hin zu untersuchen, die in widersprüchlichen Schlußfolgerungen, in Kreisschlüssen oder in irrtümlichen Abbrüchen der Schlußfolgerungsketten bestehen können. Tatsächlich bieten Expertensysteme heute noch wenig Unterstützung beim Wissenserwerb, so hängt der Erfolg eines Expertensystemprojektes entscheidend vom Umfang und der Qualität der beteiligten Experten ab.

Die *Dialogkomponente* realisiert die Benutzeroberfläche, wobei graphikfähige Bildschirme heute zur Standardausrüstung anspruchsvoller Expertensysteme zählen.

3. Expertensysteme in der Chemie

Expertensysteme auf dem Gebiet der Chemie wurden schon sehr früh entwickelt. DENDRAL, ein Expertensystem zur Aufklärung von chemischen Strukturen aufgrund massenspektroskopischer Daten, der Summenformel und evtl. von anderen Informationen über den Stoff, wurde 1965 von Feigenbaum und Mitarbeitern an der Stanford-Universität, Californien, begonnen, und ist damit das älteste und langlebigste KI-Projekt. Das System wird heute in mehr als 20 Forschungslabors in den USA, Großbritannien und Australien eingesetzt (vergl. **Miller (1984)**).

3.1 Einteilung in Problemklassen

Die am besten untersuchte Problemklasse ist die "Diagnostik", wo es darum geht, aus teils gegebenen, teils zu suchenden Symptomen (Befunden, Meßwerten) ein bekanntes Muster (Fehlerursache, Systemzustand, Objekt) wiederzuerkennen, z.B. medizinische Diagnosen stellen, fehlerhafte Bauteile finden, Alarmzustände erkennen usw. Eine zweite Problemklasse ist mit den "Design-Problemen" gegeben, wo ein Objekt gesucht wird, das bestimmten Anforderungen (constraints) genügt. Hierzu zählen Probleme wie Konfigurierung von Rechenanlagen, Erstellen von Stundenplänen und so komplexe Probleme wie CAD und VLSI-Design. Eine dritte Problemklasse wird mit dem Begriff "Planung" umschrieben. Bei der Planung von verfahrenstechnischen Prozessen, Prozeßleitsystemen u.a. geht es darum, eine Sequenz von Aktionen zu ermitteln, die einen bestimmten Zielzustand ansteuern. Eine typische Schwierigkeit beim Planen ist das sog. "frame problem", nämlich eine effiziente Repräsentation für die sich ständig ändernden Zustände zu finden, da die Durchführung einer Aktion die Vorbedingungen für andere ausführbare Aktionen zerstören kann.
Die Berechnung der vollständigen Auswirkungen von Ereignissen ist Aufgabe der vierten Problemklasse, der "Simulation". Simulation ist zum Problemlösen wichtig, wenn bei Design- oder Planungssystemen auf einer abstrakten Ebene argumentiert wird und die konkreten Zustandsänderungen abgeleitet werden müssen (vergl. **Puppe,Voss (1986)**).
Im Bereich der Chemie lassen sich die Expertensysteme gemäß dieser Klassifizierung wie folgt ausmachen:

1.Diagnose:	- Diagnose von Pflanzenschäden - Diagnose von Prozeßzuständen in chemischen Anlagen - Analyse von spektroskopischen Daten
2.Design:	- Konstruktion von Molekülen - Konfigurierung von chemischen Apparaten - Parametrisierung von Prozeßleitsystemen
3.Planung:	- chemische Syntheseplanung - Versuchsplanung - Prozeßführung
4.Simulation:	- der Dynamik chemischer Anlagen

3.2 Ausgewählte Beispiele von Expertensystemen
(ohne Anspruch auf Vollständigkeit)

Auf das älteste Expertensystem, **DENDRAL**, wurde bereits hingewiesen. DENDRAL dient der Aufklärung von chemischen Strukturen aufgrund von massenspektroskopischen Daten. Eine typische Regel in DENDRAL ist die folgende:

IF the spectrum for the molecule has two peaks at masses
x_1 and x_2 such that
a) $x_1 + x_2 = M + 28$, and
b) $x_1 - 28$ is a high peak, and
c) $x_2 - 28$ is a high peak, and
d) at leat one of x_1 or x_2 is high
THEN the molecule contains a ketone group.

(vergl. **Barr,Feigenbaum (1982)**)

Dieser Wissensbaustein über Massenspektrometrie erlaubt es DENDRAL Moleküle mit einer Ketongruppe zu konstruieren.

MOLGEN (molecular genetics) hilft dem Molekulargenetiker das schwer übèrschaubare Wissen zur Planung von Gen-Cloning-Experimenten. Das folgende Beispiel zeigt eine Regel aus MOLGEN:

WENN Basenfolge eindeutig bestimmbar

DANN gib die Basenfolge aus
SONST iteriere Maxim-Gilbert-Verfahren für
jede Probe

SECS (Simulation and Evaluation of Chemical Synthesis), ein System zur interaktiven Planung von organischen Synthesen, wurde ab 1969 von Wibke und Mitarbeitern an der Universität von Californien entwickelt und ist seit 1974 in den USA im Einsatz. Die Wissensbasis des Systems besteht aus einer großen Zahl von chemischen Reaktionen sowie Strukturtheorie, chemischer Reaktivität und Prinzipien der chemischen Synthese. Berechnungen der Elektronenverteilung in Molekülen werden vom System durchgeführt (vergl. **Miller (1984)**).
SECS wurde von schweizerischen und deutschen pharmazeutischen Firmen weiterentwickelt: Daraus entstand **CASP** (Computer Assisted Synthesis Planning) (vergl. **Johnson (1985)**).

Ein weiteres System zur Syntheseplanung ist **LHASA**, das parallel zu SECS und aus gemeinsamen Wurzeln an der Harvard Universität entwickelt wurde. Dieses System unterstützt außer der "Rückwärtssynthese" auch eine Kombination von "Vorwärts- und Rückwärtssynthese", die es dem Benutzer erleichtern soll, von vorgegebenen Ausgangsstoffen zu dem gewünschten Syntheseziel zu gelangen.

Ein weiteres System ist **SYNCHEM** und die Weiterentwicklung zu **SYNCHEM2**. Diese Systeme sollen ohne direkten und wiederholten Eingriff des Chemikers Synthesewege für ein Zielmolekül entdecken.

CAPŠ (Computer-Aided Process Synthesis) ist ein Pilot-Expertensystem zur computerunterstützten Prozeßsynthese, das an der Washington Universität, St.Louis, mit Unterstützung der Firma Exxon entwickelt wurde. Mit Hilfe einer heuristischen Methode wird eine Ausgangsstruktur erzeugt, die im Dialog mit dem System unter Berücksichtigung von Massen- und Energiebilanzen sowie der Kosten weiterentwickelt wird. Es werden sieben Evolutions-Regeln angegeben.

Weiter fortgeschritten ist die Entwicklung von **IDEA** (Initial Design and Economic Analysis). Dieses System , das an der Universität von Massachusetts mit Unterstützung der chemischen Industrie entwickelt wurde, kann auf Anlagen angewandt werden, die ein einziges Produkt aus gegebenen Rohstoffen auf einem definierten Reaktionsweg herstellen sollen. Das Syntheseverfahren besteht aus vier Ebenen. In jeder wird das Fließbild verfeinert und danach eine Kostenanalyse durchgeführt.

REKPERT (Rektifikations-Expertensytem) ist zur Abwechslung eine deutsche Entwicklung am Lehrstuhl für Technische Chemie A der Universität Dortmund. REKPERT hilft dem Verfahrenstechniker bei der Festlegung von Trennsequenzen bei der Rektifikation. Ein typische Regel im System REKPERT hat folgendes aussehen:

Wenn die Trennfaktoren und
die Molanteile im Zulauf etwa gleich groß sind
Dann Lege eine Trennung in Reihenfolge der Siedepunkte

(vergl. **Erdmann et.al. (1985)**).

HEATEX ist eines der verfahrenstechnischen Expertensystemen, die im Department of Chemical Engineering der Carnegie-Mellon Universität in Pittsburgh entwickelt wurden (vergl. **Grimes et al (1982)**). Es soll den Verfahrensingenieur bei der Auslegung von Wärmetauscher-Netzwerken zur Wärmerückgewinnung aus chemischen Anlagen unterstützen. Das Produktionsregelsystem besteht aus 115 Regeln.

Seit kurzem wird **CONSULTANT** , ein kleines Expertensystem der Firma Foxboro zum Entwurf von Regelungen, kommerziell angeboten. Eine Anwendung besteht in der Konfiguration des Regelsystems einer Destillationskolonne, eine andere in der Konfiguration der Regelung eines Kreiselverdichters.

SACON (Structural Analysis Consultant) der Firma Framentec hilft dem Statiker bei der Anwendung des komplexen Analyseprogramms MARC bei der Spannungsanalyse von mechanischen Strukturen.

Von **Schlager (1985)** wird von einem Expertensystem zur Prozeßdiagnose berichtet. Die Pilotanlage besteht aus vier Fermentern und einem hierarchischen, verteilten System.

Von **Maede (1984)** wird von einem Expertensystem zur Prozeßkontrolle in einer Kläranlage berichtet.

Für weitere Expertensysteme in der Chemie und Verfahrenstechnik siehe **Lieberam,Ahrens (1985), Lieberam (1986)**.

3.3 Das Verbundprojekt TEX-I

Seit Anfang 1985 fördert der BMFT u.a. das Verbundprojekt **TEX-I** (Technische Expertensysteme zur Dateninterpretation, Diagnose und Prozeßführung) (Förderkennzeichen: IT W 8503 C 6). In diesem Projekt arbeiten die Firmen

- Siemens Erlangen, Projektleitung

- Siemens Karlruhe
- Interatom Bensberg
- Elektronik System Gesellschaft München
- Krupp Atlas Elektronik Bremen
- Bayer Leverkusen

zusammen. Zwei Großforschungseinrichtungen, die Gesellschaft für Mathematik und Datenverarbeitung (GMD), St.Augustin, und das IITB der Fraunhofergesellschaft, Karlsruhe, arbeiten an der Weiterwickluung der Softwarewerkzeuge bzw. an der Schnittstelle zum Prozeß mit.
Ziel dieses Forschungsprojektes ist es die Expertensystemtechnologie in Real-Time-Umgebung zu erforschen, die Modellierung komplexer Systeme zu studieren insbesondere im Hinblick auf Wissensrepräsentation und Inferenzstrategie. Zu diesem Zwecke bringen die Firmen unterschiedliche industrielle Prozesse als Untersuchungsgegenstände ein:

Siemens Erlangen:	- ein Rechnernetz
Siemens Karlsruhe:	- ein fossiles Kraftwerk
Interatom Bensberg:	- ein Kernkraftwrek
Elektronik System GmbH:	- ein Prüfautomaten
Krupp Atlas Elektronik:	- ein Energieverteilungsnetz
Bayer Leverkusen:	- die Kläranlage Leverkusen-Bürrig

Aus den laufenden Arbeiten zum Expertensystem "Kläranlage Leverkusen-Bürrig" seien hier einige Anmerkungen erlaubt:

3.3.1 Wissenserwerb

Eine so komplexe Anlage wie die Kläranlage Leverkusen-Bürrig läßt sich nur mit systematischen Verfahren des Wissenserwerbes erfassen. Zu diesem Zweck wurde die in der Sicherheitstechnik hinlänglich bekannte Sicherheitsanalysemethode, die Operabilitätsanalyse oder PAAG-Verfahren (vergl. **Rindfleisch (1985)**), ausgewählt, ein interdisziplinäres Team bestehend aus einem Sicherheitstechniker (Moderation), zwei verfahrenstechnischen Experten, zwei Prozeßleittechnikern und zwei sog. "Wissensingenieuren" gebildet und die Erhebung zum Zwecke der *Fehlerdiagnose* auf der Basis der Verfahrens- und R+I-Fließbilder durchgeführt.
Die Operabilitätsanalyse beschreibt zunächst die hierarchisch strukturierte Anlage in Form sog. *Sollfunktionen*, die für jedes Teilsystem gesondert aufgestellt werden muß. Sodann werden potentielle Fehlsituationen anhand sog. *Fehlerleitworte* konstruiert, ihre Ursache, ihre Erkennung und ihre möglichen Gegenmaßnahmen diskutiert.
Diese Methode ist eine sehr aufwendige Methode. In Ermangelung eines geeigneten

Instrumentariums zum Wissenserwerb scheint sie jedoch geeignet ein umfassendes "Fehlerbild" der Anlage zu generieren.

Zum Zwecke der *Prozeßführung* werden die bekannten systemtechnischen Konzepte wie das "Phasenmodell der Produktion" oder das "Ebenenmodell" (vergl. **Polke (1985)**) für die Prozeßführung der Kläranlage in geignete Wissenrepräsentationsformen umgesetzt. Dabei zeigt sich, daß neben den Produktionsregeln und Objekten die Darstellung von *Netzen* eine dominante Rolle spielen. Zum Zwecke der Simulation werden die Petri-Netze (vergl. **Reisig (1986), Rosenstengel (1983)**) untersucht.

Auf zwei wesentliche Fragestellungen im Zusammenhang mit diesem Forschungsprojekt sei an dieser Stelle eingegangen. Der erste Punkt beschäftigt sich mit der Frage der "qualitativen" Repräsentation von Wissen, insbesondere die Repräsentation von zeitlichen Abhängigkeiten, und der zweite Punkt soll einige Aspekte des Real-Zeit-Bezugs aufzeigen.

3.3.2 Qualitative Modellierung

Für die Modellierung technischer Systeme gilt:

> Es gibt nicht eine einzige adäquate Modellierung eines Systemfür jeden Zweck, sondern es gibt im allgemeinen ein kontinuierliches Spektrum von Modellierungen auf allen Ebenen der Detaillierung.

Dieses Spektrum von Beschreibungen reicht von exakten Modellen z.B. mittels quantitativer Differentialgleichungen bis hin zu stark abstrahierenden, assoziativen Regeln z.B. eines Diagnostik- Expertensystems. Bisher ist keine Modellierung bekannt, in der das gesamte Spektrum einheitlich auf genügend vielen Ebenen erfaßt werden kann. Auf der einen Seite sind die quantitativen Modelle sehr weit gediehen, wenn man auch sagen muß, daß für viele praktische Probleme die Daten zur quantitativen Modellierung fehlen. Die ersten Expertensysteme modellierten dagegen mit assoziativen Regeln das sog. "Oberflächenwissen", konnten also insbesondere keine tiefergehenden kausalen Zusammenhänge erläutern. In die Lücke zwischen den quantitativen Modellen mit ihrem manchmal übersteigerten Genauigkeitsanspruch und dem Oberflächenwissen der Produktionregeln stoßen die qualitativen oder kausalen Modelle .

Was sind kausale Modelle ?

Kausale Modelle sind eine deklarative Wissensrepräsentation, mit denen *Struktur*, *Verhalten* und *Funktion* eines Systems relativ unabhängig von einer konkreten Problemstellung beschrieben werden (vergl. **Puppe, Voss (1986),Hayes**

(1979),Forbus (1984)).

An einem einfachen Beispiel sei der Unterschied zwischen quantitativer und qualitativer Modellierung verdeutlicht:

Beispiel: a) "Wärme(Substanz) = Menge (Substanz) * Temperatur(Substanz)"

--> quantitative Aussage: Die in einer Substanz enthaltene Wärme ist proportional dem Produkt ihrer Temperatur und ihrer Menge

b) "Die erhöhte Wärme verursacht einen Anstieg der Temperatur"

--> qualitative Aussage: selbstredend

Kausale und zeitliche Beziehungen sind miteinander durch folgende Aussage verknüpft:

Wenn B durch A verursacht wird, dann darf B nicht vor A beginnen.

Die Modellierung der Zeit in dynamischen Abläufen technischer Systeme ist damit ein Problem der qualitativen Modellierung (vergl. **Charniak,McDermott (1985)**).

Zu bekannten Ansätzen der qualitativen Modellierung zählen:

1. der Situationskalkül nach McCarthy und Hayes
2. der common sense Algorithmus nach Rieger/Grinberg
3. die objektorientierten Strukturbeschreibungen
4. die prozeßorientierten Strukturbeschreibungen
5. Verhaltensbeschreibung mit Constraints

Bzgl. einer Kritik dieser Ansätze sei auf **Puppe, Voss (1986)** verwiesen.

3.3.3 Real-Zeit Bezug

Ein Expertensystem zur Fehlerdiagnose und Prozeßführung großtechnischer Anlagen wird sinnvoller Weise an ein vorhandenes Prozeßrechner- oder Prozeßleitsystem anzuschließen sein. Es stellt sich dabei das Problem der zeitlichen Entkopplung des Problemlösungsprozesses von dem realen Prozeß. Die Entkopplung wird man sinnvollerweise in einer sog. intelligenten Schnittstelle wiederum wissensbasiert vollziehen. Entwicklungen auf diesem Sektor werden insbesondere von IITB und Krupp Atlas Elektronik durchgeführt.

4. Literatur

Andow,P.: Alarm Systems and Alarm Analysis
Plant/Operations Progress Vol. 4,No.2
April (1985),pp. 116-119

Barstow,D.,R.,H.E. Shrobe,E. Sandewall: Interactive Programming Environments
McGraw Hills (1984)

Barr,A.,E.A.Feigenbaum: The Handbook of Artificial Intelligence
HeurisTech Press,Stanford,California (1982),Vol.1-3

Bungers,D.,F.DePrimio,W.Klar,E.Rome: Konzept einer Expertensystemarchitektur
Arbeitspapiere der GMD,Nr. 91 (1984)

Charniak E., D. McDermott: Introduction to Artificial Intelligence
Addison Wesley (1985)

Davis R.,J.King: An Overview of Production Systems
in: Michie (1977) 11,pp. 300-332

DiPrimio,F.,G.Brewka: BABYLON: Kernsystem einer integrierten Umgebung für Entwicklung und Betrieb von Expertensystemen
Nachrichten für Dokumentation,Jg.36,Nr.1
(1985)

Erdmannm,H.,M.Lauer,M.Passmann,E.Schrank,K.H. Simmrock: Vortrag auf demGVC-Jahrestreffen 1985 in Hamburg

Forbus,K.D.: Qualitative Process Theory
AI-Journal (1984) pp.85-168

Floyd,R.W.: Mesurement Interpretation in Qualitative Process Theory
in: IJCAI-83 Vol.1 (1983) 315-320

Forsyth,R.: Expert Systems
Chapman and Hall,London (1984)

Friedland,P.W.: Knowledge-based experiment design in molecular genetics.
Techn.Rep.No. STAN-CS-79-771 HPP-79-29

Stanford Univ.,Comp.Sci.Dept.

Gevarter,W.B.: Expertsystems: Limited but powerful
IEEE spectrum,Aug. (1983) 39-45

Hayes,P.J.: The Naive Physics Manifesto, in:Michie,D.:
Expert Systems in the Microelectronic Age
Edinburgh University Press (1979) pp.242-270

Johnson,A.P.: Computer Aids to Synthesis Planning
Chem. in Britain (1985) 1,59/67

Kunz,I.C.,T.P.Kehler,M.D. Williams: Applications Development Using a Hybrid AI Development System
The AI Magazine (1984) 41-54

Lieberam,A.,W.Ahrens: Expertensysteme und ihr Einsatz in der Chemie und chemischen Technik
Chem.Ind. XXXVII/juli (1985) S.465-467

Lieberam,A.: Expertensysteme für die Verfahrenstechnik
Chem.-Ing.-Tech.58 (1986) Nr.1,S. 9-14

Maeda,K.: A knowledge based system for the wastewater treatment plant
IFAC Proc.Ser. IV (1984),S.89/94

Miller,R.K.: Artificial Intelligence Vol.1
Technical Insights Inc.,Fort Lee,New Yersey (1984)

Moore,R.L.,L.B.Hawkinson,C.G. Knickerbocker,L.M. Churchman: A Real-Time Expert System for Process Control
Lisp Machine,Inc.,Firmenschrift

Murphy,T.E.: Setting up an Expert System
I&CS - The Industrial and Process Control Magazine,March (1985) 54-60

Nelson,W.R.: REACTOR: An Expert System for Diagnosis and Treatment of Nuclear Reactor Accidents
in: Proceedings of AAAI-82,Pittsburg
pp. 296-301

Polke,M.: Informationshaushalt technischer Prozesse
Automatisierungstechnische Praxis atp
27.Jahrg. (1985) H.4, S. 161-171

Polke,M.: Prozeßleittechnik in der chem. Industrie
Elekt. Rechenanlagen,27 (1985)
H.3,166-173

Puppe,F.: Expertensysteme
in Informatik-Spektrum (1986)9,S.1-13

Puppe,F.,H.Voss: Qualitative Modelle in wissensbasierten Systemen
Working Paper SWP-86-01 des Fachbereichs
Informatik der Universität Kaiserslautern
März 1986

Rasmussen,J.: The Role of Hierarchical Knowledge Representation in
Decisionmaking and System Management
IEEE Transactions on Systems,Man and
Cybernetics,Vol.SMC-15,No.2,March (1985)
pp. 234-243

Raulefs,P.: Expertensysteme
in: Künstliche Intelligenz
Springer,Berlin,Heidelberg (1982)

Reisig,W.: Systementwurf mit Netzen
Springer Berlin,Heidelberg (1985)

Rindfleisch,H.-N.: Untersuchung zur Methodik von Sicherheitsanalysen
Dissertation an der Abteilung Chemietechnik
der Universität Dortmund vom 5.12.1983

Rosenstengel,B.: Entwicklung eines Netzmodells zur Erfassung einer
petrochemischen Produktion
Verlag Josef Eul,Köln (1985)

Schlager,S.T.: An Expert Sytem for Process Control Troubleshooting
Internal report
Miles Laboratories,Elkhart`P.O.Box 932

Stoyan,H.,H.Wedekind: Objektorientierte Software- und Hardwarearchitekturen
Teubner,Stuttgart (1983)

EXPERTENSYSTEM ZUR LASTENHEFTERSTELLUNG FÜR DIE AUTOMATISIERUNG CHEMISCHER VERFAHREN

EXPERT SYSTEM TO GENERATE REQUIREMENTS SPECIFICATIONS FOR CONTROL OF CHEMICAL PROCESSES

M. Brombacher
Ingenieurbereich Prozeßleittechnik
Bayer AG
5090 Leverkusen, B.R. Deutschland

SUMMARY

The requirements specification in the process control of chemical productions describes in quality and quantity the objectives and resulting requirements for the system technique to be installed, independant of the system capability. We distinguish between the rough requirements specification ("rough spec") and the detail requirements specification ("detail spec") according to the level of detail within the phase of the project model. Also we distinguish between the functional and the project specific requirements specification.
The first part of this paper outlines the main items
- structuring of the production facility and its assigned processes
- structuring of the process control functions

of the requirements specification in line with it's generation. Here, the focus is on the area of advanced functionality.
The second part has the purpose to determine how far the technology of expert systems is suitable to support the computerized realization of the requirements specification. To do this a rule-based expert system shell is used to implement a rapid prototype of a partial rough spec on a PC.
Related to the considered problem the discussion shows the advantages of today's PC-shells, but also discloses their limitations.

1. EINFÜHRUNG

In den vergangenen 15 Jahren hat die chemische Produktion und insbesondere ihre Automatisierung eine hohe Innovation zu verzeichnen. Spätestens die erste Ölkrise Anfang der siebziger Jahre hat den Blick für die Erneuerung, gehobene Führung und flexible Handhabung ihrer Anlagen bzw. Prozesse oder Verfahren geschärft. Um Investitionen zu sparen, werden erhöhte Anforderungen an die Flexibilität der Anlagen und der darin ablaufenden Prozesse gestellt.
Im Gleichschritt mit diesem Wandel in den Anforderungen vollzog sich auch ein Wandel in der Automatisierungstechnik; sie hat sich von der konventionellen Einzelleittechnik über die Prozeßrechentechnik bis zur heutigen Systemtechnik hin entwickelt. Derartige Innovationssprünge in so kurzen Zeitperioden fordern insbesondere im Bereich der Projektbearbeitung neue methodische Ansätze und verursachen somit einen Wandel in der Arbeitsweise des PLT-Personals im Projektteam, welcher mit einem tiefgreifenden Umdenkprozeß verbunden ist.
Der wirkungsvollste Ansatz, diesen Wandel ideell und maschinell zu unterstützen, liegt in der Projektphase, in welcher über Erfolg oder Mißerfolg eines Projektes entschieden wird, in der lösungsneutralen Festlegung von Aufgaben und Anforderungen, der Erstellung des Lastenheftes. Hierzu bedarf es einer Strukturierung der Wissensdomäne ebenso wie einer Analyse zur Verfügung stehender Softwaretechnologien.

2. LASTENHEFT, ÜBERSICHT

Entsprechend dem Phasenmodell der Projektabwicklung konzentriert sich die Lastenhefterstellung je nach Detaillierungsgrad auf zwei Arbeitsabschnitte, die Grobanalyse mit dem Groblastenheft und die Basisplanung mit dem Feinlastenheft als Ergebnisdokument. Während der Grobanalyse werden Hauptpositionen des funktionellen Lastenheftes im Projektteam auf ihre Relevanz für das geplante Vorhaben qualitativ und quantitativ untersucht. Das Groblastenheft enthält ein vorläufiges Mengengerüst der projektspezifisch erforderlichen Funktionseinheiten und dient als Grundlage für die Erarbeitung eines systemtechnischen Lösungsvorschlags. Seine Detaillierung im Rahmen der Basisplanung zum Feinlastenheft erfolgt durch Instanziierung der Funktionen und ihrer Parameter.
Im Zuge der projektspezifischen Erstellung eines Groblastenheftes ist es die erste Hauptaufgabe des PLT-Planers, zusammen mit dem Verfahrenstechniker die Strukturierung der zu automatisierenden Verfahren so vorzunehmen (lokale Struktur), daß effektive Handhabung und Qualitätssicherung möglich werden. Die Vorgehensweise erfolgt nach dem 'Bottom-up'-Prinzip und beginnt mit der Festlegung der Verfahrenseinheiten auf der Grundlage des Verfahrensfließbildes. Sie stellen eine

Zusammenfassung von Apparaten dar, in denen spezifische verfahrensrelevante Grundoperationen in gewissen Grenzen autark, d. h. durch Puffer getrennt, ablaufen.

Bild 1 zeigt eine Struktur für gemischte Konti/Batch-Verfahren, wie sie für die großchemische Produktion typisch sind. Einheiten gleicher Arbeitsweise werden in paralleler oder serieller Anordnung zu Gruppen zusammengefaßt, welche in weiteren Autarkiegrenzen logistisch handhabbar sind. Hauptgruppen als eine Zusammenfassung von Gruppen unterschiedlicher Arbeitsweise oder Struktur werden nur in komplexeren Verfahren eingerichtet und Verfahren innerhalb eines Betriebes sind üblicherweise weitgehend autark.

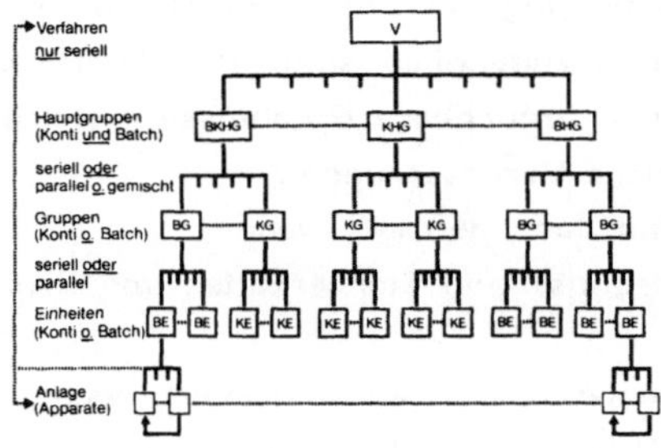

Bild 1 Hierarchische Struktur eines Verfahrens

Als zweite Hauptaufgabe ist die Strukturierung der Leitfunktionen vorzunehmen, welche auf der Grundlage des verfeinerten PLT-Funktionenmodells wiederum nach dem 'Bottom-up'-Prinzip erfolgt (Bild 2).

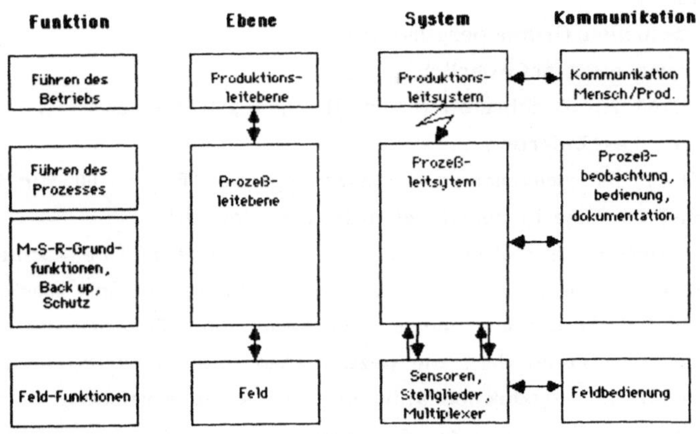

Bild 2 PLT-Funktionenmodell

Im vorliegenden Rahmen werden die Grundfunktionen im Feld, für Sicherheit und Schutz, für Back-up/Spc-Betrieb und den Normalfall nicht näher beschrieben, dasselbe gilt für die Funktionsinhalte der Produktionsleitebene sowie die jeweiligen funktionsspezifischen Beobachtungs-, Bedien- und Dokumentationserfordernisse. Vielmehr soll an dieser Stelle die gehobene Funktionalität der Überwachung, Regelung und Steuerung auszugsweise betrachtet werden, insbesondere auch deshalb, weil die Automatisierungspotentiale in dieser Ebene bisher nur selten ausgeschöpft wurden.

Die modellgestützte Überwachung orientiert sich an Modellen, die ihre Logik aus der Kombination direkt meßbarer Einzelgrößen entsprechend ihrer verfahrensspezifischen Verkopplung beziehen (Entscheidungstabellentechnik) und deduktiv oder experimentell gefundenen Modellen zur Ableitung von aussagekräftigen Verfahrensindikatoren, die einer direkten Messung nicht zugänglich sind. Mit Wärme- und Massenbilanzen lassen sich in vielen Fällen schon brauchbare Ergebnisse erzielen, Beobachter- und Filtertechniken bringen zusätzliche Verbesserungen.

Höhere Regelungsfunktionen sind dann gefragt, wenn

0 hohe Anforderungen an Führungs- und Störverhalten von Regelkreisen vorliegen oder

0 zeitvariante (durch Verschmutzungen, Katalysatorverbrauch und dgl), nichtlineare (z. B. Neutralisation, Polymerisation) Regelstrecken oder deren verfahrenstechnische Verkoppelung (z. B. Destillation)

auftreten. Die zu ihrer Realisierung benötigten Methodenbanken und Werkzeuge werden von Hochschulen bereitgestellt. Dies trifft in weit geringerem Maße zu für den Bereich der gehobenen Steuerfunktionen, wir haben deshalb eine pragmatische Führungskonzeption selbst erarbeitet. Sie orientiert sich an dem Begriff der Verfahrenseinheit. Ihre Beschreibung ist abhängig von der Arbeitsweise in ihren Apparaten und umfaßt

0 die Angabe der aktuellen Grundoperation (GO) (bei Konti-Fahrweise nicht erforderlich)

0 die Betriebsart (BA) zur Beschreibung von Übergangssituationen (Anfahren, Halten, Laständerung ...)

0 den Fahrwert (FA) als dimensionslose Leistungsgröße (FA = 100 für Nennleistung, bei Batch-Fahrweise in der Regel nicht erforderlich)

Diese Beschreibungsgrößen enthalten jeweils Maßnahmen zur Überwachung und Einstellung von Produkt- und Energie-Flußhöhen, -Flußwegen und mechanischen oder sonstigen Arbeitsbedingungen; sie stellen somit eine Zusammenfassung von Grundfunktionen mit Parametern dar, die dazu dienen, Störungen zu überbrücken oder den Normalbetrieb oder Produktionsstillstand als Ziel zu erreichen.

Das Führungssystem übernimmt dabei die Aufgaben,

1. diese BA-spezifischen Maßnahmen sowie die BA-Übergänge innerhalb der Einheiten anzustoßen, zu führen, zu überwachen und zu beenden.

Der Sachverhalt soll am Beispiel einer Konti-Einheit erklärt werden und ist in Bild 3 dargestellt.

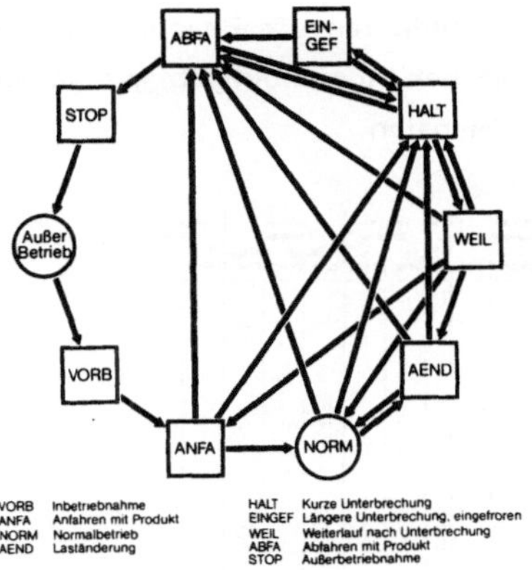

Bild 3 Betriebsartendiagramm einer Konti-Einheit

Bei einer Konti-Einheit unterscheiden wir zusätzlich zum Normalbetrieb zwischen folgenden Betriebsarten:

- Inbetriebnahme der Apparate (VORB)
- Anfahren mit Produkt (ANFA)
- Laständerung (AEND)
- Kurze (HALT) oder längere (EINGEF) Unterbrechungen bei Störungen sowie anschließendem Weiterlauf (WEIL), um die jeweils unterbrochene BA wieder zu erreichen.
- Abfahren mit Produktaustrag (ABFA)
- Abbruch des Verfahrens mit Außerbetriebnahme der Apparate (STOP)

Ausgehend vom Zustand 'Außer Betrieb' gelangt man über VORB nach ANFA, wobei bei offenem Eingang und geschlossenem Ausgang die Reaktion einsetzt. Damit beginnt der Normalbetrieb (NORM) auf niedrigem Lastniveau und über AEND kann mit Hilfe einer FA-Strategie die Ziellast erreicht werden. Störungen führen zu HALT mit Flußwert 0 bzw. bei längerer Reparatur zu EINGEF mit einer Veränderung der physikalischen Bedingungen; über WEIL (in der Regel eine FA-Strategie) kann die ursprüngliche BA wieder erreicht werden. Aus jeder produktbehafteten BA besteht die Möglichkeit, über ABFA und STOP den Prozeß abzubrechen.

2. die Auswirkungen der Veränderungen auf die Nachbareinheiten zu berücksichtigen.

Im Falle von AEND oder HALT/WEIL sind die FA-Strategien pro Gruppe bzw. Hauptgruppe und Verfahren so abzustimmen, daß danach überall Puffernormalstand herrscht.

Wir bezeichnen diesen Funktionsbereich mit Prozeßlogistik; sie ist von der Betriebslogistik, die im Bereich der Produktionsleitebene angesiedelt ist und keinen direkten Prozeßbezug besitzt, streng zu trennen.

Für den Fall von Batch-Einheiten bedürfen die Beschreibungsgrößen einer gewissen Anpassung. Insbesondere eröffnet der Normalbetrieb mit seiner Vielfalt von Grundoperationen (Bild 4) eine neue Dimension.

Parameter / Grundoperationen	Produkt-Parameter				Zeit	Energie-Parameter		mechan. Parameter			Informatorische Parameter	
	Vol.	Masse	Fluß	Verh.		Temp.	Druck	Rührer Richtg.	Rührer Drehz.	Pumpe Drehz.	Meldg.	Quitt.
● Mit Produkttransport												
– Dosieren Eins. prod.	x	(x)						(x)	(x)	(x)		
– Dosieren mit Flußregelung ([nicht] lineare Flußvorgabe)	x	(x)	x					(x)	(x)			
– Dosieren mit Temp regelung	x	(x)				x		(x)	(x)			
– Dosieren simultan	x	(x)						(x)	(x)	(x)		
– Dosieren im Verhältnis	x	(x)		x				(x)	(x)			
– Verschneiden	x	(x)						(x)	(x)			
● Mit Energietransport												
– Heizen mit Temp führung						x						
– Kühlen						x						
– Überlagern							x					
● Mit Wartezeiten					x							
● Mit Schaltaktionen					(x)			x				
– Rühren, Mischen					x			x	x	(x)		
● Mit Handaktionen												
– Probeziehen					x						x	x
– Handdosieren					x						x	x

( ) möglich

Bild 4 Grundoperationen mit möglichen Parametern

Die Tabelle zeigt einen Querschnitt durch gebräuchliche Grundoperationen mit Funktion und möglichen Parametern. Danach ergeben sich fünf Funktionentypen, welche in verfahrensspezifisch unterschiedlicher Ausprägung mit fünf verschiedenen Parameterkategorien entsprechend den angegebenen Markierungen ausgestattet sein können. Für den Fall von Mehrproduktverfahren werden die Grundoperationen, ihre Parameter und ihre Ablauforganisation unter dem Begriff 'Rezeptur' zusammengefaßt. Das Analogon zur Rezeptur für Konti-Einheiten ist der Fahrwert bei definierter Last.

3. EXPERTENSYSTEM

Das in 2. auszugsweise beschriebene funktionelle Lastenheft bedarf zu seiner projektspezifischen Erstellung einer transparenten Darstellung, die auch als Grundlage für eine maschinelle Unterstützung geeignet ist. Checklisten als Arbeitsgrundlage erfreuen sich einer allgemein großen Verbreitung. Das liegt daran, daß sie einerseits Ersteller und Benutzer große Freiheiten lassen und andererseits über ihren Detaillierungsgrad keinerlei Vorschriften auferlegen. Das hat zur Folge, daß Unklarheiten verbleiben, die Prüfbarkeit der Antworten auf die formulierte Fragestellung auf niedrigem Niveau verhaftet, das Ergebnisdokument deshalb logische Fehler enthalten kann und nur eingeschränkten Standardcharakter besitzt. Die bisherige Checklistenpraxis für die Erstellung von Groblastenheften beim Anwender bestätigt diese Mängel. Sie lassen sich nur umgehen, wenn die Checkliste mit höherer Intelligenz ausgestattet wird. Die 'Künstliche Intelligenz (KI)' als Schlüssel zur Software der Zukunft bietet hierfür im Rahmen des Teilgebiets der 'Expertensysteme' (XPS) Methoden und Hilfsmittel an, die bereits heute mit gewissen Einschränkungen industriell nutzbar sind. Um zu prüfen, inwieweit diese neue Softwaretechnologie geeignet ist, das Expertenwissen des PLT-Lastenheftes abzubilden und den Vorgang der projektspezifischen Erstellung zu unterstützen, wurde ein vorläufiger Mini-Prototyp eines Groblastenheftes auf der Grundlage eines zur Verfügung stehenden Werkzeugs erstellt (Rapid Prototyping). Aus den gewonnenen Erkenntnissen lassen sich Schlußfolgerungen im Hinblick auf eine endgültige, für die praktische Arbeit im Projekt optimale Implementierung ziehen. Die Anregung, für die Realisierung des Lastenheftes die Technologie der Expertensysteme zu erproben, fußt auf mehreren Anlässen:

0 Den Charakter des Wissens betreffend:
  Expertenwissen um das Lastenheft besteht aus Sach- und Erfahrungswissen. Letzteres entstand aus Analogien, Generalisierungen, Daumenregeln, es ist flach und numerisch anspruchslos.
0 Die Erweiterbarkeit des Wissens betreffend:
  Das Fachgebiet Prozeßleittechnik befindet sich in einer hohen Entwicklungsdynamik, neue Erkenntnisse bedürfen einer problemlosen Integration.
0 Die Komplexität der Wissensdomäne betreffend:
  Das begriffliche Vokabular sowie Lastenheftinhalte insbesondere im Bereich der gehobenen Funktionen sind keineswegs Allgemeingut der Planungsingenieure, Instruktionsfähigkeit unterstützt den Lernprozeß des PLT-Planers und intelligente Konsistenz- und Vollständigkeitsprüfungen helfen Planungsfehler vermeiden.

Expertensysteme (XPS) haben die Lösung all' dieser Problempunkte auf ihre Fahnen geschrieben. Sie bieten Werkzeuge, deren Eignung zur Implementierung von Wissensdomänen der o.g. Ausprägung weit oberhalb der konventionellen Mittel und Methoden liegen sollte.

3.1 Prototyp Groblastenheft, Arbeitsweise einer 'shell'.

Um den Nachweis der Eignung zu führen, wurde im Rahmen dieser Arbeit ein Prototyp eines Groblastenheftes auf der Grundlage der XPS-'shell' M1 von Teknowledge, implementiert in PROLOG auf IBM-PC, realisiert. Bild 5 zeigt die Architektur eines solchen Werkzeugs am o. g. Beispiel. Im Vergleich mit klassischer Software wird das Programm in zwei Teile geteilt:

- in die anwendungsabhängige Wissensbasis, die im einfachsten Fall aus Fakten und Regeln besteht (Produktionssysteme)
- und in die anwendungsneutrale Ablauflogik (Inferenzmechanismus), die für bestimmte Anwendungsklassen portierbar ist. Standardkontrollstrategien sind

Vorwärts- oder Rückwärtsverkettung von Regeln, letzteres liegt vor.

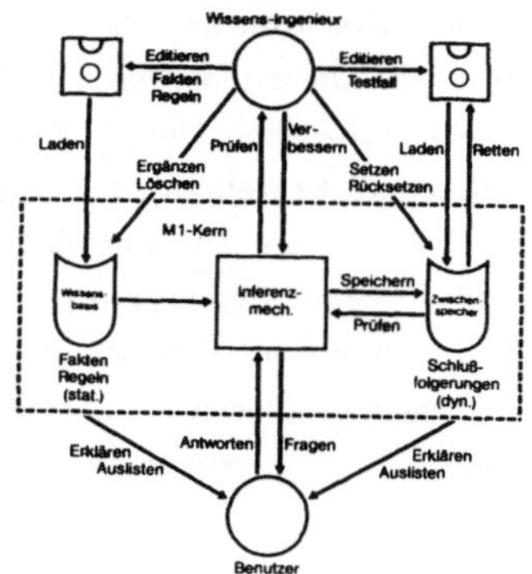

Bild 5 Architektur eines regelbasierten Experten-System-Werkzeugs

Nach Aufbau und Test der Wissensbasis durch den Wissensingenieur kann der Benutzer nach Vorgabe einer Aufgabenstellung (Ziel) den Problemlösungsvorgang starten. Nach dem Prinzip des 'Pattern matching' durchsucht nun der Inferenzmechanismus die Regelbasis im Rückwärtsbetrieb, d. h. die für die Zielfindung relevanten Regeln werden von ihrem Konklusionsteil aus auf Gültigkeit überprüft. In der Wissensbasis nicht findbare Prämissenwerte werden über den Benutzer erfragt. Auf diese Art neu ermittelte Fakten gelangen in den Zwischenspeicher (Cache), der somit eine lückenlose Verfolgung des Schlußfolgerungsprozesses gewährleistet (Erklärung).

Aufgrund dieser Arbeitsweise ist M1 für die Lösung analytischer Probleme prädestiniert, also primär nicht zugeschnitten auf die vorliegende Aufgabenstellung. Es bedarf zusätzlichen Kontrollwissens, um auch Konfigurations- oder Entwurfsprobleme mit Rückwärtsverkettung zu lösen.

3.2 Prototyp Groblastenheft, Wissensbasis

Um Rechnerbelastung und damit Anwortzeiten in akzeptablen Grenzen zu halten, muß der Wissensumfang des Groblastenheftes in kleine, autark auswertbare Wissensblöcke mit speziell präparierten 'Cache'-Inhalten, also in viele kleine Teilexpertensysteme aufgeteilt werden. Hierfür bieten sich die Kapitelstrukturen an, die je nach Umfang eine weitere Untergliederung erfahren.

Im folgenden soll an einem einfachen Beispiel der prinzipielle Aufbau eines Wissensblocks erläutert werden. Bild 6 zeigt auszugsweise die Struktur des ersten Wissensblocks, der die Aufgabe hat, die Kopfdaten des jeweiligen Projektes (Projekt-Kurzinformation) abzufragen. Aufgrund der zielgerichteten Arbeitsweise von M1 benutzt man die Blocküberschrift als Ziel, welches über die Evaluierung der jeweils

```
/* B. PROJEKTKURZINFORMATION */
/* ========================= */

initialdata = projektkurzinformation.

text-1 = 'Aufgrund der vorherigen Eingaben ergibt sich [ ==> ]:'.
text-2 = 'Eingabe erfolgt automatisch.'.

rule-b1: if display([nl,'
E R S T E L L E N   E I N E S   G R O B - L A S T E N H E F T E S',nl]) and
         display([nl,'PROJEKTKURZINFORMATION',nl])
         and projekttitel is sought
         and land is sought
         an  geschaeftsbereich is sought
         and werk is sought                             Fragen zum Inhalt
         and zweck is sought
         and bauvorhaben is sought
         and entwicklungsstand is sought
         and arbeitsweise is sought
         and ein_mehrprodukt is sought
---------------------------------------------------------------------------
         and do(savecache ca_inf)
         and do(load lsh_set)
         and do(restart)                                Steuerung des "Cache" und der
       then projektkurzinformation.                     Wissensbasis

explanation(rule-b1) =
   ['Ohne bestimmte Angaben zum Projekt ist es nicht moeglich, ein vollstaendiges',nl,
    'und in sich konsistentes Groblastenheft zu erstellen.',nl].

nocache(inkonsistenz(N)).
nocache(konsequenz(N)).

question(projekttitel) = 'Titel Ihres Projektes? (Format: ''...'')'.

question(land) = 'In welchem Land wird die Anlage gebaut?'.
legalvals(land) = [inland, ewg-usa-japan, sonstige].

whenfound(land) = [inkonsistenz(prod-info-1),konsequenz(prod-info-1)].
rule-b2: if not(land = inland) and
            text-1 = X and text-2 = Y and
            display([X,nl,tab(3),'Anlage wird im AUSLAND gebaut',nl,tab(3),
                   '==> Anlage dient dem Produzieren',nl,tab(7),
                   'Entwicklungsstand ist erprobt',nl,nl,Y,nl,nl]) and
            do(set zweck = produzieren) and
            do(set entwicklungsstand = erprobt)
         then inkonsistenz(prod-info-1).

rule-b3: if (not(land = sonstige) and
             do(set hoeherwertige_ueberwachung = schwerpunkt) and
             do(set regelungen_mit_hoeheren_anforderungen = schwerpunkt)) or
            land = sonstige
         then konsequenz(prod-info-1).

question(geschaeftsbereich) =
```

Bild 6 Struktur eines Wissensblocks (Auszug)

ersten Regel, der Blockinhaltsregel, erreicht werden soll (Konklusion Projektkurzinformation). Ihre Prämissen enthalten Fragen zum Kapitelinhalt, die entweder der Benutzer oder die restliche Wissensbasis beantworten (z. B. Projekttitel, Land, Zweck ...). Ihr Regelwerk dient dazu,

- aus bereits eingegebenen Antworten neue Fakten zu erzeugen, um Eingaben zu sparen (Beispiel rule b2, b3),
- Inkonsistenzen zu in früheren Kapiteln eingegebenen Antworten zu ermitteln und ihre Korrektur zu veranlassen,
- Weichen für die zukünftige Bearbeitung zu stellen.

Wenn die Fakten des jeweiligen Kapitels auf diese Weise ermittelt wurden, wird entsprechend dem 2. Teil der Inhaltsregel die 'Cache'-Rettung und -bereinigung vorgenommen, sowie der nächstfolgende Wissensblock geladen und gestartet (do reset, do save, do load, do restart).

Es ist unschwer zu erkennen, daß die Wissensbasis auch eine Menge Kontrollwissen enthält. Trotzdem ist sie in dieser einfachen Form so transparent, daß sie nicht nur für den Wissensingenieur, sondern auch für den Experten lesbar ist.

Darüber hinaus fordert das Lastenheft in komplexeren Kapiteln weitere Konstrukte, welche die Transparenz negativ beeinflussen wie z. B. die Wiederholfunktion und die Variablenbearbeitung.
Erstere muß als Regelwissen in Form von Zähl- und Abbruchregeln formuliert werden, da sie nicht systeminhärent implementiert ist, und verursacht deshalb beim Inferenzvorgang erhebliche 'Stack'- und Zeitbelastungen. Letztere folgt der PROLOG-Notation von M 1, die sich sehr übersichtlich in die Regeln einordnen läßt.

3.3 Prototyp Groblastenheft, Benutzerdialog

Einer der wesentlichen Vorzüge der XPS-Technologie liegt in der systeminhärenten Mächtigkeit des Benutzerdialogs begründet. Es liegt in der Struktur des Systems, daß Werte von Objekt-Attributen, die in der Wissensbasis nicht zu finden sind, während einer Konsultation erfragt werden. Der Fragetext kann als Teil der Wissensbasis speziell formuliert sein, anderenfalls wird die Standardfrage gestellt:

What is the value of 'Objekt-Attribut'?

Mögliche Antworten können, soweit sie vordefiniert sind, auf Wunsch dem Benutzer mitgeteilt werden. Ihre Eingabe in das System wird dadurch erheblich erleichtert, daß nur soviele Zeichen wie zur Unterscheidung der Alternativen erforderlich, benötigt werden.
Der Wert der Erklärungsfähigkeit für den Benutzer hängt entscheidend vom Inhalt der Wissensbasis ab. Kontrollwissen oder spezielle Hilfskonstruktionen (z. B. zur Konsistenzprüfung) reduzieren den Informationsgehalt. So liefert die 'why-Erklärung' im Rahmen von M1 in den meisten Fällen die Inhaltsregel mit der Maßgabe

'M1 is trying to determine, weather the following rule is applicable'

oder einem speziell vorgegebenen Regel-spezifischen Erklärungstext. Die Variablen sind jedoch instanziiert.
Die 'show'- oder 'how'-Erklärung listet die bisher ermittelten Fakten in der Reihenfolge ihrer Entstehung und ihrer Entstehungsursache auf. Da der 'Cache' erst nach Abschluß des Kapitels bereinigt wird, sind nicht alle Aussagen problemspezifisch interpretierbar.
Über die systeminhärente Dialogkomponente hinaus lassen sich im Rahmen der Wissensbasis anwendungspezifische Erklärungsprozesse beliebiger Tiefe einfach formulieren und im Dialog berücksichtigen. So werden z. B. die Gründe erläutert, die als Ergebnis der Konsistenzprüfung zu Widersprüchen in der Benutzereingabe geführt haben oder es wird mitgeteilt, welche Objekt-Attributwerte aus vorhergehenden automatisch ermittelt oder welche Vorwärtsweichen gestellt werden konnten.
Darüber hinaus zählt es zu den wesentlichen Anliegen eines Expertensystems, die mit ihm korrespondierenden Benutzer dabei zu unterstützen, die begriffliche Problemwelt eines Lastenheftes zu erfassen, d. h. optional Instruktionen bereitzustellen. Sie bestehen im einfachsten Teil aus begrifflichen Erläuterungen, Arbeitsplänen (Beispiel Operabilitätsanalyse pro Verfahrenseinheit) bis hin zu Beispielangaben aus früheren Projekten.

3.4 Prototyp Groblastenheft, Ergebnisdokument

Nach Abschluß des Dialogs stehen die geprüften oder inferierten Fakten eines projektspezifischen Lastenheftes in den einzelnen Kapitel-'Caches' in einer für die Dokumentation nicht geeigneten Form zur Verfügung. Es bedarf eines weiteren Expertensystems, um diese 'Cache'-Inhalte zu säubern, sofern nicht schon geschehen, zu ordnen und in einer übersichtlichen Struktur zu drucken.
Dieses Expertensystem arbeitet, ohne Fragen zu stellen. Je intelligenter die Wissensbasis, desto umfangreicher wird das Dokument im Verhältnis zum Dialog.

4. ERGEBNISSE

Zusammenfassend läßt sich feststellen, daß durch eine weitgehende problemgerechte Stückelung von statischer und dynamischer Wissensbasis die Erstellung eines Groblastenheftes im Rahmen der PC-Implementierung eines XPS bei angemessener Intelligenz des Systems machbar ist. Mit PC-XT stellen sich an neuralgischen Punkten Antwortzeiten ein, mit AT kann man arbeiten. Machbarkeit sagt aber noch nichts aus über die Eleganz der Lösung. Sie muß zweigeteilt betrachtet werden, nämlich in bezug auf die Eignung der Technologie und des verwendeten Werkzeugs.
Zur Eignung der Technologie läßt sich feststellen,

- daß die Voraussetzungen für ihren Einsatz, nämlich die Strukturierung der Aufgabe in weitgehend autarke Wissensblöcke, gewährleistet sind,
- daß die Art der Wissensrepräsentation in Produktionsregeln für die Zwecke der Konsistenzprüfung und Dialogminimierung der Argumentationsgepflogenheit des Experten sehr nahe kommt,
- daß die systeminhärente Dialogkomponente für Wissensingenieur und Benutzer eine hohe Implementierungseffektivität ergibt (schnelle Realisierung des Prototyps)
- und daß die Möglichkeiten der Inferenzerklärung sowie der Darstellung unexakten Wissens mit Hilfe von Konfidenzfaktoren für das Problem Groblastenheft nicht im Vordergrund des Interesses stehen.

Bezüglich der PC-Lösung steht außer Zweifel, daß die Möglichkeiten des Werkzeugs M1 die Vorteile der Technologie nicht voll zur Wirkung bringen können. Die Mängel erstrecken sich im wesentlichen

- auf die Unterstützung bei der Strukturierung; Kontrollwissen muß von Problemwissen getrennt organisiert werden,
- auf die Einseitigkeit bei der Repräsentation des Wissens, da die Darstellung von Objekten des Lastenheftes wie Verfahrens- oder Funktionseinheiten als Basis für die Kapitelstruktur nicht möglich ist,
- auf die Bereitstellung von Inferenzmechanismen, da Konfigurationsprobleme wie die Erstellung eines Lastenheftes besser mit Vorwärtsstrategien zu lösen sind
- auf die Ausprägung der Benutzerschnittstelle im Hinblick auf Mehrfenstertechnik und Graphikdialog und

- auf die Unterstützung bei der Benutzerinstruktion, sie fehlt ganz.

5. AUSBLICK

Man sagt, daß die meisten bisherigen Expertensysteme nicht über den Prototypen hinauskamen. Es ist unsere Absicht, den Prototypen des Groblastenheftes zu vervollständigen und auf PC-AT-Basis möglicherweise in einer effektiveren Implementierung zu operationalisieren, um ein einheitliches und vollständiges Dokument zu erhalten. Vorher soll eine Marktanalyse herausfinden, ob nicht geeignetere 'shells' inzwischen zur Verfügung stehen.
Darüber hinaus ist beabsichtigt, auch das Feinlastenheft als Expertensystem zu formulieren. In diesem Zusammenhang treten gegenüber dem Groblastenheft zwei zusätzliche Gesichtspunkte in den Vordergrund:

- der Einsatz des objekt-orientierten Paradigmas zur Verbesserung der Transparenz der Wissensbasis und
- die Schnittstellenfrage zur bestehenden CAE-Welt,

welche einer gesonderten Untersuchung vorbehalten bleiben.

Diese Arbeit vermittelt einen kurzen Überblick über die Dissertation des Autors, welche von der Fakultät für Elektrotechnik der Technischen Universität München angenommen wurde. Ich möchte den Herren Prof. Dr.-Ing. G. Färber als erstem Prüfer und Prof. Dr.-Ing. G. Schmidt als Korreferenten sowie den Herren Dr. M. Polke und Dr. J. König in meiner Firma meinen Dank für ihre Unterstützung aussprechen.

EINE EINFACHE EXPERTEN-REGELUNG

WISSENSERWERB, IMPLEMENTIERUNG UND ANWENDUNGSERFAHRUNGEN

A SIMPLE EXPERT CONTROL SYSTEM

KNOWLEDGE ACQUISITION, IMPLEMENTATION AND PRACTICAL RESULTS

B. Bieker und G. Schmidt

Lehrstuhl für Steuerungs- und Regelungstechnik
Technische Universität München
8000 München 2, B.R. Deutschland

Summary

There exist many industrial plants where well-established theoretical and practical design methods do not lead to a successful controller. It seems to be natural in these cases to investigate the manual control strategy of the human process operator and to implement it as some kind of real-time closed loop expert control system. The most critical step in this approach is, however, the acquisition of knowledge from the human expert and furthermore its proper representation and application.
In this paper we discuss certain aspects of the design of a simple expert control system based on operator knowledge. A combination of a top-down method and a cycle of hypothesis formulation and on-line testing proves to be adequate for knowledge acquisition purposes. This approach is accompanied by a suitable computer implementation that is both readily understood and easy to be modified by the user. Some practical results demonstrate the performance of the developed expert control system.

1. Einführung

Nach wie vor gibt es viele industrielle Prozesse, für die die erfolgreiche Entwicklung eines Reglers bis heute nicht gelungen ist. Auf der einen Seite scheitern theoretisch orientierte Entwurfsverfahren am Fehlen eines hinreichend genauen Prozeßmodells. Auf der anderen Seite erweisen sich vielfach industriell praktizierte empirische Verfahren zur Strukturierung und Auslegung einer Regeleinrichtung ebensowenig erfolgreich. Beispiele für derartige Prozesse finden sich u.a. in der Grundstoffindustrie /1/ oder in der Biotechnologie /2/.
Solche Prozesse werden daher bis heute häufig von Prozeßbedienern geführt. Im Normalfall übt der Bediener seine Funktion durch Sollwertverstellungen an unterlagerten Regelkreisen aus. Auf dieser Ebene weist das Prozeßgeschehen eine der bewußten menschlichen Informationsverarbeitung entsprechende träge Dynamik auf. Es liegt daher nahe, die Steuer- und/oder Regelstrategie des Prozeßbedieners auf der Grundlage

eines verbal-kommunikativen Wissenserwerbs herauszuarbeiten und mit Mitteln der modernen Rechnertechnik zu implementieren. Man kann dieses Vorgehen auch so interpretieren: Anstatt eines Modelles des Prozesses wird ein (spezielles) Idealmodell (keine Fehler z.B. durch Ermüdung) des Prozeßbedieners entwickelt, wobei unter "Prozeßbediener" hier die Funktion eines Menschen im Rahmen einer bestimmten Aufgabe, aber nicht der gesamte Mensch zu verstehen sei.

2. Begriffsklärung

Zum Zwecke der Verständigung seien Definitionen für die zwei wichtigsten hier benutzten Begriffe vorausgeschickt.
Definition 1: Ein Experten-Regler ist ein Programmsystem, das die Regelung eines Prozesses mit derselben Güte wie ein (menschlicher) Experte durchführt. Ein erfahrener Prozeßbediener (Experte) verwendet zur Lösung der Regelungsaufgabe eine große Menge von im Alltagswissen nicht vorhandenem Detailwissen und Heurismen. Die Güte des Experten-Reglers beruht auf dem durch ihn implementierten Expertenwissen.
Definition 2: Eine Experten-Regelung ist eine Regelung, die sich eines Experten-Reglers bedient.
Ein Experten-Regler wird zweckmäßigerweise dann eingesetzt, wenn die Regelungsaufgabe durch das generelle Fehlen von Algorithmen oder das Fehlen zufriedenstellender Regelalgorithmen gekennzeichnet ist.

3. Grundlagen der berichteten Untersuchungen

Aus der Literatur sind verschiedene Untersuchungen zu Strategien von Prozeßbedienern - mit verbaler Kommunikation als Basis des Wissenserwerbs - bekannt. Sie betreffen etwa die Bedienung und Regelung industrieller Backöfen /3/, das Anfahren eines fossilen Kraftwerks /4/ oder die Regelung eines Zementdrehrohrofens /5/. Eine Koordinationsaufgabe wurde anhand der Bedienung einer Elektro-Stahlschmelzanlage untersucht /6/, /7/. Der Inhalt der verbalen Protokolle erwies sich jedoch als weit entfernt davon, ein Abbild der menschlichen Informationsverarbeitung zu liefern oder die Herausarbeitung rechner-implementierbarer Strategien zu ermöglichen.
Aufgrund dieser nicht gerade ermutigenden Resultate wurden im Rahmen der vorliegenden Arbeiten einerseits eine vergleichsweise einfache Regelungsaufgabe ausgewählt und andererseits die Untersuchungen in einer Laborumgebung durchgeführt. Selbstverständlich wurde soweit möglich der Übertragbarkeit der erzielten Ergebnisse auf industrielle Verhältnisse große Aufmerksamkeit geschenkt. Besondere Bedeutung wurde der Tatsache zugemessen, daß der Erfolg des Wissenserwerbs von verschiedenen Parametern abhängt, die im Labor einfacher kontrolliert werden können. Ein wichtiger

Parameter ist z.B. die Gestaltung der Schnittstelle Mensch-Prozeß; die Art der Prozeßinformations-Darstellung spielt dabei eine entscheidende Rolle.
Grundlage der hier vorgelegten Ergebnisse ist die Zeitfenster-(Trend-) Darstellung von Stell-, Regel- und Führungsgröße. Dabei hat sich als zweckmäßig erwiesen, als Mindestdauer des dargestellten Zeitintervalles die Einschwingzeit des Prozesses zu wählen.
Die Aufgabe des Prozeßbedieners umfaßt i.a. bekanntlich sowohl Steuern/Regeln als auch Überwachen mit der Behandlung von Fehlersituationen. Beide Teilaufgaben sind im Fehlerfall eng miteinander verwoben. Aus Aufwandsgründen wurde bei vorliegenden Untersuchungen die Aufgabe des Prozeßbedieners auf das Regeln bei abschnittsweise konstantem Sollwert beschränkt.
Die verwendete Regelstrecke und untersuchte Regelaufgabe seien stichwortartig wie folgt charakterisiert:

* Eingrößen-Regelstrecke mit nichtlinearem Verhalten, aber s-förmigem Verlauf aller Sprungantworten $y \rightarrow x$
* sprung- und rampenförmige Störgrößenverläufe z_i
* Realisierung durch gerätetechnischen Laboraufbau (Füllstandsstrecke)
* Lernaufwand für manuelle Beherrschung der Regelaufgabe ca. 100 hochkonzentriert durchgeführte Läufe von jeweils 40 min Dauer.

Die nichtlinearen Eigenschaften der Regelstrecke und die gewählten Störverläufe entsprechen näherungsweise Verhältnissen bei denkbaren Zielprozessen /1/.
Ein an dieser Strecke von einem erfahrenen Prozeßbediener durchgeführter Lauf ist in Bild 4a dokumentiert.

4. Wissenserwerb

Im folgenden wird die im Rahmen der Untersuchungen entwickelte Vorgehensweise des Wissenserwerbs für Experten-Regler beschrieben. Bezüglich detaillierterer Ausführungen sei auf /8/ und /9/ verwiesen. Es muß jedoch betont werden, daß aufgrund der Komplexität und Individualität des Prozeßbedieners letztlich die Ebene einer Leitlinie zum Wissenserwerb nicht verlassen werden kann.
Das Vorgehen zum Wissenserwerb ist durch zwei Merkmale, Zyklisch und Top-down charakterisiert.

4.1 Zyklische Vorgehensweise

Zum einen wird der Wissenserwerb zweckmäßigerweise in einem wie in Bild 1 dargestellten Zyklus durchgeführt. Bei der Prozeßführung erhält man aufgrund von "lautem Denken" des Prozeßbedieners (PB), durch vorsichtiges Befragen und Beobachten Informa-

tionen zur verfolgten Regelstrategie. Da der PB sich seiner Regelstrategie aber nur wenig bewußt ist, sind seine Äußerungen nicht als Fakten zu werten (sie erscheinen häufig widersprüchlich), sondern nur als eine Grundlage für die Bildung erster Hypothesen zur Regelstrategie durch den Knowledge Engineer (KE). Was diese konkret sind, wird in 4.2 erläutert. Hauptsächliches Ziel dieser Phase ist die Schaffung einer gemeinsamen Sprache und Verständigungsbasis zwischen PB und KE.
Während der Prozeßführung werden die Hypothesen getestet. Solange diese qualitativ sind, empfiehlt sich die Erstellung eines Bedienerhandbuches (umfangreiches Detailwissen!). Eine Implementierung als "Vorschlagssystem" für Zwecke der Regelung ist sinnvoll, da damit die Prägnanz der Hypothesen und Alternativen zu ihnen gefördert wird. Allerdings muß derjenige Teil der Hypothesen, der Informationseingaben betrifft, bereits quantitativen Charakter aufweisen.
Verfährt man in dieser Weise, so sind starke Rückwirkungen auf das Regelverhalten des PB feststellbar. Durch die laufenden Untersuchungen wird er zum Nachdenken über seine Vorgehensweise angeregt, was zu ihrer Systematisierung, zur selbständigen Entdeckung ihrer Inkonsistenzen und zu ihrer bewußten Entwicklung führt. Einher geht damit im Mittel eine Erhöhung der Regelgüte aufgrund der Verfeinerung seines Regelverhaltens. Voraussetzung ist dabei allerdings das Vermeiden destruktiven Befragens. Darunter ist die Bildung quantitativer Hypothesen zu verstehen, was z.B. durch Fragen des Typs: "Warum nicht < anders >?" im Zusammenhang mit Stelleingriffen zu Beginn des Wissenserwerbs. Da der PB sich hier seiner Regelstrategie noch wenig bewußt ist, führt er das < anders > aus. In diesem Fall ist fast durchweg eine Verschlechterung der Regelgüte zu erwarten; genauso gravierend ist aber auch die damit einhergehende Frustration des PB. Die Hypothesenbildung weist also den Charakter eines Planungsvorgangs auf.

4.2 Top-Down-Vorgehensweise

Diese Art des Vorgehens berücksichtigt den Planungscharakter und liefert die Struktur zur Ordnung des Detailwissens. Es beruht auf einer grundlegenden Erkenntnis der Untersuchungen, daß nämlich die Stelleingriffe bzw. Aktionen des PB häufig in einem engen Zusammenhang stehen. Jeweils zusammengehörende Aktionen bilden eine Strategie. Strategien werden durch Prozeßsituationen wie etwa "starke Störung" oder "kleiner Führungsgrößensprung" ausgelöst. Die bei den Untersuchungen gewonnenen Erkenntnisse lassen sich wie folgt zusammenfassen:
Definition 3: Die Regelstrategie des PB bei trägen Prozessen ist eine Menge von Strategien, wobei eine Strategie eine strukturierte Menge möglicher Aktionen ist. Strategien sind voneinander unabhängig; sie werden durch von ihnen zugeordneten Prozeßsituationen ausgelöst. Die Struktur der Menge stellt mögliche Folgen von Stelleingriffen dar. Konkrete Folgen von Aktionen werden ebenfalls durch Prozeßsituationen

bestimmt.
Auf dieser die gewonnenen Erkenntnisse konzentriert zusammenfassenden Definition beruhend, erfolgt der Wissenserwerb mit Hilfe eines 3-Ebenen-Konzeptes, das in Bild 2 knapp umrissen ist.
Die Aufgabe des KE ist es dabei, zusammen mit dem PB die Strategien herauszuarbeiten, die sie auslösenden Prozeßsituationen und die mit den Strategien zu erreichenden Ziele festzulegen, *Ebene* 1. Da der PB eine gewisse Unschärfe aufweist, ist z.B. die Menge der eine Strategie auslösenden Prozeßsituationen nicht scharf definiert. Hier muß der KE aufgrund einer On-line Untersuchung mit nachgeschalteter Off-line Auswertung der gespeicherten verbalen Protokolle und zugehörigen Zeitschriebe entsprechende Hypothesen bilden, die wiederum On-line getestet werden etc.
Auf der nächst tieferen, 2. *Ebene* des Wissenserwerbs werden qualitative und approximative Beschreibungen (Prinzipien) von Strategien erarbeitet. Ein Unterscheidungsmerkmal von Strategien ist, ob die Stelleingriffe absolut oder relativ zu einer vom Prozeßbediener gedachten (!) Bezugslinie vorgenommen werden.
Strategien lassen sich dabei wie folgt unterteilen: kettenartige Strategien (Sequenzen) und netzartige Strategien. Bei einer Sequenz haben die Aktionen eine feste Aufeinanderfolge; nur das Weiterschalten wird durch die Prozeßsituation bestimmt. Es liegen also Verhältnisse wie bei einer prozeßgeführten Ablaufsteuerung vor. Bei netzartigen Strategien hängen sowohl die Art der nächsten Aktionen als auch der Einsatzzeitpunkt von der jeweiligen Prozeßsituation ab. Das "Rückgrat" bzw. Grundprinzip einer netzartigen Strategie ist häufig eine Sequenz. Abstrahiert betrachtet ist die Menge der zu einer Strategie gehörenden möglichen Aktionen endlich, obwohl auf numerischer Ebene alle Stellwerte eines kontinuierlichen Stellbereiches auftreten können.
Auf der 3. *Ebene* schließlich erfolgt nun der Wissenserwerb bei den einzelnen Aktionen. Einerseits ist die Größe von Eingriffen, andererseits die "Weiterschaltbedingung" auf den nachfolgenden Eingriff herauszuarbeiten. Das geschieht in der Weise, daß jeweils nach einem Stelleingriff die erwartete Situation durch den KE vom PB erfragt wird. Die zugrundeliegende Fragetechnik basiert also überraschenderweise auf der Form

WENN < Aktion > DANN <erwartete Situation>

und nicht auf der erwarteten und bei "regel-basierten Systemen" üblichen Form

WENN < Situation > DANN < Aktion >.

Das Konzept der Strategie liefert eine plausible Teilerklärung für diesen Sachverhalt; die vollständige Erklärung folgt in Abschnitt 4.3.
Die auf einen Eingriff folgende Prozeßsituation muß natürlich nicht der erwarteten Situation entsprechen. Nichterwartete Situationen deuten das Wirken einer Störung oder die Fehlschätzung eines Parameters der aktuellen Strategie durch den PB an. In jedem Fall macht eine nichterwartete Prozeßsituation eine sofortige Aktion erforderlich. Entweder wird ein Eingriff innerhalb der aktuellen Strategie ausgelöst oder eine Strategie (dieselbe oder eine andere) neu begonnen.

Die mit jeweils einer Aktion verbundenen nachfolgenden zulässigen und unzulässigen Aktionen lassen sich in einem sog. Rezept zusammenfassen. Es ist angepaßt an die Denkweise des PB. Die Grundstruktur des Rezeptes für einen verzugszeitbehafteten Prozeß ist aus Bild 3 zu entnehmen.

4.3 Bedeutung "innerer" Modelle

Die vom PB erwarteten Situationen lassen sich unter dem Konzept der "inneren" Modelle des PB zusammenfassen. Erfahrene PB besitzen zunächst innere Modelle des Prozeßverhaltens (solange ein gewisser Grenzbereich an Komplexität des Prozesses nicht überschritten wird). Es muß jedoch betont werden, daß diese Modelle relativ grob sind und Gültigkeit nur im Rahmen der jeweiligen Strategie besitzen. Auch verschiedene PB, die verschiedene Regelstrategien verfolgen, besitzen bei demselben Prozeß verschiedene innere Modelle.

Die inneren Modelle des Prozeßverhaltens ermöglichen dem PB in vielen Fällen das explizite Erkennen von Störungen. Außerdem entwickelt der PB für typische Störungen zusätzlich Störungsmodelle; diese Modelle gelten ebenso wie die Modelle des Prozeßverhaltens nur für ein beschränktes Zeitintervall.

Mit Hilfe dieser inneren Modelle ist eine gewisse Beurteilung der lokalen Regelgüte und der Zweckmäßigkeit nahezu jedes Stelleingriffs möglich. Damit ist auch die Entscheidbarkeit darüber gegeben, ob in dem in 4.1 beschriebenen Zyklus eine Hypothese akzeptiert werden kann. Hier besteht demgemäß ein gewisser Spielraum.

Bezüglich eines an dieser Stelle sicherlich nützlichen Beispiels zur Erläuterung des Vorgehens beim Wissenserwerb muß aus Platzgründen auf den Vortrag verwiesen werden.

5. Zur Implementierung

Für das in Abschnitt 4 beschriebene Vorgehen des Wissenserwerbs ist eine Rechnerunterstützung in Form eines Vorschlagssystems äußerst zweckmäßig und letztlich auch erforderlich. Während dieser Entwicklung des Experten-Reglers bestehen die Forderungen

- implementiertes (hypothetisches) Wissen on-line zu ändern (z.B. Einfügen eines neuen Rezeptes)
- manuelle Eingriffe in den Programmablauf vorzunehmen (z.B. Auslösen einer Strategie, die der Experten-Regler fälschlicherweise nicht auslöst).

  Auch für den Betrieb des fertigen Experten-Reglers sowohl als Vorschlagssystem als auch erst recht im direkt prozeßgekoppelten Betrieb sollte diese Möglichkeit aus Sicherheits- und anderen Gründen erhalten bleiben.

In beiden Fällen ist eine hohe Durchschaubarkeit (Transparenz) der Arbeitsweise des

Experten-Reglers erforderlich (z.B. "warum und wie ist was zu ändern?").
Es liegt daher nahe, möglichst die der Denkweise des PB entsprechende Struktur, als Grundlage für die Verwirklichung eines Experten-Reglers zu wählen. Im vorliegenden Fall ist dies im wesentlichen die Rezeptstruktur.
Die Transparenz des Programmablaufs läßt sich durch eine sog. Tafel, die den für die Regelung relevanten Zustand des Experten-Reglers enthält und deren Inhalt auf einem Sichtgerät dargestellt wird, gewährleisten. Der Inhalt der Tafel kann vom PB abgeändert werden, was wiederum den Programmablauf entsprechend modifiziert. Diese Anforderungen führen rasch zur Idee, dem Experten-Regler das Tafelkonzept als Programmkern zugrunde zu legen. Aus Platzgründen sei auch hierzu auf den Vortrag verwiesen.
Der zur Verfügung stehende Implementierungsrahmen ließ bei den Untersuchungen die konsequente Realisierung des Tafelkonzeptes und die Möglichkeit zu on-line Änderungen nicht zu. Den grundsätzlichen Aufbau des Experten-Reglers für die in Abschnitt 3 charakterisierte Regelstrecke veranschaulicht Bild 3. Er umfaßt 20 Rezepte mit jeweils 5-6 Regeln. Das zugehörige Programmsystem wurde in PASCAL geschrieben; es umfaßt ca. 70 kByte Objektcode.

6. Praktische Erfahrungen

Um eine Vorstellung vom Verhalten des (für die in Abschnitt 3 charakterisierte Strekke) konkret implementierten Experten-Reglers zu vermitteln, sind in Bild 4 die Läufe eines (fast) gelernten PB, des implementierten Experten-Reglers und eines konventionellen PI-Reglers (bei der Laborstrecke zu Vergleichszwecken glücklicherweise möglich) für denselben Sollwert- bzw. Störungsverlauf dargestellt. Der Umfang des Experten-Reglers wurde auf Kosten einer geringfügigen Reduzierung der Regelgüte auf ca. 100 Regeln (siehe Abschnitt 5) begrenzt. Der PI-Regler ist ein "fein-abgestimmter" Regler basierend auf den Einstellregeln von Chien-Hrones-Reswick. Neben einer Wind-Up-Verhinderung mußte er aufgrund des nichtlinearen Verhaltens der Regelstrecke mit einem geeigneten Konstant-Anteil der Stellgröße versehen werden.
Worin besteht nun der wesentliche Unterschied zwischen einem Experten-Regler und einem konventionellen Regler? Er liegt in der Durchschaubarkeit und Beurteilbarkeit nahezu jedes einzelnen Stelleingriffs des Experten-Reglers, der sich damit als ein der Denkweise des Menschen besser entsprechender Regler erweist.
Da bei industriellen Anwendungen ein direkt prozeßgekoppelter Betrieb eines Experten-Reglers in vielen Fällen kaum akzeptiert werden dürfte, bieten sich auch bei seinem Betrieb als Vorschlagssystem nicht zuletzt aufgrund seiner Durchschaubarkeit (es ist kein blindes Befolgen der Vorschläge nötig) beträchtliche Vorteile, die knapp wie folgt zusammengefaßt werden können:

* Erhöhung der Regelgüte (Qualität)
* Vergleichmäßigung der Güte zwischen verschiedenen PB

* Reduzierung der Anlernzeit von PB
* Erleichterung der Wiedereinarbeitung nach Urlaub, Krankheit etc
* umfangreiche Möglichkeiten zur Interaktivität von PB und Experten-Regler, wie z.B. Vermeidung von sicherheitstechnisch bedenklicher Ungeübtheit des PB.

7. Ausblick

Die Beschreibung des für Experten-Regler erforderlichen Wissenserwerbs, besonders die zyklische Vorgehensweise, lassen den Verdacht nach einem großen Zeitaufwand und damit die Frage nach der Wirtschaftlichkeit des Vorgehens aufkommen.
Sieht man einmal von der Lösung vieler Implementierungsfragen ab, die bei einer Erstimplementierung entstehen, so wurde der Wissenserwerb für die beschriebene Regelaufgabe in etwa 8 Wochen durchgeführt. Vorteilhaft ist, daß eine Validierung nicht nachgeschaltet werden muß; sie wird ja implizit mit dem Test der Hypothesen erledigt. Die genannte Zeit ist sicher weiter reduzierbar, sofern dabei geeignete Grundsoftware zur Verfügung steht. Der Vorgang des Wissenserwerbs sollte dem Konfigurieren von Regeleinrichtungen in modernen Prozeßleitsystemen ähneln. Das Tafelkonzept scheint einen geeigneten Ansatz dafür darzustellen. Letztlich müssen Experten-Regler in Prozeßleitsysteme integriert werden. Vorhandene Regelungen lassen sich u.U. als Strategien in Gesamt-Regelstrategien einfügen.
Die Wirtschaftlichkeit dieser Perspektive hängt letztlich davon ab, ob es bei PB gemeinsame, universelle Grundstrukturen gibt, die dann softwaremäßig als Bausteine oder Grundgerüst zur Verfügung gestellt werden können. Strategie und Rezeptstruktur scheinen derartige Grundstrukturen zu sein, wie anhand von Untersuchungen an einer Zweigrößenregelung mit anderen PB bestätigt werden konnte.
Eine weitere Perspektive bietet sich mit der Entwicklung parametrisierbarer Experten-Regler für gewisse Typen von Regelstrecken an. Hier wird dann nicht mehr ein Modell eines den konkreten Prozeß tatsächlich führenden PB erstellt, sondern ein verstehbarer Regler (parametrisch) an den Prozeß angepaßt.

8. Schrifttum

/1/ Schruttke, W.: Theoretische und experimentelle Modellbildung als Grundlage des Reglerentwurfs für einen Zementdrehrohrofen. Forschungsbericht KfK-PDV 157, 1978.

/2/ Märkl, H.: Methangewinnung aus Molke. Wissenschaft und Umwelt 3/1981 S. 129-134

/3/ Beishon, R.J.: An Analysis and Simulation of an Operator's Behaviour in Controlling Continuous Baking Ovens. In /10/.

/4/ Rasmussen, J.: Outlines of a Hybrid Model of the Process Plant Operator. In: Sheridan, T.B., und Johansen, G.(ED.): Monitoring Behaviour and Supervisory Control. Plenum Press, New York and London, 1976, S. 371-383.

/5/ Umbers, I., and King, P.J.: An Analysis of Human Decision-Making in Cement Kiln

Control and the Implications for Automation. Int. J. Man-Machine-Studies 12 (1980), S. 11-13

/6/ Bainbridge, L., Beishon, J., Hemming, J.H., und Splaine, M.: A Study of Real-Time Human Decision Making Using a Plant Simulator. In /10/.

/7/ Bainbridge, L.: Analysis of Verbal Protocols from a Process Control Task. In /10/.

/8/ Bieker, B.: Experten-Regelungen - Entwicklung des Problembereiches, atp 28 (1986), voraussichtlich H.8.

/9/ Bieker, B.: Wissenserwerb für eine einfache Experten-Regelung. atp 28 (1986), voraussichtlich H.9.

/10/ Edwards, E., und Lees, F.P.: The Human Operator in Process Control. Taylor and Francis, London, 1974

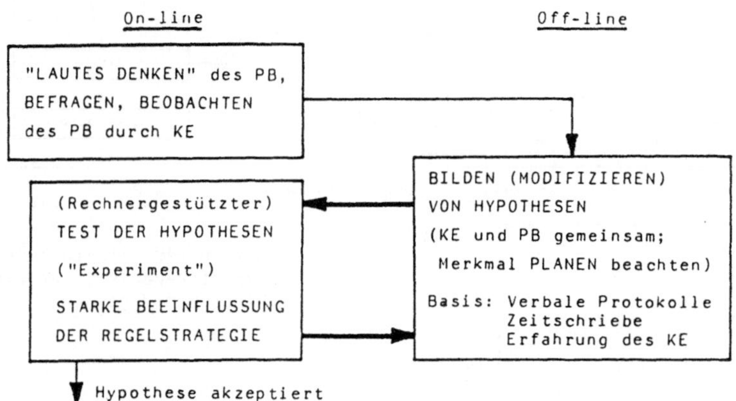

Bild 1: Vereinfachte Darstellung der zyklischen Vorgehensweise beim Wissenserwerb für einen Experten-Regler

Ebene	REGELSTRATEGIE			Entwicklungsschritt beim Wissenserwerb
1	Strategie 1 (Strategie = strukt. Menge von Aktionen)	Strategie 2 (Strategie = Menge von Rezepten)	...	•Einsatzbedingungen und Ziele von Strategien herausarbeiten •Strategien benennen
2	Aktion 1 (Rezept 1) Aktion 2 ...	(Rezept = Menge von Regeln)		•Strategien klassifizieren: absolut - relativ •Qualitative Beschreibungen der Strategien entwickeln •Strategien klassifizieren: kettenartig - netzartig
3	Regel			•Planung der Aktionen: (Größe; Schaltbedingungen) •innere Modelle herausarbeiten Frageschema: WENN <Aktion> DANN <erwartete Situation>

Bild 2: Vereinfachte Darstellung der Top-Down-Vorgehensweise beim Wissenserwerb für einen Experten-Regler

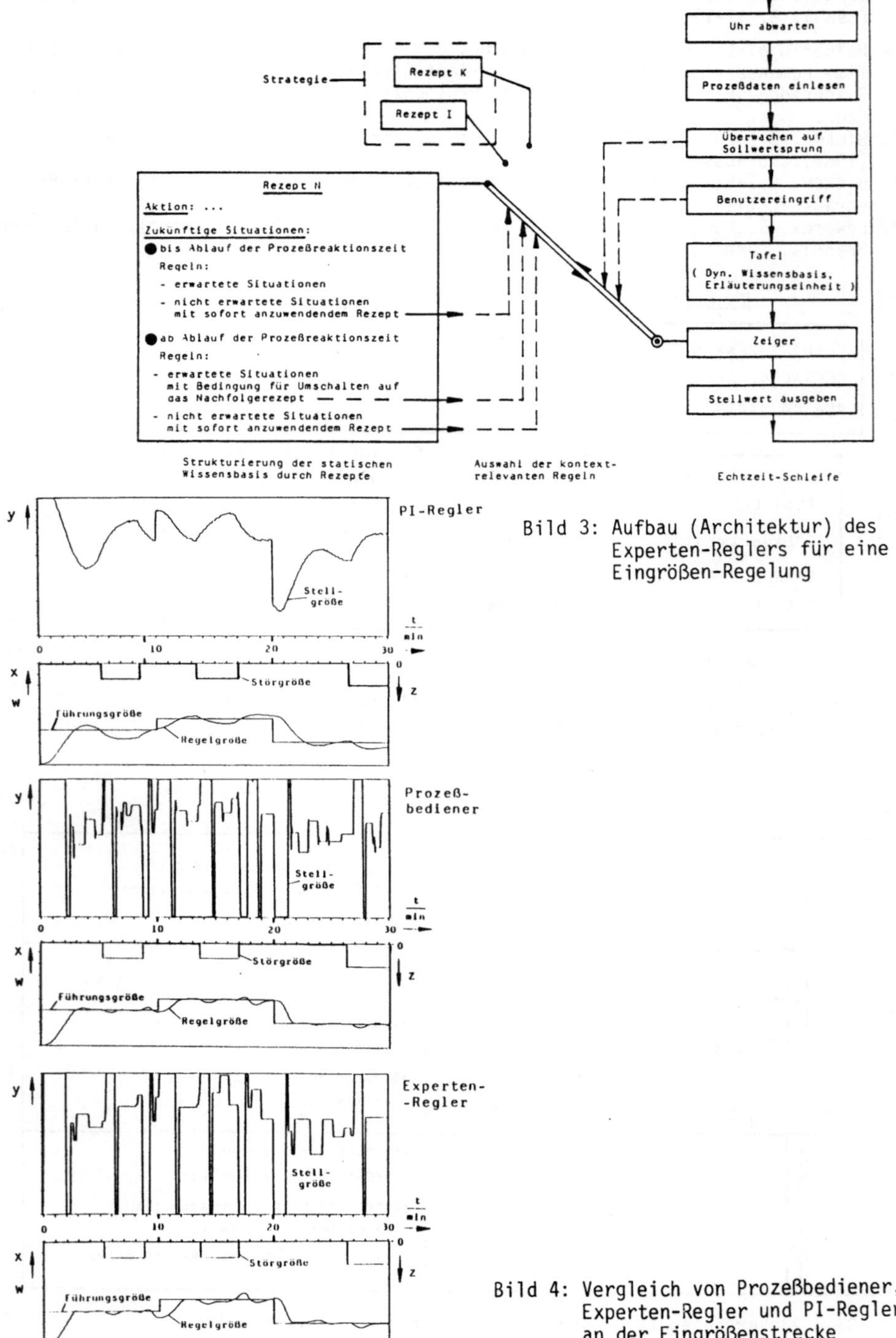

Bild 3: Aufbau (Architektur) des Experten-Reglers für eine Eingrößen-Regelung

Bild 4: Vergleich von Prozeßbediener, Experten-Regler und PI-Regler an der Eingrößenstrecke

Expertensysteme für die technische Diagnose

Expert Systems for Technical Diagnosis

P. Bathelt, M. Kerndlmaier, T. Zink
Siemens AG
Systemtechnische Entwicklung
E STE 36
Erlangen

Summary
Several techniques for diagnosis of technical systems are well-known. For complex diagnostic tasks the development of an expert system seems to be an advantageous means too.
It is the objective of this survey to stimulate the use of expert systems for technical diagnosis. To successfully use the expert system technique, criteria are necessary for realistic assessment of its range of application. For this reason requirements are presented on when it is reasonable to develop an expert system for diagnostic support. The principal development steps for diagnosis-expert systems are described together with the main tasks to be solved. The survey completes with an architectural concept for a diagnosis-expert system which has been derived from the requirements that should be met in order to make the system workable.

1. Einführende Übersicht

Die Gewährleistung der Funktionsfähigkeit technischer Fertigungseinrichtungen setzt ein durchgängiges Diagnosekonzept voraus. Die Wirksamkeit des Konzeptes hängt dabei u.a. davon ab, wie schnell auf Änderungen des Diagnosewissens reagiert werden kann und ob neue Erkenntnisse (Fakten, Erfahrungen) laufend eingebracht werden können. Dies ist einer der Gründe, warum in jüngster Zeit Expertensysteme, die ein Ergebnis der Anwendung von Techniken der künstlichen Intelligenz, einem Teilgebiet der Informatik, darstellen, für die Lösung von Diagnoseproblemen ins Gespräch gebracht werden.
Die Auseinandersetzung mit derartigen Diagnose-Expertensystemen zu motivieren und ihr Verständnis zu fördern, ist ein Anliegen dieses Beitrags, in dem diesbezüglich im einzelnen die folgenden Punkte dargelegt werden:

* Die diesem Übersichtsvortrag zugrunde liegenden Arbeiten wurden mit Mitteln des Bundesministers für Forschung und Technologie (Kennzeichen ITW 8503 0) gefördert. Der Bundesminister für Forschung und Technologie übernimmt keine Gewähr für die Richtigkeit, die Genauigkeit und Vollständigkeit der Angaben sowie für die Beachtung privater Rechte Dritter.

- was ein Diagnose-Expertensystem ist,
- was ein Diagnose-Expertensystem zu leisten vermag,
- wo die Grenzen dieser Technik liegen,
- wann der Einsatz eines solchen Systems sinnvoll ist,
- wie man es entwickeln kann, und
- welche Expertensystem-Architektur aus zu stellenden Anforderungen resultiert.

Voraussetzungen für die Diskussion dieser Punkte sind eine grobe Klassifizierung gängiger Diagnoseverfahren und eine genaue Abgrenzung der Aufgaben, die man mit dem Begriff der technischen Diagnose verbindet.

2. Aufgaben, Probleme und Formen der technischen Diagnose

Mit dem Schlagwort (technische) Diagnose werden oft die verschiedensten Aufgaben bezeichnet, so daß es leicht zu Mißverständnissen kommen kann. Aus diesem Grunde erscheint eine knappe Klärung des Begriffes *technische Diagnose*, ihrer Aufgaben, Probleme und Formen für das weitere unerläßlich.

2.1. Begriffsbestimmung und Aufgaben

Während des Betriebes einer Fertigungseinrichtung etc. führen Abnutzung, Mängel, Fehlbedienung o.ä. zu *Fehlern*, d.h. zur Abweichung einer oder mehrerer Zustandsgrößen von ihrem Sollwert.
Aufgrund eines Fehlers an einer Maschine kann ihre *Funktionserfüllung* beeinträchtigt werden: es tritt eine *Störung* auf. Eine Störung kann sich ausbreiten zu einem *Ausfall*, d.h. der Unterbrechung der *Funktionsfähigkeit*, einer einzelnen Maschine, von mehreren Maschinen oder gar der gesamten Anlage. Das Prinzip der beschriebenen Fehlerwirkungskette ist in Bild 1 festgehalten [SF85].

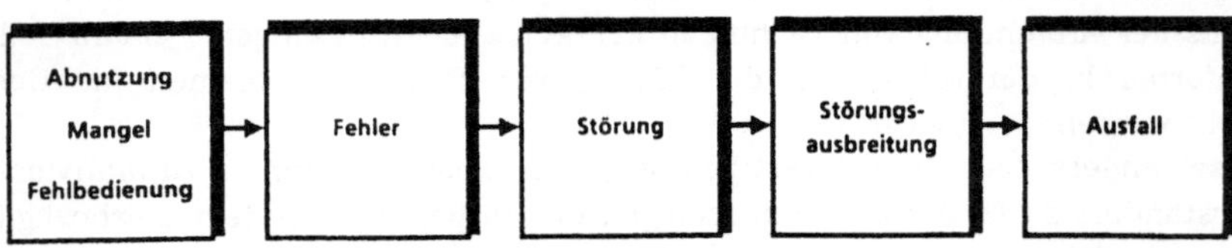

Bild 1: Fehlerwirkungskette

Am Beispiel des in Bild 2 dargestellten Fertigungsprozesses läßt sich die Fehlerwirkungskette wie folgt veranschaulichen: Verschleiß (Abnutzung) des Bohrers von Maschine 2 kann in der skizzierten Situation dazu führen, daß der Bohrer an Maschine 2 bricht (Fehler); dies hat die Konsequenz, daß dem Roboter 2 Werkstücke ohne Bohrung zugeführt werden (Störung mit Störungsausbreitung); die Montage mißlingt und es kann dadurch zu einer Unterbrechung (Ausfall) des Fertigungsprozesses für die Zeitdauer bis zur Behebung des Fehlers (Auswechslung des Bohrers an Maschine 2) und seiner Folgen (Werkstücke ohne Bohrung am Transportband zwischen Maschine 2 und Roboter 2) kommen.

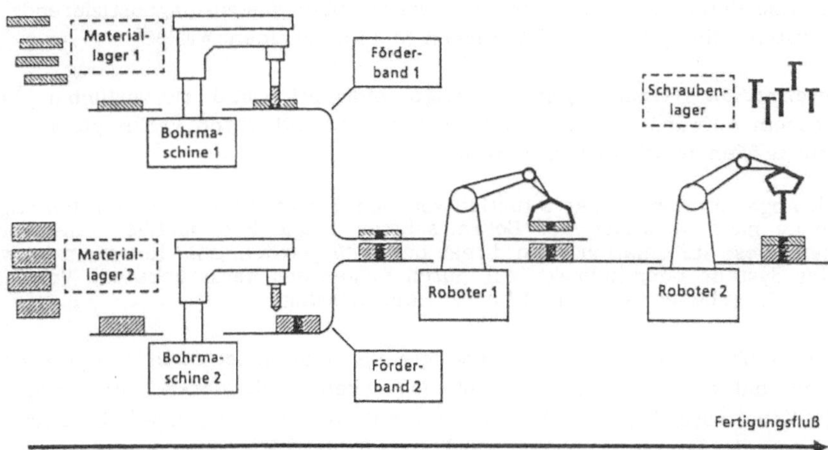

Bild 2: Beispiel eines Fertigungsprozesses

Die Fehlerwirkungskette in der beschriebenen Fehlersituation zeigt Bild 3.

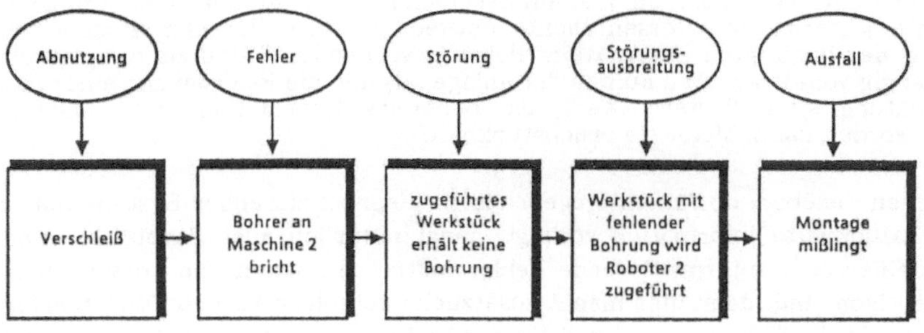

Bild 3: Beispiel einer Fehlerwirkungskette

Die frühzeitige Erkennung von Störungen und die schnelle Lokalisierung ihrer Ursachen mit dem Ziel der Minimierung von Ausfällen sind Aufgaben der technischen Diagnose. Somit kann der Begriff ***technische Diagnose*** umschrieben werden als die Gesamtheit aller Maßnahmen, die dem Ermitteln und Bewerten des Zustandes eines ***technischen Systems***, d.h. einer Maschine, einer Anlage, eines Prozesses, entsprechend der geforderten Funktionsfähigkeit, einschließlich der Lokalisierung fehlerhafter Komponenten, dient [WOH78].

2.2. Hauptproblem der technischen Diagnose

Das Hauptproblem der technischen Diagnose ist die Beschaffung der zur Zustandsermittlung und -bewertung benötigten Information über das zu diagnostizierende technische System. Hier gilt es zwei Situationen zu unterscheiden [WER85]:

Volle Information: Die zur Diagnose benötigte Information ist direkt verfügbar (d.h. mit vertretbarem Aufwand meßbar) oder sie kann indirekt durch Verknüpfung anderer meßbarer Größen leicht abgeleitet werden.

Beispiel: Angenommen, in der Situation von Bild 2 wird die Information benötigt, ob Werkstücke nach Verlassen der Bohrmaschinen 1 und 2 tatsächlich eine Bohrung aufweisen; diese Information kann direkt beschafft werden, z.B. durch ein bildverarbeitendes System, oder indirekt, z.B. durch Wiegen des Werkstücks und Vergleichen mit dem vorgegebenen Sollgewicht für Teile mit Bohrung.

Bruchstückhafte Information: Die benötigte Information ist nicht direkt verfügbar (Ursachen dafür können sein: Nichterfaßbarkeit, auftretende Ungenauigkeiten, fehlende Kenntnisse, Engpässe bei der Informationsauswertung usw.). Eine Ableitung aus anderen Größen ist prinzipiell möglich, erfordert aber eine komplexe Informationsverarbeitung, die stark abhängig ist von der Struktur und Funktion des betrachteten Systems. Sie läßt sich deswegen mit den üblichen Mitteln aus Aufwandsgründen nicht realisieren. Die benötigte Information kann in solch einem Falle nur in Bruchstücken beschafft werden.

Beispiel: Wenn mit der betrachteten Anlage (vgl. Bild 2) verschiedene Werkstücke gefertigt werden, muß zum Wiegen der Teile das zugehörige Sollgewicht berechnet werden. Dazu ist eine Typerkennung und ein Beschaffen der Daten über Abmessungen, das verwendete Material und dessen Dichte notwendig. Diese Berechnungsschritte zur Gewinnung der benötigten Information "Bohrung vorhanden?" sind zu komplex und zu sehr abhängig vom konkreten Aufbau der Anlage, als daß die Realisierung einer solchen Meßvorrichtung sinnvoll wäre. Wenn die benötigte Information nicht anderweitig beschafft werden kann, bleibt sie bruchstückhaft.

Das Befinden darüber, ob für ein gegebenes zu diagnostizierendes System volle oder nur bruchstückhafte Information vorliegt, hängt natürlich auch davon ab, inwieweit Mehrfachfehler oder intermittierende Fehler auftreten können und entsprechend zu berücksichtigen sind, denn dies macht zusätzliche komplexe Verknüpfungen erforderlich und erhöht die Wahrscheinlichkeit für das Vorliegen bruchstückhafter Information.

Von dieser Situation ist auch auszugehen, wenn ein Diagnosesystem nicht nur für eine spezielle Anlage, sondern für eine ganze Klasse ähnlicher Anlagen konzipiert werden soll.

2.3. Formen der technischen Diagnose

Gängige Diagnoseverfahren können im wesentlichen in zwei Verfahrensklassen unterteilt werden: *Solche, die den Menschen als Experten in den Diagnosevorgang mit einbeziehen* und seine Kenntnisse/Erfahrungen nutzen, und *solche, die vollautomatisch diagnostizieren können* [HOH77].
Den Zusammenhang zwischen den beiden Klassen von Diagnoseverfahren und der zur Realisierung solcher Verfahren benötigten Information zeigt Bild 4. Grundprinzip dieser Zuordnung ist der Wunsch, wenn möglich, d.h. wenn die benötigte Information voll verfügbar ist, ein vollautomatisches Diagnoseverfahren einzusetzen. Wo dies aber nicht der Fall ist, wird ein Experte notwendig.

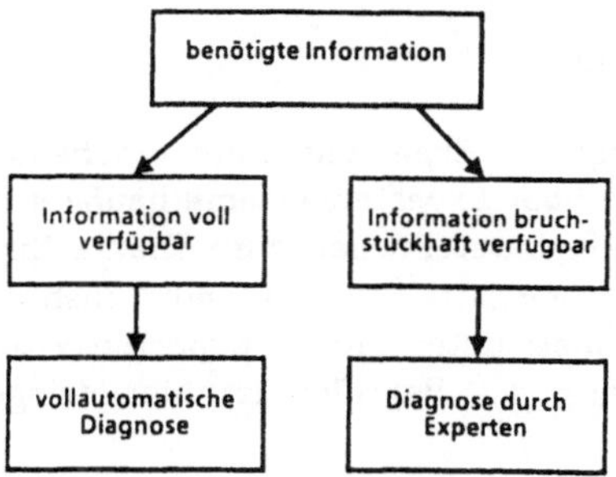

Bild 4: Grobklassifizierung von Diagnoseverfahren bzgl. der benötigten Information

Beispiele für vollautomatische Diagnoseverfahren findet man in [GMR84], [HOH77]. Beispiele für Diagnose mittels Experten sind etwa die Reparatur von Fernsehern, Kraftfahrzeugen, aber auch die Überwachung/Steuerung von Fertigungsprozessen durch den Menschen.
Dazu sei noch angemerkt, daß Randbedingungen der Diagnoseaufgabe die eine oder andere Form der Diagnose erzwingen können. Werden z.B. sehr schnelle Reaktionszeiten gefordert, so muß ein vollautomatisches Diagnoseverfahren eingesetzt werden. In diesem Fall muß durch (entsprechend aufwendige) Diagnoseprojektierung volle Information verfügbar gemacht werden.
Zusammenfassend bleibt jedoch festzuhalten: Da ein systematischer und durchgängiger Einsatz vollautomatischer Diagnoseverfahren, die volle Information erfordern, zwar wünschenswert ist, aus technischen und wirtschaftlichen Gründen jedoch vergleichsweise selten realisiert werden kann, stellt die Einbeziehung des Menschen, in Gestalt von erfahrenen Maschinenbedienern, Prozeßbedienern und Service-

technikern nach wie vor die dominierende Vorgehensweise bei der technischen Diagnose dar. Vor allem diese Tatsache legt den Einsatz von Expertensystemen, deren Grundidee im *maschinellen Verfügbarmachen*, der *Akkumulation* (d.h. neue Erfahrungen können jederzeit in das System eingebracht werden), der *Multiplikation* (d.h. das Wissen eines Expertensystems kann auch für verwandte technische Systeme verwendet werden) und der *Objektivierung von Expertenwissen* besteht, nahe.

3. Grundlegendes zur Expertensystemtechnik

Nach dem der Begriff der technischen Diagnose für das weitere hinreichend geklärt wurde, gilt es nun den Begriff des Expertensystems einzuführen. Diesem Zweck dienen die folgenden Ausführungen. Sie schließen die Erläuterung des Grundprinzips eines Expertensystems und die Benennung von Kriterien für den Einsatz (die Entwicklung) eines Expertensystems ein.

3.1. Begriffsbestimmung

Vor der Einführung des Begriffes Expertensystem erscheint es wichtig, darauf hinzuweisen, daß die Diskussion über Expertensysteme häufig sehr verwirrend ist. Hauptursache hierfür ist, daß viele Darstellungen zum Thema Expertensysteme nicht die wesentlichen Sachverhalte vermitteln. Dies gilt insbesondere auch für die Beschreibung dessen, was man unter einem Expertensystem selbst versteht. Ein klarer und ehrlicher Umgang mit Begriffen ist hier dringend notwendig [STR86], [MAR84].

Ein *Expertensystem* ist ein spezielles wissensbasiertes System, das die Vorgehensweise eines menschlichen Experten nachbildet.

Unter *wissensbasiertem System* wird dabei ein Programmsystem verstanden, in dem benötigtes Wissen nicht implizit enthalten ist (vgl. jede Maschine enthält Wissen über physikalische Gesetze, ohne daß diese jedoch explizit sichtbar sind), sondern möglichst explizit repräsentiert wird ("Wissenseinheiten lassen sich 1:1 im Programmtext wiederfinden").

3.2. Grundprinzip eines Expertensystems

Die grundlegende Idee der Expertensysteme ist die Orientierung an der Vorgehensweise eines Experten bei der Lösung (technischer, kaufmännischer, medizinischer usw.) Probleme. Das Wissen in Expertensystemen sollte damit ein Abbild des zur Lösung von Aufgaben der genannten Art benötigten Expertenwissens sein.

Dieser Ansatz hat zwei wesentliche Vorteile. Zum einen übernimmt man den fertigen Problemlösungsvorgang (sprich Diagnoseverfahren) und muß ihn also nur nachvollziehen, aber nicht mehr neu entwickeln. Zum anderen ist - im Gegensatz zu vielen konventionellen Verfahren - die Vorgehensweise des Expertensystems dem Experten selbst wiederum unmittelbar verständlich, da sie ein Abbild seiner eigenen Vorgehensweise ist.

Die Motivation zur Entwicklung von Expertensystemen besteht also in der Beobachtung, daß Menschen aufgrund ihrer Intelligenz auch komplexe Probleme vorbildlich lösen können, sofern sie nur entsprechende Erfahrung haben (d.h. Experten sind).
Das Grundprinzip einer Expertensystementwicklung ist somit das Aufstellen und Implementieren eines deskriptiven Modells [ROU83] des Problemlösungsvorgangs. Nicht richtig sind demgemäß Aussagen, daß ein Expertensystem aufgrund seines Wissens von sich aus Probleme zu lösen vermag. Es handelt sich immer nur um das Nachvollziehen der durch den Experten vorgegebenen Vorgehensweise.

Ein Expertensystem muß als wissensbasiertes System implementiert werden. Die Erfahrung zeigt nämlich, daß die Entwicklung nur iterativ erfolgen kann (vgl. Kap. 4, Bild 5): Für die Erstellung des Programms liegt keine *feste* Spezifikation vor. Ein Vorgehen, bei dem Spezifikation und Implementierung gewissermaßen parallel entstehen, bezeichnet man mit dem Schlagwort *exploratives Programmieren.* Diese Situation verlangt eine gute Verständlichkeit und Änderungsfreundlichkeit des Programms. Eine wichtige Voraussetzung dafür ist eben die explizite Repräsentation von Wissen.

Der Einsatz eines Expertensystems ist vor allem als Beratungs- und Unterstützungssystem sinnvoll. Bei der Überwachung komplexer Systeme kann es das Bedienungspersonal unterstützen und so die Sicherheit und Zuverlässigkeit verbessern [WER85]. Wesentlich ist dabei nicht die selbständige Lösung der (Diagnose-)Aufgabe, sondern das partnerschaftliche Zusammenarbeiten mit den Benutzern. Es ist einsichtig, daß das Expertensystem dazu über die gleiche "Sprache" und "Denkweise" verfügen muß, wie der menschliche Partner. Diese Forderung wird am ehesten dann zu erfüllen sein, wenn zwischen dem im Expertensystem nachgebildeten Problemlösungsvorgang und der Vorgehensweise von Experten eine 1:1 Beziehung besteht.

Unter einem *Beratungssystem* wird in diesem Zusammnehang ein System verstanden, das Fragen des Benutzers nach einer aktuell angebrachten Vorgehensweise beantworten, oder aber auch von sich aus entsprechende Vorschläge machen kann. Es greift jedoch nicht selbst in den Ablauf des technischen Systems ein.
Ein *Unterstützungssystem* kann dagegen, nach Aufforderung durch den Benutzer, gewisse Eingriffe selbständig durchführen.
Die Entwicklung *voll eigenständig handelnder Diagnose-Expertensysteme* ist prinzipiell ebenfalls denkbar, vom heutigen Stand der Technik aber noch weit entfernt.

Es sei noch erwähnt, daß gerade bei der Überwachung komplexer Systeme die Diagnose kein isoliert zu betrachtendes Ziel ist, sondern immer in Beziehung zu den Aufgaben der Prozeßführung und Kompensation zu sehen ist [ROU83]. Das Hauptaugenmerk ist hier jeweils auf das Auswählen und Durchführen geeigneter Aktionen gerichtet, um die Anlage im gewünschten Betriebszustand zu halten. So mag es für den Augenblick z.B. wichtiger sein, eine Störung durch Flußwegumschaltung zu kompensieren, als den verursachenden Fehler zu finden. Das Einbringen von Wissen über solche zusätzlichen Aufgabenstellungen in ein Diagnoseexpertensystem muß möglich sein.

3.3. Kriterien für den Einsatz eines Expertensystems

Bei gegebener Diagnoseaufgabe stellt sich die Frage, ob der Einsatz eines Diagnose-Expertensystems angezeigt ist. Dazu werden in diesem Abschnitt Kriterien formuliert. Sie lassen sich ableiten von den Voraussetzungen bekannter vollautomatischer Diagnoseverfahren bzw. dem besprochenen Grundprinzip eines Expertensystems. Wenn ein oder mehrere der Kriterien *A1 - A7* erfüllt sind, dann sind vollautomatische Diagnoseverfahren nicht sinnvoll oder nicht möglich und ein Diagnose-Expertensystem sollte deswegen in Erwägung gezogen werden. Die Kriterien *B1 - B5* zählen andererseits Voraussetzungen auf, die alle erfüllt sein sollten, damit ein Diagnose-Expertensystem überhaupt erfolgreich entwickelt und eingesetzt werden kann.
Generell gilt: Wenn für ein Diagnoseproblem (wie in der Praxis oft der Fall) noch gar kein Lösungskonzept existiert, dann ist dies noch kein Hinweis darauf, daß ein Diagnose-Expertensystem verwendet werden sollte ("ein Expertensystem hat nicht die Fähigkeit, von sich aus Probleme zu lösen").

A1: Eine mathematische Modellierung (Differentialgleichungen, Zustands-/Übergangsgraph etc.) des zu diagnostizierenden Systems ist nicht oder nicht mit vertretbarem Aufwand möglich.

A2: Diagnose vollzieht sich primär vom Prozeßleitstand aus und ist im Sinne der hierarchischen Struktur von Automatisierungssystemen eine Aufgabe der Führungsebene (übergeordnet den Stell-/Meß- und Steuer-/Regelaufgaben).

A3: Das Diagnosesystem soll im Leitstand als Unterstützungs-/Beratungssystem für den Prozeßbediener Verwendung finden. Dazu muß dessen Sprache und Denkweise berücksichtigt werden.

A4: Zur Lösung der Diagnoseaufgabe müssen Messungen, Tests, Eingriffe oder sonstige Aktionen durchgeführt werden. Dazu müssen oft Randbedingungen (z.B. Kosten eines Tests) und Kontextabhängigkeiten (z.B. unterschiedliche Randbedingungen in verschiedenen Betriebsarten) berücksichtigt werden.

A5: Störungsausbreitung findet unvermeidlich statt, weil auftretende Fehler und Störungen direkt überhaupt nicht oder nicht in Echtzeit oder nicht online erkannt werden können, d.h. die Zuordnung einer Störung zu ihrer Ursache ist nicht ohne weiteres möglich.

A6: Das Diagnosesystem muß leicht modifizierbar sein, weil gewonnene Erfahrungen eingebracht werden sollen und/oder die Anlage sich oft ändert.

A7: Die zu diagnostizierende Anlage soll oder kann nicht für Diagnosezwecke modifiziert werden, z.B. durch Einbau zusätzlicher Sensoren.

B1: Für die anstehenden Diagnoseaufgaben gibt es einen (Diagnose-)Experten. Dieser kann das Problem routinemäßig lösen, ohne daß er dazu besondere kreative Fähigkeiten benötigt. Er ist selten der Entwickler oder Projekteur der Anlage, sondern meist ein Prozeß-/Maschinenbediener oder Wartungsmann.

B2: Die zu lösenden Diagnoseprobleme sind keine überraschenden "Katastrophen", sondern nur übliche, bekannte "Krankheiten".

B3: Das Diagnosewissen kann vom Experten oder Wissensingenieur verbalisiert werden. Für die Diagnose sind entsprechend weder besondere sensorische Fähigkeiten noch schnelle, im Unterbewußtsein ablaufende Denkprozesse erforderlich. Günstig ist es, wenn das Diagnosewissen für Schulungszwecke bereits aufbereitet ist.

B4: Die Diagnoseleistungen des Experten sind (von Leistungsschwankungen abgesehen) vorbildhaft. Es besteht deswegen auch keine Forderung, das Diagnosesystem solle besser sein als der Experte.

B5: Reale Fehler, Störungen und Ausfälle treten an dem zu diagnostizierenden System verhältnismäßig oft auf. Es ist möglich, den Experten bei der Fehlersuche zu beobachten und zu befragen. Günstig ist es, wenn Fehlerprotokolle (Störtagebücher etc.) existieren.

4. Schritte zur Entwicklung eines Diagnose-Expertensystems

Hat man sich für die Entwicklung eines Expertensystems entschieden, so müssen zur Erreichung dieses Projektziels die folgenden Entwicklungsschritte durchlaufen werden:

Schritt 1: *Erwerb des relevanten Basiswissens.*

Schritt 2: *Festlegung einer geeigneten Wissensrepräsentationform.*

Schritt 3: *Entwurf und Implementierung eines* auf den Ergebnissen der Schritte 1 und 2 basierenden *Expertensystem-Rahmens*. Dieser stellt Funktionen zur Verwaltung und Verarbeitung des erfaßten Expertenwissens bereit. Unter einem *Expertensystem-Rahmen* wird in diesem Zusammenhang ein Expertensystem ohne Expertenwissen bezeichnet, das dementsprechend in Schritt 4 und 5 vor seinem Einsatz zur Lösung einer bestimmten Aufgabe zu einem Expertensystem im eigentlichen Sinne erst konfiguriert werden muß.

Schritt 4: Abspeicherung des erfaßten Basiswissens.

Schritt 5: Vervollständigung des erfaßten Basiswissens durch fortlaufenden Wissenserwerb.

Dabei ist davon auszugehen, daß es vor der durchgängigen Realisierung eines favorisierten Konzeptes in den meisten Fällen notwendig sein wird, dieses zunächst, unter Abstrichen an der angestrebten Funktionalität, im Rahmen von Prototypentwicklungen auf seine Tragfähigkeit zu verifizieren, was zu einem mehrfachen Durchlaufen der skizzierten Entwicklungsschritte führen kann.

Die bei der Entwicklung eines Expertensystems zu lösenden Hauptaufgaben liegen beim Wissenserwerb und der Wissensrepräsentation. Daneben wird im folgenden aber auch auf die an einen Expertensystemrahmen zu stellenden Anforderungen näher eingegangen und die diskutierten Details werden in Form eines Architekturvorschlags für ein Diagnose-Expertensystem zusammenfassend dargestellt.

4.1. Hauptaufgaben Wissenserwerb und Wissensrepräsentation

Nach dem heutigen Entwicklungsstand hängt der Erfolg einer Expertensystementwicklung in entscheidendem Maße davon ab, wie gut die Lösung der beiden Hauptaufgaben *Wissenserwerb* und *Wissensrepräsentation* gelingt.
An der Lösung dieser beiden Hauptaufgaben sind zwei Personengruppen beteiligt: Experten des Gebiets, zu dem ein Expertensystem entwickelt werden soll (im vorliegenden Kontext sind dies *Diagnose-Experten*), und sogenannte *Wissensingenieure*, die das für den betrachteten Problemkreis relevante Wissen von den Experten erfragen oder/und durch Beobachtung ermitteln und in eine vom Rechner verarbeitbare Darstellung transformieren.
Dabei ist zu beachten, daß ein Experte, wie Tests diesbezüglich immer wieder zeigen, bei nichttrivialer Aufgabenstellung leider nicht in der Lage ist, auf Befragen hin das benötigte Wissen richtig und vollständig anzugeben.
Entsprechend besteht die Aufgabe des Wissensingenieurs beim Wissenserwerb darin, zunächst möglichst viel Wissen zu erfragen, den anderen Teil jedoch mittels Beobachtung des Experten beim Problemlösen hypothetisch zu formulieren. Erst durch iteratives Implementieren dieses Wissens, Diskutieren der damit bei Testläufen erreichten Ergebnisse und Aufstellen neuer Hypothesen kann das benötigte Wissen erworben werden.
Es sei darauf hingewiesen, daß diese Vorgehensweise für den Wissenserwerb (aus Sichtweise der Implementierung in Abschnitt 3.2 bereits als exploratives Programmieren bezeichnet) sehr schwierig und zeitaufwendig ist, psychologisches und pädagogisches Geschick des Wissensingenieurs erfordert - aber leider unverzichtbar ist. Wissenserwerb ist wesentlich mehr als "einfaches Befragen" von Experten.
Bild 5 veranschaulicht den *iterativen Vorgang* des Wissenserwerbs am Beispiel der technischen Diagnose.

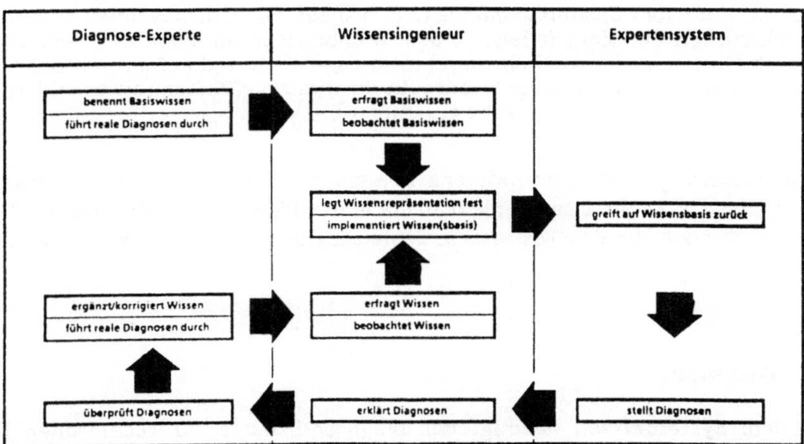

Bild 5: Skizzenhafte Darstellung des Wissenserwerbs

Bezogen auf das Gebiet der technischen Diagnose, muß der Wissensingenieur zwei Arten von Wissen durch Befragung und Beobachtung erfassen und adäquat darstellen: die von Experten bei der Diagnose *benutzten Kenntnisse über das zu diagnostizierende System*, das sogenannte *Systemwissen*, und das von Experten bei der Diagnosestellung *einbezogene Testwissen* zur Ermittlung und Bewertung von Symptomen einschließlich ihrer Abhängigkeiten untereinander.

4.1.1. Systemwissen

Um die Aufgaben der technischen Diagnose befriedigend lösen zu können, benötigt ein Diagnose-Experte ein gewisses Gesamtverständnis von der Funktionsweise und dem Zweck (der Aufgabe) des zu diagnostizierenden technischen Systems. In der Regel wird er u.a. Kenntnisse besitzen über:

- die *Einzelkomponenten des Systems* (Bzgl. Bild 2 sind dies z.B. 2 Bohrmaschinen, 2 Roboter und 2 Förderbänder),
- ihre *topologischen Beziehungen* (z.B. sind in Bild 2 Bohrmaschine 1 und Materiallager 1 über Förderband 1 miteinander verbunden),
- ihren *strukturellen Aufbau* (z.B. besteht eine Bohrmaschine, vereinfacht beschrieben, aus Ständer, Antrieb, Spindel und Bohrer) und

- die *funktionalen Zusammenhänge* (z.B. bringen die Bohrmaschinen 1 und 2 an den Werkstücken der Materiallager 1 bzw. 2 Bohrungen an, Roboter 1 legt das jeweils durch Förderband 1 von Bohrmaschine 1 zugeführte Teil auf ein von Bohrmaschine 2 bearbeitetes, und Roboter 2 schraubt die ihm zugeführten (aufeinandergelegten) Teile mit jeweils einer Schraube zusammen).

Bei der Erfassung des Systemwissens kommt es darauf an, den Wissensanteil zu erfassen, den der Experte tatsächlich auch bei der Diagnose benutzt. Dieser Grundsatz gilt natürlich auch für das Testwissen, das zusätzlich zum Systemwissen zu erwerben ist.

4.1.2. Testwissen

Neben dem Systemwissen benötigt der Diagnose-Experte zur technischen Diagnose auch Kenntnisse über die Mittel, die ihm dafür zur Verfügung stehen. Diese Mittel werden im folgenden als *Tests* bezeichnet.
Die Ausführung eines Tests liefert ein Testergebnis, das der Diagnose-Experte gegebenenfalls mit Ergebnissen anderer Tests verknüpfen muß, um eine zuverlässige Diagnose stellen zu können. Das heißt neben einer Beschreibung der verfügbaren Tests wird der Diagnose-Experte in der Regel auch Kenntnisse besitzen, die ihn in die Lage versetzen, mit Hilfe von Tests den Zustand des von ihm zu diagnostizierenden Systems zu ermitteln und zu bewerten.
Damit kann das *Testwissen*, das vom Wissensingenieur, ebenso wie das Systemwissen, zu erfragen ist, als Wissen über:

- die *verfügbaren Tests* (z.B. den Wiegetest, mit dem, in der in Bild 2 dargestellten Situation, das Vorhandensein einer Bohrung überprüft werden kann),

- *Kriterien für die Auswahl von Tests* (z.B. das Kriterium: wenn Montage durch Roboter 2 mißlingt, dann führe Wiegetest durch) und

- *Kriterien für die Auswertung von Tests* (z.B. wenn Wiegetest negativ, dann Bohrer gebrochen oder Antrieb der Bohrmaschine defekt)

charakterisiert werden.

Nach dem der Wissensingenieur das Test- und Systemwissen erfragt oder hypothetisch formuliert hat, muß er dieses Wissen in eine Darstellung transformieren, die für die Verarbeitung durch das von ihm verwendete Diagnose-Expertensystem geeignet ist. Er bedient sich dabei verschiedener Hilfsmittel zur Wissensrepräsentation.

4.1.3. Hilfsmittel zur Wissensrepräsentation

Bei den Hilfsmitteln zur Wissensrepräsentation ist *im Idealfall* zwischen zwei verschiedenen Klassen von Hilfsmitteln zu unterscheiden, nämlich zwischen Werkzeugen zur internen und solchen zur externen Wissensrepräsentation.

Die *interne Wissensrepräsentation* bezieht sich auf die Darstellung, in der das Wissen im Expertensystem (benutzertransparent) verwaltet und verarbeitet wird.
Man spricht in diesem Zusammenhang von verschiedenen Programmierstilen, welche eine angemessene interne Wissensrepräsentation unterstützen. Als Beispiele sind hier insbesondere der *objektorientierte*, der *regelorientierte* und der *logikorientierte Programmierstil* zu nennen.
Nähere Erläuterungen zu diesen Programmierstilen findet der interessierte Leser u.a. in [ST084].

Als *externe Wissensrepräsentation* wird im Unterschied dazu die Darstellungsform bezeichnet, in welcher der Wissensingenieur das von ihm erfragte/beobachtete Wissen formal vor der Abspeicherung in einem Expertensystem zu beschreiben hat.
Von der externen Wissensrepräsentation wird verlangt, daß sie hinreichend einfach ist, um auch für die Experten, deren Wissen sie geeignet beschreiben soll, gut verständlich zu sein. Auf diese Weise soll die Überprüfbarkeit des dargestellten Wissens auf Vollständigkeit und Widerspruchsfreiheit durch Experten, ohne Einschaltung des Wissensingenieurs, ermöglicht werden.
Für die externe Wissensrepräsentation ist die Verfügbarkeit einer *Beschreibungssprache* wünschenswert, in der sowohl das für die Diagnose relevante Systemwissen, als auch das für die Diagnose benötigte Testwissen anschaulich und gut verständlich dargestellt werden kann.
Die Transformation der externen Wissensrepräsentation in die interne Darstellungsform erfolgt im diskutierten Idealfall durch einen entsprechenden Wissenstransformationsmodul (der Wissenstransformator), der fester Bestandteil eines jeden Expertensystems sein sollte (vgl. Bild 6).

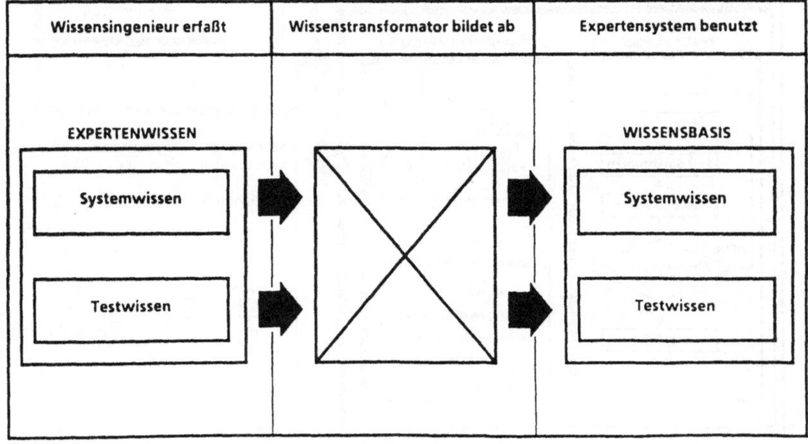

Bild 6: Darstellung der Wissenstransformation

Die wunschgemäße Lösung der dargestellten Hauptaufgaben der Expertensystementwicklung mündet in den Aufbau eines Expertensystems gemäß des folgenden Architekturvorschlags.

4.2. Architekturvorschlag für ein Diagnose-Expertensystem

Bei der Entwicklung eines Diagnose-Expertensystems sind, wie vorangehend bereits erläutert, kurz zusammengefaßt, die folgenden Aspekte wesentlich:

- Wissenserwerb ist nur durch iterative Vorgehensweise, die exploratives Programmieren erzwingt, möglich.
- Als Beratungs-/Unterstützungssystem muß Ablauf und Inhalt für den Benutzer überschaubar sein.
- Das Austesten von implementiertem Wissen ist erschwert, weil das technische System in der Regel nur beschränkt manipuliert werden kann und darf.

Sie resultieren in folgenden Anforderungen für die Architektur eines Diagnose-Expertensystems:

- Das Expertensystem muß eine an die Benutzervorstellung angepaßte und anpaßbare Struktur haben.
- Das Ändern von Wissenseinheiten (einzelner Bestandteile einer Wissensbasis) muß leicht, möglichst sogar online und ohne Programmänderung möglich sein (vgl. Ziehen und Stecken von Baugruppen bei modularer Hardware).

Ein Vorschlag einer Architektur, die diese Anforderungen erfüllen kann, ist in stark vereinfachter Form in Bild 7 dargestellt und wird nachfolgend in einigen wichtigen Punkten kurz erläutert.

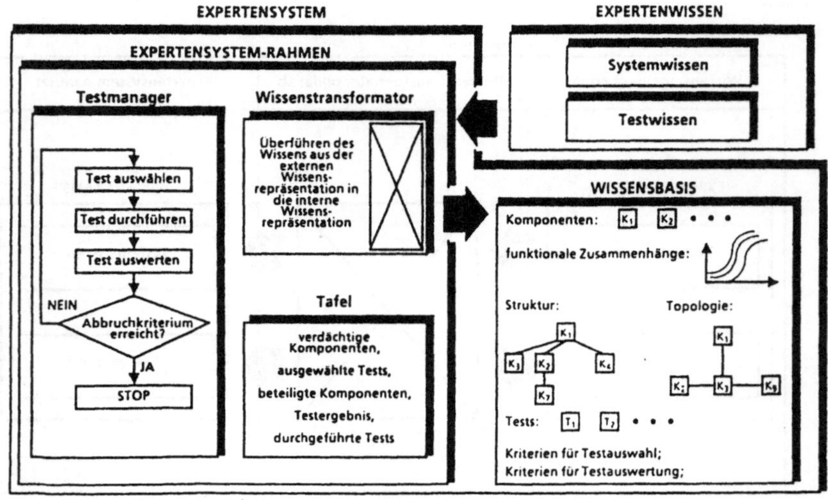

Bild 7: Architekturvorschlag für ein Diagnose-Expertensystem

Das zunächst in externer Repräsentation vorliegende *Expertenwissen* (im Falle der Diagnose: System- und Testwissen) wird, wie besprochen, durch den ***Wissenstransformator*** in eine geeignete interne Repräsentation, die als ***Wissensbasis*** bezeichnet wird, überführt. Der Inhalt der Wissensbasis besteht unabhängig von konkreten Diagnosesitzungen. Diese wird deshalb auch statische Datenbasis genannt. Im Gegensatz dazu realisiert die sogenannte *Tafel* die dynamische Datenbasis des Systems: es handelt sich hier um Daten, die erst während einer Diagnosesitzung erzeugt werden und auch nur für diese eine Sitzung Gültigkeit und Bestand haben (Bsp.: Liste der bereits durchgeführten Tests). Der Ablauf der Diagnose wird durch den sogenannten *Testmanager* gesteuert. Er realisiert das zugrunde gelegte Diagnoseverfahren, d.h. den entsprechenden Kontrollfluß über den ablauffähigen Teilen der statischen Datenbasis (z.B. Testauswahl).
Ein *Expertensystem* besteht damit, wie Bild 7 zeigt, aus vier Hauptkomponenten: Tafel, Testmanager, Wissenstransformator und statische Datenbasis. Es kann durch Eingabe von Expertenwissen in einen *Expertensystem-Rahmen* erstellt werden.
Im Vergleich zu einem Expertensystem fehlt bei einem Expertensystem-Rahmen eine konkrete Wissensbasis.
Es sei noch darauf hingewiesen, daß die *Tafel als zentrales Architekturelement*, neben der Verwaltung des dynamischen Wissens, weitere wichtige Aufgaben hat. Im einzelnen sind dies:

- Erzwingen eines modularen Systemaufbaus (keine verstreute globale Information mehr)
- Koordination des Programmablaufs (alle Anfragen und Antworten laufen über die Tafel; es gibt keine undurchsichtigen Queraufrufe mehr)
- flexible Darstellung der Tafelinhalte für den Benutzer (kontextabhängige, änderbare, anpaßbare Darstellung von Text und Graphik)
- Eingriffsmöglichkeit für den Benutzer (interaktives Ändern und Erweitern von Elementen der statischen und dynamischen Wissensbasis)

Das Konzept der Tafel bietet somit die nötige Transparenz des Ablaufs für den Anwender und realisiert gleichzeitig eine online-Trace-Möglichkeit für den Entwickler. Es unterstützt den iterativen Wissenserwerb und stellt dafür erforderliche Dialog- und Erklärungsfunktionen bereit. Damit sind die Voraussetzungen zur Erfüllung der oben genannten Anforderungen gegeben.

Die Diskussion des skizzierten Architekturvorschlages für ein Diagnose-Expertensystem soll im Rahmen dieses Beitrages nicht weiter vertieft werden. Stattdessen werden abschließend der Stand der (Expertensystem-)Technik und die auf diesem Gebiet zu erwartenden Weiterentwicklungen erläutert.

5. Stand der Technik und Weiterentwicklung

Auf dem Gebiet der Expertensystem-Technik laufen bereits seit einigen Jahren zahlreiche Forschungs- und Entwicklungsaktivitäten. Es gibt aber nur sehr wenig Systeme, die tatsächlich und nutzbringend praktisch eingesetzt werden. Dies liegt daran, daß der Schritt vom Labor in die Praxis gerade erst unternommen wird, aber noch keineswegs vollzogen ist.

Die Probleme, die derzeit noch echte Hindernisse für den breiten industriellen Einsatz von Expertensystemen darstellen und entsprechende Weiterentwicklungen notwendig machen, sind vor allem:

- Das weitgehende Fehlen von für die Praxis geeigneten und anerkannten Konzepten, Formalismen und Strukturen führt bei der Entwicklung meist zu Speziallösungen. Dies bedeutet hohen Entwicklungsaufwand, der zudem beim Bearbeiten verwandter Aufgabenstellungen fast unvermindert von neuem anfällt (z.B. Komponentenbeschreibungssprachen).
- Für die Entwicklung und den Einsatz von Expertensystemen wird oft noch spezielle Software und/oder Hardware für notwendig erachtet. Die Nutzung bestehender Lösungen (z.B. Prozeßrechner, Prozeßleitsysteme, SW-Entwicklungsumgebungen) ist dabei meist problematisch. Wünschenswert (und durchaus realisierbar [GOR85]) ist deswegen ein Einbeziehen der Expertensystem-Technik in die konventionelle Datenverarbeitung.
- Bei der Entwicklung fallen immer wieder Probleme an, für deren Lösung zwar Schlagwörter existieren, die aber wissenschaftlich noch nicht aufbereitet sind (z.B. deep modelling, qualitative reasoning).

6. Zusammenfassung

Die wesentliche Idee von Expertensystemen ist die Orientierung an der Vorgehensweise eines menschlichen Experten.

Diagnose-Expertensysteme sind entsprechend nicht für jede Diagnoseaufgabe geeignet, sondern nur dort, wo auch die Diagnose durch den Experten selbst erfolgen kann.

Diagnose-Expertensysteme können konventionelle Diagnoseverfahren nicht ersetzen, sondern nur ergänzen. Wichtig ist es deswegen, bei gegebener Diagnoseaufgabe zu prüfen, ob der Einsatz eines Diagnose-Expertensystems sinnvoll ist. Kriterien dazu wurden formuliert.

Ein Diagnose-Expertensystem kann vor allem als Beratungs-/Unterstützungssytem verwendet werden. Entscheidend für erfolgreiche Entwicklung und Einsatz ist die Abstützung auf eine geeignete Architektur (ein Vorschlag wurde skizziert) und das Erkennen der Bedeutung und Problematik des Wissenserwerbs.

Die zur Verfügung stehenden Entwicklungshilfsmittel lösen nicht alle auftretende Probleme. Es bestehen noch Hindernisse für den breiten industriellen Einsatz von Diagnose-Expertensystemen, die durch Weiterentwicklungen beseitigt werden müssen.

Literaturverzeichnis

[GMR84] Aussprachetag der VDI/VDE-Gesellschaft Meß- und Regelungstechnik: "Verfahren und Systeme zur technischen Fehlerdiagnose", April 1984

[GOR85] T.F. Gordon: "On the suitability of Modula-2 for artificial intelligence programming", *Angewandte Informatik*, S. 296-303, Juli 1985

[HOH77] H. Hohmann: "Automatische Überwachung und Fehlerdiagnose an Werkzeugmaschinen", *Dissertation* TH Darmstadt, 1977

[MAR84] G.R. Martins: "The Overselling Of Expert Systems", *Datamation*, S. 76-80, November 1984

[ROU83] W.B. Rouse: "Models of Human Problem Solving: Detection, Diagnosis, and Compensation for System Failures", *Automatica*, Vol. 19, No. 6, S. 613-625, 1983

[SF85] W. Schneider-Fresenius [Hrsg.]: "Technische Fehlerfrühdiagnoseeinrichtungen", Oldenbourg Verlag, 1985

[STO85] H. Stoyan: "Programming Styles in Artificial Intelligence", *Informatik-Fachberichte* Nr. 103, Springer Verlag, S. 154-180, 1985

[STR86] P. Struß: "Gibt es Expertensysteme?", *Computer Magazin*, S. 49-53, Mai 1986

[WER85] J. Wernstedt: "Prozeßsteuerung und Entscheidungsfindung durch den Menschen auf der Grundlage von Beratungs-/Expertensystemen", *Wissenschaftliche Zeitschrift* TH Ilmenau 31 (1985) Heft 6, S. 59-68

[WOH78] H. Wohllebe [Hrsg.]: "Technische Diagnostik im Maschinenbau", Hanser Verlag, 1978

Ein Ansatz für Echtzeit-Expertensysteme

An Approach to Realtime-Expertsystems

H. W. Früchtenicht
Fraunhofer-Institut für Informations- und Datenverarbeitung, Karlsruhe

T. Wittig
Krupp Atlas Elektronik GmbH, Bremen

KURZFASSUNG

Echtzeit-Expertensysteme unterscheiden sich von herkömmlichen, dialogorientierten Diagnosesystemen durch ihre direkte Ankopplung an den Prozeß oder die Anlage, die sie steuern, überwachen oder diagnostizieren sollen. Die wichtige Rolle des Benutzers in dialogorientierten Beratungssystemen, der nicht nur die Dateneingabe sondern auch deren Interpretation und Bewertung vornehmen muß, muß bei direkt gekoppelten Systemen vom Expertensystem mit übernommen werden. Dies bedingt eine besondere Architektur, die nicht nur der schnellen Verarbeitung unter Echtzeitbedingungen genügen muß, sondern auch der dynamischen, zeitabhängigen Situation, die untersucht werden soll, Rechnung tragen muß. Diese Architektur muß es ebenfalls ermöglichen, die Situationserfassung zu realisieren, d.h. die Interpretation und Abstraktion der direkt übernommenen Daten mit der daraus resultierenden Beauftragung des eigentlichen Diagnosekerns.

SUMMARY

Real-time expert systems differ from common, dialogue-oriented systems for diagnosis because of their direct coupling to a process or plant they have to monitor, control or diagnose. The important role of an user of dialog-oriented consulting systems is not only to input data but also to interpret and evaluate them. Directly coupled systems have to accomplish this interpretation task as well. Therefore real-time expert systems require a special system architecture allowing not only operation under real-time conditions but also interencing in dynamic and time-dependent situations. Furthermore such an architecture must enable the task of situation assessment, i.e. the interpretation and causal abstraction of the incoming data, and the scheduling of diagnostic tasks to an underlying diagnostic kernel.

1. EINFÜHRUNG

Expertensysteme werden zur Lösung von Aufgaben eingesetzt, für die es entweder keine geschlossene mathematische und somit auch keine algorithmisierbare Lösung gibt (wie etwa in der medizinischen Diagnose), oder deren mathematischer Lösungsweg nicht praktikabel ist (wie es etwa beim Schachspiel nicht möglich ist, den gesamten möglichen Entscheidungsbaum zu berechnen). Voraussetzung für ihren erfolgreichen Einsatz ist allerdings, daß hinreichend viel Wissen in Form von Erfahrungen und Heuristiken existiert, das es Fachleuten, eben den Experten, ermöglicht, solche Probleme zu lösen (eben den Medizinern bzw. den Schachspielern).

Der hier beschriebene Ansatz konzentriert sich auf das Problemfeld von Expertensystemen im industriellen Bereich /1/. Dies bedeutet Expertensysteme, die im Bereich der

Führung

Überwachung

Diagnose

technischer Anlagen und Prozesse eingesetzt werden können. Diese drei Aufgabenschwerpunkte lassen sich folgendermaßen beschreiben:

Prozeßführung bedeutet aktive Einflußnahme auf einen laufenden Prozeß anhand vorgegebener Kriterien und aufgrund der aktuellen Gegebenheiten. Überwachung hingegen bedeutet nur die Anzeige aller Größen, die eine hinreichende Beurteilung über die aktuelle Funktion des Prozesses gewährleisten. Steuernde Eingriffe aufgrund dieser Informationen sind dabei nicht Bestandteil des Überwachungssystems, sondern Aufgabe des Bedieners. Die Diagnose hingegen befaßt sich mit dem Verstehen funktionaler und kausaler Zusammenhänge bestimmter Situationen bzw. Zustände eines Prozesses oder einer Anlage, um daraus gezielte Aktionen ableiten zu können. Überwachung und Diagnose können in gewisser Weise als Grundlagen jeder Prozeßführung angesehen werden. Eine Prozeßführung ohne untergeordnete Überwachung und zumindest bei komplexen Vorgängen auch ohne Diagnose ist nicht möglich. Im Gegensatz dazu ist sowohl eine reine Überwachung wie auch eine reine, selbständige Diagnose einer Anlage denkbar.

Es gibt bereits eine Reihe von Expertensystemen, die im Bereich der Diagnose eingesetzt werden /10,11/. Bei diesen Systemen handelt es sich aber ausschließlich um interaktive Systeme, die im Rahmen eines Dialoges mit dem Benutzer Auskunft erteilen. Solche Systeme lassen sich durch zwei Eigenschaften charakterisieren:

- Sie verfügen über keine direkte Verbindung zu der Anlage, die sie diagnostizieren sollen, d.h. sämtliche Informationen und Beurteilungen über deren Zustand müssen über den Bediener erfragt werden.

- Bedingt durch diese Interaktion und den fehlenden Direktanschluß arbeiten sie nicht in Echtzeit.

Es ist nun aber leider nicht damit getan, ein solches System einfach physikalisch mit einigen Sensoren zu versehen, so daß Informationen über den Zustand der Anlage automatisch erfaßt werden können. Bei dialogorientierten Systemen spielt der Benutzer nämlich eine weitere, wichtige Rolle, indem er Situationen beurteilt, Daten interpretiert und abstrahiert, ehe er sie dem Diagnosesystem mitteilt. Dies bedeutet, daß sich im allgemeinen solche Diagnosesysteme nie an einen Laien wenden können, sondern immer einen Fachmann voraussetzen, der allerdings nicht unbedingt ein Spezialist sein muß.

Will man Expertensysteme direkt mit einer Anlage oder einem Prozeß koppeln, reicht es nicht, nur das eigentliche Diagnosewissen in ein solches System einzubringen, sondern es muß auch das Wissen, das zur Interpretation und Abstraktion der zu analysierenden Situation notwendig ist, in ihm enthalten sein. Die Aufgabe besteht also in der Transformation aus der Welt der Signale in die Welt der Symbole /7,8/.

2. ECHTZEITANFORDERUNGEN

Wenn man von Echtzeitsystemen spricht, muß man sich im klaren sein über den Unterschied zwischen

Zeitabhängigkeit und
Echtzeit

Die Zeitabhängigkeit im Schlußfolgerungsprozeß (Inferenz) eines Expertensystems bezieht sich auf die Fähigkeit eines Systems, Schlüsse nicht nur aus den vorhandenen Meßgrößen an sich zu ziehen, sondern deren zeitlichen Bezug untereinander und zur Gesamtsituation mit einzubeziehen. Dabei ist es zunächst unerheblich, in welcher Zeit das System zu einem solchen Schluß kommt. Im Gegensatz dazu ist es für ein Echtzeitsystem ausschlaggebend, daß es innerhalb einer kurzen, durch das Prozeßverhalten vorgegebenen Zeit zu einem Schluß kommt. Ob es sich dabei auf vordergründige Symptom/Fehler-Beziehungen beschränkt oder aber aufwendige kausale und temporale Zusammenhänge erkennen will, ist ausschließlich eine Frage der Qualität des Systems.

3. PROBLEMSTELLUNG

Zwei unterschiedliche Punkte sind entscheidend für den Aspekt der Echtzeitfähigkeit. Der eine betrifft die hohe Rechengeschwindigkeit, die zweifelsohne gefordert werden muß, der andere betrifft die Struktur des Expertensystems. Fragen der effizienten und schnellen Verarbeitung betreffen die Interpreter und Compiler einerseits und die Prozessorhardware andererseits. Auf sie soll in diesem Aufsatz nicht weiter eingegangen werden, da diese Problematik nicht typisch allein für Echtzeit-Expertensysteme ist.

Von Interesse dagegen ist die Frage der besonderen Architektur solcher Systeme, die sie von den herkömmlichen Dialog-orientierten Expertensystemen unterscheidet. Stellt man sich vor, daß ein Expertensystem z.B. einen laufenden Prozeß kontinuierlich auf mögliche Störungen hin beobachten soll, lassen sich seine Aufgaben - zunächst einmal sehr grob - folgendermaßen aufteilen:

- Es muß die momentane Situation in bestimmten vorgegebenen, möglichst kurzen Zeitabschnitten erfassen.

- Aus dieser Situationserfassung muß es ableiten können, ob eine Abweichung vom Normverhalten vorliegt.

- Falls eine solche Abweichung vorliegt, muß es diese weiter untersuchen, nämlich diagnostizieren.

- Das Ergebnis einer Diagnose wird im allgemeinen ein Plan von durchzuführenden Aktionen sein, wobei jede dieser geplanten Aktionen eine festen Zeitbezug haben muß.

Hierbei können nun folgende Probleme auftreten, die die Architektur eines Echtzeit-Expertensystems wesentlich prägen:

- Während einer Diagnose muß die Situationserfasssung weiter betrieben werden, andernfalls würden neue und u.U. viel gravierendere Problemsituationen nicht erkannt.

- Tritt während einer Diagnose eine wichtigere Störung auf, muß die augenblickliche Diagnose unterbrochen werden und die Situation mit der höheren Priorität auch vorrangig behandelt werden. Die Unterbrechung an sich stellt noch ein geringes Problem dar, aber die Frage der Fortsetzung der Diagnose ist sehr viel schwieriger zu beantworten, weil sich der zu beobachtende Prozeß in der Zwischenzeit verändert haben kann.

- Da jede Diagnose eine endliche Zeit in Anspruch nimmt, müsste im Grunde jeder vom Expertensystem generierte Aktionsplan verifiziert werden, um herauszufinden, ob sich nicht inzwischen die ihm zugrunde liegende Ausgangssituation verändert hat. Da eine solche Verifikation aber selbst wieder eine endliche Zeit in Anspruch nimmt, müsste dann auch wieder das Ergebnis dieser Verifikation verifiziert werden, usw.. Ein möglicher Ausweg aus diesem Dilemma liegt darin, parallel zur Diagnose die aktuelle Situation weiterhin zu überwachen, um so gravierende Abweichungen, die das erwartete Diagnoseergebnis als bereits überholt erkennen lassen, rechtzeitig zu detektieren.

4. LÖSUNGSANSATZ

4.1 Gesamtkonfiguration Expertensystem und Prozeßrechner

Neben den bereits genannten Gesichtspunkten ist für die Konfiguration eines Expertensystems für Realzeitanwendungen insbesondere von Bedeutung, daß

- die heute auf dem Markt eingeführten und akzeptierten Rechnersysteme für Expertensystemanwendungen keine Prozeß-E/A im Sinne der Prozeßautomatisierung anbieten, Vernetzung z.B. über Ethernet in der Regel nur innerhalb der Rechnerfamilie gestatten und als Rechnerkopplungsmöglichkeiten mit Fremdeinheiten nur eine sehr begrenzte Anzahl von V24(RS232)-Schnittstellen mitbringen,

- die mit der Prozeßdatenerfassung verbundene Signalverarbeitung und -überwachung sowie Informationsverdichtung insbesondere aus Laufzeitgründen, aber auch weil sie typische Prozeßrechnerfunktionen darstellen, soweit wie irgend möglich aus dem Expertensystemrechner herausgehalten werden müssen,

- Realzeitexpertensysteme letztlich nur als integrierte Einheiten in rechnergestützten Prozeßsteuerungs- und Prozeßüberwachungssystemen Sinn machen und

- nach dem heutigen Stand der Technik zu urteilen, Realzeitexpertensysteme vorerst auf der Basis von Expertensystemen heutiger Ausprägung operieren werden.

Es liegt deshalb nahe als Rechnerkonfiguration, innerhalb derer ein Expertensystem als "Quasi"-Realzeitsystem operieren kann, die in Abb. 1 als Blockdiagramm skizzierte Anordnung zu wählen. Sie besteht aus dem eigentlichen Expertensystem-Rechner, der über eine konventionelle Rechnerkopplung mit einem Prozeßrechnersystem verbunden ist, wobei unter Prozeßrechnersystem die heute üblichen Prozeßautomatisierungseinheiten zu verstehen sind. D.h. es kann ein einzelnes, einen bestimmten Prozeß steuerndes Automatisierungsgerät (Prozeßrechner/Steuerung) sein, wie auch ein über ein lokales Netzwerk gekoppeltes, verteiltes Prozeßautomatisierungssystem. Aufgabe des Prozeßrechnersystems in dem hier zu betrachtenden Zusammenhang ist die Weiterleitung der aufbereiteten

Prozeßinformation entweder auf Anforderung des Expertensystems oder in Eigeninitiative (z.B. bei Alarmen) an den Expertensystemrechner. Auf Seiten des Expertensystemrechners sorgt dann ein speziell auf die Möglichkeiten heutiger Expertensysteme aus gerichtetes Softwareinterface für eine entsprechende weitere Informationsaufbereitung und einen situationsangepßßten Informationsaustausch mit dem Expertensystem. Ausgaben an den Prozeß auf Initiative des Expertensystems werden über das Echtzeitinterface dem Bediener mitgeteilt, der dann entsprechend den Prozeß beeinflussen kann. Wesentliche Zielsetzung der skizzierten Vorgehensweise ist es, sicherzustellen, daß auf Prozeßrechner- und Expertensystem-Rechner-Ebene mit dem gleichen Abbild des Prozeßzustandes operiert wird. Dieser Umstand hat insbesondere auch dann Bedeutung, wenn das Expertensystem mit der Prozeßleitebene eines Prozeßautomatisierungssystems gekoppelt wird, um beispielsweise dem Operator als Entscheidungshilfe zu dienen.

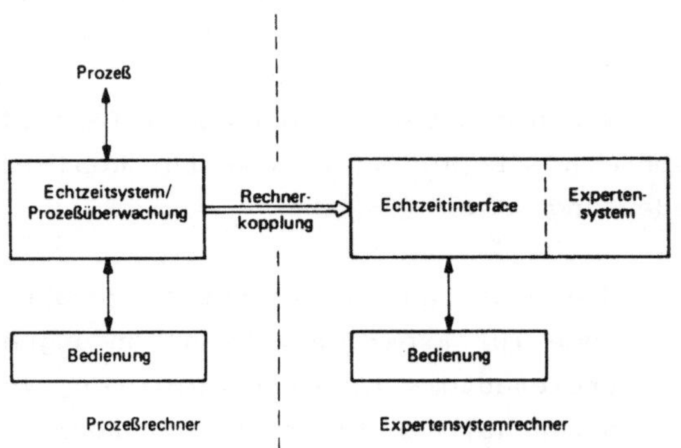

Abb. 1: Konfiguration zum Anschluß eines Expertensystems an einen dynamischen Prozeß

4.2 Struktur und Arbeitsweise des Echtzeitinterfaces

Die Anforderungen an das Echtzeitinterface leiten sich daraus ab, daß es

- den anstehenden Signalzustand interpretieren und gegebenenfalls in eine darauf passende Reaktion umsetzen muß,
- die Reaktion als Trigger für das Expertensystem handhaben bzw. formulieren muß, so daß dieses mit der Bearbeitung einer schon möglichst eng umrissenen Problemstellung (z.B. Fehlersituation) starten kann und
- abhängig vom momentanen Prozeßzustand, der momentanen Aktivität des Expertensystems und den vorliegenden Expertisen des Experten-

systems die weitere Vorgehensweise der Gesamteinheit aus Echtzeitinterface und Expertensystem koordinieren muß.

D.h. das Echtzeitinterface muß in großen Teilen gleichzeitig

- die interpretativen Aufgaben eines Operators am Prozeßleitstand heutiger Art wahrnehmen und

- die beurteilende und koordinierende Funktion des Benutzers eines interaktiven Expertensystems ausüben.

Detailaufgaben des Echtzeitinterfaces sind deshalb

- die Übernahme der Prozeßsignale sowie die Ermittlung daraus durch Verknüpfung ableitbarer Information,

- die Haltung und Aktualisierung signalunabhängiger Prozeßinformationen,

- die Interpretation der zur Verfügung stehenden Gesamtinformation und Ableitung des momentanen Prozeßzustandes,

- die Formulierung und Koordination von Anfragen bzw. Aufträgen an das Expertensystem und

- die Wahrnehmung von Stellvertreterfunktionen für das Expertensystem in Form von u.U. erforderlichen Schnellreaktionen zum Prozeß.

Die Umsetzung der Detailaufgaben in ein ablauffähiges Programm geht von der Idee aus, letztlich einen Ablauf zu realisieren, der dem Vorgehen eines erfahrenen Operators am Leitstand eines Prozeßautomatisierungssystems ähnlich ist. Dieser abstrahiert - primär meist orientiert an den Zuständen verhältnismäßig weniger Signale - aus der Vielfalt der ihm angebotenen zeitabhängigen Prozeßanzeigen auf den momentan relevanten Aspekt (z.B. Störung in einem bestimmten Teil der Anlage), setzt diesen in Zusammenhang zum übrigen Geschehen und leitet daraus ab, welche Schritte er wann durchführen muß. Basis für seine Vorgehensweise ist sein umfangreiches (intuitives) Wissen über die Bedeutung bestimmter Anzeigekonstellationen, das es ihm ermöglicht, zwischen momentan wichtigen und unwichtigen Anzeigen zu unterscheiden.

Die Problematik, die sich aus der Orientierung am Operatorverhalten ergeben kann, soll hier nicht verschwiegen werden. In vielen Fällen ist das Bedienerwissen das, was man als "flaches" Wissen bezeichnet. Dies bedeutet in der Praxis, daß er überwiegend auf Symptome reagiert, ohne deren Ursachen zu kennen, die er gerade im Routinebetrieb oft auch gar nicht zu wissen braucht. Mit dem Einsatz von Expertensystemen ergibt sich nun aber die Chance, nicht nur einige wenige Signale zu überwachen wie dies der Bediener oft macht und dann etwa in Notsituationen nur schwer die Ursache zu erkennen vermag, sondern einen Gesamtüberblick abhängig von der aktuellen Situation - auf unterschiedlichen Abstraktionsebenen - zu erhalten.

Sowie ein Operator "phänomenologisch" zusammengehörige Anzeigen in ein "Situationsbild" gruppiert, wird auch das Expertensystem Signale in verschiedene, gleichzeitig existierende, Situationsbilder zusammenfassen, wobei zwischen ihnen noch Abhängigkeiten (z.B. gleicher Verursacher) existieren können. Die Zusammenfassung zusammengehöriger Situationen wie auch eine einzelne, mit keiner anderen in Beziehung stehenden Situation ist im konkreten Fall dann das, was eine Aktion bzw. eine Reihe von aufeinander abgestimmten Aktionen nach sich ziehen muß.

Die Grobstruktur des Echtzeitinterfaces hat deshalb den in Abb. 2 dargestellten Aufbau. Sie gliedert sich in die vier Bereiche Prozeß-, Signal-, Situations- und Aktionswelt, wobei beim Durchlauf der Prozeßdaten vom Prozeßrechner (Signaldaten) bis zum Expertensystem (Anfragen) eine fortlaufende Informationsverdichtung und -sammlung stattfindet.

In der Prozeßwelt werden über den Modul "Kommunikation" Datenanforderungen an den Prozeß gesandt und Daten vom Prozeß empfangen sowie der Daten- und Informationsfluß zwischen den beiden Rechnersystemen koordiniert. Die meist zyklisch geholten Meßdaten wie auch die spontan empfangenen Meldungen (z.B: Alarme) haben für das Echtzeitinterface den Charakter von Rohdaten, die dann in der Signalwelt einer Vorverarbeitung unterzogen werden. Gegenstand der Vorverarbeitung ist die Bildung von "abgeleiteten Signalen" aus den Primärsignalen, die Anwendung von zusätzlichen Umrechnungs- und/oder Überwachungsvorschriften, sowie der Einbezug von vom Bediener im Dialog zu erfragenden Informationen. Das Ergebnis dieser Vorverarbeitung ist eine vollständige Beschreibung des Signalzustandes. Unter Hinzuziehung zusätzlicher statischer Informationen über den technischen Prozeß, sogenanntem Anlagenwissen (Konfiguration, Komponenten usw.) führt hierüber der Zustandsinterpreter eine erste Datenabstraktion und -reduktion in Raum und Zeit durch. An Hand von funktionellen und strukturellen Gesichtspunkten werden dabei Meßwerte und detektierte Normabweichungen zu Situationsbildern zusammengefaßt. Die Situationsbilder haben dabei vor allem die Aufgabe, Meldungen zu Ereignissen, die gleiche Anlagenteile oder Funktionen betreffen und wahrscheinlich auch gleiche oder ähnliche Ursachen haben, zu sammeln und einem Zeitfenster zu unterwerfen. Nach Ablauf des Zeitfensters wird eine Situation als hinreichend klar angesehen, sodaß über das entsprechende Situationsbild auf die dahinterstehende Ursache geschlossen werden kann. Fertige Situationsbilder werden zur weiteren Verarbeitung an den Monitor abgegeben, an dessen Eingang im Normalfall mehrere gleichzeitig anstehen. Seine Funktion besteht darin, gegebenenfalls mehrere Situationsbilder zu einem übergeordenten Aktionsbild zusammenzufassen. Das Ergebnis ist eine nach Prioritäten geordnete Kette von Aktionsbildern, die sukzessive ans Expertensystem zur Bearbeitung weitergegeben werden. Es ist ebenfalls Sache des Monitors, abhängig von den Antworten des Expertensystems und abhängig von den neu eintreffenden Situationsbildern, die Prioritäten den jeweiligen Notwendigkeiten anzupassen, einen u.U. gerade laufenden Schlußfolgerungsvorgang zu unterbrechen und stattdessen ein anderes Aktionsbild bearbeiten zu lassen oder falls notwendig Schnellreaktionen unter Umgehung des Expertensystems durchzuführen.

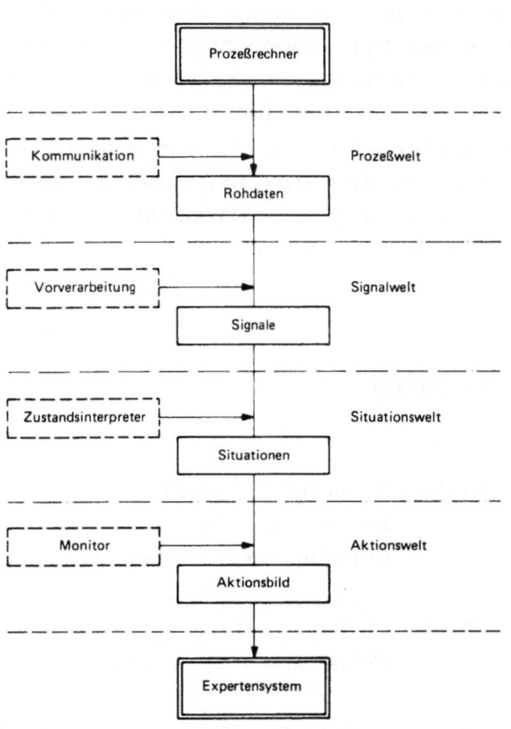

Abb. 2: Grobstruktur des Echtzeitinterfaces

5. AUSBLICK

Expertensysteme der ersten oben angesprochenen Klasse, nämlich der interaktiven, dialogorientierten Systeme, sind bereits in größerer Zahl entwicklet worden /2,3/. Systeme der zweiten Klasse bewegen sich noch überwiegend, von einigen Prototypen abgesehen /4,5/, im Bereich der Forschung /6,9/. Aussagen zum Gesamtverhalten solcher Systeme, insbesondere was den Echtzeitaspekt angeht, können noch nicht gemacht werden. Einige Schwierigkeiten bereitet der Umstand, daß die zur Verfügung stehenden Systemumgebungen ein Multitasking und eine dynamische Speicherverwaltung, wie sie im Prozeßrechnerbetrieb üblich sind, heute noch nicht bieten. Der Benutzer ist deshalb gezwungen, Probleme wie den konkurrierenden Zugriff auf gemeinsame Daten, eine effektive Synchronisation und Koordination parallel laufender Programme und eine auf die Belange kurzer Maschinenreaktionszeiten ausgerichtete Speicherverwaltung selbst zu lösen.

6. LITERATUR

1. Wittig T. (1985): Expertensysteme in der Prozeßleittechnik. In: Brauer, Radig (Hrsg.): Wissenbasierte Systeme, Informatik-Fachberichte Nr. 112, Springer Verlag, Heidelberg

2. Shortliff E.H. (1976): Computer-based Medical Consultations: MYCIN.Elsevier Computer Science Library.

3. Henne P., Klar W., Wittur K.-H. (1985): DEX.C3 - Ein Expertensystem zur Fehlerdiagnose im automatischen Getriebe.In: Brauer, Radig (Hrsg.): Wissenbasierte Systeme, Informatik-Fachberichte Nr. 112, Springer Verlag, Heidelberg

4. Moore R.L., Hawkinson L.B. et al. (1985): A Real Time Expert System for Process Control. Lisp Machine Inc.

5. Paterson A., Sachs P. Turner M. (1985): ESCORT: The Application of Causal Knowledge to Real-time Process Control. In: Proceedings of the Expert System Conference 1985, Warwik.

6. Wittig T. (1985): The KRITIC-Project: Esprit-supported Project on Industrial Control. In: Mamdani, Efstathiou (Hrsg.): Expert Systems and Optimisation in Process Control. Technical Press, Aldershot UK.

7. Nii H.P., Feigenbaum E.A et al (1982): Signal-to-Symbol Transformation: HASP/SIAP Case Study. The AI Magazine 1982

8. Bendig H., Wittig T. (1985): Comparison of the Statistical and Expert System Approach for the Interpretation of Ship Noise. In: Urban (Hrsg.): Adaptive Methods in Underwater Acoustics. Reidel Publ. Co.

9. Koukoulis C.G. (1986): Knowledge Based Systems for Fault Diagnosis in Real Time. In: Proceedings of the IKBS-ONLINE Conference 1986 (In Vorb.)

10. Bonissone P.P.: Expert Systems for Fault Diagnosis in Diesel Electric Locomotives. Internal Report, General Electric.

11. REACTOR: An Expert System for Diagnosis and Treatment of Nuclear Reactor Accidents. In: Proceedings of AAAI-1982, Pittsburg

Die diesem Bericht zugrunde liegenden Arbeiten wurden mit Mitteln des Bundesministers für Forschung und Technologie (Projekt TEX-I) gefördert. Die Verantwortung für den Inhalt liegt jedoch allein bei den Autoren.

IXMO - EIN EXPERTENSYSTEM

ZUR MOTORENDIAGNOSE IN DER AUTOMOBILINDUSTRIE

IXMO - AN EXPERT SYSTEM FOR

ENGINE DIAGNOSIS IN THE AUTOMOTIVE INDUSTRY

T. Premauer

Innovationsgesellschaft für fortgeschrittene
Produktionssysteme in der Fahrzeugindustrie mbH

1000 Berlin 30, B.R. Deutschland

Summary

After some remarks on expert system technology in general and special goals of the IXMO-system an introduction to the system concept is given: Completed car-engines are tested on their functions. If there is any negative report, the relevant data will be examined by the expert system in order to get the right source of error. This diagnostic process runs automatically, although there is an additional ability to communicate with the experts of the testing site in critical cases. The IXMO-system is working at two production sites of the German automotive industry since fall of 1985.

1. Einleitung

Das Forschungsgebiet "Künstliche Intelligenz" gewinnt nicht nur im Bereich der Informationswissenschaften zunehmend an Bedeutung. Ein bereits heute anwendungsreifes Ergebnis dieser Forschungsrichtung sind sogenannte Expertensysteme. Mit Hilfe dieser Systemtechnik kann Wissen über ein bestimmtes, meist eng abgegrenztes Fachgebiet in elementarer, weitgehend problemunabhängiger Form im Rechner gespeichert und zur Ableitung einer konkreten Problemlösung gezielt verarbeitet werden. Das gespeicherte Wissen bezieht sich hierbei häufig auf Erfahrungswerte eines oder mehrerer Spezialisten.

Das nach wie vor zunehmende Spezialistentum, die Fülle von Informationen sowie die Komplexität ihrer Verarbeitung und der Zwang zu immer kürzeren Reaktionszeiten auf veränderte Situationen machen einen frühzeitigen Einsatz der Expertensystem-Technologie besonders in Produktionsbereichen der Industrie notwendig.

2. Aufgaben und Ziele des Expertensystems IXMO

IXMO ist ein Expertensystem zur automatischen Fehlerdiagnose an PKW-Motoren in der Automobilproduktion. Im Rahmen eines Gemeinschaftsprojektes mehrerer deutscher Automobilhersteller wurde mit der Entwicklung dieses Systems das Gebiet der automatischen Wissensverarbeitung in der Fahrzeugproduktion erstmals betreten. Am Beispiel dieses Expertensystems sollte der Umgang mit dieser neuen Technologie erprobt und erlernt werden.

So hatte IXMO neben den kurzfristig erreichbaren Erleichterungen bei der Motorendiagnose, wie

- Reduzierung von Wiederholprüfungen und Reparaturaufwand
- Verbesserung und Verdichtung der Information zwischen Motorenprüffeld und Reparatur,
- Unterstützung der Werker durch klare Strukturierung bei der Fehlerbehandlung,
- schnelle Anpassung bei Produktänderungen und
- Qualitätsverbesserung der Motoren,

auch die Aufgabe, die strategische Bedeutung der Technologie zu demonstrieren.

3. Aufbau und Funktion von IXMO

Jeder fertig montierte Motor wird einer Funktionsprüfung in einem Prüfstand unterzogen. Während des Prüflaufs des Motors werden Meßdaten automatisch erfaßt und der Prüfer gibt seine subjektiven Beobachtungen über den Zustand dieses Motors in Form einer Code-Eingabe ab. Im Fall einer Motorbeanstandung werden alle diese Informationen auf den Rechner des Expertensystems überspielt und stehen dort als Datenbasis zur Verfügung.

Der Kern des Expertensystems ist der **Diagnostik-Prozeß**. Er besteht aus einem Regelwerk für die Verarbeitung des IXMO-Wissens. Ausgehend von einigen Grundinformationen erstellt das Expertensystem zunächst eine grobe Verdachtsdiagnose. Bei der anschließenden Überprüfung werden verschiedene Symptome des beanstandeten Motors gezielt untersucht, um die Verdachtsdiagnose zu erhärten oder zu verwerfen. Im letzteren Fall wird eine neue Verdachtsdiagnose erstellt, die alle bis dahin verarbeiteten Informationen berücksichtigt. Dieser Vorgang wiederholt sich, bis eine oder mehrere Diagnosen vom System als wahrscheinlich erkannt werden. Die Enddiagnose ist Grundlage für eine gezielte Reparatur des Motors.

Ein einfaches Beispiel:
IXMO hat die Information, daß die Abgasfarbe eines Motors blau ist. Es stellt die 1. Verdachtsdiagnose "Ventildichtungen defekt" auf. Zur Überprüfung des Verdachts wird der Meßwert "Leckluftmenge" angefragt und mit einem sehr hohen Wert beantwortet. Die 1. Verdachtsdiagnose "Ventildichtungen defekt" wird verworfen, da eine so hohe Leckluftmenge nicht über defekte Ventildichtungen gelangen kann. Ein neuer Verdacht "Kolbenringe sind fehlerhaft" wird wegen der hohen Leckluftmenge erhärtet und kann somit als Enddiagnose ausgegeben werden.

Das Know-How zum Gebiet Motorentechnik wurde formalisiert und im IXMO-Rechner in Form von Regeln, die aus einem Konditions- und einem Aktionsteil bestehen und als "WENN-DANN"-Beziehung formuliert werden, gespeichert. Um das zu verarbeitende Expertenwissen in dieser Form darstellen zu können, war der Aufbau eines Symptom- und Diagnosekataloges notwendig. Die Regeln stellen dann die Verknüpfung von Symptom(en) zu Diagnose(n) her. Die Symptome sind automatisch erfaßte Meßdaten aus dem Prüflauf des Motors, die bestimmte Grenzwerte über- bzw. unterschreiten, und die Beobachtungen des Prüfers am Motor. Die Diagnosen sind Bauteile des Motors. Jede dieser Regeln kann mit einem Punktwert versehen werden, der zur Errechnung der Wahrscheinlichkeit einer Diagnose herangezogen wird.

Viele hundert solcher "atomarer Wissenselemente" stellen das Wissen über die Motortechnik dar, das in der **Wissensbasis** des Expertensystems zur Verfügung steht. Bild 1 zeigt schematisch die Kernkomponenten des Expertensystems.

Die Erstellung des Symptom-/Diagnosekataloges erforderte die Entwicklung eines systematischen Fehlercodes, durch den die Prüfer ihre Beobachtungen über Terminal eingeben können. Er ist die "Sprache", in der sich der Prüfer mit IXMO "unterhält". Somit sind neben den Meßdaten der Motorprüfung auch die Beobachtungen des Prüfers für IXMO verfügbar. Um Fehleingaben des Fehlercodes, speziell der Symptome, im Prüfstand zu vermeiden, wird jede Eingabe über ein Display im Klartext quittiert. Ein logisch-hierarchischer Aufbau des Codes begünstigt die Handhabung durch den Prüfer und es kann auf umfangreiche Codelisten verzichtet werden.

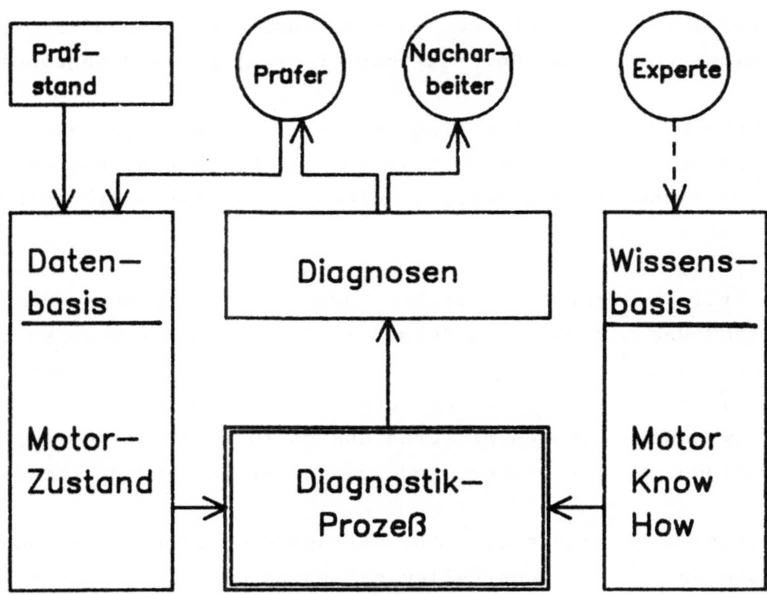

Bild 1: Aufbau und Funktion des Expertensystems IXMO

4. Integration von IXMO ins Motorenprüffeld

IXMO wurde ohne Änderung der Prüfabläufe und -inhalte in die bestehenden Funktionsprüffelder integriert. Die Prüfdaten jedes Motors werden als Motordatensatz zentral im Prüffeldrechner gespeichert und im Fall einer Motorbeanstandung, d.h. unzulässiger Meßwerte und/oder Angabe eines Fehlersymptoms, an den IXMO-Rechner weitergeleitet.

Das Expertensystem erstellt im Normalfall auf der Basis des übermittelten Motordatensatzes eine Diagnose (Offline-Diagnose) und überspielt diese wieder an den Prüffeldrechner, der den ursprünglichen Motordatensatz um diese Diagnose erweitert.

Vom Reparaturplatz kann für jeden beanstandeten Motor ein Reparaturformular abgerufen werden, das sowohl die IXMO-Diagnose als auch ihre Begründung enthält. Wesentlich hierbei ist, daß - auf Anforderung - auch diejenigen Fehlermöglichkeiten angezeigt werden können, die durch die IXMO-Diagnose ausgeschlossen wurden.

Der tatsächliche Reparaturbefund wird über ein Terminal an den Prüffeldrechner weitergeleitet. Der Motordatensatz wird um diesen Befundcode zu einem kompletten Motordatenbrief erweitert und abgespeichert.

Kann im Rahmen dieser ersten Diagnose von IXMO keine genügend zielsichere Aussage über die Fehlerursache gemacht werden, besteht zusätzlich die Möglichkeit, den Motor in einem ausgewählten Prüfstand weiter zu untersuchen.

In disem Prüfstand ist eine direkte Kommunikation zwischen dem Prüfer und dem IXMO-Rechner über ein Terminal möglich. Unter Berücksichtigung der ersten Diagnoseergebnisse kann das Expertensystem während eines zweiten, flexiblen Prüflaufes bei Bedarf weitere Fragen an den Prüfer stellen, Zwischendiagnosen erklären und so in Zusammenarbeit mit dem Prüfer online eine zielsichere Enddiagnose erstellen (Online-Diagnose).

Diese Arbeitsweise eignet sich für besonders schwierige Diagnosen und ist deshalb nur in seltenen Fällen erforderlich. Für Erweiterungs- und Aktualisierungsarbeiten an der IXMO-Wissensbasis steht anteilig ein geschulter Experte aus der Motorenprüfung vor Ort zur Verfügung.

Zur ständigen Wissensbasis-Kontrolle dient der Vergleich zwischen der IXMO-Diagnose und dem tatsächlichen Befund. Sollten beide nicht übereinstimmen oder die Diagnose einen zu geringen Detaillierungsgrad aufweisen, so stellt dies eine Aufforderung an den IXMO-Experten dar, die Wissensbasis zu verändern oder zu ergänzen. IXMO wird somit im Zuge der laufenden Nutzung und Pflege immer detaillierteres und abgesicherteres Wissen über die Motorendiagnose enthalten. Eine Darstellung der Zusammenhänge von Offline-, Online-Diagnose und Pflege der Wissensbasis ist in Bild 2 und 3 gegeben.

Das Expertensystem ist seit Herbst 1985 bei zwei deutschen Automobilherstellern in Betrieb, d.h. vollständig in die Produktionsumgebung integriert. Der Umfang der aktuellen, auf jeden Anwender spezifisch angepaßten Wissensbasen beträgt jeweils ca. 1.500 Regeln.

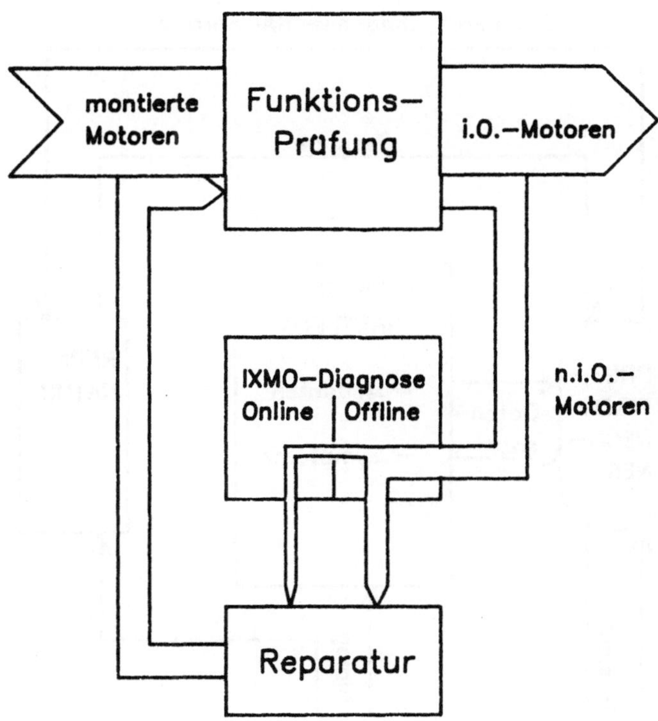

Bild 2: Eingliederung von IXMO in den Fertigungsablauf

Beide Systeme laufen derzeit auf einem UNIX-Rechner mit virtuellem Betriebssystem, benötigen einen Kernspeicher von minimal 2 MByte und sind in der Programmiersprache FranzLISP geschrieben.

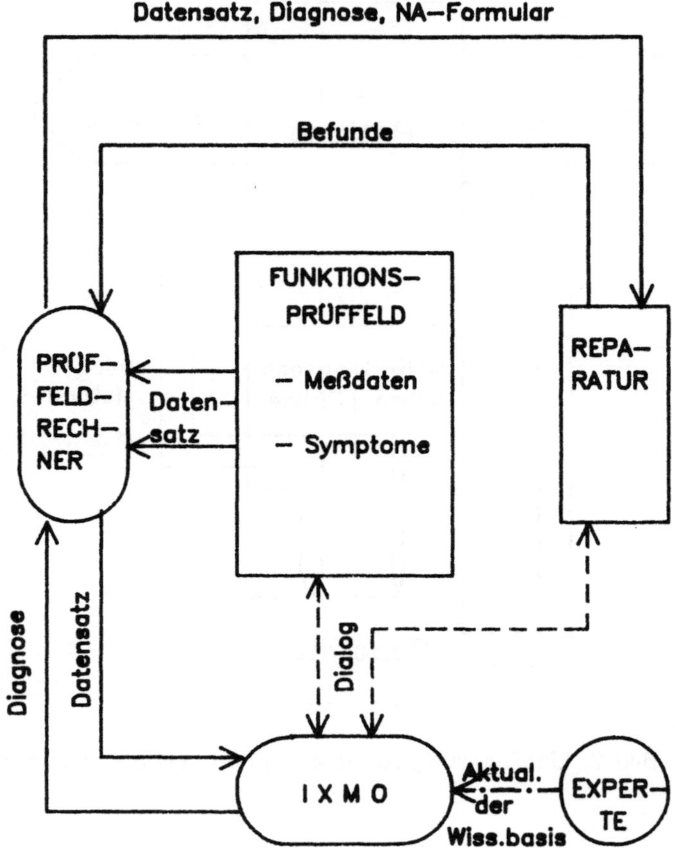

Bild 3: Informationsfluß bei der Motorendiagnose mit IXMO

5. Zusammenfassung und Ausblick

Mit dem Expertensystem IXMO steht heute ein System zur Verfügung, das durch intelligente Verknüpfung von Wissen und Daten automatisch Fehlerdiagnosen an PKW-Motoren während der Funktionsprüfung in der Produktion erstellt. Das Expertensystem kann natürlich nur dann richtige Diagnosen stellen, wenn das entsprechende Wissen im System enthalten ist. Im jetzigen Zustand sind die wesentlichen Regeln für ausgewählte Motorbaureihen enthalten. Bei der Nutzung des Systems wird es aber immer wieder passieren, daß Diagnose und Befund nicht übereinstimmen. In solchen Fällen muß der Experte Regeln eingeben, die bisher noch nicht in der Wissensbasis enthalten waren oder aber die Bewertung von Regeln ändern. Mit der Zeit wird das Expertensystem so eine immer höhere Trefferquote erreichen bzw. immer detailliertere Diagnosen stellen.

Die Überprüfung der Wissensbasis hinsichtlich eventueller Fehler bei Nichtübereinstimmung von Diagnose und Befund wird zur Zeit durch eine Programmerweiterung teilweise automatisiert.

Durch entsprechende Vorbereitung und rechtzeitige Einbeziehung der betroffenen Mitarbeiter konnten bisher keine Akzeptanzprobleme beobachtet werden, da das System als willkommene Hilfe verstanden wird. IXMO stellt heute bei seinen Anwendern einen starken Keim für die Fortführung der Entwicklungsarbeiten auf dem Gebiet der Expertensysteme dar. Ein wesentlicher Grund hierfür war und ist der praktische Einsatz des Systems in einem realen Umfeld.

Die Überwachung des Fräsprozesses durch multisensorielle Informationsgewinnung und wissensgestützte Informationsverarbeitung

Milling process monitoring by a multisensor system and knowledged based information processing

B. Kotterba
Fraunhofer-Institut für Informations- und Datenverarbeitung, Karlsruhe

H. Urban
Krupp Atlas Elektronik GmbH, Bremen

Summary

The automation of production processes requires methods and devices that monitor and control the proper functioning of the automated process. While products are already manufactured automatically the tasks of testing and monitoring still require human experts. These experts use their knowledge about machine and material properties and the production environment. We shall report about a project that aims at automatically recognizing the brake and wear of machine tools with the help of a knowledge based system using multisensory inputs.

1. Einleitung

Die zunehmende Automatisierung der Fertigungsprozesse macht Verfahren und Geräte notwendig, die den ordnungsgemäßen Ablauf der automatisierten Prozesse überwachen und steuern. Während heute bereits Fertigungseinrichtungen und Handhabungssysteme automatisch die Produkte herstellen oder bearbeiten, sind für Prüf- und Überwachungsaufgaben noch erfahrene Fachleute notwendig. Der Fachmann bezieht bei der Überwachung neben der eigentlichen Prozeßinformation sein Wissen über Maschinen-, Materialeigenschaften, Materialform, Umweltparameter usw. in die Entscheidungsfindung ein.

Der Einsatz von Fachleuten allein für Überwachungsaufgaben ist nicht sinnvoll, da ihre Auslastung nur durch die Beobachtung einer großen Zahl von Maschinen erreicht wird. Die Maschinen sind aber meistens räumlich weit verteilt. Die Überwachung wird in solch einem Fall durch eine regelmäßige Inspektion der Maschinen ersetzt. Hierbei werden nur langsam sich entwickelnde Fehler erkannt, während plötzlich auftretende Störungen hierdurch nicht vermieden werden können.

Da der Einsatz automatisch arbeitender Fertigungssysteme kostenintensiv ist, soll deren Verfügbarkeit und ihr zeitlicher Nutzungsgrad sowie die Qualität des gefertigten Produktes möglichst hoch sein. Die Fertigungssysteme sollten also auch in Pausen und nach Möglichkeit in einer sog. 3. Schicht arbeiten. Tritt in der personalarmen Schicht eine Störung z. B. durch einen Werkzeugbruch ein, so könnte das die Beschädigung oder Zerstörung der Fertigungseinrichtung, zumindest aber die Beschädigung des Werkstückes, zur Folge haben. Wird nach der Beendigung dieses Prozeßteiles die Störung nicht erkannt, so können auch weitere Werkstücke unbrauchbar gemacht werden. Es gilt also, Ausfallzeiten und Kosten durch Störungen zu vermeiden.

Allein die technischen Störzeiten von NC-Bearbeitungszentren liegen nach statistischen Erhebungen /1,2/ bei 10 % der täglichen Fertigungszeit. Weitere Nutzungsreserven liegen in der besseren Ausnutzung der Werkzeuge. Das Verschleißverhalten der Werkzeuge, bedingt durch Unterschiede der Schneidstoff-Werkstückstoff-Paarung, streut so stark, daß die Standzeiten der Werkzeuge um 300 % variieren /3/.

Wäre man in der Lage, einerseits plötzlich auftretende Störungen, andererseits die langsame Entwicklung einer Abnutzung rechtzeitig zu erkennen, so könnten Folgeschäden an der Maschine und am Werkstück vermieden und das Standzeitende der Werkzeuge den individuellen Steuungen besser angepaßt werden.

2. Bedeutung des Fräsens

Unter Fräsen versteht man die spanabhebende Bearbeitung mit kreisförmiger, einem meist mehrzahnigen Werkzeug zugeordneter Schnittbewegung mit senkrecht oder auch schräg zur Drehachse des Werkzeugs verlaufender Vorschubbewegung zur Erzeugung beliebiger Werkstückoberflächen /4/.

Insbesondere im Hinblick auf die Anforderungen heutiger sog. flexibler bzw. automatischer Fertigungsverfahren hat das Fräsen große Vorteile gegenüber anderen vergleichbaren Verfahren:

- Durchführung verschiedener Bearbeitungsaufgaben wie z. B. Bohren und Fräsen, Grob- und Feinbearbeitung mit einem Maschinentyp;
- nahezu beliebige Formgebung des Werkstücks durch Wechsel der Prozeßbedingungen und/oder der Werkzeuge;
- Unabhängigkeit von der Werkstückform und -größe;
- große Variationsbreite der technologischen Bedingungen und der Schneidstoffe.

Die Variationsbreite der Fräsprozesse bringt die Schwierigkeit mit sich, ein oder wenige allgemein verwendbare Überwachungsverfahren zu finden, um eine möglichst große Zahl von Prozessen automatisch und flexibel arbeiten lassen zu können.

Diese Überwachungsverfahren haben zwei wesentliche Aufgaben:

1. die Erkennung von plötzlich auftretenden Störungen wie z. B. den Werkzeugbruch;
2. die Ermittlung sich entwickelnder Störungen bzw. des Standzeitendes aufgrund des Werkzeugverschleisses.

Die Gebrauchsfähigkeit des Werkzeugs schlägt sich insbesondere bei der Feinbearbeitung in der Oberflächengüte und Maßhaltigkeit des Werkstückes nieder.

Damit können die durch einen Ausfall einer Fertigungseinrichtung auftretenden Kosten direkt benannt werden:

1. Nutzung der Maschine (Stückkosten) und des Werkzeugs;
2. Betriebssicherheit und Verfügbarkeit der Maschine (Beschädigung von Werkstück, Werkzeug und Maschine);
3. Einsparung durch Automatisierung (aufsichtsarmer oder -loser Betrieb).

3. Vorstellung des Projektes

Im Jahre 1984 hat sich eine Gruppe von Firmen und Instituten zusammengefunden, um mit Fördermitteln des BMFT einen weiteren Schritt hin zu einsetzbaren Überwachungsverfahren für Fräsprozesse oder allgemein Fertigungseinrichtungen zu tun. Die Aufgabe ist die Erkennung von Störungen und Ermittlung des Verschleißzustandes der Werkzeuge mittels multisensorieller Aufnahme von Prozeßsignalen, ihrer Analyse und Interpretation. Besonderer Wert wird auf die Einbeziehung des Prozeßwissens in die Auswertung gelegt.

Damit teilt sich die Aufgabe in zwei Funktionen:

- die Prozeßüberwachung
- die Diagnose.

Während unter der Prozeßüberwachung lediglich die Erkennung des Fehlereintritts verstanden wird, ist unter Diagnose hier die automatische Erkennung der Fehlerart, des Fehlerortes und der Fehlerursache gemeint. Zur Diagnose ist nicht nur die Analyse der Signale, sondern auch ihre Interpretation notwendig.

Zur Entwicklung der für die Aufgaben notwendigen Verfahren wurde zunächst ein überschaubarer Fertigungsprozeß ausgewählt: untersucht wird das Schlichtfräsen von Werkstücken (Grauguß) mittels Hartmetall-Schneidplatten; als Werkzeug wird ein Planfräser an einer Bettfräsmaschine eingesetzt.

4. Stand der Technik

Heute werden Fertigungsmaschinen im wesentlichen über Einzelsignalauswertung und/oder durch Bedienpersonal überwacht. Es registriert Störungen, indem es den Prozeß und die ihn beeinflussenden Umgebungsbedingungen beobachtet, die wahrgenommenen Informationen miteinander verknüpft und daraus Folgerungen für den Prozeß ableitet. Diese Überwachung hängt sehr von den Fähigkeiten des Personals ab:

- Vorteile der subjektiven Überwachung sind die Fähigkeiten des Menschen, verschiedenartige Informationen sowohl aus dem Prozeßgeschehen wie auch aus der Prozeßumgebung heranzuziehen und diese zu interpretieren, um den Prozeßzustand zu beurteilen. Unkritischen Schwankungen des Prozesses paßt er sich an.

- Die subjektive Überwachung hat vor allem den Nachteil, daß der Mensch sich in seiner Konzentration ändert, daß Überwachungskriterien meist subjektiv festgelegt, personenabhängig zeitvariabel sind.

Ersetzt man die personenabhängige Überwachung und Inspektion durch eine automatische Überwachung und Diagnose, so sind unterschiedliche Strategien möglich, die nach den Anforderungen des Prozesses und den entstehenden Kosten ausgewählt werden können. Man unterscheidet, ob eine kontinuierliche, kurz- oder langperiodische oder sporadische Erfassung der Prozeßzustandsgrößen notwendig ist. Diese lassen sich prozeßbegleitend, in Prozeßpausen, prozeßunterbrechend oder prozeßunabhängig erheben. Entsprechend kann die Diagnose maschinennah oder maschinenfern erfolgen. Die Überwachung muß immer maschinennah arbeiten.

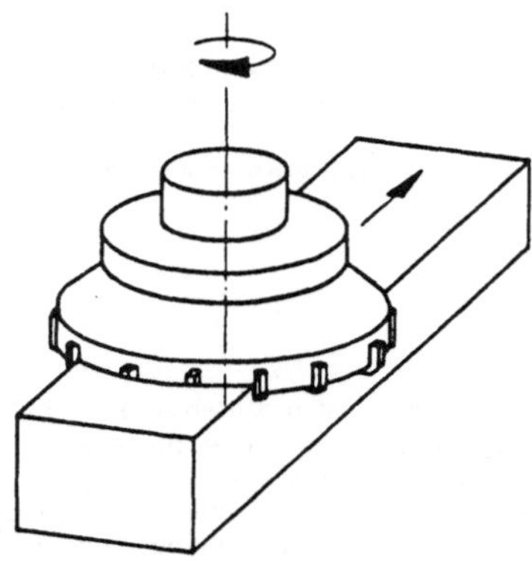

Abb. 1: Schematische Darstellung des Stirnfräsens

Aus der Literatur sind verschiedene Überwachungsverfahren für Zerspanprozesse bekannt /1/, die nach o.g. Strategien arbeiten. Grundsätzlich können diese Verfahren mehr oder weniger schnell den Werkzeugbruch erkennen. Die Ermittlung des Verschleißzustandes der Werkzeuge wird zwar oft angesprochen, kann aber bisher nicht zufriedenstellend realisiert werden. Der Grund hierfür liegt in dem Aufwand, der zur Diagnose des Prozeßzustandes getrieben werden muß. Während zur Brucherkennung meist nur ein Prozeßsignal mittels Sensor erfaßt und einer Klassifikation unterzogen wird, reicht das für die Verschleißerkennung nicht aus. Hier erscheint nur die Verarbeitung von verschiedenen Sensorsignalen unter Hinzunahme von Zusatzinformation, insbesondere die Auswertung der zeitlichen Entwicklung von Prozeßgrößen, erfolgversprechend. Dieser Aufwand schlägt sich in hohen Entwicklungskosten für Diagnoseverfahren und die notwendige Geräteausstattung (Sensoren und Rechner) nieder.

Der Fräsprozeß ist im Vergleich zu anderen Zerspanprozessen recht kompliziert. In der Regel sind immer mehrere verschiedene Schneiden im Eingriff (Abb. 1). Laboruntersuchungen mit Einzahnfräsern zeigten bei der Brucherkennung gute Erfolge durch die Auswertung der Zerspankraftkomponenten. Abb. 2 zeigt beispielhaft die Verläufe der Zerspankräfte beim Mehrzahnfräsen. Dargestellt sind die Kraftverläufe über der Zeit, die in Versuchen gemessen (—) und anhand von Modellvorstellungen berechnet (---) wurden /7/. Durch das mehrschneidige Werkzeug überlagern sich die Kraftsignalanteile, die bei jedem Schneidenein- und austritt durch eine Krafterhöhunge bzw. einen Kraftabfall entstehen. Zusätzlich weisen bei Mehrzahnfräsern die Kraftsignale, bedingt durch Rund- und Planlauffehler, so große Streuungen über den Verschleißkennwerten auf, daß sie zur Verschleißerkennung nicht geeignet sind /2/. Einfache Grenzwertvergleiche reichen zur Brucherkennung nicht aus.

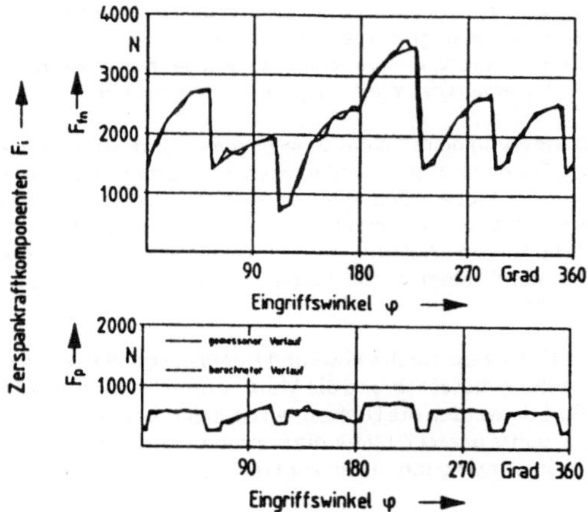

Abb. 2: Der gemessene (—) und berechnete (---) Verlauf der Zerspankräfte beim Mehrzahnfräsen /7/

Im Bereich der Überwachungs- und Diagnoseforschung zeichnen sich zwei Hauptrichtungen ab: die modellorientierte und die sensororientierte Diagnose.

4.1 Modellorientierte Diagnose

Es wird ein mathematisches Modell des Prozesses entwickelt, mit dessen Hilfe man über Meßwerte Prozeßzustände vorausberechnen, simulieren und damit Störungen vorhersagen kann. Dies funktioniert aber bislang nur in Laborversuchen für relativ einfache Anwendungsfälle /5,6/. Hinreichend erprobte Modelle für komplexe Anwendungen, wie es das Fräsen beliebig geformter Werkstückoberflächen sind, stehen bisher nicht zur Verfügung.

Die in der Literatur bekannten Modelle versuchen, aus Prozeßkenngrößen wie Zerspankräften, Schwingungen und Temperaturen den Werkzeugverschleiß über mathematische Beschreibungen vorherzusagen. Aus Laborversuchen werden die Abhängigkeiten zwischen den Einstellparametern der Modelle und den Prozeßgrössen mittels Regressionsanalysen geschätzt /7,8,9/. Modelle, die bisher nur wenige Einflußgrößen in den

Standzeitfunktionen berücksichtigen, können das Standzeitende zur Zeit nur unsicher vorhersagen und daher nur in Kombination mit anderen Überwachungsverfahren eingesetzt werden.

4.2 Sensororientierte Diagnose

Mit einzelnen Sensorsignalen und einfachen Auswerteverfahren wie Grenzwertüberschreitungen wird versucht, kritische Prozeßzustände zu erfassen und Störungen vorherzusagen. Die Erfolge sind allerdings gering. Der Grund liegt in der Komplexität der in der Praxis zu überwachenden Prozesse. Einzelne Sensorsignale und einfache Auswerteverfahren reichen hier nicht aus.

Bevorzugte Verfahren werten die Kraft-Zeitverläufe aus. Hierfür werden zwei Möglichkeiten vorgeschlagen /10/: die Auswertung der Häufigkeit von Grenzwertüberschreitungen und die Größe der Kraftänderungen beim Schneidenein- und -austritt.

Beide Möglichkeiten weisen erhebliche Nachteile auf:

- Wertet man die Häufigkeit der Grenzwertüberschreitungen aus, so müssen immer Meßwerte eines Zeitintervalls verarbeitet werden. In ungünstigen Fällen, in denen zunächst nur eine Schneide bricht, dann aber hierdurch verursacht weitere Schneidenbrüche folgen, kann die Meßzeit zu lang und damit am Ende des Meßintervalls das Werkzeug bereits zerstört sein.

- Die Auswertung der Kraftänderung beim Schneidenein- und -austritt ist nur bei einfach gestalteten Werkstückformen möglich. Für diese Auswertung müssen die Kraftanstiege den Ein- und Austritten der einzelnen Schneiden zugeordnet werden. Hat man es mit komplizierten Werkstückformen wie z. B. Motorblöcken zu tun, die nicht nur die Außenkanten, sondern zusätzlich Bohrungen, Rillen und Kanäle aufweisen, so sind die Ein- und Austritte der Schneiden nur noch mit großem Aufwand oder gar nicht mehr zu unterscheiden. Zudem müssen hier die ortsabhängigen Signalverläufe vorher gelernt und gespeichert werden.

Die Oberflächenqualität der Werkstücke wird durch selbst- und fremderregte Ratterschwingungen gemindert. Gather /10/ schlägt zur Vermeidung dieser Störung die Messung und Auswertung des Drehmomentes vor. In Abhängigkeit von der Meßgröße werden die Drehzahlen geändert und die Schnittiefe reduziert. Neben dem Drehmoment zeigten Quante u. a. /11,12/ für die Bohrüberwachung die Eignung der Bohrwegsignale zur Erfassung von Torsionsschwingungen und zur Erkennung von Bohrerverschleiß und -bruch.

5. Die wissensgestützte Überwachung und Diagnose

Bisher unberücksichtigt bleiben Verfahren, die das Umgebungswissen und das Prozeßwissen in die Entscheidungsfindung mit einbeziehen. Das Bedienpersonal lernt die Beziehungen und Abhängigkeiten zwischen den Prozessen, den technologischen Daten, den Werkstückformen und -materialien, den Werkzeugdaten und den Umgebungsgrößen im Laufe ihrer Überwachungstätigkeit. Es schafft sich jeder sein eigenes subjektives Prozeßmodell, nach dem er den Prozeß beurteilt und Eingriffe vornimmt. Das Bedienpersonal beobachtet den Prozeß nicht nur zu einzelnen, voneinander losgelösten Zeitpunkten, sondern ermittelt aus wiederholten Beobachtungen Trends, Erkenntnisse über die Prozeßentwicklungen usw.. Die Überwachung und Diagnose kann daher als dynamischer Prozeß bezeichnet werden.

Diese personenimmanenten Prozeßmodelle können nur beschrieben, d.h. in Sprache abgebildet werden. Meist kann die einzelne Person dieses Modell gar nicht ausreichend beschreiben, damit es als mathematisches Modell formuliert werden kann. Häufig finden sich in Beschreibungen verschiedener Bedienpersonen erhebliche Unterschiede oder sogar Widersprüche in der individuellen Vorgehensweise.

Will man ein Diagnoseverfahren einrichten, daß ähnlich umfassendes Wissen und Information in die Prozeßsignalauswertung einbezieht, so wird man zunächst das beim Bedienpersonal vorhandene Wissen um den Prozeß und die individuellen Entscheidungsregeln abfragen. Zu dieser Wissenssammlung gehört weiterhin die Sammlung aller Informationen, die vom Bediener bei der Entscheidungsfindung berücksichtigt wird. Bei Befragung einer Bedienperson wird dieses Wissensabbild lückenhaft bleiben, da der Bediener sich bei seiner

Aufgabe nicht alle Einzelschritte klarmacht. Die Befragung von vielen Personen wird ein lückenloseres Bild ergeben, allerdings mit sich überdeckenden - und damit auch störenden - Details.

Diese Befragung wird Ansatzpunkte für ein automatisches Diagnosesystem aufzeigen; aus dem erfragten Wissen entwickelt und formuliert man ein Systemmodell. Hierbei wird man soweit wie möglich algorithmische Zusammenhänge, die quantitative Zusammenhänge beschreiben, benutzen. Diese werden dann aber ergänzt durch heuristisch formulierte Regeln, die eher qualitative Schlußfolgerungen zulassen.

Das Prinzip der wissensgestützen Diagnose ist in Abb. 3 dargestellt. Meßwertaufnehmer an verschiedenen Stellen der Fräsmaschine liefern Signale, die in ihrer Summe den jeweiligen Zustand der Maschine wiedergeben. Entscheidend für die nachfolgende Diagnose ist hierbei, daß die verschiedenen Störzustände der Maschine möglichst getreu durch die abgeleiteten Signale repräsentiert werden.

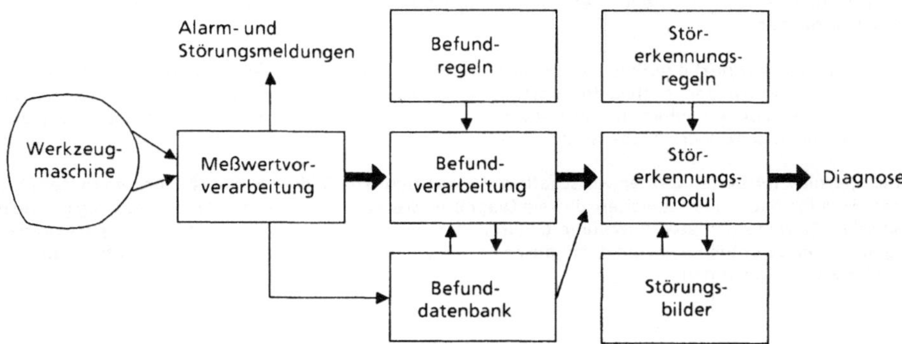

Abb. 3: Prinzipdarstellung der wissensgestützten Diagnose

In der Meßwertverarbeitung werden dann die Meßwertsignale zu Primärbefunden verarbeitet, die in einer Befunddatenbank abgelegt werden. Die Befunde sind Meßgrößen, die hinsichtlich ihrer Bedeutung für die Zustandsschätzung bewertet werden. Im einzelnen heißt das, daß z. B. nicht die nominelle Drehzahl sondern ihre Abweichung vom Normalzustand abgelegt wird. Bei zeitlich veränderlichen Vorgängen werden Kenngrößen des Zeit- oder Frequenzbereiches oder die Über- bzw. Unterschreitung von Schwellen ermittelt und abgelegt. Die Befunddatenbank ist somit die symbolische Darstellung des Maschinenzustandes.

Die Vorstellung geht davon aus, daß die oben erwähnten, spontan auftretenden Störungen wie z. B. Werkzeugbruch so signifikante Meßwertänderungen hervorrufen, daß sich eine weitere Interpretation erübrigt. Sie werden als Alarme unmittelbar aus der Meßwertverarbeitung abgeleitet. Das gilt nicht für die Ermittlung von sich langsam entwickelnden Störungen. Hier wird die Interpretation der Befunde als unumgänglich angesehen.

Die Befundverarbeitung ermittelt zunächst aus den Primärbefunden abgeleitete Befunde (z. B. aus Temperaturänderungen sich ergebende Längenänderungen). Die abgeleiteten Befunde werden zusammen mit den Primärbefunden in der Befunddatenbank abgelegt. Weiterhin werden kausal bekannte und deterministische Zusammenhänge zwischen den Befunden überprüft und somit die Befunde hinsichtlich ihrer Plausibilität bewertet.

Der Störerkennungsmodul greift auf die Befunddatenbank zu und bewertet die Befunde in ihrem Kontext. Trendverschiebungen und Störungen sind in Störungsbildern abgelegt und werden mit den aktuellen Befunden verglichen. Daraus ergeben sich Hypothesen für die Störungsursache oder Trendverschiebung, die als Diagnose ausgegeben werden. Sowohl die Befundverarbeitung als auch der Störerkennungsmodul verwenden einen Satz von Entscheidungs- oder Aussageregeln. Diese Regeln zusammen mit den Störungsbildern stellen die eigentliche Wissensbasis des Diagnosesystems dar. Die allgemeine Struktur dieser Regeln lautet:

"Wenn X_1, X_2, X_3 wahr ist, dann ist y wahr."

Für die Formulierung dieser Regeln muß das beim Bedienungspersonal und sonst vorhandene Wissen zusammengestellt und in eine widerspruchsfreie, konsistente Form gebracht werden.

6. Technische Realisierung der Diagnose

Das Prinzip der wissensgestützen Diagnose ist weitgehend identisch mit der Struktur von Expertensystemen, die an anderer Stelle /13, 14, 15/ vielfach beschrieben sind. Eine Besonderheit liegt jedoch darin, daß das System in Echtzeit arbeiten muß und Eingriffe eines Bedieners nicht vorgesehen sind.

Wegen der erwähnten Echtzeitfähigkeit wird das System für die technische Realisierung mit zwei parallel arbeitenden Rechnern ausgestattet. Die Signalverarbeitung erfolgt in einem kleinen Feldverarbeitungsrechner, der die Meßwerte nach festgelegten Algorithmen verarbeitet und zu den erwähnten Befunden verdichtet. Die nachfolgende Interpretation der Befunde, die eigentliche Diagnose, läuft parallel dazu in einem zweiten Rechner ab.

Da der programmtechnische Aufbau eines Expertensystems keine prinzipiellen Schwierigkeiten bereitet, liegt die Problematik in dem Aufbau der Wissensbasis. Die Formulierung von Aussageregeln, mit denen die Befunde in ihrem Zusammenhang betrachtet werden, kann zu komplizierten Strukturen führen, die gegenwärtig noch nicht ganz überschaubar sind.

Im Rahmen dieser Arbeiten werden wirtschaftliche Gesichtspunkte für die Systemerstellung im Hintergrund stehen. Es gilt zunächst nachzuweisen, daß ein Diagnosesystem der geschilderten Art einsatzfähig ist und im praktischen Betrieb zuverlässig funktioniert. Es ist daher geplant, das System verschiedenen Tests an Werkzeugmaschinen zu unterziehen, um damit die nötige Erfahrung zur Entwicklung von wirtschaftlich einsetzbaren Geräten zu gewinnen.

7. Literatur

/1/ B. Kotterba, F. Quante, H. Fehrenbach: Werkzeugmaschinenüberwachung durch Vibrationsmessung. Auto Control´84, Böblingen 1984

/2/ H. Kamm: Beitrag zur Optimierung des Messerkopffräsens. Diss. TU Karlsruhe 1977

/3/ H. Weiß: Fräsen mit Schneidkeramik. Diss. TU Karlsruhe 1983

/4/ DIN 8589: Fertigungsverfahren Spanen: Fräsen, Spanen, Einordnen, Unterteilung, Begriffe; März 1982

/5/ R. Isermann: Diagnosemethoden mit Modellbildung - Prozeßüberwachung und Fehlerdiagnose mit dynamischen Prozeßmodellen-. GMR-Bericht (VDI/VDE) Nr. 1 (1984) 167-190

/6/ D. Filbert, E. Dreetz: Empfindlichkeitsuntersuchungen bei der modellgestützten Fehlerdiagnose. GMR-Bericht (VDI/VDE) Nr. 1 (1984) 191-208

/7/ M. Müller: Zerspankraft, Werkzeugbeanspruchung und Verschleiß beim Fräsen mit Hartmetall. Diss. TU Karlsruhe 1982

/8/ U. Klicpera: Überwachung des Werkzeugverschleisses mit Hilfe der Zerspankraftrichtung. Diss. TH Stuttgart 1976

/9/ H. K. Tönshoff, M. Zingrebe: Strategien zur Fehlerdiagnose bei spanabhebenden Prozessen. GMR-Bericht (VDI/VDE) Nr. 1 (1984) 155-166

/10/ M. Gather: Adaptive Grenzregelung für das Stirnplanfräsen. Diss. TH Aachen 1977

/11/ F. Quante, H. Fehrenbach: Bohrerüberwachung bei Ein- und Mehrspindelmaschinen. 12. Tagung Techn. Zuverlässigkeit (VDI) Nürnberg 1983

/12/ F. Quante, H. Fehrenbach, H.-E. Meier: Automatische Überwachung rotierender Werkzeuge mit Abstands- und Schwingungssensoren in der spanenden Fertigung. TM 50 (1983) 367-371

/13/ Thomas H. Greer: Artificial Intelligence: A New Dimension in EW. Defence Electronics, Sept. 1985

/14/ Frederick Hayes-Roth: The Knowledge-Based Expert System: A Tutorial. Computer, Sept. 1984

/15/ J. N. Maksym: Expert Systems for Ship Noise Interpretation. Adaptive Methods in Underwater Acoustics (H. Urban Ed.) Vol. 151 NATO ASI-Series C, Reidel, Dordrecht, Holland

DAS RAHMENKONZEPT ALS VORAUSSETZUNG FÜR DEN EINSATZ VON PROZEßLEITSYSTEMEN

THE CONTROL STRUCTURE CONCEPT AS AN AID IN THE IMPLEMENTATION OF PROCESS CONTROL SYSTEMS

R. Schmidt
Bayer AG Uerdingen
4150 Krefeld 11, B.R. Deutschland

Summary

Nowadays, information systems are an important aid in the control of technical processes. Their planning has to be unified with regard to the integration of system components. It is no longer useful to consider only the individual projects. The totality of projects to be carried out in the next years has to be considered all together. Concepts that are based on these considerations are called control structure concepts. They are an important aid in the implementation of information systems and therefore also in the implementation of process control systems as a subset of information systems. The making out of control structure concepts contains three phases, namely the making out of the description of the problem, the working out of suggestions for the solution and finally the fixing of the control structure concept. The different aspects to be treated in the three phases are described and illustrated.

1. Einleitung und Problemstellung

Zum Führen von technischen Prozessen sind heutzutage leistungsfähige Informationssysteme ein unerläßliches Hilfsmittel (1). Das gilt insbesondere auch für die chemische und verfahrenstechnische Industrie. Die in diesen Industrien vorzufindenden Produktionsbereiche sind teilweise von beachtlicher Größe und Komplexität. Betrachtet man einen solchen bestehenden Produktionsbereich über einige Jahre, so ist festzustellen, daß in ihm mehr oder weniger kontinuierlich immer wieder Erweiterungs- und Ertüchtigungsprojekte anstehen. Sie entstehen etat- und betriebsbedingt zu unterschiedlichen Zeiten, ihre Zielsetzung kann verschieden sein - z.B. Erweiterung oder Ertüchtigung, jeweils für die Prozeß- oder Produktionsleitebene -, es nehmen unterschiedliche Auftraggeber mit unterschiedlichen Auftragnehmern innerhalb eines größeren Unternehmens Kontakt auf. Auf diese Art und Weise entsteht eine Vielzahl von Einzelprojekten, die in der Regel im Hinblick auf integrationsfähige und kompatible Systemlösungen unkoordiniert und uneinheitlich ablaufen. Üblicherweise wird jedes Einzelprojekt für sich optimiert, und es besteht die Gefahr, daß die Teillösungen nicht integrationsfähig und kompatibel sind.

Dieses Vorgehen ist aber mit Blick auf die anzustrebenden durchgängigen Informationssysteme zu vermeiden. Es müssen daher die gegenwärtigen und soweit möglich auch die zukünftigen Projekte gebündelt betrachtet werden. Vor der Abwicklung von Einzelprojekten ist daher eine systemtechnische, d. h. ganzheitliche Betrachtung des gesamten Produktionsbereichs erforderlich, um zunächst ein möglichst weitgespanntes Konzept für die Informationssysteme in dem gesamten Bereich zu erarbeiten. Das Einzelprojekt ist dann als ein Element dieses Konzepts zu verstehen. Solche Konzepte bilden den Rahmen für die Einzelprojekte. Sie werden daher Rahmenkonzepte genannt. Beschränkt man sich bei den Betrachtungen im wesentlichen auf die Prozeßleitebene, so sind Rahmenkonzepte für die Realisierung der Funktionen dieser Ebene zu erarbeiten. Sie sind Voraussetzung für den Einsatz der entsprechenden Prozeßleitsysteme (2).

Ist ein Rahmenkonzept gefunden, so liefert es für den betrachteten Produktionsbereich eine vorausschauende Entscheidung über die optimale systemtechnische Lösung für die gegenwärtigen und zukünftigen Projekte. Ein derartiges Rahmenkonzept ist für einen längeren Zeitraum gültig. Falls sich jedoch die zugrundegelegten Anforderungen wesentlich ändern, ist das Rahmenkonzept zu aktualisieren und fortzuschreiben. Das Gleiche gilt, wenn aufgrund von technischen Weiterentwicklungen neue Systemkomponenten zur Verfügung stehen.

Im Mittelpunkt des in der Folge zu beschreibenden Rahmenkonzepts steht die Ausrüstung von Produktionsbereichen mit Prozeßleitsystemen. Andere Gesichtspunkte wie z. B. Konzepte zur Energieversorgung, zur Nachrichtentechnik, zur Sensorik u. ä. werden nur am Rande behandelt. Ebenso werden die Aufgaben der Produktionsleitebene sowie die Anbindung an die Unternehmensleitebene nicht vertiefend betrachtet. Für diese Aufgabenbereiche sind entsprechende

Rahmenkonzepte zu erarbeiten.

Für das Rahmenkonzept ist charakteristisch:

- Es muß schrittweise über mehrere Jahre realisierbar sein.
- Es muß autarke, jedoch kommunikationsfähige Teillösungen zulassen.
- Es muß die Integration gegenwärtiger und zukünftiger Teillösungen nach dem Ebenenmodell vorsehen.
- Es muß die Vorgehensweise als Rahmen verbindlich festlegen.
- Es wird zu einer Verringerung des Planungs- und Entscheidungsaufwands der Einzelprojekte führen, die in der Zukunft verwirklicht werden.

Im Zuge der Erarbeitung eines Rahmenkonzepts müssen gegenwärtige und zukünftige Forderungen der Produktionsbereiche behandelt werden wie:

- bessere Nutzung von Informationen,
- verbesserte Nutzung der Produktionskapazität,
- Erhöhung der Flexibilität der Anlagen,
- Erhöhung der Sicherheit und Verfügbarkeit der Anlagen,
- Vergleichmäßigung der Produktqualität,
- Rationalisierung und Humanisierung.

Im Zuge der Erstellung des Rahmenkonzepts werden Vorschläge zur Lösung dieser Probleme durch den Einsatz geeigneter Prozeßleitsystemkomponenten erarbeitet. Im Regelfall führt dieses in der Konsequenz dazu:

- auf einen verstärkten Einsatz von Prozeßleitsystemen einzuwirken,
- die Konzepte der Informationsverarbeitung gemäß Ebenenmodell anzuwenden,
- gehobene Funktionen der Prozeßleittechnik einzusetzen,
- die Sicherheit und Verfügbarkeit der prozeßleittechnischen Einrichtungen gezielt den Erfordernissen anzupassen.

Als Hilfsmittel bei der Erstellung eines Rahmenkonzepts dienen das "Phasenmodell" der Produktion sowie das "Ebenenmodell" (3,4):

- Das Phasenmodell der Produktion liefert eine prozeßorientierte (lokale) Strukturierung des betrachteten Produktionsbereichs. Es verdeutlicht die Beziehung zwischen Informations- und Materialfluß. Die verbindenden Elemente sind die Sensoren und Aktoren.
- Das Ebenenmodell liefert eine aufgabenorientierte (funktionale)

Strukturierung des betrachteten Produktionsbereichs. Es ist hilfreich bei der Strukturierung der Informationen, definiert die Rechnerhierarchie und stellt darüber hinaus die Kompatibilität mit Zukunfts- und Teilsystemen sicher.

2. Erstellung des Rahmenkonzepts

Die Erstellung des Rahmenkonzepts umfaßt die drei Projektphasen Grundlagenermittlung, Vorplanung und Entwurfsplanung. Bild 1 zeigt das Phasenmodell für die Erstellung eines Rahmenkonzepts.

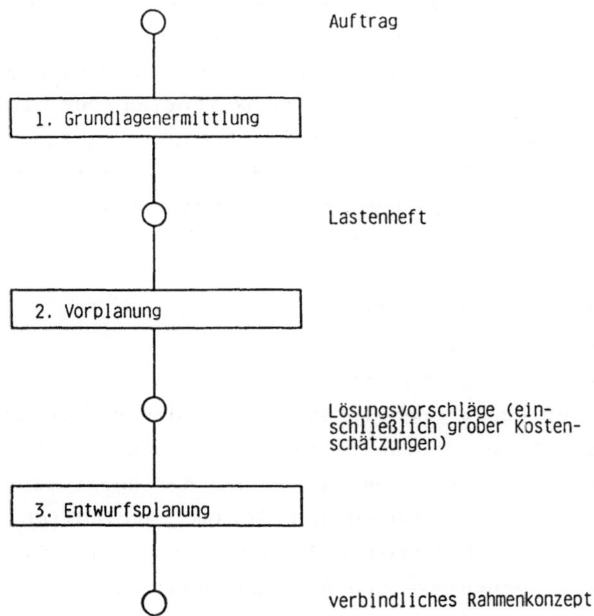

Bild 1: Phasenmodell für die Erstellung eines Rahmenkonzepts

Während der Grundlagenermittlung werden für einen zusammenhängenden Produktionsbereich die Anlagen- und Prozeßstruktur sowie der Sollzustand von betrieblichen Anforderungen im Hinblick auf die Prozeßleittechnik (Aufgabenbereiche, Funktionen) beschrieben. Hierbei werden insbesondere auch zukünftige Projekte - soweit absehbar - einbezogen.

Das Ergebnis der Grundlagenermittlung ist das Groblastenheft für das Rahmenkonzept.

Während der Vorplanung werden die zur Verwirklichung des Sollzustands erforderliche Systemstruktur und die erforderlichen prozeßleittechnischen Einrichtungen zur:

- Informationserfassung,
- Informationsweiterleitung,
- Informationsverarbeitung

unter Berücksichtigung ihres gegenwärtigen und zukünftigen Umfangs festgelegt. Außerdem wird aufgezeigt, wie ein kommunikationsfähiges Gesamtsystem (arbeitsteilig und schrittweise) aus Komponenten aufgebaut werden kann.

Das Ergebnis sind verschiedene, herstellerbezogene Lösungsvorschläge einschließlich grober Kostenschätzungen.

In der Phase der Entwurfsplanung werden die verschiedenen Lösungsvorschläge verglichen und bewertet. Kriterien für die Bewertung sind im Hinblick auf die gegenwärtigen Projekte z. B.:

- vorhandene Infrastruktur (schon in dem betrachteten Bereich eingesetzte Prozeßleitsystemkomponenten, Ersatzteilhaltung, Planungs- und Instandhaltungs-Know-How),
- Kosten der Prozeßleitsysteme,
- Liefersituation der Hersteller,
- vorgesehener Realisierungszeitraum,
- Reifegrad der Prozeßleitsysteme,
- Schwerpunkt der Funktionen (steuerungs- oder regelungsorientiert)

Das Ergebnis der Entwurfsplanung ist das Rahmenkonzept. Es beinhaltet die Festlegung der Systemstruktur und des Herstellers. Das Rahmenkonzept ist für einen längeren Zeitraum verbindlich, jedoch gegebenenfalls zu aktualisieren und fortzuschreiben, falls sich wesentliche neue Erkenntnisse und Anforderungen ergeben.

2.1 Erstellung des Groblastenhefts

Die erste Phase im Zuge der Erstellung eines Rahmenkonzepts ist die Erarbeitung eines Groblastenhefts. In dem Groblastenheft werden die Aufgabenbeschreibungen als Anforderungen des Produktionsbereichs an die Prozeßleittechnik in einem Detaillierungsgrad niedergelegt, der für die weiteren zu durchlaufenden Phasen ausreichend ist. Die nachfolgenden neun Punkte sind im einzelnen zu bearbeiten.

2.1.1 Beschreibung des Ziels und der Situation

Es werden die gegenwärtigen und absehbaren zukünftigen Projekte aufgeführt, und die Zielsetzung bei der Erstellung des Rahmenkonzepts wird angegeben. Gleichzeitig wird ein grober Überblick über die mittelfristigen Ziele des Produktionsbereichs im Hinblick auf Informationssysteme gegeben.

2.1.2 Lage des Produktionsbereichs und der Anlagen

Anhand einer Skizze (z. B. Ausschnitt aus dem Werksplan) wird die räumliche Lage des betrachteten Produktionsbereichs mit den zugehörigen Gebäuden dargestellt. Arbeitet der Produktionsbereich im Verbund mit anderen Bereichen, so werden auch die Vorprodukt- bzw. weiterverarbeitenden Bereiche aufgezeigt. Man erhält so einen Eindruck von der Einbettung des betrachteten Bereichs in das gesamte Produktionsgeschehen.

2.1.3 Beschreibung der Prozesse

In Anlehnung an das Grundfließbild werden die Prozeßabschnitte des Produktionsbereichs dargestellt. Für die weiteren Betrachtungen ist es oftmals erforderlich, daß die Prozeßabschnitte weiter aufgegliedert in Prozeßteilabschnitte dargestellt werden. Ausgehend von der Darstellung der Prozeßabschnitte aus dem Grundfließbild wird ein für ein Rahmenkonzept hinreichendes grobes Phasenmodell angegeben, das die wesentlichen Prozeßschritte sowie die wichtigsten Einsatzprodukte und entstehenden Produkte mit ihren Namen beinhaltet. Sofern bekannt und für die weitere Bearbeitung notwendig, werden auch die chemisch-physikalischen Beziehungen angegeben, nach denen die einzelnen Prozeßschritte ablaufen.

2.1.4 Angabe des Mengengerüsts aufgrund des Phasenmodells

Ausgehend von dem Phasenmodell bzw. einer Verfeinerung läßt sich das notwendige Sensor- und Aktorsystem angeben. Zu diesem Zweck wird gefragt, welche Sensoren zur Gewinnung der Informationen über die einzelnen Prozeß- und Produkteigenschaften benötigt werden bzw.

mit welchen Aktoren auf die einzelnen Prozeßabschnitte im Sinne der Prozeßführung eingewirkt werden muß. Bei einem bestehenden Produktionsbereich ist das installierte Sensor- und Aktorsystem eine gute erste Näherung. Es ist aber stets zu überprüfen, ob es ausreichend ist, insbesondere mit Blick auf die dringend erforderliche Qualitätssicherung.
Ist auf diese Weise das Sensor- und Aktorsystem festgelegt, so kann man es mit Blick auf den Einsatz eines Prozeßleitsystems unterteilen nach verschiedenen Signalarten, z. B. analoge Ein- und Ausgänge, binäre Ein- und Ausgänge, Impulseingänge, Zähleingänge usw. Für die im weiteren Verlauf durchzuführende Spezifikation des Prozeßleitsystems ist es sinnvoll, die Mengengerüste unterteilt nach den verschiedenen Signalarten pro Prozeßabschnitt bzw. Prozeßteilabschnitt zu ermitteln.

2.1.5 Beschreibung der Verfügbarkeits- und Sicherheitsanforderungen

Es ist anzugeben, wie hoch die Anforderungen an die Verfügbarkeit des Produktionsbereichs insgesamt und differenziert für die einzelnen Prozeßabschnitte bzw. Prozeßteilabschnitte sind. Diese Aussagen sind mit Blick auf die erforderliche Verfügbarkeit des einzusetzenden Prozeßleitsystems von herausragender Bedeutung. Außerdem sind Aussagen über die Verfügbarkeit von zu speichernden Informationen zu machen. Weiterhin sind Angaben über Sicherheitsauflagen notwendig, z. B. ob der betrachtete Produktionsbereich den Ex-Bestimmungen oder der Störfallverordnung unterliegt. Darüber hinaus ist das Auftreten kritischer Prozeßzustände zu untersuchen. Alle diese Anforderungen haben Auswirkungen auf die Struktur des einzusetzenden Prozeßleitsystems.

2.1.6 Beschreibung der Fahrweisen nach Regeln und Rezepten sowie der Berechnungsmethoden, Strukturierung der Rezeptur

Es werden Aussagen über die Fahrweise des Produktionsbereichs gemacht, z. B. ob es sich um einen kontinuierlich oder diskontinuierlich arbeitenden Bereich handelt oder ob eine Mischung aus beidem vorliegt. Fragen des Lastwechsels sowie der Rezepturfahrweise werden behandelt. Die Strukturierung der Rezepturen im Groben ist anzusprechen.

2.1.7 Beschreibung der Anforderungen an Bedienung und Beobachtung

Unter diesem Punkt werden die Anforderungen an die Zahl der Bedien- und Beobachtungsplätze, ihre räumliche Aufstellung, die gewünschte Bedienoberfläche, die erforderliche Funktionsaufteilung auf verschiedene Bedien- und Beobachtungskomponenten usw. behandelt. Diese Aussagen sind für die Auslegung der Bedien- und Beobachtungskomponenten innerhalb eines Prozeßleitsystems von zentraler Bedeutung.

2.1.8 Beschreibung des Informationshaushalts

Der Informationshaushalt eines Produktionsbereichs umfaßt die Informationserzeugung, die Informationsweiterleitung und die Informationsverarbeitung. Der Informationshaushalt manifestiert sich in der Integration von technischen, kaufmännischen und administrativen Daten. Er muß durchgängig geplant werden, so daß schrittweise ein integriertes Informationssystem aus Systemkomponenten aufgebaut werden kann. Die Beschreibung des Informationshaushalts ist im Rahmen eines Groblastenhefts von herausragender Bedeutung. Wichtige zu bearbeitende Punkte sind z. B. Rezepturverwaltung, betriebliche Disposition, Produktflußverfolgung, Rohstoffverwaltung, betriebliches Informationssystem, Auswertefunktionen.

2.1.9 Beschreibung der Schnittstellen intern/extern

Es werden Schnittstellen zu anderen Produktionsbereichen, zu Labors und zur Unternehmensleitebene in ihrer Funktion beschrieben. Diese sind mit Blick auf die Integration von Informationssystemen eines Produktionsbereichs in ein übergeordnetes Unternehmensinformationssystem von besonderer Bedeutung.

2.2 Erarbeitung von Lösungsvorschlägen

In der zweiten Phase der Erstellung eines Rahmenkonzepts wird das Groblastenheft analysiert mit dem Ziel, die zu realisierenden Funktionen herauszuarbeiten. Es werden davon ausgehend strukturelle Lösungsvorschläge erarbeitet, die den Randbedingungen, die aus Verfügbarkeits-, Sicherheits-, Bedien- und Beobachtungsanforderungen resultieren, Rechnung tragen. Weiterhin wird eine Spezifikation der zur Realisierung vorgesehenen Prozeßleitsysteme vorgenommen. Schließlich werden die Belastung der verschiedenen Komponenten sowie die Kosten zur Realisierung abgeschätzt. Ein Stufenplan zeigt, wie die Einzelprojekte innerhalb des Rahmenkonzepts abgewickelt werden. Im einzelnen sind die nachfolgend beschriebenen Punkte zu bearbeiten.

2.2.1 Formulierung der Funktionen gemäß Groblastenheft und Zuordnung zu den Leitebenen gemäß Ebenenmodell

Die aus dem Groblastenheft resultierenden Funktionen werden schlagwortartig beschrieben und in die verschiedenen Ebenen gemäß Ebenenmodell eingeordnet. Ausgehend von dieser Einordnung ist zu erkennen, ob eine Rechnerhierarchie und gegebenenfalls welche benötigt wird. Es wird ersichtlich, ob prozeßnahe Komponenten ausreichen oder ob zusätzlich ein Prozeßleitrechner erforderlich ist, wenn z.B. Langzeitspeicherungen und freie Programmierbarkeit benötigt werden. Weiterhin wird deutlich, ob die Funktionen ausschließlich der Prozeßleitebene zugehören oder aber in die Produktionsleitebene hineinragen.

2.2.2 Strukturierung des Prozesses im Hinblick auf den Einsatz eines Prozeßleitsystems

Eine ganz zentrale Frage beim Einsatz von Prozeßleitsystemen ist die nach der Zuordnung zwischen den prozeßnahen Komponenten eines Prozeßleitsystems einerseits sowie den Prozeßabschnitten bzw. den Prozeßteilabschnitten andererseits (5, 6, 7). Die Prozeßabschnitte in Anlehnung an das Grundfließbild zeigt das Phasenmodell. Davon ausgehend wird der Prozeß soweit zergliedert, daß die Struktur im einzelnen erkennbar wird, insbesondere mit Blick auf eventuell vorhandene funktionsgleiche Prozeßteilabschnitte. Man erhält auf diese Weise eine Blockdarstellung des Prozesses, aus dem die Verschaltung der einzelnen Prozeßteilabschnitte erkennbar wird.

2.2.3 Festlegung der Struktur des Prozeßleitsystems

Bei der Festlegung der Struktur des Prozeßleitsystems ist es zweckmäßig, die Struktur des Prozesses zu berücksichtigen. Hierbei gibt es zwei wesentliche Zuordnungskriterien, nämlich die Anpassung der Struktur des Prozeßleitsystems an Prozeßabschnitte bzw. an parallele Produktionsstraßen. Bei vermaschten Prozessen, wie sie häufig vorzufinden sind, gibt es üblicherweise keine derartig klare Aufteilung, so daß das Zuordnungsproblem zwischen prozeßnahen Komponenten und Prozeßteilabschnitten recht schwierig sein kann. Es sollten auf jeden Fall durch den Prozeß vorgegebene Redundanzen in Form mehrfach vorhandener funktionsgleicher Prozeßteilabschnitte bei der Lösung dieses Problems ausgenutzt werden. Bei der Zuordnung der prozeßnahen Komponenten sind die Sicherheits- und Verfügbarkeitsanforderungen gemäß Groblastenheft die bestimmenden Faktoren. Eng damit verbunden sind die Fragen nach der anzuwendenden Strategie beim Ausfall von Systemkomponenten (Redundanzkonzept). Für die Festlegung der Bedien- und Beobachtungskomponenten sind die Bedien- und Beobachtungsanforderungen gemäß Groblastenheft entscheidend. Die Festlegung der Struktur des Prozeßleitsystems erfolgt zunächst herstellerunabhängig. Eine solche grundsätzliche Systemstruktur zeigt beispielhaft Bild 2.

2.2.4 Festlegung der Spezifikation des Prozeßleitsystems

Ausgehend von der hergeleiteten grundsätzlichen Systemstruktur werden die Systemkomponenten für die in Betracht kommenden Hersteller spezifiziert. Es ist sinnvoll, mehrere Hersteller auszuwählen, um die optimale Lösung zu erhalten. Bei der Spezifikation werden die prozeßnahen Komponenten einschließlich Prozeßein- und ausgabebaugruppen, die Bedien- und Beobachtungskomponenten, der gegebenenfalls erforderliche Prozeßleitrechner mit Bedien- und Beobachtungsperipherie sowie die Übertragungskanäle und -prozeduren zwischen den einzelnen Systemkomponenten festgelegt.
Für die prozeßnahen Komponenten können aufgrund der vorgenommenen Zuordnung zu Prozeßteilabschnitten und den im Groblastenheft angegebenen Mengengerüsten für die einzelnen Prozeßteilabschnitte der Typ und die Zahl der benötigten Prozeßein- und -ausgabebaugruppen bestimmt werden. Man erhält eine Übersicht über die Bestückung der einzelnen prozeßnahen Komponenten und kann Reservebetrachtungen an-

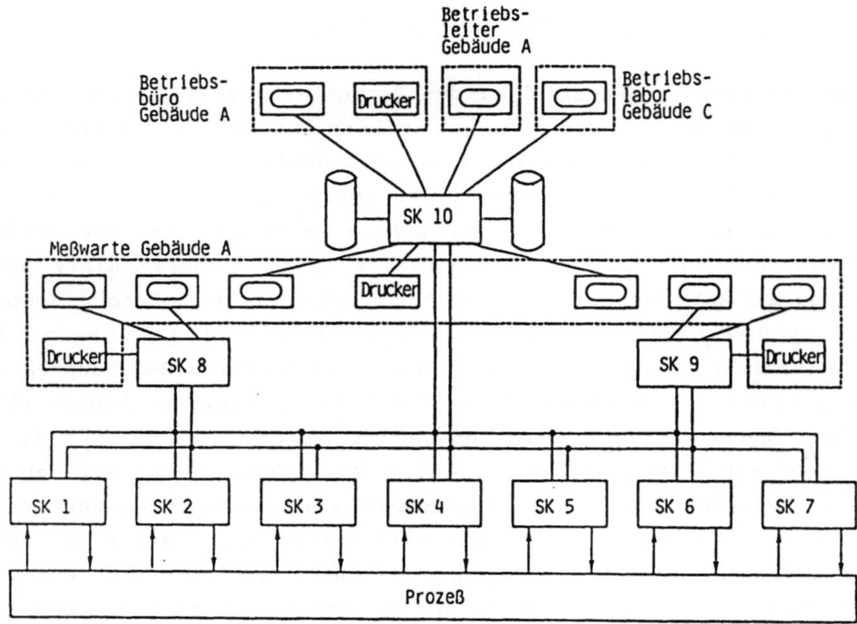

Bild 2: Grundsätzliche Systemstruktur (SK = Systemkomponente)

stellen. Diese sind insbesondere mit Blick auf zukünftige Projekte von Interesse.
Neben der Hardware muß auch die Software spezifiziert werden. Je nach Hersteller stehen auf den prozeßnahen Komponenten sowie den Bedien- und Beobachtungskomponenten verschiedene Software- bzw. Firmwarepakete zur Verfügung. Die aufgrund der geforderten Funktionen benötigten Pakete werden ausgewählt. Besonders wichtig sind diese Überlegungen auf Seiten des Prozeßleitrechners, da dort üblicherweise eine größere Zahl von Softwaremodulen verfügbar ist, die aus einem Katalog auszusuchen sind.

Nach der Spezifikation von Hard- und Software ist abzuschätzen, wie die einzelnen Komponenten belastet sind. Hierbei steht der Gedanke der Reserve im Mittelpunkt, da insbesondere bei zukünftigen Projekten mit Erweiterungen über das zunächst angedachte Maß hinaus zu rechnen ist.

Bei den prozeßnahen Komponenten müssen Speicher- und CPU-Belastung abgeschätzt werden. Zu diesem Zweck werden für die am häufigsten zu realisierenden Funktionen (z. B. Meßkreis, Regelkreis, usw.) Makros definiert, die üblicherweise als eine Folge von parametrierbaren Standardsoftwarebausteinen realisiert werden. Für diese Makros lassen sich aus den Projektierungsunterlagen der Hersteller die benötigten CPU-Zeiten und der Speicherbedarf bestimmen. Durch Multiplikation mit der Zahl der benötigten Funktionen erhält man den Speicherbedarf bzw. bei zusätzlichen Annahmen über die Abtastzeiten für die Sensoren auch die resultierenden CPU-Zeiten. Auf diese Weise ist eine überschlägige Beurteilung möglich, wie stark die prozeßnahen Komponenten vom Speicher und von der CPU-Zeit her ausgelastet sind. Hieraus können die zu erwartenden Reserven bestimmt werden.

Ähnliche Betrachtungen sind für die Bedien- und Beobachtungskomponenten anzustellen. Durch Abschätzung der Zahl der Bilder, der zu speichernden Kurven, der zu bearbeitenden Meldungen usw. erhält man einen Überblick über den Speicherbedarf. Überdies sind Überlegungen mit Blick auf die sich einstellenden Antwortzeiten bei einem Bildwechsel anzustellen, da gerade dieser Aspekt für die Akzeptanz von Prozeßleitsystemen durch das Anlagenpersonal ganz wesentlich ist. Die gleichen Betrachtungen hinsichtlich CPU-Auslastung, Speicherbedarf und Antwortzeiten sind für einen gegebenenfalls erforderlichen Prozeßleitrechner zu machen.
Schließlich muß noch geprüft werden, ob die Kapazität der Übertragungskanäle ausreichend ist, da diese in dezentralen Prozeßleitsystemen eine ganz zentrale Rolle spielen. Zu diesem Zweck wird aufgrund von Annahmen über die Häufigkeit und die Länge von Nachrichten, die zwischen den einzelnen Systemkomponenten auszutauschen sind, die Belastung der Übertragungskanäle für zyklische Übertragungen abgeschätzt. Es sollte dann eine hinreichend große Reserve für azyklische (ereignisabhängige) Übertragungen zur Verfügung stehen.

Als Hilfsmittel bei allen diesen Abschätzungen dienen Graphiken und Tabellen aus den Projektierungsunterlagen der Hersteller. Diese Abschätzungen machen es möglich, Schwachstellen in der Systemstruktur vor ihrer Realisierung aufzudecken. Sie sind dann durch entsprechende Veränderungen in der Systemstruktur zu beseitigen. Damit sind bei der Realisierung der Einzelprojekte Kosten zu sparen und Termine zuverlässiger einzuhalten.

2.2.5 Abschätzung der Kosten

Nach der Spezifikation der Komponenten der betrachteten Prozeßleitsysteme und der Überprüfung anhand von Abschätzungen, ob die gewählte Systemstruktur mit den vorgesehenen Komponenten insbesondere mit Blick auf zukünftige Projekte den Anforderungen genügt, können die Kosten abgeschätzt werden. Sie sind aufzuteilen in die Hardwarekosten für die einzelnen Systemkomponenten sowie die Kosten für zu implementierende Firmware- bzw. Softwarepakete. Hinzu kommen die Kosten für die Feldgeräte, Meßumformerspeisegeräte, Trennverstärker, Spannungsversorgungen, Schaltraumeinrichtungen, Meßwarteneinrichtungen, Montagen usw.
Ein wesentlicher Kostenteil sind die Ingenieurleistungen für die Planung und Projektierung einschließlich der Leistungen für die anwendungsbezogen zu erstellende Software. Es bereitet erfahrungsgemäß Probleme, diese Kosten einigermaßen zuverlässig abzuschätzen. Man erhält durch eine solche Zusammenstellung einen Überblick über die Kosten, die insgesamt für gegenwärtige und zukünftige Projekte in dem betrachteten Produktionsbereich in den nächsten Jahren anfallen. Sie sind im Zusammenhang mit dem Stufenplan der Realisierung Grundlage für eine entsprechende Investitionskostenplanung für die folgenden Jahre.

2.2.6 Stufenplan der Realisierung

Der Stufenplan der Realisierung zeigt, wie in der zeitlichen Abfolge die Einzelprojekte als Elemente des Rahmenkonzepts abgewikkelt werden und welche Maßnahmen vorab als Vorleistung für alle Projekte zu erbringen sind (z. B. Infrastrukturmaßnahmen). Es ist zu unterscheiden zwischen der Reihenfolge der Inbetriebnahme der einzelnen Systemkomponenten und der zeitlichen Abfolge bei der Realisierung der verschiedenen Funktionen auf den Systemkomponenten. Es geschieht häufiger, daß Systemkomponenten zunächst nur mit einer gewissen Menge von Grundfunktionen in Betrieb gehen, während darüber hinausgehende, sogenannte gehobene Funktionen erst später nachgerüstet werden. Bei der Realisierung der Grundfunktionen ist dieser Nachrüstung aber schon Rechnung zu tragen, damit mit möglichst geringem Aufwand diese Funktionserweiterungen durchführbar sind. Ausgehend von einem solchen Stufenplan für die Realisierung lassen sich auch Personalbedarfsplanungen über mehrere Jahre recht zuverlässig machen.

2.3 Festlegung des verbindlichen Rahmenkonzepts

Die dritte Phase der Erstellung des Rahmenkonzepts dient der Festlegung der Struktur des Prozeßleitsystems und des Herstellers. Diese Entscheidung ist aufgrund der vorliegenden Lösungsvorschläge, deren Möglichkeiten und Grenzen ausgehend vom Groblastenheft in der zweiten Phase beleuchtet worden sind, sehr gewissenhaft zu fällen. Sie ist von großer Tragweite, da sie die Grundlage für die Abwicklung einer eventuell großen Zahl von Einzelprojekten in den nächsten Jahren ist. Mit dieser Entscheidung werden die Weichen für die Zukunft mit Blick auf integrierte Informationssysteme gestellt. Eine Revision dieser Entscheidung ist normalerweise nur mit einem großen Aufwand, auch finanzieller Art, verbunden.
Die Entscheidung über die Struktur und den Hersteller des einzusetzenden Prozeßleitsystems wird in der Regel von den entsprechenden Fachleuten aus dem Unternehmen getroffen. Sie sollte aber mit den Auftraggebern aus dem betrachteten Produktionsbereich abgestimmt werden.

3. Zusammenfassung

Die Erfahrung bei der Erstellung von Rahmenkonzepten hat gezeigt, daß sie mit einem vertretbaren personellen und finanziellen Aufwand zu erarbeiten sind. Sie sind zwingend erforderlich, wenn Systemkomponenten nicht als Stand-Alone-Lösungen eingesetzt werden sollen, sondern als Teil eines über mehrere Jahre aufzubauenden integrierten Informationssystems. In diesem Sinn sind Rahmenkonzepte eine Voraussetzung für den Einsatz von Informationssystemen, also auch speziell von Prozeßleitsystemen.

Die Erstellung des Groblastenhefts muß gemeinsam und in enger Zusammenarbeit mit den Auftraggebern aus dem Produktionsbereich und den Fachleuten der Prozeßleittechnik geschehen. Wichtig ist, daß hierbei keine Vollständigkeit in Details angestrebt wird. Sie sind normalerweise für die Erstellung eines Rahmenkonzepts nicht notwendig. Die detaillierte Aufgabenbeschreibung findet sich in den Lastenheften, die zu den Einzelprojekten erstellt werden müssen. Die

Erarbeitung von Lösungsvorschlägen kann in der Regel selbständig von den Fachleuten der Prozeßleittechnik durchgeführt werden. Für die Spezifikation der einzusetzenden Systemkomponenten und die Abschätzung der Belastung sind gegebenenfalls Rücksprachen mit den Herstellern erforderlich.

Liegt ein Rahmenkonzept mit dem zuvor beschriebenen Inhalt vor, so ist der Planungs- und Entscheidungsaufwand für jedes Einzelprojekt niedriger. Hiermit sind kürzere Projektrealisierungszeiten möglich, ohne daß die erforderliche Berücksichtigung der Integration der Einzelprojekte zu einem Ganzen darunter leidet, da dieser Aspekt in dem vorab für alle gegenwärtigen und soweit absehbar zukünftigen Projekte erstellten Rahmenkonzept berücksichtigt worden ist.

Literatur

(1) Polke, M.: Informationshaushalt technischer Prozesse, Automatisierungstechnische Praxis 27 (1985) 4, 161 - 171.

(2) Rosier, S., Schmidt, R., Schmitt, K.H.: Firmeninterne Schriften der Bayer AG, 1986.

(3) Polke, M.: Prozeßleittechnik für die Chemie - Status und Trend, Automatisierungstechnische Praxis 27 (1985) 5, 214 - 223.

(4) Polke, M.: Prozeßleittechnik in der chemischen Industrie, Elektronische Rechenanlagen 27 (1985) 3, 166 - 173.

(5) Früchtenicht, H.W., Koolman, M.: Sind Automatisierungssysteme allein nach Prozeßanforderungen strukturierbar? Regelungstechnische Praxis 25 (1983) 4, 137 - 140.

(6) Töpfer, H., Reinig, G.: Konzipierungs- und Anwendungserfahrungen mit dezentralen Prozeßautomatisierungssystemen, Prozeßrechner 1984, 604 - 614.

(7) Wilhelm, H., Müller, W.: Auslegung und Implementierung digitaler, verteilter Prozeßleitsysteme am Beispiel Industrieanlagen, Prozeßrechner 1984, 236 - 245.

ERFAHRUNGEN BEI DER PLANUNG LEITTECHNISCHER AUSRÜSTUNGEN VON RAUCHGASENTSCHWEFELUNGSANLAGEN

EXPERIENCES IN PLANNING OF INSTRUMENTATION AND CONTROL EQUIPMENT FOR FLUE GAS DESULPHURIZATION PLANTS

H. Zillich
Bereich Energietechnik/Siemens AG
Systemtechnik E 653
7500 Karlsruhe 21
B.R. Deutschland

Summary

Equipping coal fired power plants with desulphurisation plants places a series of special demands on the control and instrumentation, in particular when refitting old power plants.

The new control and instrumentation system has to be interfaced with the already present C and I system. Widely distributed plant areas have to be combined. The operation and monitoring system of the desulphurisation plant has to be integrated into the unit operation. The time available to incorporate the desulphurisation plant into the unit is very short. The complete scheme has to be executed by the middle of 1988.

The new microelectronic-based C and I systems offer a good basis for realizing these requirements due to their compact construction, ease of chance, the usuage of bus systems and VDU technology.

Einleitung

Seit Mitte 1983 ist für die Kraftwerke in der Bundesrepublik Deutschland die Großfeuerungsanlagenverordnung (GFAVO) in Kraft. Sie legt unter anderem den Grenzwert für zulässige Schwefeldioxid (SO_2)-Emissionen auf 400 mg/m³ (i. N.) fest, der ab Mitte 1988 einzuhalten ist und in Neu- und Altanlagen den Einsatz von Rauchgasentschwefelungsanlagen (REA) erfordert. Die meisten Rauchgasentschwefelungsanlagen arbeiten im Naßwaschverfahren auf Kalksteinbasis (Bild 1). Vom Elektrofilter gehen die entstaubten Rauchgase in den sogenannten Absorber. Dort werden sie intensiv mit Kalksteinsuspension besprüht. In vereinfachter Form dargestellt reagiert das im Rauchgas enthaltene Schwefeldioxid (SO_2) mit dem Kalkstein ($Ca\ CO_2$) zu Kalziumsulfit ($Ca\ SO_3$). Das Kalziumsulfit wird durch Einblasen von Luft zu Kalziumsulfat ($Ca\ SO_4$ - 2 H_2O), d. h. zu Gips oxydiert.

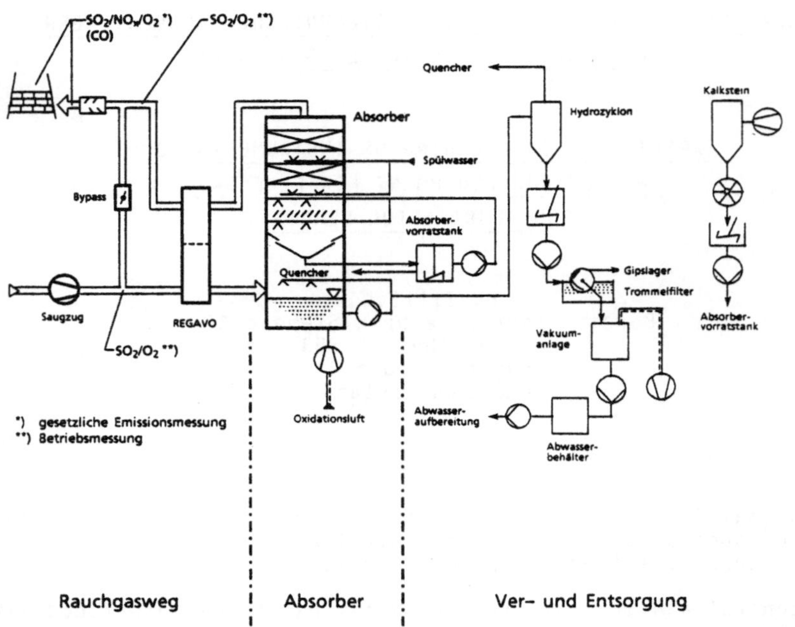

Bild 1 REA/Naßverfahren durch Kalkwäsche

Die Ausführungen über bisherige Erfahrungen bei der Planung leittechnischer Ausrüstungen von Rauchgasentschwefelungsanlagen in Neu- und Altanlagen beziehen sich auf den Einsatz des Prozeßleitsystems TELEPERM ME /1/. Das Hauptsystem des Prozeßleitsystems TELEPERM ME ist das Automatisierungssystem AS 220 E. Es wird ergänzt durch ein Strukturier- und Bediensystem OS 250 E, ein Bussystem CS 275 und ein Bedien- und Beobachtungssystem OS 254 E.

1. Automatisierungssystem AS 220 E

Das System ist hierarchisch aufgebaut. Es besteht aus einem Zentralteil mit unterlagertem E/A-Teil. Wie in Bild 2 dargestellt, werden mit dem Zentralteil die Automatisierungsaufgaben der Gruppenleitebene und mit dem E/A-Teil die Automatisierungsaufgaben der Einzelleitebene realisiert. Der Zentralteil und E/A-Teil werden in Schrankeinheiten aufgebaut und über einen parallelen E/A-Bus gekoppelt. Mit den E/A-Baugruppen werden alle Automatisierungsaufgaben der Einzelleitebene vollständig und vom Zentralteil entkoppelt bearbeitet. Die Geber, Schaltgeräte und Leistungssteller sind festverdrahtet an die E/A-Baugruppen angeschlossen.

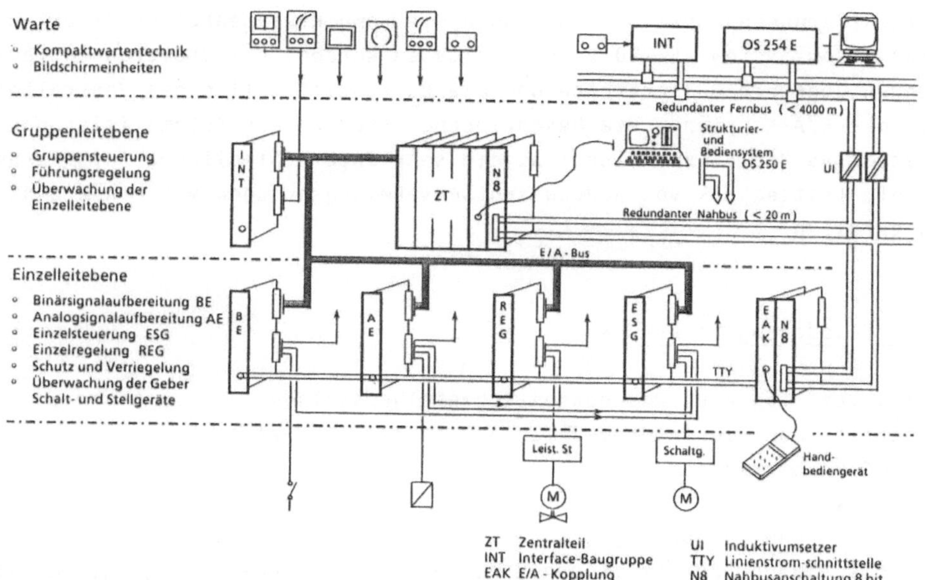

Bild 2 Automatisierungssystem AS 220 E
Systemstruktur und Schnittstellen

Der Signalaustausch zwischen den E/A-Baugruppen einer Automatisierungseinheit ist auf 3 Arten möglich:

1. über festverdrahtete Verbindungen
2. über die E/A-Kopplung und die Linienstromschnittstelle
3. über das Zentralteil und den E/A-Bus

Alle 3 Kopplungsarten können redundant zueinander projektiert werden. Vom Zentralteil und von der E/A-Kopplung können die Signale des E/A-Teils redundant über getrennte Busanschaltungen N8 auf den redundanten Nahbus gekoppelt werden. Über redundante Induktiv-Umsetzer wird der redundante Nahbus mit dem redundanten Fernbus verbunden. Mittels eines Handbediengerätes können an den Schrankeinheiten alle Einzelfunktionen bedient und beobachtet werden. Mit dem System OS 250 E werden das Zentralteil und der E/A-Teil strukturiert. Das Leittechnik-Fachpersonal kann damit auch alle Funktionen des Zentral- und E/A-Teils bedienen und beobachten. Von einer zentralen Leitwarte aus sind alle Funktionen der Bedienung und Beobachtung mit herkömmlichen Mitteln der Kompaktwartentechnik und mit modernen Mitteln der Bildschirmtechnik möglich.

Bei Entfernungen unter 500 m können die Kompaktwartenfelder direktverdrahtet am System AS 220 E angeschlossen werden, bei größeren Entfernungen über ein Businterface und die Busschnittstellen des Zentralteils und der E/A-Kopplung. Die beschriebene Struktur des Automatisierungssystems AS 220 E ermöglicht es, die sehr unterschiedlichen Anforderungen an die Leittechnik von Rauchgasentschwefelungsanlagen mit einem System zu erfüllen.

2. Gliederung einer REA

Analysiert man eine Rauchgasentschwefelungsanlage, so kommt man zu dem Ergebnis, daß sie in drei Teilprozesse zerlegt werden kann:

- Rauchgasweg
- Absorber
- Ver- und Entsorgung

Für die Planung der Leittechnik der Rauchgasentschwefelungsanlage ist es zweckmäßig, diese verfahrenstechnische Gliederung zu übernehmen. Dabei sind die Anforderungen an die Leittechnik mit den Anforderungen an die Verfahrenstechnik in Übereinstimmung zu bringen. Diese Anforderungen betreffen insbesondere die Verfügbarkeit der Anlage, aber auch das Konzept ihrer Bedienung und Beobachtung.

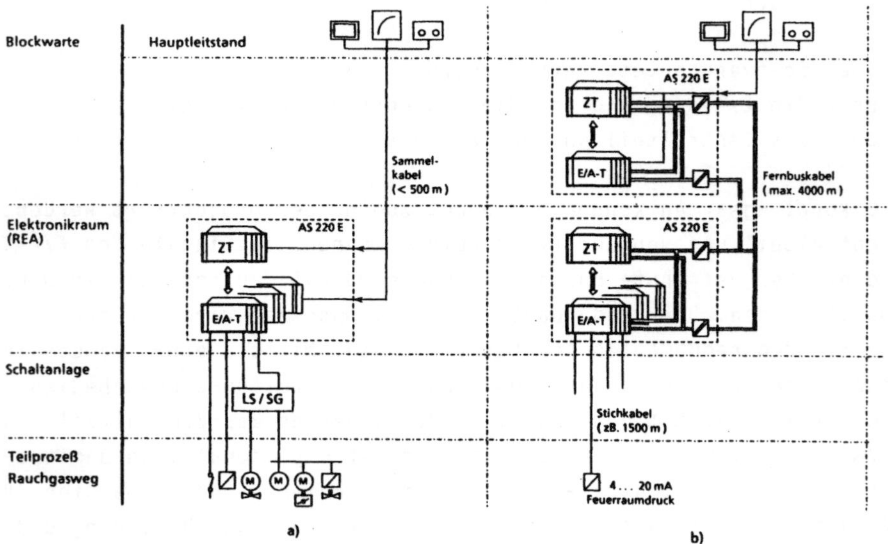

Bild 3 Teilprozeß Rauchgasweg
a) Leitstandskopplung über Sammelkabel
b) Leitstandskopplung über Fernbuskabel

3. Teilprozeß Rauchgasweg

Mit der Leittechnik für den Teilprozeß Rauchgasweg ist eine kontinuierliche Rauchgasabführung sicherzustellen. Ausfälle in diesem Bereich können direkte Auswirkungen auf die Blockverfügbarkeit haben. Die Automatisierungsmittel werden daher nach dem bewährten hierarchischen, dezentralen Konzept aufgebaut und zu einer Automatisierungseinheit zusammengefaßt (Bild 3). Die Bedienung und Beobachtung wird in Kompaktwartentechnik ausgeführt und in den Blockleitstand integriert. Beträgt die Entfernung zwischen Automatisierungseinheit und Blockleitstand weniger als 500 m, so wird die Kompaktwartentechnik festverdrahtet über Sammelkabel mit dem System AS 220 E verbunden (Bild 3 a). Geht die Entfernung wesentlich über 500 m hinaus - sie beträgt in einigen Anlagen mehr als 1000 m -, so erfolgt die Kopplung redundant über das Fernbussystem (Bild 3 b). Das Signal Feuerraumdruck wird zusätzlich als eingeprägtes Stromsignal 4 bis 20 mA für Schutzaufgaben dreifach redundant über Stichkabel mit einer Länge von z. B. 1500 m übertragen. In einigen Anlagen erfolgt die Anbindung der REA an den Dampferzeuger über Rohrleitungen von z. B. 7 m Durchmesser und einer Länge von etwa 500 m (Bild 4). Dadurch wird das Speichervolumen des Rauchgassystems nahezu verdoppelt.

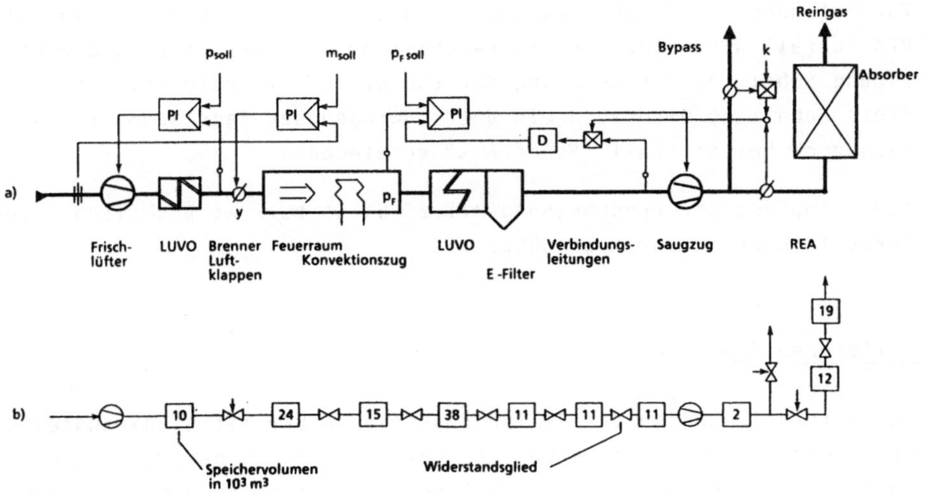

Bild 4 Luft-/Rauchgassystem
a) Regelschema
b) Blockstruktur für Simulationsmodell

Mit Hilfe eines Simulationsmodells wurde der Einfluß des größeren Speichervolumens auf die Regelgüte der Feuerraumdruckregelung untersucht /2/. Es wurden folgende Erkenntnisse gewonnen:

a) Die Verschlechterung der Regelgüte durch die langen Verbindungsleitungen ist geringer als zunächst befürchtet.

b) Es wird empfohlen, im Störfall "Feuer Aus" die Brennerluftklappen in jedem Fall gesteuert aufzufahren. Ein sofortiges Abschalten aller Verdichter erscheint dabei nicht unbedingt notwendig.

c) Eine Verringerung der Stellzeiten der Laufschaufel-Antriebe ist günstig, ebenfalls aber nicht unbedingt erforderlich.

d) Die Dauer der Nachverbrennung bzw. Nachförderung des Brennstoffes nach Auslösung "Feuer Aus" (Nachbrennzeit) geht sehr stark in die Ergebnisse ein. Hier sollte versucht werden, mittels Meßdaten eine genauere Parameterbestimmung vorzunehmen.

e) Der Ausfall eines Frischlüfters kann ohne "Feuer Aus" beherrscht werden. Bei Ausfall beider Frischlüfter sollte sofort "Feuer Aus" ausgelöst werden und es sollten zugleich beide Saugzüge abgestellt werden.

f) Der Ausfall einer Mühle kann ohne "Feuer Aus" beherrscht werden, alle Verdichter können weiterbetrieben werden.

g) Zum Abfangen der Druckstörungen durch Öffnen der Bypassklappen bei REA-Ausfall wird eine Zweikreis-Schaltung empfohlen analog der üblichen Schaltung zur Regelung der Überhitzertemperaturen. Durch diese Schaltung wird auch ein Überschwingen der Regelgröße Feuerraumdruck bei Störfall "Feuer Aus" vermieden.

h) Eine Dämpfung der Druckmessung mit z. B. 5s bewirkt praktisch keine Verschlechterung der Regelgüte.

4. Teilprozeß Absorber

Mit den Leiteinrichtungen des Teilprozesses Absorber ist sicherzustellen, daß der gesetzlich vorgeschriebene Entschwefelungsgrad der Rauchgase eingehalten wird. Ausfälle in diesem Bereich haben keine unmittelbaren Auswirkungen auf die Blockverfügbarkeit. Längere Ausfallzeiten haben aber Betriebseinschränkungen zur Folge. Aus diesem Grund sind die Anforderungen an die Verfügbarkeit der Leittechnik des Absorbers nicht wesentlich geringer als im Teilprozeß Rauchgasweg. Die Automatisierungseinheiten für den Absorber werden daher nach den gleichen Prinzipien - wie in Bild 3 dargestellt - aufgebaut.

Wesentliche Unterschiede bestehen jedoch im Konzept der Bedienung und Beobachtung. Während die Bedienung und Beobachtung des Rauchgasweges immer vom Blockleitstand aus mit Kompaktwartentechnik erfolgt, wird für die Bedienung und Beobachtung des Absorbers die Bildschirmtechnik eingesetzt. Im Prozeßleitsystem TELEPERM ME ist dafür das Bedien- und Beobachtungssystem OS 254 E vorgesehen /3/. In diesem System wurde die Bedienphilosophie der Kompaktwartentechnik auf den Bildschirm übertragen (Bild 5).

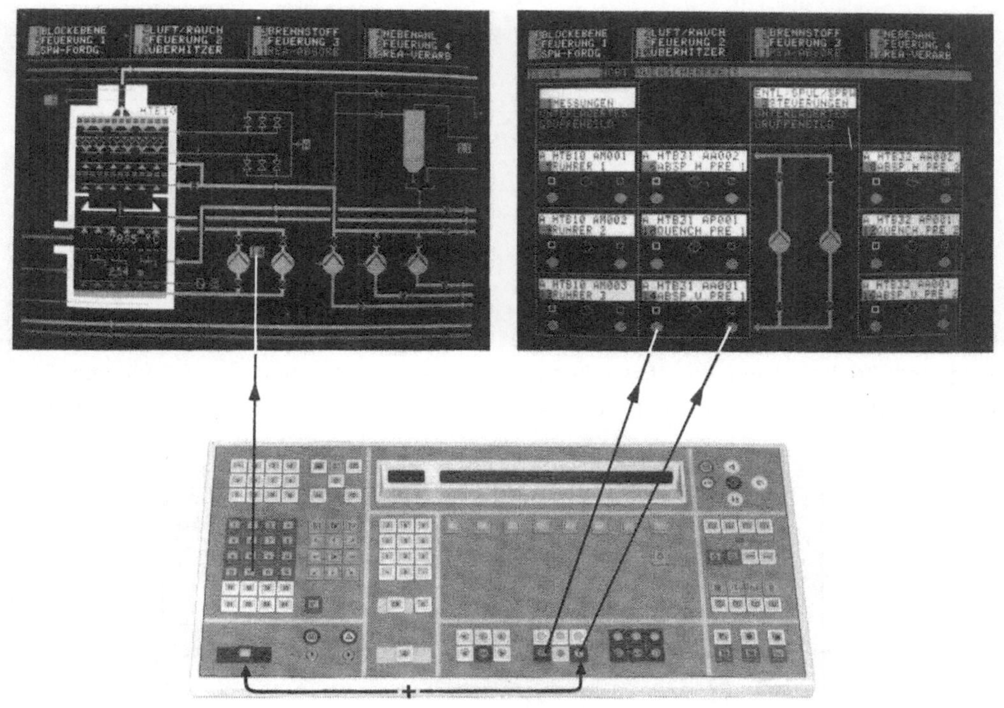

Bild 5 Bedien- und Beobachtungssystem OS 254 E. Kompatibilität der Informationsdarstellung und Bedienphilosophie zur Kompaktwartentechnik

Auf dem Bildschirm werden die Kompaktwartenfelder mit ihren jeweils typischen Informationen abgebildet. Die Bedienung der Felder erfolgt mittels einer bildgekoppelten Tastatur durch Zweihandbetätigung, d. h. durch gleichzeitiges Betätigen einer Handfreigabe und einer Befehlstaste. Die Übereinstimmung der Informationsdarstellung und der Bedienphilosophie des Bildschirmsystems mit der Kompaktwartentechnik ist für den Leitstandsfahrer eine wesentliche Erleichterung. Auf dem Bildschirm erscheint die ihm vertraute Abbildung, ein "Umdenken" ist nicht erforderlich.

In den meisten Kraftwerken besteht auch bei REA-Nachrüstungen der Wunsch, den Absorberfahrbetrieb in den Blockfahrbetrieb zu integrieren. In herkömmlicher Kompaktwartentechnik erfordert dies allein für den Absorber einen Leitstand von ca. 4 m Länge. Soviel Platz ist jedoch in Altanlagen meistens nicht verfügbar. Ein mit Bildschirmtechnik aufgebauter Absorberleitstand benötigt hingegen mit zwei Farbbildschirmen 51 cm nur eine Länge von ca. 1 m (Bild 6).

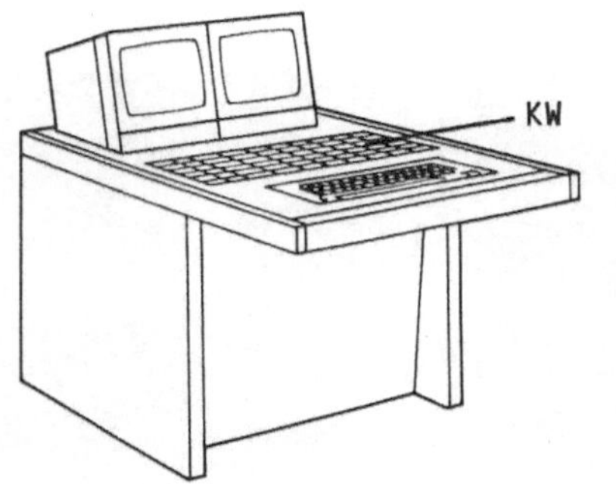

Bild 6 Absorber-Leitstand Bildschirmtechnik kombiniert mit Kompaktwarte (KW)

In Bild 7 sind vier unterschiedliche Konzepte a) bis d) für die Bedienung und Beobachtung des Absorbers dargestellt. In Konzept a) können alle Funktionen (100 %) mit dem System OS 254 E bedient und beobachtet werden.

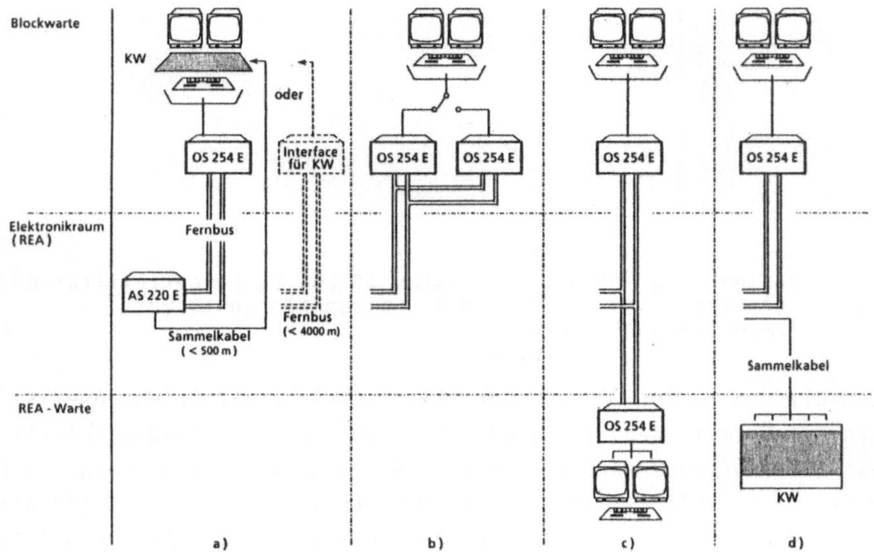

Bild 7 Teilprozeß Absorber
Konzepte für Bedienung und Beobachtung

Ein Anteil von ca. 20 % kann jedoch in Redundanz zu OS 254 E auch mit Kompaktwartentechnik bedient und beobachtet werden. Dies sind die Gruppensteuerungen, Regelungen und Hauptantriebe und die zugehörigen Anzeiger und Sammelmeldefelder. In Konzept b) erfolgt die Bedienung und Beobachtung ausschließlich mit OS 254 E. Das System ist daher redundant vorgesehen. In Konzept c) soll aus betrieblichen Gründen der Absorberfahrbetrieb alternativ von der Blockwarte oder von der REA-Warte aus erfolgen. Die redundanten Systeme OS 254 E werden daher örtlich zugeordnet aufgestellt. In Konzept d) erfolgt der alternative Fahrbetrieb in der REA-Warte vollständig mit Kompaktwartentechnik, in der Blockwarte hingegen vollständig mit OS 254 E.

5. Teilprozeß Ver- und Entsorgung

Mit der Leittechnik dieses Teilprozesses ist die Ver- und Entsorgung der Absorber sicherzustellen. Prozeßtechnisch werden die Absorber über Pufferbehälter ver- und entsorgt, d. h. die beiden Teilprozesse Absorber und Ver- und Entsorgung sind dynamisch entkoppelt. Ausfälle im Bereich der Ver- und Entsorgung haben daher keine unmittelbaren Auswirkungen auf die Betriebsverfügbarkeit des Absorbers. Ausgehend von diesem Gesichtspunkt sind die Anforderungen an die Verfügbarkeit der Leittechnik für die Ver- und Entsorgung geringer einzustufen als für den Rauchgasweg und den Absorber.

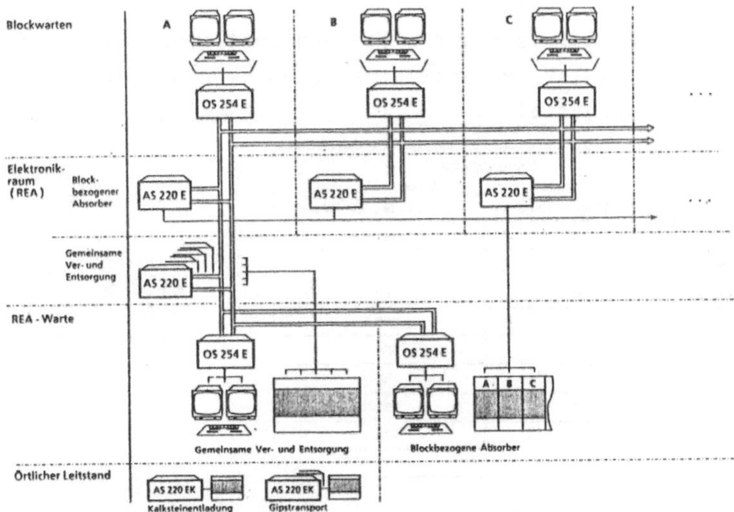

Bild 8 Teilprozeß Gemeinsame Ver- und Entsorgung Konzepte für Bedienung und Beobachtung im Verbund mit blockbezogenen Absorbern

Bei REA-Nachrüstungen in Altanlagen wird jedoch meistens eine gemeinsame Ver- und Entsorgung für die Absorber mehrerer Kraftwerksblöcke aufgebaut. Da hierdurch bei längeren Ausfallzeiten der Ver- und Entsorgung die Gefahr besteht, daß beispielsweise 9 Blockeinheiten abgeschaltet werden müssen, ergeben sich von diesem Gesichtspunkt her die gleichen Anforderungen an die Verfügbarkeit der Leittechnik wie bei den Teilprozessen Rauchgasweg und Absorber. Die Automatisierungseinheiten für die gemeinsame Ver- und Entsorgung mehrerer Absorber werden daher nach den gleichen Prinzipien - wie in Bild 3 dargestellt - aufgebaut. Bild 8 zeigt ein Konzept für die Bedienung und Beobachtung der gemeinsamen Ver- und Entsorgung der blockbezogenen Absorber. Danach erfolgt der Fahrbetrieb der Ver- und Entsorgung in der REA-Warte. Für die Kalksteinentladung und den Gipstransport sind örtliche Leitstände vorgesehen. Über die Systeme OS 254 E für den Absorberfahrbetrieb in den Blockwarten wird das Blockfahrpersonal über den aktuellen Anlagenzustand der gemeinsamen Ver- und Entsorgung informiert. In diesem Konzept können die blockbezogenen Absorber auch von der REA-Warte aus bedient und beobachtet werden, beispielsweise bei einer Blockrevision. Erfolgt der Fahrbetrieb der Absorber von den Blockwarten aus, so kann sich das Fahrpersonal in der REA-Warte mit Hilfe eines Systems OS 254 E jederzeit über den Betriebszustand der Absorber informieren.

6. Leittechnik-Mengengerüst und zeitlicher Projektablauf

Bild 9 gibt zwei Beispiele für das Mengengerüst einer Leitanlage für eine REA. In Bild 10 ist der zeitliche Ablauf von der Planung bis zur Inbetriebsetzung dargestellt.

Leittechnische Funktionen	Mengengerüst	
	Anlage für 1 Block (300 MW)	Anlage für 9 Blöcke (Σ2700 MW)
Binärsignalgeber	80	950
Analogsignalgeber	120	1800
Durchlaufende Antriebe	80	760
Stellantriebe	130	910
Magnetventile	120	680
Regelantriebe	16	90
Gruppensteuerung	40	230
Teilsteuerung	5	270
Führungsregler	3	12

Bild 9
REA-Leittechnik
Mengengerüst

Die mikroprozessorgestützten Automatisierungssysteme ermöglichen einen zeitlich parallelen, weitgehend entkoppelten Ablauf der Fertigung der Systeme und ihrer Strukturierung.

Für die Einbindung der REA in die Blockanlage ist in Altanlagen ein Blockstillstand erforderlich. Aus wirtschaftlichen Gründen müssen daher in sehr kurzer Zeit alle notwendigen Montage- und Inbetriebnahmearbeiten durchgeführt werden. Hierfür bieten die mikroprozessorgestützten Systeme wegen ihrer Änderungsfreundlichkeit viele Vorteile gegenüber festverdrahteten Systemen.

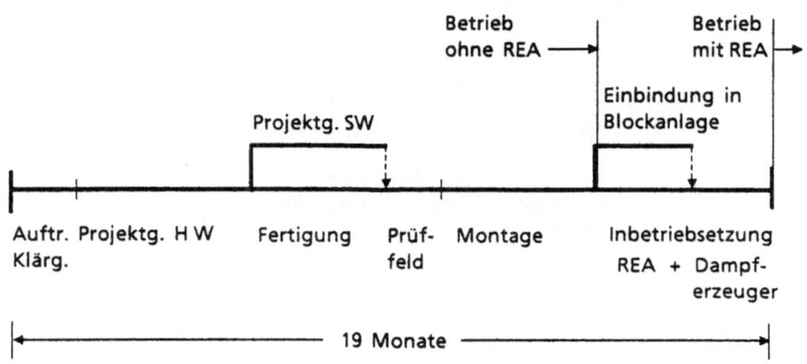

Bild 10 REA-Leitanlage, Projektablauf

Zusammenfassung

Die Ausrüstung der Kohlekraftwerke mit Rauchgasentschwefelungsanlagen stellt insbesondere bei der Nachrüstung in Altanlagen eine Reihe besonderer Anforderungen an die Leittechnik. Die neue zusätzliche Leittechnik ist in die bereits vorhandene Leittechnik einzubinden. Es sind weitentfernte Anlagenbereiche zu koppeln. Die Bedienung und Beobachtung der REA ist in den Blockbetrieb der Kraftwerke zu integrieren. Für die Einbindung der REA in den Blockbetrieb ist nur wenig Zeit verfügbar. Das Gesamtvorhaben REA ist bis Mitte 88 abzuschließen. Die neuen Prozeßleitsysteme auf Basis der Mikroelektronik bieten wegen ihres kompakten Aufbaus, ihrer Änderungsfreundlichkeit, der Verwendung von Bussystemen und Bildschirmbedientechnik gute Voraussetzungen, diese besonderen Anforderungen zu erfüllen.

Literatur

/1/ TELEPERM ME, das Prozeßleitsystem für Kraftwerke.
Druckschrift der Siemens AG, Bestell-Nr. A19100-E661-A14-V1

/2/ Hofmeister, W.; Dr. Lausterer, G.: Simulation der Feuerraumdruckregelung. Arbeitsbericht vom 13.01.86, Siemens AG Karlsruhe

/3/ Thiel, W.; Hildenbrand, K.: Ein hierarchisches Bedien- und Beobachtungssystem für die Kraftwerksleittechnik.
In diesem Band, 7. Themengruppe

EIN HIERARCHISCHES BEDIEN- UND BEOBACHTUNGSSYSTEM FÜR DIE KRAFTWERKSLEITTECHNIK

A HIERACHICALLY STRUCTURED OPERATION AND MONITORING SYSTEM FOR C AND I IN POWER PLANTS

W. Thiel
Bereich Meß- und Prozeßtechnik E 653
Siemens AG, 7500 Karlsruhe 21

K. Hildenbrand
Gerätewerk Karlsruhe GWK TPL
Siemens AG, 7500 Karlsruhe 21

Summary

The conventional miniturised control tile technology is being more and more replaced by VDU supported Operation and Monitoring systems. The OS254E Operation and Monitoring system of the TELEPERM ME C and I System fullfills all the operation, monitoring and supervison requirements that a Power plant can demand of a central communications system. The OS254E has been in service since the end of 1983 and has been fully accepted by the Utilities' Operations personnel.

1. Einführung

Leitstände konventioneller Kraftwerke waren in der Vergangenheit überwiegend mit konventioneller paralleler Beobachtungs- und Bedientechnik (Kompaktwartentechnik) instrumentiert. Die steigende Komplexität der Automatisierungsstrukturen bedingt zunehmend die Einführung zusätzlicher neuer rechnergestützter Kommunikationsmittel, die für die vielschichtigen Anforderungen des Wartenpersonals strukturierte Informationsdarstellungen auf Farbbildschirmen bereitstellen.

Das Bedien- und Beobachtungssystem OS254E ist eine busgekoppelte Komponente des Prozeßleitsystems TELEPERM ME zum Einsatz in konventionellen Kraftwerken /1/. Im Verbund mit den Automatisierungssystemen AS220E/EK/EHF erfülllt es insbesondere die Anforderungen, die beim Bedienen, Beobachten und Überwachen von Kraftwerksanlagen an ein Bedien- und Beobachtungssystem als zentrales Kommunikationsmittel gestellt werden.

2. Systemfunktionen

Für den Anwender ergibt sich bei dem Bedien- und Beobachtungssystem OS254E eine funktionsmäßige Gliederung in vier unterschiedliche Modi

- Normierte Bildanzeigen (NOBI) mit Funktionsbildanzeige (FUBI)
- Freie Grafikbildanzeigen (GRABI)
- Meldungsverarbeitung (MEVE)
- Kurvenbildanzeigen (KUBI).

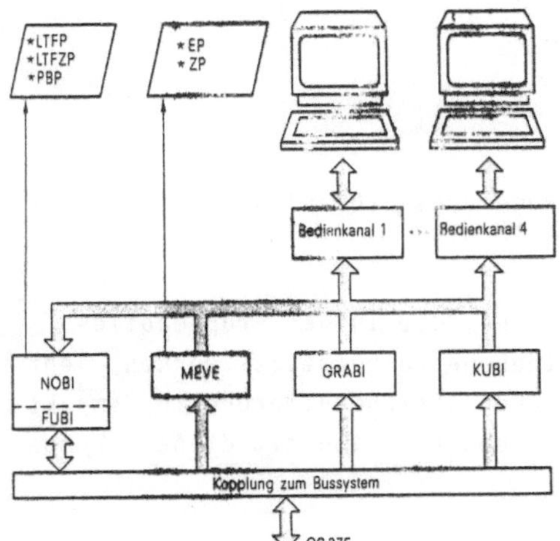

Bild 1: OS254E, funktionsmäßige Gliederung

An jedem Bedienplatz können alle Bilder aller Informationsmodi angezeigt werden (Bild 1). Mit Ausnahme des Informationsmodus KUBI sind alle Bilder der Modi hierarchisch organisiert (Bild 2)

LTFP Leittechnik(LT)fehlerprot.
LTFZP LT-Fehlerzustandsprotokoll
PBP Prozeßbedienprotokoll
EP Ereignisprotokoll
ZP Zustandsprotokoll

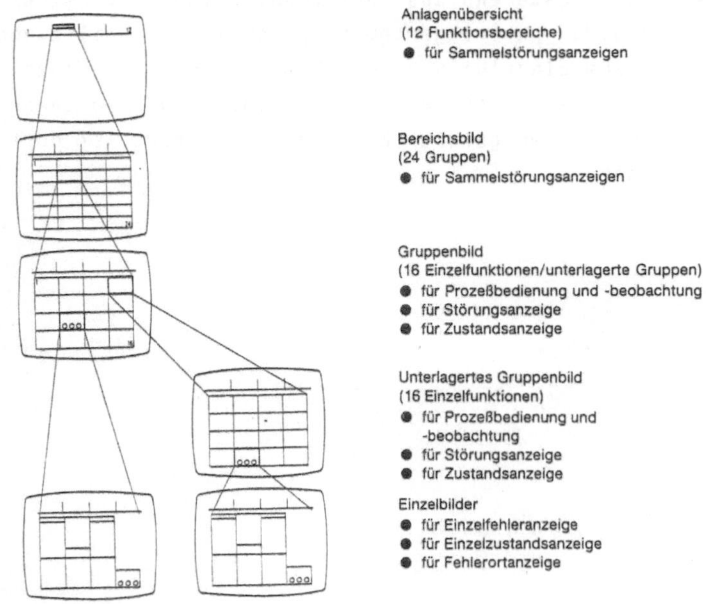

Bild 2: Bildhierarchie am Beispiel NOBI

Informationsmodus NOBI (Normierte Bildanzeige)

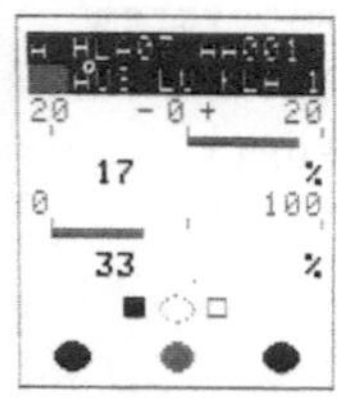

Der Modus NOBI dient der Prozeßbedienung und -beobachtung mittels vorprojektierter Bildbausteine (Leitfelder- u. Anzeiger, Bild 3). Er ist somit die wichtigste Funktion des Systems.

Bild 3: Normierte Bildbausteine für Regelungs- (oben) und Steuerungsfunktionen (unten), Beispiele

Das Spektrum der normierten Bildbausteine, die in der Gruppenbildebene oder unterlagerten Gruppenbildebene eingesetzt werden, entspricht im wesentlichen der herkömmlichen Instrumentierung in Kompaktwartentechnik und ist in Darstellung und Funktion mit dieser kompatibel.

Beim Auftreten eines Fehlers in der Leittechnik wird der Bedienende durch die Bildhierarchie, bestehend aus Anlagenübersicht, Bereichsbild, Gruppenbild und u.U. unterlagertem Gruppenbild, mit Hilfe von Sammel-Störungsanzeigen zum Einzelbild hingeführt. In diesem Einzelbild sind, je Leitfeld typspezifisch, alle Einzelfehler und -zustände nach Richtungen geordnet zusammengefaßt. Neben der Fehlerart ist dort auch der Fehlerort erkennbar.

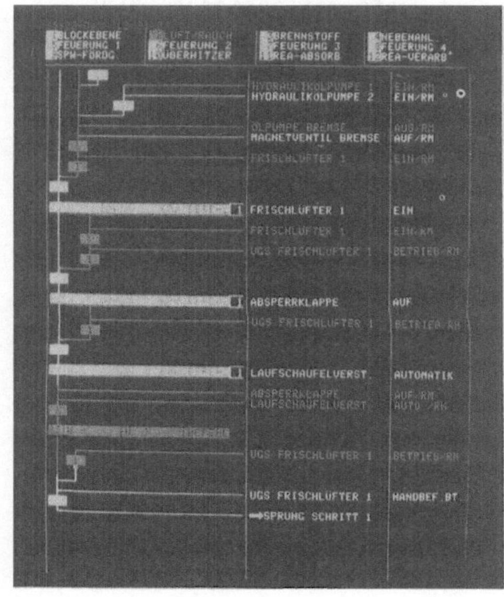

Bild 4: FUBI, Ablaufsteuerung

Zur weiteren Störungsaufklärung können, ausgehend von der Einzelbildebene, dynamisierte Funktionspläne (Funktionsbildanzeige FUBI) angewählt werden, in denen funktionsspezifisch für Ablaufsteuerungen und Schutzverriegelungen die Zustände von Weiterschaltbedingungen, Start- und Prozeßkriterien sowie zugehörigen logischen Verknüpfungen erkennbar sind /2/ (Bild 4).

Informationsmodus GRABI (Grafikbildanzeige)

Der Modus GRABI dient der Prozeßbeobachtung durch Anlagenbilder. Die Bilder werden mit den Mitteln der freien Grafik aufgebaut (Bild 5). Die Dynamisierung der Anlagenbilder erfolgt durch Binäranzeigen mit Farb- oder Symbolwechsel, Digital- und Balkenanzeigen. Als Ergänzung zu den Anlagenbildern können in diesem Modus auch Kurven- und Kennlinienbilder angezeigt werden.

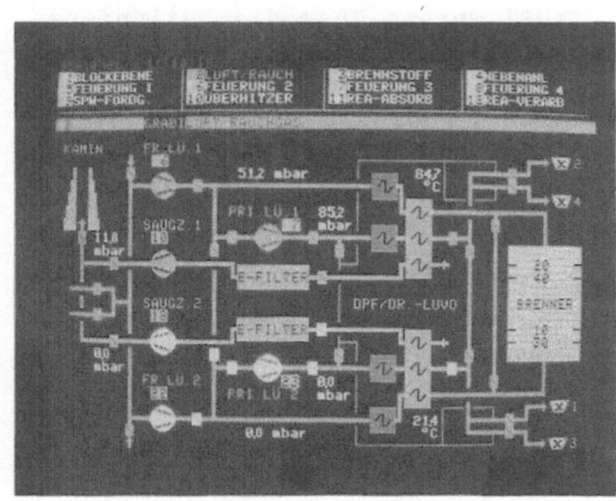

Bild 5: GRABI, Bereichsbild

Informationsmodus MEVE (Meldungsverarbeitung)

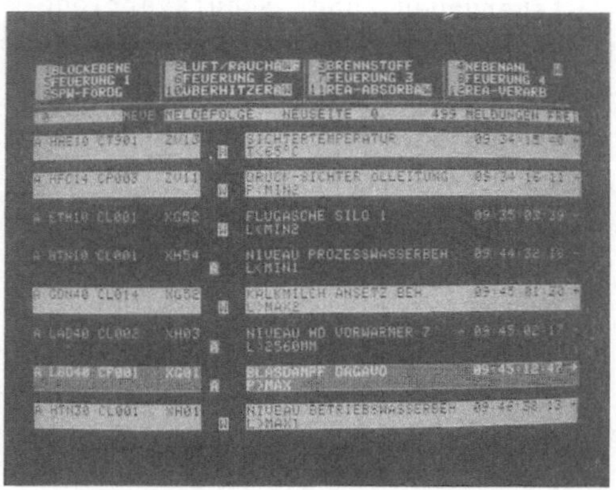

Der Informationsmodus MEVE ist eine serielle Meldeanlage und umfaßt eine Meldefolge- und eine Meldezustandsanzeige (Bild 6). In der Meldefolgeanzeige werden alle eintretenden Prozeßstörungen,nach Meldungsklassen unterschieden, in zeitlicher Reihenfolge dargestellt. Die Meldezustandsanzeige gibt einen Überblick über den aktuellen Störungszustand der Gesamtanlage und ist entsprechend den technologischen Funktionsbereichen in Bereichs-, Gruppen- und unterlagerten Gruppenbildern unterteilt.

Bild 6: MEVE, Meldefolgeanzeige

Informationsmodus KUBI (Kurvenbildanzeige)

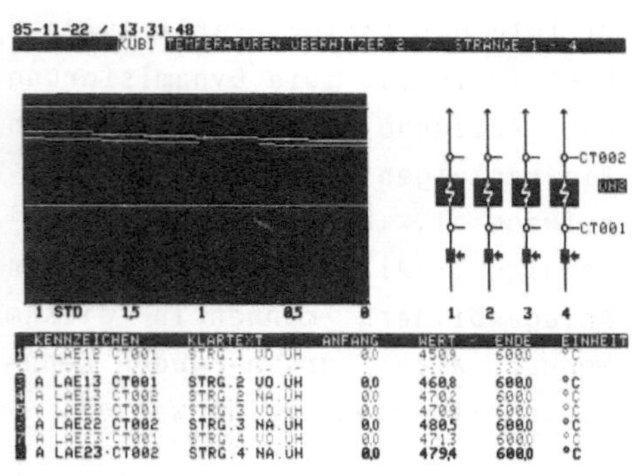

Der Informationsmodus KUBI bietet für die Prozeßbeobachtung Kurvenanzeigen als Zeitfunktion $y = f(t)$ sowie statische Kennlinienfelder mit Arbeitspunktdarstellung $y = f(x)$. Die Anzeigen von KUBI werden über die Bildhierarchien der anderen Informationsmodi angewählt. Die KUBI-Funktionen sind gegliedert in Kurvenanzeigen (Bild 7) mit und ohne Langzeitarchivierung sowie Kennlinienfelder mit der Darstellung von jeweils einem Arbeitspunkt.

Bild 7: KUBI, Kurvenbild

Bedienerführung

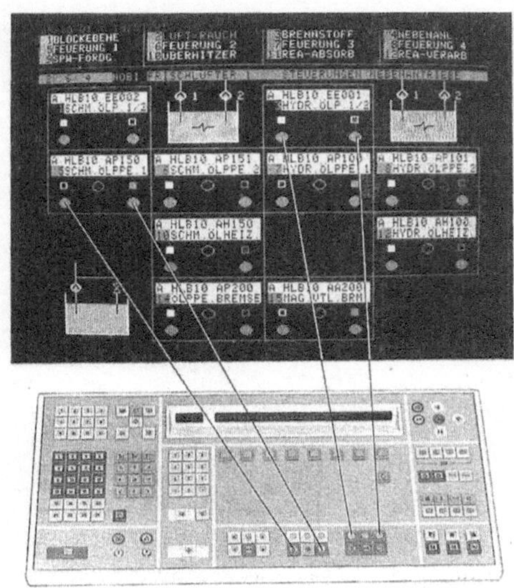

Für Bildanwahl und Prozeßbedienung gibt es eine Prozeßbedientastatur (PBT E), deren Leuchttastenfeld übersichtlich in Gruppen aufgeteilt ist (Bild 8). Mit diesem Leuchttastenfeld wurde ein Konzept zur Bedienerführung realisiert, das den Bedienenden bei Bildanwahl und Prozeßbedienung durch Ruhiglicht leitet und ihn bei der Störungsaufklärung mit Blinklicht durch die Bildhierarchie hindurch zur Störungsursache hinführt. Die Anzahl der Bedienschritte ist hierdurch auf ein Minimum reduziert. Die Prozeßbedienungen erfolgen durch Tastengruppen, die in Anordnung und Funktion den Leitfeldern der Kompaktwartentechnik entsprechen.

Bild 8: Prozeßbedienung mit Prozeßbedientastatur und Prozeßmonitor

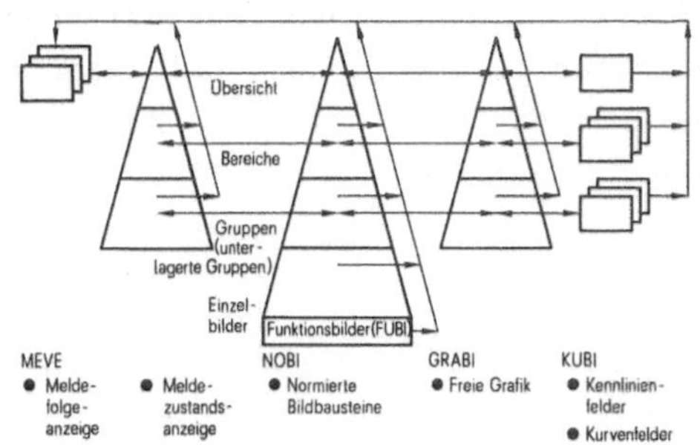

Die PBT E macht durch das Prinzip der "Anwahl-Querbedienung" den gleichzeitigen Aufruf zusammengehörender Informationen der verschiedenen Darstellungsmodi auf einem oder mehreren benachbarten Farbsichtgeräten möglich (Bild 9). Dem Bedienenden werden hierdurch zusammengehörende Darstellungen unterschiedlicher Bildinhalte für die Wahrnehmung seiner Aufgaben wie Überwachen, Bedienen, Beobachten und Aufklären parallel geboten.

Bild 9: Prinzip der Anwahlquerbedienung

Protokollierung

Mit dem Bedien- und Beobachtungssystem lassen sich fünf On-line-Protokolltypen ausgeben:

NOBI
- Leittechnikfehler-Protokoll (zeitfolgerichtig)
- Prozeßbedienungs-Protokoll (zeitfolgerichtige Registrierung aller Prozeßbedienungen, unabhängig von Bedienungsort und Befehlsausführung)
- Leittechnikfehler-Zustandsprotokoll

MEVE
- Ereignisprotokoll (zeitfolgerichtige Registrierung aller Meldungen und Aggregatzustände)
- Zustandsprotokoll als
  - Meldungszustandsprotokoll oder
  - Aggregatzustandsprotokoll oder
  - Meldungs- und Aggregatzustandsprotokoll

anwählbar.

3. Das Bedien- und Beobachtungssystem in der zentralen Warte

Das Prozeßleitsystem TELEPERM ME bietet den Planern und Betreibern von Kraftwerken die Möglichkeit, die Bedienung und Beobachtung vollständig mit herkömmlicher Kompaktwartentechnik oder vollständig mit moderner Bildschirmtechnik sowie eine beliebige Kombination aus beiden Techniken zu realisieren.

Das Bedien- und Beobachtungssystem OS254E ersetzt einen beachtlichen Teil der herkömmlichen parallelen Instrumentierung in den Leitständen durch kompatible Übernahme von Kompaktwarten-Funktionen. So kann die Warte übersichtlicher gestaltet werden.

Im Interesse einer zweckmäßigen Gestaltung der Kraftwerkswarte werden die Bedienplätze des Systems im Haupt- und Nebenleitstand sowie am Schichtleiterplatz und im Wartennebenraum angeordnet (Bild 10). Im Hauptleitstand bilden die Monitoren zusammen mit den parallelen Anzeigen im Pultaufsatz die unmittelbare Informationsebene. Die direkte Bedienebene des Leitstandsfahrers besteht aus den in die Pultplatte eingelassenen Prozeßbedientastaturen und den Leitfeldern der Kompaktwarte. Im Nebenleitstand und in der Überwachungstafel geben Meldefelder und Großanzeiger dem Wartenpersonal jederzeit eine gut sichtbare parallele Übersichtsinformation über den Prozeß und die Leittechnik der Gesamtanlage. Das Bedien- und Beobachtungssystem ermöglicht das Anwählen von Detailinformationen höherer Dichte und Qualität.

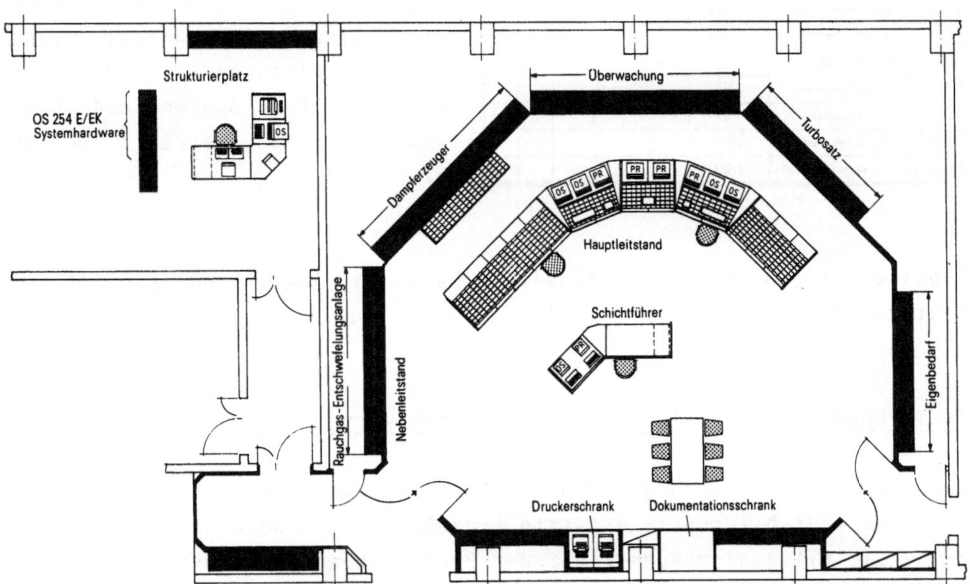

Bild 10: OS254E in einer zentralen Kraftwerkswarte

4. Erfahrungen mit dem Bedien- und Beobachtungssystem OS254E

Das OS254E ist seit Ende 1983 mit dem Modus NOBI mit FUBI und GRABI inkl. Kurvendarstellung in Betrieb und wurde bis Ende 1986 in 20 Kraftwerken weltweit eingesetzt (Tabelle 1). Weitere 27 Systeme sind in Auftrag und befinden sich zur Zeit in Bearbeitung (Tabelle 1).

	IBS Beginn	Blöcke	MW / Block	Anz. Syst.
MIDKRAFT , Studstrup	12/83	2	350	2
VW , Wolfsburg West	8/84	2	130	2
Badenwerk AG , RDK 7	4/85	1	550	3
Neckarwerke , Altbach	6/85	1	460	2
INTERCOM , Schaerbeek	7/85	3	17	1
BKB , Buschhaus	8/85	1	350	2
VKG , Dürnrohr	10/85	1	405	3
ESB , Moneypoint	11/85	3	300	6
ESCOM , Matimba	11/85	6	660	6
VKR , FWK Buer	12/85	-	-	1
Rh.-Neckar AG , HKW Nord	7/86	-	-	1
ECNSW , Mount Piper	10/86	2	660	2
DBA , Friesenheimer Insel	11/86	-	-	1
Kali + Salz AG , Hehringen	11/86	-	-	1
PREAG , REA GK Kiel	1/87	-	-	1
RWE , REA Niederaussem	4/87	-	-	5
RWE , REA Weisweiler	4/87	-	-	5
PREAG , REA DKW Farge	1/88	-	-	1
Bayer AG , Leverkusen G22	3/88	-	-	2

Außer anfänglichen Problemen bei der Software die beseitigt wurden, läuft das System störungsfrei. Es wurde von dem Wartenpersonal gut angenommen /3/, /4/. Die Modi MEVE und KUBI sind zur Zeit in Erprobung. In jüngster Zeit ist das System bei der Nachrüstung von Rauchgasentschwefelungsanlagen zu einer wichtigen Komponente geworden. Denn hier müssen Stellglieder betätigt werden, die ca. 1,5 km von der zentralen Warte entfernt sind. Eine solche Aufgabe kann besonders wirtschaftlich mit dem busgekoppelten Bedien- und Beobachtungssystem erfüllt werden /5/.

Tabelle 1: In Betrieb befindliche bzw. in Abwicklung befindliche Systeme (Stand 5.86)

Erfahrungen bei der Planung von Kraftwerkswarten mit dem OS254E

War bei der Einführung der neuen Prozeßleitsysteme im Kraftwerk die Akzeptanz für bildschirmgestützte Prozeßbedienung noch gering, so ist heute die Bildschirmtechnik bei der Prozeßführung ein fester Bestandteil moderner Kraftwerkswarten (Bild 11, 12, 13). Kennzeichnend für diese Entwicklung war, daß bei den ersten Anwendungen des Systems zusätzlich eine 100 %ige Instrumentierung mit herkömmlicher Kompaktwartentechnik zum Einsatz kam. Heute zeigt sich, daß der Anteil der Kompaktwartentechnik auf ca. 20 % abgesunken ist. D.h. im Haupt- und Nebenleitstand werden - um eine schnelle Übersicht über die Anlage zu bekommen - nur noch Leitfelder und Anzeiger für die übergeordneten Funktionen (Automatiken, Führungsregelungen etc.) mit Kompaktwartentechnik ausgerüstet. Dagegen sind mit dem OS254E alle Funktionen, insbesondere die vielen Einzelsteuerungen (bei einem 700 MW-Block ca. 1500) bedien- und beobachtbar. Diese Konzeption ist umso mehr vertretbar, wenn das OS254E redundant ausgeführt wird.

Bild 11: Kraftwerkswarte eines 550 MW-Blockes inclusive Rauchgasentschwefelungsanlage (RDK 7, Badenwerk) mit 3x OS254E und 100 % Kompaktwartentechnik

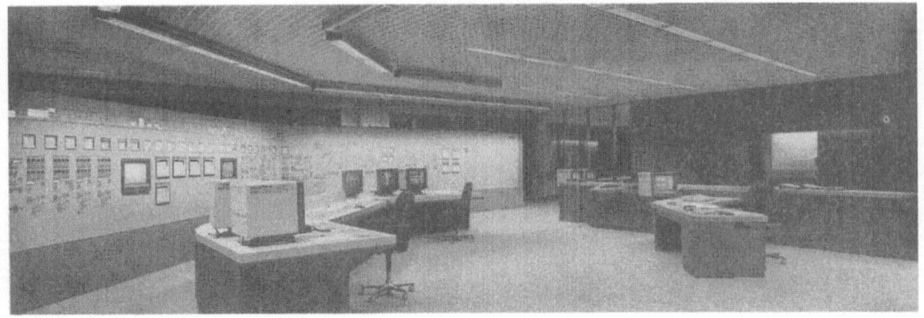

Bild 12: Kraftwerkswarte eines 460 MW-Blockes inclusive Rauchgasentschwefelungsanlage (Altbach, Neckarwerke) mit 2 redundanten OS254E und ca. 60 % Kompaktwartentechnik

Bild 13: Kraftwerkswarte einer Turbinenanlage (3x17 MW) für eine Müllverbrennungsanlage (Schaerbeek, INTERCOM) mit 1x OS254E und praktisch 0 % Kompaktwartentechnik

Erfahrungen bei der anlagenspezifischen Bilderstellung der einzelnen Modi

Bei der hohen Flexibilität des Systems zeigte es sich, daß die Bilder der einzelnen Modi nach bestimmten Regeln aufgebaut werden sollten. Dadurch wird der Leitstandsfahrer bei der Anwahl der Bilder unterstützt. Im folgenden werden einige Erkenntnisse auszugsweise erörtert:

- Modus GRABI

Im Bereichsbild (eine Bildschirmgröße) sollte ein Funktionsbereich mit seinen wichtigsten Aggregaten und Apparaten sowie den verbindenden Leitungen dargestellt werden (Farben: DIN 2403). Dabei sollten die Zustände der Aggregate durch Farbumschlag und die Hauptprozeßgrößen durch Digital- oder Balkenanzeige dargestellt werden.
In der Gruppenbildebene (ein oder mehrere Rollbilder) sollte ein Funktionsbereich in detaillierter Form mit allen Aggregaten, Apparaten und Verbindungsleitungen, die zu den funktionsbereichkennzeichnenden Stoffströmen (Luft/Rauchgas, Speisewasser etc.) gehören, dargeboten werden. Die Darstellung der aktuellen Zustände erfolgt wie im Bereichsbild.
In der unterlagerten Gruppenbildebene (eine Bildschirmgröße oder Rollbild) kommen dann die Detailinformationen von Hauptantrieben mit ihren Hilfs- und Nebenantrieben (z.B. Ölpumpen etc.) zur Darstellung.

- Modus NOBI

Die Bilder des Modus NOBI sollten in Anlehnung an die entsprechenden Bilder des Modus GRABI aufgebaut werden, wobei zur besseren Orientierung Grafiksymbole und Linien zur Anwendung kommen.
Das Bereichsbild sollte ein Extrakt des GRABI-Bereichsbildes sein, wobei an den Bildstellen der Großaggregate die Anwahlfelder der Bediengruppen und Anzeigegruppen angeordnet sind.
Im Gruppenbild ist das Leitfeld eines oder mehrerer Hauptantriebe mit den Leitfeldern der zugehörigen Absperrorgane sowie Anzeiger der Hauptprozeßgrößen zusammengefaßt.
In den unterlagerten Gruppenbildern sind die Leitfelder der Hilfs- und Nebenantriebe sowie die entsprechenden Anzeiger angeordnet.
Durch die kompatible Anordnung der Bilder wird die Orientierung für den Anlagenfahrer wesentlich erleichtert (Bild 14).

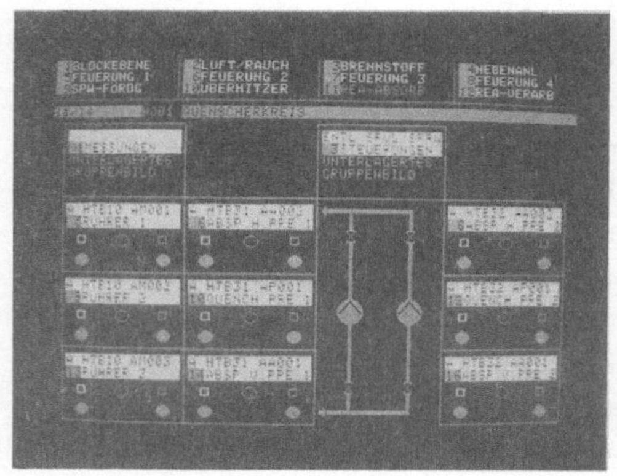

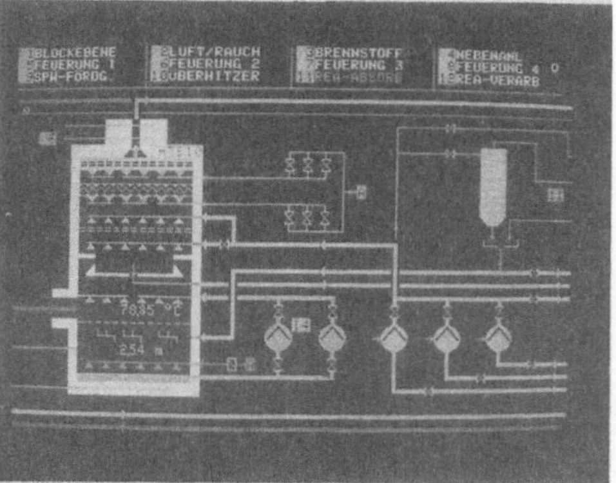

Bild 14: Ausschnitt eines Gruppenbildes (Rollbild) des Modus GRABI mit zugehörigem Gruppenbild des Modus NOBI

5. Ausblick

Die bildschirmgestützte Bedien- und Beobachtungstechnik gewinnt zunehmend an Akzeptanz und reduziert die herkömmliche Kompaktwartentechnik auf ein ergonomisch notwendiges Minimum. Die Leitfelder des Modus NOBI des Bedien- und Beobachtungssystems sind für die neue "touch screen-Technik" bereits vorbereitet. Hier wird die Zukunft zeigen, wie diese Technik von den Leitstandsfahrern angenommen wird.

Literatur

/1/ TELEPERM ME, das Prozeßleitsystem für Kraftwerke. Druckschrift der Siemens AG, Bestell-Nr. A19100-E661-A14-V1

/2/ Jensen, S.; Ochner, B.; Thiel, W.: Kraftwerkssteuerung mit dem Prozeßleitsystem TELEPERM ME am Beispiel Untergruppensteuerung für Frischlüfter. SIEMENS Energie & Automation 7 (1985), Heft 3

/3/ Hvelplund, R.: Inbetriebsetzungserfahrungen im Kraftwerk Studstrup. VGB Kraftwerkstechnik 66 (1986) Heft 3

/4/ Plees, N.; Kinn, T.: Erfahrungen mit der TELEPERM M-Leittechnik, sowie mit dem Bedien- u. Beobachtungssystem im Block 7 Rheinhafendampf-Kraftwerk der Badenwerk AG VGB Kraftwerkstechnik 66 (1986) Ausgabe Sept. 86

/5/ Zillich, H.: Erfahrungen mit der Planung leittechnischer Ausrüstungen von Rauchgasentschwefelungsanlagen. In diesem Band, 7. Themengruppe

DAS PROZESSLEITSYSTEM EINER VOLLAUTOMATISIERTEN KOKEREI

PROCESS CONTROL SYSTEM OF A FULLY AUTOMATIC COKE PLANT

R. Beckmann
W. Pesy
W. Tauchert

Mannesmannröhren-Werke AG
Hüttenwerke Huckingen
4100 Duisburg-Huckingen 25
B.R.Deutschland

Summary

A new coke oven battery went into operation at Mannesmannröhren-Werke AG in January 1985. Its dimensions represent the largest coke ovens, operated so far in the world. Due to the design of the high capacity oven servicing machines, the numerous funktions and the operational demands, a high degree of mechanisation and automation and central process control of all operating areas was provided. The automation concept based on a four stage modell is presented.

Im Januar 1985 ist bei den Mannesmannröhren-Werken AG die neue Koksofenbatterie mit 70 Großraumkammern und einer Jahreskapazität von 1,08 Mio t in Betrieb genommen worden. Sie ersetzt die Erzeugung der seit 1959 betriebenen alten Kokereianlage mit 140 Ofenkammern in vier Batterien.

Die Ofenabmessungen wurden mit 18 m Länge, 7,85 m Höhe und 0,55 m Breite entsprechend einem Ofennutzvolumen von 70 m^3 festgelegt und 70 Ofenkammern in einer Batterie zusammengefaßt. Mit diesen Abmessungen sind die Koksöfen die zur Zeit größten, die in der Welt betrieben werden.

Die Forderungen nach
- geringen Energieverbrauchszahlen,
- niedriger Umweltbelastung,

- hoher Verfügbarkeit der Anlagen,
- langer Lebensdauer der Ofenanlage und Maschinen und
- sicheren und ergonomisch freundlichen Arbeitsplätzen

erfordern eine weitgehende Mechanisierung, Automatisierung und zentrale Prozeßüberwachung aller Anlagenbereiche.

In diesem Beitrag soll das Automatisierungskonzept der Mannesmannröhren-Werke AG mit dem Contronic-P-System und dem System Logistat CP 80 vorgestellt und die ersten 20 Monate nach Inbetriebnahme auf dem Wege zur vollautomatisierten Kokerei mitgeteilt werden.

Zielsetzung

Mit der Automatisierung der neuen Kokerei sollten folgende Ziele erreicht werden:

- Führung des Kokereiprozesses einschließlich der Ofenmaschinen von einer zentralen Warte.
- Automatische Führung der Ofenmaschinen nach einem im Leitsystem geführten Druckplan.
- Regelung der Unterfeuerung nach der erforderlichen Wärmeleistung.
- Erfassung der Ofenwandtemperatur zur Beurteilung des Beheizungszustandes der Batterie.
- Vollautomatische Registrierung und Verarbeitung aller Betriebs- und Produktionsdaten.
- Zentrale Störwerterfassung und -abfrage und damit
- zentrale Überwachung und Visualisierung des gesamten Kokereiprozesses.

Automatisierungskonzept

Das Automatisierungskonzept (Bild 1) ist auf einem vierstufigen Automatisierungsmodell aufgebaut. Die unterste Ebene umfaßt die Einzelsteuerungs- und Regelvorgänge, die direkt in den Prozeß eingreifen.

Alle Teilbereiche sind entsprechend ihrer dezentralen Struktur mit eigenen Automatisierungssystemen ausgestattet. Dies ermöglicht den individuellen Betrieb eines Teilbereiches und damit eine eingeschränkte Unabhängigkeit von übergeordneten Automatisierungssystemen.

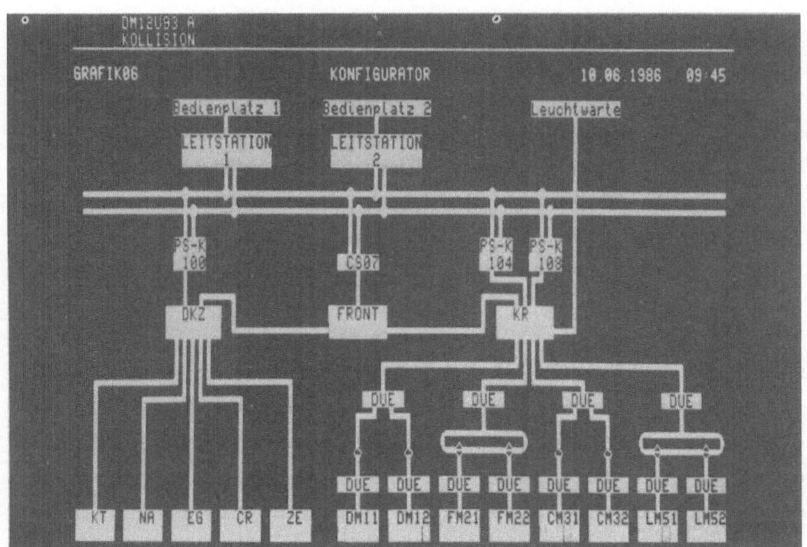

Wegen der Komplexität der Automatisierungsfunktionen sind die Anlagenbereiche in einen stationären und einen mobilen Teil unterteilt.

Der stationäre Bereich umfaßt

- den Kohletransport
- die Wägetechnik
- die Beheizung und Wärmeleistungsregelung
- die Rohgasregelung
- die Entstaubung
- die Kokslöschung und
- die Koksrampe;

der mobile Bereich umfaßt

- die Füllmaschine
- die Druckmaschine
- die Überleitmaschine und
- die Löschmaschine.

Als Bindeglied zwischen Leitsystem und Einzelsteuerebene ist die Koordinierungsebene zwischengeschaltet. Hier fließen alle Informationen aus dem stationären und mobilen Bereich zusammen und werden weiter verarbeitet.

Die Aufgaben des Koordinierungsrechners des stationären Teils bestehen im Wesentlichen in der Konvertierung der Datenströme, die zwischen Leitsystem und Steuerung ausgetauscht werden. Die von den unterschiedlichen Systemen gelieferten Daten müssen in die einheitliche Datenstruktur des Leitsystems umgesetzt werden. Der zweite Rechner für die Ofenmaschinen nimmt neben der Datenkonvertierung zusätzliche Koordinierungsaufgaben wahr.

Die Ofenbedienmaschinen bilden für sich wiederum eigene autarke automatisierte Einheiten. Sie erhalten ihre Befehle vom Leitsystem und dem Koordinierungsrechner. Für Steuerung, Positionierung und Störwertbearbeitung sind 3 über einen Bus miteinander verbundene Rechner pro Maschine eingesetzt. Die Positioniergenauigkeit von ± 5 mm wird mit frequenzumrichter gespeisten Drehstromkurzschlußläufermotoren und mit einem speziellen Positions- und Wegmeßsystem erreicht. Neben der Betriebsart "Automatik" kann auch ein Teilautomatikbetrieb vom Fahrstand der Maschinen aufgenommen werden. Hierfür befinden sich seitlich vom Steuersessel alle Bedien- und in direkter Blickrichtung alle Anzeigeelemente.

Für die Datenübertragung von den Maschinen zum Rechner sind serielle Übertragungseinrichtungen eingesetzt. Die Übertragungsgeschwindigkeit liegt bei 1.200 Baud. Überlagert zur Datenübertragung arbeitet die Wechselsprechanlage über die gleiche Datenübertragungseinrichtung.

Die Führung des Kokereiprozesses ist in der zentralen Meßwarte (Bild 2) zusammengefaßt. Von hier wird der gesamte Prozeßablauf bedient und überwacht. Die Zentral-Leitstationen ermöglichen die übergeordnete Bedienung und Beobachtung der Automatisierungsfunktionen. Über den seriellen Systembus erfolgt die Kommunikation zwischen den Zentral-Leitstationen und den Prozeßstationen, sodaß die Leitstationen Zugriff auf alle Daten des gesamten Systems haben. Zur optimalen Bedienung der Anlage und sicheren Beherrschung von Fehlerursachen werden alle Informationen in anlagenspezifischer und konfektionierter Grafik auf 4 Farbmonitoren dargestellt. Die Bedienung erfolgt durch Funktionstastaturen oder mit Lichtgriffeln, die den einzelnen Farbmonitoren zugeordnet sind.

Zusätzlich zur Bedienung und Darstellung werden in den Zentral-Leitstationen noch folgende Aufgaben realisiert: Kurvenerfassung und -speicherung, Archivierung, Protokollierung und Störungsmeldung. Alle

am Systembus angeschlossenen Stationen werden mit Hilfe einer zusätzlichen Zentral-Leitstation on-line konfiguriert und parametriert.

Zur Überwachung des Gesamtablaufes sind zur Zeit ca. 300 Bildmasken installiert. Für den normalen Betriebsablauf sind jedoch nur 4 Anlagenbilder erforderlich. Zu den restlichen Bildmasken wird der Bediener systemunterstützt geführt.

Auf einem konventionellen Leuchtschaltbild wird ein Überblick über den Gesamtablauf ermöglicht. Neben dieser Visualisierung ist auch eine zentrale Bedienung des Gesamtprozesses vom Leuchtschaltbild möglich. Die Tasten und Schalter greifen direkt in die Gruppenleitebene ein.

Die vierte Automatisierungsebene, die betriebliche EDV, koppelt über eine Computerinterfacestation an das Leitsystem an. Sie dient der weiteren Datenerfassung, -verarbeitung und -archivierung. An einem in der Warte installierten Ingenieurarbeitsplatz können zusätzlich Auswertungen und Untersuchungen mit grafischer Darstellung zur Verfahrensführung und -optimierung durchgeführt werden.

Sicherheitsphilosophie

Zur Sicherstellung eines kontinuierlichen Betriebsablaufs sind mehrere unabhängige Bedienebenen vorgesehen.

Durch die Wahl eines dezentralen Automatisierungssystems ist eine Führung des Prozesses auf unterschiedlichen Ebenen möglich. Zusätzlich abgesichert ist das System durch redundante Auslegung wichtiger Automatisierungseinrichtungen, wie zum Beispiel:

- Leitsystem LS
- Prozeßstation PS (Umstellung)
- Busverbindung LS - PS.

Bei Ausfall einer dieser Komponenten übernimmt automatisch die Ersatzkomponente deren Funktion. Das Leitsystem ist in dieser Hinsicht doppelt abgesichert und zwar durch seine

- a) Redundantstation (LS)
- b) konventionelles Leuchtschaltbild (LSB).

Bei Ausfall des gesamten Leitsystems sowie des LSB ist die Führung des Prozesses über Vor-Ort-Steuerstände möglich. Über Notstromdiesel und "unterbrechungsfreie Stromversorgung" sind die kritischen Anlagenteile gegen einen Spannungsausfall geschützt. Somit ist über ein vielstufiges System ein Höchstmaß an Systemsicherheit gegeben.

Störmeldesystem

Zur Unterstützung des Produktions- und Instandhaltungspersonals bei der Störungserkennung und -beseitigung ist ein aufwendiges Störmeldesystem im Leitsystem installiert. Neben den spontan eingehenden Einzelmeldungen, die zeitgerecht protokolliert und anlagenorientiert abgefragt werden können, besteht die Möglichkeit einer differenzierten Störwertabfrage.

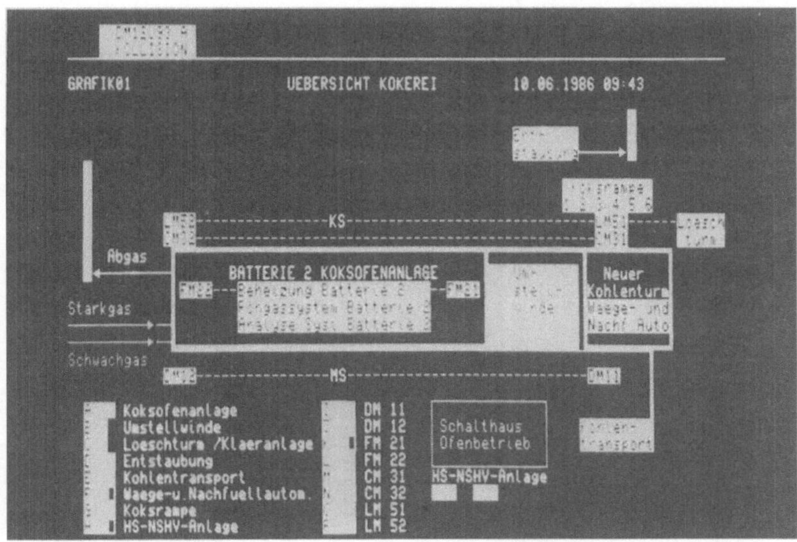

In der Anlagenübersicht (Bild 3) ist zunächst der gestörte Teilbereich durch eine rote Markierung gekennzeichnet. Mittels Lichtgriffel können jetzt die gestörten Aggregate in diesem Teilbereich (Bild 4) abgefragt werden.

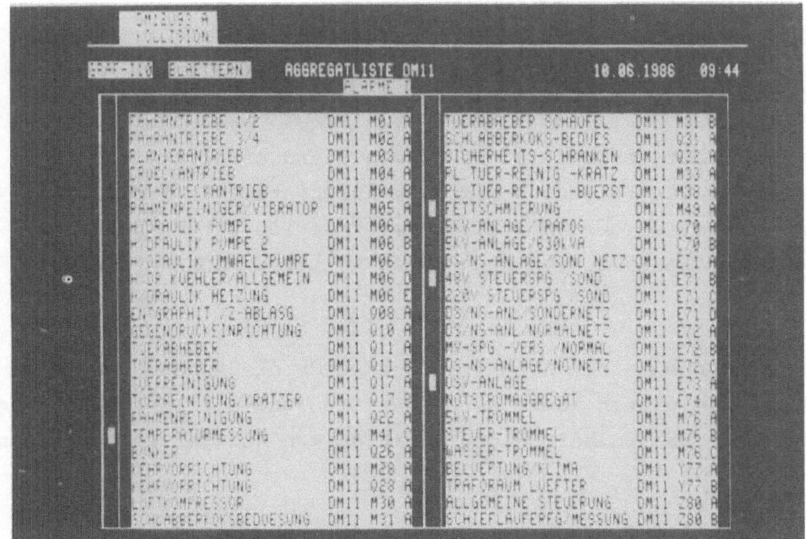

Eine weitere Abfrage (<u>Bild 5</u>) führt dann zur Einzelmeldung. Für eine gezielte und schnelle Inbetriebnahme ist zusätzlich noch eine sortierte Abfrage nach bestimmten Einzelmeldungen möglich, wie zum Beispiel: "Melde alle gezogenen Sicherungslasttrenner auf der Druckmaschine (DM)".

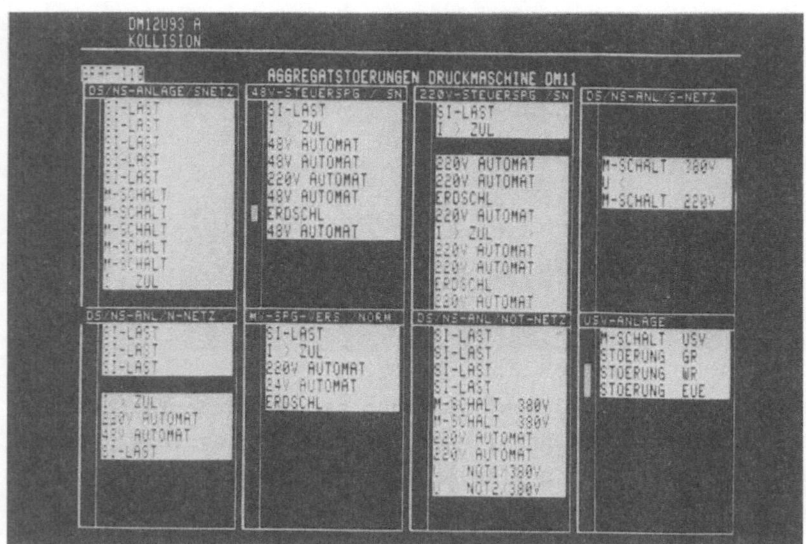

Betriebserfahrungen

Nach 1 3/4jähriger Betriebszeit ist heute ein Stand erreicht, daß zu 100 % der stationäre und zu 80 % der mobile Anlagenteil in "Vollautomatik" betrieben werden. Durch den Vollautomatikbetrieb werden Schwachstellen im System aufgedeckt, die dann durch gezielte Maßnahmen beseitigt werden.

Während der Inbetriebnahme der Kokereianlage wurde die Anzahl der Anlagenbilder erhöht. Sie dienen heute der Produktion und der Instandhaltung als zusätzliche Information beim Wiederanfahren von Anlagenteilbereichen.

Mit der neuen Batterie ist bei den Mannesmannröhren-Werken AG ein Schritt in eine Richtung getan, die zukunftsweisend sein wird. In 20 Monaten Betriebszeit haben sich keine unbeherrschbaren Probleme eingestellt. Das eingesetzte Contronic-P- und Logistat-System zur Automatisierung der Kokerei hat sich bewährt.

Um langfristig erfolgreich und damit wirtschaftlich zu sein, bedarf es ständiger Überwachung aller Funktionen. Die völlige Automatisierung des Kokereibetriebes zwingt zu Perfektion, sie garantiert aber auch 100 %tige Betriebsbereitschaft. Dies setzt die Akzeptance der Leiteinrichtungen in der Produktionsbelegschaft voraus, stellt aber auch eine Herausforderung an den Erhaltungsbetrieb dar. Nach unseren bisherigen Erfahrungen sind wir sicher, sie zu bestehen.

ERFAHRUNGEN BEIM RAUMDESIGN FÜR DEN EINSATZ VON PROZESSLEITSYSTEMEN

CONTROL ROOM LAYOUT FOR PROCESS CONTROL SYSTEMS

R. Beuchelt

Bayer AG, 2212 Brunsbüttel, B.R. Deutschland

U. Fierus

Fierus-Design, 5090 Leverkusen 1, B.R. Deutschland

H. Hennecke, E. Willems

Bayer AG, 5090 Leverkusen 1, B.R. Deutschland

Summary

The use of process control systems leads to a more direct man-process-communication. A well designed control room supports the efficiency of this communication. The operating and managing tasks in a control room are described. From this tasks the requirements on the lay out are developed. Based on requirements and experience some instructions on architecture, ergonomics, design and equipment are given. Also characteristic values for the preliminary sizing of control rooms are shown. On the basis of three examples control room lay out is discussed. Finally various aspects of future development are considered.

1. Einleitung

Zum Leiten von technischen Prozessen werden heute in hohem Maße digitale Prozeßleitsysteme eingesetzt. In der verfahrenstechnischen Industrie übernehmen sie sowohl die klassischen leittechnischen Grundfunktionen als auch gehobene Funktionen /1/. Die Kommunikation des Menschen mit dem technischen Prozeß hat durch die Bedien- und Beobachtungskomponenten der Prozeßleitsysteme eine große Bereicherung erfahren. Die "signalorientierte" Prozeßleittechnik früherer Jahre mit ihrer Mensch-Maschine-Kommunikation an Einzelmeßständen oder mittels vieler Einzelgeräte in Tafelwänden einer Warte wurde abgelöst durch die "informationsorientierte" Prozeßleittechnik /2/. Die informationsorientierte Prozeßleittechnik führt in immer stärkeren Maße zu einer Mensch-Prozeß-Kommunikation, die in erster Linie durch die Bedien- und Beobachtungskomponenten sichergestellt wird, jedoch ist auch das Umfeld entsprechend zu gestalten. Die Gestaltung aller den Aufgaben der Prozeßleittechnik dienenden Räume ist Aufgabe des Raumdesigns. Im Vordergrund steht die Warte. Daneben sind auch die Kabelführung und die anderen Räume in das Raumdesign einzubeziehen.

2. Aufgaben in der Warte

In der Warte werden vom Personal die Prozeßabläufe und die betrieblichen Vorgänge überwacht und gegebenenfalls so beeinflußt, daß jederzeit ein sicherer und bestimmungsgemäßer Betrieb der Anlage gewährleistet ist. Die wesentlichen Aufgaben der Prozeßleitebene, so wie sie im Ebenenmodell /1/ beschrieben sind, werden in der Warte gelöst. Darin eingebunden sind die Aufgaben in der Feldebene, zu deren Erledigung in der Regel eine Kommunikationseinrichtung zwischen Warte und Anlage benötigt wird. Ein großer Teil der Aufgaben der Produktionsleitebene wird ebenfalls häufig in der Warte bearbeitet. Andere Aufgaben in der Warte sind die vertiefte Analyse von Abweichungen im Prozeß, die Einweisung von Handwerkern, die Information betriebsfremder Besucher, aber auch die Pflege und Anpassung der Systemsoftware. Die Aufgaben in der Warte haben eine operative und eine dispositive Qualität. Die Warte ist das Informations- und Kommunikationszentrum des Betriebes.

3. Anforderungen an das Raumdesign der Warte

3.1 Allgemeines

Aus den geschilderten Aufgaben werden die wesentlichen Anforderungen an das Design von Wartenräumen abgeleitet. Technische und ergonomische Erkenntnisse führen dabei im Sinne einer optimalen Mensch-Prozeß-Kommunikation zu Anforderungen an die Architektur, an die bauliche Ausstattung und an die Leiteinrichtungen. Die Gestaltungshinweise basieren auf wissenschaftlichen Veröffentlichungen, Normen, Richtlinien und betrieblichen Erfahrungen /3, 4, 5, 6, 7/.

In erster Linie muß die Arbeit des Wartenpersonals sowohl durchführbar, als auch auf Dauer erträglich sein. Im Fall einer Betriebsstörung in der Anlage darf es nicht zu einer Überforderung kommen, andererseits ist durch geeignete Maßnahmen einer Unterforderung bei Normalbetrieb entgegenzuwirken. Die Erarbeitung von Designregeln wird unter anderem erschwert durch unscharfe und manchmal auch widersprüchliche Aussagen in der Literatur sowie durch zahlreiche veröffentlichte Beispiele mit starkem Repräsentationscharakter. Die produzierende Industrie sieht Warten jedoch in erster Linie als Arbeitsräume. Die

Gestaltung von Wartenräumen macht bei Neubauten meist weniger Schwierigkeiten als bei Modernisierungsvorhaben. Da die Prozeßleitsysteme jedoch auch in ältere Betriebe Eingang finden, sollten die Designregeln dort ebenfalls genutzt werden. Hier sind allerdings häufig Kompromisse zu schließen.

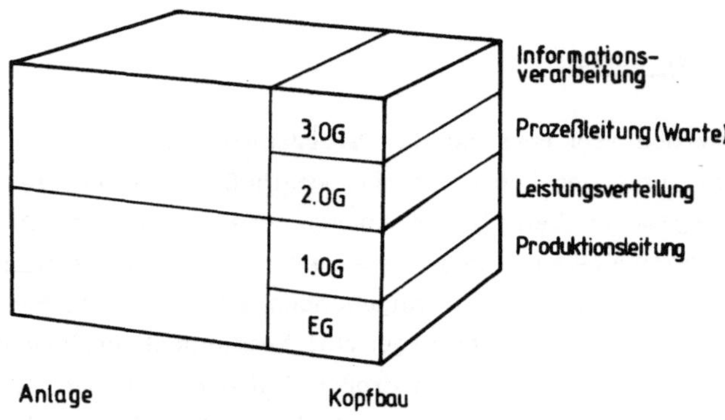

Bild 1 Zuordnung von Anlage und Kopfbau

3.2 Architektur

Eine erste wichtige Regel befaßt sich mit der Lage der leittechnischen Räume zur Produktionsanlage (Bild 1). Das Bild zeigt in schematischer Weise einen in der chemischen Industrie verbreiteten Gebäudetypus. Die leittechnischen Räume sind im Kopfbau untergebracht, bei ihrer Zuordnung zur Anlage sind kurze Wege zu den am häufigsten begangenen Anlagenteilen von Vorteil. Die Warte befindet sich hier im 2. Obergeschoß auf Höhe der Hauptarbeitsbühne der Anlage. Im 3. Obergeschoß ist der Schaltraum der Informationsverarbeitung untergebracht, im 1. Obergeschoß der Schaltraum für die elektrische Leistungsverteilung. Das Erdgeschoß nimmt das Labor, den Aufenthaltsraum, das Meisterbüro und das Büro des Betriebsleiters auf. Das Erdgeschoß dient somit stärker der Produktionsleitung und dem externen Publikumsverkehr. Die Warte hingegen dient der Prozeßleitung und hat eine günstige Lage für den internen Verkehr mit der Anlage. Dies ist vor allem bei Batch- und Mehrproduktanlagen von Vorteil. Die Räume des Kopfbaus müssen einen ausreichenden Schutz in bezug auf Hygiene und äußere Einflüsse bieten. Die Kabel zwischen Anlage und leittechnischen Räumen sind auf kurzen, aber sicheren Wegen zu führen. In ausgedehnten Anlagenkomplexen kann es sinnvoll sein, ein freistehendes Wartengebäude zur Aufnahme vielfältiger Betriebsfunktionen zu errichten. Die Warte ist dann im Erdgeschoß unterzubringen.

Bereits in einer sehr frühen Phase der Projektabwicklung ist über den Flächenbedarf der leittechnischen Räume eines Aussage zu machen. Der Ermittlung des

Flächenbedarfs können Kennzahlen dienen. Diese sind aus Erfahrungen gewonnen und bieten Anhaltspunkte für den ersten Entwurf der leittechnischen Räume. Der Flächenbedarf einer Warte wird ausgehend von 25 m^2 Mindestgröße (Bild 2) hauptsächlich durch die Zahl der zu beobachtenden und zu bedienenden prozeßleittechnischen Stellen bestimmt. Die Wartengrundfläche je prozeßleittechnischer Stelle sollte mindestens 0,1 m^2 betragen.

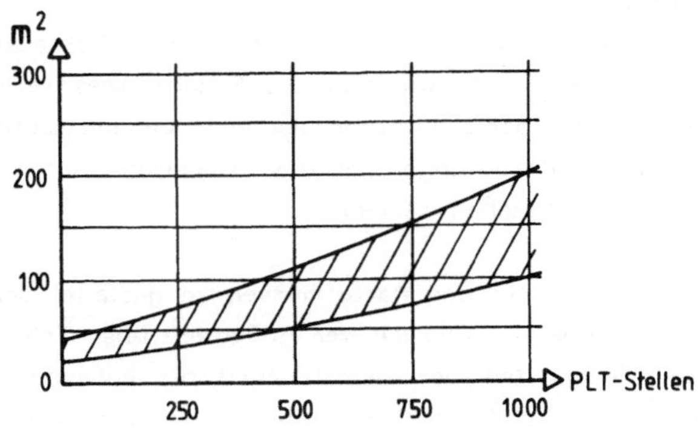

Bild 2 Flächenbedarf für Warten

3.3 Ergonomie

Die Berücksichtigung der Ergonomie ist Voraussetzung für eine gute Mensch-Prozeß-Kommunikation. Die Anordnung von Tast-, Schalt- und Anzeigeelementen ist so vorzunehmen, daß sich optimale Bedien- und Sehbereiche zum Tasten, Greifen und Beobachten ergeben. Bei der Plazierung von Anzeige- und Steuertafeln ist darauf zu achten, daß diese frei im Blickfeld des Bedieners liegen.

Ein wichtiger Faktor für die Art und Größe von Beschriftungen ist der Betrachtungsabstand /8/. Benennungen und Beschriftungen sind ausschließlich nach den Anforderungen der Bediener und nicht nach einer vielleicht sehr formalen Anlagencodierung auszuwählen. In Warten sind unterschiedliche Sehaufgaben zu erfüllen. Entsprechend muß die Beleuchtung den Anforderungen angepaßt werden. Zum einwandfreien Ablesen von Anzeigen und Leuchtsymbolen auf Tafeln und von Zeichen auf Bildschirmen und Displays sind Beleuchtungsstärken zwischen 300 und 500 Lux geeignet. Zur Anpassung an die jeweilige Sehaufgabe ist für beide Zonen eine getrennte stufenlose Einstellung der Helligkeit erforderlich.

Durch eine richtige Auswahl und Anordnung der Leuchten sind sowohl die Direktblendung als auch die Reflexbildung auf Bildschirmen und Displays zu vermeiden. Bei Ausfall der Beleuchtung muß eine unabhängige Ersatzbeleuchtung den sicheren Weiterbetrieb erlauben.

In der Warte müssen die Klimaparameter in einem relativ engen Bereich gehalten werden. Der Temperatursollwert liegt je nach Außentemperatur zwischen 20 und 26 °C und die relative Feuchte bei 50 bis 60 %. Mit einem Überdruck von 0,1 bis 0,2 mbar und einem fünf- bis zehnfachen Luftwechsel je Stunde sollte die Warte bei Betriebsstörungen gegen das Eindringen von eventuell frei gewordenen Gasen oder Dämpfen geschützt werden. Die Belüftung aller Räume muß jederzeit aus der Warte abzuschalten sein. Der überwiegende Teil der Komponenten von Prozeßleitsystemen ist in Schalträumen unterzubringen. Das Temperaturmaximum der Raumluft sollte dort 30 °C nicht übersteigen. Bei ausreichender Belüftung kann auf eine aufwendige Kühlung des Schaltraumes verzichtet werden. Bei ungünstiger Anordnung der Schaltschränke oder bei leittechnischen Einrichtungen mit sehr engen Anforderungen an die Temperatur sollte für diese eine eigene Klimaversorgung vorgesehen werden.

Die akustischen Verhältnisse in der Warte müssen so gestaltet sein, daß sowohl die Verständigung untereinander und mit der Außenwelt über Telefon bzw. Sprechanlage keinerlei Schwierigkeiten bereitet als auch die notwendigen akustischen Meldesignale leicht vom menschlichen Ohr empfangen werden können. Dazu ist zu beachten daß die Umgebungsgeräusche 55 dB(A) nicht überschreiten, im Frequenzbereich von 500 Hz bis 3000 Hz die Nachhallzeit 0,5 bis 1 Sekunde beträgt und der Pegel akustischer Meldesignale in einem Oktavbereich zwischen 10 und 20 dB(A) über dem Pegel der Umgebungsgeräusche liegt.

3.4 Bauliche Ausstattung

Für die bauliche Ausstattung der Warten und der anderen leittechnischen Räume gilt es viele behördliche Auflagen zu erfüllen. So ist zwischen Produktionsanlage und Warte gegebenenfalls eine Schleuse mit feuerhemmenden Türen vorzusehen. Größere Räume müssen einen zweiten Ausgang haben. Fenster zur Nordseite erlauben eine gleichbleibenden Lichteinfall. Da die Kommunikation zum Prozeß ausschließlich über das Prozeßleitsystem und nachrichtentechnische Einrichtungen erfolgt, sind Fenster zur Anlage nicht erforderlich. Einerseits sieht die Arbeitsstättenverordnung Fenster nach außen vor, andererseits kann es zu störenden Lichtreflexen kommen. Man muß sich dann mit verstellbaren Jalousien helfen. Für die Fußböden empfiehlt sich in den meisten Industrieanlagen kein Teppichboden, sondern die Verwendung von Kunststoffplatten oder Steinfliesen. Zur elektrischen Versorgung von Pulten und anderen Einrichtungen in der Warte sind Kabelkanäle in ausreichender Zahl vorzusehen. Zur Deckengestaltung in der Warte eignen sich abgehängte Leichtbaudecken besonders gut. Die Decke ist je nach Raumgröße in einer Höhe von 3 bis 3,5 m anzubringen.

3.5 Einrichtungen in der Warte

Den verschiedenen Aufgaben in der Warte sind zweckmäßig auch räumlich getrennte Zonen zuzuordnen, in denen dann eine gute Konzentration auf die ihnen jeweils zugewiesenen Aufgaben möglich ist. Das Bild 3 zeigt beispielhaft eine Aufteilung in Aufgabenzonen. Eine zentrale Stellung nimmt die Zone der Mensch-Prozeß-Kommunikation ein.

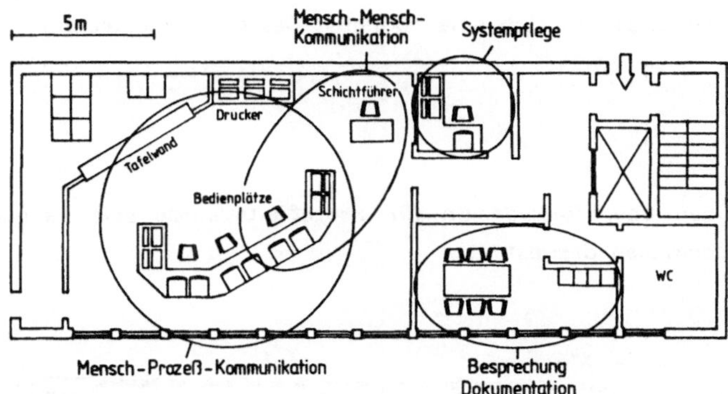

Bild 3 Aufgabenzonen in Warte und Nebenräumen

Parallel zu diesen Aufgaben mit operativer Prägung gibt es in der Warte auch Aufgaben dispositiver Natur. Für die dabei vorherrschende Mensch-Mensch-Kommunikation ist eine eigene Zone zu schaffen, deren Zentralpunkt der Arbeitsplatz des Schichtleiters ist. Eine begrenzte Überlappung der operativen und dispositiven Zone mit der Möglichkeit guter visueller und sprachlicher Kontakte ist notwendig. Zur vertieften Analyse von Abweichungen, zur Vorbereitung der Instandhaltung und zur Aufbewahrung der Dokumentation ist eine Besprechungs- und Dokumentationszone zu schaffen. Ebenso sollte ein abgeschirmter Platz zur Pflege und Anpassung der Software vorhanden sein.

Die Kommunikation mit dem Prozeß findet zwar nicht ausschließlich, jedoch überwiegend mittels Bildschirmgeräten /9/ und zugehörigen Bedienteilen statt. Diese Arbeit wird an einem Pult sitzend verrichtet, wobei zu einem Bedienplatz 2 bis 3 Bildschirme, meist Farbgrafikgeräte, gehören. Bewährt hat sich eine halbkreisförmige oder auch gewinkelte Aufstellung der Pulte. Lichtgriffel und Nachführeinrichtungen sind vorteilhafter als Tastaturen. Je nach Aufstellung der Pulte liegt entweder eine Fensterfront oder die häufig noch vorhandene Tafelwand im Blickfeld des Bedieners. Die bisherigen Erfahrungen lassen noch keine Bevorzugung der einen oder anderen Aufstellungsart erkennen.

Auf den Inhalt der Farbgrafiken, die Bildhierarchie und Möglichkeiten der Meldedarstellung sei hier nicht eingegangen. Schon ein Blick in die zahlreiche Literatur und auf die Exponate der Aussteller zeigt deutlich, daß auf diesem wichtigen Gebiet die Verhältnisse noch nicht optimal sind. Drucker und Hardcopy-Geräte sind notwendige Einrichtungen in der Warte. Sie haben zum Teil noch ergonomische Mängel, wie zu kleine und wenig kontrastreiche Schrift, schlechte Ablesbarkeit und ungenügende Beleuchtung. Häufig wird für die Kommunikation mit dem Prozeß und für Nebenaufgaben auch noch eine Tafelwand eingesetzt. Für sie empfiehlt sich eine möglichst flexible Rastertechnik.

4. Beispiele

Die Erfahrungen beim Raumdesign für Prozeßleitsysteme seien anhand von drei realisierten Beispielen dargestellt.

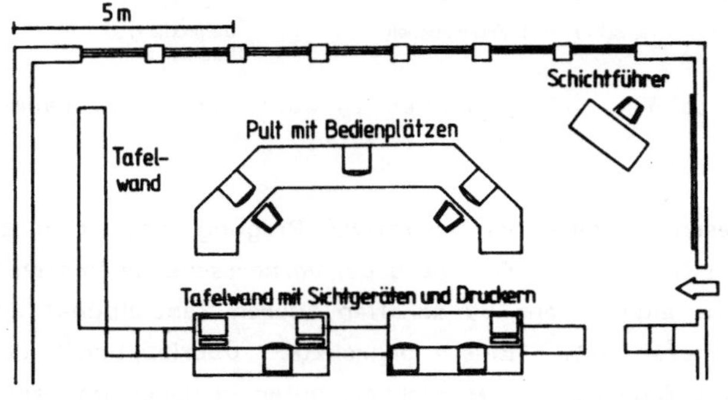

Bild 4 Beispiel 1, Warte eines Kontibetriebes

Im Beispiel 1 (Bild 4) handelt es sich um die Warte eines Kontibetriebes. Der Betrieb wurde in mehreren Schritten umgebaut und dabei auch mit einem Prozeßleitsystem ausgerüstet. Warte und Schaltraum waren in ein vorhandenes Produktionsgebäude einzubringen. Die Betreiber bestanden zunächst auf einer ihnen wohl vertrauten Tafelwand, in die neben einigen Schreibern und Reglern die Sichtgeräte und Drucker zu integrieren waren. Die Nebenanlagen erhielten eine eigene Tafelwand in Einzelgerätetechnik. Beim nächsten größeren Umbauschritt wurde das Pult mit komfortablen, über Lichtgriffel zu bedienenden Farbsichtgeräten ausgestattet. Heute, 2 Jahre nach der ersten Inbetriebnahme des Prozeßleitsystems, wird die Anlage von den beiden Bedienplätzen am Pult gefahren.

Beispiel 2 (Bild 5) zeigt die Warte im Kopf eines Neubaus, der jedoch unmittelbar an ein bestehendes Gebäude anzugliedern war. Mit neuen Verfahren werden in 4 unabhängigen Diskontistraßen 4 Produkte hergestellt. Die Anforderungen an das Prozeßleitsystem sind sehr hoch, vor allem im Bereich der gehobenen Funktionen der Prozeßleitebene. Das Pult weist 2 ständig besetzte Bedienplätze mit 3 bzw. 5 Sichtgeräten auf. Beim späteren Ausbau nach rechts kommt ein 3. Bedienplatz hinzu. Wichtig ist hier der Arbeitsplatz für die umfangreiche Systempflege. Eine Tafelwand nimmt Back-up-Geräte auf. Die gegebenen engen Raumverhältnisse machten leider eine Beschränkung der Warte auf die gezeigten Aufgaben notwendig. Die Warte ist zur Zeit eingerichtet, die Inbetriebnahme wird 1987 erfolgen.

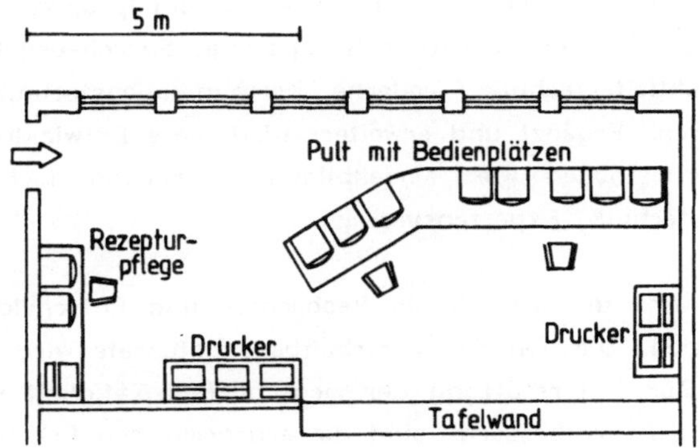

Bild 5 Beispiel 2, Warte eines Diskontibetriebes

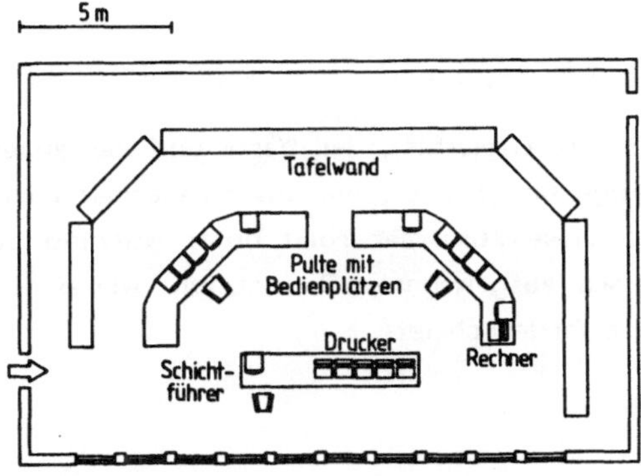

Bild 6 Beispiel 3, Warte eines großen Diskontibetriebes

Im Beispiel 3 (Bild 6) geht es um die Warte eines Betriebes mit 24 parallelen Diskontistraßen und einigen Nebenanlagen. Hier wurde der Kopfbau völlig neu errichtet. Eine großzügige, allen Aufgaben gerecht werdende Warte konnte deshalb realisiert werden. 2 Pulte mit 10 Farbgrafikgeräten dienen als Bedienplätze. Die Tafelwand enthält nur das Sicherheits-Back-up. Der Rechnerplatz rechts dient der Verwaltung der umfangreichen Rezepturen. Die Warte wurde 1983 zusammen mit den ersten 4 Straßen in Betrieb genommen, sie ist heute voll ausgebaut. Die Erfahrungen sind sehr positiv.

5. Ausblick

Die weitere Entwicklung der Prozeßleitsysteme hat der stürmischen Zunahme der leittechnischen Aufgaben Rechnung zu tragen. Der technische Trend läßt schon jetzt zahlreiche Möglichkeiten und Methoden erkennen, mit denen die Aufgaben /10/ besser zu lösen sind. Zu den mehr hardwareorientierten Möglichkeiten zählen unter anderem: hochauflösende Sichtgeräte, Großbildprojektoren, Videokameras, dreidimensionale Darstellung mittels Holographie, Sprachausgabe und Spracheingabe /11/, Lichtleitertechnik, moderne Kommunikationstechnik, weitgehende Redundanzstrukturen. Ergänzt und erweitert wird diese Entwicklung durch mehr softwareorientierte Methoden wie: Modellbildung, Simulationstechnik, Mustererkennung, Diagnosetechnik, Expertensysteme.

Auch in Zukunft wird der Mensch als Beobachter und Entscheidungsträger die zentrale Rolle spielen. Die von ihm verarbeitbare Datenrate wird in ihren engen Grenzen bleiben. Zur Unterstützung der menschlichen Tätigkeit ist deshalb das Raumdesign ständig zu verbessern, sind die ergonomischen Erkenntnisse stärker zu nutzen und ist das ergonomische Wissen weiter zu vertiefen.

6. Schlußbemerkung

Entscheidend für eine gute Gestaltung der Warte und der anderen leittechnischen Räume ist die frühzeitige und kooperative Zusammenarbeit aller Partner aus Produktion und Planung. Diese Zusammenarbeit unter Nutzung der Erfahrung aller Beteiligten führt zu einem ausgewogenen Raumdesign, wie es für eine gute Mensch-Prozeß-Kommunikation erforderlich ist.

Literatur

/1/ Amrehn, H.; Ankel, Th.; Polke, M.; Will, B.; (Herausgebergremium): NAMUR Statusbericht 1985, Prozeßleittechnik für die Chemische Industrie, Automatisierungstechnische Praxis, Sonderheft 1985.

/2/ Färber, G.; Polke, M.; Steusloff, H.: Mensch-Prozeß-Kommunikation, Chemie-Ingenieur-Technik 57 (1985) 4, 307 - 317.

/3/ Gilson, W. (Herausgeber): Leitwartengestaltung bei neuen Automatisierungsstrukturen, VDE-Verlag GmbH, 1984.

/4/ Becker, G.; Bohr, E.; Thau, G.: Ergonomische Gestaltung von Schaltwarten in Kernkraftwerken, Band 1 bis 3, TÜV-Rheinland, 1983

/5/ Technischer Überwachungs-Verein Rheinland, Institut für Unfallforschung und Deutsche Gesellschaft für Ortung und Navigation: Kolloquium Leitwarten, Verlag TÜV-Rheinland Köln, 1984.

/6/ VDI/VDE-Richtlinie 3546: Konstruktive Gestaltung von Prozeßleitwarten, VDI-Verlag Düsseldorf, 1981.

/7/ Beuchelt, R.; Fierus, U.; Hennecke, H.; Willems, E.: PLT-Raumdesign, interne Richtlinie der Bayer AG, 1985.

/8/ Charwat, H.-J.: Menschliche Faktoren für die Anordnung von Leitständen in Warten, Regelungstechnische Praxis 26 (1984), 7, 291 - 297.

/9/ Grimm, R.; Haller, R.; Syrbe, M.; Rudolf, M.: Bildschirme in der Prozeßwarte, TÜV-Rheinland, 1983.

/10/ Keyes, M.A.: Trends in distributed process control, Industrial and Process Control Magazine 58 (1985) 12, 23 - 25.

/11/ Sickert, K.: Automatische Spracheingabe und Sprachausgabe, Verlag Markt und Technik, 1983.

OPTIMIERUNG DES ENERGIEEINSATZES IN EINEM GASVERBUND MIT EINEM PROZEßLEITSYSTEM

OPTIMIZATION OF POWER CONSUMPTION IN A GAS COMPOUND NETWORK WITH A PROCESS MANAGEMENT CONTROL SYSTEM

W. Knoll

ENERGIE/Versorgung
Thyssen Stahl AG, Duisburg

Summary

The process management control system is composed of a central input-/output-colour-screen-system, decentral arranged process stations and optical fibres for information exchange. It is constructed completely redundant and a device to reduce the energy consumption and to minimize the energy costs. The report gives an account of so far realized optimization steps.

In der Stahlindustrie sind 34 % der Fertigungskosten und 25 % des Produktpreises Energiekosten. Der Preisdruck des Marktes und die Umweltauflagen zwingen die Stahlunternehmen den Energieverbrauch und die Energiekosten zu senken.

Das Bild 1 zeigt den Energiebezug und die Energieverteilung des Werksbereiches Hamborn/Ruhrort für das Geschäftsjahr 1984/85. Für die Erzeugung von 9,4 Mill t Rohstahl war ein Energieaufwand von 194 Mill GJ notwendig. Das entspricht einem spezifischen Energieverbrauch von 20,7 GJ/t Rohstahl. Die eigenen Kraftwerke erzeugten ca. 3,4 Mrd KWh. Die Einsatzstoffe wurden zu ca. 94 % durch Kuppelprodukte, die als Gas bei der Koks-, Roheisen- und Rohstahlerzeugung anfallen, gedeckt.

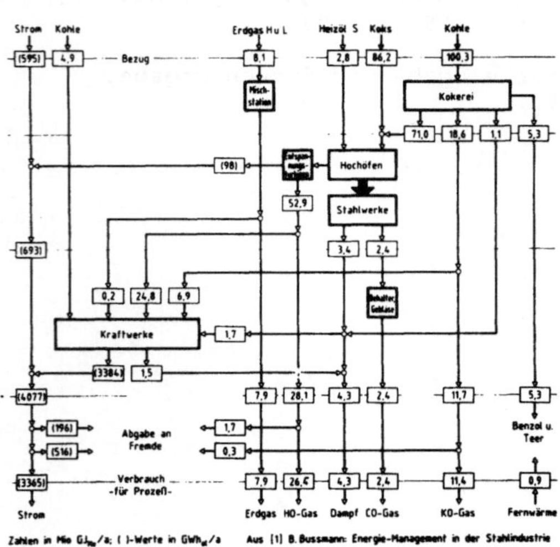

Bild 1. Energiebezug und Verwendung 1984/85.

Von 1975 bis 1984 ist in der Stahlindustrie der spezifische Energieverbrauch von 24,7 auf 21,8 GJ/t Rohstahl gesenkt worden. Das bedeutet für das Jahr 1985 eine Energiekosteneinsparung von ca. 1,2 Mrd DM. Beim Hochofenprozeß ergab sich seit 1957 eine Reduzierung des Koksverbrauchs um fast die Hälfte auf 520 kg/t Roheisen. Die Senkung des spezifischen Energieverbrauchs konnte durch eine Vielzahl von Umstrukturierungs- und Energiesparmaßnahmen erreicht werden.

Für die Energie-Verantwortlichen in den Stahlunternehmen gilt nach wie vor, durch die Wahl des technisch und wirtschaftlich günstigsten Energieträgers die Energiekosten zu minimieren und durch die optimale Nutzung der Energieträger in allen Erzeugungsstufen den Energieverbrauch zu senken.(1) Um diese Energie-Steuerungsfunktionen besser realisieren und auf lange Sicht von subjektiven Entscheidungen befreien zu können, wurde seit 1981 ein Prozeßleitsystem errichtet.(2)(3)

Das <u>Prozeßleitsystem</u> ist redundant aufgebaut. Wie dem Bild 2 zu entnehmen ist, besteht es aus einem zentralen EAF (Ein- / Ausgabe - Farbbildschirm)-System und dezentralen Prozeßstationen, die den Energie-Prozessen zugeordnet sind. Der Informationsaustausch zwischen dem EAF-System und den Prozeßstationen wird über einen LWL (Lichtwellenleiter) -Doppelring abgewickelt.

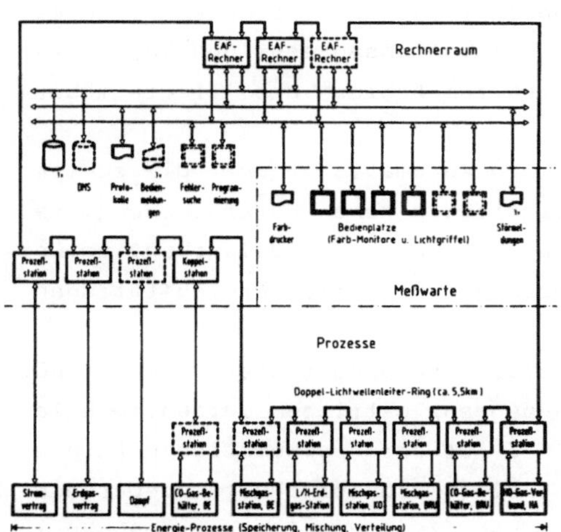

Bild 2. Prozeßleitsystem.

Das <u>EAF-System</u> ist in der Energiezentrale Beeck untergebracht. Es ist mit handelsüblichen Prozeßrechnern, Plattenspeichern, Druckern und Farbmonitoren ausgerüstet. Jeder EAF-Prozeßrechner hat einen Speicher von 1024 KW und jeder Plattenspeicher eine Kapazität von 79 MByte. Hard- und Software-Überwacher kontrollieren laufend das EAF-System und sorgen dafür, daß dieses, solange Geräte verfügbar sind, funktionsbereit bleibt. Die EAF-Prozeßrechner halten den Informationsaustausch mit den Prozeßstationen aufrecht, führen die notwendigen Berechnungen durch und versorgen die angeschlossenen Geräte mit Daten. Auf den Festplatten der Plattenspeicher befinden sich die in PEARL geschriebenen Programme der EAF-Prozeßrechner und Prozeßstationen. Die Wechselplatten speichern die Langzeitdokumentation der Prozeßdaten. Auf dem vierten Plattenspeicher soll im Endausbau ein Daten- und Methodenbanksystem abgelegt werden. Anfallende Störungen und durchgeführte Bedienungen dokumentieren die Blattschreiber. Außerdem drucken sie die erforderlichen Protokolle aus.

Jeder Bedienplatz ist mit einem Farbmonitor und einem Lichtgriffel ausgerüstet. Insgesamt sind mit dem Lichtgriffel 256 Farbbilder anzulegen. In den Farbbildern werden z.B. die Energie-Prozesse schematisch dargestellt, die Prozeß- und Rechengrößen analog und/oder digital angezeigt und die Texte der einlaufenden Störmeldungen wiedergegeben. Mit dem Lichtgriffel kann man am Farbmonitor Sollwerte, Grenzwerte und Parameter ändern, sowie Drosselklappen und Ventile betätigen.Der Farbdrucker dient zur Dokumentation von Farbmonitorbildern.(4)(5)

Der <u>LWL-Ring</u> besteht aus zwei, in einem Kabel zusammengefaßten Gradienten-Glasfasern und ist ca. 5,5 km lang. Die Glasfasern haben einen optischen Kerndurchmesser von 0,05 mm und bei einer Wellenlänge von 850 nm eine Dämpfung von ca. 4 dB/km. Die Datenübertragungsrate beträgt z.Zt. maximal 1 Mbit/s. Jedes Datentelegramm setzt sich aus einem Telegrammkopf (3 Worte), einem Datenteil (bis zu 64 Worte) und einem Prüfwort zusammen. Der Telegrammkopf beinhaltet Stationszieladresse, Telegrammart, Prüfwort, Operationscode, Quellstationsadresse und Speicheradresse. Erkannte Telegrammfehler führen zum Abbruch der Telegrammübertragung.(6)(7)

Ist eine Glasfaser unterbrochen, so wird automatisch auf die zweite Glasfaser umgeschaltet. Haben beide Glasfasern eine Unterbrechung, so schaltet das Übertragungssystem automatisch in den Pendelverkehr um.Der Datenverkehr zwischen den EAF-Prozeßrechnern und allen Prozeßstationen ist noch möglich.

Jede <u>Prozeßstation</u> ist mit zwei Prozeßrechnern ausgerüstet, die in "HOT STAND BY" oder funktionsbeteiligter Redundanz betrieben werden.Im Bild 3 ist der schematische Aufbau eines Prozeßrechners wiedergegeben. Zwei voneinander unabhängige Mikroprozessoren Pµp und Lµp übernehmen die Prozeßsteuerung und die Leitungssteuerung. Im Pµp-Arbeitsspeicher kann 1 Bit-Fehler korrigiert werden. Mit Hilfe der analogen und/oder digitalen Prozeß-Meßgrößen und -Stellgrößen steuern, regeln, überwachen, schützen und optimieren die Prozeßrechner die zugehörigen Energie-Prozesse.Fällt ein Prozeßrechner aus, so übernimmt der zweite Prozeßrechner automatisch und stoßfrei die

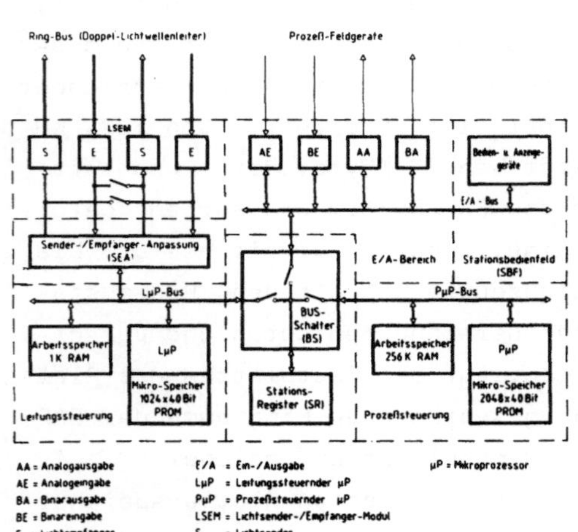

Bild 3. RDC-Prozeßrechner.

Funktionen des ausgefallenen Prozeßrechners. Störungen, Sollwert- und Grenzwertüberschreitungen werden dem EAF-System über den LWL-Ring gemeldet. An den Stationsbedienfeldern können die Energie-Prozesse überwacht und beeinflußt werden. Speicherinhalte sind auszulesen und Störungen zu lokalisieren. Die gleichen Möglichkeiten bestehen über das EAF-System. Die Prozeßstationen arbeiten autark. Bei Ausfall des EAF-Systems und/oder des LWL-Rings werden die Energie-Prozesse sicher weitergeführt.(8)(9)(10)

Bei den Energie-Prozessen handelt es sich um die Überwachung und Einhaltung der Strom- und Erdgasverträge sowie um die Speicherung, Mischung und Verteilung gasförmiger Brennstoffe (Hochofengas, Koksgas, Erdgas und CO-Gas) für die Versorgung der Produktionsstätten.

Die Programme der RDC-Prozeßrechner sind vom IITB und von eigenen Mitarbeitern in PEARL geschrieben worden.(11) Immer wiederkehrende Automatisierungsaufgaben wurden in der Form von Programm-Bausteinen erstellt. Diese können in anderen, gleichgelagerten Bedarfsfällen wieder eingesetzt werden. Die Programm-Bausteine, wie z.B. digitale Filterung, Mittelwertbildung, Plausibilitätsprüfung, Zustandskorrektur, Grenzwertbetrachtungen, m-aus-n-Auswahl, PID-Regler, Schrittregler, Stellungsregler, Sollwertführung, automatische Parameterkorrektur, Prozeßnachbildungen und Ablaufsteuerungen haben sich im praktischen Einsatz bewährt. (12)(13)(14) Viele kleine Optimierungsschritte helfen somit, das Gesamtsystem optimal zu betreiben. Auf einige dieser Optimierungsschritte soll im folgenden kurz eingegangen werden.

Wegen der Vielzahl der zu verarbeitenden Gase, sind in den Gasnetzen zur Überwachung Analysen- und Wobbezahl-Meßanlagen eingesetzt. Die ho-

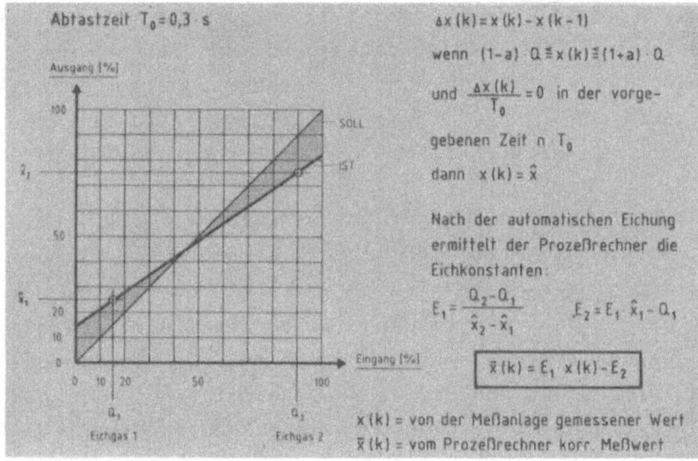

Bild 4. Automatische Eichung der Analysen- und Wobbezahl-Meßgeräte.

hen Meßgenauigkeitsanforderungen zwingen dazu, diese Meßanlagen häufiger zu kontrollieren. Wie das Bild 4 zeigt, wird die Kontrolle mit zwei Eichgasen durchgeführt. Die Prozeßstationen ermitteln die Verstärkungsabweichung sowie die Nullpunktsverschiebung und errechnen hieraus eine Korrekturgleichung. Der Eichvorgang wird von Hand oder in Abhängigkeit von der Zeit und/oder von auftretenden Abweichungen (z.B. 1-aus-2-Auswahl) ausgelöst und läuft vollkommen automatisch ab. Hierbei werden Einstellzeiten und Totzeiten durch vorherige Parametereingaben berücksichtigt.

Mit je einer Prozeßstation wird die Einhaltung des Strom- und Erdgasvertrages überwacht. Beim Strom darf ein bestimmtes Viertelstundenmaximum und beim Erdgas ein bestimmtes Stundenmaximum der Arbeit nicht überschritten werden. Eine Überschreitung hat eine erhebliche Verteuerung der Energie zur Folge. Aus dem Bild 5 kann man entnehmen, daß die rote Sollinie während des Betrachtungszeitraumes nicht überschritten werden darf. Zu jedem Abfragezeitpunkt stellt der Prozeßrechner fest, ob eine Überschreitung stattgefunden hat oder ob in der verbleibenden Zeit eine Überschreitung stattfinden wird. Ist letzteres der der Fall, so werden dem Energie-Steuerungspersonal Empfehlungen über die abzuschaltende Leistung gegeben. Das Personal entscheidet nach Rücksprache mit den Betroffenen, unter Berücksichtigung der Produktionslage, in welcher Produktionsstätte die Leistung abgeschaltet wird. Dieser Vorgang ist noch nicht automatisiert.

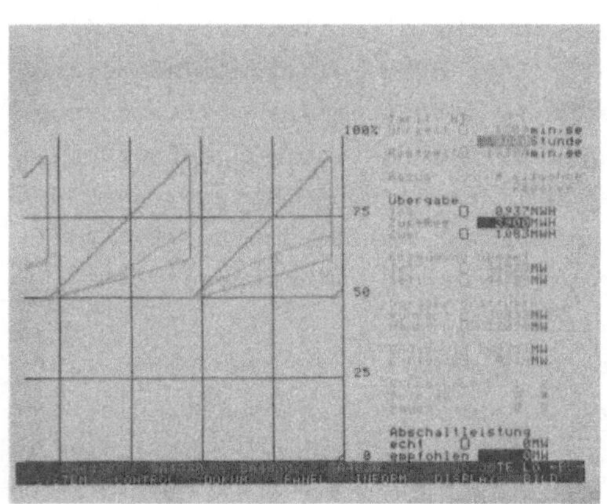

Bild 5. Stromvertrag.

Die Hamborner Werksbereiche können mit der Erdgasqualität L (Wu = 41,5 MJ/m³) oder der Erdgasqualität H (Wu > 45 MJ/m³) versorgt werden. Den prinzipiellen Aufbau der Erdgas-Übernahmestation zeigt das Bild 6. Der Erdgaslieferant entscheidet nach Rücksprache mit der zentralen Energiesteuerung, welche Erdgasqualität abgenommen werden muß. Da die Produktionsanlagen für die Verbrennung von Erdgas-L ausgelegt sind, wird das Erdgas-H mit Druckluft verschnitten. Eine Wobbezahl-Regelung sorgt dafür, daß dieses Erdgas-H / Druckluft-Gemisch die gleiche Wobbezahl wie das Erdgas-L hat.

Der Übergang von Erdgas-L auf Erdgas-H und umgekehrt stellt jeweils eine kritische Situation dar. Wie dem Bild 7 oben zu entnehmen ist, wird der Drucksollwert des Erdgases-L gesenkt und der Drucksollwert des Erdgases-H angehoben und damit die Umstellung von Erdgas-L auf Erdgas-H eingeleitet. Dieser Vorgang läuft automatisch ab und wird, wenn genügend Druckluft vorhanden ist, durch Betätigung eines Symbols auf dem Farbbildschirm des EAF-Systems ausgelöst.

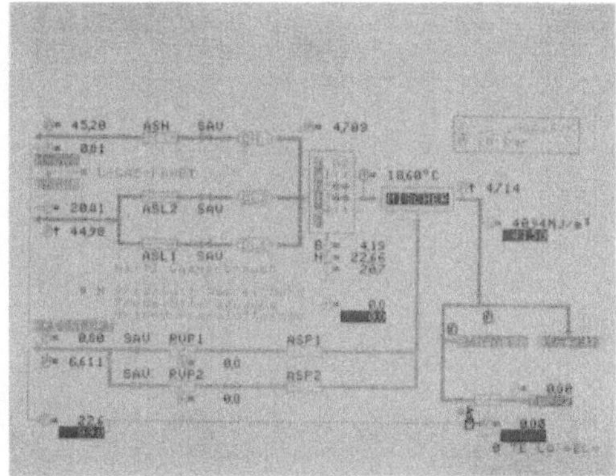

Bild 6. L-/H-Erdgasstation

Da im Erdgas- und Druckluftsystem unterschiedliche Laufzeiten auftreten und eine größere Wobbezahländerung während des Umstellvorganges unzulässig ist, wurde in der Prozeßstation ein Laufzeitmodell nachgebildet. Das gesamte Totzeitvolumen ist,wie im Bild 7 dargestellt,

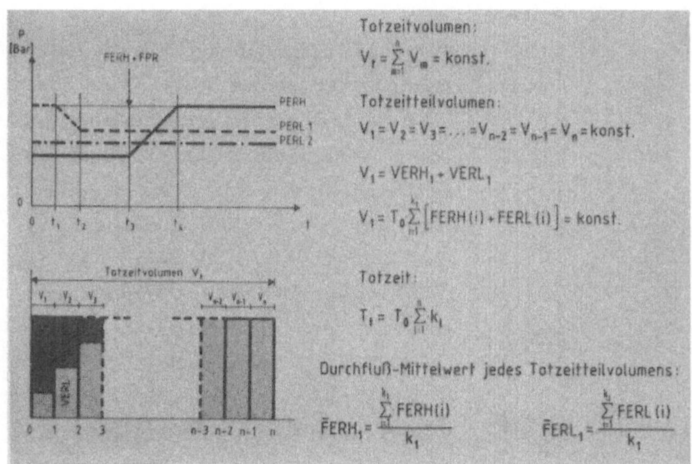

Bild 7. Laufzeitmodell.

in n gleiche Totzeitteilvolumen aufgeteilt worden. Sobald ein Teilvolumen mit Erdgas-H und/oder Erdgas-L gefüllt ist, wird für dieses Teilvolumen der mittlere Erdgas-Durchfluß ermittelt und im Speicher abgelegt. Nachdem das gesamte Totzeitvolumen mit Erdgas-H oder -L gefüllt ist, werden die ermittelten Erdgas-Durchflüsse nach entsprechender Umrechnung in zeitlicher Reihenfolge der Erdgas-H/Druckluft-Verhältnisregelung als Sollwerte aufgeschaltet. Daß der automatische Übergang von

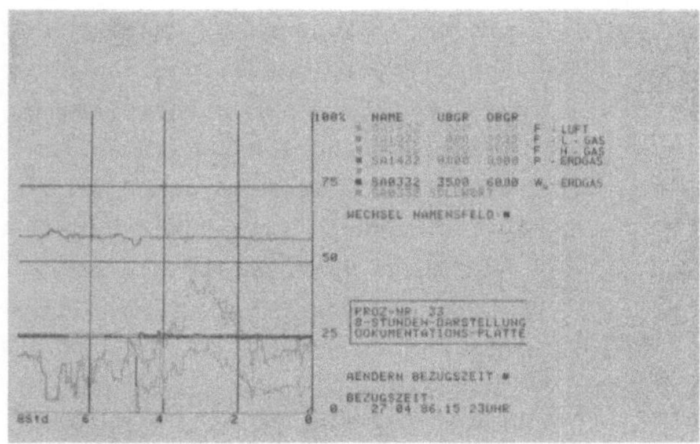

Bild 8. L-/H-Erdgasstation.

Erdgas-L auf Erdgas-H ohne nennenswerte Wobbezahländerungen abläuft, zeigt das Bild 8. Bei allen auftretenden Störungen schaltet die Prozeßstation auf Erdgas-L-Versorgung um.

Die Stahlerzeugung ist ein Chargenprozeß. Daher fällt auch das CO-Gas diskontinuierlich an. Um die Verbraucher kontinuierlich mit CO-Gas versorgen zu können, wurde zwischen Erzeuger und Verbraucher ein <u>CO-Gas-Behälter</u> (Scheibengasbehälter) geschaltet. Dieser hat ein Volumen von 120.000 m³. Der Druck unter der Scheibe beträgt 15 mbar. Aus dem Bild 9 kann man ersehen, daß zwischen dem Stahlwerk und dem CO-Gas-Behälter zwei Fackeln angebracht wurden, über die das CO-Gas verbrannt werden kann, wenn im CO-Gas-Behälter kein CO-Gas unterzubringen ist. Das Bild 10 zeigt dann weiter,daß zwei Gebläse das CO-Gas aus dem Behälter zu den Verbrauchern transportieren.Hinter den Gebläsen wird der CO-Gas-Druck auf 100 mbar geregelt. Als Stellglieder

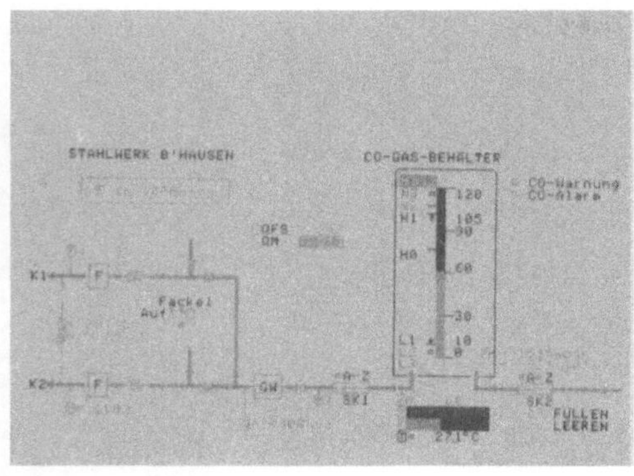

Bild 9. CO-Gas-Behälter.

dienen die Leitschaufeln der Gebläse. Die zugehörige Prozeßstation sorgt für eine sichere Fahrweise von Behälter und Gebläse.

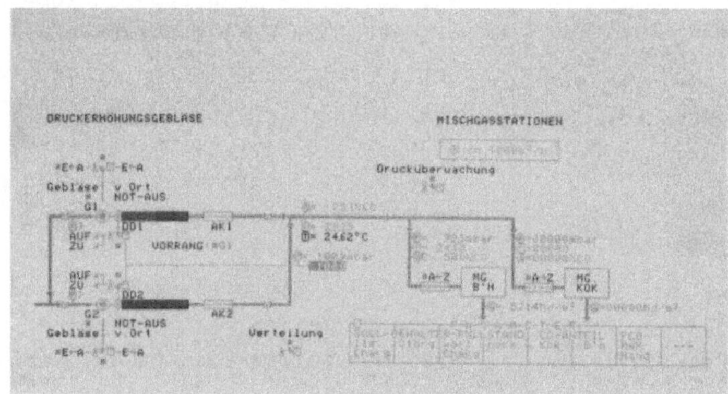

Bild 10. CO-Gas-Netz.

Auf eine Besonderheit des Programms soll kurz eingegangen werden. Wie im Bild 11 schematisch dargestellt, wird aus der Änderung des Speicher-

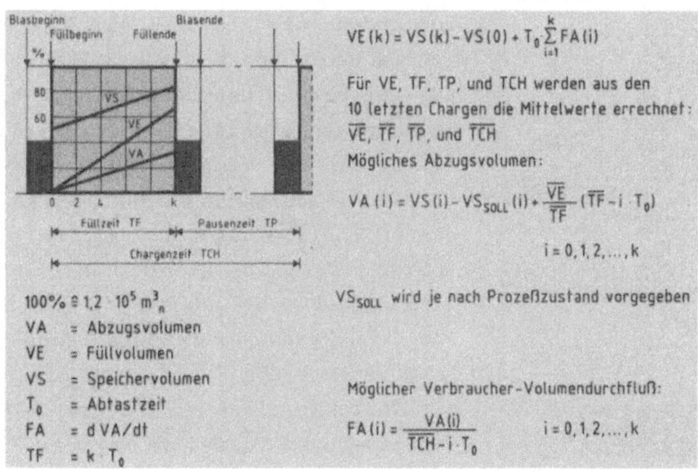

Bild 11. Vorgabe des CO-Gas-Volumen-Durchflusses für die Verbraucher.

volumens und der zeitlichen Ableitung des Abzugsvolumens das Füllvolumen ermittelt. Für ein mittleres Speichervolumen, daß von verschiedenen Prozeßzuständen des Stahlwerkes abhängt, errechnet die Prozeßstation aus den zehn letzten Chargen ein durchschnittliches Füllvolumen und durchschnittliche Füll-, Pausen- und Chargenzeiten. Aus diesen Mittelwerten wird zu jedem Abfragezeitpunkt ein maximal möglicher Verbraucher-Volumendurchfluß abgeleitet und über den LWL-Ring den Verbraucher-Prozeßstationen mitgeteilt.Ob diese CO-Gas-Durchfluß-Sollwerte von den CO-Gas-Verbrauchern wirklich gefahren werden, hängt von den Zuständen der nachgeschalteten Produktionsprozesse ab. Aus der unteren Darstellung des Bildes 12 ist zu erkennen, daß ein mittleres Füllvolumen zu halten ist. Die oberen Kurven des Bildes 12 zeigen den CO-Gas-Anfall im Stahlwerk.Das CO-Gas kann erst dann im CO-Gas-Behälter gespeichert werden, wenn der CO-Anteil im Gas einen bestimmten Wert überschritten und der O_2-Anteil einen bestimmten Wert unterschritten hat.

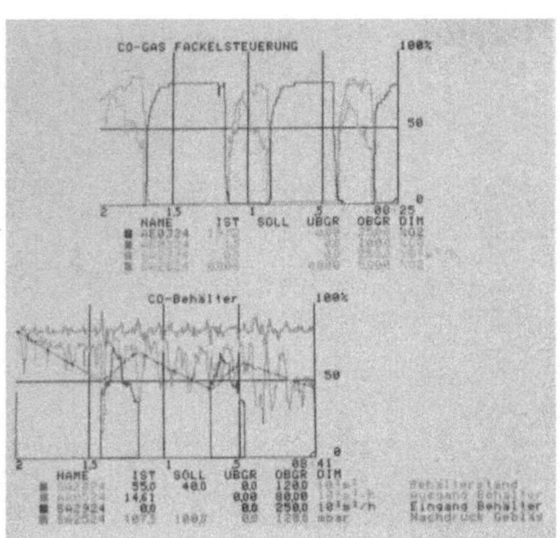

Bild 12. CO-Gas-Behälter.

In der Mischgasstation Bruckhausen wird aus Hochofengas,Koksgas,CO-Gas und Erdgas ein Mischgas mit einer konstanten Wobbezahl von 5,2 MJ/m³ zur Versorgung des Werksbereiches Bruckhausen hergestellt. Im Bild 13 ist die Struktur der Mischgasstation wiedergegeben. Der Mischgas-Durchfluß beträgt maximal 180.000 m³/h, was einer Anschlußleistung von ca. 260 MW entspricht. Neben der Wobbezahlregelung besteht die Forderung durch die Entnahme eines geeigneten Koksgas-Durchflusses im Koksgasnetz einen konstanten Druck zu gewährleisten. Der Einsatz des teueren Erdgases soll möglichst niedrig gehalten werden. So verbleiben für die Wobbezahlregelung maximal zwei Freiheitsgrade. In der im Bild 14 gelb angelegten Fläche liegen die je nach Arbeitspunkt möglichen Gasanteile im Mischgas. Dieses vereinfacht beschriebene stati-

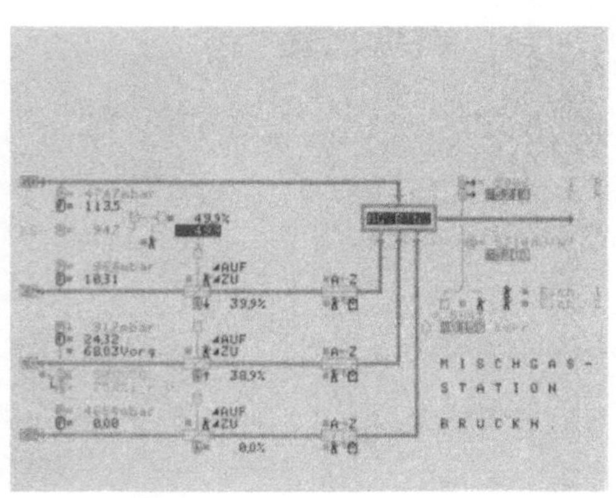

Bild 13. Mischgasstation

sche Modell wurde im Programm der Prozeßstation abgebildet. Die Größe

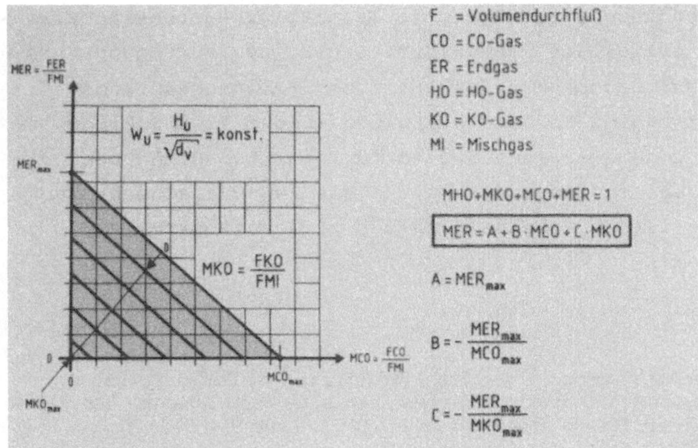

Bild 14. Wobbezahlregelung.

der Fläche hängt von den sich einstellenden Gasanteilen und den Vorgaben der zentralen Energiesteuerung, sowie der CO-Gas-Behälter-Prozeßstation ab.(14) Daß trotz der vielen Beschränkungen ein technisch brauchbares Regelergebnis erzielt werden kann, zeigt das Bild 15.

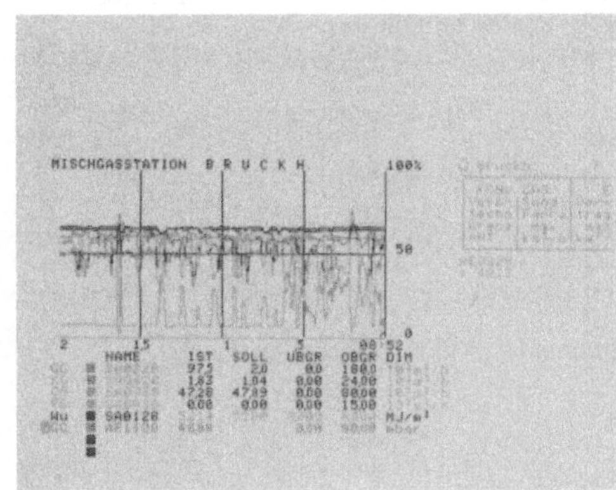

Bild 15. Mischgasstation.

In den Jahren 1984/85 hatte das EAF-System eine Verfügbarkeit von 99,84 % ($H(A) = 1{,}8\ a^{-1}$) und der RDC-Prozeßrechner eine mittlere Verfügbarkeit von 99,81 % ($H(A) = 4\ a^{-1}$). In dieser Zeit ist keine Prozeßstation ausgefallen, da immer ein RDC - Prozeßrechner betriebsbereit war. Die Mittag- und Nachtschicht sind nicht mit Wartungspersonal besetzt. Alle Wartungen und Reparaturen werden während der Frühschicht durchgeführt. Vom Bedienungs- und Wartungspersonal ist das Prozeßleitsystem nach einer Einarbeitungsphase gut akzeptiert worden.

In den kommenden Jahren ist eine Weiterentwicklung des Prozeßleitsystems notwendig. Um die technisch und wirtschaftlich günstigsten Energieträger auswählen und die Energieträger optimal nutzen zu können,müssen dem Prozeßleitsystem weitere Kenngrößen wie z.B. Wirkungsgrade und spezifische Energieverbräuche der Produktionsanlagen,Lagerbestände,Liefertermine, am Markt erzielbare Produktpreise usw. zur Verfügung stehen. Das Daten- und Methodenbanksystem soll dem Bedienungspersonal im Bedarfsfalle Entscheidungshilfen anbieten. Ein in der Entwicklung befindliches Diagnose- und Management-System für den LWL-Ring und die Prozeßstationen wird das Wartungspersonal in die Lage versetzen, auftretende Fehler schneller zu lokalisieren und zu beseitigen.

Literatur

(1) B. Bussmann. Energie-Management in der Stahlindustrie. Stahlmarkt 12-85.

(2) D. Heger. Systemergänzungen und Piloterprobung eines fehlertoleranten Echtzeitrechnersystems mit verteilten Mikroprozessoren. BMFT-FB-DV 81-007.

(3) H.W. Früchtenicht. Rechnernetz zur Automatisierung eines weitverzweigten Gasenergieverbundsystems. FhG-Berichte 3-82.

(4) R. Grim, H. Trück. Ein-/Ausgabe-Farbbildschirmsystem, einsatzbereit für eine verfahrenstechnische Warte. IITB-Mitteilungen 1976.

(5) H. Laubsch, M. Rudolf. Ein-/Ausgabe-Farbbildschirmsystem (EAF-System) mit Doppelbedienplatz zur zentralen Führung eines verteilten Automatisierungssystems. FhG-Berichte 2-80.

(6) D. Heger, P. Peschke. Datenübertragung mit Lichtleitern in Prozeßrechnersystemen mit verteilten Mikroprozessorstationen. IITB-Mitteilungen 1976.

(7) D. Heger. Kommunikationsverfahren für Sammelleitungssysteme und deren Leistungsbeschreibung. FhG-Berichte 1/2-78.

(8) G. Bonn, W. Heil, J. Kippe, F. Saenger. Selbsttest und Selbstkonfiguration von Prozeßrechnersystemen am Beispiel des RDC-Systems. FhG-Berichte 1/2-79.

(9) G. Bonn, L. Lorenz. Steuerung, Synchronisation und Kommunikation bei parallelen Prozessen. FhG-Berichte 2-80.

(10) W. Hinderer. Rekonfiguration und Wiederanlauf in fehlertoleranten Systemen. FhG-Berichte 2-80.

(11) G. Bonn, I. Hertlin. PEARL-Programmerzeugungs- und Kommunikationssystem für Mehrrechnersystem im Test. FhG-Berichte 1/2-78.

(12) H. Hülshoff, E. Kunze. Praktische Erfahrungen mit einer direkten digitalen Regelung (DDC) von Tieföfen. IITB-Mitteilungen 1978.

(13) E. Kunze. Anwendung adaptierender und kompensierender Algorithmen zur Regelung von Tieföfen. FhG-Berichte 2-80.

(14) W. Patzelt. Automatisierung einer Gasmischanlage mit Mikrorechnern. FhG-Berichte 2-84.

BILDSCHIRMLEITTECHNIK IN VERTEILTEN AUTOMATISIERUNGSSYSTEMEN

CRT-BASED PROCESS CONTROL IN DISTRIBUTED AUTOMATION SYSTEMS

T. v. Briesen, W. Meyer
AEG Aktiengesellschaft, 6000 Frankfurt / Main

Summary

After a short view on the state-of-the-art in modern CRT-based process control systems, there are defined some new jobs: Performing central functions in decentralized, heterogeneous automation systems, and realizing an identical, comfortable human interface in all its levels. Against the scenario of such a typical system, there are given some hints for the solution of the problem in controlling the process, i.e. indicating and announcing, switching and setting, alarming and acknowledging, in controlling the system, i.e. configuering and projecting, controlling, maintenance, and in creating a graduated spectrum of CRT-based control devices.

1. Einführung

1.1 Stand der Technik

Der Bildschirm als Fenster zum Prozeß hat sich etabliert. Stand der Technik sind autark arbeitende Video-Systeme mit mehreren Farbmonitoren für die graphische Darstellung des Prozesses und seiner Zustände, mit interaktiver Prozeßbedienung über das Bild, mit Bedienplatz-spezifischer Protokollierung auf Papier oder Magnetdatenträger, mit Langzeit-Datenhaltung, -Archivierung und graphischer Rückdarstellung. Die Spracherkennung und -Ausgabe wird in den Bereichen "Benutzerführung" und "Meldungsausgabe" auf ihre Eignung und Akzeptanz als zusätzliches Mensch-Maschine-Interface untersucht.

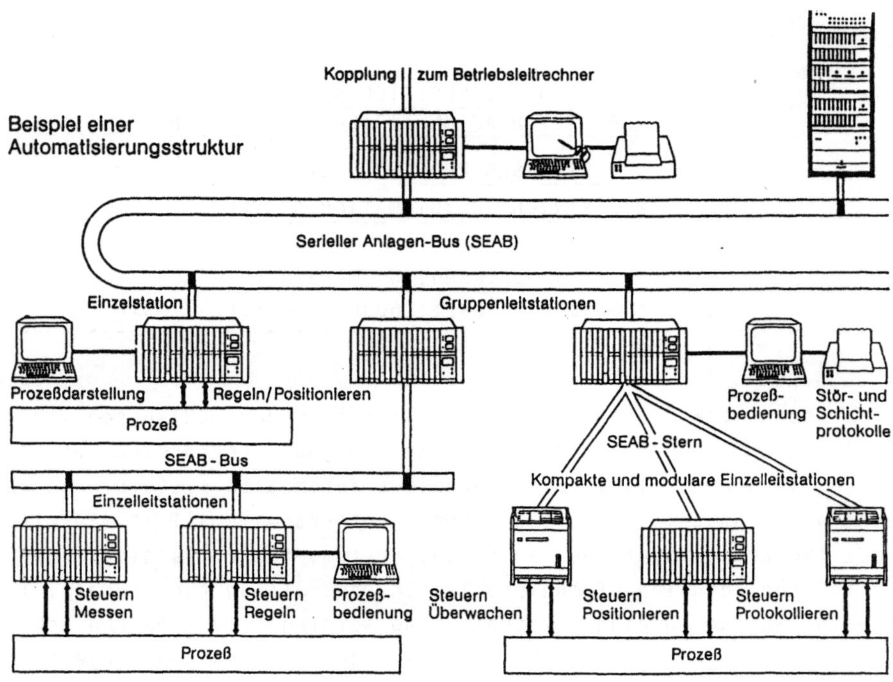

Bild 1: Individuelle Automatisierung

Die Anforderungen, die derartige Architekturen an die Kommunikationstechnik stellen, sollen nicht Gegenstand dieser Betrachtungen sein. Allerdings hängt die Realisierung zentral wirksamer Funktionen, und als solche sind Leitfunktionen generell zu klassifizieren, entscheidend von der Qualität des Kommunikationssystems ab, d.h. von den physikalischen Eigenschaften der Übertragungswege und den logischen Übertragungsfunktionen.

3. Leitfunktionen

Dezentrale heterogene Automatisierungssysteme sind für die Hersteller von Leiteinrichtungen eine Herausforderung. Ausgehend von Komponenten mit unterschiedlicher Komplexität und Leistungsfähigkeit, ist die konsequente Anwendung des Prinzips des "information hiding" die einzige Möglichkeit, die verschiedenartigen Leitfunktionen zu standardisieren:

1.2 Erweiterte Anforderungen

Für den Hersteller von Automatisierungssystemen und Anbieter schlüsfertiger technologiebezogener Komplettlösungen leitet sich aus den Erfahrungen mit Bildschirm-Leitsystemen eine Erweiterung der Aufgabenstellung in zwei entscheidenden Punkten ab

* Wahrnehmung zentraler Leitfunktionen in dezentralen heterogenen Automatisierungssystemen, insbesondere im Verbund mit weiteren Leiteinrichtungen innerhalb desselben Systems, mit den Aufgabenbereichen

  - Prozeßleiten, d.h. Anzeigen und Melden,
Schalten und Stellen
Alarmieren/Quittieren

  - Systemleiten, d.h. Anzeigen und Verändern von
Betriebszuständen des Systems,
systemweites Konfigurieren
Inbetriebnahme, Service und
Diagnose

* Implementierung der Leitfunktionen mit identischer Benutzeroberfläche mit abgestuftem Leistungsumfang auf allen Ebenenen des Automatisierungssystems.

2. S z e n a r i o

Die funktionale Erweiterung der Aufgabenstellung für leittechnische Systeme der Zukunft ist geprägt durch dezentrale heterogene Systemstrukturen, die den Anspruch der "individuellen Automatisierung" weitgehend erfüllen:
Die in den verschiedenen Automatisierungsebenen eingesetzten Komponenten unterscheiden sich nicht nur in den durch ihre verschiedenen Aufgaben bedingten Merkmalen, sondern sind, im Gegensatz zu den sogenannten geschlossenen Systemen der Vergangenheit, von ihrem Hardware- und Software-Aufbau her nicht mehr aus einem Guß, d.h. einer einzigen, durchgängigen Systemfamilie zugehörig. Vielmehr reicht das Gerätespektrum vom Prozeßrechner bis zur Speicherprogrammierbaren Steuerung, die Software-Ausstattung von komplexen Multi-Prozessor-/ Multi-Task-System bis zur zyklischen Schrittfolgesteuerung mit dediziertem Realzeitverhalten.

Alle Funktionen werden vollständig an ihrem Heimatort abgehandelt; sie treten nach außen nur in allgemein gültigen und systemweit verständlichen, d.h. standardisierten Darstellungen mit ebenso standardisierten Schnittstellen auf; nur so lassen sich von zentraler Stelle aus Aufgaben lösen, die auf verschiedene, unterschiedliche Systemkomponenten gerichtet sind.

3.1 Prozeßleiten

In diesem Kapitel soll die grundsätzliche Arbeitsweise von Bildschirm-Leitsystemen, ihre Einbindung in das Gesamtsystem, sowie Strategien zur Synchronisation mehrerer verschiedener Leiteinrichtungen im Automatisierungssystem behandelt werden.

Aufgabenfeld Anzeigen/Melden

Das Anzeigen aktueller Prozeßzustände und das Melden von Ereignissen gehört zu den Grundaufgaben eines Bildschirm-Leitsystems: sie können in dem oben beschriebenen Szenario nur dann zufriedenstellend gelöst werden, wenn dieses Leitsystem seine Aufgaben völlig autark bearbeitet:

- Die dargestellten Prozeßbilder werden auf dem System selbst gehalten, und zwar sowohl der statische Hintergrund-Anteil, als auch die Beschreibung der darzustellenden Bildvariablen.

- Das System besorgt sich selbst genau die aktuellen Werte von den verschiedenen Prozeßstationen, die es für seine Darstellung braucht.

- Der Datenverkehr mit der Umwelt erfolgt auf rein logischer Ebene, d.h. weder Maschine- noch Anwendungs- (Bild-) bezogen.

Aufgabenfeld Schalten/Stellen

Bei der Eingabe von Leiteingriffen in das Automatisierungssystem ist eine deutliche Abgrenzung bezüglich der Kompetenzen zu machen. Die Eingabe des Leitbefehls selbst einschließlich der Abhandlung be-

stimmter Sequenzen in der Bedienung ist Sache der Leitstation. Die Zulassung und Ausführung des Befehls in diesem augeblicklichen Prozeßzustand ist jedoch Sache der betroffenen Prozeßstation; sie allein kennt die prozeßbedingten Verriegelungsalgorithmen und trägt die Verantwortung für die Befehlsausführung.
Damit ist zugleich die Frage nach der Verwaltung der Zugriffserlaubnis für die verschiedenen Leiteinrichtungen eines Systems auf ein bestimmtes Prozeßelement beantwortet: In der Prozeßstation laufen sämtliche Verriegelungsbedingungen zusammen, sie regelt selbst den Zugriff auf die ihr zugeordneten Stellglieder.

Bezüglich der Übermittlung der Leitbefehle gilt das für die Melderichtung Gesagte: Der Datenaustausch enthält ausschließlich logische Informationen.

Aufgabenfeld Alarmieren/Quittieren

Alarmieren und Quittieren sind Sonderformen des Meldens bzw. Stellens; die Abhandlung durch das Leitsystem erfolgt daher in analoger Form:

Alarme werden grundsätzlich von der Prozeßstation erzeugt, die die betreffende MSR-Stelle bearbeitet. Hier wird die Sollwert- und Grenzwert- überwachung vorgenommen und somit auch der entsprechende MSR-Stellen-Status gebildet.
Im Gegensatz zur regulären Aktualisierung müssen Alarme auch dann zu den Leiteinrichtungen gemeldet werden, wenn dort derzeit diese MSR-Stelle nicht abgefragt wird, z. B. weil kein entsprechendes Anlagenbild auf einem der Monitore angewählt ist.

Quittierungen von Alarmen werden, getreu dem Grundsatz, den vollständigen Status einer MSR-Stelle an der Quelle, d.h. in der zuständigen Prozeßstation zu führen, an der Datenquelle vorgenommen: Der Quittiervorgang wird über die Leiteinrichtung wie jeder Leitbefehl an die Prozeßstation übertragen und dort abgehandelt. Die entsprechende RÜckmeldung erfolgt auf dem Weg einer normalen Alarmabfrage und kann zur Führung einer lokalen Liste auf dem Leitsystem mitbenutzt werden.
Diese Arbeitsweise stellt sicher, daß sämtliche Leiteinrichtungen des Automatisierungssystems auf dem gleichen aktuellen Stand sind, was den Alarmzustand des Prozesses angeht, ohne daß sie gegenseitig Sonderbotschaften austauschen müssen.

3.2 Systemleiten

Der Komplex "Systemleiten" ist bisher lediglich in homogenen Automatisierungssystemen ansatzweise behandelt worden. Wir verstehen darunter sämtliche Aktionen des Benutzers, die nicht auf den Prozeß, sondern auf die Automatisierungseinrichtungen gerichtet sind, d.h. Prozeßrechner, Steuergeräte. Leitgeräte und das Kommunikationssystem mit seinen logischen und physikalischen Komponenten.
Ganz grob lassen sich drei Aufgabenfelder formulieren, die den mit dem Begriff "Systemleiten" belegten Funktionsumfang beschreiben: Konfigurieren/Projektieren, Bedienen, Maintenance.

Aufgabenfeld Konfigurieren/Projektieren

Für den Hersteller heterogener Automatisierungssysteme wirft die Aufgabe des systemweiten Konfigurierens und Projektierens der verschiedenen Automatisierungskomponenten von zentraler Stelle aus eine Fülle von Problemen auf: Hatte er bisher für jede Systemkomponente eine maßgeschneiderte, d.h. der internen Datenstruktur, der Maschinenintelligenz und in ihrem Komfort dem Preisniveau angepaßte Programmier- bzw. Projektiereinrichtung vorgehalten, sieht er sich nun der Forderung gegenübergestellt, diese Aufgabe mit einem einheitlichen Werkzeug zu lösen.

So unrealistisch es ist, für eine Vielzahl von Gerätetypen mit unterschiedlichster Aufgabenstellung, unterschiedlichster Verarbeitungsleistung und unterschiedlichstem Marktpreis eine einheitliche Projektierungs- und Konfigurierungsoberfläche zu schaffen, ohne daß am Ende wieder ein homogenes System mit entsprechendem Overhead für jede einzelne Komponente entsteht, so unrealistisch ist es auch, ein Über-Konfiguriergerät zu entwickeln, das sämtliche Maschinentypen des zu einer Anlage fügbaren Komponentenspektrums emuliert, und dieses dann in ein Bildschirm-Leitsystem zu integrieren.
Bei den zu konfigurierenden bzw. zu projektierenden Funktionen treten zwei grundverschiedene Qualitäten auf: Globale Funktionen, die systemweit einheitlich abgehandelt werden müssen, um ein Zusammenspiel der einzelnen Systemkomponenten überhaupt zu ermöglichen, und lokale Funktionen , die sich in den Spezialaufgaben jeder einzelnen Komponente manifestieren.

Es ist wiederum das Prinzip des "information hiding", das einen Lösungsansatz bietet: Der Individualanteil einer Systemkomponente soll den anderen Systemteilnehmern verborgen bleiben; nach außen treten nur die allgemeinen, für den Systemverbund relevanten Funktionen mit ihren einheitlichen Schnittstellen auf.

Lokale Funktionen bleiben also im Verantwortungsbereich der jeweiligen Systemkomponente. Die Leitstation als Konfiguriergerät stellt lediglich die Mittel zur Mensch-Maschine-Kommunikation zur Verfügung, während die eigentliche Konfigurier- bzw. Projektier- Intelligenz in der Zielmaschine angesiedelt ist. Dort ist sie Teil der lokalen Individualfunktionen und kann genau zugeschnitten sein auf das von der Komponente zu lösende Aufgabenspektrum; sie ist lediglich von der Leitstation her bedienbar.

Globale Funktionen hingegen sind von gänzlich anderer Qualität. Die Kommunikation realisiert einheitliche logische Datenstrukturen, Zugriffsprozeduren und Schnittstellen, die mit Hilfe der physikalischen Übertragungseinrichtungen an jedem Ort des Automatisierungssystems identisch abgebildet werden. Ein derartiges integriertes Kommunikationssystem hat keine körperliche Heimat. Es ist auf sämtlichen Komponenten verteilt vorhanden und macht sie zu Stationen, zu Bausteinen des Systems.
Weitere globale Funktionen werden von den verschiedenen Betriebsarten des Systems gebildet, die konfiguriert oder projektiert werden müssen. Dazu gehören Festlegungen der Leitstrategie, in der z. B. die Zugriffsrechte der einzelnen Leiteinrichtungen auf die verschiedenen Stationen und ihre Funktionen geregelt sind, und Redundanzstrategien, die das Verhalten des Systems bei Ausfall einzelner Stationen definieren.

Es erscheint folgerichtig, die Konfigurierung sämtlicher globaler Funktionen in Leitstationen anzusiedeln, die aufgrund ihres Aufbaus und ihrer Verarbeitungsleistung die zentrale Abhandlung dieser Aufgaben gestattet.

Somit ergibt sich für die Realisierung des Aufgabenfeldes Konfigurieren/Projektieren auf Leiteinrichtungen folgendendes Bild:
Für globale Funktionen ist die Konfigurier-Intelligenz auf der Leiteinrichtung selbst installiert,
für lokale Funktionen ist die Konfigurier-Intelligenz auf der Automatisierungseinrichtung selbst vorhanden, sie ist jedoch zentral

von der Leiteinrichtung her erreichbar und kann von dort bedient werden.

Aufgabenfeld Systembedienung

Unter der Systembedienung verstehen wir Leiteingriffe auf Betriebsarten der verschiedenen Einzel-Komponenten des Automatisierungssystems. Im Abschnitt "Konfigurieren/Globale Funktionen" sind diese Betriebsarten bereits genannt worden: Es sind dies in der Regel automatisch ablaufende Vorgänge (die in Ausnahmefällen über manuelle Eingriffe bedient werden), z. B. das Redundanzverhalten von Stationen, indem eine Prozeßstation abgeschaltet und ihr back-up in Betrieb genommen wird, oder die Leitstrategie, indem die Leitkompetenz einer Leitstation auf die andere umgeschaltet wird.

Diese Aufgabenstellung entspricht im wesentlichen dem klassischen Schalten und Stellen im Sinne des Prozeßleitens, wobei Leitobjekt nicht mehr Prozeßgrößen, sondern Systemparameter sind. Die Lösung ist demzufolge analog hierzu: Die Leiteinrichtung ist das Benutzer-Interface, während die Schaltung selbst unter der Verantwortung derjenigen Systemkomponente abläuft, auf der die betreffende Funktion beheimatet ist; wieder ein klassischer Fall von "information hiding".

Aufgabenfeld Maintenance

Mit zunehmender Komplexität der Automatisierungssysteme kommt ihrer Servitierung immer stärkere Bedeutung zu. Bereits bei der Inbetriebnahme sind Systemleitfunktionen, wie Zu- und Abschalten von Stationen, Meldung und Anzeige von Systemfehlern bis hin zur Lokalisierung defekter Komponenten innerhalb der Automatisierungsgeräte mehr als ein nützliches Feature, sie sind oft ausschlaggebend für die Handhabbarkeit- und damit letztlich für die Akzeptanz- des gesamten Systems.

Analog zum Aufgabenfeld Konfigurierung/Projektierung läßt sich auch hier wieder eine klare Abgrenzung der Kompetenzen durch die Einteilung in globale und lokale Funktionen vornehmen: Test- und Diagnose-Einrichtungen für die einzelne Komponente sind lokal angesiedelt;

sie haben über das Kommunikationssystem Standard-Schnittstellen zu den Leiteinrichtungen und finden dort ihr Interface zum Benutzer. Für globale, d.h. auf das Gesamtsystem bezogene Service-Funktionen, das sind in erster Linie solche, die das Kommunikationssystem betreffen, sind die Leitstationen der geeignete Implementierungsort. Hier können zentral sämtliche vitalen Funktionen des Systems dargestellt und überwacht werden.
Diese Unterscheidung betrifft sowohl die ständig im Hintergrund laufenden On-line-Testroutinen, als auch die speziellen Prüfprogrammme, die nur im Off-line Zustand der Anlage gefahren werden können.

Die Wahrnehmung der Systemleitaufgaben führt dazu, daß ein Bildschirm-Leitsystem parallel zu den Bildern des Prozesses mit Bildern der Systemstruktur ausgestattet ist, die in gleicher Weise das Betreiben der Automatisierungs-Anlage unterstützen und überwachen.

4. Gerätetechnik

Die Forderung nach Leitfunktionen gleicher Qualität in allen Ebenen des Automatisierungssystems läßt sich nur mit einer Gerätetechnik erfüllen, die ein abgestuftes Leistungsspektrum mit weitgehend identischen Hardware- und Software-Komponenten aufweist. Zu den unverzichtbaren Grundmerkmalen aller Leiteinrichtungen zählen eine Funktion für Funktion identische Benutzeroberfläche, identische, d.h. uneingeschränkt portierbare Konfigurierdaten und selbstverständlich identische Schnittstellen zum Kommunikationssystem. Bei einem derart weitgehenden Überdeckungsgrad der einzelnen Geräteklassen bleibt der Variationsspielraum gering. Eine Abstufung mit dem Ziel, preisgünstige Leiteinrichtungen insbesondere für die Gruppen- und Einzelleitebene zur Verfügung zu stellen, wird sich daher auf wenige Merkmale beschränken müssen.

Der Leistungsumfang ist nur noch in eingeschränktem Maße ein Klassifizierungsmerkmal. Selbst lokale Leiteinrichtungen verfügen über sämtliche wichtigen Bedien- und Darstellungsmöglichkeiten schon wegen der Forderung nach einer einheitlichen Benutzeroberfläche. Lediglich im Bereich der Archivierung von Daten über längere Zeiträume sind Abstriche im Funktionsumfang zu machen.

Die Modularität ist ein wesentliches Unterscheidungsmerkmal für Leiteinrichtungen unterschiedlicher Anwendungsebene. Während auf der Prozeß- und Gruppenleitebene die modulare Ausbaufähigkeit und damit die Anpaßbarkeit an die vorliegende Aufgabenstellung von entscheidener Bedeutung ist, kann dieser systemtechnische Überbau in der Einzelleitebene in vielen Fällen eingespart werden: Eine Vor-Ort-Leiteinrichtung wird als dediziertes Gerät mit einem fest umrissenen Leistungsumfang realisiert und kann somit kostengünstiger sein als ein Modulargerät gleichen Leistungsumfangs.

Die Kapazität d.h. die Menge der darzustellenden Prozeßdaten und damit auch indirekt die Anzahl der Bilder im Videosystem bestimmt diese Leistungsgrenze einer Leiteinrichtung. Die Notwendigkeit des Einsatzes von Externspeichern ist in der Regel ein betrachtlicher Preissprung und damit eine Grenze für den Einsatz in einer bestimmten Leistungsklasse.
Es werden daher drei Klassen von Bildschirm-Leiteinrichtungen vorgeschlagen, die die oben genannten Anforderungen an die Identität der Benutzeroberfläche erfüllen.

Klasse 1: Autarke Station am Kommunikationssystem
Diese Klasse weist den vollen Leistungsumfang eines modularen Prozeßleitsystems auf; sie ist universell einsetzbar.

Klasse 2: INHOUSE-Version der Klasse 1
Leiteinrichtungen dieser Klasse unterscheiden sich von der Klasse 1 nur durch ihre Infrastruktur. Sie verfügen nicht mehr über einen eigenen Anschluß an das Kommunikationssystem, sondern sind als Steckkartensatz parasitär in ein Automatisierungsgerät eingebaut. Grundsätzlich ist ihr Leistungsumfang und ihre Ausbaugrenze nicht eingeschränkt, jedoch ergeben sich natürliche Grenzen durch die Unterbringungsmöglichkeiten in der fremden Hardware-Umgebung.

Klasse 3: Geräte-Version
Hier sind Kapazität und Funktionsumfang der Leiteinrichtung fest vorgegeben, eine nenneswerte Modularität ist nicht mehr gegeben. Es wird genau ein Bedienplatz mit einem Bildschirm realisiert, ein Protokolldrucker kann angeschlossen werden. Die Hardware ist zu einem single-board geschrumpft, das in der mechanischen Umgebung von Tastatur und Bildschirm installiert ist. Ein echtes Leitgerät.

EINSATZERFAHRUNGEN MIT BEDIEN- UND BEOBACHTUNGS-SYSTEMEN AM BEISPIEL DER CHEMIEFASERINDUSTRIE

EXPERIENCES ON THE USE OF OPERATOR-SYSTEMS IN THE SYNTHETIC-FIBER INDUSTRIES

B. Ziegler
Siemens AG, Systemtechnische Entwicklung
7500 Karlsruhe BRD

R. Kalenborn
Bayer AG, IN - Prozeßleittechnik
4047 Dormagen 1, BRD

Summary

The implementation of process control systems in recent years caused a change in operating and monitoring of technological processes. The formerly known individual instrumentation panels as well as the large instrumentation rooms with their displays, controllers, switches and flow charts were replaced by central control rooms, where communication with the process took place through video displays. In 1981 this step was also made in the synthetic-fiber industries. This paper reports from the experiences with the use of the new operator communication and monitoring systems. Then it is demonstrated how process control may substantially simplified by the use of new means and methods.

1. Zusammenfassung

Durch den Einsatz von Prozeßleitsystemen in den letzten Jahren ergab sich auch ein Wandel in der Bedien- und Beobachtung der Prozesse. Die uns früher bekannten Einzelmeßstände sowie Großmeßwarten mit ihren Anzeigen, Reglern, Schaltern, Fließbildern wurden durch zentrale Leitstände abgelöst, von wo aus die Kommunikation mit dem Prozeß über Bildschirme erfolgt. Dieser Schritt wurde 1981 auch in der Chemiefaserindustrie vollzogen. Über die Erfahrungen beim Einsatz dieser neuen Bedien- und Beobachtungssysteme soll in diesem Beitrag berichtet werden. Danach wird aufgezeigt, wie durch den Einsatz neuer Mittel und Verfahren die Prozeßführung wesentlich vereinfacht werden kann.

2. Einsatzerfahrungen

2.1 Wesentliche Gründe für den Einsatz von Bedien- und Beobachtungssystemen

Die Entwicklung in der Mikrocomputertechnik in den 70er Jahren ermöglichte es, die bis dahin klassische, elektropneumatische Technik in allen Bereichen der Chemie mehr und mehr durch Prozeßleitsysteme (PLS) abzulösen. Ab 1979 wurden diese Systeme in der Dralon-Faserindustrie eingeführt. Nachdem bis 1981 mehrere dezentrale Prozeßleitsysteme eingesetzt waren, trat immer mehr die Problematik der zentralen Bedien- und Beobachtung auf. Die bis dato entwickelten Prozeßleitsysteme reichten für die Kommunikation mit dem Prozeß nicht aus, um konventionelle Fließbilder, Meldetableaus und Schreiber zu ersetzen.

Bild 1 Alte Meßwarte
Typische Großmeßwarte mit konventioneller Instrumentierung

Die Prozeßleitsysteme der ersten Generation boten zwar die Möglichkeit, mehrere Regelungen, Messungen und Steuerungen anzuzeigen und zu bedienen, jedoch war die Darstellung für das Bedienpersonal zu abstrakt. Dieser Mangel machte sich hauptsächlich bei Störungen des normalen Betriebszustandes bemerkbar.

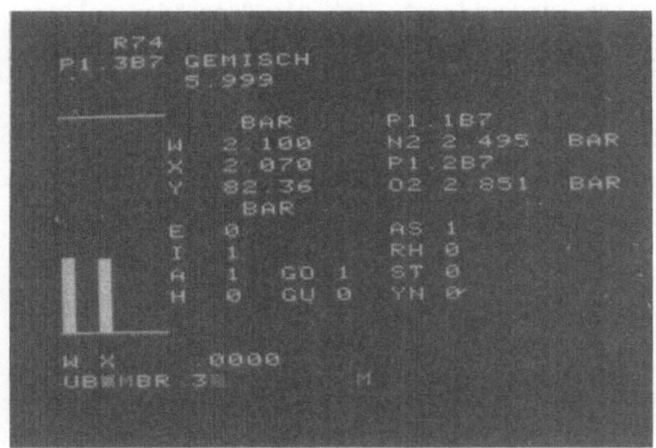

Bild 2 Bedienung eines Reglers am PLS-Subsystem

Erst mit dem neuen Bedien- und Beobachtungssystem war es möglich, dem Betriebspersonal den Überblick über den Prozeß zu geben, den es bislang in konventionellen Anlagen gewohnt war. Hierdurch verringerte sich auch der Platzbedarf innerhalb des Leitstandes.

Bild 3 Neue Meßwarte
Leitstand heutiger Konzeption mit Bedien- und Beobachtungssystem

2.2 Voraussetzung einer optimalen Prozeßführung

Anhand der Bilder 1 bis 3 erkennt man deutlich, wie sich die Änderung beim Einsatz von Bedien- und Beobachtungssystemen für den Betrieb in den Leitständen vollzogen hat. Während man die Funktionen der Prozeßleittechnik (PLT) immer noch als Grundbausteine in den Systemen wiederfindet, ist die Prozeßdarstellung neu und ungewohnt. Bildschirmdarstellungen gestatten es definitiv nicht mehr, dem Betriebspersonal alle Signale und Informationen parallel und gleichzeitig anzuzeigen. Aus diesem Grunde ist eine ausreichende Zahl von Arbeitsplätzen mit Farbsichtgeräten von großer Bedeutung. Zudem hat die Anzahl der Meßstellen und Funktionen durch die Erhöhung des Automatisierungsgrades der Anlagen stark zugenommen.

Um eine optimale Lösung für die Prozeßführung zu erlangen, mußte ein neues Konzept erarbeitet werden. Dieses Konzept mußte geeignete Mittel bereitstellen, die es dem Betriebspersonal gestatten, zum richtigen Zeitpunkt die benötigte Information schnell zu finden und die notwendigen Eingriffe sicher und rasch auszuführen. Dies gilt besonders bei Störungen des normalen Betriebszustandes und bei Anfahrvorgängen. Hierzu war es wichtig, die Prozeßinformation richtig aufzubereiten und darzustellen. Dabei stehen folgende Gesichtspunkte im Vordergrund:

- geeignete Verknüpfungen von Signalen zu aussagekräftigen Informationen
- prozeßbezogene Darstellungen und
- Erkennungshilfen bei unzulässigen Abweichungen

2.3 Bildschirmhierarchie

Die Darstellung des Prozeßablaufes mußte primär an den Bedürfnissen des Bedienpersonals ausgerichtet werden. Dabei war es wichtig, eine hierarchische Struktur des Informationsinhaltes zu erarbeiten. Die ersten Erfahrungen zeigten, daß dies mit Standarddarstellungen nicht möglich war. Das Betriebspersonal war es von früher her gewohnt, den Prozeßablauf auf den RI-Fließbildern zu verfolgen. Was lag näher, als dieses auf das Bedien- und Beobachtungssystem zu übertragen. Über die

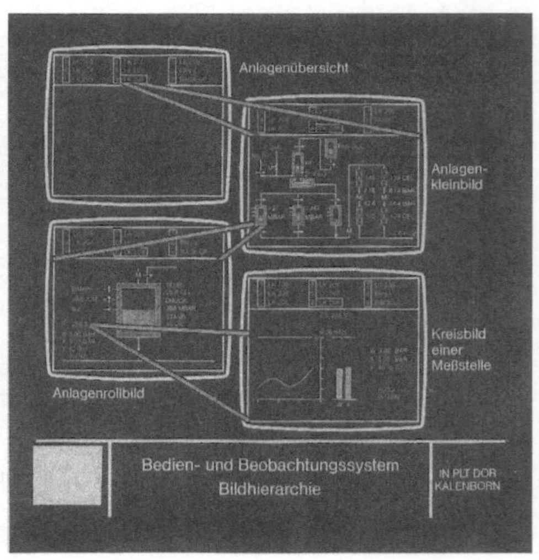

Bild 4 Bildhierarchie

Auswahl in der Anlagenübersicht wird dem Betriebspersonal der Einstieg in das Anlagenkleinbild ermöglicht, von wo aus dann weitere Informationen in Form von Roll- und Kreisbildern dem Anlagenfahrer angeboten werden. Im Anlagenkleinbild werden ihm die wichtigsten analogen und binären Zustände angezeigt. Störungen werden durch Farbmarkierungen und blinkende Darstellung gekennzeichnet.

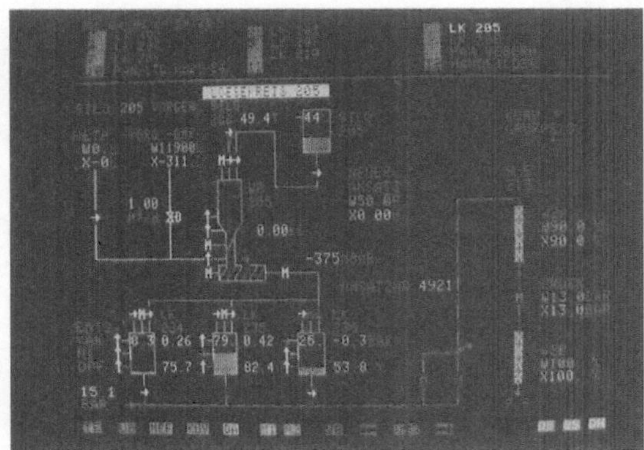

Bild 5 Anlagenkleinbild

Zur Bedienung wählt der Anlagenfahrer per Lichtstift das zu bedienende Aggregat an. Er erhält nun diesen Anlagenteil als Rollbild stark vergrößert auf dem Farbmonitor angezeigt. Hier sind die zu bedienenden Elemente farblich hinterlegt, so daß er direkt die Bedienparameter erkennt. Mit Hilfe des Steuerhebels kann der dargestellte Rollbildausschnitt verschoben werden.

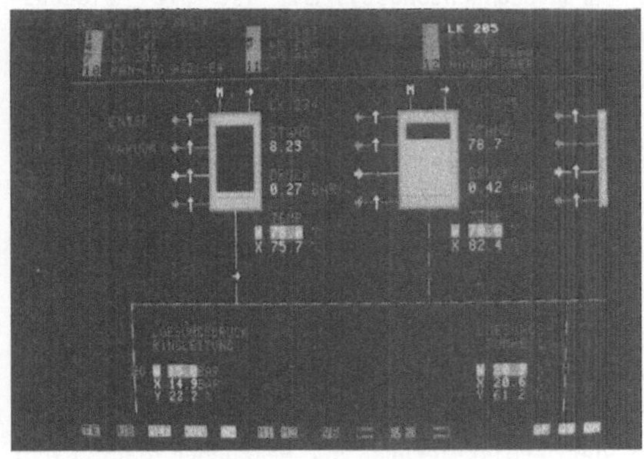

Bild 6 Rollbild
Darstellung im Rollbild und Bedienung einer Meßstelle

Werden noch weitere Details von dieser Meßstelle benötigt, so kann durch Antippen mit dem Lichtstift auf die PLT-Stelle das zugehörige Kreisbild, z.B. der Regler, mit all seinen Parametern angezeigt werden, wobei auch Kurven darstellbar sind.

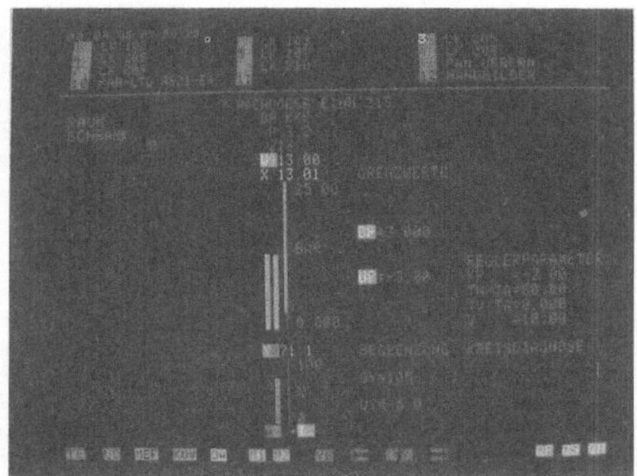

Bild 7 Kreisbild eines Reglers

Mit dieser Bildorganisation, so hat die Erfahrung von nun 15 Bedien- und Beobachtungssystemen gezeigt, ist bislang eine optimale Bedien- und Beobachtung möglich. Zudem wurden die zusätzlichen Möglichkeiten genutzt, z.B. das Meldepaket und die Kurvendarstellung.

2.4 Meldungen

Eine wichtige Aufgabe der Bedien- und Beobachtungssysteme ist die Meldungsdarstellung. Das Betriebspersonal muß im gestörten Betriebszustand schnell über eine Abweichung informiert werden. Durch Blinkmarken in der Anlagenübersicht wird auf eine Meldung hingewiesen (Bild 8).
Durch Anwahl des zugehörigen Anlagenbereichs erhält der Anlagenfahrer auf der Neuseite der Meldungsübersicht die detaillierte Information der gestörten Meßstelle (Bild 9). In diesem Bild wird auch die Quittierung vorgenommen. Alle Meldungen und Quittierungen werden auf dem Drucker protokolliert. Gerade im Bereich der Meldungen zeigte es sich, daß hier noch einiges zu verbessern ist. Bei einer Umfrage unter den Anlagenfahrern stellte sich heraus, daß viele Meldungen nicht aussagekräftig bzw. nicht wichtig waren und zum Teil oszillierend auftraten. Der geringe Aufwand bei der Projektierung von Meldungen darf nicht dazu verleiten, durch eine unnötige Vielzahl die Aufmerksamkeit des Bedienungspersonals zu überfordern.

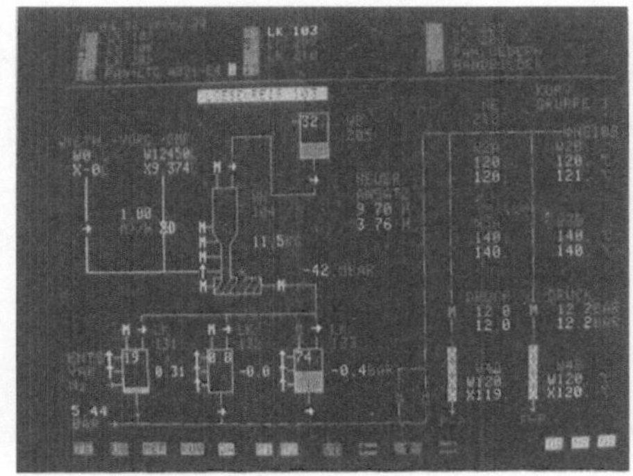

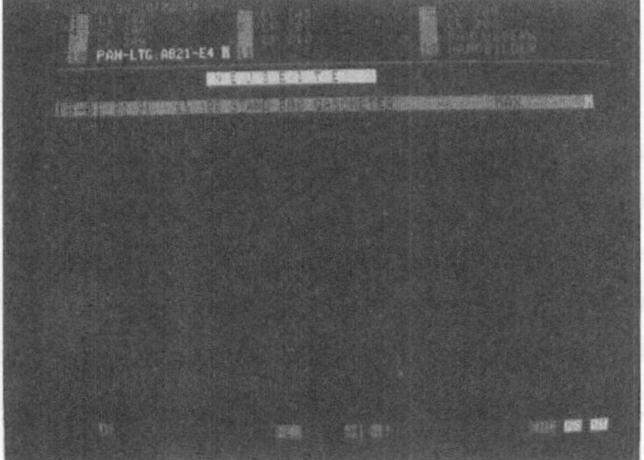

Bild 8 Meldehinweis

Bild 9 Neuseite

2.5 Bedienplätze

Bei der Neuerstellung einer Anlage mit Prozeßleitsystemen und den dazugehörigen Bedien- und Beobachtungssystemen stellt sich immer wieder die Frage nach der Anzahl der Bedienkanäle. Normalerweise werden soviele Bedienplätze benötigt wie Anlagenfahrer vorgesehen sind.
Die Erfahrung zeigte jedoch, daß in manchen Betriebssituationen mehr Bedienplätze von Vorteil wären. Letztlich ist der heute noch relativ hohe Preis für die Zukunft nicht akzeptabel. Ein Bedien- und Beobachtungssystem sollte mit mindestens 4 autarken Bedienplätzen ausrüstbar sein.

2.6 Erfahrungen in der Erstellung der Anwender-Software

Schon beim ersten Einsatz zeigte es sich, daß eine generelle Umstellung des Planungsverfahrens erforderlich war.
Statt der bisher üblichen Umsetzung des RI-Fließbildes im Maßstab 1:1 erfordert der Einsatz der Bedien- und Beobachtungssysteme eine weitgehende Abstrahierung der Vorlage, die dann auf das Rastermaß des Bildschirmes und die verfügbaren Symbole übertragen werden muß.
Dank der neuen CAD/CAE-Technik wurde hier eine Erleichterung geschaffen. Weitere Projektierungshilfen für benötigte Formulare etc. mußten ebenfalls neu geschaffen werden. Hier ist der Hersteller aufgerufen, die erforderlichen Werkzeuge zur Verfügung zu stellen. Das gleiche gilt auch für die Rückdokumentierung der Anwendersoftware. Auf diesem Gebiet ist noch einiges zu tun.

2.7 Schlußbemerkung

Die Erfahrungen der letzten 5 Jahre haben gezeigt, daß die Bedien- und Beobachtungssysteme bei richtiger Informationsstruktur durchaus vom Betrieb und Anlagenfahrer akzeptiert werden. Besonders positiv zu erwähnen ist die hohe Betriebssicherheit und die gute Systemdynamik mit Bildanwahl und -Aktualisierungszeiten von typisch 2 sec. Für die Zukunft müssen jedoch noch zusätzliche Funktionen ermöglicht werden:

- Selbstdiagnosehilfen (z. B. Anzeige der Busauslastung)
- On-line-Projektierung
- Erstellung freier Anwenderprotokolle (z. B. Chargenberichte)
- Windowtechnik

3. Entwicklungstendenzen

3.1 Erfahrungen des Herstellers

Die mit dem Bedien- und Beobachtungssystem bei Bayer Dormagen und anderen Anwendern gewonnenen Erfahrungen wurden vom Hersteller ständig ausgewertet.

Resultierende Funktionsverbesserungen oder notwendige Funktionserweiterungen wurden in 2 Abrundungsstufen eingearbeitet und als Software-up-date zur Verfügung gestellt. Damit wurden viele Verbesserungswünsche seitens der Anwender erfüllt.

Als Antwort auf die genannte Preissituation hat der Hersteller die bewährte Software mit dem großen abgerundeten Funktionsumfang auf eine innovierte leistungsfähigere Hardware mit einem deutlich reduzierten Preis übertragen. Gleichzeitig wurden weitere Funktionen realisiert.

Mit diesem neuen Bedien- und Beobachtungssystem soll die Kontinuität bewährter Technik fortgeführt werden, die sich aus der guten Zusammenarbeit zwischen Anwender und Hersteller entwickelt hat.

3.2 Übergang von der hierarchischen zur parallelen Bildschirmdarstellung

Fortschritte in der Sichtgerätetechnik, wie z. B. der Übergang von der Semigrafik zur Vollgrafik bei mittlerweile akzeptablen Bildanwahlzeiten, der Einsatz neuer Bediengeräte (Maus, Grafiktablett, berührungssensitiver Bildschirm, Spracheingabe) sowie die von den Arbeitsplatzrechnern her bekannte Windowtechnik und die objektorientierte Bedienung eröffnen neue Perspektiven für die Prozeßführung.

So kann z. B. mit Hilfe der Windowtechnik und der objektorientierten Bedienung beliebige Information temporär in ein angezeigtes Bild ein- und wieder ausgeblendet werden, ohne daß hierzu Bildwechsel erforderlich sind.
Die Anwahl dieser Windows erfolgt dabei einfach durch Zeigen auf im Bild dargestellte grafische Objekte, z. B. mit dem Cursor, Lichtstift oder Finger. Auch die ereignisgesteuerte Anwahl von Windows ist möglich.
Größe, Lage und Inhalt der Windows bei der Anwahl werden in der Projektierungsphase festgelegt, können aber zur Anpassung an die momentane Situation in der Prozeßführungsphase verändert werden.
Die Windowtechnik ermöglicht das Einblenden beliebiger Zusatzinformationen in ein angezeigtes Bild (siehe Bilder 10 und 11).

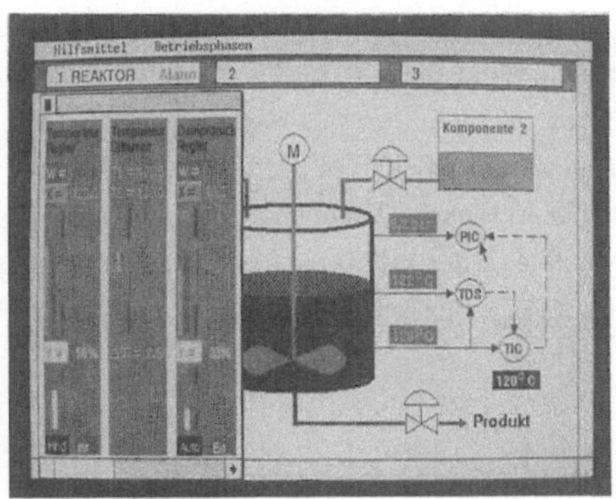

Bild 10 Einblenden einer normierten Darstellung

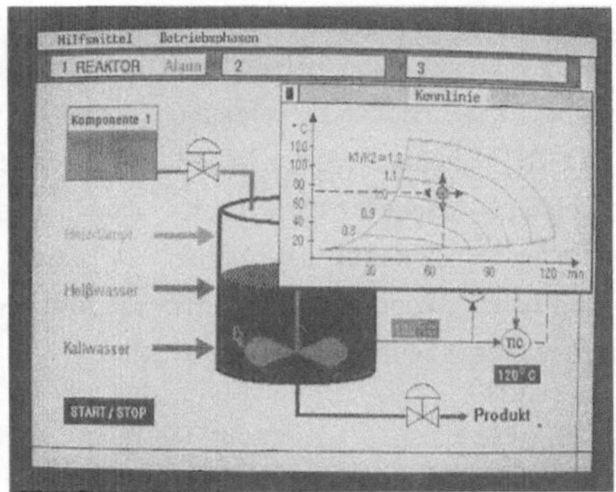

Bild 11 Einblenden eines Kennlinienfeldes

Durch den Einsatz der Windowtechnik erhöht sich die auf einem Bildschirm gleichzeitig parallel darstellbare Information, was bisher nur durch eine Mehrkanaligkeit möglich war.
Auch die Bedienung erfolgt objektorientiert, d. h. durch einfaches Zeigen auf das zu bedienende Objekt im Bild (z. B. Eingabefeld, Ventil, Motor) wird ein für diese Bedienung optimales Bedienmenue eingeblendet (siehe Bilder 12 und 13).

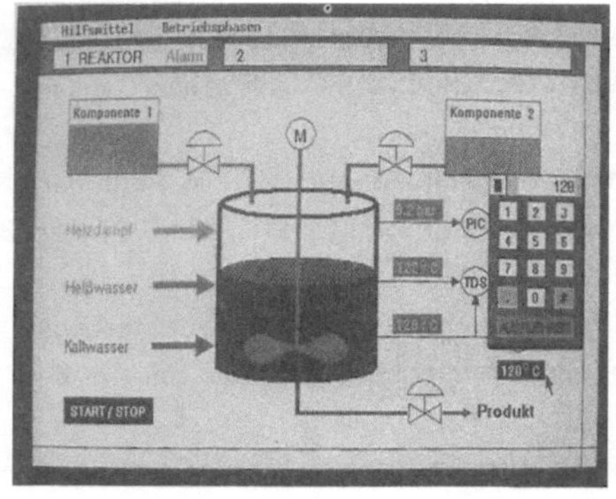

Bild 12 Einblenden einer Zehnertastatur für Ziffereingabe

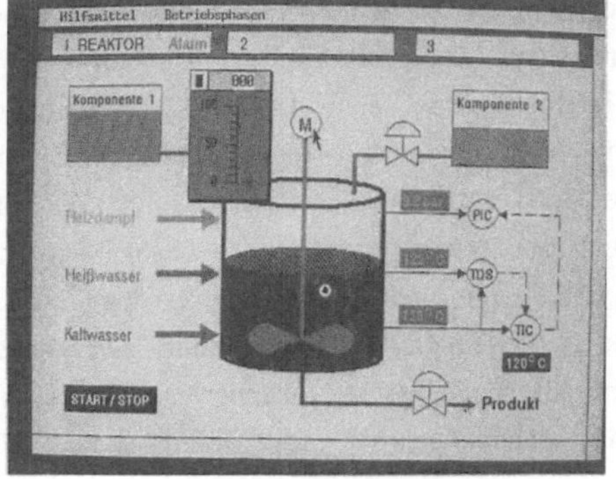

Bild 13 Einblenden eines Bedienmenues für einen Motor

Offen ist, ob und wieweit die Windowtechnik, verbunden mit neuen Anwahlverfahren, die heutigen hierarchischen Strukturen ablöst bzw. diese ergänzt. So ist z.B. denkbar, daß ein im Übersichtsbild angewähltes Objekt in einem Window vergrößert dargestellt wird, wobei hier keine lineare Vergrößerung (Zoomen), sondern eine kontinuierliche Informationszunahme (Decluttierung) angesprochen ist. Dabei könnte die Informationszunahme z.B. auslenkungsproportional mit Hilfe eines Steuerhebels erfolgen.

3.3 Übergang von der signalorientierten zur informationsorientierten Prozeßführung

Wie wir gesehen haben, wurden beim Übergang von der parallelen zur seriellen Prozeßführung zunächst nur die statischen Fließbilder sowie die Bedien- und Anzeigeelemente, die bisher auf großen Pulten und Wandtafeln angeordnet waren, durch entsprechende Bildschirmanzeigen ersetzt.
Trotz der neuen Möglichkeiten der Bildschirmtechnik erfolgt die Bedienung und Beobachtung bis heute nach wie vor signalorientiert, d.h. es wird jedes Signal (z.B. ein Sollwert) einzeln bedient und jedes Signal (z.B. eine Meßstelle) einzeln am Bildschirm dargestellt.
Die Zusammenhänge dieser einzelnen, im allgemeinen sehr zahlreichen Signale und ihre Aussage über das Prozeßverhalten muß der Leitstandsfahrer genau kennen. Nur mit diesem Wissen ist er in der Lage, den Prozeß richtig und optimal zu fahren. Der Leitstandsfahrer ist mit seinem Wissen und seiner Erfahrung der

Experte. Insofern hat sich beim Einsatz der Bildschirmtechnik gegenüber der konventionellen Technik prinzipiell bis heute nichts geändert.

Dabei interessiert aber vordergründig eigentlich gar nicht, welchen Betrag eine bestimmte Meßgröße oder ein bestimmter Sollwert hat oder welche Regelparameter im einzelnen einzustellen sind. Vielmehr interessiert das eigentliche Ergebnis, z.B. wie man mit möglichst wenig Aufwand an Energie und Rohstoffen ein bestimmtes Produkt mit einer bestmöglichen Qualität reproduzierbar herstellen kann.
Der Technologe will Abweichungen vom "Gut-Zustand" auf einen Blick erkennen und auf einfache Weise korrigieren, ohne die einzelnen Prozeßgrößen kennen zu müssen.
Dies erfordert neue Verfahren der Darstellung der immer komplexer werdenden technologischen Zusammenhänge, wobei hier die Vollgrafik mit ihren Freiheitsgraden eine wichtige Voraussetzung ist.

Wir sehen in den nächsten Jahren den Übergang von der signalorientierten zu einer informationsorientierten Bedienung und Beobachtung kommen.
So wird zukünftig die bis heute übliche Darstellung einer Vielzahl einzelner Prozeßgrößen im Bild ersetzt oder ergänzt werden durch eine einzige oder wenige zusammengefaßte Zustandsinformationen, die eine sehr viel einfachere Beurteilung des momentanen Prozeßzustandes ermöglichen.
Als Beispiel ist hier die Darstellung des Prozeßzustandes als Arbeitspunkt in einem Kennlinienfeld zu nennen, wobei durch die 3D-Technik zukünftig auch räumliche Darstellungen möglich werden.
Im Gegensatz zur signalorientierten Prozeßführung erfolgt bei der informationsorientierten Prozeßführung das Bedienen und Beobachten auf hohem technologischem Niveau, wobei mit einer einzigen Bedienung eine Vielzahl von Sollwerten und Parametern gleichzeitig verstellt werden (Rezeptur- und Chargenhandling).
Umgekehrt wird die Darstellung des aktuellen Prozeßzustandes oder -verlaufes aus einer Vielzahl von Istwerten abgeleitet und dem Technologen so präsentiert, daß mit einem Blick die wesentliche Information erkennbar ist, z.B. als Arbeitspunkt in einem Kennlinienfeld, als Markierung in einem Zeitplangeber oder als "gut-schlecht"-Aussage in einem Toleranzfeld.

Diese Technik kann durch die Simulation über Prozeßmodelle noch weiter entwickelt werden, um noch bessere Regelergebnisse zu erhalten. So kann z.B. das Prozeßmodell bei Sollwertänderungen zunächst den zukünftigen neuen Arbeitspunkt ermitteln und mit optimiertem Übergangsverhalten ansteuern. Die Darstellung der prognostischen Verhältnisse kann dann durch Animation auf dem Bildschirm erfolgen (Durchspielen der realen Verhältnisse im Zeitraffertempo), bevor die berechneten Werte in die Automatisierungssysteme geladen werden. Voraussetzung ist natürlich, daß das Prozeßverhalten bekannt und als Modell formulierbar ist. Zusätzlich erfordert diese Technik leistungsfähigere Prozessoren und eine wesentlich höhere Grafikleistung.

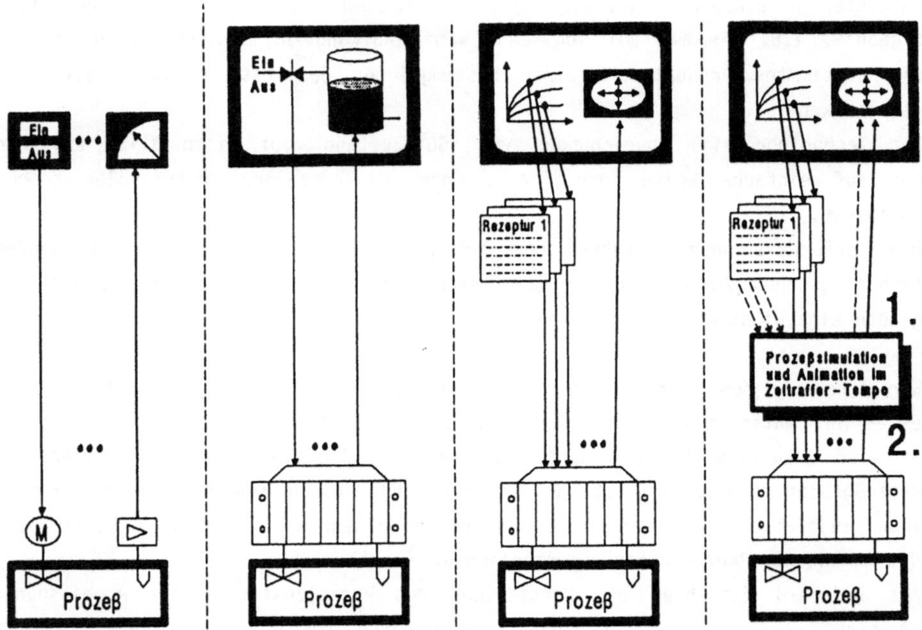

Bild 14 Entwicklungstendenzen in der Prozeßführung

Der Übergang von der signalorientierten zur informationsorientierten Bedienung und Beobachtung entspricht vermutlich einem noch größeren Schritt als der Übergang von der konventionellen Technik zur Bildschirmtechnik.

Langfristig werden für die Prozeßführung auch Expertensysteme eine große Rolle spielen, wobei aber hier Echtzeit-Expertensysteme gefordert werden.

MANUFACTURING AUTOMATION PROTOCOL (MAP)

MANUFACTURING AUTOMATION PROTOCOL (MAP), DER WEG ZUR OFFENEN KOMMUNIKATION IN DER FERTIGUNGSLEITTECHNIK

M.A. Kaminsky
General Motors
Warren, Michigan/USA

Zusammenfassung

Die Einführung flexibler Fertigungsverfahren setzt die Kommunikationsfähigkeit der in der Fertigung installierten Automatisierungseinrichtungen voraus. In dem von General Motors initiierten und geförderten MAP-Projekt spezifizieren und erproben Hersteller und Anwender von Automatisierungseinrichtungen gemeinsam ein offenes Kommunikationssystem für die Fertigungsautomatisierung. Der 5-Stufenplan für die Realisierung, Stand der Arbeiten und anstehende Aufgaben werden erläutert, die für Einführung und Verbreitung getroffenen Maßnahmen werden vorgestellt.

On November 3, 1985 history was made in the city of Detroit. It was not another shiny new-car model to grace the world's highways which you would expect to come from the nation's automobile capital. Instead it centered around a set of computer communications protocols - the Manufacturing Automation Protocol (MAP) and the Technical and Office Protocol (TOP).

On that date, more than three hundred media and computer industry representatives gathered at Detroit's convention center, Cobo Hall, to hear 21 corporate officers from computer, robot, and telecommunications companies declare endorsement of these protocols, and view them in operation as the communications backbone of a multi-vendor manufacturing and engineering local are network. There were even some product announcements.

An additional 240 people in Brussels, Dallas, London, Munich, and Paris witnessed this computer communications milestone. If you're not one of the communication surgeons laboring away in a modern-day manufacturing or engineering facilities' nervous system, trying to fuse together the intricate nerves leading to computer-controlled operations, the significance of this event might escape you. If you are, fret not, help is on the way - at last.

The Detroit audience and the worldwide onlookers witnessed a demonstration and press conference at the factory automation trade show AUTOFACT'85. General Motors, ushering MAP, and Boeing, sponsoring TOP, asked 21 high-technology companies to join together and demonstrate the feasibility of using soon-to-be international standard communication protocols for the manufacturing and engineering environment. We have by no means completed this journey, but the development effort and the exhibit were an unprecedented success. Since GM sponsors MAP, I will limit my discussion to that set of protocols. TOP will be explained by my counterparts at Boeing.

On the brink of the AUTOFACT'85 show, Iron Age magazine wrote in its cover story on MAP: "At first glance it might appear that MAP is much ado about nothing. MAP, after all, is nothing more than a communications standard, a set of protocols, aimed at making conversations between programmable devices - robots, computers, workstations, machine tools and the like - easier." The magazine quickly adds, "Yet appearances can be deceiving."

AT GM, we have made it clear that MAP will be the glue that bonds our plant floor communications nervous system. (As I will detail later, I think the rest of the world agrees.) We must transform our manufacturing processes from fixed mass assembly techniques inherited from Henry Ford into flexible operations geared to respond to a changing market on the turn of a dime. Also, we must provide the basis for a compatible electronic link from product design right through the manufacturing processes. That is why more than 40,000 intelligent devices have been installed on our plant floors to date; 200,000 are expected by 1990, a 500 percent increase. The tentacles of such a computer-integrated system will eventually affect the supplier and retail communications networks. However, MAP itself is primarily limited to the four walls of the manufacturing plant.

With this as the vision of a company positioned for the twenty-first century, we set out in 1982 to act as the catalyst for the development of a set of computer protocols or specifications we called the Manufacturing Automation Protocol. It is based on a general model for data communcations developed by the International Standards Organization (ISO). This model is called the Open Systems Interconnection (OSI) Reference Model. As its name implies, OSI permits compatibility for those systems that adhere to its standards.

OSI is the catapult that will permit us to overcome the largest single roadblock to industrial automation - the incompatibility of computer systems at the controls. This roadblock has created lots of stand-alone systems on our plant floors. That is, systems that do not communicate beyond the immediate process environment. Fewer than 15 percent of automated systems at GM are able to communicate plant-wide. Studies point out that inter-device communications - when it occurs - accounts for 30 to 50 percent of the cost of automation. Perhaps the largest hidden costs are the missed benefits that occur in lost quality and efficiency improvements because of the lack of interconnectability.

We decided to go with the OSI approach embodied in MAP after ruling out all other alternatives. Alternative number one was business as usual: continue to buy machines from a variety of vendors and develop custom solutions as needed. The problem was because of the staggering costs involved, the proliferation of automation equipment, and growing communications needs, this approach was becoming less feasible daily. The other alternative, to buy all the equipment from one vendor was not possible. No one vendor sells the myriad computer equipment that would fit all of our needs on the plant floor. No less than an IBM representative has been quoted as saying that his firm had attempted to be a homogeneous manufacturing company, but in the future they will become more heterogeneous (using computer equipment from a variety of vendors). "There is no single vendor that can fully satisfy a manufacturer's needs," he said.

After we decided that MAP was the way to topple these computer towers of Babel, the question became how do we get there? It was apparent very quickly that other companies found themselves in the same factory automation communications jungle. McDonnell Douglas asked to join with us to form a MAP Users Group to demonstrate a marketing need for MAP-compatible products and shepherd the development testing and other aspects that would make MAP a reality. We agreed, and McDonnell Douglas hosted the first small-but-determined MAP Users Group meeting in St. Louis on March 29, 1984. Sixty people representing 36 companies attended. Today, interest has soared, North American meetings include 600 people representing 300 companies. The secretariat for the U.S. MAP Users Group is the Society of Manufacturing Engineers (SME). MAP Users Groups have been established in Canada and Europe, and soon groups will get under way in Australia and Japan. A worldwide loosely-knit federation of MAP User Groups representing four geographical areas has been formed to insure that the MAP protocol is applied the same across the world.

In its simplest form, MAP is a seven-layer, broad-band, token-bus based communications specification for the factory floor. It is designed to accomodate varied manufacturing environments, from descrete parts to continuous process manufacturing.

The term seven-layer refers to the OSI model. In a computer network, there are two aspects to consider - applications, which deal with the computers and their programmed activities, and communications, which put the computers in touch with each other. Recognizing this, the model first separates the communications task from the applications task. Then the model devides the communications task into seven subsets, or layers.

The system is hierarchical with each layer providing a set of communications - related services to the layer above, or, in the case of the top layer, to the application program. Each layer provides these services through its protocols and through the services available from the layer below. Layers also communicate with equivalent layers or peers - a layer 4 with another layer 4, for example - in other devices by protocols on how to do a particular task.

The layers in a given device communicate with adjacent layers above and below through hardware and software interfaces.

The MAP task force adopted the OSI model, specifying particular standards that are appropriate for each layer.

MAP specifies IEEE 802.4 for layers 1 and 2. Recently, MAP layers 3, 4, and 5 became an accepted ISO standard; layer 6 has not been completely specified; and parts of layer 7 are at the Draft International Standards stage.

Computer networks may be arranged in several configurations. MAP is based on the bus configuration in which devices are all wired together with a common connection so all devices can receive all messages. The sending device designates in the address portion of the message where it should go. A receiving device examines the address field of the message. If it recognizes its own address, it takes the appropriate action; if not, it ignores the message.

Where does the token enter the picture? With many messages passing through the network, priorities must be established. MAP uses a token-passing technique to ensure that all devices have an opportunity to send messages. It involves passing a token from one device to another. Only a device with the token can transmit messages, and then only for a preset period of time. The maximum time that any network device must wait before it receives the token and can transmit is also precisely determined. This is a valuable asset to a network passing many messages.

The broadband cable called for in the MAP specification is a wide-bandwidth, coaxial cable like those used in cable television systems. With it, a number of data signals can be transmitted over a single cable. It can carry voice, data and video on the same cable. It eliminates the costly mass of individual wires or other connectors now joining devices in some GM plants.

The MAP broadband signaling technique is AM-PSK duo binary, specified in the IEEE 802.4 standard. Directional matching taps are used to access the cable. The GM specification calls for token speed of 10 megabits per second which requires two adjacent six megahertz channels.

This physical media and configuration were chosen after an exhaustive debate within communications and factory automation circles. From the factory floor vantage point, process control is time critical. The deterministic token is necessary to insure that all signals are transmitted or received within a prescribed time period. This excluded IEEE 802.3 or contention-based, Ethernet-type networks. There are many suitable locations for Ethernet-type networks, the factory floor isn't one of them.

The other popular configuration - the token ring - was still in the laboratory when this decision was made.

The alternative media that could - at a future date - be considered for MAP is fiber optics. At this time, the inability to easily tap into fiber precludes from serious consideration for widespread use on the plant floor. The lack of recognized standards in this area further dampens the near-term prospects for MAP on fiber optics.

It was really the application of broadband cable that triggered GM's call for MAP. Currently, there are more than 75 GM plants that use broadband. In the early 1970's an internal users group was formed because of broadband implementation difficulties. The technology was sound but the implementation learning curve had to be accelerated. When a broadband cable was installed in a GM plant, GM users and potential users discussed what worked well and what did not, so the wheel did not have to be invented each time cable was installed. By the late 1970's the group had achieved its goals of getting most of the bugs out of broadband implementation.

When broadband cable was installed at a GM facility, the group began to realize that a significant communications capability was in place. But they also saw that implementation of communications was proceeding in a non-standardized fashion. A solution was sought and the OSI model was pinpointed.

The GM MAP task force was formed in 1980 to pursue this OSI model. Representatives from seven GM divisions participated to ensure a broad spectrum of communications challenges.

In 1981, we began working with Digital, Hewlett Packard, and IBM to explore communications technology possibilities. A protocol converter (a device that works like an interpreter) was one outcome of the effort. It was not the ultimate solution. As a result of experience derived from this research, we made a proposal to management to pursue a true local area network (LAN) solution using the OSI model .

The National Bureau of Standards (NBS) was already at working encouraging the OSI model. Its computer specialists defined layer 4, transport.

To establish a goal and timetable, it was decided to demonstrate a working network at the July 1984 National Computer Conference (NCC) in Las Vegas. GM sponsored a MAP booth, and NBS and Boeing sponsored an OSI booth for the office. The NBS/ Boeing effort has evolved into TOP. The demonstration was critical because GM still had to convince other manufacturers that MAP was viable technology, and convince vendors of the value of developing products for a market we hoped to demonstrate.

The seven firms that agreed to develop equipment for the demonstration were Allen-Bradley (Vistanet Data Gateway and PLC - 3 Programmable Controller); Concord Data Systems (Token/Net Interface Module); Digital Equipment (VAX-11/750);

Gould (Concept 32/2705 and Modicon 584 Programmable Controller); Hewlett-Packard (HP 1000); IBM (Series 1); and Motorola (VME/10).

At NCC four of the seven layers that comprise MAP were shown. The exhibit demonstrated that files and a standard message could be transmitted between computers and programmable devices. The exhibit raised a few eyebrows, and we were on our way.

The next milestone was the more elaborate AUTOFACT'85 demonstration. It was a more critical challenge. The exhibit represented a munufacturing plant with a supporting office - TOP. The plant manufactured an ancient game called the Tower of Hanoi on two identical process lines A & B. It consists of a base with three holes; pegs inserted into the holes; and seven concentric rings stacked on a peg. Available colors were red, white, and blue.

The customer, using one of 16 computer terminals tied to end systems furnished by 12 suppliers, ordered a custom-made product by specifying the color of the base and pegs. An end system is a system connected directly to the network without the use of a gateway or other intermediate connecting devices.

Information is an important element in a computer-integrated production facility. The work in process and work status - a key information system - was developed by IBM. It tracks and stores both product and process information during manufacture.

Order entry information is delivered directly to the jobs scheduler/dispatcher systems, furnished by Honeywell for Line A and Hewlett-Packard for Line B. At this point, job orders are ranked; raw material tabulated; orders are sent to the production line; and programmable controllers (PCs) - guiding the production machinery - are monitored.

One ASEA robot centered between the beginning of Lines A & B picked bases from a parts bin to feed both lines. The robot placed the ordered base on its side on a fixed conveyor system, and the process began.

The first operation is a simulated drill station. The holes in the base were actually predrilled to avoid shavings that result from drilling operations. Next, the holes were checked for accuracy by a vision system provided by Machine Vision International. Inaccurate parts can be flagged for rejection.

The robot part handling, drilling and vision system were controlled by a Siemens PC on Line A and an Allen-Bradley PC for Line B.

With the holes drilled and inspected, in operation three the bases were conveyed to the peg insertion station. Here the custom-ordered, colored pegs were inserted, fed by an overhead hopper.

In operation four, the presence of the pegs and color correctness were verified by a Machine Vision International vision system. Immediately following, finished jobs were moved to an unload station where products were approved or rejected.

Peg insertion, final inspection and the acceptance or rejection systems were controlled by a Gould PC on Line A and a Honeywell PC on Line B.

Finally, the accepted products were sent to the world's most demanding esthetic inspection system - the human eye. Any defects - such as scratched or cracked parts - were fed back into the system via a voice-activated input/output module furnished by Intel.

There were ten end systems on the MAP network furnished by: AT&T, Digital, Gould, IBM, Intel, NCR (two systems), and Motorola (three systems).

The Cobo Hall network was connectec via AT&T's Accunet Packet Service wide are network to a remote MAP LAN at the GM Technical Center. Two end systems furnished by NCR and Motorola were connected at that site.

In addition to order entry, all of the Cobo Hall end systems were able to create or extract files from each other - the interactive file transfer feature; and access two pivotal systems - the IBM work in process and the Intel inspection system.

Communication challenges for the networks were formidable, but still simpler than a customized approach. The MAP LAN located at Cobo Hall ran at five megabits and ten megabits on a broadband cable. The GM Technical Center LAN ran at five megabits, also on broadband. Communications relays and network interface equipment was provided by Advanced Computer Communications, AT&T, Charles River Data Systems, Concord Data Systems, Industrial Networking, Inc., and Intel.

AUTOFACT was extremely important and critical, but it was still a demonstration. It did prove that MAP is real and that implementation can now begin but it was not the total solution. The acid test will be actual implementation in the world's plants, both within and outside GM. We have begun the process.

Early on, we adopted a five-step implementation plan to install MAP in our facilities. The steps are:

CENTRALIZED COMMUNICATIONS BY SECOND QUARTER 1984

Application programs exist within GM plants on processors such as the IBM 4300, Digital PDP/11, or the Hewlett-Packard 1000. Most computers offer serial communications capability, but the three computers mentioned cannot communicate with each other as purchased. In step 1, an IBM Series 1 mini-computer was connected to existing systems with minimal impact on application software. The Series 1 is used as a centralized communications node which provides terminal and protocol emulation.

Without a local area network, step 1 solves the immediate problem of incompatible computers which cannot communicate. You should note that step 1 connection protocol, the ISO layer 4, is required for step 2.

LOCAL AREA NETNWORK BY THIRD QUARTER 1984

In step 2, dissimilar computers from different vendors are attached to a distributed LAN. This step was shwon at the National Computer Conference. Each participating computer vendor implemented the same ISO transport that IBM installed in step 1. Additionally, all step 2 computers interfaced to an external unit that provides ISO layers 1 and 2, the physical and data link layers, respectively. The combination of ISO layers 1, 2, and 4 allows each MAP computer to connect and pass data to any other MAP-attached computer.

Since the contralized step 1 processor was a stand-alone system, there is an added benefit of the step 1 and step 2 migration. The Series 1 now exists as a node on the MAP network system but still provides connection services to incompatible computers. For example, the DEC PDP/11 does not support the ISO layer 4 in step 2, but it will h ave access to the MAP network through the step 1 centralized node.

Selected programmable controller access to is the second objective of step 2. Gateways support the existing vendor specific programmable controller networks on one side of the gateway and ISO layers 1, 2, and 4 on the other side. The gateway concept allows for graceful migration since a number of installed programmable controllers are already connected by vendor specific network products. The gateway supports the existing systems and further provides the additional connection capability to each of the MAP-attached computers.

APPLICATION SERVICES BY FOURTH QUARTER 1985

This step was achieved by the AUTOFACT exhibit. Here, the hardware configuration is similar to step 2, but significant software enhancements are added. The final goal of a network is application to application communication such as remote file access, file transfer and message exchange. Protocols specified by ISO layers 1 through 4 provide connection and reliable data transfer between computers but application compatibility is left to layers 5 through 7. Step 3 software is concentrated at layers 3, 5, and 7.

Current MAP work on ISO layers 6 and 7 is based on working drafts from various standards groups. The interim MAP specifications for, messaging, network directory service and network management are GM unique because no international standards exist. Future releases of the MAP specification will have these protocols migrate to the internationally-standardized protocols when they become available. The step 3 software will be a mix of GM specific and standard protocols based on pilot needs and the approval process of standards groups.

LOW COST HARDWARE BY 1986

The reason for selecting standard protocols is most apparent in step 4 where VLSI hardware is expected. Acceptance of standards generates a high volume market necessary to encourage VLSI products. Silicon implementation will lower networking costs, and in turn, lead to more installed networks. Board-level hardware for various computer backplanes supporting ISO layers 1 through 4 will exist. A low cost communications board will allow additional processors and programmable devices to participate directly on a MAP network.

NETWORK UTILITY BY 1988

With an installed utility, computer supporting MAP will "plug in" and communicate with existing MAP systems. The concept of a totally transparent network utility is some what idealistic, but a reachable goal. By 1990, most computer and control equipment in GM plants will be on a MAP network.

Those are our goals. How are we doing? We're close to target. Two recently installed pilots in GM plants covering steps 1 and 2 will soon be evaluated. Step 3, application services, is slightly behind our original schedule but should happen during the last quarter of 1986. Numerous MAP-compatible products have been introduced and more are expected. Chip makers are busy developing MAP chips that will be introduced this year. A steady stream of these products are expected next year.

Supplier MAP development programs have evolved to the point where products are available for implementation. Other users should begin planning for MAP or inquiring about MAP products from computer and communications suppliers. At GM, the first plantwide implementation of MAP will take place this year at five GM Truck & Bus Group plants and the Saginaw Division Factory of the Future Project.

As we move forward, however, additional MAP development is needed for higher levels of communication between host computers and real-time, MAP-based intelligent devices on the plant floor.

To accomplish this, the backbone MAP broadband communications will need to be linked to cells communicating via MAP on the carrier band. This development will be needed by GM plants during early 1987. In the past, there was the misconception that MAP was only for the backbone communications network linked to small proprietary networks performing local control functions. This is unacceptable. MAP is necessary throughout the factory at all levels of controls.

MAP on carrier band uses IEEE 802.4 phase coherent signalling specification running at five megabits per second. The media used is a 75 ohm coaxial cable with non-directional impedience matching taps to connect stations to the trunk cable. Data is encoded on the media using frequency shift key ins of two related frequencies. For example, five megabits/sec data rate requires five and ten megahertz and a ten megabits/sec data rate requires ten and twenty megahertz.

Access to the backbone MAP communications network is through a bridge or router.

When MAP is developed on carrier band, it will provide rapid peer-to-peer (real-time cell devices) communications eliminating the need for proprietary networks on the plant floor. We plan to use proprietary networks only if no other technology is available or if some special situation or circumstance requires it. We will continue to strongly resist the call to leave MAP on the main communications artery tied to proprietary networks via gateways. They are expensive, slow and cumbersome.

To accomodate all industries seeking MAP as the solution for their plant floor communication needs, mini MAP and Enhanced Performance Architecture (EPA) were developed. To lower cost while still getting the job done, mini MAP - the first two layers of the specification - is targeted for communications between MAP-based systems such as bar code readers, smart sensors, and vision systems.

Mini MAP coupled with the seven layer architecture is EPA. This will assure message receipt verification in less than 20 milliseconds between EPA-based systems.

Leading up to full MAP development and a broader offering of MAP-compatible products, you - like GM - can begin to implement MAP in your facilities. Proceed with a well-thought-out plan, but proceed. MAP 2.0 products are being debugged at our plants and MAP 2.1 systems are about to come on stream. Numerical designations were chosen to freeze technology at a certain point so that implementation could begin. Later versions of MAP will build upon the two series.

All industries and individuals are urged to participate in the MAP adoption process.

Kommunikation - die Basis neuer Systemarchitekturen und durchgängiger Verfahrensketten für das Engineering und die Automatisierung

Communications - the basis for new system architectures and universal process methodologies for engineering and automation

G. Waibel

Siemens AG
D-8520 Erlangen

Summary

Automation structures for the engineering and the automation of production are about to change alike. Whereas in the past mainly systems with centrally concentrated computing power and decentralized, less intelligent systems were used, distributed automation structures with high local computing power and servers come into use to an increasing degree.
Distributed automation structures make possible new economical solutions for flexibly automated systems which take account of the altered market needs such as shorter product life cycles, smaller lot sizes and a flexible reaction to changes on the market.
However, they also make possible sequences of engineering procedures with data and communication transitions between different divisions of a company, for instance office, engineering and production.
Inevitable prerequisite for this purpose are communication networks with producer-independent, standardized protocols - the open communication. It is the merit of the multivendor projects, particularly of MAP and lately of ESPRIT-CNMA, to have started on the open network with systems of different producers and to have intensified it decisively.

1. Automatisierungsstrukturen im Wandel

Der steigende Wettbewerb fordert von Unternehmen Produktivitätssteigerungen, die durch bessere Auslastung der Maschinen, kürzere Durchlaufzeiten und Verringerung der Bestände zu erreichen sind. Weitere, immer wichtiger werdende Gesichtspunkte sind Erhöhung der Flexibilität in der Fertigung zur Bewältigung kleiner Losgrößen und schnelles Reagieren auf Marktveränderungen.
Diese Ziele sind nur zu erreichen durch die Automatisierung der Produktion und den

verstärkten Rechnereinsatz in den mit der Produktion zusammenhängenden Bereichen eines Betriebes - d. h. durch CIM, Computer Integrated Manufacturing (Bild 1).

CIM umfaßt den integrierten Rechnereinsatz für die
- Entwicklung, Projektierung und Konstruktion
- Fertigungs- und Prüfvorbereitung
- Auftragsabwicklung und Produktionsplanung
- Steuerung der Fertigung und Montage sowie deren Überwachung.

Inwieweit die o. g. Zielsetzungen erreichbar sind, hängt entscheidend von der Abstimmung und datentechnischen Verknüpfung der Automatisierungs- und Rechnersysteme der einzelnen Bereiche im CIM-Konzept ab. Heute sind noch häufig, wegen zeitlicher Versetzung beim Systemaufbau und -ausbau oder auch wegen fehlender technischer bzw. wirtschaftlicher Lösungen, Insellösungen eingesetzt. Durchgängige, integrierte Lösungen sind gekennzeichnet durch Rechner- und Automatisierungsnetze mit einheitlichen Kommunikationsprotokollen sowie zentralen oder verteilten Datenbanken mit einheitlichen Datenschnittstellen und Datenstrukturen. Solche ganzheitlichen CIM-Lösungen sind durch den identischen Wandel der Strukturen bei der Automatisierung technischer Tätigkeiten und technischer Abläufe möglich geworden (Bild 2).

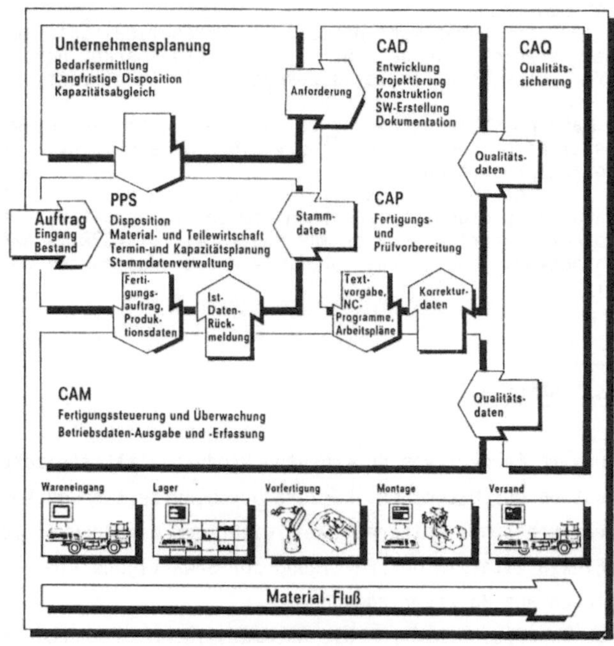

CIM-Computer Integrated Manufacturing Bild 1

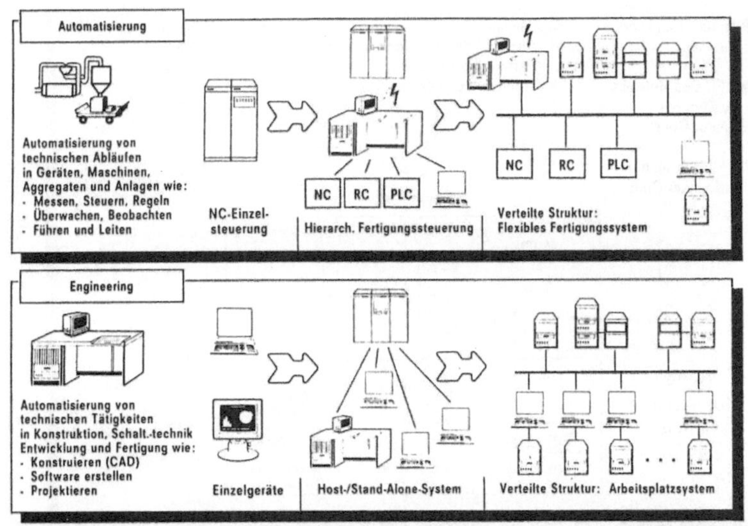

Strukturwandel in der Automatisierung Bild 2

Bei beiden Automatisierungsfeldern - Engineering und Automatisierung - vollzieht sich der Wandel von hierarchischen Strukturen mit Punkt-zu-Punkt-Kopplungen und zentraler Rechnerleistung hin zu verteilten Strukturen mit lokalen Netzen und dezentraler Rechenleistung.
Die Impulse dafür gingen von der Entwicklung der Halbleitertechnik aus, die Mikroprozessoren mit immer höherer Leistung und immer höher integrierte Speicherchips verfügbar macht (Bild 3). Hinzukommen hochintegrierte Spezialchips für die kostengünstige Realisierung abgestufter, lokaler Netze. Damit ist die Integration der Rechner- und Automatisierungssysteme aller Bereiche im CIM-Konzept bei gleichen technischen Lösungen und gemeinsamen, zentralen Services (z. B. Print Server, File Server) möglich.

Verteilte Automatisierungsstrukturen bieten folgende Vorteile:
- Unabhängige Innovation der Komponenten (z. B. Workstation, Verarbeitungseinheit oder File Server)
- Reduzierung der Kosten für Installation, Projektierung und Inbetriebnahme
- Hohe Flexibilität: gestufter Anlagenaufbau und -ausbau
- Homogene Datenübergänge zwischen Engineering und Automatisierung.

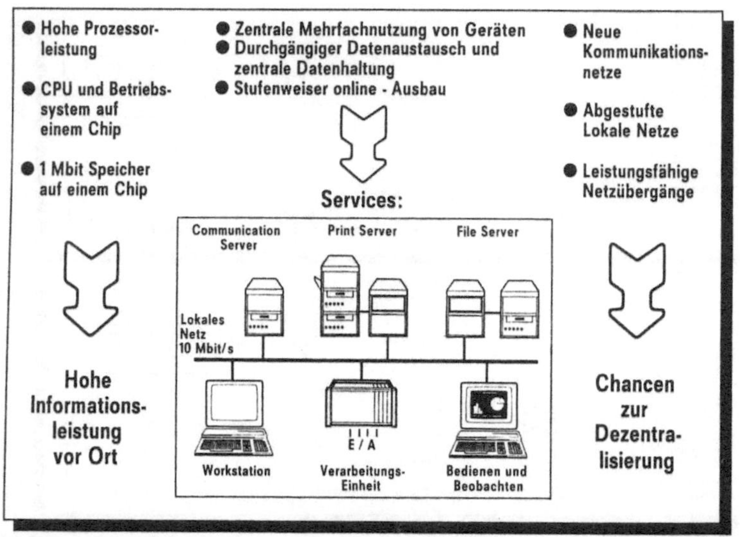

Impulse für die Automatisierungstechnik Bild 3

2. Verfahrensketten

Verteilte Strukturen mit lokalen Netzen, standardisierten Kommunikationsprotokollen, einheitlichen Datenschnittstellen und Datenstrukturen sowie mit zentralen Servern, ermöglichen innerhalb des CIM-Konzepts sogenannte durchgängige Verfahrensketten vom Engineering bis in die Automatisierung der Produktion. Da es für die Produktionstechnik ein breites Spektrum von Konzepten und Strategien - auch in Abhängigkeit der Losgrößen - gibt, sind unterschiedliche Verfahrensketten erforderlich. Bei großen CIM-Konzepten sind mehrere, miteinander vermaschte Verfahrensketten notwendig.

Bild 4 zeigt für eine flexible Montagezelle mit Robotern beispielhaft eine Verfahrenskette. Diese beginnt im Engineeringbereich mit der Konstruktion der zu montierenden Teile. Danach folgt die Anlagenplanung mit der Erstellung des Zellenlayouts, bestehend aus Montagebändern, Paletten, Zwischenpuffern und Robotern. Die nachfolgende Simulation gibt Auskunft über die Auslastungsverteilung und den Durchsatz in der Montagezelle in Abhängigkeit des Teilespektrums. In der Phase der Produktionsvorbereitung werden für die Roboter die Programme erstellt und anschließend simuliert. Alle Daten, Programme und Unterlagen, die in der Engineeringphase entstehen, werden im zentralen File-Server hinterlegt und sind dort für die Produktion vom Zellenrechner abrufbar. Mit dem Zellenrechner wird die Montagezelle geführt, bedient und beobachtet. Die Produktionsdaten oder auch Stördaten werden ebenfalls im zentralen File-Server hinterlegt oder über den Print-/Plot-Server ausgedruckt.

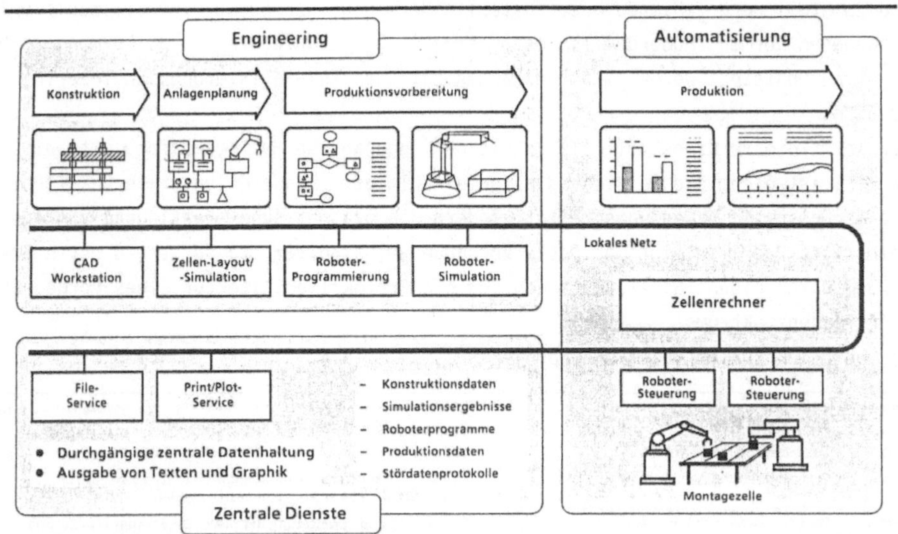

Durchgängige Verfahrenskette: Beispiel Montagezelle Bild 4

3. Standardisierung und Multivendorprojekte

Verteilte Automatisierungstrukturen sind die Basis dafür, daß Anwender Automatisierungskomponenten verschiedener Hersteller kombinieren und einsetzen können. Voraussetzung dafür ist die offene Kommunikation.

Systeme mit offener Kommunikation bieten offengelegte Geräteschnittstellen und Kommunikationsprotokolle auf der Basis von Normen. Die bisherigen Normungsaktivitäten sind geprägt durch drei parallele Richtungen:
- bei IEC/DKE die Normung von Prozeß- und Anlagenbussen
- bei ISO/IEEE/ECMA die Normung von Rechnernetzen und lokalen Netzen
- bei CCITT/CEPT die Normung öffentlicher Netze.

Grundlage für die Normungsarbeit in diesen Normungsgremien ist das bei ISO (International Organisation for Standardisation) erarbeitete ISO-Referenzmodell. Dieses Modell ist der Rahmen für die Einordnung und Entwicklung von Kommunikationsprotokollen und Schnittstellen. Die Kommunikationsprotokolle enthalten die für die Kommunikation zwischen Systemen notwendigen Funktionen, aufgeteilt in sieben Ebenen.

Obwohl in Normungsgremien das ISO-Referenzmodell die anerkannte Basis für die Normung ist und erfolgreiche Arbeit in den Normungsgremien geleistet wurde, sind durchgängige CIM-Lösungen mit offener Kommunikation heute noch nicht möglich. Ursache sind zum Teil noch fehlende oder instabile Normen und zu große Freiheitsräume bei vorhandenen Normen. Außerdem ist es erforderlich, daß die drei o. g. Normungsrichtungen harmonisiert werden mit Übergängen zwischen Automatisierung, Engineering und Büro.

Hier setzt die verdienstvolle Tätigkeit der sogenannten Multivendorprojekte ein. Ihr Ziel ist nicht die Festlegung allgemeingültiger Standards unter Berücksichtigung der gesamten Anwendungsbreite, sondern die pragmatische Festlegung von Auswahlnormen (Profilen) auf der Basis vorhandener, stabiler Standards und deren Ergänzung durch eigene Spezifikationen für die Protokollarchitektur eines vorgegebenen Aufgabenspektrums.

Den Überblick zu den Multivendorprojekten gibt Bild 5.

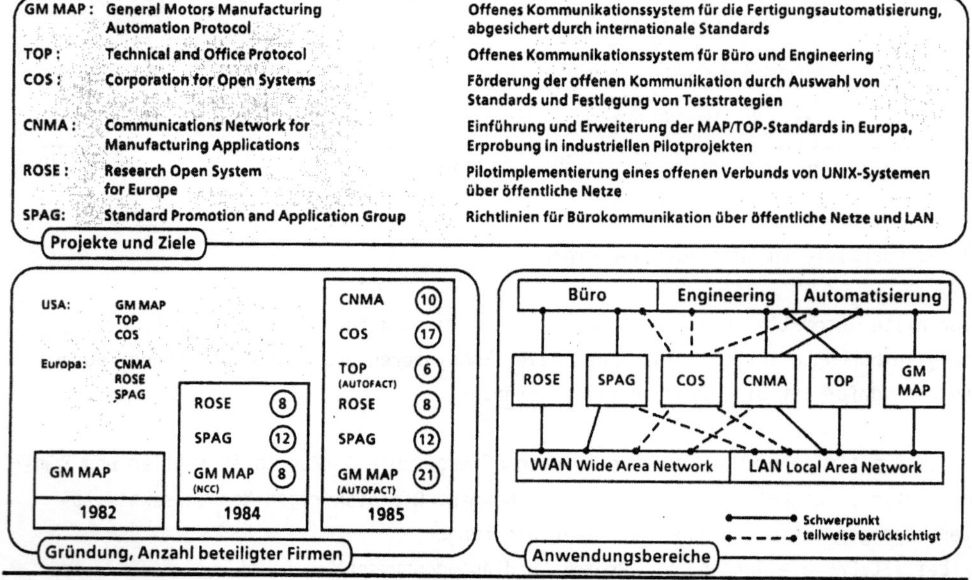

Multivendorprojekte **Bild 5**

Die wichtigsten Multivendorprojekte für offene Kommunikationssysteme in der Produktion sind:

- MAP und TOP in USA
- CNMA im Rahmen der ESPRIT-Programme in Europa.

MAP wurde im Jahre 1980 von General Motors als einem der größten Anwender von Automatisierungssystemen initiiert. Das Ziel ist die Entwicklung eines durch internationale Standards abgesicherten offenen Kommunikationssystems für die Fertigungsautomatisierung, um für neue Fertigungslinien einen großen Rationalisierungseffekt zu erzielen. Im Rahmen der Protokoll-Architektur, die unter Federführung von General Motors durch etwa 20 Hersteller von Automatisierungskomponenten definiert wurde, sind als Transportprotokoll ausschließlich internationale Normen festgelegt. Für die Protokollebenen 5-7 nach dem ISO-Referenzmodell wurden spezielle Protokolle für Automatisierungsaufgaben definiert und implementiert.

Das Interesse am MAP-Projekt ist, der Zielsetzung entsprechend, sehr groß. Durch die Einrichtung der MAP User Groups werden weitere Anwender und Hersteller, die nicht direkt beteiligt sind, umfassend informiert. Seit Herbst 1985 besteht auch eine europäische MAP User Group.

Das Projekt TOP ist von Boeing in Zusammenarbeit mit General Motors für den Büro- und Engineeringbereich initiiert worden. Auf der AUTOFACT '85 wurde die Kommunikation zwischen TOP und MAP gezeigt. Phase 1 des TOP-Projektes umfaßt Funktionen für File Transfer, Phase 2 schließt Funktionen für Electronic Mail und Dokument-Austausch ein. Weiterhin werden Funktionen für die Namensverwaltung (Directory Service) sowie für zentrale File-Server und Print/Plot-Server berücksichtigt. Es werden die gleichen Transportprotokolle wie bei MAP verwendet.

Das Projekt CNMA ist 1985 von führenden europäischen Herstellern und Anwendern von Automatisierungskomponenten als Vorhaben des Panel 5 von ESPRIT geformt worden. Bei der Definition des Vorhabens waren folgende Fakten ausschlaggebend:
- Der Zwang für die europäische Industrie den Know-how-Vorsprung der amerikanischen Teilnehmer des MAP-Projekts aufzuholen.
- Keine Realisierung einer europäischen Insellösung sondern konsequente, uneingeschränkte Nutzung der bei MAP/TOP vorgesehenen Protokolle.
- Funktionsergänzungen gegenüber MAP/TOP
- Piloterprobung durch reale industrielle Einsätze.

Von großer Bedeutung ist, daß in diesem Projekt das Fraunhofer Institut IITB Karlsruhe als neutrale Zertifizierungsstelle für die in CNMA vorgesehenen Protokolle eingebunden ist.

4. Abgestufte Kommunikationsnetze

Durch die Multivendorprojekte und Harmonisierungsbestrebungen zwischen den Normungsgremien wird in den nächsten Jahren die offene Kommunikation in Stufen Realität. Dies auch insbesondere deswegen, weil sich eine Reihe von Herstellern dazu bekannt hat.

Innerhalb des CIM-Konzepts werden in der Leistung gestufte Kommunikationsnetze für die Verbindung von Automatisierungseinrichtungen, Bedien- und Beobachtungssystemen und Engineering-Arbeitsplätzen benötigt und damit zum Einsatz kommen (Bild 6).

Engineering-Bereich

Merkmale: Wenige Standardfunktionen (ca. 10)
Komplexe Funktionen, große Datenmengen
Reaktionszeiten im Sekundenbereich (1-5 s)
Geringes Kommunikationsaufkommen

Automatisierungs-Bereich

Merkmale: Viele Standartfunktionen (ca. 100)
Einfache Funktionen, kleine Datensätze
Reaktionszeiten im Millisek.-Bereich (<1 s)
Hohes Kommunikationsaufkommen

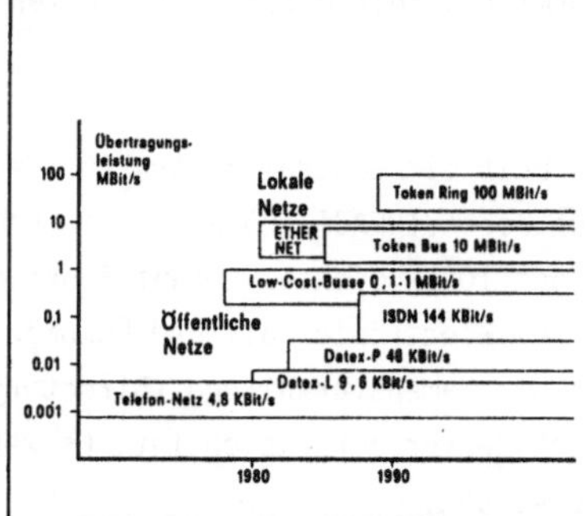

- **Abgestufte Kommunikationsnetze für die Verbindung von:**
  - Automatisierungseinrichtungen im Prozeß
  - Bedien- und Beobachtungssystemen
  - Engineering-Arbeitsplätzen

Abgestufte Netze für die Automatisierungstechnik Bild 6

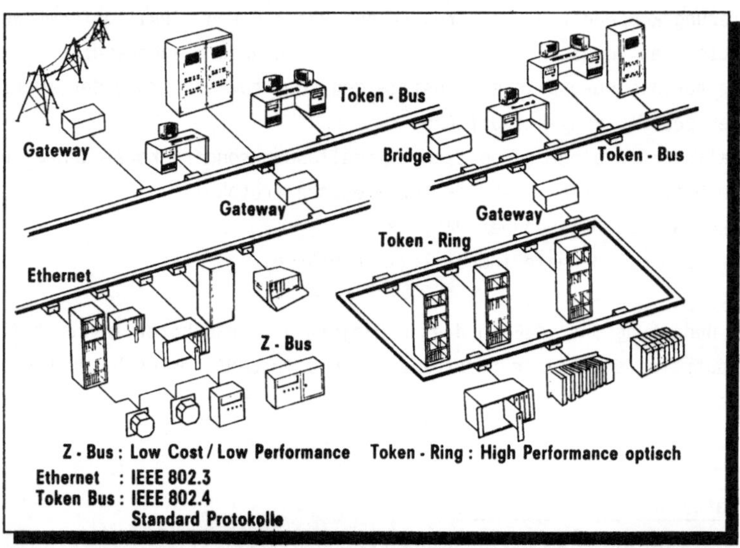

Bushierarchien mit Netzübergängen Bild 7

Beispielsweise müssen im Automatisierungsbereich lokale Netze für kleine zu übertragende Datensätze und Reaktionszeiten im Bereich von 10 bis 100 ms ausgelegt werden, während im Engineering-Bereich die Auslegung für die Übertragung großer Datenmengen bei Reaktionszeiten im Sekundenbereich erfolgt. Bild 7 zeigt beispielhaft eine der möglichen Systemkonfigurationen. Im unteren Leistungsbereich sind über einen Zubringer-Bus (Z-Bus) Feldgeräte, wie Meßumformer oder Stellgeräte an übergeordnete

Automatisierungsgeräte angeschlossen. Verwendet werden Zweidrahtleitungen mit Übertragungsraten im Bereich von 100 KBit/s. Im oberen Leistungsbereich dienen Koaxkabel, über die nach dem CSMA/CD- (Ethernet) oder Token-Verfahren Daten mit 10 MBit/s übertragen werden, für die Verbindung von Automatisierungseinrichtungen und Engineering-Arbeitsplätzen. Für den obersten Leistungsbereich kommen in Zukunft optische Token-Ringe mit einer Übertragungsleistung von ca. 100 MBit/s zum Einsatz.
Die Verbindung zwischen den Funktionsbereichen bzw. unterschiedlichen lokalen Netzen erfolgt durch sog. Gateways oder Bridges.
Abgestufte, lokale Netze mit standardisierten Protokollen sind die Basis für die offene Kommunikation und damit für durchgängige, integrierte CIM-Lösungen der nahen Zukunft.

Schrifttum

1 Schwarz, A., und Stier. H.: Ethernet und ISO-Transportprotokoll-Basis für Automatisierungslösungen der Zukunft. Siemens Energie & Automation 7 (1985). S. 148-152

2 Kersting, T., Sommer, R., und Stier, H.: SINEC H1, ein Bussystem für die Prozeßkommunikation. Siemens Energie & Automation 7 (1985), S. 152-156.

3 Waller, S.: Die automatisierte Fabrik. VDI-Zeitschrift 125 (1983) H. 20, S. 838-842.

4 Hamm, R., und Thon, H.-J.: Automatisierungssysteme für die Fertigung. Automatisierungstechnische Praxis 27 (1985), H. 1, S. 17-21.

5 Ingersoll Engineers: Flexible Fertigungssysteme. Springer Verlag, Berlin 1985.

6 Feldmann, K., und Willinger, R.: Flexible Fertigungssysteme - Entwicklungsstand, Automatisierungsgrad und Perspektiven für den Einsatz. SIEMENS-Energietechnik 5 (1983), H. 2, S. 96-99.

7 Langhammer, D., Thon, H.-J., und Willinger, R.: Flexible Fertigungssysteme-Informationsfluß und Steuerungskomponenten. SIEMENS-Energietechnik 5 (1983), H. 3, S. 145-148.

8 Egle, F., Kreppel, H., Schröder, W., und Schwarz, A.: SINEC-Kommunikationsverbund in der Automatisierungstechnik. SIEMENS-Energie & Automation 7 (1985), H. 2, S. 165-169.

9 Kiesel, W.: Trends in der industriellen Kommunikation. KOMMTECH '86.

10 Lochmann, G.: Integration technischer Arbeitsplätze in Verfahrensketten. SIEMENS Energie & Automation 8 (1986). Heft 2

KONFORMITÄTSPRÜFUNG OFFENER KOMMUNIKATIONSPROTOKOLLE FÜR DIE AUTOMATISIERUNGSTECHNIK

CONFORMANCE TESTING OF OPEN COMMUNICATION PROTOCOLS FOR INDUSTRIAL AUTOMATION

Dirk Heger
Fraunhofer-Institut für Informations- und Datenverarbeitung/Karlsruhe

1. Einleitung

Das Fraunhofer-Institut für Informations- und Datenverarbeitung (IITB) in Karlsruhe ist augenblicklich als gemeinnützige und unabhängige Institution dabei, das erste europäische Konformitäts-Testzentrum aufzubauen für die Überprüfung von Protokollimplementationen zur offenen Kommunikation in industriellen Automatisierungssystemen, insbesondere von MAP- und CNMA-Systemen. Das MAP-Entwicklungsprojekt (**MAP...Manufacturing Automation Protocol**) wurde auf Initiative von General Motors sowie einiger anderer Firmen in USA ins Leben gerufen. MAP hat in USA und weltweit große normative und wirtschaftliche Bedeutung erlangt. **CNMA (Communications Network for Manufacturing Applications**) ist ein ESPRIT-Projekt und ist als europäische MAP-Aktivität zu verstehen. Ziele von MAP und CNMA sind einerseits die Definition und internationale Standardisierung von Diensten, Protokollen und Schnittstellen für offene Fabrik-Kommunikationssysteme, über die Rechner und Steuerungen verschiedener Hersteller einschließlich der Anwendungsprogrammsysteme ohne spezielle Anpassungen gemeinsam in einem rechnerintegrierten Fertigungssystem (CIM...Computer Integrated Manufacturing) zusammenarbeiten können, und andererseits die Entwicklung und praktische Erprobung derartiger CIM-Systeme.

MAP und CNMA basieren auf dem von ISO und CCITT entwickelten OSI (Open Systems Interconnection)-Referenzmodell und benutzen bestehende bzw. in der Entwicklung befindliche internationale Standards. MAP und CNMA beinhalten Teilmengen dieser OSI-Standards bzw. eine Auswahl aus den Optionen und ergänzen diese so, daß die wesentlichen Anwenderfunktionen im Bereich der Stückgutfertigung einheitlich miteinander kommunizieren können. Nach mehreren Vorläufern wurde im Sommer 1986 die MAP-Spezifikation Version 2.2 veröffentlicht /1/. Das CNMA-Implementationshandbuch /2/ wurde ebenfalls in diesem Sommer der Öffentlichkeit bekanntgegeben, diese Spezifikation geht in einigen Punkten bereits über MAP 2.2 hinaus und zwar im Bereich der höheren Schichten des ISO/OSI-Referenzmodells (z. B. bei CASE...Common Application Service Elements und MMS...Manufacturing Message Format). Die Entwicklungen von MAP und CNMA sind nicht abgeschlossen, sie werden mit wechselndem zeitlichen Versatz, jedoch immer in Hinblick auf die internationalen Standards und mit dem Ziel gegenseitiger Kompatibilität, noch über mehrere Jahre weiterentwickelt.

Das IITB ist im Rahmen des CNMA-Projektes beauftragt, das erste europäische Konformitäts-Testzentrum einzurichten. Der Betrieb wurde projektintern Anfang September 1986 aufgenommen. Ab Oktober 1986 bietet das IITB den Testservice auch öffentlich an. Die vorgesehenen Konformitätsprüfungen sind bis auf die angedeuteten (vorübergehenden) funktionellen Abweichungen in den höheren Schichten identisch mit denjenigen in den USA. Sie werden in enger Kooperation mit den Institutionen in USA und künftig auch in Europa weiterentwickelt bzw. ausgetauscht.

Dieser Beitrag berichtet über die Art der angebotenen Dienste, den Stand und die geplanten weiteren Entwicklungen.

2. Konformitätsprüfung von Kommunikationsprotokollen

Das Ziel der offenen Kommunikation kann nur dann erreicht werden, wenn alle Kommunikationssysteme der verschiedenen Hersteller getestet werden, um festzustellen, ob sie mit den ausgewählten OSI-Protokollstandards konform sind. Zweck der Konformitätsprüfung ist die Verbesserung der Portabilität, damit verschiedene Implementierungen zusammenarbeiten können. Dies wird dadurch erreicht, daß jede Implementierung für sich von einem speziellen Testsystem gegenüber einer Folge von Testfällen (Szenarien) getestet wird. Bei fehlerfreiem Testergebnis ist die Gewißheit gewachsen, daß die Implementation im Einklang mit der Spezifikation steht. Die Zusicherung der Konformität mit einem Protokollstandard ist besonders wichtig, wenn Implementierungen verschiedener Hersteller zusammenarbeiten sollen. Die Konformität kann jedoch nur gegenüber den spezifizierten Funktionen eines Protokolls geprüft werden. Implementationsspezifische Funktionen, die nicht in den Protokollspezifikationen enthalten sind, können mit einer Konformitätsprüfung nicht systematisch erfaßt werden. Konformitätsprüfungen werden jeweils an einer einzelnen Implementierung (Implementation Under Test) vorgenommen. Tests gleichzeitig mit mehreren Implementierungen werden "Interoperability Tests" genannt. Sie sind erfahrungsgemäß zusätzlich erforderlich. Systematische "Interoperability Tests" befinden sich allerdings erst in der Entwicklung und stehen daher leider noch nicht zur Verfügung.

2.1 Arbhitekturen für die Konformitätsprüfung

ISO TC97/SC 21/WG 1 hat abstrakte Testmethoden definiert und einen Rahmen zur Spezifikation von Testfolgen vorgeschlagen /3/. Es sind dort drei Hauptklassen von Testmethoden identifiziert. Sie unterscheiden sich hinsichtlich der beobacht- und steuerbaren Schnittstellen in den zu testenden Implementierungen (IUT...Implementation Under Test bzw. SUT...System Under Test). Die Anwendung der verschiedenen Testmethoden bei bestimmten SUTs ist abhängig von der Möglichkeit auf Schnittstellen innerhalb der SUTs zuzugreifen. Heute stehen nur Testmethoden und -werkzeuge zur Verfügung, mit denen Implementierungen einzelner OSI-Schichten überprüft werden können (sog. Single Layer Test). Sind in einer Implementierung hingegen mehrere Schichten zusammengefaßt und sind die Schnittstellen zwischen den einzelnen OSI-Schichten nicht zugreifbar, so kann heute kein strikter Konformitätstest durchgeführt werden. Da derartige Implementierungen jedoch wirtschaftlich und leistungsmäßig interessant sein können, werden Untersuchungen zu ihrer Testbarkeit angestellt (Multi Layer Test).

Bei der **Lokalen Testmethode** (Local Test Method; Bild 1) wird die IUT mit Hilfe der "Abstrakten Dienst Primitive" (APSs...Abstract Service Primitives) gesteuert. Sie sind direkt oberhalb und unterhalb der IUTs als Schnittstellen der Dienste definiert. Über sie wird ebenfalls das Verhalten der IUT beobachtet. Die IUTs werden isoliert vom restlichen System getestet. Im gezeigten Beispiel enthält die IUT eine einzige OSI-Schicht (N). Das restliche System wird vom "Upper Tester" (UT) und vom "Lower Tester" (LT) simuliert. LT und UT steuern gemeinsam den Testablauf. Gewöhnlich ist der LT der aktive Teil, und der UT reagiert definiert auf die Aktionen des LT. In Einzelfällen wird auch der UT aktiv. Bei dieser Testmethode wird eine Synchronisation mit Hilfe von "Test Coordination Procedures" zwischen den Aktionen des LT und des UT benötigt, und es wird vorausgesetzt, daß sowohl LT wie UT in der Umgebung des SUT enthalten sind.

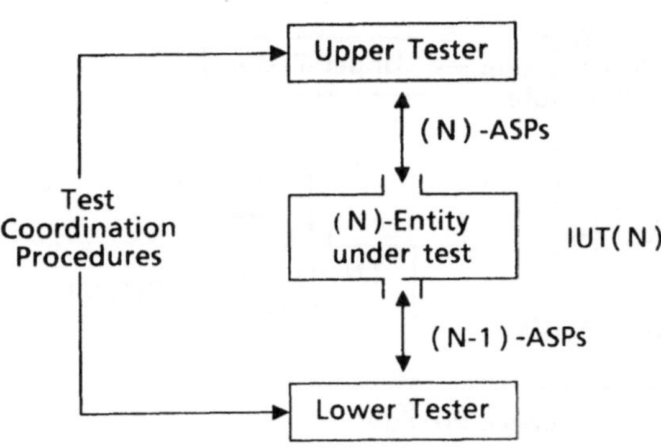

Bild 1: Steuerungs- und Beobachtungspunkte bei der **Lokalen** (single layer) **Testmethode**

Bei der **verteilten Testmethode** (Distributed Test Method; Bild 2) wird die IUT gesteuert einerseits mit Hilfe der (N-1)-ASP"s, die an der Schnittstelle zwischen LT und dem darunterliegenden "(N-1)-Service Provider" definiert sind, und andererseits mit Hilfe der (N)-ASPs an der Schnittstelle zwischen IUT(N) und UT. Über sie wird ebenfalls das Verhalten der IUT(N) beobachtet. Die Verteilte Testmethode ermöglicht ein hohes Maß an Vollständigkeit für den "Single Layer Test", falls man einen "(N-1)-Service Provider" in die Testkonfiguration einbezieht. Damit kann man eine sehr hohe Zahl von fehlerhaften (N)-PDUs (Protocol Data Units an der unteren Schnittstelle der Schicht N) bzw. ungewöhnliche, aber gültige (N-1)-ASPs mit in den Test einbeziehen. Diese Methode erfordert ebenfalls eine Synchronisation zwischen LT und UT mittels "Test Coordination Procedures". Die Tests für diese Methode können auf viele verschiedene Arten verwirklicht werden, solange auf dem SUT entsprechende (N)-ASPs realisiert werden können. Sie schränkt die Implementationsformen von LT und UT kaum ein. Im gezeigten Beispiel enthält die IUT eine einzige OSI-Schicht (N). In den meisten Fällen wird der UT in die Umgebung des SUT eingebettet sein. Sein Verhalten wird mittels der "Test Coordination Procedures" vom LT gesteuert. Der UT ist bei diese Methode aber auch nicht rein passiv, da er (N)-ASPs erzeugen muß. Er benötigt jedoch nicht die gleiche umfangreiche Fähigkeit Fehlerbedingungen zu generieren wie der LT. Daher kann der UT einfacher und kleiner sein.

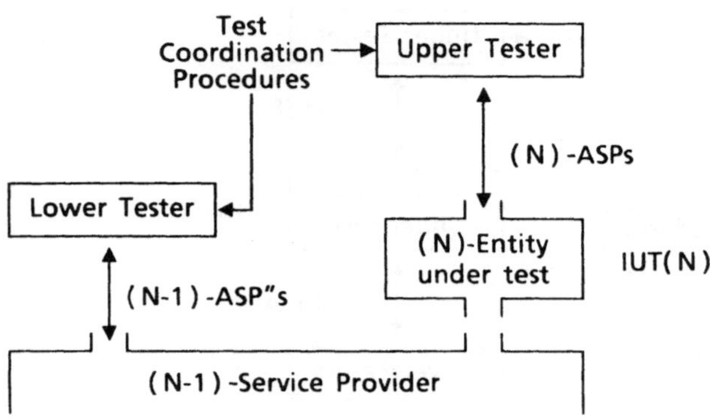

Bild 2: Steuerungs- und Beobachtungspunkte bei der **Verteilten** (single layer) **Testmethode**

Bei der **Fern-Testmethode** (Remote Test Method; Bild 2) wird die IUT gesteuert einerseits mit Hilfe der (N-1)-ASP"s, die an der Schnittstelle zwischen LT und dem darunterliegenden "(N-1)-Service Provider" definiert sind, und andererseits mit Hilfe der (N)-ASPs, an der

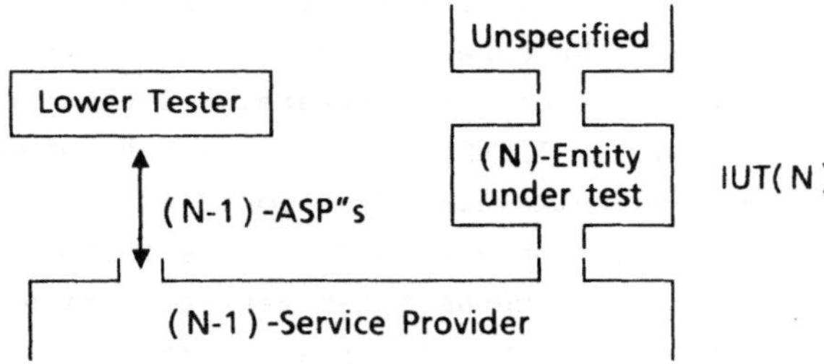

Bild 3: Steuerungs- und Beobachtungspunkte bei der **Fern-Testmethode** (single layer)

Schnittstelle oberhalb der IUT(N), wobei das Verhalten des SUT bezüglich der (N)-ASPs nicht spezifiziert ist. Das heißt jedoch nicht, daß beim Ablauf genau spezifizierter Testfolgen kein wohldefiniertes Verhalten des oberen Teils des SUT erwartet wird. Beobachtet werden kann das Verhalten der IUT(N) nur über die (N-1)-ASP"s. Da bei dieser Methode im SUT keine Schnittstellen zugreifbar sind, bietet sie hinsichtlich Steuer- und Beobachtbarkeit prinzipiell die schwächsten

Möglichkeiten. Andererseits können mit ihr SUTs der unterschiedlichsten Realisierungsformen und Ausbaugrade getestet werden, da an sie keine anderen Anforderungen gestellt werden als ohnehin durch die Protokollstandards.

Der Hauptunterschied zwischen der Lokalen und den beiden anderen Testmethoden liegt darin, daß bei der Lokalen Testmethode der (N-1)-Service Provider lediglich simuliert wird, während bei der Verteilten und der Fern-Testmethode echte (N-1)-Service Provider in die Testkonfiguration einbezogen werden. Die Lokale Testmethode erfordert also weitere Tests, da der LT nur eine Annäherung eines realen (N-1)-Service Providers sein kann. Natürlich wird bei der Verteilten und der Fern-Testmethode vorausgesetzt, daß der verwendete (N-1)-Service Provider sich korrekt verhält. Diese Annahme muß durch einen ersten Verbindungstest (Basic Interconnection Test) als festem Bestandteil des Konformitätstestablaufes überprüft werden.

2.2 Konfiguration des Testzentrums und Tests im IITB

Die heute durch das IITB bereitgestellte Testmethode beruht im wesentlichen auf der Verteilten Testmethode mit Überprüfung einzelner OSI-Schichten (Single Layer Test). Abweichend davon wird z. B. beim Test von MMS-Implementierungen eine modifizierte Lokale Testmethode verwendet, wobei jedoch die für den Test erforderlichen Aufwendungen auf der Seite des SUT minimiert werden. Bild 4 zeigt die prinzipielle Anordnung für die Verteilte Testmethode im Testzentrum des IITB.

Die Teskonfiguration des IITB besteht z. Zt. aus

- dem "Test führenden Rechner", auf dem der "Lower Tester" mit der Original-MAP2.1-Testsoftware vom ITI (Industrial Technology Institute/Ann Arbor) aus USA implementiert ist. Die ITI-Testsoftware ist z. Zt. die einzige, die von der MAP-Benutzergruppe in USA anerkannt wird.
- dem Test System Monitor, der die Interpretation der Testergebnisse beim Test der MAP2.1-Schichten "Transport", "Session" und "CASE" unterstützt.
- dem SUT, das die IUT(N) enthält.
- dem Bus, über den das SUT mit der IUT getestet wird. Als Busse stehen augenblicklich ein Tokenbus nach IEEE 802.4 (10 Mb/s) und ein CSMA/CD-Bus (ETHERNET) nach IEEE 802.3 (10 Mb/s) zur Wahl.

Die gezeigte Testkonfiguration wird je nach weiterer Entwicklung der Tests und Testmethoden, sowie nach Bedarf an die jeweiligen Erfordernisse angepaßt wird.

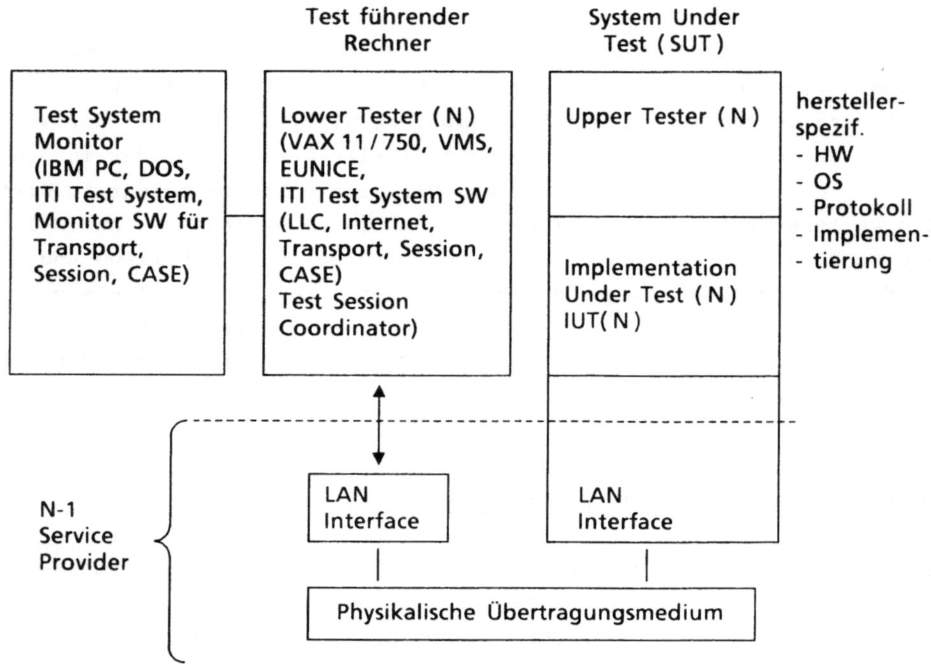

Bild 4: Hardware- und Softwarekonfiguration des **Testsystems im IITB**

Die ITI Testsoftware auf dem "Test führenden Rechner" enthält im augenblicklichen Umfang Lower Tester für den Test von LLC (Logical Link Control = OSI-Schicht 2), Internet (OSI-Schicht 3), Transport/Klasse 4 (OSI-Schicht 4), Session (OSI-Schicht 5) und CASE (OSI-Schicht 7). Den Testkunden werden Spezifikationen für die entsprechenden Upper Tester zur Verfügung gestellt, die auf ihren zu testenden Systemen von ihnen zu implementieren sind. Für den Test der Transport-Schicht wird im IITB im Rahmen des CNMA-Projektes ein Upper Tester in der Programmiersprache C entwickelt, ablauffähig unter dem Betriebssystem UNIX V. Der Test dieser Schicht ist aus heutiger Sicht am umfangreichsten und kompliziertesten, gleiches gilt für den Upper Tester. Dieser kann auch für Testkunden außerhalb des CNMA-Projektes verfügbar gemacht werden. Tests für FTAM (File Transfer, Access and Management), Network Management und Directory Service nach MAP 2.1 können nach Bedarf vom ITI beschafft werden. Das IITB entwickelt im Rahmen des CNMA-Projektes Testsoftware für die Konformitätsprüfung von MMS-, Presentation Layer- und CASE-Implementierungen. Sämtliche Tests werden in enger internationaler Zusammenarbeit jeweils nach dem Stand der Normung stufenweise vervollständigt.

Es ist erklärtes Ziel des IITB, international anerkannte Konformitätstests und entsprechende Beratungen für industrielle Kommunikationssysteme als Dienstleistung anzubieten. Von besonderer Bedeutung sind hierfür die Unabhängigkeit und Gemeinnützigkeit aller Fraunhofer-Institute sowie ihre Verpflichtung zur vertraulichen Behandlung von kundenspezifischem Know How.

3. Ausblick

Es hat sich gezeigt, daß der Automatisierungsgrad der heute verfügbaren Testwerkzeuge noch unzureichend ist

- bei der Generierung der Testszenarien aus den Protokollspezifikationen. Diese müssen heute noch weitgehend manuell von Spezialisten erzeugt werden.
- bei der automatischen Ablaufsteuerung eines Tests. Insbesondere ist die geordnete Testfortführung nicht immer gewährleistet, wenn im Testverlauf Fehler auftreten. Die Testsoftware muß mit geeigneten Wiederaufsetzmechanismen versehen werden.
- bei der automatischen Auswertung der Testergebnisse. Die Testergebnisse müssen automatisch interpretiert werden, um eine konsistente Beurteilung möglichst unabhängig von der Testinstitution oder -person zu erreichen.

Wie oben angedeutet, ist der erfolgreiche Konformitätstest einzelner Protokollimplementierungen erfahrungsgemäß noch keine Gewähr dafür, daß diese Implementierungen problemlos zusammenarbeiten. Das liegt hauptsächlich darin begründet, daß die Protokollspezifikationen nicht vollständig sind. Daher werden systematische Testverfahren für das Zusammenspiel verschiedener Kommunikationsbausteine (Interoperability Tests) schrittweise entwickelt. Ebenso zeigt die Erfahrung, daß Tests unter besonderen Lastbedingungen (Heavy Load Tests) noch Spezifikationslücken oder Implementationsschwächen zu Tage fördern können. Weiterhin werden Messungen der Übertragungsleistungen für zeitkritische Anwendungen benötigt, um die implementationsspezifischen Kennwerte bei der Projektierung von CIM-Systemen berücksichtigen zu können und um Optimierungsansätze in den Implementationen zu finden.

Neben der Notwendigkeit die Testsoftware zu verfeinern und weitere Testfunktionen zu realisieren, ist auch die Vielzahl der zu testenden Systeme zu berücksichtigen. Hier sind beispielsweise zu nennen: Minirechner mit unterschiedlicher Systemumgebung (Ausbaufähigkeit der Peripherie, Echtzeitbetriebssystem oder UNIX, unterschiedliche Programmiersprachen), programmierbare bzw. numerische Steuerungen, Systeme zur Verbindung unterschiedlicher Kommunikationswelten (Bridge, Router, Gateway), Multi-Layer-Implementierungen der Kommunikationssysteme, spezielle Implementierungen zur Leistungssteigerung und Funktionsvereinfachung (MiniMAP bzw. EPA...Enhanced Performance Architecture), verschiedene Übertragungstechnologien (Carrierband-, Broadband-, Basisband-Übertragung) und schließlich verschiedene Leitungstechnologien (Koaxialkabel, Twisted Pair, Lichtwellenleiter).

Ein weiteres noch nicht gelöstes Problem ist die fehlende Portabilität der heute verfügbaren Testsoftware. Aus pragmatischen Gründen wurde in USA EUNICE (ein mit UNIX verwandtes Betriebssystem mit speziellen Funktionen zur Interprozeßkommunikation) verwendet, das auf VAX-Rechnern unter dem Betriebssystem VMS ablauffähig ist. Damit wurde ein schwerwiegendes Hindernis für die Verbreitung der Testwerkzeuge in Europa errichtet, z. B. um bei den Herstellern von Kommunikationsbausteinen die Entwicklungsergebnisse vor dem Gang zur Zertifizierungsstelle überprüfen zu können. Die weitere in USA absehbare Entwicklung läßt leider keine Lösung erwarten, die ganz auf Portabilität ausgerichtet wäre.

Das IITB befaßt sich mit den geschilderten Problemen und richtet seine Neuentwicklungen darauf aus, diese von vornherein zu vermeiden bzw. die bestehenden Lücken bedarfsgesteuert zu schließen. Gleichzeitig hat das IITB eine europäische Initiative in die Wege geleitet, um dringend eine europäisch und international arbeitsteilige Lösung für diesen großen Problemkreis zu finden.

4. Literatur

/1/ GM MAP 2.2 Specification, vermutlich July 1986.

/2/ ESPRIT Project 955: CNMA Implementation Guide, Rev. 1.C, Aug. 1986.

/3/ ISO TC 97/SC21 N 909, project number 97.21.23: Revised Working Draft for OSI Conformance Testing Methodology and Framework, November 1985.

ERFAHRUNGEN BEI DER PRODUKTIONSLEITTECHNIK MIT GESCHLOSSENEN UND AUSBLICK AUF OFFENE KOMMUNIKATIONSSYSTEME

EXPERIENCES IN PRODUCTION CONTROL WITH CLOSED SYSTEMS INTERCONNECTION AND OUTLOOK ON OPEN SYSTEMS INTERCONNECTION

Dipl. Ing. E. Götz
AEG Aktiengesellschaft
D 6000 Frankfurt/Main 71, B.R. Deutschland

Summary

The availability of microprocessor - based production control systems, has since the mid seventies, a decisive impact on decentralised structures. This has influenced the developement of communication systems between the different intelligent subsets of total systems. Many systems with CSI-type (closed systems interconnection) are in successful operation in the production field. Over the last five years, production systems have become more open, since the integration of automation systems from different manufactures is necessary to realise CIM (computer integrated manufacturing). In the near future, communication systems of the OSI-type (open systems interconnection) will be characteristic for LAN's (local area networks) in production control systems, but in many cases CSI will remain more efficient and maintain its position.

1. Das Automatisierungsfeld - Produktion von Stück-, Fließ- und Schüttgütern

Produktionsleittechnik im hier verstandenen Sinn ist die Gesamtheit der Automatisierungsmittel für Produktionseinrichtungen zur Herstellung von Stück-, Fließ- und Schüttgütern in einer Fabrik /6/. Für ein solches System ist typisch, daß mehrere Gruppen planend, steuernd, systemerhaltend wirkender Menschen über Automatisierungseinrichtungen untereinander und mit den Automatisierungssystemen für Be-/Verarbeitungsmaschinen, Füge- und Montageeinrichtungen, Handhabungs- und Prüfsysteme, Materialfluß- und Lagereinrichtungen und vieles andere mehr zur Fabrikation von Gütern in einem Verbundprozeß von **Bedien-/Darstelleinrichtungen, Automatisierungseinrichtungen, Produktionseinrichtungen, Materialfluß** zusammenwirken (Bild 1). Die Übersichtskonfiguration eines mit Produktionsleittechnik ausgestatteten Gesamtbetriebes enthält Produktionslinien für die auftragsabhängige Einzelstückproduktion - meist die Endprodukte des Betriebes -, in solche für die Losgrößenproduktion - meist Teile oder Aggregate für die Endprodukte -, und solche für die Massenproduktion - meist nicht zukaufbare Einzelteile -. Dazu kommen Automatisierungseinrichtungen an den Produktionslinien und auf den Leitebenen für die Vorgabe und Sicherstellung der Leistungserbringung (Durchsatz) sowie die Erhaltung der Leistungsbereitschaft der Anlagen (Instandhaltung) und die jeweils erforderlichen Benutzeroberflächen (Bedien-/ Darstellsysteme für die Mensch/Maschine-Kommunikation).

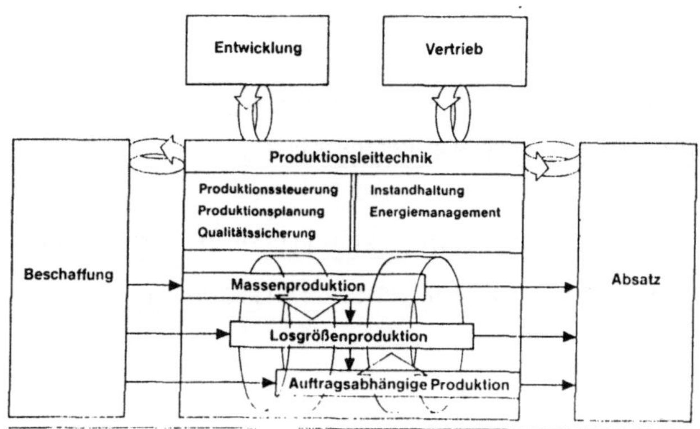

Automatisierungsfeld „PRODUKTION" Bild 1

Die Automatisierung erfolgt durch Realisierung der an den einzelnen Maschinen und Einrichtungen erforderlichen Funktionen und deren Integration zu einem geordnet arbeitenden Gesamtsystem. Zusätzlich sind Prozeßmodelle erforderlich, d.h. datenverarbeitungstechnische Realzeit-Abbildungen des Verhaltens der Produktionsanlagen und der darin durchlaufenden Objekte sowie Datenfelder, die das Sollverhalten der Anlagen und die Solleigenschaften der herzustellenden Objekte in der jeweiligen Fabrikationsstufe festlegen. Aus diesen Datenbasen versorgen sich die Funktionen reihenfolge- und zeitgerecht mit Parametern, um die ihnen zugedachte Automatisierungsaufgabe erfüllen zu können (Bild 2). Über Benutzeroberflächen können Funktionsweise und Datenbaseninhalte - heute üblicherweise mit Farbvideosystemen - ikonisch dargestellt und über Lichtgriffel und Tastaturen beeinflußt werden. Die Datenbasen können aktuell aus den Quellen der Entwicklung, der Beschaffung, des Vertriebes (Absatzes) für das aktuelle Produktionsprogramm bzw. das aktuell zu produzierende Stück geladen werden. Datenbasen für Stördaten werden zur Instandhaltung und Schwachstellenanalyse ausgewertet. Überdies sind Optimierungsstrategien für den Durchsatz, den Energieverbrauch, die Flexibilität von einem solchen System leistbar. Charakteristisch für das gesamte System ist der Verbund der Teilverbunde der Benutzeroberflächen, der Automatisierungssysteme und der Produktionseinrichtungen, Hilfsmittel- und Medienver-/entsorgung sowie der herzustellenden Güter.

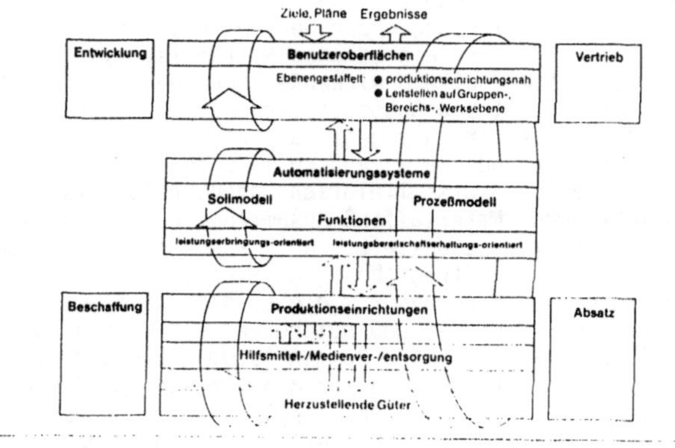

Produktionsleittechnik Bild 2

2. Die Definitionen - zentral, dezentral, geschlossen, offen

Prozeßmodelle von Produktionsleiteinrichtungen lassen sich anschaulich in drei Teile gliedern. Diese sind:

- der Anteil, welcher die Produktionseinrichtungen in Realzeit datentechnisch abbildet
- der Anteil, der den Durchlauf der Objekte (Termine, Zeiten, Qualitäten) abbildet und
- der Anteil, der geometrische und technologische Bearbeitungsdaten für das herzustellende Objektspektrum vorhält.

Die Funktionen ergeben sich aus den Aufgaben der automatisierten Gewerke und den Leitfunktionen für alle einbezogenen Informationsflüsse (Bild 3).

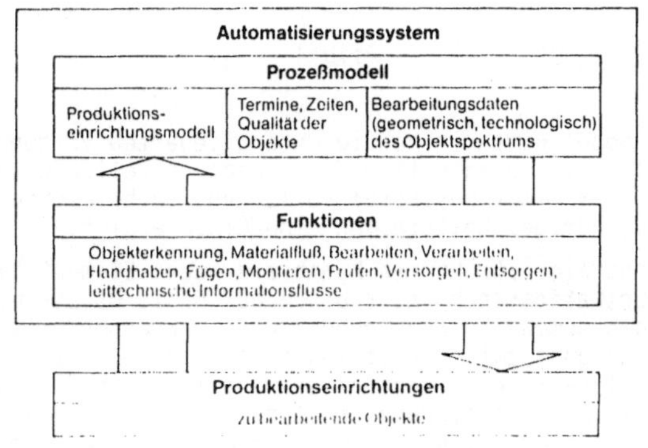

Automatisierung der auftragsabhängigen Produktion Bild 3

Ein solches Automatisierungssystem kann **zentral** oder **dezentral** strukturiert realisiert und **offen** oder **geschlossen** sein.

Bei **zentralen** Strukturen sind alle Funktionen und Modelle in **einem** Datenverarbeitungssystem untergebracht (Bild 4). Man spricht daher auch von Systemen mit zentraler Intelligenz. Der zentrale Verarbeitungsteil koppelt sich über einen Ein-/Ausgabe-Sammler-Verteiler mit den Aktoren und Sensoren an den Produktionseinrichtungen und mit Bedien-Darstelleinrichtungen der Benutzeroberfläche (n). Das Programmsystem der Verarbeitungseinheit ist als Träger der Funktionen und Modelle bei großen Prozessen umfangreich und komplex. Häufig sind zur Sicherstellung der Realzeiteigenschaften solcher Systeme besondere Rücksichtnahmen in der Programmorganisation und -realisierung zu treffen, so daß ein solches Programmsystem starr und für Erweiterungen deutlich begrenzt ist. War die zentrale Struktur wegen der früher hohen Gerätekosten für Verarbeitungseinheiten der einzige Lösungsweg, so ist sie seit der Verfügbarkeit höchstintegrierter Halbleiterbauteile - besonders Mikroprozessoren und umfangreiche Halbleiterspeicher - der höherwertigen dezentralen Struktur - auch als Systeme mit dezentraler Intelligenz bezeichnet - gewichen. Die zentrale Struktur wird daher heute nur noch bei abgegrenzten, zeitunkritischen Aufgaben eingesetzt /1/.

Bei **dezentraler** Struktur werden viele kleine Automatisierungssysteme (Mikroprozeßrechner) zur Realisierung der erforderlichen Funktionen und Modelle eingesetzt. Ihre Anzahl und topologische Verteilung wird zweckmäßigerweise den Modulen eines Verbundprozesses zugeordnet. Funktionen und Modelle werden also entsprechend aufteilt. Bezeichnet man die auf diese Weise entstehende Automatisierungsstationen

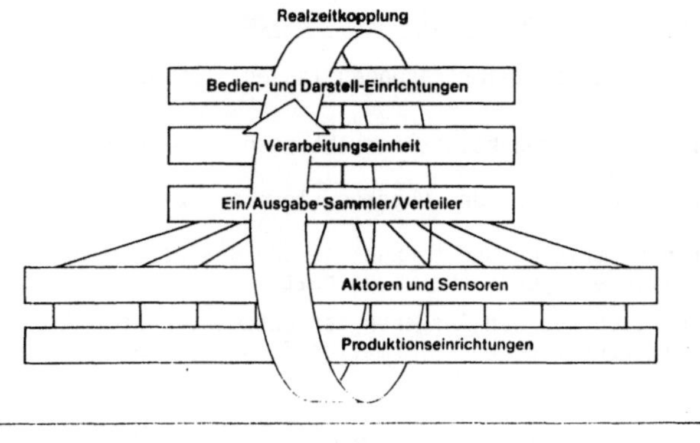

Zentrales Automatisierungssystem für die Produktionsautomatisierung Bild 4

als Zellen, so ist jedem Modul eines in Module untergliederten Verbundprozesses eine Zelle zugeordnet (Bild 5). Die Koordination der einzelnen Zellen wird durch eine Linienleitstelle und ein Kommunikationssystem vollzogen, so bezeichnet, weil ein Verbund von Zellen und zugehörigen Leitstellen eine Linie ergibt.

Bei der Realisierung dezentraler Strukturen kommt als neues Element im Automatisierungsverbund die **Kommunikationstechnik**, typisch auf Basis bitserieller Übertragungswege, hinzu. Über die Kommunikationstechnik wird der erforderliche Informationsaustausch zur Verständigung zwischen Linienleitstelle und Zellen sowie Zellen untereinander vollzogen. Inhalt der Dezentralisierung ist also die Aufteilung der Gesamtfunktion auf autonome Automatisierungsstellen (Zellen, Linien) und Sicherstellung deren folge- und zeitgerechten Zusammenwirkens über ein Kommunikationssystem.

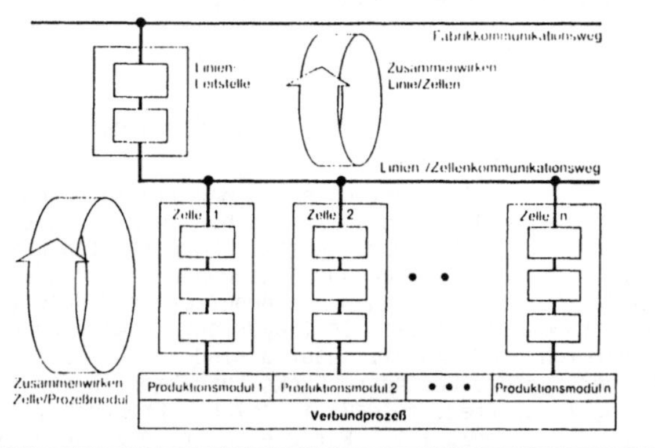

Zellen/Linien-Struktur dezentraler Systeme in der Produktion Bild 5

Die Dezentralisierung kann darüber hinaus in den Zellen fortgesetzt werden, wenn man die dort installierten Mikroprozessrechner ihrerseits als Mehrrechner-/-prozessorsystem organisiert. Jeder Mikrorechner übernimmt dabei einen Teil der Funktionen der Zellenaufgabe (Bild 6). In solchen Systemen wird zu den peripheren Aktoren und abgesetzten Ein-/Ausgabe-Baugruppen als zusätzliches Kommunikationselement ein bitseriell arbeitender Feldbus eingeführt, während die funktionsorientierten Mikrorechner über Parallelbusse (z.B. MULTIBUS) kommunizieren. Einer der Mikrorechner (in Bild 6 der mit KOS bezeichnete) arbeitet am Linien-/Zellenkommunikationssystem.

Mit der Dezentralisierung werden die intelligenten Teile der Teilsysteme sehr viel weniger komplex. Dadurch entsteht Platz für Flexibilität, d.h. der Implementation mehrerer Aufgaben in einem System, auf die sich das System produktionsabhängig einstellen kann. Die gegebenen Erläuterungen stellen dezentrale Systeme als funktionsmodularisierte und in der Folge dann auch topologisch verteilte zentrale Systeme dar /2//3/.

Das dezentrale Prinzip wird ebenfalls erkennbar, wenn man die Anwendungsentwicklung bei Produktionsleittechnik-Systemen betrachtet. Allerdings lief hier der Trend in umgekehrter Richtung. Zunächst wurden einzelne Maschinen oder Produktionszellen oder Informationsgewinnungs- und -aufbereitungszellen inselförmig automatisiert. Der Forderung folgend, diese Zellen automatisiert zu verketten, um z.B. Zwischenläger abzubauen oder die Produktionseinrichtungen flexibler nutzen zu können, wurden und werden die Automatisierungssysteme der einzelnen Zellen zunehmend über Kommunikationseinrichtungen verbunden. Auf diese Weise entsteht aus inselförmiger Automatisierung ein **integriertes** System. Für die bisher typisch arbeitsteilig organisierte Produktion entsteht mit dieser Automatisierungsform eine völlig neuartige Perspektive, für die sich der Begriff des CIM (Computer Integrated Manufacturing), der vieldiskutierten Fabrik mit Zukunft, eingeführt hat. Systeme mit dezentraler Intelligenz und integrierte Systeme meinen also letztlich dasselbe, wenngleich der Weg zum jeweiligen Ziel völlig unterschiedlichen Überlegungen folgte. Während bei der Dezentralisierung herstellereinheitliche Systeme entstanden, stellt sich bei der Integration von vornherein die Frage der Kommunikation zwischen Geräten oder Anlagen unterschiedlicher Hersteller.

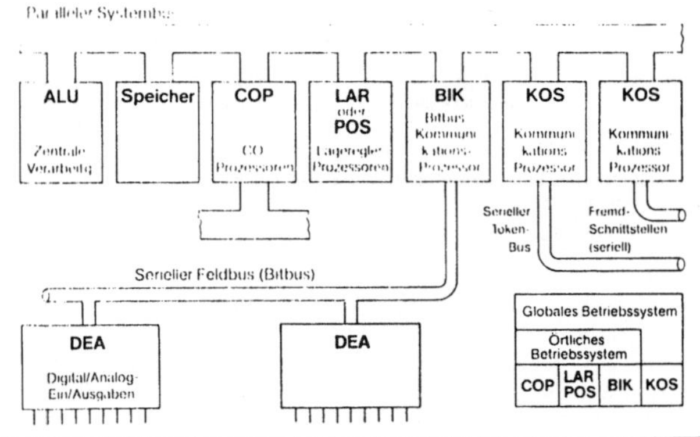

Moderne SPS-Architektur (Logistat CP80 A500) Bild 6

Ein System ist eine Anordnung aufeinander einwirkender Gebilde innerhalb eines durch eine konkrete oder gedachte Hülle (Systemgrenze) abgegrenzten Bereiches /7/.
Ein System wird als **geschlossen** bezeichnet, wenn es überhaupt nicht verändert werden kann oder mit festgelegten Bausteinen nur bis zu einer festen Grenze ausgebaut werden kann und alle Teile des Systems nur über insgesamt festgelegte Relationen untereinander in Beziehung treten können. Als **offene** Systeme bezeichnet man dann diejenigen, die sich nicht nur mit der Gesamtheit der Relationen ihrer Teile untereinander darstellen, sondern die darüber hinaus auch noch Relationen unterhalten oder unterhalten können, mit dem was man Systemnachbarschaft nennt. Zu offenen Systemen gehört dabei ganz wichtig auch, daß der Wegfall oder der Ausfall von eigenen Teil-

systemen oder von Nachbarsystemen sich rückwirkungsfrei auf das verbleibende System vollziehen muß. Insgesamt darf in diesem Fall nur die Wirkung des weg- bzw.ausgefallenen Teils fehlen.

Praktisch bedeutet dies, daß zentrale Systeme geschlossen sind. Dezentrale Systeme können ebenfalls geschlossen sein. Sie sind dann offen, wenn alle Stationen (Zellen-, Liniensteuerungen) mit allen Stationen des eigenen Systems wie verbundener Systeme über Kommunikationssysteme nicht nur Daten übertragen können, sondern auch mit dem Ziel eine gemeinsame Aufgabe bewältigen zu können, zusammenarbeiten (Bild 7). Es ist bei dieser Definition also vom Vorhandensein und der Fähigkeit eines Kommunikationssystems abhängig, ob ein System geschlossen oder offen ist. Zwischen den beiden Extremen geschlossen und offen gibt es viele Mischformen. So kann ein zentral-geschlossenes System Punkt-zu-Punkt an einen Teilnehmer eines offenen Systems angeschlossen sein, oder ein Kommunikationssystem kann für den Datentransport zwar offen sein. aber echte Zusammenarbeit nur zwischen bestimmten Teilnehmern herstellen können und in dieser Hinsicht geschlossen sein.

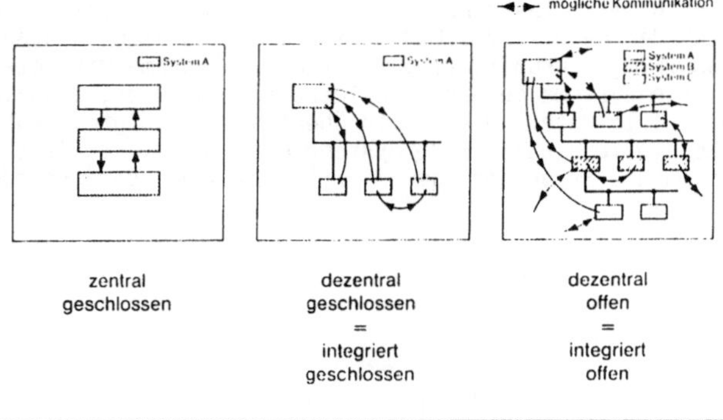

Produktionsleittechnik: Zur Definition von zentral, dezentral, geschlossen, offen (beispielhaft) Bild 7

3. Das Ziel - offene Leittechniksysteme

Die Entwicklung der Strukturen ging von zentralen, geschlossenen Konfigurationen aus, führte unter Einsatz der Mikroprozessoren seit Mitte der 7oer Jahre zu dezentralen und seit kurzer Zeit zu dezentralen, flexiblen Strukturen. Offene Systeme sind in naher Zukunft zu erwarten. Die Entwicklung der Anwendungen ging von der Inselautomatisierung mit geschlossenen Systemen aus, führte zur Integration und mitwachsender Öffnung zu flexiblen, integrierten Systemen und wird in den nächsten Jahren offene Konfigurationen mit Stationen unterschiedlicher Herkunft erreichen. Dezentralisierung der Strukturen und damit Entflechtung der Funktionen auf Zellen (Inseln) und Integration der Anwendungen und damit Verkettung der Aufgaben von Inseln (Zellen) prägen die Produktionsleittechnik. Die Entwicklung der Begriffe zur Beschreibung dieser Situation ging von den CA-Abkürzungen (CA = Computer Aided) wie z.B. CAD (Computer Aided Design) und CAM (Computer Aided Manufacturing) aus. Diese beschreiben computergestützte Insel-/Zellenautomatisierung. Sie führte dann zu CIM (Computer Integrated Manufacturing) für dezentrale bzw. integrierte Gesamtsysteme für Produktionslinien/-bereiche, Fabriken oder ganze Unternehmen

(Bild 8) /5/.

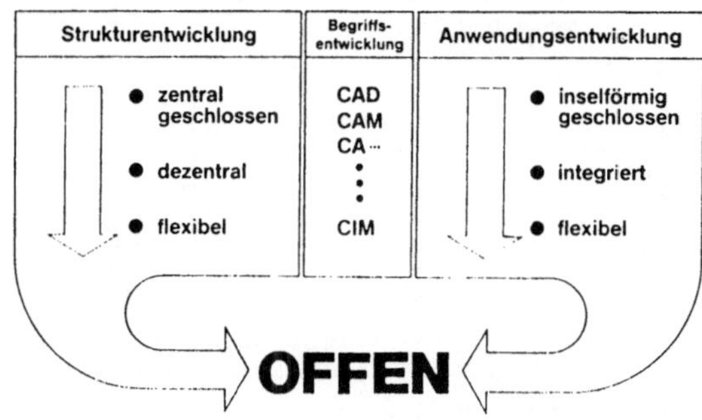

Entwicklung der Strukturen und Anwendungen bei Produktionsleittechnik-Systemen Bild 8

4. Das Mittel - Kommunikationssysteme

Bei dezentralen bzw. integrierten Produktionsleitsystemen ist es offensichtlich die Kommunikationstechnik, die als Rückgrat eines Verbundes die Leistungsfähigkeit wesentlich bestimmt. Sie legt auch fest, ob ein System geschlossen oder offen ist. Kommunikation wird dabei als die Fähigkeit verstanden, daß Automatisierungsgeräte Informationen austauschen und zur Lösung einer gemeinsamen Aufgabe zusammenarbeiten können.

Telegramme für die bit-serielle Kommunikation sind typisch wie in Bild 9 aufgebaut. Grundsätzlich enthält ein Telegramm, außer den absolut notwendigen Zeichen für Start und Stop, die Nutzdaten und die von der Kommunikationstechnik abhängigen Adressierungs-, Organisations-, Klassifikationsteile und Sicherungszeichen. Faßt man alle Teile des Telegramms, außer den Nutzdaten, zu den Steuerdaten zusammen, dann ergibt sich wirksamste Kommunikation hinsichtlich des Nutzdatendurchsatzes, wenn die Steuerdaten weitgehend entfallen können. Dies ist bei Punkt-zu-Punkt-Verbindungen aller in einem System vorhandenen Stationen (Knoten) der Fall. Für ein Netz von n Knoten führt diese Netzart zu $m = n-1$ Anschlüssen je Knoten und $k = n \cdot m/2$ Standleitungen im Netz. Das wirksamste Telegramm verlangt also ein aufwendiges Netz (Bild 10). Sichert man die Telegramme gegen Übertragungsfehler, dann nimmt die Wirksamkeit etwas ab. Strukturiert man das Netz (Bild 11), dann nehmen m und k ab, um beim Bus mit m, k = 1 den niedrigsten Wert zu erreichen. Das Netz wird einfacher und kostengünstiger. Die Folge ist aber, daß die Verbindungswege mehrfach genutzt werden müssen. Zusätzlich ist es notwendig, die Knoten als Durchreichestationen für solche Nachrichten nutzbar zu machen, die über einen direkten Verbindungsweg nicht ausgetauscht werden können. Mit wachsender Strukturierung der Netze müssen die Telegramme somit zunehmend Steuerdaten aufnehmen. Der Nutzdatenanteil der Telegramme wird dadurch kleiner. Zusätzlich zur Adressierung muß der Zugriff zu den mehrfach genutzten Leitungen geregelt werden. Diese Aufgabe verringert ebenfalls den Nutzdatendurchsatz.

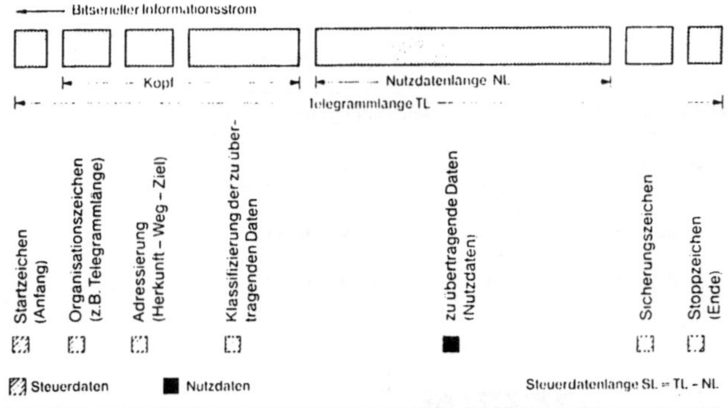

Prinzipieller Aufbau bitserieller Telegramme Bild 9

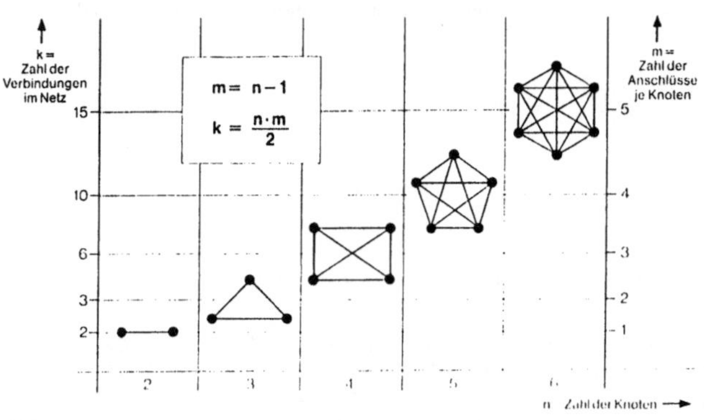

Aufbau lokaler Netze mit Punkt-zu-Punkt-Verbindungen bei vollständiger Vermaschung Bild 10

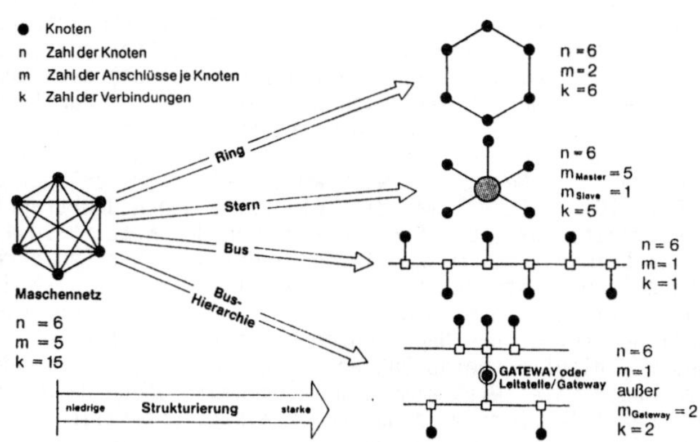

Verringerung der Anschlußzahl je Knoten und der Anzahl von Verbindungen bei stärkerer Strukturierung lokaler Netze (Beispiel n = 6) Bild 11

Mit Hilfe des ISO-Referenz-Modells für offene Kommunikationssysteme und den darin definierten sieben Schichten für offene Kommunikation

- der physikalischen Schicht (1)
- der Sicherungsschicht (2)
- der Vermittlungsschicht (3)
- der Transportsteuerung (4)
- der Sitzungsschicht (5)
- der Darstellungs- (6) und
- der Anwendungsschicht (7)

kann man die Sachverhalte auch für geschlossene Systeme anschaulich beschreiben /8/. Kommunikation kommt dabei durch Informationsaustausch über die Schichten 1 - 4 und Anwendungsverständigung über Schichten 5 - 7 zustande.

Bei Punkt-zu-Punkt-zu-Punkt-Kommunikation im vollständigen Netz (Bild lo) erübrigt sich die Schichtung. Zur Standardisierung wurde frühzeitig die physikalische Schicht genormt (z.B. /9/). Die übrigen Schichten bildeten in der Regel hersteller- bzw. anwendungsspezifische Blöcke. Die Kommunikation war geschlossen.

Bei Strukturierung der Netze schritt, zum Teil an schon bestehende Normen angelehnt, die Standardisierung voran. Dabei bildeten sich die Schichten 1 - 4 aus, während die Schichten 5 - 7 noch Blöcke bildeten /4/. Die Kommunikation zwischen den Anwendungen blieb dadurch weiterhin geschlossen, der Datentransport (Schichten 1 - 4) war aber offen. Dadurch wurde es leichter möglich, zum Teil durch programmierbare Baugruppen /lo/, zwischen herstellerbezogenen Netzen Tore (Gateways) für den Informationsaustausch zu schaffen. Viele Netze sind mit dieser Struktur erfolgreich in Betrieb. Durch die dabei möglichen hohen Nutzdatenanteile ist harte Realzeitkommunikation bei niedriger Kanalkapazität und einfachen Leitungssystemen möglich. Bei Verwendung des TOKEN-Zugriffsverfahrens /11/ ergeben sich determinierte Realzeiteigenschaften. Bei Standardisierung der Schichten 5 - 7 ist ein weiterer erheblicher Anstieg der Steuerdaten in den Telegrammen zu verzeichnen. Der Nutzdatenanteil sinkt weiter. Zur Realzeitübertragung sind somit erheblich leistungsfähigere Netze erforderlich. Als Ergebnis für diesen Aufwand erreicht man aber das gesuchte Ziel, die offene Kommunikation. Bei harten Realzeitaufgaben ergeben sich bei den verfügbaren technischen Mitteln aber so große Aufwendungen, daß Vereinfachungen durch Zusammenfassung von Schichten und Standardisierung der entstehenden Blöcke für wirtschaftliche Lösungen notwendig werden. Dies kommt aber wieder einer Schliessung der Systeme gleich bzw. sie sind quasi offen, wenn sich alle Teilnehmer an die entstehenden Standards halten. Insgesamt bildet sich eine Kommunikationsarchitektur,wie in Bild 12 gezeigt, heraus.

Hierarchische Betriebsebenen		Kommunikation	Knotenzahl	Beantwortungszeit	Datenmenge	Datenlebensdauer	Netzart	Arbeitsweise
Ebene 5	Unternehmen		1	min ... h	GByte	h ... a		dispositiv
		WAN Öffentl. Netz					TELEX, DATEX, ISDN	
Ebene 4 Fabrik	Fabrik ••• Fabrik		1 ... 5	s ... min	1 ... 100 MByte	min ... d		
		LAN's 3/4 Fabriknetz					Breitband	
Ebene 3 Linien/ Bereiche	Verteilte Produktionslinien/-bereiche		5 ... 50	ms ... s	0,1 ... 10 MByte	s ... d		
		LAN's 2/3 Linien/Zellen-Netz					Einkanalbreitband Basisband	
Ebene 2 Zellen	Verteilte Steuerungen/ Regelungen		10 ... 500	ms	1 ... 1000 kByte	ms ... h		
		LAN's 1/2 Feldbusnetz					Basisband	
Ebene 1 Peripherie	Verteilte Aktoren/Sensoren		100 ... 10000	µs ... ms	bit	µs ... ms		operativ
Ebene 0 Anlagen	Produktionseinrichtungen, Materialfluß							

Kommunikationsarchitektur in Produktionsunternehmen Bild 12

5. Die Erfahrung - geschlossene und teilweise offene Systeme -

Das in Bild 13 gezeigte Produktionsleittechniksystem ist für Instandhaltungsinformationen, Energiemanagement und allgemeine betriebliche Informationsverarbeitung ausgelegt und seit mehreren Jahren vielfach eingesetzt. Das System ist als 3-Ebenensystem mit Zentrale ZE, Unterzentralen IUZ, UZA, und Einzelebene für den Anschluß einzelner Datenpunkte DP über UST und serieller Kommunikationsverbindungen zu SPS, NC, RC über UZA ausgelegt. Die Kommunikationssysteme sind für die Ebenen 1 - 2 des ISO-Modells offen, für die Ebenen 3 - 7 fest strukturiert, so daß insgesamt ein geschlossenes System vorliegt. Durch die Nutzung der Zentrale als Tor (Gateway) zu anderen Zentralen über offene Kommunikationssysteme ist teilweise Öffnung möglich. Die autonome Unterzentrale UZA bietet als programmierbares Tor die Möglichkeit, andere Protokolle in das Systemprotokoll PL umzusetzen, so daß auf der SPS-, NC-, RC-Ebene Geräte verschiedener Herkunft angeschlossen werden können und das System sich somit weiter öffnet. Der gewählte Telegrammaufbau verleiht dem System bei "nur" 9 600 bit/s Übertragungsgeschwindigkeit Realzeiteigenschaften. Die physikalischen Übertragungswege können mit normalen Fernmeldekabeln ausgeführt werden. Das System hat dadurch für einen großen Anwendungsscope sehr günstige Systemwerte.

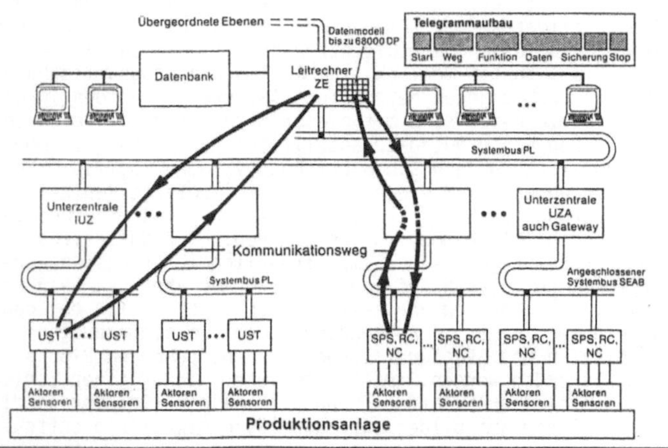

Produktionsleittechnik GEACIM Bild 13

Das zweite Beispiel (Bild 14) nutzt eine sehr wirksame Kommunikationstechnik auf Basis des ISO-Modells unter Verwendung von logischen Nachrichtennummern und des TOKEN-Zugriffsverfahrens /11/. Es ist bis zur Ebene 5 offen, für gestaffelte Übertragungsgeschwindigkeiten einsetzbar und kann mit fortschreitender Normung der Ebenen 6 und 7 weiter geöffnet werden. Es bewährt sich in vielen Installationen seit einigen Jahren, in Ebenen-strukturierten Netzen zwischen autonomen Teilnehmern mit eigenen Bedien-/Darstelloberflächen je Ebene. Während beim ersten Beispiel Kanalzuteilung, -freigabe und Übertragung zentral-abfragegesteuert erfolgen, arbeitet des im zweiten Beispiel vorgestellte System im SEAB2-Bereich dezentral-ereignisgesteuert. Für die Einbindung von Fremdsystemen stehen Tore zur Verfügung, deren Programmierung umso einfacher ist je mehr das anzuschließende Fremdsystem sich in seiner Schnittstelle an das ISO-Modell angelehnt hat.

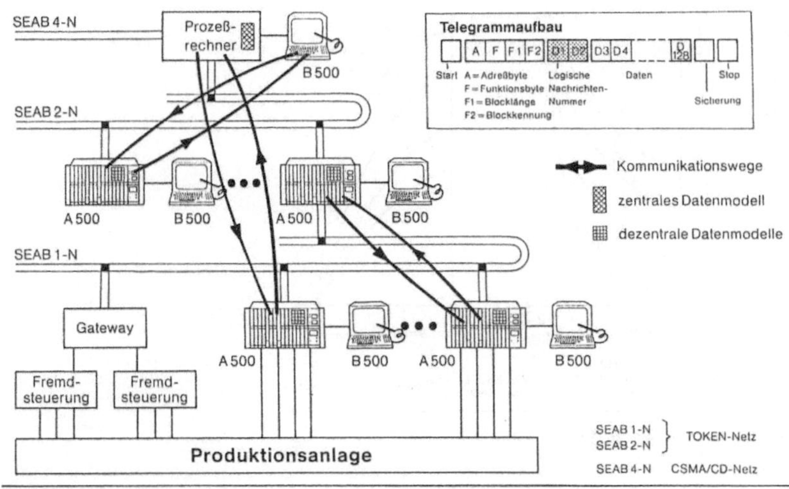

Produktionsleittechnik mit dem Kommunikationssystem SEAB Bild 14

6. Systemwertvergleich

Der Systemwert als Verhältnis von Wirksamkeit zu Aufwand ergibt für geschlossene und offene Kommunikation die in Bild 15 mit der Nutzbitzeit

$$t_N = 1/C\ (1 - SL/TL),$$

den Nutzdatendurchsatz

$$ND = C\ (1 - SL/TL)$$

bzw. den auf C normierten Größen

$$\text{relative } t_N = \tau = 1/\ (1 - SL/TL) \text{ und}$$

$$\text{relativer Nutzdatendurchsatz} = \eta = 1 - SL/TL$$

verdeutlichte Situation. Da Systemöffnung vermehrte Steuerdaten bedeutet, steigt dabei τ und η fällt. Für gleichen Nutzdatendurchsatz ist somit wesentlich größeres C, also wesentlich größerer Aufwand, erforderlich. Um trotzdem den Systemwert offener Systeme größer als den geschlossener darstellen zu können, muß die Eigenschaft "offen" mit großem Wirksamkeitszuwachs bewertet werden. Tatsächlich müssen aber erst neue Technologien - im wesentlichen kostengünstige VLSI-Schaltkreise - für die offene Kommunikation geschaffen werden, um den Weg wirtschaftlich beschreitbar zu machen. Es wird aber zweckmäßig oder vielmehr notwendig sein, für zeitkritische Realzeitaufwendungen mittelfristig auf den Ausbau aller sieben Schichten des ISO-Modells zu verzichten und Schichten wegzulassen bzw. zu kombinieren. Dies sind aber schließlich die Erfahrungen aus den bestehenden geschlossenen und teilweise offenen Netzen, die aus diesen Gründen noch auf Jahre ihren Platz innerhalb geöffneter Verbunde behalten werden.

7. Ausblick

Für herstellerneutrale und generationsneutrale Verbunde von Automatisierungssystemen der Produktionsleittechnik sind offene Kommunikationssysteme unumgänglich und im Trend des Fortschritts. Diesen sichern auch die breit von Herstellern und Anwendern unterstützten Anstrengungen um MAP und TOP in der Verbindung mit der interna-

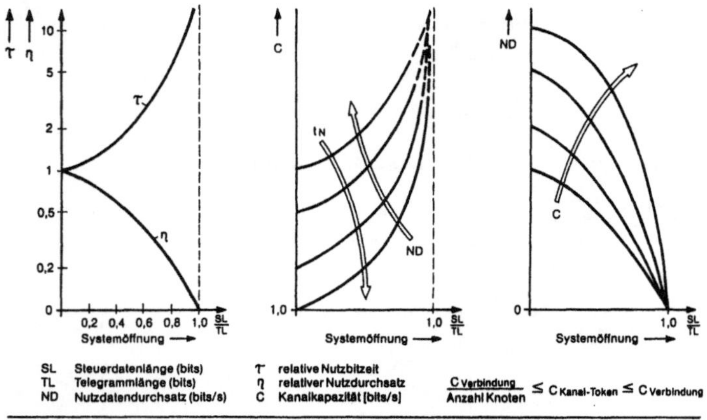

Wirksamkeit der Kommunikation Bild 15

tionalen Normung ab /14/. Im harten Realzeitbereich der Zellen- und Feldbusnetze werden jedoch hersteller- und generationsbezogene, geschlossene und teilweise offene Teilsysteme mittelfristig noch höhere Systemwerte aufweisen, so daß solche Teilnetze, übergeordnet zum offenen System verbunden, für die nächsten Jahre charakteristisch sein werden. Diese Sicht wird auch von Bemühungen der MAP-Arbeitsgruppen ableitbar. Neben dem ursprünglich allein vorgesehenen MAP-Backbone (Fabrikbus) sind dort Anstrengungen für MAP-EPA (Zellenbus) und Mini-MAP (Feldbus) angelaufen. Bei den beiden letztgenannten Protokollen für zeitkritische Anwendungen entfallen ISO-Schichten bzw. es werden solche zusammengefaßt /12/. Marktuntersuchungen von 1984 folgend, werden offene LAN`s auf MAP-Basis bis 1990 78% Marktanteil gewinnen und geschlossene Netze von 85% auf 20% zurückdrängen. Das Marktvolumen für LAN`s in der Produktion verdreieinhalbfacht sich im gleichen Zeitraum auf fast $ 500 000 000.- /3/.

8. Literatur

/1/ Götz, E. Rechnergeführte Fernwirk- und Datenerfassungssysteme mit zentraler und dezentraler Intelligenz, INTERKAMA 1977, S. 446 ... 459, Verlag Springer 1977

/2/ Götz, E. Automatisierungssysteme mit dezentalem, funktions-modularem Aufbau für unterschiedliche Anwendungsbereiche, INTERKAMA 1983, S. 439 ... 448, Verlag Springer 1983

/3/ Borsi, L. Konzepte und Strukturen dezentraler Prozeßautomatisierungssysteme
Pavlik, E. Regelungstechnische Praxis 22 (1980), H. 10

/4/ Ferling, H.D. Kommunikation mit logischen Nachrichtenwegen,
Seifert, W. INTERKAMA 1983, S. 511 ... 521, Verlag Springer 1983

/5/ Götz, E. CIM in der Oberflächentechnik, Fachkongress Elektronik in der Lackiertechnik am am 13./14.5.86 in Köln, Deutsche Forschungsgesellschaft für Oberflächentechnik (DFO) /Düsseldorf 1986

/6/ DIN 19 222 Leittechnik

/7/ DIN 19 226 Regelungstechnik und Steuerungstechnik

/8/ DIN ISO 7498 Kommunikation offener Systeme - Basis-Referenzmodell

/9/ CCITT V24 Funktionen von Leitungen an Schnittstellen
V28 Elektrische Eigenschaften für unsymmetrische Leitungen

/10/ Langer, P. Integration von Fernwirkanlagen
Technische Mitteilungen AEG-Telefunken 70 (1980) 2/3, S. 95 ...97

/11/ ISO/DIS 8802/4 TOKEN-Passing BUS Access Method

/12/ Allan, R. MAP Promises to pull the pieces together, Electronic Design, May 15, 1986

/13/ Communications News, April 1986

/14/ Pfeifer, T., Derzeitige situation und Chancen von MAP
Rühle, W. atp (28) 3, 1986, S. 1o9 ... 116

AUTOMATISIERUNG IM BERGBAU MIT EINEM OFFENEN KOMMUNIKATIONSSYSTEM

AUTOMATION IN COAL MINING WITH OPEN COMMUNIKATION SYSTEM

N. Czauderna
Bergbau AG Niederrhein, BR Deutschland

Summary

The integrated control and monitoring system (ISU system = "integriertes Steuerungs- und Überwachungs-System") has been designed as a comprehensive concept for the automation of mining operation, with to be specified interfaces and functions compatible with several makes. The concept provides a multi-phase bus communication system linking the different processing components as programmable logic controller, local control and monitoring unit and central control and monitoring unit. By the specifications established were defined the interfaces, protocols, functions, and general requirements of ISU components in accordance with international standards. They enable customers to order in the market and use automation components meeting set standards. A pilot installation is to be developed still during this year.

Das Steinkohlenbergwerk

Der Einsatz von elektronischen Steuerungen in Form von Mikrocomputersystemen und Prozeßrechnern ist in den Bereichen des Bergbaus nicht mehr wegzudenken. Die Notwendigkeit für diesen verstärkten Einsatz der neuen Technik im Bergbau wird nachhaltig vor allem durch die Tatsache unterstrichen, daß die Mechanisierungsbemühungen bisheriger Art technisch an gewisse Grenzen gestoßen sind und auch der Ausnutzungsgrad der Betriebseinrichtungen sich konventionell kaum noch wesentlich steigern läßt. Von Bedeutung ist weiterhin, daß die bergtechnischen Systeme immer umfangreicher und komplexer werden und damit auch hohe Anforderungen an das Bedien- und Wartungspersonal stellen. Zusätzlich wirkt sich aus, daß der Abbau mit seinen Betrieben in immer größere Teufen vordringt und damit die Arbeitsbedingungen durch Verschlechterung des Grubenklimas immer schwieriger werden. Daher wurden und werden zahlreiche Automatisierungsvorhaben in fast allen Teilbereichen des Grubenbetriebes in Angriff genommen, die aber ausgesprochenen Charakter von Insellösungen haben.

Ein neuzeitliches Bergwerk stellt eine Fabrik mit einem Umsatz von etwa 750 Mio DM/a und zirka 3 000 Arbeitsplätzen dar. Diese Fabrik besteht aus mehreren Teilsystemen, die eng miteinander verknüpft sind und dadurch ein komplexes Gesamtsystem darstellen .

In einem beispielhaften Bergwerk werden in dem Bereich der Gewinnung täglich aus fünf Abbaubetrieben durchschnittlich 22 000 t Rohkohle gefördert. In einem Abbaubetrieb müssen Maschinen und Ausbaueinrichtungen mit einem Gesamtgewicht von 1 600 t auf einer Front von 250 m Länge bis zu 9 m/d vorangetrieben werden.

Das Teilsystem Bewetterung hat die Aufgabe, das Bergwerk mit Frischluft, bergmännisch Wetter, zu versorgen. Dafür müssen mehreren Großventilatoren mit hoher Verfügbarkeit betrieben werden, um in einem feinverästelten Streckennetz von 100 km ein Gesamtvolumen von 24 000 Nm^3/min absaugen zu können. Zur Sicherheit der Anlage müssen an über 100 Meßstellen die Konzentration von Methan und Kohlenmonoxyd, die Wettergeschwindigkeit und die Depression dauernd gemessen und überwacht werden.

Die Förderung ist so ausgelegt, daß das Produkt Kohle, ohne die Gewinnung zu verzögern, reibungslos abgefördert werden kann. Heute werden in den meisten Bergwerken diese Aufgaben von Bandförderanlagen mit Bunkersystem und Gefäßförderanlagen gelöst. Dafür müssen bis zu 180 Bänder und mehrere Bunker, verteilt über eine Strecke von bis zu 10 km, überwacht und gesteuert werden.

Das Teilsystem Transport hat das erforderliche Material für den täglichen Bedarf zur Verfügung zu stellen. Dabei werden täglich etwa auf 500 Transporteinheiten durchschnittlich 600 t, bestehend aus etwa 12 000 Artikeln, bewältigt. Zusätzlich werden 250 t/d an Baustoffen über Pipelinesysteme in die bis zu 10 km entfernten Abbaubetriebe gefördert.

Die Versorgung des Untertagebetriebes mit Strom, Wasser, Druckluft und Kälte wird über strahlenförmige Netze sichergestellt. Die elektrische Energie für etwa 1 100 Antriebe mit einer installierten Gesamtleistung von 52 MW wird mit einem Leitungsnetz, das eine Fläche von bis zu 150 km^2 versorgen muß, abgedeckt. Etwa 120 km Rohrnetze für den Wasserbedarf von 6 000 m^3/d und den Druckluftverbrauch von ca. 1 Mio Nm^3/d sind zu unterhalten und zu überwachen. Kälteträgermittel mit einer Gesamtleistung von 8 MW werden über ein eigenes Rohrnetz in mehreren Stufen an die Betriebspunkte mit erhöhten Temperaturen geführt und entsprechend dem Bedarf gesteuert an die Umgebung abgegeben.

Das unternehmerische Ergebnis, nämlich die geförderte Menge Kohle, ist somit direkt durch die Gewinnung und Förderung, indirekt durch die Versorgung, den Transport, die Bewetterung, die Entsorgung, die Instandhaltung und Wartung abhängig .

Diese Verknüpfung der Teilsysteme wird im weitesten Sinne durch das Informationssystem gewährleistet, und zwar in Form von

- Sprachkommunikation (Telefon, Lautsprecher),
- formeller und informeller Information (Formulare, Berichte) und
- Datenübertragung von Meßwerten und Steuerungssignalen.

Unterbrechung oder Ausfälle von Informationswegen führen zur Störung oder sogar zum Ausfall der Produktion. Unter anderem sind aus diesem Grunde seit einiger Zeit die Anforderungen zu einem integrierten Steuer- und Überwachungssystem formuliert worden. Für dieses angestrebte offene Kommunikationssystem ist vordringlich die Definition von entsprechenden Schnittstellen nötig.

Das Teilautomatisierte Bergwerk

Schon 1974 hat der Vorstand des Steinkohlenbergbauvereins unter dem Namen "Steinkohlenbergwerk der Zukunft" einen Forschungskreis eingesetzt, der systematisch die Forschungsschwerpunkte und die strategischen Aufgaben für die künftige Entwicklung des Steinkohlenbergbaus erarbeitet hat. Im Jahre 1979 wurden in einem Statusseminar fünf wichtige Aufgaben für das Steinkohlenbergwerk der Zukunft genannt (1)[1]. Eine der Aufgaben war die Forderung nach der Einführung der Teilautomatisierung des Bergwerks. Dieses Vorgehen sollte es ermöglichen, die einzelnen Automatisierungslösungen zu integrieren, eine einheitliche (Daten-)Kommunikationsinfrastruktur für das Bergwerk zu

[1] Die eingeklammerten Zahlen beziehen sich auf den Quellennachweis am Schluß des Aufsatzes.

schaffen und vor allem herstellertolerante "Standardhilfsmittel" zur Verfügung zu stellen, mit denen zukünftige Automatisierungsaufgaben wirtschaftlich gelöst werden können (2)[1].

Das Integrierte Steuer- und Ueberwachungssystem im Bergwerk (ISU)

Das Forschungs- und Entwicklungsvorhaben "Integriertes Steuerungs- und Überwachungssystem" (ISU) begann 1978 mit zwei unabhängigen und ausführlichen alternativen Systemanalysen und Konzeptvorschlägen durch die Firma Dornier-Systeme und eine Arbeitsgemeinschaft der Ingenieurunternehmen ProCom, Bonnenberg und Drescher. Auf dem Ergebnis dieser Studie aufbauend, erarbeitete die Bergbau AG Niederrhein im Auftrag der Ruhekohle AG 1981 ein Realisierungskonzept (3)[1]. In Arbeitskreisen wurde zusammen mit der Industrie das Konzept diskutiert und um ein Lastenheft für ein integriertes Steuer- und Überwachungssystem ergänzt. Es erfolgte die Erstellung von Pflichtenheften für das ISU-System durch eine Firmen-Arbeitsgemeinschaft der Firmen AEG, Funke + Huster und Siemens AG.

Das gesamte Pflichtenheft (4)[1] ist zum besseren Verständnis in 10 funktionsbeschreibende Kapitel aufgeteilt:

1	-	Systemübersicht	6	-	Kommunikationsfunktionen
2	-	Umweltbedingungen	7	-	Übertragungsfunktionen
3	-	Prozeßfunktionen	8	-	Systemkenndaten
4	-	Bedienfunktionen	9	-	Dokumentation
5	-	Systemfunktionen	10	-	Begriffe

Die darin getroffenen Vereinbarungen, Festlegungen oder Anregungen für ein Integriertes Steuer- und Überwachungssystem im Bergbau unter Tage wenden sich an die Hersteller, Anlagenbauer und Betreiber.

Die Pflichtenhefte beschreiben keine Anlage, sondern Funktionen, die den Entwurf und Bau unterschiedlicher Anlagen ermöglichen. Da die Entwicklung der Gerätetechnik durch ständige Fortschritte, z. B. bei der Halbleitertechnologie, nicht abgeschlossen ist, werden elektrisch/mechanische Festlegungen nur dort getroffen, wo sie für das Zusammenwirken mehrere Geräte zwingend notwendig sind.

Für ISU gelten grundsätzlich die Bedingungen, die an verteilte Systeme zu stellen sind. Als zusätzlich und erheblich verschärfend kommt die Forderung nach "Herstellertoleranz" hinzu. Damit wird verlangt, daß Geräte unterschiedlicher Hersteller in einer ISU-Anlage trotz verschiedener technischer Realisierung gleiche Funktionen haben. Daraus folgt einmal ein offenes Kommunikationssystem, wie es derzeit international (ISO/OSI Modell) für Echtzeitsysteme spezifiziert und genormt wird. Des weiteren sind aber auch bestimmte systemdurchgängige Basisfunktionen verbindlich festzulegen.

Insgesamt sind mit unterschiedlicher Schärfe Festlegungen für die Datenerfassung, Datenverarbeitung, Datenübertragung und die Bedienung getroffen worden. Die danach zu fertigenden Geräte müssen den erschwerten Betriebsbedingungen des Bergbaus unter Tage genügen und eine leichte und einwandfreie Bedienung ermöglichen. Die technische Transparenz des Konzepts muß sich gleichermaßen in der Dokumentation niederschlagen.

Das Ziel, wirtschaftlich und technisch optimale Bergwerksautomatisierung zu betreiben, läßt sich nur dann erreichen, wenn die aus dem Integrationsgedanken folgenden Forderungen von allen Zielgruppen erfüllt werden. Die Pflichtenhefte berücksichtigen die nachfolgend aufgeführten Forderungen an Automatisierungssysteme im Bergbau unter Tage:

- Hierarchischer Systemaufbau
- Dezentrale Automatisierungsinseln
- Integrationsmöglichkeit durch Herstellertoleranz von Stationen verschiedener Hersteller in einer Anlage
- Sichere Funktionserfüllung auch bei rauhen Umweltbedingungen (Klima, Stoßbeanspruchung, EMV)
- Erfüllung der im Bergbau nötigen Schutzarten
- Erfüllung der Belange von Echtzeitsystemen, insbesondere einer voraussagbaren, berechenbaren Echtzeitreaktion
- Sichere Funktion auch bei räumlich ausgedehnten Anlagen
- Transparenz der Funktionsaufteilung
- Flexibilität für Um- und Ausbau
- Weitgehende Systemunterstützung zur einfachen Inbetriebnahme, Wartung und Reparatur.

Das Konzept des ISU

Die Herstellertoleranz verlangt, daß unterschiedliche Geräte verschiedener Hersteller trotz herstellerspezifischer Aufbautechnik festgelegte gleiche Funktionen haben müssen, die zumindest in diesem definierten Rahmen in einer Anlage miteinander zusammenarbeiten können. Die Festlegungen erfolgen durch Festschreibung von Eigenschaften (Funktionen) und Definition von Schnittstellen, die auf der einen Seite das problemlose Zusammenspiel von Systemkomponenten sichern und auf der anderen Seite Raum für die Realisierung durch die jeweils neueste Technologie lassen.

Das ISU-Konzept sieht eine hierarchische dezentrale Struktur vor, um die Prozeßführung transparent, die Reaktionszeiten kurz und die Gesamtverfügbarkeit groß zu machen. Daraus ergeben sich intelligente Steuergeräte (Verarbeitungseinheiten) in unmittelbarer Nähe des technologischen Prozesses, wie Gewinnung, Ausbau, Förderung, Wasserhaltung. Die derart über das gesamte Grubengebäude verteilten Verarbeitungseinheiten werden über ein Kommunikationssystem miteinander verbunden. Im Bild 1 ist ein zweistufiges Bussystem dargestellt, es sind jedoch auch andere räumliche Konfigurationen realisierbar.

Bei den Verarbeitungseinheiten wird nach ihren typischen Leistungsmerkmalen unterschieden:

- Prozeßstationen (PS) zur prozeßnahen Steuerung und Regelung mit Erfassung und Ausgabe von Prozeßinformationen,
- Unterzentralen (UZ) zur Visualisierung, Überwachung und Steuerung eines technologischen Bereichs,
- Prozeß- und Systemleitwarte (SLW) für die Gesamtvisualisierung, Überwachung des Bergwerks und übergeordnete Koordinierung und Verwaltung des Systems.

Daraus ergibt sich insgesamt für ISU ein zentral geführtes, aber hierarchisch gegliedertes Automatisierungskonzept. Als weiteres Ordnungsprinzip für die Strukturierung wurden Anlagenfunktionen verwendet. Es werden vier Funktionsgruppen definiert. Sie sind zum Teil technologieunabhängig und zum Teil technologiespezifisch:

- Prozeß-Funktionen
- Bedien-Funktionen
- System-Funktionen
- Kommunikations-Funktionen

Die Mächtigkeit der Funktionen in den einzelnen Ebenen ist unterschiedlich .

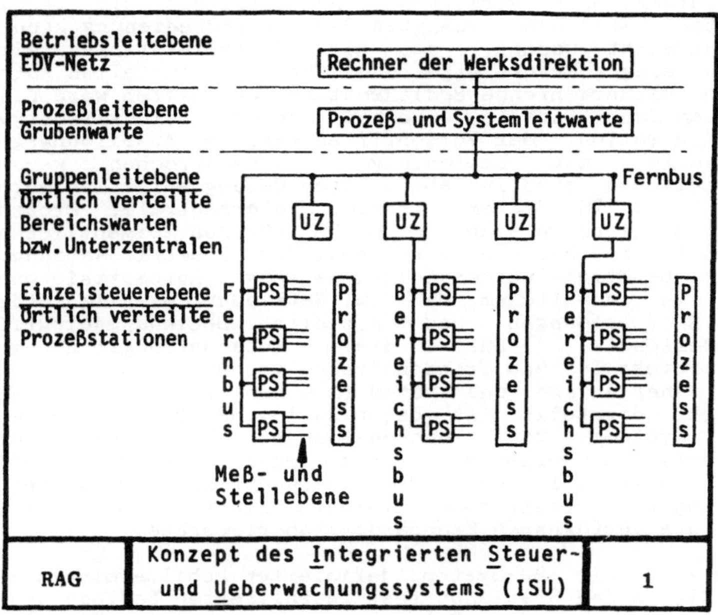

Prozeßfunktionen

Prozeßfunktionen sind die Funktionen, die in unmittelbarem Zusammenhang mit der Erfüllung der Prozeßaufgaben stehen. Geordnet nach dem Gesichtpunkt des Prozeßdatenflusses, ergeben sich vier Grundtypen von Prozeßfunktionen.

- Verarbeiten von Prozeßdaten
- Speichern von Prozeßdaten
- Erfassen von Prozeßdaten
- Ausgeben von Prozeßdaten

Diese Einteilung umschreibt die Aufgaben, die die Prozeßfunktionen einer Prozeßstation bearbeiten sollen. Unabhängig von der gerätetechnischen Realisierung wird die Ausführung der Prozeßfunktionen stets nach dem gleichen Schema ablaufen. Die Eingabegrößen werden möglichst gleichzeitig erfaßt und gespeichert. Die Verarbeitung greift auf die gespeicherten Eingabegrößen zurück. Dadurch ist sichergestellt, daß auch bei Mehrfachverarbeitung einer Größe mit den gleichen Werten gearbeitet werden kann. Zwischen- und Endergebnisse der Verarbeitung werden ebenfalls abgespeichert. Anschließend werden die Ausgabegrößen möglichst gleichzeitig aus dem Speicher ausgelesen und ausgegeben. Der Bereich, in dem alle Prozeßdaten, wie Eingabegrößen, interne Größen und Ausgabegrößen, abgespeichert sind, wird als Prozeßdatenspiegel bezeichnet. Der Ablauf, bestehend aus Erfassen, Verarbeiten und Ausgeben, kann wahlweise zyklisch, azyklisch, also programmgesteuert, oder spontan, also prozeßgesteuert, ausgelöst werden. Einzelne Teilaufgaben einer Verarbeitungseinheit können nebeneinander nach unterschiedlichen Kriterien bearbeitet werden.

Bedienfunktionen

Die Bedienfunktionen versorgen und entsorgen die Schnittstelle Mensch-System. Eine hohe Qualität der Prozeßbedienung kann und muß dadurch erreicht werden, daß der Interpretationsspielraum des Bedienenden eingeschränkt wird und bestimmte, auf allen Automatisierungsebenen wiederkehrende Bedienroutinen geschaffen werden.Für diese Mensch/System-Schnittstelle können unter Berücksichtigung der Anlagenkonfiguration, der Vorschriften oder des Ausbildungsgrades des Bedienpersonals nur Empfehlungen ausgesprochen werden. Der Bedienerfunktionen sind in abgestuftem Umfang auf allen Automatisierungsebenen des ISU-Systems (Warte, Unterzentrale, Prozeßstation) notwendig.Sie gliedern sich in solche für den eigentlichen Prozeßablauf und in solche, die vorwiegend für Inbetriebsetzung, Wartung und Pflege benötigt werden.Leistungsfähige Automatisierungssysteme erfordern in erheblichem Maß im Betriebs- wie im Störungsfall schnelle Entscheidungen und gezielte Bedienungseingriffe des Bedienungspersonals. Für die Entscheidungsfindung sind Störablaufprotokolle und Trendanalysen von Bedeutung. Da sich dem Betreiber einer Anlage das System im wesentlichen durch diese Benutzeroberfläche darstellt, ist deren Auslegung für die Akzeptanz des gesamten Systems von entscheidender Bedeutung. Über die Benutzeroberfläche werden so unterschiedliche Aufgaben abgewickelt wie: Systeminstallation, Prozeßbeobachtung, Parametereingaben, Prozeßführung.Die wesentlichen Elemente einer ISU-Benutzeroberfläche sind die heute verfügbaren Standardperipheriegeräte.

Der Einsatz des im ISU-System definierten Mobilterminals ermöglicht es, über die in den Stationen fest installierten Bedien- und Anzeigemöglichkeiten hinaus, dem Betreiber, tiefergehende Eingriffe in die Station vorzunehmen und sich detailliertere Informationen aus der Station zu verschaffen und anzeigen zu lassen. Die Einsatzorte des Mobilterminals sind die Prozeßstation und die Unterzentrale, an allen diesen Stationen ist es wahlfrei einsetzbar. Der wachsenden Komplexität und dem wachsenden Informationsvolumen von Unterzentrale und Prozeßstation trägt das Mobilterminal Rechnung, indem nicht nur die Anzeigemöglichkeiten an den Stationen in klassischer Technik (Leuchten, 7 Segmentanzeigen usw.) zur Visualisierung der Prozeßgrößen zur Verfügung stehen, sondern durch das Mobilterminal auch die Möglichkeit gegeben ist, sich abgeleitete Prozeßgrößen, wie z. B. Störungen in Steuerungsabläufen und Übersichten, im Klartext anzeigen zu lassen. Durch die Klartextanzeige erfolgt eine wesentliche Vereinfachung der Fehlersuche im Störungsfall. Auf der anderen Seite bietet es dem Benutzer vor Ort die Möglichkeit, auf einfache Weise in seinen Steuerungsablauf einzugreifen, wenn die Gegebenheiten seines Prozesses sich ändern, z. B. durch Überbrücken von gestörten Eingängen, das hierbei nicht mehr durch Einlegen von Brücken, Dioden o.ä. erfolgt, sondern durch softwaremäßig Verarbeitung, was den Vorteil bietet, daß diese Aktionen an zentraler Stelle im ISU-System bekannt sind und dokumentiert werden können. Darüber hinaus werden mit dem Mobilterminal Notizbuchfunktionen, Materialfluß und Bestellwesen als Sonderfunktionen des ISU-Systems realisiert. In dieser Betriebsart dient das Mobilterminal als normale Dateneingabestation.

Systemfunktionen

Das ISU Anlagenbetriebssystem ermöglicht mit den Systemfunktionen die Integration der Einzelkomponenten wie Prozeßstationen, Unterzentra-

len, Prozeß-/Systemleitwarte und Kommunikations- und übertragungssystem zu einem anwenderfreundlichen Gesamtsystem.
Dazu gehören die Verwaltung aller an das Gesamtsystem beschreibenden Parameter, die Überwachung des Gesamtsystems einschließlich der Kommunikation, das rechtzeitige Reagieren auf Systemstörungen und die Hilfsdienste bei Projektierung, Inbetriebsetzung, Änderung und Umbau des Systems.

Die Systemfunktionen sind in allen Ebenen in unterschiedlicher Mächtigkeit notwendig und in den ISU Pflichtenheften zum ersten Mal geschlossen beschrieben. Die Systemfunktionen sind:

- Die systemweite Adressierung und Datenverwaltung
- Das Fernladen/-bedienen/-parametrieren
- Die Systemüberwachung
- Die Konfiguration/Rekonfiguration
- Die Uhrzeitführung

Die systemweite Adressierung wird über die symbolische Adresse (die Benutzeradresse) durchgeführte, die in eine geeignete Systemadresse umgesetzt wird. Die Systemadresse ist so ausgelegt, daß die für ein Bergwerk möglichen 20 000 Prozeßpunkte mit ausreichender Reserve adressiert werden können. Die physikalische Lage des Datums im Automatisierungsgerät wird über eine weitere Zugriffsadresse sichergestellt. Die Zugriffsadresse beschreibt herstellerspezifisch, die Lage des Prozeßpunktes in den Automatisierungsgeräten. Die beschriebene Adreßzuordnung erfolgt im virtuellen Rangierverteiler. Diesem obliegt auch die Führung des Datenmodells.

Das Fernladen, Fernparametrieren und das Fernbedienen sind gerade in Anlagen des Bergbaus von eminenter Bedeutung. Die wichtigsten Gründe dafür sind die extremen Umweltbedingung und die große Ausdehnung der Fabrik "Bergwerk". Während im Farbikgebäude bei Störungen oder Unregelmäßigkeiten im Betrieb innerhalb von Minuten an der Vorort-Steuerung Handeingriffe mit einem Programmiergerät oder einem Mobilterminal gemacht werden können, sind im Bergwerksgebäude dafür Stunden erforderlich. Wegen der freundlicheren Übertage-Umwelt für Geräte und Menschen bietet sich die Möglichkeit eines Ferneingriffs geradezu an. An dieser Stelle soll jedoch ausdrücklich vermerkt werden, daß die Herstellertoleranz in diesem Fall nur sehr schwer, wahrscheinlich gar nicht erreicht werden kann. Der Grund liegt in den unterschiedlichen Betriebssystemen der verschiedenen Hersteller. Auch hier werden im Rahmen des ISU-Pilotprojekts noch Pionierdienste geleistet werden müssen. Auf die Fernparametrierung, die heute schon ereichbar ist, konnte nicht verzichtet werden.

Die Systemüberwachung soll die Verfügbarkeit des Systems dadurch sicherstellen, daß auftretende Störungen über die Ebenen hinweg so schnell wie möglich erkannt, daß das Betriebspersonal detailliert informiert, daß durch Abschalten von Betriebsmitteln bzw. Umschalten auf redundante Betriebsmittel die Folgen der Störung möglichst kleingehalten und daß durch Fehlerprotokolle die Analyse und Wartung erleichtert werden sollen. Bei der Systemüberwachung sind die Funktionen festgelegt worden, wie die Selbstüberwachung einer Verarbeitungseinheit, die Fremdüberwachung und die Überwachung der Datentransportsysteme. Während die Selbstüberwachung in den Geräten autonom abläuft, sind bei der Fremdüberwachung und der Überwachung des Transportsystems "Bus" ISU-spezifische Anforderungen zu erfüllen.

Automatisierungssysteme für den Bergbau müssen sich durch eine besondere Flexibilität bei Konfigurierung und Rekonfigurierung auszeichnen. Ein Streb "lebt" durchschnittlich 8 bis 10 Monate und muß dann abgerüstet und ein neuer Streb eingerichtet werden. Mit dem Umzug der Maschinen und Anlagen ziehen auch die Automatisierungsgeräte um. Gerade die Umrüstzeit verursacht heute hohe Kosten.

Damit die Uhren in diesem verteilten System richtig gehen, wird die Uhrzeit von einer Mutteruhr abgeleitet. Die Synchronisierung der verteilten Uhren erfolgt alle 30 Minuten. Bei der Umstellung Winter-Sommerzeit wird z.B. die Stunde vorgestellt und bei der Umstellung Sommer-Winterzeit erfolgt eine zusätzliche Kennung der Echtzeitmeldungen wegen des doppelt vorhandenen Zeitraums von z.B. 1 Stunde. Zeit- und Synchronisiertelegramme sind "broadcast"-Telegramme mit höchster Priorität. Wegen der Forderung nach einer Genauigkeit aller Uhren besser 100 ms über alle Hierarchieebenen hinweg muß der Synchronisiermechanismus, Hardware-unterstützt, nahe am Transportsystem im Tokenbus-Controller ablaufen.

Das ISU-Anlagenbetriebssystem mit projektierbaren Systemfunktionen ermöglicht dem Anwender die hierarchisch sowie funktional und räumlich dezentral strukturierte Anlage als homogenes Gesamtsystem statisch sowie dynamisch zu betrachten. Voraussetzung dafür ist jedoch die Unterstützung der Dienste durch eine ebenenübergreifende Kommunikation mit Echtzeitverhalten.

Kommunikationsfunktionen

Die Festlegung von Eigenschaften und Schnittstellen des Kommunikationssystems bestimmen in hohem Maße die Leistungsfähigkeit und die Handhabbarkeit des Gesamtsystems. Die Gliederung der Kommunikationsfunktionen und die Festlegung der Schnittstellen, die dem Anwender bzw. dem Hersteller zugänglich gemacht werden, erfolgt in Anlehnung an das bekannte ISO-OSI-Referenzmodell (DIN ISO 7498).
Zwischen Prozeßstationen, Unterzentralen und Systemleitstation bzw. Funktionsrechnern der Systemleitwarte erfolgt die Datenübertragung seriell. Die vielseitigen und wechselnden Aufgaben in diesem Bereich zwingen zu einer leichten Anpaßbarkeit des Kommunikationsgeschehens an unterschiedliche Anlagenstrukturen und an einen sich häufig verändernden Prozeßablauf. Das geeignete Kommunikationsmittel für diesen Zweck ist der serielle Prozeßbus.

Der serielle Prozeßbus ist ein Kommunikationssystem für die Prozeßautomatisierung, bestehend aus einem Fernbus, an den über Unterzentralen weitere Bereichsbussysteme angeschlossen werden. Der Fernbus sowie die Kommunikationssysteme des lokalen Bereiches arbeiten autonom. Über die Unterzentrale wird die Verbindung zwischen Fernbus und Bereichsbus hergestellt. Bild 2 zeigt die grundsätzliche Struktur eines ISU-Kommunikationssystems.

Die serielle Prozeßkommunikation im ISU kann nicht auf eine bestimmte technologische Aufgabe optimiert werden. Es ist zwingend notwendig, Strukturen zu realisieren, die unabhängig von der physikalischen Übertragung (ISO-OSI Schicht 1) und dem Busprotokoll (ISO-OSI Schicht 2) sind. Weiterhin müssen Busprotokoll und physikalische Übertragung austauschbar sein.
Das ISO-OSI Schichtenmodell umfaßt die gesamte Hierarchie der Kommunikation von der Datenübertragung auf der Leitung bis zu den Anwenderaufgaben. Hauptkriterium für die Schichtenbildung ist es, eng zusammengehörige Funktionen, die nicht unmittelbar voneinander abhängen, in getrennte Schichten zu legen.
Diese Überlegungen führen zu einer globalen Gliederung der Kommunikation im ISU in zwei Teile. Zum einen in das Transportsystem und zum anderen in das Anwender-Kommunikationssystem. Das Übertragungssystem ist ein Teil des Transportsystems. Das Bild 3 zeigt die Lage der ISU-Schnittstellen am ISO-OSI Schichtenmodell. Dabei gewährleistet die

Leitungsschnittstelle (ISU-L-SS) den Anschluß des Buskabels an den Buskoppler der Station. Die Koppler-Schnittstelle (ISU-K-SS) stellt die physikalsiche, funktionale Schnittstelle zwischen Buskoppler und einem Kommunikationsprozessor dar. Die Transportschnittstelle (ISU-T-SS) ist eine geräteinterne Verabredung für die einheitliche Transportfunktionen im ISU. Die Anwenderschnittstelle (ISU-A-SS) ist eine funktionale Auftrags-Schnittstelle des Anwenders für die Übergabe von Sende- bzw. Empfangsaufträgen.

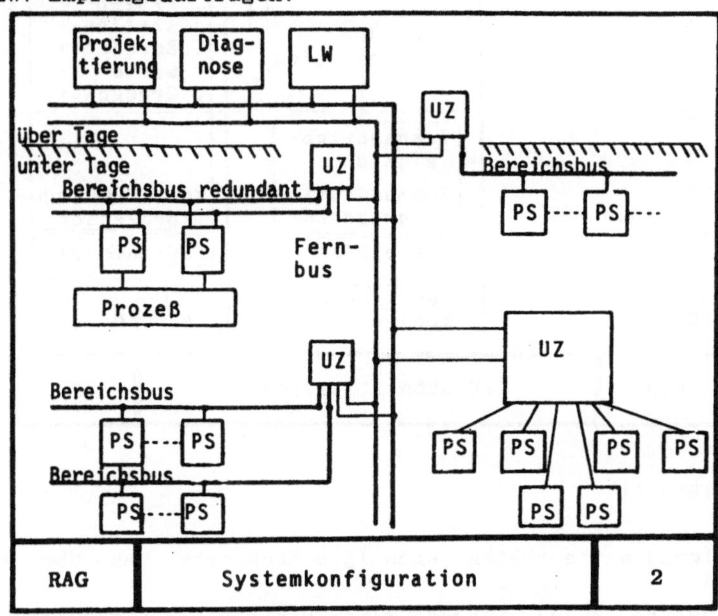

Im Vergleich zu den Internationalen Normen und dem bekannten MAP-Projekten sind die bergbauspezifischen Festlegungen in den vorliegenden Pflichtenheften detailliert beschrieben. Wegen des großen Umfanges kann hier nur stichpunktartig das Wichtigste genannt werden.

Schicht 0 und 1: Eine übergreifende Norm für die Schichten ist nicht verfügbar. Die spezielle Übertragungstechnik für den Bergbau wird durch die Übertragungstechnik beschrieben.

Schicht 2: Hier können die internationalen Prozeßbusnormen verwendet werden.

Schicht 3 und 4: Die Funktionen können weitgehend vorliegenden Norm-Entwürfen zugeordnet werden. Für den Bergbau wurde nur eine erforderliche Auswahl aus den festgelegten Diensten und Protokollen getroffen.

Schichten 5 bis 7: Für das ISU sind Anwenderkommunikationsfunktionen, die durch Normenentwürfe bzw. Normen abgedeckt sind, um weitere Teilfunktionen ergänzt und festgelegt worden. Neben den Kommunikationsfunktionen gibt es Managementfunktionen (Aktivierung, Initialisierung von Parametern, Erfassung von Systemzuständen, Führen von Statistik) und Projektierungsfunktionen. Management- und Projektierungsfunktionen werden durch die Normen nur unvollständig beschrieben. Hierzu wurden besondere Absprachen erforderlich.

ISO/OSI Schichten	ISU-Schnittstelle	ISU-Modell	ISU-Geräte
	ISU-A-SS	Anwendersoftware; Senden Empfangen	Hersteller Automatisierungsgeräte
7 6 5	ISU-T-SS	Interne Schnittstelle; Anwender kommunikation	. Prozeßstation . Bereichswarte . Grubenwarte
4 3 2	ISU-K-SS	Transportabwicklung; Kommunikationsprozessor	Kommunikationsprozessor
1	ISU-L-SS	Buskoppler	ISU-Buskoppler
0		Obertragungsmedium	Leitung

RAG	ISU-Schnittstellen	3

Übertragungstechnik

Die nachfolgend aufgezählten wichtigen Kennwerte des Übertragungssystems sind:

- Rückwirkungsfreier und störungsfreier Betrieb von bis zu 100 Teilnehmern an einem ISU-BUS auf der physikalischen Ebene in der Schutzart Eigensicherheit.
- Reichweite, von >=10km.
- Es sind 2 Klassen von Übertragungsgeschwindigkeiten vorgesehen (19,2 oder 128 Kbit/s)
- Weitgehende Anlehnung an Internationale Standards und erprobte Schaltungstechnik.

Es wurde, wo immer möglich, mit Bezug auf Modulationsart, Signaldarstellung eine größtmögliche Nähe zu den Entwürfen gemäß IEEE802.4 und IEC TC65/SC65C, Proway C in der Fassung von Jan. 1985 gesucht, um so weit wie möglich von evtl. auf Basis dieser Entwürfe erscheinenden Bauelementen im Sinne kostengünstiger Realisierung Gebrauch machen zu können.

Bei der Definition der Schnittstelle (T-SS) zwischen Buskoppler und Kommunikationsgerät konnte weitgehend auf die Proway C Definition zurückgegriffen werden. Größere Schwierigkeiten ergaben sich bei der Auswahl eines geeigneten Übertragungsverfahrens.

Hierbei war der schwerwiegendste Parameter die zu überbrückende Reichweite bzw. Leitungslänge von >10km. Local Area Network Definitionen konnten nicht verwendet werden, da dort geringere Leitungslänge in der Spezifikation fest vorgegeben ist (Ethernet) oder der auf der Leitung zu beherrschende Dynamikumfang in der Spezifikation festgeschrieben ist (Proway C). Als geeignetes, bereits realisiertes

Übertragungsverfahren bietet sich das Breitbandverfahren an. Dies bedingt jedoch für den Bergbau einen relativ hohen Aufwand an Komponenten und Kabeln. Da es kein standardisiertes Verfahren gibt, das die Anforderungen des ISU-Systems abdeckt, wurde versucht, die Vorteile der verschiedenen Verfahren zu kombinieren, und ein Übertragungsverfahren nach dem Carrier Band Prinzip ausgesucht. Dabei erfolgt die Signalübertragung auf der Leitung mit PFSK-Technik (Phase Continuous Frequency Shift Keying). D. h. in Abhängigkeit von dem zu übertragenden digitalen Zustand 0 oder 1 nimmt die Frequenz eines Trägers eine definierte untere oder obere Frequenzlage ein. Phase Continuous bedeutet dabei, daß der Übergang zwischen den beiden Kennfrequenzlagen bei einem Signalwechsel phasenkontinuierlich erfolgt. Die Kennfrequenzen für die 19,2 Kbit/s liegen bei 75 bzw. 125 kHz für die 128Kbits/s bei 480 bzw. 800 kHz. Die Übertragung erfolgt in Kanalgleichlage, d.h. Sende- und Empfangskanal belegen das gleiche Band. Es wurde als Übertragungsmedium die Zwei-Wege-Technik in Form eines 2paarigen Twisted-pair-Kabels vorgeschlagen .
Die Ankopplung eines Busteilnehmers an das Buskabel erfolgt gemäß der Spezifikation Proway C mit einem Anschlußkabel (Drop-Kabel) und einem passiven Leitungskoppler (TAP).

Dieser Leitungsankoppler ist als T-Netzwerk mit allseitig impedanzangepaßten Anschlüssen und asymetrischem Dämpfungsverhalten ausgeführt. Die Impedanzanpassung gewährleistet ein nahezu reflexionsfreies Übertragungsverhalten und ermöglicht es, daß die Länge des Anschlußkabels nur durch die Begrenzung der Dämpfung vorgegeben ist. Ein wesentlicher Vorteil dieser Anschlußtechnik ist, daß hiermit auch relativ komplexe Netze aufgebaut werden können und daß man nicht auf die strenge Linienstruktur eines Busses festgelegt ist. Das asymetrische Dämpfungsverhalten wurde mit einer Einfügungsdämpfung von 0,5 dB und einer Koppeldämpfung von 14 dB festgelegt. Der zum Busteilnehmer dadurch hervorgerufene erhöhte Dämpfungswert wird durch einen erhöhten Sendepegel und eine untersetzte Empfangspegelschwelle ausgeglichen. Die Koppeldämpfung von 14dB erlaubt es, daß Fehler im Anschlußkabel, z.B. Kurzschluß oder Leitungsbruch, keine direkten Rückwirkunmgen auf das Bus- oder Trunkkabel haben.

Die Koppelschnittstelle (K-SS) wird von der Proway-C-Spezifikation vorgegeben. Es handelt sich um eine synchrone Datenübertragung, bei der im Sendesignal der Takt mit enthalten ist und im Empfänger aus dem Empfangssignal wieder zurückgewonnen werden kann. Die Signale werden im Manchester-Code codiert.

Für die Übertragungstechnik wurde ein ISU-Redundanzkonzept gefordert, um die häufig auftretenden Störungen auf dem Leitungsweg abzufangen. Jedem Kommunikationsprozessor wird der Zugang zu den beiden getrennt verlegten Übertragungswegen (Leitungsredundanz) über zwei BUS-Koppler ermöglicht .

Das ISU-Mobilterminal hat im ISU eine eigene Kommunikationsschnittstelle. Im wesentlichen handelt es sich hierbei um ein eigensicheres Sichtgerät mit LCD-Bildschirm und alphanumerischer Tastatur. Es wird mittels einer Infrarotnahkopplung an die Prozeßstation angeschlossen. Die Kopplung wurde aus Gründen der leichten Adaptierbarkeit und zur Vermeidung von störanfälligen Steckverbindungen gewählt. Die Signalübertragung zwischen Mobilterminal und Prozeßstation geschieht mittels eines in Abhängigkeit von den digitalen Zuständen 1 und 0 frequenzmoduliert getasteten Infrarotstrahls. Die Übertragung geschieht im Halbduplex-Verfahren. Intern im Gerät erfolgt die Signaldarstellung anhand von 4 ausgewählten Signalen der V24-Schnittstellen empfehlung. Die Datenübermittlungsprozedur entspricht der DIN 66019. Die Übertragungsgeschwindigkeit ist fest eingestellt auf 9600Bd.

Realisierungsschritte

Die Erstellung der Pflichtenhefte gestaltet sich sehr schwierig, da in wichtigen Punkten auf nichts Vergleichbares zurückgegriffen werden konnte, die weltweit laufenden Standardisierungsarbeiten noch nicht abgeschlossen sind und es unterschiedliche firmeninterne Standards bzw. Festlegungen mit dazugehörigen Produkten gibt. Der Bergbau hat bei diesem Projekt die Chance, bei der Entwicklung und Einführung von moderner Kommunikations- und Automatisierungstechnik seine Belange frühzeitig formulieren zu können. Es ist beabsichtigt, eine Prototypanlage noch in diesem Jahr in Auftrag zu geben. Die gesamte Entwicklungs- und Erprobungszeit ist auf fünf Jahre geplant, wobei ein Aufwand von ca. 700 Mann/Monate an Ingenieurleistungen vorkalkuliert wurde.
Mit der Pilotanlage soll der Nachweis erbracht werden, daß Automatisierungsgeräte und Automatisierungsfunktionen verschiedener Hersteller über ein gemeinsames Buskommunikationssystem zu einem Gesamtsystem zu integrieren sind. Zusammen mit den Erkenntnissen der Realisierung und den Erprobungen der Pilotanlage sollen die Festlegungen der Pflichtenhefte in ein Bergbau-Betriebsblatt überführt werden, das als Standard für den deutschen Steinkohlenbergbau gelten kann.

Wirtschaftlichkeit

Die Notwendigkeit der Entwicklung ergibt sich aus der Tatsache, daß in den einzelnen Bereichen bei den Bergwerken bisher nur Einzellösungen für die Überwachung, Steuerung und Automatisierung erarbeitet worden sind. Für die Zukunft sind Fortschritte nur denkbar, wenn durch ein integriertes System alle Teilbereiche nahtlos verbunden werden. Damit können durch die umfassende Datenerfassung und konsequente Datenverarbeitung wesentliche wirtschaftliche Verbesserungen erreicht werden. Neben der Erhöhung der Sicherheit und der Humanisierung des Arbeitsplatzes ist eine deutliche Produktivitätssteigerung durch die Automatisierung im Bergbau erreichbar.
Dieses dargestellte Arbeiten wurde im Rahmen der Forschungs- und Entwicklungstätigkeit der Ruhrkohle AG vom Bundesminister für Forschung und Technologie gefördert.

Quellennachweis

1. Rauhut, Franz Josef: Das Steinkohlenbergwerk der Zukunft, In: Glückauf 121 (1985), Nr. 7, S. 495 - 505

2. Kopyczynski, Franz: Neue Möglichkeiten der Steuerung und Überwachung im Rahmen des "Teilautomatisierten Bergwerks", In: Unternehmensforschung im Bergbau 1982, Essen: Glückauf, 1982 (Schriften für Operations Research und Datenverarbeitung im Bergbau, Bd. 8)

3. Czauderna, Norbert: Das teilautomatisierte Bergwerk, Entwicklung und Einführung eines integrierten Steuer- und Überwachungssystems für maschinelle und elektrische Anlagen im Steinkohlenbergbau unter Tage. Forschungsbericht BMFT-FB-T83-031

4. Pflichtenhefte für ein "Integriertes Steuer- und Überwachungssystem" erstellt durch die ARGE ISU im Auftrage der RAG (noch nicht veröffentlicht)

DER FELDBUS, EIN REALISIERUNGSKONZEPT FÜR EINHEITLICHE KOMMUNIKATIONS-SCHNITTSTELLEN UND -PROTOKOLLE DIGITALER FELDGERÄTE

THE FIELDBUS, A CONCEPT FOR UNIFORM COMMUNICTION-INTERFACES AND PROTOCOLS FOR DIGITAL FIELD-DEVICES

W. Rühle und K.U. Heiler

Laboratorium für Werkzeugmaschinen und Betriebslehre
der RWTH Aachen
5100 Aachen, Bundesrepublik Deutschland

Summary

Communication is one of the key-technics in modern, flexible production systems. A processintegrated acquisition of manufacturing- and qualityrelated data, is not conceivable without a suitable instrumentation. A main problem is the lack of convenient digital interfaces. The fieldbus-concept offer the opportunity to realize a common uniform system interface for digital field devices. Interfaces and features of a fieldbus are presented followed by explanations on the design of services, functions, protocols and formats.

1. Einleitung

Die Bemühungen um eine Vereinheitlichung der Daten-Kommunikation in der automatisierten Fertigung wurden Anfang der 80iger Jahre mit dem Standardisierungsprogramm für ein "Manufacturing Automation Protocol" (MAP) in konkrete Bahnen gelenkt. "Computer Integrated Manufacturing" (CIM) ist ein derzeit viel diskutiertes Automatisierungskonzept, in dem die Information als Produktionsfaktor eine entscheidende Rolle spielt. Diesem Konzept liegt der vollständige Datenverbund aller an der Herstellung eines Produktes beteiligten Bereiche, von der Planung bis zur Qualitätsprüfung, zugrunde. Innerhalb der Fabriknetze arbeiten zentrale Warten in einem Rechnerverbund mit Funktions- und Teilbereichsrechnern (z.B. Meßrechnern und Zellenrechnern) und dezentralen, meist rechnerunterstützten Funktionseinheiten. Im Gegensatz zu den ersten Festschreibungen eines MAP-Kommunikationsstandards erscheint aus heutiger Sicht ein einziges allumfassendes Netzwerk zur Herstellung des Datenverbundes und Bewältigung des Datenaufkommens nicht sinnvoll. Zu unterschiedlich sind die Anforderungen aus den verschiedenen Automatisierungsebenen der Fertigung, die verschiedene geeignete Systemarchitekturen hervorgebracht haben. Die erforderliche Datenkommunikation zwischen den einzelnen Komponenten geschieht zweckmäßig über in Ausdehnung und Anforderungen angepaßte Informationskanäle. Zu diesen aufgabenspezifischen Informationskanälen gehören Feld- bzw. Zubringerbusse zur Verbindung lokaler Funktionseinheiten (Feldgeräte) z.B. mit zugehörigen Gruppensteuerungen oder zentralen Protokollierungs- und Auswerteeinheiten. Diese Datenübertragungssysteme sollen vornehmlich mehrere gleichartige Kommunikationseinheiten in besonders kostengünstiger Weise verbinden. Gemäß den derzeitigen Normungsbemühungen in allen Bereichen der Technik hat in Deutschland Mitte 1985 ein nationales Gremium mit der Erarbeitung einer Feldbusnorm begonnen, die den Anforderungen aus Verfahrenstechnik und Maschinenbau gerecht werden soll. In diesem Beitrag wird der Feldbus aus Sicht der Fertigungstechnik betrachtet.

2. Einsatzbereich für Feldbussysteme

Auch in den aktuellen Automatisierungskonzepten findet sich die bereichsorientierte Organisation eines Betriebes und die Notwendigkeit zur Delegation von Aufgaben wieder. Konsequente Folge ist die hierarchische Gliederung der Kommunikationsstrukturen entsprechend ihrer Hierarchiestufe in der industriellen Fertigung (Bild 1).

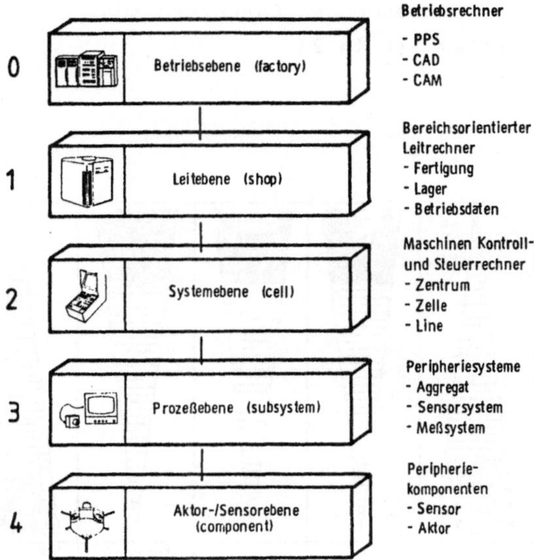

Bild 1: Hierarchisches Ebenenmodell einer automatisierten Fertigung

Die oberste Hierarchiestufe (0) ist den logistischen und konstruktiven Bereichen zugeordnet, die sich vornehmlich mit der bereichsübergreifenden Produktionsplanung und -steuerung befassen. In der Leitebene (1) erfolgt bereichsorientiert die Koordination der bei der Fabrikation beteiligten Rechner- und Steuereinheiten der Systemebene (2). Die Komponenten der Systemebene steuern und kontrollieren Fertigungsverfahren und Fertigungseinrichtungen sowie diverse Hilfsorgane. Unterlagert sind Steuerungen und Mikrorechnersysteme der Prozeßebene (3), die eine autarke Durchführung von Teilprozessen gewährleisten. In der Feldebene (4) sind die lokalen Funktionseinheiten wie Sensoren, Aktoren, Antriebe und Datenerfassungseinheiten angesiedelt.

Das Kommunikationsverhalten ebenenintern und zwischen benachbarten Ebenen ist durch Kennwerte wie Komponentenanzahl pro Ebene,

Übertragungshäufigkeit, Datenmenge, Datenlebensdauer und der Informationsrichtung bestimmt (Bild 2).

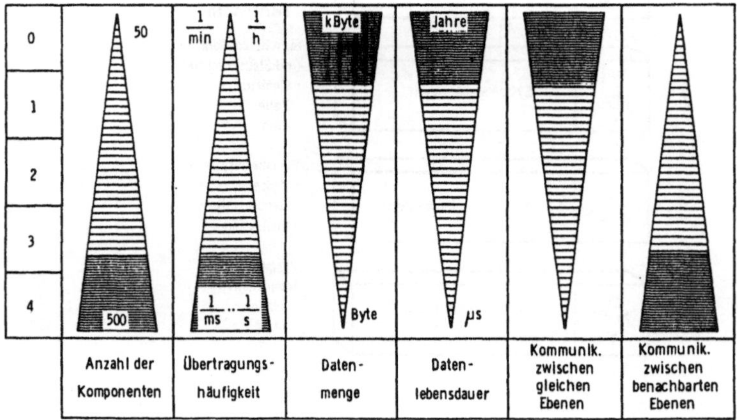

Bild 2: Kennwerte einer hierarchischen Kommunikationsstruktur

Die aus dem Ebenenmodell der automatisierten Fertigung abgeleiteten Kennwerte der Kommunikationshierarchie geben Aufschluß über die spezifischen Eigenschaften der Informationskanäle, die diese für ihren Einsatzbereich aufweisen müssen.

Vereinfacht gesagt dienen diese Informationskanäle zur Vernetzung der Komponenten innerhalb einer Ebene, während der Informationsaustausch zwischen benachbarten Ebenen über durch Koppelmodule erweiterte Rechner abläuft. In ihnen sind Algorithmen zur Protokollanpassung und zur Verdichtung der Daten für übergeordnete Ebenen sowie zur Verteilung der Daten innerhalb einer Ebene oder in unterlagerte Ebenen implementiert.

Zur Bewältigung des Kommunikationsbedarfes in der automatisierten Fertigung bietet sich neben der Installation eines Hintergrundnetzes auch die eines echtzeitfähigen Prozeßdatenübertragungssystems zur Dezentralisierung von Prozeßeinheiten an. Die zentrale Beobachtung und Bedienung in einem Fertigungsleitrechner kann so über das Hintergrundnetz koordiniert und durch den Prozeßbus mit den aktuellen Informationen aus der Fertigung versorgt werden. Eine sinnvolle Ergänzung ist ein Feld- oder Zubringerbus, der wirkungsvoll z.B. in der statistischen Prozeßkontrolle bzw. in der Prozeßregelung, eingesetzt werden kann (Bild 3). Zur Beurteilung der Produktqualität, der Maschinenfähigkeit und der Pro-zeßfähigkeit, werden während des gesamten Prozeßablaufs die notwendigen Produktdaten erfaßt und zur Bewertung in einem Diagnosesystem verarbeitet.

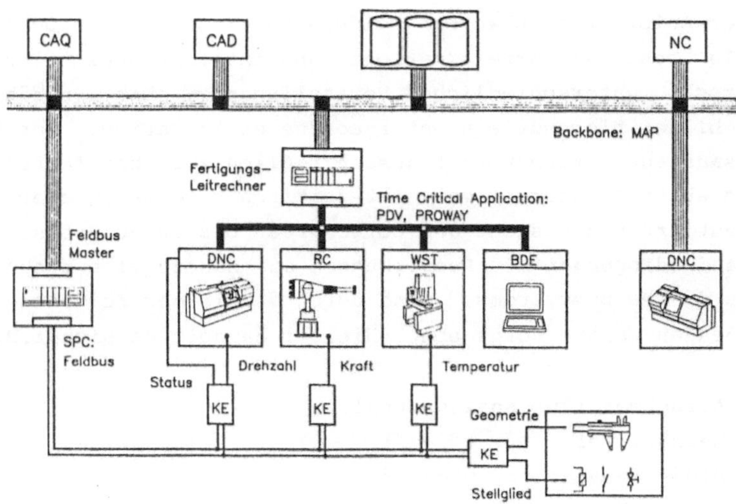

Bild 3: Informationskanäle in der automatisierten Fertigung

Von der Konzeption her möchten wir "MAP" als den Protokollstandard für ein Hintergrundnetz bezeichnen. Es unterstützt vorwiegend den Austausch von Files zwischen den angeschlossenen Stationen in der Leitebene und den Durchgriff auf andere herstellerspezifische Netze. Dieses Breitband-Netzwerk hat eine Datenrate von 10 Mbit/sec und dient der Übertragung von größeren Datenpaketen (Zugriff auf zentrale Datenbanken). Es soll den schnellen, zeitlich unregelmäßigen Informationsaustausch zwischen häufig wechselnden Partnern ermöglichen. Sein Antwortzeitverhalten liegt in der Größenordnung von einigen Zehntelsekunden.

In einem Prozeßdatenübertragungssystem (PDV, PROWAY) findet ein mittelschneller, zeitlich regelmäßiger Informationsaustausch überwiegend zwischen denselben Partnern statt. Es werden im wesentlichen Steuerbefehle und kurze Botschaften zwischen 50 und 250 Bytes unter Echtzeitbedingungen ausgetauscht. Kurze garantierte Antwortzeiten im Bereich von bis zu 100 Millisekunden sind gefordert.

Dem Prozeßdatenübertragungssystem unterlagert ist das Feldbussystem, für das derzeit ein Pflichtenheft erarbeitet wird. Bezüglich der Anforderungen an ein Feldbussystem und dessen Leistungsmerkmale bestehen derzeit national und international allerdings noch recht unterschiedliche Vorstellungen. Die Busfähigkeit selbst bildet hier nur ein untergeordnetes Kriterium. Der Informationsaustausch findet fast ausschließlich zwischen festen Teilnehmern statt (Master-Slave), ist zeitlich regelmäßig oder ereignisorientiert und besteht aus Botschaften bis zu 50 Bytes. Wichtige Randbedingungen mit Auswirkungen auf nahezu alle technischen Details dieses Bussystems, sind durch die in der Feldebene anzuschließenden Geräte vorgegeben. Hierbei handelt es sich z.B. um

- Aufnehmer (für Analogsignale)
- Meßumformer
- Binärsignalgeber/-wächter
- Impulszähler
- Handmeßmittel
- Schaltende Aktorik
- Regler
- Steuerungen
- Speicherprogrammierbare Steuerungen (SPS)
- Rechner
- ...

Heutige Ausführungen dieser Geräte besitzen überwiegend eine Schnittstelle mit analogem Einheitssignal oder eine serielle

Schnittstelle ähnlich RS 232 C, mit allerdings einer Unzahl von unterschiedlichen Protokollvarianten und Telegrammformaten. Die übertragenen Informationen und deren Codierung sind nicht aufeinander abgestimmt und haben herstellerspezifische Bedeutung.

Für den Bereich der Fertigung sind im Rahmen einer statistischen Prozeßkontrolle für einen Feldbus folgende Einsatzmöglichkeiten gegeben:

* die Wahrnehmung zeitunkritischer Aufgaben zur Überwachung und Diagnose

* die Informationsbeschaffung im Sinne einer fertigungsintegrierten Qualitätssicherung (MIQ)

In diesem Umfeld ist der Feldbus ein serieller Zubringerbus ohne zusätzliche Eigenschaften zur Fernbedienung (remote control) oder zur ereignisorientierten Interruptbehandlung.

Eine andere Einsatzmöglichkeit besteht in der Kanalisierung und Verbindung aller einer Steuerung zugeordneten digitalen Feldgeräte z.B. Meßumformer, welche im Feld verteilt installiert sind. Durch die permanente zentrale Verfügbarkeit aller digitaler EA-Signale ergibt sich eine

* digitale Lösung zum Ersatz der 4...20mA Schnittstelle.

In wieweit ein serieller Feldbus hier in der Lage ist, die zeitlichen Bedingungen einer zyklischen Sensorabfrage einzuhalten um ein aktuelles Prozeßabbild zu erzeugen und ob in dieser Anwendung auf separate Interruptleitungen zur Alarmmitteilung verzichtet werden kann, hängt weitgehend von der Funktionalität oder der Universalität des geplanten Feldbuskonzeptes ab.

Der Bedarf eines funktionellen Feldbuskonzeptes mit einem reduzierten Overhead und einem minimalen effizienten Funktionsumfang läßt sich aus dem Schlagwort "Information als Produktionsfaktor" ableiten. Obwohl ein Wertfaktor schwer zu ermitteln ist, geht bei der Meinungsbildung die Tendenz dahin, die Echtzeit-Informationen über Qualität und Anzahl der produzierten Teile höher zu bewerten, als einen über automatisch justierende Maschinen geschlossenen Qualitätsregelkreis /LAD 85/. Da durch die Echtzeitvernetzung die Information in allen Bereichen der Fertigung wirksam werden kann, erwartet man eine größere Effektivität bei der Vermeidung und Reduzierung von "Ausschuß", als nur bei den spontanen automatischen Korrekturen "vor Ort".

3. Anforderungen an einen Feldbus in der Fertigungstechnik

Trotz unterschiedlicher Auffassungen wird mit der Festlegung des Einsatzgebietes für einen Feldbus klar, daß er auch von der Funktionalität, den Kosten und der Komplexität der Geräteschnittstellen, dem Prozeßdatenverarbeitungssystem unterlagert ist. In den Diskussionsbeiträgen zum AK 933.3.2 "Feldbus" kristallisieren sich einige Forderungen heraus, die auf diese Einordnung zugeschnitten sind /HRO 85/.

- die Entfernungen bei der Vernetzung von Funktionseinheiten in der Feldebene können mehr als 1000m betragen, es ist daher ein kostengünstiges serielles Übertragungsverfahren (Halbduplex) mit Basisbandübertragung auf einfachstem Medium (derzeit Standard-Kupferkabel) festzulegen

- die Busankopplung muß bei der anlagentypischen Anzahl von 30 Funktionseinheiten und deren niedrigem Preisniveau bewußt einfach und preiswert gehalten werden

- die Reaktionszeit muß so bemessen sein, daß alle relevanten Prozeßdaten übertragen werden können, wobei speziell für Alarmbehandlungen der Konflikt zwischen engen Zeitbedingungen und vertretbarem Aufwand (zusätzliche Leitungen, Prioritätenverwaltung) gelöst werden muß. Angestrebt werden Werte zwischen 1ms und 10ms in der Fertigungstechnik.

Weiterhin muß die Beschaffenheit eines Feldbussystems sich an physikalischen Randbedingungen wie galvanischer Trennung, Eigensicherheit, Ex-Schutz und vor allen Dingen der Stromversorgung orientieren. Die oft genannte Forderung nach Fernspeisung der Feldgeräte über den Bus zwingt zur Verwendung von CMOS-Bauteilen mit geringer Stromaufnahme und die gewünschte Funktionalität bei gleichzeitig kleinen und preiswerten Baugruppen läßt sich nur mit hochintegrierten Schaltkreisen erzielen. Unter dem Low-Cost-Aspekt sind sowohl Anzahl als auch Kosten der Bauelemente erhebliche Gewichtsfaktoren.

Unter dem Blickwinkel des Einsatzgebietes eines Feldbusses in der untersten Ebene der Kommunikationshierarchie und unter dem Eindruck der dort herrschenden physikalisch-technischen Randbedingungen, müssen auch die konzeptionellen Ansprüche und Erwartungen an ein Feldbussystem reduziert werden.

Um den Kommunikationsaufwand in den Koppeleinheiten für die Feldgeräte möglichst klein zu halten, ist ein einfaches Protokoll für den Austausch kurzer Nachrichten (max. 16 Byte) zu definieren. Zu Gunsten von vereinfachten Übertragungsprozeduren und Zugriffsverfahren müssen bei der Übertragungssicherheit (als Maß gilt z.B. die Hamming-Distanz HD=4), bei der Auswahl des Buszuteilungsverfahrens und der möglichen Partner für einen Datenaustausch (Festlegung von Quellen und Senken) Abstriche gemacht werden.

Das Feldbuskonzept kann in zwei Richtungen entwickelt werden:

* basierend auf busspezifischen Protokollen und Protokollbausteinen (z.B. MEB 3000).

* basierend auf handelsüblichen Protokollbausteinen für Punkt-Punkt Verbindungen (z.B. UART)

Während im ersten Fall die Protokolle bereits als Firmware implementiert sind und gegebenenfalls der Befehlssatz eingeschränkt werden muß, ist im zweiten Fall die DFefinition eines Protokolles und eines Befehlssatzes sowie deren Implementierung erforderlich.

/LAD 85/	Laduzinsky, A.J.:	Control Business Directions Control Engineering Oct. 1985 2nd Edition
/HRO 85/	Hronec, P.:	Empfehlung für die vorgesehene Norm "Feldbus" Referat DKE-UK 933.3/28-85
/FB 86/	Breithaupt:	Siemens Feld-Bus-Normvorschlag Entwurf, DKE-UK 933.3.2
/DI19241/	DIN 19241	Bitserielles Prozeßbus-Schnittstellensystem, Beuth-Verlag Berlin
/DI19244/	DIN 19244	Übertragungsprotokoll für die Formatklasse FT 1.2
/KrMe 85/	Kreienkamp, U.; Meier, C.:	Sensorschnittstelle für Roboter- und Fertigungssysteme Siemens AG, Erlangen, E STE 312

EINSATZ VON LICHTWELLENLEITERTECHNIK BEI BUSSYSTEMEN VERTEILTER PROZESSLEITSYSTEME

FIBRE OPTIC APPLICATIONS IN DISTRIBUTED CONTROL SYSTEMS

M. Schäfer, K.H. Müller

ECKARDT AG

7000 Stuttgart 50

Summary

Transmitting digitized data in networks of distributed control systems by fibre optic cables offers considerable advantages especially when distances are long or when adverse ambient conditions such as large differences in electric potential or electromagnetic interferences are to be expected.

Aims and structures of process control hierarchy are presented together with basic structures of bus systems. Optical communication,its components,methods of connecting them and some technical criteria are explaind in more detail.

Based upon applications with the distributed digital process control system PLS 80 technical data and experiences,also in regard to relibility are described.

1. Einleitung

Der Funktionsumfang moderner Prozeßleittechnik (PLT) umfaßt das Messen,Steuern und Regeln physikalischer Größen eines technischen Prozesses, das Führen von Verfahrensgruppen,Verfahrenseinheiten und Apparaten ebenso, wie Führungsfunktionen für den Betrieb und das Unternehmen.

Die sich dafür ergebende hierarchische Gliederung spiegelt sich auch in der Struktur moderner verteilter Prozeßleitsysteme wider, die sowohl eine funktionelle als auch topologische Aufteilung der Systemkomponenten erlauben. Die Voraussetzung dabei ist das Vorhandensein eines flexiblen und gleichermaßen leicht projektierbaren und betreibbaren Kommunikationssystems. Deshalb haben sich beim Einsatz digitaler Systemkomponenten seriell arbeitende Bussysteme durchgesetzt, die bei Bedarf durch serielle Punkt-zu-Punkt-Verbindungen ergänzt werden.

2. Optische Kommunikationssysteme

Die optische Datenübertragung über Lichtwellenleiter (LWL) erfolgt durch Totalreflexion an Materialien unterschiedlicher Brechzahl. Die Brechungsindexverteilung bewirkt, daß die Strahlung durch Totalreflexion, Brechung oder Wellenführung in der Faser geführt wird. Die unvermeidlichen Verluste (Dämpfung) und Dispersion eines Lichtwellenleiters begrenzen die Übertragungslänge und die maximal übertragbare Bitrate eines optischen Übertragungssystems.
Die Einflüsse der Umgebungsbedingungen, der Montage- und Verlegungstechnik, auf die Eigenschaften eines LWL-Kabels werden durch eine sorgfältige, möglichst spannungsfreie,gleichmässige Faserführung im Kabel und die Art der Ummantellung minimiert.

Die zur Übertragung optischer Signale verwendeten Glasfasern werden in Multimode- und Monomodefasern eingeteilt.Mit Monomodefasern werden sehr hohe Übertragungsraten erreicht,die Handhabung ist jedoch wesentlich kritischer.

In der Gruppe der Multimodefasern werden Stufenindexfasern (Stufenförmiger Verlauf des Brechungsindex in Abhängigkeit vom Faserradius) und Gradientenindexfasern (Kontinuierlicher Brechzahlverlauf) unterschieden.

2.1 Opto-/elektrische und elektrisch-/optische Wandler

Als Sendeelemente für die optische Datenübertragung werden in erster Linie Halbleiterdioden benutzt. Zwei Bauformen kommen vorwiegend zur Verwendung:

- LED (Light Emitting Diode)
- LASER (Light Amplification by Stimulated Emission of Radiation)

Die Frage nach Verwendbarkeit des entprechenden Diodentyp richtet sich nach den Kommunikationsbedürfnissen:

- zu überbrückende Entfernung und dadurch die Frage nach
    - dem erforderlichen Wellenlängenbereich (Dämpfungsfenster des LWL)
    - der erforderlichen Ausgangsleistung (zulässige Streckendämpfung)
- max. Modulationsbandbreite
- den Bauelementekosten (opt. Übertragungssystem)

Im Nahbereich bis ca. 4000 m lassen sich noch LED's einsetzen. Für Weitverkehrsübertragungen müssen Laserdioden eingesetzt werden. Die eingekoppelte Leistung in eine 50/125 µm-Glasfaser reicht bei LED's bis max. 150 µW, bei Halbleiter-Laserdioden bis 5 mW. Die Modulationsbandbreite liegt bei Lasern wesentlich höher als bei LED's. Hier sind Werte bis 10 GBit/s denkbar.
Um immer grössere Entfernungen überbrücken zu können, arbeiten heutige Übertragungssysteme im 2. und 3. Dämpfungsfenster des Lichtwellenleiters (1300 nm und 1550 nm). Optische Systeme im nahen Infrarotbereich (800...900 nm) werden immer mehr durch Systme höherer Wellenlänge verdrängt.
Die Dämpfungswerte des LWL liegen bei 850 nm um ca. 2,7 dB/km, bei 1300 nm bei ca. 1 dB und bei 1550 nm bei ca. 0,3..0,5 dB.

O p t i s c h e E m p f ä n g e r detektieren optische Signale und wandeln diese in elektrische Informationen um. Hier stehen zwei Bauformen zur Verfügung:

PIN (Posistiv Intrinsic Negativ)-Diode
APD (Avalanche Photo Diode, Lawineneffekt)

Beide Diodentypen unterscheiden sich hinsichtlich ihrer Empfindlichkeit (Responsivität) und ihrer max. Übertragungrate.

3. Verbindungstechnik für Lichtwellenleiter

Zum Anschluß von Kommunikationsteilnehmern an den LWL sind optische Verbindungen erforderlich.

L ö s b a r e LWL-Verbindungen sollen eine schnelle Verbindung bzw. Unterbrechung der Übertragungsstrecke ermöglichen. Die Forderungen nach geringer und reproduzierbarer Koppeldämpfung muß durch die Steckverbindung erfüllt werden. Diese Steckerverbindungen müssen unter Feldbedingungen mit geringem Aufwand konfektioniert werden können.

Eine n i c t h l ö s b a r e Verbindung zwischen Lichtwellenleitern kann durch verschiedene Ausführungen realisiert werden:

- Schweißverbindungen (Zusammenfügen der Faserenden unter einem Lichtbogen)
- Glasfaserlote
- Klebespleise
- Schrumpf- und Preßspleise

Die Vielzahl der verschiedenen o p t i s c h e n A b z w e i g e r werden nach ihrem Kopplungsprinzip

- Passive Koppler und
- und aktive Koppler

unterschieden.

3.1 Passive Abzweiger (Vier-Tor-Koppler)

P a s s i v e K o p p l e r arbeiten ohne zusätzliche elektronische Einrichtungen, d.h. ohne Zwischenumwandlung (Regenerierung) auf ein elektrisches Signal.
Bei passiven Kopplern wird die optische Signalleistung in definierten Werten zwischen 1:1 und 1:10 aus dem Haupt-Lichtwellenleiter ausgekoppelt.
Eine Aus bzw. Einkopplung der optischen Leistung kann durch eine oder mehrere Fasern erfolgen. In Bild 1 wird die prinzipielle Funktionsweise eines Vier-Tor-Kopplers dargestellt.

Die im Hauptkanal 1-3 angebotene optische Leistung soll in einem festgelegten Verhältnis auf die Kanäle 2 und 3 aufgeteilt werden. Die im Kanal 4 ankommende Strahlleistung soll möglichst ohne Verluste in Kanal 3 eingekoppelt werden.
Die Gruppe der Vier-Tor-Koppler lässt sich in 3 Ausführungsformen einteilen:

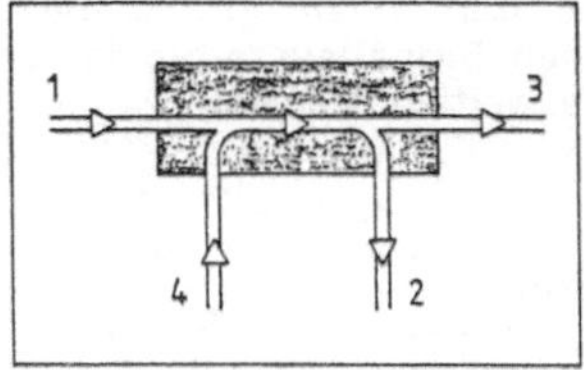

Bild 1 Prinzip : Vier-Tor-Koppler

- Koppler nach dem Versatzprinzip (Stirnflächenkopller)

- Koppler nach dem Taperprinzip (Mantelflächenkoppler)
- Koppler nach dem Strahlteilerprinzip (halbdurchlässige Verspiegelung)

Ein *Sternkoppler* koppelt "m auf n" Fasern. Wobei m=1,2..n und n > 2 sei. Die optische Leistung eines Senders (LED oder Laserdiode) an der Eingangsfaser soll möglichst gleichmässig und verlustarm auf alle Ausgangsfasern aufgeteilt werden. Kopplungsprinzip ist die bereits erwähnte Stirnflächenkopplung. Die ausgangsseitige Strahlungsverteilung geschieht durch Mischerplättchen (Tranmissionstyp) oder durch verspiegelte Endflächen beim Reflexionstyp.

3.2 Aktive Koppler

Im Gegensatz zur Gruppe der passiven Koppler benötigen *aktive Koppelglieder* elektrisch-optische Komponenten (Sender und Empfänger). Das ankommende optische Signal wird zunächst in einem optischen Empfänger in ein entsprechendes elektrisches Signal umgewandelt und je nach Erfordernis elektrisch oder elektronisch über einen oder mehrere Übertragungskanäle weitergeleitet. Mit Hilfe eines el./opt. Wandlers werden die verteilten elektrischen Signale umgesetzt und wieder in den Lichtwellenleiter zurückgekoppelt. Diese Art der Kopplung kommt bei optischen Bussen (Ringleitung) oder aktiven Sternkopplern zum Einsatz.

4. Optischer Bus

Die einfachste optische Busverbindung stellt die Punkt-zu-Punkt-Verbindung dar. Bei dieser Kopplungsform sind außer den el./opt.-und opt./el. Wandlern, optischen Steckverbindungen und des Lichtwellenleiter keine weiteren optischen oder el./ opt. Abzweigungselemente mehr erforderlich.

Rein optische Bussysteme sind für eine kleine Anzahl von Busteilnehmern (n < 10) mit passiven Kopplern (T-, oder Viertor-Kopplern) zu realisieren. Die maximale Anzahl der Koppelelemente (Teilnehmer) hängt neben der Sendeleistung, der Empfängerempfindlichkeit weiterhin von der Streckendämpfung (Stecker, Spleiße LWL-Verluste, Abzweiger) und der Empfänger bzw. Pegeldynamik ab. Unter Pegeldynamik werden die Leistungsschwankungen am Empfängereingang verstanden.

Wird die Teilnehmeranzahl am optischen Bus wesentlich größer als 10, so kommen nur noch aktive Buskoppler, Ring- oder Stern-Netze in Frage.

Der *optische Ring* als Hintereinanderschaltung mehrerer aktiver Bussegmente (geschlossene Doppellinienstruktur) wird in den folgenden Abbildungen aufgeführt. Jeder Kopplungspunkt am Ring regeneriert das empfangene Signal und leitet dies über einen opt. Sender wieder in den LWL. Abgesehen von den zusätzlichen Signallaufzeiten im LWL und durch die Elektronik, kann diese Struktur beliebig erweitert werden.

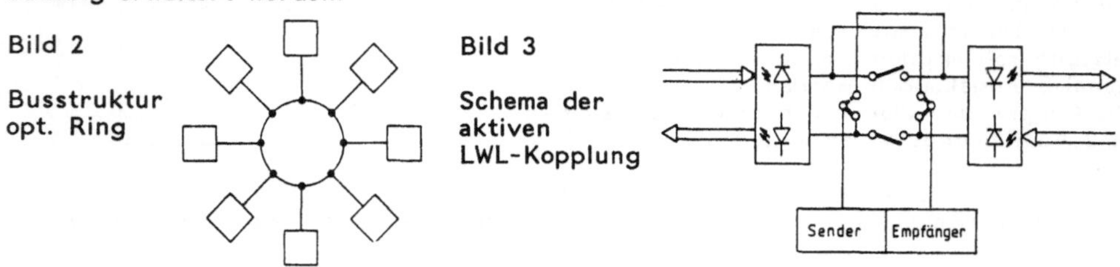

Bild 2

Busstruktur opt. Ring

Bild 3

Schema der aktiven LWL-Kopplung

Bei S t e r n k o p p l e r n gibt es passive und aktive Bauformen. Im Fall des passiven Kopplers wird die ankommende Leistung gleichmässig auf die Abgangsfasern verteilt. Beim aktiven Sternkoppler werden die opt./elektrisch gewandelten Signale von n-optischen Sendern in den jeweiligen optischen Zweig weitergeführt.
Nach dem Prinzip der Strahlungsverteilung werden Mischer- und Reflektoren unterschieden.

Die nachfolgenden Bilder zeigen eine mögliche Realisierungen am Beispiel pasiver Sternkoppler

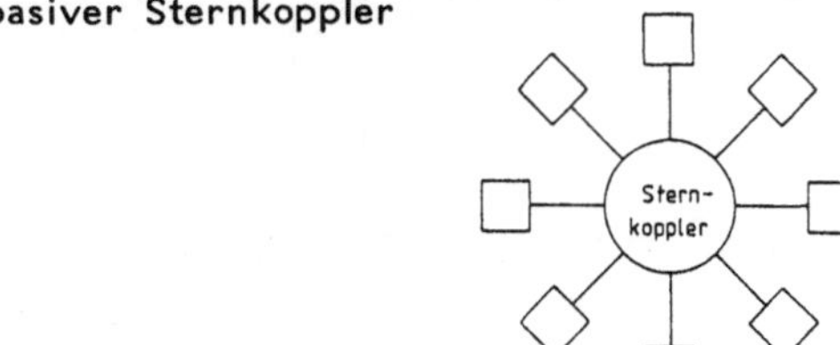

Bild 4 Optischer Stern

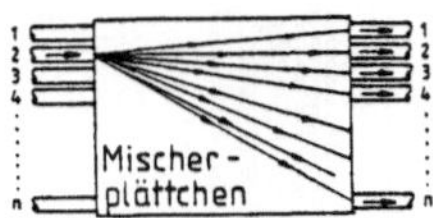

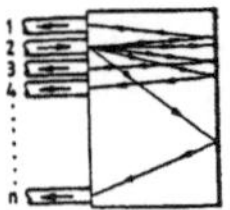

Bild 5 Mischerplättchen (Transmissionstyp)

Bild 6 Reflexionstyp

5. Realisierungsbeispiel: Prozeßleitsystem PLS 80

Die Struktur des digitalen verteilten Prozeßleitsystems PLS 80 ist dem Ebenenmodel der Prozeßleittechnik entsprechend strukturiert.Seine Komponenten werden über den PLS 80 - Informationsbus in einer der Aufgaben der Prozeßleittechnik angepassten Weise gekoppelt.
Bei der Realisierung des PLS 80-Bussystems wurde besonders auf eine hohe Zuverlässigkeit (Redundanz),einfache Projektierung und Erweiterbarkeit unter Betriebsbedingungen Wert gelegt.

Der D a t e n a u s t a u s c h des verteilten Prozeßleitsystems wird im Nahbereich bis 200 m über den Nahbus, und für Entfernungen bis 4000 m über den optischen Fernbus abgewickelt.

Der PLS 80 Nahbus schließt max. 40 Busteilnehmer über eine Entfernung bis zu 200 m zu einem Nahbussystem (Teilanlage) zusammen.
Die Datenübertragung auf dem Nahbus erfolgt über Dreidraht-Differenzsignale.
Im Übertragungsprotokoll wird ein entsprechend HDLC spezifiziertes Übertragungstelegramm verwendet. Die Bitrate beträgt 500 Kbps.
Die Verbindung von Nahbereichssystemen erfolgt über den PLS 80 Fernbus. Dabei handelt es sich um eine bis 4000 m lange Punkt-zu-Punkt-Verbindung mit Lichtwellenleiter.

Zur Abwicklung des Datenverkehr der Teilnehmer untereinander wird ein zentraler, deterministisch zuteilender Buskontroller (Buszuteilung redundant) verwendet.
Die Verbindungsleitungen der aktiven Busteilnehmer (Leitstationen,Rechner) zur Buszuteilung werden entweder über eine Stromschleifenverbindung oder falls erforderlich über eine LWL-Strecke gezogen.

Um bei Ausfall eines Übertragungsweges die Aufgaben des verteilten Prozeßleitsystems weiterführen zu können, werden alle Busverbindungen im Nah- und Fernbereich redundant ausgeführt. Alle aktiven Busteilnehmer (Leitsysteme, Managementrechner) führen zyklische Übertragungstestprozeduren durch. Bei Ausfall eines Datenkanals wird automatisch auf den redundanten Datenweg umgeschaltet. Nachdem die Unterbrechung behoben wurde, wird der reparierte Kommunikationszweig wieder in den Datenverkehr miteinbezogen.

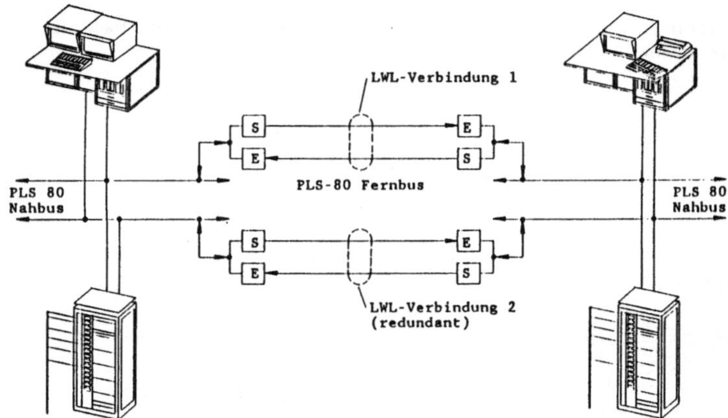

Bild 7 Redundante Kommunikationswege

5.1 PLS-80 Fernbus

Der PLS-80 Fernbus verbindet Nahbereichssysteme über eine redundante maximal 4000 m lange Lichtwellenleiterstrecke. Die wesentlichen Aufgaben der Fernbuskopplung sind:

- Verbindung von Nahbussystemen (Teilanlage) über lange Entfernungen
- Galvanische Trennung von Anlagenteilen
- Verbindung von Anlagenteilen in elektromagnetisch gestörter Umgebung

Zwischen Nahbereich und Fernbereich stellt der Fernbuskoppler (19"-Baugruppenträger) die elektrisch-optische Schnittstelle dar.

5.2 Kopplungsmöglichkeiten

Mit dem PLS-80 Fernbuskoppler lassen sich grundsätzlich drei verschiedene Kommunikationsstrukturen aufbauen:

- Punkt-zu-Punkt-Verbindungen
- Repeater für maximal zwei 4000 m Fernbussegmente
- T-Verbindungen bis hin zu einem aktiven Sternkoppler

Bei allen Verbindungsformen besteht jederzeit und an jedem Ort ein Zugriff auf die Gesamtheit der Systemdaten, d.h. über den Nahbereich/Fernbereich können Leitstationen, Videoschreiber, Managementrechner auf Funktionseinheiten zugreifen.

Den PLS-80 Lichtleiterbus kann man als Erweiterung bzw. Verlängerung des Nahbus sehen (größer 200 m). Jede der beiden LWL-Busverbindungen besteht aus je einer Glasfaser für die Empfangs- und Senderichtung (Fasermultiplex). Die Daterübertragung erfolgt unidirektional und simplex. Während des Betriebes werden beide Busse abwechselnd in "heißer Redundanz" benutzt und getestet.

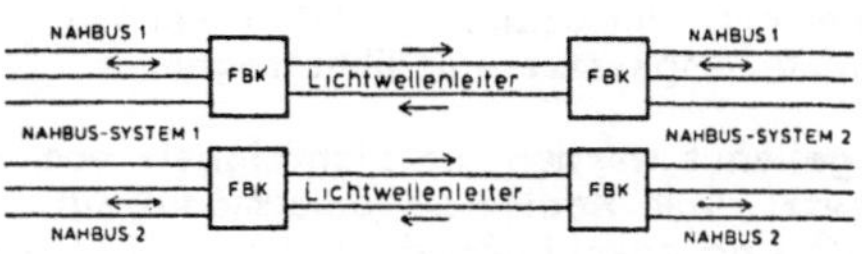

Bild 8 Redundanter PLS-80 Bus

5.3 Der Fernbuskoppler

Der Fernbuskoppler beinhaltet zwei unabhängige Koppeleinheiten für die redundante Datenübertragung. Zwischen den beiden Bussen innerhalb des Fernbuskopplers bestehen keinerlei logische Verknüpfungen oder Abhängigkeiten d.h. die Fernbuskopplung dient als reine Signalumsetzung und stellt so die eletrisch/optische Schnittstelle zwischen Nah- und Fernbereich dar.
Eine Kopplungseinheit besteht aus drei Europakarten, dem Nahbustreiber,dem Kodier/Dekodiermodul und der opto/elektrischen Koppeleinheit. Befindet sich die Fernbuskopplung am physikalischen Busende, bedarf es noch einer Busabschlußplatine.

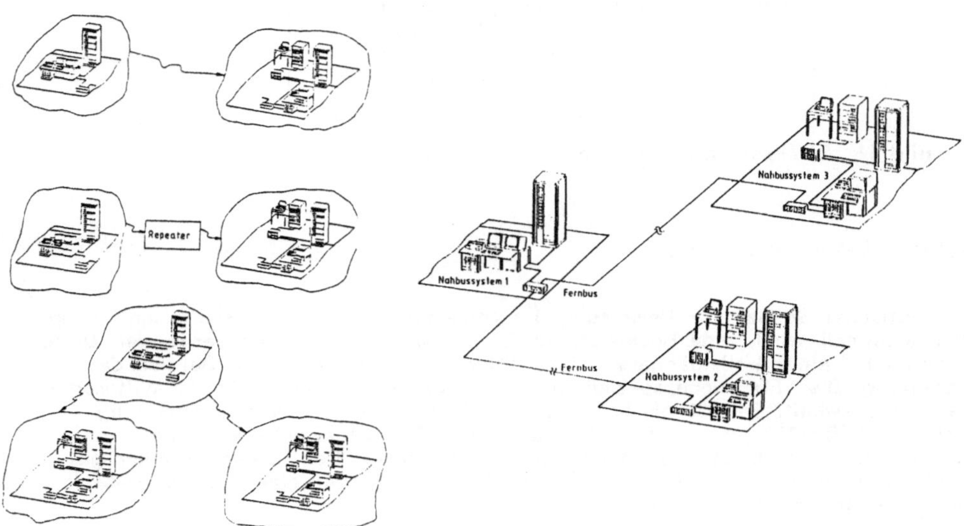

Bild 9 Kopplungsbeispiel von Teilanlagen

Bild 10 Kopplung von drei Teilanlagen über Lichtwellenleiter

Der PLS-80 Nahbus arbeitet mit drei Differenzsignalen (bidirektional):

- Sende- und Empfangsrahmen
- Sende- und Empfangsdaten
- Sende- und Epfangstakt

Diese Signale werden vom Nahbustreiber in TTL-Signale umgewandelt und gelangen zum Eingang des Kodier/Dekodiermoduls. Aus den drei Bussignalen Rahmen,Daten und

Takt wird für optische Übertragung geeigneter Datencode - Manchester II generiert. Die codierten Daten werden vom el./opt. Koppelmodul in optische Signale umgesetzt und übertragen.

Umgekehrt werden die Lichtsignale vom Empfänger in elektrische Signale umgesetzt, vom Kodier/Dekodiermodul auf Richtigkeit (Puls-Pausen-Verhältnis) überprüft und anschließend wieder in TTL-Bussignale Rahmen, Daten und Takt dekodiert. Über eine TTL-Schnittstelle werden diese drei Datenströme dem Nahbustreiber zugeführt, der diese Signale an die erforderlichen Differenzsignale des PLS-80 Nahbus anpasst.

Der Manchester II-Code gehört zu den gleichstromfreien Codeverfahren und trägt die Taktinformation in den Flankenübergängen. Am Empfangsort ist eine einfache Taktrückgewinnung möglich. In den Übertragungspausen der PLS-80 Übertragung wird ein 500 KHz-Signal über die optische Schnittstelle (Lichtwellenleiter) übertragen, welches überwacht wird. Mittels LED-Anzeigen wird die Funktionsfähigkeit der LWL-Strecke angezeigt.

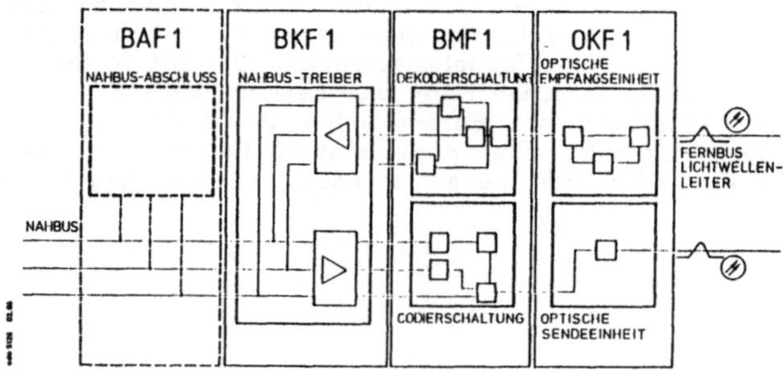

Bild 11 Blockschaltbild eines Fernbuskopplers

5.3.1. Optische Komponenten

Als optischer Sender zur Umsetzung des codierten Datenstroms (elektrisch) in optische Signale wird eine Hochleistungs-Luminiszenz-Diode (LED) verwendet. Diese arbeitet bei einer Wellenlänge von typ. 820 nm im noch sichtbaren Bereich der Strahlung. Die LED wurde speziell für die Kopplung an eine 50/125 µm-Multimodefaser ausgewählt. Bei 820 nm liefert die Diode eine optische Ausgangsleistung von ca. -9dBm/125 µW in eine 50/125 µm-Faser. Den dabei erforderlichen Diodenstrom von 100 mA liefert ein Differnzverstärker. Der Diodenhersteller garantiert für eine Betriebslebensdauer von 5 x 10^5 Stunden einen Leistungsabfall von weniger als 50 % (3 dB).

Die E m p f a n g s s e i t e wird durch einen integrierten Hybridbaustein mit einer hoch empfindlichen PIN-Diode realisiert. Die Empfängerempfindlichkeit liegt bei -37 dBm/0,2 µW bei einer garantierten Bitfehlerrate von kleiner 10^{-9}.
Der zulässige Dynamikbereich (Leistungsschwankungen am Empfänger) darf maximal 20 dB betragen.

Bei Bruch des Lichtwellenleiters schaltet das Empfangsmodul unterhalb einer einstellbaren Empfangsleistungs bzw. der Mindestempfangsleistung (Rauschunterdrückung, Squelch) ab, d.h. es werden keine Manchesterdaten mehr an das Kodier/Dekodiermodul geliefert und somit die Übertragung unterbrochen. Beim Datenverkehrsinitiator spricht die Zeitüberwachung an, und diese fehlerhafte Übertragung kann auf dem redundanten Wege wiederholt werden.

Um sich den verschiedenartigen mechanischen Ausführungsformender optischen Sende- und Empfangsmoduln fexibel genug anpassen zu können, wurde eine optische Schnittstelle zum Feldkabel hergestellt.Über ein kurzes LWL-Verbindungskabel wird das entsprechende Sende/Empfangsmodul an die opt. Schnittstelle angepasst. Zur Kopplung mit dem Feldkabel wird eine hochpräzise "schwimmende" und selbstzentrierende Steckverbindung verwendet. Typische Durchgangsdämpfungen liegen bei 0,6...1,0 dB. Durch eine Zentriernut und einen Klemmechanismus ergeben sich reproduzierbare Steckergebnisse.

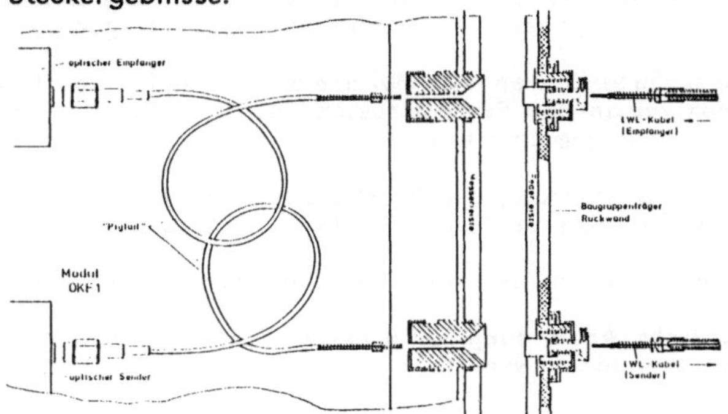

Bild 12 Optische Schnittstelle zwischen Koppelmodul und Feldkabel

Als Lichtwellenleiter zur Verbindung der Teilanlagen wird ein Mehrfaserkabel mit 2..4 Einzelfasern verwendet. Dieses Kabel ist für direkte Erdverlegung geeignet.

Für die ausgeführten Projekte wurde ein Mehrfaser-LWL-Kabel mit vier verseilten Einzelfasern verwendet.

Als Einzelfasern wurden 50/125 µm Gradienten-Index-Fasern eingesetzt.

- Numerische Apertur = 0,2 ± 0,02
- Kabeldämpfung bei 850 nm typ 2,5 dB, max. 2,7 dB
- Bandbreite bei 850 nm 200, 400 MHz/km

Beim Verlegen des Kabels sollten die wichtigsten mechanischen Kabeldaten berücksichtigt werden. Diese sind:

- Außendurchmesser der Kabelummantelung ca. 11 mm
- max. Biegeradius 150 mm
- max. Zugbelastung 1000 N
- Kabelgewicht ca. 110 Kg/km
- Betriebstemperatur -30 °C bis +60°C

Die Regellänge der LWL-Kabel werden vom Hersteller mit 1000 m, in Sonderlängen mit 2200 m angegeben.

5.4 Buskontrollsignale über den LWL (Zeitmultiplexverfahren)

Der Datenverkehr unter den aktiven Busteilnehmer (max. 16 Leitstationen oder übergeordnete Rechner) wird durch eine deterministische, zentrale Bussteuerung geregelt. Eine Datenübertragung kann nur von einem aktiven Teilnehmer ausgehen.

Passive Teilnehmer (Funktionseinheiten) können nur nach Aufruf (Pollen) Daten auf den PLS-80 Bus geben. Jeder Zutritt zum Bus wird durch separate Steuerleitungen (Handshake) zwischen Bussteuerung und Datenverkehrsinitiator abgewickelt. Dies Signale sind: Busrequest und Busgrant. Durch Verwendung von Stromschleifensignalen können Entfernungen bis zu 4000 m überbrückt werden. Diese Schnittstellen arbeiten mit Konstantstrom und übertragen Signale bis max. 1000 Hz.

In verschiedenen Anwendungsfällen müssen diese Buszuteilungssignale durch elektromagnetische gestörte Umgebeung, Hochspannungsbereiche oder explosionsgefährdete Bereiche geführt werden. Bei solchen Projektierungen werden die Steuersignale über digitale Multiplexer mit optischer LWL-Schnittstelle übertragen.

Bis zu 30 TTL-Ein/Ausgänge können vom Multiplexer vollduplex übertragen werden. Diverse Alarmausgänge zeigen den Betriebszustand der LWL-Strecke an, die wiederum dem Gesamtsystem gemeldet werden.

Analog zur redundanten Ausführung des PLS-80 Bus wird auch der Übertragungskanal (Multiplexer, LWL) für die Bussteuersignale doppelt ausgeführt.

Im Störungsfall übernimmt der redundante Kanal den vollen Funktionumfang.

Bild 13 zeigt eine typische Anwendung für 6 aktive Busteilnehmer, die über LWL mit der Bussteuerung verbunden werden.

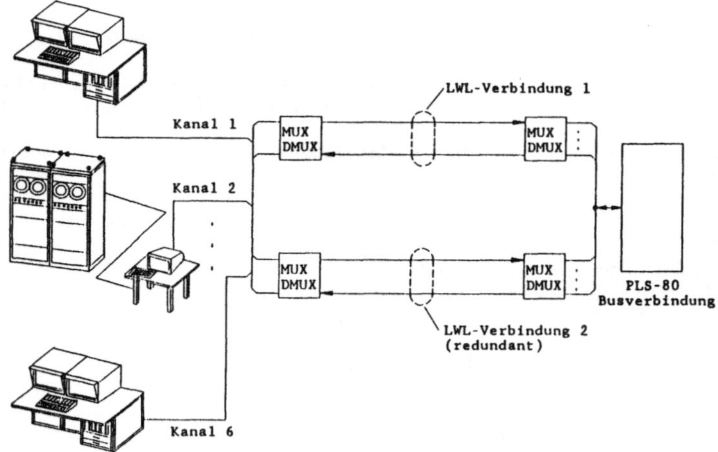

Bild 13 Buskontrollsignale über redundanten Lichtwellenleiter

Bis zu 6 aktive Stationen können an eine solche Anordnung angeschlossen werden. Die optische Schnittstelle ist analog zum PLS-80 auch als Punkt-zu-Punkt-Verbindung ausgeführt. Mit den verwendeten optischen Sende/Empfangsmoduln kann über eine 50/125 µm-Glasfaser einer LWL-Strecke von 4000 m überbrückt werden.

5.5 Anwendungserfahrungen

Anwendungserfahrungen liegen aus verschiedenen Industrieanlagen vor.Allgemein kann bestätigt werden, daß heute LWL-Kabel genügend hoher Güte am Markt angeboten werden.Die eingesetzten Kabel wurden je nach Verlegetechnik ausgewählt. Es wurden Kabel bei Erdverlegungen eingesetzt. Ebenso wurden LWL-Kabel in Kabelkanälen im Freien und in Räumen verlegt.

Gründe für den Einsatz von LWL-Verbindungen waren:

- größere Entfernungen (bis zu 4 km)
- kritische Umgebungsbedingungen (z.B. 10KV-Kabel im gleichen Kabelschacht, Gefahr starker elektromagnetischer Störfelder u.s.w.)

Die Anwendungen bestätigten insbesondere die vorteilhafte Kombination der LWL-Technik als Punkt zu Punkt-Verzweigung, im kritischen Anwendungssbereich, in Verbindung mit elektrischer Übertragungstechnik zur Signalverteilung.Hierfür stehen jeweils geeignete und zuverlässige Kopplungselemente zur Verfügung, so daß diese kritischen Teile der optischen Kommunikationstechnk industriell nutzbar geworden sind.

6. Literaturverzeichnis

/1/ Polke, M :Informationshaushalt technischer Prozesse, atp, Heft 4/1985

/2/ Polke, M :Prozeßleittechnik für die Chemie-Status und Trend, atp,Heft 5/1985

/3/ Popp, W : Lichtwellenleitertechnik in der Praxis der Prozeßdatenkommunikation. In: Regelungstechnische Praxis 25 1983 Heft Seite 192...197

/4/ Popp, W : Grundlagen, Stand und Trend der Lichtleitertechnik In: Sonderdruck aus Technische Rundschau Nr. 45..48-1980

/5/ Best, S.W : Optische Nachrichtentechnik. In: Elektronik Praxix Heft 6 bis Heft 12 1980

/6/ Wilhelm, H: Busübertragung in Industrieleitsystemen
1. Grundlagen und Anforderungen In: etz Band 106/1985 Heft 21
2. Beispiele und Entwicklungstrends In: etz Band 106/1985 Heft 24

/7/ Witte, H.H: Optische Datenbusse für Meß- und Regelaufgaben In: Elektronik 4/1981 Seite 63...70

/8/ Heger, D; Peschke, P; Syrbe M: Fehlertolerantes, verteiltes Prozeßrechnersystem mit Lichtleiterbus. In: Elektronik 16/1980 Seite 27..34

UPPERBUS:

EIN BIT-SERIELLER ECHTZEITBUS MIT 560 MBIT/S - GLASFASERÜBERTRAGUNG

UPPERBUS:

A BIT-SERIAL REALTIME BUS WITH 560 MBIT/S FIBER OPTICS TRANSMISSION

W.K. Giloi und G. Zuber

GMD-TUB Forschungszentrum für innovative Rechnersysteme und -technologie
1000 Berlin 12, B.R. Deutschland

Summary

UPPERBUS is an ultra wideband, bit-serial computer link bus that operates on the basis of the Slotted Ring Protocol (SRP). The UPPERBUS features a gross data transmission rate of 2 x 280 megabits per second. The SRP is a "fair" protocol which guarantees that in the worst case, i.e., at a 100% bus load, a given maximal wait time for bus access is never exceeded. Therefore, the SRP is particularly suited for realtime applications. The SRP is based on the notion of fully synchronous data transmission, operating with fixed time slots and fixed packet length. This feature of the UPPERBUS renders it particularly appropriate for applications of computer integrated manufacturing and process control, since it allows some of the time slots to be reserved for special services (e.g., the instantaneous transmission of alarms). The very high data rate of the UPPERBUS requires extremely fast bus controller hardware, which in the existing version consists of a bit-slice flow control processor in connection with ECL memory and a set of ECL gate array chips that can handle a stream of 280 megabits per second. For fault tolerance reasons the UPPERBUS controller is designed to handle two such bit streams, which are either multiplexed onto one fiber optics cable or transmitted via two separate cables, depending on the degree of fault tolerance one wants to obtain. Consequently, in the fault-free case the effective data rate is 2 x 280 = 560 megabits per second. The UPPERBUS controller performs all the functions of the levels 1 through 4 of the OSI protocol hierarchy. The SRP philosophy , the properties resulting from it, and the technical solutions employed in the UPPERBUS are discussed, and areas of application are outlined.

1. Einleitung

Der UPPERBUS ist ein serieller Rechnerkopplungsbus für höchste Leistungsansprüche, ausgeführt als Ringbus. Sein 'Slotted Ring Protocol' (SRP) erlaubt bei synchroner Arbeitsweise eine hohe Ausnutzung der Übertragungsbandbreite von 2 x 280 Mbit/s. Das SRP garantiert eine gerechte Zugriffsverteilung und die Nichtüberschreitung einer maximalen Wartezeit für den Buszugriff und ist damit für Echtzeitanwendungen besonders geeignet. Das SRP schließt die Quittierung einer ordnungsgemäßen Übertragung bzw. eine Fehlermeldung ein und unterstützt damit die für die Fehlertoleranz notwendige Fehlererkennung.

Die Anwendungsbandbreite reicht von räumlich konzentrierten Multiprozessorsystemen /1/ bis hin zu Netzwerken mit regionaler Ausdehnung /2/. Ein Ausgleichsspeicher kompensiert Schwankungen der Ringumlaufzeit, die sowohl kurzfristig (Jitter) als auch stationär (Änderung der Leitungslängen und der Anzahl der Knoten) sein könnten.

Das Doppelringkonzept gewährleistet Ausfalltoleranz bei Verdoppelung der Leistungsfähigkeit im fehlerfreien Betrieb. Der UPPERBUS unterstützt die Protokollschichten analog zu ISO in der Grundversion bis Ebene 3 (Knoten zu Knoten) und in der erweiterten Version bis Ebene 4 (End-to-End Protocol in der Form des Datentransfers von Speicher zu Speicher).

2. Slotted Ring Protocol

Das Slotted Ring Protocol (SRP) stellt eine Kombination der beiden Verfahren 'Time Division Multiplexing' (TDM) und 'Token Ring' dar. Mit Hilfe eines Zeitrasters wird die Transportkapazität des Ringbusses in gleich große Zeitscheiben, die 'Packet Slots', aufgeteilt. Das heißt, Pakete vorbestimmter Länge kreisen ständig in einem Ring. Sie können leer oder gefüllt sein.

Ein Knoten mit einem Sendewunsch wartet auf ein leeres Paket und füllt es. Der Platz für die Quittung bleibt zunächst leer. Der Empfänger entdeckt das für ihn bestimmte Paket und kopiert es in einem Puffer. Dann trägt er in den Quittungsplatz seine Quittung ein. Das Paket läuft ansonsten unverändert weiter, bis es wieder den Sender erreicht. Dieser ersetzt dann sein Paket wieder durch ein leeres Paket. Hierbei detektiert er die Empfänger-Quittung bzw. eventuelle Fehlermeldungen. Der Paketplatz steht dann wieder zur freien Verfügung.

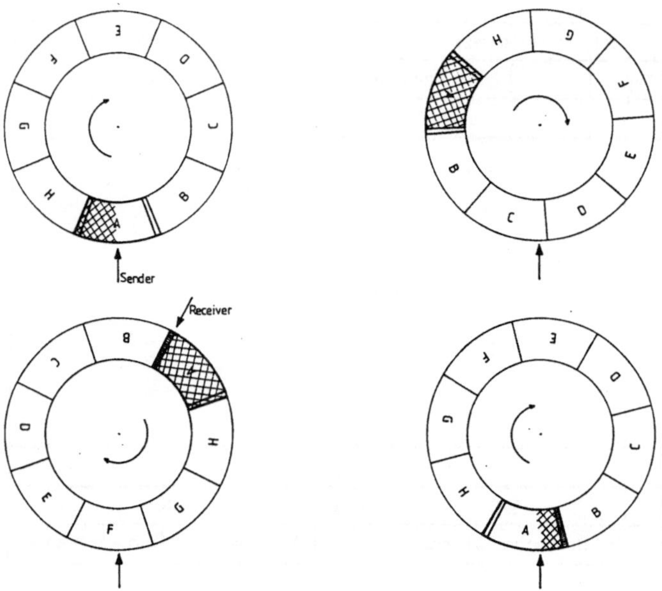

Bild 1 Illustration des Slotted Ring Zugriffsmodells

Im Fehlerfalle muß der Sender die Obertragung wiederholen. Dem Sender ist aber verboten, ein gerade frei gewordenes Paket sofort wieder zu benutzen und damit besetzt zu halten. Durch die Weitergabe der Belegungsmöglichkeit an den jeweils nächsten Knoten wird eine gerechte Verteilung der Zugriffschancen durch 'Rotating Priority' erreicht (Bild 1).

3. Zeitraster

Der UPPERBUS arbeitet vollsynchron. Ein zentraler Taktgenerator speist kontinuierlich einen durch ein Zeitraster strukturierten Bitstrom in den Ring ein. In diesen Bitstrom koppeln die einzelnen Knoten ihre Information bit-genau ein, d.h. verschiedene Informationsblöcke sind lückenlos (ohne Preamble u. dgl.) aneinandergefügt.

Die kleinste geschlossene Informationsmenge ist ein 'Data Slot' (Bild 2), bestehend aus 16 bit Nutzinformation (D0..D15) sowie 2 Zusatzbits (X0..X1). Eine ganzzahlige Anzahl (5..255) von 'Data Slots' bilden einen 'Packet Slot', wie in Bild 3 angedeutet.

X1	D15	D14	D13	D12	D11	D10	D9	D8	X0	D7	D6	D5	D4	D3	D2	D1	D0

Bild 2 Struktur eines Datenrahmens

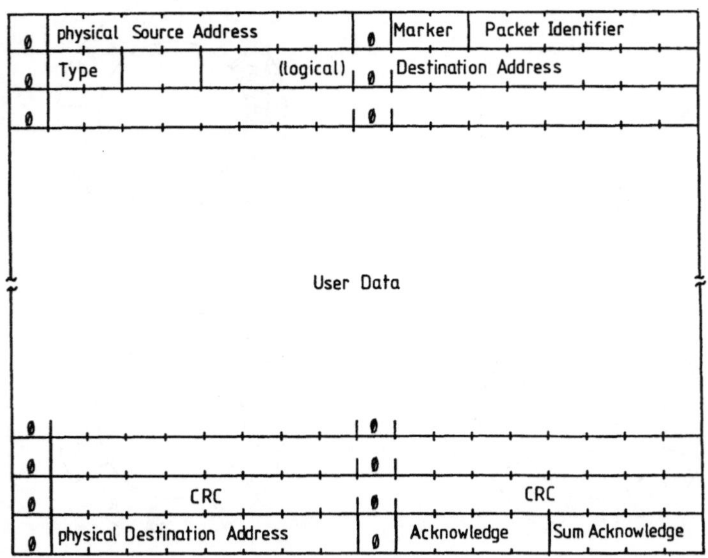

Bild 3 Struktur eines Paketrahmens

Ein 'Packet Slot' besteht aus:

- Kopfteil mit Senderadresse, Zieladresse, Paketkennung
- Nutzdaten
- CRC-Prüfsumme
- Quittungsteil

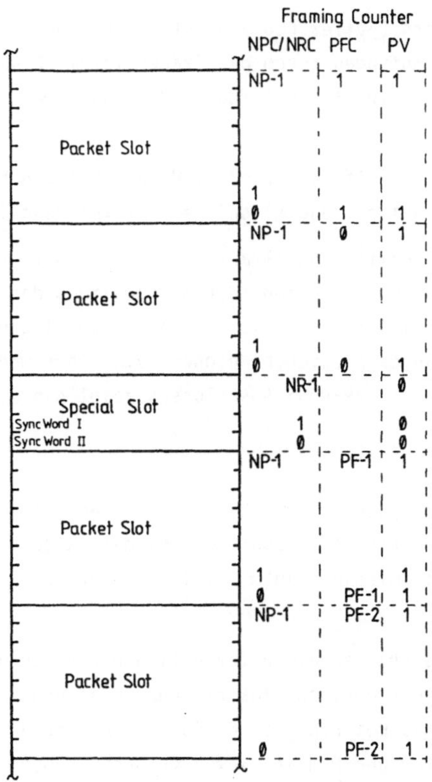

Bild 4 Struktur eines Zeitrahmens

Die 'Packet Slots' sind die "Behälter", in denen zwischen den einzelnen Knoten die Informationen ausgetauscht werden. Eine ganzzahlige Anzahl (1..255) von 'Packet Slots' bilden zusammen mit einem einzelnen 'Special Slot' einen Zeitrahmen (Frame). Bild 4 zeigt den Frame-Aufbau.

Der 'Special Slot' besteht ebenfalls aus einer ganzen Anzahl (2..15) von 'Data Slots'. Die letzten beiden 'Data Slots' im 'Special Slot' enthalten das Synchronwort zur Herstellung und Aufrechterhaltung des Gleichlaufs (Synchronisation) der verschiedenen Knoten.

Die Parameter für das Zeitraster sind einstellbare Konstanten.

4. Strukturierung des UPPERBUSses

Der UPPERBUS ist als Doppelring ausgelegt. Jeder Ring besteht aus einer Anzahl von Ein-/Auskoppelstellen, 'Receive and Transmit Units' (RTU) genannt, sowie den sie verbindenden 'Transmission Links' (TL). Diese Komponenten bilden das Trägersystem (Carrier System) und repräsentieren die niedrigste Ebene, die Übertragungsebene.

Ein Satz von Pufferspeichern (Buffer Pool) dient der Entkopplung der zeitkritischen Vorgänge beim Senden und Empfangen durch das Trägersystem. Eine 'Packet Slot Control' (PSC) genannte Steuereinheit führt die Aufgaben der Paketebene entsprechend dem SRP aus.

Die Komponenten RTU, PSC und Pufferspeicher sind in ECL-Technik als Gate Arrays (mit Ausnahme der Speicher) ausgeführt und bilden den 'Packet Handling Module' (PHM).

Auf der Transportebene übernimmt eine 'Transfer Control Unit' (TCU) genannte Einrichtung die Flußkontrolle (Knoten-zu-Knoten) durch Verwaltung der Pufferspeicher. Die 'Advanced Block Transfer Unit' (ABTU) leistet den Transport großer Datenblöcke von Speicher zu Speicher der angeschlossenen Rechner, u.U. über mehrere Hierarchiestufen im Netzwerk. Die Struktur des UPPERBUS-Anschlusses zeigt das Blockdiagramm Bild 5.

4.1 Trägersystem

Das Trägersystem ('Carrier System') besteht aus einer Anzahl von dem jeweiligen Netzknoten zugeordneten aktiven Ein-/Auskoppelstellen, den 'Receive and Transmit Units' (RTU). Diese sind mit 'Transmission Links' (TL) von Punkt zu Punkt zu einem Ring verbunden.

Die 'Transmission Links' enthalten die erforderlichen Einrichtungen zur Leitungscodierung und -decodierung, der optisch/elektrischen Umsetzung, der Pegelregeneration sowie der Taktrückgewinnung. Bei Führung des Doppelrings in einer einzigen Faser sind noch jeweils ein Multiplexor und Demultiplexor erforderlich.

An einer Stelle ist der Ring wegen der auftretenden Laufzeiten offen und wird durch einen Paketausgleichsspeicher geschlossen. An dieser Stelle wird mit Hilfe eines Mastertaktes (280 MHz) das Zeitraster erzeugt und in den Ring eingespeist. Dieses Zeitraster dient allen RTUs als Grundlage zum bit-genauen Einfügen von 'Data Slots', der kleinsten benutzbaren Dateneinheit. Die RTUs synchronisieren sich auf dieses Zeitraster ein und stellen durch eine Serien-/Parallelwandlung folgende Dienstleistungen bereit:

- Empfange 'Data Slot'
- Sende 'Data Slot'

Die RTUs bieten als Übertragungscode NRZI, NRZ und RZ (Originaldaten) an.

4.2 Packet Slot Control

Die 'Packet Slot Control' (PSC) führt folgende Aufgaben aus:

- Verpacken der Daten
- Fehlersicherung
- Plazierung am Übertragungssystem
- Quittungseinfügung.

Aufbauend auf den Basisoperationen der RTU stellt die 'Packet Slot Control' folgende Dienstleistungen zur Verfügung:

- Einspeisen des Sendepuffer-Inhalts in den nächsten freien 'Packet Slot'.
- Kopieren des beim Empfänger ankommenden Pakets in einem Empfangspuffer; Erzeugen der Quittung und Einschreiben in den Quittungsteil.
- Entfernen des zum Sender zurückkehrenden Pakets durch diesen sowie Löschen des Quittungsteils.

Auf dieser Ebene kann jeder Knoten zu jedem Zeitpunkt an jeden Knoten Pakete senden. Zur Unterstützung der Flußkontrolle werden 4 Pakettypen (Prioritäten) unterschieden. Durch einen "Empfangsfilter" werden Pakete mit zu niedriger Priorität abgewiesen.

4.3 Transfer Control Unit

Die 'Transfer Control Unit' (TCU) besorgt die Übertragung einzelner Pakete von Knoten zu Knoten. Sie verwaltet den Pufferspeicher im 'Packet Handling Module', in dem die Pakete während ihrer gesamten Lebensdauer residieren. Die Kontrolle erfolgt über die Paket-Kennung und die Puffernummer.

Insgesamt sind folgende Aufgaben auszuführen:

- Verwaltung des Pufferspeichers
- Handhabung des Empfangsprotokolls
- Handhabung des Sendeprotokolls mit Wiederholungsmechanismus
- Unterdrückung von Mehrfachpaketen
- Unterstützung des Doppelrings.

4.4 Advanced Block Transfer Unit

Die 'Advanced Block Transfer Unit' (ABTU) leistet den Transport großer Datenblöcke von Hauptspeicher zu Hauptspeicher zweier angeschlossener Rechner.

Ihre Aufgaben sind:

- Einleitung des Datentransports durch Preambleaustausch
- Abpacken der Daten in Pakete
- Sortieren empfangener Pakete in die richtige Reihenfolge
- Kontrolle auf Vollständigkeit empfangener Blöcke und Nachforderung fehlender Pakete
- Abschluß des Datentransports.

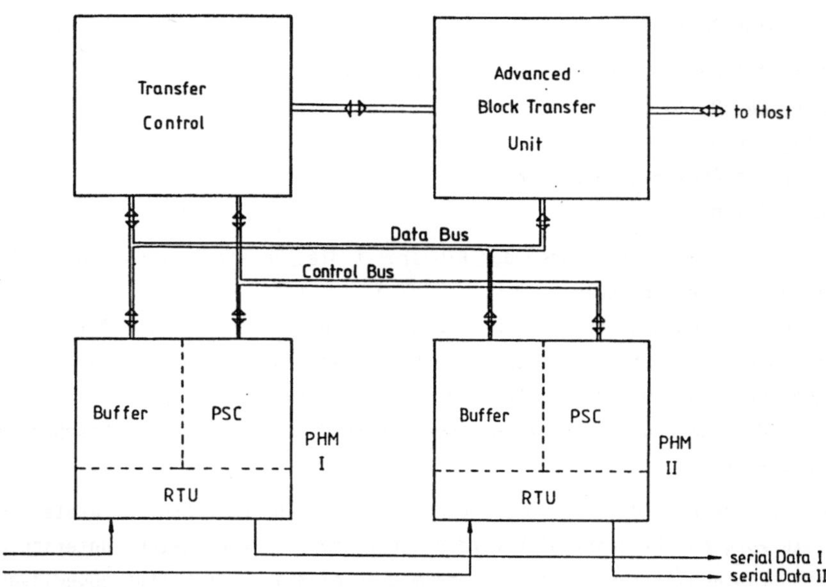

Bild 5 Blockschaltbild eines UPPERBUS-Knotens

Steht im angeschlossenen Rechner eine allgemeine DMA-Schnittstelle zur Verfügung, so kann die Datenaufbereitung unmittelbar im Hauptspeicher erfolgen. Es können mehrere Datentransporte gleichzeitig aktiv sein. Damit wird die Transportleistung maximiert. Steht nur eine sequentielle DMA-Schnittstelle zur Verfügung, so müssen die Blöcke nochmals zwischengespeichert werden. Eine Reduktion der Transportleistung durch Kopiervorgänge, Limitierung der Blocklänge und dergleichen ist die Folge.

4.5 Paketausgleichsspeicher

In einem Slotted Ring kann nur eine ganzzahlige Anzahl von Paketen vorkommen. In der Praxis ist es nur sehr schwer vorstellbar, daß eine reale Anordnung mit ihrer Speicherkapazität diese Bedingung exakt erfüllt, auch noch nach Entfernen oder Hinzufügen eines Knotens. Der Paketausgleichsspeicher (Adaptive Delay Storage - ADS) entkoppelt die Wahl der Paketgröße von der tatsächlichen physikalischen Gegebenheit. Er füllt mit seinem elastischen Speicher selbstanpassend den noch fehlenden Rest eines Paketes auf. Dabei gleicht er unvermeidliche Laufzeitschwankungen mit aus.

Eine weitere Aufgabe des Paketausgleichsspeichers besteht darin, die Pakete zu markieren und ein zum zweiten Mal umlaufendes Paket zu entfernen (da dann offenbar Übertragungsfehler aufgetreten sind oder der Sender ausgefallen ist, und damit nicht mehr in der Lage ist, diese Aufgabe wahrzunehmen).

5. Anwendungen des UPPERBUS

Der UPPERBUS wurde ursprünglich als Kommunikationsstruktur des UPPER-Systems (UPPER: Universal Poly Processor with Enhanced Reliability) entwickelt. UPPER ist ein verteiltes, fehlertolerantes Mehrrechnersystem, zu dessen besonderen Eigenschaften eine objektorientierte Inter-Prozeß-Kommunikation gehört sowie eine systemspezifische Inter-Prozeß-Kooperations-Strategie, die dem Benutzer eine hochgradig abstrakte Sicht der Inter-Prozeß-Kooperation gibt und dadurch sowie durch strikte Datenkapselung und Zugriffsüberwachung die Anwendungsprogrammierung im System besonders sicher macht. Um eine negative Auswirkung dieser Maßnahmen zur Erhöhung der Systemzuverlässigkeit auf die Systemleistung zu vermeiden, werden diese in besonderem Maße durch Hardware unterstützt. Zu den unterstützenden Hardware-Maßnahmen gehört der UPPERBUS mit seiner Übertragungsleistung von 2 x 280 Mbit/s, durch den die Kommunikationsbandbreite eines fest gekoppelten Systems erreicht wird, obwohl es aus Fehlertoleranzgründen im System nur lokale Speicher gibt.

Wesentliche Architekturkonzepte, die im Rahmen des UPPER-Projekts entwickelt und validiert wurden, bilden die Grundlage für das SUPRENUM-System, den ersten deutschen Supercomputer, der sich gegenwärtig bei dem GMD Forschungszentrum für innovative Rechnersysteme und -technologie (FIRST) in Berlin in der Entwicklung befindet. Der SUPRENUM-Rechner ist eine MIMD/SIMD-Architektur /3/, die in ihrem Maximalausbau aus 256 "Verarbeitungsknoten" besteht, wobei jeder Knoten einen Pipeline-Gleitpunktprozessor enthält, der im Vektorbetrieb bis zu 16 MFLOPS leistet. Bis zu 16 Knoten sind zu einem "Cluster" über einen superschnellen Parallelbus verbunden. Zur (sehr breitbandigen) Verbindung der Cluster untereinander dient eine modifizierte Version des UPPERBUS (SUPRENUMBUS genannt), wie sie in Bild 6 angedeutet ist. Danach besteht die SUPRENUM-Kommunikationsstruktur aus einem orthogonalen System von Ringbussen, die nach dem oben beschriebenen UPPERBUS-Protokoll arbeiten. Durch die Matrixstruktur, die auf einfache Weise durch entsprechende Aufspaltung des UPPER-Doppelbusses erhalten wird, wird nicht nur die Verbindungsbandbreite gegenüber dem einfachen Ringbus verdoppelt, sondern es bestehen beim Ausfall einer Übertragungsstrecke alternative Datenwege. Dadurch läßt sich die Kommunkationsstruktur fehlertolerant ausführen. Durch Verwendung von neuen, schnellen Gate Array Bausteinen soll der einzelne Ringbus allein in der endgültigen Version bereits eine Übertragungsbandbreite von 560 Mbit/s erhalten. Es sei noch erwähnt, daß die Ringbusstruktur es erlaubt, in einfacher Weise Systeme der verschiedensten Ausbaustufen zu erstellen sowie nach Belieben periphere Spezialprozessoren in das System einzufügen.

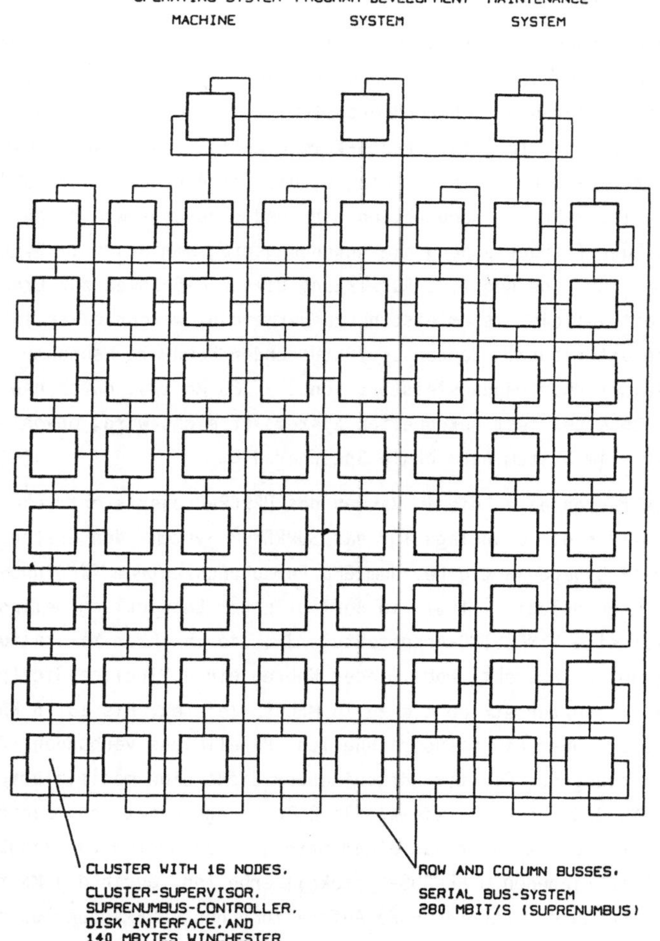

Bild 6 Verbindungsstruktur des SUPRENUM-Supercomputers

Der UPPERBUS wird weiterhin Verwendung finden im BERKOM-System. BERKOM ist ein Pilotsystem für sehr breitbandige integrierte Dienste der Nachrichten- und Datenkommunikation, welches in Berlin entwickelt und installiert wird /4/. Teil dieses Pilotprojekts ist die Entwicklung und Erstellung eines Metropolitan Area Networks (MAN), durch welches die an den Berliner wissenschaftlichen Institutionen befindlichen Großrechner unmittelbar sowie kleine Rechner durch in das MAN eingefügte Local Area Networks (LAN) miteinander verbunden werden. Der als fehlertoleranter Doppelring ausgeführte UPPERBUS wird den "Backbone" dieses MANs bilden (zunächst mit einer Übertragungsrate von 560 Mbit/s, zu einem späteren Zeitpunkt mit 1.12 Gbit/s), und zwar auf der Basis der in Berlin von der Deutschen Bundespost bereits verlegten Glasfaser-Verbindungen. Bild 7 illustriert ein MAN, wie es im Rahmen des BERKOM-Projekts entstehen wird.

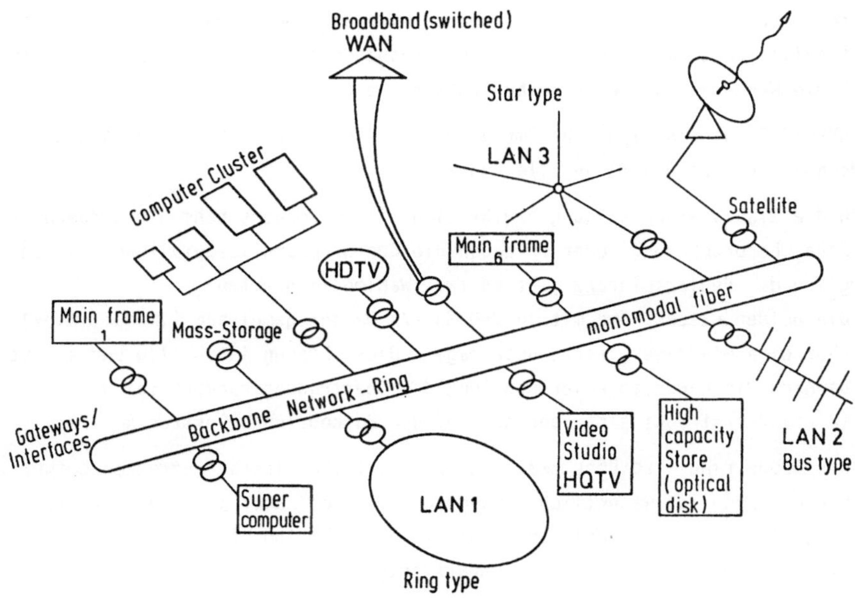

Bild 7 Beispiel eines Metropolitan Area Network (MAN)

Mit dem MAN, wie oben beschrieben, hat man auch ein Modell für den Einsatz eines sehr breitbandigen bit-seriellen Ringbusses, wie es der UPPERBUS darstellt, in Systemen der Prozeßsteuerung bzw. der automatisierten Fertigungstechnik. Gegenüber dem Token-Ring-Bus, wie er in der Form des MAP (MAP: Manufacturing Automation Protocol) gegenwärtig favorisiert wird, hat der Slotted Ring Bus generell und speziell die UPPERBUS-Realisierung dieses Prinzips eine Reihe entscheidender Vorteile.

- Es läßt sich eine gegenüber dem MAP noch wesentlich höhere Übertragungsbandbreite erreichen.
- Im Gegensatz zum Token-Ring, bei dem zu jedem Zeitpunkt immer nur ein Paket auf dem Ring kreist, d.h. auch immer nur ein Knoten senden kann, können auf dem Slotted Ring viele Pakete gleichzeitig kreisen und damit mehrere Knoten gleichzeitig senden. Damit wird bei sehr hoher Bitrate nicht nur die Übertragungskapazität des Rings besser genutzt, sondern bei Anwendungen, bei denen man mit verhältnismäßig kleiner Paketgröße auskommt (z.B. Übertragung von kurzen Meldungen und Meßwerten) erhält man ein günstigeres Wartezeitverhalten.
- Darüber hinaus ermöglicht es das Zeitscheibenverfahren, auf dem beim UPPERBUS das SRP aufgesetzt ist, einen bestimmten Prozentsatz der Zeitscheiben für

spezielle Dienste zu reservieren, wie zum Beispiel die unverzügliche Übermittlung von Alarmen. Dadurch erhält man zusätzlich zu dem Slotted Ring Bus als allgemeinem, von vielen Knoten gemeinsam benutzten Übertragungsmedium ein zweites, nach dem reinen TDM-Verfahren arbeitendes Übertragungssystem. Selbstverständlich reduziert sich die Übertragungsbandbreite des Slotted Ring Busses durch die Wegnahme von Zeitscheiben entsprechend.

- Der UPPERBUS hat eine logische Empfängeradressierung und ermöglicht damit Rundsendungen (broadcast) an alle Knoten.
- Durch die Glasfaserübertragung ergibt sich eine besonders hohe Störsicherheit. Optische Überbrückungsglieder erlauben die Überbrückung ausgefallener Knoten. Bezüglich der Fehlertoleranz gibt es zwei Wahlmöglichkeiten:
  1. Die beiden Datenströme mit je 280 Mbit/s werden gemeinsam (im Multiplex) über eine Glasfaserstrecke übertragen. Diese Lösung ist billig und ergibt dennoch die gewünschte Verdoppelung der Übertragungsbandbreite; die Fehlertoleranz erstreckt sich aber nur auf die Buskopplungselektronik.
  2. Der Doppelring wird über zwei getrennt verlegte Glasfaserstrecken geführt. Diese Lösung ist wesentlich aufwendiger, bezieht aber jetzt die Übertragungsstrecke in die Fehlertoleranz mit ein. Für industrielle Anwendungen dürfte gerade diese Lösung besonders interessant sein.

Der einzelne UPPERBUS-Anschluß ist gegenwärtig auf zwei Platinen untergebracht, von denen jede die Größe einer Vierfach-Europakarte hat. Kernstück dieses 'UPPERBUS Controllers' sind die bereits erwähnten 4 ECL Gate Array Chips, die so ausgelegt sind, daß sie die genannten zwei Datenströme mit je 280 Mbit/s senden und empfangen können. Die Transfer Control Unit (TCU) arbeitet auf der Basis eines mikroprogrammierbaren Bit-Slice-Processors, so daß Anpassungen des Flußkontroll-Protokolls leicht durch Änderungen des Mikrocodes vorgenommen werden können. Es ist geplant, den UPPERBUS-Controller zu einem späteren Zeitpunkt als VME-Platinensatz aufzubauen und einem breiteren Anwenderkreis verfügbar zu machen. Die Kosten pro Anschluß sind nicht gerade gering, was insbesondere durch die Kosten der Elektro-optischen Wandler bedingt ist.

Noch weniger als beim MAP Bus kann man es sich beim UPPERBUS leisten, einzelne Sensoren oder Stellglieder unmittelbar in den Bus einzuschalten. Dies wird vielmehr über Konzentratoren zu geschehen haben. Wir sehen einen Slotted Ring Bus, wie den UPPERBUS, aber auch nicht als Alternative zum MAP-Bus, sondern vielmehr als das übergeordnete System in einer Hierarchie von Bussen. So wird man die einzelnen Steuerrechner einer flexiblen Arbeitszelle (flexible workcell) durch den MAP-Bus koppeln, da dieser Bus zum Standard geworden ist, für den zukünftige Steuerrechner (Robot-Steuerung, Bildanalysesysteme, Datenbasen-Anschluß, usw.) einen Anschluß bereits eingebaut haben werden. Über "Gateways" zu einem übergeordneten "Backbone"-

System, für das wir den Slotted Ring Bus als die geeigneteste Lösung ansehen, werden dann die einzelnen Arbeitszellen LANs miteinander, mit speziellen Datenbasen, sowie mit einer zentralen Datenerfassungsanlage verbunden sein. Man erkennt hiermit die Analogie zum MAN.

Literatur

/1/ Giloi W.K.: "Obtaining a Secure, Fault-Tolerant, Distributed System With Maximized Performance", in Reijns G. (ed.), Hardware Supported Implementation of Concurrent Languages in Distributed Systems, North Holland, Amsterdam 1984

/2/ Behr P., Giloi W.K., Zuber G.: "UPPERBUS - A High-Speed Backbone For Metropolitan Area Networks", accepted for presentation on EFOC/LAN 86, June 25-27, 1986, in Amsterdam

/3/ Behr P., Giloi W.K., Muehlenbein R.: "Rationale and Concepts for the SUPRENUM Supercomputer Architecture, in Reijns G. (ed.): Highly Parallel Computers for Numerical & Signal Processing, North Holland, Amsterdam 1986

/4/ Zander K. (ed.): "Report of the Planning Committee BERCOM", Senator für Wissenschaft und Forschung, III D, Berlin State Government

LEISTUNGSMERKMALE UND EINSATZBEREICHE

VON ARBEITSPLATZRECHNERN

CHARACTERISTICS AND DOMAINS OF APPLICATION

OF WORKSTATION COMPUTERS

G.Dittrich

Fa. Hoechst AG
Abt.TLS - C584
Postfach 800320
6230 Frankfurt (M) 80

Summary

The capacity of processing power and memory of workstation computers has extremely increased in the last years. I think this was also a supposition for the extensive offer of capable application software, as it was offered for using only on main frames before. For the messurement and automatic control the workstation computer makes its way further on. It's obvious that this is not so in consequence of the higher processing power but more a result of the user acception, the intention of the manufacturer to integrate a worstation computer into their offered system and the fallen price. The universal, not for technical use privileged "MS - DOS computers", are also applied for the technical automatisation, because these computers are cheap and well known. The application of workstation computers are from using as an instrument controler to the management of process data. Functions referring to direct signalprocessing are more and more handeled by device processors (e.g. HPLC-Integrator, Datalogger and Control Units). These workstation computers with a multi user operating system like UNIX are applicable for functions, for what minicomputers had a monopoly before.

Inhalt:

1. Einleitung

Schon in den siebziger Jahren sind Arbeitsplatzrechner, damals als Tischrechner bezeichnet, vorwiegend in der Meßtechnik eingesetzt worden. Besonders die schon derzeit guten Anschlußmöglichkeiten von unterschiedlichsten Meßgeräten ermöglichten die Automatisierung eines Meßplatzes. Mittels Großrechnern ist dies wegen fehlenden Prozeßschnittstellen nicht möglich gewesen. Der Einsatz von klassischen Prozeßrechnern (Minirechner) war zumeist wegen der hohen Kosten nicht rentabel. Damit wurde ein Grundstein zur Dezentralisierung gelegt. Mit der Zeit steigerte sich die Leistung dieser Rechner, und mit verschiedenen Softwaresystemen konnten sie als universelles Hilfsmittel am Arbeitsplatz eingesetzt werden.

2. Arbeitsplatzrechnerarten

Heute findet man am Arbeitsplatz Rechner mit einer der Aufgabenstellung entsprechend angepaßten Rechenleistung. Angefangen vom "Mikrocomputer" bis hin zum "Super-Mini-Computer" für z.B. CAD werden unterschiedliche Rechnerarten eingesetzt. Die zur Zeit typischen Arbeitsplatzrechner im technischen Bereich sind zum einen die technisch - wissenschaftlichen Microcomputer mit zum Teil herstellerspezifischen Betriebssystemen, und zum anderen die "MS-DOS fähigen Computer", die oft als PC bezeichnet werden. Dabei sind mit den "MS-DOS fähigen Computern" die Arbeitsplatzrechner gemeint, die mit dem Betriebssystem "MS-DOS" betrieben werden können. Diese beiden Rechnerarten seien im folgenden unter dem Begriff "Arbeitsplatzrechner" angesprochen.

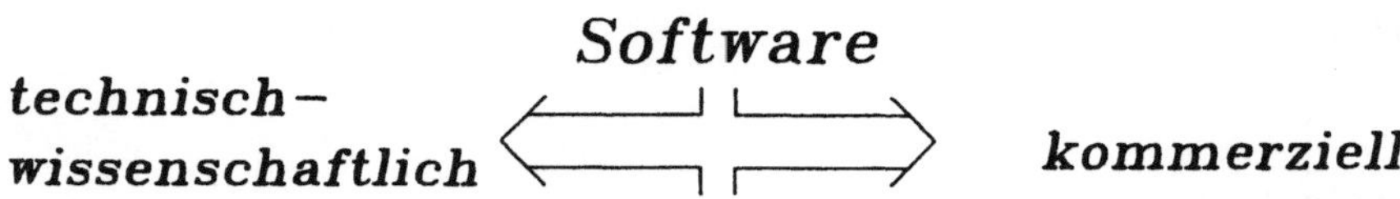

Bild 1

Bezüglich der Anwendungsunterstützung (Unterstützung durch das Betriebssystem und durch die Anwendungssoftware) ist bei diesen beiden Rechnerarten auch eine Zuordnung zu technisch - wissenschaftlichen bzw. kommerziellen Anwendungen möglich (Bild 1). Daß die "MS-DOS Rechner", die von ihren Leistungen her gesehen nicht auf die technischen Anwendungsbelange hin ausgerichtet sind, nun zunehmend auch im technischen Bereich verwendet werden, ist verschiedenen Faktoren zuzuschreiben. Zum einen sind die Kosten dieser Rechner relativ niedrig, da sie ein Massenartikel darstellen. Dadurch herrscht besonders in diesem Bereich ein hoher Innovationsdruck, der sich durch viele Neuerungen und technische Verbesserungen auszeichnet. Das Konkurrenzverhalten der Anbieter sorgt für die schnelle Marktreife und Verfügbarkeit dieser Produkte. Zum anderen wird ein "MS-DOS" fähiger Rechner häufig als unausgesprochener de fakto Standard angesehen. Dies wird besonders von den Firmen beachtet, die Peripherie bzw. Mess- und Analysesysteme anbieten.

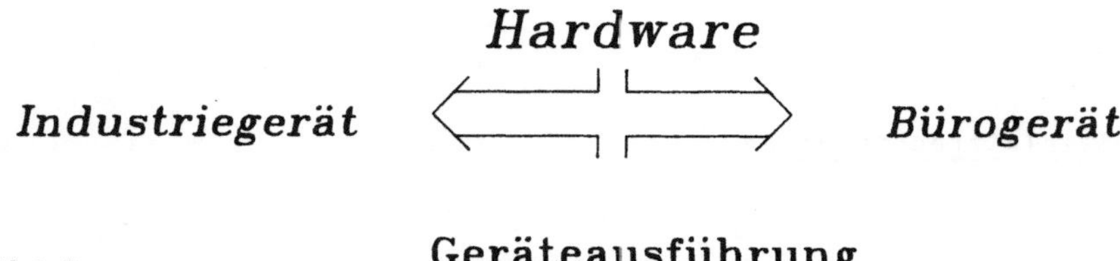

Bild 2

Unabhängig von dieser Zuordnung sind Arbeitsplatzrechner, je nach Geräteausführung, für den Einsatz in einer büroartigen Umgebung oder für die mitunter härteren Einsatzbedingungen von Industriebetrieben konzipiert (Bild 2). Einige Hersteller solcher Geräte meinen leider, daß schon durch eine Gehäusemodifikation aus einem "Bürogerät" ein "Industriegerät" wird. Auch heute noch ist es nicht leicht, einen "industriegerechten" Arbeitsplatzrechner zu finden. Die Anbieter von Arbeitsplatzrechnern sind im allgemeinen auch sehr vorsichtig mit dem Begriff "Industriegerät".

3. Leistungsmerkmale

Wesentliche Merkmale von Arbeitsplatzrechnern für den universellen Einsatz sind bezüglich der Hardware:
- geringe Abmessungen
- geringe Geräuschentwicklung
- Hauptspeicher bis in MB-Bereich
- Massenspeicher bis 100 MB üblich
- hohe interne Rechengeschwindigkeit, Grafikfähigkeit
- Vernetzungsfähigkeit (LAN), Host-Anschluß

Ein Arbeitsplatzrechner ist durch die Hardware - den verwendeten Prozessor - in der Regel für ein spezielles Betriebssystem ausgelegt. Da sich die Leistungsmerkmale bezüglich der Software im wesentlichen durch die Eigenschaften des jeweiligen Betriebssystems und der dafür angebotenen Software ergeben, muß hier zwischen den unterschiedlichen Betriebssystemen, und somit auch zwischen den verschiedenen Arbeitsplatzrechnertypen unterschieden werden. Noch weitgehend allgemeingültig sind folgende Merkmale:
- einfache Benutzbarkeit - operatorloser Betrieb
- Programmierung in Basic, häufig auch in weiteren Hochsprachen
- umfangreiches Softwareangebot zu vielen Anwendungen

Es würde den Rahmen des Vortrages sprengen, hier auf die Besonderheiten der einzelnen Betriebssysteme einzugehen. Die folgende Aufzählung der bekanntesten rechnerherstellerunabhängigen Betriebssysteme mit dem Hinweis auf die User- und Taskhandhabung mag hier genügen.
- CP/M   single user, single tasking / großes Softwareangebot
- Concurrent CP/M   multi user, multi tasking
- MS-DOS   single user, single tasking / sehr großes Softwareangebot
- UNIX und UNIX-Derivate   multi user, multi tasking / zunehmend größer werdendes Softwareangebot

Die herstellerspezifischen Basic-Betriebssysteme für zumeist technisch-wissenschaftliche Arbeitsplatzrechner zeichnen sich oftmals durch sehr gute Unterstützung der Grafik-, der I/O- und der Taskbearbeitung aus.

Besonders im Bereich der Mess- und Automatisierungstechnik sind einige zusätzliche Eigenschaften von besonderer Bedeutung, die im folgenden näher betrachtet werden.

3.1 Anschlußmöglichkeit von Geräten

Durch die vielfältigen Interfacemodule, die für alle gängigen Schnittstellen vorhanden sind und mittlerweile auch für MS-DOS Rechner angeboten werden, ist der hardwaremäßige Anschluß unterschiedlichster Geräte möglich (Datenerfassungssysteme, Meßgeräte, Regler...). Üblich sind heutzutage die RS-232 (V24) -, IEEE 488 (IEC) - und parallele Schnittstellen. Weiterhin gibt es netz- bzw. busartige Geräteanschaltkonzepte, die zur Zeit noch herstellerspezifisch sind.

3.2 Prozeßsignalanschluß

Für die direkte Zuführung von Prozeßsignalen gibt es ebenfalls Bausteine für die einzelnen Rechner. Das Angebot dieser Module ist für die technisch - wissenschaftlichen Computer sehr groß. Aber auch für die anderen Arbeitsplatzrechnerarten wird einiges angeboten. Zumindest die Ein- und Ausgabe von analogen und binären Signalen ist in der Regel kein Problem.

3.3 Task- und Interruptbearbeitungsmöglichkeit

Über die Hardware hinaus muß besonders bei der Prozeßsignalbearbeitung das Betriebssystem für die entsprechende Task- und Interruptbearbeitung sorgen. Diese Fähigkeit haben bisher nur einige herstellereigene Betriebssysteme in einem zufriedenstellenden Maße. Erweiterungen der herstellerunabhängigen Betriebssysteme lassen dies in begrenztem Rahmen zu. Dazu ist allerdings hier schon zu sagen, daß durch die immer intelligenter werdende Peripherie die Arbeitsplatzrechner diesbezüglich nicht mehr so stark gefordert werden.

3.4 Erfassung und Weiterverarbeitung der Daten

Die Datenerfassung bzw. die Steuerung und Regelung von Vorgängen geschieht letztendlich von der Software des Arbeitsplatzrechners aus. Die direkte Steuerung und Regelung selbst ist keine Domäne dieser Rechner, und entsprechende Eigenschaften sind eher selten anzutreffen. Schwerpunkte sind vielmehr die Datenerfassung und die Remote- Control Funktionen. Dafür sind nun auch Softwarelösungen auf dem Markt, die mehr und mehr universell verwendbar sind. Die erfaßten Daten sollen in der Regel weiterverarbeitet werden. Der Übergang zu weiterverarbeitender Software wird zumeist über Dateien realisiert. Die Tabellenform hat sich dabei als gut nutzbares Format herausgestellt. Viele der fertigen Softwarepakete, die heutzutage angeboten werden, können Daten in diesem Format verarbeiten.

3.5 Fertige Anwendungssoftware

Für die spezielle Anwendung ist weitere Anwendungssoftware notwendig. Hier zeigt sich die zunehmend stärker werdende Bindung von technischen Anwendungen zu bisher eher verwaltungsorientierten Softwarelösungen. Durch die bessere Integration von Hard- und Software, sowie der Softwaremodule untereinander, können heute erfaßte Meßwerte mit Tabellenkalkulationsprogrammen (Lotus 1-2-3) bearbeitet und mit Statistiksoftware (RS/1) ausgewertet werden. Dieser Integrationsprozeß ist aber noch lange nicht abgeschlossen, und teilweise sind noch große Lücken zu verzeichnen. Nicht zuletzt steigt aber durch die käufliche Anwendungssoftware das Preis-Leistungsverhältnis erheblich, denn die Kosten für die eigene Erstellung von Software sind sehr viel höher.

4. Einsatzbereiche

Propagiert wird ein Arbeitsplatzrechner heutzutage für den universellen Einsatz am Arbeitsplatz. Von der Menge der Aufgaben steht dabei die Büroautomatisierung im Vordergrund. Der Einsatz in der Mess- und Automatisierungstechnik kommt zwar aus einem ganz anderen Bereich, eine Vermaschung dieser Anwendungen ist jedoch immer mehr zu sehen.

Im folgenden sollen die technischen Einsatzbereiche von Arbeitsplatzrechnern in der Industrie, speziell im Labor, im Technikum und in der Produktion, sowie einige Anwendungen diesbezüglich beschrieben werden.

4.1 Einsatz im Labor

Der Einsatz ist hierbei vorwiegend in der Forschung zu sehen. Daß in diesem Bereich der Arbeitsplatzrechner "groß geworden" ist, liegt sicher mit an den unterschiedlichen Forderungen und an den Möglichkeiten diesen Unterschieden gerecht zu werden. So ist auch hier die Verwendung sehr vielseitig.

Steuerung von Meß- und Analysegeräten

Meß- und Analysegeräte brauchen zur Bedienung ein Bedienelement. Bisher waren das geräteinterne Elemente mit entsprechenden Tasten und Anzeigen. Heutzutage wird verstärkt ein Arbeitsplatzrechner dafür verwendet. Über einen remot-Anschluß erfolgt die Steuerung des Gerätes vom Arbeitsplatzrechner aus. Zur Weiterverarbeitung stehen die Meßwerte im Rechner zur Verfügung

Meßdatenerfassung und Auswertung

Die Meßdatenerfassung mit technisch - wissenschaftlichen Arbeitsplatzrechnern ist eine Routineangelegenheit und bedarf keiner besonderen Erwähnung. Bei der Verwendung von "MS-DOS Rechnern" ist es, wie schon zuvor erwähnt, sinnvoll intelligente Datenerfassungssysteme einzusetzen. Die mit eigenem Speicher ausgestatteten Datalogger ermöglichen die schnelle Datenerfassung (einige Systeme führen auch schon Auswertungen durch), und der Rechner kann mit etwas mehr Ruhe die Daten auslesen und auswerten.

Steuerung von speziellen Versuchseinrichtungen

Apparaturen für komplexe Vorgänge, wie z.B. Laborfermenter mußten bisher über den gesamten Vorgang intensiv bedient werden. Über ein Programm eines Arbeitsplatzrechners kann nun ein entsprechend gewünschtes Versuchsprogramm definiert werden und automatisch ablaufen. Dabei werden verschiedene Einflußgrößen gesteuert bzw. geregelt und Versuchsdaten erfaßt. Neben den Standardausgaben dieser Versuchswerte sind individuelle Auswertungen und Darstellungen möglich.

Steuerung von Robotersystemen

Zunehmend werden auch Roboter im Laborbereich eingesetzt. Diese schon universell einsetzbaren Geräte lassen sich mit einem angeschloßenen Arbeitsplatzrechner noch flexibler einsetzen und handhaben. Die Funktionen des Rechners sind dabei die Programmvorhaltung, die Überwachung und die Koordinierung von Vorgängen im Umfeld.

4.2 Einsatz im Technikum

Eine Mischung von Labor- und Produktionsaufgaben fällt hier an. Die Verwendung eines Arbeitsplatzrechners für die Prozeßsteuerung ist hier noch am ehesten gegeben.

Auf einem Versuchsstand wird das Verhalten von neuen Werkstoffen bei verschiedenen Lufttemperaturen untersucht. Mit verschiedenen Reglern wird dazu die Temperatur der Zuluf beeinflußt, und die Abluft in bestimmte Bereiche gehalten. Mit den am Testobjekt angebrachten Thermoelementen wird die Temperatur des Werkstoffes erfaßt. Ein Arbeitsplatzrechner gibt über den Versuchsablauf den unterlagerten Steuer- und Regelbausteinen die erforderlichen Daten und erfaßt die Temperaturwerte.

Mit einem Prozeßleitsystem werden Fermenter im Technikum gefahren. Hierbei werden Erfahrungen gesammelt wie sich eine Biomasse, die zuvor im Labor betrachtet wurde, in größeren Mengen verhält. Ziel ist die Übertragung des Vorganges in die Produktion in einem noch größeren Mengenverhältnis. Mit einem Arbeitsplatzrechner werden diese Fermentationsfahrdaten gesammelt und nach verschiedenen Gesichtspunkten ausgewertet.

4.3 Einsatz in der Produktion

Hier ist das Schlagwort "Produktionsleitsystem" angebracht. Dazu ist weniger die Meßwerterfassung als vielmehr die Erfassung, Verarbeitung und insbesondere die Verwaltung und Auswertung von Produktionsdaten zu sehen.

Mit einem Arbeitsplatzrechner werden Rohstoffbestände geführt, Produktionsergebnisse ermittelt und z.B. Rezepturen gespeichert.

Die Verwendung von Arbeitsplatzrechnern als Prozeßrechner steckt noch in den Anfängen. Hier ist von den Herstellern der Arbeitsplatzrechner noch einiges zu tun was die Gerätetechnik und die Software angeht. Einige Hersteller, wenn auch wenige, gehen mit gutem Beispiel voran und bieten schon heute brauchbare Systeme an.

5. Zusammenfassung

Die Leistungsfähigkeit von Arbeitsplatzrechnern ist bezüglich der Rechenleistung und der Speicherkapazität (intern wie extern) in den letzten Jahren stark gestiegen. Dies war wohl auch mit die Voraussetzung für das umfangreiche Angebot von leistungsfähiger Anwendungssoftware, wie sie zuvor nur für Großrechner verfügbar war. In der Mess- und Automatisierungstechnik hat sich der Arbeitsplatzrechner noch stärker durchgesetzt. Offensichtlich nicht so sehr infolge der gestiegenen Rechnerleistung, die für diesen Aufgabenbereich bisher nicht als wesentlicher Schwachpunkt erkennbar war, als vielmehr durch die größere Benutzerakzeptanz, die Bereitschaft von Geräteherstellern einen Arbeitsplatzrechner in ihre jeweilige Automatisierungslösung zu integrieren und die stark gesunkenen Kosten für diese Rechner. Die universell einsetzbaren und nicht für den technischen Einsatz konzipierten "MS - DOS Rechner" sind aufgrund der großen Verbreitung und der niedrigen Kosten auch zur Automatisierung im technischen Bereich häufiger eingesetzt. Der Einsatz von Arbeitsplatzrechnern geht vom Instrumentencontroller (oftmals im Instrument eingebaut) bis hin zum Produktionsleitsystem. Funktionen bezüglich der direkten Prozeßsignalbearbeitung werden mehr und mehr von geräteinternen Prozessoren wahrgenommen (z.B. in HPLC-Integratoren, Datalogger und Regelbausteine). Mit mehrplatzfähigen Betriebssystemen, wie z.B. UNIX, sind diese Arbeitsplatzrechner für Aufgaben einsetzbar, wozu bislang Minicomputer eine Monopolstellung hatten.

ANFORDERUNGEN AN DIE PERIPHERIE VON PC'S FÜR DEN INDUSTRIELLEN EINSATZ

PC PERIPHERAL REQUIREMENTS IN INDUSTRIAL APPLICATIONS

G.Milde
BBC-METRAWATT
8500 Nürnberg 50, B.R.Deutschland

Summary

The PC finds mass-production application particularly in offices and labs for decentralized data processing.
Due to its favorable price/performance ratio it obviously lends itself also to industrial applications for

gathering measurement data, saving, evaluating and listing measurement values and binary status information.

Since, however, the PC is not designed to operate in the rough environment of industry, special peripherals (process data adapters) are required to adapt it to this environment.

1. Einleitung

Der Personal-Computer (kurz PC) ist inzwischen ein Massenprodukt geworden. Er wird vorallem in Büros und Labors für die dezentrale Datenverarbeitung eingesetzt.
Es ist also naheliegend, ihn wegen seines günstigen Preis-/Leistungsverhältnisses auch für den industriellen Einsatz zu verwenden.
Als typische Anwendungen seien stellvertretend genannt:

Prozeßdaten-Sammlung, Archivierung und Auswertung
ereignisgesteuerte Prozeßdaten-Protokollierung

Da der PC, wie noch gezeigt wird, nur unter ganz bestimmten Bedingungen für solche Anwendungen einsetzbar ist, müssen spezielle Peripheriegeräte die Anpassung an die industrielle Umwelt übernehmen.

2. Merkmale des industriellen Einsatzgebietes

Merkmale des industriellen Einsatzgebietes sind:

- rauhe Umgebungsbedingungen
- elektro-magnetische Störbeeinflussung
- hohe Potentialunterschiede zwischen den Signalquellen der einzelnen Meßorte
- unterschiedliche Hilfsspannung an den Meßorten
- große Entfernungen von den Meßorten zu einer zentralen Warte

2.1 Umweltbedingungen

Wichtige Hinweise auf die klimatischen Anforderungen aus der industriellen Umwelt entnehmen wir der VDI/VDE-Richtlinie 3540 "Zuverlässigkeit von Meß-,Steuer-und Regelgeräten,Klimaklassen für Geräte und Zubehör":

Anforderungen nach VDI/VDE 3540			
Anwendungsmerkmale		Klima für Fabrikationsräume, Werkstätten, Lager-und Transporträume	Klima für Freiluftbetrieb, Galvanikwerkstätten,Raffineriebetriebe
Klimaklasse		3	4
Grenz-temp.	Betrieb	-10/+55°C	-25/+55°C
	Lagerung, Transport	-25/+65°C	-25/+65°C
Einwirkungen		Industrieluft, Staub,Atmosphärilien ≦ MAK	Industrieluft, Atmosphärilien ≧ MAK, Staub,Spritzwasser,Meeresluft,Sonne
Betauung		selten und leicht	möglich
Feuchte		Jahresmittel ≦ 75% rel.Luftfeuchte	Jahresmittel ≦ 95% rel.Luftfeuchte

Bild 1 Klimaklassen für Mess-,Steuer-und Regelgeräte nach VDI/VDE 3540 (Auszug)

2.2 Elektro-magnetische Störbeeinflussung

Elektromagnetische Störungen beeinflussen die Funktionsfähigkeit eines Systems.Sie führen entweder zu Datenverfälschungen und/oder zu einem Geräteausfall.

Elektro-magnetische Störquellen sind:

- atmosphärische Entladungen
- 220/380 V Steuer-und Leistungsnetze
- Stromrichter,Abschaltvorgänge von Schützen und Magnetventilen
- Sender der drahtlosen Nachrichtenübertragung

Störspannungen aus diesen Störquellen können in die Signalkreise der Peripheriegeräte entweder galvanisch,induktiv oder kapazitiv eingekoppelt werden.Die Störspannungen treten als Gleichtaktstörspannungen auf und senken oder heben so das Potential eines Adernpaares in gleicher Richtung und Größe;sie können aber auch in Reihe zur Signalquelle liegen.

Bild 2 zeigt Richtwerte für kapazitiv eingekoppelte Gleichtakt-Störspannungen durch den Abschaltvorgang eines Schützes.

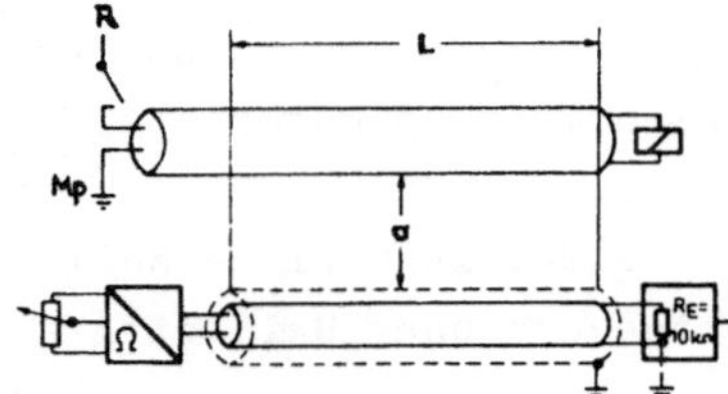

Kabelart	L	Störspannung bei Abstand a	
		≤ 5 cm	≈ 25 cm
NYY	<10 m	≈200 V	≈ 50 V
	>50 m	≈750 V	≈200 V
abge-schirmt J-Y(St)Y	>50 m	≈80 V	≈20 V

Bild 2 Richtwerte für kapazitiv eingekoppelte Gleichtakt-Störspannungen durch den Abschaltvorgang eines Schützes

2.3 Typische Merkmale der Meßstellen

Typische Merkmale der Meßstellen im industriellen Einsatzgebiet sind:

- galvanische Verkopplung der Signalkreise untereinander durch undefinierte oder definierte Erdung
- kapazitive und induktive Verkopplung der Signalkreise mit parallel geführten Leitungen höherer Energie und/oder Frequenz

- betriebsmäßige Potentialdifferenzen der Signalkreise untereinander bis zur Höhe von internen Betriebsspannungen

- unterschiedliche Meßstellen können auch unterschiedliche Hilfsspannungen haben (z.B. Versorgung aus Batterien zur gesicherten Spannungsversorgung)

- bei Spannungsversorgung aus dem Licht-oder Energienetz ist mit Spannungseinbrüchen von 1ms bis 2s Dauer und einer Größe von 10% bis 100% der Nennspannung zu rechnen.Die Mehrzahl der Einbrüche hat eine Dauer von 100 ms bis 500 ms

- die Meßstellen sind im Feld verteilt.Die Entfernungen der Meßstellen untereinander und zu einem zentralen Ort (PC) können einige hundert Meter bis zu einem Kilometer betragen

2.4 Typische Meßgrößen

Die Meßgrößen,die dem PC zur weiteren Auswertung zugeleitet werden, liegen an den Meßstellen als analoge und/oder binäre Signale vor. Typische analoge Meßgrößen,wie z.B. Temperatur werden mit Meßfühlern erfasst und in elektrische Signale umgewandelt, andere stehen an den Meßstellen bereits als Gleichströme aus Meßumformern in normierter Form von 0...20 mA oder 4...20 mA zur Verfügung.
Binäre Signale,die Zustände melden oder deren Signalwechsel gezählt werden sollen,kommen aus mechanischen Kontaktgebern oder Halbleiterschaltern.

3. Peripheriegeräte für den industriellen Einsatz

Vergleicht man die Anforderungen aus den industriellen Umweltbedingungen mit den relevanten Daten eines PC (siehe Bild 3),dann ist folgender Schluß zu ziehen:
der PC ist nur in Meßwarten oder in Räumen mit ähnlichen Umgebungsbedingungen einsetzbar.
Vom PC abgesetzte,im Feld montierte Peripheriegeräte müssen die Funktion von Datenzubringern übernehmen.Diese speziellen Peripheriegeräte, auch Prozeßdaten-Adapter genannt,müssen dann den industriellen Anforderungen genügen.

Anforderungen nach VDI/VDE 3540			Daten eines PC
Anwendungsmerkmale	Klima für Fabrikationsräume, Werkstätten, Lager-und Transporträume	Klima für Freiluftbetrieb, Galvanikwerkstätten,Raffineriebetriebe	klimatisierte, allseitig geschlossene Räume
Klimaklasse	3	4	etwa 1
Grenz-temp. Betrieb	-10/+55 °C	-25/+55 °C	+15/+32 °C
Grenz-temp. Lagerung, Transport	-25/+65 °C	-25/+65 °C	+10/+43 °C
Einwirkungen	Industrieluft, Staub,Atmosphärilien $\leqq$ MAK	Industrieluft, Atmosphärilien $\geqq$ MAK, Staub,Spritzwasser,Meeresluft,Sonne	
Betauung	selten und leicht	möglich	
Feuchte	Jahresmittel $\leqq$ 75% rel.Luftfeuchte	Jahresmittel $\leqq$ 95% rel.Luftfeuchte	System eingeschaltet: 8...80% rel. Luftfeuchte, sonst 20...80%

Bild 3 Klimaklassen für Mess-,Steuer-und Regelgeräte nach VDI/VDE 3540- zum Verqleich die Daten eines PC

3.1 Anforderungen an Prozeßdaten-Adapter

Prozeßdaten-Adapter dienen zur Aufnahme von Meßwerten und binären Signalen an den im Feld verteilten Meßstellen.Aus den Merkmalen des industriellen Einsatzgebietes ergeben sich folgende Anforderungen:

- Schutzart nach DIN 40050 mit mindestens IP 51
- Klimaklasse nach VDI/VDE 3540 mindestens 3
- zerstörfest nach IEC Publikation IEC 255-4:
  die Eingänge müssen einer Norm-Stoßwelle 1,2/50 µs mit einer Energie von 0,5 Ws widerstehen (siehe Bild 4)
- fehlfunktionsfest nach IEC Publikation IEC 255-4:
  die Eingänge werden einer Spannung mit einer Amplitude von 2,5 kV und einer Frequenz von 1 MHz ausgesetzt.Diese Spannung wird impulsweise im Abstand von 2,5 ms angelegt.Bei einer Dauer von 2 s darf der Meßfehler nicht größer als 5% betragen

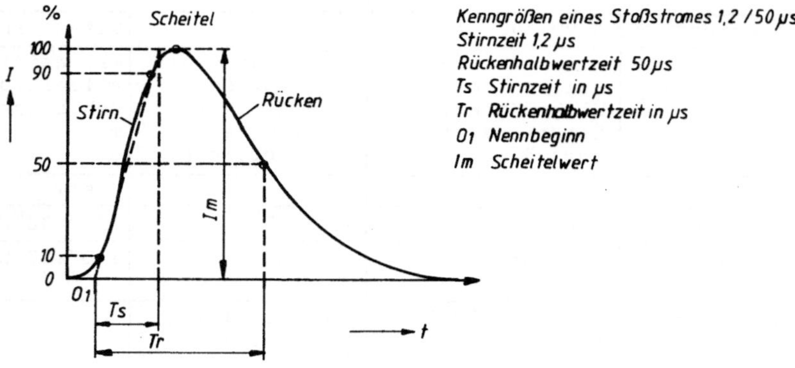

Bild 4 Norm-Stoßwelle 1,2/50 µs zur Prüfung der Stoßspannungsfestigkeit nach IEC 255-4

- galvanische Trennung der Schnittstellen zum Prozeß, Prüfspannung mindestens 500 V_{eff}
- Zweidraht-Bus-Verbindung (Peripherie-Bus,Feld-Bus) der Peripheriegeräte untereinander
- abgesichertes Datenprotokoll mit Hammingdistanz mindestens 4
- eingebaute Intelligenz für Selbsttest-Routinen,Eigenüberwachung und Vorverarbeitung,sodaß zeitkritische Vorgänge bereits in der Peripherie verarbeitet werden können

-Eingänge für analoge und binäre Signale

-Überwachung der analogen Signale auf Grenzwertüberschreitung

-eingebaute Zählfunktion

-Hilfsspannung DC 20 bis 75 V und AC/DC 90 bis 250 V

-Schnittstelle V.28/V.24 bzw.RS-232 C zum PC

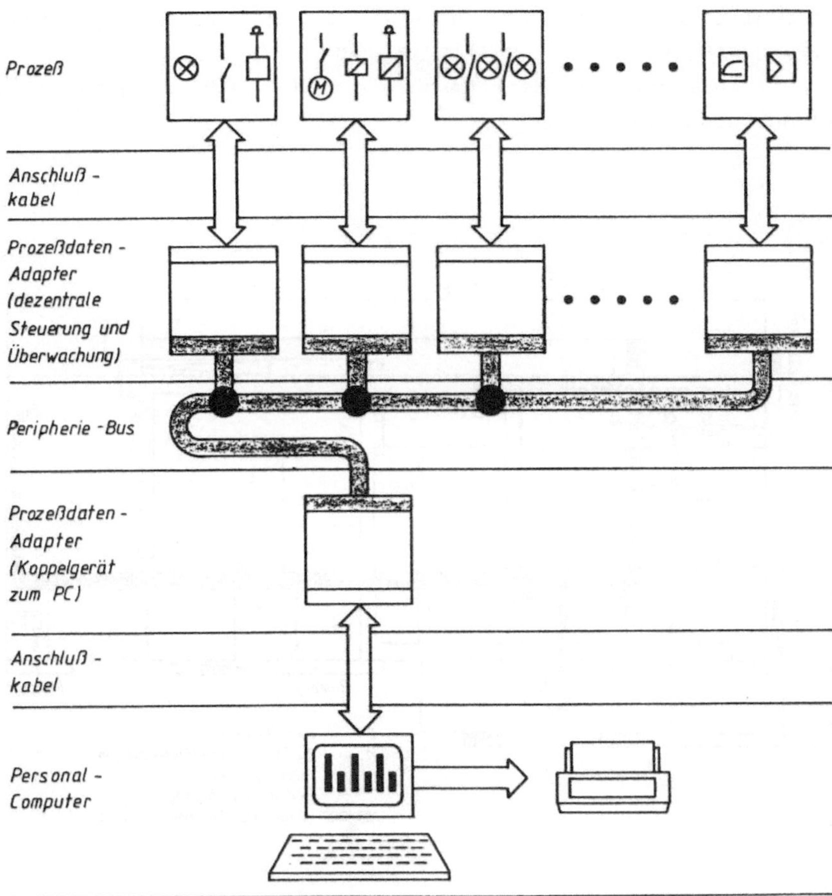

Bild 5 Prozeßdaten-Adapter als Peripherie von PC's für den industriellen Einsatz

3.2 Beispiel für den industriellen Einsatz eines PC mit Prozeßdaten-Adaptern

Zur Überwachung einer Produktioshalle sind verschiedene Meßstellen in deren Bereich installiert.Es sind dies:

- 8 Temperatur-Meßstellen (Innen-und Außentemperaturen)
- 1 Meßstelle zur Überwachung der Leistungsaufnahme des Lüfteraggregates
- 24 Zustands-und Störmeldungen

Die Meßwerte,Zustands-und Störmeldungen werden von einem Betriebselektriker täglich an den örtlich installierten Meß-und Meldegeräten abgelesen,aufgeschrieben und monatlich ausgewertet.
In Zukunft soll dafür im Betriebsbüro ein PC die Prozeßdaten protokollieren und auswerten.

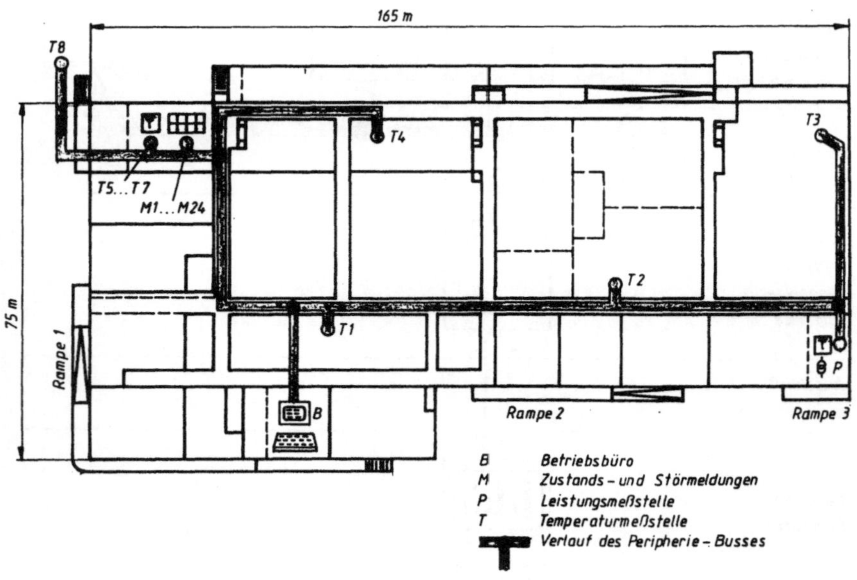

Bild 6 Überwachung einer Produktionshalle mit einem PC-Verteilung der einzelnen Meßstellen und Verlauf des Zweidraht-Peripherie-Busses

EINSATZ VON PCs BEI DER AUTOMATISIERUNG GEMISCHT KONTINUIERLICH-DISKRETER PROZESSE

PC BASED CONTROL OF PLANTS WITH CONTINUOUS AND DISCRETE DYNAMIC BEHAVIOUR

G.Kronawitter
Thermoplan GmbH
8000 München, BR Deutschland

Summary

Many technical processes demand discrete control actions as well as continuous ones. In addition, these processes need often the whole spectrum of modern control functions like data acquisition, process monitoring and process graphics. Therefore, a Personal Computer based process control system may be a good hardware approach, especially for comparatively small plants. As it will be shown, the use of high level realtime languages is a good solution from a software point of view. The power offered by this approach eases the implementation of appropriate high level automatization concepts from the beginning.

1. Einleitung

Viele technische Prozesse weisen sowohl (amplituden- wie zeit-) kontinierliche wie (ereignis-) diskrete Eigenschaften auf. Dies ergibt sich häufig bereits dadurch, daß ein an sich kontinuierlicher Prozeß (z.B. Materialfluß) erst durch Auswahl eines bestimmten Meßprinzips (z.B. Grenzwertgeber) für das Automatisierungssystem als ereignis-diskreter (Teil-)Prozeß erscheint. Oft sind aber bereits in der mechanisch-physikalischen Auslegung des Prozesses selbst beide Verhaltensweisen angelegt. So können beispielsweise aus verfahrenstechnischen Gründen in einer Anlage sowohl stetig fördernde Elemente (Fließbänder, Dosierschnecken, Pumpen) als auch chargenorientierte Förderer (z.B. Pneuförderer) vorhanden sein. In der chemischen Verfahrenstechnik schließlich sind die Chargenprozesse gerade dadurch gekennzeichnet, daß ein übergeordneter ereignis- oder zeitgesteuerter Prozeßablauf einzuhalten ist, während gleichzeitig unterlagerte Regelungen "kontinuierlich" wichtige physikalische Prozeßzustände (Temperaturen, Drücke) unter Kontrolle halten.

Ein Automatisierungssystem für gemischte Prozesse muß damit von vornherein funktionell wesentlich flexibler sein, als es bei einer Auslegung für rein regelungs- oder rein steuerungstechnische Aufgabenstellungen notwendig ist. Hierbei kommt nicht zuletzt der Schnittstelle zwischen den beiden Funktionsblöcken eine nicht zu unterschätzende Bedeutung im Hinblick auf die Handhabbarkeit durch den Anwender zu.

Gerade in diesem Punkt zeigen sich Schwachstellen bei jenen Systemen, die aus dem SPS-Bereich kommend nun neben binären Steuerungen auch Regelungen und andere kontinuierliche Funktionen übernehmen sollen. Die üblichen DIN-genormten Anwender-Programmierschnittstellen wie Kontaktplan (KOP) oder Funktionsplan (FUP) sind kaum ausbaufähig und führen vor allem dazu, daß eine stark hardware-orientierte Denkweise ("Bausteine", "Parameterregister") unterstützt wird, wo eine prozedurale, software-geprägte Sicht eher dem Problem angemessen wäre.

Weitere funktionelle Anforderungen an Automatisierungssysteme für gemischte Prozesse wie Protokollierung, Anzeige- und Bedienfunktionen ergeben sich häufig dann, wenn es sich um logisch abgeschlossene Teilprozesse handelt.

Im folgenden soll daher der Einsatz von **höheren Echtzeitprogrammiersprachen** zur Automatisierung gemischter Prozesse diskutiert werden, da dieser Software-Ansatz eine Reihe von Vorteilen bietet:

- Homogenität: Alle MSR-Funktionen werden "aus einem Guß" behandelt, die Verbindung zwischen den einzelnen Funktionen geschieht über symbolische Größen (Variable, Records).

- Mächtigkeit: der Sprachumfang höherer Sprachen deckt in der Regel alle Anforderungen hinsichtlich MSR-Verarbeitungsfunktionen ab.

Dieser bereits aus der Prozeßrechner-Ära wohlbekannte Software-Ansatz hat durch die Verbreitung leistungsfähiger PCs unverkennbar neuen Auftrieb erhalten /1/.

2. Echtzeitsprachen für PCs

Zur Programmierung von Echtzeitaufgaben auf PCs stehen neben den Standardsprachen BASIC, PASCAL und FORTRAN nun auch "echte" Realzeitsprachen wie z.B. MODULA 2 und PEARL zur Verfügung, wie ein Blick in den Anzeigenteil einschlägiger Zeitschriften zeigt. Ebenso werden einige explizit auf Multitask-Betrieb ausgelegte BASIC-Derivate (MAC-BASIC /2/, MSR-BASIC /3/) angeboten.

Typischer Ausfluß der PC-Umgebung auf die angebotenen Echtzeitsprachen ist eine im Rahmen der Graphikanbindung verfügbare Fenstertechnik ("windowing"), die den PC-Bildschirm in frei konfigurierbarer Weise den einzelnen Rechenprozessen ("Tasks") zur Kommunikation mit dem Anwender/Bediener zur Verfügung stellt. Häufig nutzt auch der Debugger das Fensterkonzept zur übersichtlicheren Darstellung von Quellprogrammausschnitt und Registerinhalten.

Allerdings kann ein attraktives Fensterkonzept kein Ersatz für sehr realzeit-spezifische Anforderungen an die **Fehlersuch- und -erkennungshilfen** sein, die erst aus einer Sprache ein Programmiersystem formen. Diese Hilfen sind umso wichtiger, als der PC-Anwender selbst ohne tiefere prozeßrechentechnische Spezialkenntnisse sein Problem lösen soll.

Gerade unter diesem Aspekt bietet ein **interpretativer Ansatz** nach wie vor deutliche Vorteile selbst gegenüber modernen compilierenden Systemen, wie nun am Beispiel von MSR-BASIC gezeigt werden soll.

3. MSR-BASIC

Das Softwarepaket MSR-BASIC wurde am Lehrstuhl für Steuerungs- und Regelungstechnik der TU München im Zuge der Forschungsarbeiten an der "Fehlertolerierenden Steuer- und Reglerstation (FTR)" entwickelt/3/ und ab 1984 zur Verfügung gestellt. Für den Einsatz zur Automatisierung insbesondere von gemischten Prozessen weist MSR-BASIC eine Reihe spezifischer Fähigkeiten auf:

- Integriertes, zweigliedriges Multitasking: TASKs sind zyklisch aufgerufene MSR-BASIC-Unterprogramme, die die quasizeitkontinuierlichen MSR-Funktionen (Regelungen, Verknüpfungssteuerungen) wahrnehmen, während der Programmtyp "SEQuenz" die Formulierung von (ereignisdiskreten) Ablaufsteuerungen unterstützt.

- Hardwareunabhängige, indirekt adressierbare Prozeßzugriffsfunktionen: "ADC", "DAC" für analoge E/A, "DIN", "DOUT" für binäre E/A.

- Integrierte Matrix-Vektor-Anweisungen: Unterstützung für Regelungs- und Filterverfahrem im Zustandsraum.

Ein entscheidender Vorteil aus der Sicht des **Anwenders** von MSR-BASIC ist die Verfügbarkeit eines breiten Spektrums an residenten Eingriffsmitteln **während** des Echtzeitbetriebs. Dies liegt im Kern daran, daß der Kommando-Modus des Interpreters auch in dieser Betriebsphase erhalten bleibt.

Damit sind von vornherein folgende (Echtzeit-) Bedieneingriffe möglich:

- Auslisten von Teilen des Anwenderprogramms (LIST-Kommando)
- Lesen von Prozeßgrößen (z.B. PRINT ADC(1), PRINT DIN(44))
- Setzen von Stellausgängen (z.B. DAC(2)=0, DOUT(12)=0)
- Lesen von Variablen (z.B. PRINT X101)
- Verändern von Variablen (z.B.: KP101 = 1.3)
- Aktivieren von MSR-Funktionen (z.B. ACTIVATE TASK PID1)
- Anhalten von MSR-Funktionen (z.B. SUSPEND SEQ PVC2)

Diese interpretertypischen Eigenschaften sind nicht nur bei der Fehlersuche hilfreich, sondern ergeben in Kombination mit PC-üblichen freiprogrammierbaren Funktionstasten bereits eine komfortable Bedienumgebung.

Darüberhinaus stellt MSR-BASIC zur Fehlersuche bzw. zur Programmablaufkontrolle folgende Befehle zur Verfügung:

- TRACE-Lauf einzelner Rechenprozesse
- Auslisten des momantanen Ausführungsstands aller Ablaufsteuerungen (SEQLIST-Anweisung)

Damit kombiniert MSR-BASIC die Handhabungsvorteile von SPSen (residente on-line-Zugriffsmöglichkeiten auf Ein-/Ausgänge, Zeitglieder und Merker) mit den symbolischen Ausdrucksformen höherer Programmiersprachen.

Für den **Systementwickler** erweist es sich als vorteilhaft, daß MSR-BASIC als offenes System konzipiert ist und damit die Anpassung an unterschiedliche Hardware-Konfigurationen ebenso unterstützt wie es funktionelle Erweiterungen zuläßt.

Diese Eigenschaften wurden bei der Konzeption eines Automatisierungssystems für Gußsandregenerieranlagen in der Form ausgenutzt, daß alle anfallenden MSR-Funktionen auf eine zwar hardwareseitig asymmetrische **Zweirechner**konfiguration - bestehend aus einem Z80-CP/M-PC und einem Z80-"Frontend"-Rechner - abgebildet wurden, softwareseitig aber vollständig in einer entsprechend angepaßten **Mehrrechner-Version** von MSR-BASIC implementiert wurden.

4. Automatisierung einer Gußsandregenerieranlage

Eine Gußsandregenerieranlage (GSR-Anlage, Bild 1) dient zum Wiederaufbereiten des Quarzsandes, wie er beim Formenbau in Gießereien benötigt wird. Bei der im folgenden betrachteten, neuartigen GSR-Anlage durchläuft der Sand insgesamt 12 Stationen, die in der Regel jeweils aus einem Speicherelement (Silo, Waage), einem Förder- und einem Absperraggregat bestehen (Bild 2). Der eigentliche Wiederaufbereitungsvorgang (= Entfernen von Bindemitteln und Zusatzstoffen) setzt sich aus einer mechanischen Vorreinigung (Schleuderradreiniger), einer thermischen Reinigung (Fließbettofen) und einer ebenfalls mechanischen Nachreinigung zusammen.

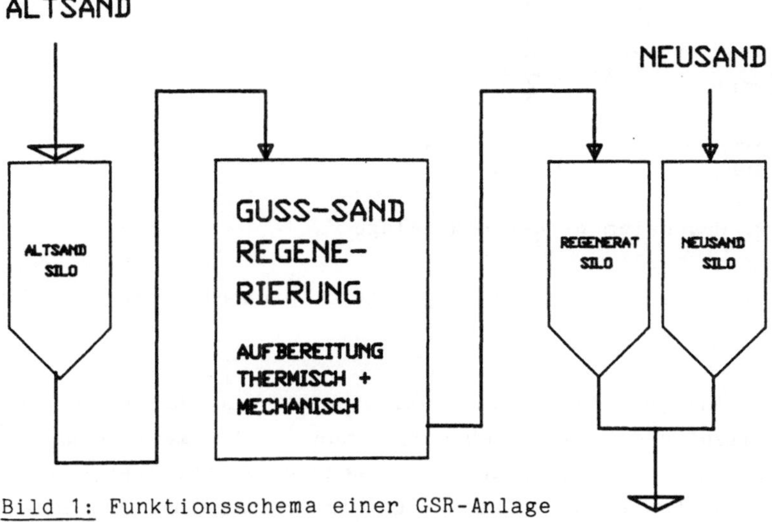

Bild 1: Funktionsschema einer GSR-Anlage

Hauptaufgabe der Automatisierung ist die Organisation des Sandflusses unter Berücksichtigung verschiedener Anlagenbetriebsarten (kontinuierlicher oder Chargen-Betrieb). Da der momentane Füllstand meßtechnisch nur über Maximumsonden, manchmal auch noch über Minimumsonden erfaßt wird und somit nur "diskret" zur Verfügung steht, wird jede Station durch ein zugehöriges Ablaufsteuerungsmodul (= MSR-BASIC-SEQuenz) bedient. Es besteht im Prinzip aus folgenden Phasen:

1) "Warten auf allgemeine Betriebsfreigabe",
2) "Befüllen des Behälters, bis Maximumsonde anspricht",
3) "Warten, bis Maximumsonde abfällt" und
4) "Warten, bis Entleerungszeit abgelaufen ist".

Diese Phasen werden im Normalbetrieb zyklisch abgearbeitet. Die Koordination des Sandflusses geschieht **in** Flußrichtung durch die Beeinflußung der Betriebsfreigabe des nächsten Moduls durch das vorangegangene, während durch "natürlichen" Rückstau eine Koordination entgegen der Flußrichtung erfolgt.

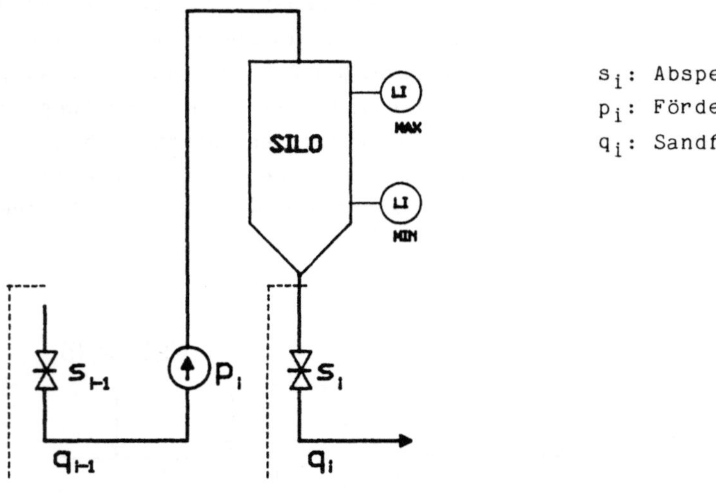

s_i: Absperrorgan
p_i: Förderelement
q_i: Sandfluß

Bild 2: Grundelement der GSR-Anlage

Beim An- bzw. Abfahren der Anlage greift eine überlagerte Ablaufsteuerung ein.

Da für diese Anlagen ein vollautomatischer Betrieb ohne permanent vorhandenes Bedienpersonal vorgesehen ist, muß das Automatisierungssystem neben den eigentlichen Steuerungs- und Regelungsfunktionen ein hohes Maß an Anlagenüberwachung aufweisen und im Störungsfall aussagekräftige Störmeldungen liefern, um kurze Reparaturzeiten zu ermöglichen. Dieses Anforderungsspektrum läßt sich nun aus einer Reihe von Gründen vorteilhaft durch die Kombination eines industrietauglichen PCs mit einem Frontend-Rechner abdecken. Hierbei werden alle für die **Anlagenverfügbarkeit** wichtigen "closed-loop"-Funktionen von einem massenspeicherlosen, EPROM-basierenden Mikrorechner wahrgenommen, während der PC alle "Komfort"-Funktionen wie Prozeßzustands-Anzeige, Datenarchivierung, Protokollierung etc. übernimmt, deren zeitweiser Ausfall nicht zu einem Anlagenstillstand führen muß.

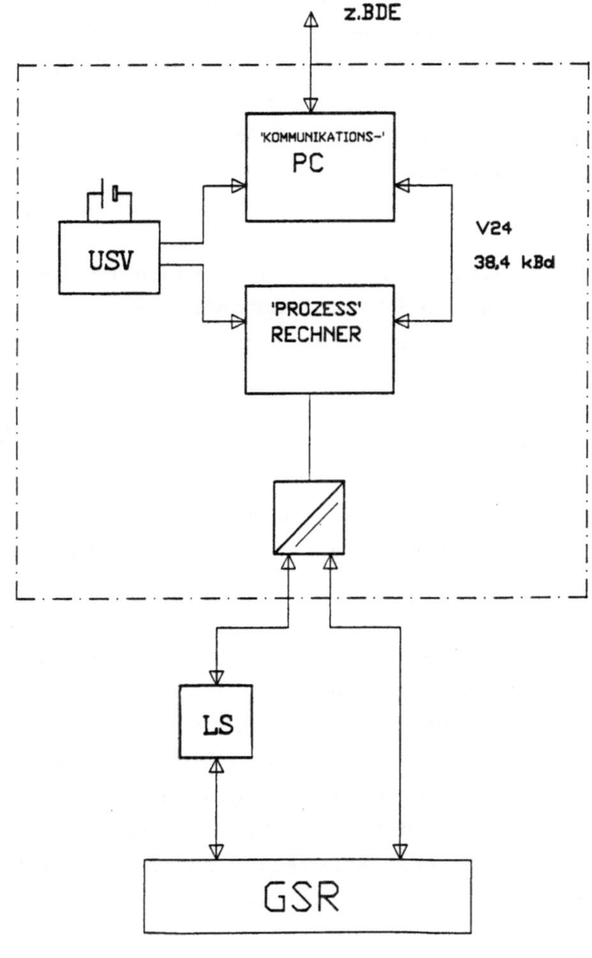

BDE: Betriebsdatenerfassung

USV: Unterbrechungsfreie Stromversorgung

LS: Lokale Steuerungen

Bild 3: Hardwarestruktur des PC-basierenden Automatisierungs-Systems für GSR-Anlagen

Bild 3 zeigt das Hardware-Schema des eingesetzten Automatisierungssystems. Aufgebaut aus Standard-ECB-Komponenten weist es durch die Verwendung galvanisch getrennter E/A-Kanäle sowie einer batteriegepufferten, unterbrechungsfreien Stromversorgung die für den Industrieeinsatz notwendige Abschottung gegen Umwelteinflüsse auf.

5) Aspekte der Software-Entwicklung

Gegen die verbreitete Lösung, statt dem Z80-Frontend-Rechner eine SPS einzusetzen, setzten sich letztlich Software-Aspekte durch. Zwar dominiert im Frontend-Rechner der steuerungstechnische Charakter des Anwenderprogramms (und damit die SPS-Domäne), aber das Konzept der MSR-BASIC-SEQuenzen bietet für diese Hauptaufgabe eine sehr problemnahe, elegante Formulierungsmöglichkeit. Zum zweiten fällt - ganz im Sinne eines gemischten Problems - noch eine Reihe an kontinuierlichen MSR-Funktionen an. So müssen diverse Druckmeßwerte erfaßt und gefiltert werden, Arbeitsspiele mitgezählt und für die mengenorientierte Flußüberwachung herangezogen werden.

Ein entscheidender Vorteil der gewählten Lösung liegt jedoch in der **homogenen Anwender-Software-Umgebung** in PC und Frontend. Dies hat weitreichende Konsequenzen für die Softwareentwicklung, die in zwei Phasen zerfällt.

Phase 1: Entwicklung und Test auf PC

Das gesamte Frontend-Programm (TASKs und SEQuenzen mit closed-loop-Verhalten) wird auf dem MSR-BASIC-PC mit Hilfe der üblichen Hilfsmittel erstellt.

Zum Test des Frontend-Programms wird der Prozeß mit eigenen TASKs und SEQuenzen im PC implementiert **(Prozeßsimulator)**. Die GSR-Anlage läßt sich beispielsweise im Kern durch einen Satz von Integrierern modellieren, die den jeweiligen Füllstand in den einzelnen Behältern nach Maßgabe der Stellsignale der Steuerungsprogramme berechnen und im Gegenzug der Steuerung die meist diskrete Meßinformation liefern. Ein zweiter Bestandteil des Simulators erzeugt Rückmeldesignale der diversen Stelleinrichtungen, die von der Steuerung überwacht werden.

Ein graphisches **Anzeige-Modul** stellt den simulierten Prozeßzustand und die Steuerungsaktionen auf dem PC-Bildschirm dar und bezieht seine Informationen aus dem Simulator (Füllstände) wie aus dem E/A-Vektor.

Die E/A-Information kann als **Software-Bus** betrachtet werden, der die

Kommunikation zwischen den drei Programmteilen erlaubt. Da alle Funktionen im PC wahrgenommen werden, also keine Kopplung über reale E/A-Module stattfindet, werden zumindest die Prozeßeingangsfunktionen (ADC, DIN) im Sinne einer Speicherkopplung durch eindimensionale Felder (ANAIN, DIGIN) simuliert. Die Ausgangsfunktionen (DAC, DOUT) sind rücklesbar und können daher auch in dieser Phase verwendet werden.

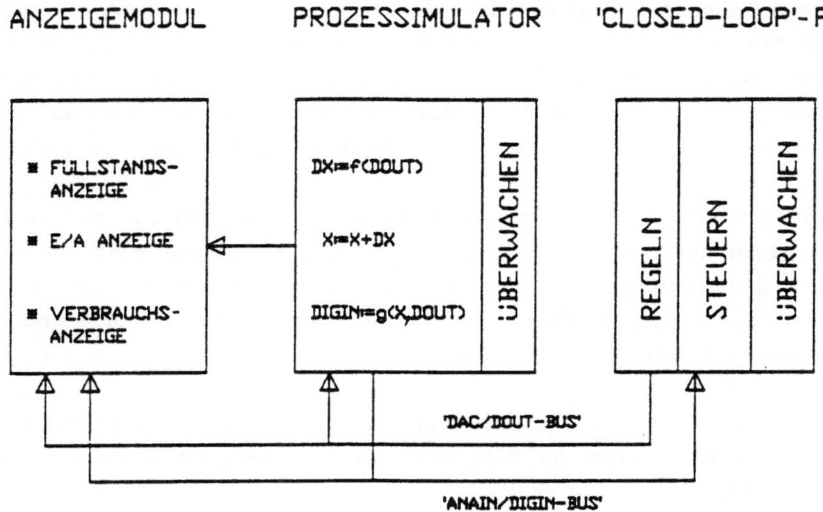

Bild 4: Anwendersoftware-Struktur in der Entwicklungsphase

Die Entwicklung eines Simulators bedeutet zwar zunächst einen Mehraufwand, der sich aber in der Folgezeit sehr wohl bezahlt macht. Der Hauptvorteil liegt darin, daß bei der Inbetriebnahme der Steuerung am realen Prozeß ein weitgehend ausgetestetes und verifizertes Anwenderprogramm vorliegt und damit steuerungsbedingte Inbetriebnahme-Verzögerungen in Grenzen gehalten werden. Dieser Aspekt ist in der Praxis von großer Bedeutung, da bei vielen Anlageninstallationen die Steuerungsinbetriebnahme mit der Hypothek akkumlierter Verzugszeiten belastet ist.

Der Simulator bewirkt aber nicht nur eine **Vorverlegung** der Testphase, sondern auch eine Verkürzung und/oder Intensivierung, da der Prozeßablauf auf dem PC quasi im **Zeitraffer** erfolgt.

Phase 2: Portierung auf Zweirechnersystem

Bei der Portierung auf das reale Zwei-Rechnersystem wird das PC-Programm zunächst per Editor in zwei Blöcke aufgeteilt, was sich dann ohne Aufwand bewerkstelligen läßt, wenn die Frontend-Programmteile von vornherein als zusammenhängender Zeilennummern-Block angelegt wurden.

Während das Frontend-Programm nach Änderung der fiktiven E/A-Aufrufe (ANAIN, DIGIN) in die tatsächlichen E/A-Aufrufe (ADC, DIN) im Prinzip inbetriebnahmereif ist, muß das Anwenderprogramm für den PC funktional modifiziert werden. Dies trifft insbesondere auf den Prozeßsimulator zu, dessen ursprüngliche Funktion des Prozeßersatzes nun entfällt.

Statt dessen wird er nun als **Beobachter** eingesetzt, um für das Anzeigemodul den in der realen Anlage aufgrund des diskreten Meßprinzips nicht mehr direkt verfügbaren (kontinuierlichen) Prozeßzustand zu **rekonstruieren** (Bild 5). Damit ist ein weiterer Grund für die Entwicklung eines Simulators gegeben.

Allerdings empfehlen sich bei der Portierung auf ein Zweirechner-System einige Erweiterungen am MSR-BASIC-Interpreter, um die Anwenderebene zu entlasten.

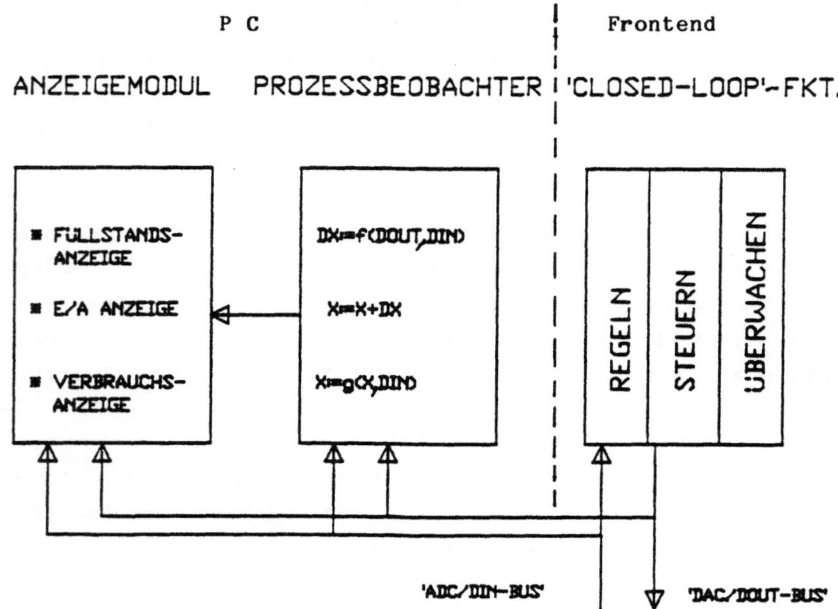

Bild 5: Anwendersoftware-Struktur in der Betriebsphase

6) Systemsoftware-Erweiterungen

Um nun die klare Software-Busstruktur auch in der Zwei-Rechner-Konfiguration beibehalten zu können, obwohl der Einbau-PC keine direkte Verbindung zur Prozeß-E/A hat, wurde MSR-BASIC in beiden Rechnern um Kommunikationsmechanismen erweitert, die auf der Basis einer V24-Kopplung (38 500 Baud) dem PC transparenten Lesezugriff auf die gesamte Prozeßinformation ermöglichen.

Dies bedeutet, daß dem Anwenderprogramm im PC dieselben Standard-E/A-Funktionsaufrufe (z.B. ADC, DIN) für das Beschaffen von Prozeßinformation zur Verfügung stehen wie im Frontend-Rechner. Da ein E/A-Zugriff vom PC nun wesentlich länger dauert, fordert die Kommunikationsinstanz, die als hochpriore Systemtask ausgelegt ist, automatisch im Zwei-Sekunden-Takt den kompletten E/A-Vektor vom Frontend-Rechner an und legt diese Information im Speicher ab. Bei der Ausführung einer E/A-Funktion im PC greift das Anwenderprogramm dann ohne Zeitverzug auf die gespeicherte E/A-Information zu.

Anforderung und Zusendung des E/A-Vektors laufen vollkommen **transparent** ab, d.h. daß über dieselbe Verbindung auch Anwenderprogramme (Klartext-)Informationen austauschen können, ohne durch den E/A-Vektor-Austausch gestört zu werden.

Eine wesentliche Hilfe bei der Erstellung der Prozeßanzeige im PC bietet die Integration eines spezifischen **Fenster-Konzepts** in die PC-Version von MSR-BASIC. Es unterteilt den Bildschirm in zwei konfigurierbare Fenster. Das obere Fenster nimmt alle anwenderprogrammgesteuerten Ausgaben auf, insbesondere also die Prozeßanzeige, während das zweite Fenster für die Bedienung des MSRBASIC-(Kommando-)Interpreters reserviert ist.

In Kombination mit der in MSR-BASIC standardmäßig vorhandenen Kommandobetriebsart "Virtuelles Terminal" spiegelt der PC-Bildschirm im oberen Fenster das graphisch aufbereitete Prozeßgeschehen wider, während das untere Fenster direkte Zugriffe auf den Frontend-MSR-BASIC-Interpreter erlaubt.

7) Zusammenfassung

Die Automatisierung von Prozessen mit kontinuierlichem und diskretem Verhalten erfordert ein breites Spektrum an Automatisierungsfunktionen. Der Einsatz von höheren Realzeit-Programmiersprachen, wie sie im PC-Bereich zunehmend angeboten werden, bietet hierbei grundsätzlich den Vorteil einer homogenen Programmierumgebung für alle anfallenden MSR-Funktionen.

Wie am Beispiel der Automatisierung einer Gußsandregenerieranlage in der Realzeitsprache MSR-BASIC zu zeigen ist, erleichtert die Mächtigkeit dieses Software-Ansatzes von vornherein die Implementierung von wesentlich umfassenderen Automatisierungskonzepten (z.B. Einsatz von Prozeßsimulatoren bzw. -beobachtern) als eine SPS-orientierte Lösung.

Wesentlich für die Akzeptanz von Realzeitprogrammiersprachen ist ein komfortables, eingängiges Debugging- und Echtzeitbedien-Konzept. Bei entsprechender Auslegung weisen Interpreter deutliche Handhabungsvorteile gegenüber compilierenden Systemen auf.

Diese Vorteile lassen sich auch in einer industrietauglichen Zweirechnerkonfiguration wahren, wenn die Systemsoftware über leistungsfähige, transparente Mechanismen zur Rechner-Rechner-Kommunikation besitzt.

Literatur

/1/ Bailey, S.J.: New Software Makes Personal Computers Partners with Distributed Control. Control Engineering, Oct. 1985

/2/ N.N.: Produktspezifikation MAC-BASIC, Firmenschrift von ANALOG DEVICES GmbH

/3/ Kronawitter, G.: Mit MSR-BASIC flexibel messen, steuern und regeln. Automatisierungstechnische Praxis 27 (1985), S.285-292.

/4/ Kronawitter, G.: Ein systemtheoretisch begründetes Software-Konzept für eine fehlertolerierende Multimikrorechner Regler- und Steuerstation (FTR). Dissertation an der Fak. für Elektrotechnik der TU München (1986).

LEISTUNGSFÄHIGES PROZESSLEITSYSTEM FÜR KLEINERE UND MITTLERE ANWENDUNGEN

POWERFUL SMALL-SCALE DCS WITH PERSONAL COMPUTER FEATURES

S. Kaihori - Y. Kawase
Yokogawa Hokushin Electric Corporation
Tokyo, Japan

H.-W. Thomes
Yokogawa Electrofact GmbH
Dormagen, B.R.D.

SUMMARY

A compact distributed control system that is as easy to program as a personal computer, and comes with many standard control packages, has been developed. This system is cost-effective for small- and medium-scale processes, and is especially suitable for batch processes.

EINFÜHRUNG

Die neuen dezentralen Prozeßleitsysteme mit ihren komfortablen Regelalgorithmen können die Produktqualität verbessern, Ausschuß reduzieren und Energie einsparen. Weiterhin können sie die Produktion automatisieren - z. B. durch Ablaufprogramme und Sicherheitsverriegelungen -, um so wertvolle menschliche Resourcen effektiv einzusetzen. Sie ermöglichen die Überwachung des gesamten Werkes von einer zentralen Stelle aus. Dezentrale Prozeßleitsysteme sind jedoch im allgemeinen für große Prozesse konzipiert und für den Einsatz in kleineren Prozessen zu kostspielig.

Personal Computer scheinen einen guten Lösungsansatz für dieses Dilemma zu bieten. Sie sind einfach zu programmieren, gut verfügbar und relativ billig. Personal Computer sind jedoch im allgemeinen nicht mit der für die Prozeßautomatisierung erforderlichen Software (z. B. PID Algorithmen) ausgestattet und nicht zuverlässig genug, um direkt in der Prozeßautomatisierung eingesetzt zu werden. Eine Lösungsmöglichkeit, die im folgenden beschrieben wird, besteht darin, zuverlässige Digitalregler über Schnittstellen an einen Personal Computer anzubinden.

DIGITALREGLER MIT PC-SCHNITTSTELLE

Abbildung 1 zeigt die Systemkonfiguration. Verschiedene, vielseitige Regelbausteine sind in dem Digitalregler bereits standardmäßig implementiert, so daß die einzelnen Regelkreise schnell und einfach konfiguriert werden können. Die meisten PC's sind mit einer RS 232-C Schnittstelle ausgestattet, wo sie problemlos ASCII-Daten übertragen können. Deswegen bietet es sich an, die Regler ebenfalls mit dieser Schnittstelle auszurüsten. Der PC kann über die SGWU-Schnittstelleneinheit Daten mit den Reglern austauschen - Prozeßdaten erfassen, Sollwerte ändern usw.. Der Anwender kann alle notwendigen Bedien- und Beobachtungsfunktionen im PC vorsehen.

Häufig muß der Anwender in diesem Fall vielseitige Software selbständig im PC programmieren. Der dafür erforderliche Zeitaufwand (, um Software für Alarmmeldung, Fließbilder, Übersicht, Gruppen- und Einzelbilder sowie Trendaufzeichnungen zu erstellen), ist für die meisten Anwender nicht tragbar. Nachteilig ist zudem, daß der PC nicht die ergonomischen Anforderungen moderner Farbsicht-Bedienstationen erfüllen kann (so ist z. B. die Tastatur nicht für Prozeßführungsfunktionen ausgelegt). Weiterhin sind die meisten Personal-Computer nicht Multitasking- und Mehrplatzfähig, bieten keine hochauflösende Grafik und Fenstertechnik; und erfüllen keine Industrieanforderungen.

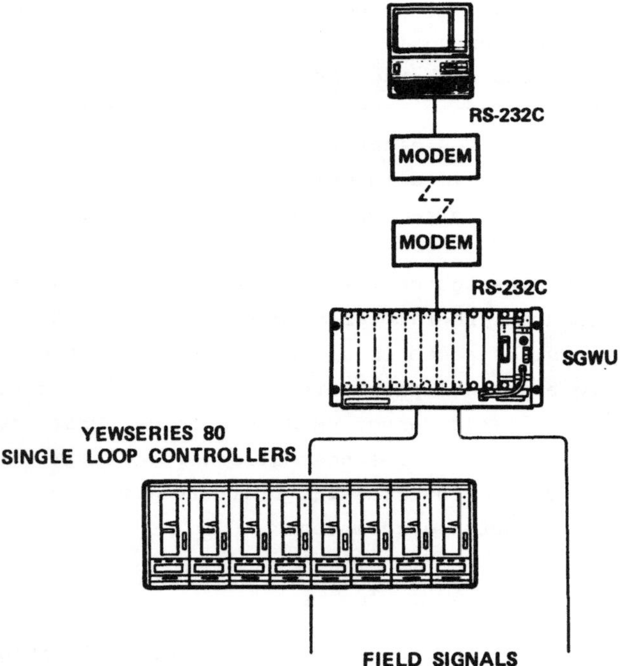

Figure 1. Single Loop Controllers with Personal Computer Interface

Die ideale Lösung ist also offensichtlich ein kleines System, das explizit auf spezielle Anforderungen der Prozeßautomatisierung zugeschnitten ist. YEW's YEWPACK II dezentrales Prozeßleitsystem, das auf der INTERKAMA '86 ausgestellt sein wird, ist ein Beispiel für ein solches System.

KLEINES, DEZENTRALES PROZEßLEITSYSTEM

Dieses Prozeßleitsystem eignet sich für kleinere bis mittlere Anwendungen und kann bis zu ca. 100 Regelkreise bearbeiten. Abbildung 2 zeigt die Konfiguration dieses Systems. Es unterstützt bis zu acht dezentrale Prozeßstationen (UFCH) und bis zu 5 Bedienerstationen (UOPS) an einem schnellen Datenbus (HL-Bus). Jede Prozeßstation kann zwischen 8 und 24 Regelkreise bearbeiten und gleichzeitig Steuerungs-, Verriegelungs- und Überwachungsfunktionen ausführen. Jede UOPS Bedienerstation ist mit einem 1MByte Hauptspeicher und einer 10MByte Festplatte ausgestattet. Die wesentlichen Merkmale dieses Systems sind:

-Die UFCH Prozeßstation führt sowohl verschiedene Steuerungs- wie auch Regelungsfunktionen aus (integriertes System).

-Bei einer großen Anzahl von Analogsignalen (wie z. B. Temperaturen), die im wesentlichen zur Anzeige und Überwachung dem System zugeteilt werden sollen, kann als ergänzende und besonders preisgünstigen Station die UFMH Prozeßstation eingesetzt werden.

-Als Back-Up können Mikroprozessor geführte Regler und spezielle Schnittstellenkarten den Prozeßstationen unterlagert werden. Eine Vielzahl analoger und digitaler E/A-Karten ist verfügbar. Regelbausteine unterschiedlichster Art können wahlfrei konfiguriert werden.

-Durch interaktive Menütechnik ist die Konfigurierung und Parametrierung des Systems derart einfach gestaltet, daß sie problemlos von MSR-Technikern ohne Programmierkenntnissen vorgenommen werden kann.

-Umfangreiche Farbsichtdarstellungen auf der Bedienerstation, wie Fließbilder, Übersichts-, Gruppen- und Einzelbilder, Trendaufzeichnungen und vielseitige Meldeerfassung und -protokollierung, ist in dialoggeführter Menütechnik unkompliziert und anwenderfreundlich zu erstellen.

-Die staubdichte Bedienertastatur ist funktionell und prozeßorientiert aufgebaut. Bedienermeldungen und programmierbare Funktionstasten sind vom Anwender frei definierbar. Mit den programmierbaren Funktionstasten können ganze Befehlsketten mit einem einzigen Tastendruck abgerufen werden. Die Bedienerstation kann Trendaufzeichnungen von bis zu 227 unterschiedlichen Kurven und Werten auf der Festplatte ablegen. Diese Kapazität ist sowohl für kleinere als auch für mittlere Prozesse ausreichend.

-Mit YP-Echtzeitbasic können anwenderspezifische Protokolle, Berichte, Rezepturen, Optimierungsrechnungen und erweiterte Datenauswertungen so einfach wie mit modernen Personal-Computern erstellt werden.

-Der HL-Bus ist ein Multimaster-System, das mit einem Token-Passing-Protokoll und einer Übertragungsrate von 1Mbit/s arbeitet.

-Übergeordnete Computer können leicht über standardisierte Schnittstelleneinheiten an das System angebunden werden und dann als Automationsinsel im Verbund mit einem werksumspannenden Management- und Informationssystem zu arbeiten.

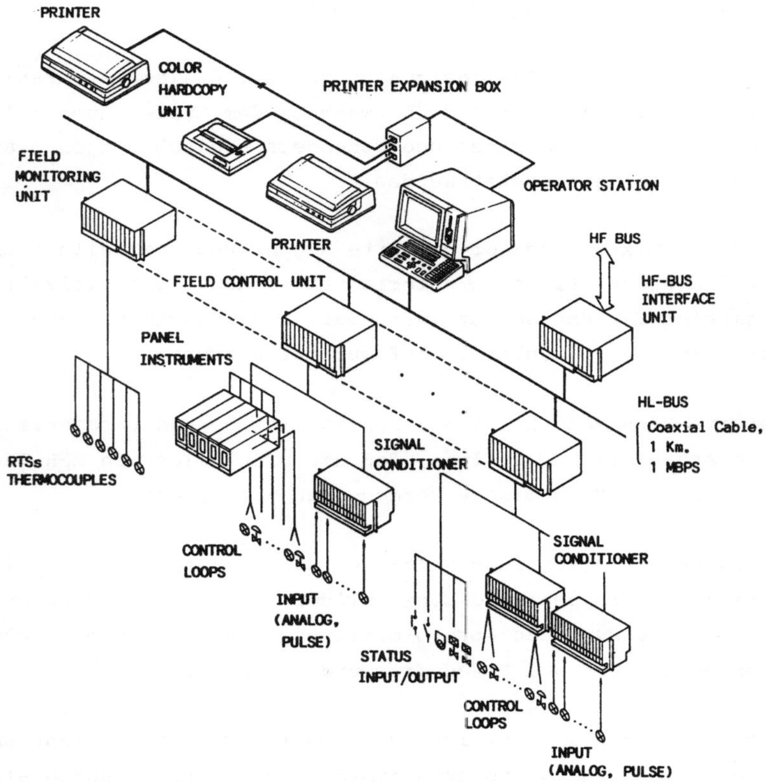

Figure 2. System Configuration

FUNKTION DER REGELUNGS- UND STEUERUNGSSTATION

Die Regelungs- und Sequenz- (Steuerungs-) Funktionen dieses Prozeßleitsystems machen ca. 90 % der integrierten Funktionen aus. Die Sequenzfunktionen können den Alarmzustand von Reglerbausteinen als Bedingung prüfen und als Ausgabefunktion Sollwerte, Ausgänge, Regelparameter und Betriebsarten (Auto/Kaskade) dieser Bausteine ändern, so daß auch sehr komplexe Kombinationen von Regelungs- und Sequenzfunktionen realisiert werden können. Dies ist insbesondere bei der Automatisierung von Chargenprozessen sehr nützlich.

Für jede Prozeßstation sind bis zu 64 Bausteine in einer großen Auswahl frei verfügbar. (siehe Tabelle 1)

Wie in Abbildung 3 gezeigt, sind in einem Baustein Funktionen wie Meßwertaufbereitung, Ein- und Ausgangskompensation, Summierung, Alarm- und Grenzwertüberwachung sowie Verarbeitung der Ausgangsgröße bereits integriert.
Zur Beschreibung der Sequenzlogik werden Entscheidungstabellen eingesetzt (Kombinationen von Bedingungen, Aktionen und "Nächster Schnitt:"-Verzweigungen). Die Entscheidungstabellen sind direkt ausführbar, ohne vorherige Kompilierung. Die Systemtestfunktionen enthalten auch ein Trace-Programm, bei dem der Programmablauf schrittweise verfolgt und überwacht werden kann. Diese Funktionen erleichtern die Fehlersuche und -behebung in Sequenzprogrammen wesentlich. Eine UFCH Prozeßstation kann bis zu 128 digitale Eingänge, 128 digitale Ausgänge, 224 interne Statusschalter und bis zu 60 Timer/Zähler bearbeiten.

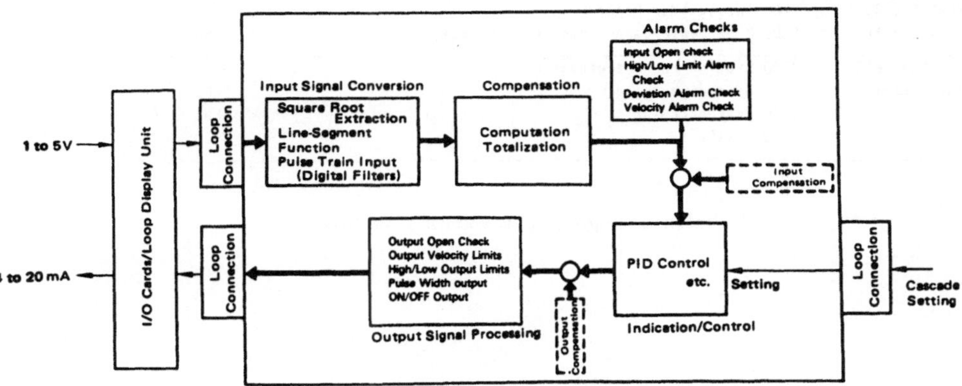

Figure 3. PID Control Function Module

Instrumententyp	Funktion	Modellname
Anzeigen	Eingangsanzeiger	8PV
	Eingangsanzeiger mit Abweichungsalarm	8PV-DV
Regler	PID Regler	8DC-D5
	PID Regler mit Totbandzone	8DC-N5
	PID Regler mit Chargenschalter	8DC-B5
	2-Punkt-Regler	8DC-C2
	3-Punkt-Regler	8DC-C3
	Impulsdauer (Zeitproportionaler) EIN/AUS-Regler	8DC-C9
	PD-Regler mit manuellem Integral	8DC-D3
	Mischungs-PI-Regler	8DC-D9
Manuelle Handsteller	Manueller Handsteller	8ML-ND
	Manueller Handsteller mit Eingangsüberwachung und -anzeige	8ML
	Station mit automatischem/manuellem Betrieb	8ML-SW
Verhältnis-Steller		8RS
Signalauswahl-Instrumente	Automatische Auswahl	8SS-A-H, -M, -L
	Signalauswahl	8SS-S-H, -M, -L
Schalt-Instrumente	Dreipol/Dreistellungs-Schalter	8SW-33
	Datenwahl-Schalter	8SW-D7
Rechen-Instrumente	Zeitverzögerung 1. Ordnung	8CM-EX
	Vorhalt 1. Ordnung	8CM-DR
	Voreilung	8CM-LL
	Totzeit	8CM-LA
	Totzeitkompensation	8CM-LC
	Fortlaufender Mittelwert	8CM-AV
	Mittelwert	8CM-1A
	Polygonzüge	8CM-NL
	Arithmetische Operationen	8CM-CL
Datenspeicher-Instrumente	Datenspeicher	8DS-ND
	Datenspeicher mit Eingangsanzeige	8CM-DS
Programmgeber	Programmgeber mit 6 Zeitzonen	8PG
	Programmgeber mit 13 Zeitzonen	8PG-BR
Instrumente für Chargenabläufe	Speicherinstrument für Chargendaten: 1Charge	8BD
	Speicherinstrument für Chargendaten: 2 Chargen	8BD-B2
YEWSERIE 80 Instrumente	SLDC Anzeigender Regler*	SLCD
	SLPC Programmierbarer anzeigernder Regler*	SLPC
YEWSERIE BCS Instrumente	SBSD Station für Chargendaten	SBSD
	SLCC Mischungsregler	SLCC
	SLBC Chargenregler	SLBC
	STLD Summierer	STLD

Tabelle 1 Regelungsfunktions-Module

FUNKTIONEN DER ÜBERWACHUNGSSTATION

Die Überwachungsstation dient zur Überwachung von bis zu 160 analogen Eingangssignalen wie Thermoelement-, RTD-, und Spannungssignale (mV und 1-5V DC). Da Thermoelemente und RTD's (Widerstandsthermometer) direkt angeschlossen werden können, lassen sich mit dieser Einheit erhebliche Kosten einsparen. Weiterhin können auch Impulseingänge und binäre Ein-/Ausgänge bearbeitet werden. Die Konfigurierung ist in beiden Stationen vollkommen einheitlich gestaltet.

FUNKTIONEN DER BEDIENERSTATION

Alle Darstellungen der UOPS Bedienerstation wie Alarmlisten, Übersichts-, Gruppen- und Einzelbilder ebenso wie umfangreiche Trenddarstellungen, vom Anwender frei zu erstellende Bedienermeldungen und grafische Anlagenbilder sind bereits standardmäßig vorhanden.
Zusätzlich sind spezielle Bilder wie z. B. Chargentrendaufzeichnungen verfügbar. Solche Trends können von den Logiken einer Ablaufsteuerung definiert gestartet und angehalten werden. Beliebige Bezugsdaten vorangegangener Chargen können zum direkten Vergleich mit der momentan laufenden Charge als Hintergrundkurvenzug mit eingeblendet werden (siehe Abbildung 4). Sämtliche Bilder können einfach über vorgefertigte Konfiguriermasken ohne jede Programmierung aufgebaut und angepaßt werden. Der Benutzer kann anwenderspezifische, hochauflösende Farbgraphikfließbilder konfigurieren. Hier können ebenfalls die Standarddarstellungen von MSR-Stellen in Gruppenbildern mit vorgesehen, sowie dynamische Prozeßwerte numerisch, in Form von Balken, Symbol-Farbumschläge, Blinkelemente etc. dargestellt werden. Über Cursoranwahl sind Bedienereingriffe ebenfalls möglich. Mittels der Programmiersprache BASIC können leicht Protokolle und Berichte erstellt werden. Das YEWPACK BASIC ist ein Echtzeit Basic mit Interrupthandling für ereignisgesteuerte Operationen. Somit kann es analog zum Prozeßrechner direkt an Prozeßführungsaufgaben angebunden werden. BASIC-Programme werden in einem semi-kompilierten Format abgelegt und von einem schnellen Interpreter bearbeitet.

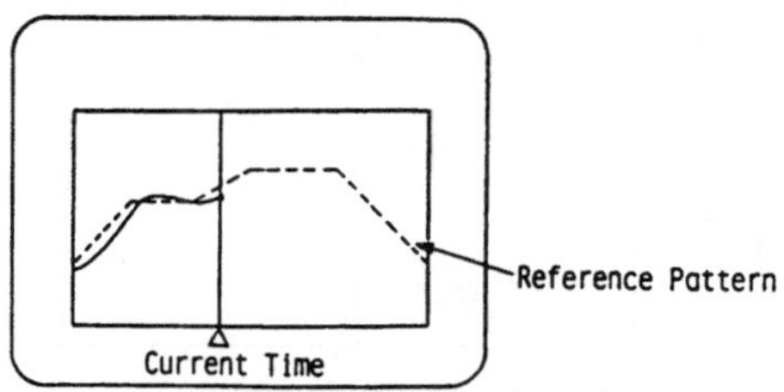

Figure 4. Batch Trend Display

Mit einem interaktiven Grafik-Konfigurierprogramm kann der Anwender farbige, hochauflösende Fließbilder erstellen. In diesen Grafiken können in einem Fenster Instrumentendarstellungen oder Echtzeit-Anzeigen von Prozeßvariablen eingeblendet werden. Weiterhin können spezielle Protokoll-, Berichts-, Auswerte- oder Optimierungsprogramme in der Programmiersprache BASIC erstellt werden.

YEWPACK ist ein Multitasksystem (z. B. Anwahl eines Anlagenbildes während gleichzeitig ein Optimierungsprogramm läuft oder ein Protokoll ausgegeben wird). YEWPACK kann bis zu 2 Speicherresidente Basicprogramme in 2 Programmbereiche (T1 und T2) gleichzeitig ausführen. Beliebige weitere Basicprogramme können vom laufenden Programm aus gestartet werden, während laufende sich wieder auslagern.
Basicprogramme im T1 Programmbereich werden im wesentlichen für Protokoll- und Berichtserstellungen, erweiterte Auszeichnungen, Chargenberichte und Prozeßoptimierungen, Programme im T2 Bereich für interruptgesteuerte Echtzeitverarbeitung (Start durch vorgegebene Absolutzeiten oder Zeitintervallen, Funktionstasten und durch Logiken von Ablaufsteuerungen) verwendet. Mit YEWPACK Basic können über die Prozeßdatenbank direkt mittels MSR-Bezeichnungen Prozeßdaten und Betriebsarten gelesen und umgekehrt wieder gesetzt werden.

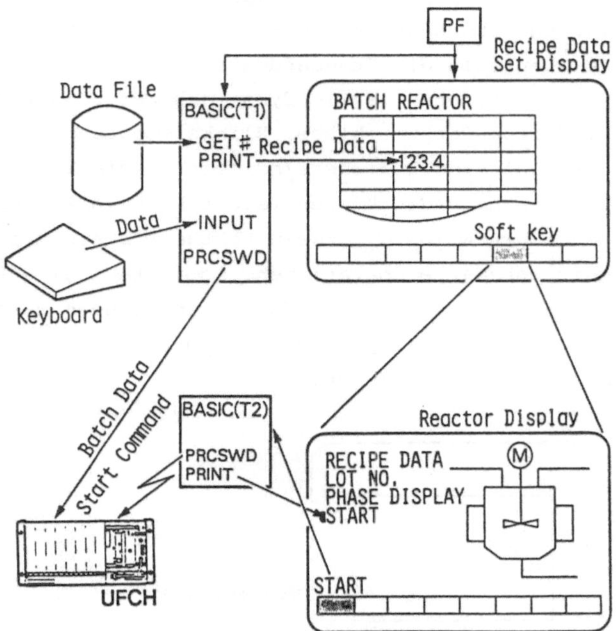

Figure 5. Batch Reactor Application - 1

Zusätzlich steht ein komfortables File I/O-Handling und eine separate Datenbank zur freien Verfügung.
Die Abbildungen 5 und 6 zeigen Anwendungsbeispiele für Reaktor Chargen- und Rezeptursteuerungen. Z. B. können über eine Menüauswahl Rezepturnamen erstellt und die zugehörigen Daten vorgegeben werden. Vor Chargenstart wird im Anlagenbild der Rezepturname eingegeben, die zugehörigen Daten werden aus der Datei ausgesucht, angezeigt und als Eckdaten auf die Standardbausteine der zugehörigen Prozeßstation geschrieben, Sämtliche Chargendaten und -ereignisse werden programmtechnisch festgehalten und bei Chargenende als Chargenprotokoll ausgegeben.

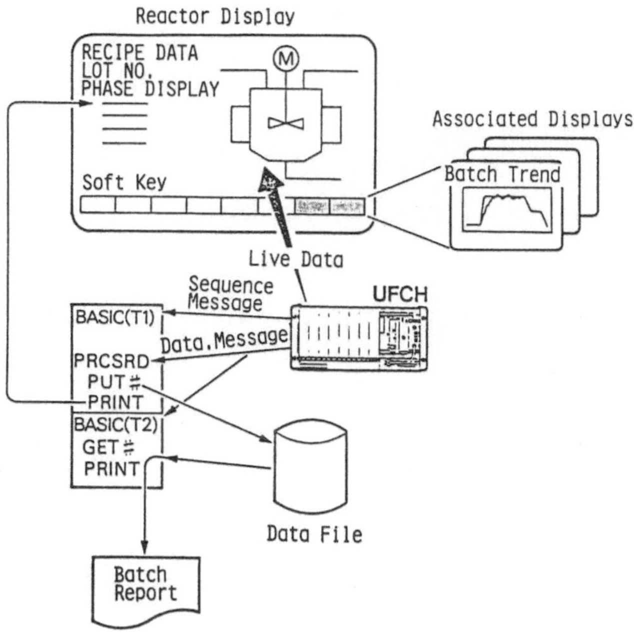

Figure 6. Batch Reactor Application - 2

ABSCHLIESSENDE ÜBERLEGUNGEN

Mit diesem leistungsfähigen und kompakten dezentralen Prozeßleitsystem ist es auf Grund seines günstigen Preis-/Leistungsverhältnisses nun möglich geworden, auch kleine bis mittlere Prozesse mit den Leistungsspektren größerer Leitsysteme zu automatisieren. Umfangreiche Standardsoftware sowie eine Konfigurierung ohne herkömmlichen Programmieraufwand erlauben eine schnelle Realisierung der Applikation verbunden mit leichter Modifizierbarkeit und geringem Wartungs- und Serviceaufwand. Gleichzeitig verschafft das System über die Basicmöglichkeiten viele zusätzliche Freiheitsgrade. Hiermit bietet YEWPACK bereits als kleines System über den eigentlichen leittechnischen Standard hinaus viele Möglichkeiten, Protokoll-, Optimierungs- und komplexere Auswerteaufgaben sowie umfangreiche Rezepturverwaltungen nach Kundenwünschen zu realisieren.

HIERARCHISCHES RECHNERKONZEPT FÜR DEN EINSATZ VON PCs IN DER PROZEßAUTOMATISIERUNG

HIERARCHICAL COMPUTERCONCEPT FOR THE USE OF PCs IN PROCESSCONTROL

W. Schulze

Ingenieurbüro Schulze & Detering
3000 Hannover 1, B.R. Deutschland

Summary

The paper briefly reviews some problems arising with use of PCs in real time environments. To preserve the known advantages of PCs, a special concept is presented. Several low cost 8 bit controllers are grouped together for communication with an overlayed PC. While the underlayed controllers are serving directly process input/output operations, the PC is acting as comfortable man/machine interface. Over and above the PC is updating process information and computes parameters for adaptiv control.

Die bekannten Vorteile des PC - wie gutes Nutzen/Kosten-Verhältnis, Verfügbarkeit, Bedienungsfreundlichkeit, sowie Nutzung umfangreicher Bedienungs-Software - haben dem PC auch in der Automatisierungstechnik zumindest in Low Cost-Instrumentierungen zu einem verstärkten Einsatz verholfen.

Mit PC's sind dabei Rechner gemeint, die i. a. auf einer 8/16-Bit-Struktur aufbauen und als Betriebssystem CP/M, MS-DOS oder ähnliche weitverbreitete Standards aufweisen. Ihre typischen Vertreter sind der IBM PC/XT und all seine Kompatiblen mit 8088/8086 Prozessoren sowie die zahlreichen Z80 Rechner unter CP/M - aber auch Vorläufer der ersten Generation wie z. B. die CBM 8000er Serie oder Apple.

Allerdings sind dem Einsatzbereich des PC's doch recht enge Grenzen gesteckt, auf die man vor allem dann empfindlich gestoßen wird, wenn der PC in der Automatisierung Regelungsaufgaben wahrzunehmen hat. Hierbei ist gar nicht einmal die beschränkte Hardware-Umgebung der 8-Bit-Welt ausschlaggebend, sondern die geringe Flexibilität der Standard-Betriebssysteme, denen man in diesen Augenblicken deutlich anmerkt, daß sie ursprünglich wohl doch eher für den Bürobereich geschaffen wurden.

Um aber direkt in die Instrumentierung zur Steuerung und Regelung im industriellen Bereich einbezogen werden zu können, erscheint es unerläßlich, direkt auf externe Prozeß-Ereignisse reagieren zu können. So sollten z. B. Signale von Endschaltern oder Grenzwertmeldern unmittelbar Zugang zum Programmablauf finden - Anforderungen, die i. a. weder die Hardware noch die Standard-Software der PC-Klasse erfüllen kann.

Keine Frage, daß es einem geschickten Bastler stets möglich sein wird, durch Verbiegen interner Programmzeiger sowie Erstellung eigener Hardware-Erweiterungen hier eine Lücke zu finden und auf diese Weise doch den einen oder anderen Interrupt in den Rechenprozeß einzuschmuggeln.

Doch zu einer generellen Vorgehensweise können derartige Spezialanpassungen, die allenfalls im Labor- und Experimentierbereich zu akzeptieren sind, kaum führen. Hier sind vielmehr genormte Schnittstellen gefordert, die

- ein sauberes Interrupt-Handling sowohl im Software- als auch im Hardware-Bereich bieten,
- Timer-Signale - ebenfalls per Interrupt - für die zyklische Zeit-Einplanung von Programmen (Tasks) etwa zur Abtast-Regelung zur Verfügung stellen,
- definierte Bussignale auch im rauhen Industrieeinsatz etwa durch passive oder aktive Abschlüsse garantieren,
- durch industrie-gerechte Ein-/Ausgabe-Karten mit galvanischer Trennung den Prozessor vor elektronischer Umweltverseuchung schützen,

und nicht zuletzt

- mit Hilfe EPROM-residenter Programme vor den zu befürchtenden

Langzeit-Ausfällen von mechanischen Speicher- oder Backup-Medien bewahren.

Konsequenterweise muß man damit schlußfolgern, daß der PC für den direkten Einsatz in der Steuerungs- und Regelungstechnik ungeeignet ist.

Allerdings bieten sich für den Low Cost-Einsatz einige Hintertürchen, so daß letztlich - wenn auch auf Umwegen - doch auf die eingangs angeführten Vorzüge des PC's zurückgegriffen werden kann. So werden mittlerweile von namhaften Hardware-Herstellern Zusatzgeräte angeboten, die im sogenannten "Black-Box-Verfahren" eine Ein-/Ausgabe-Schnittstelle zum Prozeß herstellen und per IEC-Bus oder spezieller Bus-Schnittstellenkarte mit den PC's kommunizieren.

In diesem Beitrag soll ein ähnliches Konzept vorgestellt werden, daß allerdings bereits bei seinem ersten Einsatz vor drei Jahren durch die Verwendung lokaler Intelligenz in den Prozeß-Ein-/Ausgabe-Geräten in seinen Grundzügen eine wesentlich weiter reichende Struktur aufwies.

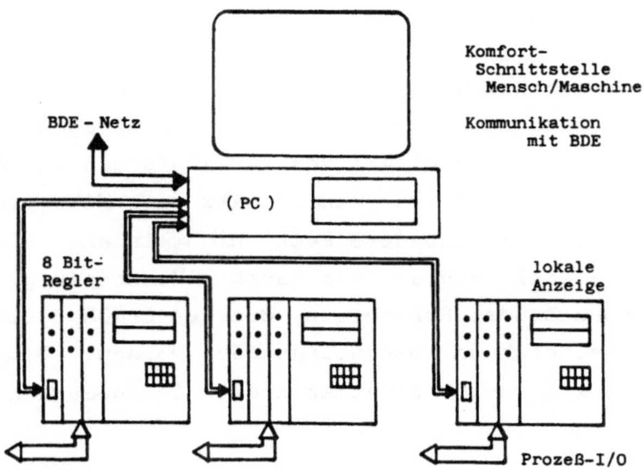

Bild 1: Rechnerkonzept PC mit lokalen Reglern

Entsprechend dem Aufbau aus Bild 1 wurde ein PC - zur damaligen Zeit ein CBM 8296 - als Leitrechner zur Führung der ihm unterstellten 8 Bit-Rechner ausgewählt. Die Rechnerkopplung erfolgt dabei parallel über den IEC/IEEE-488 Bus oder bei größeren Entfernungen oder starker Störumgebung seriell per RS 232-Verbindung bzw. Stromschleife.

Die Regler in der unteren Ebene sind als 8 Bit-Systeme mit 6502 - CPU und Industrie-Standardbus (Feltron) ebenfalls im Low Cost-Bereich angesiedelt. Sie übernehmen neben den Prozeß-Ein-/Ausgaben bereits vollständig die Regelung ihres (Teil-) Prozesses. Die Programm-Codierung wurde prozeßnah in Assembler mit interrupt-gesteuerten Regelungsalgorithmen vorgenommen und ist vollständig EPROM-resident. Die lokalen Regler sind weitgehend autark, so daß sie bei Netzausfall/-wiederkehr mit einem Standardparameter-Satz, der aus EPROM oder gepuffertem statischen RAM geladen wird, sowie bei Verbindungsabbruch ihren Teil des Prozesses unter Kontrolle halten können. Mit Hilfe einer einfachen Industrie-Tastatur sowie einer zweizeiligen VFD-Anzeige können lokale Informationen direkt vor Ort abgerufen werden.

In Abhängigkeit von der Anzahl der benutzten analogen sowie digitalen Ein-/Ausgabe-Baugruppen besitzen sie Kanalregler vom Typ PID-T1, die zusätzlich eine Vielzahl von Verknüpfungen mit Nachbarkanälen zulassen, wobei es durch den Einsatz des Mikroprozessors nicht schwerfällt, hier insbesondere auch nichtlineare aufzubauen. Aktiviert werden sowohl Regler als auch Verknüpfungen durch Besetzung mit entsprechenden Parametern, die aus EPROM / statischem RAM oder aber vom Leitrechner heruntergeladen werden. Dadurch ist letztlich der Einsatz strukturvariabler Regler in Anpassung an den Prozeßzustand möglich.

Der Einsatzort des PC hingegen ist wegen seiner empfindlichen Peripherie eine abgeschlossene Kabine abseits der Industriehalle, der zudem auch dem Bediener Schutz bietet. In seiner Funktion als Leitrechner ist der PC auf Hochsprachen-Niveau (PASCAL, PEARL oder selbst BASIC) programmiert und läßt sich für die folgenden Aufgaben einfach konfigurieren:

- menue-gesteuertes Bedien-Interface
- aktuelle Prozeßbild-Darstellung
- Protokollierung
- Regler-Überprüfung
- Daten-Archivierung

Sein Aufgabengebiet läßt sich dabei erheblich erweitern, indem er zusätzlich Synchronistionsaufgaben bei der Übermittlung von Parameter-Änderungen übernimmt. Im einfachsten Fall erfolgen diese durch Eingaben des Bedieners, wobei durch die Menue-Steuerung umfangreiche Plausibilitätsprüfungen vorgenommen werden. Es sind aber auch automatische Parameteränderungen möglich, wenn etwa Teilausfälle oder Prdouktionswechsel auftreten. Auch kann durch die laufende Prozeßbild-Ermittlung eine adaptive Anpassung an langsam veränderliche Parameter vorgenommen werden. Die so ermittelten Regler-Parameter werden dann an die Regler der unteren Ebene übertragen.

Schließlich erfolgt unter Ausnutzung von Standard-Software eine Aufbereitung der erfaßten Daten für Lagerhaltung und Arbeitsvorbereitung sowie die Ermittlung der berechneten Produktions- und Verbrauchszahlen (Stückzahl, Rohstoff-Einsatz, Energie-Verbrauch, Ausfallzeiten) an die übergeordnete Betriebsdatenerfassung (BDE). Im Rahmen dieses allgemeinen BDE-Netzes können Nachbarstationen, die ebenfalls in der Kombination PC-Leitrechner/8-Bit-Regler aufgebaut sind, über den BDE-Rechner angesprochen werden, so daß das hierarchische Netzwerk komplett ist.

Es versteht sich, daß eine Programmierung dieser Funktionen des Leitrechners in Assembler aus Gründen der Flexibilität und Selbstdokumentation - und damit auch der Betriebssicherheit - nicht in Betracht kommen kann, sondern ausschließlich auf Hochsprachen-Niveau vorzunehmen ist.

Selbst für den Fall, daß nur ein oder zwei Rechner auf der unteren Ebene existieren, lohnt sich dieses Konzept bereits, zumal die nachgeschalteten Regeler entlastet werden und selbst für diesen Extremfall der Rahmen einer Low Cost-Instrumentierung nicht verlassen wird. Der PC übernimmt dabei in diesem Gespann den Part der flexiblen Anpassung an variable Prozeßanforderungen, während die unterlagerten Regler mit ihrer festen Struktur diese Variabilität durch Besetzung mit ausgewählten Parametern lediglich zur Verfügung zu stellen haben.

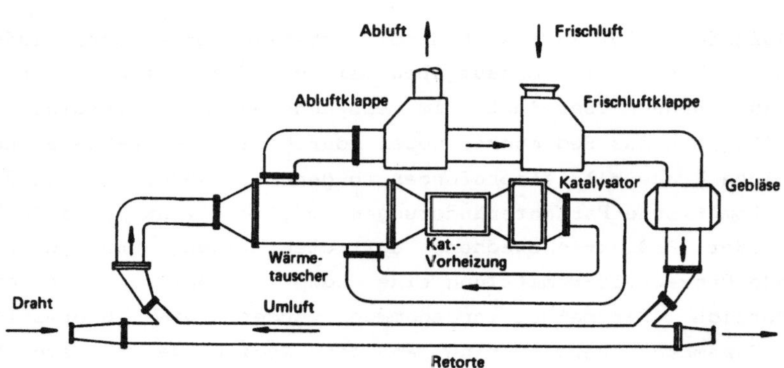

Bild 2: Retorte zur Einbrennlackierung von Kupferlackdrähten

Realisiert wurde ein derartiges Konzept u.a. bei der industriellen Einbrennlackierung von Kupferlackdrähten. Die im Bild 2 skizzierte Einbrennretorte wird horizontal von je vier Kupferdrähten durchlaufen, auf die ein isolierender Lackfilm aufgetragen wird. Gegenläufig zu diesen Drähten wird ein Luftstrom geführt, der den Lackfilm trocknet und einbrennt sowie die ausgetriebenen Lösungsmittel aufnimmmt.

Das Lösungsmittel/Luftgemisch wird anschließend über einen Katalysator geführt und verbrannt. Die dabei freiwerdende Wärmeenergie wird über einen Wärmetauscher zur Aufheizung des Luftstromes eingesetzt und bleibt somit dem Prozeß teilweise erhalten. Über eine separate Katalysator-Vorheizung kann dem Prozeß zusätzliche Energie zugeführt werden; ebenso über drei an der Retortenwand angebrachte Heizpakete. Einen weiteren Stelleingriff zur Beeinflussung der Umlufttemperaratur bietet eine Frischluftklappe.

Wegen der hohen Durchlaufgeschwindigkeit des Drahtes (etwa 3 bis 5 m/s) kann die Wärmeleitung im Draht vernachlässigt werden. Damit erhält man zonenweise gekoppelte Totzeitsysteme, die durch die Verknüpfung von Temperatur und Massenstrom fast durchweg nichtlineare Anteile aufweisen.

In der Folge der weiteren Modellbildung wurde der Prozeß als ein System gekoppelter nichtlinearer Differentialgleichungen von 14. Ordnung beschrieben. Mit Hilfe von Simulationen sowohl des nichtlinearen als auch von linearisierten Systemen in verschiedenen Arbeitspunkten wurde ein Konzept auf der Basis verknüpfter PI-Regler ausgewählt und die zugehörigen Parameter grob vorbestimmt. Außerdem erwies es sich als notwendig, bestimmte Druckschwankungen im System sowie Informationen über Drahtbrüche dem Regler zusätzlich als Vorabgrößen zur Verfügung zu stellen.

Die Regelalgorithmen für die Rechner der unteren Ebene sind dabei als schnelle Assemblerroutinen mit fast durchweg nichtlinearen Verhalten ausgelegt. Die Anbindung an Prozeßumgebung, Abtastzeiten und Rechnerkommunikation erfolgt interrupt-gesteuert (Bild 3).

Eine Regler-Einheit mit 32 analogen Eingängen und diversen digitalen Ein-/Ausgängen - u.a. direkte ELR-Ansteuerung für Puls-Längen-Modulation - übernimmt jeweils zwei (Doppel-)Einbrennretorten. Dem PC-Leitrechner sind maximal 4 Rechner der unteren Ebene zugeordnet, so daß letztlich acht Einbrennretorten von einer PC-Station betreut werden.

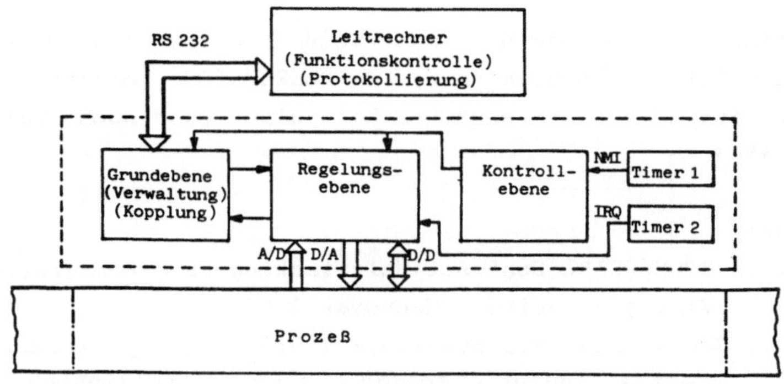

Bild 3: Struktureller Aufbau des Reglers und Rechnerkopplung

Gegenüber herkömmlichen Instrumentierungen konnten mit diesem Konzept Energie-Einsparungen von bis zu 20 Prozent bei verbesserter Produktqualität erzielt werden. Mit geradezu bescheidenen Instrumentierungskosten von lediglich 8.000 DM je dezentralem Regler und ca. 10.000 DM für den PC als Leitrechner stellt dieses Konzept somit durchaus eine Alternative zu Lösungen auf der Basis von "ausgewachsenen" Prozeßrechnern dar - ohne daß Abstriche an Komfort und Betriebssicherheit zu leisten waren.

Nachdem die Anlage nunmehr seit über einem Jahr zufriedenstellend arbeitet, soll für die anstehende neue Generation von Einbrennretorten wiederum diese hierarchische Struktur gewählt werden. Allerdings wird aufgrund gesunkener Hardware-Kosten anstelle des BASIC-PCs eine PEARL/RTOS-Station Verwendung finden, die als typischer Arbeitsplatzrechner das PC-Budget nicht übertrifft aber dank ihrer Echtzeiteigenschaften dem Standard-PC hinsichtlich des Einsatzes in der Automatisierungstechnik haushoch überlegen ist.

Ebenso soll auch für Rechner der unteren Ebene mit einer abgemagerten PEARL/RTOS-Platine Hochsprachen-Niveau erreicht werden. Zwar wird diese Entscheidung auf den normalen Ablauf während des Betriebes kaum Auswirkungen haben, aber für die Aufbau- und Entwicklungsphase versprechen sich die Entwickler gegenüber der unsäglichen Assembler-Pokerei - bisher stets unter dem Zwang von Kostendruck und Echtzeitverhalten gewählt - entscheidende Vorteile hinsichtlich Zeit-Einsatz und Dokumentationsfähigkeit.

Mit Nachteilen gegenüber dem bisherigen Konzept wird diese Lösung auf keinen Fall verbunden sein, da PEARL/RTOS vollständig EPROM-resident ist, die Betriebssicherheit also eher noch weiter verbessert wird.

Literatur:

Gerth, W.: RTOS/PEARL Echtzeit-Multitasking-Programmiersystem. Verlag H. Heise , Hannover 1986.

Posten,C., Scheithauer,R., Schulze,W.: SIGID: Ein praxisorienttiertes Simulationspaket mit Echtzeitelementen. Regelungstechnik 33 (1985), S.373-378.

PERSONAL COMPUTER IN MESS- UND PRÜFSYSTEMEN

USE OF PERSONAL COMPUTER IN TEST AND MEASUREMENT SYSTEMS

W. E. Stiehl

Siemens AG
Systemtechnische Entwicklung

7500 Karlsruhe 21, B.R.Deutschland

Summary

Operation, observation, and control of measuring instruments and measuring prints become more and more complicated by complex measuring methods and an increasing number of measuring possibilities. Solutions which allow easy adaption to task and operator must be found. The existing personal-computer are almost ideal to be used in the field of measuring technique. Their qualities can be compared with the qualities of the former high-level automation systems. This article describes system structures and possibilities of uniform, fault- tolerant operation techniques, simplified presentation and processing, data exchange between functional units as well as sequential control by appropriate means.

1. Einleitung

Die zunehmende Komplexität der Meßaufgaben oder häufig wiederkehrende Meßvorgänge, z.B. in Prüffeldern, fordern verstärkte Rechnerunterstützung. Durch die immer stärkere Verbreitung der Personal Computer (PC) im Labor- und Fertigungsbereich liegt es nahe, dieses Mittel verstärkt für meßtechnische Aufgaben einzusetzen. Die konsequente Nutzung des Personal Computers führt damit zwangsläufig zu veränderten Hardwarestrukturen sowie Bedien- und Anzeigetechniken.

2. Gerätestrukturen

Bild 1 zeigt die bekannte Meßkette mit den Funktionen Meßwerterfassung, Verarbeitung, Steuerung, Bedienung, Anzeige sowie eventuell Datenspeicherung und Kommunikation.

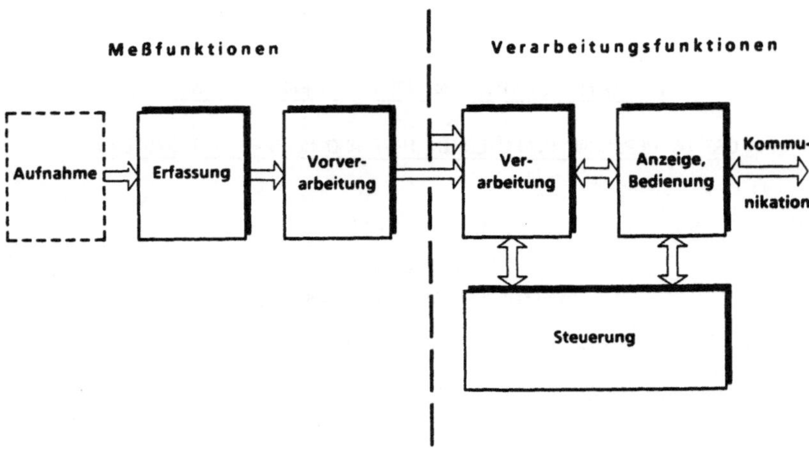

Bild 1 Schematische Funktionsaufteilung eines Meßgerätes

Spezifisch für die Meßaufgabe sind die Funktionsblöcke Meßwerterfassung mit Signalanpassung und der heute meist üblichen sofortigen Analog-Digital-Wandlung sowie der Meßwertvorverarbeitung. Mittels Mikroprozessor-Unterstützung werden hier auch Maßnahmen zur Steigerung der Meßgenauigkeit und Verfügbarkeit, wie Filterung, Linearisierung, Skalierung, Selbstabgleich und Eigentest durchgeführt.

Die Aufgaben der nachfolgenden Funktionsblöcke stellen dagegen in einem Meßgerät oder -platz wiederkehrende Standardfunktionen dar, wie Meßwertaufbereitung und Auswertung, Verknüpfung mit weiteren Größen, Meßwertspeicherung und Protokollerstellung, Kommunikation mit anderen Meßeinheiten oder mit einem übergeordneten Steuerrechner. Über entsprechende Bedien- und Anzeigemittel wählt der Betreiber die Funktion, steuert Abläufe und erhält die Zustände und Meßergebnisse in numerischer oder graphischer Form dargestellt.

Entsprechend dieser Aufgabenteilung ergibt sich ein Entwicklungstrend bei den elektronischen Meßgeräten: Mit der Notwendigkeit zwischen den einzelnen Meßgeräten Daten auszutauschen, wurden bereits seit Jahren die einzelnen autarken Meßgeräte mit einer Schnittstelle ausgestattet. Über diese verkehren die Geräte mit der zentralen Steuerung, heute allgemein mit dem Personal Computer.

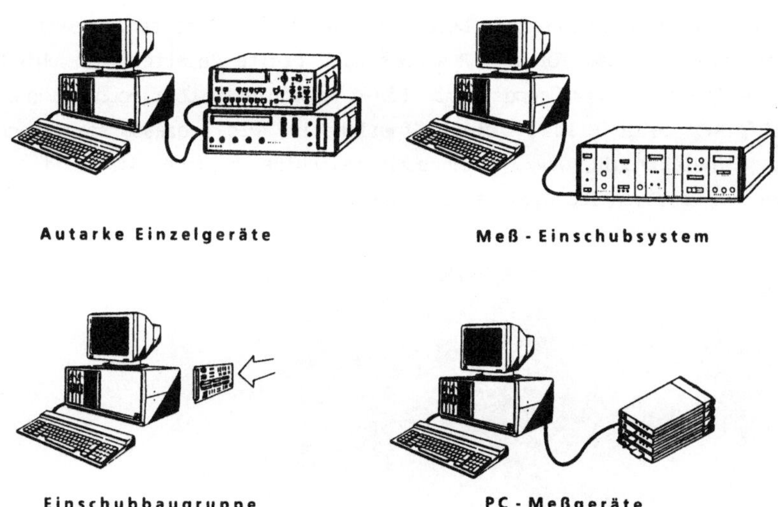

Bild 2 Aufbauvarianten von Meß- und Prüfplätzen

Als weitere Aufbauvariante sind die Einschubsysteme anzutreffen, bei denen die einzelnen Funktionseinheiten über spezielle oder auch genormte Rahmenbusse miteinander verkehren. Nachteilig bei solchen Anordnungen sind vor allem die hohen Einstiegskosten.

Um die Möglichkeiten der Personal Computer optimaler nutzen zu können und kostengünstigeren Lösungen zu erhalten, werden solche Funktionseinheiten rechnerkompatibel ausgeführt. Damit können sie direkt in die freien Steckplätze der Personal Computer eingeschoben werden. Neben dem Vorteil der optimalen Kopplung des Meßteils über den Rechnerbus mit der Verarbeitungseinheit bestehen aber Einschränkungen bezüglich der Steckplatzanzahl, Volumen und Leistungsbedarf, der verfügbaren Hilfsspannungen und der starken elektromagnetischen Beanspruchung des Meßteils. Aus diesen Gründen sind solche Meßeinschübe meist nur mit eingeschränkten Daten realisierbar.

Ein Kompromiß zwischen diesen Lösungen ist die klare Trennung zwischen Meßfunktion in einer eigenständigen Einheit und der Verarbeitung im Personal Computer.

Solche PC-Meßgeräte können, sofern sie mit einer üblichen Systemschnittstelle, z.B. den IEC 625-Bus, ausgestattet sind, beliebig mit Stand-alone-Geräten kombiniert werden. Durch diese Trennung der Aufgaben entfallen die oben genannten

Nachteile und Einschränkungen bezüglich Geräteeigenschaften, Kombinierbarkeit und Ausbaugrad, so daß für den Anwender eine breite Palette unterschiedlichster Gerätefunktionen zur Verfügung steht. Einen nach diesen Überlegungen konzipierten Kleinprüfplatz zeigt Bild 3. Die Prüfperipherie, wie prozessorspezifische Testadapter, Pinelektronik usw., aber auch beliebige analoge Meß- und Stimuligeräte, werden über den IEC 625-Bus betrieben.

Bild 3 PC-gesteuerter Kleinprüfplatz

3. Anforderungen und Auswirkungen auf die Geräteeigenschaften

Der Wunsch zur Automatisierung von Meßaufgaben in Forschung, Entwicklung und Produktion führt zu einer Reihe grundsätzlicher Forderungen:

- optimaler Einsatz von Personal und Nutzung des Investments
- größere Genauigkeit durch Vermeiden von Fehlern und Korrektur von Systemfehlern
- höhere Prüfschärfe durch Erfassung weiterer Meßparameter pro Zeiteinheit
- höherer Datendurchsatz, Datenaustausch mit Fertigungsleitrechner
- automatische Erstellung von Protokollen, Prüfzertifikaten o.ä.

Bei der Lösung der genannten Aufgaben und Ziele kann der Personal Computer wesentliche Beiträge leisten.

3.1 Steuerung, Auswertung, Dokumentation

Die Steuerung von Meß- und Prüfabläufen stellt gegenüber bürotechnischen Anwendungen zusätzliche Anforderungen an den Personal Computer. Notwendig sind für zeitkritische Anwendungen meistens ein Echtzeitverhalten mit Alarmverarbeitung und bei Data-Logger-Funktionen die Möglichkeit, abhängig von Uhrzeit oder Zeitintervallen die Abläufe zu steuern. Durch Wahl geeigneter echtzeitfähiger Standardbetriebssysteme und um Zeitfunktionen erweiterte Programmiersprachen ist dieses Problem beherrschbar.

Je nach Anwendungsfall und Anwenderkreis wird das Programm in einer der üblichen höheren Programmiersprachen geschrieben. Besonders für den Einsteiger und "Gelegenheitsanwender", aber auch beim Anfahren einer Anlage in der Versuchsphase hat sich BASIC durchgesetzt. Durch Programmierhilfen, die beispielsweise das Steuern der Geräte mit Interrupt- und Statusverarbeitung, Ergebnisdarstellung und -speicherung weitgehend automatisch übernehmen, wird der Anwender entlastet. Zusätzlich besteht durch Einsatz der Standard-Betriebssysteme die Möglichkeit, die auf dem Markt erhältliche Software für Textverarbeitung, Tabellen-, Datenbankverwaltung usw. zu nutzen.

Für Dokumentations- und Archivierungsaufgaben steht eine Vielzahl an Ausgabegeräten wie graphikfähige Drucker und Plotter zur Verfügung. Entsprechende Softwaretreiber, oder noch einfacher handhabbare spezielle Kommandos, erlauben die Ausgabe z.B. des Bildschirminhalts.

Für die langfristige und jederzeit wieder abrufbare Datenspeicherung sind die PC-eigenen Massenspeicher (Floppy, Festplatte) bestens nutzbar.

Erwähnenswert erscheint hier, daß im Rahmen der Meßdatenverarbeitung die Werte verschiedener Einzelgeräte oft miteinander verknüpft werden, um neue, abgeleitete Meßgrößen zu ermitteln. Ein einfaches Beispiel dafür ist eine Strom- und Spannungsmessung mit einem Multimeter und Periodendauer- und Zeitintervallmessung zur Phasenwinkelbestimmung mit einem Universalzähler. Mittels rechnerischer Verknüpfung sind damit Schein-, Wirk- und Blindleistung von Wechselgrößen errechenbar.

3.2 Schnittstellen

Von der Vielzahl der in der Meßtechnik verwendeten Varianten, stellen die in postalischen Vorschriften festgelegten bitseriellen Schnittstellen einen der Anwendungsschwerpunkte dar. Gründe sind eine in vielen Jahren ausgereifte Technik, verfügbare und aufgrund der großen Stückzahlen kostengünstigen Schnittstellenbausteine. Als Beispiel ist die RS232- bzw. V.24/28-Schnittstelle zu nennen, die sich an jedem Personal Computer wiederfindet. Daher werden bei dezentralen Meßsystemen mit größeren zu überbrückenden Entfernungen diese Schnittstellen eingesetzt. Ein Beispiel dafür ist das in Bild 4 gezeigte Meßsystem für Emissionskontrolle an Großfeuerungsanlagen mit einem Personal Computer als Zentrale.

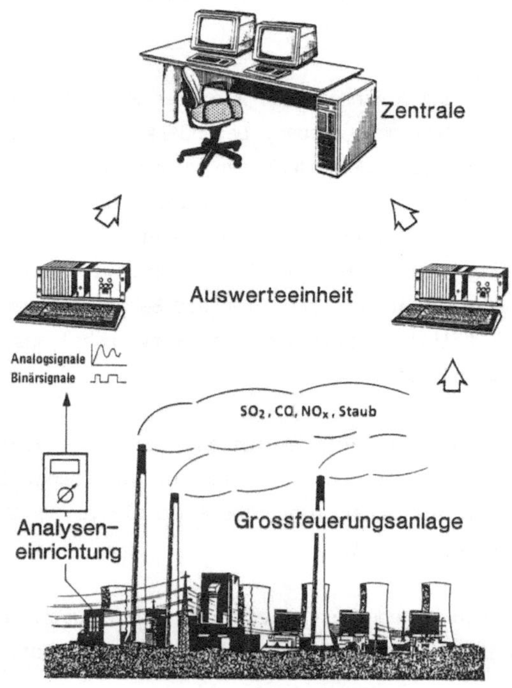

Bild 4 Emissionsüberwachung mit PC-Unterstützung

Wie bereits erwähnt, stellt der IEC 625-Bus (IEEE 488) das Schnittstellensystem dar, welches besonders auf die meßtechnischen Belange zugeschnitten ist. Nahezu alle Meßgerätehersteller statten ihre Geräte mit dieser Schnittstelle aus. Dadurch stehen weltweit einige Tausend unterschiedlicher Meßgeräte zur Verfügung. Aufgrund der zahlreichen Freiheitsgrade, vor allem bei den Nachrichtenformaten, ist das Ziel, ein arbeitsfähiges System aus Geräten verschiedener Hersteller zusammenzustellen, nicht immer leicht erreichbar. Eine weitergehende Software-Norm (Arbeitstitel IEEE P 981) soll hier Verbesserung bringen. Die Vorteile einer solchen genaueren Festlegung wirken aber erst dann, wenn Geräte und Personal Computer diesen Bedingungen genügen.

Zum Datenaustausch zwischen dezentral verteilten Einheiten bieten die Personal Computer häufig Schnittstellen zu lokalen Netzen LAN. Damit kann eine optimalere Zusammenarbeit im Labor oder auch die Kopplung zu anderen Bereichen, wie z.B. Fertigung, Qualitätssicherung, Verwaltung erreicht werden.

Diese Systeme unterscheiden sich im wesentlichen durch ihre Zugriffsverfahren und Struktur (Bus, Ring) sowie dem Nachrichtenaufbau der Telegramme. Über den ursprünglich geplanten Anwendungsbereich der LANs in der Büro-Kommunikation hinaus, ist der künftige Einsatz in der Fertigungs- und Laborautomatisierung erkennbar. Besonderer Bedeutung wird der Kommunikation und Interaktion in ausgedehnten Meß- und Testanlagen zukommen mit Zugriff auf gemeinsame Daten und Nutzung gemeinsamer Ressourcen (Hard- und Software).

3.3 Bedien- und Anzeigetechnik

Die Bedienung von Meßgeräten und Meßplätzen, sowie die Ergebnisdarstellung wird durch die steigende Zahl der Möglichkeiten und komplexerer Meßverfahren immer schwieriger. Höherer Bedienkomfort, fehlertoleranter Bedientechniken und vereinfachter Auswertung werden im Einfachgerät bis hin zum hochwertigen Spezielgerät angestrebt. Dabei ist ständig ein Kompromiß zwischen Komfort und Aufwand zu schließen.
Bildschirm und Tastatur, mit entsprechender Rechenleistung im Hintergrund, sind bei höherwertigen Stand-alone-Geräten durchaus Stand der Technik. Da diese Komponenten einen wesentlichen Kostenfaktor darstellen, zumal sie innerhalb eines Meß- und Prüfplatzes mehrmals vorhanden wären, liegt der Schluß nahe, diese Funktionen einem zentralen Personal Computer zu übertragen. Damit nehmen die Meßeinrichtungen ohne weitere Geräteinnovation zwangsläufig an der ständigen Leistungssteigerung der Personal Computer teil.
Die Bedien- und Anzeigetechnik kann damit wesentlich mehr bieten, als dem Wert der Gerätefunktion in konventioneller Bauweise zukäme.

Die neuen Darstellungsmöglichkeiten müssen sich nicht an dem alten Erscheinungsbild der Geräte orientieren, zumal Zahl und Art der Bauelemente und deren Anordnung auf der Frontplatte auf vielerlei Gesichtspunkte, wie Funktionsanzahl, Platzbedarf, Kosten, Art der Bedienelemente sowie auf elektrische Gründe Rücksicht nehmen mußte.

Eine einheitliche Bedienoberfläche für alle Meßfunktionen ist durch Menütechnik erreichbar. Dabei bekommt der Anwender jeweils nur die relevanten Einstellparameter zur Auswahl angeboten, so daß Fehlbedienungen nahezu ausgeschlossen sind. Die Auswahl der einzelnen Menüs und Einstellung der Parameter sollte mit einer geringen Zahl von Tasten möglich sein, was durch Einführung sogenannter virtueller Tasten erreichbar ist. Diese auf dem Bildschirm angebotenenm Tastenfunktionen, die ihre Bedeutung mit dem Bildinhalt unter Umständen wechseln, können nun mit wenigen, z.B. auf dem Personal Computer vorhandenen Funktionstasten oder anderen Mitteln ausgewählt werden. Durch die Beschränkung auf die im Augenblick gerade relevanten Tastenfunktionen ist die bereits oben erwähnte Reduzierung von Fehlbedienungen sichergestellt.

Bei der Bildschirmdarstellung muß aus Gründen der Übersichtlichkeit die Information verdichtet werden, zumal alle Details eines gesamten Meß- und Prüfplatzes nicht gleichzeitig darstellbar sind.

Durch hierarchische Gliederung erreicht man Wahlmöglichkeit zwischen einem Gesamtüberblick entsprechend dem Beispiel in Bild 5 und dem in tieferen Ebenen liegenden weiteren Bildern mit Einzelinformationen.

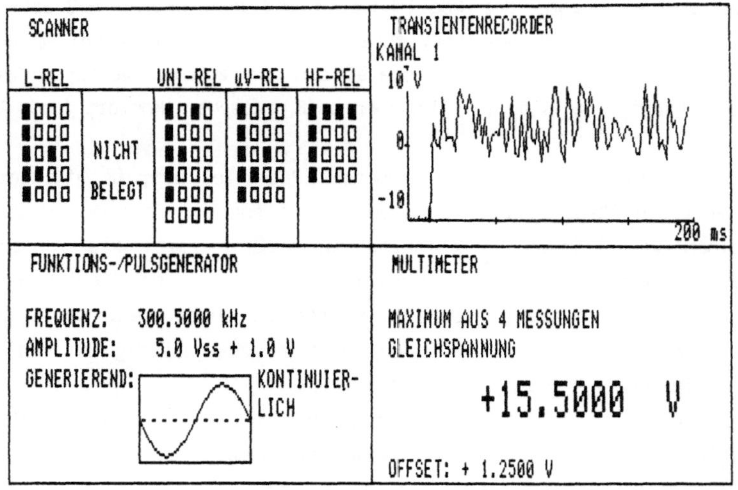

Bild 5 Übersichtsdarstellung eines Meßplatzes

Eine so einmal eingeführte Bedientechnik wird damit für alle Arten von Meß- aber auch Auswerte- und Steuerfunktionen gültig.
Damit entfällt das Umgewöhnen auf unterschiedliche Bedienphilosophien der einzelnen Geräte bei gleichzeitiger Freizügigkeit in der Bildgestaltung.

Der gesamte Meßplatz stellt sich für den Anwender damit nicht als Ansammlung einer Zahl von Einzelgeräten, sondern als geschlossenes System dar.

Personal Computer und Industrie Computer - Einsatz und Integration im Rahmen der Produktionsautomatisierung

Personal Computer and Industrial Computer - Use and Integration within Plant Automation

J. Mertens

IBM Deutschland GmbH
Branchen- und Anwendungszentrum
Fertigung und Grundstoff
Poccistraße 11
8000 München 2
BR Deutschland

0.0 SUMMARY:

First a short introduction into CIM's (Computer Integrated Manufacturing) relation to the shop floor. This includes the communication needs between the CIM components, PPS - CAD, PPS - CAM and CAD - CAM as well as those within the area of CAM. From that, specific product requirements are developed and an appropriate set of products and features to cover these requirements are presented. Based on typical application scenarios of a manufacturing shop floor an architectual solution will be established. The functions of such a system configuration and its flow of information are explained. Aspects of user benefits will close the presentation.

1.0 CAM ALS BESTANDTEIL VON CIM

CIM (Computer Integrated Manufacturing) steht für die Durchdringung aller für die Herstellung von Produkten erforderlichen administrativen, logistischen sowie entwicklungs- und produktionstechnischen Verfahren mit dv-gestützter Informationsverarbeitung. Als Bestandteil von CIM soll hier die Produktionsautomatisierung, auch CAM (Computer Aided Manufacturing, Abb. 1) genannt, unter besonderer Betrachtung des Einsatzes von Personal- und Industrie-Computern behandelt werden.

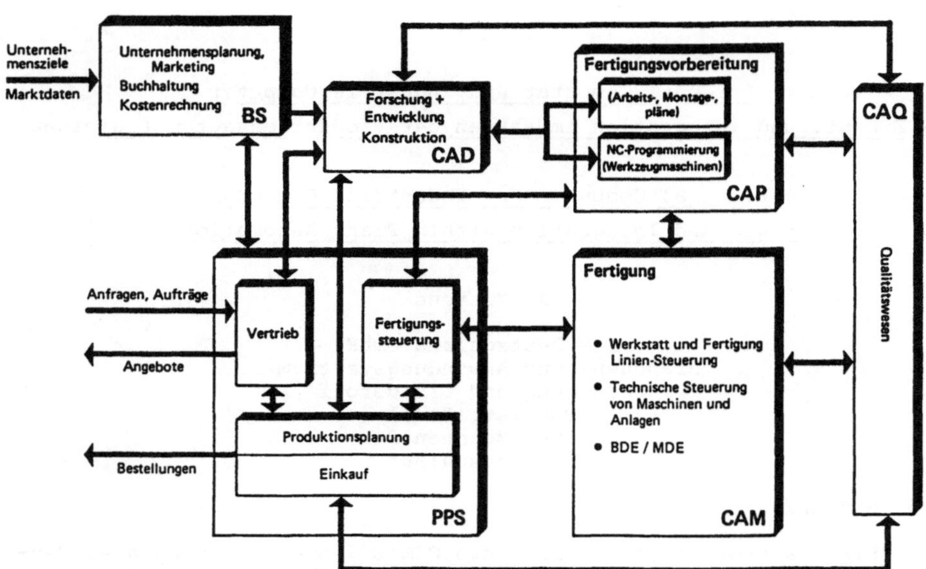

Abb. 1: CIM-Integration Computerunterstützter Systeme im Fertigungsunternehmen.

2.0 KOMMUNIKATIONSBEDARF ZWISCHEN CAM UND ANDEREN CIM KOMPONENTEN, SOWIE INNERHALB VON CAM

Die typischen Anwendungen des CAM-Bereichs wie etwa

- Werkstatt- und Liniensteuerung
- DNC - Direct Numerical Control
- Roboter-Montage
- Qualitätsprüfung und -überwachung
- Materialfluß- und Lagerplatzsteuerung
- Lohndaten- und Anwesenheitszeiterfassung

benötigen intensiven Informationsaustausch mit übergeordneten bzw. vorgeschalteten Planungs- und Entwicklungssystemen sowie zu nachgeschalteten Abrechnungssystemen. Für die Steuerungsaufgaben innerhalb von CAM sind die Rückkoppelungsinformationen (Istdaten) von den einzelnen Arbeitsplätzen neben Vorgabedaten von ausschlaggebender Bedeutung (Abb. 2).

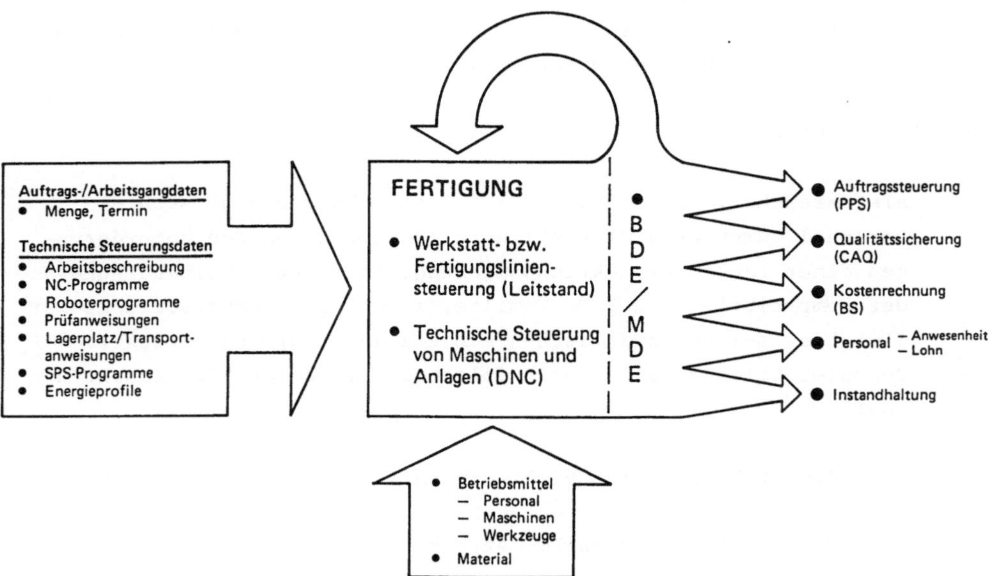

Abb. 2: CAM-Funktionen und Schnittstellen

Um einerseits die Vorgabedaten, z. B. Auftragsdaten, aus dem Produktions-Planungssystemen (PPS) und die technischen Fertigungsinformationen z. B. NC-Programme aus den Entwicklungssystemen (CAD/CAE) an die Arbeitsplätze bzw. Maschinen und andererseits die gewonnenen Istdaten als Rückkopplung an PPS und Abrechnungssysteme (BS) zu bringen, ist eine vertikale Kommunikationsverbindung erforderlich. Diese Verbindung sollte z. B. für die Auftragssteuerung eine hohe Anwendungsverfügbarkeit bieten und dialogfähig sein.
Andererseits ist es erforderlich eine dem Materialfluß parallel verlaufende, horizontale Kommunikationsschiene im Produktionsbereich zu etablieren. Über dieses Netzwerk kommunizieren die einzelnen Bereichs- und Funktionsrechner untereinander bei gemeinsamer Nutzung allgemeiner Netzwerkdienste, wie Kommunikations-, File- und Drucker-Server.

Um in ein solches Netzwerk Rechner verschiedener Hersteller integrieren zu können, wurde gemeinsam von Benutzern und Herstellern ein standardisiertes Netzwerk und ein entsprechendes Protokoll (MAP - Manufacturing Automation Protocol) entwickelt und als Exponat bei verschiedenen Anlässen vorgestellt. Um bereits heute Netzwerkanwendungen zu implementieren, die bei Verfügbarkeit von MAP-Komponenten dorthin migrieren zu können, bietet sich PC-Network an, das auf MAP-spezifischer Verkabelung (75 Ohm CATV) betrieben werden kann.

3.0 CAM-PRODUKTE

Als Bereichs-, Funktions- oder Zellenrechner bietet sich die Personal Computer (PC)-Familie an. Entsprechend den Anforderungen einer rauhen Produktionsumgebung, aber unter Beibehaltung der Kompatibilität zur PC-Familie, findet der Industrie-Computer (IC) hier seinen spezifischen Einsatz (Abb. 3). Der Industrie-Computer zeichnet sich durch folgende besonderen Eigenschaften aus:

- Kompatibilität mit PC AT einschließlich Anschlußkarten

- Unterstützung durch PC-Network

- Betrieb im Temperaturbereich von 0 - 50 ^{o}C,

- Betrieb bei höherer, relativer Luftfeuchte, erhöhten Erschütterungen, höheren elektrischen Störspannungen und verstärkter Luftverschmutzung.

- Einbau auch in 19 Zoll Standardgehäuse.

- Farbgraphikunterstützung mittlerer Auflösung (640 x 350)

- Industrie-Graphik-Drucker.

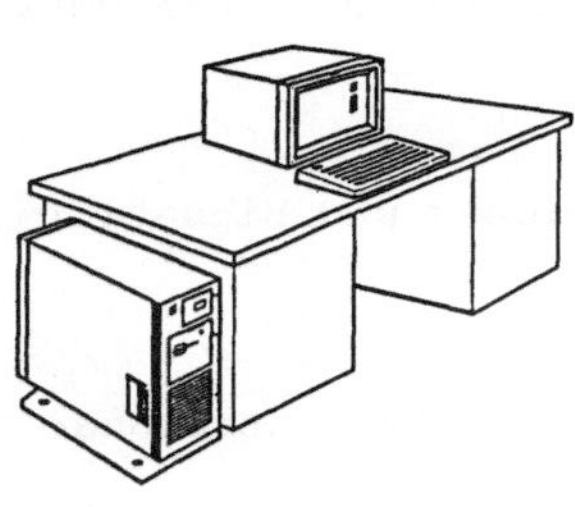

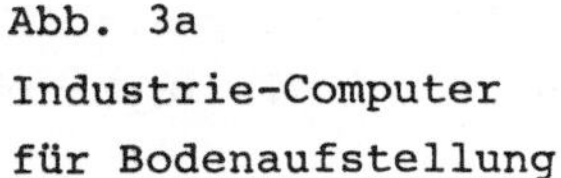

Abb. 3a
Industrie-Computer
für Bodenaufstellung

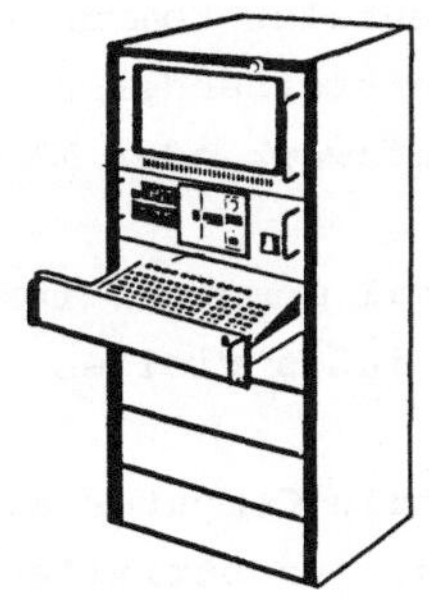

Abb. 3b
Industrie-Computer
für Einbau in 19 Zoll Gehäuse

Eine besondere Einrichtung des Industrie Computers stellt der Realtime Interface Co-Processor (RIC) dar, der als frei programmierbarer Prozessor unter einem Echtzeit-Multitasking Betriebssystem die Verbindung zu den verschiedensten Geräten (NC-Steuerung, SPS - Speicherprogrammierbare Steuerungen, Roboter-Steuerungen, BDE- und MDE-Terminals) über wahlweise elektrische Schnittstellen (RS 232-C, RS 422-A, 20 mA Linienstrom, V. 35 und individuelle Schnittstellen) herstellt. Kommunikationsunterstützung zum IC erfolgt für Anwendungen in BASIC, PASCAL und "C" über das Kommunikations-Subsystem (CSS). Der Realtime Interface Co-Prozessor befindet sich mit allen Komponenten auf einer Steckkarte. Der IC kann mit bis zu drei RIC-Karten mit zusammen sechs unterschiedlichen Schnittstellen für Punkt zu Punkt und/oder Mehrpunkt-(BUS)Verbindungen ausgerüstet werden. Damit wird der IC von der Verarbeitung der Leitungs- und Datenprotokolle, der Vorverarbeitung, der Datenformatierung und Kommunikation der angeschlossenen Geräte untereinander entlastet. Die Datenübertragung von und zu den Geräten kann je nach Schnittstelle bis zu 64.000 Bit/s betragen.

4.0 TYPISCHE CAM-ANWENDUNGEN

Das im folgendem dargestellte Szenario basiert auf:

- Vertikaler Kommunikation mit Planungs- und Entwicklungsrechner

- Horizontaler Kommunikation der Bereichs- und Funktionsrechner untereinander und mit Zentralrechner über ein Netzwerk (PC-Netzwerk oder MAP).

- Personal Computer für Servicefunktionen und Einsatz im nicht industriellen Bereich.

- Industrie Computer als Bereichs- und Funktionsrechner im rauhen, industriellen Bereich.

- Realtime Interface Co-Prozessoren als intelligente Schnittstellen zu Geräten, Steuerungen und Terminals im Fabrikbereich.

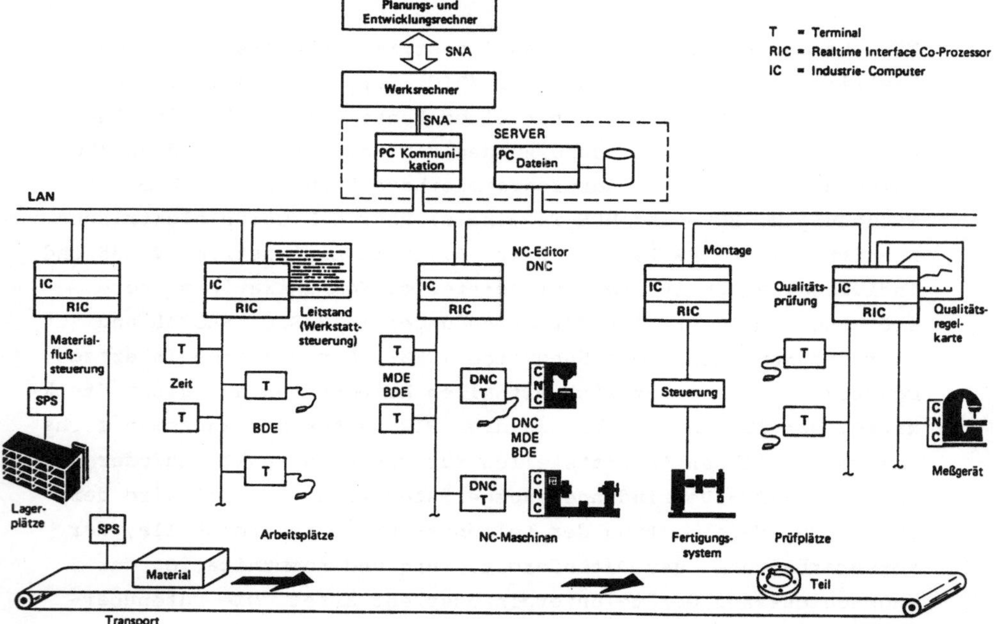

Abb. 4: CAM-Anwendungen

Im Rahmen dieser Veranstaltungen können die Aufgaben der einzelnen Bereichs- bzw. Funktionsrechner nur stichwortartig und exemplarisch dargestellt werden. Ihre Ausprägung ist abhängig von der individuellen Situation, der Fertigungsart, der Organisationsstruktur und Prioritäten.

5.1 Werkstatt- und Liniensteuerung (Graphischer Leitstand)

- Verwalten von Maschinengruppen bzw. Kostenstellen, Einzelmaschinen bzw. Arbeitsplätze mit Kapazitäten nach Schichtplänen und Personalkapazität je Qualifikationsmerkmal.

- Übernahme und Zuteilung von Arbeitsgängen aus PPS-Vorrat zeitgenau auf Einzelmaschinen, Arbeitsplätze bzw. Linien manuell mit "Maus" oder automatisch nach spezifischen Algorithmen.

- Erfassen und Verarbeiten von Rückmeldungen (BDE/MDE) im Hinblick auf Arbeitsgangfortschritt mit Zeit und Menge sowie Maschinenstatusmeldungen.

- Farbige, graphische Präsentation von Arbeitsvorrat nach Prioritäten, "Plantafel" mit zugeteilten Arbeitsgängen über Zeitstrahl, Status der Einzelmaschinen bzw. Linie sowie Kapazitätsbelastungsübersicht der Maschinengruppen und verknüpfte Auftragsnetze.

- Übergabe der Istdaten (Rückmeldung) an PPS.

5.2 DNC - Direct Numerical Control

- NC-Programmverwaltung im IC oder im File-Server

- NC-Programmverteilung über RIC und ggf. DNC-Terminals auf einzelne NC-Maschinen im Zusammenhang mit BDE-Funktionen.

- NC-Programmveränderung und -anpassung durch NC-Editor bzw. CNC.

- Verwalten und Verteilen von Werkzeugkorrekturdaten.

- Dezentrale Werkzeugverwaltung und Werkzeugvoreinstellung.

- NC-Programmerstellung und -archivierung kann Aufgabe des Zentralrechners sein.

5.3 Montage mit Fertigungssystemen (Roboter)

- Die Aufgabenstellung ist ähnlich wie bei DNC.

- IC wird als Robotersteuerung eingesetzt.

- Die Manipulatoren werden von Anwendungsprogrammen und Daten gesteuert.

- Programmierung und Programmverwaltung erfolgt auf PCs.

5.4 Qualitätssicherung und -überwachung

- Qualitätsplanung und -analyse auf Zentralrechner.

- Übernahme der Prüfpläne und Meßwertvorgaben vom Zentralrechner.

- Graphische Überwachung der erfaßten Meßwerte in der Linie (SPC - Stastistical Process Control).

- Steuerung der NC-gesteuerten Meßmaschinen wie bei DNC.

- Verknüpfung mit Werkstattsteuerung und BDE.

5.5 Materialfluß- und Lagerplatzsteuerung

- Lagerplatzverwaltung in Flächen und Hochregallägern für Rohstoffe, HF- und Fertigware einschl. Leerplatzverwaltung, Ein- und Auslagerungsstrategie.

- Übernahme von Materialentnahmeanforderungen vom PPS, Bereitstellung und Transportveranlassung.

- Materialverfolgung durch Identifikation an Arbeitsplätzen und Steuerung des Transportsystems.

- Verwalten von Behälter und Paletten, Zuordnen Material - Auftrag - Behälter.

- Erfassen der Materialbewegungen für Bestandsführung und Abrechnung.

5.6 Lohn- und Anwesenheitszeiterfassung

- Erfassen des Leistungslohns und der Anwesenheitszeit im Rahmen von BDE.

- Anwesenheitsstatus aus "Kommt/Geht" für Werkstattsteuerung.

- Auswertung, Abstimmung auf Zentralrechner einschließlich Übergabe an Personalsystem.

6.0 NUTZENBETRACHTUNG

Die Vorteile der vorbeschriebenen Systemumgebung sind:

- Ein oder mehrere Zentralrechner innerhalb des SNA-Verbundes.

- Einbindung des Industrie-Netzwerkes in den SNA-Verbund sowohl im Stapel- wie auch im Dialogbetrieb.

- Implementierung des Netzwerkes heute auf Basis von PC-Network, Migration auf MAP bei Verfügbarkeit, wenn 75 Ohm CATV Breitbandverkabelung erfolgte.

- Problemlose, horizontale Erweiterung durch weitere Bereichs- und Funktionsrechner (PCs und ICs).

- Integration von Rechner verschiedener Hersteller über MAP.

- Einsatz von Personal Computer und Industrie Computer für unterschiedlichste Aufgaben innerhalb des Gesamtunternehmens. Damit einheitliche PC-Ausbildung und Wartung.

- Personal Computer Architektur unter PC-DOS ist quasi Standard.

- Softwaremarkt für PC-DOS-Anwendungen ist umfangreich.

- Anschluß praktisch aller denkbaren Geräte, Steuerungen und Verbindungen über intelligente, programmierbare Realtime Interface Co-Prozessoren und anderer, vielfältiger Schnittstellenkarten.

- Gesamtsystem ist flexibel und zukunftsorientiert.

DER EINSATZ VON PC`S IM AUTOMATISCHEN LAGER

THE USE OF PC IN AUTOMATED WAREHOUSING

U.Meinberg
Fraunhofer-Institut für Transporttechnik
und Warendistribution
4600 Dortmund 50, B.R.Deutschland

SUMMARY

Nowadays PC`s are found in nearly every field of work concerning standardized tasks (e.g. administrative offices).
Within a short period of time personal computers have been improved and now offer a wide range of ratiopotentials. Vendors of PC`s and corresponding software are looking for new fields of application.
This report now wants to check the reasonable use of PC`s within automated systems in production areas with reference to various warehouse technics and their influence on the hard- and software to be applied. Also marginal conditions of EDP control are taken into consideration.

1.0 EINLEITUNG

PC`s sind auf dem unaufhaltsamen Vormarsch in allen Gebieten der Bürotechnik. Man kann sich den Alltag ohne die Unterstützung dieser Hilfsmittel bei der Erstellung von Text, Angebots- oder Präsentationsunterlagen kaum noch vorstellen. Überall dort, wo standardisierte Vorgänge zu bearbeiten sind, lassen sich Ratiopotentiale durch den Einsatz von PC`s aufdecken und ausschöpfen.

Schnell wurde der "Personal Computer" zum "Professional Computer".

Da sich PC`s oft durch ein gutes Preis/Leistungsverhältnis auszeichnen, keimt bei den Anwendern der Wunsch, diese Rechner auch in Bereichen außerhalb des Büros einzusetzen, seine Leistungsfähigkeit den produktiven Bereichen zugänglich zu machen.

Auch bei den Herstellern von PC`s bzw. Anbietern von Software ist dieser Wunsch aktuell, was u.U. daraus resultieren mag, daß beim Einsatz in Büros allmählich eine Sättigungsgrenze abzusehen ist.

Wie es um die Einsatzmöglichkeiten von Personal-Computern in automatischen Systemen im Produktionsbereich bestellt ist, soll im folgenden Beitrag exemplarisch anhand einer Lagerverwaltungssteuerung aufgezeigt werden.

2.0 LAGERTECHNIKEN UND EDV-EINSATZ

An der Tatsache, daß moderne Lagerhaltung ohne EDV heute nicht mehr wirtschaftlich zu betreiben ist, dürfte wohl kaum noch gezweifelt werden. Gerade unter wirtschaftlichen Aspekten ist aber auch der Wunsch nach preiswerten EDV-Lösungen - möglicherweise auf Basis von PC`s - durchaus verständlich.

Um unterschiedliche Realisierungsmöglichkeiten für ein EDV-gestütztes Lager einer Beurteilung zugänglich zu machen, sollen im folgenden verschiedene Lagertechniken und deren Einflußnahme auf einzusetzende Hard- und Software zusammenfassend dargestellt werden.

2.1 Boden Bzw. Blocklagerung

In der einfachsten Form der Lagerung (Blocklagerung) wird das Lagergut ohne Transport- und Lagerhilfsmittel auf dem Boden abgestellt bzw. abgelegt. Diese Lagerung bietet sich für schwere, nicht stapelbare oder sperrige Güter an. Der Transport dieser Güter kann durch Behälter, Gestelle, etc. unterstützt werden. Bei dieser Form der Lagerung wird die dritte Dimension vollständig vernachlässigt, ein direkter Zugriff auf das Lagergut ist aber möglich. Für einen automatischen Lagerbetrieb ist dieser Lagertyp i.a. nicht geeignet, da die Lagerstruktur sehr unregelmäßig ist, und damit z.B. von unbebemannten Fahrzeugen nicht bedient werden kann. Der Einsatz von Rechnern ist in diesem Bereich praktisch nur zu Zwecken reiner Verwaltungstätigkeit sinnvoll, eine Steuerung im klassischen Sinne ist nicht praktikabel.

Die Anforderungen, die sich aus der Lagertechnik an die EDV-Hardware ergeben, sind daher auch auf niedrigem Niveau anzusiedeln. Die Software kann jedoch beliebig aufwendig gestaltet werden, abhängig vom Umfang der Verwaltungsaufgaben, die an den Rechner delegiert werden.

Bei dem nächsten Typ eines Lagers - dem Blocklager - wird das Lagergut gestapelt. Damit wird die 3. Dimension zugänglich gemacht. Voraussetzung ist jedoch, daß das Lagergut stapelfähig ist. Abhängig vom Umfang des Sortiments und der Partiengröße kann man Stapelzeilen bzw. Stapelblöcke einrichten.

Auch bei dieser Lagerform ist eine automatische Übernahme und Übergabe des Lagergutes nur bedingt möglich, da die geometrischen Koordinaten des Lagerortes variieren können, die Stapelung aber exakt vorgenommen werden muß.

Da diese Form der Lagerung nur einen sequentiellen Zugriff auf das Lagergut ermöglicht - nur die obersten Lagereinheiten der vorderen Reihe eines Blockes sind direkt zugreifbar - kann eine Vielzahl von Umlagerungen je nach Größe der einzelnen Partien die Folge sein.

Insbesondere ist bei diesem Lagertyp eine Lagerung nach dem FiFo-Prinzip (first in - first out) kaum möglich.

Auch hier nimmt der Rechner dem Lagerbetreiber lediglich Verwaltungsfunktionen ab, die Anforderungen sind auch hier entsprechend gering.

2.2 Regallagerung

Soll die Lagerung in geordneter Form erfolgen, sind statische Lagereinrichtungen (Regalanlagen) unumgänglich.

Erst in diesem Zusammenhang wird auch eine weitergehende Automatisierung sinnvoll, da auf definierten Fahrkursen definierte Positionen (Fächer) anzufahren sind.

Die Unterschiede, die sich aus verschiedenen Regallagertechniken für eine Steuerung ergeben, sollen exemplarisch anhand der Durchlauf- und Hochregallager aufgezeigt werden.

Bei einem Durchlaufregallager wird das Lagergut an der Beschickungsseite eingebracht und an der Entnahmeseite dem Regal entnommen. In einem Lagerkanal können sich daher mehrere Transporteinheiten hintereinander befinden.

Das Durchlaufregallager erlaubt lediglich einen sequentiellen Zugriff und für Lagertypen mit Monostruktur die FiFo-Lagerung.

Da die Übernahme- und Übergabestationen ortsfest sind, erlaubt das Durchlaufregallager einen vollautomatischen Lagerbetrieb. Ein wahlfreier Zugriff auf das Lagergut ist allerdings nicht möglich.

Ein Hochregallager erlaubt den wahlfreien Zugriff auf jedes Regalfach vom Bediengang aus. Es sind hier spezielle Regalförderzeuge mit Bedienungshöhen bis über 30 m erforderlich. Die Lagerung des Lagergutes erfolgt mit oder ohne Ladehilfsmittel in den Regalfächern.

Da die Lagerform einen wahlfreien Zugriff auf das Lagergut ermöglicht, können in diesem Lager - unterstützt durch entsprechende Software - verschiedene Strategien der Lagerung (z.B. FiFo, LiFo, etc.) benutzt und jederzeit geändert werden. Daher ist das Hochregallager am ehesten dazu geeignet, einen vollautomatischen Lagerbetrieb durchzuführen.

Der Automatisierungsgrad (s.u.) ist in Regallägern mit Sicherheit am höchsten, so daß sich hier auch die höchsten Anforderungen an die Ausgestaltung der Hard- und Software (Lagerrechner) stellen.

Angefangen vom Datenvolumen, daß bewältigt werden muß, über diverse Eingriffsmöglichkeiten des Bedienpersonals bis hin zur Ankopplung vollautomatischer Fahrzeuge mit hohen zeitlichen Anforderungen an den Lagerrechner ergeben sich diverse, nicht zu unterschätzende Problemstellungen.

3.0 AUTOMATISIERUNGSSTUFEN

Eine Automatisierung im Lagerbereich ist in vielfältiger Ausprägung anzutreffen. Die Führung eines "EDV-Karteikastens" wird genauso als Automatisierung bezeichnet, wie das prozeßrechnergestützte Lagersystem, das autonom nach Host-Vorgaben Ein-/Auslagerungen vornimmt und höchstens noch an den Schnittstellen I- und K-Punkt einer menschlichen Kontrolle unterliegt.

Da die Leistung eines Lagers im wesentlichen vom Einsatz der Transportmittel abhängt, erscheint es sinnvoll, den Automatisierungsgrad in Abhängigkeit von der Disposition und Steuerung der Fahrzeuge aufzuzeigen.

Eine dreistufige Unterteilung erweist sich hier als praktikabel: manuelle, teilautomatische und vollautomatische Lagerbedienung. Ähnlich zur Lagertechnik hat auch der Automatisierungsgrad Einfluß auf eine EDV-Lösung.

3.1 Automatisierungsstufe: Manuell

In dieser Betriebsstufe sind alle Fahrzeuge, die das Lager bedienen, benannt. Sie werden vom Lagermeister anhand von Transportlisten oder einzelnen Transportanweisungen beauftragt, Ein-/Auslagerungen vorzunehmen. In dieser Phase kann bereits ein Lagerverwaltungsrechner zum Einsatz kommen. Er übernimmt z.B. die Aufgabe der platz- und bestandsbezogenen Lagerführung und unterstützt damit den Lagermeister bei der Erfüllung seiner Aufgaben. Die Transportanweisungen können direkt vom Lagerverwaltungsrechner erstellt werden. Verbuchungen, die bezüglich der Ein-/Auslagerungen notwendig sind, werden ebenfalls vom Rechner nach Vergabe über Terminal durchgeführt. Da eine reine off-line Kopplung zwischen dem Rechner und dem Prozeß (Lager, Fahrzeuge) besteht, resultieren Anforderungen an den Lagerrechner ausschließlich aus der Auswahl der zu verwaltenden Lagerplätze und den Artikeln mit zugehörigen Stammdaten.

3.2 Automatisierungsstufe: Teilautomatisch

Die Fahrzeuge sind auch in dieser Betriebsart bemannt, jedoch per drahtloser Datenübertragungstechnik (Funk, Infrarot) <u>direkt</u> an den Lagerrechner gekoppelt.

Neben der reinen Verwaltungstätigkeit des manuellen Betriebes fallen damit jetzt auch dispositive Aufgaben dem Rechner zu. Es sind qualifizierte Strategien auf dem Rechner zu implementieren (Software), die einen optimalen Einsatz der Fahrzeuge gewährleisten. Die Transportbelege können vollständig entfallen, da Transportaufträge direkt an die Fahrer übermittelt werden können (Bordcomputer).

Die Anforderungen zeitlicher Natur an den Leitrechner sind erheblich höher als in manuellem Betrieb. Zusätzlich muß die Hardware auf die Ankopplung der Datenübertragungseinrichtungen ausgerichtet sein.

3.3 Automatisierungsstufe: Vollautomatisch

Der vollautomatische Betrieb eines Lagersystems beinhaltet, daß keine manuellen Eingriffe in den Ablauf notwendig sind. Die Fahrzeuge sind unbemannt (RFZ, HRS), die Auftragsgenerierung und die Disposition der Fahrzeuge werden vom Rechner vorgenommen und die Durchführungskontrolle bezüglich der Transporte läuft ebenfalls ohne manuelle Unterstützung ab. Diese Betriebsart stellt hohe Ansprüche an den Lagerverwaltungsrechner.

4.0 ALLGEMEINE ANFORDERUNGEN AN EINZUSETZENDE HARD- UND SOFTWARE

Unabhängig von spezifischen Einsatzfällen werden Anforderungen eher allgemeingültiger Natur an Rechner und entsprechende Software, die in automatischen Systemen einzusetzen sind, gestellt.

Zu diesen allgemeinen Anforderungen sollen einige zusammenfassende Anmerkungen folgen.

4.1 Hardware

Hardware, die in automatischen Prozessen eingesetzt werden soll, muß eine hohe Verfügbarkeit und damit ein hohes Maß an Ausfallsicherheit aufweisen. Diese Ausfallsicherheit bezieht sich zum einen auf die Hardware als solche (Alterung, Produktionsfehler), zum anderen jedoch auf das Verhalten, das die Hardware im Störungsfall (z.B. Spannungsausfall oder Spannungsschwankungen) zeigt.

Weiterhin ist von eminenter Bedeutung, inwieweit die Hardware ausbaufähig ist. Auf die Notwendigkeit die Ausbaufähigkeit zu beachten, kann nicht genug hingewiesen werden. Die Ansprüche an ein EDV-System wachsen sehr schnell - auch nach der Installation. Diesen zukünftigen Bedürfnissen muß die Hardware Rechnung tragen! Wichtig sind unter diesem Gesichtspunkt Stichworte wie: Arbeitsspeicherkapazität, Speicherkapazität der externen Datenträger und Schnittstellen.

Last but not least ist die Frage der Wartung und der Servicemöglichkeiten bezüglich des Rechners wichtig. Bei einem - nie auszuschließenden! - Hardwarefehler muß in kürzester Zeit eine Fehlerbehebung möglich sein, um den gesamten Rechnereinsatz nicht in Frage zu stellen.

4.2 Software

Auch an die Software, bestehend aus dem Betriebssystem und der spezifischen Applikation, sind selbstverständlich Anforderungen zu stellen.

Das Betriebssystem muß Multitasking und Multiuser Features aufweisen, um eine effiziente Softwareerstellung zu ermöglichen. Eine unkomplizierte Bedienung des Betriebssystems ist notwendige Voraussetzung für die betriebsinterne Wartung und Pflege der Software.

Auch auf das Betriebssystem bezogen, gelten die o.g. Ansprüche hinsichtlich Wartung und Service durch den Lieferanten.

Die Anwendersoftware - speziell auf den Einzelfall zugeschnitten - muß selbstverständlich auch alle Kriterien der Ausfallsicherheit, Wartungsfreundlichkeit, Flexibilität, Benutzerfreundlichkeit, etc. erfüllen.

Als wesentlich gilt in diesem Zusammenhang festzuhalten, daß die Qualität der Anwendersoftware in entscheidendem Maße von der Umgebung, in der sie arbeitet (Rechnerhardware, Betriebssystem), abhängt. Denn - was nützt das beste Konzept für die Software, wenn es sich unter einem bestimmten Betriebssystem nicht umsetzen läßt, oder aber die Hardware den konzeptionellen Anforderungen nicht gerecht wird ?!

5.0 DER PC IM AUTOMATISCHEN LAGER

Zusammenfassend kann sicherlich festgestellt werden, daß PC`s für den Einsatz in automatischen Lagersystemen nicht unbedingt geeignet sind.

Sehr viele Randbedingungen, die anwendungsspezifisch oder aber allgemeingültig sind, werden momentan von PC`s noch nicht eingehalten.

Hardware und Software (Betriebssysteme) der Personal Computer sind bislang speziell auf den Bürobereich abgestimmt.

Alle Vergleichstests zielen bislang auch im wesentlichen auf diesen Bereich ab.

Einfache Problemstellungen im Lager, wie z.B. das Ersetzen des Karteikastens in kleinen und mittleren Lägern, lassen sich sicherlich unter zu Hilfenahme von PC`s lösen. Das gilt jedoch nur dann, wenn keine zukünftige weitere Aufrüstung in Richtung eines höheren Automatisierungsgrades geplant ist.

Ansonsten ist der PC nicht ausreichend, da er weder von der Hardware noch von der Software her geeignet scheint (zumindest zur Zeit) mit steigenden Anforderungen Schritt zu halten.

Und noch eines zum Abschluß:
Die Preise für PC`s und Minicomputer gleichen sich allmählich aneinander an (in entsprechenden Leistungsklassen).

Mit welchem Argument sollen dann noch PC`s eingesetzt werden, wenn mit geringem Mehraufwand hinsichtlich der Investitionen erheblich leistungsfähigere Systeme angeschafft und eingesetzt werden können?

Mikroprozessoren ermöglichen neue Wägesysteme

New Weighing Systems through Microprocessors

Chr. U. Volkmann
Physikalisch Technische-Bundesanstalt
3300 Braunschweig, Bundesallee 100

Summary

After a short review of the evolution of mechanical weighing instruments, the basic principles of electronic weighing machines are explained. The microprocessor has improved weighing machines under several aspects. The generation and indication of the numerical value of the weight became faster and more versatile. More and more different numerical operations and technical functions can be performed by the weighing machine itself. Communication with peripherals is almost unlimited, let aside the restrictions by legal control. Finally attention is drawn to skill and responsibility of those who produce weighing machines, and of those who use them.

1. Einleitung

1.1 Die Waage ohne Elektronik

Mit Waagen wird die Masse m von Körpern oder diskreten Mengen amorpher Stoffe ermittelt. Von Ausnahmen abgesehen, geschieht das über die Messung der aufgrund der örtlichen Fallbeschleunigung g_{loc} ausgeübten

Gewichtskraft

$$G = m \cdot g_{loc} \quad (1)$$

Bei traditionellen Balkenwaagen setzt man die unbekannte Gewichtskraft G ins Gleichgewicht mit der von Gewichtstücken mit bekannten Massen ausgeübten Gewichtskraft. Die unbekannte Masse ist dann gleich der Summe der zum Erreichen des Gleichgewichts benötigten Gewichtstücke, gegebenenfalls umgerechnet gemäß dem Übersetzungsverhältnis der Waage und korrigiert um den Luftauftrieb auf beiden Seiten.

Dieses Verfahren ist hinsichtlich der Genauigkeit des Kraftvergleichs auch heute noch unübertroffen - die Gleichgewichtslage kann bei guten Waagen mit einer relativen Unsicherheit von rund 10^{-9} reproduziert werden - aber es ist auch recht zeitaufwendig. Schon im Altertum hat man deshalb mit der "Römischen Schnellwaage" ein Gerät entwickelt, mit dem durch Verschieben eines Gegengewichts auf einem Hebelarm mit einer Skala das unbekannte Gewicht schneller ermittelt werden konnte. Die Unsicherheit stieg dabei in die Größenordnung von einem Prozent, doch das reichte für die geschäftlichen Zwecke, denen die Waagen fast ausschließlich dienten, völlig aus.

Noch schneller und bequemer wurden die Waagen, als im 17. Jahrhundert die ersten Federwaagen, im 18. Jahrhundert die ersten Neigungswaagen aufkamen. Diese Waagen waren selbstanzeigend; ihre Arbeitsweise würde ein Werbetexter heute wohl charkterisieren mit "Dranhängen, Ablesen, Fertig!" Freilich ließ die Genauigkeit zunächst sehr zu wünschen übrig - erst zu Beginn des 20. Jahrhunderts war es möglich, solche Waagen mit der für Handelszwecke sinnvollen Unsicherheit von 1 ‰ bis 5 ‰ herzustellen.

Ganz gleich, ob die Waage ohne oder mit Eingreifen des Bedienenden in die Gleichgewichtslage gelangt - allen diesen Waagen ist gemeinsam, daß das Wägeergebnis vom Bedienenden abzulesen und aufzuschreiben ist, wenn er es später weiterverwenden will.

Ein Abdruck des Wägeergebnisses war mit handbetätigten Geräten, die in Laufgewichtseinrichtungen integriert waren, schon im 19. Jahrhundert möglich. Es folgten dann der elektromechanische Abdruck von einer mitlaufenden Analogskale und schließlich die Digitalisierung des analog angezeigten Gewichtswertes, durch Codescheiben oder inkremental wirkende Signalumsetzer, zum Zwecke der elektrischen Weiterleitung an Drukker, Fernschreiber und weitere Anzeigeeinrichtungen. /1/

1.2 Die elektronische Waage

Der Beginn der elektronischen Technik, die zunächst mit Transistoren, Dioden, Nixie-Röhren und TTL-Logik angewendet wurde, betraf gleich drei Bereiche der Gewichtsermittlung: die Bildung des Meßwertes, die digitalisierte Anzeige und die Ausgabe des Meßwertes über Steckverbindungen. Für die rasche Umformung der Gewichtskraft in eine prozessorgerechte, digitale Form sind geeignete Sensoren, im Waagenbau Wägezellen genannt, unerläßliche Voraussetzung. Einige moderne Ausführungen seien hier nur kurz erwähnt /2, 3, 4/:

- die Wägezelle mit Dehnungsmeßstreifen (DMS),
- die Schwingsaiten-Wägezelle,
- die Wägezelle mit elektrodynamischer Kraftkompensation,
- die Kreiselwägezelle mit gyroskopischer Kraftkompensation,
- die Federwägezelle mit kapazitiver oder induktiver Messung des Federweges,
- die elastomagnetische Wägezelle,
- die erst kürzlich in Japan vorgestellte Stimmgabelwägezelle.

Mit derartigen Wägezellen ergibt sich der typische Signalfluß in einer modernen Waage gemäß Bild 1.

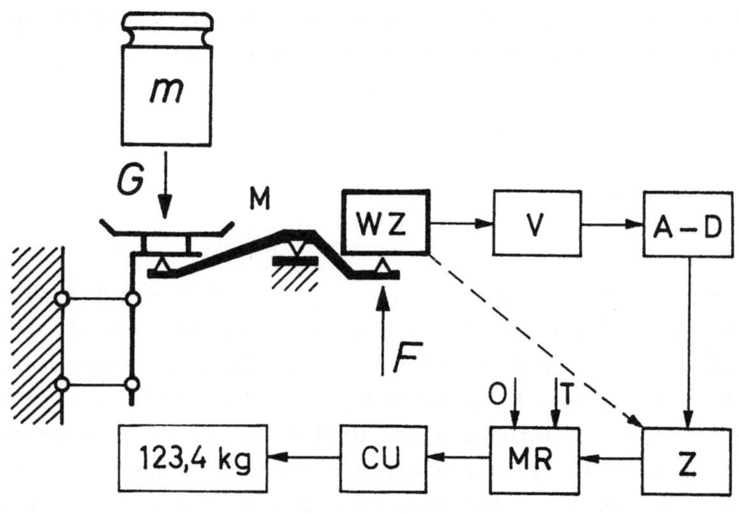

Bild 1 Signalfluß in einer elektromechanischen Waage
Legende im unmittelbar folgenden Text

Die zu wägende Masse m wirkt mit ihrer Gewichtskraft G auf den mechanischen Teil M der Waage, der einen Lastträger, eine Parallelführung und eine Hebelübersetzung umfassen kann. Ein Sensor - die Wägezelle WZ - setzt die resultierende Kraft F in ein elektrisches Signal um, das nach geeigneter Verstärkung und Digitalisierung - Verstärker V, Analog-Digital-Wandler A-D, Zähler Z - vom Meßwertrechner MR in Masseneinheiten umgerechnet und vom Umcodierer CU für die Ausgabe durch z. B. eine Digitalanzeige umcodiert wird. Vereinfachungen des Signalflusses sind möglich, z. B. dadurch, daß die Wägezelle eine lastproportionale Frequenz abgibt, die direkt dem Zähler zugeführt wird.

Alle Stufen der Verarbeitung digitaler Signale, also in Bild 1 alle Funktionsblöcke der unteren Zeile, werden heute in einem Mikroprozessor-System zusammengefaßt. Die typische Struktur einer Waagen-Elektronik unterscheidet sich damit kaum von der anderer elektronischer Meßgeräte. Ein Beispiel zeigt Bild 2: ein Mikroprozessor CPU arbeitet nach einem gespeicherten Programm, hier in einem ROM abgelegt, und steuert die Meßwertumformung MU, den Datenverkehr mit der Eingabetastatur und der Anzeigeeinrichtung und den Datenverkehr mit peripheren Geräten über eine Schnittstelle SS. Ein noch schnellerer Datenaustausch ist möglich, wenn ein peripheres Gerät über die Schnittstelle SS' direkt an den BUS der Waage angeschlossen wird. Die damit verbundene Freizügigkeit, direkt in die Meßwertbildung und die Anzeige einzugreifen, ist allerdings nur bei nicht eichfähigen Waagen voll nutzbar.

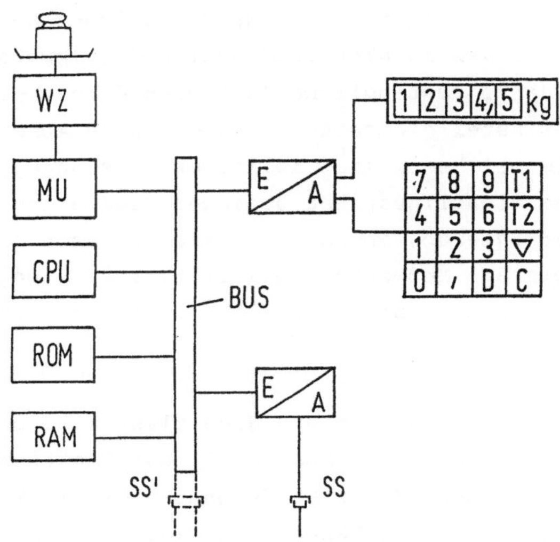

Bild 2 Waagen-Elektronik mit BUS-System
CPU Mikroprozessor; E/A Umsetzer für Ein- und Ausgabe; MU Meßwertumformer; RAM Schreib-Lesespeicher; ROM Lesespeicher; SS, SS' Schnittstelle zum Anschluß peripherer Geräte; WZ Wägezelle

Die Bildung des digitalen Meßwertes dauert, da es sich in jedem Fall um einen integrierenden, zählenden Vorgang handelt, eine oder mehrere Zehntelsekunden und damit wesentlich länger als jede nachfolgende rein digitale Verarbeitung. Die hohe Arbeitsgeschwindigkeit der Mikroprozessoren ermöglicht deshalb eine Vielzahl zusätzlicher Umformungen des Wägeergebnisses und die Bildung abgeleiteter Größen. Auch die Speicherung oder Weitergabe der Ergebnisse sowie die Einbeziehung externer Befehle und Daten sind praktisch simultan möglich. Dies führt dazu, daß heute der Wettbewerb zwischen den Waagenherstellern mehr im Bereich der eleganten Nutzung der Datenverarbeitung in und mit der Waage stattfindet als im Bereich von Wägetechnik und Genauigkeit. Einige Beispiele hier und die nachfolgenden Beiträge dieser Themengruppe belegen das.

2. Meßwertbildung

2.1 Korrektur des Meßwertes

Der Mikroprozessor übernimmt nicht nur die Bildung des Meßwertes durch Steuerung z. B. des A-D-Wandlers und Zählen der Impulse, sondern er kann auch das frühere umständliche Justieren durch Verstellen von analog arbeitenden Einstellelementen ersetzen durch Abspeichern der internen Meßwerte, die bei bestimmten Kalibrierbelastungen entstehen. Die häufig vorhandene Nichtlinearität üblicher Wägezellen läßt sich ebenfalls digital korrigieren, indem der Mikroprozessor eine genügende Anzahl - meist 4 bis 6 - Meßwerte von Kalibrierbelastungen als Stützwerte einer Interpolationsrechnung speichert, mit der die effektiven Meßwerte umgerechnet werden.

Bei Waagen geringer Abmessungen und Höchstlast wird bereits der Temperatureinfluß auf Wägezelle und Analogteil der Elektronik digital korrigiert. Dazu wird ein besonderer Hilfssensor für die Temperatur im Waageninneren eingebaut, dessen Meßwert in digitalisierter Form zur Verfügung steht. Damit ist eine Temperaturkorrektur möglich, indem die Stützwerte für die Linearisierungsrechnung bei verschiedenen Temperaturen, die über den Temperaturbereich der Waage verteilt sind, aufgenommen werden.

Noch nicht digital korrigiert wird das Kriechen, also die langsame Änderung des Ausgangssignals einer Wägezelle bei konstanter Belastung, das vor allem bei Wägezellen mit Dehnungsmeßstreifen auftritt. Auch diese rechnerische Korrektur ist wohl eines Tages zu erwarten, z. Zt. fehlt aber noch ein entsprechender Algorithmus.

Durch die genannten Korrekturen wird nicht in erster Linie die Funktion der Waage verbessert, sie dienen vielmehr der Minderung der Herstellkosten bei gleichbleibender Genauigkeit und kommen dem Verwender über den Preis zugute. Anders ist es bei Rechenprogrammen für Waagen für bewegtes Wägegut. Hier erlauben "digitale Filter" eine wesentlich höhere Überlaufgeschwindigkeit, z. B. bei Fahrzeugwaagen oder selbsttätigen Preisauszeichnungs- oder Kontrollwaagen. In bestimmten Sonderfällen wird, wie bei Radlastmessern für die Überwachung des rollenden Verkehrs, eine Meßwertbildung überhaupt erst möglich. In diesen Fällen wird durch Einsatz des Mikroprozessors eine erhebliche meßtechnische Verbesserung erreicht. /5, 6, 7/

2.2 Zahlenwert des Wägeergebnisses

Die mit der Einführung des Mikroprozessors gewonnene Flexibilität im Digitalbereich wirkt sich auch auf die Formatierung des anzuzeigenden Gewichtswertes aus. Ausgelöst durch Vorschriften der Internationalen Organisation für das gesetzliche Meßwesen (OIML) in den sechziger Jahren /6/, gefolgt von der Richtlinie 73/360/EWG für Nichtselbsttätige Waagen /7/, hat sich im Waagenbereich allgemein die Auffassung durchgesetzt, daß der zur Darstellung des Wägeergebnisses benutzte Ziffernschritt nicht wesentlich kleiner sein soll, als die zu erwartende oder durch die Eichung garantierte Genauigkeit. Der Ziffernschritt oder auch Teilungswert der Anzeige richtet sich nach der Höchstlast der Waage und der zweckmäßigen Auflösung in z. B. dreitausend oder auch zwanzigtausend Ziffernschritte. Ein konstanter Wert des Ziffernschrittes über den ganzen Wägebereich führt aber natürlich dazu, daß die Auflösung bei kleinen Lasten relativ sehr grob wird. Von vielen mechanischen Briefwaagen ist jedermann bekannt, daß man für unterschiedliche Lastbereiche zwei Skalen mit verschiedenen Skalenwerten hat. Diese Anpassung des Ziffernschrittes an die Last ist auch elektronisch möglich.

Bewährt hat sich das Hinzufügen einer zusätzlichen Anzeigestelle. Diese Verfeinerung der Auflösung ist insbesondere dann sinnvoll, wenn nur geringe Lasten oder Laständerungen zu wägen sind. Bei empfindlicheren Waagen, deren Integrationszeit zur Bildung des Meßwertes naturgemäß länger ist, wird der Gewichtswert zunächst schnell mit weniger Stellen, nach längerer Zeit mit der vollen Stellenzahl dargestellt.

Zunehmende Verbreitung findet auch die sogenannte Mehrteilungswaage, bei der der Ziffernschritt lastabhängig verändert wird. Eine solche Waage könnte z. B. bis 10 kg einen Ziffernschritt von 5 g haben, danach bis 25 kg einen Ziffernschritt von 10 g und bis 50 kg einen Ziffernschritt von 20 g. Die Umschaltung des Ziffernschrittes erfolgt automatisch, so daß dem Verwender der Waage ein durchgehender Anzeigebereich zur Verfügung steht. Die relative Auflösung ist vor allem bei kleinen Lasten wesentlich verbessert gegenüber einem durchgehend gleichbleibenden Ziffernschritt.

2.3 Ansteuerung der Anzeigeeinrichtung

Am Beginn der digitalen Darstellung von Wägeergebnissen, wie auch von anderen Meßergebnissen, stand die Verwendung von Nixie-Röhren, die für jede darzustellende Ziffernstelle nur ein Steuersignal benötigten.

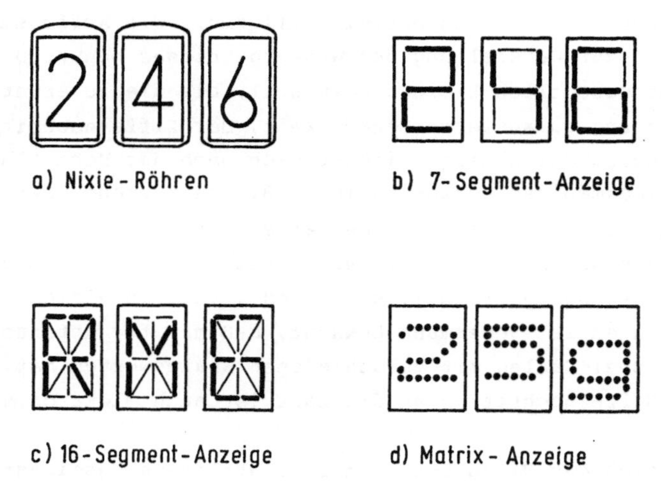

Bild 3 Anzeigeeinrichtungen für Ziffern, Buchstaben und sonstige Zeichen

Über die verbreiteten Sieben-Segment-Anzeigen ging die Entwicklung weiter zu Vierzehn- oder Sechzehn-Segment-Anzeigen oder sogar zu Matrixanzeigen mit 5 x 7 oder 7 x 9 Punkten für jede Anzeigestelle. Damit vervielfachte sich die Anzahl der benötigen Steuersignale zur Darstellung von Zeichen und Ziffern - eine weitere Aufgabe für den Mikroprozessor. Besonders die zuletzt genannten Anzeigeelemente, also Multisegment- und Matrixanzeigen, ermöglichen auch die Darstellung von alphanumerischen Zeichen. Damit ist es möglich, außer den Zahlen des Gewichtswertes auch andere Informationen darzustellen, wie Waren, Namen oder Hinweise zur Bedienerführung. Die flexibelste Anzeigeeinheit ist zweifellos der Bildschirm; er wird bis jetzt nur zögernd als Bestandteil der Waage, sondern überwiegend als wahlweise hinzuzufügende Zusatzeinrichtung eingesetzt.

3. Interne Meßwertverarbeitung

3.1 Einfache Umrechnungen

Schon bei mechanischen selbstanzeigenden Waagen bestand das Bedürfnis, sie außer zum Ermitteln eines Gewichtes noch für andere Zwecke zu verwenden. Als Beispiele seien genannt:
- das Tarieren, also das erneute Nullsetzen der Waagenanzeige nach Aufbringen eines Warenbehälters,
- die Darstellung von anderen Werten, die vom Gewichtswert abgeleitet sind, z. B. durch Anbringen von besonderen Skalen für Beförderungsentgelte oder Prozente,
- bei Ladentischwaagen die Anzeige des Kaufpreises in Abhängigkeit vom Gewicht und einem in Stufen vorgegebenen Grundpreis,
- der Vergleich zwischen Ist- und Sollgewicht bei sogenannten Plus/Minus-Waagen,
- das Abschalten der Zuführung beim Erreichen eines bestimmten Gewichtswertes in Abfüllwaagen.

Derartige Funktionen lassen sich durch den Mikroprozessor in einfachster Weise ausführen; zu ihrem Aufruf genügt ein Tastendruck. Es versteht sich von selbst, daß auch die Speicherung von beliebig vielen Daten, z. B. Grundpreise bei Ladentischwaagen, Tarawerte oder Abschaltpunkte bei Industriewaagen, heute zum Stand der Technik gehört.

Die gewonnene Flexibilität in der internen Verarbeitung des Gewichtswertes sei an zwei Beispielen noch belegt:
Für Fertigpackungen bis 10 kg verlangt die Fertigpackungsverordnung/8/, daß der Hersteller in geeigneter Weise die richtige Füllung der Packun-

gen kontrolliert. Dazu muß er der Abfüllmaschine eine geeignete Kontrollmeßeinrichtung nachschalten, also z. B. eine nichtselbsttätige Waage für Stichproben oder eine selbsttätige Kontrollwaage (SKW), die jede Packung kontrolliert. Elektromechanische Abfüllwaagen mit Wägezelle und Mikroprozessorsystem können heute diese beiden Funktionen zugleich erfüllen, also als Abfüll- und als Kontrollwaage arbeiten, so daß der Aufwand für das Aufstellen und Betreiben einer zweiten Waage entfällt /9/.

Das Abfüllen stückiger Waren, wie z. B. Bonbons oder Äpfel, in Packungen mit gleicher Füllmenge ist immer dann ein Problem, wenn die Einzelstücke unterschiedliche Gewichte haben können und die Gewichtsunterschiede größer sind als die Fehlergrenze für die fertige Packung. In konsequenter Nutzung der Möglichkeiten des Mikroprozessors entstanden die sogenannten Teilmengenwaagen, s. Bild 4.

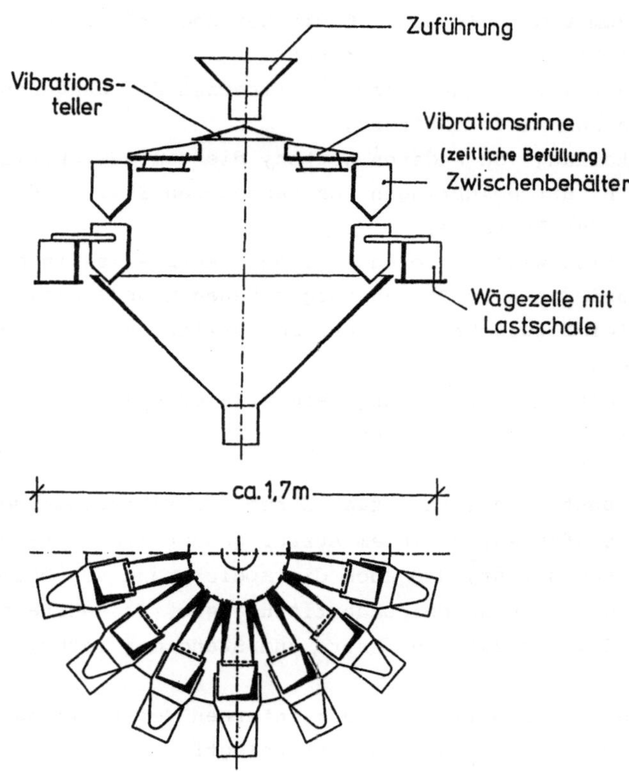

Bild 4 Teilmengenwaage

Das sind selbsttätige Abfüllwaagen, die eine größere Zahl von Einzelwaagen, z. B. zehn oder zwölf, umfassen, in die jeweils nur ein Bruchteil, z. B. ein Drittel oder ein Viertel der gewünschten Füllmenge, eingefüllt und individuell abgewogen wird. Der Rechner ermittelt dann aus den ihm bekannten Füllungen in allen gerade gefüllten Einzelwaagen diejenige Kombination, die dem angestrebten Füllgewicht am nächsten kommt, und entleert die Behälter der ausgewählten Einzelwaagen in den Sammelbehälter für die nächste Füllung. Erste Untersuchungen haben gezeigt, daß auch diese Waagenart eine solche Genauigkeit erreichen kann, daß sie als Kontrollmeßgerät im Sinne der Fertigpackungsverordnung verwendet werden kann /10/.

3.2 Flexible Weiterverarbeitung

Neben der fest einprogrammierten Weiterverarbeitung des Wägeergebnisses werden eine Vielzahl weiterer Umrechnungsfunktionen angeboten, die dem Wäger nicht gleichzeitig, sondern alternativ zur Verfügung stehen. Dies kann dann sinnvoll sein, wenn eine Waage im Labor oder in der Industrie für begrenzte Zeiten besondere Aufgaben erfüllen muß, diese Sonderaufgaben aber wechseln können. Im Programmspeicher sind dann z. B. folgende Programme zur Auswahl vorhanden:

- Mittelwertbildung für Wägungen lebender Tiere,

- Stückzahlermittlung nach Berechnung des Stückgewichtes aus vorgegebener oder vom Programm optimierter Referenzstückzahl,

- Rezeptureinwägung, ggf. verbunden mit Sollwerteingabe und Umkehrung der Gewichtsanzeige, so daß "gegen Null" eingewogen werden kann,

- Ermittlung von Mittelwert und Standardabweichung mehrerer Wägungen, Anzahl festgelegt oder frei wählbar,

- Prüfen auf Überschreiten vorgegebener Toleranzgrenzen,

- Umrechnung in verschiedene Masseneinheiten,

- Automatische Auslösung von Rechnung, Tarierung, Abdruck usw.

Der Aufruf des gewünschten Programms kann auf verschiedene Weise erfolgen, z. B. Einschieben codierter Schlüsselkarten in einen Tastenblock, Anschluß verschiedener Tastenblöcke, Anwahl bestimmter Code-Zahlen, die in der Waagen-Anzeigeeinrichtung durchlaufen und durch Tastendruck fixiert werden. Die jeweils verschiedene Funktion einzelner Bedienungstasten kann ebenfalls durch auswechselbare Kennzeichnungsschieber erklärt werden. Durch eine geringe Zahl der zu benutzenden Tasten wird die Bedienung in einem gewünschten Programm vereinfacht; jede Abweichung von dieser Routine zwingt aber sofort zum Wechsel des Programms. Umgekehrt ist größere Flexibilität der Betriebsweise unter Beibehaltung des gewählten Programms nur mit einer größeren Zahl von Tasten zu erreichen. Extrem an Einfachheit ist derzeit ein Tastenfeld mit nur drei Tasten, deren Funktion durch Einschubkarten geändert wird, ohne Zehnertastatur und zusätzliche Anzeigeeinrichtung. Ein Extrem an Vielfalt bietet die in Bild 5 dargestellte Kombination aus Waagen-Elektronik, umfangreicher Tastatur und Bildschirm /11/.

Bild 5 Waagen-Hauptanzeigegerät mit Bildschirm

Im oberen Teil des Bildschirms werden in einem besonderen Rahmen Gewichts- und Tarawerte angezeigt. Der verbleibende Teil des Bildschirms dient der Bedienerführung, der Auswahl des Waagenprogramms und der Darstellung eingegebener oder gespeicherter alphanumerischer Daten. Die schräg dargestellten Tasten in der obersten Reihe des Tastenfeldes haben gemäß dem angewählten Programm eine unterschiedliche Funktion, die in der untersten Zeile des Bildschirms erklärt ist.

4. Datenaustausch mit anderen Geräten

Über die in Bild 2 dargestellte Schnittstelle oder auch, wo das technisch vorteilhafter ist, über direkte Verbindung peripherer Geräte zum Datenbus der Waage selbst, bieten sich fast unbeschränkte Möglichkeiten zum Austausch von Daten und Steuerbefehlen zwischen der Waage und anderen Geräten. Beschränkungen dieser Kommunikationsmöglichkeiten ergeben sich in der Regel kaum aus technischen Gründen, sondern allenfalls bei eichfähigen Waagen, bei denen eine Beeinflussung des Wägeergebnisses in gewissen Grenzen verhindert werden soll.

Durch diese Möglichkeiten wird die Waage zu einem Baustein in beliebig großen Systemen, der die Funktion etwa eines "intelligenten Sensors" übernimmt. Die folgenden Beispiele dienen dazu, die gebotenen Möglichkeiten zu verdeutlichen. Natürlich ist es im Rahmen dieses Beitrages unmöglich, auf alle bekannten oder alle denkbaren Varianten einzugehen.

4.1 Nichtselbsttätige Waagen

Zur Überwachung von Lagerbeständen und auch von Fertigungsprozessen werden in zunehmendem Maße Waagen eingesetzt, die vorrangig der Ermittlung der Stückzahl dienen. Voraussetzung für eine genaue Berechnung der Stückzahl aus dem Gewicht einer größeren Menge ist die Kenntnis des sogenannten Referenzgewichtes, also des Gewichtes des Einzelstückes, das aus der Wägung einer definierten geringen Zahl von Stücken gewonnen wird. Auflösungsvermögen und Genauigkeit einer Waage, die das

Gewicht von mehreren tausend gleichen Stücken wägen kann, sind normalerweise zu grob für die Ermittlung des Referenzgewichtes /12/. Hier hilft man sich mit dem Einsatz von Präzisionswaagen geringerer Höchstlast, die mit der eigentlichen Zählwaage großer Höchstlast im Datenverbund geschaltet sind. Das Gewicht der als Bezugsgröße gewogenen geringen Anzahl Stücke wird entweder in einen zugeschalteten Rechner oder direkt in die eigentliche Zählwaage eingegeben, das Referenzgewicht wird berechnet und anschließend in der Anzeigeeinrichtung der größeren Waage direkt die Stückzahl der unbekannten Menge angezeigt. Daneben besteht die Möglichkeit, aus früheren Wägungen bekannte Referenzgewichte direkt über Tastatur oder aus dem internen Datenspeicher in die Rechnung einzuspeisen.

Im Bereich der Waagen für Laboranwendungen wurden Baukastensysteme entwickelt, in denen eine verhältnismäßig einfache Waage mit wenigen Tasten und auch nur geringer Anzahl von Funktionen den Kern bildet. Durch den Anschluß eines Kleinrechners mit oder ohne eigene Anzeige oder Bildschirm wird die Waage zum Sondergerät für viele Anwendungsfälle. Auf diese Weise kann ein relativ preiswertes, in großen Serien hergestelltes Grundprodukt für viele verschiedene Aufgaben, wie Stückzählen, Dosieren, Prozentwägen, Wägen lebender Tiere, Kontrolle von Fertigpackungen und ähnliches eingesetzt werden.

Als drittes Anwendungsbeispiel seien Ladentischwaagen genannt, die an verschiedenen Stellen eines Ladengeschäftes aufgestellt werden und miteinander in Datenverbund stehen. Das bietet zum einen die Möglichkeit, alle Speicher für Grundpreise parallel nebeneinander zu verwenden. Zum anderen besteht die Möglichkeit, daß ein Kunde sich an mehreren Waagen nacheinander bedienen läßt und daß erst nach Abschluß seiner Einkäufe an der letzten Waage der Einkaufsbeleg mit sämtlichen über die Waagen abgewickelten Verkaufsvorgängen erstellt und auch die Summe gezogen wird. Hierin liegt sicher eine Vereinfachung gegenüber den herkömmlichen Verfahren, wobei der Kunde an jeder einzelnen Waage einen kleinen Bon über den zu bezahlenden Betrag bekommen würde, mit der Folge, daß dann an einer anderen Stelle noch einmal die Gesamtsumme ermittelt werden muß. Durch die Zuordnung der Grundpreise zu bestimmten Warengruppen ist gleichzeitig eine Überwachung des Warenflusses getrennt nach Warengruppen möglich. Dies kann entweder nach Schluß des Verkaufstages durch das Abrufen des Inhaltes eingebauter Tagesspeicher erfolgen oder sogar simultan durch einen mit allen Waagen verbundenen Warenwirtschaftsrechner.

4.2 Selbsttätige Waagen

Bei selbsttätigen Waagen der verschiedensten Art finden sich naturgemäß besonders umfangreiche Verknüpfungen zwischen einer oder mehreren Waagen und einer Datenverarbeitungsanlage. So nutzt man die Tatsache, daß bei elektromechanischen Waagen der tatsächliche Gewichtswert jederzeit bekannt ist, dazu aus, bei selbsttätigen Waagen zum Abwägen den Sollwert und damit den Abschaltpunkt für die Güterzufuhr beliebig zu verändern. Damit bietet sich die Möglichkeit, nacheinander mit derselben Waage Abwägungen mit unterschiedlichem Gewicht durchzuführen. Vor allem die Bauindustrie und die chemische Industrie nutzen die damit gegebene Möglichkeit, Mischungen verschiedener Zusammensetzung und verschiedenen Gesamtgewichts in beliebiger Reihenfolge zusammenzustellen. Die Sollwerte der Gemengeanteile sind dafür in einem Rechner in absoluten Werten oder als Prozentangaben gespeichert. Selbstverständlich spielt es keine Rolle, ob alle Komponenten über dieselbe Waage geleitet werden oder ob aus Gründen der Reinheit oder der chemischen Unverträglichkeit für jede Komponente eine eigene Waage vorgesehen ist. Problemlos ist auch das Bilden geschlossener Regelkreise möglich. Beispiele für solche Regelkreise sind:

- Verschiebung des Abschaltpunktes einer selbsttätigen Dosierwaage in Abhängigkeit von der Fließfähigkeit des geförderten Stoffes und dessen Geschwindigkeit,
- Änderung der Sollwertvorgaben für einzelne Komponenten aufgrund einer Rückmeldung über die Eigenschaften des entstandenen Gemenges.

Ein geschlossener Regelkreis entsteht auch dann, wenn eine selbsttätige Waage zum Abwägen mit einer selbsttätigen Kontrollwaage und einem Rechner verbunden ist. In diesem Fall regelt der Rechner die Abschaltpunkte in den Zuführungen der SWA nach den Ergebnissen der Kontrollwaage laufend nach. Das Ziel der Regelung ist das möglichst genaue Einhalten der Mittelwertforderung der Fertigpackungsverordnung; danach darf der mittlere Inhalt einer größeren Zahl von Fertigpackungen den Nennwert nicht unterschreiten. Es liegt natürlich im Interesse des Abfüllers, diese Forderung ohne zu großes Überfüllen auch wirklich einzuhalten. Die wirtschaftliche Bedeutung gerade solcher Anlagen ergibt sich aus der hohen Abfülleistung und dem oft hohen Preis der abgefüllten Ware, z. B. Tee, Tabak, Kaffee.

5. Schlußbemerkung

An einigen aktuellen Beispielen aus dem Waagenbau wurde gezeigt, welche vielfältigen Möglichkeiten für erweiterte Datenverarbeitung innerhalb und außerhalb der Waage sich durch die Einführung des Mikroprozessors in die Waagenelektronik ergeben. Alle diese Lösungen wären im Prinzip auch ohne den Mikroprozessor zu erreichen, aber dann in vielen Fällen zu so hohen Kosten, daß sie wirtschaftlich sinnlos wären. Die Verwendbarkeit der Waage für eine Vielzahl von Sonderzwecken fördert die Wirtschaftlichkeit und auch die Genauigkeit bei sehr vielen Prozessen in Labor und Produktionen. Es sei jedoch darauf hingewiesen, daß der Mikroprozessor selbst nicht die Genauigkeit der Waage erhöht, sieht man einmal von den genannten Beispielen für Linearisierung und Korrektur von Einflußgrößen ab. Er macht die Waage schneller, leichter bedienbar und sehr kommunikationsfreundlich. Bei allem Fortschritt in der Elektronik hängt die Genauigkeit der Wägung auch heute noch wie zu Zeiten der mechanischen Waagen von den Menschen ab, die sie bauen und benutzen. Auf Können und Erfahrung des Waagenbauers beruht die Genauigkeit der Waage, und für das richtige Wägen ist immer noch der Wäger verantwortlich.

Literaturverzeichnis

/ 1/ Kochsiek, M. (Hrsg.) — Handbuch des Wägens
Braunschweig 1985

/ 2/ Kochsiek, M. — Von der Meßgrößenaufnahme zur Datenausgabe
Fachberichte Messen, Steuern, Regeln, Bd. 10 (1983) S. 429/438

/ 3/ Volkmann, Chr. U. — Moderne Wägezellen
Tagungsband VIII. Ungarisches Wägetechnisches Kolloquium, S. 237/260
Szeged, August 1984

/ 4/ Ueda, T.; F. Kohsaka; E. Ogita — Precision Force Transducers Using Mechanical Resonators
Reprints 10th Internat'l. Conference IMEKO-TC3, S. 17/22
Kobe, September 1984

/ 5/	Heuser, H.	Einsatz einfacher Filter- und Schätzalgorithmen bei dynamischen, elektromechanischen Waagen Diss. Univ. Kaiserlautern, 1983
/ 6/	Kronmüller, H.	Fast measuring with microcomputers for on-line weighing Measurement Bd 1 (1983), S. 160/164
/ 7/	Beetz, H.	Ein Beitrag zur Leistungssteigerung bei der dynamischen Wägung mit selbsttätigen Kontrollwaagen Diss. Univ. Kaiserslautern 1984
/ 8/	-	Verordnung über Fertigpackungen BGBl. I 1981, S. 1585 - 1620
/ 9/	Oehring, H.	Selbsttätige Kontrollwaagen als Kontrollmeßgeräte für Fertigpackungen wägen + dosieren 15 (1984), S. 126/130
/10/	Oehring, H.	Untersuchungen an Teilmengenwaagen zur Verwendung als Kontrollmeßgeräte wägen + dosieren 17 (1986), S. 8-12
/11/	Liebenau, P.; H. Nietert	Elektronik und Datenverarbeitung im Dosier- und Rezepturen-Bereich wägen + dosieren 16 (1985) S. 181-185
/12/	Debler, E.	Zählwaagen - Einflußgrößen und Fehlerfortpflanzung bei der Ermittlung der Stückzahl wägen + dosieren 13 (1982) S. 178-180 + 14 (1983) S. 24/25

NEUES MEßSYSTEM ZUM KONTINUIERLICHEN WÄGEN VON SCHÜTTGÜTERN

A NEW MASS FLOW METER FOR CONTINUOUS WEIGHING OF BULK SOLIDS

G. Jost

Carl Schenck AG
6100 Darmstadt, B.R. Deutschland

Summary

The continuous weighing of bulk solids with a high accuracy by enclosed mass flow meters is a problem that until now has only been solved with an enormous technical effort. In this paper the ordinarily used mass flow meters are introduced. Then a new mass flow meter is discussed that in contrast to the devices in use enables high accuracy independently from bulk solid properties. The physical effect that is the base of the used technique is mainly caused by coriolis forces. These are caused during the transpartation of the bulk solids particles over a measuring wheel. This principle has the advantage of directly measuring the mass flow. Through this highest accuracy demands can be fulfilled.

1. Systeme zur kontinuierlichen Messung von Schüttgutströmen

In einer Vielzahl technischer Prozesse ist es erforderlich, den Massendurchfluß von Schüttgutströmen und dessen Integral, die geförderte Menge meßtechnisch zu erfassen. Zur Durchsatzmessung werden bis heute, insbesondere dann, wenn aus Umweltschutzgründen ein geschlossener Förderweg erforderlich ist, von wenigen Ausnahmen abgesehen, Meßschurren- oder Prallplatten-Meßsysteme als Schüttgutstrommesser eingesetzt.

Bei Meßgeräten, die nach dem Prallplatten-Prinzip arbeiten, wird die Reaktionskraft gemessen, die beim Aufprall des Schüttgutstroms auf eine Prallplatte entsteht. Nach den Gesetzen vom elastischen Stoß ist diese Kraft von der Auftreff- und Abprall-Geschwindigkeit und von den elastischen Eigenschaften der Schüttgutpartikel abhängig, da die Stoßkraft dem Stoßfaktor direkt proportional ist -

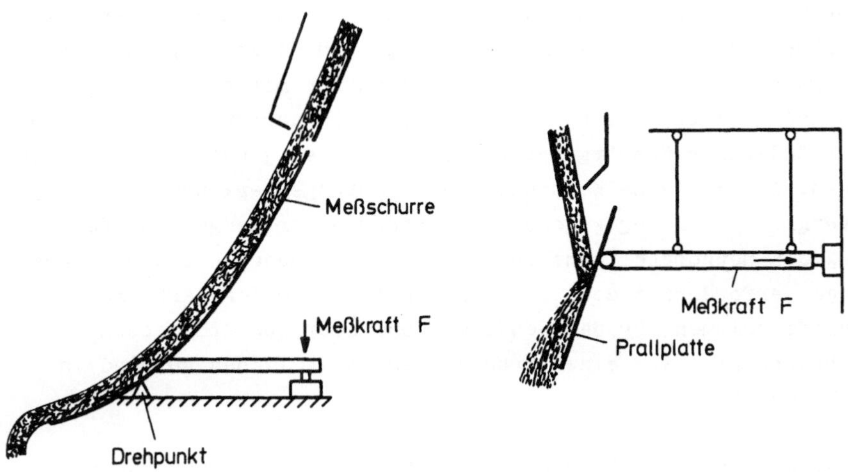

Bild 1 : Prinzip-Darstellung von Meßschurren- bzw. Prallplatten-Meßsystemen zur Schüttgutstrommessung

elastischer Stoß ergibt die doppelte Kraft gegenüber plastischem Stoß. Aus diesem Grund gehen Schüttgut-Parameter, wie Körnung, Feuchte, Feinanteil, Belüftungszustand und Temperatur sehr stark ins Meßergebnis ein. Befriedigende Genauigkeiten können mit Prallplatten-Meßgeräten daher nur erreicht werden, wenn diese Schüttgut-Parameter konstant sind und zusätzlich die Materialaufgabe reproduzierbar erfolgt.

Bei Meßgeräten, die nach dem Prinzip der Schüttgutstrom-Umlenkung mittels Meßschurre arbeiten, wird die Reaktionskraft erfaßt, die bei der Umlenkung des Schüttgutstromes mit einer Meßschurre entsteht. Diese Kraft ist proportional der Impulsänderung des Schüttgutes auf der Meßschurre. Im Vergleich zur Prallplatte liefert die Meßschurre ein kleineres Ausgangssignal. Die erreichbare Meßgenauigkeit ist dagegen prinzipbedingt besser, da die Meßschurre im Gegensatz zur Prallplatte eine definierte gleichförmige Führung des Schüttgutstromes gewährleistet. Der Stoßfaktor hat daher bei diesem Meßprinzip keinen Einfluß. Über die Geschwindigkeit der Schüttgutpartikel am Zu- bzw. Ablauf der Meßschurre wirken sich jedoch auch hier die Schüttguteigenschaften auf das Meßergebnis aus.

Zum kontinuierlichen Wägen, d.h. zum gravimetrischen Erfassen der geförderten Menge mit hoher Genauigkeit, sind diese Meßgeräte prinzipbedingt nicht geeignet. Erst in Kombination mit einer automatischen Kontrollmeßeinrichtung lassen sich im laufenden Betrieb auch bei sich ändernden Schüttgut-Parametern befriedigende Genauigkeiten erreichen. Automatische Kontrollmeßeinrichtungen erlauben durch einen Vergleich von abgewogener und integrierter Menge eine Kalibrierung des Meßgerätes ohne Betriebsunterbrechung. Die Kontrolleinrichtungen erfordern jedoch im Verhältnis zur Förderstärke relativ große Puffervolumen für das Schüttgut und betriebsmäßig abschaltbare Transportstrecken, was einen erheblichen zusätzlichen Aufwand in der Anlage bedeutet.

In diesem Aufsatz wird über ein neues Meßgerät zur Schüttgutstrommessung berichtet, das durch das Meßprinzip bedingt, hohe Genauigkeiten auch ohne Kontrollmeßeinrichtung zuläßt. Der Meßeffekt, der dem benutzten Meßverfahren zugrunde liegt, wird im wesentlichen von Corioliskräften verursacht, die beim Transport der Schüttgutteilchen über ein Meßrad auftreten. Meßverfahren nach dem Coriolis-Prinzip sind von der Durchflußmessung von Flüssigkeiten her bekannt. Sie erlauben die direkte Erfassung des Massenstromes. Dadurch können höchste Genauigkeitsforderungen - unabhängig von den schüttgutmechanischen Eigenschaften des zu messenden Schüttgutes - erfüllt werden.

2. Schüttgutstrommesser nach dem Coriolis-Prinzip

Die Verwirklichung des Meßprinzips erfordert ein mit konstanter Winkelgeschwindigkeit rotierendes Meßrad (Bild 2). Wird ein Schüttgutstrom über das Meßrad geleitet, so ist ein zusätzliches Antriebsdrehmoment erforderlich, um die Winkelgeschwindigkeit konstant zu halten. Dieses Drehmoment ist streng proportional dem Massenstrom.

Die Zuführung des Schüttgutstromes zum Meßrad erfolgt im Zentrum über eine kegelförmige Umlenkeinrichtung, auf die der zu messende Schüttgutstrom auftrifft. Nach der Umlenkung wird das Schüttgut durch die Leitschaufeln des rotierenden Meßrades erfaßt und - durch Zentrifugalkräfte beschleunigt - nach außen geführt. Die Schüttgutpartikel verlassen das Meßrad an der Abwurfkante der Leitschaufel.

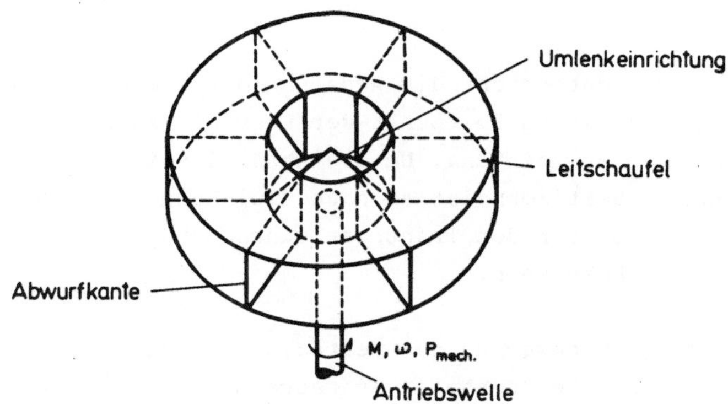

Bild 2 : Meßrad

Ein mathematisches Modell für das Meßsystem kann abgeleitet werden, indem die dem Meßrad zugeführte Leistung P_{mech} abhängig vom Schüttgutstrom berechnet wird. Dem Schüttgut, das das Meßrad an der Abbruchkante mit einer radialen und tangentialen Geschwindigkeitskomponente verläßt, wird beim Transport über das Meßrad Energie zugeführt. In einem ins Auge gefaßten Zeitraum von 0 bis T ist die gesamte Energie, die an der Antriebswelle über das Drehmoment aufgebracht wurde, durch Gleichung 1 gegeben:

$$E_G = \int_0^T P_{mech}\, dt = \int_0^T M \cdot \omega \, dt \tag{1}$$

Andererseits erfordert der Transport eines Schüttgutpartikels der Masse dm bis zum Abwurf einen Energiebetrag dE. Die Gesamtenergie, die zum Transport des Schüttgutes im betrachteten Zeitraum aufgewendet werden muß, ergibt sich durch Summation aller dieser Energieteilbeträge dE:

$$E_G = \int_0^T dE = \int_0^T \frac{dE}{dt}\, dt \tag{2}$$

Gleichung 1 und 2 sind für beliebige Zeiten T nur erfüllt, wenn gilt:

$$M \cdot \omega = \frac{dE}{dt} \tag{3}$$

Infolge Gleichung 3 entspricht die Änderung der dem Schüttgut zugeführten Energie zu jedem Zeitpunkt der über die Antriebswelle zugeführten mechanischen Leistung. Um die Abhängigkeit des Drehmoments vom Massenstrom zu bestimmen ist es nach Gleichung 3 erforderlich, den Energieaufwand dE für den Transport eines Schüttgutpartikels über das Meßrad zu berechnen.

Aufgrund der Rotationsbewegung des Meßrades werden, nachdem das Masseteilchen auf die Leitschaufel aufgebracht ist, die Zentrifugal-, Coriolis- und Reibkräfte wirksam.

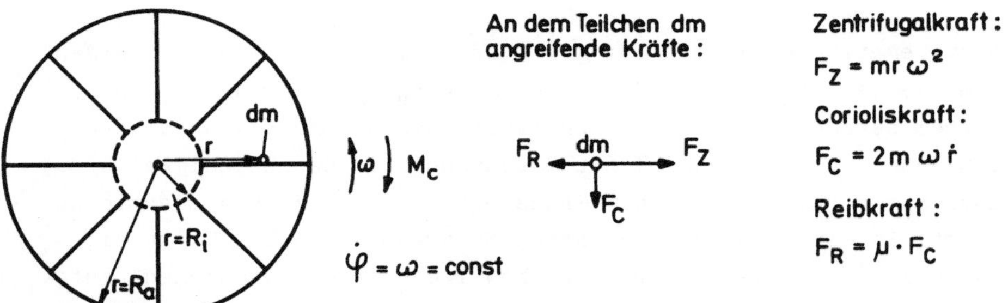

Bild 3 : Kräfte beim Transport eines Partikels auf der Leitschaufel

Das Masseteilchen wird durch die Zentrifugalkraft, vermindert um die Reibkraft, nach außen beschleunigt. Sowohl die Reibkraft als auch die Zentrifugalkraft wirken in radialer Richtung. Lediglich die Corioliskraft wirkt in tangentialer Richtung und liefert demzufolge ein Reaktionsmoment, das vom Antrieb ausgeglichen werden muß.

Die Energie, die aufzuwenden ist, bis ein Masseteilchen der Masse dm das Meßrad verläßt, ergibt sich damit zu:

$$dE = dm \cdot \omega^2 \cdot R_a^2 \qquad (4)$$

Setzt man dieses Ergebnis in Gleichung 3 ein, so ergibt sich für das gemessene Drehmoment:

$$M = \dot{m} \cdot \omega \cdot R_a^2 \qquad (5)$$

Das gemessene Drehmoment ist nach dieser Beziehung bei konstanter Winkelgeschwindigkeit direkt proportional dem Massendurchfluß. Reibung zwischen Materialteilchen und dem Schleuderrad oder aber auch zwischen Materialschichten unterschiedlicher Geschwindigkeit (geschichtete Strömung) hat keinen Einfluß auf das Meßergebnis. Das Meßverfahren ist demzufolge geeignet, Schüttgutströme mit hoher Genauigkeit zu erfassen, da im Unterschied zu Prallplatten- und Meßschurren-Systemen keine von den Schüttguteigenschaften beeinflußte physikalische Größen in die Empfindlichkeit des Gerätes eingehen.

3. Konstruktiver Aufbau des Meßsystems

Das Meßsystem besteht aus einer Meßeinrichtung zur Erfassung des vom Massenstrom erzeugten Drehmoments, einer Antriebssteuerung und einer mikroprozessorgesteuerten Auswerteinrichtung. Die Meßeinrichtung ist im Bild 4 vereinfacht dargestellt.

Der Schüttgutstrom wird dem Meßgerät zentral zugeführt und nach Umlenkung durch einen Kegel über das Meßrad geleitet. Angetrieben wird das Meßrad durch einen Drehstrommotor. Das Schüttgut wird nach Verlassen des Meßrades an den Prallflächen umgelenkt und verläßt das Meßgerät unten am zentralen Auslauf.

Die gesamte Antriebseinheit ist pendelnd gelagert, so daß das Drehmoment über einen Hebelarm mit einer Kraftmeßdose erfaßt werden kann.

Die Antriebssteuerung und die Auswerte-Elektronik sind im Bild 5 dargestellt.

Der Antriebsmotor wird mit einer Antriebssteuerung gesteuert. Die Betriebstemperatur des Motors wird mit Hilfe von Kaltleitern überwacht. Die mikroprozessorgesteuerte Auswerte-Elektronik verstärkt das gemessene Drehmomentsignal, errechnet daraus den Massenstrom und führt die Integration aus. Sie überwacht den Schüttgutstrom auf Grenzwerte und liefert ein analoges Signal für die Förderstärke sowie Fördermengenimpulse für externe Zähler.

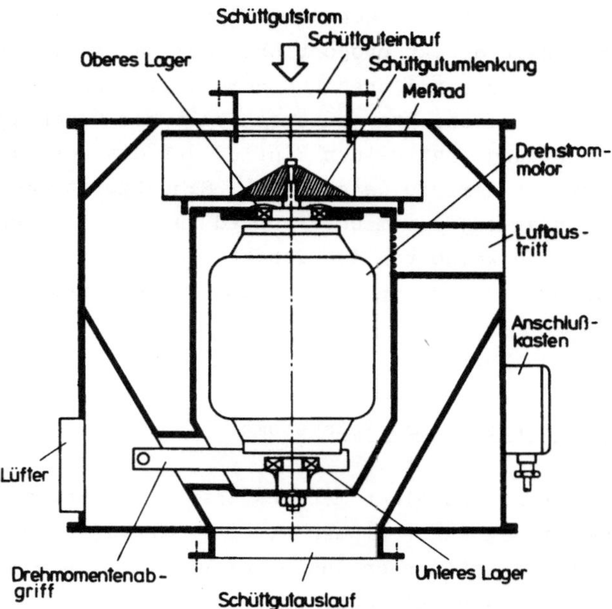

Bild 4 : Vereinfachte Schnittdarstellung der Meßeinrichtung

Zusätzlich verfügt das Gerät über eine serielle Datenschnittstelle, über die die Meßwerte auch seriell an Rechner, Betriebsdatenerfassungssysteme o.ä. übertragen werden können.

Bei der Konzeption dieser Auswerte-Elektronik wurden die Möglichkeiten der Mikroprozessortechnik voll ausgeschöpft. Das Gerät wird über einen bedienerfreundlichen Dialog parametrisiert. Auf diese Weise werden sowohl Justageparameter eingegeben als auch Sonderfunktionen vorgewählt. Da die Empfindlichkeit des Meßgerätes unabhängig von den Schüttguteigenschaften ist, ist das Gerät nach Eingabe dieser Parameter kalibriert. Inbetriebnahme und Justage gestalten sich daher besonders einfach.

4. Erreichbare Genauigkeiten

Um die erreichbare Genauigkeiten des Systems unter praxisnahen Bedingungen zu testen, wurde das Meßsystem in einem Materialkreislauf eingehend untersucht.

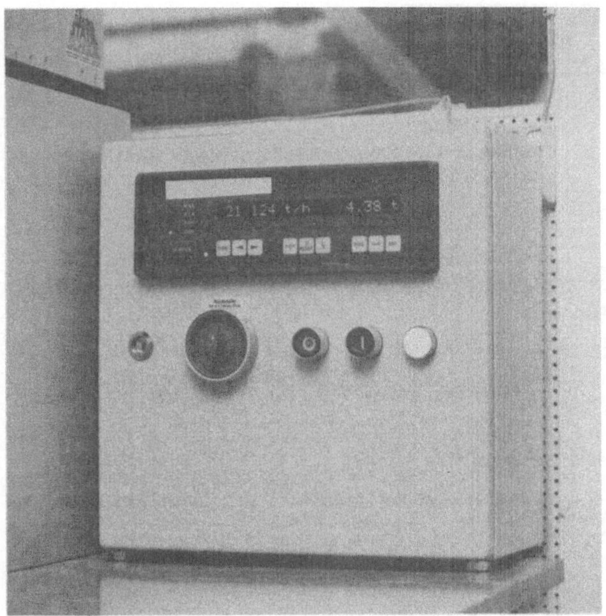

Bild 5 : Antriebssteuerung und Auswerte-Elektronik

Dort stehen sowohl Dosieraggregate zur Erzeugung von konstanten Förderstärken, als auch die erforderlichen wägetechnischen Einrichtungen zur Verfügung, um intensive Genauigkeitsuntersuchungen an solchen Meßgeräten durchführen zu können (Bild 6).

Versuche wurden mit verschiedenen Materialien durchgeführt. Die Versuchsmaterialien waren Quarz-Sand und Kalksteinmehl.

Im Bild 7 ist der Meßfehler in Abhängigkeit der Förderstärke dargestellt. Die Berechnung der Fehler erfolgte ISTWERT-bezogen. Es zeigt sich, daß der Fehler in einem weiten Förderstärkenbereich besser als ± 0,5% ist. Die Reproduzierbarkeit an den einzelnen Meßpunkten liegt bei Sand besser als 0,2%.

Die schüttgutmechanischen Eigenschaften von Kalksteinmehl und Sand sind sehr unterschiedlich. Quarzsand, der hier verwendet wurde, hat ein Schüttgutgewicht von 1,42 t/m³ und eine Korngrößenverteilung mit 99,5% größer 90 µm. Kalksteinmehl hingegen hat ein Schüttgewicht

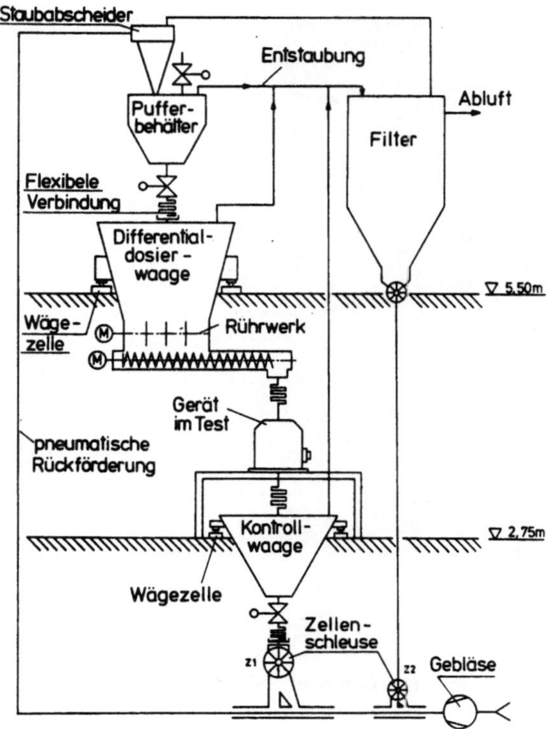

Bild 6 : Materialkreislauf zur Durchführung von Genauigkeitsuntersuchungen

von 0,82 t/m³ und eine Korngrößenverteilung von 7% größer 90µ. Die gemessenen Fehler zeigen, daß die Empfindlichkeit des Meßsystems von schüttgutmechanischen Eigenschaften des zu messenden Schüttgutes praktisch nicht beeinflußt wird.

5. Zusammenfassung

Das hier vorgestellte vollständig gekapselte Meßsystem ist insbesondere zum kontinuierlichen Wägen von Schüttgütern bei kleinen bis mittleren Förderstärken geeignet. In diesen Einsatzfällen ist die Energie, die dem Schüttgut zur Messung zugeführt werden muß, relativ gering. Das Gerät erfordert im Gegensatz zu den eingeführten Schüttstrommessern keine automatische Kontrolleinrichtung,

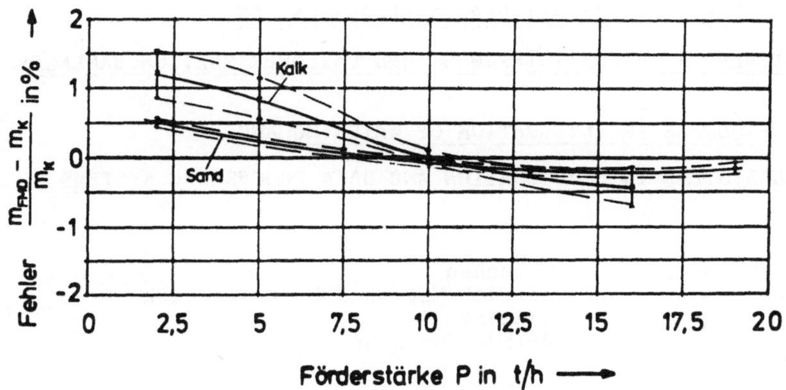

Bild 7 : Meßergebnisse mit Quarz-Sand und Kalksteinmehl

um im laufenden Betrieb die Genauigkeit zu sichern. - Auch bei der Justage kann auf Materialkontroll-Wägungen verzichtet werden. Die erforderliche Bauhöhe ist gering und der Schüttgutzu- und -Ablauf ist zentrisch, so daß das Gerät problemlos in vorhandene Förderwege integriert werden kann. Gemessen werden können mit diesem Gerät frei fließende, nicht kohäsive Schüttgüter, die nicht zum Anbacken neigen. Die erreichbare Genauigkeit liegt in einem Schüttstrombereich von 10% bis 100% der Auslegeförderstärke besser als ± 1%, auf den Förderstärken-Istwert bezogen. Damit steht ein Meßsystem für den industriellen Einsatz bereit, was es erlaubt, Schüttgutströme in einem weiten Förderstärkenbereich mit hoher Genauigkeit zu erfassen.

FORTSCHRITTE BEI DER INTERGRATION VON WÄGESYSTEMEN IN AUTOMATISIERUNGS- UND DATENVERARBEITUNGSANLAGEN

PROGRESS IN INTEGRATION OF WEIGHING AND BATCHING SYSTEMS INTO AUTOMATION AND DATA PROCESSING SYSTEMS

W.Buchen
Bereich Meß- und Prozeßtechnik
Siemens AG
D-7500 Karlsruhe

Summary:

After some remarks on traditional communication concepts a family of new weighing and batching systems is introduced. As these systems are based on programmable controllers, they provide weighing, batching control, recipe control, transportation control as well as operating and monitoring within one system. Finally the integration of weighing systems into local area networks is presented.

1.Traditionelle Automatisierungskonzepte in der industriellen Wägetechnik

Bis vor 25 Jahren wurde die Wägetechnik geprägt von der Mechanik. Aber schon damals reichte die reine Massenbestimmung oft nicht aus; die Waage mußte an betriebliche Abläufe angepaßt werden,damit zentrale Aufgaben wie Registrieren, Steuern und Regeln gelöst werden konnten. Der technologische Fortschritt (1) führte seitdem über die Stationen

- Wägezelle
- digitale Auswerteelektronik
- Mikroprozessor und
- freiprogrammierbare Steuerung

immer mehr zu einer flexiblen Anpassung an die Betriebserfordernisse. Als Beispiel seien hier die Anforderungen genannt, wie sie bei der Steuerung einer Gemengeanlage auftreten. Hier hat sich, wie überall in der Automatisierung von Produktionsanlagen, der Trend zur Dezentralisierung durchgesetzt (s.Abb.1). Digitale Auswägeeinrichtungen sorgen für die Durchführung und Überwachung der Gemengezusammenstellung nach Rezept. Die zentrale Erfassung, Verarbeitung und Speicherung aller betriebsrelevanten Daten wie Rezepturen, Chargen und Mischerbelegung werden ebenso in der Führungsebene realisiert wie die Bilanz der Stoffmengen und Verfahrenszeiten. Es zeigt sich also deutlich, daß die Waagen systemfähig sein müssen, d.h.sie müssen Wägeergebnisse übertragen und Sollwerte, Rückmeldungen und Bedienungshinweise empfangen können.

Wie wird die Systemintegration erreicht ? Auch nach dem Aufkommen von Mikroprozessorsystemen wurden lange Zeit noch Soll- oder Istwerte analog als Spannungen (0... 10 V) oder Ströme (0...20/ 4.. 20 mA) nachgebildet und über Analogein-/ausgaben verarbeitet.

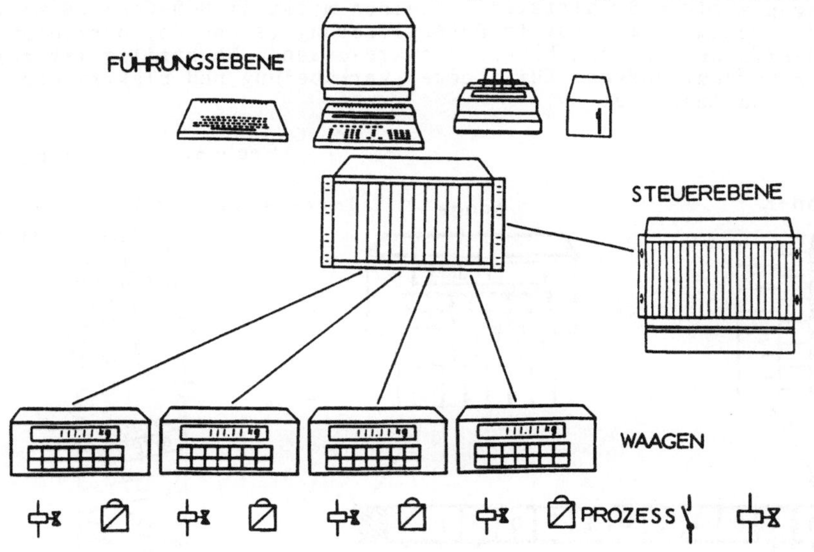

Abb.1: Steuerung einer Gemengeanlage

Heute beherrschen digitale Schnittstellen das Feld. Eine auch heute noch gebräuchliche Art des Datenverkehrs zwischen einer Auswägeeinrichtung und z.B. einem übergeordneten Minicomputer

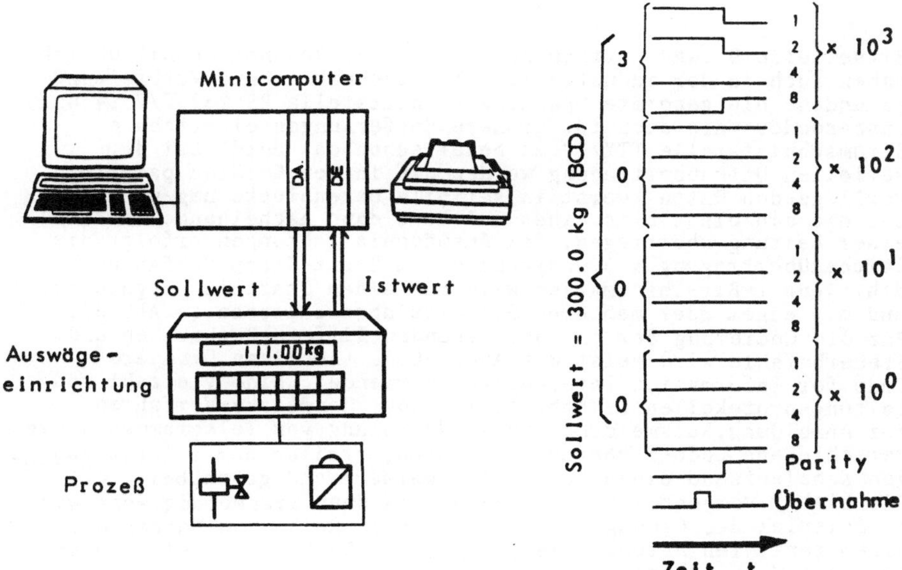

Abb.2: Parallelkopplung

ist die über eine parallele Schnittstelle (s.Abb.2). Die parallele Datenübertragung erfordert für jedes Bit eines Zeichens und für das Paritätsbit eine eigene Datenleitung. Die Synchronisierung der parallel ausgegebenen Zeichen erfolgt über Signalleitungen. Solche Schnittstellen werden meist im BCD-Code (Binary Coded Decimal) mit Parity-Datensicherung (s.Abb.2b) betrieben und erfordern keinen hohen Softwareaufwand. Nachteilig ist der hohe Hardwareaufwand für Stecker,Verkabelung und elektrische Ein- und Ausgänge.

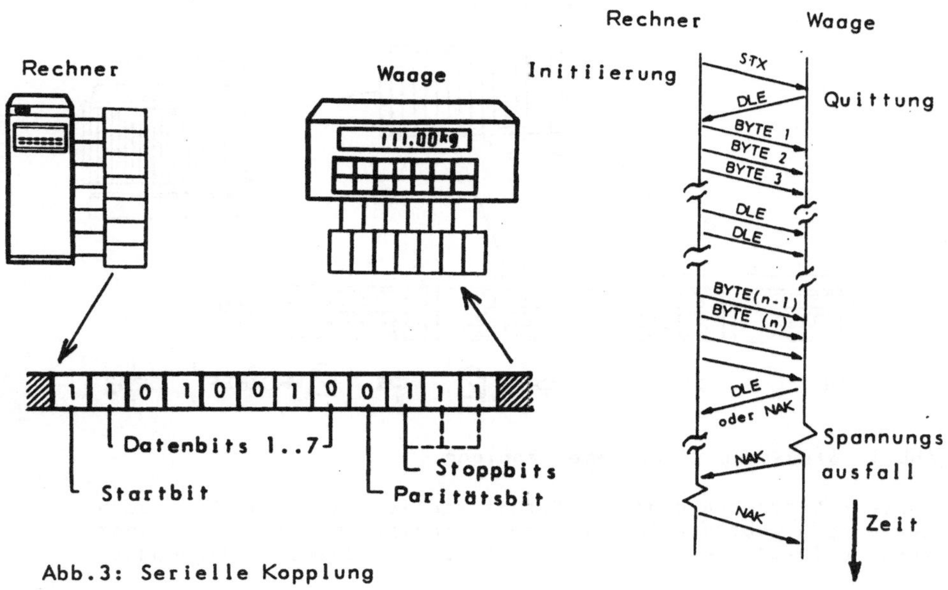

Abb.3: Serielle Kopplung

Bitserielle Datenübertragungen wie in der Rechnertechnik üblich, haben auch in der industriellen Wägetechnik größte Verbreitung gefunden. Die genormte Spannungsschnittstelle RS 232 C/V.24 und insbesondere die auch für größere Entfernungen einsetzbare Stromschnittstelle TTY/20 mA beherrschen das Feld. Bei der seriellen Datenübertragung werden die in den Geräten parallel vorliegenden Daten zuerst in serielle Datenblöcke umgewandelt und die einzelnen Bits eines Zeichens dann nacheinander auf einer Leitung übertragen. Bei Auswägeeinrichtungen erfolgt die Zeichenübertragung i.A. asynchron, im Start-Stopp-Verfahren, d.h. jede 7-Bit-Information wird mit einem Startbit eingeleitet und mit einem oder mehreren Stopbits abgeschlossen (s.Abb.3). Für die Codierung der zu übertragenden Ziffern,Buchstaben und Steuerbefehle wird meist der ASCII-Code (American Standard Code for Information Interchange) verwendet. Eine Vielzahl von Leitungsprotokollen (s.Abb.3b) mit sog. Handshake-Verfahren zur Anmeldung,Rückmeldung und Wiederholung von Telegrammen,sowie verschiedene Code-Sicherungsverfahren, stellen dem relativ geringen Kabelaufwand einen hohen Softwareaufwand gegenüber.
Die bisher vorgestellten Konzepte sind dann fragwürdig,wenn wie im Beispiel der Gemengeanlage eine ganze Reihe von Waagen mit einem zentralen Automatisierungsgerät z.B. über serielle Punkt-zu-Punkt-Verbindungen gekoppelt wird.
Hardwarekosten für eine Vielzahl von seriellen Schnittstellen und eine i.A. notwendige Softwareanpassung machen derartige

Konzepte schwierig und kostspielig. Es lag daher nahe, Wäge- und Dosiersysteme zu schaffen, die die zentralen Funktionen

- Bedienen und Beobachten
- Protokollieren
- Transportsteuerung, Verriegelung und

die prozeßnahen Wäge- und Dosiersteuerungen beinhalten. Solche Systeme werden im folgenden vorgestellt.

2. Integration von Wägefunktionen in Automatisierungsgeräte

Die neuen Systeme (2) basieren auf weltweit verbreiteten Automatisierungsgeräten (speicherprogrammierbaren Steuerungen). Gerätebuskompatible 'Wägeprozessoren' sind in verschiedene Basisgeräte steckbar, die sich durch unterschiedliche Leistungsdaten hinsichtlich Verarbeitungsgeschwindigkeit und Speicherausbau, aber auch durch Kompatibilität hinsichtlich Hardware (Steckbaugruppen und Peripherie) als auch Software (Programmiersprache und Standardfunktionen) auszeichnen (s.Abb.4). Der eigentliche Wägeprozessor, der eine seriell oder parallel angekoppelte Waage ersetzt

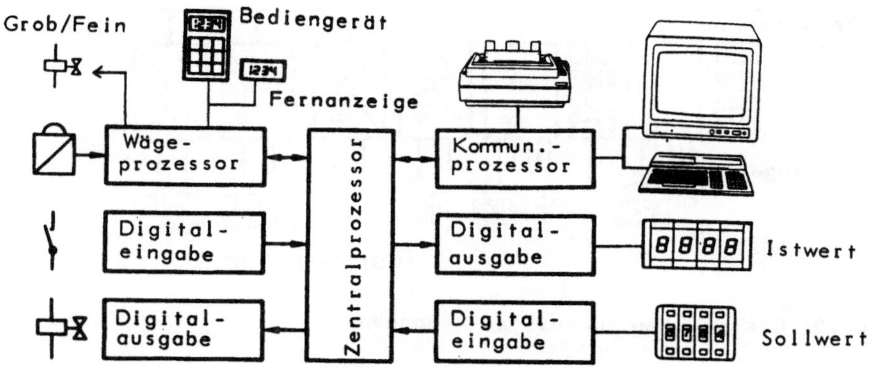

Abb.4: Wägeprozessor in Automatisierungsgerät integriert

ist als 1-Komponente-Gattierwaage ausgeführt, d.h. er führt eine Verwägung nach Sollwert selbsttätig durch. Dafür stehen Relaisausgänge für die Ansteuerung der Dosierorgane (Grobstrom, Feinstrom) unabhängig von der Zentraleinheit des Automatisierungsgerätes zur Verfügung. Damit wird eine definierte, von der Zykluszeit des Automatisierungsgerätes unabhängige Abschaltung erreicht. Eine Mehrkomponentensteuerung wird über die Zentraleinheit des Automatisierungsgeräts bzw. Digitalausgabebaugruppen realisiert. Somit wird die Anzahl der möglichen Vorratsbehälter, die nach Rezept in einen gemeinsamen Wägebehälter dosieren nur durch die Anzahl der steckbaren Ausgabemodule begrenzt. Auf dem Wägeprozessor selbst ist eine serielle Schnittstelle (20 mA Stromschleife) realisiert, die die Ankopplung von Fernanzeigen (bis 1000 m enfernt) erlaubt. Damit können wahlweise bis zu drei Gewichtswerte (Sollwert, Behälterfüllstand, aktuelles Komponentengewicht) angezeigt werden. Die Wägeprozessoren arbeiten unabhängig von der Zentraleinheit des Systems und beinhalten neben Meß-

werterfassung und Soll-/Istvergleich auch Funktionen wie:
- Überlast-/Überfüllschutz
- Stillstandsüberwachung
- Materialflußüberwachung
- Dosierzeitüberwachung
- zyklische Prüfung der Meßeinrichtung
- Nachlaufanpassung
- Nachdosierautomatik/Nachdosieren im Tippbetrieb und
- Analogeingang für Feuchtekorrektur.

Zwei Beispiele sollen die Bandbreite dieser neuen Systeme verdeutlichen.

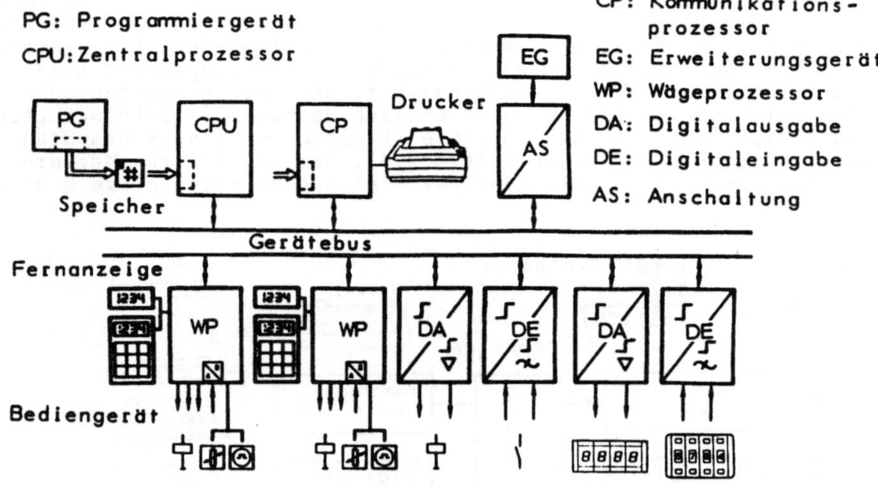

Abb.5: Kleinsystem für bis zu 4 Waagen

Ein Kleinsystem ist in seiner Standard-Version für 4 Waagenfunktionen ausgelegt (s.Abb.5). Im Zentralspeicher des Systems können bis zu 100 Rezepte hinterlegt werden.Eine Protokollierung des Produktionsablaufes wird über einen Drucker ermöglicht.In der einfachsten Version ist eine konventionelle Bedienung und Beobachtung über digitale Sollwertsteller und Digitalanzeigen realisiert. Eine zentrale Bedienung über Monitor und Bedientastatur ist als Option vorgesehen.

In der leistungsfähigsten Version ergibt sich ein komplexeres Bild (s.Abb. 6).Die Dosier- und Mischersteuerung besteht aus mehreren Subsystemen und ist standardmäßig ausgelegt für 3 Auftragslisten mit jeweils bis zu 10 Produktionsaufträgen.Die Rezeptliste umfaßt 40 Rezepte mit bis zu 40 Komponenten. Innerhalb dieses Systems kann eine Vielzahl von Wägeprozessoren eingesetzt werden.

Das System gliedert sich in zwei Komponenten:
- OS: zentrales Bedien- und Beobachtungssystem
- DMS: Dosier- und Mischersteuerungssystem.

Die Komponenten arbeiten autark und sind im Standardfall über ein lokales Netz (siehe auch Kap.3) miteinander verbunden.

Die Systemkomponente OS enthält alle Funktionen,die für zentrales Bedienen und Beobachten erforderlich sind.Alle standardmäßig vorgesehenen alphanumerischen Eingaben (z.B. Silobelegung,Rezept etc.) erfolgen im maskenorientierten Dialog über Schwarzweiß-

oder Farbsichtgeräte.Variable Funktionstasten (Softkeys), deren aktuelle Bedeutung im Bildschirm eingeblendet wird ,ermöglichen eine Bedienerführung im Dialog, die Fehlbedienungen weitgehend ausschließt. Auf zusätzlichen Farbsichtgeräten kann der Prozeß in grafischer Form dargestellt werden. Dynamische Anlagenzustände (z.B. Ventilstellungen,Siloständ e,Istwerte) können durch Farbumschlag oder in numerischer Form eingeblendet werden. Über Drucker werden sowohl die Stör- als auch die Betriebsprotokolle festgehalten.Der Bediener hat die Möglichkeit ,den Bildschirminhalt jederzeit als Hardcopy auszugeben. Die Komponente DMS enthält alle Prozeßsteuerfunktionen:

- Rezeptablaufsteuerung zur Bearbeitung der aktuellen Rezepte,
- Dosiersteuerung zur Sollwertvorgabe und Überwachung der Waagen,
- Wege- und Antriebssteuerung zum Ein-/Ausschalten von Gruppen- bzw. Einzelantrieben.

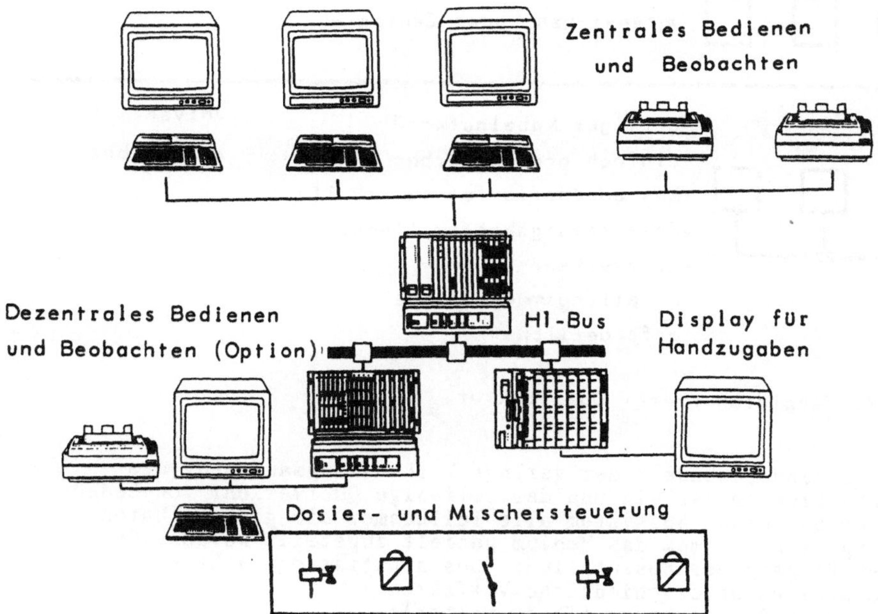

Abb.6: Dosier- und Mischersteuerung

Für eine dezentrale Bedienung kann auch ein Datensichtgerät mit Bedientastatur angeschlossen werden. Bedienerführung über dezenrale Displays ermöglicht das zeitrichtige Einbringen von Handzugaben. Über die vorgegebenen ,parametrierbaren Standards hinaus hat der Anwender die Möglichkeit, mit Hilfe einer leicht erlernbaren Programmiersprache eigene Funktionen zu realisieren.

3. Wägetechnik und lokale Netze

Wie auch im letzten Beispiel wieder aufgezeigt,tendiert die Prozeßautomatisierung immer mehr zu dezentraler Anlagenautomatisierung. Komplexe Aufgabenstellungen werden in kleinere, übersichtlichere Teilaufgaben zerlegt. Informationen werden schneller unmittelbar vor Ort bearbeitet. Die Anlagenverfügbarkeit erhöht sich, weil bei Ausfall einer Unterzentrale das verbleibende Restsystem weiterarbeiten kann. Voraussetzung für eine derartige Anlagenstruktur ist ein leistungsfähiges und umfassendes Kommunikationsmittel. Hier bietet sich ein Bussystem an. Speziell bei komplexen und umfangreichen Systemen bietet es Vorteile gegenüber der herkömmlichen Sternstruktur (s.Abb.7).

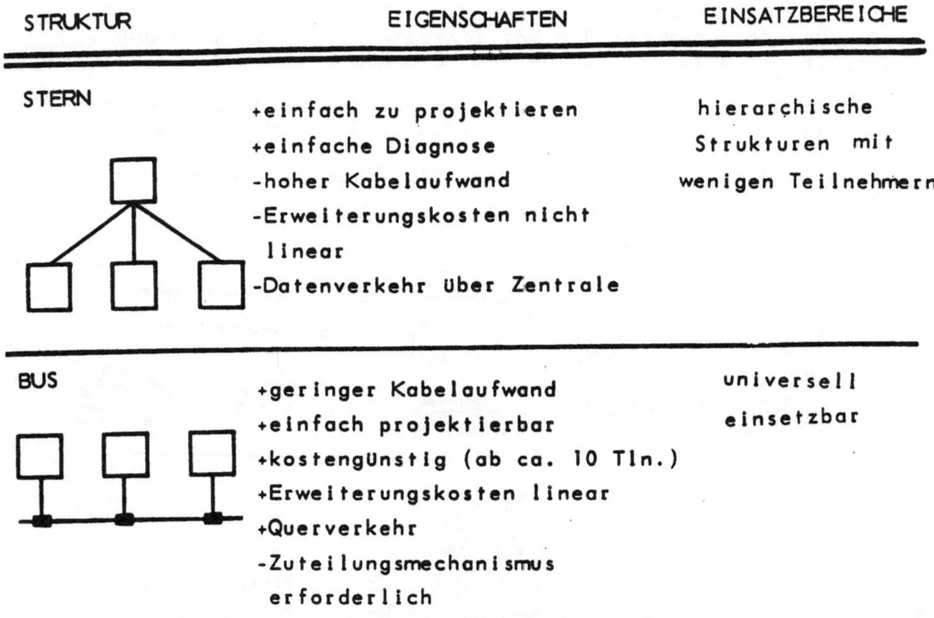

Abb.7: Vergleich Stern- Busstruktur

Hierbei sind besonders der geringe Verkabelungsaufwand, die leichte Erweiterbarkeit und der beliebige Querverkehr von Bedeutung. Da bei einem Bussystem alle Teilnehmer die gleiche Datenleitung benutzen, muß das Medium gezielt zugeteilt werden. Bei diesem Vorgang der Buszuteilung (bus arbitration) gibt es zwei grundsätzlich unterschiedliche Verfahren:

- zentrale Bussteuerung (fixed master):
  Die Zugriffsberechtigung der angekoppelten Stationen wird von einem zentralen Bus-Master gesteuert.
- dezentrale Bussteuerung (flying master):
  Hier ist jede Station durch ihre eigene 'Intelligenz' in der Lage , selbständig zu steuern, wann sie das Übertragungsmedium in Anspruch nimmt. Im Gegensatz zur zentralen Bussteuerung wird nicht der gesamte Datenverkehr unterbrochen, wenn die aktuelle Master-Station ausfällt. Daher bietet eine flying master-Steuerung eine wesentlich höhere Verfügbarkeit als eine zentrale Bussteuerung.

Für die vorgestellten Wäge- und Dosiersteuerungen stehen zur Zeit zwei Bussysteme unterschiedlicher Leistungsfähigkeit zur Verfügung. Ein preiswertes, zentral gesteuertes Bussystem (3) (nach Norm RS 485) mit bis zu 31 Teilnehmern erlaubt eine Datenübertragungsrate von 9,6 kBit/s. Die maximale Entfernung zwischen zwei Teilnehmern beträgt 2,5 km. Die Kommunikation läßt sich durch ein 'Postmodell' vereinfacht darstellen. Ein Postamt (der Master) sorgt für den Ablauf der Korrespondenz zwischen den angeschlossenen Teilnehmern (den Slaves). Die Kommunikation besteht aus der Sendung von 'Datenpaketen'. In einem Datenpaket kann eine gewisse Anzahl von Informationen enthalten sein. Es wird im 'Sendefach' des sendenden Partners gefüllt (z.B. mit Istwerten und Statusmeldungen), geschlossen und anschließend durch den Master (Postamt) an den Adressaten transportiert.

Datenpakete können:

von jedem Teilnehmer an jeden anderen und ..

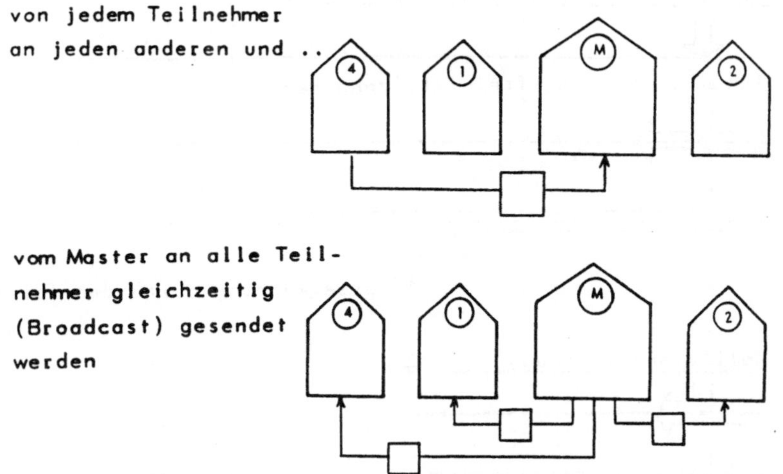

vom Master an alle Teilnehmer gleichzeitig (Broadcast) gesendet werden

Abb.8: Zentrale Bussteuerung

Beim Adressaten wird das Datenpaket in das Empfangsfach deponiert. Anschließend wird dies vom Empfänger geleert. Diese Datenpakete können von einem beliebigen an einen beliebigen Busteilnehmer gesendet werden (von Slave an Slave, von Slave an Master und von Master an Slave) oder vom Master gleichzeitig an alle Slaves (Broadcast) (s.Abb.8). Der Bus-Master arbeitet nach einer vom Anwender vorzugebenden 'Umlaufliste'. Diese Liste ist eine Folge von Slave-Nummern, welche die Reihenfolge des Ansprechens der Slaves durch den Master festlegt. Hierbei werden die Teilnehmer nach zu sendenden Paketen abgefragt. Für ganz dringende Fälle wurde eine 'Alarmliste' konzipiert. Beim Auftreten eines Alarms, d.h. bei der Anmeldung einer 'Eilsendung' wird die zyklische Bearbeitung der Umlaufliste unterbrochen. Anschließend wird die Alarmliste bearbeitet. In der in ihr festgelegten Reihenfolge werden die Teilnehmer nach der 'anonym' angekündigten Eilsendung abgefragt. Nach der Ortung dieses Datenpakets wird es an den gewünschten Empfänger ausgeliefert. Anschließend wird die zyklische Bearbeitung der Umlaufliste fortgesetzt.
Das dezentral gesteuerte Bussystem (4) (nach ETHERNET Standard, Norm IEEE 802.3) erlaubt den Anschluß von bis zu 1024 Teilnehmern und eine Bruttodatenrate von 10 MBit/s. Damit wird es auch Echtzeitanforderungen gerecht. Das Buszuteilungsverfahren erfolgt nach CSMA/CD (carrier sense multiple access/collision detection) also Mithören bei Mehrfachzugriff/Kollisionserkennung (s.Abb.9).

Jeder Teilnehmer 'hört' ständig die Busleitung ab und empfängt die an ihn adressierten Sendungen. Ein Teilnehmer startet eine Sendung nur, wenn die Leitung frei ist. Starten zwei Teilnehmer gleichzeitig eine Sendung ,so merken sie dies, stellen die Sendung ein und starten nach einer Zufallszeit erneut.Inzwischen können andere Teilnehmer auf den Bus zugreifen. Das Bussystem ist kompatibel mit Anschaltungen für Automatisierungsgeräte, CNC-Systeme, Roboter, Mini-, Mikro- und Personal-Computer.

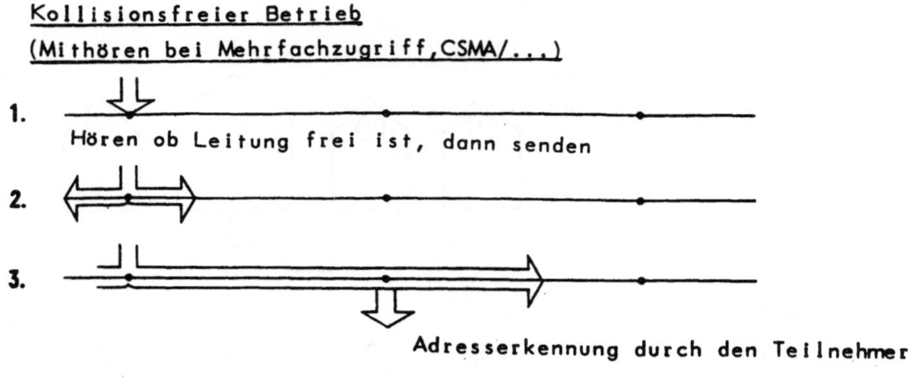

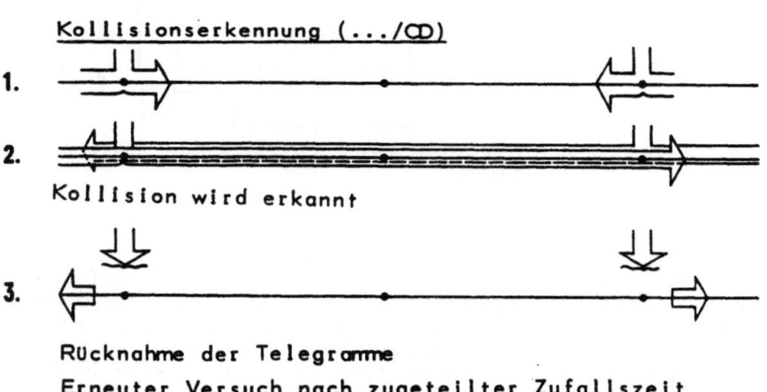

Abb.9: Dezentrale Bussteuerung

4. Ausblick

Unter dem Projektnamen 'Manufacturing Automation Protocol (MAP)' wird seit einigen Jahren an einem weltweiten,einheitlichen herstellerneutralen Kommunikationsstandard gearbeitet (5).In einer 'MAP-Task Force' beteiligen sich die namhaftesten Hersteller der Automatisierungstechnik. Es soll ein für alle mal Schluß gemacht werden mit dem kostspieligen und schwierigen Ankoppeln unterschiedlicher Systeme in der Produktion. Mit MAP werden standardisierte Schnittstellen für den Datenaustausch zwischen Automatisierungsgeräten,Robotern und Rechnern unterschiedlichster Herkunft innerhalb eines 'offenen' Systems geschaffen. Die angeschlossenen Systeme werden den Aufbau der 'Fabrik der Zukunft' erlauben - mit einem durchgängigen Informationsfluß vom Technischen Büro bis zur Produktion.

Auch in dieser Umgebung werden wägetechnische Systeme arbeiten. Sie werden mit dazu beitragen, die Produktivität weiter zu erhöhen, die Produktqualität zu sichern, Lagerbestände zu reduzieren, höhere Rohstoffausbeute zu erzielen und Produktionsabläufe flexibler zu gestalten.

Literatur:

1)Kochsiek,M.(Hrsg.):Handbuch des Wägens,Vieweg Verlag, Braunschweig,1985

2)Buchen,W:SIWAREX S eine neue Familie von Wägesystemen auf Basis von SIMATIC S5,Siemens Energie und Automation (i.V.)

3)Hoffmann,M;Liesenberg,K:SINEC L1, das preiswerte lokale Netz für SIMATIC S5,Siemens Energie und Automation, Produktinformation Automatisierungstechnik 5,1985

4)Kersting,T;Sommer,R;Stier,H:SINEC H1, ein Bussystem für die Prozeßkommunikation,Siemens Energie und Automation 7, 1985

5)Pfeifer,T;Rühle,W.:Derzeitige Situation und Chancen von MAP,Automatisierungstechnische Praxis atp,3,1986

MATERIAL- UND WARENWIRTSCHAFT,

PROZESSOPTIMIERUNG,

BETRIEBSDATENERFASSUNG

MIT

KONFIGURIERBAREN WÄGESYSTEMEN

MATERIAL- AND PRODUCT ECONOMY,

PROCESS OPTIMIZING,

PROCESS DATA RECORDING

WITH

CONFIGURABLE WEIGHING SYSTEMS

Helmut Weinberg
BIZERBA-WERKE
Wilhelm Kraut GmbH u. Co. KG
7460 Balingen 1, B.R.Deutschland

Summary:

Electro-mechanic weighing systems as compact or decentralized constructions are configurable and system-oriented. Basic programs and additional user programs include various possibilities for optimizing and control, as well as material- and ware economy and process data recording in the industrial processing. This is accentuated by some practical examples. Further developement will have to be done in the following fields:

refinement of load cells, control of environment influences and potency flow, increase of weighing speed in dynamic weighing processes, improvement of information exchange between weighing system and operator, standardizing of interfaces, combined with an increased output at data exchange, and finally the extension of weighing terminal functions.

1. Definitionen zum Thema:

Konfigurierbare Wägesysteme praxisbezogen zu entwickeln und optimal bereichsbezogen und/oder bereichsverknüpfend einzusetzen, setzt eine grundlegende Kenntnis der Sachgebiete und deren Zusammenhänge als wiederkehrende Bestandteile im Lager- und Versandbereich, in der Verfahrens- und Produktionstechnik und im Handel voraus.

"Material- und Warenwirtschaft" basiert auf der Erzeugung und der Verteilung von Produkten mit minimalem Kostenaufwand.

"Prozeßoptimierung" ist gleichzusetzen mit Umformung/Veränderung und/oder Transport von Materie, Energie und/oder Information (Bild 1).

"Betriebsdatenerfassung" (Eingabe, Speicherung, Archivierung, Zuordnung) wird als Teil der Datenverarbeitung definiert.

Bestandteil einer Prozeßoptimierung ist eine Material- und Warenwirtschaft und eine lückenlose Betriebsdatenerfassung ist eine Teilbasis für die Material- und Warenwirtschaft und Prozeßoptimierung, womit der untrennbare Zusammenhang dargelegt ist.

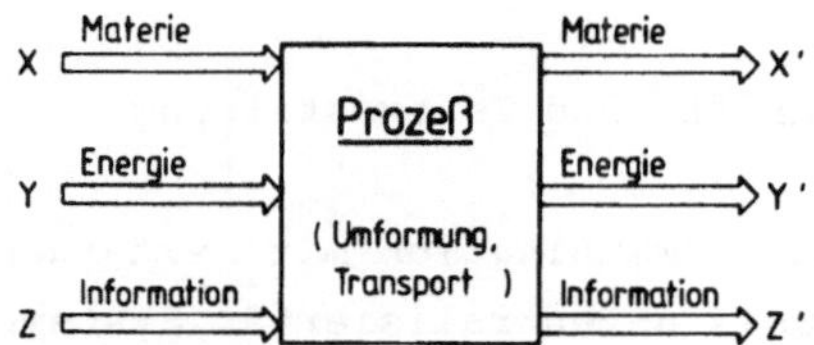

Bild 1: Definition des Prozesses

Nachdem der Begriff "Konfiguration" mit Gestaltung übersetzt wird, sollten "konfigurierbar" genannte Wägesysteme

- innerhalb des Systems umfassend gestaltbar und verfügbar sein;
- integrationsfähig und systemfähig sein;
- durch Grund- und Standardprogramme bestimmte, häufig wiederkehrende Verfahrensabläufe reglementieren;
- den Aufgaben- und Einsatzbereich durch Anwenderprogramme erweitern.

2. Stand der konfigurierbaren Wägetechnik

Grundsätzlich sind die elektromechanischen Wägesysteme für Labor, Handel und Industrie nach kompakter und dezentralisierter Bauweise zu unterscheiden.
Dabei wird die Last auf einen Lastträger aufgebracht (statische Wägung) oder über einen Lastträger hinweggeführt (dynamische Wägung). Die daraus resultierende Gewichtskraft wirkt direkt oder über gewichtskraftreduzierende Koppelungshebel auf die Wägezellen. Das der Gewichtskraft proportionale Wägezellensignal wird zu einem ausgabefähigen Meßwert verarbeitet. Hierbei erfolgt nicht nur die Umrechnung auf Masseeinheiten, Korrektur interner Einflußgrößen, Überprüfung des Funktionsablaufes, sondern auch eine Übernahme und Verarbeitung nicht wägespezifischer Daten zur Bedienerführung, Statistik, Prozeßdurchdringung oder dergleichen. Zur Datendarstellung und -verarbeitung werden Digitalanzeigen, Bildschirmterminals, Druckeinrichtungen und EDV-Anlagen eingesetzt.
Eine Konfigurierbarkeit innerhalb des Wägesystems schließt heute ein:

- freie Gestaltung des Meßbereiches und Ziffernschrittes;
- Aufschaltung mehrerer Lastaufnahmen, auch mit unterschiedlichen Wägeprinzipien, Meßbereichen und Ziffernschritten, auf ein Auswerte- und Anzeigesystem;
- Hardware-Modifikation, angepaßt an die Betriebs- und Umweltbedingungen (Schutzart IP 65, Ex-Schutz);
- variable Formatierung, Wägebeleg-, Schrift- und Textgestaltung, auch in verschiedenen Sprachen;
- Daten- und Befehlsein- und -ausgabe zur Kommunikation mit externen Steuerungen und EDV-Anlagen auf der Basis dezentralisierter Systeme (Bild 2).

Unter Integrationsfähigkeit sei das problemlose und angepaßte Einfügen in den Materialfluß und in die Fördersysteme verstanden. Demgegenüber ist eine Waage systemfähig, wenn Wägeergebnisse und begleitende Daten mit übergeordneten Einheiten verknüpfbar sind.

Durch die Erweiterung der Grundprogramme um fixierte Funktionsprogramme wurde es möglich, wiederholbare, gleichartige Verfahrensabläufe einem Standard zuzuführen, wie beispielsweise:

- Stückzahlbestimmung massegleicher Teile;
- Postgebührenermittlung;

- Klassifizierung von Wägegütern;
- Gewichtskontrolle mit Korrektur;
- Ein- oder Mehrkomponentendosierung;
- Gewichtsbestimmung und -verarbeitung an Fahrzeugwaagen;
- Gattieren und Chargieren;
- Abfüllung gewichtsgleicher Gebinde.

Dazu übernehmen Anwenderprogramme den weiteren Aufgabenkreis.

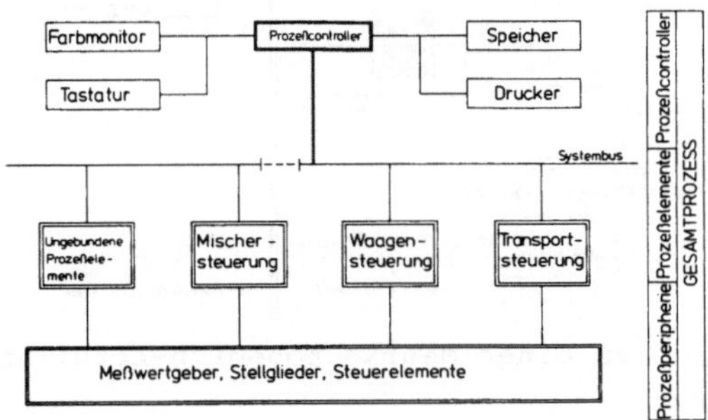

Bild 2: Automatisierungskonzept zum Dosieren, Wägen, Mischen, Regeln, Steuern, Darstellen, Erfassen

3. Konfigurierbare Wäge- und Datensysteme in der Praxis

3.1 Computergesteuerte Dosieranlagen für Flüssigkeitsmischungen

Die Gebindebefüllung mit häufig wechselnden Produkten oder das Herstellen von Mischungen erfordert ausgedehnte Vorratslager. Eine Konzentration auf relativ kleinem Raum wird durch ein Dosierzentrum mit integrierter Waage erreicht (Bild 3). Auf einer Kreisbahn sind der Stoffsortenzahl entsprechende Dosierventile angeordnet und über flexible Schläuche mit den stationären Produktleitungen verbunden.
Das angewählte Ventil wird durch einen Schwenkantrieb auf der Kreisbahn in zentraler Abfüllposition mit einem Stellzylinder gekoppelt, der die von der Waage gesteuerten Förderbereiche "grob/mittel/fein" regelt. Darunter befindet sich der Lastaufnehmer mit mobilem Behältnis.

Eine Höhenverstellbarkeit gewährleistet den Einsatz unterschiedlich hoher Gebinde und eine schwenkbare Tropfenfangschale schaltet Gewichtsänderungen durch Nachtropfen aus.

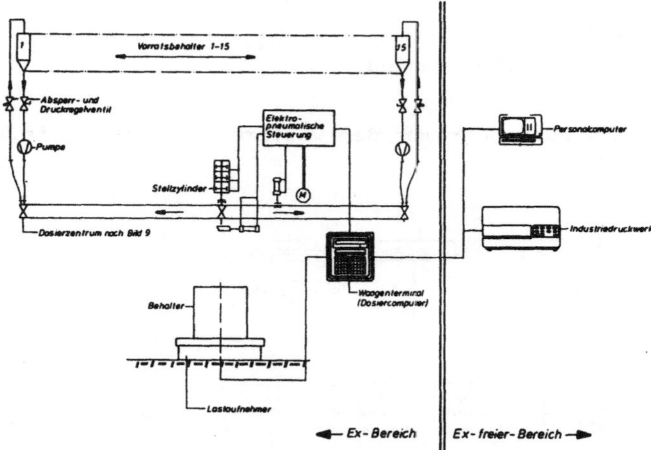

Bild 3: Konfiguration zu einer Mehrkomponenten-Abfüllanlage mit Dosierzentrum

In der 15-Komponentenanlage nach Bild 3 werden die Rezepte mit dem Chargengewicht, den prozentualen Stoffsortenanteilen, Umschaltstufen, Toleranzgrenzen, Rezept- und Stoffsortennummern im Personalcomputer gespeichert und vor dem Dosiervorgang über die Rezept-Nr. aktiviert. Der folgende Abfüll- und Dosiervorgang läuft automatisch ab. Komponentengrößen, die kleiner als der digitale Ziffernschritt der Waage sind, werden über eine anzahl- und zeitgesteuerte Öffnung der Feinstufe des Ventils pulsierend dosiert.

3.2 Optimierung des Einsatzmaterials sichert Wirtschaftlichkeit bei Weiterverarbeitung

Eine Sägeanlage erzeugt quadratische oder runde Metallabschnitte, die nach der Erwärmung in Gesenke zu Formstücken geschmiedet werden. Dabei führen Untergewichte zum Ausschuß und Übergewichte zerstören das Gesenk. Aus den mathematischen Grundlagen (Bild 4) ergeben sich folgende steuerungstechnische Notwendigkeiten:

- Nach dem Absägen des verlorenen Kopfstückes, der Eingabe des Sollgewichtes, des Einheitsgewichtes und der Querschnittsform erfolgt im ersten Abschnittbereich die Höhen- und Breitenmessung mit Übertragung in das Waagenterminal.
- Daraus werden die Sollänge errechnet und der Sägeanschlag automatisch in die Sollposition gefahren.
- Der erste Sägeabschnitt wird zum Soll-Istgewichtsvergleich durch einen Greifer auf die Waage gelegt.
- Liegt das Istgewicht in den Toleranzgrenzen, erfolgt die Freigabe des nächsten Abschnittes, erforderlichenfalls unter Berücksichtigung von Querschnittskorrekturen.
- Andernfalls erfolgt Herausnahme des 1. Abschnittes aus der Produktion, Übernahme der Gewichtsabweichung in den Mikrocomputer zur Sollängenkorrektur unter Berücksichtigung eventuell notwendiger Querschnittskorrekturen.

Die Übergabe der Sägeabschnitte in die Klassifizierungsbehälter wird jeweils automatisch durch das computergesteuerte Transportsystem vorgenommen.

3.3 Zählwägeanlagen im Lager- und Produktionsbereich sichern Warenwirtschaft

Sie werden bei der Wareneingangskontrolle, bei der Umfüllung in lager- oder versandkonforme Behältnisse, bei der Zurichtung und Verpackung im Anschluß an Produktionsstraßen, bei der Kommissionierung für Fertigungs- und Montagelinien, bei der Lohnermittlung und zur Lagerbestandsführung mit Warenwirtschaft eingesetzt.

Die Zählwägeanlage nach Bild 5 mit Mengen- und Referenzwaage, Zählwägecomputer und Thermodrucker ist auf einem schienengebundenen Fahrgestell angeordnet. Diese Konzeption mit einem Netzspannungsanschluß über eine Steckverbindung erlaubt den Einsatz an verschiedenen Plätzen des Auslieferungs- und Kommissionierlagers.Auch sind mobile, batteriegespeiste Zählwägesysteme möglich. Die Daten werden auf einen Streifen gedruckt und zentral, nach Kostenstelle und Artikel getrennt, ausgewertet und verarbeitet.

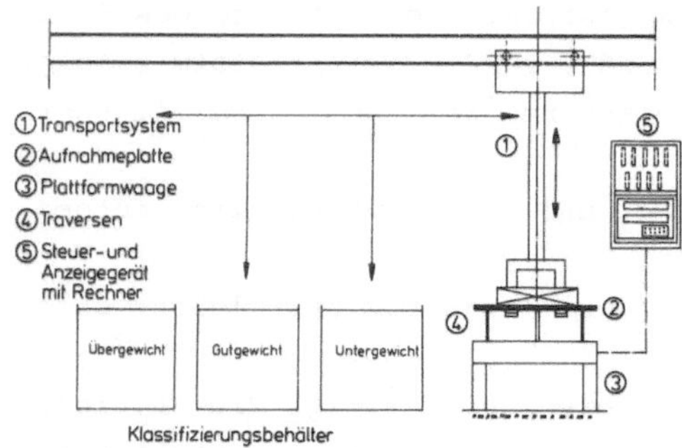

Mathematische Grundbeziehungen:

Bedeuten:

G_{Soll} = Sollgewicht des Sägeabschnittes [kg]

F_{Ist} = Istquerschnitt des Vormaterials [dm^3]

γ = Spezifisches Gewicht [kg/dm^3]

L_{Soll} = Sollänge des Sägeabschnittes [dm]

Dann ist: $G_{Soll} = F_{Ist} \cdot \gamma \cdot L_{Soll}$ [kg]

und: $$L_{Soll} = \frac{G_{Soll}}{F_{Ist} \cdot \gamma} \text{ [dm]}$$

Bild 4: Schema zur Klassifizierung von Sägeabschnitten

Bild 5: Zählwägeanlage im Kommissionier- und Versandbereich

3.4 Postversand als Profitcenter

Postgebühren-Ermittlungsanlagen nach Bild 6 zur Bestimmung von Sendungsgewichten mit automatischer Ermittlung der Postgebühren sind Klassifizierungswaagen. Das reicht vom einfachen Brief bis zum Paket mit vielfältigen Varianten und Zuschlägen, wie beispielsweise Versandart (Briefdrucksache, Drucksache etc.), Behandlungsform (Einschreiben, Nachnahme, Eilzustellung etc.), Entfernungszone 1 bis 3, verminderte Gebühr durch Kooperationsmodell mit der Bundespost. Diese Kombinationen sind am Waagenterminal anwählbar und werden dort mit dem Gewicht und der Gebühr alphanumerisch dargestellt. Eine, in das Versandsystem integrierte, Zweibereichswaage ermöglicht die Erfassung aller Postsendungen. Eine Vielzahl von Druckbelegen - vom Freimachungslabel über ein zweites Label (Auslieferernachweis) bis zur Postgebührenabrechnung im DIN-Format - gewährleisten einen anpassungsfähigen und rationellen Einsatz in bestehenden Organisationsformen.

Bild 6: Postgebühren-Ermittlungsanlage

3.5 Warenwirtschaftssysteme durchdringen den Handels- u. Lagerbereich

Mit einem stufenweisen Ausbau nach Bild 7 garantieren sie:

- eine vollständige Warenkontrolle,
- aktuelle Umsatzinformationen vom Einzelartikel über die Warengruppe zur Marktebene,
- die artikelgenaue Bestandskontrolle,
- eine Sortimentsanalyse für die Produktbereinigung,
- das Erkennen von Erlösveränderungen,
- die Spannenkontrolle im Warenein- und -ausgang,
- eine Reduzierung des Auszeichnungsaufwandes durch EAN-Balkencode,
- eine Artikelauszeichnung im Balkencode für herstellerseits nicht ausgezeichnete Produkte,
- ein Scanning, auch für gewichtsgebundene Artikel durch balkencode-druckende Waagen und Preisauszeichner,
- die Minimierung von Inventurverlusten,
- einen stetigen Plan-Ist-Wertvergleich und deren Abweichungen,
- eine Zeitgewinnung und eine optimale Handhabung als Folge mobiler Datenerfassung.

Eine permanente Inventur, Reduzierung der Kapitalbindung durch übersehbares Auftrags- und Bestellwesen, die mögliche Konzentration mehrerer Warenwirtschaftssysteme auf einen Zentralrechner und der Dialogverkehr mit der Finanzbuchhaltung sind darüber hinaus gravierende Vorteile.

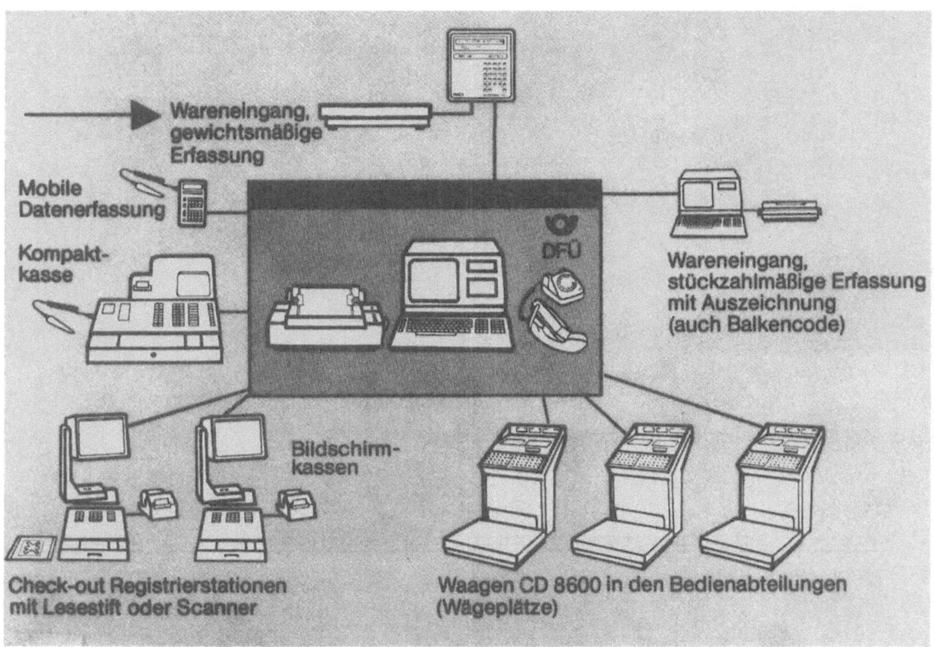

Bild 7: Aufbau eines computergesteuerten Regiesystems für die Warenwirtschaft

4. Zukunftsbetrachtungen:

Die Zukunft der konfigurierbaren Wägesysteme wird geprägt sein durch periphere Entwicklungen in Industrie und Handel einerseits und in der Kommunikationstechnik andererseits. Dabei sollte man die Innovationen der Wägetechnik in die Bereiche Meßtechnik, Meßdatenverarbeitung, Integration in Prozeß- und Verarbeitungssystemen und Gestaltung der Wägestationen gruppieren.

Meßtechnisch sind zur Zeit bewährte Systeme mit einem eichgesetzlich zulässigen Auflösungsvermögen des Wägebereiches bis zu 10.000 Ziffernschritten verfügbar. An der Verbesserung dieser bekannten und an der Entwicklung neuer Wägezellen wird -auch bezüglich einer Steigerung der Wägebereichsauflösung - laufend gearbeitet. Hierbei müssen aber auch umweltbeeinflussende Faktoren, die das Meßergebnis verfälschen oder destabilisieren können, eliminiert werden.

Auch ist dem kraftnebenschlußfreien Lastfluß bei erschwerten Betriebsbedingungen besondere Sorgfalt zu widmen.

Im Bereich der Meßdatenverarbeitung und ihrer Integration ermöglicht die Mikroprozessortechnik eine aufwärts konfigurierbare Bauweise von der Standardlösung zur individuellen Wägeanlage. Die Hardware-Komponenten werden hierbei zunehmend standardisiert, was auch durch die Schaffung von Softwaremodulen für wiederholbare wägetechnische Aufgaben gültig ist.

Fast alle Waagenhersteller arbeiten daran, den Informationsaustausch zwischen Wägesystem und Operateur durch visuelle oder audiovisuelle Bedienerführung zu verbessern (z. B. Bildschirm-Wägeplatz). Ein künftiges Problem liegt in der Bewältigung des immer größer werdenden Spektrums der Software. Dazu gehört auch, die Anwendungsvarianten durch standardisierte Schnittstellen und Leistungssteigerung beim Datenaustausch leichter konfigurierbar zu machen. Hier wird ein Kompromiß zu suchen sein, welche Software-Funktionen dem Waagenterminal und welche einem übergeordneten Bereich zuzuordnen sind. Dieser Betrachtungskomplex wird auch mit darüber entscheiden, inwieweit sich die Wägestation zum Personalcomputer entwickelt.

Schrifttumhinweise:

1. Heilig, H. u. Wienecke, S.: Stahl und Eisen 104 (1984) Nr. 5, S. 127 - 132
2. Kochsiek, M.: Wägen und Dosieren 1/84 S. 29 - 32 und 2/84, S. 67 - 69
3. Weinberg, H.: Maschinenmarkt Nr. 11 (1986), S. 32 - 37
4. Weinberg, H.: Ernährung Vol. 9/Nr. 9 (1985), S. 646 - 652

QUALITY ASSURANCE IN GLASS PRODUCTION BY AUTOMATIC WEIGHING SYSTEMS

QUALITATSSICHERUNG IN DER GLASPRODUKTION DURCH AUTOMATISCHE WAGESYSTEME

W. Vanthienen
Toledo Benelux n.v.
1660 - Beersel (Belgium)

ZUSAMMENFASSUNG

Mit dem Auftrag acht bis fünfzehn Rohstoffe genau zu mischen, hat der Wägungs- und Dosierungsprozess einen wichtigen Einfluss auf die Endqualität in der Glasproduktion.

Nach einer kurzen Beschreibung der verschiedenen Arbeitsvorgänge in diesem Prozessabschnitt, erfolgt eine ausführliche Diskussion über mögliche Lösungen für automatische Wäge- und Dosiersequenzen, und deren Einfluss auf die Qualität des Arbeitsablaufs.

Zum Schlùss, kan man feststellen das eine gute und zuverlässige automatische Dosiereinrichtung für ein heutiges Glaswerk eine lebensnotwendigkeit ist.

1. INTRODUCTION

It is obvious to everybody that glass is one of those few products that are the most present in the world of today. It is surrounding us in a wide range of varieties for very different use : sheet glass used as a building material, bottle-glass for the container industry, fiber for insulation, glass tableware, lenses for the optical industry, etc... The glass manufacturers are paying much attention to the quality of their product, as first class quality is a normal requirement of the market they serve.

The quality of a product is determined by the quality of its raw materials and the quality of each step of its production. In the particular case of glass, one of the most critical phases in the production is the preparation of the raw materials : depending on the glass variety to be produced, there are indeed from 8 to 15 different raw materials to be mixed according to a well defined formula, that indicates the percentage each raw material should represent in the mix. A given formula has been accurately calculated for obtaining the best quality in a specific glass product, depending on the physical properties and the chemical analysis of each selected raw material. It is thus evident that a slight deviation from the optimum in this complex combination of raw materials can have a very important impact on the quality of the final product.

The purpose of this article is to discuss the different aspects of the raw material handling in the glass production and to emphasize their impact on quality.

2. THE BATCH HOUSE AND ITS FUNCTIONS

In the glass industry, the batch house is known as the place where all raw materials are stored and prepared, before sending them to the melting area.

The different operations performed in the batch house can be segmented into 5 major consecutive tasks, that will be briefly described hereafter :

2.1. RAW MATERIAL INTAKE

Raw materials arriving to the site are first directed into storage silos. Two methods are available for taking the raw materials into the silos :

- Mechanical intake : raw materials are dumped in hoppers from where they will be conveyed through belt conveyors, bucket elevators and diverters into the corresponding silo.

- Pneumatic intake : raw materials are blown in the silos, either directly from the vehicle or railroad car, or through blowing vessels.

2.2. BATCH WEIGHING

The required quantity of each material, as per the theoretical formula, is accurately extracted from the corresponding silo.

2.3. TRANSPORT TO MIXER

The batch, consisting of the different raw materials needed, is then transported to the mixer. In a tower batch house, the scales discharge by gravity directly in the mixer; in a line concept, the batch is taken to the mixer by a conveyor, a container, a skip hoist or some other mechanical or pneumatic conveying system.

2.4. BATCH MIXING

When the total batch is in the mixer, the mixing cycle will generate a homogeneous batch, ready to be sent to the furnace.

2.5. TRANSPORT TO FURNACE

The mixer will discharge the batch onto a conveying system, that will transport this batch to the furnace hopper, from which it is then transferred into the furnace. For a better efficiency in the furnace, cullet is added to the batch, generally behind the mixer, when the batch is on its way to the furnace.

3. AUTOMATIC WEIGHING SYSTEMS

This section will illustrate how production efficiency and thus product quality, can be increased by a combination of suited weighing instruments, material handling devices and automatic controls with data recording devices.

3.1. AUTOMATION

Besides an obvious reduction in manpower need for performing the different tasks in the batch house, complete automation of the process allows a significant increase in the repeatability of the results, and, as universally recognized, a reproducible sequence is the only way to obtain a consistent quality in the production line.

Automation is also a tool for reducing power consumption, for an improved security of operation and, when associated with a suitable data recording system, it provides real time information to management, allowing timely strategic decisions.

3.2. WEIGHING INSTRUMENTS

Weighing is the only suitable method in the glass production process for measuring the required quantity of each raw material; no other method would, indeed, provide the needed level of measuring accuracy. Up-to-date weighing technique uses electronic sensors and instrumentation. In a modern scale, the load is transferred from the load receiver (e.g. a hopper or a platform) to a loadcell, which converts the mechanical force into an electrical signal. The transfer of load can be either direct, using several loadcells directly connected to the load receiver, or indirect, using a conventional lever system connected to one loadcell. The loadcell(s) is(are) connected to a digital read-out instrument displaying the value of the weight.

The major advantages of electronic weighing against the conventional mechanical weighing method are :

- Increased measurement accuracy.
- High reliability.
- Low maintenance and long life time.
- Remote digital weight read-out.
- Data communication channels.
- Self-verification possible for increased security of operation.

3.3. BATCHING SEQUENCE

The automatic batching sequence insures that the net quantity required for each material, as per the formula, is sent to the mixer. Practically, this sequence means two successive sequences : a hopper scale is first filled up to the required quantity and then discharged into the mixer.

Only the combination of accurate weighing with good scale feed and discharge control will provide high quality in this area. The level of quality will be determined by the two following parameters :

- Dynamic Accuracy : difference between the actual weight and the theoretical weight in the formula.
- Cycle Time : speed of the filling and the discharge sequences.

3.3.1. Smooth scale feed and discharge is conditioned by adequate design of silo outlets, feeders, gates and hoppers.

- Silo outlet should be designed to allow a smooth flow of the raw material; if necessary, flow will be activated using adapted vibrating techniques.

- Feeders will be chosen according to raw material characteristics and production requirements, such as rate and accuracy. Electro-magnetic vibratory feeders, screw feeders and belt feeders are basically available and present following characteristics :

  - Vibratory feeders :
    . Excellent material flow control at low speed.
    . Low maintenance and no wearing.
    . Very fast flow rate possible, except for a few raw materials.

  - Screw feeders :
    . Fast and regular flow for all materials.
    . Poor slow speed material flow control.
    . Normal maintenance and wearing (wearing can be faster with very abrasive materials).

  - Belt feeders :
    . Fast and smooth material flow control.
    . Poor slow feed material control.
    . Normal maintenance and wearing.

  All three types of feeders can be equipped with anti-flush gates when necessary.

- Weigh hoppers : material, construction and shape of the hoppers have to be designed for a smooth material flow and to avoid material sticking on the walls. Air balance has to be provided, in order to keep dust at a minimum level.

3.3.2. Weighing techniques

Two methods are available for weighing the required quantity of each raw material : the "single material scale" method or the "multiple material scale" method.

- Single material scale :
  With this method, each raw material is weighed individually in a separate weigh hopper. The system thus needs as many scales as there are raw materials.

This method has following characteristics :

. Very high weighing accuracy, as each scale capacity is chosen according to the required quantity of its corresponding raw material.

. Minimum feeder size related to cycle time as all materials are weighed simultaneously.

. High investment for scale equipment.

. Possibility to apply the "weigh-out" technique, that is very well known for the excellent performance obtained in batching bulk materials due to :

* Accurate measurement of the quantity of material extracted from the weigh hopper.

* Highly repeatable batching accuracy, when used with a permanent heel of material in the weigh hopper, that eliminates possible sticking problems with some raw materials.

- Multiple material scale :

Three to four raw materials are cumulated in one weigh hopper, reducing thus drastically the number of scales needed in the system. Characteristics of this method are as follows :

. Lower weighing accuracy, as total scale capacity has to be chosen according to the total cumulated weight of the different raw materials.

. Larger size feeders needed, as several raw materials are weighed successively, which reduces the time available for each material.

. Need for complete discharge of the weigh hopper at each cycle, which often requires extra equipment, when dealing with sticking materials.

. Reduced investment for scale equipment.

The choice of the weighing method will be based on different elements, such as raw material characteristics and quality, accuracy required versus cost, ...

4. CONTROL SYSTEM

The very significant advantages, offered by introducing automatic operation in a process, have been clearly indicated hereabove. However, the system will only reach its final objectives when following conditions are met :

- The logic design of the automatic sequences must be complete and straightforward, taking into consideration all possible input parameters and their variation. The same rigour of analysis must apply in the data handling procedures.

- The hardware used has to be a combination of efficient and reliable equipment adapted to the tasks to be performed.

4.1. LOGIC DESIGN :

4.1.1. Intake and conveying equipment

The control system should provide for :

. Start/stop control sequences with security interlocks and alarm indications.

. Inventory status information from level detection in storage silos and furnace hopper.

4.1.2. Weighing and batching equipment

The controls for the batching sequence should provide functions, such as :

. Formula handling, including data entry, modification and editing with power fail safe storage,

. Weight setpoint correction, according to moisture content of raw materials (manual with keyboard entry of automatic with moisture probe).

. Multiple speed control of feeders for fast and accurate operation.

. Preact function and its automatic correction.

. Tolerance check and automatic jogging in case of under-tolerance.

. Printed batch report and alarm conditions.

. Storage and reporting of cumulated quantity of raw materials used.

4.1.3. Mixing equipment

Besides the normal start/stop control sequences with security interlocks and alarm indications, the controls should provide typical mixer control sequences, such as :

. Adjustable time for dry mixing, wet mixing and discharge sequences.

. Control of water and steam addition.

4.2. HARDWARE EQUIPMENT

Today's technology calls for a distribution of tasks between different control subsystems, either with standard pre-programmed functions, or fully programmable.

The major advantages offered by this approach are :

- Increased reliability by using standard hardware and software.
- Better efficiency of overall control system.
- Simplified diagnostics and maintenance.

The different tasks to be performed by the control system in the batch house, could be distributed as follows :

- Use intelligent weight indicators with setpoint controls.
- Choose a programmable logic controller for sequence control, which can later on be modified by the user.
- Take a microprocessor system for data handling.

4.3. PHYSICAL ARRANGEMENT

In order to provide a good supervision of the entire process, all control equipment should be centralized in one control room. The system has to be built in such a way it provides the operator with :

- Permanent information on status of equipment used in the process, by a graphic display or screen.

- Clear display of different values measured, such as weight for each scale, moisture percentages, ...

- Hard copy reports on batch results (deviation from setpoint, ...) and alarm conditions.

- Possibility of manual mode of operation for each scale, mixer and other conveying equipment.

5. CONCLUSIONS

This brief overview of the major operations to be performed in the batch house is certainly far from a complete description of all the tasks, but it gives a good idea of their complexity. It helps to realize that the only way to obtain a consistent quality, in this phase of production of glass, is to co-ordinate these tasks by a good and reliable automatic weighing control system.

Projects for new plants will definitely recognize the need for such an automatic control system and will include it in their technical specifications.

Existing plants, however, have the possibility to drastically increase their productivity and the quality of their production, by implementing a modernization program to update their batch house. This program, to be elaborated in each specific case, will probably define the prolongated use of some existing conveying, storage, mixing, etc... equipment, combined with the installation of a new up-to-date electronic weighing and control system.

Implementation of such a modernization program is a "must" for an outdated factory in order to stay competitive.

Band 13: Aspekte der Informationsverarbeitung
Funktion des Sehsystems und technische Bilddarbietung
Herausgegeben von H.-W. Bodmann
IX, 337 Seiten, 1985

Band 14: Fortschritte in der Meß- und Automatisierungstechnik durch Informationstechnik
INTERKAMA-Kongreß 1986
Herausgegeben von M. Thoma und G. Schmidt
XIII, 854 Seiten, 1986

Fachberichte Messen, Steuern, Regeln

Manuskripte für diese Reihe sollten mindestens 100 Schreibmaschinenseiten umfassen. Sie sind, weil sie direkt als Vorlage für die fotomechanische Reproduktion dienen, besonders sorgfältig zu schreiben. Dazu gehört, daß ein neues schwarzes Farbband benutzt wird, und Symbole oder Zeichen, die nicht mit der Maschine zu schreiben sind, in Schwarz (mit Tusche) eingesetzt werden. Bitte verwenden Sie nur Schreibpapier mit aufgedrucktem Satzspiegel 18 x 26,5 cm, das Ihnen der Verlag gerne zur Verfügung stellt. Änderungen sind durch Überkleben oder - wenn ihr Umfang gering ist - mit Hilfe von weißer Korrekturfarbe möglich. (Bitte kein Korrekturpapier benutzen, da so beseitigte Buchstaben bei der Vervielfältigung oft wieder sichtbar werden.). Für die Größe von Abbildungen und deren Beschriftung ist zu beachten, daß die Manuskriptseiten bei der fotomechanischen Reproduktion auf 75% verkleinert werden. Bei Halbton-Abbildungen sind Schwarzweiß-Hochglanzabzüge zu verwenden. Bitte fordern Sie vor Abfassung des Manuskriptes die ausführliche Schreibanleitung vom Verlag an. Manuskripte und Anfragen sind an die Herausgeber

Prof. Dr. rer. nat. M. Syrbe,
Präsident der Fraunhofer-Gesellschaft
Leonrodstraße 54, 8000 München 19

Prof. Dr.-Ing. M. Thoma,
Institut für Regelungstechnik, Universität Hannover, Appelstraße 11, 3000 Hannover 1

oder den Verlag zu richten.

Springer-Verlag, Heidelberger Platz 3, D-1000 Berlin 33

Springer-Verlag, Tiergartenstraße 17, D-6900 Heidelberg 1

Springer-Verlag, 175 Fifth Avenue, New York, NY 190010/USA